H. Bandemer · W. Näther

Theorie und Anwendung
der optimalen Versuchsplanung II

Mathematische Lehrbücher und Monographien
Herausgegeben von der Akademie der Wissenschaften der DDR
Zentralinstitut für Mathematik und Mechanik

II. Abteilung
Mathematische Monographien
Band 48

Theorie und Anwendung
der optimalen Versuchsplanung II

von H. Bandemer und W. Näther

Theorie und Anwendung der optimalen Versuchsplanung II

Handbuch zur Anwendung

von Prof. Dr. Hans Bandemer und Dr. Wolfgang Näther
Bergakademie Freiberg

Unter Mitwirkung von
Dr. A. Bellmann, Dr. W. Jung, Dr. S. Nagel, Dr. J. Pilz, Dr. K. Richter

Akademie-Verlag Berlin
1980

Erschienen im Akademie-Verlag, DDR-1080 Berlin,
Leipziger Straße 3–4

Lektor: Dr. Reinhard Höppner
Lizenznummer: 202 · 100/404/80
Einband- und Schutzumschlaggestaltung: Rolf Kunze
Gesamtherstellung: VEB Druckerei „Thomas Müntzer“,
5820 Bad Langensalza
Bestellnummer: 762 319 2 (6215/2) · LSV 1075
Printed in GDR
DDR 86,– M

Vorwort

Bei der Durchführung von Experimenten, die in einem Regressionsmodell ausgewertet werden sollen, erhebt sich stets die Frage, welche Werte für die einstellbaren Einflußgrößen bei jedem einzelnen Versuch gewählt werden sollen. Mit der mathematischen Behandlung dieses Versuchsplanungsproblems beschäftigt man sich bereits seit mehr als sechzig Jahren. Aber erst in den letzten zwanzig Jahren setzte eine stürmische Entwicklung auf diesem Gebiet, unter theoretischen wie unter praktischen Aspekten, ein; genannt seien hier die Arbeiten von J. Kiefer, G. E. P. Box und V. V. Fedorov. Daneben erschien eine Vielzahl praktisch orientierter Bücher, in denen Verfahren der Versuchsplanung heuristisch begründet und beschrieben werden. Die damit zum Ausdruck kommende hohe praktische Bedeutung und der erreichte Stand der Theorie rechtfertigen eine zusammenfassende Darstellung des Gebietes. Wegen des Umfanges und im Interesse eines jeweils einheitlichen Stils und einer besseren Lesbarkeit wird die Problemstellung in zwei Bänden behandelt.

Im *ersten Band* erfolgte die Darstellung des Standes der Theorie nach möglichst einheitlichen Prinzipien. Damit sollte ein Beitrag zum Aufbau einer geschlossenen Theorie der statistischen Versuchsplanung als einem Teilgebiet der Entscheidungstheorie geleistet werden. Die Darstellung im ersten Band wendet sich an den Mathematiker und den mathematisch stark interessierten Ingenieur, der auf diesem Gebiet arbeiten will oder sich über die den praktischen Verfahren zugrunde liegenden mathematischen Gedanken informieren muß, um eine sinnvolle Anwendung zu empfehlen oder zu gewährleisten.

Der vorliegende *zweite Band* ist der unmittelbaren Anwendung gewidmet. Er setzt lediglich gewisse Grundkenntnisse der Mathematik auf dem Niveau eines Grundkurses für Ingenieure an technischen Hochschulen voraus, er ist als Basis für die Beratungstätigkeit des Mathematikers gedacht und kann vom Anwender unmittelbar benutzt werden. Daher steht die *Darstellung und Erläuterung von Verfahren* zur Versuchsplanung im Vordergrund, die sich in der Anwendung bewährt haben oder sich dafür eignen. Die mathematische Theorie tritt fast völlig zurück, es wird erforderlichenfalls auf die im ersten Band vorgelegten Ergebnisse (in der Form [I/Nummer des Abschnitts o. ä.]) und weitere Literatur verwiesen. Weiterhin wurden (besonders in Kap. 6) einige Verfahren aufgenommen, deren theoretische Fundierung bisher noch nicht möglich war, die aber bei ihrer Anwendung in der Regel zu brauchbaren Ergebnissen führen. Solche Verfahren werden als *heuristisch* bezeichnet werden. Streng genommen müßten dann auch solche Verfahren, die ohne die angegebenen Voraussetzungen angewandt werden, heuristisch genannt werden. Wir werden in diesen Fällen von *praktizierbaren* Verfahren sprechen.

Im Mittelpunkt steht das Problem der Regression mit einstellbaren Einflußgrößen mit seinen drei Teilproblemen: Wahl des Ansatzes, Wahl der Schätzung und Wahl des Versuchsplanes. Dabei werden nicht nur statistische, sondern auch numerische

Aspekte betrachtet und das Problem der Darstellung eines praktisch gegebenen Zusammenhangs durch ein Regressionsmodell behandelt.

Das Regressionsmodell ist nicht die einzige Möglichkeit, Zusammenhänge mathematisch zu modellieren. Es kann durchaus vorkommen, daß andere Modelle der mathematischen Statistik (z. B. Theorie der Zeitreihen, Kovarianzanalyse, usw.) einem gegebenen speziellen Problem besser angepaßt sind. Daher ist es ratsam, sich in Zweifelsfällen mit einem Statistiker zu konsultieren oder sich in einer Übersichtsdarstellung (Lexikon der Stochastik [1], Biometrisches Wörterbuch [1], u. a.) über die Möglichkeiten der statistischen Modellierung zu informieren.

Im ersten Kapitel werden einige Bezeichnungen und Ergebnisse aus der Wahrscheinlichkeitstheorie und der mathematischen Statistik referiert und eine Einführung in die elementare statistische Entscheidungstheorie gegeben. Es soll einige Begriffsbildungen ins Gedächtnis rufen oder für die weiteren Kapitel bereitstellen und ist nicht für ein erarbeitendes Selbststudium gedacht.

Das zweite Kapitel liefert die konzeptionelle Basis für die folgenden. Ausgehend vom praktischen Zusammenhang werden Fragen der Modellierung behandelt, vor allem der mathematischen Umsetzung der stets vorhandenen Vorkenntnisse des Anwenders, und es werden die drei Grundprobleme (Ansatz, Schätzung, Plan) vorgestellt und in ihrer gegenseitigen Abhängigkeit und Durchdringung betrachtet. Eine besondere Rolle spielt die Ausnutzung von Vorkenntnissen bei der Festlegung des Ansatzes.

Das dritte Kapitel ist der Schätzung gewidmet. Die Auswahl der behandelten Schätzverfahren wurde vorwiegend dadurch bestimmt, ob dafür eine praktikable Versuchsplanung möglich ist. Daher wird besonderes Augenmerk auf Schätzungen nach der Methode der kleinsten Quadrate (MKQ) und lineare Bayes-Schätzungen gelegt, während andere Methoden nur relativ knapp vorgestellt werden.

Im vierten Kapitel wird die Versuchsplanung auf der Grundlage wohldefinierter Optimalitätskriterien für einen fest vorgegebenen (i. allg. als wahr angenommenen) Ansatz behandelt. Es werden u. a. optimale und näherungsweise optimale konkrete und diskrete Pläne konstruiert und Verfahren zur Einschätzung gegebener Pläne vorgestellt. Viele der Verfahren lassen sich nur für die (klassische) MKQ-Schätzung formulieren, eine große Anzahl ist jedoch auch für andere Schätzverfahren anwendbar.

Im fünften Kapitel werden Methoden der faktoriellen Versuchsplanung für (i. allg. nicht als wahr vorausgesetzte) Polynomansätze dargestellt. Der Ansatz wird dabei erst unmittelbar vor der Schätzung gewählt. Die Versuchsplanung kann stufenweise erfolgen. An die Versuchspläne werden praktisch motivierte Forderungen gestellt.

Im sechsten Kapitel werden Verfahren angegeben, mit denen man aus mehreren Ansätzen, die sich für den Zusammenhang angeboten haben, einen geeigneten auswählen kann. Dabei hängen die Auswahlprinzipe auch davon ab, wie der gewählte Ansatz weiter verwendet werden soll.

In einem Anhang sind einige Bezeichnungen und Ergebnisse aus der linearen Algebra und der Analysis zusammengestellt, die für die Verfahren und ihre Deutung benötigt werden.

Nicht nur der zur Verfügung stehende Umfang des Bandes zwang zum Verzicht auf manche Aspekte der Versuchsplanung, die dem Anwender interessant wären. So werden zu den Verfahren nur einfache numerische Beispiele gegeben, die Darstellung eines praktischen Hintergrundes in jedem Falle wäre zu aufwendig und nicht sehr informativ gewesen. Zur praktischen Anwendung der Versuchsplanung gibt es bereits einige, nach Wissenschaftsgebieten geordnete, Bibliographien von Artikeln, die praktische Probleme behandeln. (ADLER/GRANOVSKIJ [1], ADLER/MILMAN [1], [2], [3], GRANOVSKIJ/MURAŠOVA/STRACHOV/ADLER [1], MOJSJUK [1], [2])

Weiterhin wurde auf die Darstellung der Anwendung der Versuchsplanung bei der Optimierung empirisch gegebener Funktionen (BOX-WILSON-Verfahren) verzichtet. Falls die Voraussetzungen für die Versuchsplanung gegeben sind, ist diese prinzipiell bei jedem Optimierungsverfahren anwendbar. Die Beschränkung auf Verfahren vom BOX-WILSON-Typ schien daher nicht gerechtfertigt, die Behandlung verschiedener Typen nicht nur zu aufwendig, sondern auch vom Thema des Buches wegführend. Aus ähnlichen Gründen wurde auch auf die Anwendung auf Probleme bei dynamischen Modellen, Prozessen und Differentialgleichungen nicht eingegangen (s. hierzu z. B. HARTMANN/LEZKI/SCHÄFER [1], HIMMELBLAU [1], USPENSKIJ/FEDOROV [1]).

Für die Versuchsplanung zur Varianzanalyse gibt es bereits eine umfangreiche Buchliteratur, so daß von einer Darstellung abgesehen wurde (wegen weiterer Literaturhinweise s. RASCH [1], FINNEY [1]). In jüngster Zeit dringen Gedankengänge der optimalen Versuchsplanung im Sinne von Kap. 4 verstärkt auch in diesem Gebiet vor. Wegen eines ausführlichen Überblicks verweisen wir auf KRAFFT [N1], neueste Ergebnisse enthalten u. a. die Arbeiten von CHING-SHUI-CHENG, z. B. [N1].

Da die Rechnertypen und Programmierungssprachen eine große Vielfalt zeigen und einer sehr schnellen Entwicklung unterworfen sind, werden keine Rechnerprogramme angegeben. Bei der Formulierung der Verfahren wurde aber bereits weitgehend auf die Notwendigkeiten und Bedürfnisse einer rechentechnischen Umsetzung geachtet. Die angegebenen numerischen Beispiele können bei der Anfertigung von Programmen als Testbeispiele dienen. An dieser Stelle sei betont, daß die Benutzung von Rechenautomaten in der Versuchsplanung eine unabdingbare Notwendigkeit darstellt; z. B. führen einige Aufgaben der Versuchsplanung auf komplizierte Optimierungsprobleme, die ohne den Einsatz der EDV nicht lösbar sind. Entsprechend dem Handbuchcharakter sind Verweise von einer Stelle zur anderen des Buches wichtig. Als Verweissymbol wird ein Haken ˃ benutzt, dabei enthält eine folgende eckige Klammer eine Kapitel- oder Abschnittsnummer, eine runde Klammer dagegen eine Formelnummer (z. B. ˃[4.1], ˃(4.1.6.)). Auf Literaturstellen wird durch Autornamen und laufende Nummer seiner Arbeiten im Literaturverzeichnis verwiesen (z. B. KIEFER [1]). Literaturnummern, denen ein N vorangestellt ist (z. B. KRAFFT [N1]), beziehen sich auf einen angehängten Literaturnachtrag, der erst nach Abschluß des Manuskripts zusammengestellt wurde.

Weiterhin werden zur Erleichterung des Zugriffs und der Arbeit mit dem Handbuch neben den üblichen Verzeichnissen (Inhalts- und Sachwortverzeichnis) noch ein ausführliches Symbolverzeichnis und ein Verzeichnis der Verfahrensüberschriften, sowie ein Anhang mit kurzen Erläuterungen benutzter Begriffe und Ergebnisse aus der linearen Algebra und der Analysis gegeben.

Unser herzlicher Dank gilt zuerst unseren Moskauer Kollegen, vor allem den Professoren V. V. FEDOROV, G. K. KRUG und V. V. NALIMOV, sowie den Doktoren JU. P. ADLER, T. I. GOLIKOVA und E. V. MARKOVA, die uns bei der Vorbereitung und Abfassung dieses Bandes sehr wirksam unterstützt haben. Weiterhin bestätigen wir mit Dank die Genehmigungen, die uns die American Statistical Association (namens der Zeitschriften Technometrics und JASA) und die Professoren M. J. BOX, D. R. COX, M. J. KARSON und T. J. MITCHELL gegeben haben, einige Tabellen aus ihren Publikationen übernehmen zu dürfen.

In der Endphase der Anfertigung des druckfähigen Manuskriptes haben uns Dr. W. NAGEL und die Dipl.-Math. E. und W. SCHÄFER tatkräftig geholfen, dafür gebührt ihnen unser Dank.

Für die sorgsame Anfertigung des umfangreichen Schreibmaschinenmanuskripts danken wir Frau E. Lind, Frau M. Löscher und Frau E. Richter.

Dem Akademie-Verlag sei für sein freundliches Entgegenkommen und Eingehen auf unsere Wünsche in den verschiedenen Phasen der Entstehung dieses Teilbandes gedankt.

Schließlich möchten wir uns bei der Druckerei „Thomas Müntzer“ in Bad Langensalza bedanken, wo der schwierige Formel- und Tabellensatz seine Gestalt gewonnen hat.

Obwohl sich alle Beteiligten große Mühe mit dem vorliegenden Band gegeben haben, sind wir überzeugt, daß noch Fehler und Irrtümer verschiedener Herkunft und aus unterschiedlichen Gründen stehen geblieben sein werden. Entsprechende kritische Hinweise sind uns daher stets willkommen.

Nachdem nun beide Bände des Handbuches gedruckt vorliegen, möchten wir auch unseren Familienangehörigen herzlich danken, ohne deren jahrelange verständnisvolle Geduld, verzichtsbereite Rücksichtnahme und ständige Aufmunterung das Werk nie zustande gekommen wäre.

Freiberg, im April 1980 Die Autoren und Mitarbeiter

Inhaltsverzeichnis

1. Grundlagen

In diesem Kapitel werden einige für die folgenden Kapitel benötigten grundlegenden Bezeichnungen und Aussagen der Wahrscheinlichkeitstheorie, der mathematischen Statistik und der Entscheidungstheorie bereitgestellt. Dabei wird auf elementare Grundlagen, ausführliche Erörterungen und Beweise verzichtet. Ausführlichere Darstellungen findet man in Storm [1], Rasch [1], Maibaum [1], Smirnov/Dunin-Barkowski [1], Heinhold/Gaede [1], Weber [1], Sachs [1].

1.1. Wahrscheinlichkeitstheorie

Eine *Zufallsgröße* $\mathfrak{X}$ ist eine Größe, die ihre reellen Werte zufallsbeeinflußt annimmt, d. h. für jedes $x \in R^1$ ist z. B. $\mathfrak{X} < x$ ein *zufälliges Ereignis*, dem eine *Wahrscheinlichkeit* $P(\mathfrak{X} < x)$ zugeschrieben werden kann. Dabei bedeutet $\mathfrak{X} < x$, daß die Zufallsgröße $\mathfrak{X}$ einen Wert annimmt, der kleiner als x ist.

Bezeichnung 1.1.1: Die für eine Zufallsgröße $\mathfrak{X}$ und für alle $x \in R^1$ definierte Funktion

$$F_{\mathfrak{X}}(x) = P(\mathfrak{X} < x)$$

heißt *Verteilungsfunktion* der Zufallsgröße $\mathfrak{X}$ ●

Die Verteilungsfunktion $F_{\mathfrak{X}}(x)$ ist monoton nicht fallend, linksseitig stetig und für ihre Funktionswerte gilt

$$0 \leqq F_{\mathfrak{X}}(x) \leqq 1 .$$

Aussage 1.1.1: Für zwei reelle Zahlen a und b mit $a < b$ gilt

$$P(a \leqq \mathfrak{X} < b) = F_{\mathfrak{X}}(b) - F_{\mathfrak{X}}(a) \quad (1.1.1)$$ ●

Bezeichnung 1.1.2: Eine Zufallsgröße $\mathfrak{X}$ heißt *diskret* verteilt, wenn sie nur endlich viele oder höchstens abzählbar unendlich viele Werte annehmen kann ●

Eine diskret verteilte Zufallsgröße $\mathfrak{X}$ wird durch die Menge $\{a_1, a_2, \ldots\}$ der *möglichen Werte* a_i; $i = 1, 2, \ldots$; und durch die *Einzelwahrscheinlichkeiten* $P(\mathfrak{X} = a_i) = p_i$ charakterisiert, die zur *Verteilungstabelle*

$$\begin{pmatrix} a_1 & a_2 & \cdots \\ p_1 & p_2 & \cdots \end{pmatrix}$$

zusammengefaßt werden. Für die Einzelwahrscheinlichkeiten gilt $p_i > 0$; $i = 1, 2, \ldots$; und $\sum_i p_i = 1$. Die Verteilungsfunktion $F_{\mathfrak{X}}$ einer diskret verteilten Zufallsgröße $\mathfrak{X}$ ist eine Treppenfunktion (↗Abb. 1.1.1).

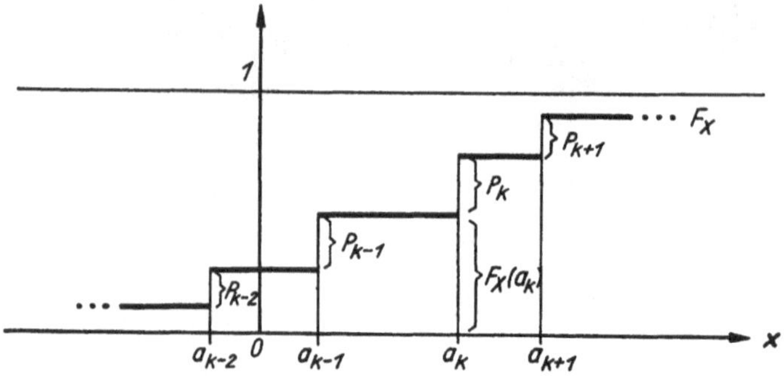

Abb. 1.1.1. Verteilungsfunktion einer diskret verteilten Zufallsgröße

Bezeichnung 1.1.3: Eine Zufallsgröße $\mathfrak{X}$ heißt *stetig* verteilt, wenn es eine auf R^1 definierte nichtnegative, integrierbare *Dichtefunktion* $p_{\mathfrak{X}}$ (oder kurz *Dichte*) gibt, so daß für alle reellen Zahlen a und b mit $a \leqq b$ gilt

$$P(a \leqq \mathfrak{X} \leqq b) = \int_a^b p_{\mathfrak{X}}(x)\,dx \bullet$$

Durch die Funktion $p_{\mathfrak{X}}$ ist die Verteilungsfunktion der Zufallsgröße festgelegt.

Aussage 1.1.2: Die Zufallsgröße $\mathfrak{X}$ besitze die Dichte $p_{\mathfrak{X}}$. Dann gilt:

a) $p_{\mathfrak{X}}(x) \geqq 0$ und $\int_{-\infty}^{\infty} p_{\mathfrak{X}}(x)\,dx = 1$,

b) $F_{\mathfrak{X}}(a) = \int_{-\infty}^{a} p_{\mathfrak{X}}(x)\,dx$ für jedes $a \in R^1$ (›Abb. 1.1.2).

c) Die Verteilungsfunktion $F_{\mathfrak{X}}$ ist eine stetige Funktion, die an allen Stetigkeitsstellen von $p_{\mathfrak{X}}$ differenzierbar ist, wobei gilt

$$\frac{dF_{\mathfrak{X}}(x)}{dx} = F'_{\mathfrak{X}}(x) = p_{\mathfrak{X}}(x) \bullet$$

Zur Beschreibung der Verteilung einer Zufallsgröße kann oder muß man sich häufig mit gewissen Kenngrößen begnügen.

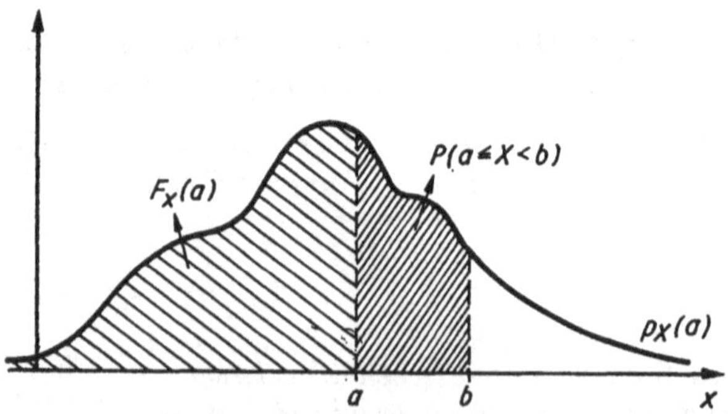

Abb. 1.1.2a Dichtefunktion einer stetig verteilten Zufallsgröße

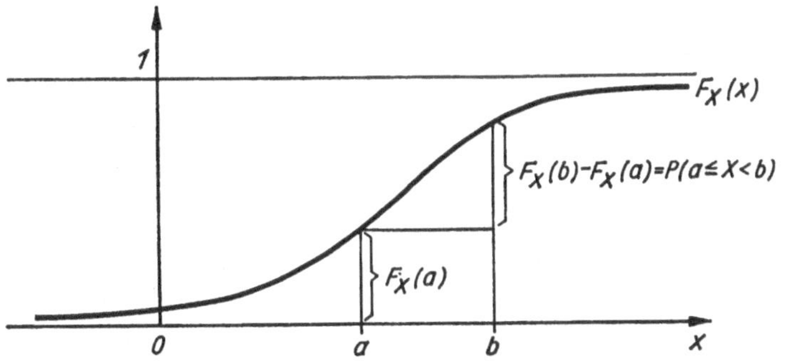

Abb. 1.1.2b Verteilungsfunktion einer stetig verteilten Zufallsgröße

Bezeichnung 1.1.4: Die reelle Zahl $\mathrm{E}\mathfrak{X}$ heißt *Erwartungswert* von $\mathfrak{X}$:

a) falls $\mathfrak{X}$ stetig verteilt ist mit der Dichte $p_{\mathfrak{X}}$

$$\mathrm{E}\mathfrak{X} = \int_{-\infty}^{\infty} x p_{\mathfrak{X}}(x)\,\mathrm{d}x\,, \tag{1.1.2}$$

b) falls $\mathfrak{X}$ diskret verteilt ist mit $P(\mathfrak{X} = a_i) = p_i$; $i = 1, 2, \ldots$;

$$\mathrm{E}\mathfrak{X} = \sum_i a_i p_i \tag{1.1.3}$$

(dabei wird $\int_{-\infty}^{\infty} |x|\, p_{\mathfrak{X}}(x)\,\mathrm{d}x < \infty$ bzw. $\sum_i |a_i|\, p_i < \infty$ vorausgesetzt) ●

Die Zufallsgröße $\mathfrak{X}$ besitze die Verteilungsfunktion $F_{\mathfrak{X}}$.

Aussage 1.1.3: Für alle reellen Zahlen a und b gilt

$$\mathrm{E}(a\mathfrak{X} + b) = a\mathrm{E}\mathfrak{X} + b \;\bullet \tag{1.1.4}$$

Aussage 1.1.4: Es sei $g(x)$ eine auf der reellen Achse definierte reellwertige, stetige Funktion.

a) Wenn die Zufallsgröße $\mathfrak{X}$ stetig verteilt ist mit der Dichte $p_{\mathfrak{X}}$, dann ist

$$\mathrm{E}_{\mathfrak{X}} g(\mathfrak{X}) = \int_{-\infty}^{\infty} g(x)\, p_{\mathfrak{X}}(x)\,\mathrm{d}x\,, \tag{1.1.5}$$

falls das Integral existiert (d. h. wenn $\int_{-\infty}^{\infty} |g(x)|\, p_{\mathfrak{X}}(x)\,\mathrm{d}x < \infty$).

b) Wenn die Zufallsgröße $\mathfrak{X}$ diskret verteilt ist mit den Einzelwahrscheinlichkeiten p_i, dann ist

$$\mathrm{E}_{\mathfrak{X}} g(\mathfrak{X}) = \sum_k g(a_k)\, p_k\,, \tag{1.1.6}$$

falls die Absolutsumme beschränkt ist $\left(\text{d. h. wenn } \sum_k |g(a_k)|\, p_k < \infty\right)$ ●

Die Funktionswerte $g(\mathfrak{X})$ sind wieder Zufallsgrößen, ihr Erwartungswert wird bezüglich der Verteilungsfunktion von $\mathfrak{X}$ bestimmt. Dies wird durch den Index bei $\mathrm{E}_{\mathfrak{X}}$ ausgedrückt. Wenn keine Mißverständnisse möglich sind, wird der Index gelegentlich weggelassen.

Speziell für $g(x) = (x - \mathrm{E}\mathfrak{X})^2$ ergibt sich

$$\mathrm{E}_{\mathfrak{X}} g(\mathfrak{X}) = \mathrm{E}(\mathfrak{X} - \mathrm{E}\mathfrak{X})^2 = \mathrm{D}^2\mathfrak{X} \,. \tag{1.1.7}$$

Bezeichnung 1.1.5: Die durch (1.1.7) definierte reelle Zahl $\mathrm{D}^2\mathfrak{X}$ heißt *Varianz* der Zufallsgröße $\mathfrak{X}$, und die Größe $\sqrt{\mathrm{D}^2\mathfrak{X}}$ wird als *Standardabweichung* bezeichnet ●

Die Varianz wird entsprechend der Bildung (1.1.7) auch als erwartete (oder mittlere) quadratische Abweichung vom Erwartungswert bezeichnet. Analog nennt man die Größe $m_{\mathfrak{X}}(a) = \mathrm{E}(\mathfrak{X} - a)^2$ erwartete (oder *mittlere*) *quadratische Abweichung von a.*

Häufig nennt man $\mathrm{E}\mathfrak{X}$ und $\mathrm{D}^2\mathfrak{X}$ auch die ersten beiden *Momente* von $\mathfrak{X}$.

Aussage 1.1.5: Die Zufallsgröße $\mathfrak{X}$ besitze die Verteilungsfunktion $F_{\mathfrak{X}}$. Dann gilt (wenn $\mathrm{E}\mathfrak{X}^2$ existiert)

$$\mathrm{D}^2\mathfrak{X} = \mathrm{E}\mathfrak{X}^2 - (\mathrm{E}\mathfrak{X})^2$$

und für alle reellen Zahlen a und b

$$\mathrm{D}^2(a\mathfrak{X} + b) = a^2\mathrm{D}^2\mathfrak{X} \quad \bullet \tag{1.1.8}$$

Bezeichnung 1.1.6: Der Übergang von der Zufallsgröße $\mathfrak{X}$ mit $\mathrm{D}^2\mathfrak{X} > 0$ zu $\mathfrak{X}/\sqrt{\mathrm{D}^2\mathfrak{X}}$ heißt *Normierung* einer Zufallsgröße, und der Übergang von $\mathfrak{X}$ zu

$$\mathfrak{Z} = \frac{\mathfrak{X} - \mathrm{E}\mathfrak{X}}{\sqrt{\mathrm{D}^2\mathfrak{X}}} \tag{1.1.9}$$

heißt *Standardisierung* einer Zufallsgröße ●

Aussage 1.1.6: Die Zufallsgröße $\mathfrak{X}$ besitze die Verteilungsfunktion $F_{\mathfrak{X}}$, dann gelten für die Zufallsgröße $\mathfrak{Z}$ gemäß (1.1.9) stets $\mathrm{E}\mathfrak{Z} = 0$ und $\mathrm{D}^2\mathfrak{Z} = 1$ ●

Bezeichnung 1.1.7: Es seien p eine reelle Zahl mit $0 < p < 1$ und $F_{\mathfrak{X}}$ die Verteilungsfunktion der stetig verteilten Zufallsgröße $\mathfrak{X}$. Ein Abszissenwert x_p mit $F_{\mathfrak{X}}(x_p) = P(\mathfrak{X} < x_p) = p$ heißt *p-Quantil* der Verteilung von $\mathfrak{X}$.

Ein 0,5-Quantil einer Verteilung heißt *Median.*

Aussage 1.1.7: Für eine Zufallsgröße $\mathfrak{X}$ existiere der Erwartungswert $\mathrm{E}\mathfrak{X}$ und die Varianz $\mathrm{D}^2\mathfrak{X}$. Für alle reelle Zahlen $\varepsilon > 0$ gilt die *Tschebyscheff-Ungleichung*

$$P(|\mathfrak{X} - \mathrm{E}\mathfrak{X}| \geqq \varepsilon) \leqq \frac{\mathrm{D}^2\mathfrak{X}}{\varepsilon^2} \quad \bullet \tag{1.1.10}$$

Mit $\varepsilon = k\sqrt{\mathrm{D}^2\mathfrak{X}}$ wird (1.1.10) auch als

$$P\left(|\mathfrak{X} - \mathrm{E}\mathfrak{X}| \geqq k\sqrt{\mathrm{D}^2\mathfrak{X}}\right) \leqq \frac{1}{k^2} \tag{1.1.11}$$

geschrieben.

Wir wollen einige spezielle Verteilungsfunktionen anführen.

Bezeichnung 1.1.8: Eine Zufallsgröße $\mathfrak{X}$ heißt *diskret gleichverteilt,* wenn für $n < \infty$ die Verteilungstabelle von der Form ist (›Abb. 1.1.3):

$$\begin{pmatrix} a_1 & a_1 & \dots & a_n \\ \frac{1}{n} & \frac{1}{n} & \dots & \frac{1}{n} \end{pmatrix} \bullet$$

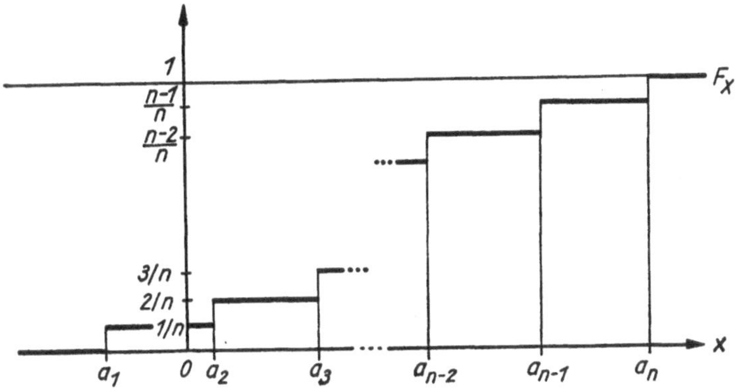

Abb. 1.1.3. Verteilungsfunktion einer diskret gleichverteilten Zufallsgröße

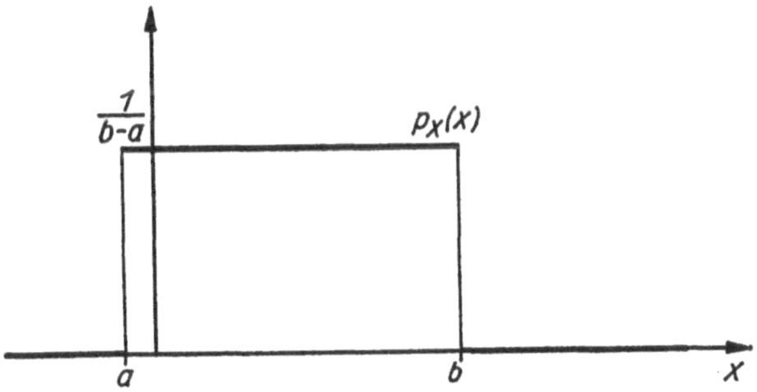

Abb. 1.1.4. Dichtefunktion einer stetig gleichverteilten Zufallsgröße

Bezeichnung 1.1.9: Eine Zufallsgröße $\mathfrak{X}$ heißt *stetig gleichverteilt* über dem Intervall $[a, b]$ mit $a \in R^1$, $b \in R^1$ und $a < b$, wenn sie die Dichtefunktion

$$p_{\mathfrak{X}}(x) = \begin{cases} \dfrac{1}{b-a} & \text{für } a \leqq x \leqq b\,, \\ 0 & \text{für } x < a \text{ und } x > b \end{cases} \tag{1.1.12}$$

besitzt (›Abb. 1.1.4) ●

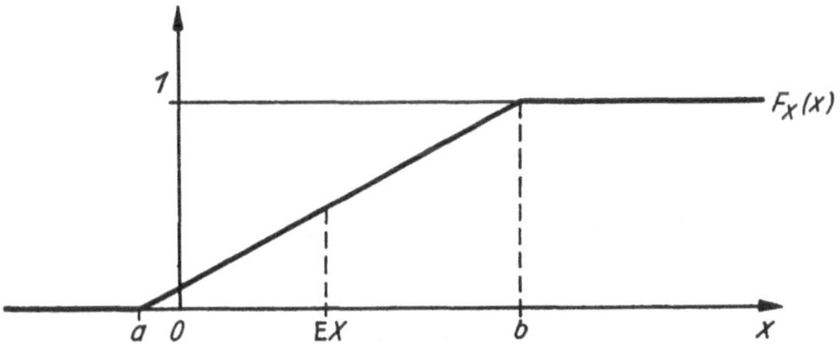

Abb. 1.1.5. Verteilungsfunktion einer stetig gleichverteilten Zufallsgröße

Die Verteilungsfunktion einer stetig gleichverteilten Zufallsgröße ergibt sich auf Grund von Aussage 1.1.2 b) zu (›Abb. 1.1.5)

$$F_{\mathfrak{X}}(x) = \begin{cases} 0 & \text{für } x \leqq a\,, \\ \dfrac{x-a}{b-a} & \text{für } a \leqq x \leqq b\,, \\ 1 & \text{für } x \geqq b\,. \end{cases} \tag{1.1.13}$$

In praktischen Anwendungsfällen wird man eine Gleichverteilung zur Beschreibung einer Zufallsgröße $\mathfrak{X}$ dann verwenden, wenn durch die Zufallsgröße keiner ihrer möglichen Werte gegenüber anderen bevorzugt werden kann oder soll.

Bezeichnung 1.1.10: Es sind μ und σ^2 reelle Parameter mit $\mu \in (-\infty, \infty)$ und $\sigma^2 \in (0, \infty)$. Eine Zufallsgröße $\mathfrak{X}$ heißt *normalverteilt* mit den Parametern μ und σ^2, wenn sie die Dichtefunktion

$$p_{\mathfrak{X}}(x) = \frac{1}{\sqrt{2\pi}\,\sigma} \exp\left\{-\frac{1}{2\sigma^2}(x-\mu)^2\right\} \tag{1.1.14}$$

besitzt (kurz $\mathfrak{X} \sim \mathrm{N}(\mu, \sigma^2)$) ●

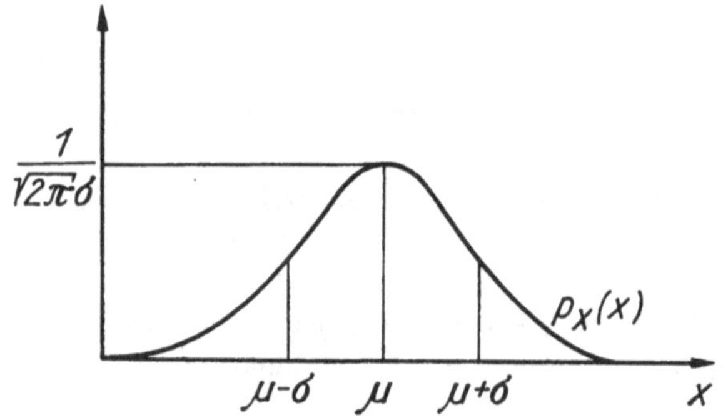

Abb. 1.1.6. Dichtefunktion einer normalverteilten Zufallsgröße

Die Dichte $p_{\mathfrak{X}}$ nimmt bei $x = \mu$ ihr Maximum an und hat bei $x = \mu + \sigma$ bzw. $x = \mu - \sigma$ ihre Wendepunkte (›Abb. 1.1.6). Für die Momente gilt

$$\mathrm{E}\mathfrak{X} = \mu\,, \qquad \mathrm{D}^2\mathfrak{X} = \sigma^2\,. \tag{1.1.15}$$

Eine Zufallsgröße $\mathfrak{Y}$ mit $\mathfrak{Y} \sim \mathrm{N}(0, 1)$ heißt *standardisiert* normalverteilt (›Bez. 1.1.6). In der Literatur wird $\mathfrak{Y}$ gelegentlich auch nur als normiert normalverteilt bezeichnet.

Viele Zufallsgrößen lassen sich zumindest annähernd durch eine entsprechende Normalverteilung beschreiben, wenn sie durch Überlagerung einer Vielzahl von weitgehend untereinander unabhängigen zufälligen Effekten entsteht. Diese Eigenschaft wird in den Grenzwertsätzen der Wahrscheinlichkeitstheorie fixiert (s. z. B. Maibaum [1]) und gibt eine Begründung für viele praktische Verfahrensweisen der mathematischen Statistik.

Bezeichnung 1.1.11: Es sei n eine natürliche Zahl. Eine Zufallsgröße $\mathfrak{X}$ heißt *χ^2-verteilt* mit dem Parameter n (*mit n Freiheitsgraden*), wenn sie die Dichtefunktion

$$p_{\mathfrak{X}}(x) = \begin{cases} \dfrac{1}{2^{n/2}\Gamma\left(\dfrac{n}{2}\right)} x^{n/2-1} \mathrm{e}^{-x/2} & \text{für } x > 0\,, \\ 0 & \text{für } x \leqq 0 \end{cases} \tag{1.1.16}$$

besitzt (kurz $\mathfrak{X} \sim \chi_n^2$) ●

In (1.1.16) bedeutet Γ die durch

$$\Gamma(z) = \int_0^\infty t^{z-1} \mathrm{e}^{-t}\, \mathrm{d}t\,, \quad z > 0\,,$$

definierte vollständige Gammafunktion. Wenn $z = n$ ist, dann gilt $\Gamma(n) = (n-1)!$ $= 1 \cdot 2 \dots (n-1)$. Für die Momente einer χ^2-verteilten Zufallsgröße erhält man

$$\mathrm{E}\mathfrak{X} = n\,, \qquad \mathrm{D}^2\mathfrak{X} = 2n\,. \tag{1.1.17}$$

Aussage 1.1.8: Es seien $\mathfrak{X}_1, \dots, \mathfrak{X}_n$ unabhängige Zufallsgrößen (›Bez. 1.1.24), wobei jede Zufallsgröße eine N(0, 1)-Verteilung besitzt. Die Zufallsgröße $\mathfrak{Y} = \sum_{i=1}^{n} \mathfrak{X}_i^2$ ist dann χ^2-verteilt mit dem Parameter n (mit n Freiheitsgraden): $\mathfrak{Y} \sim \chi_n^2$ ●

Bezeichnung 1.1.12: Es sei n eine natürliche Zahl. Eine Zufallsgröße $\mathfrak{X}$ heißt *t-verteilt* mit dem Parameter n (*mit n Freiheitsgraden*), wenn sie für alle $x \in \mathrm{R}^1$ die Dichtefunktion

$$p_{\mathfrak{X}}(x) = \frac{\Gamma\left(\dfrac{n+1}{2}\right)}{\sqrt{n\pi}\,\Gamma\left(\dfrac{n}{2}\right)} \frac{1}{\left(1 + \dfrac{x^2}{n}\right)^{\frac{n+1}{2}}} \tag{1.1.18}$$

besitzt (kurz $\mathfrak{X} \sim \mathrm{t}_n$) ●

Für die Momente einer t-verteilten Zufallsgröße erhält man

$$\mathrm{E}\mathfrak{X} = 0 \quad (\text{für } n \geqq 2)\,, \qquad \mathrm{D}^2\mathfrak{X} = \frac{n}{n-2} \quad (\text{für } n \geqq 3)\,. \tag{1.1.19}$$

Aussage 1.1.9: Wenn die Zufallsgröße $\mathfrak{X}$ nach N(0, 1) verteilt und die Zufallsgröße $\mathfrak{Y}$ nach χ_n^2 verteilt ist und wenn $\mathfrak{X}$ und $\mathfrak{Y}$ unabhängig sind (›Bez. 1.1.24), dann genügt die Zufallsgröße

$$\mathfrak{Z} = \mathfrak{X} \Big/ \sqrt{\frac{\mathfrak{Y}}{n}}$$

einer t_n-Verteilung gemäß (1.1.18) ●

Bezeichnung 1.1.13: Es seien n_1 und n_2 natürliche Zahlen. Eine Zufallsgröße $\mathfrak{X}$ heißt *F-verteilt* mit den Parametern n_1 und n_2 (mit n_1 und n_2 Freiheitsgraden), wenn sie die

Dichtefunktion

$$p_{\mathfrak{X}}(x) = \begin{cases} \dfrac{\Gamma\left(\dfrac{n_1+n_2}{2}\right) n_1^{n_1/2} n_2^{n_2/2}}{\Gamma\left(\dfrac{n_1}{2}\right)\Gamma\left(\dfrac{n_2}{2}\right)} \dfrac{x^{\frac{n_1}{2}-1}}{(n_2+n_1x)^{\frac{n_1+n_2}{2}}} & \text{für } x > 0\,, \\ 0 & \text{für } x \leqq 0 \end{cases} \tag{1.1.20}$$

besitzt (kurz $\mathfrak{X} \sim \mathrm{F}_{n_1;\,n_2}$) ●

Dabei ist Γ die auch in (1.1.16) auftretende vollständige Gammafunktion. Für die Momente einer F-verteilten Zufallsgröße erhält man den Erwartungswert für $n_2 \geqq 3$ und die Varianz für $n_2 \geqq 5$ gemäß

$$\mathrm{E}\mathfrak{X} = \frac{n_2}{n_2-2}\,, \qquad \mathrm{D}^2\mathfrak{X} = \frac{2n_2^2(n_1+n_2-2)}{n_1(n_2-2)^2\,(n_2-4)}\,. \tag{1.1.21}$$

Aussage 1.1.10: Für die Zufallsgrößen $\mathfrak{X}$ und $\mathfrak{Y}$ gelte $\mathfrak{X} \sim \chi^2_{n_1}$ und $\mathfrak{Y} \sim \chi^2_{n_2}$, außerdem seien $\mathfrak{X}$ und $\mathfrak{Y}$ unabhängig (›Bez. 1.1.24). Dann genügt die Zufallsgröße $\mathfrak{Z} = \dfrac{\mathfrak{X}/n_1}{\mathfrak{Y}/n_2}$ einer $\mathrm{F}_{n_1;\,n_2}$-Verteilung gemäß (1.1.20) ●

Es seien n_1 und n_2 natürliche Zahlen und $\lambda \in \mathrm{R}^1$ eine reelle Zahl mit $0 \leqq \lambda < \infty$.

Bezeichnung 1.1.14: Eine Zufallsgröße $\mathfrak{X}$ heißt *nichtzentral* F-*verteilt* mit den Parametern n_1 und n_2 (mit n_1 und n_2 Freiheitsgraden) und dem Nichtzentralitätsparameter λ, wenn sie für alle $x \in \mathrm{R}^1$ die Dichtefunktion

$$p_{\mathfrak{X}}(x) = \begin{cases} \displaystyle\sum_{k=0}^{\infty} \frac{\mathrm{e}^{-\lambda}\lambda^k}{x!} \frac{n_1^{(n_1/2+k)} n_2^{n_2/2}\,\Gamma\left(\dfrac{n_1}{2}+\dfrac{n_2}{2}+k\right)}{\Gamma\left(\dfrac{n_1}{2}+k\right)\Gamma\left(\dfrac{n_2}{2}\right)} \frac{x^{(n_1/2)+k-1}}{(n_2+n_1x)^{(n_1/2)+(n_2/2+k)}} & \text{für } x > 0\,, \\ 0 & \text{für } x \leqq 0 \end{cases} \tag{1.1.22}$$

besitzt (kurz $\mathfrak{X} \sim \mathrm{F}_{n_1;\,n_2;\,\lambda}$) ●

Dabei ist Γ die auch in (1.1.16) auftretende vollständige Gammafunktion. Für die Momente einer nichtzentral F-verteilten Zufallsgröße erhält man für den Erwartungswert für $n_2 \geqq 3$ und für die Varianz für $n_2 \geqq 5$ die Ausdrücke

$$\left.\begin{aligned} \mathrm{E}\mathfrak{X} &= \frac{n_2}{n_2-2}\left(1+\frac{2\lambda}{n_1}\right), \\ \mathrm{D}^2\mathfrak{X} &= \frac{2n_2}{n_1^2(n_2-2)}\left[\frac{(n_1+2\lambda)^2}{(n_2-2)\,(n_2-4)} + \frac{n_1+4\lambda}{n_2-4}\right]. \end{aligned}\right\} \tag{1.1.23}$$

Für $\lambda = 0$ ergibt sich aus der Dichtefunktion (1.1.22) gerade die Dichtefunktion (1.1.20) der F-Verteilung, die wegen $\lambda = 0$ in diesem Zusammenhang auch als *zentrale* F-*Verteilung* bezeichnet wird.

Aussage 1.1.11: Jede der n_1 unabhängigen Zufallsgrößen (›Bez. 1.1.24) $\mathfrak{X}_1, \ldots, \mathfrak{X}_{n_1}$ besitze eine N(0, 1)-Verteilung, und jede der n_2 unabhängigen Zufallsgrößen $\mathfrak{Y}_1, \ldots, \mathfrak{Y}_{n_2}$

besitze eine N(μ, 1)-Verteilung. Wenn die Zufallsgrößen $\mathfrak{Z}_1 = \sum_{i=1}^{n_1} \mathfrak{X}_i^2$ und $\mathfrak{Z}_2 = \sum_{i=1}^{n_2} \mathfrak{Y}_i^2$ unabhängig sind, dann ist die Zufallsgröße $\mathfrak{U} = \frac{\mathfrak{Z}_2/n_2}{\mathfrak{Z}_1/n_1}$ nichtzentral F-verteilt gemäß Bez. 1.1.14, d. h. $\mathfrak{U} \sim F_{n_1; n_2; \mu}$ ●

Die Verteilungsfunktion von $\mathfrak{Z}_2$ wird dabei auch als nichtzentrale χ^2-Verteilung bezeichnet. Wenn $\mu = 0$ gilt, dann ist die Aussage 1.1.11 mit der Aussage 1.1.10 identisch.

Ein Vektor $\mathfrak{X} = (\mathfrak{X}_1, \dots, \mathfrak{X}_n)'$, dessen Komponenten $\mathfrak{X}_i$; $i = 1, \dots, n$; Zufallsgrößen sind, nennt man einen *zufälligen Vektor* oder einen *Zufallsvektor*. Seine möglichen Werte $\boldsymbol{x} = (x_1, \dots, x_n)'$ sind Punkte des n-dimensionalen Raumes: $\boldsymbol{x} \in R^n$, $x_i \in R^1$ für $i = 1, \dots, n$.

Bezeichnung 1.1.15: Die für einen zufälligen Vektor $\mathfrak{X} = (\mathfrak{X}_1, \dots, \mathfrak{X}_n)'$ und für alle $x_i \in R^1$ $(i = 1, \dots, n)$ durch

$$P(\mathfrak{X}_1 < x_1, \mathfrak{X}_2 < x_2, \dots, \mathfrak{X}_n < x_n) = P(\mathfrak{X} < \boldsymbol{x}) = F_{\mathfrak{X}}(\boldsymbol{x})$$

mit $\boldsymbol{x} = (x_1, \dots, x_n)'$ definierte Funktion $F_{\mathfrak{X}}$ heißt *Verteilungsfunktion des zufälligen Vektors* $\mathfrak{X}$ oder n-dimensionale Verteilungsfunktion ●

Bemerkung 1.1.1: In jeder einzelnen Komponente x_i; $i = 1, \dots, n$; ist $F_{\mathfrak{X}}(\boldsymbol{x})$ eine monoton nicht fallende linksseitig stetige Funktion. Darüber hinaus hat sie weitere Eigenschaften, die z. B. daraus resultieren, daß die mit ihr bestimmten Wahrscheinlichkeiten (1.1.24) für keinen n-dimensionalen Teilbereich negativ sind.

Bezeichnung 1.1.16: Ein zufälliger Vektor $\mathfrak{X} = (\mathfrak{X}_1, \dots, \mathfrak{X}_n)'$ heißt *stetig* verteilt, wenn es eine auf R^n definierte, nichtnegative, integrierbare *Dichtefunktion* $p_{\mathfrak{X}}$ (oder kurz *Dichte*) gibt, so daß für alle reelle Zahlen a_i und b_i mit $a_i < b_i$ und $i = 1, \dots, n$ gilt:

$$P(a_1 \leqq \mathfrak{X}_1 \leqq b_1, \dots, a_n \leqq \mathfrak{X}_n \leqq b_n) = \int_{a_1}^{b_1} \dots \int_{a_n}^{b_n} p_{\mathfrak{X}}(x_1, \dots, x_n)\, dx_1 \dots dx_n \quad ● \tag{1.1.24}$$

Die Funktion $p_{\mathfrak{X}}$ legt die Verteilungsfunktion eines n-dimensionalen zufälligen Vektors fest.

Aussage 1.1.12: Der zufällige Vektor $\mathfrak{X} = (\mathfrak{X}_1, \dots, \mathfrak{X}_n)'$ besitze die Dichte $p_{\mathfrak{X}}$. Dann gilt mit $\boldsymbol{x} = (x_1, \dots, x_n)'$

a) für alle $\boldsymbol{x} \in R^n$ ist $p_{\mathfrak{X}}(\boldsymbol{x}) \geqq 0$, und es ist

$$\int_{R^n} p_{\mathfrak{X}}(\boldsymbol{x})\, d\boldsymbol{x} = \int_{-\infty}^{\infty} \dots \int_{-\infty}^{\infty} p_{\mathfrak{X}}(x_1, \dots, x_n)\, dx_1 \dots dx_n = 1\,,$$

b) für alle $\boldsymbol{a} = (a_1, \dots, a_n)' \in R^n$ ist

$$F_{\mathfrak{X}}(\boldsymbol{a}) = \int_{-\infty}^{a_1} \dots \int_{-\infty}^{a_n} p_{\mathfrak{X}}(x_1, \dots, x_n)\, dx_1 \dots dx_n\,,$$

c) Die Verteilungsfunktion $F_{\mathfrak{X}}$ ist eine stetige Funktion, die an allen Stetigkeitsstellen von $p_{\mathfrak{X}}$ differenzierbar ist, wobei gilt

$$\frac{\partial^n F_{\mathfrak{X}}(\boldsymbol{x})}{\partial x_1\, \partial x_2 \dots \partial x_n} = p_{\mathfrak{X}}(x_1, \dots, x_n) \quad ●$$

Zur Berechnung der Verteilungsfunktion eines Teilvektors von $\mathfrak{X}$ aus der Funktion $F_{\mathfrak{X}}$ wird $\mathfrak{X}$ zerlegt.

Bezeichnung 1.1.17: Es sei $\mathfrak{X} = (\mathfrak{X}_1, \dots, \mathfrak{X}_n)'$ ein n-dimensionaler Zufallsvektor. Mit $\mathfrak{X}_s$ und $\mathfrak{X}_k$ werden zwei Teilvektoren von $\mathfrak{X}$ bezeichnet für die gilt

$$\mathfrak{X}_s = (\mathfrak{X}_{i_1}, \dots, \mathfrak{X}_{i_s})' \quad \text{mit } i_l \in \{1, \dots, n\},\ l = 1, \dots, s\,,$$

$$\mathfrak{X}_k = (\mathfrak{X}_{j_1}, \dots, \mathfrak{X}_{j_k})' \quad \text{mit } j_m \in \{1, \dots, n\},\ m = 1, \dots, k\,,$$

und $s + k = n;\ i_l \neq j_m$ ●

Es seien $\mathfrak{X}$ ein zufälliger Vektor mit der Verteilungsfunktion $F_{\mathfrak{X}}(\boldsymbol{x})$ ($\boldsymbol{x} \in \mathrm{R}^n$) und $\mathfrak{X}_s$, $\mathfrak{X}_k$ Vektoren gemäß Bez. 1.1.17.

Bezeichnung 1.1.18: Die für den Vektor $\mathfrak{X}_s$ durch

$$\lim_{x_{j_1} \to \infty} \lim_{x_{j_2} \to \infty} \dots \lim_{x_{j_k} \to \infty} F_{\mathfrak{X}}(\boldsymbol{x}_s, x_{j_1}, \dots, x_{j_k}) = F_{\mathfrak{X}_s}(\boldsymbol{x}_s)$$

$$= \int_{-\infty}^{x_{i_1}} \dots \int_{-\infty}^{x_{i_s}} \underbrace{\int_{-\infty}^{\infty} \dots \int_{-\infty}^{\infty}}_{k} p_{\mathfrak{X}}(x_1, \dots, x_n)\, \mathrm{d}x_1 \dots \mathrm{d}x_n \tag{1.1.25}$$

definierte Verteilungsfunktion heißt *Randverteilung* von $\mathfrak{X}_s$ der Verteilung von $\mathfrak{X}$, und die Funktion

$$\underbrace{\int_{-\infty}^{\infty} \dots \int_{-\infty}^{\infty}}_{k} p_{\mathfrak{X}}(x_1, \dots, x_n)\, \mathrm{d}x_{j_1} \dots \mathrm{d}x_{j_k} = p_{\mathfrak{X}_s}(\boldsymbol{x}_s) \tag{1.1.26}$$

heißt *Randverteilungsdichte* von $\mathfrak{X}_s$ der Verteilung von $\mathfrak{X}$ ●

Bezeichnung 1.1.19: Die Komponenten $\mathfrak{X}_i$ ($i = 1, \dots, n$) eines n-dimensionalen zufälligen Vektors $\mathfrak{X} = (\mathfrak{X}_1, \dots, \mathfrak{X}_n)'$ besitzen die Randverteilungsdichten $p_{\mathfrak{X}_i}$. Der Vektor

$$(\mathrm{E}\mathfrak{X}_1, \dots, \mathrm{E}\mathfrak{X}_n)' = \mathrm{E}\mathfrak{X} \quad \text{mit } \mathrm{E}\mathfrak{X}_i = \int_{-\infty}^{\infty} x_i p_{\mathfrak{X}_i}(x_i)\, \mathrm{d}x_i$$

($i = 1, \dots, n$) heißt *Erwartungswertvektor* des zufälligen Vektors $\mathfrak{X}$ ●

Die Komponenten des Vektors $\mathrm{E}\mathfrak{X}$ lassen sich auch durch die n-dimensionale Dichte $p_{\mathfrak{X}}$ des Vektors $\mathfrak{X}$ ausdrücken. Es gilt dann für $i = 1, \dots, n$

$$\mathrm{E}\mathfrak{X}_i = \int_{-\infty}^{\infty} x_i \underbrace{\int_{-\infty}^{\infty} \dots \int_{-\infty}^{\infty}}_{n-1} p_{\mathfrak{X}}(x_1, \dots, x_n)\, \mathrm{d}x_1 \dots \mathrm{d}x_{i-1}\, \mathrm{d}x_{i+1} \dots \mathrm{d}x_n\, \mathrm{d}x_i\,.$$

Dabei und auch in Bez. 1.1.19 wird die Existenz des Integrals über den Absolutbetrag vorausgesetzt (›Bez. 1.1.4).

Aussage 1.1.13: Für den Erwartungswert der Zufallsgröße $\mathfrak{Z} = \sum_{i=1}^{n} \mathfrak{X}_i$ gilt

$$\mathrm{E}\mathfrak{Z} = \mathrm{E} \sum_{i=1}^{n} \mathfrak{X}_i = \sum_{i=1}^{n} \mathrm{E}\mathfrak{X}_i \text{ ●} \tag{1.1.27}$$

Bezeichnung 1.1.20: Die Komponenten $\mathfrak{X}_i$ und $\mathfrak{X}_j$ ($i \in \{1, \dots, n\}, j \in \{1, \dots, n\}$) des zufälligen Vektors $\mathfrak{X} = (\mathfrak{X}_1, \dots, \mathfrak{X}_n)'$ mit der Dichte $p_{\mathfrak{X}}$ besitzen die Randverteilungsdichte $p_{\mathfrak{X}_i,\mathfrak{X}_j}$. Die Größe

$$\operatorname{cov}(\mathfrak{X}_i, \mathfrak{X}_j) = \mathrm{E}(\mathfrak{X}_i - \mathrm{E}\mathfrak{X}_i)(\mathfrak{X}_j - \mathrm{E}\mathfrak{X}_j) =$$

$$= \int_{-\infty}^{\infty} \int_{-\infty}^{\infty} (x_i - \mathrm{E}\mathfrak{X}_i)(x_j - \mathrm{E}\mathfrak{X}_j)\, p_{\mathfrak{X}_i,\mathfrak{X}_j}(x_i, x_j)\, dx_i\, dx_j \tag{1.1.28}$$

heißt *Kovarianz* der Zufallsgrößen $\mathfrak{X}_i$ und $\mathfrak{X}_j$, wenn $\mathrm{D}^2\mathfrak{X}_i$ und $\mathrm{D}^2\mathfrak{X}_j$ existieren ●

Die Kovarianz ist symmetrisch, d. h. $\operatorname{cov}(\mathfrak{X}_i, \mathfrak{X}_j) = \operatorname{cov}(\mathfrak{X}_j, \mathfrak{X}_i)$. Verwenden wir die Beziehung (1.1.26), dann läßt sich die Kovarianz $\operatorname{cov}(\mathfrak{X}_i, \mathfrak{X}_j)$ auch durch die Dichte $p_{\mathfrak{X}}$ ausdrücken. Für $i = j$ ergibt sich aus (1.1.28) die Kovarianz der Zufallsgröße $\mathfrak{X}_i$ mit sich selbst

$$\operatorname{cov}(\mathfrak{X}_i, \mathfrak{X}_i) = \int_{-\infty}^{\infty} (x_i - \mathrm{E}\mathfrak{X}_i)^2\, p_{\mathfrak{X}_i}(x_i)\, dx_i = \mathrm{D}^2\mathfrak{X}_i\,, \tag{1.1.29}$$

und das ist gerade die Varianz von $\mathfrak{X}_i$ (vgl. Bez. 1.1.5).

Für einen zufälligen Vektor $\mathfrak{X} = (\mathfrak{X}_1, \ldots, \mathfrak{X}_n)'$ lassen sich $\frac{n(n+1)}{2}$ verschiedene Kovarianzen (bzw. Varianzen) zwischen jeweils zwei Komponenten (bzw. Komponenten mit sich selbst) bilden, die man in einer Matrix anordnen kann.

Bezeichnung 1.1.21: Es sei $\mathfrak{X} = (\mathfrak{X}_1, \ldots, \mathfrak{X}_n)'$ ein n-dimensionaler zufälliger Vektor. Falls für alle $i = 1, \ldots, n$ und $j = 1, \ldots, n$ die Kovarianzen $\operatorname{cov}(\mathfrak{X}_i, \mathfrak{X}_j)$ gemäß (1.1.28) existieren, heißt die Matrix

$$\big((\operatorname{cov}(\mathfrak{X}_i, \mathfrak{X}_j))\big)_{n\times n} = \big((\mathrm{E}(\mathfrak{X}_i - \mathrm{E}\mathfrak{X}_i)(\mathfrak{X}_j - \mathrm{E}\mathfrak{X}_j))\big)_{n\times n} = \boldsymbol{B}_{\mathfrak{X}} \tag{1.1.30}$$

Kovarianzmatrix des Vektors $\mathfrak{X}$ ●

Die Elemente der Hauptdiagonalen der Kovarianzmatrix $\boldsymbol{B}_{\mathfrak{X}}$ sind die Varianzen der einzelnen Komponenten $\mathfrak{X}_i$ des zufälligen Vektors $\mathfrak{X} = (\mathfrak{X}_1, \ldots, \mathfrak{X}_n)'$.

Aussage 1.1.14: Die Kovarianzmatrix $\boldsymbol{B}_{\mathfrak{X}}$ eines zufälligen Vektors $\mathfrak{X}$ ist eine symmetrische, positiv-semidefinite Matrix, d. h. $\boldsymbol{B}_{\mathfrak{X}} \in \mathcal{M}_n^{\geqq}$ (›Bez. A.1.16) ●

Die Kovarianzmatrix des zufälligen Vektors $\mathfrak{X}$ stellt das mehrdimensionale Analogon zur Varianz einer Zufallsgröße $\mathfrak{X}$ dar. Häufig verwendet man hiervon abgeleitete Kenngrößen, um das Varianzverhalten des zufälligen Vektors zu beschreiben, z. B. $\det \boldsymbol{B}_{\mathfrak{X}}$ als *verallgemeinerte Varianz.*

Bezeichnung 1.1.22: Für die Komponenten $\mathfrak{X}_i$ und $\mathfrak{X}_j$ ($i \in \{1, \ldots, n\}$, $j \in \{1, \ldots, n\}$, $i \neq j$) des zufälligen Vektors $\mathfrak{X} = (\mathfrak{X}_1, \ldots, \mathfrak{X}_n)'$ seien $\mathrm{D}^2\mathfrak{X}_i > 0$, $\mathrm{D}^2\mathfrak{X}_j > 0$, und es existiere $\operatorname{cov}(\mathfrak{X}_i, \mathfrak{X}_j)$. Die durch

$$\frac{\operatorname{cov}(\mathfrak{X}_i, \mathfrak{X}_j)}{\sqrt{\mathrm{D}^2\mathfrak{X}_i \mathrm{D}^2\mathfrak{X}_j}} = \frac{\mathrm{E}(\mathfrak{X}_i - \mathrm{E}\mathfrak{X}_i)(\mathfrak{X}_j - \mathrm{E}\mathfrak{X}_j)}{\sqrt{\mathrm{D}^2\mathfrak{X}_i \mathrm{D}^2\mathfrak{X}_j}} = \varrho(\mathfrak{X}_i, \mathfrak{X}_j) \tag{1.1.31}$$

definierte reelle Zahl heißt *Korrelationskoeffizient* der Zufallsgrößen $\mathfrak{X}_i$ und $\mathfrak{X}_j$ ●

Durch den Korrelationskoeffizienten $\varrho(\mathfrak{X}_i, \mathfrak{X}_j)$ wird eine gewisse Abhängigkeit zwischen $\mathfrak{X}_i$ und $\mathfrak{X}_j$ ausgedrückt.

Aussage 1.1.15: Es sei $\varrho(\mathfrak{X}_i, \mathfrak{X}_j)$ der Korrelationskoeffizient der Komponenten $\mathfrak{X}_i$ und $\mathfrak{X}_j$ des zufälligen Vektors $\mathfrak{X}$ mit der Verteilungsfunktion $F_{\mathfrak{X}}$. Dann gilt für $i \in \{1, \ldots, n\}$ und $j \in \{1, \ldots, n\}$

a) $|\varrho(\mathfrak{X}_i, \mathfrak{X}_j)| \leqq 1$,

b) wenn $|\varrho(\mathfrak{X}_i, \mathfrak{X}_j)| = 1$ ist, dann gibt es eine reelle Zahl $a \neq 0$ und eine reelle Zahl b so, daß mit Wahrscheinlichkeit 1 gilt $\mathfrak{X}_2 = a\mathfrak{X}_1 + b$. Umgekehrt folgt aus dieser linearen Beziehung $|\varrho(\mathfrak{X}_i, \mathfrak{X}_j)| = 1$ •

Bezeichnung 1.1.23: Wenn $\varrho(\mathfrak{X}_i, \mathfrak{X}_j) = 0$ gilt, dann heißen die Komponenten $\mathfrak{X}_i$ und $\mathfrak{X}_j$ des zufälligen Vektors $\mathfrak{X} = (\mathfrak{X}_1, \ldots, \mathfrak{X}_n)'$ *unkorreliert* •

Der zufällige Vektor $\mathfrak{X} = (\mathfrak{X}_1, \ldots, \mathfrak{X}_n)'$ besitze die Verteilungsfunktion $F_{\mathfrak{X}}$.

Bezeichnung 1.1.24: Es seien $F_{\mathfrak{X}_i}$ die Randverteilungen für die Komponenten $\mathfrak{X}_i$; $i = 1, \ldots, n$. Wenn für alle $x = (x_1, \ldots, x_n)' \in \mathrm{R}^n$ gilt

$$F_{\mathfrak{X}}(x) = F_{\mathfrak{X}_1}(x_1) \cdot F_{\mathfrak{X}_2}(x_2) \ldots F_{\mathfrak{X}_n}(x_n) = \prod_{i=1}^{n} F_{\mathfrak{X}_i}(x_i)\,, \tag{1.1.32}$$

dann heißen die Zufallsgrößen $\mathfrak{X}_1, \ldots, \mathfrak{X}_n$ (in der Gesamtheit) *unabhängig* •

In analoger Weise läßt sich die Unabhängigkeit von Zufallsgrößen auch unter Verwendung der Dichtefunktion $p_{\mathfrak{X}}$ und der Randverteilungsdichtefunktionen $p_{\mathfrak{X}_i}$ definieren. Für alle $x \in \mathrm{R}^n$ gilt

$$p_{\mathfrak{X}}(x) = p_{\mathfrak{X}_1}(x_1)\, p_{\mathfrak{X}_2}(x_2) \ldots p_{\mathfrak{X}_n}(x_n) = \prod_{i=1}^{n} p_{\mathfrak{X}_i}(x_i)\,.$$

Der zufällige Vektor $\mathfrak{X} = (\mathfrak{X}_1, \ldots, \mathfrak{X}_n)'$ besitzt die Dichtefunktion $p_{\mathfrak{X}}$, die Komponenten $\mathfrak{X}_i$ $(i \in \{1, \ldots, n\})$ und $\mathfrak{X}_j$ $(j \in \{1, \ldots, n\})$ die Randverteilungsdichtefunktionen $p_{\mathfrak{X}_i}$ bzw. $p_{\mathfrak{X}_j}$.

Aussage 1.1.16: Wenn die Zufallsgrößen $\mathfrak{X}_i$ und $\mathfrak{X}_j$ unabhängig sind, dann ist

a) $\mathrm{E}\mathfrak{X}_i\mathfrak{X}_j = \mathrm{E}\mathfrak{X}_i\mathrm{E}\mathfrak{X}_j$ (falls $\mathrm{E}\mathfrak{X}_i$ und $\mathrm{E}\mathfrak{X}_j$ existieren),

b) $\varrho(\mathfrak{X}_i, \mathfrak{X}_j) = \operatorname{cov}(\mathfrak{X}_i, \mathfrak{X}_j) = 0$ •

Aussage 1.1.17: Wenn die Komponenten des Vektors $\mathfrak{X}$ unabhängig sind, dann ist die Varianz der Zufallsgröße $\mathfrak{Z} = \sum_{i=1}^{n} \mathfrak{X}_i$ gegeben durch

$$\mathrm{D}^2\mathfrak{Z} = \mathrm{D}^2\left(\sum_{i=1}^{n} \mathfrak{X}_i\right) = \sum_{i=1}^{n} \mathrm{D}^2\mathfrak{X}_i \quad \bullet \tag{1.1.33}$$

Es seien $\boldsymbol{\mu} = (\mu_1, \ldots, \mu_n)' \in \mathrm{R}^n$ ein Parametervektor und $\boldsymbol{\Sigma}$ eine positiv definite Matrix der Ordnung n ($\boldsymbol{\Sigma} \in \mathcal{M}_n^{>}$), deren Elemente reelle Zahlen (ebenfalls Parameter) sind.

Bezeichnung 1.1.25: Ein zufälliger Vektor $\mathfrak{X} = (\mathfrak{X}_1, \ldots, \mathfrak{X}_n)'$ heißt (*n-dimensional*) *normalverteilt* mit den Parametern $\boldsymbol{\mu}$ und $\boldsymbol{\Sigma}$, wenn er für alle $x \in \mathrm{R}^n$ die Dichtefunktion

$$p_{\mathfrak{X}}(x) = (2\pi)^{-n/2} (\det \boldsymbol{\Sigma})^{-1/2} \exp\left\{-\tfrac{1}{2}(x - \boldsymbol{\mu})' \boldsymbol{\Sigma}^{-1}(x - \boldsymbol{\mu})\right\} \tag{1.1.34}$$

besitzt •

Wegen $\boldsymbol{\Sigma} \in \mathcal{M}_n^{>}$ existiert die inverse Matrix $\boldsymbol{\Sigma}^{-1}$ (›Aussage A. 1.11). Als symbolische Schreibweise für einen normalverteilten zufälligen Vektor verwenden wir $\mathfrak{X} \sim \mathrm{N}(\boldsymbol{\mu}, \boldsymbol{\Sigma})$.

Für einen zufälligen Vektor $\mathfrak{X}$ mit der Dichte $p_{\mathfrak{X}}$ gemäß (1.1.34) erhält man für den Erwartungswertvektor und für die Kovarianzmatrix

$$\mathrm{E}\mathfrak{X} = \boldsymbol{\mu}\,, \qquad \boldsymbol{B}_{\mathfrak{X}} = \boldsymbol{\Sigma}\,. \tag{1.1.35}$$

Bemerkung 1.1.2: Alle $\binom{n}{s}$ Randverteilungen s-dimensionaler Teilvektoren $\mathfrak{X}_s$ von $\mathfrak{X}$ für $s = 1, \dots, n-1$ sind wieder Normalverteilungen.

Es sei $\mathfrak{X} = (\mathfrak{X}_1, \dots, \mathfrak{X}_n)'$ ein zufälliger Vektor, der in $\mathfrak{X}_s = (\mathfrak{X}_{i_1}, \dots, \mathfrak{X}_{i_s})$ und $\mathfrak{X}_k = (\mathfrak{X}_{j_1}, \dots, \mathfrak{X}_{j_k})'$ gemäß Bez. 1.1.17 zerlegt wurde. Weiterhin seien $h_1, \dots, h_k$ positive reelle Zahlen.

Bezeichnung 1.1.26: Die durch

$$\lim_{h_1\to 0} \dots \lim_{h_k \to 0} \frac{P(x_{j_1} \leq \mathfrak{X}_{j_1} < x_{j_1} + h_1, \dots, x_{j_k} \leq \mathfrak{X}_{j_k} < x_{j_k} + h_k, \mathfrak{X}_{i_1} < x_{i_1}, \dots, \mathfrak{X}_{i_s} < x_{i_s})}{P(x_{j_1} \leq \mathfrak{X}_{j_1} < x_{j_1} + h_1, \dots, x_{j_k} \leq \mathfrak{X}_{j_k} < x_{j_k} + h_k)}$$

$$= \lim_{h_1\to 0} \dots \lim_{h_k \to 0} P(\mathfrak{X}_{i_1} < x_{i_1}, \dots, \mathfrak{X}_{i_s} < x_{i_s} \mid x_{j_1} \leq \mathfrak{X}_{j_1} < x_{j_1} + h_1, \dots, x_{j_k} \leq \mathfrak{X}_{j_k} < x_{j_k} + h_k)$$

$$= F_{\mathfrak{X}_s}(\boldsymbol{x}_s \mid \mathfrak{X}_k = \boldsymbol{x}_k) \tag{1.1 36}$$

definierte Funktion heißt *bedingte Verteilungsfunktion* von $\mathfrak{X}_s$ unter der Bedingung $\mathfrak{X}_k = \boldsymbol{x}_k$ ●

Wenn die Komponenten $\mathfrak{X}_i$ eines zufälligen Vektors $\mathfrak{X}$ stetig verteilt sind (›Bez. 1.1.3), dann kann seine Verteilungsfunktion, die unter einer Bedingung betrachtet wird, auch wie im eindimensionalen Fall durch eine entsprechende Dichtefunktion ausgedrückt werden. Wir wollen dabei stets voraussetzen, daß die auftretenden Integrale alle existieren.

Es sei $\mathfrak{X}$ ein zufälliger Vektor mit der Dichtefunktion $p_{\mathfrak{X}}(\boldsymbol{x})$, $\boldsymbol{x} \in \mathrm{R}^n$, der in $\mathfrak{X}_s$ und $\mathfrak{X}_k$ zerlegt wurde. Weiterhin sei $p_{\mathfrak{X}_s}(\boldsymbol{x}_s)$ die Randverteilungsdichte von $\mathfrak{X}_s$ der Verteilung von $\mathfrak{X}$ (›Bez. 1.1.18).

Bezeichnung 1.1.27: Die durch

$$\frac{p_{\mathfrak{X}}(\boldsymbol{x})}{p_{\mathfrak{X}_k}(\boldsymbol{x}_k)} = \frac{p_{\mathfrak{X}}(\boldsymbol{x})}{\underbrace{\int_{-\infty}^{\infty} \dots \int_{-\infty}^{\infty}}_{s} p_{\mathfrak{X}}(x_1, \dots, x_n)\, \mathrm{d}x_{i_1} \dots \mathrm{d}x_{i_s}} = p_{\mathfrak{X}_s}(\boldsymbol{x}_s \mid \mathfrak{X}_k = \boldsymbol{x}_k) \tag{1.1.37}$$

definierte Funktion heißt *bedingte Dichtefunktion* von $\mathfrak{X}_s$ unter der Bedingung $\mathfrak{X}_k = \boldsymbol{x}_k$, falls der Nenner in (1.1.37) nicht Null ist ●

Aussage 1.1.18: Die bedingte Verteilungsfunktion gemäß (1.1.36) läßt sich durch die bedingte Dichtefunktion (1.1.37) ausdrücken. Es gilt

$$F_{\mathfrak{X}_s}(\boldsymbol{x}_s \mid \mathfrak{X}_k = \boldsymbol{x}_k) = \frac{\int_{-\infty}^{x_{i_1}} \dots \int_{-\infty}^{x_{i_s}} p_{\mathfrak{X}}(u_{i_1}, \dots, u_{i_s}, x_{j_1}, \dots, x_{j_k})\, \mathrm{d}u_{i_1} \dots \mathrm{d}u_{i_s}}{\int_{-\infty}^{\infty} \dots \int_{-\infty}^{\infty} p_{\mathfrak{X}}(\boldsymbol{x})\, \mathrm{d}x_{i_1} \dots \mathrm{d}x_{i_s}} =$$

$$= \int_{-\infty}^{x_{i_1}} \dots \int_{-\infty}^{x_{i_s}} p_{\mathfrak{X}_s}(u_{i_1}, \dots, u_{i_s} \mid \mathfrak{X}_k = \boldsymbol{x}_k)\, \mathrm{d}u_{i_1} \dots \mathrm{d}u_{i_s} \; ● \tag{1.1.38}$$

Es sei $\mathfrak{X}$ ein zufälliger Vektor mit der Dichtefunktion $p_{\mathfrak{X}}(\boldsymbol{x})$, $\boldsymbol{x} \in \mathrm{R}^n$, der in $\mathfrak{X}_s$ und $\mathfrak{X}_k$ gemäß Bez. 1.1.17 zerlegt wurde. Weiterhin sei $p_{\mathfrak{X}_s}(\boldsymbol{x}_s \mid \mathfrak{X}_k = \boldsymbol{x}_k)$ die bedingte Dichte von $\mathfrak{X}_s$ unter der Bedingung $\mathfrak{X}_k = \boldsymbol{x}_k$ und $p_{\mathfrak{X}_k}(\boldsymbol{x}_k)$ die Randverteilungsdichte von $\mathfrak{X}_k$ der Verteilung von $\mathfrak{X}$.

Aussage 1.1.19: Die Randverteilungsdichte von $\mathfrak{X}_s$ der Verteilung von $\mathfrak{X}$ ist gegeben durch

$$p_{\mathfrak{X}_s}(\boldsymbol{x}_s) = \int_{-\infty}^{\infty} \cdots \int_{-\infty}^{\infty} p_{\mathfrak{X}_s}(\boldsymbol{x}_s \mid \mathfrak{X}_k = \boldsymbol{x}_k)\, p_{\mathfrak{X}_k}(x_{j_1}, \dots, x_{j_k})\, \mathrm{d}x_{j_1} \dots \mathrm{d}x_{j_k} \quad \bullet \qquad (1.1.39)$$

Aussage 1.1.20: Für die in Bez. 1.1.17 eingeführte Zerlegung des n-dimensionalen zufälligen Vektors $\mathfrak{X}$ läßt sich die bedingte Dichte von $\mathfrak{X}_s$ berechnen durch die Bayessche Formel

$$p_{\mathfrak{X}_s}(\boldsymbol{x}_s \mid \mathfrak{X}_k = \boldsymbol{x}_k) = \frac{p_{\mathfrak{X}_k}(\boldsymbol{x}_k \mid \mathfrak{X}_s = \boldsymbol{x}_s)\, p_{\mathfrak{X}_s}(\boldsymbol{x}_s)}{p_{\mathfrak{X}_k}(\boldsymbol{x}_k)} \quad \bullet \qquad (1.1.40)$$

Bezeichnung 1.1.28: Die in (1.1.40) auftretende Randverteilungsdichte $p_{\mathfrak{X}_{i_1}, \dots, \mathfrak{X}_{i_s}}(x_{i_1}, \dots, x_{i_s})$ heißt *a-priori-Verteilungsdichte* von $(\mathfrak{X}_{i_1}, \dots, \mathfrak{X}_{i_s})'$, und die bedingte Dichte $p_{\mathfrak{X}_{i_1}, \dots, \mathfrak{X}_{i_s}}((x_{i_1}, \dots, x_{i_s}) \mid (\mathfrak{X}_{j_1}, \dots, \mathfrak{X}_{j_k})' = (x_{j_1}, \dots, x_{j_k})')$ wird als *a-posteriori-Verteilungsdichte* von $(\mathfrak{X}_{i_1}, \dots, \mathfrak{X}_{i_s})'$ bezeichnet $\bullet$

Bemerkung 1.1.8: Bei der Anwendung von Aussage 1.1.20 kann auch der Fall auftreten, daß die Zufallsgrößen $\mathfrak{X}_{i_1}, \dots, \mathfrak{X}_{i_s}$ diskret verteilt sind mit $P(\mathfrak{X}_{i_l} = x_{i_l}) = p_{i_l}$. In diesem Fall wird die a-priori-Verteilung von $\mathfrak{X}_{i_l}$ durch die entsprechenden Einzelwahrscheinlichkeiten p_{i_l} ersetzt. Damit sind die durch die Bayessche Formel (1.1.40) berechenbaren Größen ebenfalls Einzelwahrscheinlichkeiten, die a-posteriori-Wahrscheinlichkeiten von $\mathfrak{X}_{i_l}$, $l = 1, \dots, s$.
Unter Verwendung von (1.1.39) erhält man somit für (1.1.40) die spezielle Darstellung für $l = 1, \dots, s$

$$p_{\mathfrak{X}_{i_l}}(x_{i_l} \mid \mathfrak{X}_k = \boldsymbol{x}_k) = \frac{p_{\mathfrak{X}_k}(\boldsymbol{x}_k \mid \mathfrak{X}_{i_l} = x_{i_l})\, p_{i_l}}{\sum_{l=1}^{s} p_{\mathfrak{X}_k}(\boldsymbol{x}_k \mid \mathfrak{X}_{i_l} = x_{i_l})\, p_{i_l}}. \qquad (1.1.41)$$

Für die folgende Bezeichnung setzen wir die Existenz der auftretenden Integrale über die Absolutbeträge voraus.

Es sei $\mathfrak{X} = (\mathfrak{X}_1, \dots, \mathfrak{X}_n)'$ ein zufälliger Vektor mit der Dichtefunktion $p_{\mathfrak{X}}(\boldsymbol{x})$, $\boldsymbol{x} \in \mathrm{R}^n$, der in $\mathfrak{X}_s$ und $\mathfrak{X}_k$ gemäß Bez. 1.1.17 zerlegt wurde. Weiterhin sei $p_{\mathfrak{X}_{i_l}}(x_{i_l} \mid \mathfrak{X}_k = \boldsymbol{x}_k)$ die Randdichte von $\mathfrak{X}_{i_l}$ der bedingten Dichte von $\mathfrak{X}_s$ unter der Bedingung $\mathfrak{X}_k = \boldsymbol{x}_k$.

Bezeichnung 1.1.29: Die durch

$$\mathrm{E}(\mathfrak{X}_{i_l} \mid \mathfrak{X}_k = \boldsymbol{x}_k) = \int_{-\infty}^{\infty} x_{i_l} p_{\mathfrak{X}_{i_l}}(x_{i_l} \mid \mathfrak{X}_k = \boldsymbol{x}_k)\, \mathrm{d}x_{i_l} = \frac{\int_{-\infty}^{\infty} \cdots \int_{-\infty}^{\infty} x_{i_l} p_{\mathfrak{X}}(x_1, \dots, x_n)\, \mathrm{d}x_{i_1} \dots \mathrm{d}x_{i_s}}{\int_{-\infty}^{\infty} \cdots \int_{-\infty}^{\infty} p_{\mathfrak{X}}(x_1, \dots, x_n)\, \mathrm{d}x_{i_1} \dots \mathrm{d}x_{i_s}} \qquad (1.1.42)$$

definierte reelle Zahl heißt für $l = 1, \dots, s$ *bedingter Erwartungswert* von $\mathfrak{X}_{i_l}$ unter der Bedingung $\mathfrak{X}_k = \boldsymbol{x}_k$ $\bullet$

Wir werden gelegentlich, wenn Verwechslungen ausgeschlossen sind, den bedingten Erwartungswert von $\mathfrak{X}_{il}$ auch mit $E_{\mathfrak{X}_{il} \mid \mathfrak{X}_k = x_k}$ oder $E_{\mathfrak{X}_{il} \mid x_k}$ bezeichnen. Unter Verwendung von Bez. 1.1.19 erhalten wir den Erwartungswertvektor von $\mathfrak{X}_s$ mit (1.1.42) für $l = 1, \dots, s$.

1.2. Mathematische Statistik

Die Zufallsgröße $\mathfrak{X}$ nimmt ihre Werte gemäß der Verteilungsfunktion $F_\mathfrak{X}$ an. Die Feststellung, welchen der Werte sie angenommen hat, nennt man *Beobachtung* der Zufallsgröße. Es wird dabei vorausgesetzt, daß die Zufallsgröße bei jeder Beobachtung von neuem einen ihrer Werte gemäß $F_\mathfrak{X}$ annimmt. Die so entstehenden Werte $x_1, x_2, \dots$ heißen *Realisierungen* von $\mathfrak{X}$.

Aufgabe der mathematischen Statistik ist es, anhand von Realisierungen $x_1, x_2, \dots$ Aussagen über die dem Beobachter unbekannte Verteilungsfunktion $F_\mathfrak{X}$ der Zufallsgröße $\mathfrak{X}$ zu machen.

Bezeichnung 1.2.1: Der zufällige Vektor $\boldsymbol{\mathfrak{X}} = (\mathfrak{X}_1, \dots, \mathfrak{X}_n)'$, in dem jede Komponente $\mathfrak{X}_i$ die gleiche Verteilungsfunktion $F_\mathfrak{X}$ besitzt und dessen Komponenten (in Gesamtheit) unabhängig sind, heißt *mathematische Stichprobe* vom Umfang n der Zufallsgröße $\mathfrak{X}$ mit der Verteilungsfunktion $F_\mathfrak{X}$ ●

Die natürliche Zahl n wird als *Stichprobenumfang* und die Komponenten $\mathfrak{X}_i$; $i = 1, \dots, n$; werden als Stichprobenelemente oder *Stichprobenvariablen* bezeichnet.

Eine Realisierung $\boldsymbol{x} = (x_1, \dots, x_n)'$ der mathematischen Stichprobe $\boldsymbol{\mathfrak{X}}$, d. h., x_i ist eine Realisierung von $\mathfrak{X}_i$, heißt *konkrete Stichprobe* vom Umfang n. Eine konkrete Stichprobe ist ein Punkt des n-dimensionalen Raumes, also $\boldsymbol{x} \in \mathrm{R}^n$.

Bezeichnung 1.2.2: Die Menge aller möglichen konkreten Stichproben $\boldsymbol{x}$ einer mathematischen Stichprobe $\boldsymbol{\mathfrak{X}}$ zur Zufallsgröße $\mathfrak{X}$ mit der Verteilungsfunktion $F_\mathfrak{X}$ wird als *Stichprobenraum* $C_{\boldsymbol{\mathfrak{X}}}$ bezeichnet (›Bez. 2.1.13) ●

Wenn keine Verwechslungen möglich sind, werden wir den Index $\boldsymbol{\mathfrak{X}}$ bei $C_{\boldsymbol{\mathfrak{X}}}$ auch weglassen. Wir werden aber auch, falls es notwendig ist, weitere Abhängigkeiten des Stichprobenraumes deutlich machen.

Aussagen aus einer Stichprobe über die Verteilungsfunktion werden durch sog. Stichprobenfunktionen vermittelt.

Bezeichnung 1.2.3: Eine Abbildung T_n des Stichprobenraumes $C_{\boldsymbol{\mathfrak{X}}} \subseteq \mathrm{R}^n$ in den R^p, d. h.

$$T_n \mid C_{\boldsymbol{\mathfrak{X}}} \to \mathrm{R}^p \tag{1.2.1}$$

heißt *Stichprobenfunktion* (oder auch *Statistik*) ●

Beispiel 1.2.1: Der *Stichprobenmittelwert*

$$T_n(\boldsymbol{\mathfrak{X}}) = \frac{1}{n} \sum_{i=1}^{n} \mathfrak{X}_i =: \overline{\mathfrak{X}} \tag{1.2.2}$$

und die *Stichprobenstreuung*

$$T_n(\boldsymbol{\mathfrak{X}}) = \frac{1}{n-1} \sum_{i=1}^{n} (\mathfrak{X}_i - \overline{\mathfrak{X}})^2 =: \mathfrak{S}^2 \tag{1.2.3}$$

sind spezielle Stichprobenfunktionen (mit $p = 1$).

Weiterhin kann man zur *geordneten Stichprobe* $\mathfrak{X}_1^*, \dots, \mathfrak{X}_n^*$ übergehen, deren Realisierungen aus denen der Stichprobe $\mathfrak{X}$ dadurch entstehen, daß man diese der Größe nach ordnet: $x_1^* \leqq x_2^* \leqq \dots \leqq x_n^*$. Hieraus erhält man als weitere Stichprobenfunktion den *Median* der Stichprobe nach der Vorschrift

$$\tilde{\mathfrak{X}} = \begin{cases} \mathfrak{X}_{l+1}^*, & \text{falls } n = 2l + 1, \\ \frac{1}{2}(\mathfrak{X}_l^* + \mathfrak{X}_{l+1}^*), & \text{falls } n = 2l, \end{cases} \tag{1.2.4}$$

für $l \in \{1, 2, \dots\}$.

Voraussetzung 1.2.1: Es sei eine Familie von Funktionen (›Bez. A.2.6)

$$\{F(x, \boldsymbol{\vartheta}), x \in \mathrm{R}^1\}_{\boldsymbol{\vartheta} \in \Theta}$$

bekannt, zu der die unbekannte Verteilungsfunktion $F_{\mathfrak{X}}$ der Zufallsgröße $\mathfrak{X}$ gehört. D. h., es sind nur die Werte im Parametervektor $\boldsymbol{\vartheta} = (\vartheta_1, \dots, \vartheta_r)' \in \Theta \subseteq \mathrm{R}^r$ der Familie unbekannt ●

Wir wissen also beispielsweise, daß die Zufallsgröße $\mathfrak{X}$ normalverteilt ist, kennen aber keinen Zahlenwert für den Parameter μ und/oder den Parameter σ^2.

Zur Auswahl eines Parameters $\boldsymbol{\vartheta}$ aus Θ wird eine solche Stichprobenfunktion verwendet, deren Funktionswerte in Θ liegen.

Bezeichnung 1.2.4: Eine Stichprobenfunktion $T_n(\boldsymbol{\mathfrak{X}})$, die den Stichprobenraum $C_{\mathfrak{X}}$ in den Parameterraum Θ abbildet,

$$T_n \mid C_{\mathfrak{X}} \to \Theta \tag{1.2.5}$$

heißt *Schätzung* für $\boldsymbol{\vartheta} \in \Theta$ ●

Im Zusammenhang mit dieser Aufgabenstellung wird $T_n(\boldsymbol{\mathfrak{X}})$ mit $\hat{\boldsymbol{\vartheta}}(\boldsymbol{\mathfrak{X}})$ bzw. nur mit $\hat{\boldsymbol{\vartheta}}$ bezeichnet.

Eine Schätzung ist also eine Stichprobenfunktion, d. h. ein zufälliger Vektor mit der Verteilungsfunktion $F_{\hat{\boldsymbol{\vartheta}}}$. Für jede konkrete Stichprobe $\boldsymbol{x} = (x_1, \dots, x_n)'$ erhält man eine Realisierung von $\hat{\boldsymbol{\vartheta}}(\boldsymbol{\mathfrak{X}})$, die wir mit $\hat{\boldsymbol{\vartheta}}(\boldsymbol{x})$ bezeichnen wollen und die *Schätzwert* heißen soll. Da jeder konkreten Stichprobe durch (1.2.5) nur ein Punkt in Θ zugeordnet wird, nennt man $\hat{\boldsymbol{\vartheta}}$ auch *Punktschätzung*. Güteaussagen über $\hat{\boldsymbol{\vartheta}}(\boldsymbol{\mathfrak{X}})$ sind über die Verteilungsfunktion $F_{\hat{\boldsymbol{\vartheta}}}$ zu erhalten.

Bezeichnung 1.2.5: Eine Schätzung $\hat{\boldsymbol{\vartheta}}$ heißt *erwartungstreu* für $\boldsymbol{\vartheta}$, wenn für alle $\boldsymbol{\vartheta} \in \Theta$ gilt:

$$\mathrm{E}_{\mathfrak{X}}\hat{\boldsymbol{\vartheta}} = \boldsymbol{\vartheta}, \tag{1.2.6}$$

wobei der Erwartungswertvektor mit der Verteilung $F_{\mathfrak{X}}(\boldsymbol{x}, \boldsymbol{\vartheta})$ zu bilden ist (›Bez. 1.1.19) ●

Bezeichnung 1.2.6: Falls $\mathrm{E}_{\mathfrak{X}}\hat{\boldsymbol{\vartheta}} \neq \boldsymbol{\vartheta}$ für mindestens ein $\boldsymbol{\vartheta} \in \Theta$ ist, dann heißt

$$b(\boldsymbol{\vartheta}) = \mathrm{E}_{\mathfrak{X}}\hat{\boldsymbol{\vartheta}} - \boldsymbol{\vartheta} \tag{1.2.7}$$

systematischer Fehler der Schätzung und wird als *Bias* bezeichnet ●

Für einen eindimensionalen Parameter ϑ $(r = 1)$ läßt sich (1.2.7) veranschaulichen (›Abb. 1.2.1).

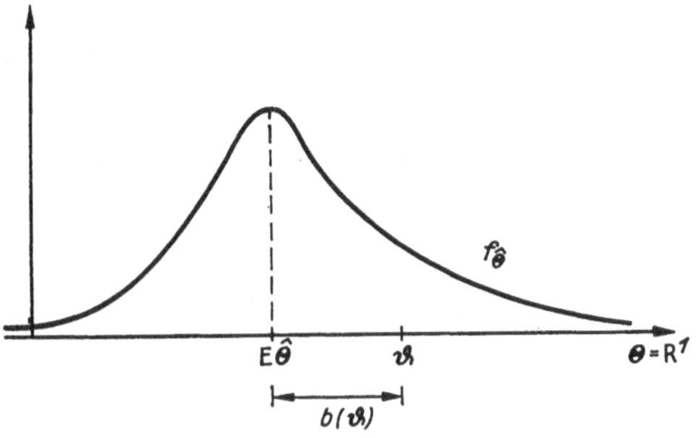

Abb. 1.2.1. Bias einer Schätzung

Bezeichnung 1.2.7: Eine Schätzung $\hat{\boldsymbol{\vartheta}}(\mathfrak{X})$ heißt *wirksamste* (oder *effektive*) Schätzung für $\boldsymbol{\vartheta}$ in der Menge aller erwartungstreuen Schätzungen für $\boldsymbol{\vartheta}$, wenn für jedes erwartungstreue $\tilde{\boldsymbol{\vartheta}}(\mathfrak{X})$, dessen Kovarianzmatrix $\boldsymbol{B}_{\tilde{\vartheta}(\mathfrak{X})}$ nichtsingulär (›Bez. A.1.5) ist, für alle $\boldsymbol{\vartheta} \in \Theta$ gilt

$$\boldsymbol{B}_{\hat{\vartheta}(\mathfrak{X})} \leqq \boldsymbol{B}_{\tilde{\vartheta}(\mathfrak{X})} \tag{1.2.8}$$

bezüglich der Halbordnung positiv-semidefiniter Matrizen (›Bez. A.1.17) •

Es seien $\mathfrak{X}_1, \mathfrak{X}_2, \mathfrak{X}_3, \ldots$ eine Folge von Stichprobenelementen und $\boldsymbol{\mathfrak{X}}_1, \boldsymbol{\mathfrak{X}}_2, \boldsymbol{\mathfrak{X}}_3, \ldots$ die Folge der zugehörigen mathematischen Stichproben $\boldsymbol{\mathfrak{X}}_1 = \mathfrak{X}_1$, $\boldsymbol{\mathfrak{X}}_2 = (\mathfrak{X}_1, \mathfrak{X}_2)'$, $\boldsymbol{\mathfrak{X}}_3 = (\mathfrak{X}_1, \mathfrak{X}_2, \mathfrak{X}_3)'$, ... Mit $\{\hat{\boldsymbol{\vartheta}}(\boldsymbol{\mathfrak{X}}_n)\}$; $n = 1, 2, \ldots$ oder $\{\hat{\boldsymbol{\vartheta}}_n(\boldsymbol{\mathfrak{X}})\}$; $n = 1, 2, \ldots$ bezeichnen wir zugehörige Folgen von Schätzungen des Parametervektors $\boldsymbol{\vartheta} \in \Theta$.

Bezeichnung 1.2.8: Eine Folge $\{\hat{\boldsymbol{\vartheta}}_n(\boldsymbol{\mathfrak{X}})\}$; $n = 1, 2, \ldots$; von Schätzungen heißt *asymptotisch erwartungstreu* für $\boldsymbol{\vartheta}$, wenn für alle $\boldsymbol{\vartheta} \in \Theta$ gilt

$$\lim_{n\to\infty} \mathrm{E}_{\boldsymbol{\mathfrak{X}}_n} \hat{\boldsymbol{\vartheta}}_n(\boldsymbol{\mathfrak{X}}) = \boldsymbol{\vartheta} \quad \bullet \tag{1.2.9}$$

Bezeichnung 1.2.9: Eine Folge $\{\hat{\boldsymbol{\vartheta}}_n(\boldsymbol{\mathfrak{X}})\}$; $n = 1, 2, \ldots$; von Schätzungen heißt *schwach konsistent* für $\boldsymbol{\vartheta}$, wenn für alle $\boldsymbol{\vartheta} \in \Theta \subseteq \mathrm{R}^r$ und für jede positive Zahl ε gilt

$$\lim_{n\to\infty} P(|\hat{\boldsymbol{\vartheta}}_n(\boldsymbol{\mathfrak{X}}) - \boldsymbol{\vartheta}| \geqq \varepsilon) = 0 \quad \bullet \tag{1.2.10}$$

Dabei wird die Wahrscheinlichkeit mit der Verteilungsfunktion $F_{\boldsymbol{\mathfrak{X}}}(\boldsymbol{x}, \boldsymbol{\vartheta})$ berechnet.

Die Forderung (1.2.10) besagt, daß für große n die Wahrscheinlichkeit für eine Abweichung zwischen Schätzung und Parameter, die größer als ε ist, immer geringer wird. Die Schätzwerte $\hat{\boldsymbol{\vartheta}}$ liegen mit wachsendem n also mit immer größerer Wahrscheinlichkeit in der Nähe von $\boldsymbol{\vartheta}$.

Bezeichnung 1.2.10: Eine Folge $\{\hat{\boldsymbol{\vartheta}}_n(\boldsymbol{\mathfrak{X}})\}$; $n = 1, 2, \ldots$; von Schätzungen heißt *stark konsistent* für $\boldsymbol{\vartheta}$, wenn für alle $\boldsymbol{\vartheta} \in \Theta$ gilt

$$P\left(\lim_{n\to\infty} \hat{\boldsymbol{\vartheta}}_n(\boldsymbol{\mathfrak{X}}) = \boldsymbol{\vartheta}\right) = 1 \quad \bullet \tag{1.2.11}$$

Die Wahrscheinlichkeit wird dabei mit der Verteilungsfunktion $F_{\boldsymbol{\mathfrak{X}}}(\boldsymbol{x}, \boldsymbol{\vartheta})$ berechnet.

Es bezeichne im folgenden $p_{\mathfrak{X}|\vartheta}(x)$ für eine stetig verteilte Zufallsgröße $\mathfrak{X}$ die Dichte an der Stelle x gemäß Bez. 1.1.3 und für eine diskret verteilte Zufallsgröße $\mathfrak{X}$ die Wahrscheinlichkeit $P(\mathfrak{X} = x)$ an der Stelle x (d. h. für $x \neq a_i$ wird $p_{\mathfrak{X}|\vartheta}(x) = 0$ sein), wenn ϑ der wahre Parameter ist.

Für eine mathematische Stichprobe $\boldsymbol{\mathfrak{X}} = (\mathfrak{X}_1, \dots, \mathfrak{X}_n)'$ ergibt sich auf Grund der Bez. 1.2.1 der Funktionswert der Dichte von $\boldsymbol{\mathfrak{X}}$ an einer Stelle $\boldsymbol{x}$ als Produkt der Dichten $p_{\mathfrak{X}_i|\vartheta}(x_i)$.

Bezeichnung 1.2.11: Es sei $\boldsymbol{x} = (x_1, \dots, x_n)'$ eine konkrete Stichprobe zur Zufallsgröße $\mathfrak{X}$ mit der Dichte $p_{\mathfrak{X}|\vartheta}(x)$. Dann heißt die für alle $\boldsymbol{\vartheta} = (\vartheta_1, \dots, \vartheta_r)' \in \Theta$ definierte Funktion

$$\prod_{i=1}^{n} p_{\mathfrak{X}_i|\vartheta}(x_i) = l(x_1, \dots, x_n, \vartheta_1, \dots, \vartheta_r) \tag{1.2.12}$$

Likelihood-Funktion der konkreten Stichprobe $(x_1, \dots, x_n)'$ •

Nimmt man an, daß $\boldsymbol{\vartheta}$ der wahre Parameter der Dichte $p_{\mathfrak{X}|\vartheta}$ ist, dann gibt die Likelihood-Funktion (1.2.12) den Funktionswert der Dichte der mathematischen Stichprobe $\boldsymbol{\mathfrak{X}}$ an der Stelle $\boldsymbol{x}$ an, falls $\mathfrak{X}$ stetig verteilt ist, und die Wahrscheinlichkeit $P(\boldsymbol{\mathfrak{X}} = \boldsymbol{x})$, falls $\mathfrak{X}$ diskret verteilt ist.

Beispiel 1.2.2: Es sei $\mathfrak{X}$ normalverteilt nach $N(\vartheta, \sigma^2)$, $\vartheta \in \Theta = R^1$ dann ist $p_{\mathfrak{X}|\vartheta}(x) = \frac{1}{\sqrt{2\pi}\,\sigma} \exp\left\{-\frac{1}{2\sigma^2}(x - \vartheta)^2\right\}$. Die Likelihood-Funktion einer konkreten Stichprobe $\boldsymbol{x} = (x_1, \dots, x_n)'$ ist dann gemäß (1.2.12)

$$l(x_1, \dots, x_n, \vartheta) = \prod_{i=1}^{n} \frac{1}{\sqrt{2\pi}\,\sigma} \exp\left\{-\frac{1}{2\sigma^2}(x_i - \vartheta)^2\right\} =$$
$$= \frac{1}{(2\pi)^{n/2}\,\sigma^n} \exp\left\{-\frac{1}{2\sigma^2}\sum_{i=1}^{n}(x_i - \vartheta)^2\right\}.$$

Bemerkung 1.2.1: Durch den Übergang von der für alle konkreten Stichproben $\boldsymbol{x}$ definierten Likelihood-Funktion $l(x_1, \dots, x_n, \vartheta_1, \dots, \vartheta_r)$ zu einer für eine mathematische Stichprobe $\boldsymbol{\mathfrak{X}}$ definierte Funktion erhält man die Likelihood-Funktion $l(\mathfrak{X}_1, \dots, \mathfrak{X}_n, \vartheta_1, \dots, \vartheta_r)$ der Stichprobe $\boldsymbol{\mathfrak{X}}$, deren Funktionswerte Zufallsgrößen sind.

Im folgenden wollen wir annehmen, daß der Logarithmus der Likelihood-Funktion jeder konkreten Stichprobe $\boldsymbol{x}$ vom Umfang n einmal nach allen Komponenten von $\boldsymbol{\vartheta}$ differenzierbar ist. Für die folgende Bezeichnung gehen wir von der Likelihood-Funktion $l(\mathfrak{X}_1, \dots, \mathfrak{X}_n, \vartheta_1, \dots, \vartheta_r) = l(\boldsymbol{\mathfrak{X}}, \boldsymbol{\vartheta})$ aus, der dabei auftretende Erwartungswert wird bezüglich der Verteilung von $\boldsymbol{\mathfrak{X}}$ berechnet, wenn $\boldsymbol{\vartheta}_0 \in \Theta$ der wahre Parameter der Verteilung von $\mathfrak{X}$ ist.

Bezeichnung 1.2.12: Die für jedes $\boldsymbol{\vartheta}_0 \in \Theta$ gebildete Matrix $\boldsymbol{I}(\boldsymbol{\vartheta}_0) = \left((I_{ij})\right)_{r\times r}$ mit den Elementen

$$I_{ij} = \frac{1}{n} E_{\boldsymbol{\mathfrak{X}}} \frac{\partial}{\partial\vartheta_i} \ln l(\boldsymbol{\mathfrak{X}}, \boldsymbol{\vartheta}) \frac{\partial}{\partial\vartheta_j} \ln l(\boldsymbol{\mathfrak{X}}, \boldsymbol{\vartheta})|_{\boldsymbol{\vartheta}=\boldsymbol{\vartheta}_0} \tag{1.2.13}$$

heißt FISHER-*Informationsmatrix* der Stichprobe $\boldsymbol{\mathfrak{X}}$ für $\boldsymbol{\vartheta}_0$ •

Beispiel 1.2.3: Es sei $\mathfrak{X}$ normalverteilt nach $N(\vartheta, \sigma_0^2)$, $\vartheta \in \Theta = R^1$, σ_0^2 sei ein bekannter Parameter. Die Dichtefunktion von $\mathfrak{X}$ ist also

$$p_{\mathfrak{X}|\vartheta}(x) = \frac{1}{\sqrt{2\pi}\,\sigma_0} \exp\left\{-\frac{1}{2\sigma_0^2}(x - \vartheta)^2\right\}.$$

Die Matrix $\boldsymbol{I}(\vartheta_0)$ besteht in diesem Fall ($r = 1$) für alle $\vartheta_0 \in \Theta$ nur aus dem einen Element

$$\boldsymbol{I}(\vartheta_0) = \frac{n}{\sigma_0^2}$$

und ist unabhängig von ϑ_0. Für alle erwartungstreuen Schätzungen $\hat{\vartheta}$ des Parameters ϑ läßt sich mit $\boldsymbol{I}(\vartheta_0)$ zeigen, daß $D^2\hat{\vartheta} \geqq \frac{1}{\boldsymbol{I}(\vartheta_0)}$ für alle $\vartheta_0 \in \Theta$ gilt (s. z. B. MAIBAUM [1]).

Bemerkung 1.2.2: Die in Bsp. 1.2.3 formulierte Ungleichung, die eine untere Schranke für die Varianz der Schätzung angibt, ist ein Spezialfall der als *Ungleichung von* RAO-CRAMÉR bekannten Aussage über die Kovarianzmatrix der Schätzung von Parametervektoren.

Die Likelihood-Funktion bildet die Grundlage für eine Parameterschätzung. Für eine vorliegende Stichprobe wird dabei als Schätzwert für $\boldsymbol{\vartheta}$ ein Wert $\hat{\boldsymbol{\vartheta}}$ aus Θ ausgewählt, für den die Likelihood-Funktion $l(\boldsymbol{x}, \boldsymbol{\vartheta})$ ein *absolutes* Maximum annimmt.

Bezeichnung 1.2.13: Die Stichprobenfunktion $\hat{\boldsymbol{\vartheta}}_n(\boldsymbol{\mathfrak{X}})$ mit den Werten $\hat{\boldsymbol{\vartheta}}(\boldsymbol{x})$ heißt *Maximum-Likelihood-Schätzung* (kurz ML-Schätzung) für $\boldsymbol{\vartheta} \in \Theta$, wenn für jede konkrete Stichprobe $\boldsymbol{x} \in C_{\mathfrak{X}}$ gilt

$$l\big(\boldsymbol{x}, \hat{\boldsymbol{\vartheta}}(\boldsymbol{x})\big) = \max_{\boldsymbol{\vartheta} \in \Theta} l(\boldsymbol{x}, \boldsymbol{\vartheta}) \quad \bullet \tag{1.2.14}$$

Falls die Likelihood-Funktion $l(\boldsymbol{x}, \boldsymbol{\vartheta})$ nach $\boldsymbol{\vartheta}$ differenzierbar ist, kann man diese Funktion zuerst auf relative Extrema untersuchen. Da die Funktion $\ln l(\boldsymbol{x}, \boldsymbol{\vartheta})$ ihre extremalen Werte an den gleichen Stellen wie die nichtnegative Funktion $l(\boldsymbol{x}, \boldsymbol{\vartheta})$ annimmt, kann man vom Logarithmus der Likelihood-Funktion ausgehen.

Bezeichnung 1.2.14: Es sei $\boldsymbol{\vartheta} = (\vartheta_1, \dots, \vartheta_r)'$, dann heißen die Gleichungen

$$\frac{\partial}{\partial \vartheta_i} \ln l(\boldsymbol{x}, \vartheta_1, \dots, \vartheta_r) = 0; \quad i = 1, \dots, r; \tag{1.2.15}$$

Likelihood-Gleichungen der konkreten Stichprobe $\boldsymbol{x}$ •

Bemerkung 1.2.3: Eine Schätzung $\hat{\boldsymbol{\vartheta}}_n(\boldsymbol{\mathfrak{X}})$, deren Werte für jede konkrete Stichprobe eine Lösung der Likelihood-Gleichungen sind und ein absolutes Maximum der Likelihood-Funktion liefern, ist eine ML-Schätzung.

Wenn jeder konkreten Stichprobe durch eine Stichprobenfunktion eine Punktmenge in Θ als Schätzung für $\boldsymbol{\vartheta}$ zugeordnet wird, dann erhält man eine zweite Möglichkeit der Parameterschätzung.

Bezeichnung 1.2.15: Ein zufälliges Gebiet $J(\boldsymbol{\mathfrak{X}})$ heißt eine *Konfidenzschätzung* zum Konfidenzniveau $1 - \alpha$, wenn für das wahre $\boldsymbol{\vartheta} \in \Theta$

$$P\big(J(\boldsymbol{\mathfrak{X}}) \ni \boldsymbol{\vartheta}\big) \geqq 1 - \alpha \tag{1.2.16}$$

gilt, wobei $\alpha \in (0, 1)$ eine von der praktischen Aufgabenstellung her vorgegebene reelle Zahl ist •

Die Menge Θ der möglichen Parameter $\boldsymbol{\vartheta}$ der Verteilungsfunktion $F_{\mathfrak{X}}$ der Zufallsgröße $\mathfrak{X}$ sei in zwei disjunkte (also elementfremde) Teilmengen $\Theta_0 \subset \Theta$ und $\Theta_1 \subset \Theta$, ($\Theta_0 \cap \Theta_1 = \emptyset$) aufgeteilt worden. Es soll eine Entscheidung darüber getroffen werden, ob der Parameter $\boldsymbol{\vartheta}_0$, der in der Verteilungsfunktion $F_{\mathfrak{X}}(x, \boldsymbol{\vartheta})$ der wahre Parameter ist, zur Teilmenge Θ_0 gehört. Die zu überprüfende Aussage $\boldsymbol{\vartheta}_0 \in \Theta_0$ bezeichnen wir als

Nullhypothese H_0. Die alternative Aussage $\vartheta_0 \in \Theta_1$, die gelten soll, wenn $\vartheta_0 \notin \Theta_0$ ist, heißt *Alternativhypothese* H_1. Die Entscheidung, ob die Nullhypothese oder die Alternativhypothese angenommen wird, soll von der konkreten Stichprobe $\boldsymbol{x} = (x_1, \dots, x_n)'$ der Zufallsgröße $\mathfrak{X}$ abhängen, deren Verteilungsfunktion $F_{\mathfrak{X}}(x, \vartheta_0)$ ist. Dabei wollen wir bei der Annahme von H_1 von einer Ablehnung von H_0 sprechen.

Zur Entscheidung muß der Stichprobenraum $C_{\mathfrak{X}}$ in zwei elementfremde Teilbereiche zerlegt werden, die man den beiden Hypothesen zuordnet. Zur Vereinfachung des Problems wird die Entscheidung über eine Stichprobenfunktion

$$\hat{T}_n \mid C_{\mathfrak{X}} \to \mathrm{R}^1 \tag{1.2.17}$$

getroffen, die in diesem Zusammenhang *Testgröße* heißt. Sie ist eine Zufallsgröße.

Bezeichnung 1.2.16: Die Teilmenge $K \subset \mathrm{R}^1$, für die die Nullhypothese H_0 abgelehnt wird, heißt *kritischer Bereich* der Testgröße $\hat{T}_n(\mathfrak{X})$ für die Nullhypothese H_0 •

Wenn die Realisierung von $\hat{T}_n$ in K liegt, obwohl die Nullhypothese richtig ist, d. h. $\vartheta_0 \in \Theta_0$, begehen wir bei der Entscheidung „Ablehnung von H_0" einen *Fehler* 1. *Art.*

Bei der Festlegung des kritischen Bereiches wird darauf geachtet, daß die Wahrscheinlichkeit für einen Fehler 1. Art nicht größer ist als eine vorgegebene (kleine) Zahl α (praktisch unmögliches Ereignis). Für alle $\vartheta_0 \in \Theta_0$ soll also gelten

$$P\big(\hat{T}_n(\mathfrak{X}) \in K \mid \vartheta_0\big) \leqq \alpha\,, \tag{1.2.18}$$

wobei die Wahrscheinlichkeit aus $F_{\hat{T}_n}(t, \vartheta_0)$ bestimmt wird. Dies bedeutet insbesondere, daß die Verteilungsfunktion $F_{\hat{T}_n}$ bekannt sein muß.

Wenn die Realisierung von $\hat{T}_n$ *nicht* in K liegt, obwohl die Nullhypothese nicht wahr ist, d. h. $\vartheta_0 \in \Theta_1$, dann begehen wir bei der Entscheidung „Annahme von H_0" einen *Fehler 2. Art.*

Die Festlegung des kritischen Bereiches soll nun so erfolgen, daß einerseits die Ungleichung (1.2.18) erfüllt ist und andererseits die Wahrscheinlichkeit β für einen Fehler 2. Art möglichst klein ist. Durch die Festlegung der beiden Hypothesen H_0 und H_1, die Wahl einer Testgröße $\hat{T}_n$ und eines kritischen Bereiches K ist ein *Test* gegeben.

Bezeichnung 1.2.17: Die für alle $\vartheta \in \Theta$ durch

$$g(\vartheta) = P\big(\hat{T}_n(\mathfrak{X}) \in K \mid \vartheta\big) \tag{1.2.19}$$

gegebene Funktion heißt *Gütefunktion* des Tests. Die Wahrscheinlichkeit (1.2.19) wird dabei mit $F_{\hat{T}_n}(t, \vartheta)$ berechnet •

Der Funktionswert der Gütefunktion an der Stelle $\vartheta \in \Theta$ ist also die Wahrscheinlichkeit dafür, daß H_0 abgelehnt wird unter der Annahme, daß ϑ der wahre Parameter ist. Für alle Parameterwerte $\vartheta \in \Theta_0$ gibt $g(\vartheta)$ die Wahrscheinlichkeiten für einen Fehler 1. Art an und für $\vartheta \in \Theta_1$ sind die Wahrscheinlichkeiten für einen Fehler 2. Art durch $1 - g(\vartheta)$ gegeben.

Bezeichnung 1.2.18: Für eine vorgegebene Fehlerwahrscheinlichkeit 1. Art α heißt ein Test der Hypothese H_0: $\vartheta \in \Theta_0$ mit der Gütefunktion g ein *Signifikanztest* zum *Signifikanzniveau* α, wenn für alle $\vartheta \in \Theta_0$ gilt

$$g(\vartheta) = P\big(\hat{T}_n(\mathfrak{X}) \in K\big) \leqq \alpha \;\bullet \tag{1.2.20}$$

1.3. Statistische Entscheidungstheorie

Viele praktische Aufgabenstellungen lassen sich dadurch charakterisieren, daß eine Entscheidung über den zugrundeliegenden Sachverhalt gefällt werden muß. Häufig soll die Entscheidung auch noch in einem gewissen Sinn optimal sein, wobei aber eine genaue Beschreibung des Sachverhaltes auf Grund seines stochastischen Charakters nur durch Modelle der Wahrscheinlichkeitstheorie möglich ist. Ein mathematisches Werkzeug zur Behandlung derartiger Aufgabenstellungen ist die statistische Entscheidungstheorie, die in einem sehr engen Zusammenhang mit der Spieltheorie steht. Wir werden in diesem Abschnitt die wichtigsten Grundlagen einführen, auf die wir später häufig zurückgreifen werden, ohne jedoch eine ausführliche Behandlung auch nur zu versuchen. Dazu sei auf die Literatur verwiesen: Bamberg [1], Ferguson [1], Bühlmann/Loeffel/Nievergelt [1].

In einem zu untersuchenden Sachverhalt kann sich der Untersuchende verschiedenen möglichen Situationen gegenübersehen. Die Menge Z aller dieser Situationen soll Menge der *Zustände der Natur* heißen. Jedes Element $z \in Z$ ist also ein bestimmter Zustand der Natur. Die Menge Z kann beispielsweise die Menge Θ aller möglichen Parameter ϑ der Verteilungsfunktion $F_{\mathfrak{X}}$ einer Zufallsgröße $\mathfrak{X}$ sein und ein Element z ein bestimmter Parameter ϑ_0.

Als Gegenspieler der Natur im Sinne der Spieltheorie hat der Statistiker verschiedene Entscheidungsmöglichkeiten bezüglich des untersuchten Sachverhaltes. Die Menge A der Entscheidungsmöglichkeiten heißt Menge der *Aktionen* des Statistikers. Jedes Element $a \in A$ ist eine Entscheidung über den Sachverhalt. Die Menge A kann also beispielsweise alle möglichen Schätzwerte $\hat{\vartheta}$ für den Parameter ϑ enthalten und ein Element a ist die Angabe eines konkreten Wertes $\hat{\vartheta}_0$.

Charakteristisch für die Aufgabenstellung der statistischen Entscheidungstheorie ist nun, daß die Natur einen Zustand $z \in Z$ wählt, der dem Statistiker unbekannt ist. Dieser soll aber eine Aktion $a \in A$ auswählen, eine Entscheidung treffen. Dazu hat der Statistiker die Möglichkeit, den von der Natur gewählten Zustand z in seiner Auswirkung, die durch zufällige Beeinflussungen gestört wird, zu beobachten. Er wird also eine Stichprobe $\boldsymbol{\mathfrak{X}} = (\mathfrak{X}_1, \dots, \mathfrak{X}_n)'$ erheben und daraufhin eine Entscheidung a auswählen.

Die Auswahl einer Aktion a auf Grund einer Stichprobe $\boldsymbol{\mathfrak{X}}$ bedeutet also, daß jeder konkreten Stichprobe aus dem Stichprobenraum (›Bez. 1.2.2) eine Aktion aus dem Raum A zugeordnet wird.

Bezeichnung 1.3.1: Eine Stichprobenfunktion

$$d \mid C_{\boldsymbol{\mathfrak{X}}} \to A \tag{1.3.1}$$

heißt *Entscheidungsfunktion* •

Die Funktion d bildet also den Stichprobenraum auf die Menge der Aktionen ab, d. h., für jede konkrete Stichprobe $\boldsymbol{x}$ ist $d(\boldsymbol{x}) = a$ eine Aktion.

Im Rahmen der betrachteten Aufgabenstellung sind im allgemeinen mehrere Entscheidungsfunktionen möglich. Deshalb wollen wir mit D eine Menge von solchen Entscheidungsfunktionen bezeichnen. Bei der Auswahl einer Aktion a durch eine Entscheidungsfunktion d, die von der Stichprobe $\boldsymbol{\mathfrak{X}}$ abhängt und diese wiederum vom unbekannten Zustand z der Natur, sind Fehlentscheidungen nicht ausgeschlossen. Um eine getroffene Entscheidung beurteilen zu können, wird man den Verlust und die

Aufwendungen des Statistikers heranziehen, die auftreten, wenn z der wahre Zustand der Natur ist und der Statistiker die Aktion a gewählt hat.

Bezeichnung 1.3.2: Eine Funktion

$$L \mid Z \times A \to \mathrm{R}^1 \tag{1.3.2}$$

heißt *Verlustfunktion* ●

Der Funktionswert $L(z, a)$ für $z \in Z$ und $a \in A$ ist also der Verlust, wenn die Aktion a bei wahrem Zustand z gewählt wird. Besitzt die Verlustfunktion z. B. die Form

$$L(z, a) = (z - a)^2; \quad z \in Z \subset \mathrm{R}^1, a \in A \subset \mathrm{R}^1; \tag{1.3.3}$$

dann heißt $L(z, a)$ quadratische Verlustfunktion. Da die gewählte Aktion a von der Stichprobe $\mathfrak{X}$ abhängt, $a = d(\mathfrak{X})$, sind die Funktionswerte $L(z, d(\mathfrak{X}))$ Zufallsgrößen. Zur Einschätzung der gewählten Entscheidung beim Zustand z wird der erwartete Verlust verwendet.

Bezeichnung 1.3.3: Die für alle $z \in Z$ und für alle $d \in D$ durch

$$\mathrm{E}_{\mathfrak{X}|z} L(z, d(\mathfrak{X})) = R(z, d) \tag{1.3.4}$$

definierte Funktion heißt *Risikofunktion* oder *Risiko* ●

Der Erwartungswert wird dabei bezüglich der n-dimensionalen Verteilung des Stichprobenvektors $\mathfrak{X}$ berechnet. Das Risiko R hängt noch vom unbekannten Zustand z der Natur ab.

Bemerkung 1.3.1: Die durch Bez. 1.3.2 eingeführte Verlustfunktion muß nicht unbedingt eine Abbildung in den R^1 sein. Es lassen sich auch solche Verlustfunktionen sinnvoll behandeln, deren Funktionswerte Vektoren oder Matrizen sind. Dies überträgt sich auch auf die Risikofunktion.

Wir werden das Tripel $[Z, D, R]$, also Menge der Zustände der Natur, Menge der Entscheidungsfunktionen und Risikofunktion, als *statistisches Entscheidungsproblem* bezeichnen.

Bezeichnung 1.3.4: Die Funktion d^* aus D heißt *gleichmäßig beste Entscheidungsfunktion*, wenn für alle $z \in Z$ gilt

$$R(z, d^*) = \inf_{d \in D} R(z, d) \tag{1.3.5}$$ ●

Anschaulich bedeutet dies, daß die Funktionswerte der Risikofunktion für alle Zustände der Natur bei Verwendung der Entscheidungsfunktion d^* kleiner oder höchstens gleich sind den Funktionswerten für andere Funktionen $d \in D$, d. h., der erwartete Verlust ist bei d^* für alle $z \in Z$ höchstens gleich dem erwarteten Verlust bei allen anderen Funktionen d. Die Existenz so einer gleichmäßig besten Entscheidungsfunktion ist im allgemeinen nicht gesichert.

Bezeichnung 1.3.5: Die Funktion $R_{\sup}$ heißt *Maximalrisiko* für $[Z, D, R]$, wenn für alle $d \in D$ gilt

$$R_{\sup}(d) = \sup_{z \in Z} R(z, d) \tag{1.3.6}$$ ●

Das Maximalrisiko gibt den größten erwarteten Verlust bezüglich aller Zustände der Natur an, wenn die Entscheidungsfunktion d verwendet wird. Dieses Risiko tritt ein, wenn die Natur stets den für den Statistiker ungünstigsten Zustand wählt.

Bezeichnung 1.3.6: Die Funktion d^* aus D heißt *Minimax-Entscheidungsfunktion* in $[Z, D, R]$, wenn gilt

$$R_{\sup}(d^*) = \inf_{d \in D} R_{\sup}(d) = \inf_{d \in D} \sup_{z \in Z} R(z, d) \quad \bullet \tag{1.3.7}$$

Durch die Entscheidungsfunktion d^* wird also das Maximalrisiko minimiert. Daher resultiert auch der Name Minimax-Entscheidungsfunktion für diese vorsichtige Vorgehensweise bei der Entscheidungsfindung für den betrachteten Sachverhalt.

Bei manchen Aufgabenstellungen besitzt man zusätzliche Informationen über die mögliche Wahl des Zustandes z der Natur. Dies ist beispielsweise dann der Fall, wenn man über Z eine Wahrscheinlichkeitsverteilung kennt oder die Kenntnisse sich durch solch eine Verteilung ausdrücken lassen. Die Verteilung einer Zufallsgröße $\mathfrak{Z}$ auf Z sei $F_{\mathfrak{Z}}$, sie wird in diesem Zusammenhang auch als *a-priori-Verteilung* bezeichnet. Wir beurteilen dann eine Entscheidungsfunktion d nach dem Erwartungswert des Risikos bezüglich dieser a-priori-Verteilung.

Bezeichnung 1.3.7: Die Funktion $\varrho(F_{\mathfrak{Z}}, d)$ heißt *Bayessches Risiko* für d bez. $F_{\mathfrak{Z}}$ in $[Z, D, R]$, wenn gilt

$$\varrho(F_{\mathfrak{Z}}, d) = \mathrm{E}_{\mathfrak{Z}} R(\mathfrak{Z}, d) \quad \bullet \tag{1.3.8}$$

Bezeichnung 1.3.8: Die Funktion d^* aus D heißt *Bayessche Entscheidungsfunktion* in $[Z, D, R]$ bezüglich $F_{\mathfrak{Z}}$, wenn gilt

$$\varrho(F_{\mathfrak{Z}}, d^*) = \inf_{d \in D} \varrho(F_{\mathfrak{Z}}, d) \quad \bullet \tag{1.3.9}$$

Entsprechend der Verallgemeinerung der Bayesschen Formel (›Aussage 1.1.20) läßt sich aus der a-priori-Verteilung $F_{\mathfrak{Z}}$ und einer konkreten Stichprobe $\boldsymbol{x}$ über die a-posteriori-Verteilung von $\mathfrak{Z}$ ein *a-posteriori-Verlust* für die Entscheidungsfunktion d berechnen durch

$$\mathrm{E}_{\mathfrak{Z}|\boldsymbol{x}} L(\mathfrak{Z}, d(\boldsymbol{x})) = \int_Z L(z, d(\boldsymbol{x}))\, p_{\mathfrak{Z}|\boldsymbol{x}}\, \mathrm{d}z\,, \tag{1.3.10}$$

wobei die Dichtefunktion von $\mathfrak{Z}$ und das Integral existieren mögen.

Das durch Bez. 1.3.3 eingeführte Risiko hängt vom unbekannten Zustand z der Natur ab. Damit sind i. allg. Aussagen über die Güte einer getroffenen Entscheidung nicht möglich. Durch die Wahl gewisser charakteristischer Werte der Risikofunktion läßt sich die Abhängigkeit von z eliminieren. Diese Elimination bedeutet die Abbildung der Funktion (1.3.4) auf die reelle Achse, dazu verwenden wir ein geeignetes Funktional Q.

Bezeichnung 1.3.9: Die Funktion R_Q heißt für alle $d \in D$ *Q-Risiko* für $[Z, D, R]$ (verallgemeinertes Risiko), wenn gilt

$$R_Q(d) = QR(z, d) \quad \bullet \tag{1.3.11}$$

In Bez. 1.3.5 wurde $Q = \sup\limits_{z \in Z}$ und in Bez. 1.3.7 $Q = \mathrm{E}_{\mathfrak{Z}}$ gewählt.

Bezeichnung 1.3.10: Die Funktion d^* aus D heißt *Q-optimale Entscheidungsfunktion* in $[Z, D, R]$, wenn gilt

$$R_Q(d^*) = \inf_{d \in D} R_Q(d) \quad \bullet \tag{1.3.12}$$

2. Die Problemstellung der Regressionstheorie

Eine der Hauptaufgaben der praktischen wissenschaftlichen Arbeit ist die Untersuchung von Zusammenhängen zwischen naturgegebenen oder experimentell veränderbaren Größen und Bedingungen. Entsprechend der praktischen Fragestellung wird man jeweils einen Teil dieser Größen und Bedingungen als *Einflüsse* betrachten, während man einen anderen Teil als *Wirkungen* bezeichnet, ohne in jedem Fall an ein echtes Ursache-Wirkungs-Verhältnis zu denken.

Bezeichnung 2.1.1: Ein praktisches Problem, das durch eine Reihe von Größen und Bedingungen gekennzeichnet ist, die in Einflüsse und Wirkungen eingestuft werden, nennen wir ein *Einfluß-Wirkung-Problem* (kurz EW-*Problem*) •

Beispiel 2.1.1: a) Bei der Stahlproduktion interessieren als Wirkungen z. B. gewisse Qualitätsparameter des erzeugten Stahls. Als Einflüsse werden u. a. die Kennziffern des eingesetzten Materials (Roheisen, Schrott, usw.), die Schmelzdauer und die Art und Menge der Zuschläge in Erscheinung treten.

b) Bei der Entwicklung neuer Plaste sind z. B. deren geforderte Eigenschaften als Wirkungen von Bedeutung, während unter den Einflüssen neben den Produktionsbedingungen (Druck, Temperatur, usw.) vor allem das Mischungsverhältnis der Ausgangsstoffe eine Rolle spielt.

c) Bei der Untersuchung des Mastprozesses für Tiere wäre z. B. die tägliche Gewichtszunahme als Wirkung zu betrachten. Zu den Einflüssen zählen hier neben den Haltungsbedingungen (Aufstallungsform, Stallklima, usw.) und der Rasse vor allem die Art und Menge der zur Fütterung eingesetzten Stoffe.

2.1. Einflußgrößen und Wirkungsgrößen

2.1.1. Einführung

Die Behandlung eines EW-Problems ist von besonderem Interesse, wenn die Einflüsse und die Wirkungen in einem gewissen Rahmen veränderbar sind. Die Beobachtung von Wirkungen für naturgegebene oder experimentell veränderbare Einflüsse und Bedingungen für einen einzelnen konkreten Fall in einem bestimmten EW-Problem wollen wir im folgenden einen *Versuch* nennen. Wir unterscheiden bei der Bezeichnung also nicht zwischen naturgegebenen Einflüssen (beim sogenannten *„passiven“ Versuch*) und experimentell eingestellten Einflüssen (beim sogenannten *„aktiven“ Versuch*), obwohl wir vom Kap. 4 an nur noch den letzteren Fall betrachten werden. Eine experimentelle Untersuchung besteht also aus einer Reihe von Versuchen. Eine solche Versuchsreihe werden wir gelegentlich auch als *Experiment* bezeichnen. Zur mathematischen Fassung des Problems ist es erforderlich, die veränderlichen Größen und Bedingungen durch Zahlen auszudrücken.

Bezeichnung 2.1.2: Eine Größe, die den Einfluß (oder die Wirkung) in jedem Versuch durch eine entsprechende Zahl ausdrückt, nennen wir *Einflußgröße* (bzw. *Wirkungsgröße*) ●

In der Literatur findet man bei speziellen Problemen für Einflußgröße auch die Bezeichnung *Einflußfaktor* oder kurz *Faktor*, die wir im Kap. 5, der Tradition folgend, ebenfalls verwenden werden.

Eine Einflußgröße (bzw. Wirkungsgröße) kann also bei verschiedenen Versuchen im gleichen EW-Problem verschiedene Werte annehmen.

Bei quantitativ erfaßbaren Einflüssen und Wirkungen wird man die in einem Maßstab ausgedrückte Quantität, jedoch ohne Mitführung dieses Maßstabs, unmittelbar verwenden, z. B. bei der Masse, dem Druck, der Temperatur, der Zeitdauer. Eventuell wird man auch zu abgeleiteten Größen übergehen, z. B. Masse pro Zeit, Temperatur mal Zeit, u. ä.

Beispiel 2.1.2: In einem EW-Problem sei die Temperatur als Einfluß eingestuft. Dann ist die Einflußgröße die gemäß einer Skala (etwa nach KELVIN) angegebene Temperatur. Ihre Werte sind die Gradzahlen, die bei einem Versuch auftreten oder einzustellen sind. Dabei verzichtet man auf die Mitführung der Maßeinheit K.

Es kann vorkommen, daß gewisse Einflüsse und Wirkungen in mehreren *qualitativen Ausprägungen* im EW-Problem auftreten, z. B. verschiedene Produktionsverfahren, verschiedene Haltungsbedingungen für Tiere, verschiedene Farben, Rohstoffe verschiedener Herkunft usw. Dann hat man *für jede* dieser *Ausprägungen eine gesonderte Einflußgröße* einzuführen, die nur die Werte 1 (wenn die Ausprägung im Versuch gerade auftritt) und 0 (wenn die Ausprägung im Versuch gerade nicht auftritt) annimmt. Damit hat man die qualitativen Ausprägungen des Einflusses jedoch *nicht* in einer linearen Skala angeordnet. Die Verwendung solcher willkürlichen Skalen, z. B. $-1, 0, 1$ für Einflüsse mit drei verschiedenen Ausprägungen, empfiehlt sich nur in den seltenen Fällen, wenn die damit zum Ausdruck kommende subjektive Wertung der Ausprägungen fachwissenschaftlich gestützt werden kann.

Es sei bei dieser Gelegenheit darauf hingewiesen, daß bei *quantitativ* erfaßbaren Zufallsgrößen Skalen dieser Form durch Transformation oder Vergröberung gegebener Maßstäbe auftreten können und für die Behandlung nützlich sind (›Bez. 5.3.1).

2.1.2. Charakter der Einflußgrößen

Bei der Untersuchung eines EW-Problems ist es in der Regel unmöglich, *alle* Einflüsse zu erfassen, die für die Wirkungen von Bedeutung sein könnten. Dabei ist es für die Behandlung unerheblich, ob die Erfassung eines Einflusses nicht möglich ist oder ob lediglich die Erfassung im Hinblick auf das Ziel der Untersuchung zu aufwendig wäre, oder ob schließlich der Einfluß von vornherein als unbedeutend für die Wirkungen eingeschätzt wurde.

Beispiel 2.1.3: Im Prozeß der Stahlproduktion können Unterschiede in der Qualifikation und der Erfahrung der jeweils beteiligten Schmelzer Auswirkungen auf die Qualität des erzeugten Stahls haben. Es scheint nicht möglich oder doch zumindest problematisch, diese Unterschiede durch Zahlen auszudrücken und damit zu erfassen (von der natürlich stets möglichen Erfassung des Einflusses jedes Schmelzers oder jeder Ofenbesatzung durch jeweils eine qualitative Einflußgröße einmal abgesehen). Weiterhin kann der Zustand des Hochofens (u. a. sein Alter, der Termin der letzten Generalreparatur) einen Einfluß haben.

Die Erfassung dieses Einflusses, etwa durch eine Reihe von (zeitabhängigen) Kenngrößen für jede Schmelze, dürfte jedoch in der Regel zu aufwendig werden. Schließlich könnte sich auch die Wetterlage (u. a. Luftdruck, -feuchtigkeit und -temperatur) auf den Produktionsvorgang auswirken, jedoch wird man von ihrer Erfassung im gegebenen EW-Problem wohl im allgemeinen absehen.

Bezeichnung 2.1.3: Eine Einflußgröße heißt *beobachtbar*, wenn dem Untersuchenden im gegebenen EW-Problem der Wert dieser Einflußgröße für jeden Versuch bekannt ist oder durch den jeweiligen Versuch selbst bekannt wird ●

Für die Untersuchung des Zusammenhanges ist es bedeutungsvoll, in welcher Weise eine Einflußgröße ihre Werte annimmt.

Bezeichnung 2.1.4: Eine Einflußgröße heißt *determiniert*, wenn vor jedem einzelnen Versuch der Wert angegeben werden kann, den sie beim Versuch haben wird ●

Es sei bemerkt, daß mit dieser Bezeichnung keinerlei philosophische Betrachtungen verknüpft werden sollen. Sie wurde lediglich als Gegensatz zur folgenden Bezeichnung gewählt.

Bezeichnung 2.1.5: Eine Einflußgröße heißt *stochastisch*, wenn sie ihre Werte bei den Versuchen gemäß einem Zufallsgesetz annimmt, also eine Zufallsgröße ist ●

Natürlich kann es auch von der Art und dem Ziel der Untersuchung abhängen, ob eine bestimmte Einflußgröße als determiniert oder als stochastisch betrachtet wird. So lassen sich bei der Stahlproduktion die Kennziffern des eingesetzten Materials als determiniert betrachten, solange man globale Aussagen über den Produktionsprozeß anstrebt. Im einzelnen jedoch wird das eingesetzte Material in seinen Kennziffern zufälligen Schwankungen unterworfen sein, die vom natürlichen Ursprung der Materialien (Kohle und Erz über das Roheisen, Schrott) und durch den realen Gewinnungsprozeß beeinflußt sind. Für die Steuerung des Prozesses der Stahlerzeugung z. B. könnte diese Zufälligkeit durchaus von Belang sein, und die Einflußgrößen wären dann als stochastisch anzusehen.

Bei determinierten Einflußgrößen ist es sinnvoll zu unterscheiden, ob der Untersuchende die Werte der Einflußgröße festlegen kann oder nicht.

Bezeichnung 2.1.6: Eine determinierte Einflußgröße heißt *einstellbar*, wenn es dem Untersuchenden möglich ist zu veranlassen, daß die Einflußgröße bei jedem Versuch jeweils einen von ihm vorgeschriebenen Wert annimmt ●

Selbstverständlich kann der Untersuchende nur solche Werte vorschreiben, die von der Einflußgröße überhaupt angenommen werden können. Determinierte Einflußgrößen, für die eine solche Vorgabe ihres Wertes nicht oder nicht bei jedem Versuch möglich ist, heißen entsprechend *nichteinstellbar*.

Beispiel 2.1.4: a) Als Wirkungsgröße werde die scheinbare Helligkeit eines bestimmten Fixsterns, wie sie von einem gewissen Punkt der Erdoberfläche beobachtet wird, untersucht. Die Koordinaten des Fixsterns sind beobachtbare determinierte, aber nichteinstellbare Einflußgrößen im zugehörigen EW-Problem.

b) Bei Untersuchungen unter Betriebsbedingungen kann der Untersuchende in der Regel nicht in den laufenden Produktionsprozeß eingreifen. Für determinierte Einflußgrößen, mit denen gewisse Produktionsbedingungen beschrieben werden, können zwar den Erfordernissen der Produktion entsprechende Werte festgelegt werden, für den Untersuchenden sind sie jedoch nichteinstellbar.

Bei stochastischen Einflußgrößen sind die Werte, die sie in konkreten Fällen annehmen, natürlich nichteinstellbar. Es gibt jedoch EW-Probleme, bei denen für gewisse stochastische Einflußgrößen die Einstellung ihrer Erwartungswerte (›Bez. 1.1.4) möglich ist.

Bezeichnung 2.1.7: Eine stochastische Einflußgröße heißt *über den Erwartungswert einstellbar*, wenn es dem Untersuchenden möglich ist zu veranlassen, daß der Erwartungswert der Einflußgröße bei jedem Versuch jeweils einen von ihm vorgeschriebenen Wert annimmt ●

Beispiel 2.1.5: a) Bei einem chemischen Prozeß werde die Temperatur über einen Temperaturwächter geregelt, der gewisse Heizaggregate ein- bzw. ausschaltet, wenn die Temperatur einen vorgegebenen kleinen Bereich verläßt. Die Mitte dieses Bereiches läßt sich einstellen. Die Temperatur selbst ist zu einem konkreten Zeitpunkt eine Zufallsgröße mit Werten im Regelbereich.

b) Die Felder eines Landwirtschaftsbetriebes werden aus der Luft gedüngt. Es kann dabei lediglich die mittlere Menge Dünger pro Hektar vorgegeben werden. Die tatsächlich auf eine bestimmte Fläche von einem Hektar Größe gestreute Menge ist eine Zufallsgröße.

2.1.3. Mathematische Erfassung des Zusammenhangs

Zur mathematischen Beschreibung und Untersuchung des Zusammenhangs haben wir das EW-Problem weiter zu präzisieren. Bei dieser ersten Stufe der mathematischen Modellierung ist festzulegen, welche Einflußgrößen und Wirkungsgrößen in die Untersuchung einbezogen, d. h. *erfaßt* werden sollen. Weiterhin sind der Charakter der erfaßten Einflußgrößen zu bestimmen und deren Wertebereiche anzugeben.

In diesem Stadium kann und muß möglichst viel von der Sachkenntnis und der Erfahrung des Fachwissenschaftlers und des Statistikers in das Modell eingehen. Dabei wird der Fachwissenschaftler die Verantwortung bezüglich der Auswahl wesentlicher und aussagekräftiger Einflußgrößen, sowie von deren Charakter und Erfassung tragen. Der Statistiker wird dabei vor allem auf die mathematische Behandelbarkeit der entstehenden Probleme zu achten haben. Was in diesem Modellierungsstadium verfehlt und versäumt wurde, läßt sich in der Regel *nach* der Untersuchung nicht mehr oder nur mit großem Zusatzaufwand ändern oder nachholen. Es empfiehlt sich daher, dieser Stufe der mathematischen Formulierung hohe Bedeutung beizumessen und ihr demzufolge viel Aufmerksamkeit zu schenken.

Auf das Problem der Auswahl von aussagekräftigen Einflußgrößen aus einer großen Anzahl werden wir in [2.4.1] zurückkommen und hierfür im Kap. 6 einige heuristische Verfahren angeben. Es muß jedoch gesagt werden, daß solche mathematischen Entscheidungshilfen die fachwissenschaftliche Überlegung nicht ersetzen.

Im weiteren nehmen wir an, daß festgelegt wurde, welche Wirkungsgrößen und welche Einflußgrößen in der experimentellen Untersuchung erfaßt werden sollen und welchen Charakter sie haben. Weiterhin soll für jede erfaßte Einflußgröße der jeweilige Wertebereich bekannt sein. Natürlich kann man bei determinierten Einflußgrößen nur beobachtbare erfassen, während man bei stochastischen Einflußgrößen auch nichtbeobachtbare erfassen kann, wenn deren Erwartungswerte einstellbar sind (›Bem. 2.1.1).

Die k_1 erfaßten (beobachtbaren) *determinierten* Einflußgrößen im gegebenen EW-Problem bezeichnen wir der Reihe nach mit $x_1, \dots, x_{k_1}$, oder zu einem Vektor zusammengefaßt mit

$$\boldsymbol{x}^{(1)} = (x_1, \dots, x_{k_1})' . \tag{2.1.1}$$

Die $(k - k_1)$ erfaßten *beobachtbaren stochastischen* Einflußgrößen bezeichnen wir der Reihe nach mit $\mathfrak{X}_{k_1+1}, \dots, \mathfrak{X}_k$, oder zu einem Vektor zusammengefaßt mit

$$\boldsymbol{\mathfrak{X}}^{(2)} = (\mathfrak{X}_{k_1+1}, \dots, \mathfrak{X}_k)' . \tag{2.1.2}$$

Nehmen wir für die Einflußgrößen die entsprechenden Wertebereiche, so erhalten wir für den Gesamtvektor $(\boldsymbol{x}^{(1)'}, \boldsymbol{\mathfrak{X}}^{(2)'})'$ einen *Variationsbereich* B, der im k-dimensionalen euklidischen Raum liegt. Der Wertebereich für $\boldsymbol{\mathfrak{X}}^{(2)}$ ist der entsprechende Stichprobenraum (›Bez. 1.2.2). Die Realisierungen von $\boldsymbol{\mathfrak{X}}^{(2)}$ bezeichnen wir mit $\boldsymbol{x}^{(2)}$. So wird der die Werte der Einflußgrößen in einem Versuch charakterisierende Vektor $\boldsymbol{x} = (\boldsymbol{x}^{(1)'}, \boldsymbol{x}^{(2)'})'$ in B variieren.

Bezeichnung 2.1.8: Jeder Punkt $\boldsymbol{x} = (x_1, \dots, x_k)'$ des Bereiches $B \subseteq \mathrm{R}^k$ heißt *Beobachtungspunkt* für das gegebene EW-Problem ●

Bei der Präzisierung des EW-Problems wurden *nicht alle möglichen* Einflußgrößen in die Untersuchung einbezogen, weil sie z. B. nicht beobachtbar sind (›[2.1.2], Bsp. 2.1.3). Um zu einem Modell zu kommen, nehmen wir im folgenden an, daß diese *nicht erfaßten Einflußgrößen* alle *stochastisch*, d. h. Zufallsgrößen, sind. Damit sind auch die *Wirkungsgrößen*, auf die sie Einfluß nehmen, *Zufallsgrößen*, selbst wenn unter den erfaßten Einflußgrößen keine einzige stochastisch ist.

Zur Übersichtlichkeit der Darstellung werden wir uns auf den Fall konzentrieren, daß *nur eine* Wirkungsgröße im EW-Problem auftritt. Wenn mehrere Wirkungsgrößen gleichzeitig betrachtet werden müssen (der sogenannte *multivariate Fall*), geben wir jeweils nur an, wie dieser Fall sich formal auf eine Struktur zurückführen läßt, die mit den gleichen Methoden wie im Fall nur einer Wirkungsgröße behandelt werden kann.

Wir bezeichnen die Wirkungsgröße mit $\mathfrak{Y}$ und ihre Realisierungen mit $y_1, y_2, \dots$ Im Laufe der experimentellen Untersuchung erhält man, durch die Einstellung oder Beobachtung der determinierten Einflußgrößen $\boldsymbol{x}^{(1)}$ und durch Realisierung der stochastischen Einflußgrößen $\boldsymbol{\mathfrak{X}}^{(2)}$ und der Wirkungsgröße $\mathfrak{Y}$ den folgenden *Datensatz*

$$\left.\begin{array}{l} x_{11}, x_{12}, \dots, x_{1k_1}, x_{1k_1+1}, \dots, x_{1k}, y_1 , \\ x_{21}, x_{22}, \dots, x_{2k_1}, x_{2k_1+1}, \dots, x_{2k}, y_2 , \\ \vdots \\ x_{n1}, x_{n2}, \dots, x_{nk_1}, x_{nk_1+1}, \dots, x_{nk}, y_n . \end{array}\right\} \tag{2.1.3}$$

Die Werte einer Zeile gehören jeweils zusammen, sie repräsentieren die Einflüsse und die Wirkung für einen Versuch. Es sind also x_{ij}; $i = 1, \dots, n$; für $j = 1, \dots, k_1$ die eingestellten oder lediglich beobachteten Werte der determinierten Einflußgrößen x_j und für $j = k_1 + 1, \dots, k$ die Realisierungen der stochastischen Einflußgrößen $\mathfrak{X}_j$. Weiterhin sind die y_i; $i = 1, \dots, n$; die Realisierungen von $\mathfrak{Y}$ für die entsprechenden Einflußgrößenwerte $x_{i1}, \dots, x_{ik}$.

Bezeichnung 2.1.9: Die speziellen Beobachtungspunkte

$$\boldsymbol{x}_i = (x_{i1}, \dots, x_{ik})' \in B; \quad i = 1, \dots, n; \tag{2.1.4}$$

des Datensatzes heißen *Versuchspunkte* ●

Bemerkung 2.1.1: Gibt es unter den erfaßten stochastischen Einflußgrößen solche, die nicht beobachtbar, aber über den Erwartungswert einstellbar sind, dann haben wir für diese die dann unbekannten Realisierungen, z. B. x_{il}, durch die eingestellten Erwartungswerte, z. B. von $\mathfrak{X}_l$ beim i-ten Versuch, die wir mit ξ_{il} bezeichnen wollen, zu ersetzen.

Der Datensatz (2.1.3) *ist die Grundlage aller Aussagen über den Zusammenhang von Einflußgrößen und Wirkungsgröße.*

Die Wirkungsgröße $\mathfrak{Y}$ ist eine Zufallsgröße. Zur mathematischen Modellierung des Zusammenhangs betrachten wir den Erwartungswert von $\mathfrak{Y}$ für alle möglichen $\boldsymbol{x} \in B$

$$\mathrm{E}\mathfrak{Y}(\boldsymbol{x}) = \eta(\boldsymbol{x})\,. \tag{2.1.5}$$

Bezeichnung 2.1.10: Die durch (2.1.5) auf B definierte Funktion heißt *Wirkungsfläche* ●

Die Abweichung der Wirkungsfläche von ihrem Erwartungswert bezeichnen wir mit

$$\varepsilon(\boldsymbol{x}) = \mathfrak{Y}(\boldsymbol{x}) - \eta(\boldsymbol{x})\,. \tag{2.1.6}$$

Für jedes feste $\boldsymbol{x} \in B$ repräsentiert $\varepsilon(\boldsymbol{x})$ den Gesamteinfluß der nicht erfaßten und als stochastisch angenommenen Einflußgrößen. Die Bezeichnungen für $\varepsilon(\boldsymbol{x})$ wie Störung, *zufälliger Fehler*, zufällige Schwankung, weisen auf diesen Charakter hin. Aus (2.1.5) und (2.1.6) ergibt sich für alle $\boldsymbol{x} \in B$

$$\mathrm{E}\varepsilon(\boldsymbol{x}) = 0\,. \tag{2.1.7}$$

Mit diesen Überlegungen haben wir ein *Modell für den Zusammenhang* zwischen der Wirkungsgröße und den Einflußgrößen in der Form

$$\mathfrak{Y}(\boldsymbol{x}) = \eta(\boldsymbol{x}) + \varepsilon(\boldsymbol{x})\,; \qquad \boldsymbol{x} \in B\,; \tag{2.1.8}$$

erhalten. Die *Wirkungsfläche* als Erwartungswert der Wirkungsgröße liefert also gewissermaßen den *systematischen Anteil* des Gesamteinflusses, während der *zufällige Fehler* $\varepsilon(\boldsymbol{x})$ den *zufälligen Anteil* repräsentiert, der wegen (2.1.7) die in ungerichteter zufälliger Weise auftretenden Abweichungen von der Wirkungsfläche darstellt.

Bemerkung 2.1.2: Es kann vorkommen, daß für gewisse Versuchspunkte nicht das Modell (2.1.8) für den Zusammenhang, sondern ein davon abweichendes

$$\mathfrak{Y}(\boldsymbol{x}) = \eta^{(0)}(\boldsymbol{x}) + \varepsilon^{(0)}(\boldsymbol{x}) \tag{2.1.9}$$

auftritt. Dies ist z. B. dann der Fall, wenn gewisse wesentliche im EW-Problem festgelegte Bedingungen nicht eingehalten wurden. Als Beispiele solcher Abweichungen seien grobe Meßfehler, Aufnahme von Daten aus Havariesituationen, falsche Einstellungen der Einflußgrößenwerte sowie Fehler und Verwechslungen bei der Datenübermittlung genannt. Solche Abweichungen treten häufiger auf als gewöhnlich angenommen wird. Im Interesse der Zuverlässigkeit der auf den Datensatz (2.1.3) gestützten Aussagen empfiehlt es sich, diese Versuche als *Ausreißer* mit fachwissenschaftlicher Sachkenntnis auszusondern. Weitere Bemerkungen zum Problem der stark abweichenden Werte der Wirkungsgröße im Datensatz (2.1.3) findet man in [2.3.6] und [6.5]. Wenn die Ausreißer nicht weggelassen werden können oder wegen des Aufwandes dafür nicht ausgesondert werden sollen, läßt sich eine Auswertung des Datensatzes noch mit Methoden aus [3.4.3] vornehmen.

Es kommt vor, daß im Datensatz (2.1.3) einige Werte fehlen. Bei den Einflußgrößen kann z. B. bei einem Versuch das Meßgerät zur Registrierung einer der Einflußgrößen ausgefallen sein oder es wurde bei einem anderen Versuch einfach vergessen, diese Einflußgröße zu beobachten. Auch bei der Beobachtung und bei der Übermittlung der Werte kann es zu groben Irrtümern kommen. Bei den Wirkungsgrößen kann es darüberhinaus noch passieren, daß der beobachtete Wert ein Ausreißer ist (vgl. Bem. 2.1.2) oder daß der Wert in einem Bereich liegt, der von der Beobachtungseinrichtung nicht mehr registriert werden kann. Die Aussagefähigkeit des Datensatzes (2.1.3) verringert sich dadurch in jedem Fall. Die Maßnahmen, diese Verringerung so gering wie möglich zu halten, richten sich nach den zur Verfügung stehenden Mitteln (auch an Zeit) und nach den Anforderungen an die Zuverlässigkeit der Aussagen. Die folgenden Ratschläge sind nach sinkenden Ansprüchen an den modifizierten Datensatz geordnet.

a) Die Zeilen des Datensatzes, die ausgefallene Werte enthalten, werden gestrichen und die entsprechenden Versuche (evtl. mit veränderten Einflußgrößenwerten) wiederholt. Die verbleibenden Zeilen des Datensatzes werden mit den Zeilen der Wiederholungsversuche zum modifizierten Datensatz vereinigt.

b) Ausgefallene Werte der Wirkungsgröße werden aus den restlichen Werten geschätzt. Voraussetzung hierfür ist jedoch, daß die Werte aus den vollständigen Zeilen für eine solche Schätzung ausreichen. Übersteigt die Anzahl der ausgefallenen Werte etwa 10% der Gesamtanzahl, dann ist dieses Vorgehen problematisch, da es bessere Kenntnisse über die Wirkungsgröße vortäuscht als tatsächlich durch das Experiment erhalten wurden.

c) Ausgefallene Werte der Einflußgrößen lassen sich manchmal aus „Nachbarpunkten" interpolieren oder aus dem Verlauf des Experiments rekonstruieren.

d) In gewissen Fällen ist es möglich, die ausgefallenen Werte, bei Wirkungsgrößen wie bei Einflußgrößen, durch Experten schätzen zu lassen. Auch hier darf der Prozentsatz der ausgefallenen Werte nicht zu groß sein, da sonst der Wert der experimentellen Untersuchung selbst fragwürdig wird.

e) Schließlich kann man alle Datenzeilen, die ausgefallene Meßwerte enthalten, ersatzlos streichen. Dieses Vorgehen ist nur praktikabel, wenn der Datensatz so umfangreich ist, daß der verbleibende Datensatz die gewünschten Aussagen noch gestattet.

Von den vorstehenden Methoden liefern nur a) und e) modifizierte Datensätze, deren mathematische Behandlung überschaubar ist und daher in den folgenden Kapiteln behandelt wird. Wenn der ursprüngliche Datensatz mit einer der Methoden b) bis d) oder ähnlichen verändert wurde, dann gelten die im weiteren angegebenen Eigenschaften der Auswertungsmethoden im allgemeinen nicht mehr. Die angegebenen Auswertungsmethoden sind dann trotzdem häufig brauchbare Vorgehensweisen. Die am Datensatz vorgenommenen Modifizierungen müssen bei der Deutung und Einschätzung der Ergebnisse berücksichtigt werden. Z. B. wird die Güte der Aussagen schlechter sein, als bei den Auswertungsmethoden für den unmodifizierten Fall angegeben wird.

Bemerkung 2.1.3: Im Hinblick auf das mögliche Vorhandensein erfaßter stochastischer Einflußgrößen kann man die Zerlegung des Vektors $\boldsymbol{x}$ entsprechend (2.1.1) und (2.1.2)

$$\boldsymbol{x} = \begin{pmatrix} \boldsymbol{x}^{(1)} \\ \boldsymbol{x}^{(2)} \end{pmatrix} \tag{2.1.10}$$

verwenden und damit (2.1.8) in der Form schreiben

$$\mathfrak{Y}(\boldsymbol{x}^{(1)}, \boldsymbol{x}^{(2)}) = \eta(\boldsymbol{x}^{(1)}, \boldsymbol{x}^{(2)}) + \varepsilon(\boldsymbol{x}^{(1)}, \boldsymbol{x}^{(2)}) \,. \tag{2.1.11}$$

Falls es nötig ist zu beachten, daß die Einflußgrößen $\mathfrak{X}^{(2)}$ Zufallsgrößen sind, werden wir von (2.1.11) zu

$$\mathfrak{Y}(\boldsymbol{x}^{(1)}, \mathfrak{X}^{(2)}) = \eta(\boldsymbol{x}^{(1)}, \mathfrak{X}^{(2)}) + \varepsilon(\boldsymbol{x}^{(1)}, \mathfrak{X}^{(2)}) \tag{2.1.12}$$

übergehen. Damit wird auch die Wirkungsfläche η für jedes $\boldsymbol{x}^{(1)}$ eine Zufallsgröße.

Im *multivariaten Fall* bezeichnen wir die gleichzeitig zu betrachtenden Wirkungsgrößen der Reihe nach mit

$$\mathfrak{Y}^{(1)}(\boldsymbol{x}), \ldots, \mathfrak{Y}^{(u)}(\boldsymbol{x}) . \tag{2.1.13}$$

Für jede dieser Wirkungsgrößen können wir in entsprechender Weise ein Modell für den Zusammenhang zwischen den Einflußgrößen und der einzelnen Wirkungsgröße

$$\mathfrak{Y}^{(j)}(\boldsymbol{x}) = \eta^{(j)}(\boldsymbol{x}) + \varepsilon^{(j)}(\boldsymbol{x}); \qquad j = 1, \ldots, u; \tag{2.1.14}$$

einführen. Wegen des auf alle Wirkungsgrößen (2.1.13) *gemeinsam* wirkenden Einflusses der nicht erfaßten als stochastisch angenommenen Einflußgrößen sind die zufälligen Fehler $\varepsilon^{(1)}(\boldsymbol{x}), \ldots, \varepsilon^{(u)}(\boldsymbol{x})$ in einem Versuchspunkt $\boldsymbol{x} \in B$ im allgemeinen *nicht* unabhängig voneinander (Bez. 1.1.24). Damit ist die gleichzeitige Betrachtung und Behandlung der u Modelle für den Zusammenhang (2.1.14) nötig.

Der Datensatz enthält nun u Spalten für die entsprechenden Realisierungen $y^{(j)}$ der Wirkungsgrößen $\mathfrak{Y}^{(j)}$ an den Versuchspunkten

$$\left.\begin{array}{l} x_{11}, x_{12}, \ldots, x_{1k_1}, x_{1k_1+1}, \ldots, x_{1k}, y_1^{(1)}, \ldots, y_1^{(u)}, \\ x_{21}, x_{22}, \ldots, x_{2k_1}, x_{2k_1+1}, \ldots, x_{2k}, y_2^{(1)}, \ldots, y_2^{(u)}, \\ \vdots \\ x_{n1}, x_{n2}, \ldots, x_{nk_1}, x_{nk_1+1}, \ldots, x_{nk}, y_n^{(1)}, \ldots, y_n^{(u)} . \end{array}\right\} \tag{2.1.15}$$

2.1.4. Aufgabenstellung der Regression

Im vorangehenden Abschnitt haben wir in (2.1.8) ein Modell für den Zusammenhang entwickelt. Das Ziel der experimentellen Untersuchung des EW-Problems ist es nun, diesen Zusammenhang aufzuklären: Auf der Grundlage des *Datensatzes* (2.1.3) und unter Verwendung gewisser vorhandener Kenntnisse über das EW-Problem vor der Untersuchung, sogenannter *Vorkenntnisse*, sind *Aussagen über den Zusammenhang* zu machen. Von besonderem Interesse sind in der Regel *Aussagen über die Wirkungsgröße* für gegebene Einflußgrößenwerte, d. h. für eine gegebene Menge von Beobachtungspunkten. Da die Wirkungsgröße eine Zufallsgröße ist, könnten solche Aussagen am vollständigsten durch die Angabe ihrer Verteilung an den entsprechenden Beobachtungspunkten gemacht werden. Wegen der Darstellung (2.1.8) hängt diese Verteilung vom Wert der Wirkungsfläche η und der Verteilung des zufälligen Fehlers ε ab.

Wäre dieser Wert und diese Verteilung an allen interessierenden Beobachtungspunkten vor der Untersuchung bekannt, dann bestünde offensichtlich keine Notwendigkeit, die Untersuchung durchzuführen. Wären nur die entsprechenden Werte der Wirkungsfläche, aber nicht die Verteilungen des zufälligen Fehlers an den interessierenden Stellen bekannt, dann würde man die Zufallsgröße

$$\varepsilon(\boldsymbol{x}) = \mathfrak{Y}(\boldsymbol{x}) - \eta(\boldsymbol{x}) \tag{2.1.16}$$

untersuchen.

Es scheint klar, daß man bei bekannter Wirkungsfläche nur äußerst selten noch eine experimentelle Untersuchung des Zusammenhangs durchführen wird. Daher wenden wir uns im folgenden dem praktisch interessanten Fall zu, daß die *Wirkungsfläche unbekannt* ist. Das soll jedoch nicht heißen, daß wir keine Vorkenntnisse über sie haben. So läßt sich z. B. stets eine Menge S von Funktionen angeben, in der die unbekannte Wirkungsfläche enthalten ist. Sie kann bei entsprechend vagen Vorstellungen über η auch sehr umfangreich sein und sich z. B. nur durch die Angabe gewisser Eigenschaften der Wirkungsfläche beschreiben lassen. Wenn man z. B. von der Funktion η nur weiß, daß sie stetig ist, hätte man S als Menge aller über B stetigen Funktionen zu wählen. Wir kommen auf diese Problematik in [2.2] zurück.

Die Aufgabenstellung ergibt sich damit also in der Form: *Ausgehend vom Datensatz* (2.1.3) *und den Vorkenntnissen sind Aussagen über die unbekannte Wirkungsfläche zu machen.*

Ist auch die Verteilung des zufälligen Fehlers in den interessierenden Punkten unbekannt, so läßt sich die Aufgabenstellung dahingehend erweitern, diese Verteilung oder gewisse ihrer Parameter näherungsweise zu bestimmen, d. h. zu schätzen. Diese Erweiterung und ihr Umfang beeinflussen den Umfang der experimentellen Untersuchung und sind daher von Fall zu Fall anhand des Verwendungszwecks der Aussagen über die Wirkungsgröße festzulegen (›[2.3.3], [3.2.3]).

Da nicht immer für alle Punkte $\boldsymbol{x} \in B$, für die der Zusammenhang (2.1.8) erklärt ist, Aussagen über η von Interesse sind, betrachten wir einen entsprechenden Teilbereich.

Bezeichnung 2.1.11: Der Teilbereich $H \subseteq B$, für den Aussagen über η verlangt werden, heißt *Prognosebereich* ●

Die allgemeine Aufgabe läßt sich in verschiedener Weise konkretisieren. Ein wichtiger Fall, dem wir die folgenden Kapitel hauptsächlich widmen wollen, ist das *Schätzproblem*: Ausgehend vom Datensatz (2.1.3) und den Vorkenntnissen ist eine Funktion $\hat{\eta}$ anzugeben, die η in H möglichst gut näherungsweise beschreibt. Diese noch unbestimmte Formulierung bedarf der weiteren Präzisierung.

Unter Berücksichtigung der Menge S, die unsere Vorkenntnisse über die unbekannte Wirkungsfläche repräsentiert, und der mathematischen Handhabbarkeit haben wir zuerst eine Menge $\tilde{S}$ von Funktionen $\tilde{\eta}$ festzulegen, die wir zur näherungsweisen Beschreibung dieser unbekannten Wirkungsfläche η verwenden wollen. Mit dem Problem der Wahl von $\tilde{S}$ und der Bewertung dieser Wahl bei entsprechend gegebenem S werden wir uns in [2.2] und [2.4] beschäftigen. Die mathematische Behandelbarkeit legt für $\tilde{S}$ die Wahl

$$\tilde{S} = \{\tilde{\eta}(\boldsymbol{x}, \boldsymbol{\vartheta}) : \boldsymbol{x} \in B\}_{\boldsymbol{\vartheta} \in \Theta}, \tag{2.1.17}$$

d. h. eine Menge von Funktionen, die sich durch die Werte eines r-dimensionalen Parametervektors $\boldsymbol{\vartheta} \in \Theta \subseteq \mathrm{R}^r$ voneinander unterscheiden (›Bez. A.2.6), nahe.

Bezeichnung 2.1.12: Jede Funktionenschar der Form (2.1.17) zur näherungsweisen Beschreibung der unbekannten Wirkungsfläche für das Zusammenhangsmodell (2.1.8) heißt *Regressionsansatz* oder kurz *Ansatz* ●

Allgemein wird durch den gewählten Ansatz bestimmt, wie gut in einem noch zu präzisierenden Sinne die näherungsweise Beschreibung der unbekannten Wirkungsfläche durch eine Funktion des Ansatzes ausfallen kann. Bei ungünstiger Wahl kann es sogar unmöglich sein, die unbekannte Wirkungsfläche durch eine Funktion des Ansatzes sinnvoll näherungsweise zu beschreiben.

Beispiel 2.1.6: Es sei die unbekannte Wirkungsfläche eine Sinusfunktion mit der Periode 2π über $B = [-\pi, \pi]$, d. h. $\eta(x) = a \sin(x + \varphi)$ mit unbekanntem a und φ, oder anders ausgedrückt

$$S = \{\eta(x, a, \varphi) = a \sin(x + \varphi) : x \in [-\pi, \pi]\}_{a \in \mathrm{R}^1, \varphi \in [0, 2\pi]} .$$

Der Ansatz $\tilde{S}_1 = \{\tilde{\eta}_1(x, \boldsymbol{\vartheta}) = \vartheta_0 + \vartheta_1 x + \vartheta_2 x^2 : x \in [-\pi, \pi]\}_{\boldsymbol{\vartheta} \in \mathrm{R}^3}$ ist offensichtlich zur näherungsweisen Beschreibung von η *in ganz* $B = [-\pi, \pi]$ ungeeignet.

Wegen $\sin(x + \varphi) = \sin x \cos \varphi + \cos x \sin \varphi$ eignet sich der Ansatz

$$\tilde{S}_2 = \{\tilde{\eta}_2(x, \boldsymbol{\beta}) = \beta_1 \sin x + \beta_2 \cos x : x \in [-\pi, \pi]\}_{\boldsymbol{\beta} \in \mathrm{R}^2}$$

viel besser. Für jede Funktion $\eta(x) = a \sin(x + \varphi)$ ist dann eine Funktion $\beta_{1,\eta} \sin x + \beta_{2,\eta} \cos x$ in $\tilde{S}_2$ vorhanden, die mit η übereinstimmt, falls man $\beta_{1,\eta} = a \cos \varphi$ und $\beta_{2,\eta} = a \sin \varphi$ setzt.

Nach der Festlegung eines Ansatzes $\tilde{S}$ geht das Schätzproblem in die Aufgabe über, eine Vorschrift anzugeben, die jedem möglichen Datensatz der Form (2.1.3) eine Funktion $\tilde{\eta}$ aus $\tilde{S}$ zuordnet, die als näherungsweise Beschreibung $\hat{\eta}$ der unbekannten Wirkungsfläche η verwendet werden soll. Solche Zuordnungsvorschriften werden wir im folgenden *Schätzung* nennen.

Damit wir sehen, daß es sich dabei um eine Schätzung im Sinne der mathematischen Statistik handelt (›Bez. 1.2.4), werden wir den Datensatz (2.1.3) als Realisierungen des Zusammenhangsmodells (2.1.8) darstellen, d. h.

$$\left.\begin{aligned} y_1 &= y(\boldsymbol{x}_1) = \eta(\boldsymbol{x}_1) + \varepsilon(\boldsymbol{x}_1) , \\ y_2 &= y(\boldsymbol{x}_2) = \eta(\boldsymbol{x}_2) + \varepsilon(\boldsymbol{x}_2) , \\ &\vdots \\ y_n &= y(\boldsymbol{x}_n) = \eta(\boldsymbol{x}_n) + \varepsilon(\boldsymbol{x}_n) , \end{aligned}\right\} \tag{2.1.18}$$

wobei hier $\varepsilon(\boldsymbol{x}_1), \ldots, \varepsilon(\boldsymbol{x}_n)$ jeweils Realisierungen der entsprechenden gleichbezeichneten Zufallsgrößen ε sein sollen.

Da die Wirkungsgröße $\mathfrak{Y}(\boldsymbol{x})$ für jedes $\boldsymbol{x} \in B$ eine Zufallsgröße ist, läßt sich (2.1.18) auch als Realisierung des zufälligen Vektors

$$(\mathfrak{Y}(\boldsymbol{x}_1), \ldots, \mathfrak{Y}(\boldsymbol{x}_n))' \tag{2.1.19}$$

deuten. Das entspricht dem üblichen Übergang von der konkreten zur mathematischen Stichprobe (›Bez. 1.2.1).

Falls unter den erfaßten Einflußgrößen einstellbare determinierte oder über den Erwartungswert einstellbare stochastische vorhanden sind, können die Werte bzw. Erwartungswerte vor der Durchführung der experimentellen Untersuchung für jeden einzelnen Versuch festgelegt, d. h. also *geplant* werden („aktives" Experiment). Dies motiviert eine Bezeichnung für die Zusammenfassung der im Datensatz (2.1.3) enthaltenen Versuchspunkte,

$$V_n = (\boldsymbol{x}_1, \ldots, \boldsymbol{x}_n) . \tag{2.1.20}$$

Wir nennen V_n den *Versuchsplan* (für den Datensatz (2.1.3)) und benutzen die Bezeichnung vorläufig als bequeme Abkürzung, um die Abhängigkeit des Vektors (2.1.19) von den Versuchspunkten $\boldsymbol{x}_1, \ldots, \boldsymbol{x}_n$ auch in der Vektorschreibweise deutlich zu machen (zur Beschreibung und Wahl des Versuchsplanes ›[2.5]). Im folgenden schreiben wir für

(2.1.19) also $\mathfrak{Y}(V_n)$. Mit den entsprechend eingeführten Vektoren

$$\eta(V_n) = \big(\eta(\boldsymbol{x}_1), \dots, \eta(\boldsymbol{x}_n)\big)' \tag{2.1.21}$$

und

$$\varepsilon(V_n) = \big(\varepsilon(\boldsymbol{x}_1), \dots, \varepsilon(\boldsymbol{x}_n)\big)' \tag{2.1.22}$$

läßt sich die zu (2.1.18) gehörige mathematische Stichprobe in der Form

$$\mathfrak{Y}(V_n) = \boldsymbol{\eta}(V_n) + \boldsymbol{\varepsilon}(V_n) \tag{2.1.23}$$

darstellen.

Bezeichnung 2.1.13: Der Vektor $\mathfrak{Y}(V_n)$ aus (2.1.23) heißt *Beobachtungsvektor* und $\boldsymbol{\varepsilon}(V_n)$ gemäß (2.1.22) *Fehlervektor*, jeweils *zum Versuchsplan* V_n. Die Menge aller möglichen Realisierungen $\boldsymbol{y}(V_n)$ von $\mathfrak{Y}(V_n)$ bezeichnen wir als den *Stichprobenraum* $C(V_n)$ ●

Mit den eingeführten Abkürzungen und Bezeichnungen läßt sich das Schätzproblem weiter präzisieren: Jeder Realisierung

$$\boldsymbol{y}(V_n) = \big(y(\boldsymbol{x}_1), \dots, y(\boldsymbol{x}_n)\big)' \tag{2.1.24}$$

des Beobachtungsvektors $\mathfrak{Y}(V_n)$ ist eine Funktion $\hat{\eta}\big(\boldsymbol{x}, \boldsymbol{y}(V_n)\big) \in \tilde{S}$ so zuzuordnen, daß die unbekannte Wirkungsfläche $\eta(\boldsymbol{x})$ für alle $\boldsymbol{x}$ aus dem Prognosebereich H in einem noch festzulegenden Sinne gut näherungsweise dargestellt wird.

Eine solche Zuordnung, eine *Schätzung,* ist also eine Abbildung des Stichprobenraumes $C(V_n)$ in die Funktionenschar $\tilde{S}$. Da $\mathfrak{Y}(V_n)$ ein Zufallsvektor ist, wird auch das durch die Schätzung vermittelte Bild in $\tilde{S}$ stochastischen Charakter tragen. Daher kann man die Güte der Schätzung nur mit statistischen Maßzahlen, z. B. mit Streuungsmaßen, mit Maßen der systematischen Abweichung und mit Varianzausdrücken beurteilen, wie dies von der Schätzung unbekannter Parameter einer Verteilung bekannt ist (Storm [1], Sachs [1], ›Bez. 1.2.5–1.2.10).

Die Abhängigkeit des Beobachtungsvektors $\mathfrak{Y}(V_n)$ vom Versuchsplan V_n geht im allgemeinen in die Schätzung ein und beeinflußt ihre Güte. Sind einige der Einflußgrößen einstellbar (eventuell über den Erwartungswert), dann kann man durch die Wahl von V_n die Güte der Schätzung weiter zu verbessern suchen. Darüberhinaus können durch die Schätzung Bedingungen an den verwendeten Plan gestellt werden (s. z. B. den Übergang von (2.3.28) zu (2.3.29)).

Sind mehrere Wirkungen gleichzeitig zu betrachten, *im multivariaten Fall* also, hat man für *jede* der u Wirkungsflächen $\eta^{(j)}$; $j = 1, \dots, u$; einen Ansatz $\tilde{S}^{(j)}$ zu wählen. Das Schätzproblem besteht dann in der Aufgabe, jedem möglichen Datensatz der Form (2.1.15) u Funktionen $\hat{\eta}^{(j)}$; $j = 1, \dots, u$; aus den entsprechenden Ansätzen $\tilde{S}^{(j)}$ zuzuordnen, die als näherungsweise Beschreibung der unbekannten Wirkungsflächen $\eta^{(j)}$ in entsprechend gegebenen Prognosebereichen $H^{(j)}$ verwendet werden sollen. Es ist möglich, aber nicht unbedingt notwendig, alle Schätzungen für einen gemeinsamen Prognosebereich, etwa $H = \bigcup_{j=1}^{u} H^{(j)}$, zu verlangen.

Analog zu (2.1.23) erhält man als Darstellung der mathematischen Stichprobe zum Datensatz (2.1.15)

$$\mathfrak{Y}^{(j)}(V_n) = \boldsymbol{\eta}^{(j)}(V_n) + \boldsymbol{\varepsilon}^{(j)}(V_n), \qquad j = 1, \dots, u; \tag{2.1.25}$$

Eine andere, für die Behandlung günstigere Darstellung ergibt sich, wenn man die Komponenten der u Vektoren in (2.1.25) zu jeweils einem einzigen Vektor in folgender Weise zusammenfaßt

$$\vec{\mathfrak{Y}}(V_n) = \begin{pmatrix} \mathfrak{Y}^{(1)}(\boldsymbol{x}_1) \\ \vdots \\ \mathfrak{Y}^{(u)}(\boldsymbol{x}_1) \\ \mathfrak{Y}^{(1)}(\boldsymbol{x}_2) \\ \vdots \\ \mathfrak{Y}^{(u)}(\boldsymbol{x}_2) \\ \vdots \\ \mathfrak{Y}^{(1)}(\boldsymbol{x}_n) \\ \vdots \\ \mathfrak{Y}^{(u)}(\boldsymbol{x}_n) \end{pmatrix}, \quad \vec{\eta}(V_n) = \begin{pmatrix} \eta^{(1)}(\boldsymbol{x}_1) \\ \vdots \\ \eta^{(u)}(\boldsymbol{x}_1) \\ \eta^{(1)}(\boldsymbol{x}_2) \\ \vdots \\ \eta^{(u)}(\boldsymbol{x}_2) \\ \vdots \\ \eta^{(1)}(\boldsymbol{x}_n) \\ \vdots \\ \eta^{(u)}(\boldsymbol{x}_n) \end{pmatrix}, \quad \vec{\varepsilon}(V_n) = \begin{pmatrix} \varepsilon^{(1)}(\boldsymbol{x}_1) \\ \vdots \\ \varepsilon^{(u)}(\boldsymbol{x}_1) \\ \varepsilon^{(1)}(\boldsymbol{x}_2) \\ \vdots \\ \varepsilon^{(u)}(\boldsymbol{x}_2) \\ \vdots \\ \varepsilon^{(1)}(\boldsymbol{x}_n) \\ \vdots \\ \varepsilon^{(u)}(\boldsymbol{x}_n) \end{pmatrix}. \tag{2.1.26}$$

Damit kann man für (2.1.25) schreiben

$$\vec{\mathfrak{Y}}(V_n) = \vec{\eta}(V_n) + \vec{\varepsilon}(V_n)\,, \tag{2.1.27}$$

wobei die Vektoren aber nun jeweils nu Komponenten haben. Die Schätzung kann in analoger Weise wie für (2.1.23) vorgenommen werden (›Bem. 3.1.2). Die Überlegungen zum Einfluß der Wahl des *Versuchsplanes* auf die Güte der Schätzung wie auf deren Wahl gelten ebenfalls analog zum univariaten Fall (2.1.23).

Damit können wir das Schätzproblem der Regression zusammenfassend als die Auswahl eines geeigneten Ansatzes, einer entsprechenden Schätzung und eines Versuchsplanes charakterisieren. Wird für die Güte der Schätzung ein Optimalitätskriterium gegeben, dann wird aus dem Schätzproblem ein *Optimierungsproblem.* Die drei Teilprobleme

a) optimale Wahl des Ansatzes,
b) optimale Wahl der Schätzung,
c) optimale Wahl des Versuchsplanes

sind eng miteinander verbunden, denn sie sollten nach einem gemeinsamen Gütekriterium erfolgen. Was durch eine nichtoptimale Wahl einer der Komponenten verloren ist, kann durch die Wahl der anderen nicht kompensiert werden. So wird z. B. ein ungünstiger Ansatz nicht durch eine gute Schätzung wettgemacht. Was man durch einen guten Ansatz und eine gute Schätzung an Güte gewonnen glaubt, kann durch die Verwendung eines wenig geeigneten Versuchsplanes wieder verloren werden.

Die getrennte Behandlung der drei Teilprobleme ist jedoch unter sehr geringen Voraussetzungen möglich (›[1/2.3]). Daher wenden wir uns auch im folgenden diesen Teilproblemen einzeln zu. Zu beachten ist in jedem Falle, daß die optimale Wahl zweier der Komponenten (Ansatz, Schätzung, Versuchsplan) auch optimal bezüglich jeder Wahl der dritten Komponente erfolgt.

Falls man eine der Komponenten nicht optimal wählt oder mangels besserer Kenntnis wählen muß, dann sollte man sich stets Rechenschaft über die Folgen dieser Wahl auf die Güte der Schätzung zu geben suchen. Daher sind viele Verfahren im folgenden grundsätzlich als *heuristisch* oder bei der Verletzung der angegebenen Voraussetzungen als *praktizierbar* bezeichnet worden, um auf das Fehlen entsprechender Optimalitätseigenschaften oder sogar von Güteaussagen aufmerksam zu machen.

2.2. Ansatzproblem

Zur Lösung des Schätzproblems, das wir im vorangehenden Abschnitt formuliert haben, müssen wir zuerst einen Ansatz wählen. Bei dieser Wahl spielen Vorkenntnisse aus dem Einfluß-Wirkung-Problem über die unbekannte Wirkungsfläche eine große Rolle. So wird man zuerst versuchen, aus fachwissenschaftlichen Überlegungen, z. B. aus physikalischen oder chemischen Gesetzmäßigkeiten oder aus technischen Modellvorstellungen, zu einem Ansatz zu kommen, der die theoretische Durchdringung des Problems widerspiegelt. Erst wenn dies nicht gelingt oder für das Ziel der Untersuchung zu aufwendig scheint, sollte man den Ansatz aus Näherungsbetrachtungen heraus festlegen.

Fachwissenschaftlich begründete Ansätze haben häufig den Vorteil, daß zumindest einige ihrer Parameter fachwissenschaftlich deutbar sind und daß auch die durch die Schätzung erhaltene Funktion, die die unbekannte Wirkungsfläche näherungsweise beschreibt, eine solche Deutung erlaubt. Andererseits haben fachwissenschaftlich begründete Ansätze in der Regel eine kompliziertere mathematische Struktur als reine Näherungsansätze.

Beispiel 2.2.1: Für Wachstumsvorgänge und Anfahrprozesse läßt sich häufig ein Ansatz der Form

$$\tilde{S} = \{\tilde{\eta}(t, \vartheta) = \vartheta_0 + \vartheta_1 \, e^{\vartheta_2 t} : t \geqq 0\}_{\vartheta \in R^3} \tag{2.2.1}$$

begründen. Dann ist $\vartheta_0 + \vartheta_1$ der *Ausgangswert* ($t = 0$) für das Wachstum oder den Anfahrvorgang und, falls $\vartheta_2 < 0$, ϑ_0 der (asymptotische) *Endwert* ($t \to \infty$). Der Parameter ϑ_2 ist ein *Maß für die Geschwindigkeit*, mit der die Entwicklung stattfindet.

Falls sich für ein Zusammenhangsmodell mehrere Ansätze anbieten, bei denen die Entscheidung für einen davon weder durch fachwissenschaftliche Überlegungen noch durch Näherungsbetrachtungen möglich scheint, dann kann man diese Entscheidung in einer vorangehenden gesonderten experimentellen Untersuchung herbeiführen oder in gewissen Fällen auch den Ansatz zusammen mit der Schätzung wählen. Solche Probleme der Ansatzdiskrimination und der Vortestschätzung behandeln wir in [2.4] und [6.2] sowie in Verf. 6.3.2.

Für die Betrachtung im Zusammenhang mit dem Schätzproblem der Regression ist die Herkunft des gewählten Ansatzes gleichgültig. Interessant sind allein seine Struktur und seine Näherungseigenschaften in bezug auf die unbekannte Wirkungsfläche.

Da die Wirkungsfläche η unbekannt ist, müssen wir die Eigenschaften des Ansatzes für alle im gegebenen EW-Problem für möglich gehaltenen Wirkungsflächen untersuchen. Die in [2.1.4] eingeführte *Menge* S von Wirkungsflächen repräsentiert unsere *Vorkenntnisse* über η. Wir haben also die Funktionen $\tilde{\eta}$ aus $\tilde{S}$ mit den Funktionen η aus S zu vergleichen und die Näherungseigenschaften von $\tilde{S}$ in bezug auf S zu untersuchen.

Es kann vorkommen, daß die Funktionen aus S zwar alle als Wirkungsflächen für möglich gehalten werden, jedoch ihr Auftreten mit unterschiedlicher Wahrscheinlichkeit erwartet wird. Eine solche Überzeugung kann sich auf der Grundlage der Erfahrung mit ähnlich gelagerten EW-Problemen gebildet haben. In solchen Fällen ist es ratsam, diese Erfahrung für das Schätzproblem dadurch nutzbar zu machen, daß man versucht, eine *Wahrscheinlichkeitsverteilung* über der Menge S zu konstruieren. Eine Präzisierung dieses Vorschlages und Methoden zu seiner Realisierung werden in [2.2.3] gegeben.

2.2.1. Wahrer und linearer Ansatz

Am günstigsten gestaltet sich die weitere Behandlung des Schätzproblems, wenn unsere Vorkenntnisse besagen, daß die unbekannte Wirkungsfläche eine Funktion aus dem gewählten Ansatz $\tilde{S}$ sein muß. Mit anderen Worten, der Ansatz $\tilde{S}$ umfaßt die Menge der im Problem für möglich gehaltenen Wirkungsflächen,

$$S \subseteq \tilde{S} . \tag{2.2.2}$$

Bezeichnung 2.2.1: Der Ansatz

$$\tilde{S} = \{\tilde{\eta}(\boldsymbol{x}, \boldsymbol{\vartheta}) : \boldsymbol{x} \in B\}_{\boldsymbol{\vartheta} \in \Theta} \tag{2.2.3}$$

heißt *wahrer Ansatz* für S, wenn es für jedes $\eta \in S$ ein $\boldsymbol{\vartheta}_\eta \in \Theta$ gibt, so daß für alle $\boldsymbol{x} \in B$ die Funktion $\eta(\boldsymbol{x})$ mit der speziellen Funktion $\tilde{\eta}(\boldsymbol{x}, \boldsymbol{\vartheta}_\eta)$ aus dem Ansatz übereinstimmt:

$$\eta(\boldsymbol{x}) = \tilde{\eta}(\boldsymbol{x}, \boldsymbol{\vartheta}_\eta) \bullet \tag{2.2.4}$$

Mit der Bezeichnung „wahrer Ansatz" sollen keine philosophischen Gedanken verknüpft werden. Es handelt sich dabei nur um einen üblich gewordenen statistischen Fachterminus.

Für einen wahren Ansatz ist das Problem, Schätzungen für die unbekannte Wirkungsfläche zu erhalten, auf das Problem zurückgeführt, entsprechende Schätzungen für den unbekannten Parametervektor $\boldsymbol{\vartheta}_\eta$ aus (2.2.4) zu beschaffen. Diese Problematik ist besonders eingehend für den Fall untersucht, daß der *Ansatz in den Parametern linear* ist.

Zum Aufbau eines solchen linearen Ansatzes geht man von r gegebenen Funktionen $f_j(\boldsymbol{x})$; $j = 1, \ldots, r$; aus, die auf B definiert und dort linear unabhängig sind (›Bez. A.2.8). Weiterhin verlangt man von den Funktionen $f_j(\boldsymbol{x})$ im allgemeinen die Stetigkeit auf B.

Bezeichnung 2.2.2: Der Ansatz $\tilde{S}$ heißt *linearer Ansatz*, wenn er die Form hat

$$\tilde{S} = \left\{\tilde{\eta}(\boldsymbol{x}, \boldsymbol{\vartheta}) = \sum_{j=1}^{r} \vartheta_j f_j(\boldsymbol{x}) : \boldsymbol{x} \in B\right\}_{\boldsymbol{\vartheta} \in \Theta \subseteq \mathbf{R}^r} \bullet \tag{2.2.5}$$

Beispiel 2.2.2: Die im Bsp. 2.1.6 angeführten Ansätze

$$\tilde{S}_1 = \{\vartheta_0 + \vartheta_1 x + \vartheta_2 x^2 : x \in [-\pi, \pi]\}_{\boldsymbol{\vartheta} \in \mathbf{R}^3} ,$$

$$\tilde{S}_2 = \{\beta_1 \sin x + \beta_2 \cos x : x \in [-\pi, \pi]\}_{\boldsymbol{\beta} \in \mathbf{R}^2}$$

sind gemäß Bez. 2.2.2 *linear*. Dagegen sind die Ansätze

$$\tilde{S}_3 = \{a_1 \sin (x + a_2) : x \in [-\pi, \pi]\}_{\boldsymbol{a} \in \mathbf{R}^2}$$

(›Bsp. 2.1.6) und

$$\tilde{S}_4 = \{\vartheta_0 + \vartheta_1 e^{\vartheta_2 t} : t \geqq 0\}_{\boldsymbol{\vartheta} \in \mathbf{R}^3}$$

aus Bsp. 2.2.1 *nichtlinear* gemäß Bez. 2.2.2.

Die lineare Unabhängigkeit der $f_j(\boldsymbol{x})$; $j = 1, \ldots, r$; erlaubt eine eindeutige Zuordnung der Funktionen $\tilde{\eta} \in \tilde{S}$ zu den Parametervektoren $\boldsymbol{\vartheta} \in \Theta$. Die Stetigkeit der $f_j(\boldsymbol{x})$ wird erst bei der Wahl des Versuchsplanes (›[2.5] und Kap. 4) eine Rolle spielen.

Zur Vereinfachung der Schreibweise gehen wir wieder zu Vektoren über. Mit

$$\boldsymbol{f}(\boldsymbol{x}) = \big(f_1(\boldsymbol{x}), \ldots, f_r(\boldsymbol{x})\big)' \tag{2.2.6}$$

schreiben wir in (2.2.5) kürzer

$$\tilde{\eta}(\boldsymbol{x}, \boldsymbol{\vartheta}) = \boldsymbol{f}(\boldsymbol{x})' \boldsymbol{\vartheta} . \tag{2.2.7}$$

Nehmen wir zusätzlich an, daß der *lineare* Ansatz $\tilde{S}$ *auch wahr* für S ist, dann ist für alle $\boldsymbol{x} \in B$ und alle $\eta \in S$

$$\eta(\boldsymbol{x}) = \tilde{\eta}(\boldsymbol{x}, \boldsymbol{\vartheta}_\eta) = \boldsymbol{f}(\boldsymbol{x})' \boldsymbol{\vartheta}_\eta . \tag{2.2.8}$$

Mit dieser Darstellung erhält der Vektor $\boldsymbol{\eta}(V_n)$ aus (2.1.21) die Form

$$\boldsymbol{\eta}(V_n) = \big(\boldsymbol{f}(\boldsymbol{x}_1)' \boldsymbol{\vartheta}_\eta, \dots, \boldsymbol{f}(\boldsymbol{x}_n)' \boldsymbol{\vartheta}_\eta\big)' . \tag{2.2.9}$$

Führen wir hier die sogenannte *Versuchsplanmatrix*

$$\boldsymbol{F}(V_n) = \big((f_j(\boldsymbol{x}_i))\big)_{n \times r} \tag{2.2.10}$$

(d. h. $i = 1, \dots, n$; $j = 1, \dots, r$) ein, so läßt sich $\boldsymbol{\eta}(V_n)$ als

$$\boldsymbol{\eta}(V_n) = \boldsymbol{F}(V_n) \boldsymbol{\vartheta}_\eta \tag{2.2.11}$$

darstellen. Für den Beobachtungsvektor $\mathfrak{Y}(V_n)$ aus (2.1.23) bedeutet dies

$$\mathfrak{Y}(V_n) = \boldsymbol{F}(V_n) \boldsymbol{\vartheta}_\eta + \boldsymbol{\varepsilon}(V_n) . \tag{2.2.12}$$

Diese Darstellung wird den Ausgangspunkt für die Schätzung bilden, falls der Ansatz als linear und wahr angenommen werden darf.

Bemerkung 2.2.1: Die Eigenschaften des Ansatzes hängen auch von den Skalen ab, in denen Wirkungsgröße und Einflußgrößen gemessen werden. Dies wird häufig dazu benutzt, geeignete Skalen zu suchen, in denen das Zusammenhangsproblem durch einen *linearen* Ansatz gefaßt werden kann. Dabei kann es vorkommen, daß der so gefundene Ansatz kein wahrer Ansatz mehr ist (vgl. das folgende Beispiel).

Beispiel 2.2.3: Aus fachwissenschaftlichen Überlegungen habe man den wahren, jedoch nichtlinearen Ansatz $\tilde{S}_1$ mit

$$\tilde{\eta}(\boldsymbol{x}, \boldsymbol{\vartheta}) = \vartheta_1 \exp(\vartheta_2 x_1 + \vartheta_3 x_2); \quad \vartheta_1 > 0 \tag{2.2.13}$$

gefunden. Untersucht man die Abhängigkeit des Logarithmus der Wirkungsfläche von den Einflußgrößen x_1 und x_2, dann wäre $\tilde{S}_2$ mit

$$\tilde{\eta}(\boldsymbol{x}, \tilde{\boldsymbol{\vartheta}}) = \tilde{\vartheta}_1 + \tilde{\vartheta}_2 x_1 + \tilde{\vartheta}_3 x_2 ,$$

wobei $\tilde{\vartheta}_1 = \ln \vartheta_1$; $\tilde{\vartheta}_2 = \vartheta_2$ und $\tilde{\vartheta}_3 = \vartheta_3$ (für $\vartheta_1 > 0$), ein linearer Ansatz für $\ln \mathfrak{Y}$. Jedoch ist dieser Ansatz $\tilde{S}_2$ i. allg. kein wahrer Ansatz mehr. Aus

$$\mathfrak{Y}(\boldsymbol{x}) = \eta(\boldsymbol{x}) + \varepsilon(\boldsymbol{x}) = \eta(\boldsymbol{x}) \left(1 + \frac{\varepsilon(\boldsymbol{x})}{\eta(\boldsymbol{x})}\right) \tag{2.2.14}$$

folgt

$$\ln \mathfrak{Y}(x) = \ln \eta(\boldsymbol{x}) + \ln \left(1 + \frac{\varepsilon(\boldsymbol{x})}{\eta(\boldsymbol{x})}\right) = \ln \eta(\boldsymbol{x}) + \tilde{\varepsilon}\big(\varepsilon(\boldsymbol{x}), \eta(\boldsymbol{x})\big) , \tag{2.2.15}$$

aber (2.2.15) ist i. allg. *kein* Modell für den Zusammenhang (entsprechend (2.1.8) und (2.1.7)) mehr, denn es gilt i. allg. $\mathrm{E}\tilde{\varepsilon}\big(\varepsilon(\boldsymbol{x}), \eta(\boldsymbol{x})\big) \not\equiv 0$.

2.2.2. Verwendung spezieller Vorkenntnisse über die Wirkungsfläche beim Aufbau eines Ansatzes

Die in [2.1.4] eingeführte Menge S der für möglich gehaltenen Wirkungsflächen stellt unsere Vorkenntnisse über die unbekannte Wirkungsfläche dar. In diesem Abschnitt wollen wir *annehmen,* daß durch die Betrachtung der Menge S ein *wahrer Ansatz* gefunden wurde, der alle Funktionen des entsprechenden Funktionentyps enthält.

Oft enthält die Festlegung von S *über* die Kenntnis des Funktionentyps *hinausgehende* Angaben, die aus der Sachkenntnis über des EW-Problem oder aus früheren Untersuchungen stammen. Es ist zweckmäßig, diese Angaben zur weiteren Präzisierung des Ansatzes z. B. durch Einschränkung auf eine entsprechende Parametermenge auszunutzen.

Für das Auftreten und die Verwendung von Vorkenntnissen dieser Art sollen im folgenden einige typische Beispiele angegeben werden.

Von der Wirkungsfläche η sei z. B. bekannt, daß sie an ganz bestimmten Punkten aus fachwissenschaftlichen Gründen bekannte Werte annehmen muß.

Beispiel 2.2.4: Wir betrachten den wahren Ansatz $\tilde{S}_1$ mit

$$\tilde{\eta}^{(1)}(x, \boldsymbol{\vartheta}^{(1)}) = \vartheta_1 + \vartheta_2 x + \vartheta_3 x^2 ,$$

wobei $x \in [-1, 1]$ und $\boldsymbol{\vartheta}^{(1)} \in \mathrm{R}^3$ sind. Es sei zusätzlich bekannt, daß die Wirkungsfläche bei $x_0 = 0$ verschwinden muß, d. h. $\eta(0) = 0$. Dann genügt es, in den Ansatz nur die Parabeln aufzunehmen, die durch den Koordinatenursprung gehen. D. h., der Ansatz $\tilde{S}_2$ mit

$$\tilde{\eta}^{(2)}(x, \boldsymbol{\vartheta}^{(2)}) = \vartheta_2 x + \vartheta_3 x^2; \quad x \in [-1, 1]; \quad \boldsymbol{\vartheta}^{(2)} \in \mathrm{R}^2;$$

ist ebenfalls ein wahrer Ansatz und genügt bereits im Schätzproblem für die Wirkungsfläche.

Beispiel 2.2.5: Es sei $\tilde{S}_1$ ein wahrer Ansatz mit

$$\tilde{\eta}^{(1)}(x, \boldsymbol{\vartheta}^{(1)}) = \vartheta_0 + \vartheta_1 x + \vartheta_2 x^2 + \vartheta_3 x^3 , \tag{2.2.16}$$

wobei $x \in [-1, 1]$ und $\boldsymbol{\vartheta}^{(1)} \in \mathrm{R}^4$ sind. Es sei zusätzlich bekannt, daß für die Wirkungsfläche $\eta(-1) = 2$ und $\eta(1) = 0$ gelten muß. Dann kann man für den Parametervektor $\boldsymbol{\vartheta}^{(1)}$ zu einem Teilbereich von R^4 übergehen, für den

$$\tilde{\eta}^{(1)}(-1, \boldsymbol{\vartheta}^{(1)}) = \vartheta_0 - \vartheta_1 + \vartheta_2 - \vartheta_3 = 2 , \qquad \tilde{\eta}^{(1)}(1, \boldsymbol{\vartheta}^{(1)}) = \vartheta_0 + \vartheta_1 + \vartheta_2 + \vartheta_3 = 0$$

gilt. Damit erhalten wir den präzisierten wahren Ansatz

$$\tilde{S}_2 = \{\tilde{\eta}^{(2)}(x, \boldsymbol{\vartheta}^{(2)}) = \vartheta_0 + \vartheta_1 x + \vartheta_2 x^2 + \vartheta_3 x^3 : x \in [-1, 1]\}_{\boldsymbol{\vartheta}^{(2)} \in \Theta}$$

mit $\Theta = \{\boldsymbol{\vartheta}^{(2)} \in \mathrm{R}^4 : \vartheta_0 - \vartheta_1 + \vartheta_2 - \vartheta_3 = 2 , \vartheta_0 + \vartheta_1 + \vartheta_2 + \vartheta_3 = 0\}$.

Allgemein lassen sich solche *linearen Nebenbedingungen* an die Parameter, wie sie im Bsp. 2.2.5 vorkommen, in der Form

$$\boldsymbol{K\vartheta} = \boldsymbol{l} \tag{2.2.17}$$

darstellen, wobei $\boldsymbol{K}$ eine gegebene $r \times s$ Matrix und $\boldsymbol{l}$ ein gegebener s-dimensionaler Vektor ist. Dabei muß s kleiner als die Gesamtzahl r der Parameter sein, falls $\boldsymbol{K}$ den Rang s hat (›(A.1.14)). Die Parametermenge wird dann in der Form

$$\Theta = \{\boldsymbol{\vartheta} \in \mathrm{R}^r ; \boldsymbol{K\vartheta} = \boldsymbol{l}\} \tag{2.2.18}$$

angegeben. Für die Parametermenge aus Bsp. 2.2.5 ist speziell

$$\boldsymbol{K} = \begin{pmatrix} 1 & -1 & 1 & -1 \\ 1 & 1 & 1 & 1 \end{pmatrix}, \qquad \boldsymbol{l} = \begin{pmatrix} 2 \\ 0 \end{pmatrix}.$$

Auch Bsp. 2.2.4 kann hier als Spezialfall aufgefaßt werden. Aus $\eta(0) = 0$ folgt $\vartheta_1 = 0$ und damit

$$\boldsymbol{K} = (1 \quad 0 \quad 0) , \qquad \boldsymbol{l} = 0 ,$$

was auf $\Theta = \{\boldsymbol{\vartheta} \in \mathrm{R}^3 : \vartheta_1 = 0\}$ und damit auch auf den Ansatz $\tilde{S}_2$ aus Bsp. 2.2.4 führt.

Weiterhin gelingt es manchmal, die Vorkenntnisse über η als Schranken zu formulieren.

Beispiel 2.2.6: a) Es sei bekannt, daß die Wirkungsfläche keine negativen Werte annehmen kann, d. h.

$$\eta(\boldsymbol{x}) \geqq 0 \quad \text{für alle } \boldsymbol{x} \in B\,. \tag{2.2.19}$$

Dies ist z. B. der Fall, wenn die betrachtete Wirkung die ausgebrachte Masse eines chemischen Prozesses oder die Lebensdauer eines Aggregates ist.

b) Es seien natürliche oder technische Schranken bekannt, zwischen denen die Wirkungsfläche verlaufen muß. Diese Schranken können vom Beobachtungspunkt abhängen, d. h., es seien zwei Funktionen $\eta_u(\boldsymbol{x})$ und $\eta_0(\boldsymbol{x})$ bekannt mit

$$\eta_u(\boldsymbol{x}) \leqq \eta(\boldsymbol{x}) \leqq \eta_0(\boldsymbol{x})\,. \tag{2.2.20}$$

Wenn es nicht gelingt, diese Beschränkungen für η auf Beschränkungen der Parameter zurückzuführen, lassen sich Bedingungen der Art (2.2.19) und (2.2.20) in der Regel nicht zur Präzisierung des Ansatzes heranziehen, sondern erst bei der Schätzung (›[3.3.4]) berücksichtigen. Häufig lassen sich jedoch die Vorkenntnisse über η bereits als Schranken für die Parameter $\boldsymbol{\vartheta}$ des Ansatzes formulieren.

Beispiel 2.2.7: a) Es sei bekannt, daß aus fachwissenschaftlichen Gründen einige der Parameter nur ein Vorzeichen annehmen können, z. B.

$$\vartheta_j \leqq 0 \quad \text{für gewisse } j \in \{1, \ldots, r\}\,. \tag{2.2.21}$$

Ein Spezialfall tritt bei der Wachstumskurve im Bsp. 2.2.1 auf, wo $\vartheta_2 < 0$ sein muß, um den realen Wachstumsprozeß zu beschreiben.

b) Seltener tritt der Fall auf, daß man Parameterwerte ϑ_{ju} und ϑ_{j0} kennt, so daß

$$\vartheta_{ju} \leqq \vartheta_j \leqq \vartheta_{j0} \quad \text{für gewisse } j \in \{1, \ldots, r\} \tag{2.2.22}$$

sein muß.

c) Es sind jedoch auch Fälle bekannt, daß eine Beschränkung der Form $\boldsymbol{\vartheta}'\boldsymbol{A}\boldsymbol{\vartheta} \leqq 1$ mit einer positiv definiten $r \times r$ Matrix $\boldsymbol{A}$ sinnvoll ist (›[3.3.4]).

In allen Fällen, die im Bsp. 2.2.7 genannt wurden, legen die Bedingungen entsprechende Parametermengen Θ fest, die den ursprünglichen wahren Ansatz mit $\boldsymbol{\vartheta} \in \mathrm{R}^r$ einschränken.

Der Einfluß von Θ auf die Schätzung wird in [3.3.4] behandelt.

2.2.3. Erfassung von Wahrscheinlichkeitsaussagen über der Menge der für möglich gehaltenen Wirkungsflächen

Nunmehr wenden wir uns dem Fall zu, daß ausgehend von der Menge S der für möglich gehaltenen Wirkungsflächen ein wahrer Ansatz gebildet werden konnte und daß darüberhinaus Vorkenntnisse über die Häufigkeit oder die Wahrscheinlichkeit des Auftretens der verschiedenen Funktionen η aus S im gegebenen EW-Problem zur Verfügung stehen. Solche Vorkenntnisse sind für die Lösung des Schätzproblems sehr nützlich. Jedoch ist es in der Regel erforderlich, diese Vorkenntnisse in die Form einer Wahrscheinlichkeitsverteilung über der Menge S zu kleiden. Diese Wahrscheinlichkeitsverteilung nennt man *a-priori-Verteilung*, weil sie *vor* der experimentellen Untersuchung bekannt ist. Diese a-priori-Verteilung versucht, einen Teil des Kenntnisstandes des Untersuchenden, über den er oft nur unbewußt verfügt, für die Untersuchung nutzbar zu machen. Sie trägt also nur in einem gewissen Sinne Modellcharakter. Daher sollte man *nicht* versuchen, diese a-priori-Verteilung so zu deuten, als müsse sich die Wirkungsfläche tatsächlich als Realisierung eines Zufallselementes gemäß genau dieser Verteilung ergeben. Es genügt also, wenn die a-priori-Verteilung die Vorstellungen des Untersuchenden in groben Zügen widergibt. Andererseits wird damit die Möglichkeit eröffnet, die Verteilung aus einem Verteilungstyp zu wählen, der sich mathematisch gut behandeln läßt.

Im folgenden soll an einigen typischen Beispielen die Verwendung von Vorkenntnissen über das Auftreten der Funktionen η aus S zum Aufbau einer a-priori-Verteilung gezeigt werden. Wegen der Voraussetzung, daß ein *wahrer* Ansatz gebildet worden ist, genügt es, eine *a-priori-Verteilung* über der Menge Θ der Parameterwerte zu spezifizieren.

Beispiel 2.2.8: Es sei der wahre Ansatz $\tilde{S}$ mit

$$\tilde{\eta}(x, \boldsymbol{\vartheta}) = \vartheta_0 + \vartheta_1 x; \quad x \in [0, 1], \ \boldsymbol{\vartheta} \in \mathrm{R}^2;$$

gegeben. Aus früheren Untersuchungen liegen die in Tab. 2.2.1 angegebenen Schätzwerte vor.

Tab. 2.2.1

i	n_i	$\hat{\vartheta}_{0i}$	$\hat{\vartheta}_{1i}$	s_{0i}^2	s_{1i}^2	cov $(\hat{\vartheta}_{0i}, \hat{\vartheta}_{1i})$
1	5	0,32	7,51	0,52	1,02	0,36
2	12	0,61	4,28	0,41	1,24	0,32
3	8	−0,14	3,95	0,67	1,37	0,49
4	6	0,52	6,37	0,83	0,98	0,42
5	5	−0,47	5,75	0,38	1,15	0,28

Dabei sind die n_i die jeweiligen Stichprobenumfänge, die $\hat{\vartheta}_{0i}$, $\hat{\vartheta}_{1i}$ die jeweiligen Schätzwerte der Parameter ϑ_0, ϑ_1 und s_{0i}^2, s_{1i}^2; cov $(\hat{\vartheta}_{0i}, \hat{\vartheta}_{1i})$ die Elemente der jeweils angegebenen Kovarianzmatrix der Schätzung

$$\boldsymbol{B}_{\hat{\boldsymbol{\vartheta}}}^{(i)} = \begin{pmatrix} s_{0i}^2 & \operatorname{cov}(\hat{\vartheta}_{0i}^2, \hat{\vartheta}_{1i}^2) \\ \operatorname{cov}(\hat{\vartheta}_{0i}, \hat{\vartheta}_{1i}) & s_{1i}^2 \end{pmatrix} \tag{2.2.23}$$

Aus Tab. 2.2.1 kann man die mit n_i gewichteten Mittelwerte der entsprechenden Größen berechnen:

$$\bar{\hat{\vartheta}}_j = \sum_{i=1}^{5} n_i \hat{\vartheta}_{ji} \Big/ \sum_{i=1}^{5} n_i; \quad \bar{s}_j^2 = \sum_{i=1}^{5} n_i^2 s_{ji}^2 \Big/ \left(\sum_{i=1}^{5} n_i\right)^2; \quad j = 0, 1$$

$$\overline{\operatorname{cov}}\,(\hat{\vartheta}_0, \hat{\vartheta}_1) = \sum_{i=1}^{5} n_i^2 \operatorname{cov}(\hat{\vartheta}_{0i}, \hat{\vartheta}_{1i}) \Big/ \left(\sum_{i=1}^{5} n_i\right)^2.$$

Man erhält $\bar{\hat{\vartheta}}_0 = 0{,}238$, $\bar{\hat{\vartheta}}_1 = 5{,}208$, $\bar{s}_0^2 = 0{,}119$, $\bar{s}_1^2 = 0{,}274$, $\overline{\operatorname{cov}}\,(\hat{\vartheta}_0, \hat{\vartheta}_1) = 0{,}084$.

Zur besseren mathematischen Behandelbarkeit wählen wir für die a-priori-Verteilung von $(\vartheta_0, \vartheta_1)'$ über $\Theta = \mathrm{R}^2$ nun die *Normalverteilung* mit den vorstehend berechneten Größen als Parameter, d. h. mit dem Erwartungswert $(0{,}238; 5{,}208)'$ und der Kovarianzmatrix

$$\begin{pmatrix} 0{,}119 & 0{,}084 \\ 0{,}084 & 0{,}274 \end{pmatrix}.$$

Beispiel 2.2.9: Es sei der wahre Ansatz $\tilde{S}$ mit

$$\tilde{\eta}(x, \boldsymbol{\vartheta}) = \vartheta_0 + \vartheta_1 x; \quad x \in [0, 1], \ \boldsymbol{\vartheta} \in \mathrm{R}^2$$

wie in Bsp. 2.2.8 gegeben. Jedoch liegen nunmehr Schätzwerte aus früheren Untersuchungen vor, die ohne Herkunftsangabe sind, d. h. speziell ohne Hinweis auf die Schätzmethode, den jeweiligen Stichprobenumfang und die jeweilige Kovarianzmatrix.

In diesem Fall empfiehlt sich eine Auswertung nach einem heuristischen Prinzip, daß man z. B. die Werte als unabhängige Realisierungen des Vektors (θ_1, θ_2) auffaßt und Erwartungswert und Kovarianzmatrix schätzt. Für das Zahlenmaterial aus Tab. 2.2.2 wur-

Tab. 2.2.2

i	ϑ_{0i}	ϑ_{1i}	i	ϑ_{0i}	ϑ_{1i}	i	ϑ_{0i}	ϑ_{1i}
1	0,41	3,49	9	0,64	2,03	18	0,55	3,83
2	0,54	3,39	10	0,42	2,41	19	0,59	3,37
3	0,29	4,78	11	0,56	2,98	20	0,57	2,91
4	0,44	4,35	12	0,54	2,85	21	0,52	3,24
5	0,60	3,95	13	0,42	2,55	22	0,54	2,57
6	0,35	4,24	14	0,50	2,33	23	0,61	2,44
7	0,54	2,49	15	0,56	1,47	24	0,44	3,94
8	0,56	3,94	16	0,35	1,75	25	0,59	1,52
			17	0,48	1,62			

den die folgenden Auswertungsformeln verwendet:

$$\bar{\vartheta}_j = \frac{1}{n} \sum_{i=1}^{n} \vartheta_{ji}, \qquad s_j^2 = \frac{1}{n-1} \sum_{i=1}^{n} (\vartheta_{ji} - \bar{\vartheta}_j)^2; \quad j = 0, 1;$$

$$\operatorname{cov}(\vartheta_0, \vartheta_1) = \frac{1}{n-1} \sum_{i=1}^{n} (\vartheta_{0i} - \bar{\vartheta}_0)(\vartheta_{1i} - \bar{\vartheta}_1).$$

Damit ergaben sich die Werte $\bar{\vartheta}_0 = 0{,}504$, $\bar{\vartheta}_1 = 2{,}886$, $s_0^2 = 0{,}0083$, $s_1^2 = 0{,}9076$, $\operatorname{cov}(\vartheta_0, \vartheta_1) = -0{,}0331$. Wiederum mit der Annahme der Normalverteiltheit erhält man als a-priori-Verteilung über $\Theta = \mathrm{R}^2$ für $(\vartheta_0, \vartheta_1)'$ (›Bsp. 2.2.8)

$$\mathrm{N}\left((0{,}504;\ 2{,}886)';\ \begin{pmatrix} 0{,}0083 & -0{,}0331 \\ -0{,}0331 & 0{,}9076 \end{pmatrix}\right).$$

Falls keine derartige Häufigkeitsverteilung vorliegt, wird man eventuell zu Anfang überlegen, in welchem Bereich der unbekannte Parameter mit hoher Wahrscheinlichkeit und in welchem Bereich dagegen nur mit geringer Wahrscheinlichkeit oder gar nicht liegen wird. Zur Stützung solcher Überlegungen können z. B. Expertenmeinungen herangezogen werden. In manchen Fällen gelingt es, auf diese Weise zu einer sogenannten *subjektiven a-priori-Verteilung* zu kommen. Das Vorgehen sei an zwei Beispielen erläutert, wobei nochmals betont sei, daß es sich um heuristische Ratschläge handelt, wie man gewisse Sachkenntnisse der Untersuchenden in groben Zügen für die Untersuchung nutzbar machen kann.

Beispiel 2.2.10: Es mögen m *Experten* E_j; $j = 1, \ldots, m$; zur Verfügung stehen, deren möglicherweise unterschiedliches Erfahrungs- und Kenntnisniveau durch entsprechende *Kompetenzgewichte* $e_j > 0$; $j = 1, \ldots, m$; berücksichtigt werden soll. Jeder der m Experten habe durch Überlegung des EW-Problems eine Verteilung F_j für den Parametervektor $\boldsymbol{\vartheta}$ spezifiziert. Sei z. B. $p_j(\boldsymbol{\vartheta})$ die vom j-ten Experten angegebene Dichte. Dann bilde

$$p(\boldsymbol{\vartheta}) = \sum_{j=1}^{m} e_j p_j(\boldsymbol{\vartheta}) \Big/ \sum_{j=1}^{m} e_j$$

und versuche z. B., diese Dichte mit einer Normalverteilungsdichte anzupassen.

Wenn es den Experten nicht möglich ist, jeweils eine Verteilung festzulegen, kann man auch mit geringeren Angaben zu einer a-priori-Verteilung kommen.

Beispiel 2.2.11: Es mögen m Experten E_j; $j = 1, \ldots, m$; zur Verfügung stehen mit den jeweiligen Kompetenzgewichten $e_j > 0$ (›Bsp. 2.2.10). Jeder der Experten E_j wird aufgefordert, einen Bereich Θ_j anzugeben, in dem seiner Meinung nach der unbekannte Parameterwert $\boldsymbol{\vartheta}$ liegt. Sei $\operatorname{vol}(\Theta_j) < \infty$ das Volumen des Bereiches Θ_j, dann bilden wir die Gleichverteilung über Θ_j mit der Dichte

$$p_j(\boldsymbol{\vartheta}) = \begin{cases} (\operatorname{vol}(\Theta_j))^{-1} & \text{für } \boldsymbol{\vartheta} \in \Theta_j \\ 0 & \text{für } \boldsymbol{\vartheta} \notin \Theta_j \end{cases}$$

und verfahren wie im Bsp. 2.2.10 vorgeschlagen.

Ein Zahlenbeispiel soll das Vorgehen deutlich machen. Sei $m = 2$ und $e_1 = 2/3$; $e_2 = 1/3$, sowie $\vartheta \in R^1$. Von E_1 werde das Gebiet $0 \leqq \vartheta \leqq 1$ und von E_2 das Gebiet $0 \leqq \vartheta \leqq 3/2$ genannt. Dann ist $p_1(\vartheta) = 1$ für $0 \leqq \vartheta \leqq 1$ und $p_2(\vartheta) = 2/3$ für $0 \leqq \vartheta \leqq 3/2$. Mit den Kompetenzfaktoren erhält man

$$p(\vartheta) = \begin{cases} \frac{2}{3} \cdot 1 + \frac{1}{3} \cdot \frac{2}{3} = \frac{8}{9} & \text{für } 0 \leqq \vartheta \leqq 1\,, \\ 0 + \frac{1}{3} \cdot \frac{2}{3} = \frac{2}{9} & \text{für } 1 < \vartheta \leqq 3/2\,, \\ 0 & \text{sonst}\,. \end{cases}$$

Die a-priori-Verteilungen werden sowohl bei der Ansatzdiskrimination (›[2.4] und [6.2]) als auch bei der Schätzung (›[2.3] und [3.3.1]) verwendet. Für die Schätzung genügt häufig bereits die Kenntnis gewisser Kenngrößen der a-priori-Verteilung, d. h. gewisser Momente, z. B. des Erwartungswertes und der Kovarianzmatrix (›[3.3.1]). Die Annahme der Normalverteiltheit ist dann nicht nötig.

Weitergehende Vorschläge für sogenannte hierarchische a-priori-Verteilungen (Verteilungen über Mengen von Verteilungen) und zur Verwendung sogenannter konjugierter a-priori-Verteilungen findet man in [I/4] und Lindley/Smith [1].

2.2.4. Approximationsansätze

In den vorangehenden Abschnitten waren wir davon ausgegangen, daß die Vorkenntnisse über die unbekannte Wirkungsfläche ausreichen, um einen *wahren* Ansatz auszuwählen. Nun wollen wir die Fälle betrachten, daß *kein wahrer Ansatz* gefunden werden konnte *oder* daß der gewählte *wahre Ansatz* sehr *umfangreich* oder von *komplizierter Struktur* ist, etwa in starkem Maße nichtlinear in den Parametern, so daß seine mathematische Behandlung auf große Schwierigkeiten stößt. Tritt das letztere vielfach bei fachwissenschaftlich begründeten Ansätzen auf, so kommt man besonders bei technischen oder technologischen Problemstellungen häufig *nicht* zu einem wahren Ansatz. Entweder ist dann der mit den Vorkenntnissen erhaltene Ansatz nicht als ein wahrer zu betrachten oder man hat noch überhaupt keinen begründeten Ansatz wählen können. Die Vorkenntnisse über η sind in solchen Fällen sehr gering. Man weiß häufig nur, daß die Wirkungsfläche stetig, differenzierbar oder integrierbar ist, oder gewisse Periodizitäten besitzt. Die Menge S ist dann so umfangreich, daß es keinen leicht handhabbaren (parametrischen) wahren Ansatz $\tilde{S}$ gibt.

In allen genannten Fällen wird man von der Forderung abgehen, einen *wahren* Ansatz zu wählen. Man wird mit einem Ansatz zufrieden sein, mit dessen Funktionen jede mögliche Wirkungsfläche η aus S in einem festzulegenden Sinne genähert, d. h. approximiert wird. Solche Ansätze wollen wir entsprechend *Approximationsansätze* nennen. Im Hinblick auf die anschließende mathematische Behandlung des Schätzproblems ist es wünschenswert, wenn die Approximationsansätze *linear* in den Parametern sind (›Bez. 2.2.2).

Im folgenden wollen wir Prinzipien und Methoden behandeln, mit denen man solche *linearen Approximationsansätze* konstruieren und diese oder eine andere vorliegende Approximation bezüglich ihrer Güte beurteilen kann. Dazu ist es erforderlich, einige Begriffe und Ergebnisse der Approximationstheorie vorzustellen. Eine ausführliche Behandlung dieses Teilgebietes der Mathematik findet man in Natanson [1], Timan [1].

Bedingt durch die geringen Vorkenntnisse bzw.die Kompliziertheit des Ausgangsansatzes ist der Aufwand an mathematischer Theorie nun entsprechend höher.

Für eine sehr umfangreiche Menge S (z. B. die Menge aller stetigen Funktionen über B) wird man i. allg. keine (parametrische) Funktionenschar angeben können, die S enthält und damit für sie ein wahrer Ansatz ist. Aber es läßt sich praktisch immer ein *Funktionensystem* $f_\nu(\boldsymbol{x})$; $\nu = 1, 2, \ldots$; finden, so daß sich jedes η aus S durch eine Linearkombination dieser Funktionen, in einem gewissen Sinne vollständig, approximieren läßt.

Approximationsprinzipe

a) *Approximation im quadratischen Mittel*

Bezeichnung 2.2.3: Wir bezeichnen die Menge S als durch das Funktionensystem $f_\nu(\boldsymbol{x})$; $\nu = 1, 2, \ldots$; *im quadratischen Mittel vollständig approximierbar*, wenn für jedes $\eta \in S$ gilt

$$\lim_{n\to\infty} \inf_{(\alpha_1^{(n)},\ldots,\alpha_n^{(n)})' \in \mathrm{R}^n} \int_B \left(\eta(\boldsymbol{x}) - \sum_{\nu=1}^{n} \alpha_\nu^{(n)} f_\nu(\boldsymbol{x})\right)^2 \mathrm{d}\boldsymbol{x} = 0 \bullet \tag{2.2.24}$$

Die Bedingung (2.2.24) bedeutet also, daß sich jede Funktion η aus S durch Linearkombinationen von f_ν in dem Sinne approximieren läßt, daß durch geeignete Wahl von n und den Koeffizienten $\alpha_\nu^{(n)}$; $\nu = 1, \ldots, n$; das Integral über das Quadrat der Abweichung der Approximation von der Funktion vernachlässigbar klein gemacht werden kann.

Damit hat man die Möglichkeit, das Funktionensystem f_ν; $\nu = 1, 2, \ldots$; zur Konstruktion eines linearen Ansatzes heranzuziehen, der jedes $\eta \in S$ im Sinne von (2.2.24) hinreichend approximiert (›Bez. 2.2.5).

Bemerkung 2.2.2: Die vollständige Approximierbarkeit bedeutet *nicht*, daß jedes $\eta \in S$ durch eine unendliche Reihe mit den Funktionen f_ν; $\nu = 1, 2, \ldots$; eindeutig dargestellt werden kann.

b) *Approximation nach Tschebyscheff*

Bezeichnung 2.2.4: Wir bezeichnen die Menge S als durch das Funktionensystem $f_\nu(\boldsymbol{x})$; $\nu = 1, 2, \ldots$; *nach Tschebyscheff vollständig approximierbar*, wenn für jedes $\eta \in S$ gilt

$$\lim_{n\to\infty} \inf_{(\alpha_1^{(n)},\ldots,\alpha_n^{(n)})' \in \mathrm{R}^n} \sup_{\boldsymbol{x}\in B} \left|\eta(\boldsymbol{x}) - \sum_{\nu=1}^{n} \alpha_\nu^{(n)} f_\nu(\boldsymbol{x})\right| = 0 \bullet \tag{2.2.25}$$

Während bei (2.2.24) die Approximation im Sinne des Integrals über die quadratische Abweichung gewählt wurde, spielt in (2.2.25) das Supremum der absoluten Abweichung (über B) die Rolle des Approximationskriteriums.

c) *Weitere Kriterien*

Für die Anwendung wird gelegentlich auch die Approximation im p-ten Mittel empfohlen. An die Stelle des Quadrates in (2.2.24) tritt dann die p-te Potenz des Absolutbetrages mit $p \geqq 1$, d. h.

$$\lim_{n\to\infty} \inf_{(\alpha_1^{(n)},\ldots,\alpha_n^{(n)})' \in \mathrm{R}^n} \int_B \left|\eta(\boldsymbol{x}) - \sum_{\nu=1}^{n} \alpha_\nu^{(n)} f_\nu(\boldsymbol{x})\right|^p \mathrm{d}\boldsymbol{x} = 0\,. \tag{2.2.26}$$

Bemerkung 2.2.8: Bei den Approximationskriterien (2.2.24) bis (2.2.26) läßt sich noch jeweils eine nichtnegative Gewichtsfunktion $\lambda(\boldsymbol{x})$ einfügen, die im Falle (2.2.24) und (2.2.26) so beschaffen sein muß, daß die entsprechenden Integrale existieren.

Beispiel 2.2.12: Es sei k die Anzahl der Einflußgrößen. Dann erhält man mit

$$\left.\begin{array}{lll} f_1(\boldsymbol{x}) \equiv 1\,, & f_2(\boldsymbol{x}) = x_1\,, & \ldots, f_{k+1}(\boldsymbol{x}) = x_k\,, \\ f_{k+2}(\boldsymbol{x}) = x_1^2\,, & f_{k+3}(\boldsymbol{x}) = x_1x_2\,, & \ldots, f_{2k+1}(\boldsymbol{x}) = x_1x_k\,, \\ f_{2k+2}(\boldsymbol{x}) = x_2^2\,, & f_{2k+3}(\boldsymbol{x}) = x_2x_3\,, & \ldots, f_{3k}(\boldsymbol{x}) = x_2x_k\,, \\ \vdots & & \\ f_{1/2\,(k^2+k)+1}(\boldsymbol{x}) = x_k^2\,, & f_{1/2\,(k^2+k)+2}(\boldsymbol{x}) = x_1x_2^2\,, & f_{1/2\,(k^2+k)+3}(\boldsymbol{x}) = x_1x_2x_3\,, \\ f_{1/2\,(k^2+k)+4}(\boldsymbol{x}) = x_1x_2x_4, \ldots & & \end{array}\right\} \quad (2.2.27)$$

ein Funktionensystem, aus dem sich die bekannten mehrdimensionalen Polynome aufbauen lassen.

Beispiel 2.2.13: Häufig benutzt man jedoch nicht die in (2.2.27) aufgeführten *Polynomterme,* sondern speziell daraus gebildete Polynome. Für das Beispiel wählen wir $k = 1$ und $B = [-1, 1]$. Die Polynome

$$\left.\begin{array}{l} T_0(x) = 1\,, \\ T_1(x) = x\,, \\ T_2(x) = 2x^2 - 1\,, \\ T_3(x) = 4x^3 - 3x\,, \\ T_4(x) = 8x^4 - 8x^2 + 1\,, \\ T_5(x) = 16x^5 - 20x^3 + 5x\,, \\ T_6(x) = 32x^6 - 48x^4 + 18x^2 - 1 \quad \text{usw.} \end{array}\right\} \quad (2.2.28)$$

heißen *Tschebyscheffpolynome.* Über ihre Approximationseigenschaften vgl. NATANSON [1].

Das System der Polynomterme (2.2.27) hat eine wichtige Eigenschaft, die es für die Konstruktion von Approximationsansätzen sehr geeignet macht.

Aussage 2.2.1: Es sei S eine der folgenden Mengen:

a) die Menge der auf B stetigen Funktionen,

b) die Menge der über B n_2-mal ($n_2 > 0$) integrierbaren stetigen Funktionen,

c) die Menge der über B n_1-mal ($n_1 > 0$) stetig differenzierbaren und n_2-mal ($n_2 > 0$) integrierbaren Funktionen.

Es sei B eine beschränkte und abgeschlossene Menge im R^k (›Bez. A.2.1). Dann ist S vollständig approximierbar durch das Funktionensystem (2.2.27) sowohl im Sinne von (2.2.24) als auch im Sinne von (2.2.25) und (2.2.26) (vgl. z. B. TIMAN [1]) •

Die Voraussetzungen über die Stetigkeit der Wirkungsfläche im betrachteten Gebiet, die Beschränktheit und Abgeschlossenheit dieses Gebietes sind vom praktischen Standpunkt aus wenig einschneidend. Geringe Vorkenntnisse (Stetigkeit, o. ä.) reichen also aus, Polynomansätze als lineare Approximationsansätze für geeignet zu halten. Diese Vorkenntnisse allein genügen jedoch nicht, um Aussagen über die Güte dieser Approximation bei der notwendigen Beschränkung auf *endlich* viele Funktionen aus der Folge f_ν; $\nu = 1, 2, \ldots$; zu erhalten.

Beurteilung der Güte von Approximationsansätzen

Die Benutzung eines *gesamten* Funktionensystems $f_\nu(\boldsymbol{x})$; $\nu = 1, 2, \ldots$; als Ansatz ist praktisch nicht möglich und auch nicht sinnvoll. Daher kommt es darauf an, mit einem geeigneten *endlichen* Teilsystem von r dieser Funktionen eine praktisch hinreichende Näherung für jedes η aus S zu erhalten. Außerdem wird man bestrebt sein, die Anzahl der Funktionen dieses Teilsystems möglichst gering zu halten.

Dazu betrachten wir die verschiedenen Auswahlen von Funktionen aus f_ν; $\nu = 1, 2, \dots$; und hierfür z. B. analog zu (2.2.24)

$$\inf_{(\alpha_1, \dots, \alpha_r)' \in \mathrm{R}^r} \int_B \left(\eta(x) - \sum_{\nu=1}^{r} \alpha_\nu f_{i_\nu}(x)\right)^2 dx = g_1(\eta; i_1, \dots, i_r), \tag{2.2.29}$$

wobei $(i_1, \dots, i_r)$ eine Auswahl von r natürlichen Zahlen darstellt. Die Zahl $g_1(\eta; i_1, \dots, i_r)$ ist ein Maß für die beste Approximation von η durch $f_{i_1}, \dots, f_{i_r}$.

Liegen diese Zahlen für alle $\eta \in S$ unterhalb einer vorgegebenen Schranke g_0, so wird jedes $\eta \in S$ durch eine Funktion aus einem linearen Ansatz, der aus den Funktionen $f_{i_1}(x), \dots, f_{i_r}(x)$ gebildet wurde, so approximiert, daß die Abweichung im Sinne von (2.2.29) geringer als g_0 ausfällt. Der Approximationsansatz ist also um so besser, je kleiner diese Schranke g_0 vorgegeben werden kann.

Bezeichnung 2.2.5: Der Ansatz

$$\tilde{S}(i_1, \dots, i_r) = \{\tilde{\eta}(x, \alpha) = (f_{i_1}(x), \dots, f_{i_r}(x))\, \alpha : x \in B\}_{\alpha \in \mathrm{R}^r} \tag{2.2.30}$$

heißt *g_0-adäquat für S im quadratischen Mittel*, wenn für jedes $\eta \in S$ gilt

$$g_1(\eta; i_1, \dots, i_r) \leqq g_0 \bullet \tag{2.2.31}$$

Analog zu (2.2.29) kann man mit

$$\inf_{(\alpha_1, \dots, \alpha_r)' \in \mathrm{R}^r} \sup_{x \in B} \left|\eta(x) - \sum_{\nu=1}^{r} \alpha_\nu f_{i_\nu}(x)\right| = g_2(\eta; i_1, \dots, i_r) \tag{2.2.32}$$

oder mit

$$\inf_{(\alpha_1, \dots, \alpha_r)' \in \mathrm{R}^r} \int_B \left|\eta(x) - \sum_{\nu=1}^{r} \alpha_\nu f_{i_\nu}(x)\right|^p dx = g_3(\eta; i_1, \dots, i_r) \tag{2.2.33}$$

entsprechende Approximationszahlen g_2 und g_3 im Sinne der Kriterien (2.2.25) und (2.2.26) definieren und in gleicher Weise eine g_0-Adäquatheit für S einführen.

Die Berechnung der Größen $g_j(\eta; i_1, \dots, i_r)$; $j = 1, 2, 3$; $r = 1, 2, \dots$; für jedes $\eta \in S$ und jede Auswahl $i_1, \dots, i_r$ aus $\{1, 2, \dots\}$ ist natürlich im allgemeinen praktisch unmöglich, jedoch kann es möglich sein, daß aus dem EW-Problem und den Vorkenntnissen über die Wirkungsfläche wenigstens Abschätzungen über die Größenordnung für verschiedene Auswahlen entwickelt werden können.

Die Vorgabe von g_0 ist wesentlich für die Anzahl und Auswahl der $f_\nu(x)$ aus dem System, die zur Bildung eines g_0-adäquaten Ansatzes herangezogen werden sollen. Damit die mit dem Approximationsansatz bestimmte (statistische) Schätzung praktisch deutbar bleibt, ist zu *empfehlen*, daß das vorgegebene g_0 klein ist gegenüber den erwarteten absoluten Schwankungen von η über B (›[2.5.3]).

Die Funktionensysteme sind meist so geordnet, daß die Auswahl mit dem ersten Teilstück, d. h. mit einem Ansatz $\tilde{S}(1, \dots, r)$ beginnen kann und weitere Funktionen der Reihe nach hinzugenommen werden, falls die g_0-Adäquatheit noch nicht erreicht wurde.

Ein Nachteil der Approximationsansätze kann es sein, daß sie für eine hinreichend gute Approximation, d. h. sehr kleines g_0, eine hohe Anzahl unbekannter Parameter enthalten müssen. Das wirkt sich nicht nur in einer gewissen Unhandlichkeit dieser

Ansätze aus, sondern es wird auch ein hoher Versuchsaufwand erforderlich werden, damit alle Parameter geschätzt werden können. Der sachliche Grund für diese Notwendigkeit eines hohen Versuchsaufwandes liegt in den geringen Vorkenntnissen, die wir über die unbekannte Wirkungsfläche haben und bei der Ansatzsuche verwenden konnten. Daher soll hier nochmals auf die Bedeutung einer sorgfältigen Sammlung und Benutzung solcher Vorkenntnisse hingewiesen werden.

Eine Einschätzung eines Approximationsansatzes ist z. B. dann explizit möglich, wenn ein vorgegebener (nichtlinearer) wahrer Ansatz durch Polynome approximiert werden soll und gewisse Vorkenntnisse über die Koeffizienten vorliegen (›Bsp. 2.2.15). Als Beispiel für ein Funktionensystem betrachten wir die im Bsp. 2.2.12 eingeführten Polynomterme, die sich gemäß Aussage 2.2.1 auch gut zur Approximation bei geringen Vorkenntnissen eignen.

Bezeichnung 2.2.6: Eine Linearkombination von Polynomtermen der Form

$$x_1^{d_1} \dots x_k^{d_k} \quad \text{mit} \quad d_j \in \{0, 1, 2, \dots\}; \qquad j = 1, \dots, k;$$

heißt *Polynom vom Grade d,* wenn für die Exponentensumme jedes Terms $\sum_{j=1}^{k} d_j \leqq d$ gilt und mindestens einer der Terme die Exponentensumme d hat ●

Ein Ansatz, der sich aus solchen Polynomtermen zusammensetzt, soll *Polynomansatz* heißen. Eine Einteilung und weitere Bezeichnung von Polynomansätzen werden in [5.1] erfolgen, wo stets von Polynomansätzen ausgegangen wird. Hier wollen wir uns mit der Angabe eines Beispiels begnügen.

Beispiel 2.2.14: Es sei speziell $k = 3$ und $d = 3$. Wir bezeichnen die Polynomterme der Reihe nach mit

$$\begin{array}{llll}
f_1(\boldsymbol{x}) \equiv 1; & f_2(\boldsymbol{x}) = x_1; & f_3(\boldsymbol{x}) = x_2; & f_4(\boldsymbol{x}) = x_3; \\
f_5(\boldsymbol{x}) = x_1^2; & f_6(\boldsymbol{x}) = x_1x_2; & f_7(\boldsymbol{x}) = x_1x_3; & f_8(\boldsymbol{x}) = x_2^2; \\
f_9(\boldsymbol{x}) = x_2x_3; & f_{10}(\boldsymbol{x}) = x_3^2; & f_{11}(\boldsymbol{x}) = x_1^2x_2; & f_{12}(\boldsymbol{x}) = x_1^2x_3; \\
f_{13}(\boldsymbol{x}) = x_1x_2^2; & f_{14}(\boldsymbol{x}) = x_1x_2x_3; & f_{15}(\boldsymbol{x}) = x_1x_3^2; & f_{16}(\boldsymbol{x}) = x_2^2x_3; \\
f_{17}(\boldsymbol{x}) = x_2x_3^2; & f_{18}(\boldsymbol{x}) = x_1^3; & f_{19}(\boldsymbol{x}) = x_2^3; & f_{20}(\boldsymbol{x}) = x_3^3\,.
\end{array}$$

Ein Polynomansatz dritten Grades in drei Einflußgrößen hat also z. B. die Form

$$\begin{aligned}
\tilde{S} = \{\tilde{\eta}(\boldsymbol{x}, \boldsymbol{\alpha}) = {} & \alpha_1 + \alpha_2x_1 + \alpha_3x_2 + \alpha_4x_3 + \alpha_5x_1^2 + \alpha_6x_1x_2 + \alpha_7x_1x_3 + \alpha_8x_2^2 \\
& + \alpha_9x_2x_3 + \alpha_{10}x_3^2 + \alpha_{11}x_1^2x_2 + \alpha_{12}x_1^2x_3 + \alpha_{13}x_1x_2^2 + \alpha_{14}x_1x_2x_3 + \alpha_{15}x_1x_3^2 \\
& + \alpha_{16}x_2^2x_3 + \alpha_{17}x_2x_3^2 + \alpha_{18}x_1^3 + \alpha_{19}x_2^3 + \alpha_{20}x_3^3 : \boldsymbol{x} \in B\}_{\boldsymbol{\alpha} \in \mathrm{R}^{20}}\,.
\end{aligned}$$

Späterhin werden wir die Reihenfolge der Terme und die Bezeichnung der Koeffizienten entsprechend den Erfordernissen des Zusammenhangs noch variieren und modifizieren. Wir kommen nun zum bereits angekündigten Beispiel zur Beurteilung der Näherung eines wahren (nichtlinearen) Ansatzes durch einen Polynomansatz.

Beispiel 2.2.15: Die unbekannte Wirkungsfläche sei eine eindimensionale Wachstumskurve (vgl. Bsp. 2.2.1). Damit ist $\tilde{S}_1$ mit

$$\tilde{\eta}^{(1)}(x, \boldsymbol{\vartheta}) = \vartheta_0 + \vartheta_1 \exp\{\vartheta_2 x\}; \quad x \in [0, 1]; \ \boldsymbol{\vartheta} \in \mathrm{R}^3;$$

ein wahrer Ansatz. Wir betrachten den Näherungsansatz $\tilde{S}_2$ mit

$$\tilde{\eta}^{(2)}(x, \boldsymbol{\beta}) = \beta_0 + \beta_1 x + \beta_2 x^2; \quad x \in [0, 1]; \ \boldsymbol{\beta} \in \mathrm{R}^3\,.$$

Als Approximationsprinzip sei

$$\int_0^1 (\eta(x) - \hat{\eta}(x))^2 \, dx \stackrel{!}{=} \min$$

gewählt. Für gegebenes $\boldsymbol{\vartheta} \in \mathrm{R}^3$ führt das Approximationsprinzip (vgl. (2.2.29)) auf die Forderung

$$L(\boldsymbol{\vartheta}, \boldsymbol{\beta}) = \int_0^1 \left(\tilde{\eta}^{(1)}(x, \boldsymbol{\vartheta}) - \tilde{\eta}^{(2)}(x, \boldsymbol{\beta})\right)^2 dx \underset{\boldsymbol{\beta} \in \mathrm{R}^3}{\overset{!}{=}} \min . \tag{2.2.34}$$

Durch Nullsetzen des Gradienten von (2.2.34) bezüglich $\boldsymbol{\beta}$ erhält man das folgende Gleichungssystem:

$$\beta_0 + \frac{\beta_1}{2} + \frac{\beta_2}{3} = a_1, \qquad a_1 := \vartheta_0 + \vartheta_1\left(\frac{e^{\vartheta_2}}{\vartheta_2} - \frac{1}{\vartheta_2}\right), \quad \vartheta_2 \neq 0$$

$$\frac{\beta_0}{2} + \frac{\beta_1}{3} + \frac{\beta_2}{4} = a_2, \qquad a_2 := \frac{\vartheta_0}{2} + \vartheta_1\left(\frac{e^{\vartheta_2}}{\vartheta_2} - \frac{e^{\vartheta_2}}{\vartheta_2^2} + \frac{1}{\vartheta_2^2}\right),$$

$$\frac{\beta_0}{3} + \frac{\beta_1}{4} + \frac{\beta_2}{5} = a_3, \qquad a_3 := \frac{\vartheta_0}{3} + \vartheta_1\left(\frac{e^{\vartheta_2}}{\vartheta_2} - \frac{2\,e^{\vartheta_2}}{\vartheta_2^2} + \frac{2\,e^{\vartheta_2}}{\vartheta_2^3} - \frac{2}{\vartheta_2^3}\right).$$

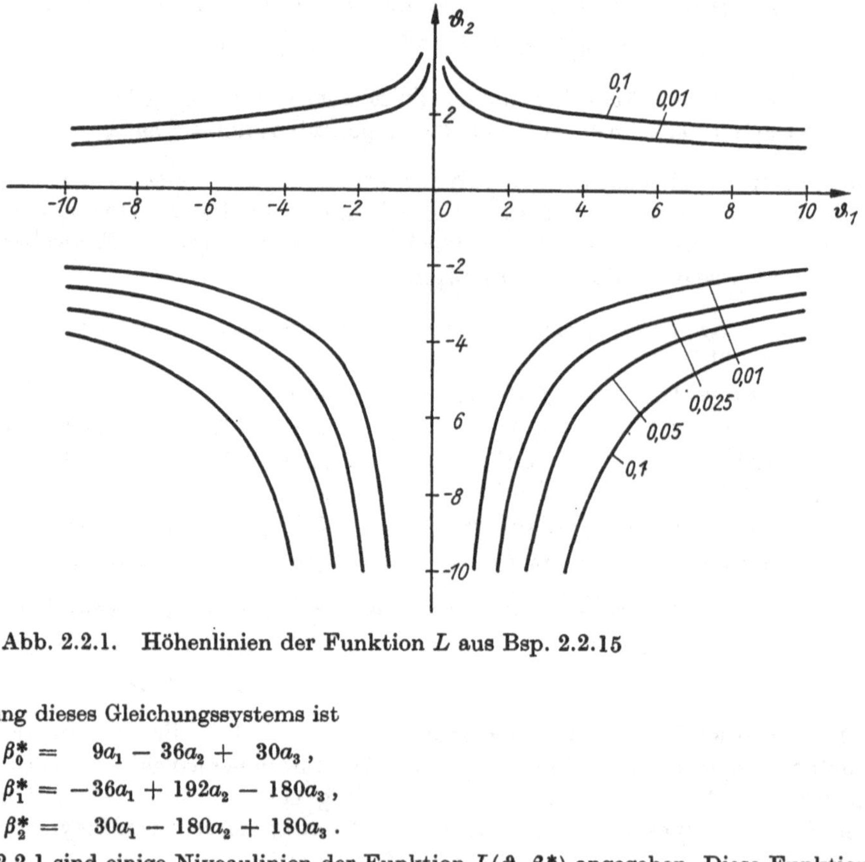

Abb. 2.2.1. Höhenlinien der Funktion L aus Bsp. 2.2.15

Die Lösung dieses Gleichungssystems ist

$$\beta_0^* = 9a_1 - 36a_2 + 30a_3,$$

$$\beta_1^* = -36a_1 + 192a_2 - 180a_3,$$

$$\beta_2^* = 30a_1 - 180a_2 + 180a_3.$$

In Abb. 2.2.1 sind einige Niveaulinien der Funktion $L(\boldsymbol{\vartheta}, \boldsymbol{\beta}^*)$ angegeben. Diese Funktion ist von ϑ_0 unabhängig.

Wenn also für ϑ_1 und ϑ_2 Schranken bekannt sind, kann man aus Abb. 2.2.1 Schlüsse über die Adäquatheit des Näherungsansatzes $\tilde{S}_2$ ziehen. Sei zum Beispiel bekannt, daß $-10 \leqq \vartheta_1 \leqq 10$ und $-2 \leqq \vartheta_2 \leqq 1$ sein muß, dann ist $\tilde{S}_2$ 0,01-adäquat für $S = \tilde{S}_1$. Diese Größe 0,01 müßte nun mit der (vermuteten) Größenordnung der Varianz σ^2 des Regressionsproblems verglichen werden.

Einige Methoden zur Prüfung der g_0-Adäquatheit, anhand von Vorkenntnissen über η und/oder durch experimentelle Untersuchungen werden in [6.4] gegeben werden.

Eine andere Möglichkeit als die Aussage 2.2.1, die Wahl von Polynomansätzen zu motivieren und gleichzeitig Möglichkeiten für die Einschätzung ihrer Güte aufzuzeigen, gibt uns die bekannte TAYLOR-Formel. Dazu nehmen wir an, daß die unbekannte Wirkungsfläche *partiell* nach allen Einflußgrößen entsprechend oft *differenzierbar* ist. Es bezeichne

$$\operatorname{grad}_{\boldsymbol{x}} \eta = \left(\frac{\partial \eta}{\partial x_1}, \dots, \frac{\partial \eta}{\partial x_k}\right)' \tag{2.2.35}$$

und

$$\operatorname{grad}_{\boldsymbol{x}} \eta|_{\boldsymbol{x}=\boldsymbol{x}_0} = \left(\frac{\partial \eta}{\partial x_1}(\boldsymbol{x}_0), \dots, \frac{\partial \eta}{\partial x_k}(\boldsymbol{x}_0)\right)'. \tag{2.2.36}$$

Dabei bedeutet $\frac{\partial \eta}{\partial x_i}(\boldsymbol{x}_0)$, daß die partielle Ableitung von η nach x_i für den Punkt $\boldsymbol{x}_0$ genommen werden soll. Für eine übersichtliche Darstellung ist es ratsam, (2.2.36) formal als

$$\operatorname{grad}_{\boldsymbol{x}} \eta|_{\boldsymbol{x}=\boldsymbol{x}_0} = \left(\frac{\partial}{\partial x_1}, \dots, \frac{\partial}{\partial x_k}\right)' \eta(\boldsymbol{x}_0) \tag{2.2.37}$$

in der sogenannten Operatorschreibweise aufzufassen. Falls alle auftretenden partiellen Ableitungen existieren und in B beschränkt sind, wobei B als konvex vorausgesetzt wird, erhält man die TAYLORsche Formel in der Gestalt

$$\begin{aligned}\eta(\boldsymbol{x}) = \eta(\boldsymbol{x}_0) &+ \sum_{\nu=1}^{r} \frac{1}{\nu!} \left((\boldsymbol{x} - \boldsymbol{x}_0)' \operatorname{grad}_{\boldsymbol{x}}\right)^\nu \eta(\boldsymbol{x}_0) \\ &+ \frac{1}{(r+1)!} \left((\boldsymbol{x} - \boldsymbol{x}_0)' \operatorname{grad}_{\boldsymbol{x}}\right)^{r+1} \eta\left(\boldsymbol{x}_0 + \delta(\boldsymbol{x} - \boldsymbol{x}_0)\right)\end{aligned} \tag{2.2.38}$$

für alle $\boldsymbol{x} \in B$ und mit $\delta \in (0, 1)$ und $r \geqq 1$.

Beispiel 2.2.16: Es sei $k = 2$ und $r = 1$. Dafür ist

$$(\boldsymbol{x} - \boldsymbol{x}_0)' = (x_1 - x_{10}, x_2 - x_{20}); \qquad \operatorname{grad}_{\boldsymbol{x}} = \left(\frac{\partial}{\partial x_1}, \frac{\partial}{\partial x_2}\right)';$$

$$(\boldsymbol{x} - \boldsymbol{x}_0)' \operatorname{grad}_{\boldsymbol{x}} = \left((x_1 - x_{10}) \frac{\partial}{\partial x_1} + (x_2 - x_{20}) \frac{\partial}{\partial x_2}\right);$$

$$\begin{aligned}((\boldsymbol{x} - \boldsymbol{x}_0)' \operatorname{grad}_{\boldsymbol{x}})^2 = \Bigg((x_1 - x_{10}) \frac{\partial^2}{\partial x_1^2} &+ 2(x_1 - x_{10})(x_2 - x_{20}) \frac{\partial^2}{\partial x_1 \partial x_2} \\ &+ (x_2 - x_{20})^2 \frac{\partial^2}{\partial x_2^2}\Bigg)\end{aligned}$$

und die TAYLORsche Formel (2.2.38) lautet speziell

$$\begin{aligned}\eta(x_1, x_2) = \eta(x_{10}, x_{20}) &+ \frac{1}{1!}\left[(x_1 - x_{10}) \frac{\partial \eta}{\partial x_1}(x_{10}, x_{20}) + (x_2 - x_{20}) \frac{\partial \eta}{\partial x_2}(x_{10}, x_{20})\right] \\ &+ r_2(x_1, x_2; x_{10}, x_{20})\end{aligned}$$

mit dem Restglied

$$\begin{aligned}r_2(x_1, x_2; x_{10}, x_{20}) := \frac{1}{2!}\Bigg[&(x_1 - x_{10})^2 \frac{\partial^2 \eta}{\partial x_1^2}\left(x_{10} + \delta(x_1 - x_{10}), x_{20} + \delta(x_2 - x_{20})\right) \\ &+ 2(x_1 - x_{10})(x_2 - x_{20}) \frac{\partial^2 \eta}{\partial x_1 \partial x_2}\left(x_{10} + \delta(x_1 - x_{10}), x_{20} + \delta(x_2 - x_{20})\right) \\ &+ (x_2 - x_{20})^2 \frac{\partial^2 \eta}{\partial x_2^2}\left(x_{10} + \delta(x_1 - x_{10}), x_{20} + \delta(x_2 - x_{20})\right)\Bigg].\end{aligned}$$

Abgesehen vom Restglied $r_2(x_1, x_2; x_{10}, x_{20})$ stellt die rechte Seite von (2.2.38) ein Polynom r-ten Grades in $\boldsymbol{x}$ dar, dessen Koeffizienten durch die entsprechenden, jedoch unbekannten Ableitungswerte von η gebildet werden. Durch Weglassen des Restgliedes und durch Interpretation der unbekannten Ableitungswerte als unbekannte Parameter erhält man aus (2.2.38) einen Polynomansatz. Gelingt es nun, aus den praktischen Gegebenheiten des EW-Problems Schranken für das Restglied für alle $\eta \in S$ im Gebiet B zu bestimmen, dann kann man die Adäquatheit dieses Polynomansatzes einschätzen. Ein Verfahren hierzu findet sich in [6.4.1].

Einige Beispiele für spezielle Näherungsansätze

Um die Anzahl der Funktionen des Ansatzes möglichst gering zu halten, wird man von einem Funktionensystem ausgehen, das gewissen weiteren Vorkenntnissen über die Wirkungsfläche angepaßt ist.

Beispiel 2.2.17: Von der unbekannten Wirkungsfläche η sei bekannt, daß sie periodisch mit der Periode 2π ist, d. h., S ist die Menge aller solcher Funktionen. Dann sind die trigonometrischen Polynome für $r = 1, 2, \ldots$,

$$\tilde{S} = \left\{\tilde{\eta}(x; \boldsymbol{\alpha}, \beta) = \alpha_0 + \sum_{\nu=1}^{r} (\alpha_\nu \cos \nu x + \beta_\nu \sin \nu x) : x \in [-\pi, \pi]\right\}_{(\boldsymbol{\alpha}', \beta')' \in \mathrm{R}^{2r+1}}, \tag{2.2.39}$$

als Approximationspolynome für S geeignet.

Die Verallgemeinerung von (2.2.39) auf mehrdimensionale Argumente $\boldsymbol{x}$ und die Modifizierung auf andere Perioden sind naheliegend.

Eine andere Möglichkeit in gewissen Fällen ist die Wahl eines Funktionensystems, das näherungsweise (z. B. asymptotisch) die Vorkenntnisse über η erfüllt.

Beispiel 2.2.18: Es sei B die Hyperkugel um den Koordinatenursprung mit dem Radius ϱ, $B = \{\boldsymbol{x}: \boldsymbol{x}'\boldsymbol{x} \leqq \varrho^2\}$, und S die Menge der beliebig oft differenzierbaren Funktionen, die auf der Oberfläche B_0 von B, d. h. auf $B_0 = \{\boldsymbol{x}: \boldsymbol{x}'\boldsymbol{x} = \varrho^2\}$ identisch verschwinden. Es sei ϱ groß gegen 1. Dann ist es sinnvoll, für den Ansatz ein Funktionensystem zu wählen, bei dem jede Funktion dieses Verhalten näherungsweise zeigt. Es eignet sich z. B. ein System des Typs $\exp\{-g(\boldsymbol{x})\}$, wobei $g(\boldsymbol{x})$ ein Polynom ist, das die Eigenschaft $\lim\limits_{\boldsymbol{x}'\boldsymbol{x}\to\infty} g(\boldsymbol{x})^{-1} = 0$ hat.

Sei speziell $k = 2$. Dann wären für $g(\boldsymbol{x})$ z. B. die folgenden Polynome geeignet:

$$a_1x_1^2 + b_1x_2^2 + c_1\,, \quad a_2x_1^4 + b_2x_2^4 + c_2\,, \quad a_3x_1^4 + b_3x_2^2 + c_3\,,$$
$$a_4x_1^2 + b_4x_2^4 + c_4\,, \quad a_5x_1^4 + b_5x_1^2 + c_5x_2^4 + d_5x_2^2 + e_5; \ldots$$

Bemerkung 2.2.4: Für ein oder zwei unabhängige Variable ($k \leqq 2$) läßt sich in vielen Fällen eine gute Approximation mit möglichst wenigen und möglichst einfach gebauten Ansatzfunktionen $f_\nu(\boldsymbol{x})$; $\nu = 1, 2, \ldots$; dadurch erreichen, daß man das Gebiet B in Teilbereiche $B_1, \ldots, B_l$ zerlegt, in denen die Wirkungsfläche jeweils durch solche einfachen Ansätze approximiert wird. Die Approximationen sollen an den Trennflächen in vorgegebener Weise stetig (bzw. glatt) ineinander übergehen, d. h., die Gleichheit der Funktion (bzw. der Ableitungen) in den entsprechenden Punkten der Trennflächen wird bis zu einer bestimmten Ordnung vorgeschrieben. Mit dieser als *Splining* bezeichneten Methode gelingt es, relativ kompliziert gebaute Wirkungsflächen mit Polynomansätzen geringen Grades gut zu approximieren. Zur Splineapproximation s. Späth [1], zur Regression mit Splineansätzen für $k = 1$ s. Dathe [1]. Für $k > 2$ ist die Splineapproximation nicht mehr praktikabel.

2.2.5. Näherungsansätze und wahre Ansätze

Entsprechend der Bez. 2.2.1 gibt es in einem wahren Ansatz $\tilde{S}$ zu jedem $\eta \in S$ ein $\boldsymbol{\vartheta}_\eta \in \Theta$, so daß für alle $\boldsymbol{x} \in B$

$$\eta(\boldsymbol{x}) = \tilde{\eta}(\boldsymbol{x}, \boldsymbol{\vartheta}_\eta) \tag{2.2.40}$$

gilt. Das Modell für den Zusammenhang (2.1.8) kann also in der Form

$$\mathfrak{Y}(\boldsymbol{x}) = \tilde{\eta}(\boldsymbol{x}, \boldsymbol{\vartheta}_\eta) + \varepsilon(\boldsymbol{x}) \tag{2.2.41}$$

geschrieben werden. Setzen wir (2.2.40) in die Approximationskriterien (2.2.29), (2.2.32) und (2.2.33) ein, dann wird klar, daß die folgende Aussage gilt.

Aussage 2.2.2: Ein wahrer Ansatz für S ist für jedes Approximationskriterium und für jedes $g_0 > 0$ g_0-adäquat für S ●

Wollen wir eine zu (2.2.41) analoge Darstellung für einen Approximationsansatz erhalten, dann müssen wir eine Abweichungsfunktion $g(\eta, \boldsymbol{x})$ einführen, die die Abweichung von $\eta(\boldsymbol{x})$ von der nach dem vorgegebenen Kriterien besten Approximationsfunktion $\tilde{\eta}(\boldsymbol{x}, \boldsymbol{\vartheta}_\eta^*)$ angibt, d. h.

$$\eta(\boldsymbol{x}) = \tilde{\eta}(\boldsymbol{x}, \boldsymbol{\vartheta}_\eta^*) + g(\eta, \boldsymbol{x}) \,. \tag{2.2.42}$$

Speziell für einen linearen Approximationsansatz wird aus (2.2.42)

$$\eta(\boldsymbol{x}) = \boldsymbol{f}(\boldsymbol{x})' \, \boldsymbol{\vartheta}_\eta^* + g(\eta, \boldsymbol{x}) \,. \tag{2.2.43}$$

Die Funktion $g(\eta, \boldsymbol{x})$ ist die Grundlage des Modellfehlers, den wir begehen, wenn wir einen g_0-adäquaten Approximationsansatz im Schätzproblem so behandeln, als sei er wahr. Dieser Übergang von

$$\mathfrak{Y}(\boldsymbol{x}) = \tilde{\eta}(\boldsymbol{x}, \boldsymbol{\vartheta}_\eta^*) + g(\eta, \boldsymbol{x}) + \varepsilon(\boldsymbol{x}) \tag{2.2.44}$$

zu

$$\mathfrak{Y}(\boldsymbol{x}) = \tilde{\eta}(\boldsymbol{x}, \boldsymbol{\vartheta}_\eta^*) + \varepsilon(\boldsymbol{x}) \tag{2.2.45}$$

ist nur in solchen Fällen praktisch gerechtfertigt, wenn g_0 klein ist gegenüber den erwarteten absoluten Schwankungen von η über B. Eigentlich müßte man auch in diesen Fällen bei einer Einschätzung der Ergebnisse der Schätzung die Vernachlässigung von $g(\eta, \boldsymbol{x})$ berücksichtigen (›[2.5.3]).

2.3. Schätzproblem

Wir haben im vorangehenden Abschnitt das Problem behandelt, einen Regressionsansatz festzulegen. Jetzt betrachten wir den Ansatz als gegeben und wenden uns dem zweiten Teilproblem der Schätzproblematik der Regression zu, der *Wahl der Schätzung*. Sie ordnet dem Datensatz (2.1.3) eine Funktion $\hat{\eta}$ des Ansatzes zu, die als Näherung der unbekannten Wirkungsfläche benutzt werden soll (›[2.1.4]). Für die Darlegungen in diesem Abschnitt denken wir uns weiterhin den Versuchsplan V_n (›(2.1.20)), d. h. die Versuchspunkte $\boldsymbol{x}_1, \ldots, \boldsymbol{x}_n$, gegeben.

2.3.1. Näherungsweise Bestimmung der Wirkungsfläche als Anpassungsproblem

Das Problem, aus dem Datensatz (2.1.3) eine Näherung für die unbekannte Wirkungsfläche zu finden, läßt sich auch als Aufgabe der numerischen Mathematik auffassen: Aus einer gegebenen Funktionenschar, dem Ansatz

$$\tilde{S} = \{\tilde{\eta}(\boldsymbol{x}, \boldsymbol{\vartheta}) : \boldsymbol{x} \in B\}_{\boldsymbol{\vartheta} \in \Theta} \,, \tag{2.3.1}$$

ist diejenige Funktion herauszusuchen, die die beobachteten Werte y_i an den Punkten $\boldsymbol{x}_i$; $i = 1, \dots, n$; im Sinne eines Approximationskriteriums am besten nähert. Dieses Vorgehen wird *Anpassung* oder *Fitting* genannt.

Bezeichnung 2.3.1: Die Funktion $\tilde{\eta}(\boldsymbol{x}, \tilde{\boldsymbol{\vartheta}}) \in \tilde{S}$ heißt an den Datensatz (2.1.3) *im quadratischen Mittel angepaßt,* wenn gilt

$$\sum_{i=1}^{n} (y_i - \tilde{\eta}(\boldsymbol{x}_i, \tilde{\boldsymbol{\vartheta}}))^2 = \inf_{\boldsymbol{t} \in \Theta} \sum_{i=1}^{n} (y_i - \tilde{\eta}(\boldsymbol{x}_i, \boldsymbol{t}))^2 \bullet \tag{2.3.2}$$

Entsprechend kann man eine *Anpassung nach Tschebyscheff* einführen durch

$$\max_{i \in \{1, \dots, n\}} |y - \tilde{\eta}(\boldsymbol{x}_i, \tilde{\boldsymbol{\vartheta}})| = \inf_{\boldsymbol{t} \in \Theta} \max_{i \in \{1, \dots, n\}} |y_i - \tilde{\eta}(\boldsymbol{x}_i, \boldsymbol{t})| \tag{2.3.3}$$

und eine *Anpassung im p-ten Mittel* durch

$$\sum_{i=1}^{n} |y_i - \tilde{\eta}(\boldsymbol{x}_i, \tilde{\boldsymbol{\vartheta}})|^p = \inf_{\boldsymbol{t} \in \Theta} \sum_{i=1}^{n} |y_i - \tilde{\eta}(\boldsymbol{x}_i, \boldsymbol{t})|^p \,. \tag{2.3.4}$$

Sei speziell $\tilde{S}$ ein linearer Ansatz (›(2.2.5)), dann wird aus (2.3.2)

$$\sum_{i=1}^{n} \left(y_i - \sum_{j=1}^{r} \tilde{\vartheta}_j f_j(\boldsymbol{x}_i)\right)^2 = \inf_{\boldsymbol{t} \in \Theta} \sum_{i=1}^{n} \left(y_i - \sum_{j=1}^{r} t_j f_j(\boldsymbol{x}_i)\right)^2 . \tag{2.3.5}$$

Mit der in (2.2.10) eingeführten Matrix $\boldsymbol{F} = ((f_j(\boldsymbol{x}_i)))$; $i = 1, \dots, n$; $j = 1, \dots, r$; läßt sich (2.3.5) auch in folgender Form schreiben:

$$(\boldsymbol{y} - \boldsymbol{F}\tilde{\boldsymbol{\vartheta}})' (\boldsymbol{y} - \boldsymbol{F}\tilde{\boldsymbol{\vartheta}}) = \inf_{\boldsymbol{t} \in \Theta} (\boldsymbol{y} - \boldsymbol{F}\boldsymbol{t})' (\boldsymbol{y} - \boldsymbol{F}\boldsymbol{t}) \,. \tag{2.3.6}$$

Bei (2.3.2) und (2.3.5) bzw. (2.3.6) spricht man auch von einer Anpassung nach der *Methode der kleinsten Quadrate* (MKQ) (›[3.1.1]).

Bei der Anpassung wird kein stochastisches Modell des Zusammenhangs (2.1.8) betrachtet, und es werden keinerlei Annahmen über die Menge S der für möglich gehaltenen Wirkungsflächen benutzt. Die Anpassung wird daher streng genommen nur in den Werten der Wirkungsfläche für die Punkte $\boldsymbol{x}_i$; $i = 1, \dots, n$; vorgenommen. Außerdem ist eine Einschätzung der *Güte* (z. B. der Genauigkeit) dieser Näherung sehr problematisch. Wir haben diese Verfahrensweise trotzdem hier angegeben, weil spezielle Schätzprobleme (im Sinne von [2.1.4]) auf numerische Aufgaben dieses Typs führen werden (›[3.1.1] und [3.4.3]).

2.3.2. Regressionsmodell

Um zu Schätzungen der unbekannten Wirkungsfläche im Prognosebereich H zu kommen, deren Güte sich einschätzen läßt, gehen wir vom stochastischen Modell des Zusammenhangs (2.1.8) aus.

Durch die Menge S der für möglich gehaltenen Wirkungsflächen werden die Vorkenntnisse über die unbekannte Wirkungsfläche repräsentiert. Diese Vorkenntnisse hatten wir bereits bei der Wahl des Ansatzes $\tilde{S}$ auszunutzen gesucht. Durch das stochastische Modell des Zusammenhangs (2.1.8) ist auch die Struktur (2.1.23), d. h.

$$\mathfrak{Y}(V_n) = \eta(V_n) + \varepsilon(V_n) \,, \tag{2.3.7}$$

des Beobachtungsvektors festgelegt, die sich z. B. für einen wahren linearen Ansatz zu (2.2.12), d. h.

$$\mathfrak{Y}(V_n) = \boldsymbol{F}(V_n)\, \boldsymbol{\vartheta}_\eta + \boldsymbol{\varepsilon}(V_n) \tag{2.3.8}$$

präzisiert.

So wie man aus der Betrachtung der praktischen Gegebenheiten des EW-Problems zur Formulierung von Vorkenntnissen oder zu fachwissenschaftlich begründeten Annahmen über η gekommen ist, so gelingt es in der Regel, Vorkenntnisse oder Annahmen über den Fehlervektor $\boldsymbol{\varepsilon}(V_n)$ zu erhalten. Der Fehlervektor $\boldsymbol{\varepsilon}(V_n)$ ist ein Zufallsvektor. Die Vorkenntnisse und Annahmen können sich also nur auf seine Verteilungsfunktion oder auf einige von deren Kenngrößen (z. B. Momente) beziehen.

Falls die Einflußgrößen einstellbar sind, kann vor der experimentellen Untersuchung noch der *Versuchsplan gewählt* werden. Wir bezeichnen die Menge der zur Auswahl stehenden Versuchspläne mit $V^{(0)}$ (›[2.5]). In diesem wichtigen Fall, mit dem wir uns hauptsächlich beschäftigen werden, müssen sich die Vorkenntnisse und Annahmen über $\boldsymbol{\varepsilon}(V_n)$ natürlich auf alle V_n aus $V^{(0)}$ beziehen.

Die Ermittlung der möglichen Abhängigkeit des Fehlervektors von den Einflußgrößen und seiner Verteilung ist im allgemeinen weit komplizierter und aufwendiger als die Untersuchung des Zusammenhangs zwischen der Wirkungsgröße und den Einflußgrößen. Denn man kommt bei dieser Untersuchung in vielen Fällen mit einfachen Annahmen über $\boldsymbol{\varepsilon}$ aus. Man muß sich lediglich überlegen, ob sie die Gegebenheiten des EW-Problems angenähert widerspiegeln oder ob sie nicht etwa im Widerspruch dazu stehen. Natürlich sind detaillierte Kenntnisse über $\boldsymbol{\varepsilon}$ sehr nützlich für die Einschätzung der Güte der Schätzung und ermöglichen häufig die Wahl anderer Schätzungen. So ist z. B. für gewisse Schätzungen die Kenntnis (oder Festlegung) der Verteilung von $\boldsymbol{\varepsilon}$ notwendig (Verf. 3.3.1 und 3.5.9).

Damit haben wir nun alle für die Behandlung wesentlichen Vorkenntnisse und Annahmen aus dem EW-Problem in mathematischer Form erfaßt und können das EW-Problem als Regressionsproblem darstellen.

Bezeichnung 2.3.2: Die mathematische Fassung des EW-Problems bezeichnen wir als *Regressionsmodell. Es besteht aus* der durch das Modell des Zusammenhangs (2.1.8) festgelegten *Struktur* (2.3.7) *des Beobachtungsvektors,* der *Menge S der für möglich gehaltenen Wirkungsflächen* (gegebenenfalls mit Angaben über eine a-priori-Verteilung), dem *Ansatz* $\tilde{S}$ und den *Angaben über die Verteilung des Fehlervektors* $\boldsymbol{\varepsilon}(V_n)$ für alle zur Auswahl stehenden Versuchspläne V_n aus einer gegebenen Menge $V^{(0)}$●

Werden mehrere Wirkungen gleichzeitig betrachtet (multivariater Fall), ist die Bezeichnung folgendermaßen zu modifizieren: Das (*multivariate*) *Regressionsmodell* besteht aus der durch das Modell des Zusammenhangs (2.1.14) festgelegten Struktur (2.1.25) der Beobachtungsvektoren, den Mengen $S^{(j)}$; $j = 1, \dots, u$; der jeweils für möglich gehaltenen Wirkungsflächen, den Ansätzen $\tilde{S}^{(j)}$; $j = 1, \dots, u$; (eventuell mit Angaben über die a-priori-Verteilungen) und den Angaben über die Verteilung des Fehlervektors $\vec{\boldsymbol{\varepsilon}}(V_n)$ für alle V_n aus $V^{(0)}$.

2.3.3. Vorkenntnisse und Annahmen über die Verteilung des Fehlervektors

Nur sehr selten hat man fachwissenschaftlich gestützte Vermutungen oder Aussagen über den Verteilungstyp von $\boldsymbol{\varepsilon}(V_n)$. In manchen Fällen scheint die Annahme einer

Normalverteilung für $\boldsymbol{\varepsilon}(V_n)$ vom EW-Problem her plausibel, jedoch sollte in dieser Hinsicht vor Leichtfertigkeit gewarnt werden.

Manchmal stehen Ergebnisse einer früheren Untersuchung des EW-Problems zur Verfügung. Dann kann man die Abweichungen zwischen den Werten der Wirkungsgröße $y(\boldsymbol{x}_i)$ und den Schätzungen $\hat{\eta}(\boldsymbol{x}_i, \boldsymbol{y}(V_n))$ dieser Werte an den Versuchspunkten in die Überlegungen über die Verteilung des Fehlervektors einbeziehen.

Bezeichnung 2.3.3: Für alle $\boldsymbol{x}_i$; $i = 1, \ldots, n$; des Versuchsplanes V_n heißt

$$\hat{\varepsilon}(\boldsymbol{x}_i) = y(\boldsymbol{x}_i) - \hat{\eta}(\boldsymbol{x}_i, \boldsymbol{y}(V_n)) \tag{2.3.9}$$

Realisierung des geschätzten Fehlers im Punkt $\boldsymbol{x}_i$ •

Da zum Schätzwert $\hat{\eta}(\boldsymbol{x}_i, \boldsymbol{y}(V_n))$ im allgemeinen alle Komponenten von $\boldsymbol{y}(V_n)$ herangezogen werden, sind die Komponenten des entsprechend (2.3.9) gebildeten *Zufallsvektors*

$$\hat{\boldsymbol{\varepsilon}}(V_n) = (\hat{\varepsilon}(\boldsymbol{x}_1), \ldots, \hat{\varepsilon}(\boldsymbol{x}_n))' \tag{2.3.10}$$

nicht mehr stochastisch unabhängig, auch wenn es die Komponenten von $\boldsymbol{\varepsilon}(V_n)$ sind. Die Verwendung von $\hat{\boldsymbol{\varepsilon}}(V_n)$ als gewöhnliche Stichprobe mit unabhängigen Komponenten ist also nicht unproblematisch.

Wenn die Verteilung von $\boldsymbol{\varepsilon}(V_n)$ *nicht* vom Versuchsplan abhängt und sich aus der Verteilung des von $\boldsymbol{x}$ *unabhängigen* Fehlers ε gewinnen läßt, kann man aus (2.3.10) zumindest für große n wertvolle Hinweise auf die Verteilung von ε erhalten. Dazu betrachtet man, nach eventueller Eliminierung von Ausreißern, (2.3.10) als eine Stichprobe, der man eine Verteilung anpassen soll (vgl. Vincze [1]). Wegen entsprechender Verfahren s. Weber [1]. Ein Verfahren zur Entscheidung für einen Verteilungstyp aus einer Anzahl möglich erscheinender Typen schlägt Prentice [1] vor.

Auch wenn die Verteilung von $\boldsymbol{\varepsilon}(V_n)$ auf diese oder andere Weise nicht festgelegt werden kann, so gelingt es doch häufig, begründete Annahmen über gewisse ihrer Kenngrößen zu formulieren. Da entsprechend dem Zusammenhangsmodell $\mathrm{E}\boldsymbol{\varepsilon}(V_n) = \boldsymbol{0}$ ist, gewinnt als nächstliegende Charakteristik der Verteilung die Kovarianzmatrix

$$\boldsymbol{B}_{\boldsymbol{\varepsilon}(V_n)} = \mathrm{E}(\boldsymbol{\varepsilon}(V_n)\,\boldsymbol{\varepsilon}(V_n)') \tag{2.3.11}$$

an Interesse. Im günstigsten Fall ist die Kovarianzmatrix bis auf einen (möglicherweise unbekannten) Faktor bekannt, d. h., man kennt die Matrix $\boldsymbol{W}(V_n)$, für die

$$\boldsymbol{B}_{\boldsymbol{\varepsilon}(V_n)} = \sigma^2 \boldsymbol{W}(V_n) \tag{2.3.12}$$

gilt. Einen anderen der Behandlung zugänglichen Fall erhält man, wenn die Matrix $\boldsymbol{W}$ in (2.3.12) nicht vom Versuchsplan, aber in bestimmter Weise von einigen wenigen unbekannten Parametern abhängt (s. u. a. Rao [1], Kleffe [1], aber auch [3.2.3]).

Vielfach kann man durch die Art und Weise von Auswahl der Versuchspunkte und Beobachtung die Annahme begründen, daß die Komponenten des Beobachtungsvektors $\mathfrak{Y}(V_n)$ und damit die von $\boldsymbol{\varepsilon}(V_n) = (\varepsilon(\boldsymbol{x}_1), \ldots, \varepsilon(\boldsymbol{x}_n))'$ *unkorreliert* sind. Für $i = 1, \ldots, n$; $j = 1, \ldots, n$; und $i \neq j$ ist dann

$$\operatorname{cov}(\varepsilon(\boldsymbol{x}_i), \varepsilon(\boldsymbol{x}_j)) = \mathrm{E}(\varepsilon(\boldsymbol{x}_i)\,\varepsilon(\boldsymbol{x}_j)) = 0\,. \tag{2.3.13}$$

Damit hat die Kovarianzmatrix Diagonalform

$$\boldsymbol{B}_{\boldsymbol{\varepsilon}(V_n)} = \begin{pmatrix} \mathrm{D}^2\varepsilon(\boldsymbol{x}_1) & & 0 \\ & \ddots & \\ 0 & & \mathrm{D}^2\varepsilon(\boldsymbol{x}_n) \end{pmatrix}. \tag{2.3.14}$$

Beispiel 2.3.1: Die Wirkungsgröße $\mathfrak{Y}$ sei eine Kenngröße für die Punkte einer bergbaulichen Lagerstätte. Die Komponenten von $\mathfrak{Y}$ werden durch Bohrungen in den Knotenpunkten eines regulären Gitternetzes gewonnen. Es muß mit einer Korrelation der Komponenten des Fehlervektors gerechnet werden, deren Größe vom Abstand der Knotenpunkte des Netzes abhängt. Hier kann man in gewissen Fällen aus Voruntersuchungen oder aus der Kenntnis ähnlicher Lagerstätten einen Mindestabstand für die Knotenpunkte finden, von dem ab die Korrelation für den Fehlervektor vernachlässigt werden darf.

Die Varianzen $\mathrm{D}^2\varepsilon(\boldsymbol{x}_i)$; $i = 1, \dots, n$; können noch explizit von $\boldsymbol{x}_i$ abhängen, d. h.

$$\mathrm{D}^2\varepsilon(\boldsymbol{x}_i) = \sigma^2(\boldsymbol{x}_i)\,. \tag{2.3.15}$$

Sehr wertvoll ist dann die Kenntnis einer (nichtnegativen) Funktion $\lambda^2(\boldsymbol{x})$, so daß für alle $\boldsymbol{x} \in B$

$$\mathrm{D}^2\varepsilon(\boldsymbol{x}) = \sigma^2(\boldsymbol{x}) = \sigma^2\lambda^2(\boldsymbol{x}) \tag{2.3.16}$$

mit der möglicherweise unbekannten Konstanten σ^2 gilt.

Beispiel 2.3.2: Eine physikalische Größe ist von einer logarithmisch geteilten Skala abzulesen. Der Ablesefehler wächst ebenfalls logarithmisch, d. h., in diesem Falle wäre

$$\lambda(x) = \ln(cx)$$

mit einer passenden Konstanten c.

Am einfachsten gestaltet sich die Auswertung, wenn im unkorrelierten Falle die Varianzen alle gleich sind, d. h. wenn für alle $V_n \in V^{(0)}$ gilt

$$\boldsymbol{B}_{\varepsilon(V_n)} = \sigma^2\boldsymbol{I}_n = \begin{pmatrix} \sigma^2 & & 0 \\ & \ddots & \\ 0 & & \sigma^2 \end{pmatrix}. \tag{2.3.17}$$

Man bezeichnet die Eigenschaft (2.3.17) für $\boldsymbol{\varepsilon}(V_n)$ auch als *Homoskedastie* und entsprechend (2.3.14), wenn mindestens zwei Varianzen verschieden sind, als *Heteroskedastie.*

Falls mehrere Kovarianzstrukturen möglich scheinen, wird von Kloek/Lempers [1] ein Verfahren vorgeschlagen, wie man sich anhand von früheren oder von Voruntersuchungen für eine dieser Strukturen entscheiden kann.

Eine besondere Bedeutung haben Vorkenntnisse über die Verteilung des Fehlervektors im *multivariaten Fall.* Die übliche Annahme, daß die Komponenten von $\vec{\varepsilon}(V_n)$ aus (2.1.26) *für Versuchspunkte mit verschiedenen Indizes* unkorreliert sind, d. h. für $j_1 = 1, \dots, u$ und $j_2 = 1, \dots, u$

$$\operatorname{cov}\left(\varepsilon^{(j_1)}(\boldsymbol{x}_{l_1}), \varepsilon^{(j_2)}(\boldsymbol{x}_{l_2})\right) = 0 \quad \text{für } l_1 \neq l_2, \tag{2.3.18}$$

läßt sich in vielen Fällen vertreten. Wegen des auf alle Wirkungsgrößen gemeinsam wirkenden Einflusses der nicht erfaßten, als stochastisch angenommenen Einflußgrößen sind die zufälligen Fehler der verschiedenen Wirkungsgrößen in einem Versuchspunkt $\boldsymbol{x}_i$; $i = 1, \dots, n$; im allgemeinen nicht unabhängig voneinander, sondern in nicht zu vernachlässigender Weise miteinander korreliert, also ist im allgemeinen

$$\operatorname{cov}\left(\varepsilon^{(j_1)}(\boldsymbol{x}_i), \varepsilon^{(j_2)}(\boldsymbol{x}_i)\right) \neq 0\,. \tag{2.3.19}$$

Falls die Kovarianzmatrizen

$$\boldsymbol{B}_\varepsilon(\boldsymbol{x}_i) = \left(\left(\operatorname{cov}\left(\varepsilon^{(j_1)}(\boldsymbol{x}_i), \varepsilon^{(j_2)}(\boldsymbol{x}_i)\right)\right)\right)_{u\times u} \tag{2.3.20}$$

bis auf einen gemeinsamen (möglicherweise unbekannten) konstanten Faktor bekannt sind, dann läßt sich das multivariate Schätzproblem mit Methoden behandeln, die für den Fall einer einzigen Wirkungsgröße mit korrelierten Fehlern entwickelt wurden

(↗[3.2]). Zusammen mit der Annahme (2.3.18) hat der Fehlervektor $\vec{\varepsilon}(V_n)$ dann eine Kovarianzmatrix der Struktur

$$\boldsymbol{B}_{\vec{\varepsilon}(V_n)} = \begin{pmatrix} \boldsymbol{B}_\varepsilon(\boldsymbol{x}_1) & & 0 \\ & \boldsymbol{B}_\varepsilon(\boldsymbol{x}_2) & \\ & \ddots & \\ 0 & & \boldsymbol{B}_\varepsilon(\boldsymbol{x}_n) \end{pmatrix}, \tag{2.3.21}$$

d. h., außerhalb der Matrizen $\boldsymbol{B}_\varepsilon(\boldsymbol{x}_i)$; $i = 1, \ldots, n$; enthält die $n \cdot u$-reihige Matrix nur Nullen als Elemente, sie hat also Blockstruktur (↗(A.1.6.))

Die Matrizen $\boldsymbol{B}_\varepsilon(\boldsymbol{x}_i)$ sind die Kovarianzmatrizen der Vektoren $\mathfrak{Y}(\boldsymbol{x}_i)$ und meistens unbekannt. Darin liegt eine spezielle Schwierigkeit für die Behandlung des multivariaten Regressionsproblems. Man versucht daher über eine Voruntersuchung zu Schätzungen für diese Kovarianzmatrizen zu kommen (↗[3.2.3]), oder man verwendet Schätzungen der Wirkungsflächen, in die $\boldsymbol{B}_{\vec{\varepsilon}(V_n)}$ nicht explizit eingeht (Bem. 3.1.2).

2.3.4. Näherungsweise Bestimmung der Wirkungsfläche als stochastisches Schätzproblem

Im Gegensatz zum Anpassungsproblem ([2.3.1]) enthält das Regressionsmodell (Bez. 2.3.2) über den Datensatz (2.1.3) hinausgehende Vorkenntnisse und fachwissenschaftlich begründete Annahmen aus dem EW-Problem und vor allem über den stochastischen Charakter dieses Problems. Es ist nun ein Ziel der statistischen Behandlung, Schätzungen der unbekannten Wirkungsfläche auch außerhalb der Versuchspunkte und eine Einschätzung der Güte dieser Schätzungen zu erhalten.

Bemerkung 2.3.1: Beim Auftreten erfaßter stochastischer Einflußgrößen ist eine Einschätzung der Güte von Schätzungen ohne einschneidende Voraussetzungen über die gemeinsame Verteilung von $(\mathfrak{X}^{(2)\prime}, \varepsilon')'$, des Vektors $\mathfrak{X}^{(2)}$ der erfaßten stochastischen Einflußgrößen, s. (2.1.2), und des Fehlervektors ε, eine äußerst komplizierte und nur für Spezialfälle gelöste Aufgabe. Man hilft sich im allgemeinen dadurch, daß man die Schätzung für η bezüglich dieser stochastischen Einflußgrößen nur für deren Realisierungen $\mathfrak{X}^{(2)} = \boldsymbol{x}^{(2)}$ formuliert. Sie gilt dann jeweils nur unter der Bedingung, daß der Vektor $\mathfrak{X}^{(2)}$ gerade $\boldsymbol{x}^{(2)}$ als Realisierung angenommen hat. Dies hat man dann bei der Deutung der Ergebnisse stets zu beachten. Im folgenden gehen wir zu dieser *bedingten Betrachtungsweise* über und werden bezüglich der Schätzung nicht mehr zwischen erfaßten determinierten und erfaßten stochastischen Einflußgrößen unterscheiden.

Da der Fehlervektor $\varepsilon(V_n)$ und der Beobachtungsvektor $\mathfrak{Y}(V_n)$ Zufallsvektoren sind, wird die darauf beruhende Näherung der Wirkungsfläche ebenfalls ein Zufallselement sein, d. h. eine *Schätzung im Sinne der mathematischen Statistik* (↗Bez. 1.2.4).

Für jedes $\boldsymbol{x}$ aus dem Prognosebereich H ist die Schätzung des Funktionenwertes $\eta(\boldsymbol{x})$ der Wirkungsfläche $\eta \in S$ eine Zufallsgröße $\hat{\eta}(\boldsymbol{x}, \mathfrak{Y}(V_n))$. Da nur Funktionen des Ansatzes $\tilde{S}$ als schätzende Funktionen in Frage kommen, ist die Angabe von $\hat{\eta}(\boldsymbol{x}, \boldsymbol{y}(V_n))$ oft gleichbedeutend mit der Angabe einer Schätzung $\hat{\boldsymbol{\vartheta}}(\boldsymbol{y}(V_n))$ des Parameters $\boldsymbol{\vartheta}$ des Ansatzes. Mit $\hat{\boldsymbol{\vartheta}}(\boldsymbol{y}(V_n))$ ist dann die Schätzung der Wirkungsfläche η in allen Punkten $\boldsymbol{x}$ von H festgelegt durch

$$\hat{\eta}(\boldsymbol{x}, \mathfrak{Y}(V_n)) = \tilde{\eta}(\boldsymbol{x}, \hat{\boldsymbol{\vartheta}}(\mathfrak{Y}(V_n))) \,. \tag{2.3.22}$$

Entsprechende Vorkenntnisse und Annahmen über die Verteilung von $\varepsilon(V_n)$ (↗[2.3.3]), eventuell verbunden mit einer a-priori-Verteilung über S, erlauben dann

Aussagen über Eigenschaften der Verteilung von $\tilde{\eta}(\boldsymbol{x}, \hat{\boldsymbol{\vartheta}}(V_n))$, deren Parameter und in gewissen Fällen auch deren Typ.

Als *Beispiel* betrachten wir hier einen wichtigen *Spezialfall*, der den Ausgangspunkt für fast alle folgenden Überlegungen darstellen wird.

Für den Beobachtungsvektor $\mathfrak{Y}(V_n) = \boldsymbol{\eta}(V_n) + \boldsymbol{\varepsilon}(V_n)$ sei

$$\tilde{S} = \left\{\tilde{\eta}(\boldsymbol{x}, \boldsymbol{\vartheta}) = \sum_{j=1}^{r} \vartheta_j f_j(\boldsymbol{x}) : \boldsymbol{x} \in B\right\}_{\boldsymbol{\vartheta} \in \mathrm{R}^r} \tag{2.3.23}$$

ein *wahrer* und *linearer* Ansatz (›Bez. 2.2.1 und 2.2.2). Weiterhin sei über die Verteilung von $\boldsymbol{\varepsilon}(V_n)$ bekannt, daß für alle $V_n \in V^{(0)}$ gilt

$$\boldsymbol{B}_{\boldsymbol{\varepsilon}(V_n)} = \sigma^2 \boldsymbol{I}_n\,, \tag{2.3.24}$$

wobei σ^2 eine unbekannte Konstante ist. Mit der Matrix $\boldsymbol{F}(V_n) = \big((f_j(\boldsymbol{x}_i))\big)_{n \times r}$ (›(2.2.10)) hat der Beobachtungsvektor $\mathfrak{Y}(V_n)$ die Darstellung (›(2.2.12))

$$\mathfrak{Y}(V_n) = \boldsymbol{F}(V_n)\, \boldsymbol{\vartheta}_\eta + \boldsymbol{\varepsilon}(V_n)\,. \tag{2.3.25}$$

Das Problem der Schätzung von η wurde damit auf das Problem der Schätzung von $\boldsymbol{\vartheta}_\eta$ zurückgeführt. Zur Vereinfachung der Darstellung vereinbaren wir, daß im folgenden und in diesem Zusammenhang $\boldsymbol{\vartheta}$ stets den zur unbekannten Wirkungsfläche η gehörigen unbekannten Parameterwert bedeuten soll.

Als numerische Methode zur Bestimmung von Schätzwerten $\hat{\boldsymbol{\vartheta}}(\boldsymbol{y}(V_n))$ für $\boldsymbol{\vartheta}$ aus dem Datensatz (2.1.3) benutzen wir im vorliegenden Spezialfall die Anpassung nach der Methode der kleinsten Quadrate (MKQ) gemäß (2.3.6) und bezeichnen $\tilde{\boldsymbol{\vartheta}}$ als Schätzwert nun mit $\check{\boldsymbol{\vartheta}}(\boldsymbol{y}(V_n))$.

Eine (notwendige) Bedingung für ein (relatives) Minimum der quadratischen Form aus (2.3.6),

$$Q(\boldsymbol{t}) = \big(\boldsymbol{y}(V_n) - \boldsymbol{F}(V_n)\,\boldsymbol{t}\big)'\,\big(\boldsymbol{y}(V_n) - \boldsymbol{F}(V_n)\,\boldsymbol{t}\big)\,, \tag{2.3.26}$$

in $\check{\boldsymbol{\vartheta}}(\boldsymbol{y}(V_n))$ bezüglich $\boldsymbol{t} \in \mathrm{R}^r$ ist bekanntlich das Verschwinden des Gradienten bezüglich $\boldsymbol{t}$ bei $\check{\boldsymbol{\vartheta}}(\boldsymbol{y}(V_n))$, d. h.

$$\operatorname{grad}_{\boldsymbol{t}} Q(\boldsymbol{t})|_{\boldsymbol{t}=\check{\boldsymbol{\vartheta}}(\boldsymbol{y}(V_n))} = \operatorname{grad}_{\boldsymbol{t}}\big[\big(\boldsymbol{y}(V_n) - \boldsymbol{F}(V_n)\boldsymbol{t}\big)'\,\big(\boldsymbol{y}(V_n) - \boldsymbol{F}(V_n)\boldsymbol{t}\big)\big]|_{\boldsymbol{t}=\check{\boldsymbol{\vartheta}}(\boldsymbol{y}(V_n))} = 0. \tag{2.3.27}$$

Hieraus folgt

$$\boldsymbol{F}(V_n)'\,\boldsymbol{F}(V_n)\,\check{\boldsymbol{\vartheta}}(\boldsymbol{y}(V_n)) = \boldsymbol{F}(V_n)'\,\boldsymbol{y}(V_n)\,. \tag{2.3.28}$$

Dies ist ein lineares Gleichungssystem für die Komponenten von $\check{\boldsymbol{\vartheta}}(\boldsymbol{y}(V_n))$. Man nennt (2.3.28) das *System der Normalgleichungen.* Falls die Systemmatrix $\boldsymbol{F}(V_n)'\,\boldsymbol{F}(V_n)$ regulär ist, d. h. wenn $\det\big(\boldsymbol{F}(V_n)'\,\boldsymbol{F}(V_n)\big) > 0$ gilt, dann läßt sich (2.3.28) eindeutig nach $\check{\boldsymbol{\vartheta}}(\boldsymbol{y}(V_n))$ auflösen,

$$\check{\boldsymbol{\vartheta}}(\boldsymbol{y}(V_n)) = \big(\boldsymbol{F}(V_n)'\,\boldsymbol{F}(V_n)\big)^{-1}\,\boldsymbol{F}(V_n)'\,\boldsymbol{y}(V_n)\,. \tag{2.3.29}$$

Formuliert man (2.3.29) für den Beobachtungsvektor $\mathfrak{Y}(V_n)$, so erhält man den *Zufallsvektor*

$$\check{\boldsymbol{\vartheta}}(\mathfrak{Y}(V_n)) = \big(\boldsymbol{F}(V_n)'\,\boldsymbol{F}(V_n)\big)^{-1}\,\boldsymbol{F}(V_n)'\,\mathfrak{Y}(V_n) \tag{2.3.30}$$

als *Schätzung* von $\boldsymbol{\vartheta}$ *nach der Methode der kleinsten Quadrate.* Aus (2.3.30), dem Zusammenhangsmodell und dem Ansatz (2.3.23) ergibt sich als *Schätzung der Wirkungs-*

fläche in den Punkten $\boldsymbol{x} \in H$ jeweils die Zufallsgröße

$$\tilde{\eta}(\boldsymbol{x}, \check{\boldsymbol{\vartheta}}(\mathfrak{Y}(V_n))) = \boldsymbol{f}(\boldsymbol{x})' \, \check{\boldsymbol{\vartheta}}(\mathfrak{Y}(V_n)) = \sum_{j=1}^{r} \check{\vartheta}_j(\mathfrak{Y}(V_n)) \, f_j(\boldsymbol{x}) \,. \tag{2.3.31}$$

Setzt man (2.3.25) mit $\boldsymbol{\vartheta}_\eta = \boldsymbol{\vartheta}$ in (2.3.30) und (2.3.31) ein, dann erkennt man, daß beide Schätzungen *erwartungstreu* sind:

$$\mathrm{E}\check{\boldsymbol{\vartheta}}(\mathfrak{Y}(V_n)) = \boldsymbol{\vartheta}; \qquad \mathrm{E}\tilde{\eta}(\boldsymbol{x}, \check{\boldsymbol{\vartheta}}(\mathfrak{Y}(V_n))) = \boldsymbol{f}(\boldsymbol{x})' \, \boldsymbol{\vartheta} = \eta(\boldsymbol{x}) \,. \tag{2.3.32}$$

Mit der Vorkenntnis über die Kovarianzmatrix $\boldsymbol{B}_{\varepsilon(V_n)}$ gemäß (2.3.24) gilt für die *Kovarianzmatrix der Schätzung*

$$\boldsymbol{B}_{\check{\boldsymbol{\vartheta}}(\mathfrak{Y}(V_n))} = \sigma^2 \big(\boldsymbol{F}(V_n)' \, \boldsymbol{F}(V_n)\big)^{-1} \,, \tag{2.3.33}$$

und daraus folgt für die *Varianzfunktion*

$$\mathrm{D}^2 \tilde{\eta}(\boldsymbol{x}, \check{\boldsymbol{\vartheta}}(\mathfrak{Y}(V_n))) = \sigma^2 \boldsymbol{f}(\boldsymbol{x})' \, \big(\boldsymbol{F}(V_n)' \, \boldsymbol{F}(V_n)\big)^{-1} \boldsymbol{f}(\boldsymbol{x}) \,. \tag{2.3.34}$$

Durch (2.3.31) wird also jedem möglichen Datensatz (2.1.3) (für den $\det (\boldsymbol{F}(V_n)' \, \boldsymbol{F}(V_n)) > 0$ erfüllt ist) eine Funktion $\tilde{\eta}(\boldsymbol{x}, \check{\boldsymbol{\vartheta}}(\boldsymbol{y}(V_n)))$ aus dem Ansatz $\tilde{S}$ zugeordnet. Die statistischen Kenngrößen in (2.3.32) bis (2.3.34) bilden eine Grundlage für die Einschätzung der Güte der Schätzung (›[2.3.6] und [3.1.2]).

Die vorstehend beschriebene Schätzmethode läßt sich für den Fall modifizieren, daß mehrere Wirkungen gleichzeitig betrachtet werden (multivariater Fall). Seien alle u Ansätze wahr und linear, d. h.

$$\tilde{S}^{(j)} = \left\{ \tilde{\eta}^{(j)}(\boldsymbol{x}, \boldsymbol{\vartheta}^{(j)}) = \sum_{l=1}^{r_j} \vartheta_l^{(j)} f_l^{(j)}(\boldsymbol{x}) : \boldsymbol{x} \in B \right\}_{\boldsymbol{\vartheta}^{(j)} \in \mathrm{R}^{r_j}}, \tag{2.3.35}$$

und die Kovarianzmatrix $\boldsymbol{B}_{\vec{\varepsilon}(V_n)}$ aus (2.3.21) bis auf einen konstanten Faktor σ_0^2 bekannt. Wir führen den Vektor der unbekannten Parameter

$$\vec{\boldsymbol{\vartheta}} = \begin{pmatrix} \boldsymbol{\vartheta}^{(1)} \\ \vdots \\ \boldsymbol{\vartheta}^{(u)} \end{pmatrix} \tag{2.3.36}$$

und die Matrix

$$\vec{\boldsymbol{F}}(V_n) = \big(\boldsymbol{F}(\boldsymbol{x}_1) \,, \ldots , \boldsymbol{F}(\boldsymbol{x}_n)\big)' \tag{2.3.37}$$

mit den Matrizen

$$\boldsymbol{F}(\boldsymbol{x}_i) = \begin{pmatrix} \boldsymbol{f}^{(1)}(\boldsymbol{x}_i) & & & \boldsymbol{0} \\ & \boldsymbol{f}^{(2)}(\boldsymbol{x}_i) & & \\ & & \ddots & \\ \boldsymbol{0} & & & \boldsymbol{f}^{(u)}(\boldsymbol{x}_i) \end{pmatrix} \tag{2.3.38}$$

wobei $i = 1, \ldots , n$ zu setzen ist, ein. Dann erhält man, die Ansätze sind als wahr vorausgesetzt, für $\vec{\mathfrak{Y}}(V_n)$ die zu (2.3.25) analoge Darstellung

$$\vec{\mathfrak{Y}}(V_n) = \overset{(\rightarrow)}{\boldsymbol{F}}(V_n) \, \vec{\boldsymbol{\vartheta}} + \vec{\varepsilon}(V_n) \,. \tag{2.3.39}$$

Wegen der von (2.3.24) verschiedenen Form der Kovarianzmatrix $\boldsymbol{B}_{\vec{\varepsilon}(V_n)}$ (›(2.3.21)) modifizieren wir die MKQ zur verallgemeinerten Methode der kleinsten Quadrate. Wir fordern

$$\overset{(\rightarrow)}{Q}(\boldsymbol{t}) = \frac{1}{\sigma_0^2} \big(\vec{\boldsymbol{y}}(V_n) - \overset{(\rightarrow)}{\boldsymbol{F}}(V_n) \, \boldsymbol{t}\big)' \, \boldsymbol{B}^{-1}_{\vec{\varepsilon}(V_n)} \big(\vec{\boldsymbol{y}}(V_n) - \overset{(\rightarrow)}{\boldsymbol{F}}(V_n) \, \boldsymbol{t}\big) \tag{2.3.40}$$

bezüglich $\boldsymbol{t}$ aus R^r mit $r = \sum_{j=1}^{u} r_j$ zu minimieren. Dabei ist $\vec{\boldsymbol{y}}(V_n)$ die Realisierung des Beobachtungsvektors $\vec{\mathfrak{Y}}(V_n)$ aus (2.3.39) für den Datensatz (2.1.15). Unter den notwendigen Regularitätsvoraussetzungen ergibt sich als Schätzung von $\vec{\boldsymbol{\vartheta}}$ nach der verallgemeinerten Methode der kleinsten Quadrate

$$\check{\vec{\boldsymbol{\vartheta}}}(\vec{\mathfrak{Y}}(V_n)) = \left(\overset{(\to)}{\boldsymbol{F}}(V_n)' \boldsymbol{B}^{-1}_{\vec{\varepsilon}(V_n)} \overset{(\to)}{\boldsymbol{F}}(V_n)\right)^{-1} \overset{(\to)}{\boldsymbol{F}}(V_n)' \boldsymbol{B}^{-1}_{\vec{\varepsilon}(V_n)} \vec{\mathfrak{Y}}(V_n) \tag{2.3.41}$$

und als Schätzung für die Wirkungsfläche $\eta^{(j)}$ in den Prognosepunkten $\boldsymbol{x}$

$$\tilde{\eta}^{(j)}(\boldsymbol{x}, \check{\boldsymbol{\vartheta}}(\vec{\mathfrak{Y}}^{(j)}(V_n))) = \boldsymbol{f}^{(j)}(\boldsymbol{x})' \check{\boldsymbol{\vartheta}}^{(j)}(\vec{\mathfrak{Y}}(V_n)) , \tag{2.3.42}$$

wobei $\check{\boldsymbol{\vartheta}}^{(j)}$ den $\boldsymbol{\vartheta}^{(j)}$ entsprechenden Teilvektor von $\check{\vec{\boldsymbol{\vartheta}}}$ bezeichnet.

2.3.5. Zur Güte der Schätzungen

Bereits in [2.1.4] und [2.3.4] hatten wir die Forderung erhoben, möglichst gute Schätzungen zu verwenden. Wir hatten bemerkt, daß wegen des stochastischen Charakters des Beobachtungsvektors auch die Schätzung einen solchen Charakter hat. Daher muß ein verwendetes Gütemaß diesem Charakter Rechnung tragen. Bevor wir in [2.6] das Gesamtproblem der Regression als Entscheidungsproblem formulieren werden, worin auch entsprechende Gütemaße festgelegt werden können, wollen wir vorerst einige Begriffe der mathematischen Statistik auf ihre praktische Verwendbarkeit hin untersuchen. Einige von ihnen werden sich später als Spezialfälle der entscheidungstheoretischen Fassung herausstellen. Außerdem werden uns die folgenden Überlegungen zur Motivierung einiger Verfahren der Versuchsplanung (›[2.5] und Kap. 4) dienen.

Die Möglichkeiten für Gütekriterien hängen sehr stark von den Vorkenntnissen, d. h. vom vorliegenden Regressionsmodell (›Bez. 2.3.2) ab. Für jedes $\boldsymbol{x} \in H$ ist die Differenz

$$\hat{\eta}(\boldsymbol{x}, \mathfrak{Y}(V_n)) - \eta(\boldsymbol{x}) , \tag{2.3.43}$$

die Abweichung des geschätzten vom wahren Wert der Wirkungsfläche, eine Zufallsgröße. *Falls* die *Verteilung des Fehlervektors bekannt* ist oder aus fachwissenschaftlichen Überlegungen festgelegt werden kann, läßt sie sich für die Bewertung der Güte der Schätzung heranziehen. Aus der Verteilung von $\boldsymbol{\varepsilon}(V_n)$ kann man auf die Verteilung von $\hat{\eta}(\boldsymbol{x}, \mathfrak{Y}(V_n)) - \eta(\boldsymbol{x})$ schließen und gegebenenfalls für jedes $\delta > 0$

$$p_\delta := P(|\hat{\eta}(\boldsymbol{x}, \mathfrak{Y}(V_n)) - \eta(\boldsymbol{x})| \leqq \delta) \tag{2.3.44}$$

berechnen. Hierin läßt sich δ als *Genauigkeit* der Schätzung und p_δ als zugehörige *Sicherheit* deuten. Man könnte nun eine Schätzung besser als eine andere nennen, wenn von ihr für jede Genauigkeit $\delta > 0$ eine höhere Sicherheit p_δ geliefert wird. Damit wäre (2.3.44) als Gütemaß geeignet.

Beispiel 2.3.3: Wir betrachten das folgende Regressionsmodell: Der lineare Ansatz $\tilde{S}$ gemäß (2.3.23) sei wahr. Weiterhin sei $\boldsymbol{\varepsilon}(V_n)$ *normalverteilt* gemäß

$$\boldsymbol{\varepsilon}(V_n) \sim \mathrm{N}(\boldsymbol{0}, \sigma^2 \boldsymbol{I}_n) . \tag{2.3.45}$$

Zur Schätzung wird die Methode der kleinsten Quadrate verwendet (›(2.3.30) und (2.3.31)), d. h.

$$\hat{\eta}(\boldsymbol{x}, \mathfrak{Y}(V_n)) = \tilde{\eta}(\boldsymbol{x}, \check{\boldsymbol{\vartheta}}(\mathfrak{Y}(V_n))) = \boldsymbol{f}(\boldsymbol{x})' \check{\boldsymbol{\vartheta}}(\mathfrak{Y}(V_n)) . \tag{2.3.46}$$

Wegen der Linearität der Schätzungen in $\mathfrak{Y}(V_n)$ sind auch $\check{\boldsymbol{\vartheta}}$ und $\tilde{\eta}(\boldsymbol{x}, \check{\boldsymbol{\vartheta}})$ *normalverteilt* und zwar gilt (wegen (2.3.32) bis (2.3.34)) für alle $\boldsymbol{x} \in H$

$$\tilde{\eta}(\boldsymbol{x}, \check{\boldsymbol{\vartheta}}(\mathfrak{Y}(V_n))) \sim \mathrm{N}(\eta(\boldsymbol{x}); \sigma^2 \boldsymbol{f}(\boldsymbol{x})' (\boldsymbol{F}(V_n)' \boldsymbol{F}(V_n))^{-1} \boldsymbol{f}(\boldsymbol{x})) . \tag{2.3.47}$$

Durch Standardisierung dieser Zufallsgröße (›Bez. 1.1.6) erhält man

$$\frac{\tilde{\eta}(\boldsymbol{x}, \check{\boldsymbol{\vartheta}}(\mathfrak{Y}(V_n))) - \eta(\boldsymbol{x})}{\sigma \sqrt{\boldsymbol{f}(\boldsymbol{x})' (\boldsymbol{F}(V_n)' \boldsymbol{F}(V_n))^{-1} \boldsymbol{f}(\boldsymbol{x})}} \sim \mathrm{N}(0, 1)$$

und daraus

$$P\left(\frac{|\tilde{\eta}(\boldsymbol{x}, \check{\boldsymbol{\vartheta}}(\mathfrak{Y}(V_n))) - \eta(\boldsymbol{x})|}{\sigma \sqrt{\boldsymbol{f}(\boldsymbol{x})' (\boldsymbol{F}(V_n)' \boldsymbol{F}(V_n))^{-1} \boldsymbol{f}(\boldsymbol{x})}} \leqq \delta_0\right) = 2\Phi(\delta_0) - 1 , \tag{2.3.48}$$

wobei Φ die Verteilungsfunktion der normierten Normalverteilung bedeutet. In der Bezeichnung von (2.3.44) ist also

$$\left.\begin{aligned} \delta &= \delta_0 \sigma \sqrt{\boldsymbol{f}(\boldsymbol{x})' (\boldsymbol{F}(V_n)' \boldsymbol{F}(V_n))^{-1} \boldsymbol{f}(\boldsymbol{x})} , \\ p_\delta &= 2\Phi(\delta_0) - 1 . \end{aligned}\right\} \tag{2.3.49}$$

Um die Größen aus (2.3.49) numerisch verwenden zu können, muß σ *bekannt* sein, oder es muß zumindest eine obere Schranke σ_0 gegeben sein, mit der man dann Abschätzungen für die Genauigkeit bestimmen kann.

Wie sich jedoch zeigen läßt, liefert die MKQ-*Schätzung* für das vorliegende Regressionsmodell und für *jedes feste* σ die *beste Schätzung* im Sinne des Kriteriums (2.3.44).

Falls die Verteilung von $\boldsymbol{\varepsilon}(V_n)$ *nicht* bekannt, jedoch die verwendete Schätzung erwartungstreu ist und für deren Varianz eine obere Schranke vorliegt, gelingt mit der Tschebyscheff*schen Ungleichung* (›Aussage 1.1.7) eine Abschätzung der Sicherheit.

Beispiel 2.3.4: Wir verändern das Regressionsmodell aus Bsp. 2.3.3, indem wir auf die Voraussetzung der Normalverteiltheit von $\boldsymbol{\varepsilon}(V_n)$ verzichten. Wir verwenden die Tschebyscheffsche Ungleichung in der Form

$$P(|\mathfrak{X} - \mathrm{E}\mathfrak{X}| \leqq \delta) \geqq 1 - \frac{\mathrm{D}^2\mathfrak{X}}{\delta^2} . \tag{2.3.50}$$

Zum Vergleich mit (2.3.48) wählen wir speziell

$$\delta^2 = \delta_0^2 \sigma^2 \boldsymbol{f}(\boldsymbol{x})' (\boldsymbol{F}(V_n)' \boldsymbol{F}(V_n))^{-1} \boldsymbol{f}(\boldsymbol{x}) . \tag{2.3.51}$$

Setzen wir $\mathfrak{X} = \tilde{\eta}(\boldsymbol{x}, \check{\boldsymbol{\vartheta}}(\mathfrak{Y}(V_n)))$ und δ^2 gemäß (2.3.51) in (2.3.50) ein, dann erhalten wir mit (2.3.34)

$$\begin{aligned} &P\left(\frac{|\tilde{\eta}(\boldsymbol{x}, \check{\boldsymbol{\vartheta}}(\mathfrak{Y}(V_n))) - \eta(\boldsymbol{x})|}{\sigma \sqrt{\boldsymbol{f}(\boldsymbol{x})' (\boldsymbol{F}(V_n)' \boldsymbol{F}(V_n))^{-1} \boldsymbol{f}(\boldsymbol{x})}} \leqq \delta_0\right) \\ &\geqq 1 - \frac{\sigma^2 \boldsymbol{f}(\boldsymbol{x})' (\boldsymbol{F}(V_n)' \boldsymbol{F}(V_n))^{-1} \boldsymbol{f}(\boldsymbol{x})}{\delta_0^2 \sigma^2 \boldsymbol{f}(\boldsymbol{x})' (\boldsymbol{F}(V_n)' \boldsymbol{F}(V_n))^{-1} \boldsymbol{f}(\boldsymbol{x})} = 1 - \frac{1}{\delta_0^2} . \end{aligned} \tag{2.3.52}$$

Um diese Ungleichung numerisch zu verwenden, muß σ *bekannt* sein, oder es muß zumindest eine obere Schranke σ_0 gegeben sein, mit der man dann die Genauigkeit und Sicherheit weiter abschätzen könnte.

Ein Vergleich von (2.3.48) und (2.3.52) für gleiches σ und $\delta_0 = 3$ liefert

$$p_\delta = 2\Phi(3) - 1 = 0{,}9973 \quad \text{und} \quad p_\delta \geqq 0{,}8889 .$$

Der Unterschied der beiden Aussagen beruht auf den geringen Vorkenntnissen im zweiten Fall, die zur Anwendung der Tschebyscheffschen Ungleichung zwingen, die für eine sehr umfangreiche Klasse von Verteilungen gilt. Eine weitere Abschätzung in (2.3.52) mit einer gegebenen oberen Schranke σ_0 für σ ist daher in der Regel von sehr geringem praktischen Wert.

Wenn die Verteilung von $\varepsilon(V_n)$ *nicht bekannt* ist, dies ist in der Praxis sehr häufig der Fall, dann kann man die Wahrscheinlichkeitsaussage (2.3.44) nicht benutzen. Falls die Varianz des zufälligen Fehlers unbekannt ist, erhält man auch keine Abschätzung für die Genauigkeit und die Sicherheit durch Anwendung der TSCHEBYSCHEFFschen Ungleichung.

Entsprechend dem Vorgehen bei der einfachen Parameterschätzung (Bez. 1.2.4) kann man bei Beschränkung auf *erwartungstreue* Schätzungen die Varianzfunktion als Gütekriterium zu verwenden suchen. In diesem Sinne wäre dann eine Schätzung $\hat{\eta}^{(1)}$ besser als eine andere Schätzung $\hat{\eta}^{(2)}$, wenn für alle $x \in H$ gilt

$$D^2\hat{\eta}^{(1)}(x, \mathfrak{Y}(V_n)) \leqq D^2\hat{\eta}^{(2)}(x, \mathfrak{Y}(V_n)) \tag{2.3.53}$$

und es mindestens ein $x \in H$ gibt, für das in (2.3.53) tatsächlich das strenge Ungleichheitszeichen steht. Aber auch solch ein Vergleich führt nur bei gewissen Regressionsmodellen und einer weiteren Einschränkung der betrachteten Menge von Schätzungen zu besten Schätzungen im Sinne von (2.3.53).

Beispiel 2.3.5: Für das Regressionsmodell (2.3.23) und (2.3.24) und bei einer Beschränkung auf solche erwartungstreuen Schätzungen $\hat{\vartheta}$ und $\hat{\eta}(x)$ für ϑ und $\eta(x)$, die in $\mathfrak{Y}(V_n)$ *linear* sind, liefert das GAUSS-MARKOFF-Theorem (Aussage 3.1.2) die Aussage

$$B_{\check{\vartheta}(\mathfrak{Y}(V_n))} \leqq B_{\hat{\vartheta}(\mathfrak{Y}(V_n))} \tag{2.3.54}$$

(im Sinne der Halbordnung semidefiniter Matrizen, ›(1.2.8)). Daraus ergibt sich in der Tat für alle $x \in H$

$$D^2\tilde{\eta}(x, \check{\vartheta}(\mathfrak{Y}(V_n))) \leqq D^2\tilde{\eta}(x, \hat{\vartheta}(\mathfrak{Y}(V_n)))\,. \tag{2.3.55}$$

Weitere Ausführungen zu diesem Ergebnis über die Optimalität der MKQ-Schätzung $\check{\vartheta}$ findet man in [3.1.2].

In den Fällen, in denen der Ansatz im Regressionsmodell *nicht* mehr als *wahr* vorausgesetzt werden darf, ist die Beschränkung auf erwartungstreue Schätzungen nicht sinnvoll und gelegentlich gar nicht möglich. Dann kann man zur Beurteilung der Schätzung die Abweichung vom zu schätzenden Wert heranzuziehen suchen. Der *Bias* (›Bez. 1.2.6) ist hier eine Funktion von x von der Form

$$b(x) = E(\hat{\eta}(x, \mathfrak{Y}(V_n)) - \eta(x)) \tag{2.3.56}$$

wie auch die *mittlere quadratische Abweichung* (›nach Bez. 1.1.5)

$$m(x) = E(\hat{\eta}(x, \mathfrak{Y}(V_n)) - \eta(x))^2\,. \tag{2.3.57}$$

Wie man durch Ausmultiplizieren von (2.3.57) sieht, gilt

$$m(x) = b^2(x) + D^2\hat{\eta}(x, \mathfrak{Y}(V_n))\,. \tag{2.3.58}$$

Für erwartungstreue Schätzungen ist also die mittlere quadratische Abweichung gleich der Varianz. Beispiele, in denen $b(x)$ und $m(x)$ zumindest implizit zur Beurteilung von Schätzungen herangezogen werden, finden sich in [3.6.2].

Die in diesem Abschnitt aus statistischen Kenngrößen gebildeten Kriterien für die Beurteilung von Schätzungen haben einige Nachteile:

a) Sie sind nur für spezielle Regressionsmodelle und Typen von Schätzungen anwendbar, weil sich die Kenngrößen z. B. im allgemeinen Fall nicht formulieren oder bestimmen lassen.

b) Sie ordnen jeder Schätzung keine eindeutig bestimmte Maßzahl zu, sondern mehrere, z. B. eine Matrix oder eine Funktion. Dadurch ist im allgemeinen kein einfacher quantitativer Vergleich verschiedener Schätzungen möglich.

c) Sie berücksichtigen nicht die praktische Aufgabenstellung, zu der die Schätzung erforderlich ist.

d) Sie ermöglichen nicht, zumindest nicht in praktikabler Weise, die Auswirkungen der Wahl verschiedener Versuchspläne auf die Güte der Schätzung zu untersuchen.

Daher werden wir in [2.6] durch eine entscheidungstheoretische Fassung des Regressionsproblems zu Kriterien zu gelangen suchen, denen diese Nachteile nicht anhaften. Natürlich ist es sinnvoll, solche Kriterien einzuführen, die in speziellen Fällen zu einer gleichen Bewertung der Schätzungen kommen wie in diesem Abschnitt auf der Basis von statistischen Kenngrößen (›[2.6] und [3.1.2]).

2.3.6. Zur Überprüfung des Regressionsmodells anhand des Datensatzes

Alle Güteaussagen für Schätzungen gelten natürlich im allgemeinen nur innerhalb eines bestimmten Regressionsmodells. Zur *praktischen Einschätzung* des Ergebnisses der experimentellen Untersuchung und damit auch des erhaltenen Schätzwertes hat man sich davon zu überzeugen, daß die Voraussetzungen und Annahmen des Regressionsmodells während der experimentellen Untersuchung auch tatsächlich eingehalten wurden.

Ausgangspunkt einer solchen Einschätzung sind die Realisierungen der geschätzten Fehler

$$\hat{\varepsilon}(\boldsymbol{x}_i) = y(\boldsymbol{x}_i) - \hat{\eta}(\boldsymbol{x}_i, \boldsymbol{y}(V_n)) , \tag{2.3.59}$$

die man sich am besten in Abhängigkeit von $\boldsymbol{x}_i$ graphisch darstellt. Wenn die $\hat{\varepsilon}(\boldsymbol{x}_j)$ für gewisse $\boldsymbol{x}_j$ betragsmäßig sehr groß sind, dann liegt der Verdacht nahe, daß an diesen Stellen die Bedingungen des Regressionsmodells *nicht* eingehalten worden sind. Hinweise und Kenngrößen, die die Entscheidung darüber erleichtern, wann ein $\hat{\varepsilon}(\boldsymbol{x}_j)$ als sehr groß bezeichnet werden soll, werden in [6.5] gegeben. Die zu diesem $\boldsymbol{x}_j$ gehörigen praktischen Versuchsdurchführungen und Zeilen des Datensatzes sind, falls möglich, sorgfältig auf grobe Abweichungen von den Vorgaben und Irrtümer zu prüfen. Falls sich dieser Verdacht bei einigen der $\boldsymbol{x}_j$ erhärtet, sind die entsprechenden Datenzeilen in (2.1.3) als *Ausreißer* zu streichen. Man kann sich nun entscheiden, entweder, falls überhaupt möglich, diese entsprechenden Versuche zu wiederholen und den Datensatz damit wieder zu vervollständigen, oder die Auswertung mit dem verbleibenden Datensatz erneut durchzuführen.

Ist der Anteil der potentiellen Ausreißer im Datensatz relativ hoch, kann man an eine Abänderung des Regressionsmodells denken. So könnte man z. B. einen anderen Ansatz suchen oder davon ausgehen, daß die zufälligen Fehler aus verschiedenen Verteilungen stammen (s. dazu Hampel [2]).

Schließlich kann man noch eine solche *Schätzmethode* wählen, die die Ausreißer nicht oder nur wenig berücksichtigt (›[3.4.3]). Dies empfiehlt sich dann, wenn eine fachwissenschaftliche Überprüfung nicht mehr möglich ist oder wenn die Ausreißer wegen des Aufwandes dafür nicht ausgesondert werden sollen.

Weitere Aufschlüsse erhält man bei der Betrachtung von $\hat{\varepsilon}(\boldsymbol{x}_i)$ in Abhängigkeit von $\boldsymbol{x}_i$. Haben die Realisierungen in gewissen Teilgebieten von B stets das gleiche Vorzeichen oder ändert sich in systematischer Weise ihre Größenordnung, so können berechtigte Zweifel an der Erfülltheit gewisser Bedingungen des Regressionsmodells entstehen. Diese Zweifel können sich sowohl gegen den verwendeten Ansatz richten als auch gegen die Annahmen über den Fehlervektor $\varepsilon(V_n)$. Bleiben die Realisierungen $\hat{\varepsilon}(x_i)$ in gewissen Gebieten bei einem Vorzeichen, so deutet dies z. B. auf eine stochastische Abhängigkeit der Komponenten von $\varepsilon(V_n)$ oder auf die Verwendung eines nicht adäquaten Ansatzes. Ändern die Realisierungen ihre Größenordnung in systematischer Weise, dann hat man eine explizite Abhängigkeit der $\varepsilon(x_i)$ vom Versuchspunkt x_i zu vermuten. Eine ausführliche Betrachtung zur Aussagefähigkeit von $\hat{\varepsilon}(V_n)$ findet man bei DRAPER/SMITH [N1] und VINCZE [1].

Die geschätzten Fehler zieht man häufig auch zur Einschätzung des verwendeten Ansatzes heran.

Bezeichnung 2.3.4: Die Zufallsgröße

$$\mathfrak{S}_0^2(V_n) = \hat{\varepsilon}(V_n)' \, \hat{\varepsilon}(V_n) = \sum_{i=1}^{n} \left(\mathfrak{Y}(x_i) - \tilde{\eta}(x_i, \hat{\vartheta}(\mathfrak{Y}(V_n)))\right)^2 \tag{2.3.60}$$

heißt *Restquadratsumme* zum Ansatz $\tilde{S}$ und zum Plan V_n, und

$$\mathfrak{S}^2(V_n) = \frac{1}{n - r(V_n)} \, \mathfrak{S}_0^2\,(V_n) \tag{2.3.61}$$

heißt *normierte Restquadratsumme* zum Ansatz $\tilde{S}$ und zum Plan V_n, wobei $r(V_n)$ eine jeweils gegebene natürliche Zahl ist, die noch vom Plan V_n abhängen kann ●

Die Restquadratsummen bilden die Grundlage für einige Verfahren zum Vergleich verschiedener Ansätze (›[2.4], [6.5.5] u. Kap. 6). Schließlich läßt sich $\mathfrak{S}^2(V_n)$ als Schätzung für σ^2 verwenden (›[3.2.3]).

In jedem Fall sollte man die Erkenntnisse, die man durch eine nachträgliche Überprüfung der Voraussetzungen und Annahmen des Regressionsmodells gewinnt, zur Modifizierung dieses Modells verwenden. Die Aussagekraft der Ergebnisse wird dadurch erhöht.

2.4. Statistische Methoden bei der Wahl des Ansatzes

Die Bedeutung der Wahl des Ansatzes für das Schätzproblem wurde bereits in [2.3] deutlich. Das Ansatzproblem wurde in [2.2] ausführlich behandelt. Es wurden Vorschläge unterbreitet, wie man aus Vorkenntnissen über das EW-Problem, fachwissenschaftlich begründeten Annahmen und Näherungsüberlegungen zu Ansätzen gelangen kann. Häufig kann es jedoch vorkommen, daß man auf diesen Wegen noch nicht zu einem eindeutigen oder befriedigenden Ansatz geführt wird. Stattdessen wird man auf eine (im allgemeinen endliche) *Menge von* möglich scheinenden *Ansätzen* geführt, aus der man aufgrund der Vorkenntnisse allein keine begründete Auswahl mehr vornehmen kann. Dann werden zur Ansatzwahl Ergebnisse experimenteller Untersuchungen zum EW-Problem herangezogen werden müssen. In diesem Abschnitt wollen wir uns mit Möglichkeiten für ein solches Vorgehen befassen, für deren statistische Behandlung im Kap. 6 Methoden angegeben werden. Die Problemstellungen unterscheiden sich dabei in vielfältiger Weise. Die experimentelle Untersuchung zur Ansatzwahl kann *vor* der experimentellen Untersuchung zur Schätzung der Wirkungsfläche notwendig werden, eventuell sogar ohne bezug auf eine unmittelbar folgende Schätzung. Im anderen Fall ist die Wahl des Ansatzes und die Schätzung auf der Grundlage der gleichen experimentellen Untersuchung *gleichzeitig* vorzunehmen.

Schließlich kann sich das Ansatzproblem dadurch ergeben, daß *nach* der Schätzung eine Überprüfung der Voraussetzungen und Annahmen des Regressionsmodells anhand des Datensatzes (2.1.3) Zweifel an der Adäquatheit des vorher gewählten Ansatzes aufkommen lassen.

2.4.1. Screening und Ansatzdiskrimination

Bereits bei der Auswahl der Einflußgrößen, die im gegebenen EW-Problem erfaßt werden sollen, werden wesentliche Vorentscheidungen über den Ansatz getroffen. Nicht selten trifft man in diesem Zusammenhang auf den Fall, daß trotz eingehender fachwissenschaftlicher Überlegungen die *Anzahl* der zu erfassenden Einflußgrößen *zu hoch* ist, um mit vertretbarem Aufwand eine experimentelle Untersuchung durchzuführen, die eine hinreichend gute Schätzung der Wirkungsfläche erlaubt. In diesem Falle hat man also die Anzahl der Einflußgrößen *vor* der experimentellen Untersuchung zur Schätzung wesentlich herabzusetzen. Die Behandlung dieses Problems wird *Aussieben (Screening) der Einflußgrößen* genannt. Sie hängt von den praktisch gegebenen Möglichkeiten ab.

Beispiel 2.4.1: Ähnlich wie im Bsp. 2.2.10 nehmen wir an, daß m Experten E_j; $j = 1, \dots, m$; zur Verfügung stehen, deren möglicherweise unterschiedliches Erfahrungs- und Kenntnisniveau durch entsprechende Kompetenzgewichte $e_j > 0$; $j = 1, \dots, m$; berücksichtigt werden soll. Es seien durch eine fachwissenschaftliche Vorüberlegung insgesamt k potentielle Einflußgrößen $x_1, \dots, x_k$ ausgewählt worden. Jeder der m Experten wird nun gebeten, diese k Einflußgrößen in einer Rangfolge zu ordnen entsprechend der Bedeutung, die sie seiner Meinung nach für die Wirkungsgröße im EW-Problem haben. Scheint eine strenge Rangfolge bei gewissen Einflußgrößen dem Experten nicht möglich, dann dürfen auch gleiche Ränge vergeben werden. Ein Verfahren, das diese Ranggrößen zur Auswahl der Einflußgrößen nutzt, wird in Verf. 6.1.5 angegeben.

Die Benutzung von Expertenmeinungen ist eine experimentelle Untersuchung im weiteren Sinne. Nicht nur, daß damit die (auch experimentellen) Erfahrungen der Experten genutzt werden, sondern die Ergebnisse der Expertenbefragung lassen sich als Ergebnisse einer experimentellen Untersuchung deuten und demzufolge mit Methoden der mathematischen Statistik auswerten.

Bei einer (echten) experimentellen Voruntersuchung zum Aussieben der Einflußgrößen wird (meist aus Kostengründen) eine relativ kleine Anzahl von Versuchen durchgeführt, deren Ergebnisse mit entsprechenden Verfahren behandelt werden (↗[6.1.1]). Aber auch in diesem Falle empfiehlt es sich, *vorher* eine, wenn auch grobe Einteilung der Einflußgrößen nach ihrer fachwissenschaftlich begründeten Bedeutung vorzunehmen (↗Bsp. 6.1.1).

Auch wenn die zu erfassenden Einflußgrößen bereits festgelegt sind, kann es vorkommen, daß für ein Zusammenhangsmodell mehrere, z. B. fachwissenschaftlich begründete Ansätze möglich scheinen. Dabei kann die Notwendigkeit auftreten, einen dieser Ansätze auszuwählen, um ihn für weitere Untersuchungen in der Zukunft als Basis zu benutzen, ohne an eine unmittelbar anschließende Schätzung der Parameter zu denken. Dieses Problem ist vor allem bei fachwissenschaftlich begründeten Ansätzen interessant, bei denen die Auswahl des Ansatzes gleichzeitig eine fachwissenschaftliche Deutung im EW-Problem erlaubt. Die experimentelle Untersuchung dient also in erster Linie zur Auswahl eines der möglichen Ansätze und eventuell und erst in zweiter Linie zu einer Schätzung der Parameter des ausgewählten Ansatzes. Bei dieser Problemstellung wollen wir im folgenden von *Ansatzdiskrimination* sprechen.

Beispiel 2.4.2: Für eine chemische Reaktion vom Typ $A \to C$ erhielt man durch reaktionskinetische Überlegungen für die Konzentration von A die folgenden Ansätze:

$$\tilde{S}_i = \{\tilde{\eta}^{(i)}(\boldsymbol{x}, \boldsymbol{\vartheta}^{(i)}) : \boldsymbol{x} \in B\}_{\boldsymbol{\vartheta}^{(i)} \in \Theta}; \qquad i = 1, \ldots, 4;$$

mit

$$\left.\begin{aligned}
\tilde{\eta}^{(1)}(x_1, x_2, \vartheta_1^{(1)}, \vartheta_2^{(1)}) &= \exp\left[-x_1 \exp\{\vartheta_1^{(1)} - \vartheta_2^{(1)} x_2\}\right], \\
\tilde{\eta}^{(2)}(x_1, x_2, \vartheta_1^{(2)}, \vartheta_2^{(2)}) &= \left[1 + x_1 \exp\{\vartheta_1^{(2)} - \vartheta_2^{(2)} x_2\}\right]^{-1}, \\
\tilde{\eta}^{(3)}(x_1, x_2, \vartheta_1^{(3)}, \vartheta_2^{(3)}) &= \left[1 + 2x_1 \exp\{\vartheta_1^{(3)} - \vartheta_2^{(3)} x_2\}\right]^{-1/2}, \\
\tilde{\eta}^{(4)}(x_1, x_2, \vartheta_1^{(4)}, \vartheta_2^{(4)}) &= \left[1 + 3x_1 \exp\{\vartheta_1^{(4)} - \vartheta_2^{(4)} x_2\}\right]^{-1/2}.
\end{aligned}\right\} \qquad (2.4.1)$$

Durch eine experimentelle Untersuchung ist zu entscheiden, mit welchem der vier Ansätze die Reaktion in Zukunft beschrieben werden soll. Dieser Ansatz soll dann z. B. zu einer Prozeßsteuerung benutzt werden.

Die Art, wie Probleme der Ansatzdiskrimination angefaßt werden können, hängt wie beim Schätzproblem von den zur Verfügung stehenden Vorkenntnissen und fachwissenschaftlich begründeten Annahmen über das EW-Problem ab. Nützlich sind a-priori-Bewertungen der Ansätze, die aus früheren experimentellen Untersuchungen oder aus Expertenmeinungen stammen.

Beispiel 2.4.3: Wir betrachten die Ansätze im Bsp. 2.4.2. Es stehen 5 Experten mit den Kompetenzgewichten $e_1 = 0{,}4$; $e_2 = 0{,}3$; $e_3 = e_4 = e_5 = 0{,}1$ zur Verfügung, die die Chancen für jeden der vier Ansätze angeben sollen, die sie ihnen zubilligen. Die Chancenangaben wurden bei jedem Experten auf die Summe 1 normiert (Tab. 2.4.1). Durch die mit den Kompetenzgewichten gewichtete Summe für jeden der Ansätze erhält man die folgende a-priori-Verteilung über die vier Ansätze, wobei $P(\eta \in \tilde{S}_i) = P_\tau(i)$ gesetzt wurde:

$$P_\tau(1) = 0{,}475; \qquad P_\tau(2) = 0{,}255; \qquad P_\tau(3) = 0{,}145; \qquad P_\tau(4) = 0{,}125\,.$$

Tab. 2.4.1

	e_i	$\tilde{S}_1$	$\tilde{S}_2$	$\tilde{S}_3$	$\tilde{S}_4$
E_1	0,4	0,7	0,1	0,1	0,1
E_2	0,3	0,4	0,4	0,1	0,1
E_3	0,1	0,3	0,3	0,3	0,1
E_4	0,1	0,2	0,4	0,2	0,2
E_5	0,1	0,25	0,25	0,25	0,25

Diese a-priori-Bewertung kann man nun zur direkten Entscheidung für einen der Ansätze oder als Ausgangspunkt für eine experimentelle Untersuchung zur Ansatzdiskrimination benutzen. Entsprechende Verfahren werden in Kap. 6 angegeben (›Verf. 6.2.8 und 6.2.9).

Für die Verwendung von a-priori-Bewertungen ist es bedeutungsvoll, daß es keine Ansatzfunktion gibt, die mehreren der *konkurrierenden Ansätze* angehört. Dies läßt sich gegebenenfalls dadurch erreichen, daß man mehrfach vorkommende Ansatzfunktionen nur einem der Ansätze zuschreibt. Dadurch ist auch in diesem Falle eine eindeutige Entscheidung für einen der Ansätze sinnvoll.

Wenn auch die Diskrimination bei fachwissenschaftlich begründeten Ansätzen besonders interessant ist, so kann sie auch für Näherungsansätze sinnvoll sein. Dies ist z. B. der Fall, wenn durch eine vorangehende experimentelle Untersuchung entschieden werden soll, welcher Näherungsansatz den weiteren Untersuchungen in der Zukunft stets zugrunde gelegt werden soll.

Für die weiteren Untersuchungen wird nicht mehr unterschieden, wie man zur Menge der konkurrierenden Ansätze gekommen ist.

2.4.2. Ansatzwahl zur unmittelbar folgenden Schätzung

Sehr häufig soll das Ergebnis der experimentellen Untersuchungen zur Wahl des Ansatzes auch oder nur für die unmittelbar folgende Schätzung der Wirkungsfläche weiterverwendet werden. Dies kann entweder so geschehen, daß eine weitere experimentelle Untersuchung zur Schätzung angeschlossen wird und die Ergebnisse beider Untersuchungen zur Schätzung benutzt werden, oder daß die Ansatzwahl und die Schätzung anhand des gleichen Datensatzes erfolgen. Die Ansatzwahl zur Schätzung unterscheidet sich von der in [2.4.1] behandelten Problemstellung der Ansatzdiskrimination. Dies kommt sowohl in den Forderungen an den zu wählenden Versuchsplan als auch in den verwendeten statistischen Methoden zum Ausdruck. Obwohl diese Problematik auch bei fachwissenschaftlich begründeten konkurrierenden Ansätzen auftritt, scheint sie doch für Näherungsansätze typisch zu sein. Aus einer Folge von Näherungsansätzen $\tilde{S}_1, \ldots, \tilde{S}_m$, von denen eine wachsende Güte der Approximation erwartet wird (z. B. Polynome wachsenden Grades) soll ein Ansatz ausgewählt werden, der zur Beschreibung des Zusammenhangsmodells ausreicht.

Beispiel 2.4.4: Es liegen die beiden Ansätze $\tilde{S}_1$ und $\tilde{S}_2$ mit

$$\tilde{\eta}^{(1)}(x, \vartheta_0^{(1)}, \vartheta_1^{(1)}) = \vartheta_0^{(1)} + \vartheta_1^{(1)}x;$$
$$\tilde{\eta}^{(2)}(x, \vartheta_0^{(2)}, \vartheta_1^{(2)}, \vartheta_2^{(2)}) = \vartheta_0^{(2)} + \vartheta_1^{(2)}x + \vartheta_2^{(2)}x^2;$$
$$a \leqq x \leqq b; \qquad \Theta_1 = \mathrm{R}^2; \qquad \Theta_2 = \mathrm{R}^3 \quad \text{vor.}$$

Es ist also zu entscheiden, ob ein Polynom ersten Grades (eine Gerade) zur Beschreibung des Zusammenhangsmodells ausreicht, oder ob dazu ein Polynom zweiten Grades (eine Parabel) herangezogen werden muß.

Das im Bsp. 2.4.4 vorgestellte Problem kann nun in einem zweistufigen Verfahren behandelt werden. Auf der ersten Stufe wird durch einen Test entschieden, welcher Ansatz zu wählen ist, auf der zweiten Stufe wird die Wirkungsgröße aus den Ergebnissen der experimentellen Untersuchung auf beiden Stufen geschätzt. Solche Verfahren heißen daher auch *Vortestschätzungen* (›Verf. 6.3.2).

Für die Folge von Näherungsansätzen gilt häufig, daß die Näherungsansätze linear sind und in eine Ordnung der Form $\tilde{S}_1 \subset \tilde{S}_2 \subset \ldots \subset \tilde{S}_m$ gebracht werden können. Die Ansatzfunktionen der „kleineren" Ansätze liegen jeweils auch in allen „größeren" Ansätzen. Dann kann die Auswahl eines Ansatzes auch in einem mehrstufigen Verfahren erfolgen, wobei auf jeder Stufe Versuche durchgeführt und auf der j-ten Stufe über den Ansatz $\tilde{S}_j$ befunden wird (›[5.5]). Für den gewählten Ansatz erhält man dann die Schätzung seiner unbekannten Parameter aus dem gesamten bereits vorliegenden Datensatz, oder man hat diesen Datensatz durch weitere Versuche so zu erweitern, daß eine als hinreichend gut betrachtete Schätzung möglich ist.

2.4.3. Ansatzmodifizierung

Als eine besondere Form der Ansatzwahl soll schließlich noch der Fall betrachtet werden, daß *nach* der ersten Schätzung mit einem zuvor gewählten Ansatz bei der Überprüfung der Voraussetzungen und Annahmen des Regressionsmodells Zweifel an der *Adäquatheit* des Ansatzes aufkommen. Bei linearen Näherungsansätzen (speziell Polynomansätzen) werden wir in [5.5] einige Entscheidungskriterien angeben, die das Vorgehen bei der Modifizierung des Ansatzes erleichtern. Bei diesen Kriterien wird die normierte Restquadratsumme mit der bekannten Varianz oder einer von der Restquadratsumme unabhängigen Schätzung für σ^2 verglichen. Wird der gewählte Ansatz als nicht adäquat verworfen, geht man zu einem bereits vorher festgelegten, meist umfangreicheren Ansatz über. Dieses Vorgehen hat starke Ähnlichkeit mit den Verfahren zur Auswahl eines Ansatzes aus einer Folge von Näherungsansätzen (›[2.4.2]).

Beruhen die Zweifel am gewählten Ansatz auf einer Betrachtung der geschätzten Fehler, dann gibt es im allgemeinen kein Verfahren zur Wahl eines anderen Ansatzes. In diesem Fall kann nur die Empfehlung gegeben werden, anhand weiterer fachwissenschaftlicher Überlegungen und unter Berücksichtigung der Lage der Versuchspunkte Funktionentypen zu suchen, die die Werte der Wirkungsgröße im Mittel besser zu approximieren gestatten.

2.5. Versuchsplanungsproblem

Gibt es unter den erfaßten Einflußgrößen solche, die einstellbar oder über den Erwartungswert einstellbar sind, dann entsteht innerhalb des Schätzproblems (›[2.1.4]) oder der statistischen Methode zur Wahl des Ansatzes (›[2.4]) das Problem, die Werte (oder Erwartungswerte) dieser Einflußgrößen zu wählen. Diese Wahl wollen wir im weiteren *Versuchsplanung* nennen und betrachten.

Durch die Versuchsplanung möchte man die entsprechend definierte Güte der Schätzung oder der Ansatzwahl verbessern oder sogar optimieren. Bereits in [2.1.4] wurde darauf hingewiesen, daß bei Schätzproblemen die Wahl des Ansatzes, der Schätzmethode und des Versuchsplanes eng miteinander verbunden sind. Entsprechendes gilt für die statistischen Methoden zur Ansatzwahl (›[2.4]), wo das Entscheidungsverfahren über den Ansatz und die Versuchsplanung miteinander verknüpft sind.

Natürlich wäre es, wie in [2.1.4] gefordert, am günstigsten, wenn z. B. im Schätzproblem der Ansatz, die Schätzung und der Versuchsplan nach einem gemeinsamen Optimalitätskriterium gewählt würden. (Zur theoretischen Behandlung dieser Problematik ›[I/2.3].) Vielfach ist jedoch eine solche Wahl nicht möglich oder nicht praktikabel. Man begnügt sich dann, in jedem der Teilprobleme (Ansatz, Schätzung, Versuchsplan) ein Optimalitätskriterium zu berücksichtigen, das die Optimalität in den jeweils beiden anderen Problemen nicht zerstört. Am besten ist dann natürlich, wenn die optimale Wahl in zwei Teilprobleme auch optimal bezüglich jeder Wahl im dritten Teilproblem erfolgt.

Beispiel 2.5.1: Für das Schätzproblem werde ein *wahrer linearer Ansatz* $\tilde{S}$ mit $\tilde{\eta} = \boldsymbol{f}'\boldsymbol{\vartheta}$ gewählt. Diese Wahl ist wegen Aussage 2.2.2 optimal im Sinne jedes Approximationskriteriums. Als Vorkenntnis über $\boldsymbol{\varepsilon}(V_n)$ sei $\boldsymbol{B}_{\boldsymbol{\varepsilon}(V_n)} = \sigma^2 \boldsymbol{I}_n$ bekannt. Als Schätzung werde die *Schätzung nach der* MKQ, $\check{\boldsymbol{\vartheta}}(\mathfrak{Y}(V_n)) = (\boldsymbol{F}(V_n)' \boldsymbol{F}(V_n))^{-1} \boldsymbol{F}(V_n)' \mathfrak{Y}(V_n)$ gewählt. Diese Schätzung ist nach dem GAUSS-MARKOFF-Theorem (Aussage 3.1.2) optimal in dem Sinne, daß für jede andere lineare erwartungstreue Schätzung $\hat{\boldsymbol{\vartheta}}$ für $\boldsymbol{\vartheta}$ für alle $\boldsymbol{x}$ aus H

$$\mathrm{D}^2\tilde{\eta}(\boldsymbol{x}, \check{\boldsymbol{\vartheta}}(\mathfrak{Y}(V_n))) \leq \mathrm{D}^2\tilde{\eta}(\boldsymbol{x}, \hat{\boldsymbol{\vartheta}}(\mathfrak{Y}(V_n))) \tag{2.5.1}$$

gilt. Dies steht im Einklang mit den durch den Ansatz gegebenen optimalen Approximationseigenschaften. Ein *Optimalitätskriterium für die Wahl des Planes* V_n dürfte also weder die Approximationseigenschaften des Ansatzes noch die durch (2.5.1) ausgedrückte Optimalitätseigenschaft der MKQ-Schätzung zerstören. Daher werden sich solche Kriterien z. B. in einem gewissen noch zu präzisierenden Sinne auf die weitere Verbesserung des Varianzverhaltens der Schätzung beziehen.

In manchen komplizierten Fällen, z. B. bei der Ansatzdiskrimination und bei der Schätzung in nichtlinearen Ansätzen, kann man solche aufeinander abgestimmten Optimalitätskriterien häufig nicht festlegen. Es ist dann bereits kompliziert, überhaupt Planungsmethoden mit zufriedenstellenden Eigenschaften zu finden.

2.5.1. Versuchspläne

Zur Vereinfachung der Darstellung nehmen wir in den folgenden Abschnitten dieses Kapitels an, daß *alle* erfaßten Einflußgrößen *determiniert* (›Bez. 2.1.4) und *einstellbar* (›Bez. 2.1.6) sind. Da nicht immer jeder Punkt $\boldsymbol{x} \in B$, für den die Wirkungsfläche erklärt ist, vom Untersuchenden auch eingestellt werden kann, betrachten wir einen entsprechenden Teilbereich.

Bezeichnung 2.5.1: Der Teilbereich $V \subseteq B$, in dem der Untersuchende jeden Punkt als Versuchspunkt einstellen kann, heißt *Versuchsbereich* ●

Aus Gründen der mathematischen Handhabbarkeit sollte der Versuchsbereich eine möglichst einfache, überschaubare Form haben.

Beispiel 2.5.2: a) Die Einflußgrößen sind in entsprechenden Intervallen $a_i \leqq x_i \leqq b_i$; $i = 1, \dots, k$; einstellbar. Dabei sind a_i, b_i gegebene Konstanten. Jede Kombination von Werten $(x_{10}, \dots, x_{k0})$ mit $x_{i0} \in [a_i, b_i]$ ist auch einstellbar. Der sich daraus ergebende Versuchsbereich

$$V_Q = \{\boldsymbol{x} \in \mathrm{R}^k\colon a_i \leqq x_i \leqq b_i;\ i = 1, \dots, k\} \tag{2.5.2}$$

heißt *Hyperquader*.

b) Es kann vorkommen, daß zwar jede Einflußgröße in einem gewissen Intervall einstellbar ist, aber daß nicht jede *Kombination* von Werten $(x_{10}, \dots, x_{k0})$ mit $x_{i0} \in [a_i, b_i]$ auch einstellbar ist. Beispielsweise lassen sich in gewissen Fällen Druck und Temperatur nicht gleichzeitig auf die größtmöglichen Werte einstellen. Ein wichtiger Spezialfall ist ein Versuchsbereich von der Form

$$V_E = \{\boldsymbol{x} \in \mathrm{R}^k\colon \boldsymbol{x}'\boldsymbol{A}\boldsymbol{x} + \boldsymbol{b}'\boldsymbol{x} + c \leqq \varrho^2\}\,, \tag{2.5.3}$$

wobei $\boldsymbol{A}$ eine gegebene positiv definite Matrix, $\boldsymbol{b}$ ein bekannter Vektor und c und ϱ^2 gegebene Konstanten sind. Der Bereich V_E wird als *Hyperellipsoid* bezeichnet. Ein anschaulicher Spezialfall von (2.5.3) für $k = 3$, $\boldsymbol{A} = \boldsymbol{I}_3$; $\boldsymbol{b} = \boldsymbol{0}$; $c = 0$ und $\varrho = 1$ ist die *Einheitskugel*

$$V_k = \{\boldsymbol{x} \in \mathrm{R}^3\colon \boldsymbol{x}'\boldsymbol{x} = x_1^2 + x_2^2 + x_3^2 \leqq 1\}\,. \tag{2.5.4}$$

Bereits in (2.1.20) haben wir den Versuchsplan V_n als Abkürzung eingeführt.

Bezeichnung 2.5.2: Eine Auswahl von n nicht notwendig voneinander verschiedenen Versuchspunkten $\boldsymbol{x}_i \in V$; $i = 1, \dots, n$; die wir als n-Tupel in der Form

$$(\boldsymbol{x}_1, \dots, \boldsymbol{x}_n) \tag{2.5.5}$$

schreiben, heißt *konkreter Versuchsplan V_n vom Umfang n* ●

Die $\boldsymbol{x}_i$; $i = 1, \dots, n$; sind also diejenigen Punkte, an denen die Werte der Wirkungsgröße festgestellt werden sollen und die in den Datensatz (2.1.3) eingehen werden.

Obwohl der konkrete Plan in (2.5.5) als n-Tupel geschrieben wurde, wodurch eine Reihenfolge $\boldsymbol{x}_1, \dots, \boldsymbol{x}_n$ festgelegt ist, wollen wir im weiteren annehmen, daß damit noch keine Reihenfolge für die tatsächliche Anwendung, z. B. für die zeitliche Aufeinanderfolge der Beobachtungen von $\mathfrak{Y}(\boldsymbol{x})$, vorgeschrieben ist. Der Versuchsplan soll also nur einen Prototyp aller solcher Pläne darstellen, die man aus ihm durch Vertauschen der

Reihenfolge seiner Elemente, der Versuchspunkte, erhält (›[I/(2.2.16)]). Es kann sich zeigen, daß eine gewisse Reihenfolge der Versuchspunkte einen zusätzlichen günstigen Effekt auf die Güte z. B. der Schätzung von η haben kann.

Beispiel 2.5.3: Es ist der Einfluß der Menge eines Zuschlagstoffes auf einen Qualitätsparameter eines Erzeugnisses zu untersuchen. Für die Versuchsdurchführung liegt ein Versuchsplan

$$V_n = (x_1, \ldots, x_n) \quad \text{mit } x_1 \leqq x_2 \leqq \ldots \leqq x_n \tag{2.5.6}$$

vor. Die Versuche sind nacheinander durchzuführen. Im Laufe der experimentellen Untersuchung wird die Untersuchungsanlage Verschleißerscheinungen zeigen, die den Qualitätsparameter ebenfalls beeinflussen. Damit ändert sich also eine *nicht* erfaßte Einflußgröße *systematisch.* Das widerspricht unserer generellen Voraussetzung, daß sich alle nicht erfaßten Einflußgrößen nur zufällig ändern dürfen. Diese Verletzung der Voraussetzung kann zu einer Veränderung unseres Modells für den Zusammenhang (›(2.1.7), (2.1.8)) führen. Bezeichne z. B. t die Versuchszeit, so hängt der zufällige Fehler jetzt auch von t ab, $\varepsilon(x, t)$, und wegen der *systematischen* Änderung der Untersuchungsanlage durch Verschleißerscheinungen in der Zeit haben wir

$$\mathrm{E}\varepsilon(x, t) = g(t) \not\equiv 0\,, \tag{2.5.7}$$

da $\eta(x)$ die Wirkung der zeitlichen systematischen Änderung der Untersuchungsanlage auf den Qualitätsparameter *nicht* berücksichtigt. Man nennt $g(t)$ einen überlagerten zeitlichen *Trendeffekt.* Um unsere Modellannahmen wiederherzustellen, könnten wir t — als Alter der Untersuchungsanlage — erfassen, das uns als Einflußgröße im gegebenen Zusammenhang vielleicht gar nicht interessiert. Wenn wir diese Einflußgröße jedoch ignorieren, dann werden sich die *systematische* Erhöhung der Menge des Zuschlagstoffes im Laufe des Experiments (›(2.5.6)) und die *systematische* Änderung der Versuchsanlage (›(2.5.7)) in ihren Wirkungen *überlagern* und einen größeren (bzw. einen kleineren) Einfluß des Zuschlagstoffes vortäuschen. Einen Ausweg bietet hier die *Ausführung* der n Versuche des Planes *in zufälliger Reihenfolge.* Damit läßt sich der Verschleißzustand der Anlage in bezug auf die systematische Änderung der erfaßten Einflußgröße, Menge des Zuschlagstoffes, *zufällig* machen.

Zur Herstellung einer solchen zufälligen Reihenfolge, der sogenannten *Randomisierung,* verwendet man Tafeln mit Zufallsziffern oder Zufallspermutationen (›Verf. 4.1.16). Bei der Überführung von solchen nicht erfaßten Einflußgrößen, die sich im Experiment systematisch ändern, durch Randomisierung in zufällige Einflüsse, beseitigt man zwar Trendeffekte der Form (2.5.7), erhöht jedoch in der Regel die Varianz des zufälligen Fehlers. Um die Varianz klein zu halten, da sie die Güte z. B. der Schätzung beeinflußt, entschließt man sich zuweilen, solche Einflußgrößen mitzuerfassen. Dies bedeutet eine Modifizierung des Ansatzes durch die Erhöhung der Anzahl der Einflußgrößen. In speziellen Fällen geschieht das durch die sogenannte *Blockbildung* (›Verf. 5.2.12 u. Verf. 5.2.1).

Bemerkung 2.5.1: Andererseits kann eine bestimmte determinierte Reihenfolge eine möglicherweise vorhandene, von der Reihenfolge abhängige Korrelation der Komponenten des Beobachtungsvektors herabsetzen und die Varianzfunktion verkleinern (s. Buchta [1]).

Wenn wir bei der Darstellung (2.5.5) des Versuchsplanes von der Reihenfolge seiner Elemente absehen, ist es besonders für großes n und viele gleiche Punkte im Versuchsplan günstiger, eine abkürzende Schreibweise einzuführen, die nur die voneinander verschiedenen Punkte des Planes berücksichtigt.

Bezeichnung 2.5.3: Die Menge der voneinander verschiedenen Punkte $\boldsymbol{x}_l$; $l = 1, \ldots, m$; des Versuchsplanes V_n nennen wir sein *Spektrum* $S(V_n)$:

$$S(V_n) = \{\boldsymbol{x}_1, \ldots, \boldsymbol{x}_m\} \bullet \tag{2.5.8}$$

Zur Festlegung eines konkreten Planes V_n zu einem gegebenen Spektrum bedarf es dann lediglich der Angabe der Häufigkeit, mit der ein Punkt des Spektrums im Plan V_n auftreten soll. Es sei n_l die Häufigkeit des Punktes x_l des Spektrums im konkreten Plan V_n.

Bezeichnung 2.5.4: Die relative Häufigkeit

$$p_l = \frac{n_l}{n}; \qquad l = 1, \dots, m; \tag{2.5.9}$$

des Spektrumpunktes $x_l \in S(V_n)$ in V_n heißt *Gewicht* des Punktes x_l im konkreten Versuchsplan V_n ●

Mit dem Spektrum und den Gewichten erhält man eine Darstellung des konkreten Versuchsplans V_n in der Form

$$V_n = \{(x_l, p_l)\}_{l=1,\dots,m} . \tag{2.5.10}$$

Diese Darstellung ist die gleiche für alle konkreten Versuchspläne, die sich nur durch die Reihenfolge unterscheiden. Wegen der Einführung der *relativen* Häufigkeit kann es vorkommen, daß konkrete Versuchspläne verschiedenen Umfangs auf die gleiche Darstellung (2.5.10) führen. Dies wird als Ausgangspunkt für Überlegungen zur Vereinfachung der mathematischen Aufgabenstellung ausgenutzt werden (›[4.4]). Da sich mehrere konkrete Versuchspläne bei der Anwendung gleichzeitig oder nacheinander ausführen lassen, ist es sinnvoll, die Summe von Plänen einzuführen.

Bezeichnung 2.5.5: Es seien $V_{n_1} = (x_1^{(1)}, \dots, x_{n_1}^{(1)})$ und $V_{n_2} = (x_1^{(2)}, \dots, x_{n_2}^{(2)})$ konkrete Versuchspläne. Dann heißt der konkrete Versuchsplan

$$V_{n_1+n_2} = (x_1^{(1)}, \dots, x_{n_1}^{(1)}, x_1^{(2)}, \dots, x_{n_2}^{(2)}) \tag{2.5.11}$$

die *Summe* der Pläne V_{n_1} und V_{n_2} ●

Wir schreiben (2.5.11) abkürzend

$$V_{n_1} + V_{n_2} = V_{n_1+n_2} . \tag{2.5.12}$$

Zur Darstellung der Summe durch Spektrum und Gewichte gehen wir von der entsprechenden Darstellung der Pläne V_{n_1} und V_{n_2} aus. Es seien

$$V_{n_1} = \{(x_l^{(1)}, p_l^{(1)})\}_{l=1,\dots,m_1}; \qquad V_{n_2} = \{(x_l^{(2)}, p_l^{(2)})\}_{l=1,\dots,m_2} . \tag{2.5.13}$$

Dann ist

$$V_{n_1} + V_{n_2} = \{(x_l, p_l)\}_{l=1,\dots,m} , \tag{2.5.14}$$

wobei

$$S(V_{n_1+n_2}) = S(V_{n_1} + V_{n_2}) = S(V_{n_1}) \cup S(V_{n_2}) \tag{2.5.15}$$

und

$$p_l = \begin{cases} \dfrac{m_1 p_{l_1}^{(1)} + m_2 p_{l_2}^{(2)}}{m_1 + m_2}, & \text{falls } x_l = x_{l_1}^{(1)} = x_{l_2}^{(2)} , \\ \dfrac{m_1 p_{l_1}^{(1)}}{m_1 + m_2}, & \text{falls } x_l = x_{l_1}^{(1)} \text{ und } x_l \notin S(V_{n_2}) , \\ \dfrac{m_2 p_{l_2}^{(2)}}{m_1 + m_2}, & \text{falls } x_l = x_{l_2}^{(2)} \text{ und } x_l \notin S(V_{n_1}) . \end{cases} \tag{2.5.16}$$

Das Spektrum der Summe ist also die Vereinigung der Spektren der Summanden und die Gewichte bestimmen sich als mit den Planumfängen gewichtete Mittelwerte aus den Gewichten der in die Summe eingehenden Pläne.

Beispiel 2.5.4: Es ist die Summe der Pläne

$$V_4 = \{(-1; \tfrac{1}{4}), (0; \tfrac{1}{2}), (1; \tfrac{1}{4})\},$$
$$V_6 = \{(-1; \tfrac{1}{3}), (-\tfrac{1}{3}; \tfrac{1}{6}), (\tfrac{1}{2}; \tfrac{1}{3}), (1; \tfrac{1}{6})\}$$

zu bestimmen. Man beachte, daß vor dem Semikolon die Koordinate des Punktes und nach dem Semikolon das Gewicht des Punktes steht. Das Spektrum der Summe V_{10} erhält man durch die Vereinigung der Spektren $S(V_4)$ und $S(V_6)$,

$$S(V_{10}) = \{-1, 0, 1\} \cup \{-1, -\tfrac{1}{3}, \tfrac{1}{2}, 1\} = \{-1, -\tfrac{1}{3}, 0, \tfrac{1}{2}, 1\},$$

und die Gewichte gemäß (2.5.16):

$$p_1 = \frac{4 \cdot \frac{1}{4} + 6 \cdot \frac{1}{3}}{4 + 6} = \frac{3}{10} \text{ für } x_1 = -1,$$

$$p_2 = \frac{6 \cdot \frac{1}{6}}{4 + 6} = \frac{1}{10} \qquad \text{für } x_2 = -\frac{1}{3},$$

$$p_3 = \frac{4 \cdot \frac{1}{2}}{4 + 6} = \frac{2}{10} \qquad \text{für } x_3 = 0,$$

$$p_4 = \frac{6 \cdot \frac{1}{3}}{4 + 6} = \frac{2}{10} \qquad \text{für } x_4 = \frac{1}{2},$$

$$p_5 = \frac{4 \cdot \frac{1}{4} + 6 \cdot \frac{1}{6}}{4 + 6} = \frac{2}{10} \quad \text{für } x_5 = 1.$$

Die Summe der Pläne hat damit die Form

$$V_{10} = \{(-1; \tfrac{3}{10}), (-\tfrac{1}{3}; \tfrac{1}{10}), (0; \tfrac{2}{10}), (\tfrac{1}{2}; \tfrac{2}{10}), (1; \tfrac{2}{10})\}.$$

Die Verallgemeinerung des Summenbegriffs für Pläne auf mehr als zwei Summanden ist naheliegend und offensichtlich.

2.5.2. Einige Planungsprinzipe

Entsprechend der Bez. 2.5.2 ist die Menge aller Versuchspläne gleich der Menge aller n-Tupel $V_n = (\boldsymbol{x}_1, \ldots, \boldsymbol{x}_n)$ mit $\boldsymbol{x}_i \in V$; $i = 1, \ldots, n$; für $n = 1, 2, \ldots$ Diese Menge muß bei jedem gegebenen EW-Problem auf *eine gewisse Teilmenge* $V^{(0)}$ von Plänen eingeschränkt werden. Diese Einschränkung wird sowohl aus ökonomischen als auch aus mathematischen Gründen nötig werden. So werden ökonomische Überlegungen hinsichtlich des Aufwandes der Versuchsdurchführung an Zeit, Material, Kosten u. ä. z. B. stets zu einer Beschränkung des Planumfangs n führen. Die Voraussetzungen für die Benutzung einer bestimmten Schätzmethode (z. B. $\det(\boldsymbol{F}(V_n)' \boldsymbol{F}(V_n)) > 0$) werden ebenfalls den Ausschluß gewisser Pläne nach sich ziehen. Die Planmenge $V^{(0)}$ enthält also nur Pläne, die im gegebenen EW-Problem praktisch wirklich durchführbar sind. Desweiteren können bei der Festlegung von $V^{(0)}$ Überlegungen der einfachen praktischen Durchführung des Planes und der einfachen mathematischen Handhabbarkeit der Schätzmethode eine Rolle spielen.

Bezeichnung 2.5.6: Die gewählte Menge $V^{(0)}$ konkreter Pläne heißt *Menge der möglichen konkreten Pläne* für das Planungsproblem ●

Im allgemeinen enthält $V^{(0)}$ noch Pläne verschiedenen Umfangs.

Das Prinzip, aus dieser Menge $V^{(0)}$ einen Plan als optimalen auszuwählen, sollte u. a. von der benutzten Schätzmethode abhängen.

Beispiel 2.5.5: Wir betrachten wieder das Schätzproblem aus Bsp. 2.5.1. Für die MKQ-Schätzung $\check{\boldsymbol{\vartheta}}$ hat die Varianzfunktion die folgende Gestalt (›(2.3.34)):

$$D^2\tilde{\eta}(\boldsymbol{x}, \check{\boldsymbol{\vartheta}}(\mathfrak{Y}(V_n))) = \sigma^2 \boldsymbol{f}(\boldsymbol{x})' \left(\boldsymbol{F}(V_n)' \boldsymbol{F}(V_n)\right)^{-1} \boldsymbol{f}(\boldsymbol{x}) .$$

Diese Funktion hängt allein über $\left(\boldsymbol{F}(V_n)' \boldsymbol{F}(V_n)\right)^{-1}$ vom Plan V_n ab. Das Planungsprinzip sollte also von dieser Matrix abhängen. Wenn $\boldsymbol{\varepsilon}(V_n)$ normalverteilt ist mit $\boldsymbol{B}_{\boldsymbol{\varepsilon}(V_n)} = \sigma^2 \boldsymbol{I}_n$, dann ist $\sigma^{-2}\left(\boldsymbol{F}(V_n)' \boldsymbol{F}(V_n)\right)$ gerade die sogenannte FISHERsche *Informationsmatrix* (›[I/(1.4.8)]).

In Anlehnung an den im Bsp. 2.5.5 genannten Spezialfall kommt man zu der folgenden Bezeichnung.

Bezeichnung 2.5.7: Die Matrix

$$\boldsymbol{M}(V_n) = \frac{1}{n} \left(\boldsymbol{F}(V_n)' \boldsymbol{F}(V_n)\right) \tag{2.5.17}$$

heißt *Informationsmatrix* des konkreten Versuchsplanes V_n ●

Damit erhält die Kovarianzmatrix (2.3.33) der MKQ-Schätzung $\check{\boldsymbol{\vartheta}}$ die folgende Darstellung:

$$\boldsymbol{B}_{\check{\boldsymbol{\vartheta}}(\mathfrak{Y}(V_n))} = \frac{\sigma^2}{n} \boldsymbol{M}(V_n)^{-1} . \tag{2.5.18}$$

Gemäß (2.5.17) hat $\boldsymbol{M}(V_n)$ die folgende Struktur:

$$\boldsymbol{M}(V_n) = \frac{1}{n} \begin{pmatrix} \sum\limits_{i=1}^{n} f_1(\boldsymbol{x}_i) f_1(\boldsymbol{x}_i) & \dots & \sum\limits_{i=1}^{n} f_1(\boldsymbol{x}_i) f_r(\boldsymbol{x}_i) \\ \vdots & & \vdots \\ \sum\limits_{i=1}^{n} f_1(\boldsymbol{x}_i) f_r(\boldsymbol{x}_i) & \dots & \sum\limits_{i=1}^{n} f_r(\boldsymbol{x}_i) f_r(\boldsymbol{x}_i) \end{pmatrix} . \tag{2.5.19}$$

Daraus erkennt man einige Eigenschaften der Matrix $\boldsymbol{M}(V_n)$ (›[I/5.1.2]).

Aussage 2.5.1: Die Informationsmatrix $\boldsymbol{M}(V_n)$ ist symmetrisch $\left(\boldsymbol{M}(V_n)' = \boldsymbol{M}(V_n)\right)$ und positiv semidefinit (›Bez. A.1.16) ●

Aussage 2.5.2: Wenn das Spektrum $S(V_n)$ des Planes V_n weniger als r Punkte enthält, dann gilt

$$\det \boldsymbol{M}(V_n) = 0 \; ● \tag{2.5.20}$$

Daraus folgt, daß in diesem Fall die Inverse von $\boldsymbol{F}'\boldsymbol{F}$ nicht existiert und die Schätzung nach der MKQ nicht in der Form (2.3.30) angegeben werden kann. Um den Parametervektor $\boldsymbol{\vartheta}$ mit seinen r Komponenten linear und erwartungstreu zu schätzen, braucht man die Existenz von $(\boldsymbol{F}'\boldsymbol{F})^{-1}$, d. h. $\det \boldsymbol{M}(V_n) > 0$. Eine notwendige Voraussetzung dafür ist also, daß der Plan V_n mindestens r Punkte im Spektrum enthält.

Bezeichnung 2.5.8: Der Plan V_n heißt *regulär* bezüglich des Ansatzes $\tilde{S}$ und der MKQ-Schätzung, wenn

$$\det \boldsymbol{M}(V_n) > 0 \; ● \tag{2.5.21}$$

Aussage 2.5.3: Für $V_{n_1} + V_{n_2} = V_{n_1+n_2}$ gilt

$$n_1 \boldsymbol{M}(V_{n_1}) + n_2 \boldsymbol{M}(V_{n_2}) = (n_1 + n_2)\, \boldsymbol{M}(V_{n_1+n_2}) \; ● \tag{2.5.22}$$

Dies erkennt man aus der Darstellung (2.5.19) nach den Gesetzen der Matrizenaddition. Denkt man sich V_n als Summe von Plänen, die jeweils nur einen Punkt enthalten, dann erhält man eine Darstellung der Informationsmatrix als Summe dyadischer Produkte (›(A.1.11)) des Funktionenvektors $\boldsymbol{f}$ an den Punkten $\boldsymbol{x}_i$; $i = 1, \dots, n$:

$$\boldsymbol{M}(V_n) = \frac{1}{n} \sum_{i=1}^{n} \boldsymbol{f}(\boldsymbol{x}_i)\, \boldsymbol{f}(\boldsymbol{x}_i)' \,. \tag{2.5.23}$$

Faßt man hierin die Summanden zusammen, für die die Punkte $\boldsymbol{x}_i$ gleich sind, dann ergibt sich eine entsprechende Darstellung mit den Punkten des Spektrums und den Gewichten, nämlich

$$\boldsymbol{M}(V_n) = \sum_{l=1}^{m} p_l \boldsymbol{f}(\boldsymbol{x}_l)\, \boldsymbol{f}(\boldsymbol{x}_l)' \,. \tag{2.5.24}$$

Die beiden Darstellungen (2.5.23) und (2.5.24) sind sehr bequem für die weitere Behandlung und Untersuchung der Informationsmatrix in ihrer Abhängigkeit vom Plan.

Beispiel 2.5.6: Es seien der Ansatz $\tilde{S}$ mit $\tilde{\eta}(x, \boldsymbol{\vartheta}) = \vartheta_0 + \vartheta_1 x$ und der Versuchsplan $V_6 = (-1, -1, +1, +1, +1, +1)$ gegeben. Der Funktionenvektor ist $\boldsymbol{f}(x) = (1, x)'$. Damit erhält man für

$$\boldsymbol{F}(V_n)'\, \boldsymbol{F}(V_n) = \begin{pmatrix} \sum_{i=1}^{6} f_1(x_i) f_1(x_i) & \sum_{i=1}^{6} f_1(x_i) f_2(x_i) \\ \sum_{i=1}^{6} f_1(x_i) f_2(x_i) & \sum_{i=1}^{6} f_2(x_i) f_2(x_i) \end{pmatrix} = \begin{pmatrix} 6 & 2 \\ 2 & 6 \end{pmatrix},$$

wobei z. B. $\sum_{i=1}^{6} f_1(x_i) f_2(x_i) = 1 \cdot (-1) + 1 \cdot (-1) + 1 + 1 + 1 + 1 = 2$ ist. Andererseits ist mit $m = 2$, $p_1 = 1/3$, $p_2 = 2/3$ für die Informationsmatrix nach (2.5.24)

$$\boldsymbol{M}(V_n) = \frac{1}{3}\begin{pmatrix} 1 \\ -1 \end{pmatrix}(1 \quad -1) + \frac{2}{3}\begin{pmatrix} 1 \\ 1 \end{pmatrix}(1 \quad 1)\,,$$

$$\boldsymbol{M}(V_n) = \frac{1}{3}\begin{pmatrix} 1 & -1 \\ -1 & 1 \end{pmatrix} + \frac{2}{3}\begin{pmatrix} 1 & 1 \\ 1 & 1 \end{pmatrix} = \begin{pmatrix} 1 & \frac{1}{3} \\ \frac{1}{3} & 1 \end{pmatrix} = \frac{1}{6}\begin{pmatrix} 6 & 2 \\ 2 & 6 \end{pmatrix}.$$

Im Falle eines wahren linearen Ansatzes und der MKQ-Schätzung (vgl. Bsp. 2.5.1 und 2.5.5) könnte man daran denken, einen Plan V_n^* aus $V^{(0)}$ zu suchen, der die Varianzfunktion (2.3.34) für alle $\boldsymbol{x} \in H$ minimiert, d. h., für alle $V_n \in V^{(0)}$ soll gelten

$$\mathrm{D}^2\tilde{\eta}(\boldsymbol{x}, \check{\boldsymbol{\vartheta}}(\mathfrak{Y}(V_n^*))) \leqq \mathrm{D}^2\tilde{\eta}(\boldsymbol{x}, \check{\boldsymbol{\vartheta}}(\mathfrak{Y}(V_n))) \,. \tag{2.5.25}$$

Enthält der Prognosebereich H mehr als nur einige wenige Punkte, dann läßt sich so ein Plan V_n^* im allgemeinen nicht finden. Eine Ausnahme, in der (2.5.25) als Optimalitätskriterium geeignet ist, ist der Fall, wenn $\eta(\boldsymbol{x})$ nur in einem Punkt $\boldsymbol{x}_0$ zu schätzen ist, d. h. $H = \{\boldsymbol{x}_0\}$. Da die Varianzfunktion nur über $\left(\boldsymbol{F}(V_n)'\, \boldsymbol{F}(V_n)\right)^{-1}$ vom Plan abhängt (›(2.3.34)), ergibt sich anscheinend eine weitere Möglichkeit für ein Optimalitätskriterium zur Wahl des Versuchsplanes, indem man einen Plan V_n^* fordert, für den für alle anderen Pläne $V_n \in V^{(0)}$ und im Sinne der Halbordnung bei semidefiniten Matrizen (›Bez. A.1.17)

$$\left(\boldsymbol{F}(V_n^*)'\, \boldsymbol{F}(V_n^*)\right)^{-1} \leqq \left(\boldsymbol{F}(V_n)'\, \boldsymbol{F}(V_n)\right)^{-1} \tag{2.5.26}$$

gilt. Aus (2.5.26) würde (2.5.25) folgen. Aber die Matrizen $\left(\boldsymbol{F}(V_n)'\, \boldsymbol{F}(V_n)\right)^{-1}$ sind im allgemeinen nicht für alle $V_n \in V^{(0)}$ miteinander vergleichbar, d. h., es kann Pläne

$V_n^{(1)}, V_n^{(2)}$ geben, für die weder $\left(F(V_n^{(1)})' F(V_n^{(1)})\right)^{-1} \leqq \left(F(V_n^{(2)})' F(V_n^{(2)})\right)^{-1}$ richtig ist noch $\left(F(V_n^{(2)})' F(V_n^{(2)})\right)^{-1} \leqq \left(F(V_n^{(1)})' F(V_n^{(1)})\right)^{-1}$. Daher hat man im allgemeinen nur noch die Möglichkeit, zu von $F(V_n)' F(V_n)$ abgeleiteten Größen überzugehen, die aus der Matrix gebildet werden können und für beliebige Matrizen vergleichbar sind, d. h. auf der reellen Achse liegen. Solche abgeleiteten Größen entstehen also durch Abbildungen der Menge der Matrizen in die Menge der reellen Zahlen. Solche Abbildungen heißen *Funktionale* der Matrix. Ein Beispiel für ein solches Funktional ist die Determinante der Matrix.

Die durch ein Funktional eingeführte Optimalität für die Versuchsplanung zur MKQ-Schätzung darf die Optimalität der MKQ-Schätzung im Sinne des GAUSS-MARKOFF-Theorems nicht zerstören, die besagt, daß für jeden Plan $V_n \in V^{(0)}$ und für jede andere lineare erwartungstreue Schätzung $\hat{\vartheta}$ gilt:

$$B_{\check{\vartheta}(\mathfrak{Y}(V_n))} = \sigma^2 \left(F(V_n)' F(V_n)\right)^{-1} \leqq B_{\hat{\vartheta}(\mathfrak{Y}(V_n))} .$$

Daher verlangt man, daß das als Optimalitätskriterium verwendete Funktional *monoton* bezüglich der Halbordnung zwischen positiv semidefiniten Matrizen ist.

In Hinblick auf die einfachere Darstellung definiert man die Funktionale nicht bezüglich $\left(F(V_n)' F(V_n)\right)$, sondern bezüglich $M(V_n)$, die gemäß (2.5.17) in einfacher Weise zusammenhängen. Sei Z ein Funktional auf der Menge der positiv semidefiniten Matrizen (vgl. Aussage 2.5.1), und seien A und B zwei solche Matrizen, dann lautet die *Monotonieforderung*: Falls die Matrizen A und B vergleichbar sind und $A \leqq B$ gilt, dann soll auch

$$Z(A) \leqq Z(B) \tag{2.5.27}$$

im gewöhnlichen Sinne gelten.

Beispiel 2.5.7: Die folgenden Funktionale erfüllen die Monotonieforderung (2.5.27):

$$Z_D\left(M(V_n)\right) = \det M(V_n)^{-1} , \tag{2.5.28}$$

$$Z_A\left(M(V_n)\right) = \operatorname{sp} M(V_n)^{-1} , \tag{2.5.29}$$

$$Z_G\left(M(V_n)\right) = \sup_{x \in V} f(x)' M(V_n)^{-1} f(x) . \tag{2.5.30}$$

2.5.3. Versuchsplanung ohne Voraussetzung eines wahren Ansatzes

Den bisherigen Überlegungen zur Beurteilung der Güte und Optimalität eines Planes lag wesentlich die Voraussetzung eines wahren linearen Ansatzes zugrunde. Wenn man auf diese Voraussetzung verzichten muß, kann man sich der Approximationsauffassung für den Ansatz zuwenden (›[2.2.5]). Die Wirkungsfläche $\eta(x)$ läßt sich als Summe

$$\eta(x) = \tilde{\eta}(x, \vartheta_\eta^*) + g(\eta, x) \tag{2.5.31}$$

darstellen, wobei $\tilde{\eta}(x, \vartheta_\eta^*)$ die beste Approximation durch Funktionen des Ansatzes $\tilde{S}$ und $g(\eta, x)$ die Abweichungsfunktion ist (›(2.2.42)). In diesem Fall ist die MKQ-Schätzung für den linearen Ansatz $\tilde{S}$ *nicht mehr erwartungstreu* und die Kovarianzmatrix, bzw. Varianzfunktion dieser Schätzung sind als Grundlage von Güteaussagen, i. allg. nicht mehr geeignet. Statt dessen kann man die mittlere quadratische Abweichung

$$m(x) = \mathrm{E}\left(\eta(x) - \tilde{\eta}(x, \check{\vartheta})\right)^2 \tag{2.5.32}$$

betrachten, wobei $\check{\boldsymbol{\vartheta}}$ die MKQ-Schätzung für $\boldsymbol{\vartheta}_\eta^*$ darstellt. Falls $\mathrm{E}\tilde{\eta}(\boldsymbol{x}, \check{\boldsymbol{\vartheta}}) = \tilde{\eta}(\boldsymbol{x}, \boldsymbol{\vartheta}^{(0)}) \in \tilde{S}$, erhält man die folgende Zerlegung von $m(\boldsymbol{x})$:

$$\begin{aligned} m(\boldsymbol{x}) &= \left(\eta(\boldsymbol{x}) - \tilde{\eta}(\boldsymbol{x}, \boldsymbol{\vartheta}^{(0)})\right)^2 + \mathrm{E}\left(\tilde{\eta}(\boldsymbol{x}, \check{\boldsymbol{\vartheta}}) - \tilde{\eta}(\boldsymbol{x}, \boldsymbol{\vartheta}^{(0)})\right)^2 \\ &= b^2(\boldsymbol{x}) + \mathrm{D}^2\tilde{\eta}(\boldsymbol{x}, \check{\boldsymbol{\vartheta}}) . \end{aligned} \tag{2.5.33}$$

Dabei ist $b(\boldsymbol{x})$ der systematische Fehler der Schätzung und $\mathrm{D}^2\tilde{\eta}(\boldsymbol{x}, \check{\boldsymbol{\vartheta}})$ die Varianzfunktion der MKQ-Schätzung. Einerseits ist wegen (2.5.31) und (2.5.33) die Funktion $|g(\eta, \boldsymbol{x})|$ kleiner als $|b(\boldsymbol{x})|$ im Sinne eines entsprechenden Approximationskriteriums, und andererseits werden mit $g(\eta, \boldsymbol{x})$ die Größen $g_1(\eta)$ (bzw. $g_2(\eta)$ oder $g_3(\eta)$) gemäß (2.2.29) (bzw. (2.2.32) oder (2.2.33)) gebildet, mit denen die g_0-Adäquatheit beurteilt wird (›Bez. 2.2.5). Wenn also $|b(\boldsymbol{x})|$ entsprechend klein ist, dann sind es auch g_1 (bzw. g_2 oder g_3) und η gehört zu einer Untermenge S_{g_0} von S, die g_0-adäquat ist mit einem entsprechenden g_0 (vgl. [6.4.2]). Wenn man also zur Überzeugung kommt, daß $|b(\boldsymbol{x})|$ *klein gegenüber der Varianzfunktion* in (2.5.33) ist, dann ist diese wieder als Gütegrundlage für die Planung geeignet. Bei der Prüfung, ob dies der Fall ist, spielt der Wert von g_0 offensichtlich keine Rolle. Man spricht in diesem Zusammenhang schlechthin von der *Adäquatheit* des Ansatzes. Bei adäquaten Ansätzen lassen sich gewisse Eigenschaften der MKQ-Schätzung für wahre Ansätze noch als näherungsweise erfüllt deuten (›[3.6.1]). Daher ist man bemüht, die Adäquatheit des Ansatzes zu prüfen. Dies geschieht häufig durch die formale Anwendung eines statistischen Tests (›Kap. 1, [5.5], [6.4]) als sogenannter *Adäquatheitstest.* Da aber in der Regel die für den Test verlangten Bedingungen (Verteilungsannahmen, formulierte Alternativhypothese, usw.) nicht erfüllt sind, und auch andere Prüfmethoden anwendbar sind, wollen wir im folgenden immer von *Entscheidungskriterien* über den Ansatz sprechen.

Da für adäquate Ansätze die Aussage des GAUSS-MARKOFF-Theorems (Aussage 3.1.2) i. allg. nicht mehr gilt, entfällt diese Begründung für die Wahl von Funktionalen der Informationsmatrix als Optimalitätskriterien für die Versuchsplanung. Andererseits muß die Notwendigkeit der Adäquatheitsprüfung bei der Planung berücksichtigt werden. Daher wird in diesem Fall ein anderes Herangehen an die Problemstellung empfohlen (s. u. a. BOX/HUNTER [1], NALIMOV/ČERNOVA [1]), das im folgenden dargestellt wird.

Als Approximationsansätze werden i. allg. Polynome ersten und zweiten (selten dritten) Grades oder spezielle Polynome k-ten Grades verwendet (›Kap. 5). Die Schätzung wird nach der MKQ bestimmt. An die Kovarianzmatrix bzw. die Varianzfunktion dieser MKQ-Schätzung werden gewisse Bedingungen bezüglich der Größenordnung und Struktur gestellt.

Weiterhin soll der erhaltene Datensatz die Anwendung eines gewählten Entscheidungskriteriums über den Ansatz gestatten (›[5.5]). Wenn dieses Kriterium den Ansatz ablehnt, dann nennen wir den Ansatz *inadäquat* und gehen zu einem anderen Ansatz über. Meist wählt man dann ein Polynom nächsthöheren Grades oder nimmt nur einzelne Polynomterme zum Ansatz hinzu. Es ist sinnvoll, für die Schätzung im neuen Ansatz die bereits erhaltenen Ergebnisse mitzuverwenden. Daraus ergibt sich als Konsequenz die Forderung an den Versuchsplan, daß er als Kern eines Versuchsplanes für den neuen Ansatz (meist ein Polynomansatz nächsthöherer Ordnung) verwendbar ist.

Fassen wir diese Forderungen zusammen:

a) Der Plan soll der Kovarianzmatrix bzw. der Varianzfunktion der MKQ-Schätzung vorgegebene spezielle Eigenschaften und eine gegebene Größenordnung erteilen.

b) Der Plan soll die Anwendung eines gegebenen Entscheidungskriteriums über den Ansatz ermöglichen.

c) Der Plan soll als Kern eines Versuchsplanes für einen neuen Ansatz gegebener Form verwendbar sein.

Von vorrangiger Bedeutung wird dabei a) angesehen, während die Bedeutung von b) und c) vom speziellen praktischen Problem abhängt.

Es wird i. allg. mehr als einen Plan, in der Regel sehr viele Pläne geben, mit denen sich die Forderungen a) bis c) erfüllen lassen. Dann kann man bei der Auswahl des gurchzuführenden Planes selbstverständlich noch *weitere Gesichtspunkte* berücksichtigen.

Oft wachsen die Aufwendungen an Geld, Zeit und Material für die praktische Durchführung des Planes mit dessen Umfang. Dann wird man aus der Menge der Pläne, die die Forderungen a) bis c) erfüllen, z. B. einen Plan mit *möglichst kleinem Umfang* heraussuchen.

Weiterhin kann man fordern, daß alle *Koeffizienten* des Ansatzes *unkorreliert geschätzt* werden. Dies bedeutet, daß die Kovarianzmatrix der MKQ-Schätzung eine Diagonalmatrix ist.

Bezeichnung 2.5.9: Ein Plan $V_n \in V^{(0)}$ heißt *orthogonal*, falls die mit ihm gebildete Matrix $\left(\boldsymbol{F}(V_n)' \boldsymbol{F}(V_n)\right)^{-1}$ eine Diagonalmatrix ist ●

Diese Forderung ist äquivalent zur leichter übersehbaren Forderung $\boldsymbol{F}(V_n)' \boldsymbol{F}(V_n)$ soll eine reguläre Diagonalmatrix sein $\left(\text{d. h. } \det\,(\boldsymbol{F}(V_n)' \boldsymbol{F}(V_n)) > 0\right)$. Die numerische Bestimmung der Schätzung ist in diesem Fall besonders einfach (›Verf. 5.2.4).

Die Varianzfunktion

$$D^2\tilde{\eta}\left(\boldsymbol{x}, \check{\boldsymbol{\vartheta}}(\mathfrak{Y}(V_n))\right) = \sigma^2 \boldsymbol{f}(\boldsymbol{x})' \left(\boldsymbol{F}(V_n)' \boldsymbol{F}(V_n)\right)^{-1} \boldsymbol{f}(\boldsymbol{x}) \tag{2.5.34}$$

hängt i. allg. explizit vom Vektor der Einflußgrößenwerte $\boldsymbol{x}$ ab. Die Varianz der Schätzung für die Wirkungsfläche ist i. allg. also von Beobachtungspunkt zu Beobachtungspunkt verschieden. Für gewisse praktische Probleme, z. B. beim Auftreten des Schätzproblems innerhalb eines Verfahrens zur sequentiellen Bestimmung des Optimums der Wirkungsfläche, ist es sinnvoll, gewisse weitere Eigenschaften von der Varianzfunktion zu verlangen.

Bezeichnung 2.5.10: Ein Plan $V_n \in V^{(0)}$ heißt *drehbar bezüglich* $\boldsymbol{x}_0 \in V$, falls $D^2\tilde{\eta}\left(\boldsymbol{x}, \check{\boldsymbol{\vartheta}}(\mathfrak{Y}(V_n))\right)$ gemäß (2.5.34) eine Funktion allein des Abstandes des Punktes $\boldsymbol{x}$ von $\boldsymbol{x}_0$ ist ●

Dann gibt es also eine Funktion h mit

$$\boldsymbol{f}(\boldsymbol{x})' \left(\boldsymbol{F}(V_n)' \boldsymbol{F}(V_n)\right)^{-1} \boldsymbol{f}(\boldsymbol{x}) = h\left((\boldsymbol{x} - \boldsymbol{x}_0)' (\boldsymbol{x} - \boldsymbol{x}_0)\right) . \tag{2.5.35}$$

Die Funktion h ist konstant auf Hyperkugelschalen um $\boldsymbol{x}_0$, und die Änderung der Varianzfunktion ist in allen Richtungen von $\boldsymbol{x}_0$ aus gleich. Dies ist günstig, wenn man in Abhängigkeit vom Ergebnis der Versuche zu einem anderen Versuchsbereich fortschreiten will, den man bei der Planung der Versuche noch nicht kennt (s. Box/Wilson [1]).

Versuchspläne, die gleichzeitig orthogonal und drehbar sind, gibt es nur für einfache Regressionsansätze. Im allgemeinen muß man sich entsprechend den praktischen Erfordernissen für eine der beiden Forderungen entscheiden.

2.6. Entscheidungstheoretische Fassung des Gesamtproblems

Bereits in [2.1.4] hatten wir das Gesamtproblem der Regression formuliert und durch seine drei Teilprobleme: Wahl des Ansatzes, Wahl der Schätzung und Wahl des Versuchsplanes nach einem gemeinsamen Gütekriterium charakterisiert. Diese Teilprobleme haben wir dann jeweils gesondert behandelt (›[2.2], [2.3.5], [2.4], [2.5.2]). Gütekriterien wurden nur für einige wichtige Spezialfälle betrachtet. Dabei waren wir sowohl auf gewisse Nachteile spezieller in einem Teilproblem möglicher Kriterien gestoßen (›[2.3.5]) als auch auf Möglichkeiten, z. B. bei den Planungskriterien, von Optimalitätseigenschaften der Schätzung auszugehen (›[2.5.2]).

Im folgenden wollen wir nun rückblickend und zusammenfassend das Gesamtproblem als Ganzes darstellen, um die vielfältigen gegenseitigen Abhängigkeiten der Teilprobleme sichtbar zu machen und sinnvolle Gütekriterien für das Gesamtproblem zu diskutieren.

Die mathematische Struktur des Gesamtproblems ist nicht einfach, daher bedienen wir uns der Begriffe der statistischen Entscheidungstheorie (›[1.3]), um für dieses Problem eine besonders klare und überschaubare Darstellung zu erhalten. Dabei wird einerseits die Schwierigkeit sichtbar werden, die eine umfassende Lösung des Problems im allgemeinen Falle zur Zeit noch bietet. Andererseits erhält man die Möglichkeit, für weitere wichtige Spezialfälle zu Ergebnissen zu kommen und vorliegende Verfahrensvorschläge kritisch einzuschätzen und auf ihre Anwendbarkeit in allgemeineren Fällen zu untersuchen.

Zur Formulierung des Entscheidungsproblems (›[1.3]) haben wir zuerst die Menge Z der Zustände der Natur und die Menge A der Aktionen des Statistikers festzulegen.

Der Natur ordnen wir nicht nur die Menge S der möglichen unbekannten Wirkungsflächen η zu, sondern auch eine Menge K von unbekannten Parameterwerten w, so daß durch w und V_n die Verteilung $P_\varepsilon^{(w)}$ des Fehlervektors $\boldsymbol{\varepsilon}(V_n)$ festgelegt wird. Zum Beispiel kann w die unbekannte Varianz σ^2 in der Kovarianzmatrix $\boldsymbol{B}_\varepsilon = \sigma^2 \boldsymbol{I}_n$ sein (›(2.3.17)). Weiterhin erlauben wir, daß der Punkt $\boldsymbol{x}$ des Prognosebereiches, an dem die Schätzung von η benötigt wird, ebenfalls von der Natur gewählt wird. Die Natur wählt also ein Tripel $(\eta, w, \boldsymbol{x})$ aus der Menge $S \times K \times H$ aller möglichen solchen Tripel.

Der Statistiker wählt einen Versuchsplan $V_n \in V^{(0)}$. Falls der Ansatz nicht schon eindeutig im Regressionsmodell festgelegt wurde, hat der Statistiker einen solchen Ansatz $\tilde{S}_{t_0}$ aus einer gegebenen Menge $\{\tilde{S}_t : t \in T\}$ von Ansätzen auszuwählen. Das ist z. B. der Fall, wenn der Schätzung eine Ansatzdiskrimination (›[2.4.1]) vorausgehen muß, oder wenn der Ansatz zusammen mit der Schätzung gewählt werden soll (›[2.4.2]). Schließlich muß der Statistiker eine Funktion $\eta^{(t_0)}$ aus dem gewählten Ansatz $\tilde{S}_{t_0}$ als Schätzung $\hat{\eta}$ für die unbekannte Wirkungsfläche festlegen. Der Statistiker wählt also ein Tripel $(V_n, t, \tilde{\eta}^{(t)})$ aus der Menge $V^{(0)} \times \{\{t\} \times \tilde{S}_t\}_{t \in T}$.

Die Verlustfunktion L (›Bez. 1.3.2) ist damit von den sechs zu wählenden Elementen $\eta \in S$; $w \in K$; $\boldsymbol{x} \in H$ und $V_n \in V^{(0)}$, $t \in T$, $\tilde{\eta} \in \tilde{S}_t$ abhängig, d. h.

$$L(\eta, w, \boldsymbol{x}; V_n, t, \tilde{\eta}) . \tag{2.6.1}$$

Für die Entscheidung wird jedem konkreten Beobachtungsvektor $\boldsymbol{y}(V_n)$ aus dem Stichprobenraum $C(V_n)$ mit einer im allg. von V_n abhängigen *Entscheidungsfunktion* $d_1(\boldsymbol{y}(V_n), Vn)$ (›Bez. 1.3.1) zuerst ein *Ansatz* $\tilde{S}_t$, d. h. ein $t \in T$, zugeordnet. Die Menge der möglichen solchen Entscheidungsfunktionen wird mit $D_1(V_n)$ bezeichnet. In vielen praktischen Fällen wird diese Entscheidungsfunktion als Spezialfall jedoch nicht von V_n abhängen. Sodann wird mit einer zweiten *Entscheidungsfunktion* $d_2(\boldsymbol{y}(V_n), V_n, t)$, die also von der ersten Entscheidung abhängt, jedem $\boldsymbol{y}(V_n) \in C(V_n)$ eine Funktion $\tilde{\eta}^{(t)}$ aus dem gewählten Ansatz $\tilde{S}_t$ als *Schätzung* der unbekannten Wirkungsfläche η zugeordnet. Die Menge der möglichen Entscheidungsfunktionen kann ebenfalls noch vom Versuchsplan V_n abhängen und wird mit $D_2(V_n, t)$ bezeichnet, denn sie hängt auf alle Fälle von t, der vorangegangenen Entscheidung gemäß d_1, ab.

Die Risikofunktion, der im Mittel zu erwartende Verlust bei der Benutzung der Entscheidungsfunktionen, wird nun (›Bez. 1.3.3) durch Erwartungswertbildung erhalten, d. h.

$$R(\eta, w, \boldsymbol{x}; d_1, d_2, V_n) =$$
$$\mathrm{E}_{\mathfrak{Y}(V_n)} L(\eta, w, \boldsymbol{x}; V_n, d_1(\mathfrak{Y}(V_n), V_n), d_2(\mathfrak{Y}(V_n), V_n, d_1(\mathfrak{Y}(V_n), V_n))) . \quad (2.6.2)$$

Durch (2.6.2) lassen sich verschiedene Entscheidungsfunktionen für festes η und w vergleichen, und es läßt sich die Aufgabe formulieren, bezüglich $\eta \in S$ und $w \in K$ gleichmäßig beste Entscheidungsfunktionen zu bestimmen (›Bez. 1.3.4). Da solche Entscheidungsfunktionen i. allg. nicht existieren oder nicht berechnet werden können, geht man auch im vorliegenden Problem zu einem sogenannten *Q-Risiko* (›Bez. 1.3.9)

$$R_Q(d_1, d_2, V_n) = QR(\eta, w, \boldsymbol{x}; d_1, d_2, V_n) \quad (2.6.3)$$

über. So erhält man mit $Q = \sup_{S \times K \times H}$ das sogenannte *Maximalrisiko* und mit $Q = \mathrm{E}_\xi$, wobei ξ eine Zufallsgröße über $S \times K \times H$ mit gegebener a-priori-Verteilung ist, das sogenannte *bayessche Risiko* (›Bez. 1.3.7) und [I/2 und 4]). Das Q-Risiko hängt nicht mehr vom unbekannten Zustand $(\eta, w, \boldsymbol{x})$ der Natur ab und enthält nur noch Argumente, die vom Statistiker gewählt werden müssen, nämlich d_1, d_2 und V_n. Das Q-Risiko (2.6.3) ist in Band 1 [›I/2] Ausgangspunkt theoretischer Untersuchungen.

Gemäß dem allgemeinen Prinzip der Entscheidungstheorie, der Risikominimierung, ergibt sich die Optimierungsaufgabe

$$R_Q(d_1(\cdot, V_n), d_2(\cdot, V_n, d_1), V_n) = \inf_{V_n \in V^{(0)};\ d_1 \in D_1(V_n);\ d_2 \in D_2(V_n,\ d_1)} , \quad (2.6.4)$$

wobei $D_2(V_n, d_1)$ aus $D_2(V_n, t)$ jeweils durch Einsetzen von $d_1(\boldsymbol{y}(V_n))$ entsteht.

Die Funktion R_Q stellt also ein *gemeinsames Gütekriterium* für die Wahl des Ansatzes, der Schätzung und des Versuchsplanes dar. Bei der Festlegung der Verlustfunktion L, des Risikooperators Q und der Mengen $V^{(0)}$, $D_1(V_n)$ und $D_2(V_n, d_1)$ können die praktischen Gegebenheiten des EW-Problems, der Zielsetzung und der weiteren Verwendung der Schätzung bei den Empfehlungen von Sachentscheidungen im Forschungs- oder im Produktionsprozeß berücksichtigt werden. Dieses Kriterium ist also in sachlogischer Beziehung sinn- und bedeutungsvoll und trägt der notwendigen Abwägung von Aufwand und Nutzen der Versuchsdurchführung konsequent Rechnung.

Die genaue Festlegung der Verlustfunktion und des Risikooperators im konkreten Problem erfordert im allgemeinen eine größere Kenntnis der Zusammenhänge des EW-Problems mit ökonomischen und sachlogischen Strukturen als die Formulierung des EW-Problems selbst. Daher wird gegenwärtig nur selten das Problem in der Form (2.6.4) gestellt, obwohl die entsprechenden Kenntnisse bei der Problemformulierung, bei der Deutung der Ergebnisse und bei der Ausarbeitung von Empfehlungen berücksichtigt werden.

Es ist ein Vorzug der entscheidungstheoretischen Fassung des Problems, daß bereits einfache Annahmen über die Eigenschaften der Verlustfunktion zu vernünftigen, praktisch deutbaren Optimalitätsaussagen führen. Zum Beispiel genügt es für gewisse Aussagen anzunehmen, daß die Verlustfunktion irgendeine stetige, monoton wachsende und konvexe Funktion eines Abstandes der beiden Funktionen $\eta \in S$ und $\tilde{\eta} \in \tilde{S}$ ist (›[3.1.2]).

Entsprechend dem speziellen Regressionsmodell und der Aufgabenstellung läßt sich das Optimierungsproblem (2.6.4) in vielfältiger Weise vereinfachen.

a) Ist von vornherein nur ein einziger wahrer oder ein zumindest g_0-adäquater (für hinreichend kleines g_0) Ansatz gegeben, dann hängt die Verlustfunktion (2.6.1) nicht mehr von $t \in T$ ab. Im Risiko (2.6.3) entfällt dann das Argument d_1 und in (2.6.4) die Minimierung über $d_1 \in D_1(V_n)$, bei d_2 wird nur über eine Menge $D(V_n)$ minimiert (›[I/2.3.2]).

Beispiel 2.6.1: Es liege ein wahrer linearer Ansatz $\tilde{S}$ mit

$$\tilde{\eta}(\boldsymbol{x}, \boldsymbol{\vartheta}) = \boldsymbol{f}(\boldsymbol{x})' \boldsymbol{\vartheta}$$

vor, und es soll $\eta(\boldsymbol{x})$ für $\boldsymbol{x} \in H$ durch $d_2(\boldsymbol{y}, \boldsymbol{x}) =: \hat{\eta}(\boldsymbol{x}, \boldsymbol{y})$ geschätzt werden. Es sei weiter $w = \sigma^2$, und es liege die spezielle Verlustfunktion

$$L(\eta, w, \boldsymbol{x}; V_n, d_1, d_2) = (\eta(\boldsymbol{x}) - \hat{\eta}(\boldsymbol{x}, \boldsymbol{y}))^2$$

zugrunde (diese Verlustfunktion hängt also nicht von w, V_n und d_1 ab). Für die MKQ-Schätzung

$$d_2^*(\boldsymbol{y}, \boldsymbol{x}) = \check{\eta}(\boldsymbol{x}, \boldsymbol{y}) = \boldsymbol{f}(\boldsymbol{x})' [\boldsymbol{F}(V_n)' \boldsymbol{F}(V_n)]^{-1} \boldsymbol{F}(V_n)' \boldsymbol{y}$$

ergibt sich dann als Risiko

$$R(\eta, w, \boldsymbol{x}; d_1, d_2^*, V_n) = \mathrm{E}(\eta(\boldsymbol{x}) - \check{\eta}(\boldsymbol{x}, \boldsymbol{\mathfrak{y}}(V_n)))^2 = \sigma^2 \boldsymbol{f}(\boldsymbol{x})' [\boldsymbol{F}(V_n)' \boldsymbol{F}(V_n)]^{-1} \boldsymbol{f}(\boldsymbol{x}) ,$$

d. h. gerade die Varianzfunktion (2.3.34).

b) Soll andererseits die Untersuchung nur zur Auswahl eines wahren oder eines zumindest g_0-adäquaten Ansatzes dienen, ohne daß gleichzeitig eine Schätzung der unbekannten Wirkungsfläche nötig ist, dann kann in der Verlustfunktion das Argument $\tilde{\eta}$ entfallen. Entsprechend taucht dann d_2 in (2.6.3) und (2.6.4) nicht mehr auf (›[I/2.3.3]).

c) Die Abhängigkeit der Verlustfunktion vom Plan V_n läßt sich häufig über die Einschätzung der Versuchsaufwendungen nach Zeit, Material und Geräten, zusammenfassend als *Kosten* bezeichnet, interpretieren und einschätzen. In manchen Fällen gelingt es, die Verlustfunktion aufzuspalten,

$$L(\eta, w, \boldsymbol{x}; V_n, t, \tilde{\eta}) = \tilde{L}(\eta, w, \boldsymbol{x}; t, \tilde{\eta}) + c(V_n) , \tag{2.6.5}$$

wobei $c(V_n)$ eine gegebene Kostenfunktion darstellt, die die Kosten für die Durchführung des Planes V_n im Maßstab der Verlustfunktion angibt. Diese Kostenfunktion kann auch noch von den weiteren Argumenten von L abhängig angenommen werden.

Einen solchen Zugang über die Aufspaltung der Verlustfunktion benutzte z. B. Wald [1]. Eine Schwierigkeit für die praktische Anwendung dieses Zugangs besteht darin, einen gemeinsamen Maßstab für die Verlustfunktion $\tilde{L}$ und die Kostenfunktion c festzulegen, wenn z. B. $\tilde{L}$ ein Varianzausdruck ist und die Kosten in einer Währungseinheit angegeben sind.

Gelingt die Begründung einer Aufspaltung der Form (2.6.5) nicht, sollen aber die unterschiedlichen Kosten für die Durchführung der Versuchspläne $V_n \in V^{(0)}$ berücksichtigt werden, dann bietet sich als Alternative zu (2.6.5) die folgende an:

$$\tilde{R}_Q(d_1, d_2) \stackrel{!}{=} \min_{d_1 \in D_1(V_n),\, d_2 \in D_2(V_n, d_1)} \tag{2.6.6}$$

unter der Nebenbedingung

$$c(V_n) \leqq c_0 \,. \tag{2.6.7}$$

Dabei entsteht $\tilde{R}_Q$ aus der von V_n unabhängigen Verlustfunktion $\tilde{L}$ gemäß (2.6.5), und c_0 ist eine vorgeschriebene Kostenschranke. Diese Auffassung werden wir beim Problem der kostenoptimalen Versuchsplanung benutzen.

Denkbar ist auch die Betrachtung des zu (2.6.6) und (2.6.7) dualen Problems

$$c(V_n) \stackrel{!}{=} \min_{V_n \in V^{(0)}} \tag{2.6.8}$$

unter der Nebenbedingung

$$\tilde{R}_Q(d_1, d_2) \leqq R_0 \,. \tag{2.6.9}$$

Dabei ist R_0 eine vorgegebene Schranke für das Q-Risiko. Überlegungen dieser Art lassen sich z. B. bei der Wahl des Planumfanges n verwenden, wenn eine Mindestgenauigkeit für die Schätzung erforderlich ist (›Verf. 4.1.8).

2.7. Sequentielle Verfahren

2.7.1. Charakteristik des sequentiellen Vorgehens

Für die wissenschaftlich-experimentelle Arbeit ist ein Vorgehen in Stufen charakteristisch. Ausgehend von vorhandenen Vorkenntnissen und Annahmen werden Versuche geplant und durchgeführt. Dann wird entschieden, a) ob die durch die Vorkenntnisse und die Versuchsergebnisse vorliegenden Kenntnisse ausreichen, um eine endgültige Entscheidung über das behandelte Problem zu treffen, oder b) ob weitere Versuche nötig sind. Bei der Schätzung der Wirkungsfläche könnte das z. B. die Frage sein, ob die Schätzung bereits mit der geforderten Mindestgenauigkeit erfolgen kann. Hat man sich für die Fortführung der experimentellen Untersuchung entschieden, müssen neue Versuche geplant und durchgeführt werden, und von neuem erhebt sich dann die Frage, ob nun die Kenntnisse für eine endgültige Entscheidung ausreichen usw.

Für den mathematischen Charakter der auftretenden Probleme ist es von entscheidender Bedeutung, ob die jeweils neu erhaltenen Versuchsergebnisse für die Entscheidung über die Fortführung der Untersuchung und für die Planung der weiteren Versuche herangezogen werden. Ist dies der Fall, dann wollen wir das Vorgehen *sequentiell* nennen, wenn nicht, dann wollen wir von *iterativem* Vorgehen sprechen. Ein Vorgehen kann auch in der einen Hinsicht sequentiell und in der anderen iterativ sein. Wenn z. B. die Entscheidung, ob weitere Versuche nötig sind, auch die jeweils neu erhaltenen Versuchsergebnisse berücksichtigt, jedoch die Planung der weiteren Versuche ohne Rücksicht auf diese Versuchsergebnisse erfolgt, dann handelt es sich um ein sequentielles Vorgehen mit iterativer Versuchsplanung. Im weiteren wollen wir das sequentielle Vorgehen weiter betrachten, das iterative Vorgehen läßt sich gegebenenfalls als (einfacher) Spezialfall des sequentiellen deuten.

Die Entscheidung über die Fortsetzung (entsprechend b)) oder den Stop (entsprechend a)) eines sequentiellen Vorgehens wird durch eine *Stoppregel* getroffen, die jedem möglichen Versuchsergebnis, in Abhängigkeit von den Vorkenntnissen, den Wert 1 (Fortsetzung) oder 0 (Stop) zuordnet.

Wenn sich der Statistiker für den Stop entschieden hat, wird er seine endgültige Entscheidung in Abhängigkeit von den Vorkenntnissen und den Versuchsergebnissen fällen (z. B. einen Schätzwert $\hat{\eta}$ für η angeben). Die Entscheidungsfunktion, mit der dies geschieht, wollen wir *Endentscheidungsregel* nennen.

Wenn sich der Statistiker dagegen zur Fortsetzung entschlossen hat, dann nimmt er die Versuchsergebnisse in seine Vorkenntnisse auf und plant damit neue Versuche für eine weitere Stufe seiner Arbeit. Das Kriterium, nach dem die Versuche für diese folgende Stufe geplant werden, nennen wir *Auswahlregel.*

Alle drei Regeln sind Funktionen der Versuchsergebnisse und führen jeweils zu einer Auswahl einer Entscheidung, sie sind also *Entscheidungsfunktionen.*

Bezeichnung 2.7.1: Die Auswahl eines Versuchsplanes gemäß einer Auswahlregel, seine Durchführung, die Anwendung einer Stoppregel auf diese Versuchsergebnisse und gegebenenfalls die Anwendung einer Endentscheidungsregel darauf bilden eine *Stufe des sequentiellen Vorgehens* ●

Diese Stufen werden in ihrer Reihenfolge numeriert. Auf der ersten Stufe erfolgt die Auswahl des Versuchsplanes anhand der Vorkenntnisse ebenfalls nach einer Auswahlregel. Die Regeln werden natürlich von der Stufe abhängen, auf der sie angewandt werden. Wir bezeichnen die Auswahlregeln mit γ_i; $i = 1, 2, \ldots$; die Stoppregeln mit φ_i; $i = 1, 2, \ldots$; und die Endentscheidungsregeln mit d_i; $i = 1, 2, \ldots$

In Abhängigkeit von den Vorkenntnissen und den Versuchsergebnissen bis zur $(i - 1)$-ten Stufe wählt γ_i einen Versuchsplan V_{n_i} aus einer Menge $V_i^{(0)}$ von Versuchsplänen. Dieser Plan wird durchgeführt. Dann erfolgt die Stoppentscheidung durch φ_i in Abhängigkeit von den Vorkenntnissen und den Versuchsergebnissen bis einschließlich der i-ten Stufe und gegebenenfalls wird dann die Endentscheidungsregel d_i angewandt. Anderenfalls wird mit γ_{i+1} der neue Plan $V_{n_{i+1}}$ bestimmt usw.

Die analytische Fassung des gesamten Verfahrens ist ziemlich kompliziert und in [I/2.4] gegeben.

Zur Entscheidung werden im sequentiellen Fall drei Folgen von Entscheidungsregeln $\{\gamma_i\}_{i=1,2,\ldots}$; $\{\varphi_i\}_{i=1,2,\ldots}$; $\{d_i\}_{i=1,2,\ldots}$ benötigt, da ja i. allg. nicht vorher bekannt ist, auf welcher Stufe das Verfahren abgebrochen wird. Die Abbruchstufenzahl ist eine Zufallsgröße und auch die ausgewählten Versuchspläne hängen von den Versuchsergebnissen ab und werden damit Zufallsvariable.

Eine Optimierung, nach der alle drei Entscheidungsregelfolgen auf allen Stufen gleichzeitig nach einem gemeinsamen Kriterium gefunden werden müßten, hätte darüberhinaus auch noch diesen stochastischen Charakter der Stufenanzahl und der Versuchspläne zu berücksichtigen. Diese Optimierung wird noch nicht beherrscht. Die bisher bekannten Ergebnisse wurden unter sehr starken Einschränkungen an das Problem und unter vereinfachenden Annahmen gefunden.

2.7.2. Bedeutung der Kostenfunktion

Für das sequentielle Vorgehen gewinnt der Kostenaspekt eine große Bedeutung. Entsprechend der Darstellung (2.6.5) nehmen wir an, daß eine Aufspaltung der Verlustfunktion für die i-te Stufe möglich ist, d. h.

$$L(\eta, w, x; V_{n_1}, \dots, V_{n_i}, t, \tilde{\eta}) = \tilde{L}(\eta, w, x; t, \tilde{\eta}) + c(V_{n_1}, \dots, V_{n_i}) . \quad (2.7.1)$$

Dabei sei $\tilde{L}$ von den Plänen unabhängig. Die Funktion $c(V_{n_1}, \dots, V_{n_i})$ gebe die Kosten an, die entstehen, wenn auf der entsprechenden Stufe jeweils der Plan $V_{n_j}; j = 1, \dots, i$; verwendet wird.

Wenn die Kostenfunktion nur von der Summe der Pläne (↗(2.5.12))

$$\tilde{V}_{\tilde{n}_i} = \sum_{j=1}^{i} V_{n_j} \quad \text{mit } \tilde{n}_i = \sum_{j=1}^{i} n_j \quad (2.7.2)$$

abhängt, dann bedeutet dies, daß bei der Unterbrechung des Verfahrens nach der Durchführung eines Planes zur Auswertung der Ergebnisse und zur Bestimmung eines neuen Planes *keine zusätzlichen* Kosten entstehen. Das wäre z. B. *nicht* der Fall, wenn dabei Wartezeiten auftreten oder wenn die Stufen durch natürliche Einschnitte, z. B. Generationszeiten, Chargenzyklen, o. ä., gegeben sind.

Es ist verständlich und läßt sich auch beweisen (↗I/Satz 2.4.1), daß man ohne solche Unterbrechungskosten nur noch sequentielle Verfahren zu betrachten hat, die auf jeder Stufe genau *einen* neuen Versuchspunkt, d. h. einen sogenannten *Einpunktplan*, auswählen. Müssen jedoch Unterbrechungskosten berücksichtigt werden, dann entsteht das Problem der Auswahl der Umfänge für die Pläne auf den einzelnen Stufen. Bemerkungen und einige Ergebnisse zu diesem komplizierten Problem findet man bei EHRENFELD [2] und HOHMANN [2].

Ist die Durchführung *jedes* Versuches mit gewissen Kosten verbunden, dann wird es eine Stufe i geben, auf der die Kosten für die Durchführung jeder Summe von Plänen V_{n_i} die zur Verfügung stehenden Mittel übersteigen. Das Verfahren müßte dann spätestens und ohne Rücksicht auf die Versuchsergebnisse auf dieser Stufe abgebrochen werden, d. h.

$$\varphi_i \equiv 0 . \quad (2.7.3)$$

Solche Verfahren, bei denen für eine gewisse Stufe i die Stoppregel identisch Null ist (wie in (2.7.3)), nennt man *abgeschnittene Verfahren*. Sie bieten für ihre Behandlung gewisse Vorteile gegenüber dem allgemeinen Fall. Es ist prinzipiell möglich, unter ihnen ein optimales Verfahren zu finden, das das Risiko minimiert. Jedoch ist die Lösung des entsprechenden numerischen Problems, vor allem bei großem i, häufig nicht praktikabel (s. EHRENFELD [2], HECKENDORFF [1]).

3. Schätzungen im Regressionsmodell

Wie im Kap. 2 (›(2.1.8)) gehen wir von der Modellvorstellung aus, daß für einen bestimmten Einflußgrößenvektor $\boldsymbol{x} = (x_1, \dots, x_k)'$ die beobachtbare Wirkung $\mathfrak{Y}(\boldsymbol{x})$ eine Zufallgröße ist, die um die Wirkungsfläche $\eta(\boldsymbol{x})$ schwankt:

$$\mathfrak{Y}(\boldsymbol{x}) = \eta(\boldsymbol{x}) + \varepsilon(\boldsymbol{x}); \qquad \mathrm{E}\varepsilon(\boldsymbol{x}) = 0 . \tag{3.1.1}$$

Auf Grund von Beobachtungen von $\mathfrak{Y}(\boldsymbol{x})$, d. h. auf Grund einer Stichprobe $y(\boldsymbol{x}_1) = y_1, \dots, y(\boldsymbol{x}_n) = y_n$ kann man Aussagen über $\eta(\boldsymbol{x})$ treffen, z. B. Punktschätzungen angeben oder Tests durchführen.

Wir nehmen in diesem Kapitel an, daß ein Ansatz $\tilde{S} = \{\tilde{\eta}(\boldsymbol{x}, \boldsymbol{\vartheta}) : \boldsymbol{x} \in B\}_{\vartheta \in \Theta}$ für die Wirkungsfläche η vorliegt (der sich z. B. durch Überlegungen gemäß [2.2] oder nach einem Verfahren aus Kap. 6 ergeben haben kann). Wir wollen uns für Punktschätzungen des unbekannten Parameters $\boldsymbol{\vartheta}$ (bzw. für Punktschätzungen für Funktionen $\boldsymbol{\psi}(\boldsymbol{\vartheta})$ von $\boldsymbol{\vartheta}$) interessieren. Die Funktion $\boldsymbol{\psi}(\boldsymbol{\vartheta})$ kann z. B. die Ansatzfunktion selbst sein (setze $\boldsymbol{\psi}(\boldsymbol{\vartheta}) = \tilde{\eta}(\boldsymbol{x}, \boldsymbol{\vartheta})$), oder aber auch eine andere, vom Ansatz abgeleitete Größe. Wichtig ist in manchen Fällen z. B. eine Schätzung des Gradienten der Ansatzfunktion an einer bestimmten Stelle $\boldsymbol{x}_0$. Dann setze man z. B.

$$\boldsymbol{\psi}(\boldsymbol{\vartheta}) = \mathrm{grad}_{\boldsymbol{x}}\, \tilde{\eta}(\boldsymbol{x}, \boldsymbol{\vartheta})|_{\boldsymbol{x}=\boldsymbol{x}_0} .$$

Je nach der Struktur von $\tilde{\eta}$, der Verteilung der Fehler $\varepsilon(\boldsymbol{x})$ und eventuell vorhandener Vorkenntnisse wird man auf verschiedene geeignete Schätzverfahren geführt. Eine optimale Versuchsplanung kann immer nur für ein konkretes statistisches Verfahren, hier also für ein bestimmtes Schätzverfahren, durchgeführt werden. Es ist daher das Ziel dieses Kapitels, für verschiedene Gegebenheiten geeignete Schätzverfahren vorzustellen. All diesen Situationen liegt zunächst ein beliebiger (festgehaltener) i. allg. nicht optimaler Versuchsplan zugrunde (s. dazu die Trennsätze in [I/2]). Die Bestimmung optimaler Versuchspläne für die meisten dieser Schätzverfahren wird in Kap. 4 erfolgen.

Solange es nur um die Schätzproblematik (und, wie in diesem Kapitel, noch nicht um Versuchsplanung) geht, ist es ohne Belang, ob die Einflußgrößen einstellbar sind (›Bez. 2.1.6) oder nicht. Wir werden i. allg. davon ausgehen, daß die Einflußgrößen determiniert sind (›Bez. 2.1.4), die verschiedenen Schätzverfahren sind jedoch (mit dann allerdings veränderten statistischen Eigenschaften) auch durchführbar, falls die Einflußgrößen oder ein Teil davon beobachtbare stochastische Einflußgrößen sind (›Aussage 3.1.7).

Im gesamten Kapitel wird große Aufmerksamkeit auf die numerischen Aspekte der verschiedenen Schätzverfahren gelegt. Für viele Schätzungen werden geeignete Verfahren zu ihrer numerischen Bestimmung angegeben.

Im folgenden Generalverfahren formulieren wir die Grundaufgabe dieses Kapitels und geben gleichzeitig eine Orientierungshilfe für Kap. 3.

GENERALVERFAHREN (Schätzung im Regressionsmodell):

1. **Gegebene Größen:** a) Regressionsansatz

$$\tilde{S} = \{\tilde{\eta}(\boldsymbol{x}, \boldsymbol{\vartheta}) : \boldsymbol{x} \in B \subseteq \mathrm{R}^k\}_{\vartheta \in \Theta \subseteq \mathrm{R}^r}.$$

b) Versuchsplan und -ergebnisse: $V_n = (\boldsymbol{x}_1, \dots, \boldsymbol{x}_n)$, $\boldsymbol{y}(V_n) = (y(\boldsymbol{x}_1), \dots, y(\boldsymbol{x}_n))'$.

c) Eventuell Vorkenntnisse oder Zusatzinformationen über $\boldsymbol{\vartheta}$ bzw. $\eta(\boldsymbol{x})$.

d) Eventuell Kenntnisse über die Wahrscheinlichkeitsverteilung des Beobachtungsvektors $\mathfrak{Y}(V_n)$ (z. B. Kenntnis des Verteilungstyps, der Kovarianzmatrix $\boldsymbol{B}_{\mathfrak{Y}(V_n)}$ oder ähnliches).

2. **Aufgabe:** Schätzen von $\boldsymbol{\vartheta}$ oder einer davon linear abhängigen Größe $\boldsymbol{\psi}(\boldsymbol{\vartheta})$.

3. **Bezeichnungen:** $\hat{\boldsymbol{\vartheta}}(\boldsymbol{y}(V_n))$ Schätzwert für $\boldsymbol{\vartheta}$, $\hat{\boldsymbol{\psi}}(\boldsymbol{y}(V_n))$ Schätzwert für $\boldsymbol{\psi}(\boldsymbol{\vartheta})$.

4. **Voraussetzungen:** a) Die Untersuchungen darüber, ob $\tilde{S}$ wahr oder nur adäquat ist, sind abgeschlossen, d. h. man weiß, ob man $\tilde{S}$ als wahr oder nur als adäquat für ein geeignetes g_0 (›Bez. 2.2.5) betrachten kann.

b) Weitere Voraussetzungen spezieller Natur (z. B. über Regularität gewisser Matrizen oder ähnliches).

5. **Lösung:** Wähle aus Kap. 3 ein Schätzverfahren für $\boldsymbol{\vartheta}$ bzw. $\boldsymbol{\psi}(\boldsymbol{\vartheta})$, das den im konkreten Sachverhalt gegebenen Größen und erfüllten Voraussetzungen am besten entspricht und berechne (nötigenfalls mit einem geeigneten numerischen Verfahren) den Schätzwert $\hat{\boldsymbol{\vartheta}}(\boldsymbol{y}(V_n))$ bzw. $\hat{\boldsymbol{\psi}}(\boldsymbol{y}(V_n))$. Benutze dazu als Orientierungshilfe das Verzeichnis der Verfahren und die folgenden Hinweise:

a) Schätzverfahren bei wahrem linearem Ansatz ohne weitere Zusatzinformationen gliedern sich in Verfahren nach der Methode der kleinsten Quadrate (MKQ) (›Verf. 3.1.1, Verf. 3.1.2, Verf. 3.1.8, Verf. 3.1.10, Verf. 3.2.1) und Alternativen zur MKQ (›Verf. 3.4.1, Verf. 3.4.2, Verf. 3.4.3, Verf. 3.4.4, Verf. 3.4.6, Verf. 3.4.8, Verf. 3.5.9).

b) Bei wahrem linearem Ansatz mit Zusatzinformationen über $\boldsymbol{\vartheta}$ s. Verf. 3.3.1, Verf. 3.3.2, Verf. 3.3.3, Verf. 3.3.4, Verf. 3.3.5, Verf. 3.3.7, Verf. 3.3.9.

c) Mit Verf. 3.5.1, Verf. 3.5.2, Verf. 3.5.7, Verf. 3.5.8, Verf. 3.5.9 sind Schätzungen in wahren nichtlinearen Ansätzen möglich.

d) Falls der vorliegende Ansatz nicht wahr, sondern bestenfalls adäquat erscheint, dann s. Verf. 3.6.1 und Verf. 3.6.2●

Die konkrete Auswahl eines Schätzverfahrens geschieht unter Beachtung der speziellen Gegebenheiten, die in einem Generalverfahren nur verschwommen dargestellt werden können (s. z. B. Punkt 1.d) und Punkt 4.b)), aber in den jeweiligen Abschnitten dieses Kapitels ausführlich behandelt werden. So spielen z. B. die Kovarianzstruktur der Beobachtungen, die Regularität der Versuchsplanmatrix oder die Frage, inwieweit Ausreißer in der Schätzung Beachtung finden sollen, eine entscheidende Rolle bei der Auswahl eines Schätzverfahrens. Oder es wird für die Auswahl eines Verfahrens entscheidend sein, in welcher Weise Vorkenntnisse über $\boldsymbol{\vartheta}$ vorliegen.

Durch die Hinweise 5.a) bis 5.d) sind nicht alle möglichen Schätzprobleme im Regressionsmodell erfaßt. So fehlen z. B. Verfahren zur Schätzung bei adäquatem nichtlinearem Ansatz bzw. bei adäquatem Ansatz mit Vorkenntnissen. In diesen Fällen gibt es noch keine dem Modell gerecht werdenden praktikablen Verfahren. Man hilft sich dann notgedrungen so, daß man in solchen Fällen ein entsprechendes für wahren Ansatz angegebenes Verfahren benutzt. D. h. alle angegebenen Schätzverfahren sind nötigenfalls auch im Falle nur adäquater Ansätze als heuristische Verfahren zu verwenden. Die im Falle wahrer Ansätze geltenden Eigenschaften dieser Verfahren sind dann allerdings i. allg. nicht erfüllt.

3.1. Methode der kleinsten Quadrate bei wahrem linearem Ansatz

Aus (2.1.17) wissen wir, daß ein Regressionsansatz eine r-parametrige Schar von Funktionen auf einem (für das praktische Problem interessierenden) Bereich B von Einflußgrößen ist:

$$\tilde{S} = \{\tilde{\eta}(\boldsymbol{x}, \boldsymbol{\vartheta}) : \boldsymbol{x} \in B\}_{\boldsymbol{\vartheta} \in \Theta}; \quad \Theta \subseteq \mathrm{R}^r,\ B \subseteq \mathrm{R}^k\,. \tag{3.1.2}$$

Wir setzen in [3.1] bis [3.4] voraus, daß $\tilde{S}$ wahr und linear ist (›Bez. 2.2.1 und Bez. 2.2.2), d. h. daß die tatsächlich zugrundeliegende unbekannte Wirkungsfläche in $\tilde{S}$ liegt, und daß $\tilde{\eta}(\boldsymbol{x}, \boldsymbol{\vartheta})$ eine lineare Funktion von $\boldsymbol{\vartheta}$ ist:

$$\tilde{\eta}(\boldsymbol{x}, \boldsymbol{\vartheta}) = \boldsymbol{f}(\boldsymbol{x})'\,\boldsymbol{\vartheta} = \sum_{i=1}^{r} f_i(\boldsymbol{x})\,\vartheta_i\,.$$

Voraussetzung 3.1.1: Der Regressionsansatz $\tilde{S}$ sei wahr und linear •

Dann erhalten wir für $\mathfrak{Y}(\boldsymbol{x})$ aus (3.1.1) die Darstellung

$$\mathfrak{Y}(\boldsymbol{x}) = \boldsymbol{f}(\boldsymbol{x})'\,\boldsymbol{\vartheta} + \varepsilon(\boldsymbol{x})\,, \quad \mathrm{E}\varepsilon(\boldsymbol{x}) = 0\,. \tag{3.1.3}$$

Um $\boldsymbol{\vartheta}$ oder Funktionen von $\boldsymbol{\vartheta}$ zu schätzen, beobachtet man in den Punkten $\boldsymbol{x}_i \in V \subseteq B$ eines konkreten Versuchsplanes $V_n = (\boldsymbol{x}_1, \dots, \boldsymbol{x}_n)$ die Realisierung $y(\boldsymbol{x}_i) = y_i$ der Zufallsgröße $\mathfrak{Y}(\boldsymbol{x}_i)$; $i = 1, \dots, n$; $n \geqq r$:

$$\mathfrak{Y}(\boldsymbol{x}_1) = \boldsymbol{f}(\boldsymbol{x}_1)'\,\boldsymbol{\vartheta} + \varepsilon(\boldsymbol{x}_1), \dots, \mathfrak{Y}(\boldsymbol{x}_n) = \boldsymbol{f}(\boldsymbol{x}_n)'\,\boldsymbol{\vartheta} + \varepsilon(\boldsymbol{x}_n)\,. \tag{3.1.4}$$

Mit

$$\boldsymbol{\mathfrak{Y}}(V_n) = \big(\mathfrak{Y}(\boldsymbol{x}_1), \dots, \mathfrak{Y}(\boldsymbol{x}_n)\big)'; \quad \boldsymbol{\varepsilon}(V_n) = \big(\varepsilon(\boldsymbol{x}_1), \dots, \varepsilon(\boldsymbol{x}_n)\big)';$$

$$\boldsymbol{F}(V_n) = \begin{pmatrix} f_1(\boldsymbol{x}_1) & \dots & f_r(\boldsymbol{x}_1) \\ \vdots & & \vdots \\ f_1(\boldsymbol{x}_n) & \dots & f_r(\boldsymbol{x}_n) \end{pmatrix} = \big(\boldsymbol{f}(\boldsymbol{x}_1), \dots, \boldsymbol{f}(\boldsymbol{x}_n)\big)' \tag{3.1.5}$$

kann man für (3.1.4) auch schreiben (›(2.2.12))

$$\boldsymbol{\mathfrak{Y}}(V_n) = \boldsymbol{F}(V_n)\,\boldsymbol{\vartheta} + \boldsymbol{\varepsilon}(V_n)\,. \tag{3.1.6}$$

Die Schätzung für $\boldsymbol{\vartheta}$ nach der Methode der kleinsten Quadrate (MKQ) erhält man im Falle $\Theta = \mathrm{R}^r$ als Lösung der Aufgabe (›(2.3.6))

$$\sum_{i=1}^{n} (y_i - \boldsymbol{f}(\boldsymbol{x}_i)'\,\boldsymbol{\vartheta})^2 = (\boldsymbol{y} - \boldsymbol{F}(V_n)\,\boldsymbol{\vartheta})'\,(\boldsymbol{y} - \boldsymbol{F}(V_n)\,\boldsymbol{\vartheta}) \overset{!}{=} \inf_{\boldsymbol{\vartheta} \in \mathrm{R}^r}\,. \tag{3.1.7}$$

Der MKQ-Schätzwert $\check{\boldsymbol{\vartheta}}(\boldsymbol{y})$ ist also ein solcher Parameterwert, bei dem für alle anderen $\boldsymbol{\vartheta} \in \mathrm{R}^r$ gilt

$$(\boldsymbol{y} - \boldsymbol{F}(V_n)\,\check{\boldsymbol{\vartheta}}(\boldsymbol{y}))'\,(\boldsymbol{y} - \boldsymbol{F}(V_n)\,\check{\boldsymbol{\vartheta}}(\boldsymbol{y})) \leqq (\boldsymbol{y} - \boldsymbol{F}(V_n)\,\boldsymbol{\vartheta})'\,(\boldsymbol{y} - \boldsymbol{F}(V_n)\,\boldsymbol{\vartheta})\,.$$

Wir verweisen an dieser Stelle auf [2.3.1], insbesondere auf (2.3.2) bis (2.3.4), wo noch weitere von (3.1.7) verschiedene Approximationskriterien für die Konstruktion einer Schätzung für $\boldsymbol{\vartheta}$ angegeben worden sind und wo die Unterschiede zwischen Fitting und Schätzen herausgearbeitet wurden. Dem MKQ-Prinzip wird dabei gegenüber den anderen Prinzipien häufig der Vorzug gegeben, weil man sich dann neben der einfacheren Berechenbarkeit von MKQ-Schätzungen über viele optimale statistische Eigenschaften dieser Schätzung im klaren ist. Auf Schätzungen für $\boldsymbol{\vartheta}$, die auf den Approximationsprinzipien (2.3.3) und (2.3.4) beruhen, wird in [3.4.3] eingegangen.

3.1.1. MKQ-Schätzung im regulären Fall

Die Extremalaufgabe (3.1.7) wird durch Differentiation nach $\boldsymbol{\vartheta}$ und Nullsetzen des Gradienten in das Normalgleichungssystem (›(2.3.28))

$$\boldsymbol{F}(V_n)'\,\boldsymbol{F}(V_n)\,\check{\boldsymbol{\vartheta}}(\boldsymbol{y}) = \boldsymbol{F}(V_n)'\,\boldsymbol{y} \tag{3.1.8}$$

überführt. Die Größe $\check{\boldsymbol{\vartheta}}(\boldsymbol{y})$ ist genau dann MKQ-Schätzwert für $\boldsymbol{\vartheta}$, wenn $\check{\boldsymbol{\vartheta}}(\boldsymbol{y})$ Lösung des Normalgleichungssystems ist. Falls die Versuchsplanmatrix $\boldsymbol{F}(V_n)$ von vollem Rang ist, d. h. wenn $\operatorname{Rg}\boldsymbol{F}(V_n) = r$ gilt, spricht man vom regulären Fall (›Bez. A.1.5). Dann ist das Normalgleichungssystem eindeutig nach $\check{\boldsymbol{\vartheta}}(\boldsymbol{y})$ auflösbar, und es ergibt sich als MKQ-Schätzwert für $\boldsymbol{\vartheta}$ bzw. für die unbekannte Wirkungsfläche $\eta(\boldsymbol{x}) = \boldsymbol{f}(\boldsymbol{x})'\,\boldsymbol{\vartheta} = \tilde{\eta}(\boldsymbol{x}, \boldsymbol{\vartheta})$

$$\left.\begin{aligned} \check{\boldsymbol{\vartheta}}(\boldsymbol{y}) &= \left(\boldsymbol{F}(V_n)'\,\boldsymbol{F}(V_n)\right)^{-1}\boldsymbol{F}(V_n)'\,\boldsymbol{y}\,,\\ \check{\eta}(\boldsymbol{x},\boldsymbol{y}) &= \boldsymbol{f}(\boldsymbol{x})'\,\check{\boldsymbol{\vartheta}}(\boldsymbol{y}) = \tilde{\eta}(\boldsymbol{x}, \check{\boldsymbol{\vartheta}}(\boldsymbol{y}))\,. \end{aligned}\right\} \tag{3.1.9}$$

Zusammenfassend ergibt sich folgendes Verfahren:

VERFAHREN 3.1.1 (MKQ regulär):

1. **Gegebene Größen:** a) Wahrer Regressionsansatz $\tilde{S}$ mit

$$\tilde{\eta}(\boldsymbol{x}, \boldsymbol{\vartheta}) = \boldsymbol{f}(\boldsymbol{x})'\,\boldsymbol{\vartheta};\quad \boldsymbol{x} \in B \subseteq \mathrm{R}^k,\ \boldsymbol{\vartheta} \in \mathrm{R}^r\,.$$

b) Versuchsplan und -ergebnisse: $V_n = (\boldsymbol{x}_1, \ldots, \boldsymbol{x}_n)$, $\boldsymbol{y} = (y_1, \ldots, y_n)'$.

2. **Aufgabe:** Schätze $\boldsymbol{\vartheta}$ bzw. $\tilde{\eta}(\boldsymbol{x}, \boldsymbol{\vartheta})$ nach der MKQ.

3. **Bezeichnung:** $\boldsymbol{F}(V_n) = \left(\boldsymbol{f}(\boldsymbol{x}_1), \ldots, \boldsymbol{f}(\boldsymbol{x}_n)\right)'$.

4. **Voraussetzungen:** $n \geqq r$, $\operatorname{Rg}\boldsymbol{F}(V_n) = r$.

5. **Lösung:** $\check{\boldsymbol{\vartheta}}(\boldsymbol{y}) = \left(\boldsymbol{F}(V_n)'\,\boldsymbol{F}(V_n)\right)^{-1}\boldsymbol{F}(V_n)'\,\boldsymbol{y}$, $\quad\check{\eta}(\boldsymbol{x}, \boldsymbol{y}) = \boldsymbol{f}(\boldsymbol{x})'\,\check{\boldsymbol{\vartheta}}(\boldsymbol{y}) = \tilde{\eta}(\boldsymbol{x}, \check{\boldsymbol{\vartheta}}(\boldsymbol{y}))$ ●

Beispiel 3.1.1:

1. a) $\tilde{\eta}(\boldsymbol{x}, \boldsymbol{\vartheta}) = \vartheta_0 + \vartheta_1 x_1 + \vartheta_2 x_2$; $0 \leqq x_1 \leqq 1$, $0 \leqq x_2 \leqq 1$, $\boldsymbol{\vartheta} = (\vartheta_0, \vartheta_1, \vartheta_2)' \in \mathrm{R}^3$.

b) $V_4 = \left(\begin{pmatrix}1\\1\end{pmatrix}, \begin{pmatrix}1\\0\end{pmatrix}, \begin{pmatrix}0\\1\end{pmatrix}, \begin{pmatrix}0\\0\end{pmatrix}\right)$; $\quad \boldsymbol{y} = (1, -1, 3, 4)'$.

3. $\boldsymbol{F}(V_4) = \begin{pmatrix}1 & 1 & 1\\ 1 & 1 & 0\\ 1 & 0 & 1\\ 1 & 0 & 0\end{pmatrix}$.

4. $n = 4 > 3 = r$, $\operatorname{Rg}\boldsymbol{F}(V_4) = 3$.

5. $\left(F(V_4)'\,F(V_4)\right)^{-1} = \begin{pmatrix} 4 & 2 & 2 \\ 2 & 2 & 1 \\ 2 & 1 & 2 \end{pmatrix}^{-1} = \frac{1}{4}\begin{pmatrix} 3 & -2 & -2 \\ -2 & 4 & 0 \\ -2 & 0 & 4 \end{pmatrix},$

$$F(V_4)'\,y = \begin{pmatrix} y_1 + y_2 + y_3 + y_4 \\ y_1 + y_2 \\ y_1 \quad + y_3 \end{pmatrix} = \begin{pmatrix} 7 \\ 0 \\ 4 \end{pmatrix}, \quad \check{\vartheta}(y) = \begin{pmatrix} 3{,}25 \\ -3{,}50 \\ 0{,}50 \end{pmatrix};$$

$\check{\eta}(x, y) = 3{,}25 - 3{,}5x_1 + 0{,}5x_2\,.$

Zur numerischen Berechnung der MKQ-Schätzung s. [3.1.3]. Fälle, in denen die MKQ-Schätzung nicht zu empfehlen ist, sind am Ende von [3.1.2] angegeben.

Für den Spezialfall einer Regressionsgeraden $\tilde{\eta}(x, \vartheta) = \vartheta_0 + \vartheta_1 x$ lassen sich die MKQ-Schätzformeln etwas vereinfachen:

VERFAHREN 3.1.2 (MKQ für Regressionsgerade):

1. **Gegebene Größen:** a) Wahrer Regressionsansatz $\tilde{S}$ mit

$$\tilde{\eta}(x, \vartheta) = \vartheta_0 + \vartheta_1 x; \quad x \in B \subseteq \mathrm{R}^1; \quad \vartheta = (\vartheta_0, \vartheta_1)' \in \mathrm{R}^2\,.$$

b) Versuchsplan und -ergebnisse: $V_n = (x_1, \dots, x_n)$; $y = (y_1, \dots, y_n)'$.

2. **Aufgabe:** Schätze ϑ_0, ϑ_1 und $\tilde{\eta}(x, \vartheta)$ nach der MKQ.

3. **Bezeichnungen:** $\bar{x} = \frac{1}{n}\sum_{i=1}^{n} x_i\,, \quad \bar{y} = \frac{1}{n}\sum_{i=1}^{n} y_i\,.$

4. **Voraussetzung:** V_n enthält mindestens zwei verschiedene Versuchspunkte.

5. **Lösung:**

$$\check{\vartheta}_1(y) = \frac{\sum_{i=1}^{n} x_i y_i - n\bar{x}\bar{y}}{\sum_{i=1}^{n} x_i^2 - n\bar{x}^2} = \frac{\sum_{i=1}^{n} (x_i - \bar{x})(y_i - \bar{y})}{\sum_{i=1}^{n} (x_i - \bar{x})^2},$$

$$\check{\vartheta}_0(y) = \bar{y} - \check{\vartheta}_1(y)\,\bar{x}\,,$$

$$\check{\eta}(x, y) = \check{\vartheta}_0(y) + \check{\vartheta}_1(y)\,x = \tilde{\eta}\left(x, \check{\vartheta}(y)\right) \bullet$$

Beispiel 3.1.2:

1. a) $\tilde{\eta}(x, \vartheta) = \vartheta_0 + \vartheta_1 x$; $x \in [0, 6] = B \subseteq \mathrm{R}^1$; $\vartheta = (\vartheta_0, \vartheta_1)' \in \mathrm{R}^2$.

b) $V_{10} = (3; 5; 2; 1; 4{,}5; 5{,}5; 6; 3{,}5; 4; 2{,}5)$,

$y = (14; 16{,}5; 14; 10; 16; 20; 22; 15; 16{,}5; 12)'$.

3. $\bar{x} = 3{,}7$; $\bar{y} = 15{,}6$.

5. $\sum_{i=1}^{10} x_i y_i = 625$; $\sum_{i=1}^{10} x_i^2 = 160$; $\bar{x}^2 = 13{,}69$; $\bar{x}\bar{y} = 57{,}72$,

$$\check{\vartheta}_1(y) = \frac{625 - 577{,}2}{160 - 136{,}9} = \frac{47{,}8}{23{,}1} = 2{,}07\,,$$

$\check{\vartheta}_0(y) = 15{,}6 - 2{,}07 \cdot 3{,}7 = 7{,}94$, $\check{\eta}(x, y) = 7{,}94 + 2{,}07x\,.$

Wir bemerken noch, daß im regulären Fall für eine beliebige lineare Vektorfunktion von ϑ,

$$\psi = A\vartheta; \quad A \in \mathcal{M}_{s\times r},\ s \leq r; \tag{3.1.10}$$

die MKQ-Schätzung die Gestalt

$$\check{\boldsymbol{\psi}}(\boldsymbol{y}) = \boldsymbol{A}\check{\boldsymbol{\vartheta}}(\boldsymbol{y}); \quad \check{\boldsymbol{\vartheta}}(\boldsymbol{y}) \text{ aus (3.1.9)}; \tag{3.1.11}$$

hat. Speziell für $\boldsymbol{A} = [\boldsymbol{I}_s, \boldsymbol{O}_{s\times(r-s)}]$ ist $\boldsymbol{\psi}$ gerade der Vektor der ersten s Komponenten von $\boldsymbol{\vartheta}$. In Bsp. 3.1.1 erhalten wir z. B. mit $\boldsymbol{A} = \begin{pmatrix}1 & 0 & 0\\ 0 & 1 & 0\end{pmatrix}$ für $\boldsymbol{\psi}$ den Vektor $\boldsymbol{\psi} = \boldsymbol{A}\begin{pmatrix}\vartheta_0\\ \vartheta_1\\ \vartheta_2\end{pmatrix} = \begin{pmatrix}\vartheta_0\\ \vartheta_1\end{pmatrix}$ der ersten beiden Komponenten von $\boldsymbol{\vartheta}$. Als MKQ-Schätzung für dieses $\boldsymbol{\psi}$ ergibt sich (mit den Zahlen aus Bsp. 3.1.1)

$$\check{\boldsymbol{\psi}}(\boldsymbol{y}) = \boldsymbol{A}\check{\boldsymbol{\vartheta}}(\boldsymbol{y}) = \begin{pmatrix}1 & 0 & 0\\ 0 & 1 & 0\end{pmatrix}\begin{pmatrix}3{,}25\\ -3{,}50\\ 0{,}50\end{pmatrix} = \begin{pmatrix}3{,}25\\ -3{,}50\end{pmatrix}.$$

Bemerkung 3.1.1: Im Falle normalverteilter und unkorrelierter Beobachtungsfehler $\varepsilon(\boldsymbol{x})$ kann man für $\boldsymbol{\vartheta}$ bzw. $\eta(\boldsymbol{x})$ auch Konfidenzschätzungen (›Bez. 1.2.15) angeben. So sind z. B.

$$J_1 = \{\boldsymbol{\vartheta} \in \mathrm{R}^r: (\boldsymbol{\vartheta} - \check{\boldsymbol{\vartheta}}(\boldsymbol{y}))' \boldsymbol{F}(V_n)' \boldsymbol{F}(V_n) (\boldsymbol{\vartheta} - \check{\boldsymbol{\vartheta}}(\boldsymbol{y})) \leqq r f_{r,n-r;1-\alpha} s^2\}$$

und

$$J_2 = \{\eta(\boldsymbol{x}) \in \mathrm{R}^1: |\eta(\boldsymbol{x}) - \check{\eta}(\boldsymbol{x}, \boldsymbol{y})| \leqq t_{n-r;1-\alpha/2} \sqrt{\boldsymbol{f}(\boldsymbol{x})' [\boldsymbol{F}(V_n)' \boldsymbol{F}(V_n)]^{-1} \boldsymbol{f}(\boldsymbol{x})\, s^2}\}$$

Konfidenzschätzungen zum Niveau $1 - \alpha$ für $\boldsymbol{\vartheta}$ bzw. $\eta(\boldsymbol{x})$ bei unbekanntem $\mathrm{D}^2\varepsilon(\boldsymbol{x}) = \sigma^2$. In diesen Formeln bezeichnet $f_{r,n-r,1-\alpha}$ das $(1 - \alpha)$-Quantil der $\mathrm{F}_{r,n-r}$-Verteilung (›Bez. 1.1.13), $t_{n-r,1-\alpha/2}$ das $(1 - \alpha/2)$-Quantil der t_{n-r}-Verteilung (›Bez. 1.1.12) und s^2 die normierte Restquadratsumme aus (2.3.61).

Falls σ^2 bekannt ist, ersetzt man J_1 und J_2 durch

$$J_1' = \{\boldsymbol{\vartheta} \in \mathrm{R}^r: (\boldsymbol{\vartheta} - \check{\boldsymbol{\vartheta}}(\boldsymbol{y}))' \boldsymbol{F}(V_n)' \boldsymbol{F}(V_n) (\boldsymbol{\vartheta} - \check{\boldsymbol{\vartheta}}(\boldsymbol{y})) \leqq \sigma^2 \chi^2_{r;1-\alpha}\}$$

und

$$J_2' = \{\eta(\boldsymbol{x}) \in \mathrm{R}^1: |\eta(\boldsymbol{x}) - \check{\eta}(\boldsymbol{x}, \boldsymbol{y})| \leqq \sigma z_{1-\alpha/2} \sqrt{\boldsymbol{f}(\boldsymbol{x})' [\boldsymbol{F}(V_n)' \boldsymbol{F}(V_n)]^{-1} \boldsymbol{f}(\boldsymbol{x})}\}.$$

Dabei ist $\chi^2_{r;1-\alpha}$ das $(1 - \alpha)$-Quantil der χ^2_r-Verteilung (›Bez. 1.1.11) und $z_{1-\alpha/2}$ das $(1 - \alpha/2)$-Quantil der standardisierten Normalverteilung (›Bez. 1.1.10). Die Konfidenzschätzungen J_1 und J_1' sind (r-dimensionale) Ellipsoide mit der MKQ-Schätzung $\check{\boldsymbol{\vartheta}}(\boldsymbol{y})$ als Mittelpunkt. Sie werden deshalb auch Konfidenzellipsoide genannt.

Bemerkung 3.1.2: Werden mehrere Wirkungsgrößen

$$\mathfrak{Y}^{(j)}(\boldsymbol{x}) = \boldsymbol{f}^{(j)}(\boldsymbol{x})' \boldsymbol{\vartheta}^{(j)} + \varepsilon^{(j)}(\boldsymbol{x}); \qquad j = 1, \dots, u;$$

gleichzeitig beobachtet (multivariater Fall ›[2.3.4]), so erhält man mit den Bezeichnungen $\vec{\boldsymbol{\vartheta}}$, $\overset{(\to)}{\boldsymbol{F}}(V_n)$ und $\vec{\mathfrak{Y}}(V_n)$ aus (2.3.36) bis (2.3.39) die MKQ-Schätzung für die $\boldsymbol{\vartheta}^{(j)}$ *in Vektorstruktur* durch

$$\check{\vec{\boldsymbol{\vartheta}}} = [\overset{(\to)}{\boldsymbol{F}}{}'(V_n) \overset{(\to)}{\boldsymbol{F}}(V_n)]^{-1} \overset{(\to)}{\boldsymbol{F}}{}'(V_n)\, \vec{\mathfrak{Y}}(V_n).$$

In dem für die multivariate Analyse besonders wichtigen und interessanten Fall, daß mit $\boldsymbol{F}^{(j)}(V_n) = (\boldsymbol{f}^{(j)}(\boldsymbol{x}_1), \dots, \boldsymbol{f}^{(j)}(\boldsymbol{x}_n))'$ für $j = 1, \dots, u$ stets $\boldsymbol{F}^{(1)}(V_n) = \boldsymbol{F}^{(2)}(V_n) = \dots = \boldsymbol{F}^{(u)}V_n =: \boldsymbol{F}(V_n)$ gilt, kann man das multivariante lineare Modell auch in der Form

$$\mathfrak{Y}_u(V_n) = \boldsymbol{F}(V_n)\, \boldsymbol{\vartheta}_u + \boldsymbol{\varepsilon}_u$$

mit

$$\mathfrak{Y}_u(V_n) = (\mathfrak{Y}^{(1)}(V_n), \dots, \mathfrak{Y}^{(u)}(V_n)) \in \mathcal{M}_{n\times u},$$

$$\boldsymbol{\vartheta}_u = (\boldsymbol{\vartheta}^{(1)}, \dots, \boldsymbol{\vartheta}^{(u)}) \in \mathcal{M}_{r\times u},$$

$$\boldsymbol{\varepsilon}_u(V_n) = (\boldsymbol{\varepsilon}^{(1)}(V_n), \dots, \boldsymbol{\varepsilon}^{(u)}(V_n)) \in \mathcal{M}_{n\times u}$$

schreiben. Dann kann man die MKQ-Schätzung für die $\vartheta^{(j)}$ in *Matrixstruktur*, durch

$$\check{\vartheta}_u = [F(V_n)' F(V_n)]^{-1} F(V_n)' \mathfrak{Y}_u$$

angegeben (s. z. B. auch AHRENS/LÄUTER [1]).

3.1.2. Einige Optimalitätseigenschaften der MKQ-Schätzung

Wir geben nun die wichtigsten Voraussetzungen an, unter denen die MKQ-Schätzung $\check{\vartheta}$ in wohldefiniertem Sinne beste Schätzung für ϑ (und damit in der Form $\check{\eta}(x, y) = f(x)' \check{\vartheta}(y) = \tilde{\eta}(x, \check{\vartheta}(y))$ bzw. $\check{\psi}(y) = A\check{\vartheta}(y)$ auch beste Schätzung für $\tilde{\eta}(x, \vartheta) = \eta(x) = f(x)' \vartheta$ bzw. $\psi = A\vartheta$) ist und zur Anwendung empfohlen werden kann.

Aussage 3.1.1: Unter Vor. 3.1.1 ist $\check{\vartheta}(\mathfrak{Y})$ stets erwartungstreu für ϑ, d. h., es ist für jedes mögliche $\vartheta \in \mathrm{R}^r$ stets $\mathrm{E}\check{\vartheta}(\mathfrak{Y}) = \vartheta$ ●

Wenn wir im folgenden den Begriff „beste Schätzung" verwenden, so ist darunter im Sinne der statistischen Entscheidungstheorie eine optimale Entscheidungsfunktion für den unbekannten Parameter ϑ bez. eines gewissen Optimalitätskriteriums zu verstehen. Dabei wird das Optimalitätskriterium aus einer dem vorliegenden praktischen Problem angepaßten Verlustfunktion $L(\vartheta, \hat{\vartheta}(y))$ abgeleitet. Die Funktion $L(\vartheta, \hat{\vartheta}(y))$ gibt den Schaden an, der entsteht, wenn anstelle des wahren Parameters ϑ ein i. allg. davon verschiedener Schätzwert $\hat{\vartheta}(y)$ verwendet wird (›[1.3], [2.6]).

Wir werden angeben, für welche Typen von Verlustfunktionen die MKQ-Schätzung $\check{\vartheta}$ gute Eigenschaften hat. Eine besondere Rolle spielt dabei die quadratische Verlustfunktion, deren allgemeine Form mit einer Matrix $U = ((u_{ij}))_{r\times r} \in \mathcal{M}_r^{\geqq}$ und $c > 0$ gegeben ist durch

$$L(\vartheta, \hat{\vartheta}) = c(\vartheta - \hat{\vartheta})' U(\vartheta - \hat{\vartheta}) = c \sum_{i,j=1}^{r} u_{ij}(\vartheta_i - \hat{\vartheta}_i)(\vartheta_j - \hat{\vartheta}_j). \tag{3.1.12}$$

Für viele praktisch wichtige Fälle gilt $cU = I_r$. Dann vereinfacht sich (3.1.12) zu

$$L(\vartheta, \hat{\vartheta}) = (\vartheta - \hat{\vartheta})' (\vartheta - \hat{\vartheta}) = \sum_{i=1}^{r} (\vartheta_i - \hat{\vartheta}_i)^2, \tag{3.1.13}$$

d. h., die Verlustfunktion ist in diesem Fall gleich dem Quadrat des Abstandes zwischen wahrem und geschätztem Parameter (daher auch die Bezeichnung quadratischer Verlust).

Die Matrix U kann z. B. widerspiegeln, bei welchen geschätzten Komponenten von ϑ große Verluste auftreten und bei welchen eine schlechte Schätzung weniger gefährlich ist. Es sei z. B. der zweidimensionale Vektor $\vartheta = (\vartheta_0, \vartheta_1)'$ zu schätzen, wobei eine Fehlschätzung von ϑ_0 dreimal mehr Kosten verursacht als eine Fehlschätzung von ϑ_1. Dann wird man z. B. $L(\vartheta, \hat{\vartheta}) = 3(\vartheta_0 - \hat{\vartheta}_0)^2 + (\vartheta_1 - \hat{\vartheta}_1)^2$, d. h. eine quadratische Verlustfunktion mit $U = \begin{pmatrix} 3 & 0 \\ 0 & 1 \end{pmatrix}$ verwenden.

Für verschiedene Realisierungen y des Beobachtungsvektors $\mathfrak{Y}$ erhalten wir i. allg. auch verschiedene Schätzwerte $\hat{\vartheta}(y)$, also i. allg. auch verschiedene Verluste $L(\vartheta, \hat{\vartheta}(y))$. Der Verlust $L(\vartheta, \hat{\vartheta}(\mathfrak{Y}))$ ist also eine Zufallsgröße und daher noch kein geeignetes Optimalitätskriterium. Wenn man genügend Kenntnis über die Verteilung P_ε des Fehlervektors $\varepsilon(V_n)$ hat, kann man das Risiko der Schätzung $\hat{\vartheta}$ als Erwartungswert des zufälligen Verlustes berechnen (›Bez. 1.3.3):

$$R(P_\varepsilon, \vartheta, \hat{\vartheta}) = \mathrm{E}_{\mathfrak{Y}} L(\vartheta, \hat{\vartheta}(\mathfrak{Y})) = \mathrm{E}_\varepsilon L(\vartheta, \hat{\vartheta}(F\vartheta + \varepsilon)). \tag{3.1.14}$$

Das Risiko ist nun die Grundlage für Optimalitätsaussagen über $\check{\vartheta}$. Im Falle einer quadratischen Verlustfunktion (3.1.12) ergibt sich z. B. als Risiko für die MKQ-Schätzung

$$R(P_\varepsilon, \vartheta, \check{\vartheta}) = c \operatorname{sp} UB_{\check{\vartheta}}. \tag{3.1.15}$$

Dabei ist $B_{\check{\vartheta}}$ die Kovarianzmatrix von $\check{\vartheta}(\mathfrak{Y})$.

Für die Optimalität der MKQ-Schätzung ist die Voraussetzung, daß die beobachteten Zufallsgrößen $\mathfrak{Y}(\boldsymbol{x}_1), \ldots, \mathfrak{Y}(\boldsymbol{x}_n)$ unkorreliert sind und alle dieselbe, von den Versuchspunkten $\boldsymbol{x}$ unabhängige Varianz σ^2 besitzen, von besonderer Bedeutung. Wir drücken diese Voraussetzung durch die Forderung

$$\boldsymbol{B}_\varepsilon = \sigma^2 \boldsymbol{I}_n \tag{3.1.16}$$

aus (›(2.3.17)). Diese Voraussetzung bedeutet anschaulich, daß ein an der Stelle $\boldsymbol{x}_1 \in V$ erhaltenes Beobachtungsergebnis keinen Einfluß hat auf das an einer anderen Stelle $\boldsymbol{x}_2 \in V$ erhaltene Beobachtungsergebnis und daß für jeden möglichen Versuchspunkten $\boldsymbol{x} \in V$ die Beobachtungen die gleiche Präzision haben.

Unter der Voraussetzung von (3.1.16) ergibt sich als Kovarianzmatrix der MKQ-Schätzung $\breve{\boldsymbol{\vartheta}}$

$$\boldsymbol{B}_{\breve{\boldsymbol{\vartheta}}}(V_n) = \sigma^2\big(\boldsymbol{F}(V_n)'\,\boldsymbol{F}(V_n)\big)^{-1} \tag{3.1.17}$$

und als Varianzfunktion der geschätzten Wirkungsfläche

$$\mathrm{D}^2\breve{\eta}\big(\boldsymbol{x}, \mathfrak{Y}(V_n)\big) = \sigma^2 \boldsymbol{f}(\boldsymbol{x})'\,\big(\boldsymbol{F}(V_n)'\,\boldsymbol{F}(V_n)\big)^{-1} \boldsymbol{f}(\boldsymbol{x})\,. \tag{3.1.18}$$

Als Risiko erhält man dann aus (3.1.15)

$$R(P_\varepsilon, \boldsymbol{\vartheta}, \breve{\boldsymbol{\vartheta}}) = c \cdot \sigma^2 \operatorname{sp} \boldsymbol{U}\big(\boldsymbol{F}(V_n)'\,\boldsymbol{F}(V_n)\big)^{-1}\,. \tag{3.1.19}$$

In Bsp. 3.1.1 hat mit $c\boldsymbol{U} = \boldsymbol{I}_3$ die MKQ-Schätzung $\breve{\boldsymbol{\vartheta}} = (\breve{\vartheta}_0, \breve{\vartheta}_1, \breve{\vartheta}_2)'$ z. B. das Risiko

$$R(P_\varepsilon, \boldsymbol{\vartheta}, \breve{\boldsymbol{\vartheta}}) = \operatorname{sp} \boldsymbol{B}_{\breve{\boldsymbol{\vartheta}}} = \sigma^2 \operatorname{sp} \tfrac{1}{4}\begin{pmatrix} 3 & -2 & -2 \\ -2 & 4 & 0 \\ -2 & 0 & 4 \end{pmatrix} = \tfrac{1}{4}\,(3 + 4 + 4)\,\sigma^2 = 2{,}75\sigma^2\,,$$

d. h., die Summe der Varianzen der einzelnen Komponenten von $\breve{\boldsymbol{\vartheta}}$ beträgt das 2,75-fache der Varianz der Beobachtungswerte.

Nach diesen Vorbereitungen kommen wir nun zu den Optimalitätseigenschaften der MKQ-Schätzung $\breve{\boldsymbol{\vartheta}}$. Zunächst vergleichen wir die MKQ-Schätzung $\breve{\boldsymbol{\vartheta}}$ mit allen anderen erwartungstreuen Schätzungen, die linear in $\boldsymbol{y}$ sind, d. h. die die Form

$$\hat{\boldsymbol{\vartheta}}(\boldsymbol{y}) = \boldsymbol{C}\boldsymbol{y}; \qquad \mathrm{E}\hat{\boldsymbol{\vartheta}}(\mathfrak{Y}) = \boldsymbol{\vartheta}; \qquad \boldsymbol{C} \in \mathcal{M}_{r\times n} \tag{3.1.20}$$

besitzen.

Aussage 3.1.2 (Gauss-Markov-Theorem, ›[I/Satz 3.2.2]): Falls (3.1.16) erfüllt ist, hat die MKQ-Schätzung $\breve{\boldsymbol{\vartheta}}$ unter allen linearen erwartungstreuen Schätzungen der Form (3.1.20) die kleinste Kovarianzmatrix im Sinne der positiven Definitheit, d. h., es gilt $\boldsymbol{B}_{\breve{\boldsymbol{\vartheta}}} \leqq \boldsymbol{B}_{\hat{\boldsymbol{\vartheta}}}$. Außerdem hat dann die Schätzung $\breve{\eta}(\boldsymbol{x}, \mathfrak{Y}) = \boldsymbol{f}(\boldsymbol{x})'\,\breve{\boldsymbol{\vartheta}}(\mathfrak{Y})$ unter allen Schätzungen $\hat{\eta}(\boldsymbol{x}, \mathfrak{Y}) = \boldsymbol{f}(\boldsymbol{x})'\,\hat{\boldsymbol{\vartheta}}(\mathfrak{Y})$ mit $\hat{\boldsymbol{\vartheta}}$ aus (3.1.20) die kleinste Varianz, d. h., es gilt $\mathrm{D}^2\breve{\eta}(\boldsymbol{x}, \mathfrak{Y}) \leqq \mathrm{D}^2\hat{\eta}(\boldsymbol{x}, \mathfrak{Y})$ ●

Etwas allgemeiner gilt:

Aussage 3.1.3 (›[I/Satz 3.3.4]): Falls (3.1.16) gilt und eine quadratische Verlustfunktion (3.1.12) zugrundeliegt, ist die MKQ-Schätzung $\breve{\boldsymbol{\vartheta}}$ gleichmäßig beste Schätzung (›Bez. 1.3.4) für $\boldsymbol{\vartheta}$ unter allen linearen erwartungstreuen Schätzungen der Form (3.1.20), d. h., es gilt für jedes $\hat{\boldsymbol{\vartheta}}$ aus (3.1.20) und jedes $\boldsymbol{\vartheta} \in \mathrm{R}^r$:

$$R(P_\varepsilon, \boldsymbol{\vartheta}, \breve{\boldsymbol{\vartheta}}) \leqq R(P_\varepsilon, \boldsymbol{\vartheta}, \hat{\boldsymbol{\vartheta}})$$ ●

Man kann die Bedingung (3.1.16) abschwächen. Es genügt zu wissen, daß $\sigma^2\boldsymbol{I}_n$ im Sinne der positiven Definitheit von Matrizen eine obere Schranke für die Kovarianzmatrix $\boldsymbol{B}_\varepsilon$,

$$\boldsymbol{B}_\varepsilon \leqq \sigma^2 \boldsymbol{I}_n\,, \tag{3.1.21}$$

ist. Es dürfen also gegebenenfalls auch korrelierte Beobachtungen vorliegen, nur ist die Unkorreliertheit von vornherein nicht ausgeschlossen. Die Größe σ^2 ist in diesem Fall als obere Schranke für die mögliche Varianz der Beobachtungen und $\sigma^2\boldsymbol{I}_n$ als die ungünstigste mögliche Fehlerkovarianzmatrix aufzufassen.

Es bezeichne K_0 die Menge aller Fehlerverteilungen P_ε mit der Eigenschaft (3.1.21).

Aussage 3.1.4 (›[I/Satz 3.3.5]): Falls eine quadratische Verlustfunktion (3.1.12) zugrunde liegt, ist die MKQ-Schätzung $\check{\boldsymbol{\vartheta}}$ Minimaxschätzung (›Bez. 1.3.6) unter allen linearen erwartungstreuen Schätzungen für $\boldsymbol{\vartheta}$ in dem Sinne, daß für jedes $\hat{\boldsymbol{\vartheta}}$ aus (3.1.20) und für jeden möglichen Parameter $\boldsymbol{\vartheta} \in \mathrm{R}^r$ gilt

$$\sup_{P_\varepsilon \in K_0} R(P_\varepsilon, \boldsymbol{\vartheta}, \check{\boldsymbol{\vartheta}}) \leqq \sup_{P_\varepsilon \in K_0} R_\varepsilon(P, \boldsymbol{\vartheta}, \hat{\boldsymbol{\vartheta}}) \bullet$$

Falls man annehmen darf, daß die Beobachtungsfehler $\varepsilon(\boldsymbol{x}_i)$; $i = 1, \ldots, n$; unabhängig und normalverteilt sind, kurz ausgedrückt durch

$$P_\varepsilon = \mathrm{N}(\boldsymbol{0}, \sigma^2 \boldsymbol{I}_n)\,, \tag{3.1.22}$$

dann ist die MKQ-Schätzung auch gleichzeitig Maximum-Likelihood-Schätzung für $\boldsymbol{\vartheta}$ (›Bez. 1.2.13) und optimal in weit umfangreicheren Klassen von Schätzungen:

Aussage 3.1.5: Falls (3.1.22) erfüllt ist und eine quadratische Verlustfunktion (3.1.12) zugrunde liegt, gilt:

a) $\check{\boldsymbol{\vartheta}}$ ist gleichmäßig beste Schätzung unter allen erwartungstreuen Schätzungen für $\boldsymbol{\vartheta}$, d. h., für jede erwartungstreue Schätzung $\hat{\boldsymbol{\vartheta}}$ und jedes $\boldsymbol{\vartheta} \in \mathrm{R}^r$ gilt:

$$R(P_\varepsilon, \boldsymbol{\vartheta}, \check{\boldsymbol{\vartheta}}) \leqq R(P_\varepsilon, \boldsymbol{\vartheta}, \hat{\boldsymbol{\vartheta}})\,.$$

b) $\check{\boldsymbol{\vartheta}}$ ist Minimaxschätzung unter allen Schätzungen für $\boldsymbol{\vartheta}$ in dem Sinne, daß für jedes $\hat{\boldsymbol{\vartheta}}$ gilt

$$\sup_{\boldsymbol{\vartheta} \in \mathrm{R}^r} R(P_\varepsilon, \boldsymbol{\vartheta}, \check{\boldsymbol{\vartheta}}) \leqq \sup_{\boldsymbol{\vartheta} \in \mathrm{R}^r} R(P_\varepsilon, \boldsymbol{\vartheta}, \hat{\boldsymbol{\vartheta}})$$

(›[I/Satz 3.3.7] und [I/Satz 3.3.9]) ●

Es bleiben Optimalitätseigenschaften der MKQ-Schätzung erhalten, wenn man die Voraussetzungen der Normalverteilung und des quadratischen Verlustes nicht erfüllen kann. Bezeichne F_ε^* die Verteilungsfunktion der $\mathrm{N}(0, \sigma^2)$-Verteilung. Es genügt zu wissen, daß die Verteilungsfunktion von $\varepsilon(\boldsymbol{x})$; $\boldsymbol{x} \in V$; irgendeine Funktion F_ε ist mit

$$\left.\begin{aligned} F_\varepsilon(t) &\leqq F_\varepsilon^*(t) \quad \text{für } t \leqq 0\,, \\ F_\varepsilon(t) &\geqq F_\varepsilon^*(t) \quad \text{für } t \geqq 0\,. \end{aligned}\right\} \tag{3.1.23}$$

d. h. irgendeine Verteilung, die nicht „breiter" ist, als die $\mathrm{N}(0, \sigma^2)$-Verteilung (›Abb. 3.1.1). Die Menge aller P_ε, die (3.1.23) erfüllen, sei K_1. Dabei ist die Normalverteilung $\mathrm{N}(\boldsymbol{0}, \sigma^2 \boldsymbol{I}_n)$ nicht ausgeschlossen.

Außerdem ist die MKQ-Schätzung noch optimal, wenn man keine quadratische Verlustfunktion festlegen kann, sondern im Fall a) beliebige Funktionen $L(\boldsymbol{\vartheta}, \hat{\boldsymbol{\vartheta}})$ zuläßt, die konvex in der 2. Variablen sind, d. h. für die gilt

$$L\big(\boldsymbol{\vartheta}, \alpha\hat{\boldsymbol{\vartheta}}_1 + (1-\alpha)\,\hat{\boldsymbol{\vartheta}}_2\big) \leqq \alpha L(\boldsymbol{\vartheta}, \hat{\boldsymbol{\vartheta}}_1) + (1-\alpha)\, L(\boldsymbol{\vartheta}, \hat{\boldsymbol{\vartheta}}_2)\,, \quad 0 < \alpha < 1\,, \tag{3.1.24}$$

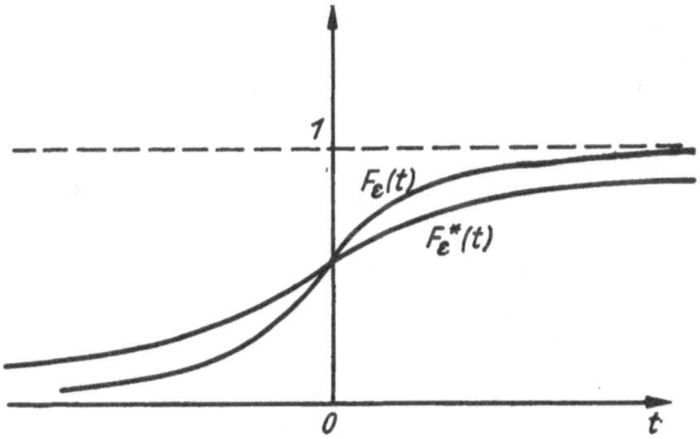

Abb. 3.1.1. Zur Erläuterung von (3.1.23)

(›Bez. A.2.9) oder im Fall b) beliebige monoton steigende Funktionen des quadratischen Verlustes sind, d. h.

$$L(\boldsymbol{\vartheta}, \hat{\boldsymbol{\vartheta}}) = g\big(c(\boldsymbol{\vartheta} - \hat{\boldsymbol{\vartheta}})' \boldsymbol{U}(\boldsymbol{\vartheta} - \hat{\boldsymbol{\vartheta}})\big); \tag{3.1.25}$$

$c > 0$, $\boldsymbol{U} \in \mathcal{M}_r^{\geqq}$, g monoton steigende Funktion auf $[0, \infty)$ (›Bsp. 3.1.3).

Aussage 3.1.6 (›[I/Satz 3.3.8] und [I/Satz 3.3.10]): Falls die Beobachtungen $\mathfrak{Y}(\boldsymbol{x}_1, \ldots, \mathfrak{Y}(\boldsymbol{x}_n)$ stochastisch unabhängig sind und die Beobachtungsfehler einer Verteilung aus K_1 genügen, gilt:

a) $\check{\boldsymbol{\vartheta}}$ ist bei beliebigem Verlust der Form (3.1.24) Minimaxschätzung unter allen erwartungstreuen Schätzungen für $\boldsymbol{\vartheta}$ in dem Sinne, daß für jedes erwartungstreue $\hat{\boldsymbol{\vartheta}}$ und jeden möglichen Parameter $\boldsymbol{\vartheta} \in \mathrm{R}^r$ gilt

$$\sup_{P_\varepsilon \in K_1} R(P_\varepsilon, \boldsymbol{\vartheta}, \check{\boldsymbol{\vartheta}}) \leqq \sup_{P_\varepsilon \in K_1} R(P_\varepsilon, \boldsymbol{\vartheta}, \hat{\boldsymbol{\vartheta}}) .$$

b) $\check{\boldsymbol{\vartheta}}$ ist bei beliebigem Verlust der Form (3.1.25) Minimaxschätzung unter allen Schätzungen für $\boldsymbol{\vartheta}$ in dem Sinne, daß für jedes $\hat{\boldsymbol{\vartheta}}$ gilt

$$\sup_{P_\varepsilon \in K_1} \sup_{\boldsymbol{\vartheta} \in \mathrm{R}^r} R(P_\varepsilon, \boldsymbol{\vartheta}, \check{\boldsymbol{\vartheta}}) \leqq \sup_{P_\varepsilon \in K_1} \sup_{\boldsymbol{\vartheta} \in \mathrm{R}^r} R(P_\varepsilon, \boldsymbol{\vartheta}, \hat{\boldsymbol{\vartheta}}) \bullet$$

Beispiel 3.1.8: Für den zufälligen Fehler $\varepsilon(\boldsymbol{x})$ ist irgendeine Verteilung mit der Dichte

$$f_\varepsilon(t) = \omega(\sigma) \exp\left\{-\frac{1}{2}\left|\frac{t}{\sigma}\right|^\alpha\right\}; \qquad \sigma > 0, \alpha \geqq 2;$$

$\omega(\sigma)$ Normierungsfaktor; möglich. Dann ist z. B. (3.1.23) erfüllt. Außerdem sei dem realen Sachverhalt eine Verlustfunktion der Art

$$L(\boldsymbol{\vartheta}, \hat{\boldsymbol{\vartheta}}) = [(\boldsymbol{\vartheta} - \hat{\boldsymbol{\vartheta}})' (\boldsymbol{\vartheta} - \hat{\boldsymbol{\vartheta}})]^\beta; \qquad \beta \geqq 1;$$

angepaßt. Diese Verlustfunktion ist sowohl konvex als auch von der Form (3.1.25) (mit $c\boldsymbol{U} = \boldsymbol{I}_r$ und $g(t) = t^\beta$). Dann ist die MKQ-Schätzung optimal im Sinne von Aussage 3.1.6 a) und b).

Falls beobachtbare stochastische Einflußgrößen vorliegen (›(2.1.2)), ist die MKQ-Schätzung ebenfalls berechenbar. Allerdings wird aus der Matrix $\boldsymbol{F}(V_n)$ dann eine zufällige Matrix $\mathfrak{F} = \big((f_j(\mathfrak{X}_i))\big)_{n \times r}$, und die statistischen Eigenschaften von $\check{\boldsymbol{\vartheta}}$, die in den Aussagen 3.1.1 bis 3.1.6 genannt wurden, lassen sich nicht nachweisen. Es gilt aber:

Aussage 3.1.7: (›[I/Lemma 12.2.1]): Wenn die Komponenten des Fehlervektors $\boldsymbol{\varepsilon}$ mit den Komponenten von $\mathfrak{X}_i$; $i = 1, \ldots, n$; unkorreliert sind, ist $\check{\boldsymbol{\vartheta}}$ erwartungstreu für $\boldsymbol{\vartheta}$, und es gilt unter (3.1.16)

$$\boldsymbol{B}_{\check{\boldsymbol{\vartheta}}} = \sigma^2 \mathrm{E}(\mathfrak{F}'\mathfrak{F})^{-1} ,$$

falls $\mathfrak{F}$ mit Wahrscheinlichkeit 1 vollen Rang hat ●

Trotz dieser Optimalitätseigenschaften der MKQ-Schätzung müssen wir bemerken, daß es, falls $\boldsymbol{\vartheta}$ mehr als zwei Komponenten hat, auch im Falle normalverteilter Beobachtungen und bei quadratischem Verlust gleichmäßig bessere Schätzungen als $\check{\boldsymbol{\vartheta}}$ gibt (›[I/3.5.1]), die allerdings eine weit kompliziertere Struktur haben (›[3.4.1]). Falls wir jedoch lediglich an der Schätzung der Wirkungsfläche $\eta(\boldsymbol{x}) = \boldsymbol{f}(\boldsymbol{x})' \boldsymbol{\vartheta}$ oder anderer eindimensionaler linearer Funktionen von $\boldsymbol{\vartheta}$ interessiert sind, ist dies ohne Belang. Dann gibt es bei $P_\varepsilon = \mathrm{N}(\boldsymbol{0}, \sigma^2 \boldsymbol{I}_n)$ und Verlust $L(\eta, \hat{\eta}) = c(\eta - \hat{\eta})^2$ keine bessere Schätzung als $\check{\eta}(\boldsymbol{x}, \boldsymbol{y}) = \boldsymbol{f}(\boldsymbol{y})' \check{\boldsymbol{\vartheta}}(\boldsymbol{y})$.

Die Anwendung der MKQ-Schätzung ist in den folgenden Fällen *nicht* zu empfehlen:

a) Die Beobachtungen sind korreliert (und auf keinen Fall unkorreliert, wie dies in (3.1.21) zugelassen ist). In diesem Fall s. Verf. 3.2.1.

b) Die Fehlerverteilung ist bekannt und von der Normalverteilung verschieden (s. dann Verf. 3.5.9 oder gegebenenfalls Verf. 3.4.3).

c) Zusätzlich zur Stichprobeninformation liegen Vorkenntnisse über $\boldsymbol{\vartheta}$ vor (s. dann [3.3]).

d) Der lineare Ansatz ist nur adäquat, hat also nicht die Eigenschaft der Wahrheit gemäß Bez. 2.2.1. In diesem Fall s. zunächst [3.6].

Im multivariaten Fall kann man für die MKQ-Schätzung in Vektorstruktur, $\check{\vec{\vartheta}}$ (›Bem. 3.1.2), die obigen Aussagen i. allg. nicht angeben, da die Kovarianzmatrix $B_{\vec{\varepsilon}}$ i. allg. von der Einheitsmatrix verschieden ist (›(2.3.21)). Falls man die MKQ-Schätzung in Matrixstruktur angibt (s. $\check{\vartheta}_u$ aus Bem. 3.1.2), dann lassen sich viele Eigenschaften der (univariaten) MKQ-Schätzung auch multivariat formulieren (s. z. B. Humak 1]).

3.1.3. Zur numerischen Berechnung der MKQ-Schätzung im regulären Fall

In Bsp. 3.1.1 war die Berechnung der MKQ-Schätzung einfach, weil die Dimension des Parametervektors klein war ($r = 3$). Bei größerem r dagegen sind geeignete numerische Berechnungsverfahren zu verwenden, die den Rechenaufwand in Grenzen halten, relativ stabil gegenüber Rundungsfehlern und rechentechnisch einfach realisierbar sind. Es sind jedoch zunächst einige allgemeine Bemerkungen nötig zum Problem der numerischen Bestimmung von Größen, die Realisierungen zufallsbeeinflußter Größen sind.

Wenn wir einen exakt berechneten Schätzwert $\hat{\vartheta}(y)$ für ϑ betrachten, der keinen systematischen Fehler (›Bez. 1.2.6) besitzen soll, so ist dieser eine Näherung für ϑ auf Grund der Tatsache, daß y Realisierung eines zufälligen Vektors $\mathfrak{Y}$ ist, d. h., auch $\hat{\vartheta}(y)$ ist Realisierung einer Größe, die um das wahre ϑ zufällig schwankt. Der Wert $\hat{\vartheta}(y)$ ist also mit einem *statistischen Fehler* behaftet, der i. allg. durch das Risiko (›Bez. 1.3.3), insbesondere durch Varianzausdrücke bewertet wird.

Verwenden wir zur Berechnung von $\hat{\vartheta}(y)$ ein numerisches Verfahren, so erhalten wir ein Ergebnis $\tilde{\vartheta}(y)$, das eine Näherung für $\hat{\vartheta}(y)$ darstellt. Der Wert $\tilde{\vartheta}(y)$ ist also im Vergleich zu $\hat{\vartheta}(y)$ noch mit einem *numerischen Fehler* behaftet.

Ein auch noch so gutes numerisches Verfahren kann in keiner Weise den statistischen Fehler gezielt vermindern. Die Abweichung des numerisch errechneten Wertes $\tilde{\vartheta}(y)$ vom wahren Wert ϑ entsteht in schwer überschaubarer Weise durch Überlagerung von statistischem und numerischem Fehler. Im konkreten Fall können sich beide Fehler teilweise aufheben oder aber auch summieren, d. h. $\tilde{\vartheta}(y)$ kann näher an ϑ liegen als der exakte Schätzwert $\hat{\vartheta}(y)$, oder auch weiter entfernt. Es kann vorkommen, daß sich beispielsweise ein relativ großer numerischer Fehler günstiger auf den Gesamtfehler auswirkt als ein kleiner.

Beispiel 3.1.4: Wahrer Parameter: $\vartheta = 4{,}00$; exakter Schätzwert: $\hat{\vartheta}(y) = 4{,}09$; numerisch errechnete Schätzwerte: $\tilde{\vartheta}_{(1)}(y) = 4{,}04$, $\tilde{\vartheta}_{(2)}(y) = 4{,}07$, $\tilde{\vartheta}_{(3)}(y) = 4{,}10$. Der Wert mit dem größten numerischen Fehler $\tilde{\vartheta}_{(1)}(y)$ hat die kleinste Abweichung von ϑ, der numerisch beste Wert $\tilde{\vartheta}_{(3)}(y)$ die größte Abweichung von ϑ.

Es ist daher nicht erforderlich, den numerischen Fehler um jeden Preis so klein wie möglich zu machen, sondern es reicht, ihn in der Größenordnung des statistischen Fehlers zu halten. Insbesondere bei iterativen Verfahren zur näherungsweisen Berechnung von $\hat{\vartheta}(y)$ kann man aus dem Vergleich zwischen erzielter Verbesserung pro Schritt und dem statistischen Fehler häufig ein sinnvolles Abbruchkriterium konstruieren. Man wird also ein iteratives Verfahren bei großem statistischem Fehler eher abbrechen als bei kleinem (›Verf. 3.1.7).

Betrachten wir nun die numerische Berechnung der MKQ-Schätzung. Eine Reihe von Verfahren sind numerische Verfahren zur Lösung des Normalgleichungssystems (›Verf. 3.1.3), andere setzen direkt bei der MKQ-Aufgabe (3.1.7) ein (›Verf. 3.1.5). Außerdem kennt man noch iterative Näherungsverfahren zur Bestimmung von $\check{\boldsymbol{\vartheta}}$, die insbesondere dann von Bedeutung sind, wenn durch Rundung oder Rechenungenauigkeit entstandene verfälschte (Anfangs-)Lösungen verbessert werden sollen.

Geht man vom Normalgleichungssystem $\boldsymbol{F}'\boldsymbol{F}\check{\boldsymbol{\vartheta}}(\boldsymbol{y}) = \boldsymbol{F}'\boldsymbol{y}$ aus, so wird der Aufwand, einen bestimmten numerischen Fehler der Lösung nicht zu überschreiten, entscheidend durch die sog. *Kondition* der Koeffizientenmatrix $\boldsymbol{F}'\boldsymbol{F}$ beeinflußt. Dabei spricht man von schlechter Kondition der Matrix $\boldsymbol{F}'\boldsymbol{F}$, wenn sie „fast singulär" ist, d. h. wenn sie z. B. einen sehr kleinen Wert det $\boldsymbol{F}'\boldsymbol{F}$ hat.

Bemerkung 3.1.3: Es gibt verschiedene Maßzahlen für die Kondition einer Matrix $\boldsymbol{M}$. Für positiv definite $\boldsymbol{M}$ verwendet man z. B. $K = \sqrt{\lambda_{\min}(\boldsymbol{M})/\lambda_{\max}(\boldsymbol{M})}$. Dabei bezeichnet $\lambda_{\min}(\boldsymbol{M})$ den kleinsten und $\lambda_{\max}(\boldsymbol{M})$ den größten Eigenwert von $\boldsymbol{M}$. Es ist $0 < K \leqq 1$. Matrizen, für die K nahe an Eins liegt, haben gute Kondition (für die Einheitsmatrix z. B. ist $K = 1$), während ein K nahe Null schlechte Kondition anzeigt.

Schlechte Kondition von $\boldsymbol{F}'\boldsymbol{F}$ bewirkt z. B., daß kleine Änderungen an $\boldsymbol{F}'\boldsymbol{F}$ zu großen Änderungen der Lösung $\check{\boldsymbol{\vartheta}}(\boldsymbol{y})$ führen. Manche numerischen Verfahren sind dann — da sie notwendigerweise mit gerundeten Werten rechnen müssen — *instabil*, d. h. sie führen zu einer numerischen Lösung, die nicht mehr als Näherung der exakten Lösung angesehen werden kann.

Der statistische Fehler des MKQ-Schätzwertes $\check{\boldsymbol{\vartheta}}(\boldsymbol{y})$ ist eine Funktion der Kovarianzmatrix $\boldsymbol{B}_{\check{\vartheta}} = \sigma^2(\boldsymbol{F}'\boldsymbol{F})^{-1}$ (›(3.1.17)). Er ist — grob gesprochen — um so größer, je größer $(\boldsymbol{F}'\boldsymbol{F})^{-1}$ im Sinne der positiven Definitheit von Matrizen ist, bzw. je kleiner der Wert det $\boldsymbol{F}'\boldsymbol{F}$ ist.

Wir bemerken also, daß schlechte Kondition von $\boldsymbol{F}'\boldsymbol{F}$ im wesentlichen äquivalent ist zu einem großen statistischen Fehler von $\check{\boldsymbol{\vartheta}}(\boldsymbol{y})$. Ziel der Versuchsplanung ist es gerade, den statistischen Fehler zu verringern. Wir sehen, daß damit also gleichzeitig eine Erhöhung der Kondition von $\boldsymbol{F}'\boldsymbol{F}$ erreicht wird. Sollte (trotz Versuchsplanung) der statistische Fehler groß, die Kondition von $\boldsymbol{F}'\boldsymbol{F}$ also schlecht sein, so stört das weniger als sonst bei der Lösung von linearen Gleichungssystemen, da es bei großem statistischem Fehler ohnehin nicht erforderlich ist, $\check{\boldsymbol{\vartheta}}$ numerisch sehr genau zu berechnen.

Moderne numerische Verfahren zur Lösung des MKQ-Problemes sind z. B. in Lawson/Hanson [1] und Späth [2] zu finden. Hier geben wir nur einige wenige Verfahren an.

Choleski-Verfahren. Das Choleski-Verfahren ist ein Verfahren zur Lösung linearer Gleichungssysteme mit symmetrischer Koeffizientenmatrix. Da $\boldsymbol{F}(V_n)'\,\boldsymbol{F}(V_n)$ symmetrisch ist, kann es zur Lösung des Normalgleichungssystems

$$\boldsymbol{F}(V_n)'\,\boldsymbol{F}(V_n)\,\check{\boldsymbol{\vartheta}}(\boldsymbol{y}) = \boldsymbol{F}(V_n)'\,\boldsymbol{y} \tag{3.1.26}$$

herangezogen werden. Es erfordert z. B. wesentlich weniger Rechenaufwand als die bekannten Gaussschen Eliminationsverfahren, die von der Symmetrie der Koeffizientenmatrix keinen entscheidenden Gebrauch machen.

Wir bezeichnen

$$\boldsymbol{F}(V_n)'\,\boldsymbol{F}(V_n) =: \tilde{\boldsymbol{M}} = \big((m_{ij})\big)_{r\times r};\quad \boldsymbol{F}(V_n)'\,\boldsymbol{y} =: \boldsymbol{t} \tag{3.1.27}$$

und haben damit (indem wir für $\check{\boldsymbol{\vartheta}}(\boldsymbol{y})$ kurz $\check{\boldsymbol{\vartheta}}$ schreiben)

$$\tilde{\boldsymbol{M}}\check{\boldsymbol{\vartheta}} = \boldsymbol{t} \tag{3.1.28}$$

zu lösen. Der Grundgedanke des CHOLESKI-Verfahrens besteht darin, daß jede symmetrische Matrix $\tilde{\boldsymbol{M}}$ in das Produkt zueinander transponierter Dreiecksmatrizen zerlegt werden kann:

$$\tilde{\boldsymbol{M}} = \boldsymbol{S}'\boldsymbol{S}; \quad \boldsymbol{S} = \begin{pmatrix} s_{11} & s_{12} & \dots & s_{1r} \\ 0 & s_{22} & \dots & s_{2r} \\ \vdots & \vdots & & \vdots \\ 0 & 0 & \dots & s_{rr} \end{pmatrix}. \tag{3.1.29}$$

Die Lösung von (3.1.28) läuft dann auf die Lösung zweier linearer Gleichungssysteme mit Dreiecksmatrizen hinaus:

$$\boldsymbol{S}'\boldsymbol{k} = \boldsymbol{t}; \qquad \boldsymbol{S}\check{\boldsymbol{\vartheta}} = \boldsymbol{k}. \tag{3.1.30}$$

Die Elemente von $\boldsymbol{S}$ lassen sich rekursiv aus den auf Grund der Matrizenmultiplikation $\boldsymbol{S}'\boldsymbol{S} = \tilde{\boldsymbol{M}}$ geltenden Beziehungen

$$m_{ij} = \sum_{l=1}^{i} s_{li}s_{lj} \quad (i < j); \qquad m_{ii} = \sum_{l=1}^{i} s_{li} \quad (i = j) \tag{3.1.31}$$

berechnen (s. auch FADDEJEW/FADDEJEWA [1]).

VERFAHREN 3.1.3 (Lösung linearer Gleichungssysteme nach CHOLESKI):

1. **Gegebene Größen:** $\tilde{\boldsymbol{M}} = \big((m_{ij})\big)_{r\times r} \in \mathcal{M}_{r\times r}$, $\boldsymbol{t} = (t_1, \dots, t_r)' \in \mathrm{R}^r$.

2. **Aufgabe:** Lösung des Gleichungssystems $\tilde{\boldsymbol{M}}\check{\boldsymbol{\vartheta}} = \boldsymbol{t}$.

3. **Bezeichnungen:** $\boldsymbol{S} = \big((s_{ij})\big)_{r\times r} \in \mathcal{M}_{r\times r}$; $\check{\boldsymbol{\vartheta}} = (\check{\vartheta}_1, \dots, \check{\vartheta}_r)'$.

4. **Voraussetzungen:** $\tilde{\boldsymbol{M}}$ symmetrisch, $\operatorname{Rg} \tilde{\boldsymbol{M}} = r$.

5. **Lösung:** a) Bestimmung von $\boldsymbol{S}$:

$$s_{11} = \sqrt{m_{11}}; \qquad s_{1j} = \frac{m_{1j}}{s_{11}} \quad (j > 1),$$

$$s_{ii} = \sqrt{m_{ii} - \sum_{l=1}^{i-1} s_{li}^2} \qquad (i > 1);$$

$$s_{ij} = \frac{m_{ij} - \sum_{l=1}^{i-1} s_{li}s_{lj}}{s_{ii}} \qquad (j > i); \; s_{ij} = 0 \; (j < i).$$

b) Lösung des Gleichungssystems $\boldsymbol{S}'\boldsymbol{k} = \boldsymbol{t}$:

$$k_1 = \frac{t_1}{s_{11}}; \qquad k_i = \frac{t_i - \sum_{l=1}^{i-1} s_{li}k_l}{s_{ii}} \quad (i > 1).$$

c) Lösung des Gleichungssystems $\boldsymbol{S}\check{\boldsymbol{\vartheta}} = \boldsymbol{k}$:

$$\check{\vartheta}_r = \frac{k_r}{s_{rr}}; \qquad \check{\vartheta}_i = \frac{k_i - \sum_{l=i+1}^{r} s_{il}\check{\vartheta}_l}{s_{ii}} \quad (i < r) \; \bullet$$

Beispiel 3.1.5:

1. $$\tilde{M} = \begin{pmatrix} 1{,}00 & 0{,}42 & 0{,}54 & 0{,}66 \\ 0{,}42 & 1{,}00 & 0{,}32 & 0{,}44 \\ 0{,}54 & 0{,}32 & 1{,}00 & 0{,}22 \\ 0{,}66 & 0{,}44 & 0{,}22 & 1{,}00 \end{pmatrix}; \qquad t = \begin{pmatrix} 0{,}3 \\ 0{,}5 \\ 0{,}7 \\ 0{,}9 \end{pmatrix}.$$

5. a) $$s_{11} = \sqrt{1{,}00}; \qquad s_{12} = \frac{0{,}42}{1{,}00} = 0{,}42; \qquad s_{13} = \frac{0{,}54}{1{,}00} = 0{,}54; \ldots ;$$

$$s_{21} = 0; \qquad s_{22} = \sqrt{1{,}00 - (0{,}42)^2} = 0{,}908;$$

$$s_{23} = \frac{0{,}32 - 0{,}42 \cdot 0{,}54}{0{,}908} = 0{,}103; \ldots;$$

Man erhält schließlich:

$$S = \begin{pmatrix} 1{,}00 & 0{,}420 & 0{,}540 & 0{,}660 \\ 0 & 0{,}908 & 1{,}030 & 0{,}179 \\ 0 & 0 & 0{,}835 & -0{,}185 \\ 0 & 0 & 0 & 0{,}706 \end{pmatrix}.$$

b) $k = (k_1; k_2; k_3; k_4)' = (0{,}3; 0{,}412; 0{,}593; 1{,}046)'$.

c) $\check{\vartheta} = (-1{,}258; 0{,}043; 1{,}039; 1{,}482)'$.

Das CHOLESKI-Verfahren ist zu empfehlen für positiv definite Koeffizientenmatrizen $\tilde{M}$, die möglichst gut konditioniert sind. Dann ist es nämlich ein stabiles numerisches Verfahren. Im Falle schlechter Kondition von $\tilde{M}$ ist Verf. 3.1.5 und im Falle singulärer $\tilde{M}$ Verf. 3.1.9 zu empfehlen.

HOUSEHOLDER-Verfahren. Falls die Versuchsplanmatrix $F_n(V_n) =: F$ schlecht konditioniert ist (das kann bei großem r häufig auftreten), dann ist die Kondition der Matrix $\tilde{M} = F'F$ noch schlechter, gewissermaßen potenziert. Um bei schlecht konditioniertem $\tilde{M}$ numerische Instabilität (z. B. im CHOLESKI-Verfahren) zu vermeiden, geht man nicht vom Normalgleichungssystem sondern direkt von der MKQ-Aufgabe

$$(y - F\vartheta)' (y - F\vartheta) \stackrel{!}{=} \inf_{\vartheta \in \mathbb{R}^r} \tag{3.1.32}$$

aus. Mit einer geeigneten orthogonalen Matrix $Q \in \mathcal{M}_n$ (›Bez. A.1.14) löst man anstelle (3.1.32) das wegen $Q'Q = I_n$ äquivalente Problem

$$(y - F\vartheta)' Q'Q(y - F\vartheta) = (r - R\vartheta)' (r - R\vartheta) \stackrel{!}{=} \inf_{\vartheta \in \mathbb{R}^r} ; \tag{3.1.33}$$
$$r = Qy; \quad R = QF .$$

Dabei wird Q so konstruiert, daß

$$R = \begin{pmatrix} S \\ \cdots\cdots \\ O_{(n-r)\times r} \end{pmatrix}; \quad S \in \mathcal{M}_r \text{ obere Dreiecksmatrix}; \tag{3.1.34}$$

gilt. Verfahren zur Konstruktion von R und r aus F und y nennt man HOUSEHOLDER-Verfahren oder auch QR-Algorithmen (s. z. B. GOLUB [1], BUSINGER/GOLUB [1]).

VERFAHREN 3.1.4 (HOUSEHOLDER-Transformation von $(F \,\vdots\, y)$):

1. **Gegebene Größen:** $F = ((f_{ij}))_{n\times r} \in \mathcal{M}_{n\times r}$; $y \in \mathbb{R}^n$.

2. **Aufgabe:** HOUSEHOLDER-Transformation von $(F \,\vdots\, y)$ in $(R \,\vdots\, r)$.

3. Bezeichnungen: $A^{(k)} = ((a_{ij}^{(k)}))_{n\times r} \in \mathcal{M}_{n\times r}$; $k = 1, \dots, r$.

4. Voraussetzungen: $n \geqq r$, $\operatorname{Rg} F = r$.

5. Lösung: a) Setze $A^{(1)} = F$, $a^{(1)} = y$.

b) Für $k = 1, 2, \dots, r$ berechne man:

$$s^{(k)} = \sqrt{\sum_{i=k}^{n} (a_{ik}^{(k)})^2}\,, \qquad \beta^{(k)} = s^{(k)}(s^{(k)} + |a_{kk}^{(k)}|)^{-1}\,,$$

$$u_i^{(k)} = \begin{cases} 0 & \text{für } i < k\,, \\ \operatorname{sgn} a_{kk}^{(k)}(s^{(k)} + |a_{kk}^{(k)}|) & \text{für } i = k\,, \\ a_{ik}^{(k)} & \text{für } n \geqq i > k\,, \end{cases}$$

$$u^{(k)} = (u_1^{(k)}, \dots, u_n^{(k)})'\,, \qquad Q^{(k)} = I_n - \beta^{(k)} u^{(k)} u^{(k)\prime}\,,$$

$$(A^{(k+1)} \,\vdots\, a^{(k+1)}) = Q^{(k)}(A^{(k)} \,\vdots\, a^{(k)})\,.$$

c) $R = A^{(r+1)}$, $r = a^{(r+1)}$ ●

Beispiel 3.1.6:

1. $$F = \begin{pmatrix} 1 & 0 \\ 0 & 1 \\ 0 & 1 \end{pmatrix}; \qquad y = \begin{pmatrix} -1 \\ \sqrt{2} \\ 2 \end{pmatrix}.$$

5. a) $$A^{(1)} = \begin{pmatrix} 1 & 0 \\ 0 & 1 \\ 0 & 1 \end{pmatrix} = F; \qquad a^{(1)} = \begin{pmatrix} -1 \\ \sqrt{2} \\ 2 \end{pmatrix} = y\,.$$

b) $k = 1$: $s^{(1)} = 1$; $\beta^{(1)} = \frac{1}{2}$; $u^{(1)} = (2, 0, 0)'$,

$$A^{(2)} = \begin{pmatrix} -1 & 0 \\ 0 & 1 \\ 0 & 1 \end{pmatrix}; \qquad a^{(2)} = \begin{pmatrix} 1 \\ \sqrt{2} \\ 2 \end{pmatrix},$$

$k = 2$: $s^{(2)} = \sqrt{2}$; $\beta^{(2)} = (2 + \sqrt{2})^{-1}$; $u^{(2)} = (0, \sqrt{2} + 1, 1)'$,

c) $$A^{(3)} = \begin{pmatrix} -1 & 0 \\ 0 & -\sqrt{2} \\ 0 & 0 \end{pmatrix} = R; \qquad a^{(3)} = \begin{pmatrix} 1 \\ -1 - \sqrt{2} \\ -1 + \sqrt{2} \end{pmatrix} = r\,.$$

Bemerkung 3.1.4: Auf analoge Weise kann die HOUSEHOLDER-Transformation für $(F \,\vdots\, y, W)$; $W \in \mathcal{M}_{n\times s}$; durchgeführt werden, indem man wie Qy sukzessive auch QW im Verfahren mitberechnet.

Bemerkung 3.1.5: Die orthogonale Matrix Q aus (3.1.33) hat gemäß Verf. 3.1.4 die Gestalt

$$Q = Q^{(r)} Q^{(r-1)} \dots Q^{(2)} Q^{(1)}\,, \tag{3.1.35}$$

wird jedoch nicht explizit im Verfahren benötigt.

Die MKQ-Schätzung $\check{\vartheta}$ stellt sich nun mit R und r aus (3.1.33) und (3.1.34) folgendermaßen dar:

$$\begin{aligned} \check{\vartheta} &= (F'F)^{-1} F'y = (F'Q'QF)^{-1} F'Q'Qy = (R'R)^{-1} R'r \\ &= (S'S)^{-1} (S' \,\vdots\, 0') \begin{pmatrix} r_1 \\ r_2 \end{pmatrix} = S^{-1} S'^{-1} S' r_1 = S^{-1} r_1\,. \end{aligned} \tag{3.1.36}$$

Damit erhalten wir folgendes Verfahren:

VERFAHREN 3.1.5 (MKQ mit HOUSEHOLDER-Transformation):

1. **Gegebene Größen:** Versuchsplanmatrix $\boldsymbol{F}(V_n) = \boldsymbol{F} \in \mathcal{M}_{n \times r}$, Beobachtungsergebnis $\boldsymbol{y} \in \mathrm{R}^n$.

2. **Aufgabe:** Lösung von $(\boldsymbol{y} - \boldsymbol{F\vartheta})' (\boldsymbol{y} - \boldsymbol{F\vartheta}) \overset{!}{=} \inf\limits_{\vartheta \in \mathrm{R}^r}$.

4. **Voraussetzungen:** $n \geqq r$, $\operatorname{Rg} \boldsymbol{F} = r$.

5. **Lösung:** a) Durchführen der HOUSEHOLDER-Transformation von $(\boldsymbol{F} \,\vdots\, \boldsymbol{y})$ in $(\boldsymbol{R} \,\vdots\, \boldsymbol{r})$ mit Verf. 3.1.4.

b) Mit $\boldsymbol{R} = \begin{pmatrix} \boldsymbol{S} \\ \cdots \\ \boldsymbol{O} \end{pmatrix}$; $\boldsymbol{S} \in \mathcal{M}_r$, $\boldsymbol{O} \in \mathcal{M}_{(n-r) \times r}$; und $\boldsymbol{r} = \begin{pmatrix} \boldsymbol{r}_1 \\ \boldsymbol{r}_2 \end{pmatrix}$; $\boldsymbol{r}_1 \in \mathrm{R}^r$, $\boldsymbol{r}_2 \in \mathrm{R}^{n-r}$; ist $\check{\boldsymbol{\vartheta}} = \boldsymbol{S}^{-1}\boldsymbol{r}_1$ ●

Beispiel 3.1.7: Mit den Zahlenwerten aus Bsp. 3.1.6 ergibt sich in Fortsetzung dieses Beispiels mit

$$\boldsymbol{S} = \begin{pmatrix} -1 & 0 \\ 0 & -\sqrt{2} \end{pmatrix}; \quad \boldsymbol{r}_1 = \begin{pmatrix} 1 \\ -1 \; -\sqrt{2} \end{pmatrix} \quad \text{dabei} \quad \check{\boldsymbol{\vartheta}} = \boldsymbol{S}^{-1}\boldsymbol{r}_1 = \begin{pmatrix} -1 \\ 1 + \frac{1}{\sqrt{2}} \end{pmatrix}.$$

Orthogonalisierung im Falle eines Polynomansatzes. Falls die Einflußgröße x eine reelle Zahl (d. h. $x \in B \subseteq \mathrm{R}^1$) und die Ansatzfunktion $\tilde{\eta}(x, \boldsymbol{\vartheta})$ ein Polynom m-ter Ordnung

$$\tilde{\eta}(x, \boldsymbol{\vartheta}) = \vartheta_0 + \vartheta_1 x + \ldots + \vartheta_m x^m \tag{3.1.37}$$

ist, kann man zur Berechnung der MKQ-Schätzung für $\eta(x)$ die eventuell schwache Kondition von $\boldsymbol{F}'\boldsymbol{F}$ im Normalgleichungssystem umgehen, indem man zu gegebenem Versuchsplan V_n einen zu (3.1.37) äquivalenten Ansatz

$$\tilde{\eta}_0(x, \boldsymbol{\alpha}) = \alpha_0 \varphi_0(x) + \ldots + \alpha_m \varphi_m(x) \tag{3.1.38}$$

bestimmt, dessen Funktionen φ_i; $i = 1, \ldots, m$; bez. $V_n = (x_1, \ldots, x_n)$ orthogonal zueinander sind, d. h., sie erfüllen für $k \neq j$ die Bedingung

$$\sum_{i=1}^{n} \varphi_k(x_i)\, \varphi_j(x_i) = 0\,.$$

Wir betonen, daß diese Orthogonalität bez. des gegebenen Planes V_n gilt. Für einen anderen Plan sind die Funktionen φ_i i. allg. nicht orthogonal. Es ist also nicht die Orthogonalität des Planes im Sinne von Bez. 2.5.9 gemeint.

Man löst dann das (optimal konditionierte) Normalgleichungssystem für den Ansatz (3.1.38). Wir erhalten die MKQ-Schätzung für $\eta(x) = \tilde{\eta}(x, \boldsymbol{\vartheta}) = \tilde{\eta}_0(x, \boldsymbol{\alpha})$ aus der MKQ-Schätzung für $\boldsymbol{\alpha}$ (s. auch SPÄTH [2]). Die MKQ-Schätzung für $\boldsymbol{\vartheta}$ erhält man auf diesem Wege nicht.

VERFAHREN 3.1.6 (MKQ-Schätzung durch Orthogonalisierung):

1. **Gegebene Größen:** a) Wahrer Regressionsansatz mit

$$\tilde{\eta}(x, \boldsymbol{\vartheta}) = \sum_{j=0}^{m} \vartheta_j x^j; \quad x \in B \subseteq \mathrm{R}^1\,.$$

b) Versuchsplan und -ergebnisse: $V_n = (x_1, \ldots, x_n)$; $\boldsymbol{y} = (y_1, \ldots, y_n)'$.

2. **Aufgabe:** Bestimmung der MKQ-Schätzung $\check{\eta}(x, \boldsymbol{y})$ für $\eta(x)$.

4. **Voraussetzung:** V_n enthält mindestens $(m + 1)$ verschiedene Punkte.

5. **Lösung:** a) Man bestimme:

$$\varphi_0(x) = 1\,,$$
$$\varphi_1(x) = x - b_1\,,$$
$$\varphi_j(x) = (x - b_j)\,\varphi_{j-1} - c_{j-1}\varphi_{j-2}(x) \quad (j = 2, \dots, m)\,,$$

mit

$$b_j = \frac{\sum_{i=1}^{n} x_i\varphi_{j-1}^2(x_i)}{\sum_{i=1}^{n} \varphi_{j-1}^2(x_i)} \quad \text{und} \quad c_{j-1} = \frac{\sum_{i=1}^{n} \varphi_{j-1}^2(x_i)}{\sum_{i=1}^{n} \varphi_{j-2}^2(x_i)}$$

$(j = 1, 2, \dots, m$ bzw. $j = 2, 3, \dots, m)$.

b) MKQ-Schätzung:

$$\breve{\alpha}_j(\boldsymbol{y}) = \frac{\sum_{i=1}^{n} \varphi_j(x_i)\,y_i}{\sum_{i=1}^{n} \varphi_j^2(x_i)} \quad \text{und} \quad \breve{\eta}(x, \boldsymbol{y}) = \sum_{j=0}^{m} \breve{\alpha}_j(\boldsymbol{y})\,\varphi_j(x)$$

$(j = 0, 1, \dots, m)$ ●

Beispiel 3.1.8:

1. a) $\tilde{\eta}(x, \boldsymbol{\vartheta}) = \vartheta_0 + \vartheta_1 x + \vartheta_2 x^2$, d. h. $m = 2$.

b) $V_5 = (-2, -1, 0, 1, 2)$; $\boldsymbol{y} = (7, 3, 0, -1, 1)'$.

5. a) $\varphi_0(x) = 1$; $b_1 = 0$;

$\varphi_1(x) = x$; $b_2 = 0$; $c_1 = 2$,

$\varphi_2(x) = x^2 - 2$.

b) $\breve{\alpha}_0 = 2$; $\breve{\alpha}_1 = -1{,}6$; $\breve{\alpha}_2 = 1$,

$\breve{\eta}(x, \boldsymbol{y}) = -1{,}6x + x^2$.

Es gibt noch weitere Verfahren zur numerischen Lösung des MKQ-Problems, z. B. unter Ausnutzung der Zerlegung einer Matrix nach ihren singulären Werten (singular value decomposition) oder modifizierte Gram-Schmidt-Orthogonalisierungsverfahren (s. z. B. Lawson/Hanson [1]).

Iterative Nachbesserung. Es bezeichne $\breve{\boldsymbol{\vartheta}}_0$ den mit einem numerischen Verfahren erhaltenen MKQ-Schätzwert. Es gibt nun iterative Verfahren, die den numerischen Fehler von $\breve{\boldsymbol{\vartheta}}_0$ (also den Abstand vom exakten Schätzwert $\breve{\boldsymbol{\vartheta}}(\boldsymbol{y})$) sukzessive verkleinern.

Sei z. B. $\breve{\boldsymbol{\vartheta}}_0$ die mit dem Choleski-Verfahren (›Verf. 3.1.3) bestimmte numerische Lösung des Gleichungssystems $\tilde{\boldsymbol{M}}\breve{\boldsymbol{\vartheta}} = \boldsymbol{t}$. Wir bezeichnen mit $\tilde{\boldsymbol{M}}\breve{\boldsymbol{\vartheta}}_0 - \boldsymbol{t} =: \boldsymbol{d}_0$ den sogenannten *Defekt* dieser Lösung. Er ist Null, falls $\breve{\boldsymbol{\vartheta}}_0$ exakt mit $\breve{\boldsymbol{\vartheta}}(\boldsymbol{y})$ übereinstimmt. Im i-ten Iterationsschritt $(i = 0, 1, 2, \dots)$ löst man ebenfalls nach Choleski das lineare Gleichungssystem

$$\tilde{\boldsymbol{M}}\boldsymbol{\gamma}_i = \boldsymbol{d}_i\,. \tag{3.1.39}$$

Der Aufwand dazu ist gering, da die gleiche Koeffizientenmatrix $\tilde{M}$ wie im Ausgangssystem vorliegt. Die $(i + 1)$-te Näherung für $\check{\vartheta}(y)$ erhält man dann gemäß $\check{\vartheta}_{i+1} = \check{\vartheta}_i - \gamma_i$. Bei exakter Lösung von (3.1.39) ist $\check{\vartheta}_{i+1} = \check{\vartheta}(y)$. Dies wird numerisch natürlich i. allg. nicht erreicht. Man kommt jedoch zu einer Verbesserung von $\check{\vartheta}_i$, wenn man die jeweiligen Defekte $d_i = \tilde{M}\check{\vartheta}_i - t$ mit gegenüber den anderen Größen doppelter Genauigkeit berechnet.

Eine analoge iterative Nachbesserung ist auch beim HOUSEHOLDER-Verfahren (›Verf. 3.1.5) möglich.

Wie wir bereits am Anfang dieses Abschnittes erwähnten, ist der sinnvolle Abbruch derartiger iterativer Verfahren an die Größe des zu erwartenden statistischen Fehlers von $\check{\vartheta}(y)$ gebunden. Es hat keinen Zweck, bei großem statistischen Fehler von $\check{\vartheta}(y)$ diesen Schätzwert numerisch sehr genau zu bestimmen.

Falls die Varianz σ^2 der Wirkungsgröße $\mathfrak{Y}(x)$ bekannt ist, kennt man (im Falle des CHOLESKI-Verfahrens zumindest näherungsweise) mit

$$B_{\check{\vartheta}} = \sigma^2(F'F)^{-1} = \sigma^2\tilde{M}^{-1} = \sigma^2 S^{-1}(S')^{-1}$$

auch die Kovarianzmatrix der MKQ-Schätzung, d. h. insbesondere die Varianzen $D^2\check{\vartheta}_j$ der Komponenten von $\check{\vartheta}(\mathfrak{Y})$. Eine heuristische Abbruchregel kann darin bestehen, zu stoppen, wenn alle Komponenten γ_{ij} der i-ten Korrektur γ_i kleiner sind als z. B. das 0,1-fache der Standardabweichung der entsprechenden Komponente $\check{\vartheta}_j$, d. h. $|\gamma_{ij}| < 0{,}1\sqrt{D^2\check{\vartheta}_j}$. In den meisten praktischen Fällen ist jedoch σ^2 unbekannt und muß geschätzt werden. Wir geben daher für Verf. 3.1.3 und Verf. 3.1.5 eine iterative Nachbesserung an, mit der auch gleichzeitig der Vektor der geschätzten Fehler

$$\hat{\varepsilon} = y - F\check{\vartheta}(y) \tag{3.1.40}$$

bestimmt wird (s. FLETCHER [1]). Dies spielt bei der Berechnung der Schätzung für σ^2,

$$S^2 = \frac{1}{n-r}\,(y - F\check{\vartheta}(y))'\,(y - F\check{\vartheta}(y)) = \frac{\hat{\varepsilon}'\hat{\varepsilon}}{n-r},$$

(›Verf. 3.2.2) und damit bei der Konstruktion einer sinnvollen Abbruchregel eine Rolle.

VERFAHREN 3.1.7 (Iterative Nachbesserung):

1. **Gegebene Größen:** a) $F(V_n) = F \in \mathcal{M}_{n\times r}$, $y \in \mathrm{R}^n$.

b) Anfangsnäherung $\check{\vartheta}_0$ (als Ergebnis von Verf. 3.1.3 oder Verf. 3.1.5).

c) Dreiecksmatrix $S \in \mathcal{M}_r$ aus Verf. 3.1.3 oder Verf. 3.1.5.

2. **Aufgabe:** Iterative Verbesserung von $\check{\vartheta}_0$ und $\hat{\varepsilon}_0 = y - F\check{\vartheta}_0$.

3. **Bezeichnung:** $S^{-1}(S')^{-1} = \tilde{M}^{-1} =: ((m^{ij}))_{r\times r}$.

4. **Voraussetzungen:** $n \geqq r$, $\mathrm{Rg}\, F = r$.

5. Lösung: a) Berechne $\hat{\boldsymbol{\varepsilon}}_0 = \boldsymbol{y} - \boldsymbol{F}\check{\boldsymbol{\vartheta}}_0$.

b) i-ter Iterationsschritt ($i = 0, 1, 2, \ldots$)

$$\begin{aligned}
\boldsymbol{f}_i &= \boldsymbol{y} - \hat{\boldsymbol{\varepsilon}}_i - \boldsymbol{F}\check{\boldsymbol{\vartheta}}_i\,,\\
\boldsymbol{g}_i &= -\boldsymbol{F}'\hat{\boldsymbol{\varepsilon}}_i\,,\\
\boldsymbol{p}_i &= \boldsymbol{S}^{-1}(\boldsymbol{S}')^{-1}\boldsymbol{F}'\boldsymbol{f}_i\,,\\
\boldsymbol{h}_i &= \boldsymbol{S}^{-1}(\boldsymbol{S}')^{-1}\boldsymbol{g}_i\,,\\
\boldsymbol{\gamma}_i &= \boldsymbol{p}_i - \boldsymbol{h}_i\,,\\
\boldsymbol{e}_i &= \boldsymbol{f}_i - \boldsymbol{F}\boldsymbol{\gamma}_i\,,\\
\check{\boldsymbol{\vartheta}}_{i+1} &= \check{\boldsymbol{\vartheta}}_i + \boldsymbol{\gamma}_i\,,\\
\hat{\boldsymbol{\varepsilon}}_{i+1} &= \hat{\boldsymbol{\varepsilon}}_i + \boldsymbol{e}_i\,.
\end{aligned}$$

c) Abbruchregel: Stoppe nach dem i-ten Schritt, falls für $\boldsymbol{\gamma}_i = (\gamma_{i1}, \ldots, \gamma_{ir})'$ gilt:

$$|\gamma_{ij}| \leqq 0{,}1\sqrt{\hat{\boldsymbol{\varepsilon}}_{i+1}'\hat{\boldsymbol{\varepsilon}}_{i+1}m^{jj}/(n-r)} \quad (j = 1, 2, \ldots, r) \bullet$$

Beispiel 3.1.9 (›Bsp. 3.1.6 und Bsp. 3.1.7):

1. a) $\boldsymbol{F} = \begin{pmatrix} 1 & 0 \\ 0 & 1 \\ 0 & 1 \end{pmatrix}, \quad \boldsymbol{y} = \begin{pmatrix} -1 \\ 1{,}414 \\ 2 \end{pmatrix}.$

b) $\check{\boldsymbol{\vartheta}}_0 = (-1; 1{,}7)'$ (Ergebnis von Bsp. 3.1.7 gerundet).

c) $\boldsymbol{S} = \begin{pmatrix} -1 & 0 \\ 0 & -\sqrt{2} \end{pmatrix}.$

3. $\boldsymbol{S}^{-1}(\boldsymbol{S}')^{-1} = \begin{pmatrix} 1 & 0 \\ 0 & 0{,}5 \end{pmatrix}$, d. h. $m^{11} = 1$, $m^{22} = 0{,}5$.

5. a) $\hat{\boldsymbol{\varepsilon}}_0 = (0; -0{,}286; 0{,}300)'$.

b) $i = 0$: $\boldsymbol{f}_0 = \boldsymbol{0}$; $\boldsymbol{g}_0 = (0; -0{,}014)'$; $\boldsymbol{p}_0 = \boldsymbol{0}$;
$\boldsymbol{h}_0 = (0; -0{,}007)'$; $\boldsymbol{\gamma}_0 = (0; 0{,}007)'$;
$\boldsymbol{e}_0 = (0; 0{,}007; 0{,}007)'$;
$\check{\boldsymbol{\vartheta}}_1 = (-1; 1{,}707)'$; $\hat{\boldsymbol{\varepsilon}}_1 = (0; -0{,}293; 0{,}293)'$

c) $\gamma_{01} = 0 < 0{,}1 \cdot \sqrt{\dfrac{0{,}1717}{1} \cdot 1} = 0{,}0414$

$$\gamma_{02} = 0{,}007 < 0{,}1 \cdot \sqrt{\frac{0{,}1717 \cdot 0{,}5}{1}} = 0{,}0293\,,$$

d. h. Abbruch des Verfahrens.

3.1.4. MKQ-Schätzung im singulären Fall

Falls für die Versuchsplanmatrix Rg $\boldsymbol{F}(V_n) = m < r$ gilt, spricht man vom *singulären Fall*. Dieser tritt insbesondere dann ein, wenn V_n weniger als r verschiedene Punkte enthält. Vor allem bei der Schätzung einer von $\boldsymbol{\vartheta}$ linear abhängigen Größe $\boldsymbol{\psi}(\boldsymbol{\vartheta}) \in \mathrm{R}^s$ mit $s < r$ genügen häufig bereits s verschiedene Punkte im Versuchsplan.

Des weiteren treten singuläre Versuchsplanmatrizen in Regressionsmodellen auf, bei deren linearen Ansätzen die Funktionen $f_i(\boldsymbol{x})$; $i = 1, \ldots, r$; nicht linear unabhängig sind. Dann ist die Singularität ein Hinweis auf einen ungünstig gewählten Ansatz.

Im singulären Fall gibt es einige wesentliche Unterschiede zum regulären Fall. Das lineare Normalgleichungssystem

$$\boldsymbol{F}(V_n)'\,\boldsymbol{F}(V_n)\,\check{\boldsymbol{\vartheta}}(\boldsymbol{y}) = \boldsymbol{F}(V_n)'\,\boldsymbol{y} \tag{3.1.41}$$

ist nicht mehr eindeutig nach $\check{\boldsymbol{\vartheta}}(\boldsymbol{y})$ auflösbar. Falls Rg $\boldsymbol{F}(V_n) = m$ ist, dann gibt es für $\check{\boldsymbol{\vartheta}}(\boldsymbol{y})$ eine $(r - m)$-dimensionale Lösungsmannigfaltigkeit. Man sagt, $\boldsymbol{\vartheta}$ ist *nicht eindeutig identifizierbar.*

Beispiel 3.1.10:

$$\tilde{\eta}(x, \boldsymbol{\vartheta}) = \vartheta_0 + \vartheta_1 x + \vartheta_2 x^2; \quad V_4 = (0, 0, 1, 1); \quad \boldsymbol{y} = (-3, -2, 1, 0)';$$

$$\boldsymbol{F}(V_4) = \begin{pmatrix} 1 & 0 & 0 \\ 1 & 0 & 0 \\ 1 & 1 & 1 \\ 1 & 1 & 1 \end{pmatrix}; \qquad \text{Rg}\,\boldsymbol{F}(V_4) = 2; \qquad \boldsymbol{F}(V_4)'\,\boldsymbol{F}(V_4) = \begin{pmatrix} 4 & 2 & 2 \\ 2 & 2 & 2 \\ 2 & 2 & 2 \end{pmatrix}.$$

Normalgleichungen: $4\check{\vartheta}_0 + 2\check{\vartheta}_1 + 2\check{\vartheta}_2 = -4$,

$$2\check{\vartheta}_0 + 2\check{\vartheta}_1 + 2\check{\vartheta}_2 = 1,$$

$$2\check{\vartheta}_0 + 2\check{\vartheta}_1 + 2\check{\vartheta}_2 = 1.$$

Die letzten beiden Gleichungen sind identisch. Aus den ersten beiden ergibt sich: Für jedes beliebige $t \in \mathrm{R}^1$ ist $\check{\boldsymbol{\vartheta}} = (-2{,}5;\, 3{,}0 - t;\, t)'$ eine Lösung der Normalgleichungen. Der Wert $\check{\boldsymbol{\vartheta}}$ ist also nicht eindeutig bestimmt.

Mit Hilfe von verallgemeinerten Inversen von Matrizen (›Bez. A.1.12) kann man alle Lösungen des Normalgleichungssystems (3.1.41) in folgender Form zusammenfassen:

$$\check{\boldsymbol{\vartheta}}(\boldsymbol{y}) = (\boldsymbol{F}'\boldsymbol{F})^- \boldsymbol{F}'\boldsymbol{y} + [\boldsymbol{I}_r - (\boldsymbol{F}'\boldsymbol{F})^- \boldsymbol{F}'\boldsymbol{F}]\,\boldsymbol{t}; \quad \boldsymbol{t} \in \mathrm{R}^r \text{ beliebig}. \tag{3.1.42}$$

Dabei ist $(\boldsymbol{F}'\boldsymbol{F})^-$ eine beliebige verallgemeinerte Inverse zu $\boldsymbol{F}'\boldsymbol{F}$.

Um aus der $(r - m)$-dimensionalen Lösungsmenge für $\check{\boldsymbol{\vartheta}}(\boldsymbol{y})$ in eindeutiger Weise eine Lösung zur weiteren Benutzung auszuwählen, stellt man gewöhnlich zusätzliche (für das jeweilige Problem sinnvolle) Nebenbedingungen an den zu schätzenden Parameter $\boldsymbol{\vartheta}$ auf. Häufig wählt man unter allen $\check{\boldsymbol{\vartheta}}(\boldsymbol{y})$ aus (3.1.42) auch die Lösung $\check{\boldsymbol{\vartheta}}^*(\boldsymbol{y})$ mit kleinster Länge aus, d. h.

$$\check{\boldsymbol{\vartheta}}^*(\boldsymbol{y})'\,\check{\boldsymbol{\vartheta}}^*(\boldsymbol{y}) = \inf \check{\boldsymbol{\vartheta}}(\boldsymbol{y})'\,\check{\boldsymbol{\vartheta}}(\boldsymbol{y}). \tag{3.1.43}$$

Wir wollen jedoch auf diese Probleme hier nicht eingehen (s. z. B. LAWSON/HANSON [1]).

Ein weiterer Unterschied gegenüber dem regulären Fall ist, daß es im singulären Fall für $\boldsymbol{\vartheta}$ keine lineare erwartungstreue Schätzung mehr gibt. Man sagt, daß $\boldsymbol{\vartheta}$ im Fall Rg $\boldsymbol{F}(V_n) < r$ mit V_n *nicht linear schätzbar* ist. Es ist aber möglich, geeignete lineare Funktionen

$$\boldsymbol{\psi} = \boldsymbol{A}\boldsymbol{\vartheta}; \quad \boldsymbol{A} \in \mathcal{M}_{s \times r}; \quad s \leq r; \quad \text{Rg}\,\boldsymbol{A} = s \tag{3.1.44}$$

linear und erwartungstreu zu schätzen, z. B. eventuell die Wirkungsfläche $\eta(\boldsymbol{x}) = \boldsymbol{f}(\boldsymbol{x})'\,\boldsymbol{\vartheta}$ im Punkt $\boldsymbol{x} \in H$ (setze $\boldsymbol{A} = \boldsymbol{f}(\boldsymbol{x})'$).

Bezeichnung 3.1.1: $\boldsymbol{\psi} = \boldsymbol{A}\boldsymbol{\vartheta}$ aus (3.1.44) heißt mit dem Versuchsplan V_n *linear schätzbar,* falls es eine lineare Schätzung $\hat{\boldsymbol{\psi}}(\mathfrak{Y}(V_n)) = \boldsymbol{C}\mathfrak{Y}(V_n)$; $\boldsymbol{C} \in \mathcal{M}_{s \times n}$; gibt, die erwartungstreu ist für $\boldsymbol{\psi}$ ●

Im regulären Fall ist jedes $\boldsymbol{\psi}$ der Form (3.1.44) linear schätzbar (z. B. durch (3.1.11)), während dies nun im singulären Fall nicht mehr so ist.

Aussage 3.1.8: Die Funktion $\boldsymbol{\psi} = \boldsymbol{A\vartheta}$ ist mit V_n genau dann linear schätzbar, wenn jeder Zeilenvektor von $\boldsymbol{A}$ sich als Linearkombination der Zeilenvektoren von $\boldsymbol{F}(V_n)$ darstellen läßt ●

Beispiel 3.1.11:

$$\tilde{\eta}(x, \boldsymbol{\vartheta}) = \vartheta_0 + \vartheta_1 x + \vartheta_2 x^2; \qquad V_4 = (0, 0, 1, 1);$$

$$\boldsymbol{F}(V_4) = \begin{pmatrix} 1 & 0 & 0 \\ 1 & 0 & 0 \\ 1 & 1 & 1 \\ 1 & 1 & 1 \end{pmatrix} = \begin{pmatrix} \boldsymbol{f}_1' \\ \boldsymbol{f}_2' \\ \boldsymbol{f}_3' \\ \boldsymbol{f}_4' \end{pmatrix}; \qquad \boldsymbol{A} = \begin{pmatrix} 1 & 0 & 0 \\ 0 & 1 & 1 \end{pmatrix} = \begin{pmatrix} \boldsymbol{a}_1' \\ \boldsymbol{a}_2' \end{pmatrix}.$$

Es ist $\boldsymbol{a}_1 = \boldsymbol{f}_1$ und $\boldsymbol{a}_2 = \boldsymbol{f}_3 - \boldsymbol{f}_1$. Also ist $\boldsymbol{\psi} = \boldsymbol{A\vartheta} = \begin{pmatrix} \vartheta_0 \\ \vartheta_1 + \vartheta_2 \end{pmatrix}$ mit V_4 linear schätzbar.

Die MKQ-Schätzung für ein linear schätzbares $\boldsymbol{\psi} = \boldsymbol{A\vartheta}$ hat die Gestalt

$$\check{\boldsymbol{\psi}}(\boldsymbol{y}) = \boldsymbol{A}\check{\boldsymbol{\vartheta}}(\boldsymbol{y}), \tag{3.1.45}$$

wobei $\check{\boldsymbol{\vartheta}}(\boldsymbol{y})$ beliebige Lösung des Normalgleichungssystems ist. Jede Lösung des Normalgleichungssystems führt also auf den gleichen Schätzwert für $\boldsymbol{\psi}$. Mit (3.1.42) hat man daher für $\check{\boldsymbol{\psi}}$ auch die Darstellung

$$\check{\boldsymbol{\psi}}(\boldsymbol{y}) = \boldsymbol{A}[\boldsymbol{F}(V_n)'\,\boldsymbol{F}(V_n)]^-\,\boldsymbol{F}(V_n)'\,\boldsymbol{y}. \tag{3.1.46}$$

Das Vorgehen zur Schätzung einer linear schätzbaren Funktion $\boldsymbol{\psi} = \boldsymbol{A\vartheta}$ mit der MKQ fassen wir in folgendem Verfahren zusammen:

VERFAHREN 3.1.8 (MKQ singulär):

1. **Gegebene Größen:** a) Wahrer Regressionsansatz $\tilde{S}$ mit

$$\tilde{\eta}(\boldsymbol{x}, \boldsymbol{\vartheta}) = \boldsymbol{f}(\boldsymbol{x})'\,\boldsymbol{\vartheta}; \quad \boldsymbol{x} \in B \subseteq \mathrm{R}^k; \; \boldsymbol{\vartheta} \in \mathrm{R}^r.$$

b) Versuchsplan und -ergebnisse: $V_n = (\boldsymbol{x}_1, \dots, \boldsymbol{x}_n)$, $\boldsymbol{y} = (y_1, \dots, y_n)'$.

c) $\boldsymbol{A} \in \mathcal{M}_{s \times r}$.

2. **Aufgabe:** Schätze $\boldsymbol{\psi} = \boldsymbol{A\vartheta}$ nach der MKQ.

3. **Bezeichnung:** $\boldsymbol{F}(V_n) = (\boldsymbol{f}(\boldsymbol{x}_1), \dots, \boldsymbol{f}(\boldsymbol{x}_n))'$.

4. **Voraussetzungen:** $s \leqq r$; $\operatorname{Rg} \boldsymbol{A} = s$; $\boldsymbol{\psi}$ mit V_n linear schätzbar (›Bez. 3.1.1).

5. **Lösung:**

$$\check{\boldsymbol{\psi}}(\boldsymbol{y}) = \boldsymbol{A}[\boldsymbol{F}(V_n)'\,\boldsymbol{F}(V_n)]^-\,\boldsymbol{F}(V_n)'\,\boldsymbol{y} = \boldsymbol{A}\check{\boldsymbol{\vartheta}}(\boldsymbol{y}),$$

wobei $\check{\boldsymbol{\vartheta}}(\boldsymbol{y})$ beliebige Lösung von (3.1.41) ist ●

Beispiel 3.1.12 (›Bsp. 3.1.10 und Bsp. 3.1.11):

1. a) $\tilde{\eta}(x, \boldsymbol{\vartheta}) = \vartheta_0 + \vartheta_1 x + \vartheta_2 x^2$; $x \in [0, 1] = B \subset \mathrm{R}^1$; $\boldsymbol{\vartheta} \in \mathrm{R}^3$.

b) $V_4 = (0, 0, 1, 1)$; $\boldsymbol{y} = (-3, -2, 1, 0)'$.

c) $\boldsymbol{A} = \begin{pmatrix} 1 & 0 & 0 \\ 0 & 1 & 1 \end{pmatrix}$.

3. $\boldsymbol{F} = \begin{pmatrix} 1 & 0 & 0 \\ 1 & 0 & 0 \\ 1 & 1 & 1 \\ 1 & 1 & 1 \end{pmatrix}$.

5. Mit $\check{\boldsymbol{\vartheta}}(\boldsymbol{y}) = (-2{,}5;\, 3{,}0 - t;\, t)'$ aus Bsp. 3.1.10 ist $\check{\boldsymbol{\psi}}(\boldsymbol{y}) = \boldsymbol{A}\check{\boldsymbol{\vartheta}}(\boldsymbol{y}) = (-2{,}5;\, 3{,}0)'$.

Die Optimalitätseigenschaften der MKQ-Schätzung für linear schätzbares $\boldsymbol{\psi} = \boldsymbol{A\vartheta}$ sind völlig analog zu den Optimalitätseigenschaften der MKQ-Schätzung $\check{\boldsymbol{\vartheta}}$ im regulären Fall, die in [3.1.2] angegeben wurden. Man hat dort lediglich $\boldsymbol{\vartheta}$ durch $\boldsymbol{\psi}$, $\check{\boldsymbol{\vartheta}}$ durch $\check{\boldsymbol{\psi}}$, die Verlustfunktion $L(\boldsymbol{\vartheta}, \hat{\boldsymbol{\vartheta}})$ durch $L(\boldsymbol{\psi}, \hat{\boldsymbol{\psi}})$ und die $(r \times r)$-Matrix $\boldsymbol{U}$ in (3.1.12) durch eine $(s \times s)$-Matrix $\boldsymbol{U}$ zu ersetzen. Anstelle von (3.1.15) erhält man z. B. nun als Risiko bei quadratischem Verlust

$$R(P_\varepsilon, \boldsymbol{\psi}, \check{\boldsymbol{\psi}}) = c \operatorname{sp} \boldsymbol{U B}_{\check{\boldsymbol{\psi}}}; \quad c > 0\,, \tag{3.1.47}$$

wobei sich im Falle $\boldsymbol{B}_\varepsilon = \sigma^2 \boldsymbol{I}_n$ als Kovarianzmatrix für $\check{\boldsymbol{\psi}}$

$$\boldsymbol{B}_{\check{\boldsymbol{\psi}}}(V_n) = \sigma^2 \boldsymbol{A}[\boldsymbol{F}(V_n)'\,\boldsymbol{F}(V_n)]^- \boldsymbol{A}' \tag{3.1.48}$$

ergibt.

3.1.5. Zur numerischen Berechnung der MKQ-Schätzung im singulären Fall

Die numerische Bestimmung der MKQ-Schätzung im singulären Fall ist schwieriger als im regulären Fall. Manche Verfahren sind dann überhaupt nicht mehr anwendbar (z. B. das CHOLESKI-Verfahren Verf. 3.1.3).

In (3.1.42) und (3.1.46) haben wir die MKQ-Schätzung mit verallgemeinerten Inversen von Matrizen dargestellt. Obwohl es einige numerische Verfahren zur Erzeugung von verallgemeinerten Inversen gibt (s. z. B. ALBERT [1], BOULLION/ODELL [1]), ist es in unserem Zusammenhang ungünstig, diese explizit zu berechnen. Wir bemerken, daß wir auch im regulären Fall zur numerischen Bestimmung der MKQ-Schätzung $\check{\boldsymbol{\vartheta}} = (\boldsymbol{F}'\boldsymbol{F})^{-1}\,\boldsymbol{F}'\boldsymbol{y}$ die Inverse $(\boldsymbol{F}'\boldsymbol{F})^{-1}$ nicht explizit berechnet haben.

Da wir uns auf die MKQ-Schätzung einer linear schätzbaren Funktion $\boldsymbol{\psi} = \boldsymbol{A\vartheta}$ beschränken wollen, genügt es, irgendeine Lösung $\check{\boldsymbol{\vartheta}}$ der MKQ-Aufgabe zu bestimmen (›(3.1.45)). Wir werden dazu die HOUSEHOLDER-Verfahren Verf. 3.1.4 und Verf. 3.1.5 modifizieren. Wir gehen von der MKQ-Aufgabe

$$(\boldsymbol{y} - \boldsymbol{F\vartheta})'\,(\boldsymbol{y} - \boldsymbol{F\vartheta}) \overset{!}{=} \inf_{\vartheta \in \mathrm{R}^r}\,; \quad \operatorname{Rg} \boldsymbol{F} = m < r; \tag{3.1.49}$$

aus. Es seien $\boldsymbol{Q} \in \mathcal{M}_n$ eine orthogonale und $\boldsymbol{K} \in \mathcal{M}_r$ eine symmetrische orthogonale Matrix. Dann läßt sich (3.1.49) mit

$$\boldsymbol{r} = \boldsymbol{Q y}; \qquad \boldsymbol{R} = \boldsymbol{Q F K}; \qquad \boldsymbol{\beta} = \boldsymbol{K\vartheta} \tag{3.1.50}$$

äquivalent umformen zu

$$\begin{aligned}(\boldsymbol{y} - \boldsymbol{F\vartheta})'\,\boldsymbol{Q}'\boldsymbol{Q}(\boldsymbol{y} - \boldsymbol{F\vartheta}) &= (\boldsymbol{Qy} - \boldsymbol{QFKK\vartheta})'\,(\boldsymbol{Qy} - \boldsymbol{QFKK\vartheta}) \\ &= (\boldsymbol{r} - \boldsymbol{R\beta})'\,(\boldsymbol{r} - \boldsymbol{R\beta}) \overset{!}{=} \inf_{\beta \in \mathrm{R}^r}\,. \end{aligned} \tag{3.1.51}$$

Man kann nun $\boldsymbol{Q}$ und $\boldsymbol{K}$ so konstruieren (und darin besteht der Hauptteil des folgenden numerischen Verfahrens), daß $\boldsymbol{R}$ von der Gestalt

$$\boldsymbol{R} = \begin{pmatrix} \boldsymbol{R}_{11} & \boldsymbol{R}_{12} \\ \boldsymbol{0} & \boldsymbol{0} \end{pmatrix} \tag{3.1.52}$$

mit $\boldsymbol{R}_{11} \in \mathcal{M}_m$ als regulärer oberer Dreiecksmatrix ist. Mit $\boldsymbol{r} = (\boldsymbol{r}_1', \boldsymbol{r}_2')'$; $\boldsymbol{r}_1 \in \mathrm{R}^m$, $\boldsymbol{r}_2 \in \mathrm{R}^{n-m}$; löst man dann das lineare Gleichungssystem

$$\boldsymbol{R}_{11}\boldsymbol{z}_1 = \boldsymbol{r}_1\,. \tag{3.1.53}$$

Dies ist sehr einfach, da $\boldsymbol{R}_{11}$ Dreiecksgestalt hat. Eine Lösung des MKQ-Problems (3.1.49) ergibt sich nun mit $\boldsymbol{z} = (\boldsymbol{z}_1', \boldsymbol{0}')' \in \mathrm{R}^r$ als

$$\check{\boldsymbol{\vartheta}} = \boldsymbol{K}\boldsymbol{z} . \tag{3.1.54}$$

Die Matrix $\boldsymbol{R}$ wird dabei in analoger Weise wie im HOUSEHOLDER-Verfahren Verf. 3.1.4 erzeugt. Die orthogonale Matrix $\boldsymbol{R}$ wird wie in Verf. 3.1.4 explizit nicht benötigt. Die Matrix $\boldsymbol{K}$ wird als sog. Permutationsmatrix konstruiert, die eine Vertauschung der Spalten gewisser Matrizen derart bewirkt, daß $\boldsymbol{R}$ letzendlich die Gestalt (3.1.52) hat.

VERFAHREN 3.1.9 (MKQ singulär mit HOUSEHOLDER-Transformation):

1. **Gegebene Größen:** Versuchsplanmatrix $\boldsymbol{F}(V_n) = \boldsymbol{F} \in \mathcal{M}_{n\times r}$, Beobachtungsergebnis $\boldsymbol{y} \in \mathrm{R}^n$.

2. **Aufgabe:** Bestimmung einer Lösung von

$$(\boldsymbol{y} - \boldsymbol{F}\boldsymbol{\vartheta})'(\boldsymbol{y} - \boldsymbol{F}\boldsymbol{\vartheta}) \overset{!}{=} \inf_{\boldsymbol{\vartheta}\in\mathrm{R}^r} .$$

3. **Bezeichnungen:** $m = \mathrm{Rg}\, \boldsymbol{F}$; $\boldsymbol{A}^{(i)} = \left((a_{lj}^{(i)})\right) \in \mathcal{M}_{n\times r}$ $(i = 1, 2, \dots, m)$.

4. **Voraussetzung:** $r \leq n$.

5. **Lösung:** a) Setze $\boldsymbol{A}^{(1)} = \boldsymbol{F}$, $\boldsymbol{a}^{(1)} = \boldsymbol{y}$.

b) Für $i = 1, 2, \dots, m$ berechne

$$s^{(i)}(j) = \sqrt{\sum_{l=1}^{n} (a_{lj}^{(i)})^2} \quad (j = i, i+1, \dots, r) .$$

Wähle j^* so, daß $s^{(i)}(j^*) \geqq s^{(i)}(j)$ für alle anderen j (Pivotisierung).

$$\alpha^{(i)} = s^{(i)}(j^*) ,$$

$$\beta^{(i)} = [\alpha^{(i)}(\alpha^{(i)} + |a_{j^*j^*}^{(i)}|)]^{-1} ,$$

$$u_l^{(i)} = \begin{cases} 0, & l < i , \\ \mathrm{sgn}\, a_{j^*j^*}^{(i)}(\alpha^{(i)} + |a_{j^*j^*}^{(i)}|) , & l = i , \\ a_{lj^*}^{(i)} , & n \geqq l > i , \end{cases}$$

$$\boldsymbol{u}^{(i)} = (u_1^{(i)}, \dots, u_n^{(i)})' , \qquad \boldsymbol{Q}^{(i)} = \boldsymbol{I}_n - \beta^{(i)}\boldsymbol{u}^{(i)}\boldsymbol{u}^{(i)\prime} ,$$

$$\boldsymbol{K}^{(i)} = \begin{pmatrix} \boldsymbol{I}_{i-1} & \boldsymbol{0} & \boldsymbol{0} & \boldsymbol{0} & \boldsymbol{0} \\ \boldsymbol{0}' & 0 & \boldsymbol{0}' & 1 & \boldsymbol{0}' \\ \boldsymbol{0} & \boldsymbol{0} & \boldsymbol{I}_{j^*-i-1} & \boldsymbol{0} & \boldsymbol{0} \\ \boldsymbol{0}' & 1 & \boldsymbol{0}' & 0 & \boldsymbol{0}' \\ \boldsymbol{0} & \boldsymbol{0} & \boldsymbol{0} & \boldsymbol{0} & \boldsymbol{I}_{r-j^*} \end{pmatrix} \begin{matrix} \\ \leftarrow i \\ \\ \leftarrow j^* \\ \\ \end{matrix} ,$$

(Spaltenmarken unter der Matrix: $\uparrow i$ bei der zweiten, $\uparrow j^*$ bei der vierten Blockspalte)

$$\boldsymbol{A}^{(i+1)} = \boldsymbol{Q}^{(i)}\boldsymbol{A}^{(i)}\boldsymbol{K}^{(i)} , \qquad \boldsymbol{a}^{(i+1)} = \boldsymbol{Q}^{(i)}\boldsymbol{a}^{(i)} .$$

c) $A^{(m+1)} = R = \begin{pmatrix} R_{11} & R_{12} \\ 0 & 0 \end{pmatrix}$ mit $R_{11} \in \mathcal{M}_m$,

$a^{(m+1)} = r = (r_1', r_2')'$ mit $r_1 \in \mathrm{R}^m$, $r_2 \in \mathrm{R}^{n-m}$,

$K = K_1 K_2 \ldots K_m$, $z_1 = R_{11}^{-1} r_1$, $z = (z_1', 0') \in \mathrm{R}^r$, $\check{\vartheta} = Kz$ ●

Beispiel 3.1.13 (›Bsp. 3.1.10 und Bsp. 3.1.12):

1. $F = \begin{pmatrix} 1 & 0 & 0 \\ 1 & 0 & 0 \\ 1 & 1 & 1 \\ 1 & 1 & 1 \end{pmatrix}$, $y = (-3, -2, 1, 0)'$.

5. a) $A^{(1)} = F$, $a^{(1)} = y$.

b) $i = 1$: $s^{(1)}(1) = 2$; $s^{(1)}(2) = \sqrt{2}$; $s^{(1)}(3) = \sqrt{2}$,

$j^* = i = 1$,

$\alpha^{(1)} = 2$; $\beta^{(1)} = \frac{1}{6}$; $u^{(1)} = (3, 1, 1, 1)'$;

$$Q^{(1)} = \frac{1}{6}\begin{pmatrix} -3 & -3 & -3 & -3 \\ -3 & 5 & -1 & -1 \\ -3 & -1 & 5 & -1 \\ -3 & -1 & -1 & 5 \end{pmatrix}; \quad K^{(1)} = I_3,$$

$$A^{(2)} = \frac{1}{3}\begin{pmatrix} -6 & -3 & -3 \\ 0 & -1 & -1 \\ 0 & 2 & 2 \\ 0 & 2 & 2 \end{pmatrix}; \quad a^{(2)} = \frac{1}{6}\begin{pmatrix} 12 \\ -2 \\ 16 \\ 10 \end{pmatrix}.$$

$i = 2$: $s^{(2)}(2) = 1$; $s^{(2)}(3) = 1$,

$j^* = i = 2$,

$\alpha^{(2)} = 1$; $\beta^{(2)} = \frac{3}{4}$; $u^{(2)} = (0, -4, 2, 2)'$;

$$Q^{(2)} = \frac{1}{3}\begin{pmatrix} 3 & 0 & 0 & 0 \\ 0 & -1 & 2 & 2 \\ 0 & 2 & 2 & -1 \\ 0 & 2 & -1 & 2 \end{pmatrix}; \quad K^{(2)} = I_3,$$

$$A^{(3)} = \begin{pmatrix} -2 & -1 & -1 \\ 0 & 1 & 1 \\ 0 & 0 & 0 \\ 0 & 0 & 0 \end{pmatrix}; \quad a^{(3)} = \begin{pmatrix} 2 \\ 3 \\ 1 \\ 0 \end{pmatrix}.$$

c) $A^{(3)} = R$; $R_{11} = \begin{pmatrix} -2 & -1 \\ 0 & 1 \end{pmatrix}$; $a^{(3)} = r$; $r_1 = \begin{pmatrix} 2 \\ 3 \end{pmatrix}$; $r_2 = \begin{pmatrix} 1 \\ 0 \end{pmatrix}$;

$K = I_3$; $z_1 = (-2{,}5; 3{,}0)'$; $z = (-2{,}5; 3{,}0; 0)'$; $\check{\vartheta} = z = (-2{,}5; 3{,}0; 0)'$.

(Das ist die Lösung aus Bsp. 3.1.10 für $t = 0$).

Mit Verf. 3.1.9 wird also eine MKQ-Schätzung $\check{\vartheta}$ bestimmt, und man erhält mit $\check{\psi} = A\check{\vartheta}$ die numerisch berechnete MKQ-Schätzung einer schätzbaren Funktion $\psi = A\vartheta$.

Ist man an der (speziellen) MKQ-Schätzung $\check{\vartheta}^*$ mit kleinster Länge (›(3.1.43)) interessiert, so kann man Verf. 3.1.9 in der angegebenen Form nicht anwenden. Es sind dann noch einige Zuästze zum Verfahren nötig (s. z. B. LAWSON/HANSON [1]).

Wir wollen noch bemerken, daß es im singulären Fall auch noch andere Möglichkeiten gibt, MKQ-Lösungen zu erhalten. Erwähnenswert sind z. B. die sog. *Stabilisierungsmethoden*, die die singulären Matrizen F bzw. $F'F$ durch leicht abgeänderte reguläre ersetzen und dann die Probleme mit den Algorithmen für den regulären Fall lösen. Z. B. löst man anstelle des eigentlichen Normalgleichungssystems $\boldsymbol{F}'\boldsymbol{F}\check{\boldsymbol{\vartheta}} = \boldsymbol{F}'\boldsymbol{y}$ das stabilisierte reguläre System

$$(\boldsymbol{F}'\boldsymbol{F} + \alpha^2 \boldsymbol{I}_r)\, \check{\boldsymbol{\vartheta}}(\alpha) = \boldsymbol{F}'\boldsymbol{y} \tag{3.1.55}$$

mit dem Choleski-Verfahren Verf. 3.1.3 (›[3.4.1] und Verf. 3.4.2). Oder man löst anstelle der eigentlichen MKQ-Aufgabe

$$(\boldsymbol{y} - \boldsymbol{F}\boldsymbol{\vartheta})'\,(\boldsymbol{y} - \boldsymbol{F}\boldsymbol{\vartheta}) \stackrel{!}{=} \inf_{\boldsymbol{\vartheta}\in\mathrm{R}^r}$$

das stabilisierte Problem

$$(\tilde{\boldsymbol{y}} - \tilde{\boldsymbol{F}}\boldsymbol{\vartheta})'\,(\tilde{\boldsymbol{y}} - \tilde{\boldsymbol{F}}\boldsymbol{\vartheta}) \stackrel{!}{=} \inf_{\boldsymbol{\vartheta}\in\mathrm{R}^r}\,; \qquad \tilde{\boldsymbol{y}} = \begin{pmatrix}\boldsymbol{y}\\ \boldsymbol{0}\end{pmatrix}; \qquad \tilde{\boldsymbol{F}} = \begin{pmatrix}\boldsymbol{F}\\ \cdots\\ \alpha\boldsymbol{I}_r\end{pmatrix};$$

mit dem Householder-Verfahren Verf. 3.1.5.

Ein schwieriges Problem ist die geeignete Wahl von α. Zu großes α verfälscht die Lösung zu sehr und zu kleines α führt zu schlechter Kondition der Matrizen und damit nicht zu dem gewünschten stabilen Verhalten. Auch hier wird (ähnlich wie in [3.1.3]) die Größe des zu erwartenden statistischen Fehlers von $\check{\boldsymbol{\vartheta}}(\boldsymbol{y})$ eine Entscheidungshilfe für eine geeignete Wahl von α sein. Statistischer Fehler und der durch α bedingte numerische Fehler sollten die gleiche Größenordnung haben.

3.1.6. Rekursive MKQ-Schätzung

Wir gehen wieder vom wahren linearen Regressionsmodell (3.1.3), d. h.

$$\mathfrak{Y}(\boldsymbol{x}) = \boldsymbol{f}(\boldsymbol{x})'\,\boldsymbol{\vartheta} + \varepsilon(\boldsymbol{x})\,, \qquad \mathrm{E}\varepsilon(\boldsymbol{x}) = 0$$

aus und nehmen an, daß wir einen Versuchsplan $V_n = (\boldsymbol{x}_1, \dots, \boldsymbol{x}_n)$ mit dem Ergebnis $\boldsymbol{y}(V_n) = (y_1, \dots, y_n)'$ realisiert haben. Daraus ist die MKQ-Schätzung

$$\check{\boldsymbol{\vartheta}}\big(\boldsymbol{y}(V_n)\big) = [\boldsymbol{F}(V_n)'\,\boldsymbol{F}(V_n)]^{-1}\,\boldsymbol{F}(V_n)'\,\boldsymbol{y}(V_n) \tag{3.1.56}$$

berechnet worden. Zu dieser Schätzung sollen nun die Ergebnisse $\boldsymbol{y}(V_m) = (y_{n+1}, \dots, y_{n+m})'$ der Realisierung eines weiteren (z. B. zeitlich später als V_n realisierten) Versuchsplanes $V_m = (\boldsymbol{x}_{n+1}, \dots, \boldsymbol{x}_{n+m})$ so hinzugefügt werden, daß man die MKQ-Schätzung bez. des Gesamtplanes

$$V_{n+m} = V_n + V_m = (\boldsymbol{x}_1, \dots, \boldsymbol{x}_n, \boldsymbol{x}_{n+1}, \dots, \boldsymbol{x}_{n+m})$$

erhält:

$$\check{\boldsymbol{\vartheta}}\big(\boldsymbol{y}(V_{n+m})\big) = [\boldsymbol{F}(V_{n+m})'\,\boldsymbol{F}(V_{n+m})]^{-1}\,\boldsymbol{F}(V_{n+m})'\,\boldsymbol{y}(V_{n+m})\,. \tag{3.1.57}$$

Dabei soll $\check{\boldsymbol{\vartheta}}\big(\boldsymbol{y}(V_{n+m})\big)$ jedoch nicht von Grund auf neu berechnet, sondern der bekannte Schätzwert $\check{\boldsymbol{\vartheta}}\big(\boldsymbol{y}(V_n)\big)$ weitestgehend ausgenutzt werden. Mit

$$\boldsymbol{F}(V_{n+m}) = \begin{pmatrix}\boldsymbol{F}(V_n)\\ \cdots\cdots\\ \boldsymbol{F}(V_m)\end{pmatrix}; \qquad \boldsymbol{y}(V_{n+m}) = \begin{pmatrix}\boldsymbol{y}(V_n)\\ \boldsymbol{y}(V_m)\end{pmatrix}; \tag{3.1.58}$$

$$\widetilde{\boldsymbol{M}}(V_n) = \boldsymbol{F}(V_n)'\,\boldsymbol{F}(V_n)$$

erhält man für $\check{\boldsymbol{\vartheta}}\big(\boldsymbol{y}(V_{n+m})\big)$ die Darstellung

$$\begin{aligned}\check{\boldsymbol{\vartheta}}\big(\boldsymbol{y}(V_{n+m})\big) = \check{\boldsymbol{\vartheta}}\big(\boldsymbol{y}(V_n)\big) + \widetilde{\boldsymbol{M}}(V_n)^{-1}\,\boldsymbol{F}(V_m)'\,[\boldsymbol{I}_m + \boldsymbol{F}(V_m)\,\widetilde{\boldsymbol{M}}(V_n)^{-1}\boldsymbol{F}(V_m)']^{-1} \times\\ \times\,\big(\boldsymbol{y}(V_m) - \boldsymbol{F}(V_m)\,\check{\boldsymbol{\vartheta}}\big(\boldsymbol{y}(V_n)\big)\big)\,.\end{aligned} \tag{3.1.59}$$

Im wichtigen Spezialfall $m = 1$, d. h. der Hinzunahme eines einzigen Punktes $\boldsymbol{x}_{n+1}$ zum Plan V_n, vereinfacht sich (3.1.59) zu

$$\check{\boldsymbol{\vartheta}}\left(\boldsymbol{y}(V_{n+1})\right) = \check{\boldsymbol{\vartheta}}\left(\boldsymbol{y}(V_n)\right) + \frac{\widetilde{\boldsymbol{M}}(V_n)^{-1}\,\boldsymbol{f}(\boldsymbol{x}_{n+1})}{1 + \boldsymbol{f}(\boldsymbol{x}_{n+1})'\,\widetilde{\boldsymbol{M}}(V_n)^{-1}\,\boldsymbol{f}(\boldsymbol{x}_{n+1})} \times$$
$$\times \left(y(\boldsymbol{x}_{n+1}) - \boldsymbol{f}(\boldsymbol{x}_{n+1})'\,\check{\boldsymbol{\vartheta}}(\boldsymbol{y}(V_n))\right). \tag{3.1.60}$$

Zusammenfassend ergibt sich:

VERFAHREN 3.1.10 (Rekursive MKQ):

1. **Gegebene Größen:** a) Wahrer Regressionsansatz $\tilde{S}$ mit

$$\tilde{\eta}(\boldsymbol{x}, \boldsymbol{\vartheta}) = \boldsymbol{f}(\boldsymbol{x})'\,\boldsymbol{\vartheta}; \quad \boldsymbol{x} \in B \subseteq \mathrm{R}^k;\ \boldsymbol{\vartheta} \in \mathrm{R}^r.$$

b) Versuchsplan $V_n = (\boldsymbol{x}_1, \ldots, \boldsymbol{x}_n)$ und MKQ-Schätzung $\check{\boldsymbol{\vartheta}}(\boldsymbol{y}(V_n))$ auf der Grundlage von V_n.

c) Versuchsplan $V_m = (\boldsymbol{x}_{n+1}, \ldots, \boldsymbol{x}_{n+m})$ und Versuchsergebnisse

$$\boldsymbol{y}(V_m) = (y_{n+1}, \ldots, y_{n+m})'.$$

2. **Aufgabe:** Bestimmung von $\check{\boldsymbol{\vartheta}}\left(\boldsymbol{y}(V_{n+m})\right)$, ausgehend von $\check{\boldsymbol{\vartheta}}\left(\boldsymbol{y}(V_n)\right)$.

3. **Bezeichnungen:** $\boldsymbol{F}(V_n) = \left(\boldsymbol{f}(\boldsymbol{x}_1), \ldots, \boldsymbol{f}(\boldsymbol{x}_n)\right)'$;

$$\boldsymbol{F}(V_m) = \left(\boldsymbol{f}(\boldsymbol{x}_{n+1}), \ldots, \boldsymbol{f}(\boldsymbol{x}_{n+m})\right)'; \quad \widetilde{\boldsymbol{M}}(V_n) = \boldsymbol{F}(V_n)'\,\boldsymbol{F}(V_n).$$

4. **Voraussetzung:** $\mathrm{Rg}\,\widetilde{\boldsymbol{M}}(V_n) = r$.

5. **Lösung:** $\check{\boldsymbol{\vartheta}}\left(\boldsymbol{y}(V_{n+m})\right)$

$$= \check{\boldsymbol{\vartheta}}\left(\boldsymbol{y}(V_n)\right) + \widetilde{\boldsymbol{M}}(V_n)^{-1}\,\boldsymbol{F}(V_m)'\,[\boldsymbol{I}_m + \boldsymbol{F}(V_m)\,\widetilde{\boldsymbol{M}}(V_n)^{-1}\,\boldsymbol{F}(V_m)']^{-1} \times$$
$$\times \left(\boldsymbol{y}(V_m) - \boldsymbol{F}(V_m)\,\check{\boldsymbol{\vartheta}}(\boldsymbol{y}(V_n))\right) \bullet$$

Beispiel 3.1.14 (›Bsp. 3.1.1):

1. a) $\tilde{\eta}(\boldsymbol{x}, \boldsymbol{\vartheta}) = \vartheta_0 + \vartheta_1 x_1 + \vartheta_2 x_2$; $\boldsymbol{x} = (x_1, x_2)' \in \mathrm{R}^2$; $\boldsymbol{\vartheta} \in \mathrm{R}^3$.

b) $V_4 = \left(\begin{pmatrix}1\\1\end{pmatrix}\begin{pmatrix}1\\0\end{pmatrix}\begin{pmatrix}0\\1\end{pmatrix}\begin{pmatrix}0\\0\end{pmatrix}\right)$; $\check{\boldsymbol{\vartheta}}(\boldsymbol{y}(V_4)) = (3{,}25;\ -3{,}50;\ 0{,}50)'$.

c) $\boldsymbol{x}_5 = (0{,}5;\ 0{,}5)'$; $y(\boldsymbol{x}_5) = 2$ (d. h. $m = 1$).

3. $\boldsymbol{F}(V_4) = \begin{pmatrix}1 & 1 & 1\\ 1 & 1 & 0\\ 1 & 0 & 1\\ 1 & 0 & 0\end{pmatrix}$; $\boldsymbol{F}(V_m) = \boldsymbol{f}(\boldsymbol{x}_5)' = \frac{1}{2}(2, 1, 1)$; $\widetilde{\boldsymbol{M}}(V_4) = \begin{pmatrix}4 & 2 & 2\\ 2 & 2 & 1\\ 2 & 1 & 2\end{pmatrix}$.

5. (nach Formel (3.1.60)): $\widetilde{\boldsymbol{M}}(V_4)^{-1} = \dfrac{1}{4}\begin{pmatrix}3 & -2 & -2\\ -2 & 4 & 0\\ -2 & 0 & 4\end{pmatrix}$,

$\widetilde{\boldsymbol{M}}(V_4)^{-1}\,\boldsymbol{f}(\boldsymbol{x}_5) = \frac{1}{4}(1, 0, 0)'$,

$\boldsymbol{f}(\boldsymbol{x}_5)'\,\widetilde{\boldsymbol{M}}(V_4)^{-1}\,\boldsymbol{f}(\boldsymbol{x}_5) = \frac{1}{4}$; $\boldsymbol{f}(\boldsymbol{x}_5)'\,\check{\boldsymbol{\vartheta}}(\boldsymbol{y}(V_4)) = 1{,}75$,

$$\check{\boldsymbol{\vartheta}}(\boldsymbol{y}(V_5)) = \begin{pmatrix}3{,}25\\ -3{,}50\\ 0{,}50\end{pmatrix} + 0{,}05\begin{pmatrix}1\\0\\0\end{pmatrix} = \begin{pmatrix}3{,}3\\ -3{,}5\\ 0{,}5\end{pmatrix}.$$

Verf. 3.1.10 ist insbesondere dann wichtig, wenn ausgehend von einer gegebenen MKQ-Schätzung $\check{\boldsymbol{\vartheta}}\left(\boldsymbol{y}(V_n)\right)$ durch Hinzunahme von Beobachtungen in den Versuchspunkten $\boldsymbol{x}_{n+1}, \boldsymbol{x}_{n+2}, \ldots$ sukzessive die MKQ-Schätzungen $\check{\boldsymbol{\vartheta}}(\boldsymbol{y}(V_{n+1})), \check{\boldsymbol{\vartheta}}(\boldsymbol{y}(V_{n+2})), \ldots$ berechnet werden sollen. Bei der dann nötigen mehrfachen Anwendung von Verf. 3.1.10 und auch bei der Anwendung von Iterationsverfahren zur Konstruktion optimaler Pläne (›[4.3.2]) kann sich die folgende Rekursionsformel zur Berechnung von $\widetilde{\boldsymbol{M}}(V_{n+1})^{-1}$ als günstig erweisen:

$$\widetilde{\boldsymbol{M}}(V_{n+1})^{-1} = \widetilde{\boldsymbol{M}}(V_n)^{-1} - \frac{\widetilde{\boldsymbol{M}}(V_n)^{-1} \boldsymbol{f}(\boldsymbol{x}_{n+1}) \boldsymbol{f}(\boldsymbol{x}_{n+1})' \widetilde{\boldsymbol{M}}(V_n)^{-1}}{1 + \boldsymbol{f}(\boldsymbol{x}_{n+1})' \widetilde{\boldsymbol{M}}(V_n)^{-1} \boldsymbol{f}(\boldsymbol{x}_{n+1})}. \tag{3.1.61}$$

Sie ist jedoch numerisch nicht sehr stabil. Sie sollte nicht oft hintereinander angewendet werden. Nach einigen Schritten (z. B. m_1 Schritten) sollte man $\widetilde{\boldsymbol{M}}(V_{n+m_1})^{-1}$ mit einem numerisch stabileren Verfahren berechnen. Ausgehend von $\widetilde{\boldsymbol{M}}(V_{n+m_1})^{-1}$ kann man dann wieder für einige Schritte (3.1.61) anwenden.

3.2. Verallgemeinerte MKQ-Schätzung bei korrelierten Beobachtungen

Wir behalten in diesem Abschnitt die Vor. 3.1.1 (wahrer linearer Ansatz) und auch die am Beginn von [3.1] eingeführten Bezeichnungen bei, wenden uns aber nun dem Fall zu, daß die Kovarianzmatrix des Beobachtungsvektors $\mathfrak{Y}(V_n)$ von $\sigma^2\boldsymbol{I}_n$ verschieden ist:

$$\boldsymbol{B}_{\mathfrak{Y}(V_n)} = \boldsymbol{B}_{\varepsilon(V_n)} =: \boldsymbol{\Sigma}(V_n) \neq \sigma^2\boldsymbol{I}_n; \qquad \boldsymbol{\Sigma}(V_n) \in \mathcal{M}_n^{>}. \tag{3.2.1}$$

Ein wichtiger Spezialfall davon ist die *Heteroskedastie* (›(2.3.14)), bei der die Beobachtungen $\mathfrak{Y}(\boldsymbol{x}_i)$; $i = 1, \ldots, n$; zwar unkorreliert sind, aber verschiedene Varianzen $\sigma^2(\boldsymbol{x}_i)$ besitzen. Dann ist $\boldsymbol{\Sigma}(V_n)$ eine Diagonalmatrix:

$$\boldsymbol{B}_{\mathfrak{Y}(V_n)} = \boldsymbol{B}_{\varepsilon(V_n)} = \operatorname{diag}\big(((\sigma^2(\boldsymbol{x}_1), \ldots, \sigma^2(\boldsymbol{x}_n)))\big) \neq \sigma^2\boldsymbol{I}_n. \tag{3.2.2}$$

Häufig werden wir auch die Abkürzung $\sigma^2(V_n) = \big(\sigma^2(\boldsymbol{x}_1), \ldots, \sigma^2(\boldsymbol{x}_n)\big)'$ benutzen. Anschaulich gesprochen liegt Heteroskedastie dann vor, wenn die Beobachtung im Punkte $\boldsymbol{x}_i$ zwar keinen Einfluß auf die Beobachtung in einem anderen Punkt $\boldsymbol{x}_j$ ausübt, die Präzision der Beobachtungen jedoch vom Meßpunkt abhängt (›Bsp. 2.3.2).

Es kommt jedoch auch häufig vor, daß die Beobachtungen $\mathfrak{Y}(\boldsymbol{x}_i)$; $i = 1, \ldots, n$; korreliert sind, d. h. anschaulich, daß die Beobachtung $\mathfrak{Y}(\boldsymbol{x}_i)$ auf die Beobachtung $\mathfrak{Y}(\boldsymbol{x}_j)$; $i \neq j$; einen Einfluß ausübt. Dann kann $\boldsymbol{\Sigma}(V_n)$ nicht mehr als Diagonalmatrix angenommen werden.

Zur Erläuterung wollen wir ein Regressionsmodell

$$\mathfrak{Y}(t) = \boldsymbol{f}(t)' \boldsymbol{\vartheta} + \varepsilon(t); \qquad \mathrm{D}^2\varepsilon(t) = \sigma^2; \qquad \mathrm{E}\varepsilon(t) = 0 \tag{3.2.3}$$

betrachten, wobei die Einflußgröße t die Zeit darstellen soll.

Beispiel 3.2.1: Es liege der Versuchsplan $V_n = (t_1, \ldots, t_n)$ vor. Die Beobachtungen $\mathfrak{Y}(t_i)$ und $\mathfrak{Y}(t_j)$ seien um so schwächer korreliert, je weiter die Zeitpunkte t_i und t_j auseinanderliegen (dies ist z. B. bei Temperaturmessungen an einem Objekt zu verschiedenen Zeitpunkten der Fall). Dann wird häufig eine Kovarianzmatrix der Gestalt

$$\boldsymbol{B}_{\mathfrak{Y}(V_n)} = \boldsymbol{\Sigma}(V_n) = \big((\exp\{-\alpha\,|t_i - t_j|\})\big); \qquad \alpha > 0; \tag{3.2.4}$$

verwendet.

Beispiel 3.2.2: Es liege der Versuchsplan $V_n = (0, 1, 2, \ldots, n-1)$ vor. Die Beobachtungsfehler $\varepsilon(i)$; $i = 1, 2, \ldots, n-1$; und damit auch die Beobachtungen selbst hängen von den vorhergehenden ab (das kann z. B. bei Ermüdungserscheinungen eines Meßgerätes auftreten). Es gelte z. B.

$$\left.\begin{array}{ll}\varepsilon(i) = \varrho\varepsilon(i-1) + \delta(i); & |\varrho| < 1\,, \\ \mathrm{E}\delta(i) = 0; \quad \mathrm{E}\delta(i)\,\delta(j) = 0 & \text{für } i \neq j\,. \end{array} \quad (i = 1, 2, \dots, n-1)\right\} \tag{3.2.5}$$

Für den verwendeten Versuchsplan V_n ergibt sich dann

$$\boldsymbol{B}_{\mathfrak{Y}(V_n)} = \boldsymbol{\Sigma}(V_n) = \sigma^2\big((\varrho^{|i-j|})\big)_{n\times n} \tag{3.2.6}$$

als Kovarianzmatrix.

Falls die Beobachtungsfehler $\varepsilon(i)$ der Beziehung (3.2.5) genügen, nennt man $\varepsilon(i)$ einen *autoregressiven Fehlerprozeß* 1. *Ordnung.*

3.2.1. Die verallgemeinerte MKQ-Schätzung

Wir gehen wie in [3.1] von einem wahren linearen Regressionsansatz, d. h. von der Gültigkeit der Beziehung

$$\mathfrak{Y}(\boldsymbol{x}) = \boldsymbol{f}(\boldsymbol{x})'\,\boldsymbol{\vartheta} + \varepsilon(\boldsymbol{x}); \qquad \mathrm{E}\varepsilon(\boldsymbol{x}) = 0; \tag{3.2.7}$$

bzw. bei Vorliegen eines Versuchsplanes V_n von der Beziehung

$$\boldsymbol{\mathfrak{Y}}(V_n) = \boldsymbol{F}(V_n)\,\boldsymbol{\vartheta} + \boldsymbol{\varepsilon}(V_n); \qquad \mathrm{E}\boldsymbol{\varepsilon}(V_n) = \boldsymbol{0}; \tag{3.2.8}$$

aus. Für die Kovarianzmatrix der Beobachtungen gelte aber nun entsprechend (3.2.1)

$$\boldsymbol{B}_{\mathfrak{Y}(V_n)} = \boldsymbol{B}_{\varepsilon(V_n)} = \boldsymbol{\Sigma}(V_n) \in \mathscr{M}_n^{>}\,.$$

Die MKQ-Schätzung $\check{\boldsymbol{\vartheta}}$ aus Verf. 3.1.1 ist zwar in diesem Falle nach wie vor bildbar und sogar erwartungstreu für den unbekannten Parameter $\boldsymbol{\vartheta}$, aber sie hat i. allg. nicht mehr die in [3.1.2] angegebenen Optimalitätseigenschaften. Eine i. allg. bessere Schätzung $\check{\boldsymbol{\vartheta}}_{\Sigma}$ kann man durch Lösen der *verallgemeinerten* MKQ-*Aufgabe*

$$\big(\boldsymbol{y} - \boldsymbol{F}(V_n)\,\boldsymbol{\vartheta}\big)'\,\boldsymbol{\Sigma}(V_n)^{-1}\,\big(\boldsymbol{y} - \boldsymbol{F}(V_n)\,\boldsymbol{\vartheta}\big) \stackrel{!}{=} \inf_{\boldsymbol{\vartheta}\in\mathrm{R}^r} \tag{3.2.9}$$

erhalten (zum Vergleich s. das MKQ-Prinzip (3.1.7)). Dazu muß $\boldsymbol{\Sigma}(V_n)$ bis auf einen Faktor bekannt sein, gegebenenfalls als Schätzwert aus vorhergehenden Untersuchungen (›[3.2.3]). Im Falle der Heteroskedastie (3.2.2) schreibt sich (3.2.9) als

$$\sum_{i=1}^{n} \frac{1}{\sigma^2(\boldsymbol{x}_i)}\,(y_i - \boldsymbol{f}(\boldsymbol{x}_i)'\,\boldsymbol{\vartheta})^2 \stackrel{!}{=} \inf_{\boldsymbol{\vartheta}\in\mathrm{R}^r} \tag{3.2.10}$$

und kann als ein mit $\sigma^{-2}(\boldsymbol{x}_i)$ gewichtetes MKQ-Prinzip aufgefaßt werden. Beobachtungswerte mit großer Varianz werden also bei diesem MKQ-Prinzip nur schwach berücksichtigt.

Die Aufgabe (3.2.9) kann durch Differentiation und Nullsetzen des Gradienten in das *verallgemeinerte Normalgleichungssystem*

$$\boldsymbol{F}(V_n)'\,\boldsymbol{\Sigma}(V_n)^{-1}\,\boldsymbol{F}(V_n)\,\check{\boldsymbol{\vartheta}}_{\Sigma}(\boldsymbol{y}) = \boldsymbol{F}(V_n)'\,\boldsymbol{\Sigma}(V_n)^{-1}\,\boldsymbol{y} \tag{3.2.11}$$

überführt werden. Die Lösung $\check{\boldsymbol{\vartheta}}_{\Sigma}(\boldsymbol{y})$ dieses Gleichungssystems heißt *verallgemeinerter* MKQ-*Schätzwert* für $\boldsymbol{\vartheta}$.

Man muß auch hier wieder den regulären Fall $\mathrm{Rg}\,\boldsymbol{F}(V_n) = r$ und den singulären Fall $\mathrm{Rg}\,\boldsymbol{F}(V_n) < r$ (der auf $\mathrm{Rg}\,\boldsymbol{F}(V_n)'\,\boldsymbol{\Sigma}(V_n)^{-1}\,\boldsymbol{F}(V_n) < r$ führt) unterscheiden. Im regulären Fall ist (3.2.11) eindeutig nach $\check{\boldsymbol{\vartheta}}_{\Sigma}(\boldsymbol{y})$ auflösbar. Es ergibt sich

$$\check{\boldsymbol{\vartheta}}_{\Sigma}(\boldsymbol{y}) = [\boldsymbol{F}(V_n)'\,\boldsymbol{\Sigma}(V_n)^{-1}\,\boldsymbol{F}(V_n)]^{-1}\,\boldsymbol{F}(V_n)'\,\boldsymbol{\Sigma}(V_n)^{-1}\,\boldsymbol{y}\,. \tag{3.2.12}$$

Im singulären Fall erhält man ganz analog zu [3.1.4] für eine mit V_n linear schätzbare Funktion $\psi = A\vartheta$ (›(3.1.45) und (3.1.46))

$$\check{\psi}_\Sigma(y) = A[F(V_n)'\,\Sigma(V_n)^{-1}\,F(V_n)]^-\,F(V_n)'\,\Sigma(V_n)^{-1}\,y = A\check{\vartheta}_\Sigma(y)\,, \qquad (3.2.13)$$

wobei $\check{\vartheta}_\Sigma(y)$ eine beliebige Lösung von (3.2.11) ist. Wir wollen im weiteren nur den regulären Fall betrachten und fassen zusammen:

VERFAHREN 3.2.1 (Verallgemeinerte MKQ):

1. **Gegebene Größen:** a) Wahrer Regressionsansatz $\tilde{S}$ mit

$$\tilde{\eta}(x, \vartheta) = f(x)'\,\vartheta; \quad x \in B \subseteq \mathrm{R}^k; \; \vartheta \in \mathrm{R}^r .$$

b) Versuchsplan und -ergebnisse $V_n = (x_1, \dots, x_n)$, $y = (y_1, \dots, y_n)'$.

c) Kovarianzmatrix $B_{\mathfrak{y}(V_n)} = \Sigma(V_n)$.

2. **Aufgabe:** Schätze ϑ bzw. $\tilde{\eta}(x, \vartheta)$ nach verallgemeinerter MKQ.

3. **Bezeichnung:** $F(V_n) = \big(f(x_1), \dots, f(x_n)\big)'$.

4. **Voraussetzungen:** $n \geqq r$, $\operatorname{Rg} F(V_n) = r$, $\operatorname{Rg} \Sigma(V_n) = n$.

5. **Lösung:** $\check{\vartheta}_\Sigma(y) = [F(V_n)'\,\Sigma(V_n)^{-1}\,F(V_n)]^{-1}\,F(V_n)'\,\Sigma(V_n)^{-1}\,y$,

$$\check{\eta}_\Sigma(x, y) = f(x)'\,\check{\vartheta}_\Sigma(y) \bullet$$

Beispiel 3.2.3:

1. a) $\tilde{\eta}(x, \vartheta) = \vartheta_0 + \vartheta_1 x$; $x \in \mathrm{R}^1$; $\vartheta = (\vartheta_0, \vartheta_1)' \in \mathrm{R}^2$.

b) $V_4 = (-1, 0, 1, 2)$; $y = (0, \frac{1}{4}, \frac{1}{3}, \frac{1}{2})'$.

c) $$\Sigma(V_4) = \begin{pmatrix} 1 & \frac{1}{2} & \frac{1}{4} & \frac{1}{8} \\ \frac{1}{2} & 1 & \frac{1}{2} & \frac{1}{4} \\ \frac{1}{4} & \frac{1}{2} & 1 & \frac{1}{2} \\ \frac{1}{8} & \frac{1}{4} & \frac{1}{2} & 1 \end{pmatrix}.$$

3. $$F(V_4) = \begin{pmatrix} 1 & -1 \\ 1 & 0 \\ 1 & 1 \\ 1 & 2 \end{pmatrix}.$$

5. $$\Sigma(V_4)^{-1} = \frac{1}{3}\begin{pmatrix} 4 & -2 & 0 & 0 \\ -2 & 5 & -2 & 0 \\ 0 & -2 & 5 & -2 \\ 0 & 0 & -2 & 4 \end{pmatrix}; \quad F(V_4)'\,\Sigma(V_4)^{-1} = \frac{1}{3}\begin{pmatrix} 2 & 1 & 1 & 2 \\ -4 & 0 & 1 & 6 \end{pmatrix};$$

$$[F(V_4)'\,\Sigma(V_4)^{-1}\,F(V_4)]^{-1} = \begin{pmatrix} 2 & 1 \\ 1 & \frac{17}{3} \end{pmatrix}^{-1} = \frac{3}{31}\begin{pmatrix} \frac{17}{3} & -1 \\ -1 & 2 \end{pmatrix},$$

$F(V_4)'\,\Sigma(V_4)^{-1}\,y = \frac{1}{3}\,(\frac{19}{12}, \frac{10}{3})'$; $\check{\vartheta}_\Sigma(y) = (0{,}1818;\ 0{,}1639)'$;

$\check{\eta}_\Sigma(x, y) = 0{,}1818 + 0{,}1639x$.

Fälle, in denen $\check{\vartheta}_\Sigma$ nicht zu empfehlen ist, s. am Ende von [3.2.2].

Die Anwendung der Schätzung $\check{\vartheta}_\Sigma$ ist daran gebunden, daß die Kovarianzmatrix $\Sigma(V_n)$ bekannt ist (eventuell muß sie geschätzt werden ›[3.2.3]). Es genügt auch zu wissen, daß

$$\Sigma(V_n) = cW(V_n); \qquad (3.2.14)$$

$W(V_n) \in \mathcal{M}_n^>$ bekannt, $c > 0$ eventuell unbekannt; gilt. Dann erhält man sofort

$$\check{\vartheta}_\Sigma(y) = [F(V_n)' W(V_n)^{-1} F(V_n)]^{-1} F(V_n)' W(V_n)^{-1} y\,. \tag{3.2.15}$$

Die numerische Berechnung von $\check{\vartheta}_\Sigma$ ist wesentlich aufwendiger als die Berechnung der (klassischen) MKQ-Schätzung $\check{\vartheta}$ (›[3.2.4]). Dies liegt vor allem daran, daß die Kovarianzmatrix $\Sigma(V_n)$ (oder bei Gültigkeit von (3.2.14) $W(V_n)$) invertiert werden muß. Dies ist insbesondere bei großem Stichprobenumfang n nur mit großem numerischen Aufwand möglich. Man sollte daher stets untersuchen, ob die Anwendung von $\check{\vartheta}$ nicht doch in irgendeiner Weise gerechtfertigt werden kann.

Es gibt Möglichkeiten festzustellen, wie sehr sich die Kovarianzmatrizen von $\check{\vartheta}_\Sigma$ und $\check{\vartheta}$ unterscheiden (›[I/(13.2.5)]). Der Unterschied wird wesentlich, wenn maximaler Eigenwert von $\Sigma(V_n)$ und minimaler Eigenwert von $\Sigma(V_n)$ stark voneinander abweichen, d. h. wenn $\Sigma(V_n)$ schlechte Kondition hat (›Bem. 3.1.3). Die MKQ-Schätzung $\check{\vartheta}$ hat dann zwar einen größeren statistischen, aber i. allg. einen kleineren numerischen Fehler als die verallgemeinerte MKQ-Schätzung $\check{\vartheta}_\Sigma$. Beide Effekte sind gegeneinander abzuwägen, wenn man sich gegebenenfalls für $\check{\vartheta}$ entscheiden will.

Es gibt aber auch Fälle, wo $\check{\vartheta}$ und $\check{\vartheta}_\Sigma$ identisch sind. Falls z. B.

$$\Sigma(V_n)\, F(V_n) = F(V_n) \tag{3.2.16}$$

gilt, erhält man aus (3.2.12) sofort

$$\check{\vartheta}_\Sigma(y) = \check{\vartheta}(y)\,, \tag{3.2.17}$$

d. h., $\check{\vartheta}_\Sigma$ und $\check{\vartheta}$ sind äquivalent und man kann das leichter berechenbare $\check{\vartheta}$ verwenden (s. KRUSKAL [1]). Die Beziehung (3.2.17) gilt auch noch, falls $\Sigma(V_n)$ darstellbar ist als

$$\Sigma(V_n) = F(V_n)\,\Gamma F(V_n)' + Z\Delta Z' + I_n\,,$$

$$Z \in \mathcal{M}^{(n-r)}_{n\times(n-r)} \quad \text{mit } F(V_n)'\, Z = 0,\ \Gamma \in \mathcal{M}_r \text{ und } \Delta \in \mathcal{M}_{n-r} \text{ beliebig} \tag{3.2.18}$$

(s. RAO [1] u. [I/(13.2.2)]). Für $\Gamma = 0$ erhält man aus (3.2.18) den Fall (3.2.16).

Beispiel 3.2.4: $\tilde{\eta}(x, \vartheta) = \vartheta_0 + \vartheta_1 x + \vartheta_2 x^2$; $V_4 = (0, 0, 1, 1)$;

$$F(V_4) = \begin{pmatrix} 1 & 0 & 0 \\ 1 & 0 & 0 \\ 1 & 1 & 1 \\ 1 & 1 & 1 \end{pmatrix}; \quad \Sigma(V_4) = \begin{pmatrix} 1 & 0 & \varrho & -\varrho \\ 0 & 1 & -\varrho & \varrho \\ \varrho & -\varrho & 1 & 0 \\ -\varrho & \varrho & 0 & 1 \end{pmatrix}; \quad |\varrho| < 1;$$

$$\Sigma(V_4)\, F(V_4) = \begin{pmatrix} 1 & 0 & 0 \\ 1 & 0 & 0 \\ 1 & 1 & 1 \\ 1 & 1 & 1 \end{pmatrix} = F(V_4) \quad \text{d. h.} \quad \check{\vartheta}_\Sigma = \check{\vartheta}\,.$$

3.2.2. Einige Optimalitätseigenschaften der verallgemeinerten MKQ-Schätzung

Ähnlich wie in [3.1.2] wollen wir einige Optimalitätseigenschaften der verallgemeinerten MKQ-Schätzung angeben und damit gleichzeitig ihren Anwendungsbereich abstecken. Wir benutzen dabei wieder Termini der statistischen Entscheidungstheorie wie Verlustfunktion, gleichmäßig beste Schätzung, Minimaxschätzung usw. (›[1.3]).

Zunächst stellen wir fest, daß für einen wahren Ansatz $\mathrm{E}\check{\vartheta}_\Sigma(\mathfrak{Y}(V_n)) = \vartheta$ gilt, d. h., $\check{\vartheta}_\Sigma$ ist erwartungstreu. Die Kovarianzmatrix von $\check{\vartheta}_\Sigma$ und die Varianzfunktion von

$\check{\eta}_\Sigma(\boldsymbol{x}, \mathfrak{Y}(V_n))$ ergeben sich zu

$$\boldsymbol{B}_{\check{\vartheta}_\Sigma}(V_n) = [\boldsymbol{F}(V_n)' \boldsymbol{\Sigma}(V_n)^{-1} \boldsymbol{F}(V_n)]^{-1} ,$$
$$\mathrm{D}^2\check{\eta}_\Sigma(\boldsymbol{x}, \mathfrak{Y}(V_n)) = \boldsymbol{f}(\boldsymbol{x})' [\boldsymbol{F}(V_n)' \boldsymbol{\Sigma}(V_n)^{-1} \boldsymbol{F}(V_n)]^{-1} \boldsymbol{f}(\boldsymbol{x}) . \tag{3.2.19}$$

Analog zu Aussage 3.1.3 gilt

Aussage 3.2.1: Unter der Voraussetzung

$$\boldsymbol{B}_{\mathfrak{Y}(V_n)} = \boldsymbol{B}_{\boldsymbol{e}(V_n)} = \boldsymbol{\Sigma}(V_n) \tag{3.2.20}$$

und bei einer quadratischen Verlustfunktion (›(3.1.12)) ist $\check{\boldsymbol{\vartheta}}_\Sigma$ gleichmäßig beste Schätzung für $\boldsymbol{\vartheta}$ unter allen linearen erwartungstreuen Schätzungen der Form $\hat{\boldsymbol{\vartheta}}(\boldsymbol{y}) = \boldsymbol{C}\boldsymbol{y}$; $\boldsymbol{C} \in \mathcal{M}_{r\times n}$. Außerdem gilt $\boldsymbol{B}_{\hat{\vartheta}} - \boldsymbol{B}_{\check{\vartheta}_\Sigma} \in \mathcal{M}_r^{\geqq}$ (›Aussage 3.1.2) ●

Als Risiko für $\check{\boldsymbol{\vartheta}}_\Sigma$ bei quadratischem Verlust (3.1.12) ergibt sich

$$R(P_e, \boldsymbol{\vartheta}, \check{\boldsymbol{\vartheta}}_\Sigma) = \mathrm{sp}\, \boldsymbol{U}[\boldsymbol{F}(V_n)' \boldsymbol{\Sigma}(V_n)^{-1} \boldsymbol{F}(V_n)]^{-1} = \mathrm{sp}\, \boldsymbol{U}\boldsymbol{B}_{\check{\vartheta}_\Sigma} . \tag{3.2.21}$$

Falls die Voraussetzung (3.2.20) nicht erfüllt ist, kann man im Fall

$$\boldsymbol{B}_{\boldsymbol{e}(V_n)} \leqq \boldsymbol{\Sigma}(V_n) \tag{3.2.22}$$

analog zu Aussage 3.1.4 für $\check{\boldsymbol{\vartheta}}_\Sigma$ noch Minimaxoptimalität bez. der Fehlerverteilung unter allen linearen erwartungstreuen Schätzungen nachweisen.

Falls man annehmen kann, daß die Beobachtungsfehler normalverteilt sind, d. h.

$$P_e = \mathrm{N}(\boldsymbol{0}, \boldsymbol{\Sigma}(V_n)) , \tag{3.2.23}$$

dann ist $\check{\boldsymbol{\vartheta}}_\Sigma$ Maximum-Likelihood-Schätzung und überdies gilt analog zu Aussage 3.1.5

Aussage 3.2.2: Unter der Voraussetzung (3.2.23) und bei quadratischem Verlust (3.1.12) ist $\check{\boldsymbol{\vartheta}}_\Sigma$ gleichmäßig beste Schätzung unter allen erwartungstreuen Schätzungen für $\boldsymbol{\vartheta}$ und Minimaxschätzung unter allen Schätzungen für $\boldsymbol{\vartheta}$ ●

Die Aussage 3.2.2 bleibt erhalten, wenn die Verlustfunktion lediglich die Konvexitätseigenschaft (3.1.24) bzw. die Monotonieeigenschaft (3.1.25) hat.

Falls man eine lineare Parameterfunktion $\boldsymbol{\psi} = \boldsymbol{A}\boldsymbol{\vartheta}$; $\boldsymbol{A} \in \mathcal{M}_{s\times r}$; auf der Grundlage von $\check{\boldsymbol{\vartheta}}_\Sigma$ durch

$$\check{\boldsymbol{\psi}}_\Sigma(\boldsymbol{y}) = \boldsymbol{A}\check{\boldsymbol{\vartheta}}_\Sigma(\boldsymbol{y}) \tag{3.2.24}$$

schätzt, so sind die Optimalitätseigenschaften von $\check{\boldsymbol{\psi}}_\Sigma$ zu denen von $\check{\boldsymbol{\vartheta}}_\Sigma$ völlig analog. Das trifft auch im singulären Fall $\mathrm{Rg}\, \boldsymbol{F}(V_n) < r$ zu. Dann können allerdings nur gewisse lineare Parameterfunktionen (nämlich gerade die mit V_n linear schätzbaren) durch (3.2.24) geschätzt werden.

Die Anwendung von $\check{\boldsymbol{\vartheta}}_\Sigma$ ist *nicht* möglich, wenn $\boldsymbol{\Sigma}(V_n)$ unbekannt ist (dann ›[3.2.3]) und *nicht* zu empfehlen, falls

a) die Fehlerverteilung bekannt und von der Normalverteilung verschieden ist (dann ›Verf. 3.5.9),

b) man keine Matrix $\boldsymbol{\Sigma}(V_n)$ angeben kann, für die $\boldsymbol{B}_{\boldsymbol{e}(V_n)} \leqq \boldsymbol{\Sigma}(V_n)$ gilt (verwende dann die klassische MKQ-Schätzung $\check{\boldsymbol{\vartheta}}$ aus Verf. 3.1.1),

c) zusätzlich zur Stichprobeninformation Vorkenntnisse über $\boldsymbol{\vartheta}$ vorliegen (›[3.3.]),

d) die Beziehung (3.2.16) oder (3.2.18) erfüllt ist, bzw. wenn die Konditionszahl von $\boldsymbol{\Sigma}(V_n)$, nämlich $\lambda_{\min}(\boldsymbol{\Sigma}(V_n))/\lambda_{\max}(\boldsymbol{\Sigma}(V_n))$ (›Bem. 3.1.3), klein ist (verwende dann Verf. 3.1.1),

e) der Ansatz nur adäquat ist (dann ›[3.6]).

3.2.3. Verallgemeinerte MKQ-Schätzung mit geschätztem $\boldsymbol{B}_{\mathfrak{Y}(V_n)}$ und Schätzungen für $\boldsymbol{B}_{\mathfrak{Y}(V_n)}$

Falls bei vorliegendem Versuchsplan $V_n = (\boldsymbol{x}_1, \dots, \boldsymbol{x}_n)$ die Kovarianzmatrix $\boldsymbol{B}_{\mathfrak{Y}(V_n)} = \boldsymbol{\Sigma}(V_n)$ (oder im Sinne von (3.2.22) $\boldsymbol{\Sigma}(V_n)$ als obere Schranke von $\boldsymbol{B}_{\mathfrak{Y}(V_n)}$) nicht bekannt ist, kann $\check{\boldsymbol{\vartheta}}_{\Sigma}$ nicht berechnet werden. Man kann sich dann so helfen, daß man aus der vorliegenden Stichprobe $\boldsymbol{y} = (y_1, \dots, y_n)'$ (und eventuell nötigen weiteren Beobachtungen) zuerst $\boldsymbol{\Sigma}(V_n)$ durch $\hat{\boldsymbol{\Sigma}}(V_n)$ schätzt und dann die verallgemeinerte MKQ-Schätzung mit geschätztem $\boldsymbol{\Sigma}(V_n)$, d. h.

$$\check{\boldsymbol{\vartheta}}_{\hat{\Sigma}} = [\boldsymbol{F}(V_n)'\,\hat{\boldsymbol{\Sigma}}(V_n)^{-1}\,\boldsymbol{F}(V_n)]^{-1}\,\boldsymbol{F}(V_n)'\,\hat{\boldsymbol{\Sigma}}(V_n)^{-1}\,\boldsymbol{y} \tag{3.2.25}$$

verwendet. Man spricht in diesem Fall auch von einem *Zweistufenverfahren* (1. Stufe: Schätzung von $\boldsymbol{\Sigma}(V_n)$; 2. Stufe: Schätzung von $\boldsymbol{\vartheta}$). Die Eigenschaften von $\check{\boldsymbol{\vartheta}}_{\hat{\Sigma}}$ sind dann gegenüber $\check{\boldsymbol{\vartheta}}_{\Sigma}$ natürlich verändert. So hängt die Güte von $\check{\boldsymbol{\vartheta}}_{\hat{\Sigma}}$ maßgeblich davon ab, wie gut die Schätzung für $\boldsymbol{\Sigma}(V_n)$ ist. Es gilt z. B. (s. Zellner [1]):

Aussage 3.2.3: Falls $\hat{\boldsymbol{\Sigma}}(V_n)$ stark konsistent für $\boldsymbol{\Sigma}(V_n)$ ist (›Bez. 1.2.10), dann ist unter einigen Regularitätsvoraussetzungen an die Folge $\{V_n\}_{n=1,2,\dots}$ der zugrundeliegenden Versuchspläne $\check{\boldsymbol{\vartheta}}_{\hat{\Sigma}}$ asymptotisch genauso gut wie $\check{\boldsymbol{\vartheta}}_{\Sigma}$ ●

Wir werden im folgenden einige Möglichkeiten zur Schätzung von $\boldsymbol{\Sigma}(V_n)$ bei gegebenem Versuchsplan V_n angeben.

Der Fall $\boldsymbol{\Sigma}(V_n) = \sigma^2\boldsymbol{I}_n$ (Homoskedastie)—Schätzung von σ^2

Die Betrachtung dieses Falles ist zwar weniger von Interesse für das Problem der Schätzung von $\boldsymbol{\vartheta}$ (denn in diesem Fall gilt $\check{\boldsymbol{\vartheta}}_{\Sigma} = \check{\boldsymbol{\vartheta}}$, d. h., $\check{\boldsymbol{\vartheta}}_{\Sigma}$ ist unabhängig vom unbekannten σ^2), hat aber eigenständige Bedeutung, da es oft sehr wichtig ist, eine Schätzung für die Varianz σ^2 der Beobachtungen zu haben.

Man verwendet zur Schätzung von σ^2 die auf dem Vektor der geschätzten Fehler

$$\hat{\boldsymbol{\varepsilon}} = \boldsymbol{y} - \boldsymbol{F}(V_n)\,\check{\boldsymbol{\vartheta}} \tag{3.2.26}$$

aufbauende Schätzung (›(2.3.61) und (3.1.40)):

$$s^2 = \frac{\hat{\boldsymbol{\varepsilon}}'\hat{\boldsymbol{\varepsilon}}}{n - \operatorname{Rg}\boldsymbol{F}(V_n)} = \frac{(\boldsymbol{y} - \boldsymbol{F}(V_n)\,\check{\boldsymbol{\vartheta}})'\,(\boldsymbol{y} - \boldsymbol{F}(V_n)\,\boldsymbol{\vartheta})}{n - \operatorname{Rg}\boldsymbol{F}(V_n)}\,. \tag{3.2.27}$$

Diese Schätzung $\mathfrak{S}^2$ ist erwartungstreu und konsistent. Im Falle $P_\varepsilon = \mathrm{N}(\boldsymbol{0}, \sigma^2\boldsymbol{I}_n)$ ist sie sogar beste erwartungstreue Schätzung bez. quadratischem Verlust.

VERFAHREN 3.2.2 (Schätzung von σ^2):

1. **Gegebene Größen:** a) Wahrer Regressionsansatz $\tilde{S}$ mit

$$\tilde{\eta}(\boldsymbol{x}, \boldsymbol{\vartheta}) = \boldsymbol{f}(\boldsymbol{x})'\,\boldsymbol{\vartheta}\,; \quad \boldsymbol{x} \in B \subseteq \mathrm{R}^k; \ \boldsymbol{\vartheta} \in \mathrm{R}^r\,.$$

b) Versuchsplan und -ergebnisse: $V_n = (\boldsymbol{x}_1, \dots, \boldsymbol{x}_n)$, $\boldsymbol{y} = (y_1, \dots, y_n)'$.

c) Eine (im regulären Fall die) MKQ-Schätzung $\check{\boldsymbol{\vartheta}}$.

2. **Aufgabe:** Schätzung von $\sigma^2 = D^2\mathfrak{Y}(\boldsymbol{x})$.

3. **Bezeichnung:** $m = \text{Rg}\, \boldsymbol{F}(V_n)$.

4. **Voraussetzung:** $\boldsymbol{B}_{\mathfrak{Y}(V_n)} = \sigma^2 \boldsymbol{I}_n$; $n > m$.

5. **Lösung:**

$$s^2 = \frac{1}{n-m} \left(\boldsymbol{y} - \boldsymbol{F}(V_n)\, \check{\boldsymbol{\vartheta}}\right)' \left(\boldsymbol{y} - \boldsymbol{F}(V_n)\, \check{\boldsymbol{\vartheta}}\right) = \frac{1}{n-m} \sum_{i=1}^{n} \left(y_i - \boldsymbol{f}(\boldsymbol{x}_i)'\, \check{\boldsymbol{\vartheta}}\right)^2 \bullet$$

Beispiel 3.2.5 (›Bsp. 3.1.2):

1. a) $\tilde{\eta}(x, \boldsymbol{\vartheta}) = \vartheta_0 + \vartheta_1 x$; $x \in [0{,}6] = B \subset R^1$; $\boldsymbol{\vartheta} = (\vartheta_0, \vartheta_1)' \in R^2$.

   b) $V_{10} = (3; 5; 2; 1; 4{,}5; 5{,}5; 6; 3{,}5; 4; 2{,}5)$,

   $\boldsymbol{y} = (14; 16{,}5; 14; 10; 16; 20; 22; 15; 16{,}5; 12)'$.

   c) $\check{\boldsymbol{\vartheta}} = (7{,}94; 2{,}07)'$ (›Bsp. 3.1.2).

3. Rg $\boldsymbol{F}(V_{10}) = m = 2$.

5. ›Tab. 3.2.1. Es ergibt sich $s^2 = \dfrac{13{,}00}{8} = 1{,}625$.

Tab. 3.2.1: Zur Lösung von Bsp. 3.2.5

i	$\boldsymbol{f}(\boldsymbol{x}_i)'\, \check{\boldsymbol{\vartheta}}$	$y_i - \boldsymbol{f}(\boldsymbol{x}_i)'\, \check{\boldsymbol{\vartheta}}$	$\left(y_i - \boldsymbol{f}(\boldsymbol{x}_i)'\, \check{\boldsymbol{\vartheta}}\right)^2$
1	14,15	0,15	0,02
2	18,29	1,79	3,20
3	12,08	1,92	3,69
4	10,01	0,01	0,00
5	17,26	1,26	1,59
6	19,33	0,67	0,45
7	20,36	1,64	2,69
8	15,19	0,19	0,04
9	16,22	0,28	0,08
10	13,12	1,12	1,25
			$\Sigma = 13{,}00$

Zur numerischen Berechnung von s^2 verwende man zunächst ein geeignetes numerisches Verfahren zur Bestimmung der MKQ-Schätzung $\check{\boldsymbol{\vartheta}}$ (›[3.1.3] bzw. [3.1.5]) und errechne dann über $\left(y_i - \boldsymbol{f}(\boldsymbol{x}_i)'\, \check{\boldsymbol{\vartheta}}\right)^2$; $i = 1, \dots, n$; wie in Tab. 3.2.1 den Schätzwert s^2. Bei iterativem Vorgehen ist Verf. 3.1.7 zu empfehlen, weil da gleichzeitig mit $\check{\boldsymbol{\vartheta}}$ auch $\hat{\boldsymbol{\varepsilon}}$ erzeugt wird, woraus man mit $s^2 = \left(n - \text{Rg}\, \boldsymbol{F}(V_n)\right)^{-1} \hat{\boldsymbol{\varepsilon}}'\hat{\boldsymbol{\varepsilon}}$ den gesuchten Schätzwert erhält.

Der Fall der Heteroskedastie

Die Schätzung der Varianzen $\sigma^2(\boldsymbol{x}_i)$ ist dann unproblematisch, wenn man die Beobachtung der Zufallsgröße $\mathfrak{Y}(\boldsymbol{x}_i)$ im Spektrumpunkt $\boldsymbol{x}_i$ des zugrundeliegenden Versuchsplanes V_n mehrfach unabhängig voneinander wiederholen kann, d. h. wenn für die Schätzung von $\boldsymbol{\Sigma}(V_n)$ ein konkreter Versuchsplan der Gestalt $V_{n'} = (\boldsymbol{x}_{11}, \dots, \boldsymbol{x}_{1m_1}, \dots, \boldsymbol{x}_{n1}, \dots, \boldsymbol{x}_{nm_n})$ vorliegt, für den $\boldsymbol{x}_{ij} = \boldsymbol{x}_i$ für alle $j = 1, \dots, m_i > 1$ und $i = 1, \dots, n$ gilt. Im Punkt $\boldsymbol{x}_i$ von $V_n = (\boldsymbol{x}_1, \dots, \boldsymbol{x}_n)$ werden also genau $m_i > 1$ Beobachtungen durchgeführt. In diesem Falle schätzt man $\boldsymbol{\Sigma}(V_n)$ folgendermaßen:

VERFAHREN 3.2.3 (Schätzung von $\Sigma(V_n)$ bei Heteroskedastie):

1. **Gegebene Größen:** a) Versuchsplan $V_n = (\boldsymbol{x}_1, \ldots, \boldsymbol{x}_n)$.

b) Zur Schätzung von $\Sigma(V_n)$ verwendeter Versuchsplan:

$$V_{n'} = (\boldsymbol{x}_{11}, \ldots, \boldsymbol{x}_{1m_1}, \boldsymbol{x}_{21}, \ldots, \boldsymbol{x}_{2m_2}, \ldots, \boldsymbol{x}_{n1}, \ldots, \boldsymbol{x}_{nm_n}) .$$

c) Versuchsergebnisse:

$$\boldsymbol{y} = (y_{11}, \ldots, y_{1m_1}, y_{21}, \ldots, y_{2m_2}, \ldots, y_{n1}, \ldots, y_{nm_n})' .$$

2. **Aufgabe:** Schätze $\sigma^2(\boldsymbol{x}_i) = \mathrm{D}^2\mathfrak{Y}(\boldsymbol{x}_i)$; $i = 1, \ldots, n$.

3. **Bezeichnungen:** $\bar{y}_i = \frac{1}{m_i} \sum_{j=1}^{m_i} y_{ij}$; $i = 1, \ldots, n$.

4. **Voraussetzungen:** a) $\boldsymbol{x}_{i1} = \boldsymbol{x}_{i2} = \ldots = \boldsymbol{x}_{im_i} = \boldsymbol{x}_i$; $i = 1, \ldots, n$.

b) $m_i > 1$; $i = 1, \ldots, n$.

c) $\boldsymbol{x}_i \neq \boldsymbol{x}_k$ für $i \neq k$; $i, k = 1, \ldots, n$.

5. **Lösung:** $\sigma^2(\boldsymbol{x}_i)$ wird geschätzt durch

$$s_i^2 = \frac{1}{m_i - 1} \sum_{j=1}^{m_i} (y_{ij} - \bar{y}_i)^2; \quad i = 1, \ldots, n \bullet$$

Beispiel 3.2.6:

1. a) $V_n = V_3 = (-1, 0, 1)$.

b) $V_{n'} = (-1, -1, -1, 0, 0, 0, 0, 1, 1, 1)$, d. h. $n' = 10$.

c) $\boldsymbol{y} = (1{,}9; 2{,}1; 1{,}7; 3{,}2; 2{,}8; 2{,}6; 3{,}4; 5{,}4; 5{,}4; 5{,}5)'$.

3. $\bar{y}_1 = 1{,}90$; $\bar{y}_2 = 3{,}00$, $\bar{y}_3 = 5{,}433$.

5. ›Tab. 3.2.2.

Tab. 3.2.2: Zur Lösung von Bsp. 3.2.6

i	x_i	y_{ij}	$\bar{y}_i$	$(y_{ij} - \bar{y}_i)^2$	s_i^2
		1,9		0	
1	−1	2,1	1,9	0,04	0,04
		1,7		0,04	
		3,2		0,04	
2	0	2,8	3,0	0,04	0,133
		2,6		0,16	
		3,4		0,16	
		5,4		0,0011	
3	1	5,4	5,433	0,0011	0,0033
		5,5		0,0044	

Diese Schätzungen $\mathfrak{S}_i^2$ sind erwartungstreu für $\sigma^2(\boldsymbol{x}_i)$ und für $m_i \to \infty$ konsistent. Man beachte, daß bei der Verwendung dieser Schätzung für $\sigma^2(\boldsymbol{x}_i)$ die Kenntnis des Regressionsansatzes nicht benötigt wird. Dafür sind jedoch die Wiederholungen der Beobachtungen im Punkt $\boldsymbol{x}_i$ eine wesentliche Voraussetzung. Es gibt ein Schätzverfahren für $\sigma^2(\boldsymbol{x}_i)$, das die Voraussetzungen der Wiederholbarkeit unter gewissen Bedingungen nicht benötigt, dafür aber die Kenntnis eines wahren und linearen Regressionsansatzes entscheidend ausnutzt. Dieses Verfahren heißt MINQUE (Minimum Norm Quadratic Estimator) und wurde von RAO [2] eingeführt.

VERFAHREN 3.2.4 (MINQUE):

1. **Gegebene Größen:** a) Wahrer Regressionsansatz $\tilde{S}$ mit

$$\tilde{\eta}(\boldsymbol{x}, \boldsymbol{\vartheta}) = \boldsymbol{f}(\boldsymbol{x})' \boldsymbol{\vartheta}\,; \quad \boldsymbol{x} \in B \subseteq \mathrm{R}^k;\ \boldsymbol{\vartheta} \in \mathrm{R}^r .$$

b) Versuchsplan und -ergebnisse: $V_n = (\boldsymbol{x}_1, \ldots, \boldsymbol{x}_n)$, $\boldsymbol{y} = (y_1, \ldots, y_n)'$.

2. **Aufgabe:** Schätzung von $\sigma^2(\boldsymbol{x}_i) = \mathrm{D}^2\mathfrak{Y}(\boldsymbol{x}_i)$; $i = 1, \ldots, n$.

3. **Bezeichnungen:** $\boldsymbol{F} = \big(\boldsymbol{f}(\boldsymbol{x}_1), \ldots, \boldsymbol{f}(\boldsymbol{x}_n)\big)'$; $\boldsymbol{\sigma}^2(V_n) = \big(\sigma^2(\boldsymbol{x}_1), \ldots, \sigma^2(\boldsymbol{x}_n)\big)'$.

4. **Voraussetzungen:** a) $n \geqq r$; $\mathrm{Rg}\, \boldsymbol{F} = r$; b) $\mathrm{Rg}\, \boldsymbol{C} = n$ ($\boldsymbol{C}$ wird in 5. eingeführt).

5. **Lösung:**

$$\boldsymbol{P} = \boldsymbol{I}_n - \boldsymbol{F}(\boldsymbol{F}'\boldsymbol{F})^{-1}\boldsymbol{F}' =: \big((p_{ij})\big)_{n \times n} =: \begin{pmatrix} \boldsymbol{p}_1' \\ \vdots \\ \boldsymbol{p}_n' \end{pmatrix},$$

$$\boldsymbol{C} = \big((p_{ij}^2)\big)_{n \times n}; \qquad \boldsymbol{A}_i = \begin{pmatrix} p_{i1}\boldsymbol{p}_i' \\ \vdots \\ p_{in}\boldsymbol{p}_i' \end{pmatrix} \quad (i = 1, \ldots, n)\,,$$

$$\boldsymbol{u} = (\boldsymbol{y}'\boldsymbol{A}_1\boldsymbol{y}, \ldots, \boldsymbol{y}'\boldsymbol{A}_n\boldsymbol{y})'\,, \qquad \hat{\boldsymbol{\sigma}}^2(V_n) = \boldsymbol{C}^{-1}\boldsymbol{u} \;\bullet$$

Beispiel 3.2.7:

1. a) $\tilde{\eta}(x, \vartheta) = \vartheta x$; $x \in \mathrm{R}^1$; $\vartheta \in \mathrm{R}^1$.

b) $V_3 = (1, 2, 3)$; $\boldsymbol{y} = (1, 1, 2)'$.

3. $\boldsymbol{F} = (1, 2, 3)'$; $\boldsymbol{\sigma}^2(V_3) = \big(\sigma^2(1), \sigma^2(2), \sigma^2(3)\big)'$.

5. $$\boldsymbol{F}(\boldsymbol{F}'\boldsymbol{F})^{-1}\boldsymbol{F}' = \frac{1}{14}\begin{pmatrix} 1 & 2 & 3 \\ 2 & 4 & 6 \\ 3 & 6 & 9 \end{pmatrix}; \quad \boldsymbol{P} = \frac{1}{14}\begin{pmatrix} 13 & -2 & -3 \\ -2 & 10 & -6 \\ -3 & -6 & 5 \end{pmatrix};$$

$$\boldsymbol{C} = \frac{1}{196}\begin{pmatrix} 169 & 4 & 9 \\ 4 & 100 & 36 \\ 9 & 36 & 25 \end{pmatrix};$$

$$\boldsymbol{A}_1 = \frac{1}{196}\begin{pmatrix} 169 & -26 & -39 \\ -26 & 4 & 6 \\ -39 & 6 & 9 \end{pmatrix}; \quad \boldsymbol{A}_2 = \frac{1}{196}\begin{pmatrix} 4 & -20 & 12 \\ -20 & 100 & -60 \\ 12 & -60 & 36 \end{pmatrix};$$

$$\boldsymbol{A}_3 = \frac{1}{196}\begin{pmatrix} 9 & 18 & -15 \\ 18 & 36 & -30 \\ -15 & -30 & 25 \end{pmatrix}; \quad \boldsymbol{u} = \frac{1}{196}(25, 16, 1)';$$

$$\boldsymbol{C}^{-1} = \frac{1}{1008}\begin{pmatrix} 1204 & 224 & -756 \\ 224 & 4144 & -6048 \\ -756 & -6048 & 16884 \end{pmatrix};$$

$\hat{\boldsymbol{\sigma}}^2(V_3) = (0{,}167;\ 0{,}333;\ -0{,}500)'$.

Da $\boldsymbol{C}$ eine symmetrische Matrix ist, kann die numerische Berechnung von $\hat{\boldsymbol{\sigma}}^2(V_n)$ z. B. mit dem CHOLESKI-Verfahren (↑Verf. 3.1,3) erfolgen. Man hat dann das lineare Gleichungssystem $\boldsymbol{C}\hat{\boldsymbol{\sigma}}^2(V_n) = \boldsymbol{u}$ zu lösen.

Das MINQUE-Verfahren benötigt zu seiner Anwendbarkeit zwar keine wiederholten Versuche, die Güte des Verfahrens wird aber verbessert, wenn man Versuchswiederholungen durchführen kann und anstelle von y_i den Mittelwert $\bar{y}_i = \frac{1}{m_i} \sum_{j=1}^{m_i} y_{ij}$ der m_i Versuchswiederholungen im Punkt $\boldsymbol{x}_i$ verwendet ($i = 1, \dots, n$).

Die Schätzung $\hat{\sigma}^2(V_n)$ ist erwartungstreu. Die Erwartungstreue wird gewissermaßen dadurch erkauft, daß die MINQUE-Schätzung für einige $\sigma^2(\boldsymbol{x}_i)$ (vor allem für kleine m_i) negativ sein kann (ˀBsp. 3.2.7 die Schätzung für $\sigma^2(3)$). Da jedoch Varianzen stets nichtnegativ sind, ist ein negativer Schätzwert dafür praktisch sinnlos. Man verwendet daher häufig die modifizierte MINQUE-Schätzung:

$$\hat{\sigma}^2_M(\boldsymbol{x}_i) = \begin{cases} \hat{\sigma}^2(\boldsymbol{x}_i) & \text{aus Verf. 3.2.4, falls } \hat{\sigma}^2(\boldsymbol{x}_i) > 0\,, \\ s_i^2 & \text{aus Verf. 3.2.3, falls } \hat{\sigma}^2(\boldsymbol{x}_i) \leqq 0\,. \end{cases} \tag{3.2.28}$$

Dazu sind gegebenenfalls Versuchswiederholungen nötig. In Bsp. 3.2.7 müßte also, um (3.2.28) zu benutzen, mindestens noch ein Versuch in $x_3 = 3$ durchgeführt werden.

Im Hinblick auf die Verwendung der Schätzungen von $\sigma^2(\boldsymbol{x}_i)$ in der verallgemeinerten MKQ-Schätzung (3.2.25) ist Verf. 3.2.3 zu empfehlen bei einem Plan mit wenig Spektrumpunkten und relativ vielen Wiederholungen, während bei einem Plan mit vielen Spektrumpunkten und kleinen Wiederholungszahlen Verf. 3.2.4 der Vorzug zu geben ist (s. dazu z. B. Jacquez/Norusis [1]).

Der allgemeine Fall $\boldsymbol{B}_{\mathfrak{Y}(V_n)} = \boldsymbol{\Sigma}(V_n)$

Auch hier ist die Schätzung von $\boldsymbol{\Sigma}(V_n)$ unproblematisch, falls in den Spektrumpunkten $\boldsymbol{x}_i$ des zugrundeliegenden Planes unabhängige Versuchswiederholungen möglich sind. Jedoch müssen für das folgende Verfahren in jedem $\boldsymbol{x}_i$ die gleiche Anzahl $m > 1$ von Wiederholungen durchgeführt werden. Die Kenntnis des Regressionsansatzes ist dabei wiederum nicht erforderlich.

VERFAHREN 3.2.5 (Schätzung von $\boldsymbol{\Sigma}(V_n)$ bei Versuchswiederholungen):

1. **Gegebene Größen:** a) Versuchsplan $V_n = (\boldsymbol{x}_1, \dots, \boldsymbol{x}_n)$.

b) Zur Schätzung von $\boldsymbol{\Sigma}(V_n)$ verwendeter Versuchsplan:

$$V_{n'} = (\boldsymbol{x}_{11}, \dots, \boldsymbol{x}_{1m}, \boldsymbol{x}_{21}, \dots, \boldsymbol{x}_{2m}, \dots, \boldsymbol{x}_{n1}, \dots, \boldsymbol{x}_{nm})\,.$$

c) Versuchsergebnisse:

$$\boldsymbol{y} = (y_{11}, \dots, y_{1m}, y_{21}, \dots, y_{2m}, \dots, y_{n1}, \dots, y_{nm})'\,.$$

2. **Aufgabe:** Schätze $\boldsymbol{\Sigma}(V_n)$.

3. **Bezeichnungen:** $\bar{y}_i = \frac{1}{m} \sum_{j=1}^{m} y_{ij}$; $i = 1, \dots, n$.

4. **Voraussetzungen:** a) $\boldsymbol{x}_{i1} = \boldsymbol{x}_{i2} = \dots = \boldsymbol{x}_{im} = \boldsymbol{x}_i$; $i = 1, \dots, n$.

b) $m > 1$.

c) $\boldsymbol{x}_i \neq \boldsymbol{x}_k$ für $i \neq k$; $i, k = 1, \dots, n$.

5. **Lösung:** $\hat{\boldsymbol{\Sigma}}(V_n) = \left((s_{ik}^2)\right)_{n \times n}$ mit

$$s_{ik}^2 = \frac{1}{m-1} \sum_{j=1}^{m} (y_{ij} - \bar{y}_i)(y_{kj} - \bar{y}_k); \quad i = 1, \dots, n;\ k = 1, \dots, n \;\bullet$$

Beispiel 3.2.8:

1. a) $V_3 = (1, 2, 3)$.

b) $V_9 = (1, 1, 1, 2, 2, 2, 3, 3, 3)$.

c) $\boldsymbol{y} = (1{,}1;\ 1{,}5;\ 1{,}3;\ 2{,}7;\ 2{,}6;\ 3{,}1;\ 4{,}0;\ 3{,}8;\ 4{,}8)'$.

3. $\bar{y}_1 = 1{,}3;\ \bar{y}_2 = 2{,}8;\ \bar{y}_3 = 4{,}2$.

4. Voraussetzungen erfüllt mit $m = 3$.

5. ›Tab. 3.2.3. Daraus ergibt sich

$$\hat{\Sigma}(V_3) = \begin{pmatrix} 0{,}04 & -0{,}01 & -0{,}02 \\ -0{,}01 & 0{,}07 & 0{,}14 \\ -0{,}02 & 0{,}14 & 0{,}28 \end{pmatrix}.$$

Tab. 3.2.3: Zur Lösung von Bsp. 3.2.8

i	x_i	y_{ij}	$\bar{y}_i$	$y_{ij} - \bar{y}_i$
		1,1		−0,2
1	1	1,5	1,3	0,2
		1,3		0,0
		2,7		−0,1
2	2	2,6	2,8	−0,2
		3,1		0,3
		4,0		−0,2
3	3	3,8	4,2	−0,4
		4,8		0,6

Wir geben nun noch an, wie man in Spezialfällen auch ohne Versuchswiederholungen auskommen kann. Wir betrachten dazu den Fall, daß die Einflußgröße kein Vektor, sondern eine reelle Zahl $x \in \mathrm{R}^1$ ist und benutzen einen äquidistanten Versuchsplan $V_n = (x_1, \ldots, x_n)$, d. h. es gelte

$$x_j = x_1 + (j-1)\,\Delta;\quad j = 1, \ldots, n;\ \Delta > 0\,. \tag{3.2.29}$$

Außerdem hänge die Kovarianz cov $(\mathfrak{Y}(x_i), \mathfrak{Y}(x_j)) = \sigma_{ij}$ nur vom Betrag der Differenz $x_i - x_j$ ab, d. h., zusammen mit (3.2.29) gelte

$$\sigma_{ij} = \operatorname{cov}\left(\mathfrak{Y}(x_i), \mathfrak{Y}(x_j)\right) =: r(|i-j|\,\Delta);\quad i = 1, \ldots, n;\ j = 1, \ldots, n\,. \tag{3.2.30}$$

Z. B. erfüllt die Kovarianzmatrix (3.2.6) mit $r(|i-j|\,\Delta) = \varrho^{|i-j|}$; $\Delta = 1$; die Forderung (3.2.30). Dann kann man folgendes Verfahren zur Schätzung von σ_{ij} benutzen:

VERFAHREN 3.2.6 (Schätzung von $\boldsymbol{\Sigma}(V_n)$ ohne Versuchswiederholung):

1. **Gegebene Größen:** a) Wahrer Regressionsansatz $\tilde{S}$ mit

$$\tilde{\eta}(x, \boldsymbol{\vartheta}) = \boldsymbol{f}(x)'\,\boldsymbol{\vartheta};\quad x \in B \subseteq \mathrm{R}^1;\ \boldsymbol{\vartheta} \in \mathrm{R}^r\,.$$

b) Versuchsplan und -ergebnisse: $V_n = (x_1, \ldots, x_n)$, $\boldsymbol{y} = (y_1, \ldots, y_n)'$.

c) MKQ-Schätzung $\check{\boldsymbol{\vartheta}}$ für $\boldsymbol{\vartheta}$.

2. **Aufgabe:** Schätzung von $\boldsymbol{\Sigma}(V_n)$.

3. **Bezeichnungen:** $\boldsymbol{\Sigma}(V_n) = \left((\sigma_{ij})\right)_{n\times n}$, $\hat{\varepsilon}_i = y_i - \boldsymbol{f}(x_i)'\,\check{\boldsymbol{\vartheta}}$; $i = 1, \ldots, n$.

4. **Voraussetzungen:** a) $\operatorname{Rg} \boldsymbol{F}(V_n) = r$.

b) $x_j = x_1 + (j-1)\Delta;\ j = 1, \ldots, n;\ \Delta > 0$ (›(3.2.29)).

c) $\boldsymbol{\Sigma}(V_n) = \big((r(|i-j|\,\Delta))\big)_{n\times n}$ (›(3.2.30)).

5. **Lösung:** Alle σ_{ij} mit $|i-j| = h$ werden geschätzt durch

$$\hat{r}_h = \frac{1}{n-h}\sum_{i=1}^{n-h}\big(y_i - \boldsymbol{f}(x_i)'\,\check{\boldsymbol{\vartheta}}\big)\big(y_{i+h} - \boldsymbol{f}(x_{i+h})'\,\check{\boldsymbol{\vartheta}}\big) = \frac{1}{n-h}\sum_{i=1}^{n-h}\hat{\varepsilon}_i\hat{\varepsilon}_{i+h} \bullet$$

Beispiel 3.2.9:

1. a) $\tilde{\eta}(x, \vartheta) = \vartheta x;\ x \in \mathrm{R}^1;\ \vartheta \in \mathrm{R}^1$.

b) $V_4 = (1, 2, 3, 4);\ \boldsymbol{y} = (\frac{1}{10}; \frac{1}{2}; \frac{11}{10}; \frac{7}{5})'$.

c) $\check{\vartheta} = \frac{1}{3}$.

4. a) $\operatorname{Rg} \boldsymbol{F}(V_4) = 1 = r$,

b) erfüllt mit $\Delta = 1$,

c) sei erfüllt.

Tab. 3.2.4: Zur Lösung von Bsp. 3.2.9

i	y_i	$x_i\check{\vartheta}$	$y_i - x_i\check{\vartheta} = \hat{\varepsilon}_i$	$\hat{\varepsilon}_i^2$	$\hat{\varepsilon}_i\hat{\varepsilon}_{i+1}$	$\hat{\varepsilon}_i\hat{\varepsilon}_{i+2}$	$\hat{\varepsilon}_i\hat{\varepsilon}_{i+3}$
1	$\frac{1}{10}$	$\frac{1}{3}$	$-\frac{7}{30}$	$\frac{49}{900}$	$\frac{7}{180}$	$-\frac{7}{300}$	$-\frac{7}{450}$
2	$\frac{1}{2}$	$\frac{2}{3}$	$-\frac{1}{6}$	$\frac{1}{36}$	$-\frac{1}{60}$	$-\frac{1}{90}$	
3	$\frac{11}{10}$	1	$\frac{1}{10}$	$\frac{1}{100}$	$\frac{1}{150}$		
4	$\frac{7}{5}$	$\frac{4}{3}$	$\frac{1}{15}$	$\frac{1}{225}$			
				$\frac{87}{900}$	$\frac{26}{900}$	$-\frac{31}{900}$	$-\frac{14}{900}$

5. ›Tab. 3.2.4. Daraus ergibt sich

$$\hat{\boldsymbol{\Sigma}}(V_4) = \frac{1}{900}\begin{pmatrix} 21{,}75 & 8{,}67 & -15{,}50 & -14{,}00 \\ 8{,}67 & 21{,}75 & 8{,}67 & -15{,}50 \\ -15{,}50 & 8{,}67 & 21{,}75 & 8{,}67 \\ -14{,}00 & -15{,}50 & 8{,}67 & 21{,}75 \end{pmatrix}.$$

Die Schätzung $\hat{\boldsymbol{\Sigma}}(V_n)$ in Verf. 3.2.6 ist nicht erwartungstreu, liefert dafür jedoch stets eine positiv semidefinite Matrix $\hat{\boldsymbol{\Sigma}}(V_n) = \big((s_{ij})\big)_{n\times n}$.

Bemerkung 3.2.1: Falls man zur Schätzung von $\boldsymbol{\Sigma}(V_n)$ einen im Vergleich zu V_n umfangreicheren Versuchsplan $V_{n'}$ realisiert (wie z. B. in Verf. 3.2.3 und Verf. 3.2.5), dann sollte man diese zusätzlichen Beobachtungen auch bei der Berechnung von $\check{\boldsymbol{\vartheta}}_{\hat{\Sigma}}$ aus (3.2.25) mit verwenden, indem man anstelle von $\boldsymbol{y}$ den Vektor $\bar{\boldsymbol{y}}$ mit den Komponenten $\bar{y}_i = \frac{1}{m_i}\sum_{j=1}^{m_i} y_{ij}$; $i = 1, \ldots, n$; benutzt.

3.2.4. Zur numerischen Berechnung der verallgemeinerten MKQ-Schätzung

Für die numerische Bestimmung der verallgemeinerten MKQ-Schätzung ist es ohne Belang, ob man von $\check{\vartheta}_{\Sigma}$ aus (3.2.12) oder von $\check{\vartheta}_{\hat{\Sigma}}$ aus (3.2.25) ausgeht. Der Hauptunterschied zu den numerischen Verfahren zur Berechnung der (klassischen) MKQ-Schätzung $\check{\vartheta}$ besteht hier darin, daß zunächst eine Inversion der Kovarianzmatrix $\Sigma(V_n)$ (oder $\hat{\Sigma}(V_n)$) nötig ist. Zur weiteren Berechnung von $\check{\vartheta}_{\Sigma}$ können dann entsprechend modifiziert die in [3.1.3] angegebenen Verfahren benutzt werden.

Verfahren zur Inversion von $\Sigma(V_n)$

Jedes Verfahren zur Lösung linearer Gleichungssysteme kann auch als Verfahren zur Inversion von Matrizen benutzt werden. Wegen $\Sigma\Sigma^{-1} = I_n$ ist nämlich mit

$$\Sigma^{-1} =: (\sigma^{(1)}, \dots, \sigma^{(n)}); \quad e_i = (0, \dots, 0, \underset{i}{1}, 0, \dots, 0)'$$

die Inversion von Σ äquivalent zur Lösung der n Gleichungssysteme

$$\Sigma\sigma^{(i)} = e_i; \quad i = 1, \dots, n. \tag{3.2.31}$$

Da Σ symmetrisch ist, kann zur Lösung von (3.2.31) z. B. das CHOLESKI-Verfahren Verf. 3.1.3 benutzt werden, das Σ in das Produkt zueinander transponierter Dreiecksmatrizen zerlegt:

$$\Sigma = S'S; \qquad S = ((s_{ij}))_{n\times n} \quad \text{mit } s_{ij} = 0 \text{ für } i > j.$$

Es ist dann $\Sigma^{-1} = S^{-1}(S^{-1})'$. Also genügt es, die Dreiecksmatrix S zu invertieren.

VERFAHREN 3.2.7 (Invertierung nach CHOLESKI):

1. **Gegebene Größe:** Matrix $\Sigma = ((\sigma_{ij}))_{n\times n}$.

2. **Aufgabe:** Invertierung von Σ.

3. **Bezeichnungen:** $\Sigma^{-1} = ((\sigma^{ij}))_{n\times n}$; $S = ((s_{ij}))_{n\times n}$; $S^{-1} = ((t_{ij}))_{n\times n}$.

4. **Voraussetzungen:** $\operatorname{Rg} \Sigma = n$; $\Sigma' = \Sigma$.

5. **Lösung:**

$$s_{11} = \sqrt{\sigma_{11}}; \qquad s_{1j} = \frac{\sigma_{1j}}{s_{11}} \quad (n \geqq j > 1);$$

$$s_{ii} = \sqrt{\sigma_{ii} - \sum_{l=1}^{i-1} s_{li}^2} \qquad (n \geqq i > 1);$$

$$s_{ij} = \frac{\sigma_{ij} - \sum_{l=1}^{i-1} s_{li}s_{lj}}{s_{ii}} \qquad (n \geqq j > i); \quad s_{ij} = 0 \; (j < i \leqq n);$$

$$t_{ij} = \begin{cases} s_{ii}^{-1}, & i = j, \\ -s_{jj}^{-1} \sum_{l=i}^{j-1} t_{il}s_{lj}, & n \geqq j > i, \\ 0, & j < i \leqq n; \end{cases}$$

$$\sigma^{ij} = \sigma^{ji} = \sum_{l=\max\{i,j\}}^{n} t_{il}t_{jl} \; \bullet$$

Beispiel 3.2.10:

1. $\Sigma = \begin{pmatrix} 4 & 2 & 1 \\ 2 & 4 & 2 \\ 1 & 2 & 4 \end{pmatrix}$.

5. $S = \begin{bmatrix} 2 & 1 & \frac{1}{2} \\ 0 & \sqrt{3} & \frac{1}{2}\sqrt{3} \\ 0 & 0 & \sqrt{3} \end{bmatrix}$; $S^{-1} = \begin{bmatrix} \frac{1}{2} & -\frac{1}{2\sqrt{3}} & 0 \\ 0 & \frac{1}{\sqrt{3}} & -\frac{1}{2\sqrt{3}} \\ 0 & 0 & \frac{1}{\sqrt{3}} \end{bmatrix}$;

$$\Sigma^{-1} = \begin{bmatrix} \frac{1}{3} & -\frac{1}{6} & 0 \\ -\frac{1}{6} & \frac{5}{12} & -\frac{1}{6} \\ 0 & -\frac{1}{6} & \frac{1}{3} \end{bmatrix} = \frac{1}{12}\begin{pmatrix} 4 & -2 & 0 \\ -2 & 5 & -2 \\ 0 & -2 & 4 \end{pmatrix}.$$

Es gibt auch hier iterative Verfahren zur Bestimmung der Inversen Σ^{-1} (s. z. B. FADDEJEW/FADDEJEWA [1]). Ebenso kann man (z. B. zum CHOLESKI-Verfahren Verf. 3.2.7) eine Nachiteration durchführen. Wir wollen hier nicht darauf eingehen, da sie sich wegen (3.2.31) ganz analog zur Nachbesserung der numerischen Lösung eines linearen Gleichungssystems gestaltet. Für das CHOLESKI-Verfahren wurde dies in [3.1.3] erläutert. Wir bemerken noch, daß man z. B. auch das HOUSEHOLDER-Verfahren Verf. 3.1.4 modifizieren und zur Inversion von Matrizen benutzen kann.

Berechnung der verallgemeinerten MKQ-*Schätzung*

Nachdem man die Kovarianzmatrix $\boldsymbol{\Sigma}(V_n)$ (bzw. $\hat{\boldsymbol{\Sigma}}(V_n)$) invertiert hat, kann man zur weiteren Berechnung von $\check{\boldsymbol{\vartheta}}_{\Sigma}$ (bzw. $\check{\boldsymbol{\vartheta}}_{\hat{\Sigma}}$) Verf. 3.1.3 und Verf. 3.1.5 entsprechend modifiziert anwenden. Setzt man z. B.

$$\tilde{\boldsymbol{M}} = \boldsymbol{F}(V_n)'\,\boldsymbol{\Sigma}(V_n)^{-1}\,\boldsymbol{F}(V_n); \qquad \boldsymbol{t} = \boldsymbol{F}(V_n)'\,\boldsymbol{\Sigma}(V_n)^{-1}\,\boldsymbol{y},$$

so entsteht aus dem verallgemeinerten Normalgleichungssystem (3.2.11) das Gleichungssystem $\tilde{\boldsymbol{M}}\check{\boldsymbol{\vartheta}}_{\Sigma} = \boldsymbol{t}$, dessen numerische Lösung z. B. mit dem CHOLESKI-Verfahren Verf. 3.1.3 erhalten werden kann.

Will man das HOUSEHOLDER-Verfahren zur Lösung der verallgemeinerten MKQ-Aufgabe

$$(\boldsymbol{y} - \boldsymbol{F}\boldsymbol{\vartheta})'\,\boldsymbol{\Sigma}^{-1}(\boldsymbol{y} - \boldsymbol{F}\boldsymbol{\vartheta}) \overset{!}{=} \inf_{\vartheta \in \mathbb{R}^r} \tag{3.2.32}$$

anwenden, so ist es günstig, wenn man zur numerischen Bestimmung von Σ^{-1} das CHOLESKI-Verfahren Verf. 3.2.7 benutzt hat, denn dann hat man für Σ^{-1} sofort die Darstellung $\boldsymbol{\Sigma}^{-1} = \boldsymbol{S}^{-1}(\boldsymbol{S}^{-1})'$. Wir erinnern daran, daß $\boldsymbol{S}^{-1}$ in Verf. 3.2.7 explizit berechnet wird. Mit $\tilde{\boldsymbol{y}} = (\boldsymbol{S}^{-1})'\,\boldsymbol{y}$; $\tilde{\boldsymbol{F}} = (\boldsymbol{S}^{-1})'\,\boldsymbol{F}$ ergibt sich aus (3.2.32)

$$(\tilde{\boldsymbol{y}} - \tilde{\boldsymbol{F}}\boldsymbol{\vartheta})'\,(\tilde{\boldsymbol{y}} - \tilde{\boldsymbol{F}}\boldsymbol{\vartheta}) \overset{!}{=} \inf_{\vartheta \in \mathbb{R}^r}.$$

Dieses (klassische) MKQ-Problem kann man nun mit dem HOUSEHOLDER-Verfahren Verf. 3.1.5 numerisch lösen.

3.3. Schätzverfahren, die Zusatzinformationen über ϑ ausnutzen

Die bisher betrachteten Schätzverfahren für ϑ nach der Methode der kleinsten Quadrate geben Schätzwerte für ϑ allein auf der Grundlage der aktuellen Beobachtungen $\mathfrak{Y}(x_i)$; $i = 1, \ldots, n$; d. h. allein auf der Grundlage der Stichprobeninformation an. Häufig ist es jedoch so, daß man vor der Stichprobennahme bereits gewisse Vorkenntnisse über ϑ hat. Z. B. wird man mitunter einen Bereich oder ein gewisses Intervall angeben können, in dem ϑ oder einige Komponenten von ϑ mit Sicherheit liegen. Oder man hat durch Voruntersuchungen schon grobe Vorstellungen von ϑ.

Derartige Vorkenntnisse über ϑ werden von den Schätzungen nach der MKQ nicht ausgenutzt. Wir werden daher in diesem Abschnitt einige Schätzverfahren angeben, die Vorkenntnisse und aktuelle Stichprobeninformation in geeigneter Weise koppeln. Man erreicht mit diesen Verfahren eine höhere Effektivität als durch Anwendung der MKQ unter Vernachlässigung vorhandener Vorkenntnisse. Eine ausführliche Einführung in die Problematik der geeigneten Ausnutzung von Zusatzinformationen wurde in [2.2.2] und [2.2.3] gegeben.

3.3.1. Bayessche Schätzverfahren

Es liege wieder ein wahrer, im Moment noch nicht als linear vorausgesetzter Regressionsansatz vor. Für die Wirkungsgröße gelte

$$\mathfrak{Y}(x) = \tilde{\eta}(x, \vartheta) + \varepsilon(x); \quad \mathrm{E}\varepsilon(x) = 0; \quad x \in B \subseteq \mathrm{R}^k; \quad \vartheta \in \mathrm{R}^r. \tag{3.3.1}$$

Wir wollen zunächst davon ausgehen, daß die Vorkenntnisse über ϑ durch eine Wahrscheinlichkeitsdichte p_θ auf R^r, die a-priori-Dichte, ausgedrückt werden können (›[2.2.3]), d. h., wir fassen ϑ als eine zufällige Variable θ mit der Verteilungsdichte p_θ auf und wollen Bayessche Schätzungen für ϑ angeben. (Bayessche Schätzungen sind Bayessche Entscheidungsfunktionen mit Werten in Θ, ›Bez. 1.3.8.)

Für einen gegebenen Versuchsplan $V_n = (x_1, \ldots, x_n)$ erhält man mit $\tilde{\eta}(V_n, \vartheta) = (\tilde{\eta}(x_1, \vartheta), \ldots, \tilde{\eta}(x_n, \vartheta))'$ aus (3.3.1) die Beziehung

$$\mathfrak{Y}(V_n) = \tilde{\eta}(V_n, \vartheta) + \varepsilon(V_n); \quad \vartheta \in \mathrm{R}^r; \quad \mathrm{E}\varepsilon(V_n) = 0. \tag{3.3.2}$$

Des weiteren sei p_ε die Wahrscheinlichkeitsdichte des zufälligen Fehlervektors $\varepsilon(V_n)$. Dann erhält man durch Anwendung der Bayesschen Formel (›(1.1.40)) mit

$$p_{\theta|y}(t) = \frac{p_\varepsilon(y - \tilde{\eta}(V_n, t))\, p_\theta(t)}{\int\limits_{\mathrm{R}^r} p_\varepsilon((y - \tilde{\eta}(V_n, t))\, p_\theta(t)\, \mathrm{d}t}; \quad t \in \mathrm{R}^r; \tag{3.3.3}$$

die Dichte der *a-posteriori-Verteilung* von θ bei gegebener Beobachtung y (›Bez. 1.1.28). Die a-posteriori-Verteilung enthält die Vorinformation über ϑ *und* die Stichprobeninformation. Sie ist die Grundlage jeder Bayes-Schätzung. Als Bayes-Schätzung verwendet man i. allg. den Erwartungswert der a-posteriori-Verteilung, d. h.

$$\hat{\vartheta} = \int\limits_{\mathrm{R}^r} t p_{\theta|y}(t)\, \mathrm{d}t. \tag{3.3.4}$$

(Die Schätzung $\hat{\vartheta}$ ist eine Bayessche Schätzung im Sinne der Entscheidungstheorie, falls eine quadratische Verlustfunktion (3.1.12) zugrundeliegt, ›[I/Lemma 4.3.1]).

VERFAHREN 3.3.1 (BAYES-Schätzung):

1. **Gegebene Größen:** a) Wahrer Regressionsansatz $\tilde{S}$ mit $\tilde{\eta}(\boldsymbol{x}, \boldsymbol{\vartheta})$; $\boldsymbol{\vartheta} \in \mathrm{R}^r$; $\boldsymbol{x} \in B \subseteq \mathrm{R}^k$.

b) Versuchsplan und -ergebnisse: $V_n = (\boldsymbol{x}_1, \dots, \boldsymbol{x}_n)$, $\boldsymbol{y} = (y_1, \dots, y_n)'$.

c) Dichte p_ε des Fehlervektors $\boldsymbol{\varepsilon}(V_n)$.

d) Dichte p_θ der a-priori-Verteilung über $\Theta \subseteq \mathrm{R}^r$.

2. **Aufgabe:** Schätze $\boldsymbol{\vartheta}$ unter Ausnutzung der Vorkenntnisse p_θ.

3. **Bezeichnung:** $\tilde{\eta}(V_n, \boldsymbol{\vartheta}) = (\tilde{\eta}(\boldsymbol{x}_1, \boldsymbol{\vartheta}), \dots, \tilde{\eta}(\boldsymbol{x}_n, \boldsymbol{\vartheta}))'$.

4. **Voraussetzung:** Erwartungswert der a-posteriori-Verteilung (3.3.3) existiert.

5. **Lösung:**

$$\hat{\boldsymbol{\vartheta}} = \int_{\mathrm{R}^r} \boldsymbol{t} p_{\theta|\boldsymbol{y}}(\boldsymbol{t})\, \mathrm{d}\boldsymbol{t} \quad \text{mit } p_{\theta|\boldsymbol{y}}(\boldsymbol{t}) = \frac{p_\varepsilon(\boldsymbol{y} - \tilde{\eta}(V_n, \boldsymbol{t}))\, p_\theta(\boldsymbol{t})}{\int_{\mathrm{R}^r} p_\varepsilon(\boldsymbol{y} - \tilde{\eta}(V_n, \boldsymbol{t}))\, p_\theta(\boldsymbol{t})\, \mathrm{d}\boldsymbol{t}} \bullet$$

Beispiel 3.3.1:

1. a) $\tilde{\eta}(x, \vartheta) = \vartheta x$; $\vartheta \in \mathrm{R}^1$; $x \in \mathrm{R}^1$.

b) $V_2 = (-1, +1)$; $\boldsymbol{y} = (0, 1)'$.

c) Die Komponenten des Fehlervektors seien unabhängig und identisch verteilt mit der Dichte $p_\varepsilon(s) = \frac{1}{2} \mathrm{e}^{-|s|}$; $s \in \mathrm{R}^1$.

d) $p_\theta(t) = \begin{cases} 0{,}5 & \text{für } -1 \leqq t \leqq 1, \\ 0 & \text{sonst,} \end{cases}$ (Gleichverteilung auf $[-1, 1]$).

3. $\tilde{\eta}(V_2, \vartheta) = (-\vartheta, \vartheta)'$.

5. $p_\varepsilon(\boldsymbol{y} - \tilde{\eta}(V_2, \vartheta)) = p_\varepsilon(y_1 - \vartheta x_1)\, p_\varepsilon(y_2 - \vartheta x_2) = \frac{1}{4} \mathrm{e}^{-|\vartheta| - |1-\vartheta|}$;

$$p_{\theta|y}(t) = \begin{cases} \dfrac{2\, \mathrm{e}^{t-|t|}}{3 - \mathrm{e}^{-2}} & \text{für } -1 \leqq t \leqq 1, \\ 0 & \text{sonst,} \end{cases}$$

$$\hat{\vartheta} = \frac{1 - \mathrm{e}^{-2}}{3 - \mathrm{e}^{-2}} = 0{,}30\,.$$

(zum Vergleich: MKQ-Schätzwert: $\check{\vartheta} = 0{,}50$; a-priori-Erwartungswert von θ: $\mathrm{E}\theta = 0$, d. h., $\hat{\vartheta}$ ist ein Kompromiß zwischen a-priori-Kenntnis ($\mathrm{E}\theta = 0$) und der Schätzung nur auf Grund der Stichprobeninformation ($\check{\vartheta} = 0{,}50$)).

In komplizierten Fällen muß man $\hat{\boldsymbol{\vartheta}}$ mit einem numerischen Integrationsverfahren berechnen (s. z. B. ZURMÜHL [2]).

Wir erwähnen, daß häufig auch der Modalwert der a-posteriori-Verteilung als Schätzwert verwendet wird, d. h. der Wert $\hat{\boldsymbol{\vartheta}}_M$, für den gilt

$$p_{\theta|\boldsymbol{y}}(\hat{\boldsymbol{\vartheta}}_M) = \sup_{\boldsymbol{t} \in \mathrm{R}^r} p_{\theta|\boldsymbol{y}}(\boldsymbol{t})\,.$$

Er kann numerisch z. B. mit Verf. 3.5.10 oder Verf. 3.5.11 berechnet werden. Allerdings läßt sich $\hat{\boldsymbol{\vartheta}}_M$ nicht als BAYES-Schätzung im Sinne der Entscheidungstheorie deuten.

Die Anwendung von Verf. 3.3.1 wird häufig daran scheitern, daß man weder die a-priori-Dichte p_θ noch die Dichte p_ε des Fehlervektors $\boldsymbol{\varepsilon}(V_n)$ exakt kennt. Wir wollen daher im folgenden Schätzungen angeben, zu deren Anwendung lediglich die Kenntnis der ersten beiden Momente der a-priori-Verteilung und der Fehlerverteilung nötig ist.

Es sei also anhand der Vorkenntnisse der a-priori-Erwartungswert von $\boldsymbol{\theta}$

$$\mathrm{E}\boldsymbol{\theta} = \boldsymbol{\mu}\,, \tag{3.3.5}$$

und die a-priori-Kovarianzmatrix von $\boldsymbol{\theta}$

$$\boldsymbol{B}_{\theta} = \boldsymbol{\Lambda} \in \mathcal{M}_r^{>}\,, \tag{3.3.6}$$

festgelegt worden (›Bsp. 2.2.8 und Bsp. 2.2.9). Von der Verteilung P_{ε} des Fehlers werde angenommen:

$$\mathrm{E}\boldsymbol{\varepsilon}(V_n) = \boldsymbol{0}; \qquad \boldsymbol{B}_{\varepsilon} = \boldsymbol{\Sigma}(V_n) \in \mathcal{M}_n^{>}\,. \tag{3.3.7}$$

Dabei soll $\boldsymbol{\Sigma}(V_n)$ oder ein Schätzwert dafür bekannt sein. Außerdem wollen wir uns jetzt wieder auf *lineare*, wahre Ansätze $\tilde{S}$ mit $\tilde{\eta}(\boldsymbol{x}, \boldsymbol{\vartheta}) = \boldsymbol{f}(\boldsymbol{x})'\,\boldsymbol{\vartheta}$; $\boldsymbol{x} \in B \subseteq \mathrm{R}^k$, $\boldsymbol{\vartheta} \in \mathrm{R}^r$; beschränken. Dann verwendet man mit der üblichen Bezeichnung $\boldsymbol{F}(V_n) = \big(\boldsymbol{f}(\boldsymbol{x}_1), \ldots, \boldsymbol{f}(\boldsymbol{x}_n)\big)'$ als Schätzung für $\boldsymbol{\vartheta}$

$$\hat{\boldsymbol{\vartheta}}^*(\boldsymbol{y}) = [\boldsymbol{F}(V_n)'\,\boldsymbol{\Sigma}(V_n)^{-1}\,\boldsymbol{F}(V_n) + \boldsymbol{\Lambda}^{-1}]^{-1}\,[\boldsymbol{F}(V_n)'\,\boldsymbol{\Sigma}(V_n)^{-1}\,\boldsymbol{y} + \boldsymbol{\Lambda}^{-1}\boldsymbol{\mu}]\,. \tag{3.3.8}$$

Die Schätzung $\hat{\boldsymbol{\vartheta}}^*$ heißt auch *lineare* BAYES-*Schätzung*.

VERFAHREN 3.3.2 (Lineare BAYES-Schätzung I):

1. **Gegebene Größen:** a) Wahrer Regressionsansatz $\tilde{S}$ mit

$$\tilde{\eta}(\boldsymbol{x}, \boldsymbol{\vartheta}) = \boldsymbol{f}(\boldsymbol{x})'\,\boldsymbol{\vartheta}; \quad \boldsymbol{x} \in B \subseteq \mathrm{R}^k,\ \boldsymbol{\vartheta} \in \mathrm{R}^r\,.$$

b) Versuchsplan und -ergebnisse: $V_n = (\boldsymbol{x}_1, \ldots, \boldsymbol{x}_n)$, $\boldsymbol{y} = (y_1, \ldots, y_n)'$.

c) $\boldsymbol{B}_{\varepsilon(V_n)} = \boldsymbol{\Sigma}(V_n)$; $\mathrm{E}\boldsymbol{\theta} = \boldsymbol{\mu}$; $\boldsymbol{B}_{\theta} = \boldsymbol{\Lambda}$.

2. **Aufgabe:** Schätze $\boldsymbol{\vartheta}$ bzw. $\tilde{\eta}(\boldsymbol{x}, \boldsymbol{\vartheta})$ unter Ausnutzung der Vorkenntnisse $\boldsymbol{\mu}$ und $\boldsymbol{\Lambda}$.

3. **Bezeichnung:** $\boldsymbol{F}(V_n) = \big(\boldsymbol{f}(\boldsymbol{x}_1), \ldots, \boldsymbol{f}(\boldsymbol{x}_n)\big)'$.

4. **Voraussetzungen:** $\mathrm{Rg}\,\boldsymbol{\Lambda} = r$, $\mathrm{Rg}\,\boldsymbol{\Sigma}(V_n) = n$.

5. **Lösung:**

$$\hat{\boldsymbol{\vartheta}}^*(\boldsymbol{y}) = [\boldsymbol{F}(V_n)'\,\boldsymbol{\Sigma}(V_n)^{-1}\,\boldsymbol{F}(V_n) + \boldsymbol{\Lambda}^{-1}]^{-1}\,[\boldsymbol{F}(V_n)'\,\boldsymbol{\Sigma}(V_n)^{-1}\,\boldsymbol{y} + \boldsymbol{\Lambda}^{-1}\boldsymbol{\mu}]\,,$$

$$\hat{\eta}^*(\boldsymbol{x}, \boldsymbol{y}) = \boldsymbol{f}(\boldsymbol{x})'\,\hat{\boldsymbol{\vartheta}}^*(\boldsymbol{y}) \bullet$$

Beispiel 3.3.2 (›Bsp. 3.1.1):

1. a) $\tilde{\eta}(\boldsymbol{x}, \boldsymbol{\vartheta}) = \vartheta_0 + \vartheta_1 x_1 + \vartheta_2 x_2$; $\boldsymbol{x} = (x_1, x_2)' \in \mathrm{R}^2$; $\boldsymbol{\vartheta} = (\vartheta_0, \vartheta_1, \vartheta_2)' \in \mathrm{R}^3$.

b) $V_4 = \left(\begin{pmatrix}1\\1\end{pmatrix}, \begin{pmatrix}1\\0\end{pmatrix}, \begin{pmatrix}0\\1\end{pmatrix}, \begin{pmatrix}0\\0\end{pmatrix}\right)$; $\quad \boldsymbol{y} = (1, -1, 3, 4)'$.

c) $\boldsymbol{\Sigma}(V_4) = \boldsymbol{I}_4$; $\boldsymbol{\mu} = (4, -4, 0)'$; $\boldsymbol{\Lambda} = \boldsymbol{I}_3$.

3. $\boldsymbol{F} = \begin{pmatrix}1 & 1 & 1\\ 1 & 1 & 0\\ 1 & 0 & 1\\ 1 & 0 & 0\end{pmatrix}$.

5. $\boldsymbol{F}'\boldsymbol{F} = \begin{pmatrix}4 & 2 & 2\\ 2 & 2 & 1\\ 2 & 1 & 2\end{pmatrix}$; $\quad \boldsymbol{F}'\boldsymbol{F} + \boldsymbol{\Lambda}^{-1} = \begin{pmatrix}5 & 2 & 2\\ 2 & 3 & 1\\ 2 & 1 & 3\end{pmatrix}$; $\quad [\boldsymbol{F}'\boldsymbol{F} + \boldsymbol{\Lambda}^{-1}]^{-1} = \frac{1}{24}\begin{pmatrix}8 & -4 & -4\\ -4 & 11 & -1\\ -4 & -1 & 11\end{pmatrix}$;

$F'y = (7, 0, 4)'$; $\Lambda^{-1}\mu = (4, -4, 0)'$; $F'y + \Lambda^{-1}\mu = (11, -4, 4)'$; $\hat{\vartheta}^* = (\frac{11}{3}; -\frac{23}{6}; \frac{1}{6})'$
$= (3{,}667; -3{,}833; 0{,}167)'$

(zum Vergleich: MKQ-Schätzung: $\check{\vartheta} = (3{,}25; -3{,}50; 0{,}50)'$).

Wir geben noch zwei nützliche Darstellungen der Schätzung $\hat{\vartheta}^*$ aus (3.3.8) an: Mit Hilfe der verallgemeinerten MKQ-Schätzung $\check{\vartheta}_\Sigma$ aus (3.2.12) und deren Kovarianzmatrix $B_{\check{\vartheta}_\Sigma} = [F(V_n)'\,\Sigma(V_n)^{-1}\,F({}_nV)]^{-1}$ kann man $\hat{\vartheta}^*$ schreiben als

$$\hat{\vartheta}^* = [B_{\check{\vartheta}_\Sigma}^{-1} + \Lambda^{-1}]^{-1}\,[B_{\check{\vartheta}_\Sigma}^{-1}\check{\vartheta}_\Sigma + \Lambda^{-1}\mu]\,, \tag{3.3.9}$$

d. h., $\hat{\vartheta}^*$ kann als mit den Kovarianzmatrizen $B_{\check{\vartheta}_\Sigma}$ und Λ gewichtetes Mittel von MKQ-Schätzung $\check{\vartheta}_\Sigma$ und a-priori-Erwartungswert μ angesehen werden.

Die folgende Darstellung von $\hat{\vartheta}^*$ ist günstig, wenn man die MKQ-Schätzung $\check{\vartheta}_\Sigma$ schon berechnet hat und nun durch Verwendung der Vorkenntnisse $\mathrm{E}\theta = \mu$ und $B_\theta = \Lambda$ korrigieren will:

$$\hat{\vartheta}^* = \check{\vartheta}_\Sigma + [F(V_n)'\,\Sigma(V_n)^{-1}\,F(V_n) + \Lambda^{-1}]^{-1}\Lambda^{-1}(\mu - \check{\vartheta}_\Sigma)\,. \tag{3.3.10}$$

Falls $\Sigma(V_n)$ unbekannt ist, muß die Matrix ähnlich wie bei der verallgemeinerten MKQ-Schätzung $\check{\vartheta}_\Sigma$ durch einen Schätzwert $\hat{\Sigma}(V_n)$ ersetzt werden, der z. B. mit einem der in [3.2.3] angegebenen Verfahren gewonnen werden kann. Im Spezialfall $\Sigma(V_n) = \sigma^2 I_n$ mit unbekanntem σ^2 verwendet man dann anstelle von (3.3.8) z. B.

$$\hat{\vartheta}_s^* = [s^{-2}F(V_n)'\,F(V_n) + \Lambda^{-1}]^{-1}\,[s^{-2}F(V_n)'\,y + \Lambda^{-1}\mu]\,, \tag{3.3.11}$$

wobei s^2 ein Schätzwert für σ^2 ist (z. B. nach Verf. 3.2.2 ermittelt), oder aber auch als Erwartungswert einer für σ^2 angenommenen a-priori-Verteilung aufgefaßt werden kann.

Wir wollen nun den praktisch wichtigen Fall betrachten, daß Vorkenntnisse nicht über den ganzen unbekannten Parametervektor ϑ vorliegen, sondern z. B. nur über einige Komponenten von ϑ. Etwas allgemeiner wollen wir annehmen, daß Vorkenntnisse über eine lineare Funktion von ϑ,

$$\beta = C\vartheta\,; \qquad C \in \mathcal{M}_{s\times r}\,, \quad s \leqq r\,; \tag{3.3.12}$$

vorliegen. Im Spezialfall $C = (I_s \,\vdots\, 0_{s\times(r-s)})$ besteht β z. B. aus den ersten s Komponenten von ϑ.

Analog zur Vorgehensweise (3.3.5) und (3.3.6) soll auf Grund der Vorkenntnisse ein a-priori-Erwartungswert

$$\mathrm{E}\beta = \mu_\beta \tag{3.3.13}$$

und eine a-priori-Kovarianzmatrix

$$B_\beta = \Lambda_\beta \in \mathcal{M}_s^{>} \tag{3.3.14}$$

festgelegt worden sein. Setzt man die Gültigkeit von (3.3.7) auch hier voraus, so erhält man analog zu (3.3.8) als Schätzung für ϑ

$$\hat{\vartheta}_C^* = [F(V_n)'\,\Sigma(V_n)^{-1}\,F(V_n) + C'\Lambda_\beta^{-1}C]^{-1}\,[F(V_n)'\,\Sigma(V_n)^{-1}\,y + C'\Lambda_\beta^{-1}\mu_\beta]\,. \tag{3.3.15}$$

VERFAHREN 3.3.3 (Lineare BAYES-Schätzung II):

***1.* Gegebene Größen:** a) Wahrer Regressionsansatz $\tilde{S}$ mit

$$\tilde{\eta}(x, \vartheta) = f(x)'\,\vartheta\,; \quad x \in B \subseteq \mathrm{R}^k; \quad \vartheta \in \mathrm{R}^r\,.$$

b) Versuchsplan und -ergebnisse: $V_n = (\boldsymbol{x}_1, \dots, \boldsymbol{x}_n)$, $\boldsymbol{y} = (y_1, \dots, y_n)'$.

c) Größe $\boldsymbol{\beta} = \boldsymbol{C}\boldsymbol{\vartheta}$ mit $\boldsymbol{C} \in \mathcal{M}_{s \times r}$, über die Vorkenntnisse vorliegen.

d) $\boldsymbol{B}_{\varepsilon(V_n)} = \boldsymbol{\Sigma}(V_n)$; $\mathrm{E}\boldsymbol{\beta} = \boldsymbol{\mu}_\beta$; $\boldsymbol{B}_\beta = \boldsymbol{\Lambda}_\beta$.

2. **Aufgabe:** Schätze $\boldsymbol{\vartheta}$ bzw. $\tilde{\eta}(\boldsymbol{x}, \boldsymbol{\vartheta})$ unter Ausnutzung der Vorkenntnisse $\boldsymbol{\mu}_\beta$ und $\boldsymbol{\Lambda}_\beta$.

3. **Bezeichnung:** $\boldsymbol{F}(V_n) = \big(\boldsymbol{f}(\boldsymbol{x}_1), \dots, \boldsymbol{f}(\boldsymbol{x}_n)\big)'$.

4. **Voraussetzungen:** $s \leqq r$; $\mathrm{Rg}\,\boldsymbol{\Lambda}_\beta = s$; $\mathrm{Rg}\,\boldsymbol{\Sigma}(V_n) = n$, $\mathrm{Rg}\,\boldsymbol{F}(V_n) = r$.

5. **Lösung:**

$$\hat{\boldsymbol{\vartheta}}_C^* = [\boldsymbol{F}(V_n)'\,\boldsymbol{\Sigma}(V_n)^{-1}\,\boldsymbol{F}(V_n) + \boldsymbol{C}'\boldsymbol{\Lambda}_\beta^{-1}\boldsymbol{C}]^{-1}\,[\boldsymbol{F}(V_n)\,\boldsymbol{\Sigma}(V_n)^{-1}\,\boldsymbol{y} + \boldsymbol{C}'\boldsymbol{\Lambda}_\beta^{-1}\boldsymbol{\mu}_\beta]\,,$$

$$\hat{\eta}_C^*(\boldsymbol{x}, \boldsymbol{y}) = \boldsymbol{f}(\boldsymbol{x})'\,\hat{\boldsymbol{\vartheta}}_C^*(\boldsymbol{y}) \;\bullet$$

Beispiel 3.3.3 (›Bsp. 3.1.1 und Bsp. 3.3.2):

1. a) $\tilde{\eta}(\boldsymbol{x}, \boldsymbol{\vartheta}) = \vartheta_0 + \vartheta_1 x_1 + \vartheta_2 x_2$; $\boldsymbol{x} = (x_1, x_2)' \in \mathrm{R}^2$; $\boldsymbol{\vartheta} = (\vartheta_0, \vartheta_1, \vartheta_2)' \in \mathrm{R}^3$.

b) $V_4 = \left(\begin{pmatrix}1\\1\end{pmatrix}, \begin{pmatrix}1\\0\end{pmatrix}, \begin{pmatrix}0\\1\end{pmatrix}, \begin{pmatrix}0\\0\end{pmatrix}\right)$; $\boldsymbol{y} = (1, -1, 3, 4)'$.

c) $\boldsymbol{C} = \begin{pmatrix}1 & 0 & 0\\ 0 & 1 & 0\end{pmatrix}$ (d. h. Vorkenntnisse über ϑ_0 und ϑ_1).

d) $\boldsymbol{\Sigma}(V_4) = \boldsymbol{I}_4$; $\boldsymbol{\mu}_\beta = (4, -4)'$; $\boldsymbol{\Lambda}_\beta = \boldsymbol{I}_2$.

3. $\boldsymbol{F} = \begin{pmatrix}1 & 1 & 1\\ 1 & 1 & 0\\ 1 & 0 & 1\\ 1 & 0 & 0\end{pmatrix}$.

5. $\boldsymbol{F}'\boldsymbol{F} = \begin{pmatrix}4 & 2 & 2\\ 2 & 2 & 1\\ 2 & 1 & 2\end{pmatrix}$; $\boldsymbol{C}'\boldsymbol{\Lambda}_\beta^{-1}\boldsymbol{C} = \begin{pmatrix}1 & 0 & 0\\ 0 & 1 & 0\\ 0 & 0 & 0\end{pmatrix}$;

$$[\boldsymbol{F}'\boldsymbol{F} + \boldsymbol{C}'\boldsymbol{\Lambda}_\beta^{-1}\boldsymbol{C}]^{-1} = \begin{pmatrix}5 & 2 & 2\\ 2 & 3 & 1\\ 2 & 1 & 2\end{pmatrix}^{-1} = \frac{1}{13}\begin{pmatrix}5 & -2 & -4\\ -2 & 6 & -1\\ -4 & -1 & 11\end{pmatrix};$$

$\boldsymbol{F}'\boldsymbol{y} + \boldsymbol{C}'\boldsymbol{\Lambda}_\beta^{-1}\boldsymbol{\mu}_\beta = (11, -4, 4)'$;

$\hat{\boldsymbol{\vartheta}}_C^* = (\frac{47}{13}; -\frac{50}{13}; \frac{4}{13})' = (3{,}615; -3{,}846; 0{,}308)'$.

Auch für $\hat{\boldsymbol{\vartheta}}_C^*$ gelten die Darstellungen (3.3.9) bis (3.3.11), wenn man $\boldsymbol{\Lambda}^{-1} = \boldsymbol{C}'\boldsymbol{\Lambda}_\beta^{-1}\boldsymbol{C}$ setzt.

Wir wollen jetzt die wichtigsten Voraussetzungen angeben, unter denen $\hat{\boldsymbol{\vartheta}}^*$ bzw. $\hat{\boldsymbol{\vartheta}}_C^*$ optimal sind. Damit werden gleichzeitig die Situationen beschrieben, in denen $\hat{\boldsymbol{\vartheta}}^*$ bzw. $\hat{\boldsymbol{\vartheta}}_C^*$ als Schätzungen zu empfehlen sind. Wegen der Analogie zwischen $\hat{\boldsymbol{\vartheta}}^*$ und $\hat{\boldsymbol{\vartheta}}_C^*$ formulieren wir die Aussagen nur für $\hat{\boldsymbol{\vartheta}}^*$.

Zunächst stellen wir fest, daß im Falle normalverteilter Beobachtungsfehler, d. h.

$$P_\varepsilon = \mathrm{N}\big(\boldsymbol{0}, \boldsymbol{\Sigma}(V_n)\big)\,, \tag{3.3.16}$$

und einer Normalverteilung als a-priori-Verteilung für $\boldsymbol{\vartheta}$, d. h. genauer

$$P_\theta = \mathrm{N}(\boldsymbol{\mu}, \boldsymbol{\Lambda})\,, \tag{3.3.17}$$

die Schätzungen $\hat{\boldsymbol{\vartheta}}$ aus Verf. 3.3.1 und $\hat{\boldsymbol{\vartheta}}^*$ aus Verf. 3.3.2 übereinstimmen.

Als eine erste Optimalitätseigenschaft erhalten wir (wegen der benutzten entscheidungstheoretischen Begriffe ›[1.3], ›[2.6] und ›[3.1.2]):

Aussage 3.3.1: Falls (3.3.16) und (3.3.17) gelten und falls eine monotone Verlustfunktion der Form (3.1.25) vorliegt, ist $\hat{\boldsymbol{\vartheta}}^*$ aus (3.3.8) Bayes-Schätzung für $\boldsymbol{\vartheta}$ (›[I/Satz 4.5.1]) •

In (3.1.25) ist als Spezialfall die quadratische Verlustfunktion enthalten (falls nämlich g die identische Abbildung ist). In diesem Fall ergibt sich mit (3.3.16) und (3.3.17) als Bayessches Risiko von $\hat{\vartheta}^*$ (›Bez. 1.3.7)

$$\varrho(P_\varepsilon, P_\theta, \hat{\boldsymbol{\vartheta}}^*) = \operatorname{sp} \boldsymbol{U}[\boldsymbol{F}(V_n)' \boldsymbol{\Sigma}(V_n)^{-1} \boldsymbol{F}(V_n) + \boldsymbol{\Lambda}^{-1}]^{-1}\,, \tag{3.3.18}$$

das durch eine optimale Wahl des Versuchsplanes V_n noch verkleinert werden kann (›[4.2.5]). Im Falle der Schätzung der Wirkungsfläche durch $\hat{\eta}^*(\boldsymbol{x}, \boldsymbol{y}) = \boldsymbol{f}(\boldsymbol{x})' \hat{\boldsymbol{\vartheta}}^*(\boldsymbol{y})$ ergibt sich bei quadratischem Verlust als Bayessches Risiko

$$\varrho(P_\varepsilon, P_\theta, \hat{\eta}^*) = \boldsymbol{f}(\boldsymbol{x})' [\boldsymbol{F}(V_n)' \boldsymbol{\Sigma}(V_n)^{-1} \boldsymbol{F}(V_n) + \boldsymbol{\Lambda}^{-1}]^{-1} \boldsymbol{f}(\boldsymbol{x})\,. \tag{3.3.19}$$

Bemerkung 3.3.1: Falls anstelle von (3.3.16) $P_\varepsilon = \mathrm{N}(\boldsymbol{0}, \sigma^2 \boldsymbol{I}_n)$ mit unbekanntem σ^2 gilt, dann ist $\hat{\boldsymbol{\vartheta}}_s^*$ aus (3.3.11) Bayes-Schätzung für $\boldsymbol{\vartheta}$ bez. Verlust der Form (3.1.25), falls man als a-priori-Verteilung für den Parametervektor $(\boldsymbol{\vartheta}', \sigma^{-2})'$ eine Normalgammaverteilung NG $(\boldsymbol{\mu}, s^{-2}\boldsymbol{\Lambda}, \alpha, s^2)$ festlegen kann (›[I/Satz 4.5.2]).

Da man die Gültigkeit von (3.3.16) und (3.3.17) i. allg. nur schwer überprüfen kann, interessieren vor allem Optimalitätseigenschaften von $\hat{\boldsymbol{\vartheta}}^*$ für den Fall, wo man nur so viel über die Fehler- und a-priori-Verteilung weiß, wie zum *Berechnen* von $\hat{\boldsymbol{\vartheta}}^*$ nötig ist. Falls man also von der Verteilung P_ε nur weiß, daß es eine Verteilung mit $\mathrm{E}\varepsilon = \boldsymbol{0}$ und $\boldsymbol{B}_\varepsilon \leqq \boldsymbol{\Sigma}(V_n)$ ist, d. h. daß

$$P_\varepsilon \in K_1 = \{P_\varepsilon \colon \mathrm{E}\varepsilon = \boldsymbol{0}, \boldsymbol{\Sigma}(V_n) - \boldsymbol{B}_\varepsilon \in \mathcal{M}_n^{\geqq}\} \tag{3.3.20}$$

gilt, und von der a-priori-Verteilung nur Erwartungswert und Kovarianzmatrix kennt, d. h.

$$P_\theta \in K_2 = \{P_\theta \colon \mathrm{E}\boldsymbol{\theta} = \boldsymbol{\mu}, \boldsymbol{B}_\theta = \boldsymbol{\Lambda}\}\,, \tag{3.3.21}$$

dann hat $\hat{\boldsymbol{\vartheta}}^*$ bei quadratischem Verlust eine Minimaxeigenschaft (›[I/Satz 4.5.3]).

Aussage 3.3.2: Falls (3.3.20) und (3.3.21) gelten und falls eine quadratische Verlustfunktion (3.1.12) gewählt wurde, ist $\hat{\boldsymbol{\vartheta}}^*$ Minimaxschätzung in dem Sinne, daß für das Bayessche Risiko jeder anderen Schätzung $\hat{\boldsymbol{\vartheta}}$ gilt:

$$\sup_{P_\varepsilon \in K_1} \sup_{P_\theta \in K_2} \varrho(P_\varepsilon, P_\theta, \hat{\boldsymbol{\vartheta}}^*) \leqq \sup_{P_\varepsilon \in K_1} \sup_{P_\theta \in K_2} \varrho(P_\varepsilon, P_\theta, \hat{\boldsymbol{\vartheta}}) \quad \bullet$$

Die Schätzung $\hat{\boldsymbol{\vartheta}}^*$ ist also zu empfehlen, falls durch die Vorkenntnisse nur $\boldsymbol{\mu}$ und $\boldsymbol{\Lambda}$ spezifiziert werden können, oder wenn bei umfangreicheren Vorkenntnissen als a-priori-Verteilung eine $\mathrm{N}(\boldsymbol{\mu}, \boldsymbol{\Lambda})$-Verteilung oder NG $(\boldsymbol{\mu}, s^{-2}\boldsymbol{\Lambda}, \alpha, s^2)$-Verteilung erhalten wird. Hat man zwar $\mathrm{E}\boldsymbol{\theta} = \boldsymbol{\mu}$ und $\boldsymbol{B}_\theta = \boldsymbol{\Lambda}$, aber sonst eine andere a-priori-Verteilung, so ist besser Verf. 3.3.1 zu verwenden.

Wir wollen noch bemerken, daß der Bayesschen Schätzauffassung ein sequentieller Gedanke innewohnt: Auf einer ersten Stufe dieses sequentiellen Vorgehens wird die in Form einer a-priori-Verteilung vorliegende Zusatzinformation über $\boldsymbol{\vartheta}$ und die auf dieser Stufe gewonnene Stichprobeninformation in der a-posteriori-Verteilung gekoppelt. Aus dieser Verteilung wird eine Bayes-Schätzung für $\boldsymbol{\vartheta}$ berechnet. Falls diese noch nicht gut genug ist, wird in einer weiteren Stufe des Sequentialverfahrens die *a-posteriori-Verteilung als neue a-priori-Verteilung* über Θ verwendet, eine weitere

Stichprobe erhoben und eine neue a-posteriori-Verteilung berechnet. Falls der daraus gewonnene BAYESsche Schätzwert immer noch nicht den Anforderungen genügt, wird eine weitere Stufe dieses sequentiellen Vorgehens durchgeführt, bis letztendlich die Stoppregel über den Abbruch des Verfahrens verfügt (›[2.7]).

Es folgen einige Bemerkungen zur numerischen Berechnung von $\hat{\boldsymbol{\vartheta}}^*$ bzw. $\hat{\boldsymbol{\vartheta}}_C^*$: Die Schätzung $\hat{\boldsymbol{\vartheta}}^*$ aus (3.3.8) kann als Lösung des linearen Gleichungssystems

$$[\boldsymbol{F}(V_n)'\, \boldsymbol{\Sigma}(V_n)^{-1}\, \boldsymbol{F}(V_n) + \boldsymbol{\Lambda}^{-1}]\, \hat{\boldsymbol{\vartheta}}^* = \boldsymbol{F}(V_n)'\, \boldsymbol{\Sigma}(V_n)^{-1}\, \boldsymbol{y} + \boldsymbol{\Lambda}^{-1}\boldsymbol{\mu} \tag{3.3.22}$$

aufgefaßt werden und z. B. mit dem CHOLESKI-Verfahren Verf. 3.1.3 numerisch bestimmt werden. Im praktisch häufig auftretenden Fall

$$\boldsymbol{\Sigma}(V_n) = \operatorname{diag}\left(((\sigma^2(\boldsymbol{x}_1), \dots, \sigma^2(\boldsymbol{x}_n)))\right); \qquad \boldsymbol{\Lambda} = \operatorname{diag}\left(((\lambda_1, \dots, \lambda_r))\right) \tag{3.3.23}$$

ist vorher kein numerisches Verfahren zur Inversion von $\boldsymbol{\Sigma}(V_n)$ und $\boldsymbol{\Lambda}$ nötig. Sollte (3.3.23) nicht erfüllt sein, so ist vor Anwendung von Verf. 3.1.3 eine Invertierung von $\boldsymbol{\Sigma}(V_n)$ und $\boldsymbol{\Lambda}$ z. B. nach Verf. 3.2.7 durchzuführen. Im Falle $\hat{\boldsymbol{\vartheta}}_C^*$ aus (3.3.15) verfährt man sinngemäß.

Mit den Bezeichnungen

$$\tilde{\boldsymbol{F}}(V_n) = \begin{pmatrix} \boldsymbol{F}(V_n) \\ \boldsymbol{I}_r \end{pmatrix}; \qquad \tilde{\boldsymbol{\Sigma}}(V_n) = \begin{pmatrix} \boldsymbol{\Sigma}(V_n) & \boldsymbol{0} \\ \boldsymbol{0} & \boldsymbol{\Lambda} \end{pmatrix}; \qquad \tilde{\boldsymbol{y}} = \begin{pmatrix} \boldsymbol{y} \\ \boldsymbol{\mu} \end{pmatrix}$$

kann man $\hat{\boldsymbol{\vartheta}}^*$ schreiben als

$$\hat{\boldsymbol{\vartheta}}^* = [\tilde{\boldsymbol{F}}(V_n)'\, \tilde{\boldsymbol{\Sigma}}(V_n)^{-1}\, \tilde{\boldsymbol{F}}(V_n)]^{-1}\, \tilde{\boldsymbol{F}}(V_n)'\, \tilde{\boldsymbol{\Sigma}}(V_n)^{-1}\, \tilde{\boldsymbol{y}}\,, \tag{3.3.24}$$

d. h., $\hat{\boldsymbol{\vartheta}}^*$ hat die Struktur einer verallgemeinerten MKQ-Schätzung $\check{\boldsymbol{\vartheta}}_{\tilde{\Sigma}}$ (›(3.2.12)). Daher sind alle in [3.2.4] vorgestellten Verfahren zur Berechnung von $\hat{\boldsymbol{\vartheta}}^*$ anwendbar. Im Falle $\hat{\boldsymbol{\vartheta}}_C^*$ aus (3.3.15) kommt man mit

$$\tilde{\boldsymbol{F}}(V_n) = \begin{pmatrix} \boldsymbol{F}(V_n) \\ \boldsymbol{C} \end{pmatrix}; \qquad \tilde{\boldsymbol{\Sigma}}(V_n) = \begin{pmatrix} \boldsymbol{\Sigma}(V_n) & \boldsymbol{0} \\ \boldsymbol{0} & \boldsymbol{\Lambda}_\beta \end{pmatrix}; \qquad \tilde{\boldsymbol{y}} = \begin{pmatrix} \boldsymbol{y} \\ \boldsymbol{\mu}_\beta \end{pmatrix}$$

ebenfalls zur Darstellung (3.2.24).

3.3.2. Schätzungen für $\boldsymbol{\vartheta}$ unter Berücksichtigung von Vorschätzungen

Die Vorkenntnisse über $\boldsymbol{\vartheta}$ sollen in diesem Abschnitt darin bestehen, daß man vor der aktuellen Stichprobennahme schon eine Schätzung für $\boldsymbol{\vartheta}$ (oder einiger Komponenten von $\boldsymbol{\vartheta}$) vorliegen hat. Die aktuelle Stichprobennahme soll dazu dienen, diese Vorschätzung zu verbessern bzw. zu korrigieren.

Wir gehen wieder von einem wahren linearen Regressionsansatz, d. h. von der Modellvorstellung

$$\mathfrak{Y}(\boldsymbol{x}) = \boldsymbol{f}(\boldsymbol{x})'\, \boldsymbol{\vartheta} + \varepsilon(\boldsymbol{x}); \qquad \mathrm{E}\varepsilon(\boldsymbol{x}) = 0; \qquad \boldsymbol{x} \in B \subseteq \mathrm{R}^k;\ \boldsymbol{\vartheta} \in \mathrm{R}^r; \tag{3.3.25}$$

aus und nehmen an, daß für eine Linearkombination von $\boldsymbol{\vartheta}$,

$$\boldsymbol{\beta} = \boldsymbol{C}\boldsymbol{\vartheta}; \qquad \boldsymbol{C} \in \mathcal{M}_{s\times r}; \qquad s \leqq r; \tag{3.3.26}$$

eine Schätzung $\hat{\boldsymbol{\beta}}$ bereits vorliegt, deren Güte, ausgedrückt durch ihr Streuungsverhalten, genauer durch ihre Kovarianzmatrix $\boldsymbol{B}_{\hat{\beta}}$, bekannt ist. In (3.3.26) ist sowohl der Fall, daß für den ganzen Parametervektor $\boldsymbol{\vartheta}$ eine Vorschätzung vorliegt, enthalten (setze $\boldsymbol{C} = \boldsymbol{I}_r$), als auch der Fall, daß für einige Komponenten von $\boldsymbol{\vartheta}$, z. B. für die ersten s Komponenten von $\boldsymbol{\vartheta}$, Schätzungen vorliegen (setze $\boldsymbol{C} = (\boldsymbol{I}_s \,\vdots\, \boldsymbol{0}_{s\times(r-s)})$).

Falls bei der nun durchzuführenden aktuellen Stichprobennahme für den zufälligen Fehlervektor $\boldsymbol{\varepsilon}(V_n)$

$$\boldsymbol{B}_{\boldsymbol{\varepsilon}(V_n)} = \boldsymbol{\Sigma}(V_n) \tag{3.3.27}$$

gilt, und die Komponenten von $\hat{\boldsymbol{\beta}}$ und $\mathfrak{Y}$ unkorreliert sind, so ist

$$\hat{\boldsymbol{\vartheta}}_{\hat{\beta}}(\boldsymbol{y}) = [\boldsymbol{F}(V_n)'\,\boldsymbol{\Sigma}(V_n)^{-1}\,\boldsymbol{F}(V_n) + \boldsymbol{C}'\boldsymbol{B}_{\hat{\beta}}^{-1}\boldsymbol{C}]^{-1}\,[\boldsymbol{F}(V_n)'\,\boldsymbol{\Sigma}(V_n)^{-1}\,\boldsymbol{y} + \boldsymbol{C}'\boldsymbol{B}_{\hat{\beta}}^{-1}\hat{\boldsymbol{\beta}}] \tag{3.3.28}$$

eine Schätzung für $\boldsymbol{\vartheta}$, die die aktuelle Beobachtung $\boldsymbol{y}$ und die Vorschätzung $\hat{\boldsymbol{\beta}}$ in geeigneter Weise koppelt.

VERFAHREN 3.3.4 (Schätzung von $\boldsymbol{\vartheta}$ mit Vorschätzung):

1. **Gegebene Größen:** a) Wahrer Regressionsansatz $\tilde{S}$ mit

$$\tilde{\eta}(\boldsymbol{x}, \boldsymbol{\vartheta}) = \boldsymbol{f}(\boldsymbol{x})'\,\boldsymbol{\vartheta}; \qquad \boldsymbol{x} \in B \subseteq \mathrm{R}^k;\ \boldsymbol{\vartheta} \in \mathrm{R}^r.$$

b) Versuchsplan und -ergebnisse: $V_n = (\boldsymbol{x}_1, \dots, \boldsymbol{x}_n)$, $\boldsymbol{y} = (y_1, \dots, y_n)'$.

c) $\boldsymbol{B}_{\boldsymbol{\varepsilon}(V_n)} = \boldsymbol{\Sigma}(V_n)$.

d) Vorschätzung $\hat{\boldsymbol{\beta}}$ für $\boldsymbol{\beta} = \boldsymbol{C}\boldsymbol{\vartheta}$; $\boldsymbol{C} \in \mathcal{M}_{s\times r}$; mit bekannter Kovarianzmatrix $\boldsymbol{B}_{\hat{\beta}}$.

2. **Aufgabe:** Schätze $\boldsymbol{\vartheta}$ bzw. $\tilde{\eta}(\boldsymbol{x}, \boldsymbol{\vartheta})$ unter Beachtung von 1.d).

3. **Bezeichnung:** $\boldsymbol{F}(V_n) = (\boldsymbol{f}(\boldsymbol{x}_1), \dots, \boldsymbol{f}(\boldsymbol{x}_n))'$.

4. **Voraussetzungen:** $\operatorname{Rg} \boldsymbol{F}(V_n) = r$; $\operatorname{Rg} \boldsymbol{\Sigma}(V_n) = n$; $\operatorname{Rg} \boldsymbol{B}_{\hat{\beta}} = s$.

5. **Lösung:**

$$\hat{\boldsymbol{\vartheta}}_{\hat{\beta}}(\boldsymbol{y}) = [\boldsymbol{F}(V_n)'\,\boldsymbol{\Sigma}(V_n)^{-1}\,\boldsymbol{F}(V_n) + \boldsymbol{C}'\boldsymbol{B}_{\hat{\beta}}^{-1}\boldsymbol{C}]^{-1}\,[\boldsymbol{F}(V_n)'\,\boldsymbol{\Sigma}(V_n)^{-1}\,\boldsymbol{y} + \boldsymbol{C}'\boldsymbol{B}_{\hat{\beta}}^{-1}\hat{\boldsymbol{\beta}}],$$

$$\hat{\eta}_{\hat{\beta}}(\boldsymbol{x}, \boldsymbol{y}) = \boldsymbol{f}(\boldsymbol{x})'\,\hat{\boldsymbol{\vartheta}}_{\hat{\beta}}(\boldsymbol{y}) \bullet$$

Beispiel 3.3.4 (›Bsp. 3.1.1, Bsp. 3.3.2, Bsp. 3.3.3):

1. a) $\tilde{\eta}(\boldsymbol{x}, \boldsymbol{\vartheta}) = \vartheta_0 + \vartheta_1 x_1 + \vartheta_2 x_2$; $\boldsymbol{x} = (x_1, x_2)' \in \mathrm{R}^2$; $\boldsymbol{\vartheta} = (\vartheta_0, \vartheta_1, \vartheta_2)' \in \mathrm{R}^3$.

b) $V_4 = \left(\begin{pmatrix}1\\1\end{pmatrix}, \begin{pmatrix}1\\0\end{pmatrix}, \begin{pmatrix}0\\1\end{pmatrix}, \begin{pmatrix}0\\0\end{pmatrix}\right)$; $\quad \boldsymbol{y} = (1, -1, 3, 4)'$.

c) $\boldsymbol{\Sigma}(V_4) = \boldsymbol{I}_4$.

d) $\beta = \vartheta_0 + \vartheta_1$; d. h. $\boldsymbol{C} = (1, 1, 0)$, $\hat{\beta} = 0$; $\boldsymbol{B}_{\hat{\beta}} = \mathrm{D}^2\hat{\beta} = 1$.

3. $$\boldsymbol{F} = \begin{pmatrix}1 & 1 & 1\\ 1 & 1 & 0\\ 1 & 0 & 1\\ 1 & 0 & 0\end{pmatrix}.$$

5. $$\boldsymbol{F}'\boldsymbol{F} = \begin{pmatrix}4 & 2 & 2\\ 2 & 2 & 1\\ 2 & 1 & 2\end{pmatrix}; \quad \boldsymbol{C}'\boldsymbol{B}_{\hat{\beta}}^{-1}\boldsymbol{C} = \begin{pmatrix}1 & 1 & 0\\ 1 & 1 & 0\\ 0 & 0 & 0\end{pmatrix};$$

$$[\boldsymbol{F}'\boldsymbol{F} + \boldsymbol{C}'\boldsymbol{B}_{\hat{\beta}}^{-1}\boldsymbol{C}]^{-1} = \begin{pmatrix}5 & 3 & 2\\ 3 & 3 & 1\\ 2 & 1 & 2\end{pmatrix}^{-1} = \frac{1}{7}\begin{pmatrix}5 & -4 & -3\\ -4 & 6 & 1\\ -3 & 1 & 6\end{pmatrix};$$

$$\boldsymbol{F}'\boldsymbol{y} + \boldsymbol{C}'\boldsymbol{B}_{\hat{\beta}}^{-1}\hat{\beta} = \boldsymbol{F}'\boldsymbol{y} = (7, 0, 4)'; \ \hat{\boldsymbol{\vartheta}}_{\hat{\beta}} = (\tfrac{23}{7}; -\tfrac{24}{7}; \tfrac{3}{7}) = (3{,}286; -3{,}429; 0{,}429)'.$$

Eine wichtige Voraussetzung für die Optimalität der Schätzung $\hat{\boldsymbol{\vartheta}}_{\hat{\beta}}$ ist die Erwartungstreue der Vorschätzung:

Aussage 3.3.3: Falls (3.3.27) gilt, die Vorschätzung $\hat{\boldsymbol{\beta}}$ erwartungstreu und unkorreliert mit dem Beobachtungsvektor $\mathfrak{Y}(V_n)$ ist und eine quadratische Verlustfunktion (3.1.12) zugrundeliegt, ist $\hat{\boldsymbol{\vartheta}}_{\hat{\beta}}$ gleichmäßig beste Schätzung für $\boldsymbol{\vartheta}$ unter allen erwartungstreuen Schätzungen $\hat{\boldsymbol{\vartheta}}$, die lineare Funktionen von $\boldsymbol{y}$ und $\hat{\boldsymbol{\beta}}$ sind, d. h. die die Form

$$\hat{\boldsymbol{\vartheta}} = \boldsymbol{A}_1\boldsymbol{y} + \boldsymbol{A}_2\hat{\boldsymbol{\beta}}; \qquad \boldsymbol{A}_1 \in \mathcal{M}_{r\times n}, \boldsymbol{A}_2 \in \mathcal{M}_{r\times s};$$

haben (›[I/Satz 4.4.5]) ●

Wir bemerken sofort, daß $\hat{\boldsymbol{\vartheta}}_{\hat{\beta}}$ eine Struktur wie die Schätzung $\hat{\boldsymbol{\vartheta}}^*_C$ aus (3.3.15) hat. Dies ist verständlich, denn die in diesem Abschnitt vertretene Auffassung, daß $\hat{\boldsymbol{\beta}}$ erwartungstreue Vorschätzung für $\boldsymbol{\beta}$ ist, ist nur formal (aber kaum inhaltlich) verschieden von der Bayesschen Auffassung, bei der der Vorschätzwert $\hat{\boldsymbol{\beta}}$ dann sinnvollerweise als a-priori-Erwartungswert $\boldsymbol{\mu}_\beta$ für $\boldsymbol{\beta}$ verwendet wird. Wir müssen jedoch betonen, daß man beim Bayesschen Vorgehen in [3.3.1] zur Kenntnis von a-priori-Erwartungswert $\boldsymbol{\mu}_\beta$ und a-priori-Kovarianzmatrix $\boldsymbol{\Lambda}_\beta$ *nicht nur* durch Vorschätzungen gelangen kann. Z. B. können (subjektive) Expertenmeinungen auch zur Festlegung eines $\boldsymbol{\mu}_\beta$ und $\boldsymbol{\Lambda}_\beta$ führen. Insofern ist das Bayessche Vorgehen allgemeiner als das hier beschriebene.

Auf Grund der Analogie zwischen $\hat{\boldsymbol{\vartheta}}_{\hat{\beta}}$ und $\hat{\boldsymbol{\vartheta}}^*_C$ aus (3.3.15) gestaltet sich die numerische Berechnung wie bei $\hat{\boldsymbol{\vartheta}}^*_C$.

Wir wollen noch auf den Spezialfall eingehen, daß eine Vorschätzung $\hat{\boldsymbol{\vartheta}}$ des gesamten Parametervektors $\boldsymbol{\vartheta}$ vorliegt, die bereits unter der gleichen Modellvorstellung (3.3.25) gewonnen wurde, wie sie auch der aktuellen Stichprobennahme zugrundeliegt. Insbesondere wollen wir annehmen, daß $\hat{\boldsymbol{\vartheta}}$ die MKQ-Schätzung für $\boldsymbol{\vartheta}$ ist, die auf der Grundlage früherer Messungen in $\boldsymbol{x}_1, \dots, \boldsymbol{x}_n$ berechnet wurde. Mit

$$V_n = (\boldsymbol{x}_1, \dots, \boldsymbol{x}_n); \qquad \boldsymbol{F}(V_n) = \big(\boldsymbol{f}(\boldsymbol{x}_1, \dots, \boldsymbol{f}(\boldsymbol{x}_n)\big)';$$
$$\boldsymbol{y}(V_n) = (y_1, \dots, y_n)'; \qquad \boldsymbol{\varepsilon}(V_n) = \big(\varepsilon(\boldsymbol{x}_1), \dots, \varepsilon(\boldsymbol{x}_n)\big)'$$

ergibt sich unter der Voraussetzung $\boldsymbol{B}_\varepsilon(V_n) = \sigma^2\boldsymbol{I}_n$ dann als Vorschätzung $\check{\boldsymbol{\vartheta}}\big(\boldsymbol{y}(V_n)\big) = \big(\boldsymbol{F}(V_n)'\boldsymbol{F}(V_n)\big)^{-1}\boldsymbol{F}(V_n)'\boldsymbol{y}(V_n)$ mit der Kovarianzmatrix $\boldsymbol{B}_{\check{\vartheta}}(V_n) = \sigma^2\big(\boldsymbol{F}(V_n)'\boldsymbol{F}(V_n)\big)^{-1}$. Die aktuelle Stichprobe $\boldsymbol{y}(V_m) = (y_{n+1}, \dots, y_{n+m})'$ werde auf der Grundlage des Versuchsplanes $V_m = (\boldsymbol{x}_{n+1}, \dots, \boldsymbol{x}_{n+m})$ gewonnen, und für $\boldsymbol{\varepsilon}(V_m) = \big(\varepsilon(\boldsymbol{x}_{n+1}), \dots, \varepsilon(\boldsymbol{x}_{n+m})\big)'$ gelte $\boldsymbol{B}_\varepsilon(V_m) = \sigma^2\boldsymbol{I}_m$. Außerdem seien die Komponenten von $\mathfrak{Y}(V_n)$ und $\mathfrak{Y}(V_m)$ unkorreliert. Dann erhält man als Spezialfall aus (3.3.28)

$$\hat{\boldsymbol{\vartheta}}_{\check{\vartheta}(V_n)} = [\boldsymbol{F}(V_m)'\boldsymbol{F}(V_m) + \boldsymbol{F}(V_n)'\boldsymbol{F}(V_n)]^{-1}[\boldsymbol{F}(V_m)'\boldsymbol{y}(V_m) + \boldsymbol{F}(V_n)'\boldsymbol{y}(V_n)]. \tag{3.3.29}$$

Addiert man die Versuchspläne V_n und V_m zu $V_{n+m} = (\boldsymbol{x}_1, \dots, \boldsymbol{x}_n, \boldsymbol{x}_{n+1}, \dots, \boldsymbol{x}_{n+m})$ (›Bez. 2.5.5), so ergibt sich

$$\boldsymbol{F}(V_{n+m}) = \begin{pmatrix}\boldsymbol{F}(V_n)\\ \cdots\cdots \\ \boldsymbol{F}(V_m)\end{pmatrix}; \qquad \boldsymbol{y}(V_{n+m}) = \begin{pmatrix}\boldsymbol{y}(V_n)\\ \cdots\cdots \\ \boldsymbol{y}(V_m)\end{pmatrix},$$

und für (3.3.29) erhält man die Darstellung

$$\hat{\boldsymbol{\vartheta}}_{\check{\vartheta}(V_n)} = \big(\boldsymbol{F}(V_{n+m})'\boldsymbol{F}(V_{n+m})\big)^{-1}\boldsymbol{F}(V_{n+m})'\boldsymbol{y}(V_{n+m}) = \check{\boldsymbol{\vartheta}}\big(\boldsymbol{y}(V_{n+m})\big), \tag{3.3.30}$$

d. h. die (klassische) MKQ-Schätzung bez. des Gesamtversuchsplanes V_{n+m}. Liegt also für das Modell (3.3.25) eine MKQ-Vorschätzung bez. des Planes V_n und eine aktuelle Stichprobe bez. des Planes V_m vor, so werden diese beiden Informationen in der Schätzung (3.3.28) so gekoppelt, daß gerade die MKQ-Schätzung bez. des Gesamtplanes V_{n+m} entsteht. Die Schätzung $\check{\boldsymbol{\vartheta}}(\boldsymbol{y}(V_{n+m}))$ aus (3.3.30) kann nun, ausgehend von $\check{\boldsymbol{\vartheta}}(\boldsymbol{y}(V_n))$, wie bei der rekursiven MKQ-Schätzung berechnet werden (›Verf. 3.1.10). Die rekursive MKQ-Schätzung (3.1.59) kann also als ein Spezialfall von $\hat{\boldsymbol{\vartheta}}_{\hat{\beta}}$ aus (3.3.28), nämlich für $\hat{\boldsymbol{\beta}} = \check{\boldsymbol{\vartheta}}(\boldsymbol{y}(V_n))$, betrachtet werden.

3.3.3. Lineare Restriktionen an $\boldsymbol{\vartheta}$

Ausgangspunkt ist das auf Grund der Gültigkeit von Vor. 3.1.1 (wahrer linearer Ansatz) beim Vorliegen des Versuchsplanes V_n entstehende Modell

$$\mathfrak{Y}(V_n) = \boldsymbol{F}(V_n)\,\boldsymbol{\vartheta} + \boldsymbol{\varepsilon}(V_n); \qquad \mathrm{E}\boldsymbol{\varepsilon}(V_n) = \boldsymbol{0}; \qquad \boldsymbol{\vartheta} \in \mathrm{R}^r. \tag{3.3.31}$$

In diesem Abschnitt sollen die Vorkenntnisse über $\boldsymbol{\vartheta}$ darin bestehen, daß man weiß, daß $\boldsymbol{\vartheta}$ eine lineare Nebenbedingung erfüllt. Wir wollen die lineare Nebenbedingung an $\boldsymbol{\vartheta}$ ausdrücken durch

$$\boldsymbol{K\vartheta} = \boldsymbol{l}; \qquad \boldsymbol{K} \in \mathcal{M}^{(s)}_{s\times r}; \qquad s \leqq r; \tag{3.3.32}$$

und zunächst einige Beispiele angeben:

Beispiel 3.3.5: Man habe die Zusatzinformation, daß die Summe aller Komponenten von $\boldsymbol{\vartheta}$ bekannt ist, z. B. $\sum_{i=1}^{r} \vartheta_i = c$. Mit $\boldsymbol{K} = (1, 1, \dots, 1) \in \mathcal{M}_{1\times r}$ und $\boldsymbol{l} = c$ kann diese Nebenbedingung in der Gestalt (3.3.32) geschrieben werden.

Beispiel 3.3.6: Die Vorkenntnisse über $\boldsymbol{\vartheta}$ bestehen darin, daß das Verhältnis der Komponente ϑ_i zur Komponente ϑ_k bekannt ist. Mit $i < k$ sei z. B. $\vartheta_i/\vartheta_k = q$. Mit

$$\boldsymbol{K} = (0, \dots, 0, \underset{i}{1}, 0, \dots, 0, \underset{k}{-q}, 0, \dots, 0) \in \mathcal{M}_{1\times r}$$

und $\boldsymbol{l} = 0$ ist auch diese Nebenbedingung von der Form (3.3.32).

Wir wollen bemerken, daß in (3.3.32) i. allg. s wesentlich kleiner als r sein wird (in den Beispielen ist $s = 1$). Je größer s ist, desto mehr wird $\boldsymbol{\vartheta}$ bereits durch die Vorkenntnisse bestimmt. Im Extremfall $s = r$ ist der Parametervektor $\boldsymbol{\vartheta}$ bereits eindeutig (als Lösung des linearen Gleichungssystems (3.3.32)) bestimmt.

Eine Schätzung für $\boldsymbol{\vartheta}$, die sowohl Vorkenntnisse der Art (3.3.32) als auch die aktuelle Stichprobeninformation $\boldsymbol{y}$ im Modell (3.3.31) ausnutzt, ist durch

$$\hat{\boldsymbol{\vartheta}}_{\boldsymbol{K}} = \check{\boldsymbol{\vartheta}} + (\boldsymbol{F}'\boldsymbol{F})^{-1}\,\boldsymbol{K}'[\boldsymbol{K}(\boldsymbol{F}'\boldsymbol{F})^{-1}\,\boldsymbol{K}']^{-1}\,(\boldsymbol{l} - \boldsymbol{K}\check{\boldsymbol{\vartheta}}) \tag{3.3.33}$$

gegeben. Dabei ist $\check{\boldsymbol{\vartheta}}$ die klassische MKQ-Schätzung aus Verf. 3.1.1. Die Schätzung $\hat{\boldsymbol{\vartheta}}_{\boldsymbol{K}}$ unterscheidet sich umso mehr von $\check{\boldsymbol{\vartheta}}$, je weniger $\check{\boldsymbol{\vartheta}}$ die Nebenbedingungen erfüllt, d. h. je größer die Komponenten von $(\boldsymbol{l} - \boldsymbol{K}\check{\boldsymbol{\vartheta}})$ sind. Sie ergibt sich als Lösung der klassischen MKQ-Aufgabe (3.1.7) unter der Nebenbedingung (3.3.32).

VERFAHREN 3.3.5 (MKQ bei linearen Restriktionen):

1. **Gegebene Größen:** a) Wahrer Regressionsansatz $\tilde{S}$ mit

$$\tilde{\eta}(\boldsymbol{x}, \boldsymbol{\vartheta}) = \boldsymbol{f}(\boldsymbol{x})'\,\boldsymbol{\vartheta}; \qquad \boldsymbol{x} \in B \subseteq \mathrm{R}^k; \boldsymbol{\vartheta} \in \mathrm{R}^r.$$

b) Versuchsplan und -ergebnisse: $V_n = (\boldsymbol{x}_1, \dots, \boldsymbol{x}_n), \boldsymbol{y} = (y_1, \dots, y_n)'$.
c) Lineare Restriktionen $\boldsymbol{K\vartheta} = \boldsymbol{l}$; $\boldsymbol{K} \in \mathcal{M}^{(s)}_{s\times r}$.

2. **Aufgabe:** Schätze $\boldsymbol{\vartheta}$ bzw. $\tilde{\eta}(\boldsymbol{x}, \boldsymbol{\vartheta})$ unter Beachtung von 1.c).

3. **Bezeichnung:** $\boldsymbol{F}(V_n) = (\boldsymbol{f}(\boldsymbol{x}_1), \dots, \boldsymbol{f}(\boldsymbol{x}_n))' =: \boldsymbol{F}$.

4. **Voraussetzungen:** $\operatorname{Rg} \boldsymbol{F} = r$; $\boldsymbol{B}_{\boldsymbol{e}(V_n)} = \sigma^2 \boldsymbol{I}_n$; $s \leqq r$.

5. **Lösung:** $\hat{\boldsymbol{\vartheta}}_K(\boldsymbol{y}) = \check{\boldsymbol{\vartheta}}(\boldsymbol{y}) + (\boldsymbol{F}'\boldsymbol{F})^{-1} \boldsymbol{K}'[\boldsymbol{K}(\boldsymbol{F}'\boldsymbol{F})^{-1}\boldsymbol{K}']^{-1} (\boldsymbol{l} - \boldsymbol{K}\check{\boldsymbol{\vartheta}}(\boldsymbol{y}))$ mit
$\check{\boldsymbol{\vartheta}}(\boldsymbol{y}) = (\boldsymbol{F}'\boldsymbol{F})^{-1} \boldsymbol{F}'\boldsymbol{y}$; $\eta_K(\boldsymbol{x}, \boldsymbol{y}) = \boldsymbol{f}(\boldsymbol{x})' \hat{\boldsymbol{\vartheta}}_K(\boldsymbol{y})$ ●

Beispiel 3.3.7 (↗Bsp. 3.1.1):

1. a) $\tilde{\eta}(\boldsymbol{x}, \boldsymbol{\vartheta}) = \vartheta_0 + \vartheta_1 x_1 + \vartheta_2 x_2$; $\boldsymbol{x} = (x_1, x_2)' \in \mathrm{R}^2$; $\boldsymbol{\vartheta} = (\vartheta_0, \vartheta_1, \vartheta_2)' \in \mathrm{R}^3$.

b) $V_4 = \left(\begin{pmatrix}1\\1\end{pmatrix}, \begin{pmatrix}1\\0\end{pmatrix}, \begin{pmatrix}0\\1\end{pmatrix}, \begin{pmatrix}0\\0\end{pmatrix}\right)$; $\boldsymbol{y} = (1, -1, 3, 4)'$.

c) $\vartheta_0 + \vartheta_1 + \vartheta_2 = 0$, d. h. $\boldsymbol{K\vartheta} = \boldsymbol{l}$ mit $\boldsymbol{K} = (1, 1, 1)$, $\boldsymbol{l} = 0$.

3. $\boldsymbol{F} = \begin{pmatrix}1 & 1 & 1\\1 & 1 & 0\\1 & 0 & 1\\1 & 0 & 0\end{pmatrix}$.

5. $\check{\boldsymbol{\vartheta}} = (\frac{13}{4}; -\frac{7}{2}; \frac{1}{2})$

$$(\boldsymbol{F}'\boldsymbol{F})^{-1} = \begin{pmatrix}4 & 2 & 2\\2 & 2 & 1\\2 & 1 & 2\end{pmatrix}^{-1} = \frac{1}{4}\begin{pmatrix}3 & -2 & -2\\-2 & 4 & 0\\-2 & 0 & 4\end{pmatrix};$$

$$(\boldsymbol{F}'\boldsymbol{F})^{-1}\boldsymbol{K}' = (-\tfrac{1}{4}, \tfrac{1}{2}, \tfrac{1}{2})' = \tfrac{1}{4}(-1, 2, 2)'; \quad [\boldsymbol{K}(\boldsymbol{F}'\boldsymbol{F})^{-1}\boldsymbol{K}']^{-1} = \tfrac{4}{3}; \; \boldsymbol{K}\check{\boldsymbol{\vartheta}} = \tfrac{1}{4};$$

$$\hat{\boldsymbol{\vartheta}}_K = \frac{1}{4}\begin{pmatrix}13\\-14\\2\end{pmatrix} - \frac{1}{3}\cdot\frac{1}{4}\begin{pmatrix}-1\\2\\2\end{pmatrix} = \frac{1}{3}\begin{pmatrix}10\\-11\\1\end{pmatrix} = \begin{pmatrix}3{,}33\\-3{,}67\\0{,}33\end{pmatrix}.$$

Die Schätzwerte von (3.3.33) erfüllen stets die Nebenbedingung (3.3.32), d. h., auch wenn die Stichprobeninformation $\boldsymbol{y}$ (zufällig) der Vorinformation widerspricht, gilt $\boldsymbol{K}\hat{\boldsymbol{\vartheta}}_K = \boldsymbol{l}$. Solange der unbekannte Parametervektor $\boldsymbol{\vartheta}$ die Nebenbedingung tatsächlich erfüllt, ist diese Eigenschaft sehr wünschenswert und die Optimalitätseigenschaften von $\hat{\boldsymbol{\vartheta}}_K$ sind völlig analog zu den Optimalitätseigenschaften der MKQ-Schätzung $\check{\boldsymbol{\vartheta}}$, die in [3.1.2] angegeben worden sind.

Die Kovarianzmatrix von $\hat{\boldsymbol{\vartheta}}_K$ ergibt sich im Falle $\boldsymbol{B}_{\boldsymbol{e}} = \sigma^2 \boldsymbol{I}_n$ zu

$$\begin{aligned}\boldsymbol{B}_{\hat{\boldsymbol{\vartheta}}_K} &= \boldsymbol{B}_{\check{\boldsymbol{\vartheta}}} - \sigma^2(\boldsymbol{F}'\boldsymbol{F})^{-1}\boldsymbol{K}'[\boldsymbol{K}(\boldsymbol{F}'\boldsymbol{F})^{-1}\boldsymbol{K}']^{-1}\boldsymbol{K}(\boldsymbol{F}'\boldsymbol{F})^{-1}\\ &= [\boldsymbol{I}_r - \boldsymbol{K}^-\boldsymbol{K}]\,\boldsymbol{B}_{\check{\boldsymbol{\vartheta}}}; \qquad \boldsymbol{K}^- = (\boldsymbol{F}'\boldsymbol{F})^{-1}\boldsymbol{K}'[\boldsymbol{K}(\boldsymbol{F}'\boldsymbol{F})^{-1}\boldsymbol{K}']^{-1}.\end{aligned} \tag{3.3.34}$$

Es gilt $\boldsymbol{B}_{\check{\boldsymbol{\vartheta}}} - \boldsymbol{B}_{\hat{\boldsymbol{\vartheta}}_K} \in \mathcal{M}_r^{\geqq}$, d. h., die Zusatzinformation $\boldsymbol{K\vartheta} = \boldsymbol{l}$ führt zu einer (im Sinne der positiven Definitheit) kleineren Kovarianzmatrix, als bei der klassischen MKQ-Schätzung $\check{\boldsymbol{\vartheta}}$. In diesem Sinne ist $\hat{\boldsymbol{\vartheta}}_K$ besser als $\check{\boldsymbol{\vartheta}}$.

Falls jedoch die Nebenbedingung (3.3.32) nicht mit Sicherheit erfüllt ist, sondern nur einer Vermutung oder Hypothese entspricht (die eventuell durch Vorversuche in anderen Zusammenhängen entstanden ist), dann hat $\hat{\boldsymbol{\vartheta}}_K$ schlechtere Eigenschaften und ist z. B. für solche $\boldsymbol{\vartheta}$, die (3.3.32) verletzen, nicht erwartungstreu.

Wir gehen noch auf die numerische Bestimmung von $\hat{\boldsymbol{\vartheta}}_K$ ein. Wir erwähnten bereits, daß $\hat{\boldsymbol{\vartheta}}_K$ Lösung der klassischen MKQ-Aufgabe (3.1.7) unter der Nebenbedingung

$K\vartheta = l$ ist. Man geht nun so vor, daß man mit Hilfe der Nebenbedingung $K\vartheta = l$ einen Teil des unbekannten Parametervektors ϑ eliminiert und für den verbleibenden Teil ein nichtrestriktives MKQ-Problem löst. Dazu zerlegen wir die Matrizen K und F sowie ϑ gemäß

$$\left.\begin{array}{lll} K = (K_1 \vdots K_2); & K_1 \in \mathcal{M}_s^{(s)}; & K_2 \in \mathcal{M}_{s\times(r-s)}; \\ F = (F_1 \vdots F_2); & F_1 \in \mathcal{M}_{n\times s}; & F_2 \in \mathcal{M}_{n\times(r-s)}; \\ \vartheta = (\vartheta_1', \vartheta_2')'; & \vartheta_1 \in \mathrm{R}^s; & \vartheta_2 \in \mathrm{R}^{r-s}. \end{array}\right\} \tag{3.3.35}$$

Wir betonen, daß K_1 eine reguläre Matrix sein muß. Es ist gegebenenfalls eine Umnumerierung der Komponenten ϑ_i; $i = 1, \dots, r$; nötig, um K in der Form $K = (K_1 \vdots K_2)$ mit regulärem K_1 schreiben zu können. Die Nebenbedingung $K\vartheta = l$ kann nun eindeutig nach ϑ_1 aufgelöst werden:

$$\vartheta_1 = K_1^{-1}(l - K_2\vartheta_2)\,. \tag{3.3.36}$$

Setzt man die so umgeformte Nebenbedingung in die zu lösende MKQ-Aufgabe ein, dann erhält man mit

$$\begin{aligned}&(y - F\vartheta)'\,(y - F\vartheta)\\ &= (y - F_1K_1^{-1}l + F_1K_1^{-1}K_2\vartheta_2 - F_2\vartheta_2)'\,(y - F_1K_1^{-1}l + F_1K_1^{-1}K_2\vartheta_2 - F_2\vartheta_2)\end{aligned}$$

und mit $\tilde{y} = y - F_1K_1^{-1}l$; $\tilde{F}_2 = F_2 - F_1K_1^{-1}K_2$ das nichtrestriktive MKQ-Problem

$$(\tilde{y} - \tilde{F}_2\vartheta_2)'\,(\tilde{y} - \tilde{F}_2\vartheta_2) \overset{!}{=} \inf_{\vartheta_2 \in \mathrm{R}^{r-s}}\,. \tag{3.3.37}$$

Die numerischen Verfahren zur Berechnung von $\hat{\vartheta}_K$ gehen nun i. allg. so vor, daß sie K_1 invertieren, $\tilde{y}$ und $\tilde{F}_2$ berechnen, das MKQ-Problem (3.3.37) lösen und mit Hilfe dieser Lösung $\check{\vartheta}_2$ gemäß (3.3.36) eine Schätzung für ϑ_1,

$$\check{\vartheta}_1 = K_1^{-1}(l - F_2\check{\vartheta}_2)\,,$$

bestimmen. Mit $\hat{\vartheta}_K = (\check{\vartheta}_1', \check{\vartheta}_2')'$ ist dann die Lösung des Ausgangsproblems gegeben.

Wir geben hier ein Verfahren von Björk/Golub [1] an, das im wesentlichen mit Householder-Transformationen der Matrizen K_1 und $\tilde{F}_2$ arbeitet (s. auch Späth [2]).

VERFAHREN 3.3.6 (MKQ bei linearen Restriktionen mit Householder-Transformation):

1. **Gegebene Größen:** $F \in \mathcal{M}_{n\times r}$, $K \in \mathcal{M}_{s\times r}$, $y \in \mathrm{R}^n$, $l \in \mathrm{R}^s$.

2. **Aufgabe:** Lösung von $(y - F\vartheta)'\,(y - F\vartheta) \overset{!}{=} \inf_{\vartheta \in \mathrm{R}^r}$ unter der Nebenbedingung $K\vartheta = l$.

3. **Bezeichnungen:** $K = (K_1 \vdots K_2)$; $K_1 \in \mathcal{M}_s$, $K_2 \in \mathcal{M}_{s\times(r-s)}$; $F = (F_1 \vdots F_2)$; $F_1 \in \mathcal{M}_{n\times s}$, $F_2 \in \mathcal{M}_{n\times(r-s)}$.

4. **Voraussetzungen:** $r \leqq n$; $\mathrm{Rg}\, F = r$; $s \leqq r$; $\mathrm{Rg}\, K = s$; $\mathrm{Rg}\, K_1 = s$.

5. **Lösung:** a) Householder-Transformation von $(K_1 \vdots l, K_2)$ in $(\tilde{K}_1 \vdots \tilde{l}, \tilde{K}_2)$ mit Verf. 3.1.4 gemäß Bem. 3.1.4 ($\tilde{K}_1$ ist also eine obere Dreiecksmatrix der Ordnung s).

b) Löse das lineare (Dreiecks-) Gleichungssystem $\tilde{F}_1\tilde{K}_1 = F_1$ nach $\tilde{F}_1$ auf.

c) Berechne $\tilde{F}_2 = F_2 - \tilde{F}_1\tilde{K}_2$; $\tilde{y} = y - \tilde{F}_1\tilde{l}$.

d) HOUSEHOLDER-Transformation von $(\tilde{F}_2 \vdots \tilde{y})$ in $(\dot{F}_2 \vdots \dot{y})$ mit Verf. 3.1.4.

e) Löse das lineare (Dreiecks-) Gleichungssystem

$$\begin{pmatrix} \tilde{K}_1 & \tilde{K}_2 \\ 0 & \dot{F}_2 \end{pmatrix} \hat{\vartheta}_K = \begin{pmatrix} \tilde{l} \\ \dot{y} \end{pmatrix} \bullet$$

3.3.4. Ungleichungen als Restriktionen an ϑ

Es liege wieder ein linearer wahrer Regressionsansatz vor, d. h., es gelte die Beziehung

$$\mathfrak{Y}(x) = f(x)'\,\vartheta + \varepsilon(x); \qquad E\varepsilon(x) = 0; \qquad x \in B \subseteq \mathrm{R}^k;\ \vartheta \in \mathrm{R}^r.$$

MKQ *unter Ungleichungsrestriktionen*

Wir betrachten zunächst den praktisch wichtigen Fall, daß von vornherein eine obere Schranke $\vartheta^{(0)}$ und eine untere Schranke $\vartheta^{(u)}$ bekannt sind, die der unbekannte Parametervektor ϑ nicht über- bzw. unterschreitet (›[2.2.2]). Wir drücken diese Vorkenntnis durch

$$\vartheta_i^{(u)} \leqq \vartheta_i \leqq \vartheta_i^{(0)}; \quad i = 1, \ldots, r; \quad (\text{symbolisch: } \vartheta^{(u)} \leqq \vartheta \leqq \vartheta^{(0)}) \quad (3.3.38)$$

aus. Als Schätzung für ϑ kann man dann die Lösung $\hat{\vartheta}_u$ der klassischen MKQ-Aufgabe unter der Nebenbedingung (3.3.38) verwenden.

VERFAHREN 3.3.7 (MKQ bei Ungleichungsrestriktionen):

1. **Gegebene Größen:** a) Wahrer Regressionsansatz $\tilde{S}$ mit

$$\tilde{\eta}(x, \vartheta) = f(x)'\,\vartheta; \qquad x \in B \subseteq \mathrm{R}^k;\ \vartheta \in \mathrm{R}^r.$$

b) Versuchsplan und -ergebnisse: $V_n = (x_1, \ldots, x_n)$, $y = (y_1, \ldots, y_n)'$.

c) Vorkenntnisse: $\vartheta^{(u)} \leqq \vartheta \leqq \vartheta^{(0)}$.

2. **Aufgabe:** Schätze ϑ nach der MKQ unter der Nebenbedingung $\vartheta^{(u)} \leqq \vartheta \leqq \vartheta^{(0)}$.

3. **Bezeichnung:** $F(V_n) = \big(f(x_1), \ldots, f(x_n)\big)' =: F$.

4. **Voraussetzung:** $n \geqq r$.

5. **Lösung:** Bestimme $\hat{\vartheta}_u$ als Lösung von

$$(y - F\vartheta)'\,(y - F\vartheta) \stackrel{!}{=} \inf_{\vartheta^{(u)} \leqq \vartheta \leqq \vartheta^{(0)}} \bullet$$

Beispiel 3.3.8 (›Bsp. 3.1.2):

1. a) $\tilde{\eta}(x, \vartheta) = \vartheta_0 + \vartheta_1 x$, $x \in [0, 6] = B \subset \mathrm{R}^1$; $\vartheta = (\vartheta_0, \vartheta_1)' \in \mathrm{R}^2$.

b) $V_{10} = (3; 5; 2; 1; 4{,}5; 5{,}5; 6; 3{,}5; 4; 2{,}5)$,

$y = (14; 16{,}5; 14; 10; 16; 20; 22; 15; 16{,}5; 12)'$.

c) $5 \leqq \vartheta_0 \leqq 7$; $1 \leqq \vartheta_1 \leqq 2$, d. h. $\vartheta^{(u)} = (5, 1)'$, $\vartheta^{(0)} = (7, 2)'$.

3. $F = \begin{pmatrix} 1 & 1 & 1 & 1 & 1 & 1 & 1 & 1 & 1 & 1 \\ 3 & 5 & 2 & 1 & 4{,}5 & 5{,}5 & 6 & 3{,}5 & 4 & 2{,}5 \end{pmatrix}'$.

5. (Graphische Lösung) a) Festlegung des Bereiches der zulässigen Lösungen im $(\vartheta_0, \vartheta_1)$-Diagramm (in Abb. 3.3.1 schraffiert).

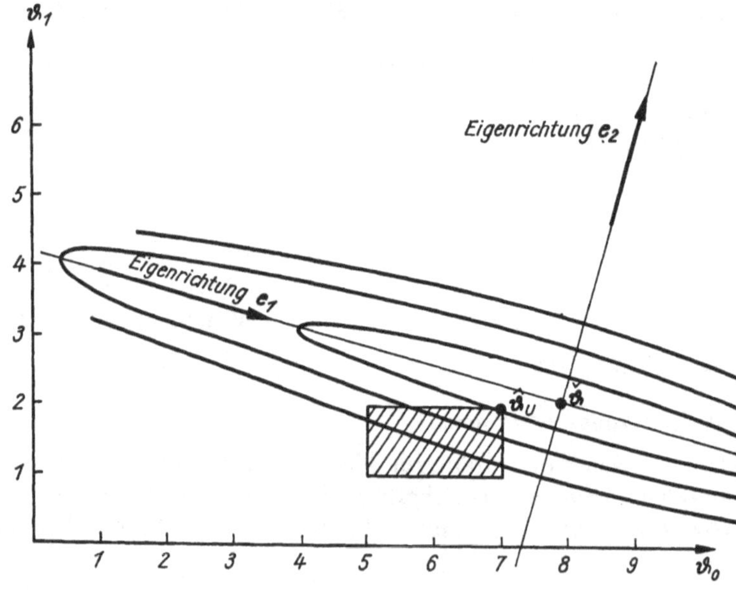

Abb. 3.3.1

b) Die zu minimierende Zielfunktion

$$g(\boldsymbol{\vartheta}) := (\boldsymbol{y} - \boldsymbol{F}\boldsymbol{\vartheta})' (\boldsymbol{y} - \boldsymbol{F}\boldsymbol{\vartheta}) = (\boldsymbol{y} - \boldsymbol{F}\check{\boldsymbol{\vartheta}})' (\boldsymbol{y} - \boldsymbol{F}\check{\boldsymbol{\vartheta}}) + (\boldsymbol{\vartheta} - \check{\boldsymbol{\vartheta}})' \boldsymbol{F}'\boldsymbol{F}(\boldsymbol{\vartheta} - \check{\boldsymbol{\vartheta}})$$

nimmt ihr absolutes Minimum an der Stelle $\check{\boldsymbol{\vartheta}}$ (klassische MKQ-Schätzung) an. Es gilt $\check{\boldsymbol{\vartheta}} = (7{,}94;\ 2{,}07)'$ (›Bsp. 3.1.2). Die Höhenlinien von $g(\boldsymbol{\vartheta})$ sind Ellipsen mit dem Mittelpunkt $\check{\boldsymbol{\vartheta}}$. Ihre Lage und Gestalt erhält man durch Eigenwert- und Eigenvektorberechnung der Matrix $\boldsymbol{F}'\boldsymbol{F}$. Es gilt

$$\boldsymbol{F}'\boldsymbol{F} = \begin{pmatrix} 10 & 37 \\ 37 & 160 \end{pmatrix};$$

Eigenwerte: $\lambda_1 = 1{,}5;\ \lambda_2 = 168{,}5;$
Eigenvektoren: $\boldsymbol{e}_1 = (1{,}00,\ -0{,}23)';\ \boldsymbol{e}_2 = (0{,}23;\ 1{,}00)';$
Damit ergibt sich die in Abb. 3.3.1 skizzierte Lage der Höhenlinien.

c) Das Minimum von $g(\boldsymbol{\vartheta})$ über dem Bereich der zulässigen Lösungen liegt bei $\hat{\boldsymbol{\vartheta}}_u = (7{,}2)'$ (›Abb. 3.3.1).

Falls die klassische MKQ-Schätzung $\check{\boldsymbol{\vartheta}}$ die Restriktionen (3.3.38) erfüllt, gilt natürlich $\hat{\boldsymbol{\vartheta}}_u = \check{\boldsymbol{\vartheta}}$. In Bsp. 3.3.8 würde man z. B. bei den Restriktionen $5 \leqq \vartheta_0 \leqq 8$ und $1 \leqq \vartheta_1 \leqq 3$ als Lösung $\hat{\boldsymbol{\vartheta}}_u = \check{\boldsymbol{\vartheta}} = (7{,}94;\ 2{,}07)'$ erhalten. Erfüllt $\check{\boldsymbol{\vartheta}}$ jedoch nicht die Nebenbedingung (3.3.38), dann löst man das restriktive MKQ-Problem in Verf. 3.3.7,

$$(\boldsymbol{y} - \boldsymbol{F}\boldsymbol{\vartheta})' (\boldsymbol{y} - \boldsymbol{F}\boldsymbol{\vartheta}) \overset{!}{=} \inf_{\boldsymbol{\vartheta}^{(u)} \leqq \boldsymbol{\vartheta} \leqq \boldsymbol{\vartheta}^{(0)}} \tag{3.3.39}$$

am besten, indem man es auf ein Standardproblem der quadratischen Optimierung, nämlich

$$(\boldsymbol{y} - \boldsymbol{F}^*\boldsymbol{\vartheta}^*)' (\boldsymbol{y} - \boldsymbol{F}^*\boldsymbol{\vartheta}^*) \overset{!}{=} \inf_{\boldsymbol{\vartheta}^*}, \qquad \boldsymbol{K}^*\boldsymbol{\vartheta}^* = \boldsymbol{k}^*;\ \boldsymbol{\vartheta}^* \geqq \boldsymbol{0} \tag{3.3.40}$$

überführt, für das dann Lösungsalgorithmen bekannt sind. (Grafische Methoden (wie in Bsp. 3.3.8) gibt es bei höheren Dimensionen nicht.)

Im folgenden Verfahren wird die Transformation der Aufgabe (3.3.39) in die Aufgabe (3.3.40) konkret angegeben. Sie besteht im wesentlichen darin, die Ungleichung (3.3.38) in eine Gleichung $\boldsymbol{K}^*\boldsymbol{\vartheta}^* = \boldsymbol{k}^*$ mit nichtnegativem $\boldsymbol{\vartheta}^*$ zu überführen (s. auch LEWIS/ODELL [1]).

VERFAHREN 3.3.8 (Transformation des restriktiven MKQ-Problems auf ein quadratisches Optimierungsproblem):

1. **Gegeben:** Restriktives MKQ-Problem

$$(\boldsymbol{y} - \boldsymbol{F}\boldsymbol{\vartheta})' (\boldsymbol{y} - \boldsymbol{F}\boldsymbol{\vartheta}) \overset{!}{=} \inf_{\boldsymbol{\vartheta}^{(u)} \leqq \boldsymbol{\vartheta} \leqq \boldsymbol{\vartheta}^{(0)}} ; \qquad \boldsymbol{y} \in \mathrm{R}^n, \boldsymbol{F} \in \mathcal{M}_{n\times r}, \boldsymbol{\vartheta} \in \mathrm{R}^r .$$

2. **Aufgabe:** Transformation in Standardaufgabe der quadratischen Optimierung.

4. **Voraussetzung:** $n \geqq r$.

5. **Lösung:** a) Zerlege $\boldsymbol{\vartheta}^{(u)}$ und $\boldsymbol{\vartheta}^{(0)}$ nach eventueller Umordnung der Komponenten so in drei Teilvektoren

$$\boldsymbol{\vartheta}^{(u)} = (\boldsymbol{\vartheta}_1^{(u)\prime}, \boldsymbol{\vartheta}_2^{(u)\prime}, \boldsymbol{\vartheta}_3^{(u)\prime})'; \qquad \boldsymbol{\vartheta}^{(0)} = (\boldsymbol{\vartheta}_1^{(0)\prime}, \boldsymbol{\vartheta}_2^{(0)\prime}, \boldsymbol{\vartheta}_3^{(0)\prime})';$$

$$\boldsymbol{\vartheta}_1^{(u)} \in \mathrm{R}^{r_1}, \quad \boldsymbol{\vartheta}_2^{(u)} \in \mathrm{R}^{r_2}, \quad \boldsymbol{\vartheta}_3^{(u)} \in \mathrm{R}^{r_3}; \qquad r_1 + r_2 + r_3 = r;$$

$$\boldsymbol{\vartheta}_1^{(0)} \in \mathrm{R}^{r_1}, \quad \boldsymbol{\vartheta}_2^{(0)} \in \mathrm{R}^{r_2}, \quad \boldsymbol{\vartheta}_3^{(0)} \in \mathrm{R}^{r_3},$$

daß gilt: $\boldsymbol{0} \leqq \boldsymbol{\vartheta}_1^{(u)} \leqq \boldsymbol{\vartheta}_1^{(0)}$; $\boldsymbol{\vartheta}_2^{(u)} \leqq \boldsymbol{\vartheta}_2^{(0)} \leqq \boldsymbol{0}$; $\boldsymbol{\vartheta}_3^{(u)} \leqq \boldsymbol{0} \leqq \boldsymbol{\vartheta}_3^{(0)}$.

b) Zerlege $\boldsymbol{F}$ entsprechend: $\boldsymbol{F} = (\boldsymbol{F}_1 \vdots \boldsymbol{F}_2 \vdots \boldsymbol{F}_3)$; $\boldsymbol{F}_1 \in \mathcal{M}_{n\times r_1}$, $\boldsymbol{F}_2 \in \mathcal{M}_{n\times r_2}$, $\boldsymbol{F}_3 \in \mathcal{M}_{n\times r_3}$.

c) Setze $\boldsymbol{F}^* = (\boldsymbol{F}_1 \vdots -\boldsymbol{F}_2 \vdots \boldsymbol{F}_3 \vdots -\boldsymbol{F}_3 \vdots \boldsymbol{0}_{n\times(2r)})$

$$\boldsymbol{K}^* = \begin{pmatrix} \boldsymbol{I}_{r_1} & \boldsymbol{0} & \boldsymbol{0} & \boldsymbol{0} & \vdots & \\ -\boldsymbol{I}_{r_1} & \boldsymbol{0} & \boldsymbol{0} & \boldsymbol{0} & \vdots & \\ \boldsymbol{0} & -\boldsymbol{I}_{r_2} & \boldsymbol{0} & \boldsymbol{0} & \vdots & \boldsymbol{I}_{2r} \\ \boldsymbol{0} & \boldsymbol{I}_{r_2} & \boldsymbol{0} & \boldsymbol{0} & \vdots & \\ \boldsymbol{0} & \boldsymbol{0} & \boldsymbol{I}_{r_3} & \boldsymbol{0} & \vdots & \\ \boldsymbol{0} & \boldsymbol{0} & \boldsymbol{0} & \boldsymbol{I}_{r_3} & \vdots & \end{pmatrix}; \qquad \boldsymbol{k}^* = \begin{pmatrix} \boldsymbol{\vartheta}_1^{(0)} \\ -\boldsymbol{\vartheta}_1^{(u)} \\ \boldsymbol{\vartheta}_2^{(0)} \\ -\boldsymbol{\vartheta}_2^{(u)} \\ \boldsymbol{\vartheta}_3^{(0)} \\ -\boldsymbol{\vartheta}_3^{(u)} \end{pmatrix}$$

d) Quadratisches Optimierungsproblem:

$$(\boldsymbol{y} - \boldsymbol{F}^*\boldsymbol{\vartheta}^*)' (\boldsymbol{y} - \boldsymbol{F}^*\boldsymbol{\vartheta}^*) \overset{!}{=} \inf_{\boldsymbol{\vartheta}^* \in \mathrm{R}^{(3r+r_3)}}, \qquad \boldsymbol{K}^*\boldsymbol{\vartheta}^* = \boldsymbol{k}^*; \ \boldsymbol{\vartheta}^* \geqq \boldsymbol{0} .$$

e) Aus der Lösung $\hat{\boldsymbol{\vartheta}}^*$ erhält man mit $\hat{\boldsymbol{\vartheta}}^* = (\hat{\boldsymbol{\vartheta}}_1', \hat{\boldsymbol{\vartheta}}_2', \hat{\boldsymbol{\vartheta}}_3', \hat{\boldsymbol{\vartheta}}_4', \hat{\boldsymbol{\vartheta}}_5')'$; $\hat{\boldsymbol{\vartheta}}_1 \in \mathrm{R}^{r_1}$, $\hat{\boldsymbol{\vartheta}}_2 \in \mathrm{R}^{r_2}$, $\hat{\boldsymbol{\vartheta}}_3 \in \mathrm{R}^{r_3}$, $\hat{\boldsymbol{\vartheta}}_4 \in \mathrm{R}^{r_3}$, $\hat{\boldsymbol{\vartheta}}_5 \in \mathrm{R}^{2r}$; durch

$$\hat{\boldsymbol{\vartheta}}_u = \begin{pmatrix} \hat{\boldsymbol{\vartheta}}_1 \\ -\hat{\boldsymbol{\vartheta}}_2 \\ \hat{\boldsymbol{\vartheta}}_3 - \hat{\boldsymbol{\vartheta}}_4 \end{pmatrix}$$

die Lösung des Ausgangsproblems ●

Beispiel 3.3.9:

1. MKQ-Problem: $(\boldsymbol{y} - \boldsymbol{F\vartheta})' (\boldsymbol{y} - \boldsymbol{F\vartheta}) \stackrel{!}{=} \inf\limits_{\boldsymbol{\vartheta}^{(u)} \leqq \boldsymbol{\vartheta} \leqq \boldsymbol{\vartheta}^{(0)}}$ mit

$$\boldsymbol{y} = (1, -1, 3, 4)'; \quad \boldsymbol{F} = \begin{pmatrix} 1 & 1 & 1 \\ 1 & 1 & 0 \\ 1 & 0 & 1 \\ 1 & 0 & 0 \end{pmatrix}; \quad \boldsymbol{\vartheta} \in \mathrm{R}^3 \quad (\text{d. h. } n = 4, r = 3);$$

$$\boldsymbol{\vartheta}^{(u)} = \begin{pmatrix} 1 \\ -2 \\ -1 \end{pmatrix}; \quad \boldsymbol{\vartheta}^{(0)} = \begin{pmatrix} 3 \\ 0 \\ 1 \end{pmatrix}.$$

5. a) $\vartheta_1^{(u)} = 1$; $\vartheta_2^{(u)} = -2$; $\vartheta_3^{(u)} = -1$; $\vartheta_1^{(0)} = 3$; $\vartheta_2^{(0)} = 0$; $\vartheta_3^{(0)} = 1$; $r_1 = r_2 = r_3 = 1$.

b) $$\boldsymbol{F}_1 = \begin{pmatrix} 1 \\ 1 \\ 1 \\ 1 \end{pmatrix}; \quad \boldsymbol{F}_2 = \begin{pmatrix} 1 \\ 1 \\ 0 \\ 0 \end{pmatrix}; \quad \boldsymbol{F}_3 = \begin{pmatrix} 1 \\ 0 \\ 1 \\ 0 \end{pmatrix}.$$

c) $$\boldsymbol{F}^* = \begin{pmatrix} 1 & -1 & 1 & -1 & 0 & 0 & 0 & 0 & 0 & 0 \\ 1 & -1 & 0 & 0 & 0 & 0 & 0 & 0 & 0 & 0 \\ 1 & 0 & 1 & -1 & 0 & 0 & 0 & 0 & 0 & 0 \\ 1 & 0 & 0 & 0 & 0 & 0 & 0 & 0 & 0 & 0 \end{pmatrix},$$

$$\boldsymbol{K}^* = \begin{pmatrix} 1 & 0 & 0 & 0 & 1 & 0 & 0 & 0 & 0 & 0 \\ -1 & 0 & 0 & 0 & 0 & 1 & 0 & 0 & 0 & 0 \\ 0 & -1 & 0 & 0 & 0 & 0 & 1 & 0 & 0 & 0 \\ 0 & 1 & 0 & 0 & 0 & 0 & 0 & 1 & 0 & 0 \\ 0 & 0 & 1 & 0 & 0 & 0 & 0 & 0 & 1 & 0 \\ 0 & 0 & 0 & 1 & 0 & 0 & 0 & 0 & 0 & 1 \end{pmatrix}; \quad \boldsymbol{k}^* = \begin{pmatrix} 3 \\ -1 \\ 0 \\ 2 \\ 1 \\ 1 \end{pmatrix}.$$

d) $(\boldsymbol{y} - \boldsymbol{F}^*\boldsymbol{\vartheta}^*)' (\boldsymbol{y} - \boldsymbol{F}^*\boldsymbol{\vartheta}^*) \stackrel{!}{=} \inf\limits_{\boldsymbol{\vartheta}^* \in \mathrm{R}^{10}}$; $\boldsymbol{K}^*\boldsymbol{\vartheta}^* = \boldsymbol{k}^*$, $\boldsymbol{\vartheta}^* \geqq \boldsymbol{0}$.

e) Seien $\hat{\vartheta}_i$ die Komponenten der Lösung $\hat{\boldsymbol{\vartheta}}^*$; $i = 1, \ldots, 10$.

$$\hat{\boldsymbol{\vartheta}}_u = (\hat{\vartheta}_1, -\hat{\vartheta}_2, \hat{\vartheta}_3 - \hat{\vartheta}_4)'.$$

Das entstandene quadratische Optimierungsproblem (3.3.40) wird unter Ausnutzung der Kuhn-Tucker-Theorie und von Dualitätsaussagen gelöst. Der bekannteste Lösungsalgorithmus ist das Wolfesche Verfahren, das im Prinzip in einer Modifikation des aus der linearen Optimierung bekannten Simplexalgorithmus besteht. Wir geben dieses Verfahren hier nicht an, sondern verweisen auf die einschlägige Literatur (s. Wolfe [1], Hadley [1], Künzi/Oettli [1]).

Wir erwähnen noch kurz den Spezialfall von (3.3.38), daß die Nichtnegativität von $\boldsymbol{\vartheta}$ als Vorkenntnis gegeben ist, d. h. $\boldsymbol{\vartheta} \geqq \boldsymbol{0}$. Es bezeichne $\check{\boldsymbol{\vartheta}} = (\check{\vartheta}_1, \ldots, \check{\vartheta}_r)'$ die klassische MKQ-Schätzung für $\boldsymbol{\vartheta}$. Dann ist die gestutzte MKQ-Schätzung $\hat{\boldsymbol{\vartheta}} = (\hat{\vartheta}_1, \ldots, \hat{\vartheta}_r)$ mit

$$\hat{\vartheta}_i = \begin{cases} \check{\vartheta}_i, & \text{falls } \check{\vartheta}_i \geqq 0; \\ 0, & \text{falls } \check{\vartheta}_i < 0; \end{cases} \qquad i = 1, \ldots, r;$$

eine Schätzung, die die Nebenbedingung erfüllt. Sie stimmt jedoch i. allg. nicht mit der restriktiven MKQ-Schätzung, die als Lösung von

$$(\boldsymbol{y} - \boldsymbol{F\vartheta})' (\boldsymbol{y} - \boldsymbol{F\vartheta}) \stackrel{!}{=} \inf_{\boldsymbol{\vartheta} \geqq \boldsymbol{0}} \tag{3.3.41}$$

erhalten wird, überein. Ein Algorithmus zur Lösung von (3.3.41) ist z. B. in Lawson/Hanson [1] zu finden.

KUKS/OLMAN-*Schätzung*:

Es soll jetzt der Fall behandelt werden, daß Vorkenntnisse über $\boldsymbol{\vartheta}$ der Art

$$(\boldsymbol{\vartheta} - \boldsymbol{\vartheta}_0)' \boldsymbol{J} (\boldsymbol{\vartheta} - \boldsymbol{\vartheta}_0) \leqq c^2; \qquad \boldsymbol{J} \in \mathcal{M}_r^>, \boldsymbol{\vartheta}_0 \in \mathrm{R}^r, c^2 > 0 \tag{3.3.42}$$

bestehen. Falls man z. B. vermutet, daß für die Wirkungsfläche an gewissen Punkten $\boldsymbol{x}_j \in B$

$$0 < \eta(\boldsymbol{x}_j) = \boldsymbol{f}(\boldsymbol{x}_j)' \boldsymbol{\vartheta} \leqq c_j$$

oder als Folgerung daraus

$$0 < (\eta(\boldsymbol{x}_j))^2 = \boldsymbol{\vartheta}' \boldsymbol{f}(\boldsymbol{x}_j) \boldsymbol{f}(\boldsymbol{x}_j)' \boldsymbol{\vartheta} \leqq c_j^2$$

gilt ($j = 1, \dots, m$), so kann man daraus die (etwas schwächere) Vorkenntnis

$$0 < \sum_{j=1}^m \boldsymbol{\vartheta}' \boldsymbol{f}(\boldsymbol{x}_j) \boldsymbol{f}(\boldsymbol{x}_j)' \boldsymbol{\vartheta} \leqq \sum_{j=1}^m c_j^2$$

ableiten, die mit $\boldsymbol{J} = \sum_{j=1}^m \boldsymbol{f}(\boldsymbol{x}_j) \boldsymbol{f}(\boldsymbol{x}_j)'$, $\boldsymbol{\vartheta}_0 = 0$ und $c^2 = \sum_{j=1}^m c_j^2$ ein Spezialfall von (3.3.42) ist.

Erfüllt $\boldsymbol{\vartheta}$ mit Sicherheit die Bedingung (3.3.42), so sollte die MKQ-Schätzung unter den Nebenbedingungen (3.3.42) benutzt werden (dann erfüllt nämlich auch jeder Schätzwert (3.3.42)).

Ist jedoch (3.3.42) eine solche Vorkenntnis, die durch die aktuelle Stichprobeninformation gegebenenfalls korrigiert werden soll, d. h. wird ein Kompromiß zwischen der Vorinformation (3.3.42) und der Stichprobeninformation angestrebt, dann sollte man die KUKS-OLMAN-Schätzung

$$\hat{\boldsymbol{\vartheta}}_J = \left(\boldsymbol{F}'\boldsymbol{F} + \frac{\sigma^2}{c^2} \boldsymbol{J} \right)^{-1} \boldsymbol{F}'(\boldsymbol{y} - \boldsymbol{F}\boldsymbol{\vartheta}_0) + \boldsymbol{\vartheta}_0 \tag{3.3.43}$$

verwenden. Falls σ^2 unbekannt, benutze man eine Schätzung dafür.

VERFAHREN 3.3.9 (KUKS/OLMAN-Schätzung):

1. **Gegebene Größen:** a) Wahrer Regressionsansatz $\tilde{S}$ mit

$$\tilde{\eta}(\boldsymbol{x}, \boldsymbol{\vartheta}) = \boldsymbol{f}(\boldsymbol{x})' \boldsymbol{\vartheta}; \qquad \boldsymbol{x} \in B \subseteq \mathrm{R}^k; \boldsymbol{\vartheta} \in \mathrm{R}^r; \sigma^2 = \mathrm{D}^2 \mathfrak{Y}(\boldsymbol{x}) .$$

b) Versuchsplan und -ergebnisse: $V_n = (\boldsymbol{x}_1, \dots, \boldsymbol{x}_n)$, $\boldsymbol{y} = (y_1, \dots, y_n)'$.

c) Vorkenntnisse über $\boldsymbol{\vartheta}$: $(\boldsymbol{\vartheta} - \boldsymbol{\vartheta}_0)' \boldsymbol{J} (\boldsymbol{\vartheta} - \boldsymbol{\vartheta}_0) \leqq c^2$; $\boldsymbol{J} \in \mathcal{M}_r^{\geqq}$, $\boldsymbol{\vartheta}_0 \in \mathrm{R}^r$, $c^2 \in (0, \infty)$.

2. **Aufgabe:** Schätze $\boldsymbol{\vartheta}$ und $\tilde{\eta}(\boldsymbol{x}, \boldsymbol{\vartheta})$ unter Beachtung von 1.c).

3. **Bezeichnung:** $\boldsymbol{F}(V_n) = (\boldsymbol{f}(\boldsymbol{x}_1), \dots, \boldsymbol{f}(\boldsymbol{x}_n))'$.

4. **Voraussetzung:** $\mathrm{Rg}\, \boldsymbol{J} = r$.

5. **Lösung:** $\hat{\boldsymbol{\vartheta}}_J(\boldsymbol{y}) = \left[\boldsymbol{F}(V_n)' \boldsymbol{F}(V_n) + \frac{\sigma^2}{c^2} \boldsymbol{J} \right]^{-1} \boldsymbol{F}(V_n)' (\boldsymbol{y} - \boldsymbol{F}(V_n) \boldsymbol{\vartheta}_0) + \boldsymbol{\vartheta}_0,$

$\hat{\eta}_J(\boldsymbol{x}, \boldsymbol{y}) = \boldsymbol{f}(\boldsymbol{x})' \hat{\boldsymbol{\vartheta}}_J(\boldsymbol{y})$ ●

Beispiel 3.3.10 (›Bsp. 3.1.1):

1. a) $\tilde{\eta}(\boldsymbol{x}, \boldsymbol{\vartheta}) = \vartheta_0 + \vartheta_1 x_1 + \vartheta_2 x_2$; $\boldsymbol{x} = (x_1, x_2)' \in \mathrm{R}^2$; $\boldsymbol{\vartheta} = (\vartheta_0, \vartheta_1, \vartheta_2)' \in \mathrm{R}^3$; $\mathrm{D}^2 \mathfrak{Y}(\boldsymbol{x}) = \sigma^2 = 1$.

b) $V_4 = \left(\begin{pmatrix}1\\1\end{pmatrix}, \begin{pmatrix}1\\0\end{pmatrix}, \begin{pmatrix}0\\1\end{pmatrix}, \begin{pmatrix}0\\0\end{pmatrix}\right)$; $\boldsymbol{y} = (1, -1, 3, 4)'$.

c) $\boldsymbol{\vartheta}'\boldsymbol{\vartheta} \leqq 1$, d. h. $\boldsymbol{J} = \boldsymbol{I}_3$, $\boldsymbol{\vartheta}_0 = 0$, $c^2 = 1$.

3. $\boldsymbol{F} = \begin{pmatrix}1 & 1 & 1\\ 1 & 1 & 0\\ 1 & 0 & 1\\ 1 & 0 & 0\end{pmatrix}$.

5. $\boldsymbol{F}'\boldsymbol{F} = \begin{pmatrix}4 & 2 & 2\\ 2 & 2 & 1\\ 2 & 1 & 2\end{pmatrix}$; $\left(\boldsymbol{F}'\boldsymbol{F} + \frac{\sigma^2}{c^2}\boldsymbol{J}\right)^{-1} = (\boldsymbol{F}'\boldsymbol{F} + \boldsymbol{I}_3)^{-1} = \frac{1}{24}\begin{pmatrix}8 & -4 & -4\\ -4 & 11 & -1\\ -4 & -1 & 11\end{pmatrix}$;

$\boldsymbol{F}'\boldsymbol{y} = (7, 0, 4)'$; $\hat{\boldsymbol{\vartheta}}_J = (\frac{5}{3}; -\frac{4}{3}; \frac{2}{3})' = (1{,}67; -1{,}33; 0{,}67)'$.

Im Unterschied zu $\hat{\boldsymbol{\vartheta}}_K$ aus (3.3.33) erfüllt die jetzt betrachtete Schätzung $\hat{\boldsymbol{\vartheta}}_J$ nicht immer die zugehörige Nebenbedingung (3.3.42) (›Bsp. 3.3.10). Sie stellt einen Kompromiß zwischen der Vorkenntnis (3.3.42) und der aktuellen Stichprobeninformation dar.

Es bezeichne $\Theta_J = \{\boldsymbol{\vartheta} \in \mathrm{R}^r: (\boldsymbol{\vartheta} - \boldsymbol{\vartheta}_0)'\boldsymbol{J}(\boldsymbol{\vartheta} - \boldsymbol{\vartheta}_0) \leqq c^2\}$. Wir geben folgende Optimalitätseigenschaft von $\boldsymbol{\vartheta}_J$ an (s. KUKS/OLMAN [1]):

Aussage 3.3.4: Es gelte $\boldsymbol{B}_\varepsilon = \sigma^2\boldsymbol{I}_n$. Für speziellen quadratischen Verlust (setze in (3.1.12) $\boldsymbol{U} = \boldsymbol{a}\boldsymbol{a}'$; $\boldsymbol{a} \in \mathrm{R}^r$) ist $\hat{\boldsymbol{\vartheta}}_J$ Minimaxschätzung für $\boldsymbol{\vartheta}$ unter allen linearen Schätzungen für $\boldsymbol{\vartheta}$ der Gestalt

$$\hat{\boldsymbol{\vartheta}}(\boldsymbol{y}) = \boldsymbol{C}\boldsymbol{y} + \boldsymbol{c}; \qquad \boldsymbol{C} \in \mathcal{M}_{r\times n}, \boldsymbol{c} \in \mathrm{R}^r;$$

d. h., es gilt für das Risiko jeder derartigen Schätzung $\hat{\boldsymbol{\vartheta}}$

$$\sup_{\boldsymbol{\vartheta}\in\Theta_J} R(P_\varepsilon, \boldsymbol{\vartheta}, \hat{\boldsymbol{\vartheta}}_J) \leqq \sup_{\boldsymbol{\vartheta}\in\Theta_J} R(P_\varepsilon, \boldsymbol{\vartheta}, \hat{\boldsymbol{\vartheta}}).$$

Außerdem gilt dann

$$\sup_{\boldsymbol{\vartheta}\in\Theta_J} R(P_\varepsilon, \boldsymbol{\vartheta}, \hat{\boldsymbol{\vartheta}}_J) = \sigma^2\boldsymbol{a}'[\boldsymbol{F}'\boldsymbol{F} + c^{-2}\boldsymbol{J}]^{-1}\boldsymbol{a}$$

(›[I/Satz 4.4.10]; zur Verallgemeinerung dieser Aussage s. LÄUTER, H. [1]) •

Die Schätzung $\hat{\boldsymbol{\vartheta}}_J$ enthält als Spezialfälle die sog. *Ridge-Schätzung* (setze $\boldsymbol{J} = \boldsymbol{I}_r$ und $\boldsymbol{\vartheta}_0 = \boldsymbol{0}$; dazu ›Verf. 3.4.2) und die sog. *gestauchte* MKQ-*Schätzung* (setze $\boldsymbol{J} = \boldsymbol{F}'\boldsymbol{F}$ und $\boldsymbol{\vartheta}_0 = \boldsymbol{0}$, s. z. B. BUNKE, O. [2]).

Zur numerischen Berechnung von $\hat{\boldsymbol{\vartheta}}_J$ kann man z. B. davon ausgehen, daß $(\hat{\boldsymbol{\vartheta}}_J - \boldsymbol{\vartheta}_0)$ Lösung des linearen Gleichungssystems

$$\left(\boldsymbol{F}'\boldsymbol{F} + \frac{\sigma^2}{c^2}\boldsymbol{J}\right)(\hat{\boldsymbol{\vartheta}}_J - \boldsymbol{\vartheta}_0) = \boldsymbol{F}'(\boldsymbol{y} - \boldsymbol{F}\boldsymbol{\vartheta}_0)$$

ist. Wegen der Symmetrie der Koeffizientenmatrix $\left(\boldsymbol{F}'\boldsymbol{F} + \frac{\sigma^2}{c^2}\boldsymbol{J}\right)$ und ihrer Regularität (da $\mathrm{Rg}\,\boldsymbol{J} = r$) kann diese z. B. mit dem CHOLESKI-Verfahren Verf. 3.1.3 bestimmt werden. Im Falle $\boldsymbol{\vartheta}_0 = \boldsymbol{0}$ stimmt $\hat{\boldsymbol{\vartheta}}_J$ formal mit einer speziellen BAYES-Schätzung der Gestalt (3.3.8) überein (man setze dort $\boldsymbol{\Sigma}(V_n) = \sigma^2\boldsymbol{I}_n$, $\boldsymbol{\Lambda}^{-1} = c^{-2}\boldsymbol{J}$ und $\boldsymbol{\mu} = \boldsymbol{0}$). Man beachte daher in diesem Fall die dort gegebenen Hinweise zur numerischen Berechnung.

3.4. Weitere Schätzmethoden für $\boldsymbol{\vartheta}$

Es liege wieder ein wahrer linearer Ansatz $\tilde{S}$ vor, so daß $\mathfrak{Y}(\boldsymbol{x}) = \boldsymbol{f}(\boldsymbol{x})'\,\boldsymbol{\vartheta} + \varepsilon(\boldsymbol{x})$; $\mathrm{E}\varepsilon(\boldsymbol{x}) = 0$; gilt. In diesem Abschnitt sollen noch einige weitere Möglichkeiten zur Schätzung von $\boldsymbol{\vartheta}$ angegeben werden. Da eine befriedigende Versuchsplanung für diese Methoden i. allg. noch nicht vorliegt, werden wir uns relativ kurz fassen. Das betrifft insbesondere auch Fragen der numerischen Bestimmung dieser Schätzwerte.

3.4.1. James-Stein-Schätzungen und Ridge-Schätzungen

In [3.1.2] wurde bemerkt, daß es selbst bei normalverteilten Fehlern und quadratischem Verlust bessere Schätzungen als die MKQ-Schätzung $\check{\boldsymbol{\vartheta}}$ gibt, sobald $\boldsymbol{\vartheta}$ mehr als zwei Komponenten hat. Wir wollen eine solche Verbesserung der MKQ für den Spezialfall orthogonaler Versuchspläne (›Bez. 2.5.9), die James-Stein-*Schätzung* $\hat{\boldsymbol{\vartheta}}_s$, angeben (s. James/Stein [1], ›[I/3.5.1]).

VERFAHREN 3.4.1 (James-Stein-Schätzung):

1. **Gegebene Größen:** a) Wahrer Regressionsansatz $\tilde{S}$ mit

$$\tilde{\eta}(\boldsymbol{x}, \boldsymbol{\vartheta}) = \boldsymbol{f}(\boldsymbol{x})'\,\boldsymbol{\vartheta}; \qquad \boldsymbol{x} \in B \subseteq \mathrm{R}^k;\ \boldsymbol{\vartheta} \in \mathrm{R}^r.$$

b) Versuchsplan und -ergebnisse: $V_n = (\boldsymbol{x}_1, \dots, \boldsymbol{x}_n)$, $\boldsymbol{y} = (y_1, \dots, y_n)'$.

2. **Aufgabe:** Schätze $\boldsymbol{\vartheta}$ bzw. $\tilde{\eta}(\boldsymbol{x}, \boldsymbol{\vartheta})$.

3. **Bezeichnung:** $\boldsymbol{F}(V_n) = \big(\boldsymbol{f}(\boldsymbol{x}_1), \dots, \boldsymbol{f}(\boldsymbol{x}_n)\big)'$.

4. **Voraussetzungen:** $n \geqq r \geqq 2$; $\boldsymbol{F}(V_n)'\,\boldsymbol{F}(V_n) = \varkappa \boldsymbol{I}_r \quad \big(\varkappa \in (0, \infty)\big)$.

5. **Lösung:** Man berechne a) die MKQ-Schätzung: $\check{\boldsymbol{\vartheta}}(\boldsymbol{y}) = \varkappa^{-1}\boldsymbol{F}(V_n)'\,\boldsymbol{y}$;

b) $$\gamma(\boldsymbol{y}) = c\,\frac{(\boldsymbol{y}'\boldsymbol{y} - \varkappa\check{\boldsymbol{\vartheta}}(\boldsymbol{y})'\,\check{\boldsymbol{\vartheta}}(\boldsymbol{y}))}{\varkappa\check{\boldsymbol{\vartheta}}(\boldsymbol{y})'\,\check{\boldsymbol{\vartheta}}(\boldsymbol{y})} \quad \text{mit} \quad 0 \leqq c \leqq \frac{2(r-2)}{n-r+2}$$

$\left(\text{Wenn keine weiteren Hinweise vorliegen, verwende } c = \dfrac{(r-2)}{n-r+2}\right)$.

c) $\hat{\boldsymbol{\vartheta}}_s(\boldsymbol{y}) = \big(1 - \gamma(\boldsymbol{y})\big)\,\check{\boldsymbol{\vartheta}}(\boldsymbol{y})$, $\hat{\eta}_s(\boldsymbol{x}, \boldsymbol{y}) = \boldsymbol{f}(\boldsymbol{x})'\,\hat{\boldsymbol{\vartheta}}_s(\boldsymbol{y})$ ●

Beispiel 3.4.1:

1. a) $\tilde{\eta}(\boldsymbol{x}, \boldsymbol{\vartheta}) = \vartheta_0 + \vartheta_1 x_1 + \vartheta_2 x_2$; $-1 \leqq x_1 \leqq 1$, $-1 \leqq x_2 \leqq 1$; $\boldsymbol{\vartheta} = (\vartheta_0, \vartheta_1, \vartheta_2)' \in \mathrm{R}^3$;

b) $V_4 = \left(\begin{pmatrix}1\\1\end{pmatrix}, \begin{pmatrix}1\\-1\end{pmatrix}, \begin{pmatrix}-1\\1\end{pmatrix}, \begin{pmatrix}-1\\-1\end{pmatrix}\right)$; $\boldsymbol{y} = (5, 7, 1, 5)'$.

3. $$\boldsymbol{F}(V_4) = \begin{pmatrix}1 & 1 & 1\\ 1 & 1 & -1\\ 1 & -1 & 1\\ 1 & -1 & -1\end{pmatrix}.$$

4. $n = 4 > 3 = r > 2$; $\boldsymbol{F}(V_4)'\,\boldsymbol{F}(V_4) = 4\boldsymbol{I}_4$, d. h. $\varkappa = 4$.

5. a) $\check{\boldsymbol{\vartheta}} = \frac{1}{4}\boldsymbol{F}(V_4)'\,\boldsymbol{y} = (4{,}5;\ 1{,}5;\ -1{,}5)'$.

b) $c = \frac{1}{3}$; $\varkappa\check{\boldsymbol{\vartheta}}'\check{\boldsymbol{\vartheta}} = 99$; $\gamma(\boldsymbol{y}) = \frac{1}{297} = 0{,}0034$.

c) $\hat{\boldsymbol{\vartheta}}_s = 0{,}9966\,\check{\boldsymbol{\vartheta}} = (4{,}485;\ 1{,}495;\ -1{,}495)'$.

Wir bemerken, daß es noch Verbesserungen von $\hat{\boldsymbol{\vartheta}}_s$ gibt, z. B. die Schätzung

$$\tilde{\boldsymbol{\vartheta}}_s = \begin{cases} (1-\gamma(\boldsymbol{y}))\,\check{\boldsymbol{\vartheta}} & \text{falls } (1-\gamma(\boldsymbol{y})) \geqq 0\,, \\ \boldsymbol{0} & \text{falls } (1-\gamma(\boldsymbol{y})) < 0\,, \end{cases} \tag{3.4.1}$$

(s. Baranchik [1]). Des weiteren sind Schätzungen des in Verf. 3.4.1 angegebenen Typs auch für nichtorthogonale Versuchspläne bekannt. Sie haben jedoch eine sehr komplizierte Struktur (s. z. B. Baranchik [2]).

Die Schätzung $\hat{\boldsymbol{\vartheta}}_s$ aus Verf. 3.4.1 ist eine (in $\boldsymbol{y}$) nichtlineare Schätzung. Es macht daher Schwierigkeiten, gewisse statistische Charakteristika zur Einschätzung von $\hat{\boldsymbol{\vartheta}}_s$, z. B. Risiken, zu berechnen. Untersuchungen haben gezeigt, daß $\hat{\boldsymbol{\vartheta}}_s$ insbesondere dann eine wesentliche Verbesserung gegenüber der MKQ erbringt (gemessen mit einer quadratischen Verlustfunktion der Form (3.1.12), wobei $\boldsymbol{U} = \boldsymbol{I}_r$ gelte), wenn der wahre (unbekannte) Parameter $\boldsymbol{\vartheta}$ in der Nähe des Nullvektors liegt.

Eine weitere Alternative zur MKQ-Schätzung ist die sog. *Ridge-Schätzung* von Hoerl/Kennard [1] (›[I/(4.4.24)])

$$\hat{\boldsymbol{\vartheta}}_R(\boldsymbol{y}) = \left(\boldsymbol{F}(V_n)'\,\boldsymbol{F}(V_n) + \alpha \boldsymbol{I}_r\right)^{-1} \boldsymbol{F}(V_n)'\,\boldsymbol{y}; \qquad \alpha > 0\,. \tag{3.4.2}$$

Falls es eine obere Schranke für $\boldsymbol{\vartheta}$ gibt — dies wird bei praktischen Gegebenheiten immer der Fall sein — kann man ein α so bestimmen, daß bez. quadratischem Verlust $\hat{\boldsymbol{\vartheta}}_R$ besser ist als die MKQ-Schätzung $\check{\boldsymbol{\vartheta}}$.

Wir betrachten im weiteren eine Verallgemeinerung von (3.4.2), nämlich

$$\left.\begin{aligned} &\tilde{\boldsymbol{\vartheta}}_R(\boldsymbol{y}) = \left(\boldsymbol{F}(V_n)'\,\boldsymbol{F}(V_n) + \boldsymbol{C}\right)^{-1} \boldsymbol{F}(V_n)'\,\boldsymbol{y}; \\ &\boldsymbol{C} \in \mathcal{M}_r^{>} \quad \text{mit} \quad \boldsymbol{C}\boldsymbol{F}(V_n)'\,\boldsymbol{F}(V_n) = \boldsymbol{F}(V_n)'\,\boldsymbol{F}(V_n)\,\boldsymbol{C}\,. \end{aligned}\right\} \tag{3.4.3}$$

Auch hier gibt es, falls eine obere Schranke für $\boldsymbol{\vartheta}$ angegeben werden kann, ein $\boldsymbol{C}$, so daß $\tilde{\boldsymbol{\vartheta}}_R$ besser ist als $\check{\boldsymbol{\vartheta}}$. Wenn die Beschränkung für $\boldsymbol{\vartheta}$ von der Form

$$\boldsymbol{\vartheta}'\boldsymbol{J}\boldsymbol{\vartheta} \leqq c^2\,; \qquad \boldsymbol{J} \in \mathcal{M}_r^{>}\,; \tag{3.4.4}$$

ist, dann setze man $\boldsymbol{C} = c^{-2}\sigma^2\boldsymbol{J}$, d. h. man verwende die Kuks/Olman-Schätzung aus Verf. 3.3.9. Ist die Beschränkung für $\boldsymbol{\vartheta}$ anders geartet und sind insbesondere die Schranken unbekannt, dann muß man $\boldsymbol{C}$ auf Grund der Stichprobenkenntnis näherungsweise bestimmen.

Im folgenden Verfahren wird implizit ein geeignetes $\boldsymbol{C}$ bestimmt und dann $\tilde{\boldsymbol{\vartheta}}_R$ berechnet (s. Hemmerle [1]):

VERFAHREN 3.4.2 (Ridge-Schätzung):

1. **Gegebene Größen:** a) Wahrer Regressionsansatz $\tilde{S}$ mit

$$\tilde{\eta}(\boldsymbol{x}, \boldsymbol{\vartheta}) = \boldsymbol{f}(\boldsymbol{x})'\,\boldsymbol{\vartheta}; \qquad \boldsymbol{x} \in B \subseteq \mathrm{R}^k;\ \boldsymbol{\vartheta} \in \mathrm{R}^r\,.$$

b) Versuchsplan und -ergebnisse: $V_n = (\boldsymbol{x}_1, \dots, \boldsymbol{x}_n)$, $\boldsymbol{y} = (y_1, \dots, y_n)'$.

2. **Aufgabe:** Schätzung von $\boldsymbol{\vartheta}$ bzw. $\tilde{\eta}(\boldsymbol{x}, \boldsymbol{\vartheta})$.

3. **Bezeichnung:** $\boldsymbol{F} = (\boldsymbol{f}(\boldsymbol{x}_1), \dots, \boldsymbol{f}(\boldsymbol{x}_n))'$.

4. **Voraussetzung:** $\mathrm{Rg}\,\boldsymbol{F} = r$.

5. **Lösung:** a) Transformiere $\boldsymbol{F}'\boldsymbol{F}$ mit einer orthogonalen Matrix $\boldsymbol{P}$ auf Diagonalform (›Aussage A.1.6): $\boldsymbol{P}'\boldsymbol{F}'\boldsymbol{F}\boldsymbol{P} = \boldsymbol{\Lambda} = \mathrm{diag}\,(((\lambda_1, \dots, \lambda_r)))$.

b) Berechne:

$$\breve{\boldsymbol{\vartheta}} = (\boldsymbol{F}'\boldsymbol{F})^{-1}\boldsymbol{F}'\boldsymbol{y} \qquad (\text{›Verf. 3.1.1}),$$

$$s^2 = (n-r)^{-1}(\boldsymbol{y} - \boldsymbol{F}\breve{\boldsymbol{\vartheta}})'(\boldsymbol{y} - \boldsymbol{F}\breve{\boldsymbol{\vartheta}}) \qquad (\text{›Verf. 3.2.2}),$$

$$\breve{\boldsymbol{\beta}} = (\breve{\beta}_1, \dots, \breve{\beta}_r)' = \boldsymbol{P}\breve{\boldsymbol{\vartheta}},$$

$$e_i = \frac{s^2}{\lambda_i \breve{\beta}_i^2} \qquad e_i^* = \frac{(1-2e_i) - \sqrt{1-4e_i}}{2e_i};$$

$$\hat{\beta}_i = \begin{cases} \dfrac{\breve{\beta}_i}{1+e_i^*}, & \text{falls } e_i \leqq \dfrac{1}{4}, \\ 0, & \text{falls } e_i > \dfrac{1}{4}, \end{cases} \qquad (i = 1, \dots, r),$$

$$\hat{\boldsymbol{\beta}} = (\hat{\beta}_1, \dots, \hat{\beta}_r)'.$$

c) $\tilde{\boldsymbol{\vartheta}}_R(\boldsymbol{y}) = \boldsymbol{P}'\hat{\boldsymbol{\beta}}$; $\hat{\eta}_R(\boldsymbol{x}, \boldsymbol{y}) = \boldsymbol{f}(\boldsymbol{x})'\,\tilde{\boldsymbol{\vartheta}}_R(\boldsymbol{y})$ ●

Beispiel 3.4.2 (›Bsp. 3.4.1):

1. a) $\tilde{\eta}(\boldsymbol{x}, \boldsymbol{\vartheta}) = \vartheta_0 + \vartheta_1 x_1 + \vartheta_2 x_2$; $-1 \leqq x_1 \leqq 1$, $-1 \leqq x_2 \leqq 1$; $\boldsymbol{\vartheta} = (\vartheta_0, \vartheta_1, \vartheta_2)' \in \mathrm{R}^3$.

b) $V_4 = \left(\begin{pmatrix}1\\1\end{pmatrix}, \begin{pmatrix}1\\-1\end{pmatrix}, \begin{pmatrix}-1\\1\end{pmatrix}, \begin{pmatrix}-1\\-1\end{pmatrix}\right)$; $\boldsymbol{y} = (5, 7, 1, 5)'$.

3. $\boldsymbol{F} = \begin{pmatrix} 1 & 1 & 1 \\ 1 & 1 & -1 \\ 1 & -1 & 1 \\ 1 & -1 & -1 \end{pmatrix}$.

5. a) $\boldsymbol{F}'\boldsymbol{F} = 4\boldsymbol{I}_3$, d. h. Transformation nicht nötig. $\lambda_1 = \lambda_2 = \lambda_3 = 4$.

b) $\breve{\boldsymbol{\vartheta}} = (4{,}5;\ 1{,}5;\ -1{,}5)'$ (›Bsp. 3.4.1),

$s^2 = (0{,}5;\ -0{,}5;\ -0{,}5;\ 0{,}5)\,(0{,}5;\ -0{,}5;\ -0{,}5;\ 0{,}5)' = 1,$

$\breve{\boldsymbol{\beta}} = \breve{\boldsymbol{\vartheta}},$

$e_1 = \frac{1}{81}$; $e_2 = e_3 = \frac{1}{9}$; $e_1^* = 0{,}001$; $e_2^* = e_3^* = 0{,}146.$

$$\hat{\beta}_1 = \frac{4{,}5}{1{,}001} = 4{,}496, \quad \hat{\beta}_2 = \frac{1{,}5}{1{,}146} = 1{,}309, \quad \hat{\beta}_3 = \frac{-1{,}5}{1{,}146} = -1{,}309.$$

c) $\tilde{\boldsymbol{\vartheta}}_R = (4{,}496;\ 1{,}309;\ -1{,}309)'$.

Neben der bereits erwähnten Tatsache, daß die Ridge-Schätzung (3.4.2) bzw. (3.4.3) mit geeignetem α bzw. $\boldsymbol{C}$ bez. quadratischem Verlust besser als die MKQ-Schätzung ist, hat die Ridge-Schätzung gegenüber der MKQ den weiteren Vorteil, daß im Falle einer schwach konditionierten Matrix $\boldsymbol{F}'\boldsymbol{F}$ (›[3.1.3]) die Berechnung der Ridge-Schätzung *numerisch stabiler* ist als die Berechnung der MKQ-Schätzung (›(3.1.55)).

Falls man die Ridge-Schätzung für einen orthogonalen Plan gemäß Verf. 3.4.2 berechnen will, dann entfällt (wie in Bsp. 3.4.2) die Transformation von $\boldsymbol{F}'\boldsymbol{F}$ auf Diagonalform. Im allgemeinen Fall jedoch hat man diese Transformation, die im Prinzip die Bestimmung der Eigenwerte λ_i und der dazugehörenden Eigenvektoren der Matrix $\boldsymbol{F}'\boldsymbol{F}$ bedeutet, durchzuführen. Bei der numerischen Lösung derartiger Eigenwertaufgaben wird $\boldsymbol{F}'\boldsymbol{F}$ i. allg. zunächst auf sog. Tridiagonalform gebracht (d. h. auf eine Matrix, die nur in der Haupt- und den beiden Nebendiagonalen von Null verschiedene Elemente hat) und das Problem für diese Matrix gelöst. Geeignete Verfahren dazu sind z. B. bei Wilkinson [1] zu finden.

3.4.2. Schätzung von ϑ bei einer Fehlerverteilung mit dem charakteristischen Exponenten β

Am Ende von [3.1.2] wurde bereits darauf hingewiesen, daß die MKQ-Schätzung nicht zu empfehlen ist, wenn als Fehlerverteilung keine Normalverteilung in Frage kommt. In diesem Abschnitt wollen wir geeignete Schätzungen für Fälle betrachten, bei denen große Beobachtungsfehler $\varepsilon(\boldsymbol{x})$ mit größerer Wahrscheinlichkeit auftreten, als dies bei der Normalverteilung der Fall wäre (bei Normalverteilungen liegen außerhalb der 3σ-Grenzen praktisch keine Realisierungen).

Eine extreme Verteilung ist in dieser Hinsicht die CAUCHY-Verteilung, die die Dichte

$$p_1(t) = \frac{a}{\pi(1 + a^2t^2)}, \qquad a > 0,$$

besitzt. Diese Dichte wird für große t so langsam klein, daß z. B. das Integral $\int_{-\infty}^{\infty} |t|\, p_1(t)\, dt$ unendlich ist. (Nur Integrale $\int_{-\infty}^{\infty} |t|^{\beta'}\, p_1(t)\, dt$ mit $\beta' < 1$ sind endlich.) Wir wollen nun die Endlichkeit bzw. Unendlichkeit von Integralen des Types

$$I(\beta) := \int_{-\infty}^{\infty} |t|^\beta\, p(t)\, dt; \qquad \beta > 0; \tag{3.4.5}$$

ausnutzen, um eine vorliegende Fehlerverteilung einzuschätzen.

Bezeichnung 3.4.1: Eine Verteilung mit der Dichte $p_\beta(t)$ heißt Verteilung mit dem charakteristischen Exponenten β wenn

a) $0 < \beta \leqq 2$ gilt,

b) für alle β' mit $0 < \beta' < \beta$ das Integral $I(\beta')$ endlich ist und

c) für alle β'' mit $\beta \leqq \beta'' \leqq 2$ das Integral $I(\beta'')$ unendlich ist •

Der Wert β ist also die kleinste Zahl aus dem Intervall $(0, 2]$, für die $I(\beta)$ schon unendlich ist. Wir werden β nur im Fall $1 \leqq \beta \leqq 2$ betrachten. Die CAUCHY-Verteilung ist z. B. eine Verteilung mit $\beta = 1$ und die Normalverteilung eine mit $\beta = 2$.

Bemerkung 3.4.1: Die sog. stabilen Verteilungen mit der charakteristischen Funktion

$$\varphi(t) = \exp\{-|\sigma t|^\beta\}, \quad \sigma > 0,\ 0 < \beta \leqq 2, \tag{3.4.6}$$

sind gerade Verteilungen mit dem charakteristischen Exponent β (s. dazu auch RENYI [1] und [I/3.5.3]).

I. allg. wird der Exponent β dem Experimentator unbekannt sein. Im Fall (3.4.6) gibt es Verfahren, β auf Grund einer Stichprobe zu schätzen (s. z. B. PRESS [1]). Indem man nun ein bestimmtes β zwischen 1 und 2 wählt, entscheidet man sich — grob gesprochen — für eine Fehlerverteilung zwischen den Extremfällen CAUCHY-Verteilung ($\beta = 1$) und Normalverteilung ($\beta = 2$), d. h. je kleiner man β wählt, um so größer schätzt man die Wahrscheinlichkeit großer Beobachtungsfehler ein.

Wir wollen nun für gegebenes β eine Schätzung für eine lineare Funktion von $\boldsymbol{\vartheta}$,

$$\psi = \boldsymbol{c}'\boldsymbol{\vartheta}; \qquad \boldsymbol{c} \in \mathrm{R}^r; \tag{3.4.7}$$

angeben. In (3.4.7) ist z. B. als Spezialfall die Schätzung der Wirkungsfläche $\eta(\boldsymbol{x}) = \boldsymbol{f}(\boldsymbol{x})'\,\boldsymbol{\vartheta}$ enthalten (setze $\boldsymbol{c} = \boldsymbol{f}(\boldsymbol{x})$).

VERFAHREN 3.4.3 (Schätzung bei Fehlerverteilung mit charakteristischem Exponenten β):

1. **Gegebene Größen:** a) Wahrer Regressionsansatz $\tilde{S}$ mit

$$\tilde{\eta}(\boldsymbol{x}, \boldsymbol{\vartheta}) = \boldsymbol{f}(\boldsymbol{x})' \boldsymbol{\vartheta}; \qquad \boldsymbol{x} \in B \subseteq \mathrm{R}^k; \boldsymbol{\vartheta} \in \mathrm{R}^r .$$

b) Versuchsplan und -ergebnisse: $V_n = (\boldsymbol{x}_1, \dots, \boldsymbol{x}_n), \boldsymbol{y} = (y_1, \dots, y_n)'$.

c) Koeffizientenvektor $\boldsymbol{c} \in \mathrm{R}^r$ für die zu schätzende Größe $\psi = \boldsymbol{c}'\boldsymbol{\vartheta}$.

d) charakteristischer Exponent β mit $1 \leqq \beta \leqq 2$.

2. **Aufgabe:** Schätzung von $\psi = \boldsymbol{c}'\boldsymbol{\vartheta}$.

3. **Bezeichnung:** $\boldsymbol{F} = \left(\boldsymbol{f}(\boldsymbol{x}_1), \dots, \boldsymbol{f}(\boldsymbol{x}_n)\right)$.

4. **Voraussetzung:** Es liege (näherungsweise) als Fehlerverteilung eine Verteilung mit dem charakteristischen Exponenten β vor.

5. **Lösung:** a) Bestimme ein $\boldsymbol{a}^* = (a_1^*, \dots, a_n^*)' \in \mathrm{R}^n$ als Lösung der Aufgabe

$$\sum_{i=1}^{n} |a_i|^\beta \overset{!}{=} \inf_{\boldsymbol{a} \in \mathrm{R}^n}$$

unter der Nebenbedingung $\boldsymbol{F}'\boldsymbol{a} = \boldsymbol{c}$.

b) $\hat{\psi}(\boldsymbol{y}) = \boldsymbol{a}^{*\prime}\boldsymbol{y}$ ●

Beispiel 3.4.3:

1. a) $\tilde{\eta}(x, \boldsymbol{\vartheta}) = \vartheta_0 + \vartheta_1 x$; $x \in [-1, 1] = B \subset \mathrm{R}^1$; $\boldsymbol{\vartheta} = (\vartheta_0, \vartheta_1)' \in \mathrm{R}^2$.

b) $V_3 = (-1, 0, 1)$; $\boldsymbol{y} = (3, 4, 6)'$.

c) $\boldsymbol{c} = (1, 1)'$, d. h. $\psi = \vartheta_0 + \vartheta_1$.

d) $\beta = \frac{3}{2}$.

3.
$$\boldsymbol{F} = \begin{pmatrix} 1 & -1 \\ 1 & 0 \\ 1 & 1 \end{pmatrix}.$$

5. a) Aus der Nebenbedingung

$$\boldsymbol{F}'\boldsymbol{a} = \begin{pmatrix} 1 & 1 & 1 \\ -1 & 0 & 1 \end{pmatrix} \begin{pmatrix} a_1 \\ a_2 \\ a_3 \end{pmatrix} = \begin{pmatrix} 1 \\ 1 \end{pmatrix} = \boldsymbol{c},$$

d. h.
$$\begin{aligned} a_1 + a_2 + a_3 &= 1 \\ -a_1 \qquad\quad + a_3 &= 1 \end{aligned}$$

ergibt sich: $a_1 = a_3 - 1$; $-a_2 = 2(a_3 - 1)$.
Diese Werte in die Zielfunktion eingesetzt, führt auf:

$$\sum_{i=1}^{3} |a_i|^{3/2} = |a_3 - 1|^{3/2} + |2(a_3 - 1)|^{3/2} + |a_3|^{3/2} =: g(a_3).$$

Unter Beachtung, daß für die Funktion $f(z) = |z|^\beta$ die erste Ableitung $f'(z) = \beta \operatorname{sgn}(z) |z|^{\beta-1}$ lautet, erhält man

$$g'(a_3) = \tfrac{3}{2} \left\{(1 + 2\sqrt{2}) |a_3 - 1|^{1/2} \operatorname{sgn}(a_3 - 1) + |a_3|^{1/2} \operatorname{sgn}(a_3)\right\}$$

$$= \tfrac{3}{2} \begin{cases} -(1 + 2\sqrt{2})(1 - a_3)^{1/2} - (-a_3)^{1/2}, & -\infty < a_3 \leqq 0, \\ -(1 + 2\sqrt{2})(1 - a_3)^{1/2} + a_3^{1/2}, & 0 < a_3 \leqq 1, \\ (1 + 2\sqrt{2})(a_3 - 1)^{1/2} + a_3^{1/2}, & 1 < a_3 < \infty. \end{cases}$$

Die Gleichung $g'(a_3) = 0$ hat nur für $0 < a_3 \leqq 1$ eine Lösung, und zwar $a_3 = 0{,}94$. Damit ergibt sich: $a_1 = -0{,}06$; $a_2 = 0{,}12$.

b) $\hat{\psi} = -0{,}06 \cdot 3 + 0{,}12 \cdot 4 + 0{,}94 \cdot 6 = 5{,}94$
(zum Vergleich MKQ-Schätzung: $\check{\psi} = 5{,}83$).

Die Schätzung $\hat{\psi}$ in Verf. 3.4.3 ist beste lineare erwartungstreue Schätzung für ψ, falls die Beobachtungsfehler dem stabilen Verteilungsgesetz aus (3.4.6) mit $1 < \beta \leqq 2$ genügen (›[I/Satz 3.5.2]). Die Bestimmung des Koeffizientenvektors $\boldsymbol{a}^*$ läßt sich meistens analytisch nicht so einfach bewältigen, wie im Bsp. 3.4.3. I. allg. wird man ein Verfahren der konvexen Optimierung bei linearen Nebenbedingungen anwenden müssen. Derartige Verfahren sind z. B. in HADLEY [1] zu finden.

3.4.3. Schätzung auf der Grundlage anderer Approximationskriterien

Der MKQ-Schätzung liegt das Approximationsprinzip (3.1.7) zugrunde. Wir wollen jetzt kurz auf Schätzungen eingehen, die auf anderen Approximationsprinzipien beruhen (›(2.3.3) und insbesondere (2.3.4)).

Das Problem, ob man das MKQ-Prinzip oder ein anderes Approximationsprinzip zur Konstruktion einer Schätzung für $\boldsymbol{\vartheta}$ benutzt, wird maßgeblich dadurch beeinflußt, ob Ausreißer in der Stichprobe $y_1, \ldots, y_n$ vorhanden sind oder nicht, und wie stark sie gegebenenfalls berücksichtigt werden sollen. Als Ausreißer bezeichnet man dabei einen solchen beobachteten Wert y_{i_0}, der in irgendeiner Weise verfälscht und daher nicht repräsentativ für die betrachtete Grundgesamtheit erscheint (›[6.5] aber auch Bem. 2.1.2 und [2.3.6]). Beim MKQ-Prinzip beeinflussen derartige Ausreißer den Schätzwert $\check{\boldsymbol{\vartheta}}(\boldsymbol{y})$ relativ stark. Falls der Verdacht auf Ausreißer in der Stichprobe berechtigt scheint, ist es daher günstiger, ein Approximationsprinzip zu wählen, das durch Ausreißer weniger stark beeinflußt wird. Wir untersuchen also in diesem Abschnitt den Fall, daß ein vorheriges Aussondern der Ausreißer nicht stattgefunden hat (sei es, daß die Prüfung zu aufwendig oder überhaupt nicht möglich war, oder daß kein ausreichender sachlicher Grund vorhanden war, gewisse Stichprobenwerte als Ausreißer anzusehen).

Wir betrachten zunächst das Approximationsprinzip (2.3.4) mit $p = 1$,

$$\sum_{i=1}^{n} |y_i - \boldsymbol{f}(\boldsymbol{x}_i)' \boldsymbol{\vartheta}| \stackrel{!}{=} \inf_{\boldsymbol{\vartheta} \in \mathrm{R}^r}, \tag{3.4.8}$$

d. h. die Schätzung für $\boldsymbol{\vartheta}$ soll die Summe der absoluten Abweichungen der beobachteten Werte y_i von den Werten der Ansatzfunktion $\boldsymbol{f}(\boldsymbol{x}_i)' \boldsymbol{\vartheta}$ in den Beobachtungspunkten $\boldsymbol{x}_i$ minimieren $(i = 1, \ldots, n)$. Wir nennen dieses Vorgehen *Methode der kleinsten Absolutbeträge* (MKA).

VERFAHREN 3.4.4 (Methode der kleinsten Absolutbeträge):

1. **Gegebene Größen:** a) Wahrer Regressionsansatz $\tilde{S}$ mit

$$\tilde{\eta}(\boldsymbol{x}, \boldsymbol{\vartheta}) = \boldsymbol{f}(\boldsymbol{x})' \boldsymbol{\vartheta}; \qquad \boldsymbol{x} \in B \subseteq \mathrm{R}^k;\ \boldsymbol{\vartheta} \in \mathrm{R}^r.$$

b) Versuchsplan und -ergebnisse: $V_n = (\boldsymbol{x}_1, \ldots, \boldsymbol{x}_n)$, $\boldsymbol{y} = (y_1, \ldots, y_n)'$.

2. **Aufgabe:** Schätze $\boldsymbol{\vartheta}$ nach der MKA.

3. **Bezeichnung:** $g_1(\boldsymbol{\vartheta}) := \sum_{i=1}^{n} |y_i - \boldsymbol{f}(\boldsymbol{x}_i)' \boldsymbol{\vartheta}|$.

4. **Voraussetzung:** $n \geqq r$.

5. **Lösung:** Bestimme die MKA-Schätzung $\hat{\vartheta}_1$ als Lösung von

$$g_1(\boldsymbol{\vartheta}) \stackrel{!}{=} \inf_{\boldsymbol{\vartheta} \in \mathrm{R}^r} \bullet$$

Beispiel 3.4.4 (↗Bsp. 3.4.3):

1. a) $\tilde{\eta}(x, \boldsymbol{\vartheta}) = \vartheta_0 + \vartheta_1 x;\ x \in [-1, 1] = B \subset \mathrm{R}^1;\ \boldsymbol{\vartheta} = (\vartheta_1, \vartheta_2)' \in \mathrm{R}^2$.

b) $V_3 = (-1, 0, 1);\ \boldsymbol{y} = (3, 4, 6)'$.

3. $g_1(\vartheta_0, \vartheta_1) = |3 - \vartheta_0 + \vartheta_1| + |4 - \vartheta_0| + |6 - \vartheta_0 - \vartheta_1|$.

5. Die Funktion $g_1(\vartheta_0, \vartheta_1)$ ist konvex und besteht aus Ebenenstücken. Die Grenzlinien zwischen den Ebenenstücken werden durch das Verschwinden jeweils eines der drei Summanden von g_1 bestimmt. In Abb. 3.4.1 sind die Begrenzungen der Ebenenstücke

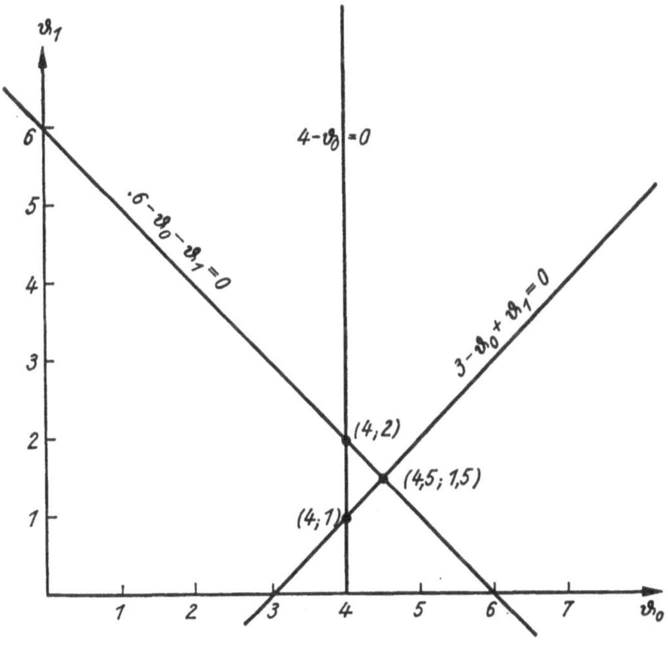

Abb. 3.4.1. Die Funktion $g_1(\vartheta_0, \vartheta_1)$ aus Bsp. 3.4.4

auf die $(\vartheta_0, \vartheta_1)$-Ebene projiziert. Da g_1 konvex und nach unten beschränkt ist, muß an einem der Eckpunkte (4; 2), (4; 1) oder (4,5; 1,5) das Minimum von g_1 angenommen werden. Man erhält $g_1(4; 2) = 1$; $g_1(4; 1) = 1$; $g_1(4{,}5;\ 1{,}5) = 0{,}5$. Damit ist $\hat{\boldsymbol{\vartheta}}_1 = (4{,}50;\ 1{,}50)'$ (zum Vergleich MKQ-Schätzung: $\check{\boldsymbol{\vartheta}} = (4{,}33;\ 1{,}50)'$).

Die wichtigsten Eigenschaften von $\hat{\boldsymbol{\vartheta}}_1$ bestehen in folgendem:

a) Die $(n - r)$ Beobachtungen mit den größten Beträgen $|y_i - \boldsymbol{f}(\boldsymbol{x}_i)'\, \hat{\boldsymbol{\vartheta}}_1|$ werden nicht berücksichtigt, d. h., die Schätzung wird durch einige Ausreißer nicht beeinflußt. In Bsp. 3.4.4 wird der Schätzwert $\hat{\boldsymbol{\vartheta}}_1 = (4{,}5;\ 1{,}5)'$ z. B. nur durch die Beobachtungen $y_1 = 3$ und $y_3 = 6$ bestimmt.

b) Falls die Beobachtungsfehler ε einer sog. LAPLACE-Verteilung mit der Dichte

$$p_\varepsilon(t) = \frac{1}{4\sigma}\exp\left\{-\frac{1}{2}\left|\frac{t}{\sigma}\right|\right\}; \qquad \sigma > 0;\ -\infty < t < \infty; \tag{3.4.9}$$

genügen, ist $\hat{\boldsymbol{\vartheta}}_1$ Maximum-Likelihood-Schätzung für $\boldsymbol{\vartheta}$.

Aus Bsp. 3.4.4 werden einige allgemeine Eigenschaften des Optimierungsproblems (3.4.8) deutlich. Die Funktion g_1 ist stets konvex und ihr Minimum wird in einem der Eckpunkte angenommen. Dabei ist $\boldsymbol{\vartheta}_e$ ein Eckpunkt von g_1, wenn an der Stelle $\boldsymbol{\vartheta}_e$ mindestens r der n Beträge von g_1 verschwinden. Es gibt i. allg. $\binom{n}{r}$ derartige Eckpunkte. Bei großem n ist es daher viel zu aufwendig, alle Funktionswerte an den Eckpunkten zu vergleichen, um den optimalen Eckpunkt zu erhalten. Man hilft sich dann, indem man die Aufgabe (3.4.8) in ein lineares Optimierungsproblem überführt.

VERFAHREN 3.4.5 (MKA als lineares Optimierungsproblem):

1. **Gegebene Größen:** a) Wahrer Regressionsansatz $\tilde{S}$ mit

$$\tilde{\eta}(\boldsymbol{x}, \boldsymbol{\vartheta}) = \boldsymbol{f}(\boldsymbol{x})'\,\boldsymbol{\vartheta}; \qquad \boldsymbol{x} \in B \subseteq \mathrm{R}^k;\ \boldsymbol{\vartheta} \in \mathrm{R}^r.$$

b) Versuchsplan und -ergebnisse: $V_n = (\boldsymbol{x}_1, \ldots, \boldsymbol{x}_n)$, $\boldsymbol{y} = (y_1, \ldots, y_n)'$.

2. **Aufgabe:** Schätze $\boldsymbol{\vartheta}$ nach MKA.

3. **Bezeichnung:** $\boldsymbol{z} := (u_1, \ldots, u_n, v_1, \ldots, v_n, b_1, \ldots, b_{r+1}) \in \mathrm{R}^{2n+r+1}$.

4. **Voraussetzung:** $n \geqq r$.

5. **Lösung:** a) Löse für den $(2n + r + 1)$-dimensionalen Vektor $\boldsymbol{z}$ das lineare Optimierungsproblem

$$\sum_{i=1}^{n} (u_i + v_i) \overset{!}{=} \inf;$$

$$\sum_{j=1}^{r} f_j(\boldsymbol{x}_i)\,(b_j - b_{r+1}) - u_i + v_i = y_i \qquad (i = 1, \ldots, n);$$

$$u_i \geqq 0;\ v_i \geqq 0 \quad (i = 1, \ldots, n); \qquad b_j \geqq 0 \quad (j = 1, \ldots, r+1).$$

b) Bestimme aus der Lösung $\boldsymbol{z}^*$ die Schätzung $\hat{\boldsymbol{\vartheta}}_1 = (\hat{\vartheta}_{11}, \ldots, \hat{\vartheta}_{1r})'$ gemäß $\hat{\vartheta}_{1j} = b_j^* - b_{r+1}^*$ $(j = 1, \ldots, r)$ ●

Beispiel 3.4.5 (nur Formulierung der linearen Optimierungsaufgabe; ›Bsp. 3.4.4):

1. a) $\tilde{\eta}(x, \boldsymbol{\vartheta}) = \vartheta_1 + \vartheta_2 x$; $x \in [0, 1] = B \subset \mathrm{R}^1$; $\boldsymbol{\vartheta} = (\vartheta_1, \vartheta_2)' \in \mathrm{R}^2$.

b) $V_3 = (-1, 0, 1)$; $\boldsymbol{y} = (3, 4, 6)'$.

3. $\boldsymbol{z} = (u_1, u_2, u_3, v_1, v_2, v_3, b_1, b_2, b_3)'$.

5. a) lineares Optimierungsproblem:

$$\begin{aligned}
&u_1 + u_2 + u_3 + v_1 + v_2 + v_3 \overset{!}{=} \inf\\
&b_1 - b_2 - u_1 + v_1 = 3\\
&b_1 - b_3 - u_2 + v_2 = 4\\
&b_1 + b_2 - 2b_3 - u_3 + v_3 = 6\\
&b_j \geqq 0\ (j = 1, 2, 3);\ u_i \geqq 0;\ v_i \geqq 0\ (i = 1, 2, 3).
\end{aligned}$$

Das lineare Optimierungsproblem kann mit einem Simplexverfahren gelöst werden. In BARRODALE/YOUNG [1] ist ein speziell für das obige Problem geeigneter modifizierter Simplex-Algorithmus angegeben. Wir erwähnen noch, daß HUBER [1] vorschlug, einen Kompromiß zwischen MKQ- und MKA-Kriterium zu wählen. Für ein vorgegebenes $c > 0$ soll der Schätzwert für $\boldsymbol{\vartheta}$ als Lösung der Aufgabe

$$\sum_{i=1}^{n} \varrho\left(y_i - \boldsymbol{f}(\boldsymbol{x}_i)' \boldsymbol{\vartheta}\right) \stackrel{!}{=} \inf_{\boldsymbol{\vartheta} \in \mathrm{R}^r} \tag{3.4.10}$$

gewonnen werden, wobei

$$\varrho(t) = \begin{cases} \dfrac{t^2}{2}, & \text{falls } |t| \leqq c, \\ c\,|t| - \dfrac{c^2}{2}, & \text{falls } |t| > c, \end{cases} \tag{3.4.11}$$

gilt. Abweichungen $|y_i - \boldsymbol{f}(\boldsymbol{x}_i)' \boldsymbol{\vartheta}| \leqq c$ werden also wie beim MKQ-Prinzip, Abweichungen $|y_i - \boldsymbol{f}(\boldsymbol{x}_i)' \boldsymbol{\vartheta}| > c$ (u. a. also auch Ausreißer) wie beim MKA-Prinzip behandelt. Ein numerisches Verfahren zur Lösung von (3.4.10) ist in HUBER/DUTTER [1] zu finden.

Es kann mehrere Lösungen der Aufgabe (3.4.8) geben, d. h., der Schätzwert $\hat{\boldsymbol{\vartheta}}_1$ ist i. allg. nicht eindeutig bestimmt. U. a. aus diesem Grund verwendet man anstelle von (3.4.8) auch das Approximationsprinzip *im p-ten Mittel*

$$\sum_{i=1}^{n} |y_i - \boldsymbol{f}(\boldsymbol{x}_i)' \boldsymbol{\vartheta}|^p \stackrel{!}{=} \inf_{\boldsymbol{\vartheta} \in \mathrm{R}^r}, \tag{3.4.12}$$

das für $1 < p < \infty$ auf eindeutige Lösungen führt.

VERFAHREN 3.4.6 (Methode des p-ten Mittels):

1. **Gegebene Größen:** a) Wahrer Regressionsansatz $\tilde{S}$ mit

$$\tilde{\eta}(\boldsymbol{x}, \boldsymbol{\vartheta}) = \boldsymbol{f}(\boldsymbol{x})' \boldsymbol{\vartheta}; \qquad \boldsymbol{x} \in B \subseteq \mathrm{R}^k; \qquad \boldsymbol{\vartheta} \in \mathrm{R}^r.$$

b) Versuchsplan und -ergebnisse: $V_n = (\boldsymbol{x}_1, \dots, \boldsymbol{x}_n)$, $\boldsymbol{y} = (y_1, \dots, y_n)'$.

c) Reelle Zahl p mit $1 < p < \infty$.

2. **Aufgabe:** Schätze $\boldsymbol{\vartheta}$ nach der Methode des p-ten Mittels.

3. **Bezeichnung:** $g_p(\boldsymbol{\vartheta}) := \sum_{i=1}^{n} |y_i - \boldsymbol{f}(\boldsymbol{x}_i)' \boldsymbol{\vartheta}|^p$.

4. **Voraussetzung:** $n \geqq r$.

5. **Lösung:** Bestimme $\hat{\boldsymbol{\vartheta}}_p$ als Lösung der Aufgabe $g_p(\boldsymbol{\vartheta}) \stackrel{!}{=} \inf_{\boldsymbol{\vartheta} \in \mathrm{R}^r}$ ●

Beispiel 3.4.6 (↑Bsp. 3.4.4):

1. a) $\tilde{\eta}(x, \boldsymbol{\vartheta}) = \vartheta_0 + \vartheta_1 x$; $x \in [-1, 1] = B \subset \mathrm{R}^1$; $\boldsymbol{\vartheta} = (\vartheta_0, \vartheta_1)' \in \mathrm{R}^2$.

b) $V_n = (-1, 0, 1)$; $\boldsymbol{y} = (3, 4, 6)'$.

c) $p = \frac{3}{2}$.

3. $g_p(\vartheta_0, \vartheta_1) = |3 - \vartheta_0 + \vartheta_1|^{3/2} + |4 - \vartheta_0|^{3/2} + |6 - \vartheta_0 - \vartheta_1|^{3/2}$.

5. Da für $f(z) = |z|^p$ stets $f'(z) = p \operatorname{sgn}(z)\,|z|^{p-1}$ gilt, ergibt sich

$$\frac{\partial g_p}{\partial \vartheta_0} = -\frac{3}{2}\{|3-\vartheta_0+\vartheta_1|^{1/2}\operatorname{sgn}(3-\vartheta_0+\vartheta_1)+|4-\vartheta_0|^{1/2}\operatorname{sgn}(4-\vartheta_0) + |6-\vartheta_0-\vartheta_1|^{1/2}\operatorname{sgn}(6-\vartheta_0-\vartheta_1)\}\,.$$

$$\frac{\partial g_p}{\partial \vartheta_1} = \frac{3}{2}\{|3-\vartheta_0+\vartheta_1|^{1/2}\operatorname{sgn}(3-\vartheta_0+\vartheta_1)-|6-\vartheta_0-\vartheta_1|^{1/2}\operatorname{sgn}(6-\vartheta_0-\vartheta_1)\}\,.$$

Die Ableitungen sind Null zu setzen. $\frac{\partial g_p}{\partial \vartheta_1}$ kann nur Null werden, wenn $\operatorname{sgn}(3-\vartheta_0+\vartheta_1) = \operatorname{sgn}(6-\vartheta_0-\vartheta_1)$ gilt (sonst ist diese Ableitung immer positiv oder negativ). Damit erhält man aus $\frac{\partial g_p}{\partial \vartheta_1} = 0$

$$|3-\vartheta_0+\vartheta_1|^{1/2} = |6-\vartheta_0-\vartheta_1|^{1/2} \Rightarrow \vartheta_1 = 1{,}5\,.$$

Diese Lösung in $\frac{\partial g_p}{\partial \vartheta_0} = 0$ eingesetzt ergibt

$$-\tfrac{3}{2}\{2\,|4{,}5-\vartheta_0|^{1/2}\operatorname{sgn}(4{,}5-\vartheta_0)+|4-\vartheta_0|^{1/2}\operatorname{sgn}(4-\vartheta_0)\} = 0\,.$$

Diese Gleichung kann nur im Bereich $4 \leqq \vartheta_0 \leqq 4{,}5$ erfüllt werden. Dort ergibt sich

$$2(4{,}5-\vartheta_0)^{1/2}-(\vartheta_0-4)^{1/2} = 0 \Rightarrow \vartheta_0 = \tfrac{22}{5} = 4{,}4\,.$$

Damit erhalten wir $\hat{\boldsymbol{\vartheta}}_p = (4{,}4;\,1{,}5)'$.

Die Schätzung $\hat{\boldsymbol{\vartheta}}_p$ hat folgende wesentlichen Eigenschaften:

a) Im Vergleich zur MKQ-Schätzung (d. h. $p = 2$) ist $\hat{\boldsymbol{\vartheta}}_p$ für $1 < p < 2$ weniger und für $2 < p < \infty$ stärker anfällig gegenüber Ausreißern. Wenn der Einfluß von Ausreißern nicht zu groß sein darf, sind Schätzungen $\hat{\boldsymbol{\vartheta}}_p$ mit $p > 2$ praktisch sinnlos. Je größer die vermutete Anzahl von Ausreißern ist, desto kleiner sollte p gewählt werden.

b) Falls die Beobachtungsfehler ε einer Verteilung mit der Dichte

$$p_\varepsilon(t) = w(p,\sigma)\exp\left\{-\frac{1}{2}\left|\frac{t}{\sigma}\right|^p\right\};\quad \sigma > 0; \tag{3.4.13}$$

mit der Normierungskonstanten $w(p, \sigma)$ genügen, ist $\hat{\boldsymbol{\vartheta}}_p$ Maximum-Likelihood-Schätzung für $\boldsymbol{\vartheta}$.

Im Gegensatz zu g_1 in Verf. 3.4.4 ist g_p aus Verf. 3.4.6 nicht nur konvex, sondern streng konvex und überall differenzierbar. Daher ist die Lösung von (3.4.12) eindeutig bestimmt, und die sonst nur notwendigen Bedingungen $\partial g_p/\partial\vartheta_j = 0$ $(j = 1, \ldots, r)$ sind auch hinreichend für ein Minimum. Diese Tatsache haben wir bereits in Bsp. 3.4.6 ausgenutzt.

I. allg. sind numerische Lösungsverfahren nötig, um das Problem (3.4.12) zu lösen. Wir verweisen dazu auf die Verfahren zur Minimumsuche einer beliebigen Funktion (›Verf. 3.5.10 und Verf. 3.5.11). Hier geben wir ein speziell auf das Problem (3.4.12) zugeschnittenes Iterationsverfahren an, das in jedem Schritt eine MKQ-Schätzung berechnet (s. z. B. SPÄTH [2]).

VERFAHREN 3.4.7 (Iterationsverfahren für Methode des p-ten Mittels):

1. **Gegebene Größen:** a) Wahrer Regressionsansatz $\tilde{S}$ mit

$$\tilde{\eta}(\boldsymbol{x}, \boldsymbol{\vartheta}) = \boldsymbol{f}(\boldsymbol{x})'\,\boldsymbol{\vartheta};\qquad \boldsymbol{x} \in B \subseteq \mathrm{R}^k;\qquad \boldsymbol{\vartheta} \in \mathrm{R}^r\,.$$

b) Versuchsplan und -ergebnisse: $V_n = (\boldsymbol{x}_1, \ldots, \boldsymbol{x}_n)$, $\boldsymbol{y} = (y_1, \ldots, y_n)'$.

c) p mit $1 < p < \infty$ (›(3.4.12)).

2. Aufgabe: Iterative Berechnung von $\hat{\boldsymbol{\vartheta}}_p$.

3. Bezeichnung: $\boldsymbol{F} = (\boldsymbol{f}(\boldsymbol{x}_1), \ldots, \boldsymbol{f}(\boldsymbol{x}_n))'$.

4. Voraussetzungen: $\operatorname{Rg} \boldsymbol{F} = r;\ n \geqq r$.

5. Lösung: a) Setze $\boldsymbol{\Sigma}^{(1)} = \boldsymbol{I}_n$.

b) k-ter Iterationsschritt ($k = 1, 2, \ldots$):

— Bestimme $\boldsymbol{\vartheta}^{(k)}$ als Lösung des verallgemeinerten MKQ-Problems

$$(\boldsymbol{y} - \boldsymbol{F}\boldsymbol{\vartheta})' \boldsymbol{\Sigma}^{(k)} (\boldsymbol{y} - \boldsymbol{F}\boldsymbol{\vartheta}) \overset{!}{=} \inf_{\boldsymbol{\vartheta} \in \mathrm{R}^r} \quad (\text{›Verf. } 3.2.1);$$

— Berechne

$$\boldsymbol{B}_{\boldsymbol{\vartheta}^{(k)}} = ((b_{ij}^{(k)}))_{r \times r} = (\boldsymbol{F}'\boldsymbol{\Sigma}^{(k)}\boldsymbol{F})^{-1} (\boldsymbol{F}'\boldsymbol{\Sigma}^{(k)}\boldsymbol{\Sigma}^{(k)}\boldsymbol{F}) (\boldsymbol{F}'\boldsymbol{\Sigma}^{(k)}\boldsymbol{F})^{-1};$$

— Berechne $\varepsilon_i^{(k)} = |y_i - \boldsymbol{f}(\boldsymbol{x}_i)' \boldsymbol{\vartheta}^{(k)}| \quad (i = 1, \ldots, n)$;

— Berechne $r_i^{(k)} = (\varepsilon_i^{(k)})^{p-2} \quad (i = 1, \ldots, n)$;

— Setze $\boldsymbol{\Sigma}^{(k+1)} = \operatorname{diag}\left(((r_1^{(k)}, \ldots, r_n^{(k)}))\right)$;

c) Abbruchregel: Stoppe nach der Berechnung von $\boldsymbol{\vartheta}^{(k_0+1)}$ falls gilt

$$|\vartheta_j^{(k_0+1)} - \vartheta_j^{(k_0)}| \leqq 0{,}1 \sqrt{(n - r)^{-1} \sum_{i=1}^{n} (\varepsilon_i^{(k_0)})^2 b_{jj}^{(k_0)}};$$

$j = 1, \ldots, r$; und verwende $\hat{\boldsymbol{\vartheta}}_p = \boldsymbol{\vartheta}^{(k_0+1)}$ ●

Beispiel 3.4.7 (›Bsp. 3.4.6):

1. a) $\tilde{\eta}(x, \boldsymbol{\vartheta}) = \vartheta_0 + \vartheta_1 x;\ x \in [-1, 1] = B \subset \mathrm{R}^1;\ \boldsymbol{\vartheta} = (\vartheta_0, \vartheta_1)' \in \mathrm{R}^2$.

b) $V_3 = (-1, 0, 1);\ \boldsymbol{y} = (3, 4, 6)'$.

c) $p = \frac{3}{2}$.

3. $\boldsymbol{F} = \begin{pmatrix} 1 & -1 \\ 1 & 0 \\ 1 & 1 \end{pmatrix}$.

5. a) $\boldsymbol{\Sigma}^{(1)} = \boldsymbol{I}_3$.

b) $k = 1$: $\boldsymbol{\vartheta}^{(1)} = (\boldsymbol{F}'\boldsymbol{F})^{-1} \boldsymbol{F}'\boldsymbol{y} = (4{,}33;\ 1{,}50)'$; $\quad \boldsymbol{B}_{\boldsymbol{\vartheta}^{(1)}} = \begin{pmatrix} \frac{1}{3} & 0 \\ 0 & \frac{1}{2} \end{pmatrix}$;

$\varepsilon_1^{(1)} = \frac{1}{6};\quad \varepsilon_2^{(1)} = \frac{1}{3};\quad \varepsilon_3^{(1)} = \frac{1}{6}$;

$r_1^{(1)} = 2{,}45;\quad r_2^{(1)} = 1{,}73;\quad r_3^{(1)} = 2{,}45$;

$$\boldsymbol{\Sigma}^{(2)} = \begin{pmatrix} 2{,}45 & 0 & 0 \\ 0 & 1{,}73 & 0 \\ 0 & 0 & 2{,}45 \end{pmatrix}.$$

$k = 2$: $\boldsymbol{\vartheta}^{(2)} = (4{,}37;\ 1{,}50)'$;

$|\vartheta_1^{(2)} - \vartheta_1^{(1)}| = 0{,}04 > 0{,}1 \sqrt{1 \cdot (\frac{1}{36} + \frac{1}{9} + \frac{1}{36}) \cdot \frac{1}{3}} = 0{,}0236$;

d. h. kein Stopp.

$$\boldsymbol{B}_{\boldsymbol{\vartheta}^{(2)}} = \begin{pmatrix} 0{,}34 & 0 \\ 0 & 0{,}50 \end{pmatrix};$$

$\varepsilon_1^{(2)} = 0{,}13;\quad \varepsilon_2^{(2)} = 0{,}37;\quad \varepsilon_3^{(2)} = 0{,}13$;

$r_1^{(2)} = 2{,}77;\quad r_2^{(2)} = 1{,}64;\quad r_3^{(2)} = 2{,}77$;

$$\boldsymbol{\Sigma}^{(3)} = \begin{pmatrix} 2{,}77 & 0 & 0 \\ 0 & 1{,}64 & 0 \\ 0 & 0 & 2{,}77 \end{pmatrix}.$$

$k = 3$: $\boldsymbol{\vartheta}^{(3)} = (4{,}39;\ 1{,}50)'$;

$|\vartheta_1^{(3)} - \vartheta_1^{(2)}| = 0{,}02 < 0{,}1\sqrt{1[(0{,}13)^2 + (0{,}37)^2 + (0{,}13)^2]\,0{,}34} = 0{,}025$,

d. h. Abbruch. $\hat{\boldsymbol{\vartheta}}_p = \boldsymbol{\vartheta}^{(3)} = (4{,}39;\ 1{,}50)'$.

Nach numerischen Erfahrungen divergiert das Verfahren für alle geraden Zahlen $p \geqq 4$ (s. SPÄTH [2]). Für große Werte p ist jedoch die Schätzung $\hat{\boldsymbol{\vartheta}}_p$ wegen der Überbetonung von Ausreißern sowieso nicht zu empfehlen. Für $p \leqq 2$ ist eventuell $r_i^{(k)}$ nicht definiert, nämlich dann, wenn $y_i - \boldsymbol{f}(\boldsymbol{x}_i)'\,\boldsymbol{\vartheta}^{(k)} = 0$ gilt. Man hilft sich dann folgendermaßen: Ist δ die Genauigkeit des benutzten Rechners in dem Sinne, daß δ die größte positive Zahl ist, für die z. B. $1 + \delta$ den Wert 1 ergibt, so setze man im Falle $|y_i - \boldsymbol{f}(\boldsymbol{x}_i)'\,\boldsymbol{\vartheta}^{(k)}| < \delta$ stets $r_i^{(k)} = \delta$ (s. z. B. SPÄTH [2]).

Die Abbruchregel ist wieder so konstruiert, daß die erzielte numerische Verbesserung mit dem vorliegenden statistischen Fehler verglichen wird (›[3.1.3] und Verf. 3.1.7).

Wir gehen nun noch kurz auf das Approximationsprinzip (2.3.3) ein.

VERFAHREN 3.4.8 (Methode der TSCHEBYSCHEFF-Approximation):

1. **Gegebene Größen:** a) Wahrer Regressionsansatz $\tilde{S}$ mit

$$\tilde{\eta}(\boldsymbol{x}, \boldsymbol{\vartheta}) = \boldsymbol{f}(\boldsymbol{x})'\,\boldsymbol{\vartheta}; \qquad \boldsymbol{x} \in B \subseteq \mathrm{R}^k; \qquad \boldsymbol{\vartheta} \in \mathrm{R}^r.$$

b) Versuchsplan und -ergebnisse: $V_n = (\boldsymbol{x}_1, \ldots, \boldsymbol{x}_n)$, $\boldsymbol{y} = (y_1, \ldots, y_n)'$.

2. **Aufgabe:** Schätze $\boldsymbol{\vartheta}$ nach der Methode der TSCHEBYSCHEFF-Approximation.

3. **Bezeichnung:** $g_\infty(\boldsymbol{\vartheta}) := \sup\limits_i |y_i - \boldsymbol{f}(\boldsymbol{x}_i)'\,\boldsymbol{\vartheta}|$.

4. **Voraussetzung:** $n \geqq r$.

5. **Lösung:** Bestimme $\hat{\boldsymbol{\vartheta}}_\infty$ als Lösung der Aufgabe

$$g_\infty(\boldsymbol{\vartheta}) \overset{!}{=} \inf_{\boldsymbol{\vartheta} \in \mathrm{R}^r} \bullet$$

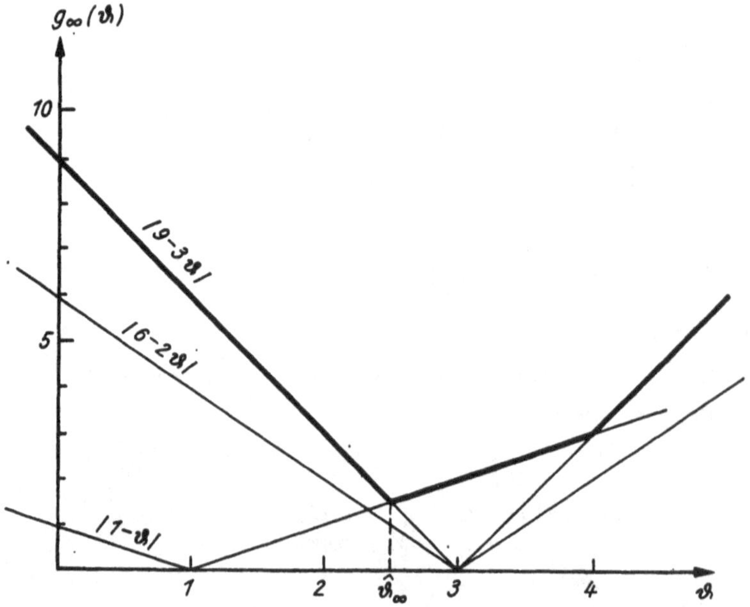

Abb. 3.4.2. Die Funktion $g_\infty(\vartheta)$ aus Bsp. 3.4.8

Beispiel 3.4.8:

1. a) $\tilde{\eta}(x, \vartheta) = \vartheta x$; $x \in \mathrm{R}^1$; $\vartheta \in \mathrm{R}^1$.

b) $V_3 = (1, 2, 3)$; $\boldsymbol{y} = (1, 6, 9)'$.

3. $g_\infty(\vartheta) = \sup \{|1 - \vartheta|, |6 - 2\vartheta|, |9 - 3\vartheta|\}$.

5. Die Funktion $g_\infty(\vartheta)$ ist in Abb. 3.4.2 durch die stark gezeichnete Kurve dargestellt. Man erkennt sofort das Minimum $\hat{\vartheta}_\infty = 2{,}5$ (zum Vergleich MKQ: $\check{\vartheta} = 2{,}857$).

Den Schätzwert $\hat{\boldsymbol{\vartheta}}_\infty$ kann man auch als Lösung der Aufgabe (3.4.12) für $p \to \infty$ erhalten (daher die Bezeichnung $\hat{\boldsymbol{\vartheta}}_\infty$).

Verf. 3.4.8 sollte nur dann angewendet werden, wenn mit Sicherheit keine Ausreißer in der Stichprobe enthalten sind, da sonst diese den Schätzwert im wesentlichen bestimmen. Die zur Bestimmung von $\hat{\boldsymbol{\vartheta}}_\infty$ zu lösende Aufgabe $g_\infty(\boldsymbol{\vartheta}) \overset{!}{=} \inf\limits_{\boldsymbol{\vartheta} \in \mathrm{R}^r}$ ist äquivalent zu folgendem linearen Optimierungsproblem:

VERFAHREN 3.4.9 (TSCHEBYSCHEFF-Approximation als lineares Optimierungsproblem):

1. **Gegebene Größen:** a) Wahrer Regressionsansatz $\tilde{S}$ mit

$$\tilde{\eta}(\boldsymbol{x}, \boldsymbol{\vartheta}) = \boldsymbol{f}(\boldsymbol{x})' \boldsymbol{\vartheta}; \qquad \boldsymbol{x} \in B \subseteq \mathrm{R}^k; \qquad \boldsymbol{\vartheta} \in \mathrm{R}^r.$$

b) Versuchsplan und -ergebnisse: $V_n = (\boldsymbol{x}_1, \dots, \boldsymbol{x}_n)$, $\boldsymbol{y} = (y_1, \dots, y_n)'$.

2. **Aufgabe:** Bestimmung von $\hat{\boldsymbol{\vartheta}}_\infty$.

3. **Bezeichnung:** $\boldsymbol{b} := (b_1, \dots, b_r, b_{r+1}, b_{r+2})' \in \mathrm{R}^{r+2}$.

4. **Voraussetzung:** $n \geqq r$.

5. **Lösung:** a) Löse für den $(r + 2)$-dimensionalen Vektor $\boldsymbol{b}$ das lineare Optimierungsproblem

$$b_{r+2} \overset{!}{=} \inf,$$

$$\left.\begin{aligned} &\sum_{j=1}^{r} f_j(\boldsymbol{x}_i)\,(b_j - b_{r+1}) + b_{r+2} \geqq y_i, \\ &-\sum_{j=1}^{r} f_j(\boldsymbol{x}_i)\,(b_j - b_{r+1}) + b_{r+2} \geqq -y_i, \end{aligned}\right\} \quad (i = 1, \dots, n)$$

$$b_j \geqq 0 \quad (j = 1, \dots, r + 2).$$

b) Bestimme aus der Lösung $\boldsymbol{b}^*$ die Schätzung $\hat{\boldsymbol{\vartheta}}_\infty = (\hat{\vartheta}_{\infty,1}, \dots, \hat{\vartheta}_{\infty,r})'$ gemäß $\check{\vartheta}_{\infty,j} = b_j^* - b_{r+1}^*$; $j = 1, \dots, r$ ●

I. allg. löst man jedoch nicht das in Verf. 3.4.9 angegebene lineare Optimierungsproblem, sondern das dazu duale (s. z. B. BARRODALE/YOUNG [1]).

3.5. Schätzung bei wahrem nichtlinearem Ansatz

Die bisherigen Abschnitte des Kap. 3 stellten Schätzfunktionen für den unbekannten Parameter $\boldsymbol{\vartheta}$ in einem *linearen* und wahren Regressionsansatz vor. Es gibt jedoch viele Situationen, in denen die Annahme eines linearen Ansatzes nicht gerechtfertigt ist.

Das ist z. B. meist dann der Fall, wenn ein (wahrer) fachwissenschaftlich begründeter Ansatz vorliegt. Dann wird es nur in Ausnahmefällen so sein, daß alle (wissenschaftlich deutbaren) Parameter linear in den Ansatz eingehen. Dieser Abschnitt behandelt daher das Problem der Parameterschätzung bei wahrem nichtlinearem Ansatz

$$\tilde{S} = \{\tilde{\eta}(\boldsymbol{x}, \boldsymbol{\vartheta}) : \boldsymbol{x} \in B \subseteq \mathrm{R}^k\}_{\boldsymbol{\vartheta} \in \Theta \subseteq \mathrm{R}^r} . \tag{3.5.1}$$

3.5.1. MKQ-Schätzung

Da der Ansatz $\tilde{S}$ aus (3.5.1) als wahr vorausgesetzt ist, gilt bei vorliegendem Versuchsplan $V_n = (\boldsymbol{x}_1, \dots, \boldsymbol{x}_n)$ mit der Bezeichnung $\tilde{\boldsymbol{\eta}}(V_n, \boldsymbol{\vartheta}) = (\tilde{\eta}(\boldsymbol{x}_1, \boldsymbol{\vartheta}), \dots, \tilde{\eta}(\boldsymbol{x}_n, \boldsymbol{\vartheta}))'$ für den Beobachtungsvektor

$$\mathfrak{Y}(V_n) = \tilde{\boldsymbol{\eta}}(V_n, \boldsymbol{\vartheta}) + \boldsymbol{\varepsilon}(V_n); \qquad \mathrm{E}\boldsymbol{\varepsilon}(V_n) = \boldsymbol{0} . \tag{3.5.2}$$

Der unbekannte Parameter $\boldsymbol{\vartheta}$ kann ebenfalls nach der Methode der kleinsten Quadrate geschätzt werden.

VERFAHREN 3.5.1 (MKQ nichtlinear):

1. **Gegebene Größen:** a) Wahrer Regressionsansatz $\tilde{S}$ mit

$$\tilde{\eta}(\boldsymbol{x}, \boldsymbol{\vartheta}); \qquad \boldsymbol{x} \in B \subseteq \mathrm{R}^k; \qquad \boldsymbol{\vartheta} \in \mathrm{R}^r .$$

b) Versuchsplan und -ergebnisse: $V_n = (\boldsymbol{x}_1, \dots, \boldsymbol{x}_n)$, $\boldsymbol{y} = (y_1, \dots, y_n)'$.

2. **Aufgabe:** Schätzung von $\boldsymbol{\vartheta}$ nach MKQ.

3. **Bezeichnung:** $\tilde{\boldsymbol{\eta}}(V_n, \boldsymbol{\vartheta}) = (\tilde{\eta}(\boldsymbol{x}_1, \boldsymbol{\vartheta}), \dots, \tilde{\eta}(\boldsymbol{x}_n, \boldsymbol{\vartheta}))'$.

4. **Voraussetzung:** $n \geqq r$.

5. **Lösung:** Verwende als Schätzung $\check{\boldsymbol{\vartheta}}$ die Lösung der Aufgabe

$$g(\boldsymbol{\vartheta}) = (\boldsymbol{y} - \tilde{\boldsymbol{\eta}}(V_n, \boldsymbol{\vartheta}))' (\boldsymbol{y} - \tilde{\boldsymbol{\eta}}(V_n, \boldsymbol{\vartheta})) \overset{!}{=} \inf_{\boldsymbol{\vartheta} \in \mathrm{R}^r} \bullet$$

Beispiel 3.5.1:

1. a) $\tilde{\eta}(x, \vartheta) = \mathrm{e}^{-\vartheta x}$; $x \in \mathrm{R}^1$; $\vartheta \in \mathrm{R}^1$.

b) $V_2 = (-1, 1)$; $\boldsymbol{y} = (2; 1)'$.

3. $\tilde{\boldsymbol{\eta}}(V_2, \vartheta) = (\mathrm{e}^{\vartheta}, \mathrm{e}^{-\vartheta})'$.

5. $g(\vartheta) = (2 - \mathrm{e}^{\vartheta})^2 + (1 - \mathrm{e}^{-\vartheta})^2$.

Substitution: $z := \mathrm{e}^{\vartheta}$,

$$g(\vartheta) = (2 - z)^2 + \left(1 - \frac{1}{z}\right)^2 =: h(z) ,$$

$$h'(z) = -2(2 - z) + 2\left(1 - \frac{1}{z}\right)\frac{1}{z^2} \overset{!}{=} 0 \Rightarrow z^4 - 2z^3 + z - 1 = 0 .$$

Nullstellen (gerundet): $z_1 = 1{,}87$; $z_2 = -0{,}87$ (z_3, z_4 nicht reell). Wegen $z = \mathrm{e}^{\vartheta} > 0$ ist nur z_1 interessant. Es ist also $z_1 = \mathrm{e}^{\check{\vartheta}} = 1{,}87$, d. h. $\check{\vartheta} = \ln 1{,}87 = 0{,}626$.

Die MKQ-Schätzung für $\boldsymbol{\vartheta}$ bei nichtlinearem Ansatz kann i. allg. nicht mehr in geschlossener Form, d. h. z. B. durch eine allgemeine Schätzformel (wie $\check{\boldsymbol{\vartheta}}$ bei linearem Ansatz, ›Verf. 3.1.1) angegeben werden. Zur Berechnung der MKQ-Schätzung sind daher fast stets numerische Verfahren, i. allg. Iterationsverfahren, nötig. Für derartigen Verfahren ›[3.5.2].

Viele gute statistische Eigenschaften der MKQ-Schätzung, die im linearen Fall gelten, sind jetzt im nichtlinearen Fall nicht mehr vorhanden oder auf Grund der komplizierteren mathematischen Struktur nicht mehr nachweisbar. Eine Rechtfertigung für die Verwendung der MKQ auch im nichtlinearen Fall wird jedoch durch asymptotische Eigenschaften gegeben. So ist z. B. die Folge $\{\check{\boldsymbol{\vartheta}}(V_n)\}_{n=1,2,\dots}$ von MKQ-Schätzungen unter einigen Regularitätsvoraussetzungen stark konsistent für den unbekannten Parameter $\boldsymbol{\vartheta}$ (›[I/Satz 8.2.2]) und asymptotisch normalverteilt (›[I/Satz 8.2.3]; s. auch JENNRICH [1]). Falls $\boldsymbol{\vartheta}^*$ der wahre Parameter ist und ein Versuchsplan $V_n = (\boldsymbol{x}_1, \dots, \boldsymbol{x}_n)$ vorliegt, ist dann durch

$$\left.\begin{aligned} &\boldsymbol{B}_{\check{\vartheta}} = \sigma^2\big(\boldsymbol{F}(V_n, \boldsymbol{\vartheta}^*)' \boldsymbol{F}(V_n, \boldsymbol{\vartheta}^*)\big)^{-1}; \\ &\sigma^2 = \mathrm{D}^2\mathfrak{Y}(\boldsymbol{x}); \qquad \boldsymbol{f}(\boldsymbol{x}_i, \boldsymbol{\vartheta}^*) = \operatorname{grad}_{\vartheta} \tilde{\eta}(\boldsymbol{x}_i, \boldsymbol{\vartheta})|_{\vartheta=\vartheta^*}; \\ &\boldsymbol{F}(V_n, \boldsymbol{\vartheta}^*) = \big(\boldsymbol{f}(\boldsymbol{x}_1, \boldsymbol{\vartheta}^*), \dots, \boldsymbol{f}(\boldsymbol{x}_n, \boldsymbol{\vartheta}^*)\big)' \end{aligned}\right\} \tag{3.5.3}$$

die asymptotische Kovarianzmatrix der MKQ-Schätzung gegeben. Diese Matrix wird Ausgangspunkt sein für eine Versuchsplanung zur MKQ-Schätzung im nichtlinearen Fall (›[4.7]).

Falls man als Fehlerverteilung eine Normalverteilung annehmen darf, ist die MKQ-Schätzung auch im nichtlinearen Fall besonders zu empfehlen. Sie ist dann gleichzeitig Maximum-Likelihood-Schätzung und hat die Eigenschaft der asymptotischen Effizienz (›[I/Satz 8.2.4]).

3.5.2. Numerische Verfahren zur Berechnung der MKQ-Schätzung

Wir betrachten zunächst den wichtigen Spezialfall, daß die Ansatzfunktion $\tilde{\eta}(\boldsymbol{x}, \boldsymbol{\vartheta})$ nur in einer Komponente des Parametervektors $\boldsymbol{\vartheta}$ nichtlinear ist. Durch Umnumerieren der Komponenten kann man stets erreichen, daß von $\boldsymbol{\vartheta} = (\vartheta_1, \dots, \vartheta_r)'$ gerade die letzte Komponente ϑ_r nichtlinear in die Ansatzfunktion eingeht. Wir betrachten also mit $\boldsymbol{\vartheta}_0 = (\vartheta_1, \dots, \vartheta_{r-1})' \in \mathrm{R}^{r-1}$ Ansatzfunktionen der Form

$$\tilde{\eta}(\boldsymbol{x}, \boldsymbol{\vartheta}) = \boldsymbol{f}_0(\boldsymbol{x}, \vartheta_r)' \boldsymbol{\vartheta}_0 + \tilde{\eta}_0(\boldsymbol{x}, \vartheta_r) . \tag{3.5.4}$$

Eine praktisch wichtige Ansatzfunktion dieser Art ist z. B. die Wachstumskurve (›(2.2.1)) $\tilde{\eta}(x, \boldsymbol{\vartheta}) = \vartheta_1 + \vartheta_2 \,\mathrm{e}^{-\vartheta_3 x}$, für die $\boldsymbol{\vartheta}_0 = (\vartheta_1, \vartheta_2)'$; $\vartheta_r = \vartheta_3$; $\boldsymbol{f}_0(x, \vartheta_r) = (1; \mathrm{e}^{-\vartheta_3 x})'$ und $\tilde{\eta}_0(x, \vartheta_r) = 0$ gilt.

Das zu (3.5.4) gehörende MKQ-Problem

$$g(\boldsymbol{\vartheta}) = \sum_{i=1}^{n} \big(y_i - \tilde{\eta}_0(\boldsymbol{x}_i, \vartheta_r) - \boldsymbol{f}_0(\boldsymbol{x}_i, \vartheta_r)' \boldsymbol{\vartheta}_0\big)^2 \overset{!}{=} \inf_{\vartheta \in \mathrm{R}^r} \tag{3.5.5}$$

löst man zunächst bei festgehaltenem ϑ_r für den linear eingehenden Vektor $\boldsymbol{\vartheta}_0$ und erhält gemäß Verf. 3.1.1 das noch von ϑ_r abhängende Ergebnis $\check{\boldsymbol{\vartheta}}_0(\vartheta_r)$. Setzt man dieses wieder in (3.5.5) ein, so hat man noch das Minimum $\check{\vartheta}_r$ einer nichtlinearen Funktion zu suchen, die nun nur noch von *einer* reellen Variablen ϑ_r abhängt. Die Lösung des Problems (3.5.5) erhält man dann gemäß $\check{\boldsymbol{\vartheta}} = (\check{\boldsymbol{\vartheta}}_0(\check{\vartheta}_r)', \check{\vartheta}_r)'$. Das hier angedeutete Vorgehen formulieren wir in folgendem Verfahren (s. auch SPÄTH [2]):

VERFAHREN 3.5.2 (MKQ bei einem nichtlinearen Parameter):

1. **Gegebene Größen:** a) Wahrer Regressionsansatz $\tilde{S}$ mit

$$\tilde{\eta}(\boldsymbol{x}, \boldsymbol{\vartheta}) = \boldsymbol{f}_0(\boldsymbol{x}, \vartheta_r)' \boldsymbol{\vartheta}_0 + \tilde{\eta}_0(\boldsymbol{x}, \vartheta_r);$$

$$\boldsymbol{x} \in B \subseteq \mathrm{R}^k; \quad \boldsymbol{\vartheta} = (\vartheta_1, \dots, \vartheta_r)' \in \mathrm{R}^r; \quad \boldsymbol{\vartheta}_0 = (\vartheta_1, \dots, \vartheta_{r-1})' \in \mathrm{R}^{r-1};$$

$$\boldsymbol{f}_0(\boldsymbol{x}, \vartheta_r) \in \mathrm{R}^{r-1}.$$

b) Versuchsplan und -ergebnisse: $V_n = (\boldsymbol{x}_1, \dots, \boldsymbol{x}_n)$, $\boldsymbol{y} = (y_1, \dots, y_n)'$.

2. **Aufgabe:** Bestimmung der MKQ-Schätzung für $\boldsymbol{\vartheta}$.

3. **Bezeichnungen:** $\boldsymbol{F}_0(\vartheta_r) = \big(\boldsymbol{f}_0(\boldsymbol{x}_1, \vartheta_r), \dots, \boldsymbol{f}_0(\boldsymbol{x}_n, \vartheta_r)\big)'$,

$\tilde{\boldsymbol{\eta}}_0(V_n, \vartheta_r) = \big(\tilde{\eta}_0(\boldsymbol{x}_1, \vartheta_r), \dots, \eta_0(\boldsymbol{x}_n, \vartheta_r)\big)'$,

$\check{\boldsymbol{\vartheta}}_0(\vartheta_r) = [\boldsymbol{F}_0(\vartheta_r)' \boldsymbol{F}_0(\vartheta_r)]^{-1} \boldsymbol{F}_0(\vartheta_r)' \big(\boldsymbol{y} - \tilde{\boldsymbol{\eta}}_0(V_n, \vartheta_r)\big)$.

4. **Voraussetzung:** $\mathrm{Rg}\, \boldsymbol{F}_0(\vartheta_r) = r - 1$.

5. **Lösung:** a) Bestimme die Lösung $\check{\vartheta}_r$ der Aufgabe

$$g(\vartheta_r) = \sum_{i=1}^{n} [y_i - \tilde{\eta}_0(\boldsymbol{x}_i, \vartheta_r) - \boldsymbol{f}_0(\boldsymbol{x}_i, \vartheta_r)' \check{\boldsymbol{\vartheta}}_0(\vartheta_r)]^2 \overset{!}{=} \inf_{\vartheta_r \in \mathrm{R}^1},$$

b) $\check{\boldsymbol{\vartheta}} = \big(\check{\boldsymbol{\vartheta}}_0(\check{\vartheta}_r)', \check{\vartheta}_r\big)'$ ●

Die Minimierung von $g(\vartheta_r)$ kann numerisch z. B. mit dem sog. Verfahren der Trisektion erledigt werden. Man geht dazu von einem Intervall $[a_1, b_1]$ aus, in dem die Lösung $\check{\vartheta}_r$ sicher liegt, drittelt dieses Intervall und läßt dasjenige äußere Drittel weg, an dessen innerem Randpunkt g den größeren Funktionswert annimmt. Das so erhaltene Intervall drittelt man wieder und verfährt analog, bis man die Lösung $\check{\vartheta}_r$ genügend gut zwischen zwei Grenzen a_{i^*} und b_{i^*} eingeschlossen hat, d. h. zum Beispiel bis $b_{i^*} - a_{i^*}$ kleiner als die geforderte Genauigkeit der Lösung $\check{\vartheta}_r$ ist. Das Verfahren ist erfolgreich, wenn $g(\vartheta_r)$ in $[a_1, b_1]$ bis zum Minimum monoton fällt und dann monoton steigt. Für die meisten Funktionen ist diese Voraussetzung für geeignete Intervalle $[a_1, b_1]$ erfüllbar.

VERFAHREN 3.5.3 (Minimierung durch Trisektion):

1. **Gegebene Größen:** a) Funktion $g(\vartheta_r)$; $\vartheta_r \in \mathrm{R}^1$.

b) Startintervall $[a_1, b_1]$.

c) Geforderte Genauigkeit der Lösung: $\delta > 0$.

2. **Aufgabe:** $g(\vartheta_r) \overset{!}{=} \inf_{\vartheta_r \in \mathrm{R}^1}$.

4. **Voraussetzung:** g hat in $[a_1, b_1]$ nur ein Minimum, ist monoton fallend bis zum Minimum und dann monoton steigend.

5. **Lösung:** a) i-ter Iterationsschritt ($i = 1, 2, \dots$):

— Berechne $g\left(a_i + \frac{b_i - a_i}{3}\right)$ und $g\left(b_i - \frac{b_i - a_i}{3}\right)$.

— Falls $g\left(a_i + \frac{b_i - a_i}{3}\right) \geqq g\left(b_i - \frac{b_i - a_i}{3}\right)$, dann setze $a_{i+1} = a_i + \frac{b_i - a_i}{3}$;
$b_{i+1} = b_i$.

— Falls $g\left(a_i + \frac{b_i - a_i}{3}\right) < g\left(b_i - \frac{b_i - a_i}{3}\right)$, dann setze $a_{i+1} = a_i$;
$b_{i+1} = b_i - \frac{b_i - a_i}{3}$.

b) Abbruchregel: Wenn erstmalig $b_{i*} - a_{i*} \leqq \delta$, dann verwende $\check{\vartheta}_r = \frac{1}{2}(a_{i*} + b_{i*})$ ●

Beispiel 3.5.2 (zu Verf. 3.5.2 und Verf. 3.5.3):

1. a) $\tilde{\eta}(x, \boldsymbol{\vartheta}) = \vartheta_1 \mathrm{e}^{-\vartheta_2 x}$; $x \in \mathrm{R}^1$; $\boldsymbol{\vartheta} = (\vartheta_1, \vartheta_2)' \in \mathrm{R}^2$; $\boldsymbol{\vartheta}_0 = \vartheta_1$; $\boldsymbol{\vartheta}_r = \vartheta_2$; $\boldsymbol{f}_0(x, \vartheta_2) = \mathrm{e}^{-\vartheta_2 x}$; $\tilde{\eta}_0(x, \vartheta_2) = 0$.

b) $V_3 = (-1, 0, 1)$; $\boldsymbol{y} = (5, 2, 1)'$.

3. $\boldsymbol{F}_0(\vartheta_2) = (\mathrm{e}^{\vartheta_2}; 1; \mathrm{e}^{-\vartheta_2})'$; $\tilde{\eta}_0(V_3, \vartheta_2) = \mathbf{0}$;

$$\check{\vartheta}_1(\vartheta_2) = \frac{\sum_{i=1}^{3} \mathrm{e}^{-\vartheta_2 x_i} y_i}{\sum_{i=1}^{3} \mathrm{e}^{-2\vartheta_2 x_i}} = \frac{5\,\mathrm{e}^{\vartheta_2} + 2 + \mathrm{e}^{-\vartheta_2}}{\mathrm{e}^{2\vartheta_2} + 1 + \mathrm{e}^{-2\vartheta_2}}.$$

5. $$g(\vartheta_2) = \left(5 - \mathrm{e}^{\vartheta_2}\check{\vartheta}_1(\vartheta_2)\right)^2 + \left(2 - \check{\vartheta}_1(\vartheta_2)\right)^2 + \left(1 - \mathrm{e}^{-\vartheta_2}\check{\vartheta}_1(\vartheta_2)\right)^2$$
$$= 30 - \frac{25\,\mathrm{e}^{2\vartheta_2} + 20\,\mathrm{e}^{\vartheta_2} + 14 + 4\,\mathrm{e}^{-\vartheta_2} + \mathrm{e}^{-2\vartheta_2}}{\mathrm{e}^{2\vartheta_2} + 1 + \mathrm{e}^{-2\vartheta_2}}.$$

a) Minimierung von $g(\vartheta_2)$ nach Verf. 3.5.3: $[a_1, b_1] = [0{,}6; 1{,}2]$; $\delta = 0{,}15$.

$i = 1$: $g(0{,}8) = 0{,}052$; $g(1{,}0) = 0{,}120$; $a_2 = 0{,}6$; $b_2 = 1{,}0$.
$i = 2$: $g(0{,}73) = 0{,}150$; $g(0{,}87) = 0{,}024$; $a_3 = 0{,}73$; $b_3 = 1{,}0$.
$i = 3$: $g(0{,}82) = 0{,}0366$; $g(0{,}91) = 0{,}371$; $a_4 = 0{,}73$; $b_4 = 0{,}91$.
$i = 4$: $g(0{,}79) = 0{,}061$; $g(0{,}85) = 0{,}025$; $a_5 = 0{,}79$; $b_5 = 0{,}91$.

$b_5 - a_5 = 0{,}12 < \delta$; $\check{\vartheta}_2 = \frac{1}{2}(0{,}79 + 0{,}91) = 0{,}85$.

b) $\check{\vartheta}_1 = 2{,}12$, d. h. $\check{\boldsymbol{\vartheta}} = (2{,}12; 0{,}85)'$.

Wir wenden uns nun dem allgemeinen nichtlinearen Fall zu.

Das bekannteste und älteste Verfahren zur Lösung des MKQ-Problems in diesem Fall ist das Gausssche-Iterationsverfahren. Man geht dabei auf der i-ten Stufe des Verfahrens von der i-ten Näherung $\check{\boldsymbol{\vartheta}}_i$ aus ($i = 0, 1, 2, \ldots$) und führt eine Taylor-Entwicklung der nichtlinearen Ansatzfunktion $\tilde{\eta}(\boldsymbol{x}, \boldsymbol{\vartheta})$ um die Stelle $\check{\boldsymbol{\vartheta}}_i$ durch, die man bereits nach Potenzen 1. Ordnung von $(\boldsymbol{\vartheta} - \check{\boldsymbol{\vartheta}}_i)$ abbricht (›(2.2.38)):

$$\tilde{\eta}(\boldsymbol{x}, \boldsymbol{\vartheta}) = \tilde{\eta}(\boldsymbol{x}, \check{\boldsymbol{\vartheta}}_i) + (\boldsymbol{\vartheta} - \check{\boldsymbol{\vartheta}}_i)' \operatorname{grad}_{\boldsymbol{\vartheta}} \tilde{\eta}(\boldsymbol{x}, \boldsymbol{\vartheta})|_{\boldsymbol{\vartheta} = \check{\boldsymbol{\vartheta}}_i} + r(\boldsymbol{x}, \boldsymbol{\vartheta}). \tag{3.5.6}$$

Mit $r(\boldsymbol{x}, \boldsymbol{\vartheta})$ wird dabei das Restglied bezeichnet. Anstelle des eigentlich vorliegenden MKQ-Problems

$$\sum_{j=1}^{n} \left(y_j - \tilde{\eta}(\boldsymbol{x}_j, \boldsymbol{\vartheta})\right)^2 \stackrel{!}{=} \inf_{\boldsymbol{\vartheta} \in \mathrm{R}^r} \tag{3.5.7}$$

löst man nun in jedem Iterationsschritt das lineare MKQ-Problem

$$\sum_{j=1}^{n} \left(y_j - \tilde{\eta}(\boldsymbol{x}_j, \check{\boldsymbol{\vartheta}}_i) - \boldsymbol{\Delta}_i' \operatorname{grad}_{\boldsymbol{\vartheta}} \tilde{\eta}(\boldsymbol{x}_j, \boldsymbol{\vartheta})|_{\boldsymbol{\vartheta} = \check{\boldsymbol{\vartheta}}_i}\right)^2 \stackrel{!}{=} \inf_{\boldsymbol{\Delta}_i \in \mathrm{R}^r}. \tag{3.5.8}$$

Es entsteht aus (3.5.7), wenn man $\tilde{\eta}(\boldsymbol{x}, \boldsymbol{\vartheta})$ aus (3.5.6) unter Vernachlässigung des Restgliedes $r(\boldsymbol{x}, \boldsymbol{\vartheta})$ verwendet und die Abkürzung $(\boldsymbol{\vartheta} - \check{\boldsymbol{\vartheta}}_i) =: \boldsymbol{\Delta}_i$ benutzt. Mit der Lösung $\check{\boldsymbol{\Delta}}_i$ von (3.5.8) erhält man dann die an der i-ten Näherung $\check{\boldsymbol{\vartheta}}_i$ anzubringende Korrektur.

VERFAHREN 3.5.4 (GAUSS-Verfahren):

1. **Gegebene Größen:** a) Wahrer Regressionsansatz $\tilde{S}$ mit

$$\tilde{\eta}(\boldsymbol{x}, \boldsymbol{\vartheta}); \qquad \boldsymbol{x} \in B \subseteq \mathrm{R}^k; \qquad \boldsymbol{\vartheta} \in \mathrm{R}^r.$$

b) Versuchsplan und -ergebnisse: $V_n = (\boldsymbol{x}_1, \dots, \boldsymbol{x}_n)$, $\boldsymbol{y} = (y_1, \dots, y_n)'$.

c) Startwert $\check{\boldsymbol{\vartheta}}_0$.

2. **Aufgabe:** Berechnung der MKQ-Schätzung $\check{\boldsymbol{\vartheta}}$.

3. **Bezeichnungen:** $\tilde{\boldsymbol{\eta}}(V_n, \boldsymbol{\vartheta}) = \big(\tilde{\eta}(\boldsymbol{x}_1, \boldsymbol{\vartheta}), \dots, \tilde{\eta}(\boldsymbol{x}_n, \boldsymbol{\vartheta})\big)'$;

$$\boldsymbol{f}(\boldsymbol{x}, \boldsymbol{\vartheta}) = \operatorname{grad}_{\boldsymbol{\vartheta}} \tilde{\eta}(\boldsymbol{x}, \boldsymbol{\vartheta}); \qquad \boldsymbol{F}(V_n, \boldsymbol{\vartheta}) = \big(\boldsymbol{f}(\boldsymbol{x}_1, \boldsymbol{\vartheta}), \dots, \boldsymbol{f}(\boldsymbol{x}_n, \boldsymbol{\vartheta})\big)'.$$

4. **Voraussetzungen:** $\tilde{\eta}(\boldsymbol{x}, \boldsymbol{\vartheta})$ differenzierbar nach $\boldsymbol{\vartheta}$; $\operatorname{Rg} \boldsymbol{F}(V_n, \boldsymbol{\vartheta}) = r$.

5. **Lösung:** a) i-ter Iterationsschritt ($i = 0, 1, 2, \dots$)

$$\check{\boldsymbol{\Delta}}_i = [\boldsymbol{F}(V_n, \check{\boldsymbol{\vartheta}}_i)' \boldsymbol{F}(V_n, \check{\boldsymbol{\vartheta}}_i)]^{-1} \boldsymbol{F}(V_n, \check{\boldsymbol{\vartheta}}_i)' [\boldsymbol{y} - \tilde{\boldsymbol{\eta}}(V_n, \check{\boldsymbol{\vartheta}}_i)], \qquad \check{\boldsymbol{\vartheta}}_{i+1} = \check{\boldsymbol{\vartheta}}_i + \check{\boldsymbol{\Delta}}_i.$$

b) Abbruchregel: Stoppe nach der Berechnung von $\check{\boldsymbol{\vartheta}}_{i_0+1}$, falls für die Komponenten $\check{\Delta}_{i_0,j}$ von $\check{\boldsymbol{\Delta}}_{i_0}$ gilt

$$|\check{\Delta}_{i_0,j}| \leqq 0{,}1 \sqrt{\frac{1}{n-r} \sum_{l=1}^{n} (y_l - \tilde{\eta}(\boldsymbol{x}_l, \check{\boldsymbol{\vartheta}}_{i_0}))^2 \, m_{jj}(\check{\boldsymbol{\vartheta}}_{i_0})};$$

$$j = 1, \dots, r; \text{ mit } [\boldsymbol{F}(V_n, \check{\boldsymbol{\vartheta}}_{i_0})' \boldsymbol{F}(V_n, \check{\boldsymbol{\vartheta}}_{i_0})]^{-1} = \big((m_{kj}(\check{\boldsymbol{\vartheta}}_{i_0}))\big)_{r \times r} \quad \bullet$$

Beispiel 3.5.3 (nur ein Iterationsschritt; ›Bsp. 3.5.2):

1. a) $\tilde{\eta}(x, \boldsymbol{\vartheta}) = \vartheta_1 \mathrm{e}^{-\vartheta_2 x}$; $x \in \mathrm{R}^1$; $\boldsymbol{\vartheta} = (\vartheta_1, \vartheta_2)' \in \mathrm{R}^2$.

b) $V_3 = (-1, 0, 1)$; $\boldsymbol{y} = (5, 2, 1)'$.

c) $\check{\boldsymbol{\vartheta}}_0 = (2{,}12; 0{,}85)'$ (Ergebnis von Bsp. 3.5.2).

3. $\tilde{\boldsymbol{\eta}}(V_3, \boldsymbol{\vartheta}) = (\vartheta_1 \mathrm{e}^{\vartheta_2}, \vartheta_1, \vartheta_1 \mathrm{e}^{-\vartheta_2})'$; $\boldsymbol{f}(x, \boldsymbol{\vartheta}) = (\mathrm{e}^{-\vartheta_2 x}, -x\vartheta_1 \mathrm{e}^{-\vartheta_2 x})'$;

$$\boldsymbol{F}(V_3, \boldsymbol{\vartheta}) = \begin{pmatrix} \mathrm{e}^{\vartheta_2} & \vartheta_1 \mathrm{e}^{\vartheta_2} \\ 1 & 0 \\ \mathrm{e}^{-\vartheta_2} & -\vartheta_1 \mathrm{e}^{-\vartheta_2} \end{pmatrix}.$$

5. $i = 0$:

a) $\tilde{\boldsymbol{\eta}}(V_3, \check{\boldsymbol{\vartheta}}_0) = (4{,}960; 2{,}120; 0{,}906)'$; $\boldsymbol{y} - \tilde{\boldsymbol{\eta}}(V_3, \check{\boldsymbol{\vartheta}}_0) = (0{,}040; -0{,}120; 0{,}094)'$;

$$\boldsymbol{F}(V_3, \check{\boldsymbol{\vartheta}}_0) = \begin{pmatrix} 2{,}340 & 4{,}960 \\ 1 & 0 \\ 0{,}427 & -0{,}906 \end{pmatrix}; \quad [\boldsymbol{F}(V_3, \check{\boldsymbol{\vartheta}}_0)' \boldsymbol{F}(V_3, \check{\boldsymbol{\vartheta}}_0)]^{-1} = \begin{pmatrix} 0{,}575 & -0{,}255 \\ -0{,}255 & 0{,}152 \end{pmatrix};$$

$\check{\boldsymbol{\Delta}}_0 = (-0{,}021; 0{,}014)'$; $\check{\boldsymbol{\vartheta}}_1 = (2{,}099; 0{,}864)'$.

b) $|\check{\Delta}_{0,1}| = 0{,}021 > 0{,}1 \sqrt{[(0{,}04)^2 + (0{,}120)^2 + (0{,}094)^2] \cdot 0{,}575} = 0{,}012$,

d. h. Fortsetzung des Verfahrens.

$i = 1$: a) ...

Zur Berechnung von $\check{\boldsymbol{\Delta}}_i$ muß gegebenenfalls ein numerisches Verfahren aus [3.1.3] benutzt werden (z. B. Verf. 3.1.3). Die Abbruchregel ist wieder so konstruiert worden, daß gestoppt wird, wenn die numerische Verbesserung deutlich kleiner ist als der statistische Fehler von $\check{\boldsymbol{\vartheta}}(\boldsymbol{y})$ (vgl. auch Verf. 3.1.7).

Die mit Verf. 3.5.4 erzeugte Folge $\{\check{\boldsymbol{\vartheta}}_i\}_{i=1,2,\ldots}$ konvergiert gegen die exakte Lösung $\check{\boldsymbol{\vartheta}}(\boldsymbol{y})$ des Problems (3.5.7), falls der Startwert $\check{\boldsymbol{\vartheta}}_0$ schon nahe genug an dieser Lösung liegt. Dabei ist der Begriff „nahe genug" u. a. von der Gestalt der Funktion $\tilde{\eta}(\boldsymbol{x}, \boldsymbol{\vartheta})$ in der Umgebung der Lösung $\check{\boldsymbol{\vartheta}}(\boldsymbol{y})$ abhängig, d. h., man kann i. allg. nicht angeben, wie gut der Startwert $\check{\boldsymbol{\vartheta}}_0$ sein muß, um Konvergenz zu sichern. Es ist also möglich, daß Verf. 3.5.4 zwar nach i_0 Schritten abgebrochen wird, aber $\check{\boldsymbol{\vartheta}}_{i_0+1}$ *keine* Näherung für $\check{\boldsymbol{\vartheta}}(\boldsymbol{y})$ darstellt.

Dieser Tatsache begegnet man bei den meisten numerischen Verfahren zur Minimierung einer Funktion. Gegebenenfalls muß man das GAUSSsche Verfahren ausgehend von verschiedenen Startwerten mehrfach durchführen, um der numerischen Lösung eine gewisse Sicherheit zu geben.

Wir geben jetzt noch (ohne Beispiel) zwei Modifikationen von Verf. 3.5.4 an. Bei der ersten, dem *gedämpften* GAUSS-*Verfahren*, wird in jedem Iterationsschritt ein sog. Dämpfungsfaktor ϱ_i; $0 < \varrho_i \leqq 1$; in der Art benutzt, daß man (mit den Bezeichnungen aus Verf. 3.5.4) jetzt die $(i+1)$-te Näherung gemäß

$$\check{\boldsymbol{\vartheta}}_{i+1} = \check{\boldsymbol{\vartheta}}_i + \varrho_i \check{\boldsymbol{\Delta}}_i \tag{3.5.9}$$

bestimmt. Der Dämpfungsfaktor wird dabei so gewählt, daß in jedem Iterationsschritt tatsächlich eine Verkleinerung der zu minimierenden Funktion $g(\boldsymbol{\vartheta})$ eintritt, d. h. so, daß

$$g(\check{\boldsymbol{\vartheta}}_i) > g(\check{\boldsymbol{\vartheta}}_{i+1}) \tag{3.5.10}$$

gilt. In vielen Fällen wird durch eine derartige Wahl von ϱ_i Konvergenz erreicht, wo dies im ungedämpften GAUSS-Verfahren ($\varrho_i = 1$) nicht möglich ist.

Ein einfaches Verfahren zur Auswahl von ϱ_i besteht in folgendem (s. auch SPÄTH [2]):

VERFAHREN 3.5.5 (Bestimmung des Dämpfungsfaktors):

1. **Gegebene Größen:** a) Zielfunktion $g(\boldsymbol{\vartheta})$; $\boldsymbol{\vartheta} \in \mathrm{R}^r$.

b) i-te Näherung $\check{\boldsymbol{\vartheta}}_i$, i-te Korrektur $\check{\boldsymbol{\Delta}}_i$ (›Verf. 3.5.4).

c) Reelle Zahl β mit $0 < \beta < 1$.

2. **Aufgabe:** Bestimmung des Dämpfungsfaktors.

4. **Voraussetzung:** $g(\check{\boldsymbol{\vartheta}}_i) > \inf\limits_{\boldsymbol{\vartheta} \in \mathrm{R}^r} g(\boldsymbol{\vartheta})$ (d. h. $\check{\boldsymbol{\vartheta}}_i$ noch nicht Lösung des Problems).

5. **Lösung:** a) Berechne für $j = 0, 1, 2, \ldots$ die Funktionswerte $g(\check{\boldsymbol{\vartheta}}_i + 2^{-j}\check{\boldsymbol{\Delta}}_i)$ solange, bis zum ersten Mal (bei $j = j^*$) gilt: $g(\check{\boldsymbol{\vartheta}}_i + 2^{-j^*}\check{\boldsymbol{\Delta}}_i) < (1 - \beta 2^{-j^*})\, g(\check{\boldsymbol{\vartheta}}_i)$.

b) Setze $\varrho_i = 2^{-j^*}$ ●

Für β wird häufig der Wert $\beta = \frac{1}{4}$ gewählt.

Eine Beschränkung in der Anwendung des GAUSS-Verfahrens Verf. 3.5.4 besteht darin, daß zur Berechnung der Korrekturen $\check{\boldsymbol{\Delta}}_i$ die Regularität von $\boldsymbol{F}(V_n, \check{\boldsymbol{\vartheta}}_i)$ notwendig ist. Bei der Verwendung numerischer Verfahren zur Berechnung von $\check{\boldsymbol{\Delta}}_i$ muß $\boldsymbol{F}(V_n, \check{\boldsymbol{\vartheta}}_i)$ sogar eine genügend gute Kondition haben. Einen Ausweg aus dieser

Situation bietet das MARQUARDT-Verfahren, das als Korrekturen anstatt $\check{\Delta}_i$ die Größen

$$\Delta_i^{(\lambda)} = [F(V_n, \check{\vartheta}_i)' F(V_n, \check{\vartheta}_i) + \lambda_i I_r]^{-1} F(V_n, \check{\vartheta}_i)' [y - \tilde{\eta}(V_n, \check{\vartheta}_i)] \tag{3.5.11}$$

mit einem geeigneten $\lambda_i \geqq 0$ benutzt. Dabei werden die Zahlen λ_i im wesentlichen so bestimmt, daß (3.5.10) erfüllt wird (s. z. B. MARQUARDT [1], BARD [1]).

VERFAHREN 3.5.6 (MARQUARDT-Verfahren):

1. **Gegebene Größen:** a) Wahrer Regressionsansatz $\tilde{S}$ mit

$$\tilde{\eta}(x, \vartheta); \qquad x \in B \subseteq \mathrm{R}^k; \qquad \vartheta \in \mathrm{R}^r.$$

b) Versuchsplan und -ergebnisse: $V_n = (x_1, \dots, x_n)$, $y = (y_1, \dots, y_n)'$.

c) Startwerte: $\check{\vartheta}_0 \in \mathrm{R}^r$; $\lambda_0 > 0$.

2. **Aufgabe:** Bestimmung der MKQ-Schätzung $\check{\vartheta}$.

3. **Bezeichnungen:** $\tilde{\eta}(V_n, \vartheta) = (\tilde{\eta}(x_1, \vartheta), \dots, \tilde{\eta}(x_n, \vartheta))'$, $f(x, \vartheta) = \operatorname{grad}_\vartheta \tilde{\eta}(x, \vartheta)$,

$$F(V_n, \vartheta) = (f(x_1, \vartheta), \dots, f(x_n, \vartheta))', \quad g(\vartheta) = \sum_{i=1}^{n} (y_i - \tilde{\eta}(x_i, \vartheta))^2.$$

4. **Voraussetzung:** $\tilde{\eta}(x, \vartheta)$ differenzierbar nach ϑ.

5. **Lösung:** i-ter Iterationsschritt ($i = 0, 1, 2, \dots$):

a) Berechne:

$$\Delta_i^{(\lambda)} = [F(V_n, \check{\vartheta}_i)' F(V_n, \check{\vartheta}_i) + \lambda_i I_r]^{-1} F(V_n, \check{\vartheta}_i)' [y - \eta(V_n, \check{\vartheta}_i)],$$

$$\check{\vartheta}_{i+1}^{(1)} = \check{\vartheta}_i + \Delta_i^{(\lambda)}.$$

b) Falls $g(\check{\vartheta}_{i+1}^{(1)}) < g(\check{\vartheta}_i)$, dann setze $\check{\vartheta}_{i+1} = \check{\vartheta}_{i+1}^{(1)}$, $\lambda_{i+1} = 0{,}1\lambda_i$.

c) Falls $g(\check{\vartheta}_{i+1}^{(1)}) \geqq g(\check{\vartheta}_i)$, dann bestimme mit Verf. 3.5.5 ein ϱ_i, so daß mit $\check{\vartheta}_{i+1}^{(2)} = \check{\vartheta}_i + \varrho_i \Delta_i^{(\lambda)}$ gilt: $g(\check{\vartheta}_{i+1}^{(2)}) < g(\check{\vartheta}_i)$. Setze dann $\check{\vartheta}_{i+1} = \check{\vartheta}_{i+1}^{(2)}$ und $\lambda_{i+1} = 10\lambda_i$.

d) Abbruchregel: Stoppe nach der Berechnung von $\check{\vartheta}_{i_0+1}$, falls gilt

$$|\check{\vartheta}_{i_0+1,j} - \check{\vartheta}_{i_0,j}| \leqq 0{,}1 \sqrt{\frac{1}{n-r} \sum_{l=1}^{n} (y_l - \tilde{\eta}(x_l, \check{\vartheta}_{i_0}))^2 \, m_{jj}^{(\lambda)}(\check{\vartheta}_{i_0})};$$

$j = 1, \dots, r$; mit $[F(V_n, \check{\vartheta}_{i_0})' F(V_n, \check{\vartheta}_{i_0}) + \lambda_{i_0} I_r]^{-1} = ((m_{kj}^{(\lambda)}(\check{\vartheta}_{i_0})))_{r \times r}$ ●

Es gibt weitere Verfahren zur Lösung der MKQ-Aufgabe im nichtlinearen Fall. Z. B. läßt sich jedes Verfahren zur Minimierung einer beliebigen Funktion auch auf die Minimierung der speziellen Funktion $g(\vartheta) = \sum_{i=1}^{n} (y_i - \tilde{\eta}(x_i, \vartheta))^2$ anwenden. Einige solche Verfahren werden wir in [3.5.4] noch angeben (›Verf. 3.5.10 und Verf. 3.5.11). Jedoch ist dem GAUSS-Verfahren Verf. 3.5.4, gegebenenfalls mit den entsprechenden Modifikationen nach Verf. 3.5.5 und Verf. 3.5.6 i. allg. der Vorzug zu geben.

Eine weitere Möglichkeit zur Lösung der MKQ-Aufgabe besteht in der Anwendung von Suchverfahren (s. z. B. HIMMELBLAU [1]).

3.5.3. MKQ unter Berücksichtigung von Nebenbedingungen

Ähnlich wie in [3.3.3] und [3.3.4] wird es häufig praktisch wichtig sein, das MKQ-Problem bei nichtlinearem Ansatz unter Nebenbedingungen an den unbekannten

Parameter $\boldsymbol{\vartheta}$ zu lösen. Solche Nebenbedingungen können z. B. aus Vorkenntnissen über $\boldsymbol{\vartheta}$ oder auch aus technologischen Beschränkungen erwachsen.

Zunächst soll die Nebenbedingung darin bestehen, daß $\boldsymbol{\vartheta}$ ein (z .B. s-dimensionales) Gleichungssystem $\boldsymbol{k}(\boldsymbol{\vartheta}) = \boldsymbol{0}$ erfüllt; $\boldsymbol{k}(\boldsymbol{\vartheta}) = (k_1(\boldsymbol{\vartheta}), \dots, k_s(\boldsymbol{\vartheta}))'$. Im Gegensatz zu Abschnitt 3.3.3 wollen wir annehmen, daß dies i. allg. ein nichtlineares Gleichungssystem ist. Ein Verfahren zur Lösung des nichtlinearen, restriktiven MKQ-Problems

$$\left.\begin{aligned} g(\boldsymbol{\vartheta}) &= (\boldsymbol{y} - \tilde{\eta}(V_n, \boldsymbol{\vartheta}))' (\boldsymbol{y} - \tilde{\eta}(V_n, \boldsymbol{\vartheta})) \stackrel{!}{=} \inf_{\boldsymbol{\vartheta} \in \mathrm{R}^r}, \\ k_j(\boldsymbol{\vartheta}) &= 0 \quad (j = 1, \dots, s) \end{aligned}\right\} \tag{3.5.12}$$

besteht in einer Modifikation des Gauss-Verfahrens Verf. 3.5.4 derart, daß nicht nur $\tilde{\eta}(\boldsymbol{x}, \boldsymbol{\vartheta})$, sondern auch $\boldsymbol{k}(\boldsymbol{\vartheta})$ in jedem Iterationsschritt linearisiert wird. In jedem Iterationsschritt ist daher ein lineares MKQ-Problem unter linearen Restriktionen zu lösen (›Verf. 3.3.5) (s. auch Bard [1]).

VERFAHREN 3.5.7 (MKQ nichtlinear mit Gleichungsrestriktionen):

1. **Gegebene Größen:** a) Wahrer Regressionsansatz $\tilde{S}$ mit

$$\tilde{\eta}(\boldsymbol{x}, \boldsymbol{\vartheta}); \qquad \boldsymbol{x} \in B \subseteq \mathrm{R}^k; \qquad \boldsymbol{\vartheta} \in \mathrm{R}^r.$$

b) Versuchsplan und -ergebnisse: $V_n = (\boldsymbol{x}_1, \dots, \boldsymbol{x}_n)$, $\boldsymbol{y} = (y_1, \dots, y_n)'$.

c) Nebenbedingungen: $k_j(\boldsymbol{\vartheta}) = 0$ $(j = 1, \dots, s)$.

d) Startwert: $\check{\boldsymbol{\vartheta}}_0^{(K)}$.

2. **Aufgabe:** Schätzung von $\boldsymbol{\vartheta}$ unter Beachtung von $k_j(\boldsymbol{\vartheta}) = 0$; $j = 1, \dots, s$.

3. **Bezeichnungen:** $\tilde{\eta}(V_n, \boldsymbol{\vartheta}) = (\tilde{\eta}(\boldsymbol{x}_1, \boldsymbol{\vartheta}), \dots, \tilde{\eta}(\boldsymbol{x}_n, \boldsymbol{\vartheta}))'$,

$$\boldsymbol{f}(\boldsymbol{x}, \boldsymbol{\vartheta}) = \operatorname{grad}_{\boldsymbol{\vartheta}} \tilde{\eta}(\boldsymbol{x}, \boldsymbol{\vartheta}), \qquad \boldsymbol{F}(V_n, \boldsymbol{\vartheta}) = (\boldsymbol{f}(\boldsymbol{x}_1, \boldsymbol{\vartheta}), \dots, \boldsymbol{f}(\boldsymbol{x}_n, \boldsymbol{\vartheta}))',$$

$$k_{jl}(\boldsymbol{\vartheta}) = \frac{\partial k_j(\boldsymbol{\vartheta})}{\partial \vartheta_l} \quad (j = 1, \dots, s;\ l = 1, \dots, r),$$

$$\boldsymbol{K}(\boldsymbol{\vartheta}) = ((k_{jl}(\boldsymbol{\vartheta})))_{s \times r}; \qquad \widetilde{\boldsymbol{M}}(V_n, \boldsymbol{\vartheta}) = \boldsymbol{F}(V_n, \boldsymbol{\vartheta})' \boldsymbol{F}(V_n, \boldsymbol{\vartheta}).$$

4. **Voraussetzungen:** $\operatorname{Rg} \boldsymbol{F}(V_n, \boldsymbol{\vartheta}) = r$; $\operatorname{Rg} \boldsymbol{K}(\boldsymbol{\vartheta}) = s$; $s \leqq r$.

5. **Lösung:** a) i-ter Iterationsschritt ($i = 0, 1, 2, \dots$)

$$\check{\boldsymbol{\Delta}}_i = [\boldsymbol{F}(V_n, \check{\boldsymbol{\vartheta}}_i)' \boldsymbol{F}(V_n, \check{\boldsymbol{\vartheta}}_i)]^{-1} \boldsymbol{F}(V_n, \check{\boldsymbol{\vartheta}}_i)' [\boldsymbol{y} - \tilde{\eta}(V_n, \check{\boldsymbol{\vartheta}}_i)],$$

$$\begin{aligned} \check{\boldsymbol{\Delta}}_i^{(K)} = \check{\boldsymbol{\Delta}}_i &- [\boldsymbol{F}(V_n, \check{\boldsymbol{\vartheta}}_i)' \boldsymbol{F}(V_n, \check{\boldsymbol{\vartheta}}_i)]^{-1} \boldsymbol{K}(\check{\boldsymbol{\vartheta}}_i)' \{\boldsymbol{K}(\check{\boldsymbol{\vartheta}}_i) [\boldsymbol{F}(V_n, \check{\boldsymbol{\vartheta}}_i)' \boldsymbol{F}(V_n, \check{\boldsymbol{\vartheta}}_i)]^{-1} \\ &\times \boldsymbol{K}(\check{\boldsymbol{\vartheta}}_i)'\}^{-1} (\boldsymbol{k}(\check{\boldsymbol{\vartheta}}_i) + \boldsymbol{K}(\check{\boldsymbol{\vartheta}}_i) \check{\boldsymbol{\Delta}}_i) \quad (\text{›Verf. 3.3.5}), \end{aligned}$$

$$\check{\boldsymbol{\vartheta}}_{i+1}^{(K)} = \check{\boldsymbol{\vartheta}}_i^{(K)} + \check{\boldsymbol{\Delta}}_i^{(K)}.$$

b) Abbruchregel: Stoppe nach der Berechnung von $\check{\boldsymbol{\vartheta}}_{i_0+1}^{(K)}$, falls gilt:

$$|\Delta_{i_0,j}^{(K)}| \leqq 0{,}1 \cdot \sqrt{\frac{1}{n - r} \sum_{l=1}^{n} (y_l - \tilde{\eta}(\boldsymbol{x}_l, \check{\boldsymbol{\vartheta}}_{i_0}))^2\, m_{jj}^{(K)}(\check{\boldsymbol{\vartheta}}_{i_0})};$$

$$\begin{aligned} j = 1, \dots, r; \text{ mit } \widetilde{\boldsymbol{M}}(V_n, \check{\boldsymbol{\vartheta}}_{i_0})^{-1} \{\boldsymbol{I}_r &- \boldsymbol{K}(\check{\boldsymbol{\vartheta}}_{i_0})' [\boldsymbol{K}(\check{\boldsymbol{\vartheta}}_{i_0}) \widetilde{\boldsymbol{M}}(V_n, \check{\boldsymbol{\vartheta}}_{i_0})^{-1} \boldsymbol{K}(\check{\boldsymbol{\vartheta}}_{i_0})']^{-1} \\ &\times \boldsymbol{K}(\check{\boldsymbol{\vartheta}}_{i_0}) \widetilde{\boldsymbol{M}}(V_n, \check{\boldsymbol{\vartheta}}_{i_0})^{-1}\} = ((m_{ij}^{(K)}(\check{\boldsymbol{\vartheta}}_{i_0})))_{r \times r} \quad \bullet \end{aligned}$$

Zur numerischen Berechnung von $\check{\boldsymbol{\Delta}}_i^{(K)}$ muß nötigenfalls Verf. 3.3.6 herangezogen werden.

Wir betrachten jetzt den Fall, daß die Nebenbedingungen an $\boldsymbol{\vartheta}$ durch Ungleichungen gegeben sind, z. B. (komponentenweise) durch

$$\boldsymbol{\vartheta}^{(u)} \leqq \boldsymbol{\vartheta} \leqq \boldsymbol{\vartheta}^{(0)} \tag{3.5.13}$$

(›(3.3.38)) und wollen das nichtlineare MKQ-Problem

$$\left(\boldsymbol{y} - \tilde{\eta}(V_n, \boldsymbol{\vartheta})\right)' \left(\boldsymbol{y} - \tilde{\eta}(V_n, \boldsymbol{\vartheta})\right) \stackrel{!}{=} \inf_{\boldsymbol{\vartheta}^{(u)} \leqq \boldsymbol{\vartheta} \leqq \boldsymbol{\vartheta}^{(0)}} \tag{3.5.14}$$

lösen. Man geht dabei wieder von einer Linearisierung von $\tilde{\eta}$ aus und löst in jedem Iterationsschritt ein quadratisches Optimierungsproblem mit linearen Nebenbedingungen, wie wir es in Verf. 3.3.7 und Verf. 3.3.8 kennengelernt haben.

VERFAHREN 3.5.8 (MKQ nichtlinear bei Ungleichungsrestriktionen):

1. **Gegebene Größen:** a) Wahrer Regressionsansatz $\tilde{S}$ mit

$$\tilde{\eta}(\boldsymbol{x}, \boldsymbol{\vartheta}); \qquad \boldsymbol{x} \in B \subseteq \mathrm{R}^k; \qquad \boldsymbol{\vartheta} \in \mathrm{R}^r.$$

b) Versuchsplan und -ergebnisse: $V_n = (\boldsymbol{x}_1, \dots, \boldsymbol{x}_n)$, $\boldsymbol{y} = (y_1, \dots, y_n)'$.

c) Nebenbedingung: $\boldsymbol{\vartheta}^{(u)} \leqq \boldsymbol{\vartheta} \leqq \boldsymbol{\vartheta}^{(0)}$.

d) Startwert: $\check{\boldsymbol{\vartheta}}_0$ mit $\boldsymbol{\vartheta}^{(u)} \leqq \check{\boldsymbol{\vartheta}}_0 \leqq \boldsymbol{\vartheta}^{(0)}$.

2. **Aufgabe:** Schätzung von $\boldsymbol{\vartheta}$ unter Beachtung von $\boldsymbol{\vartheta}^{(u)} \leqq \boldsymbol{\vartheta} \leqq \boldsymbol{\vartheta}^{(0)}$.

3. **Bezeichnungen:** $\tilde{\eta}(V_n, \boldsymbol{\vartheta}) = \left(\tilde{\eta}(\boldsymbol{x}_1, \boldsymbol{\vartheta}), \dots, \tilde{\eta}(\boldsymbol{x}_n, \boldsymbol{\vartheta})\right)'$,

$$\boldsymbol{f}(\boldsymbol{x}, \boldsymbol{\vartheta}) = \operatorname{grad}_{\boldsymbol{\vartheta}} \tilde{\eta}(\boldsymbol{x}, \boldsymbol{\vartheta}), \qquad \boldsymbol{F}(V_n, \boldsymbol{\vartheta}) = \left(\boldsymbol{f}(\boldsymbol{x}_1, \boldsymbol{\vartheta}), \dots, \boldsymbol{f}(\boldsymbol{x}_n, \boldsymbol{\vartheta})\right)'.$$

4. **Voraussetzung:** $\tilde{\eta}(\boldsymbol{x}, \boldsymbol{\vartheta})$ differenzierbar nach $\boldsymbol{\vartheta}$.

5. **Lösung:** i-ter Iterationsschritt ($i = 0, 1, 2, \dots$)

a) Berechne: $\tilde{\boldsymbol{y}}_i = \boldsymbol{y} - \tilde{\eta}(V_n, \check{\boldsymbol{\vartheta}}_i)$;

$$\boldsymbol{\Delta}^{(u)} = \boldsymbol{\vartheta}^{(u)} - \check{\boldsymbol{\vartheta}}_i; \qquad \boldsymbol{\Delta}^{(0)} = \boldsymbol{\vartheta}^{(0)} - \check{\boldsymbol{\vartheta}}_i.$$

b) Bestimme die Lösung $\boldsymbol{\Delta}_i$ des MKQ-Problems

$$\left(\tilde{\boldsymbol{y}}_i - \boldsymbol{F}(V_n, \check{\boldsymbol{\vartheta}}_i)\,\boldsymbol{\Delta}\right)' \left(\tilde{\boldsymbol{y}}_i - \boldsymbol{F}(V_n, \check{\boldsymbol{\vartheta}}_i)\,\boldsymbol{\Delta}\right) \stackrel{!}{=} \inf_{\boldsymbol{\Delta}^{(u)} \leqq \boldsymbol{\Delta} \leqq \boldsymbol{\Delta}^{(0)}}$$

mit Verf. 3.3.8 bzw. Verf. 3.3.7.

c) $\check{\boldsymbol{\vartheta}}_{i+1} = \check{\boldsymbol{\vartheta}}_i + \boldsymbol{\Delta}_i$ ●

Die Konstruktion einer geeigneten Abbruchregel, die die numerische Verbesserung und die nichtbeeinflußbare Varianz der Schätzung miteinander vergleicht, ist in diesem Falle äußerst schwierig, da für die Varianz der MKQ-Schätzung bei Ungleichungsrestriktionen kein formelmäßiger Ausdruck angegeben werden kann. Die beiden angegebenen Verfahren Verf. 3.5.7 und Verf. 3.5.8 konvergieren nur, falls die Startwerte $\check{\boldsymbol{\vartheta}}_0$ gut genug sind (s. dazu auch die Bemerkungen zu Verf. 3.5.4). I. allg. können Dämpfungsfaktoren entsprechend (3.5.9) und Verf. 3.5.5 die Konvergenzeigenschaften der Verfahren verbessern.

Eine weitere Möglichkeit der Minimierung von Funktionen unter Nebenbedingungen, auf die wir hier jedoch nicht eingehen wollen, besteht in der Anwendung von sog. Strafenmethoden (penalty methods). S. dazu z. B. Bard [1].

3.5.4. Alternativen zur MKQ-Schätzung

Maximum-Likelihood-Schätzung

Nach der Angabe von Verf. 3.5.1 hatten wir bereits festgestellt, daß die MKQ-Schätzung bei nichtlinearem Ansatz und normalverteilten Beobachtungen die asymptotisch beste Schätzung für $\boldsymbol{\vartheta}$ ist (asymptotische Effizienz). Liegt den Beobachtungen eine andere Verteilung zugrunde, dann gibt es i. allg. asymptotisch bessere Schätzungen als die MKQ. Falls diese Verteilung (bis auf Parameter) bekannt ist, empfehlen wir als Alternative zur MKQ-Schätzung die ML-Schätzung (›Bez. 1.2.13). Diese ist nämlich unter gewissen Regularitätsbedingungen asymptotisch effizient (›[I/8.2.2]).

VERFAHREN 3.5.9 (ML-Schätzung):

1. **Gegebene Größen:** a) Wahrer Regressionsansatz $\tilde{S}$ mit

$$\tilde{\eta}(\boldsymbol{x}, \boldsymbol{\vartheta}); \qquad \boldsymbol{x} \in B \subseteq \mathrm{R}^k; \qquad \boldsymbol{\vartheta} \in \mathrm{R}^r .$$

b) Versuchsplan und -ergebnisse: $V_n = (\boldsymbol{x}_1, \dots, \boldsymbol{x}_n)$; $\boldsymbol{y} = (y_1, \dots, y_n)'$.

c) Verteilung P_ε des Beobachtungsfehlers.

2. **Aufgabe:** Schätze $\boldsymbol{\vartheta}$ nach der ML-Methode.

3. **Bezeichnung:** p_ε Dichte bzw. Einzelwahrscheinlichkeit von P_ε.

4. **Voraussetzung:** P_ε ist eine stetige oder diskrete Verteilung.

5. **Lösung:** Verwende als Schätzung $\hat{\boldsymbol{\vartheta}}$ die Lösung von

$$l(\boldsymbol{y}, \boldsymbol{\vartheta}, V_n) = \prod_{i=1}^{n} p_\varepsilon(y_i - \tilde{\eta}(\boldsymbol{x}_i, \boldsymbol{\vartheta})) \overset{!}{=} \sup_{\boldsymbol{\vartheta} \in \mathrm{R}^r} \bullet$$

Beispiel 3.5.4 (›Bsp. 3.5.1):

1. a) $\tilde{\eta}(x, \vartheta) = \mathrm{e}^{-\vartheta x}$; $x \in \mathrm{R}^1$; $\vartheta \in \mathrm{R}^1$.

b) $V_2 = (-1, 1)$; $\boldsymbol{y} = (2; 1)'$.

c) P_ε mit der Dichte $p_\varepsilon(t) = \frac{1}{2} \exp\{-|t|\}$.

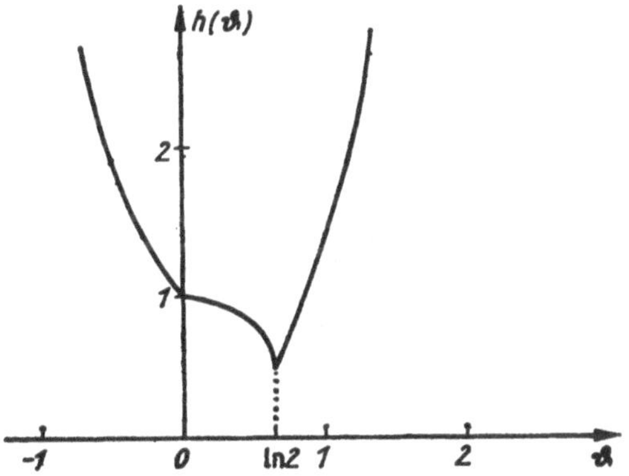

Abb. 3.5.1. Die Funktion $h(\vartheta)$ aus Bsp. 3.5.4

5. $l(y, \vartheta, V_2) = \frac{1}{4} \exp\{-|2 - e^{\vartheta}| - |1 - e^{-\vartheta}|\}$.

Die Aufgabe $l(y, \vartheta, V_2) \overset{!}{=} \sup\limits_{\vartheta \in R^1}$ ist äquivalent zur Aufgabe

$$h(\vartheta) = |2 - e^{\vartheta}| + |1 - e^{-\vartheta}| \overset{!}{=} \inf_{\vartheta \in R^1} .$$

$$h(\vartheta) = \begin{cases} 1 - e^{\vartheta} + e^{-\vartheta}, & -\infty < \vartheta \leqq 0, \\ 3 - e^{\vartheta} - e^{-\vartheta}, & 0 < \vartheta \leqq \ln 2, \\ -1 + e^{\vartheta} - e^{-\vartheta}, & \ln 2 < \vartheta < \infty. \end{cases}$$

Aus Abb. 3.5.1 erkennt man, daß h sein Minimum bei $\hat{\vartheta} = \ln 2$ annimmt, d. h. $\hat{\vartheta} = 0{,}693$ (zum Vergleich MKQ: $\check{\vartheta} = 0{,}626$).

Bei normalverteilten Fehlern sind MKQ und ML-Schätzung identisch. Die ML-Schätzung für $\boldsymbol{\vartheta}$ sollte auch dann verwendet werden, wenn ein linearer Ansatz vorliegt und die Fehlerverteilung bekannt, aber von der Normalverteilung verschieden ist. Dann ist nämlich nach [3.1.2] die MKQ-Schätzung nicht optimal.

Die (asymptotische) Güte der ML-Schätzung kann mit der FISHERschen Informationsmatrix (›Bez. 1.2.12)

$$\boldsymbol{I}(\boldsymbol{\vartheta}, V_n) = \left(\left(\int\limits_{R^n} \frac{\partial \ln l(\boldsymbol{y}, \boldsymbol{\vartheta}, V_n)}{\partial \vartheta_i} \frac{\partial \ln l(\boldsymbol{y}, \boldsymbol{\vartheta}, V_n)}{\partial \vartheta_j} l(\boldsymbol{y}, \boldsymbol{\vartheta}, V_n) \, d\boldsymbol{y}\right)\right)_{r \times r} \tag{3.5.15}$$

eingeschätzt werden. Die asymptotische Kovarianzmatrix der ML-Schätzung ist nämlich (unter einigen Regularitätsbedingungen) durch

$$\boldsymbol{B}_{\hat{\vartheta}} = \boldsymbol{I}(\boldsymbol{\vartheta}^*, V_n)^{-1} \tag{3.5.16}$$

gegeben, falls $\boldsymbol{\vartheta}^*$ der wahre Parameter ist. Diese asymptotische Kovarianzmatrix wird als Grundlage für die Wahl eines optimalen Versuchsplanes für die ML-Schätzung verwendet (›[4.7]).

Das Maximierungsproblem zur Bestimmung der ML-Schätzung bzw. das äquivalente Problem

$$g(\boldsymbol{\vartheta}) := -\ln l(\boldsymbol{y}, \boldsymbol{\vartheta}, V_n) \overset{!}{=} \inf_{\boldsymbol{\vartheta} \in R^r} \tag{3.5.17}$$

kann i. allg. nur mit numerischen Methoden gelöst werden. Wir wollen im folgenden zwei angeben. Das erste und bekannteste Verfahren ist das NEWTON-Verfahren.

VERFAHREN 3.5.10 (NEWTON-Verfahren):

1. **Gegebene Größen:** a) Zielfunktion $g(\boldsymbol{\vartheta})$; $\boldsymbol{\vartheta} \in R^r$.

   b) Startwert $\hat{\boldsymbol{\vartheta}}_0$.

2. **Aufgabe:** $g(\boldsymbol{\vartheta}) \overset{!}{=} \inf\limits_{\boldsymbol{\vartheta} \in R^r}$.

3. **Bezeichnungen:** $\boldsymbol{q}(\boldsymbol{\vartheta}) = \operatorname{grad}_{\boldsymbol{\vartheta}} g(\boldsymbol{\vartheta})$, $\boldsymbol{H}(\boldsymbol{\vartheta}) = \left(\left(\frac{\partial^2 g(\boldsymbol{\vartheta})}{\partial \vartheta_j \, \partial \vartheta_k}\right)\right)_{r \times r}$.

4. **Voraussetzungen:** g zweimal differenzierbar; Rg $\boldsymbol{H}(\boldsymbol{\vartheta}) = r$.

5. **Lösung:** i-ter Iterationsschritt ($i = 0, 1, 2, \ldots$)

$$\hat{\boldsymbol{\vartheta}}_{i+1} = \hat{\boldsymbol{\vartheta}}_i - \boldsymbol{H}(\hat{\boldsymbol{\vartheta}}_i)^{-1} \boldsymbol{q}(\hat{\boldsymbol{\vartheta}}_i) \bullet$$

Beispiel 3.5.5:

1. a) $g(\vartheta) = (1 - \vartheta)^4 + (3 - 2\vartheta)^4$; $\vartheta \in \mathrm{R}^1$.

b) $\hat{\vartheta}_0 = 1{,}5$.

3. $q(\vartheta) = g'(\vartheta) = -4(1 - \vartheta)^3 - 8(3 - 2\vartheta)^3$,

$H(\vartheta) = g''(\vartheta) = 12(1 - \vartheta)^2 + 48(3 - 2\vartheta)^2$.

5. $i = 0$: $q(\hat{\vartheta}_0) = 0{,}5$; $H(\hat{\vartheta}_0) = 4$; $\hat{\vartheta}_1 = 1{,}5 - \frac{0{,}5}{4} = 1{,}375$.

$i = 1$: $q(\hat{\vartheta}_1) = 0{,}086$; $H(\hat{\vartheta}_1) = 4{,}688$; $\hat{\vartheta}_2 = 1{,}375 - 0{,}018 = 1{,}357$.

Das Newton-Verfahren konvergiert gegen das gesuchte (lokale) Minimum, falls der Startwert $\hat{\boldsymbol{\vartheta}}_0$ gut genug gewählt wurde. Auch hier empfiehlt sich vielfach anstatt Verf. 3.5.10 eine gedämpfte Variante des Newton-Verfahrens, d. h. gemäß

$$\hat{\boldsymbol{\vartheta}}_{i+1} = \hat{\boldsymbol{\vartheta}}_i + \varrho_i \boldsymbol{H}(\hat{\boldsymbol{\vartheta}}_i)^{-1} \boldsymbol{q}(\hat{\boldsymbol{\vartheta}}_i); \quad 0 < \varrho_i \leqq 1;$$

zu iterieren. Der Dämpfungsfaktor kann dabei in jedem Iterationsschritt z. B. wie in Verf. 3.5.5 bestimmt werden.

Ein Nachteil des Newton-Verfahrens ist, daß dazu in jedem Schritt zweite Ableitungen der Zielfunktion benötigt werden. Diese sind bei relativ komplizierten Funktionen häufig nur mit größerem Aufwand zu beschaffen. Dem trägt z. B. das Verfahren von Davidson/Fletcher/Powell Rechnung, bei dem in jedem Iterationsschritt eine Näherung für $\boldsymbol{H}(\hat{\boldsymbol{\vartheta}}_i)^{-1}$ benutzt wird (s. Davidson [1], Fletcher/Powell [1]).

VERFAHREN 3.5.11 (Minimierung nach Davidson/Fletcher/Powell):

1. **Gegebene Größen:** a) Zielfunktion $g(\boldsymbol{\vartheta})$; $\boldsymbol{\vartheta} \in \mathrm{R}^r$.

b) Startwert $\hat{\boldsymbol{\vartheta}}_0$.

2. **Aufgabe:** $g(\boldsymbol{\vartheta}) \overset{!}{=} \inf\limits_{\boldsymbol{\vartheta} \in \mathrm{R}^r}$.

3. **Bezeichnung:** $\boldsymbol{q}(\boldsymbol{\vartheta}) = \operatorname{grad}_{\boldsymbol{\vartheta}} g(\boldsymbol{\vartheta})$.

4. **Voraussetzung:** g bei $\hat{\boldsymbol{\vartheta}}_0$ zweimal (sonst mindestens einmal) differenzierbar.

5. **Lösung:** a) Berechne

$$\boldsymbol{R}_0 = \left[\left(\left(\frac{\partial^2 g(\boldsymbol{\vartheta})}{\partial\vartheta_j\, \partial\vartheta_k}\right)\right)_{r \times r}\Bigg|_{\boldsymbol{\vartheta} = \hat{\boldsymbol{\vartheta}}_0}\right]^{-1}.$$

b) i-ter Iterationsschritt ($i = 0, 1, 2, \ldots$):

$$\hat{\boldsymbol{\vartheta}}_{i+1} = \hat{\boldsymbol{\vartheta}}_i + \boldsymbol{R}_i \boldsymbol{q}(\hat{\boldsymbol{\vartheta}}_i)\,,$$

$$\boldsymbol{\sigma}_i = \hat{\boldsymbol{\vartheta}}_{i+1} - \hat{\boldsymbol{\vartheta}}_i\,,$$

$$\boldsymbol{\eta}_i = \boldsymbol{q}(\hat{\boldsymbol{\vartheta}}_{i+1}) - \boldsymbol{q}(\hat{\boldsymbol{\vartheta}}_i)\,,$$

$$\Delta\boldsymbol{R}_i = \frac{\boldsymbol{\sigma}_i \boldsymbol{\sigma}_i'}{\boldsymbol{\sigma}_i' \boldsymbol{\eta}_i} - \frac{\boldsymbol{R}_i \boldsymbol{\eta}_i \boldsymbol{\eta}_i' \boldsymbol{R}_i}{\boldsymbol{\eta}_i' \boldsymbol{R}_i \boldsymbol{\eta}_i}\,,$$

$$\boldsymbol{R}_{i+1} = \boldsymbol{R}_i + \Delta\boldsymbol{R}_i \left(\boldsymbol{R}_{i+1} = \frac{\sigma_i}{\eta_i} \text{ im Falle } r = 1\right) \bullet$$

Beispiel 3.5.6 (›Bsp. 3.5.5):

1. a) $g(\vartheta) = (1 - \vartheta)^4 + (3 - 2\vartheta)^4$; $\vartheta \in \mathrm{R}^1$.

b) $\hat{\vartheta}_0 = 1{,}5$.

3. $q(\vartheta) = -4(1 - \vartheta)^3 - 8(3 - 2\vartheta)^3$.

5. a) $R_0 = \frac{1}{4}$.

b) $i = 0$: $\hat{\vartheta}_1 = 1{,}375$

$$\sigma_0 = -0{,}125; \quad \eta_0 = -0{,}414; \quad R_1 = \frac{0{,}125}{0{,}414} = 0{,}302.$$

$i = 1$: $\vartheta_2 = 1{,}375 - 0{,}302 \cdot 0{,}086 = 1{,}349$

$$\sigma_1 = -0{,}026; \quad \eta_1 = -0{,}136; \quad R_2 = \frac{0{,}026}{0{,}136} = 0{,}191.$$

$i = 2$: $\hat{\vartheta}_3 = 1{,}349 + 0{,}050 \cdot 0{,}191 = 1{,}359$.

Wendet man Verf. 3.5.10 bzw. Verf. 3.5.11 speziell zur numerischen Bestimmung des ML-Schätzwertes an, d. h. sucht man das Minimum von $g(\boldsymbol{\vartheta}) = -\ln l(\boldsymbol{y}, \boldsymbol{\vartheta}, V_n)$, dann erhebt sich wieder die Frage nach einer geeigneten Abbruchregel der Verfahren. Sie soll wieder so konstruiert sein, daß abgebrochen wird, wenn die numerische Verbesserung des Schätzwertes $\hat{\boldsymbol{\vartheta}}(\boldsymbol{y})$ unbedeutend ist im Verhältnis zur Varianz der Schätzung. Für Verf. 3.5.10 und Verf. 3.5.11 bedeutet das, daß die FISHERsche Informationsmatrix $\boldsymbol{I}(\hat{\boldsymbol{\vartheta}}_i, V_n)$ berechnet werden muß, um näherungsweise einen Ausdruck für die Varianz der Komponenten von $\hat{\boldsymbol{\vartheta}}(\mathfrak{Y})$ zu erhalten. Verf. 3.5.10 und Verf. 3.5.11 sollten also im Falle der Bestimmung einer ML-Schätzung abgebrochen werden, falls erstmalig gilt:

$$|\hat{\vartheta}_{i+1,j} - \hat{\vartheta}_{i,j}| \leqq 0{,}1 \cdot \sqrt{m_{jj}(\hat{\boldsymbol{\vartheta}}_i)}; \quad j = 1, \dots, r;$$

mit $\boldsymbol{I}(\hat{\boldsymbol{\vartheta}}_i, V_n)^{-1} = \left((m_{kj}(\hat{\boldsymbol{\vartheta}}_i))\right)_{r\times r}$.

Pitman-Schätzung

Ausgehend von der Likelihoodfunktion $l(\boldsymbol{y}, \boldsymbol{\vartheta}, V_n) = \prod_{i=1}^{n} p_\varepsilon(y_i - \tilde{\eta}(\boldsymbol{x}_i, \boldsymbol{\vartheta}))$ kann man auch die sog. PITMAN-Schätzung $\hat{\boldsymbol{\vartheta}}_p = (\hat{\vartheta}_p^{(1)}, \dots, \hat{\vartheta}_p^{(r)})'$ mit

$$\hat{\vartheta}_p^{(i)} = \frac{\int\limits_{\mathrm{R}^r} \vartheta^{(i)} l(\boldsymbol{y}, \boldsymbol{\vartheta}, V_n)\, \mathrm{d}\boldsymbol{\vartheta}}{\int\limits_{\mathrm{R}^r} l(\boldsymbol{y}, \boldsymbol{\vartheta}, V_n)\, \mathrm{d}\boldsymbol{\vartheta}}; \quad i = 1, \dots, r; \tag{3.5.18}$$

bilden (falls die dazu nötigen Integrale existieren). Sie hat (zumindest bei linearen Ansätzen) gegenüber der ML-Schätzung den Vorteil, daß nicht nur asymptotische Optimalitätseigenschaften bekannt sind. Sie ist z. B. bez. quadratischem Verlust Minimaxschätzung (›[I/Satz 3.5.1]). Bei normalverteilten Fehlern und linearem Ansatz fallen PITMAN-, ML- und MKQ-Schätzung zusammen.

Bayes-Schätzung

Falls Vorkenntnisse über $\boldsymbol{\vartheta}$ in Form einer Wahrscheinlichkeitsverteilung P_θ für $\boldsymbol{\vartheta}$ ausgedrückt werden können (›[2.2.3]), empfiehlt sich auch bei nichtlinearem Ansatz ein BAYESsches Vorgehen. Wenn die Fehlerverteilung P_ε bekannt ist, kann z. B. Verf. 3.3.1 benutzt werden, das bereits in [3.3.1] ohne Voraussetzung eines linearen Ansatzes formuliert wurde.

3.6. Schätzung bei adäquatem Ansatz

Die bisher gestellte Forderung nach einem wahren Regressionsansatz wird in der Praxis oft nicht erfüllt sein. Man wird z. B. nur mit mehr oder weniger Sicherheit behaupten können, daß der Ansatz adäquat ist im Sinne von Bez. 2.2.5. Leider ist für diesen praktisch bedeutsamen Fall die Theorie der Schätzung des unbekannten Regressionsparameters $\boldsymbol{\vartheta}$ noch nicht weit entwickelt. Erst in jüngster Zeit sind einige Anfänge zu sehen.

In vielen Fällen wird daher, in Ermangelung geeigneter Alternativen, auch bei nur adäquatem Ansatz das entsprechende Verfahren für den wahren Regressionsansatz verwendet werden müssen (z. B. verwendet man für die Schätzung von $\boldsymbol{\vartheta}$ in einem adäquaten nichtlinearen Ansatz unter Beachtung von Ungleichungsrestriktionen notgedrungen Verf. 3.5.8). Auf einige Konsequenzen bei der Anwendung der MKQ-Schätzung aus Verf. 3.1.1 in adäquaten Ansätzen gehen wir in [3.6.1] ein. In den beiden weiteren Abschnitten ist zwar ein wahrer linearer Ansatz bekannt, aber es soll gegebenenfalls in einem kleineren, nur adäquaten aber dafür einfacheren Ansatz geschätzt werden.

3.6.1. Verwendung der MKQ

Wir gehen davon aus, daß ein linearer Ansatz $\tilde{S}$ mit

$$\tilde{S} = \{\tilde{\eta}(\boldsymbol{x}, \boldsymbol{\vartheta}) = \boldsymbol{f}(\boldsymbol{x})' \, \boldsymbol{\vartheta} : \boldsymbol{x} \in B \subseteq \mathrm{R}^k\}_{\boldsymbol{\vartheta} \in \Theta \subseteq \mathrm{R}^r} \tag{3.6.1}$$

für die unbekannte Wirkungsfläche $\eta(\boldsymbol{x})$, die mit den Beobachtungen $\mathfrak{Y}(\boldsymbol{x})$ gemäß

$$\mathfrak{Y}(\boldsymbol{x}) = \eta(\boldsymbol{x}) + \varepsilon(\boldsymbol{x}); \qquad \mathrm{E}\varepsilon(\boldsymbol{x}) = 0; \qquad \mathrm{D}^2\varepsilon(\boldsymbol{x}) = \sigma^2 \tag{3.6.2}$$

verknüpft ist, vorliegt. Dann kann bei gegebenem Versuchsplan $V_n = (\boldsymbol{x}_1, \ldots, \boldsymbol{x}_n)$ zur Schätzung von $\boldsymbol{\vartheta}$ die klassische MKQ-Schätzung $\check{\boldsymbol{\vartheta}}(\boldsymbol{y}) = (\boldsymbol{F}'\boldsymbol{F})^{-1} \boldsymbol{F}'\boldsymbol{y}$ aus Verf. 3.1.1 berechnet werden. Wenn $\tilde{S}$ jedoch nur adäquat (und nicht wahr) ist, dann ist $\check{\eta}(\boldsymbol{x}, \boldsymbol{y}) = \boldsymbol{f}(\boldsymbol{x})' \, \check{\boldsymbol{\vartheta}}(\boldsymbol{y})$ nicht mehr erwartungstreue Schätzung der Wirkungsfläche. Es ergibt sich vielmehr mit $\boldsymbol{\eta}(V_n) = (\eta(\boldsymbol{x}_1), \ldots, \eta(\boldsymbol{x}_n))'$ und $\boldsymbol{\vartheta}^{(0)} = (\boldsymbol{F}'\boldsymbol{F})^{-1} \boldsymbol{F}'\boldsymbol{\eta}(V_n)$

$$\mathrm{E}\check{\eta}(\boldsymbol{x}, \boldsymbol{\mathfrak{Y}}) = \boldsymbol{f}(\boldsymbol{x})' \, \boldsymbol{\vartheta}^{(0)} =: \tilde{\eta}(\boldsymbol{x}, \boldsymbol{\vartheta}^{(0)}) \,. \tag{3.6.3}$$

Wählt man als Verlustfunktion z. B. die Summe der quadratischen Abweichungen zwischen wahrer und geschätzter Wirkungsfläche in den Versuchspunkten, d. h.

$$L(\eta, \check{\eta}) = \sum_{i=1}^{n} (\eta(\boldsymbol{x}_i) - \check{\eta}(\boldsymbol{x}_i, \boldsymbol{y}))^2 \,, \tag{3.6.4}$$

so ergibt sich bei $\boldsymbol{B}_{\varepsilon(V_n)} = \sigma^2 \boldsymbol{I}_n$ als Risiko

$$\begin{aligned} R(P_\varepsilon, \eta, \check{\eta}) &= \sum_{i=1}^{n} (\eta(\boldsymbol{x}_i) - \mathrm{E}\check{\eta}(\boldsymbol{x}_i, \boldsymbol{\mathfrak{Y}}))^2 + \sigma^2 \sum_{i=1}^{n} \boldsymbol{f}(\boldsymbol{x}_i)' \, (\boldsymbol{F}'\boldsymbol{F})^{-1} \boldsymbol{f}(\boldsymbol{x}_i) \\ &= L(\eta, \mathrm{E}\check{\eta}) + \sigma^2 \sum_{i=1}^{n} \boldsymbol{f}(\boldsymbol{x}_i)' \, (\boldsymbol{F}'\boldsymbol{F})^{-1} \boldsymbol{f}(\boldsymbol{x}_i) \,. \end{aligned} \tag{3.6.5}$$

$L(\eta, \mathrm{E}\check{\eta})$ spielt die Rolle des systematischen Fehlers. Die Funktion $\mathrm{E}\check{\eta} = \tilde{\eta}(\boldsymbol{x}, \boldsymbol{\vartheta}^{(0)}) \in \tilde{S}$ ist gerade die beste Approximation für η durch Funktionen aus dem Ansatz $\tilde{S}$ bez. der Verlustfunktion (3.6.4), d. h., es gilt für jedes $\tilde{\eta} \in \tilde{S}$

$$L(\eta, \mathrm{E}\check{\eta}) \leqq L(\eta, \tilde{\eta}) \,. \tag{3.6.6}$$

Falls der Ansatz $\tilde{S}$ aus (3.6.1) nun z. B. g_0-adäquat ist bez. der Verlustfunktion (3.6.4) (d. h. falls eine spezielle g_0-Adäquatheit im quadratischen Mittel vorliegt, ›Bez. 2.2.5), dann existiert ein $\tilde{\eta}^* \in \tilde{S}$ mit

$$L(\eta, \tilde{\eta}^*) \leqq g_0 \,. \tag{3.6.7}$$

Aus (3.6.6) und (3.6.7) erkennt man sofort, daß für den systematischen Fehler

$$L(\eta, \mathrm{E}\check{\eta}) \leqq L(\eta, \tilde{\eta}^*) \leqq g_0 \tag{3.6.8}$$

gilt. Damit erhalten wir folgendes *Ergebnis*: Man kann die klassische MKQ-Schätzung in linearen, g_0-adäquaten Ansätzen bez. L aus (3.6.4) verwenden, solange g_0 relativ klein ist, d. h. z. B. solange g_0 deutlich kleiner als σ^2 und auch kleiner als der Varianzanteil des Risikos (3.6.5) ist.

Wir bemerken, daß für andere Verlustfunktionen $\left(\text{z. B. } L(\eta, \check{\eta}) = \int\limits_H (\eta(\boldsymbol{x}) - \check{\eta}(\boldsymbol{x}, \boldsymbol{y}))^2 \, d\boldsymbol{x}\right)$ die Funktion $\mathrm{E}\check{\eta}$ i. allg. nicht mehr die beste Approximation für η ist, also aus der g_0-Adäquatheit (3.6.7) nicht mehr $L(\eta, \mathrm{E}\check{\eta}) \leqq g_0$ gefolgert werden kann.

Die MKQ-Schätzung wird häufig auch dann benutzt, wenn man sich nicht von der g_0-Adäquatheit des Ansatzes bez. einer bestimmten Verlustfunktion überzeugt hat. Dies liegt i. allg. daran, daß sie leicht berechenbar ist und daß häufig keine Alternative zur Auswahl steht.

3.6.2. Projektions-MKQ, Minimum-Bias-Schätzung

Es liege ein wahrer und linearer Ansatz $\tilde{S}$ für die unbekannte Wirkungsfläche vor, d. h. die Wirkungsgröße habe die Gestalt

$$\mathfrak{Y}(\boldsymbol{x}) = \boldsymbol{f}(\boldsymbol{x})' \boldsymbol{\vartheta} + \varepsilon(\boldsymbol{x}); \qquad \boldsymbol{x} \in B \subseteq \mathrm{R}^k; \qquad \boldsymbol{\vartheta} \in \mathrm{R}^r; \qquad \mathrm{E}\varepsilon(\boldsymbol{x}) = 0 \,. \tag{3.6.9}$$

Als Schätzung für $\boldsymbol{\vartheta}$ könnte man also wie in [3.1.1] die klassische MKQ-Schätzung

$$\check{\boldsymbol{\vartheta}}(\boldsymbol{y}) = (\boldsymbol{F}'\boldsymbol{F})^{-1} \boldsymbol{F}'\boldsymbol{y} \tag{3.6.10}$$

verwenden. Die Benutzung des wahren linearen Ansatzes sei jedoch sehr aufwendig (er ist z. B. durch Reihenentwicklung der Wirkungsfläche entstanden, ›[2.2.4]). Daher sollen die weiteren Untersuchungen in einem anderen linearen Regressionsansatz $\tilde{S}_0$ (z. B. abgebrochene Taylor-Reihe) mit

$$\tilde{\eta}(\boldsymbol{x}, \boldsymbol{\beta}) = \boldsymbol{g}(\boldsymbol{x})' \boldsymbol{\beta}; \qquad \boldsymbol{x} \in B \subseteq \mathrm{R}^k; \qquad \boldsymbol{\beta} \in \mathrm{R}^q \tag{3.6.11}$$

durchgeführt werden, der i. allg. nicht mehr wahr aber weniger umfangreich und einfacher ist. Wir wollen also insbesondere die Wirkungsfläche $\eta(\boldsymbol{x})$ schätzen durch $\boldsymbol{g}(\boldsymbol{x})' \hat{\boldsymbol{\beta}}$, d. h. für $\boldsymbol{\beta}$ eine geeignete Schätzung $\hat{\boldsymbol{\beta}}$ angeben. Da die Einschätzung der Güte einer Schätzung $\hat{\boldsymbol{\beta}}$ in diesem Zusammenhang den Vergleich von $\boldsymbol{\vartheta}$ aus (3.6.9) und $\hat{\boldsymbol{\beta}}$ erfordert, $\boldsymbol{\vartheta}$ und $\hat{\boldsymbol{\beta}}$ jedoch unterschiedliche Dimensionen haben, sind einige Vorbetrachtungen nötig.

Wir nehmen an, daß $r_0 \leqq \min\{r, q\}$ der Komponenten von $\boldsymbol{f}(\boldsymbol{x})$ und $\boldsymbol{g}(\boldsymbol{x})$ übereinstimmen. O. B. d. A. sollen dies die ersten r_0 Komponenten sein, d. h.

$$f_i(\boldsymbol{x}) = g_i(\boldsymbol{x}) \quad (i = 1, \dots, r_0) \,. \tag{3.6.12}$$

Die Parameter $\boldsymbol{\vartheta}$ und $\boldsymbol{\beta}$ werden zerlegt gemäß

$$\left.\begin{array}{lll} \boldsymbol{\vartheta} = (\boldsymbol{\vartheta}_0', \boldsymbol{\vartheta}_1')'; & \boldsymbol{\vartheta}_0 \in \mathrm{R}^{r_0}; & \boldsymbol{\vartheta}_1 \in \mathrm{R}^{r-r_0}, \\ \boldsymbol{\beta} = (\boldsymbol{\beta}_0', \boldsymbol{\beta}_2')'; & \boldsymbol{\beta}_0 \in \mathrm{R}^{r_0}; & \boldsymbol{\beta}_2 \in \mathrm{R}^{q-r_0}. \end{array}\right\} \tag{3.6.13}$$

Damit werden formal neue Parameter

$$\bar{\boldsymbol{\vartheta}} = (\boldsymbol{\vartheta}_0', \boldsymbol{\vartheta}_1', \boldsymbol{0}')' \in \mathrm{R}^{q+r-r_0}, \qquad \bar{\boldsymbol{\beta}} = (\boldsymbol{\beta}_0', \boldsymbol{0}', \boldsymbol{\beta}_2')' \in \mathrm{R}^{q+r-r_0} \tag{3.6.14}$$

definiert, die jetzt gleiche Dimension $\bar{r} = q + r - r_0$ haben. Entsprechend schreiben wir für die Schätzung $\hat{\boldsymbol{\beta}} = (\hat{\boldsymbol{\beta}}_0', \hat{\boldsymbol{\beta}}_2')'$ formal auch $\hat{\bar{\boldsymbol{\beta}}} = (\hat{\boldsymbol{\beta}}_0', \boldsymbol{0}', \hat{\boldsymbol{\beta}}_2')'$. Der Verlust bei der Schätzung von $\eta(\boldsymbol{x}) = \boldsymbol{f}(\boldsymbol{x})'\,\boldsymbol{\vartheta}$ durch $\boldsymbol{g}(\boldsymbol{x})'\,\hat{\boldsymbol{\beta}}$ habe nun die Form

$$L\big(\boldsymbol{f}(\boldsymbol{x})'\,\boldsymbol{\vartheta}, \boldsymbol{g}(\boldsymbol{x})'\,\hat{\boldsymbol{\beta}}\big) = (\bar{\boldsymbol{\vartheta}} - \hat{\bar{\boldsymbol{\beta}}})'\,\boldsymbol{U}(\bar{\boldsymbol{\vartheta}} - \hat{\bar{\boldsymbol{\beta}}}); \quad \boldsymbol{U} \in \mathcal{M}_{\bar{r}}^{\geqq}, \tag{3.6.15}$$

d. h., er entspricht einer quadratischen Verlustfunktion zur Schätzung von $\bar{\boldsymbol{\vartheta}}$ (›(3.1.12)). Z. B. kann die Verlustfunktion $\int_H \big(\boldsymbol{f}(\boldsymbol{x})'\,\boldsymbol{\vartheta} - \boldsymbol{g}(\boldsymbol{x})'\,\hat{\boldsymbol{\beta}}\big)^2\,d\boldsymbol{x}$ auf die Gestalt (3.6.15) gebracht werden. Die Matrix $\boldsymbol{U}$ kann entsprechend der Zerlegung von $\bar{\boldsymbol{\vartheta}}$ und $\hat{\bar{\boldsymbol{\beta}}}$ durch eine Blockmatrix dargestellt werden:

$$\boldsymbol{U} = \begin{pmatrix} \boldsymbol{U}_{00} & \boldsymbol{U}_{01} & \boldsymbol{U}_{02} \\ \boldsymbol{U}_{01}' & \boldsymbol{U}_{11} & \boldsymbol{U}_{12} \\ \boldsymbol{U}_{02}' & \boldsymbol{U}_{12}' & \boldsymbol{U}_{22} \end{pmatrix}, \tag{3.6.16}$$

$\boldsymbol{U}_{00} \in \mathcal{M}_{r_0}$, $\boldsymbol{U}_{11} \in \mathcal{M}_{r-r_0}$, $\boldsymbol{U}_{22} \in \mathcal{M}_{q-r_0}$, $\boldsymbol{U}_{01} \in \mathcal{M}_{r_0\times(r-r_0)}$, $\boldsymbol{U}_{02} \in \mathcal{M}_{r_0\times(q-r_0)}$; $\boldsymbol{U}_{12} \in \mathcal{M}_{(r-r_0)\times(q-r_0)}$. Zur geeigneten Wahl von $\boldsymbol{U}$ ›[3.1.2].

Die in der geschilderten Situation zu verwendende Schätzung für $\boldsymbol{\beta}$ wird in folgendem Verfahren vorgestellt:

VERFAHREN 3.6.1 (Minimum-Bias-Schätzung):

1. **Gegebene Größen:** a) Wahrer Regressionsansatz $\tilde{S}$ mit

$$\tilde{\eta}(\boldsymbol{x}, \boldsymbol{\vartheta}) = \boldsymbol{f}(\boldsymbol{x})'\,\boldsymbol{\vartheta}; \qquad \boldsymbol{x} \in B \subseteq \mathrm{R}^k; \qquad \boldsymbol{\vartheta} \in \mathrm{R}^r.$$

b) Regressionsansatz $\tilde{S}_0$ mit $\tilde{\eta}(\boldsymbol{x}, \boldsymbol{\beta}) = \boldsymbol{g}(\boldsymbol{x})'\,\boldsymbol{\beta}$; $\boldsymbol{x} \in B \subseteq \mathrm{R}^k$; $\boldsymbol{\beta} \in \mathrm{R}^q$.

c) Versuchsplan und -ergebnisse: $V_n = (\boldsymbol{x}_1, \ldots, \boldsymbol{x}_n)$, $\boldsymbol{y} = (y_1, \ldots, y_n)'$.

d) Matrix $\boldsymbol{U} \in \mathcal{M}_{q+r-r_0}^{\geqq}$ für die Verlustfunktion (3.6.15).

2. **Aufgabe:** Schätzung von $\boldsymbol{\beta}$ (und $\eta(\boldsymbol{x})$ durch $\boldsymbol{g}(\boldsymbol{x})'\,\hat{\boldsymbol{\beta}}$).

3. **Bezeichnung:** $\boldsymbol{F}(V_n) = \big(\boldsymbol{f}(\boldsymbol{x}_1), \ldots, \boldsymbol{f}(\boldsymbol{x}_n)\big)'$.

4. **Voraussetzungen:** a) $\operatorname{Rg} \boldsymbol{F}(V_n) = r$,

b) $f_i(\boldsymbol{x}) = g_i(\boldsymbol{x})$ für $i = 1, \ldots, r_0 \leqq \min\{q, r\}$.

5. **Lösung:** a) Berechne: $\boldsymbol{K}_{22} = \boldsymbol{U}_{22} - \boldsymbol{U}_{02}'\boldsymbol{U}_{00}^{-1}\boldsymbol{U}_{02}$ (›(3.6.16)),

$$\boldsymbol{K}_{21} = \boldsymbol{U}_{12}' - \boldsymbol{U}_{02}'\boldsymbol{U}_{00}^{-1}\boldsymbol{U}_{01}, \qquad \boldsymbol{P} = \left(\begin{array}{c:c} \boldsymbol{I}_{r_0} & \boldsymbol{U}_{00}^{-1}\boldsymbol{U}_{01} - \boldsymbol{U}_{00}^{-1}\boldsymbol{U}_{02}\boldsymbol{K}_{22}^{-1}\boldsymbol{K}_{21} \\ \hdashline \boldsymbol{0} & \boldsymbol{K}_{22}^{-1}\boldsymbol{K}_{21} \end{array}\right).$$

b) $\hat{\boldsymbol{\beta}}_P(\boldsymbol{y}) = \boldsymbol{P}\big(\boldsymbol{F}(V_n)'\,\boldsymbol{F}(V_n)\big)^{-1}\boldsymbol{F}(V_n)'\,\boldsymbol{y}$; $\hat{\eta}(\boldsymbol{x}, \boldsymbol{y}) = \boldsymbol{g}(\boldsymbol{x})'\,\hat{\boldsymbol{\beta}}_P(\boldsymbol{y})$ ●

Beispiel 3.6.1:

1. a) $\eta(x) = \vartheta_0 x + \vartheta_1 \dfrac{x^2}{x^2+1}$; $x \in \mathrm{R}^1$; $\boldsymbol{\vartheta} = (\vartheta_0, \vartheta_1)' \in \mathrm{R}^2$, d. h. $r = 2$.

b) $\tilde{\eta}(x, \boldsymbol{\beta}) = \beta_0 x + \beta_1$; $x \in \mathrm{R}^1$; $\boldsymbol{\beta} = (\beta_0, \beta_1)' \in \mathrm{R}^2$, d. h. $q = 2$.

c) $V_3 = (1, 2, 3)$; $\boldsymbol{y} = (1, 3, 4)'$.

d) $\boldsymbol{U} = \begin{pmatrix} 1 & 0{,}5 & 0{,}25 \\ 0{,}5 & 1 & 0{,}5 \\ 0{,}25 & 0{,}5 & 1 \end{pmatrix}$.

3. $\boldsymbol{F} = \begin{pmatrix} 1 & 0{,}5 \\ 2 & 0{,}8 \\ 3 & 0{,}9 \end{pmatrix}$.

4. a) $\operatorname{Rg} \boldsymbol{F} = 2 = r$.

b) $f_1(x) = g_1(x) = x$, d. h. $r_0 = 1$.

5. a) $K_{22} = 1 - (0{,}25)^2 = 0{,}9375$; $K_{21} = 0{,}5 - 0{,}25 \cdot 0{,}5 = 0{,}375$;

$$\boldsymbol{P} = \begin{pmatrix} 1 & 0{,}4 \\ 0 & 0{,}4 \end{pmatrix}.$$

b) $(\boldsymbol{F}'\boldsymbol{F})^{-1} = \frac{1}{0{,}76}\begin{pmatrix} 1{,}7 & -4{,}8 \\ -4{,}8 & 14 \end{pmatrix}$, $(\boldsymbol{F}'\boldsymbol{F})^{-1}\,\boldsymbol{F}'\boldsymbol{y} = (1{,}448;\ -0{,}263)'\ (= \check{\boldsymbol{\vartheta}})$,

$\hat{\boldsymbol{\beta}}_p = (1{,}343;\ -0{,}105)'$, $\quad \hat{\eta}(x) = 1{,}343x - 0{,}105$.

Falls es gerechtfertigt ist, in der Verlustfunktion (3.6.15) für $\boldsymbol{U}$ eine Blockdiagonalmatrix

$$\boldsymbol{U} = \begin{pmatrix} \boldsymbol{U}_{00} & \boldsymbol{0} & \boldsymbol{0} \\ \boldsymbol{0} & \boldsymbol{U}_{11} & \boldsymbol{0} \\ \boldsymbol{0} & \boldsymbol{0} & \boldsymbol{U}_{22} \end{pmatrix},$$

z. B. speziell die Einheitsmatrix $\boldsymbol{R} = \boldsymbol{I}_{r+q-r_0}$ zu wählen, dann erhält die Schätzung $\hat{\boldsymbol{\beta}}_p$ aus Verf. 3.6.1 wegen

$$\boldsymbol{P} = \left(\begin{array}{c:c} \boldsymbol{I}_{r_0} & \boldsymbol{0}_{r_0, r-r_0} \\ \hdashline \boldsymbol{0}_{r-r_0, r_0} & \boldsymbol{0}_{q-r_0, r-r_0} \end{array}\right)$$

eine wesentlich einfachere Struktur. Bezeichnet man $\check{\boldsymbol{\vartheta}} = (\boldsymbol{F}'\boldsymbol{F})^{-1}\boldsymbol{F}'\boldsymbol{y}$; $\check{\boldsymbol{\vartheta}} = (\check{\vartheta}_1, \dots, \check{\vartheta}_r)'$; so ergibt sich

$$\hat{\boldsymbol{\beta}}_p = (\check{\vartheta}_1, \dots, \check{\vartheta}_{r_0}, 0, \dots, 0)'\,. \tag{3.6.17}$$

In Bsp. 3.6.1 ergibt sich mit $\boldsymbol{U} = \boldsymbol{I}_3$ z. B. das Ergebnis $\hat{\boldsymbol{\beta}}_p = (1{,}448;\ 0)'$.

Wir betrachten nun einen wichtigen Spezialfall von Verf. 3.6.1. Der Regressionsansatz $\tilde{S}_0$ mit $\tilde{\eta}(\boldsymbol{x}, \boldsymbol{\beta}) = \boldsymbol{g}(\boldsymbol{x})'\,\boldsymbol{\beta}$ sei enthalten im wahren Ansatz $\tilde{S}$ mit $\eta(\boldsymbol{x}) = \boldsymbol{f}(\boldsymbol{x})'\,\boldsymbol{\vartheta}$. Das äußert sich so, daß alle Komponenten von $\boldsymbol{g}(\boldsymbol{x})$ auch Komponenten von $\boldsymbol{f}(\boldsymbol{x})$ sind. O. B. d. A. gelte $g_i(\boldsymbol{x}) = f_i(\boldsymbol{x})$; $i = 1, \dots, q < r$. Verf. 3.6.1 ist also formal so abzuändern, daß $r_0 = q$ gilt und die Matrix $\boldsymbol{U}$ in der Verlustfunktion die Struktur

$$\boldsymbol{U} = \begin{pmatrix} \boldsymbol{U}_{00} & \boldsymbol{U}_{01} \\ \boldsymbol{U}_{01}' & \boldsymbol{U}_{11} \end{pmatrix}; \qquad \boldsymbol{U}_{00} \in \mathcal{M}_q^{\geqq};\ \boldsymbol{U}_{11} \in \mathcal{M}_{r-q}^{\geqq};\ \boldsymbol{U}_{01} \in \mathcal{M}_{q\times(r-q)}; \tag{3.6.18}$$

hat. Für $\boldsymbol{P}$ ergibt sich dann einfach

$$\boldsymbol{P} = (\boldsymbol{I}_q \,\vdots\, \boldsymbol{U}_{00}^{-1}\boldsymbol{U}_{01})\,, \tag{3.6.19}$$

so daß man erhält:

$$\hat{\boldsymbol{\beta}}_p = (\boldsymbol{I}_q \,\vdots\, \boldsymbol{U}_{00}^{-1}\boldsymbol{U}_{01})\,(\boldsymbol{F}'\boldsymbol{F})^{-1}\,\boldsymbol{F}'\boldsymbol{y}\,. \tag{3.6.20}$$

Beispiel 3.6.2 (zu Verf. 3.6.1 im Spezialfall (3.6.20)):

1. a) $\eta(x) = \vartheta_0 x + \vartheta_1 \dfrac{x^2}{x^2+1}$; $x \in \mathrm{R}^1$; $\boldsymbol{\vartheta} = (\vartheta_0, \vartheta_1)' \in \mathrm{R}^2$, d. h. $r = 2$.

b) $\tilde{\eta}(x, \beta) = \beta x$; $x \in \mathrm{R}^1$, $\beta \in \mathrm{R}^1$, d. h. $q = 1$.

c) $V_3 = (1, 2, 3)$; $\boldsymbol{y} = (1, 3, 4)'$.

d) $\boldsymbol{U} = \begin{pmatrix} 1 & 0{,}5 \\ 0{,}5 & 1 \end{pmatrix}$.

3. $\boldsymbol{F} = \begin{pmatrix} 1 & 0{,}5 \\ 2 & 0{,}8 \\ 3 & 0{,}9 \end{pmatrix}$.

4. a) $\operatorname{Rg} \boldsymbol{F} = 2 = r$.

b) $f_1(x) = g_1(x) = x$, d. h. $r_0 = 1 = q$.

5. a) $\boldsymbol{P} = (1; 0{,}5)$.

b) $\hat{\beta}_{\boldsymbol{p}} = (1; 0{,}5) \begin{pmatrix} 1{,}448 \\ -0{,}263 \end{pmatrix} = 1{,}316$; $\tilde{\eta}(x) = 1{,}316x$.

Wir geben jetzt die wichtigsten Eigenschaften der Schätzung $\hat{\boldsymbol{\beta}}_{\boldsymbol{p}}$ an. Zunächst stellen wir fest, daß $\hat{\boldsymbol{\beta}}_{\boldsymbol{p}}$ i. allg. nicht erwartungstreu für den Regressionsparameter $\boldsymbol{\vartheta}$ der Wirkungsfläche ist. Das ist auch anschaulich klar, denn $\boldsymbol{\vartheta}$ ist ein r-dimensionaler Vektor, während $\hat{\boldsymbol{\beta}}_{\boldsymbol{p}}$ q-dimensional ist. Erwartungstreue liegt nur dann vor, falls der (wahre) Regressionsparameter die Struktur $\boldsymbol{\vartheta} = (\boldsymbol{\vartheta}_0', \boldsymbol{0}')'$, d. h. $\boldsymbol{\vartheta}_1 = \boldsymbol{0}$ hat (›(3.6.13)). Im allgemeinen Fall $\boldsymbol{\vartheta} = (\boldsymbol{\vartheta}_0', \boldsymbol{\vartheta}_1')'$ kann Erwartungstreue nicht erreicht werden, jedoch hat der Erwartungswert $\mathrm{E}\hat{\boldsymbol{\beta}}_{\boldsymbol{p}}(\mathfrak{Y})$ den kleinstmöglichen Abstand von $\boldsymbol{\vartheta}$, d. h., unter allen Schätzungen $\hat{\boldsymbol{\beta}}$ für $\boldsymbol{\vartheta}$ hat $\hat{\boldsymbol{\beta}}_{\boldsymbol{p}}$ den kleinsten systematischen Fehler. Aus diesem Grunde nennt man $\hat{\boldsymbol{\beta}}_{\boldsymbol{p}}$ *Minimum-Bias-Schätzung* oder auch *Projektions*-MKQ-*Schätzung*. Verwendet man die Bezeichnungen aus (3.6.14), so wird diese Eigenschaft ausgedrückt durch

$$(\bar{\boldsymbol{\vartheta}} - \mathrm{E}\bar{\hat{\boldsymbol{\beta}}}_{\boldsymbol{p}})' \boldsymbol{U}(\bar{\boldsymbol{\vartheta}} - \mathrm{E}\bar{\hat{\boldsymbol{\beta}}}_{\boldsymbol{p}}) = \inf_{\boldsymbol{\beta} \in \mathrm{R}^q} (\bar{\boldsymbol{\vartheta}} - \bar{\boldsymbol{\beta}})' \boldsymbol{U}(\bar{\boldsymbol{\vartheta}} - \bar{\boldsymbol{\beta}}) . \tag{3.6.21}$$

Überdies ist $\hat{\boldsymbol{\beta}}_{\boldsymbol{p}}$ die beste lineare Minimum-Bias-Schätzung, falls eine Verlustfunktion der Form (3.6.15) vorliegt (›[I/Satz 10.1.2]).

Die Schätzung $\hat{\boldsymbol{\beta}}_{\boldsymbol{p}}$ hat also den Bias (3.6.21) und außerdem die kleinste Kovarianzmatrix (im Sinne der positiven Definitheit) unter allen linearen Schätzungen mit dem Bias (3.6.21). Es gilt

$$\boldsymbol{B}_{\hat{\boldsymbol{\beta}}_{\boldsymbol{p}}} = \sigma^2 \boldsymbol{P}(\boldsymbol{F}'\boldsymbol{F})^{-1} \boldsymbol{P}; \qquad \mathrm{D}^2(\boldsymbol{g}(\boldsymbol{x})' \boldsymbol{\beta}_{\boldsymbol{,}}) = \sigma^2 \boldsymbol{g}(\boldsymbol{x})' \boldsymbol{P}(\boldsymbol{F}'\boldsymbol{F})^{-1} \boldsymbol{P}' \boldsymbol{g}(\boldsymbol{x}) . \tag{3.6.22}$$

Zur numerischen Bestimmung von $\hat{\boldsymbol{\beta}}_{\boldsymbol{p}}$ verwendet man am besten zunächst ein Verfahren aus [3.1.3] zur Berechnung der MKQ-Schätzung $\check{\boldsymbol{\vartheta}} = (\boldsymbol{F}'\boldsymbol{F})^{-1} \boldsymbol{F}'\boldsymbol{y}$. Dann berechnet man $\boldsymbol{P}$, gegebenenfalls unter Benutzung numerischer Inversionsverfahren für $\boldsymbol{U}_{00}$ und $\boldsymbol{K}_{22}$ (›Verf. 3.2.7).

Die Schätzung $\hat{\boldsymbol{\beta}}_{\boldsymbol{p}}$ hat folgenden Nachteil: Obwohl sie (wie gewünscht) als Schätzwerte Parameter im (einfacheren oder kleineren) Ansatz $\tilde{S}_0$ mit $\tilde{\eta}(\boldsymbol{x}, \boldsymbol{\beta})$ liefert, ist zu ihrer Anwendung die Berechnung der MKQ-Schätzung $\check{\boldsymbol{\vartheta}} = (\boldsymbol{F}'\boldsymbol{F})^{-1} \boldsymbol{F}'\boldsymbol{y}$ für die (kompliziertere) Wirkungsfläche $\eta(\boldsymbol{x}) = \boldsymbol{f}(\boldsymbol{x})' \boldsymbol{\vartheta}$ nötig. Dieser Nachteil tritt nicht auf, wenn man als Schätzung nicht $\hat{\boldsymbol{\beta}}_p$, sondern die MKQ-Schätzung für $\boldsymbol{\beta}$ im Ansatz $\tilde{S}_0$ mit $\tilde{\eta}(\boldsymbol{x}, \boldsymbol{\beta}) = \boldsymbol{g}(\boldsymbol{x})' \boldsymbol{\beta}$ verwendet. Als Alternative zu Verf. 3.6.1 erhält man dann:

VERFAHREN 3.6.2 (MKQ im „kleineren" Ansatz):

1. **Gegebene Größen:** a) Wahrer Ansatz $\tilde{S}$ mit

$$\tilde{\eta}(\boldsymbol{x}, \boldsymbol{\vartheta}) = \boldsymbol{f}(\boldsymbol{x})' \boldsymbol{\vartheta}; \qquad \boldsymbol{x} \in B \subseteq \mathrm{R}^k; \boldsymbol{\vartheta} \in \mathrm{R}^r.$$

b) Regressionsansatz $\tilde{S}_0$ mit $\tilde{\eta}(\boldsymbol{x}, \boldsymbol{\beta}) = \boldsymbol{g}(\boldsymbol{x})' \boldsymbol{\beta}$; $\boldsymbol{x} \in B \subseteq \mathrm{R}^k$; $\boldsymbol{\beta} \in \mathrm{R}^q$.

c) Versuchsplan und -ergebnisse: $V_n = (\boldsymbol{x}_1, \dots, \boldsymbol{x}_n)$, $\boldsymbol{y} = (y_1, \dots, y_n)'$.

2. **Aufgabe:** Schätzung von $\boldsymbol{\beta}$ und $\eta(\boldsymbol{x})$.

3. **Bezeichnung:** $\boldsymbol{G}(V_n) = \big(\boldsymbol{g}(\boldsymbol{x}_1), \dots, \boldsymbol{g}(\boldsymbol{x}_n)\big)'$.

4. **Voraussetzungen:** a) $\operatorname{Rg} \boldsymbol{G}(V_n) = q$.

b) $f_i(\boldsymbol{x}) = g_i(\boldsymbol{x})$ für $i = 1, \dots, r_0 \leqq \min\{r, q\}$.

5. **Lösung:** $\breve{\boldsymbol{\beta}}(\boldsymbol{y}) = \big(\boldsymbol{G}(V_n)' \boldsymbol{G}(V_n)\big)^{-1} \boldsymbol{G}(V_n)' \boldsymbol{y}$; $\breve{\eta}(\boldsymbol{x}, \boldsymbol{y}) = \boldsymbol{g}(\boldsymbol{x})' \breve{\boldsymbol{\beta}}(\boldsymbol{y})$ •

Beispiel 3.6.3 (›Bsp. 3.6.1):

1. a) $\eta(x) = \vartheta_0 x + \vartheta_1 \dfrac{x^2}{x^2 + 1}$; $x \in \mathrm{R}^1$; $\boldsymbol{\vartheta} = (\vartheta_0, \vartheta_1)' \in \mathrm{R}^2$.

b) $\tilde{\eta}(x, \boldsymbol{\beta}) = \beta_0 x + \beta_1$; $x \in \mathrm{R}^1$; $\boldsymbol{\beta} = (\beta_0, \beta_1)' \in \mathrm{R}^2$.

c) $V_3 = (1, 2, 3)$; $\boldsymbol{y} = (1, 3, 4)'$.

3. $\boldsymbol{G} = \begin{pmatrix} 1 & 1 \\ 2 & 1 \\ 3 & 1 \end{pmatrix}$.

4. a) $\operatorname{Rg} \boldsymbol{G} = 2 = q$.

b) $f_1(x) = g_1(x) = x$, d. h. $r_0 = 1$.

5. $(\boldsymbol{G}'\boldsymbol{G})^{-1} = \begin{pmatrix} 14 & 6 \\ 6 & 3 \end{pmatrix}^{-1} = \dfrac{1}{6} \begin{pmatrix} 3 & -6 \\ -6 & 14 \end{pmatrix}$; $\boldsymbol{G}'\boldsymbol{y} = \begin{pmatrix} 19 \\ 8 \end{pmatrix}$;

$\breve{\boldsymbol{\beta}} = (1{,}50; \ -0{,}33)'$.

Die MKQ-Schätzung $\breve{\boldsymbol{\beta}}$ ist wie $\hat{\boldsymbol{\beta}}_p$ auch nur dann erwartungstreu für $\boldsymbol{\vartheta}$, falls $\boldsymbol{\vartheta} = (\boldsymbol{\vartheta}_0', \boldsymbol{0}')$; $\boldsymbol{\vartheta}_0 \in \mathrm{R}^{r_0}$, $\boldsymbol{0} \in \mathrm{R}^{r-r_0}$; gilt (zur Bezeichnung ›(3.6.13)). In diesem Falle und auch noch dann, wenn $\boldsymbol{\vartheta}$ wenig von dieser Struktur abweicht, ist $\breve{\boldsymbol{\beta}}$ bez. Verlust der Form (3.6.15) besser als $\hat{\boldsymbol{\beta}}_p$. Weicht der unbekannte Parameter $\boldsymbol{\vartheta}$ jedoch deutlich von der Struktur $(\boldsymbol{\vartheta}_0', \boldsymbol{0}')'$ ab, dann ist die Minimum-Bias-Schätzung $\hat{\boldsymbol{\beta}}_p$ besser. Im Spezialfall $\tilde{S}_0 \subset \tilde{S}$ (›(3.6.18) bis (3.6.20)) ist z. B. $\breve{\boldsymbol{\beta}}$ besser als $\hat{\boldsymbol{\beta}}_p$, falls für $\boldsymbol{\vartheta} = (\boldsymbol{\vartheta}_0', \boldsymbol{\vartheta}_1')'$ mit $\boldsymbol{F} = (\boldsymbol{F}_0 \,\vdots\, \boldsymbol{F}_1)$; $\boldsymbol{F}_0 \in \mathcal{M}_{n \times q}$, $\boldsymbol{F}_1 \in \mathcal{M}_{n \times (r-q)}$; gilt

$$\boldsymbol{\vartheta}_1 \boldsymbol{\vartheta}_1' \leqq (\boldsymbol{F}_1'\boldsymbol{F}_1 - \boldsymbol{F}_1'\boldsymbol{F}_0[\boldsymbol{F}_0'\boldsymbol{F}_0]^{-1} \boldsymbol{F}_0'\boldsymbol{F}_1)^{-1}. \qquad (3.6.23)$$

Wir fassen die Ergebnisse dieses Abschnittes zusammen:

a) Falls nur die Schätzung der Wirkungsfläche $\eta(\boldsymbol{x}) = \boldsymbol{f}(\boldsymbol{x})' \boldsymbol{\vartheta}$ verlangt wird, dann verwende (auch wenn die Funktionen $f_i(\boldsymbol{x})$ kompliziert sein sollten) die MKQ-Schätzung $\hat{\boldsymbol{\vartheta}} = (\boldsymbol{F}'\boldsymbol{F})^{-1} \boldsymbol{F}'\boldsymbol{y}$.

b) Falls nach der Schätzung der Wirkungsfläche in einem möglichst einfachen Modell mit $\tilde{\eta}(\boldsymbol{x}, \boldsymbol{\beta}) = \boldsymbol{g}(\boldsymbol{x})' \boldsymbol{\beta}$ weitergearbeitet werden soll und erwartet werden muß, daß der Teil $\boldsymbol{\vartheta}_1$ des Parametervektors $\boldsymbol{\vartheta} = (\boldsymbol{\vartheta}_0', \boldsymbol{\vartheta}_1')'$ in $\eta(\boldsymbol{x}) = \boldsymbol{f}(\boldsymbol{x})' \boldsymbol{\vartheta}$ nicht vernachlässigbar ist, dann verwende die Minimum-Bias-Schätzung $\hat{\boldsymbol{\beta}}_p = \boldsymbol{P}(\boldsymbol{F}'\boldsymbol{F})^{-1} \boldsymbol{F}'\boldsymbol{y}$.

c) Falls im Fall b) der Teilvektor $\boldsymbol{\vartheta}_1$ nur unbedeutend von $\boldsymbol{0}$ abweichen wird (im Spezialfall $\tilde{S}_0 \subset \tilde{S}$ z. B. (3.6.23) erfüllt ist), dann verwende die MKQ-Schätzung im einfacheren Modell, d. h. $\check{\boldsymbol{\beta}} = (\boldsymbol{G}'\boldsymbol{G})^{-1} \boldsymbol{G}'\boldsymbol{y}$.

Wir bemerken noch, daß die hier untersuchte Problematik in das Gebiet der *Approgression* führt (s. z. B. Bunke, H. [1], Humak [1]) und erwähnen, daß in diesem Zusammenhang auch lineare Minimaxschätzungen untersucht wurden (s. Petersen [1], Läuter, H. [2]), deren praktische Anwendung jedoch auf große numerische Schwierigkeiten stößt.

3.7. Weitere Probleme

1. In [3.2.1] wurde darauf hingewiesen, daß man *im Falle korrelierter Beobachtungen* zunächst stets überlegen soll, ob man anstelle der optimalen, aber relativ schwierig berechenbaren verallgemeinerten MKQ-Schätzung (3.2.12) nicht doch die einfacher berechenbare klassische MKQ-Schätzung verwenden kann. Weitere Bedingungen, unter denen beide Schätzungen übereinstimmen (etwa in der Art von (3.2.16) oder (3.2.18)) sind z. B. in den Arbeiten Andersen [1], Watson [1], McElroy [1], Mitra/Rao [1], Norlen [1] zu finden. Die Frage des Güteverlusts durch Verwendung der klassischen MKQ-Schätzung im Falle korrelierter Beobachtungen wird z. B. in Magness/McGuire [1], Blomfield/Watson [1], Habermann [1] untersucht.

In Odell/Lewis [1] wird untersucht, wie man die verallgemeinerte MKQ-Schätzung in ähnlicher Weise wie in [3.1.6] rekursiv berechnen kann. In Richardson [1] wird eine leichter handhabbare Alternative zur verallgemeinerten MKQ-Schätzung und dazu ein rekursiver Berechnungsalgorithmus angegeben.

2. Falls *Vorkenntnisse über den Regressionsparameter* $\boldsymbol{\vartheta}$ vorliegen, so gibt Theil [1] einen Test auf Verträglichkeit der a-priori-Kenntnisse mit den aktuellen Beobachtungsergebnissen an.

Wenn durch die Vorkenntnisse der a-priori-Erwartungswert $\boldsymbol{\mu}$ (›(3.3.5)) und die a-priori-Kovarianzmatrix Λ (›(3.3.6)) von $\boldsymbol{\vartheta}$ noch nicht festgelegt werden können, sondern für diese Größen wiederum lediglich eine a-priori-Verteilung oder a-priori-Momente angegeben werden können, so kommt man zu Modellen mit *hierarchischer a-priori-Struktur* (s. dazu z. B. Lindley/Smith [1]).

Weitere Zugänge zur Verbesserung von Schätzung oder Vorhersage im linearen Regressionsmodell unter Ausnutzung von Zusatzinformationen sind in Bibby/Toutenburg [1] und Toutenburg/Rödel [N 1] zu finden.

Die Benutzung einer Vorschätzung $\hat{\boldsymbol{\vartheta}}^{(0)}$ des Regressionsparameters in sog. *Zweistufen-Schätzverfahren* geschieht in etwas anderer Weise als in Verf. 3.3.4. Dazu wird zunächst eine Stichprobe vom Umfang n_1 beobachtet und auf deren Grundlage die MKQ-Schätzung $\check{\boldsymbol{\vartheta}}^{(1)}$ berechnet. Falls diese zeigt, daß die Vorschätzung vernünftig war, wird eine Linearkombination von $\hat{\boldsymbol{\vartheta}}^{(0)}$ und $\check{\boldsymbol{\vartheta}}^{(1)}$ als Schätzung für $\boldsymbol{\vartheta}$ verwendet. Im Falle einer schlechten Übereinstimmung von $\hat{\boldsymbol{\vartheta}}^{(0)}$ und $\check{\boldsymbol{\vartheta}}^{(1)}$ wird eine weitere Stichprobe vom Umfang n_2 beobachtet und die MKQ-Schätzung auf der Grundlage der $n = n_1 + n_2$ Beobachtungen verwendet (s. z. B. Al-Bayatti/Arnold [1], Mayer/Singh/Willke [1]).

3. In Dempster [1] wird eine Simulationsstudie angegeben, die zeigt, daß man mit der *Ridgeschätzung* und der (gestauchten) Steinschen Schätzung (›[3.4.1]) beträchtliche Verbesserungen gegenüber der MKQ-Schätzung erwarten kann. Weitere Untersuchungen zur Ridgeschätzung sind z. B. in Allan [1], McDonald/Galarneau [1], Newhouse/Oman [1] zu finden.

4. Mitunter tritt der Fall ein, daß für ein Regressionsmodell sog. *abgeschnittene Stichproben* verwendet werden müssen. Das kann im Beobachtungsmechanismus selbst begründet sein (wenn z. B. für gewisse Beobachtungen nur bekannt ist, daß sie über einer oberen oder unter einer unteren Schranke liegen — s. dazu NELSON/HAHN [1]). In anderen Fällen, wo der Verdacht auf Ausreißer in der Stichprobe besteht, wird der Statistiker extreme Beobachtungswerte weglassen und so mit einer von ihm erzeugten abgeschnittenen Stichprobe rechnen (s. z. B. CHEN/DIXON [1]).

5. Weitere Verfahren zur *numerischen Berechnung* der nichtlinearen MKQ-Schätzung (›[3.5]) kann man z. B. aus GUTTMAN/PEREYRA/SCOLNIK [1] und den Übersichtsarbeiten CHAMBERS [1] und WOLFE [1] entnehmen (s. auch KUBICEK/MAREK/ECKERT [1], LAWTON/SYLVESTRE [1]).

Zur Berechnung der Schätzung nach der Methode der kleinsten Absolutbeträge (›Verf. 3.4.4) und der Schätzung nach der Methode der TSCHEBYSCHEFF-Approximation (›Verf. 3.4.8) gibt SIELKEN/HARTLEY [1] einen linearen Optimierungsalgorithmus an, der im Unterschied zu den Verfahren 3.4.5 und 3.4.9 eine Anfangsschätzung für ϑ (z. B. die klassische MKQ-Schätzung) benutzt.

4. Optimale Versuchsplanung zur Schätzung im Regressionsmodell

Wie in Kap. 2 und 3 betrachten wir auch hier die Modellgleichung eines interessierenden EW-Problems (↗Bez. 2.1.1),

$$\mathfrak{Y}(\boldsymbol{x}) = \eta(\boldsymbol{x}) + \varepsilon(\boldsymbol{x}) \,, \qquad \mathrm{E}\varepsilon(\boldsymbol{x}) = 0, \qquad \boldsymbol{x} \in B \subseteq \mathrm{R}^k$$

(↗(2.1.8) und (3.1.1)). Wir gehen von der Situation aus, daß für die unbekannte Wirkungsfläche η ein Ansatz $\tilde{S} = \{\tilde{\eta}(\boldsymbol{x}, \boldsymbol{\vartheta}) : \boldsymbol{x} \in B\}_{\boldsymbol{\vartheta} \in \Theta \subseteq \mathrm{R}^r}$ und eine Schätzmethode zur Schätzung von η bzw. $\boldsymbol{\vartheta}$ vorliegen. Der Ansatz kann z. B. aus fachwissenschaftlichen Überlegungen heraus gegeben oder als Approximationsansatz im Sinne von [2.2.4] bzw. mit einem Verfahren aus Kap. 6 als bester in einer Menge konkurrierender Ansätze gefunden worden sein. Die Schätzmethode wird i. allg. durch die Wahl eines geeigneten Verfahrens aus Kap. 3 festgelegt worden sein.

In diesem Kapitel wollen wir uns nun mit der Bestimmung geeigneter konkreter Versuchspläne (↗Bez. 2.5.2) für die verschiedenen Schätzverfahren im Regressionsmodell befassen.

Wir erinnern daran, daß man das Gesamtproblem der Schätzung der unbekannten Wirkungsfläche η, das aus den Teilproblemen Ansatzwahl, Schätzmethode und Versuchsplanung besteht (↗[2.1.4]), eigentlich als *ein komplexes Problem* nach einem einheitlichen Optimalitätskriterium behandeln müßte. Unter relativ schwachen Voraussetzungen ist jedoch eine Trennung in die einzelnen Teilprobleme erlaubt (↗[I/Kap. 2]). Daher ist es auch gestattet, die Bestimmung eines (näherungsweise) optimalen Versuchsplanes *nach* der Festlegung eines (möglichst) optimalen Schätzverfahrens durchzuführen. Allerdings müssen dabei das Schätzverfahren und der Versuchsplan nach *einem* Kriterium gewählt werden, zumindest darf das Versuchsplanungskriterium die Optimalität der Schätzung nicht zerstören (↗[2.5]).

Es wird sich zeigen, daß die Informationsmatrizen zu den verschiedenen Schätzverfahren im Regressionsmodell (↗Tab. 4.1.1) eine geeignete Grundlage für Optimalitätskriterien zur Bestimmung von Versuchsplänen bieten (↗[4.1]).

Wir möchten bereits an dieser Stelle betonen, daß es oft nicht das Ziel sein wird, einen exakt optimalen Versuchsplan zu bestimmen. In vielen praktischen Situationen wird es genügen, einen Plan mit hinreichend guten Eigenschaften zu haben. Das kann z. B. ein bez. eines Kriteriums näherungsweise optimaler Plan sein, oder ein Plan, der bez. mehrerer Kriterien gute Eigenschaften hat. Daher werden wir uns ausführlich mit der näherungsweisen Bestimmung optimaler Pläne und der Einschätzung der Effektivität solcher Pläne bez. einzelner Optimalitätskriterien beschäftigen (↗[4.3] bis [4.7]) und die exakte Bestimmung optimaler konkreter Pläne dagegen relativ kurz halten (↗[4.2]).

Die angegebenen Verfahren zur Konstruktion von Plänen werden nach Möglichkeit so formuliert, daß sie gleichzeitig für mehrere Schätzverfahren aus Kap. 3 gelten, wenn man nur die der Schätzmethode entsprechende Informationsmatrix benutzt.

Ein großer Teil der Verfahren ist jedoch auf den besonders wichtigen Fall der Versuchsplanung für die (reguläre) MKQ-Schätzung bei wahrem linearem Ansatz beschränkt. Dies hat erstens den Grund, daß für diesen Fall die Theorie der optimalen Versuchsplanung am weitesten fortgeschritten ist und die meisten Ergebnisse liefert, zweitens aber ist die MKQ-Schätzung das am meisten in der Praxis angewendete Schätzverfahren im Regressionsmodell, so daß auch aus dieser Sicht eine Bevorzugung der MKQ-Schätzung gerechtfertigt ist.

Wir machen darauf aufmerksam, daß die numerische Bestimmung eines (näherungsweise) optimalen Planes auch für die MKQ-Schätzung bei linearem Ansatz oft ein sehr kompliziertes Problem ist. Man sollte daher nichts unversucht lassen, das vorliegende Versuchsplanungsproblem zu vereinfachen. Beispielsweise sollte der Versuchsbereich (›Bez. 2.5.1) eine möglichst einfache Form haben, z. B. die eines Hyperquaders (›(2.5.2)). In diesem Fall kann man das Planungsproblem sogar noch in ein solches transformieren, dessen Versuchsbereich der Hypereinheitswürfel ist (›Verf. 4.1.11). Dann sind für viele Ansätze bereits optimale und näherungsweise optimale Pläne bekannt (einige davon haben wir in [4.8] angegeben). Man sollte also vor der Berechnung eines Planes stets erst die Eignung bekannter, sinnvoll erscheinender Pläne prüfen.

Während des gesamten Kapitels soll gelten:

Voraussetzung 4.1.1: Alle Einflußgrößen sind determiniert, beobachtbar und einstellbar (›Bez. 2.1.3, Bez. 2.1.4 und Bez. 2.1.6) ●

Im Fall stochastischer, über den Erwartungswert einstellbarer Einflußgrößen verweisen wir auf [I/12].

Das bereits angedeutete allgemeine Vorgehen in Kap. 4 zur Bestimmung eines geeigneten Versuchsplanes werden wir in folgendem Generalverfahren angeben.

GENERALVERFAHREN (Optimale Versuchsplanung zur Schätzung im Regressionsmodell):

1. **Gegebene Größen:** a) Ansatz $\tilde{S} = \{\tilde{\eta}(\boldsymbol{x}, \boldsymbol{\vartheta}) : \boldsymbol{x} \in B \subseteq \mathrm{R}^k\}_{\boldsymbol{\vartheta} \in \Theta \subseteq \mathrm{R}^r}$.

b) Schätzmethode für die Wirkungsfläche bzw. für $\boldsymbol{\vartheta}$, verbunden mit von der Schätzung zu erfüllenden Güte- und Aufwandsforderungen.

c) Versuchsbereich V (›Bez. 2.5.1).

d) Prognosebereich H (›Bez. 2.1.11).

e) Menge $V^{(0)}$ der als möglich erachteten konkreten Versuchspläne (›Bez. 2.5.6).

f) Eventuell weitere Angaben über $\tilde{S}$.

2. **Aufgabe:** Bestimme einen Plan aus $V^{(0)}$, der für die gegebene Schätzmethode die gegebenen Güte- und Aufwandsforderungen möglichst gut erfüllt.

3. **Bezeichnung:** V_n^*. Plan aus $V^{(0)}$, der eine Lösung der Aufgabe ist.

4. **Voraussetzungen:** a) Vor. 4.1.1.

b) Eventuell weitere Voraussetzungen über $\tilde{S}$, V, H, $V^{(0)}$.

5. **Lösung:** a) Wähle entsprechend der gegebenen Güte- und Aufwandsforderung ein Optimalitätskriterium (oder mehrere Optimalitätskriterien) (›Verf. 4.1.1 bis Verf. 4.1.10, Verf. 4.3.2, Verf. 4.4.1, Verf. 4.6.1 bis Verf. 4.6.3, Verf. 4.7.1 und Verf. 4.7.2).

b) Prüfe, ob sich das vorliegende Versuchsplanungsproblem vereinfachen läßt (›Verf. 4.1.11 bis Verf. 4.1.13).

c) Prüfe die Eignung bekannter Pläne z. B. anhand der Effektivität bez. des gewählten Optimalitätskriteriums (›Verf. 4.1.14, Verf. 4.1.15, Verf. 4.2.12, Verf. 4.3.1, Verf. 4.3.3, Verf. 4.4.10, Verf. 4.5.1, Verf. 4.5.2 und Verf. 4.6.5).

d) Konstruiere gegebenenfalls einen (näherungsweise) optimalen Plan V_{n*}^{*} (*für die* MKQ-*Schätzung*: ›Verf. 4.2.1 bis Verf. 4.2.9, Verf. 4.3.6, Verf. 4.3.7, Verf. 4.4.2 bis Verf. 4.4.5, Verf. 4.7.3 und Verf. 4.7.4; *für die* BAYES-*Schätzung*: ›Verf. 4.2.11, Verf. 4.3.5 und Verf. 4.4.6 bis Verf. 4.4.9; *für andere Schätzverfahren aus Tab.* 4.1.1: ›Verf. 4.3.4, Verf. 4.4.11 bis Verf. 4.4.14, Verf. 4.5.3 bis Verf. 4.5.6 und Verf. 4.6.4).

e) Randomisiere die Reihenfolge der gemäß V_{n*}^{*} durchzuführenden Versuche (›Verf. 4.1.16) ●

Zu 1.b): Unter einer Güte- und Aufwandsforderung an die durchzuführende Schätzung verstehen wir z. B. die Forderung nach minimalen Versuchskosten, wobei ein bestimmter Varianzausdruck der Schätzung eine obere Grenze nicht überschreiten darf. Ein anderes Beispiel wäre die Forderung nach maximaler statistischer Genauigkeit der Schätzung (z. B. minimaler Varianz) bei vorgegebenem Versuchsaufwand (z. B. vorgegebenem Stichprobenumfang). Derartige Güte- und Aufwandsforderungen können besonders klar in einer entscheidungstheoretischen Terminologie durch die Risikofunktion ausgedrückt werden (›(2.6.2)).

Zu 1.f): Weitere Angaben über $\tilde{S}$ können z. B. sein, daß es sich um einen wahren, linearen Ansatz handelt.

Zu 4.b): Voraussetzungen über $\tilde{S}$, V, H und $V^{(0)}$ können z. B. darin bestehen, daß die Ansatzfunktion kein Absolutglied haben darf, V und H Hyperquader im R^k sind und $V^{(0)}$ nur Pläne vom Mindestumfang r enthält.

Zu 5.d): Dieser Punkt ist der schöpferische und damit auch anspruchsvollste Teil des Generalverfahrens. In einigen Fällen wird eine exakte Bestimmung eines optimalen Planes möglich sein (›[4.2]). Häufig wird ein näherungsweise optimaler konkreter Plan (z. B. mit einem Iterationsverfahren) bestimmt werden müssen (›[4.3]). Mitunter wird es günstiger sein, zu diskreten Versuchsplänen überzugehen (›[4.4]) und unter ihnen (näherungsweise) optimale zu bestimmen (›[4.5]). Dann hat man allerdings noch ein Verfahren zur Rundung diskreter Pläne anzuschließen (›[4.4.5]). Die Vielzahl der Vorgehensmöglichkeiten zu 5.d) kann hier nur angedeutet werden. In [4.2] bis [4.7] wird dazu Ausführlicheres gesagt.

Zu 5.e): Durch die Randomisierung der Versuchsreihenfolge soll dem Fall entgegengewirkt werden, daß im zu untersuchenden EW-Problem auf Grund eventuell vorliegender nichterfaßter determinierter Einflüsse (z. B. zeitlicher Trend) systematische Fehler auftreten (›Verf. 4.1.16, aber auch Bsp. 2.5.3).

4.1. Optimalitätskriterien, Affininvarianz, Randomisierung

Ein Optimalitätskriterium zu einer Schätzmethode im Regressionsmodell sollte im Prinzip so geartet sein, daß die mit der möglichst optimalen Wahl der Schätzmethode begonnene Minimierung eines Gütefunktionals der Schätzung (z. B. der Varianz oder allgemeiner des Risikos) durch eine günstige Wahl des Versuchsplanes fortgesetzt wird.

Allgemein kann man sagen, daß ein Optimalitätskriterium ein Funktional ψ auf der Menge $V^{(0)}$ der möglichen Pläne ist, das jedem $V_n \in V^{(0)}$ eine reelle Zahl $\psi(V_n)$ zuordnet. Dieses Funktional ist über $V^{(0)}$ zu minimieren:

$$\psi(V_n) \stackrel{!}{=} \inf_{V_n \in V^{(0)}} . \tag{4.1.1}$$

Die meisten als Optimalitätskriterium in Frage kommenden Funktionale hängen jedoch nur über gewisse Matrizen $\overline{\boldsymbol{M}}(V_n)$ und über den Planumfang n von V_n ab.

Betrachten wir z. B. in einem wahren linearen Ansatz

$$\tilde{S} = \{\tilde{\eta}(\boldsymbol{x}, \boldsymbol{\vartheta}) = \boldsymbol{f}(\boldsymbol{x})' \boldsymbol{\vartheta} : \boldsymbol{x} \in B \subseteq \mathrm{R}^k\}_{\boldsymbol{\vartheta} \in \Theta \subseteq \mathrm{R}^r} \tag{4.1.2}$$

die regulären MKQ-Schätzungen für $\boldsymbol{\vartheta}$ und $\eta(\boldsymbol{x}) = \boldsymbol{f}(\boldsymbol{x})' \boldsymbol{\vartheta}$,

$$\left.\begin{aligned} \check{\boldsymbol{\vartheta}}(\mathfrak{Y}(V_n)) &= [\boldsymbol{F}(V_n)' \boldsymbol{F}(V_n)]^{-1} \boldsymbol{F}(V_n)' \mathfrak{Y}(V_n) , \\ \check{\eta}(\boldsymbol{x}, \mathfrak{Y}(V_n)) &= \boldsymbol{f}(\boldsymbol{x})' \check{\boldsymbol{\vartheta}}(\mathfrak{Y}(V_n)) \end{aligned}\right\} \tag{4.1.3}$$

(›(3.1.9)). Dann ist z. B. die Varianzfunktion von $\check{\eta}$ im Falle $\boldsymbol{B}_\varepsilon = \sigma^2 \boldsymbol{I}_n$ durch

$$\mathrm{D}^2 \check{\eta}(\boldsymbol{x}, \mathfrak{Y}(V_n)) = \sigma^2 \boldsymbol{f}(\boldsymbol{x})' [\boldsymbol{F}(V_n)' \boldsymbol{F}(V_n)]^{-1} \boldsymbol{f}(\boldsymbol{x}) = \boldsymbol{f}(\boldsymbol{x})' \boldsymbol{B}_{\check{\vartheta}}(V_n) \boldsymbol{f}(\boldsymbol{x}) \tag{4.1.4}$$

gegeben, und für die Summe der Varianzen der Komponenten von $\check{\boldsymbol{\vartheta}}$ ergibt sich z. B.

$$\sum_{i=1}^{r} \mathrm{D}^2 \check{\vartheta}_i(\mathfrak{Y}(V_n)) = \sigma^2 \operatorname{sp} [\boldsymbol{F}(V_n)' \boldsymbol{F}(V_n)]^{-1} = \operatorname{sp} \boldsymbol{B}_{\check{\vartheta}}(V_n) . \tag{4.1.5}$$

Bei gegebenem V_n mit $\boldsymbol{B}_\varepsilon = \sigma^2 \boldsymbol{I}_n$ gibt es keine lineare erwartungstreue Schätzung für $\boldsymbol{\vartheta}$ bzw. η, die kleinere Varianzen als in (4.1.4) bzw. (4.1.5) besitzt (›Aussage 3.1.2 und Aussage 3.1.3). Ein Ziel der Versuchsplanung für die MKQ-Schätzung könnte es daher z. B. sein, durch günstige Wahl von V_n die Ausdrücke (4.1.4) bzw. (4.1.5) weiter zu verkleinern. Benutzt man dazu die Informationsmatrix der MKQ-Schätzung (›Bez. 2.5.7),

$$\boldsymbol{M}(V_n) = \frac{1}{n} \boldsymbol{F}(V_n)' \boldsymbol{F}(V_n) , \tag{4.1.6}$$

so wird man also die Ausdrücke

$$\frac{\sigma^2}{n} \boldsymbol{f}(\boldsymbol{x})' \boldsymbol{M}(V_n)^{-1} \boldsymbol{f}(\boldsymbol{x}) , \qquad \frac{\sigma^2}{n} \operatorname{sp} \boldsymbol{M}(V_n)^{-1} \tag{4.1.7}$$

zu minimieren suchen. Diese Ausdrücke hängen nur über $\boldsymbol{M}(V_n)$ und n vom Versuchsplan ab. Die Lage ist ganz analog bei anderen Varianzausdrücken der MKQ-Schätzung.

Auch wenn es günstiger sein sollte, eine von der regulären MKQ-Schätzung verschiedene erwartungstreue Schätzung $\hat{\boldsymbol{\vartheta}}(\mathfrak{Y})$ zu verwenden, erhält man für die Varianzfunktion der Schätzung $\hat{\eta}(\boldsymbol{x}, \mathfrak{Y}) = \boldsymbol{f}(\boldsymbol{x})' \hat{\boldsymbol{\vartheta}}(\mathfrak{Y})$ der Wirkungsfläche mit

$$\mathrm{D}^2 \hat{\eta}(\boldsymbol{x}, \mathfrak{Y}(V_n)) = \boldsymbol{f}(\boldsymbol{x})' \boldsymbol{B}_{\hat{\vartheta}}(V_n) \boldsymbol{f}(\boldsymbol{x}) \tag{4.1.8}$$

und für die Summe der Varianzen von $\hat{\vartheta}_i(\mathfrak{Y})$ mit

$$\sum_{i=1}^{r} \mathrm{D}^2 \hat{\vartheta}_i(\mathfrak{Y}(V_n)) = \operatorname{sp} \boldsymbol{B}_{\hat{\vartheta}}(V_n) \tag{4.1.9}$$

völlig analoge Ausdrücke zu (4.1.4) und (4.1.5). Mit

$$\overline{\boldsymbol{M}}(V_n) = \frac{\sigma^2}{n} \boldsymbol{B}_{\hat{\vartheta}}(V_n)^{-1} \tag{4.1.10}$$

kann man auch hier eine Informationsmatrix einführen. Da bei (zumindest asymptotisch) erwartungstreuen Schätzungen Varianzausdrücke ein geeignetes Gütemaß sind, diese aber nur über $\overline{\boldsymbol{M}}(V_n)$ und n vom Plan abhängen, sollten Optimalitätskriterien zur Versuchsplanung für solche erwartungstreuen Schätzungen Funktionale von $\overline{\boldsymbol{M}}(V_n)$ aus (4.1.10) und n sein.

Es gibt jedoch auch sinnvolle Schätzmethoden für $\boldsymbol{\vartheta}$, die nicht erwartungstreu sind. Wir erinnern hier z. B. an die lineare BAYES-Schätzung aus Verf. 3.3.2, die im Falle $\boldsymbol{B}_\varepsilon = \sigma^2 \boldsymbol{I}_n$ die Gestalt

$$\hat{\boldsymbol{\vartheta}}^*(\mathfrak{Y}(V_n)) = [\boldsymbol{F}(V_n)' \boldsymbol{F}(V_n) + \sigma^2 \boldsymbol{\Lambda}^{-1}]^{-1} [\boldsymbol{F}(V_n)' \mathfrak{Y}(V_n) + \sigma^2 \boldsymbol{\Lambda}^{-1} \boldsymbol{\mu}] \tag{4.1.11}$$

hat, wobei $\boldsymbol{\mu}$ den a-priori-Erwartungswert und $\boldsymbol{\Lambda}$ die a-priori-Kovarianzmatrix von $\boldsymbol{\vartheta}$ darstellen (›(3.3.8)).

Als Beispiel eines Gütekriteriums betrachten wir in diesem Fall das BAYESsche Risiko bez. quadratischem Verlust mit $\boldsymbol{U} = \boldsymbol{I}_r$

$$\varrho(P_\varepsilon, P_\vartheta, \hat{\boldsymbol{\vartheta}}^*) = \sigma^2 \operatorname{sp} (\boldsymbol{F}(V_n)' \boldsymbol{F}(V_n) + \sigma^2 \boldsymbol{\Lambda}^{-1})^{-1} \tag{4.1.12}$$

(›(3.3.18)). Man stellt auch hier fest, daß dieses Gütefunktional nur über die *Bayessche Informationsmatrix*

$$\boldsymbol{M}_b(V_n) = \boldsymbol{M}(V_n) + \frac{\sigma^2}{n} \boldsymbol{\Lambda}^{-1} \tag{4.1.13}$$

und n vom Versuchsplan abhängt:

$$\varrho(P_\varepsilon, P_\vartheta, \hat{\boldsymbol{\vartheta}}^*) = \frac{\sigma^2}{n} \operatorname{sp} \boldsymbol{M}_b(V_n)^{-1} . \tag{4.1.14}$$

Falls $D^2\mathfrak{Y}(\boldsymbol{x}) = \sigma^2$ unbekannt ist, kann man für σ^2 einen erwartungstreuen Schätzwert einsetzen.

Auch bei anderen Schätzmethoden aus Kap. 3 hängen die zu betrachtenden Varianzausdrücke bzw. Risiken bez. quadratischem Verlust nur über eine derartige Informationsmatrix und n vom Versuchsplan ab. Wir werden daher zunächst in Tab. 4.1.1 die zu den jeweiligen Schätzverfahren gehörenden Informationsmatrizen angeben.

Die Informationsmatrizen $\boldsymbol{M}, \boldsymbol{M}_A, \boldsymbol{M}_P, \boldsymbol{M}_\Sigma, \boldsymbol{M}_L, \boldsymbol{M}_b, \boldsymbol{M}_K$ und $\boldsymbol{M}_R$ setzen voraus, daß ein linearer Ansatz zugrundeliegt, während $\boldsymbol{M}(V_n, \boldsymbol{\vartheta})$ und $\boldsymbol{M}_{ML}(V_n, \boldsymbol{\vartheta})$ nicht daran gebunden sind. Die Informationsmatrizen $\boldsymbol{M}, \boldsymbol{M}_A, \boldsymbol{M}_P, \boldsymbol{M}_\Sigma$ und $\boldsymbol{M}_L$ hängen mit der Kovarianzmatrix der entsprechenden Schätzung gemäß (4.1.10) zusammen. Für $\boldsymbol{M}(V_n, \boldsymbol{\vartheta})$ und $\boldsymbol{M}_{ML}(V_n, \boldsymbol{\vartheta})$ gilt diese Beziehung asymptotisch für große n.

Im Falle der KUKS-OLMAN-Schätzung, der Ridge-Schätzung und der Schätzung (3.3.28) mit Vorschätzung nutzt man die offenkundige strukturelle Ähnlichkeit zur linearen BAYES-Schätzung aus, um $\boldsymbol{M}_K, \boldsymbol{M}_R$ und $\boldsymbol{M}_V$ analog zu $\boldsymbol{M}_b$ zu definieren. Für $\boldsymbol{M}_K$ ist eine Rechtfertigung dafür auch in Aussage 3.3.4 zu suchen.

Im folgenden Abschnitt 4.1.1 werden wir die wichtigsten Optimalitätskriterien vorstellen, die als Funktionale einer Informationsmatrix dargestellt werden können.

4.1.1. Optimalitätskriterien

In diesem Abschnitt werden wir die wesentlichen Optimalitätskriterien der Versuchsplanung zur Schätzung im Regressionsmodell angeben. Wir betrachten zunächst nur statistische Güteforderungen an die Schätzungen, schließen also vorerst den Versuchsaufwand aus dem Optimierungsproblem aus (dazu ›[4.1.2]). Da statistische

Tab. 4.1.1: Schätzmethoden für ϑ und dazugehörige Informationsmatrizen

Schätzmethode	Informationsmatrix $\overline{M}(V_n)$
MKQ regulär (Verf. 3.1.1)	$M(V_n) = \frac{1}{n} F(V_n)' F(V_n)$
MKQ singulär für schätzbares $\psi = A\vartheta$ (Verf. 3.1.8)	$M_A(V_n) = \left(AM(V_n)^- A'\right)^{-1}$ Spezialfall (für Minimum-Bias-Schätzung, ›Verf. 3.6.1): $M_p(V_n) = \left(PM(V_n)^{-1} P'\right)^{-1}$
verallgemeinerte MKQ (Verf. 3.2.1)	$M_\Sigma(V_n) = \frac{1}{n} F(V_n)' \Sigma(V_n)^{-1} F(V_n)$
MKQ unter linearen Restriktionen $K\vartheta = l$ (Verf. 3.3.5)	$M_L(V_n) = (I_r - K^-K)\, M(V_n)$ $K^- = M(V_n)^{-1} K'[KM(V_n)^{-1} K']^{-1}$
lineare BAYES-Schätzung I bei $B_\varepsilon = \sigma^2 I_n$ (Verf. 3.3.2)	$M_b(V_n) = M(V_n) + \frac{\sigma^2}{n} A^{-1}$ Spezialfälle: $M_K(V_n) = M(V_n) + \frac{\sigma^2}{nc^2} I_r$ im Falle der KUKS-OLMAN-Schätzung (Verf. 3.3.9) $M_R(V_n) = M(V_n) + \frac{\alpha}{n} I_r$ im Falle der Ridge-Schätzung (3.4.2) $M_V(V_n) = M(V_n) + \frac{\sigma^2}{n} C' B_{\hat{\beta}}^{-1} C$ im Falle der Schätzung (3.3.28) mit Vorschätzung
MKQ nichtlinear (Verf. 3.5.1)	$M(V_n, \vartheta) = \frac{1}{n} F(V_n, \vartheta)' F(V_n, \vartheta)$ (›(3.5.3))
Maximum-Likelihood (Verf. 3.5.9)	$M_{\mathrm{ML}}(V_n, \vartheta) = \frac{1}{n} \mathrm{E}\left(\left(\frac{\partial \ln l(\mathfrak{Y}, \vartheta, V_n)}{\partial \vartheta_i} \cdot \frac{\partial \ln l(\mathfrak{Y}, \vartheta, V_n)}{\partial \vartheta_j}\right)\right)$ (›(3.5.15) und (1.2.13))

Gütefunktionale häufig nur von der entsprechenden Informationsmatrix und dem Planumfang n abhängen, wollen wir als Optimalitätskriterien in diesem Abschnitt nur Funktionale $\bar{Z}$ von Informationsmatrizen aus Tab. 4.1.1 und n betrachten.

Bezeichnung 4.1.1: Ein Plan $V_{n^*}^* \in V^{(0)}$ heißt *$\bar{Z}$-optimal* in $V^{(0)}$ bez. eines $\overline{M}$ aus Tab. 4.1.1, wenn er eine Lösung der Aufgabe

$$\bar{Z}\left(\overline{M}(V_n), n\right) \overset{!}{=} \inf_{V_n \in V^{(0)}} \tag{4.1.15}$$

ist •

Die Festlegung der Menge $V^{(0)}$ der als möglich erachteten Pläne sollte unter folgenden Gesichtspunkten geschehen:

Erstens wird man aus der vorliegenden Schätzaufgabe die Mindestanzahl der nötigen, voneinander verschiedenen Versuchspunkte ablesen (zum Schätzen eines r-dimensionalen Parameters ϑ sind z. B. Beobachtungen in mindestens r verschiedenen Punkten nötig). Also wird $V^{(0)}$ nur solche Pläne enthalten, die diese erste Forderung erfüllen. Zweitens wird der Versuchsaufwand i. allg. eine Höchstzahl von Beobachtungen festlegen, die aus ökonomischen Gründen nicht überschritten werden darf. Auf Grund dieser beiden Gesichtspunkte ist eine Wahl von $V^{(0)}$ nur noch innerhalb gewisser

Grenzen möglich. Häufig wird man dann die umfangreichste Menge von Plänen, die die geschilderten Nebenbedingungen einhalten, als $V^{(0)}$ nehmen, um nicht von vornherein eventuelle gute Pläne auszuschließen.

Wir zerlegen $V^{(0)}$ zunächst in Teilmengen $V_n^{(0)}$ von Plänen gleichen Planumfanges n. Es bezeichne $N^{(0)}$ die Menge aller in $V^{(0)}$ vorkommenden Planumfänge. Wir können $V^{(0)}$ also gemäß

$$V^{(0)} = \bigcup_{n \in N^{(0)}} V_n^{(0)} \tag{4.1.16}$$

darstellen und die Aufgabe (4.1.15) in zwei Schritten lösen: Zuerst wird für jedes $n \in N^{(0)}$ eine Lösung V_n^* der Aufgabe

$$\bar{Z}(\overline{\boldsymbol{M}}(V_n), n) \overset{!}{=} \inf_{V_n \in V_n^{(0)}} \tag{4.1.17}$$

bestimmt und anschließend durch

$$\bar{Z}(\overline{\boldsymbol{M}}(V_n^*), n) \overset{!}{=} \inf_{n \in N^{(0)}} \tag{4.1.18}$$

der optimale Planumfang n^*, also mit $V_{n^*}^*$ die endgültige Lösung erhalten.

Die im folgenden angegebenen Optimalitätskriterien $\bar{Z}$ haben alle die Struktur

$$\bar{Z}(\overline{\boldsymbol{M}}(V_n), n) = g(n) \cdot Z(\overline{\boldsymbol{M}}(V_n)) \quad \text{bzw.} \quad \bar{Z}(\overline{\boldsymbol{M}}(V_n), n) = h(n) + Z(\overline{\boldsymbol{M}}(V_n)) \tag{4.1.19}$$

(›Tab. 4.1.2), so daß die Aufgabe

$$Z(\overline{\boldsymbol{M}}(V_n)) \overset{!}{=} \inf_{V_n \in V_n^{(0)}} \tag{4.1.20}$$

äquivalent ist zu (4.1.17). Sie werden in Form von Verfahren angegeben. Als *Aufgabe* wird dabei (im Punkt 2 der Verfahren) die Erfüllung einer bestimmten Güteforderung an die Schätzung von η oder $\boldsymbol{\vartheta}$ formuliert. Im Punkt 5 dieser Verfahren werden dann als (ein erster Schritt zur) *Lösung* dieser Aufgabe das zur Aufgabenstellung passende Funktional Z und die entsprechenden Optimierungsprobleme (4.1.20) und (4.1.18) angegeben. Wir betrachten zunächst nur lineare Ansätze und beginnen mit zwei Kriterien, die die Schätzung der Wirkungsfläche $\eta(\boldsymbol{x})$ betreffen (für nichtlineare Ansätze ›[4.7]).

VERFAHREN 4.1.1 (G-Optimalität):

1. **Gegebene Größen:** a) Wahrer linearer Ansatz $\tilde{S}$ mit

$$\tilde{\eta}(\boldsymbol{x}, \boldsymbol{\vartheta}) = \boldsymbol{f}(\boldsymbol{x})' \boldsymbol{\vartheta}; \qquad \boldsymbol{x} \in B \subseteq \mathrm{R}^k; \qquad \boldsymbol{\vartheta} \in \mathrm{R}^r.$$

b) Schätzmethode (d. h. ein $\overline{\boldsymbol{M}}(V_n)$ aus Tab. 4.1.1).

c) Versuchsbereich V.

d) Menge $V^{(0)}$ der möglichen Versuchspläne.

e) Prognosebereich H.

2. **Aufgabe:** Bestimme einen Plan aus $V^{(0)}$, so daß die Wirkungsfläche in jedem Punkt $\boldsymbol{x} \in H$ möglichst genau geschätzt werden kann.

3. **Bezeichnungen:** a) $V_n^{(0)}$ Menge aller Pläne aus $V^{(0)}$ mit dem Umfang n.

b) $N^{(0)}$ Menge aller in $V^{(0)}$ vorkommenden Planumfänge.

4. **Voraussetzungen:** a) $V^{(0)}$ enthält nur Pläne, für die $\overline{M}(V_n)^{-1}$ existiert.

b) $\overline{M} \neq M_A$.

5. **Lösung:** a) Benutze das Funktional

$$Z_G(\overline{M}(V_n)) = \sup_{x \in H} f(x)' \, \overline{M}(V_n)^{-1} f(x)$$

$\left(= \sup_{x \in H} g(x)' \, M_p(V_n)^{-1} g(x)\right.$ im Falle der Minimum-Bias-Schätzung, ›Tab. 4.1.1$\left.\right)$.

b) Bestimme für jedes $n \in N^{(0)}$ eine Lösung V_n^* der Aufgabe $Z_G(\overline{M}(V_n)) \overset{!}{=} \inf_{V_n \in V_n^{(0)}}$.

c) Bestimme einen G-optimalen Plan $V_{n^*}^* \in V^{(0)}$ als Lösung von

$$\frac{1}{n} Z_G(\overline{M}(V_n^*)) \overset{!}{=} \inf_{n \in N^{(0)}} \quad \bullet$$

Beispiel 4.1.1 (wir geben nur das Funktional Z_G an):

1. a) $\tilde{\eta}(x, \vartheta) = \vartheta_0 + \vartheta_1 x$, d. h. $r = 2$, $k = 1$.

b) Reguläre MKQ, d. h. $\overline{M}(V_n) = M(V_n) = n^{-1} F(V_n)' \, F(V_n)$.

c) $V = [0, 5]$.

d) $V^{(0)}$: Menge aller Pläne mit höchstens 10 (davon mindestens zwei verschiedenen) Versuchspunkten.

e) $H = [5, 10]$.

5. a) $V_n = (x_1, \ldots, x_n)$,

$$M(V_n)^{-1} = \begin{pmatrix} 1 & \bar{x} \\ \bar{x} & \frac{1}{n} \sum x_i^2 \end{pmatrix}^{-1} = \frac{n}{\sum (x_i - \bar{x})^2} \begin{pmatrix} \frac{1}{n} \sum x_i^2 & -\bar{x} \\ -\bar{x} & 1 \end{pmatrix} \quad \text{mit } \bar{x} = \frac{1}{n} \sum x_i ,$$

$$f(x) = (1, x)' ,$$

$$Z_G(M(V_n)) = \sup_{x \in [5, 10]} \frac{1}{\sum (x_i - \bar{x})^2} \left(\sum x_i^2 - 2n\bar{x}x + nx^2\right)$$

$$= \frac{1}{\sum (x_i - \bar{x})^2} \left(\sum x_i^2 - 20n\bar{x} + 100n\right).$$

Im Falle einer erwartungstreuen Schätzung für η minimiert ein G-optimaler Plan gerade die maximale Varianz der Schätzung über dem Prognosebereich H. Das Kriterium der G-Optimalität ist also z. B. dann zu benutzen, wenn der Versuchsplan mit einem geeigneten n sichern soll, daß die Varianz der Schätzung von η an jeder Stelle des Prognosebereiches eine vorgegebene Schranke nicht überschreitet.

Die folgenden Verfahren 4.1.2 bis 4.1.7 sind in ihrer Struktur dem Verf. 4.1.1 sehr ähnlich. Wir benutzen daher Verf. 4.1.1 als Muster und geben in den folgenden Verfahren nur die Punkte an, die sich gegenüber Verf. 4.1.1 geändert haben.

Beim folgenden Optimalitätskriterium ist nicht notwendig jeder Prognosepunkt aus H von gleichem Interesse, und man verlangt auch nicht, daß bei *jedem* $x \in H$ die Schätzung von η möglichst gut sein soll. Man fordert vielmehr ein möglichst gutes, über H gemitteltes statistisches Verhalten.

VERFAHREN 4.1.2 (I-Optimalität):

1. **Gegebene Größen:** a) bis e) wie Verf. 4.1.1.

f) Gewichtsfunktion p über H.

2. **Aufgabe:** Bestimme einen Plan aus $V^{(0)}$, so daß die Wirkungsfläche im Mittel über dem gesamten Prognosebereich H möglichst genau geschätzt werden kann, wobei den verschiedenen Punkten $\boldsymbol{x} \in H$ eine unterschiedliche, durch $p(\boldsymbol{x})$ gegebene Bedeutung zukommt.

3.–4. ›Verf. 4.1.1.

5. **Lösung:** a) Benutze das Funktional

$$Z_I(\overline{\boldsymbol{M}}(V_n)) = \int_H \boldsymbol{f}(\boldsymbol{x})' \, \overline{\boldsymbol{M}}(V_n)^{-1} \boldsymbol{f}(\boldsymbol{x}) \, p(\boldsymbol{x}) \, \mathrm{d}\boldsymbol{x}$$

$\left(= \int_H \boldsymbol{g}(\boldsymbol{x})' \, \boldsymbol{M}_p(V_n)^{-1} \boldsymbol{g}(\boldsymbol{x}) \, p(\boldsymbol{x}) \, \mathrm{d}\boldsymbol{x}\right.$ im Falle der Minimum-Bias-Schätzung, ›Tab. 4.1.1$\left.\right)$.

b) Bestimme für jedes $n \in N^{(0)}$ eine Lösung V_n^* der Aufgabe

$$Z_I(\overline{\boldsymbol{M}}(V_n)) \overset{!}{=} \inf_{V_n \in V_n^{(0)}} .$$

c) Bestimme einen I-optimalen Plan $V_{n^*}^* \in V^{(0)}$ als Lösung von

$$\frac{1}{n} Z_I(\overline{\boldsymbol{M}}(V_n^*)) \overset{!}{=} \inf_{n \in N^{(0)}} \quad \bullet$$

Beispiel 4.1.2 (wir geben nur Z_I an):

1. a) $\tilde{\eta}(x, \boldsymbol{\vartheta}) = \vartheta_0 + \vartheta_1 x$, d. h. $r = 2$, $k = 1$ (vgl. Bsp. 4.1.1).

b) Lineare Bayes-Schätzung mit $\boldsymbol{\Lambda} = \boldsymbol{I}_2$ und $\sigma^2 = 1$,

d. h. $\boldsymbol{M}(V_n) = \boldsymbol{M}_b(V_n) = \dfrac{1}{n} \left(\boldsymbol{F}(V_n)' \, \boldsymbol{F}(V_n) + \sigma^2 \boldsymbol{\Lambda}^{-1}\right).$

c) $V = [0, 5]$.

d) $V^{(0)}$ wie in Bsp. 4.1.1.

e) $H = [5, 10]$.

f) $p = \text{const.}$

5. a) $\boldsymbol{M}_b(V_n) = \boldsymbol{M}(V_n) + \dfrac{\sigma^2}{n} \boldsymbol{\Lambda}^{-1} = \dfrac{1}{n} \begin{pmatrix} n+1 & \sum x_i \\ \sum x_i & \sum x_i^2 + 1 \end{pmatrix}$ mit $V_n = (x_1, \dots, x_n)$;

$$\boldsymbol{M}_b(V_n)^{-1} = \frac{n}{(n+1)\left(\sum x_i^2 + 1\right) - \left(\sum x_i\right)^2} \begin{pmatrix} \sum x_i^2 + 1 & -\sum x_i \\ -\sum x_i & n+1 \end{pmatrix}; \quad \boldsymbol{f}(x) = \begin{pmatrix} 1 \\ x \end{pmatrix};$$

$$Z_I(\boldsymbol{M}_b(V_n)) = \frac{\int_5^{10} \left(\sum x_i^2 + 1 - 2x \sum x_i + (n+1)\, x^2\right) \mathrm{d}x}{(n+1)\left(\sum x_i^2 + 1\right) - \left(\sum x_i\right)^2}$$

$$= \frac{5 + 5 \sum x_i^2 - 75 \sum x_i + \dfrac{n+1}{3} 875}{(n+1)\left(\sum x_i^2 + 1\right) - \left(\sum x_i\right)^2}.$$

Im Falle einer erwartungstreuen Schätzung für η (z. B. im Falle der MKQ-Schätzung), minimiert ein I-optimaler Plan die mit p gewichtete mittlere Varianz der Schätzung über dem Prognosebereich.

Die folgenden Optimalitätskriterien orientieren sich nicht an der Schätzung der Wirkungsfläche, sondern an der Schätzung des Parameters $\boldsymbol{\vartheta}$. Daher tritt auch kein Prognosebereich mehr auf. Wir erinnern daran, daß es bei einem wahren Ansatz ausreicht, $\boldsymbol{\vartheta}$ zu schätzen. Die Schätzung von η ist dann durch $\tilde{\eta}(\boldsymbol{x}, \hat{\boldsymbol{\vartheta}})$ gegeben. Insofern werden Optimalitätskriterien zur Versuchsplanung für $\hat{\boldsymbol{\vartheta}}$ auch günstige Pläne zur Schätzung von η liefern, solange der Ansatz wahr oder mindestens hinreichend adäquat ist.

VERFAHREN 4.1.3 (A-Optimalität):

1. **Gegebene Größen:** a) bis d) wie in Verf. 4.1.1
2. **Aufgabe:** Bestimme einen Plan aus $V^{(0)}$, so daß die Komponenten von $\boldsymbol{\vartheta}$ (oder einer schätzbaren Funktion $\boldsymbol{\psi} = \boldsymbol{A\vartheta}$, $\boldsymbol{A} \in \mathcal{M}_{s\times r}$) im Mittel möglichst genau geschätzt werden können.
3. **Bezeichnungen:** s. Verf. 4.1.1.
4. **Voraussetzungen:** a) Wie in Verf. 4.1.1.

   b) $\overline{\boldsymbol{M}} \neq \boldsymbol{M}_p$.
5. **Lösung:** a) Benutze das Funktional $Z_A(\overline{\boldsymbol{M}}(V_n)) = \operatorname{sp} \overline{\boldsymbol{M}}(V_n)^{-1}$.

   b) Bestimme für jedes $n \in N^{(0)}$ eine Lösung V_n^* der Aufgabe

   $$Z_A(\overline{\boldsymbol{M}}(V_n)) \stackrel{!}{=} \inf_{V_n \in V_n^{(0)}} .$$

   c) Bestimme einen A-optimalen Plan $V_{n^*}^* \in V^{(0)}$ als Lösung von

   $$\frac{1}{n} Z_A(\overline{\boldsymbol{M}}(V_n^*)) \stackrel{!}{=} \inf_{n \in N^{(0)}} \quad \bullet$$

Beispiel 4.1.3:

1. a) $\tilde{\eta}(x, \boldsymbol{\vartheta}) = \vartheta_0 + \vartheta_1 x + \vartheta_2 x^2$.

   b) singuläre MKQ für $\boldsymbol{\psi} = \begin{pmatrix} \vartheta_1 \\ \vartheta_0 + \vartheta_2 \end{pmatrix} = \boldsymbol{A\vartheta}$ mit $\boldsymbol{A} = \begin{pmatrix} 0 & 1 & 0 \\ 1 & 0 & 1 \end{pmatrix}$,

   d. h. $\overline{\boldsymbol{M}}(V_n) = \boldsymbol{M_A}(V_n) = (\boldsymbol{AM}(V_n)^- \boldsymbol{A}')^{-1}$.

   c) $V = \{-1, 1\}$ (Versuchsbereich enthält also zwei Punkte.)

   d) $V^{(0)}$: Menge aller Pläne mit -1 und 1 als Spektrumpunkte, Planumfang höchstens 15.

5. a) $V_n = (x_1, \dots, x_n)$ mit $x_i \in V$, d. h. $|x_i| = 1$; $\boldsymbol{f}(x) = (1, x, x^2)'$;

   $$\boldsymbol{M}(V_n) = \frac{1}{n} \sum_{i=1}^{n} \boldsymbol{f}(x_i)\, \boldsymbol{f}(x_i)' = \frac{1}{n} \sum_{i=1}^{n} \begin{pmatrix} 1 & x_i & x_i^2 \\ x_i & x_i^2 & x_i^3 \\ x_i^2 & x_i^3 & x_i^4 \end{pmatrix} = \begin{pmatrix} 1 & a & 1 \\ a & 1 & a \\ 1 & a & 1 \end{pmatrix}$$

   mit $\frac{1}{n} \sum_{i=1}^{n} x_i = \frac{1}{n} \sum_{i=1}^{n} x_i^3 =: a$. Eine verallgemeinerte Inverse von $\boldsymbol{M}(V_n)$ (›Bez. A.1.12) ist z. B. für $|a| \neq 1$

   $$\boldsymbol{M}(V_n)^- = \frac{1}{1 - a^2} \begin{pmatrix} 1 & -a & 0 \\ -a & 1 & 0 \\ 0 & 0 & 0 \end{pmatrix}.$$

   Damit wird

   $$\boldsymbol{M_A}(V_n)^{-1} = \boldsymbol{AM}(V_n)^- \boldsymbol{A} = \frac{1}{1 - a^2} \begin{pmatrix} 1 & -a \\ -a & 1 \end{pmatrix}$$

   und

   $$Z_A(\boldsymbol{M_A}(V_n)) = \operatorname{sp} \boldsymbol{M_A}(V_n)^{-1} = \frac{2}{1 - \left(\frac{1}{n} \sum_{i=1}^{n} x_i\right)^2}.$$

b) $Z_A(\boldsymbol{M}_A(V_n)) \stackrel{!}{=} \inf_{V_n \in V_n^{(0)}}$ ist äquivalent zu $\left(\sum_{i=1}^{n} x_i\right)^2 \stackrel{!}{=} \inf_{x_i \in V}$.

Als Lösung ergibt sich:

$$V_n^* = \begin{cases} (\underbrace{-1, \dots, -1}_{n/2}, \underbrace{1, \dots, 1}_{n/2}), & \text{falls } n \text{ gerade,} \\ (\underbrace{-1, \dots, -1}_{(n\pm 1)/2}, \underbrace{1, \dots, 1}_{(n\mp 1)/2}), & \text{falls } n \text{ ungerade,} \end{cases}$$

c) $$\frac{1}{n} Z_A(\boldsymbol{M}_A(V_n^*)) = \begin{cases} \dfrac{2}{n}, & \text{falls } n \text{ gerade,} \\ \dfrac{2}{n-1}, & \text{falls } n \text{ ungerade,} \end{cases}$$

$N^{(0)} = \{2, 3, \dots, 15\}$, d. h. $n^* = 14$ (oder $n^* = 15$), d. h. $V_{n^*}^* = (-1, -1, -1, -1, -1, -1, -1, 1, 1, 1, 1, 1, 1, 1)$.

Im Falle einer erwartungstreuen Schätzung $\hat{\boldsymbol{\vartheta}}$ für $\boldsymbol{\vartheta}$ bzw. $\hat{\boldsymbol{\psi}}$ für $\boldsymbol{\psi} = \boldsymbol{A\vartheta}$ minimiert ein A-optimaler Plan die Summe der Varianzen der Komponenten von $\hat{\boldsymbol{\vartheta}}$ bzw. $\hat{\boldsymbol{\psi}}$ — oder, was äquivalent dazu ist — die mittlere Varianz $\frac{1}{r} \sum_{i=1}^{r} \mathrm{D}^2\hat{\vartheta}_i$ bzw. $\frac{1}{s} \sum_{i=1}^{s} \mathrm{D}^2\hat{\psi}_i$.

VERFAHREN 4.1.4 (C-Optimalität):

1. **Gegebene Größen:** a) bis d) wie in Verf. 4.1.1.

e) $\boldsymbol{c} \in \mathrm{R}^r$.

2. **Aufgabe:** Bestimme einen Plan aus $V^{(0)}$, so daß die Größe $\boldsymbol{c}'\boldsymbol{\vartheta}$ möglichst genau gegeschätzt werden kann.

3. **Bezeichnungen:** Wie in Verf. 4.1.1.

4. **Voraussetzungen:** a) Wie in Verf. 4.1.1.

b) $\overline{\boldsymbol{M}} \neq \boldsymbol{M}_p$ (›Tab. 4.1.1).

5. **Lösung:** a) Benutze das Funktional

$$Z_C(\overline{\boldsymbol{M}}(V_n)) = \boldsymbol{c}'\overline{\boldsymbol{M}}(V_n)^{-1}\boldsymbol{c} \quad (= \boldsymbol{c}'\boldsymbol{M}(V_n)^{-}\boldsymbol{c} \text{ im Falle der singulären MKQ}) .$$

b) Bestimme für jedes $n \in N^{(0)}$ eine Lösung V_n^* der Aufgabe

$$Z_C(\overline{\boldsymbol{M}}(V_n)) \stackrel{!}{=} \inf_{V_n \in V_n^{(0)}} .$$

c) Bestimme einen C-optimalen Plan $V_{n^*}^* \in V^{(0)}$ als Lösung von

$$\frac{1}{n} Z_C(\overline{\boldsymbol{M}}(V_n^*)) \stackrel{!}{=} \inf_{n \in N^{(0)}} \bullet$$

Beispiel 4.1.4 (wir geben nur Z_C an):

1. a) $\tilde{\eta}(\boldsymbol{x}, \boldsymbol{\vartheta}) = \vartheta_1 x_1 + \vartheta_2 x_2$, d. h. $r = k = 2$.

b) Ridge-Schätzung (3.4.2), d. h., $\overline{\boldsymbol{M}}(V_n) = \boldsymbol{M}_R(V_n) = \boldsymbol{M}(V_n) + \frac{\alpha}{n}\boldsymbol{I}_r$.

c) $V = [0, 1]$.

d) $V^{(0)}$: Menge aller Pläne mit höchstens 10 Punkten.

e) $\boldsymbol{c} = (1, 0)'$.

2. Bestimme V_n^* so, daß $c'\vartheta = \vartheta_1$ möglichst gut geschätzt wird.

5. a) $V_n = (x_1, \dots, x_n)$, $x_i = (x_{i1}, x_{i2})'$; $i = 1, \dots, n$.

$$M_R(V_n) = \frac{1}{n}\begin{pmatrix} \sum_{i=1}^n x_{i1}^2 + \alpha & \sum_{i=1}^n x_{i1}x_{i2} \\ \sum_{i=1}^n x_{i1}x_{i2} & \sum_{i=1}^n x_{i2}^2 + \alpha \end{pmatrix},$$

$$Z_C(M_R(V_n)) = c'M_R(V_n)^{-1}\,c = \frac{n\left(\sum_{i=1}^n x_{i2}^2 + \alpha\right)}{\left(\sum_{i=1}^n x_{i1}^2 + \alpha\right)\left(\sum_{i=1}^n x_{i2}^2 + \alpha\right) - \left(\sum_{i=1}^n x_{i1}x_{i2}\right)^2}.$$

Ist die gewählte Schätzmethode erwartungstreu, so minimiert ein C-optimaler Plan die Varianz der Schätzung für $c'\vartheta$.

Als besonders wichtige Spezialfälle umfaßt das Kriterium der C-Optimalität die Versuchsplanung zur Schätzung einer Komponente ϑ_k von ϑ (setze $c = (0, \dots, 0, \underset{k}{1}, 0, \dots, 0)'$ und die Versuchsplanung zur Schätzung der Wirkungsfläche in einem Punkt $x_0 \in H$ (setze $c = f(x_0)$). Im letzteren Fall nennt man bei $x_0 \notin V$ die C-optimalen Pläne auch *Extrapolationspläne* (›Verf. 4.4.2).

Bemerkung 4.1.1: Die Kriterien der A-, C- und I-Optimalität kann man zusammenfassen im Kriterium der *L-Optimalität* mit dem Funktional

$$Z_L(\overline{M}(V_n)) = \mathrm{sp}\; U\overline{M}(V_n)^{-1}. \tag{4.1.21}$$

Im Falle der A-Optimalität ist $U = I_r$, im Falle der C-Optimalität $U = cc'$ und im Falle der I-Optimalität $U = \int_H f(x)\, f(x)'\, p(x)\, dx$ zu setzen (›[I/5.2]).

Darüberhinaus hat die L-Optimalität jedoch noch eigenständige Bedeutung. Die Matrix $U \in \mathcal{M}_r^{\geq}$ entspricht genau der Matrix U in der quadratischen Verlustfunktion (3.1.12), d. h., ein L-optimaler Plan minimiert das von quadratischem Verlust erzeugte Risiko (z. B. ›(3.1.19)).

Das folgende Kriterium bezieht sich nicht nur auf die Schätzung *einer* Linearkombination $c'\vartheta$, sondern auf die möglichst gute Schätzung aller möglichen Linearkombinationen.

VERFAHREN 4.1.5 (E-Optimalität):

1. **Gegebene Größen:** a) bis d) wie in Verf. 4.1.1.

2. **Aufgabe:** Bestimme einen Plan aus $V^{(0)}$, so daß jede mögliche Linearkombination $c'\vartheta$; $c \in \mathrm{R}^r$; möglichst genau geschätzt werden kann.

3. **Bezeichnungen:** a) und b) wie in Verf. 4.1.1.
   c) $\lambda_{\max}(Q)$; maximaler Eigenwert von Q.

4. **Voraussetzungen:** a) Wie in Verf. 4.1.1.
   b) $\overline{M} \neq M_A$, $\overline{M} \neq M_p$.

5. **Lösung:** a) Benutze als Funktional $Z_E(\overline{M}(V_n)) = \lambda_{\max}(\overline{M}(V_n)^{-1})$.
   b) Bestimme für jedes $n \in N^{(0)}$ eine Lösung V_n^* der Aufgabe

$$Z_E(\overline{M}(V_n)) \stackrel{!}{=} \inf_{V_n \in V_n^{(0)}}.$$

c) Bestimme einen E-optimalen Plan $V_{n^*}^* \in V^{(0)}$ als Lösung von

$$\frac{1}{n} Z_E(\overline{M}(V_n^*)) \stackrel{!}{=} \inf_{n \in N^{(0)}} \quad \bullet$$

Bemerkung 4.1.2: Äquivalent zum Funktional Z_E ist das Funktional $Z_{E'}(\overline{M}(V_n)) = -\lambda_{\min}(\overline{M}(V_n))$. Während Verf. 4.1.5/5.b) mit $Z_{E'}$ nicht verändert werden muß, ist jedoch Schritt 5.c) zu ersetzen durch:

5.c$_1$) Bestimme einen E-optimalen Plan $V_{n^*}^* \in V^{(0)}$ als Lösung von $n \cdot Z_{E'}(\overline{M}(V_n^*)) \stackrel{!}{=} \inf_{n \in N^{(0)}}$.

Beispiel 4.1.5 (wir geben nur $Z_{E'}$ an):

1. a) $\tilde{\eta}(x, \boldsymbol{\vartheta}) = \vartheta_0 + \vartheta_1 x$, d. h. $k = 1$, $r = 2$.

b) reguläre MKQ, d. h. $\overline{M}(V_n) = \frac{1}{n} F(V_n)' F(V_n)$.

c) $V = [0, 2]$.

d) $V^{(0)}$: Menge aller Pläne mit höchstens 15 Punkten, aber mindestens zwei Spektrumpunkten.

5. a) $V_n = (x_1, \ldots, x_n)$; $M(V_n) = \begin{pmatrix} 1 & \bar{x} \\ \bar{x} & \frac{1}{n} \Sigma x_i^2 \end{pmatrix}$ (›Bsp. 4.1.1).

Eigenwerte bestimmen sich aus der Gleichung

$$\det\left(M(V_n) - \lambda I_r\right) = (1 - \lambda)\left(\frac{1}{n} \Sigma x_i^2 - \lambda\right) - \bar{x}^2$$

$$= \lambda^2 - \left(1 + \frac{1}{n} \Sigma x_i^2\right)\lambda + \frac{1}{n} \Sigma (x_i - \bar{x})^2 = 0\,,$$

$$Z_{E'}(M(V_n)) = -\lambda_{\min}(M(V_n))$$

$$= -\frac{1}{2}\left(1 + \frac{1}{n} \Sigma x_i^2\right) + \sqrt{\frac{1}{4}\left(1 + \frac{1}{n} \Sigma x_i^2\right)^2 - \frac{1}{n} \Sigma (x_i - \bar{x})^2}\,.$$

Im Falle einer Schätzmethode, die auf erwartungstreue Schätzungen für $c'\boldsymbol{\vartheta}$; $c \in \mathrm{R}^r$; führt, minimiert ein E-optimaler Plan die größte der Varianzen für die verschiedenen Schätzungen $c'\hat{\boldsymbol{\vartheta}}$ mit normiertem $c \in \mathrm{R}^r$, d. h., er löst die Aufgabe

$$\sup_{c \in \mathrm{R}^r:\, c'c \leq 1} \mathrm{D}^2 c'\hat{\boldsymbol{\vartheta}}\left(\mathfrak{Y}(V_n)\right) \stackrel{!}{=} \inf_{V_n \in V^{(0)}}\,. \tag{4.1.22}$$

VERFAHREN 4.1.6 (M-Optimalität):

1. **Gegebene Größen:** a) bis d) wie in Verf. 4.1.1.

2. **Aufgabe:** Bestimme einen Plan aus $V^{(0)}$, so daß jede der Komponenten von $\boldsymbol{\vartheta}$ (bzw. von $\boldsymbol{\psi} = A\boldsymbol{\vartheta}$, $A \in \mathcal{M}_{s \times r}$) möglichst genau geschätzt werden kann.

3. **Bezeichnungen:** a) und b) wie in Verf. 4.1.1.

c) $\overline{M}(V_n)^{-1} = \left((\overline{m}^{ij}(V_n))\right)_{r \times r}$.

4. **Voraussetzungen:** a) wie in Verf. 4.1.1.

b) $\overline{M} \neq M_p$.

5. **Lösung:** a) Benutze das Funktional $Z_M(\overline{M}(V_n)) = \sup_i \overline{m}^{ii}(V_n)$ (größtes Diagonalelement von $\overline{M}(V_n)^{-1}$).

b) Bestimme für jedes $n \in N^{(0)}$ eine Lösung V_n^* der Aufgabe

$$Z_M\big(\overline{M}(V_n)\big) \stackrel{!}{=} \inf_{V_n \in V_n^{(0)}} .$$

c) Bestimme einen M-optimalen Plan $V_{n^*}^* \in V^{(0)}$ als Lösung von

$$\frac{1}{n} Z_M\big(\overline{M}(V_n^*)\big) \stackrel{!}{=} \inf_{n \in N^{(0)}} \bullet$$

Beispiel 4.1.6 (wir geben nur Z_M an):

1. a) $\tilde{\eta}(x, \vartheta) = \vartheta_0 + \vartheta_1 x$.

b) Verallgemeinerte MKQ mit $\Sigma(V_n) = \operatorname{diag}\big(((\sigma^2(x_1), \dots, \sigma^2(x_n))')\big)$,

d. h. $M(V_n) = \overline{M}_\Sigma(V_n) = \frac{1}{n} F(V_n)' \Sigma(V_n)^{-1} F(V_n)$.

c) $V = [0, 1]$.

d) $V^{(0)}$: Menge aller Pläne mit höchstens 10 Punkten, aber mindestens zwei Spektrumpunkten.

5. a) $V_n = (x_1, \dots, x_n)$; $f(x) = (1, x)'$;

b) $M_\Sigma(V_n) = \frac{1}{n} \begin{pmatrix} \sum \sigma(x_i)^{-2} & \sum \sigma(x_i)^{-2} x_i \\ \sum \sigma(x_i)^{-2} x_i & \sum \sigma(x_i)^{-2} x_i^2 \end{pmatrix}$;

$$M_\Sigma(V_n)^{-1} = \frac{n}{\sum \sigma(x_i)^{-2} (x_i - \bar{x}_\sigma)^2} \begin{pmatrix} \frac{\sum \sigma(x_i)^{-2} x_i^2}{\sum \sigma(x_i)^{-2}} & -\bar{x}_\sigma \\ -\bar{x}_\sigma & 1 \end{pmatrix} \text{ mit } \bar{x}_\sigma = \frac{\sum \sigma(x_i)^{-2} x_i}{\sum \sigma(x_i)^{-2}}.$$

Wegen $\frac{\sum \sigma(x_i)^{-2} x_i^2}{\sum \sigma(x_i)^{-2}} \leqq 1$ für $x_i \in V$ ist $m_\Sigma^{11} \leqq m_\Sigma^{22}$, d. h. $Z_M\big(M_\Sigma(V_n)\big) = \frac{n}{\sum_{i=1}^n \sigma(x_i)^{-2} (x_i - \bar{x}_\sigma)^2}$.

Im Falle einer erwartungstreuen Schätzung für ϑ bzw. $\psi = A\vartheta$ minimiert ein M-optimaler Plan die größte der Varianzen der Komponenten von $\hat{\vartheta}$ bzw. $\hat{\psi}$. Das Kriterium der M-Optimalität ist also dann sinnvoll einzusetzen, wenn durch einen Versuchsplan gesichert werden soll, daß die Varianz keiner Komponente von $\hat{\vartheta}$ bzw. $\hat{\psi}$ eine vorgegebene Schranke übersteigt.

Wir kommen nun zum Kriterium der D-Optimalität, einem besonders wichtigen Optimalitätskriterium. Es wird wohl am meisten angewendet. Das liegt zum einen daran, daß es nicht so stark an die Minimierung *eines* gewissen Varianzausdruckes der Schätzung gebunden ist. Man muß also nicht unbedingt die (mitunter schwer beantwortbare) Frage nach dem zu minimierenden Varianzausdruck entscheiden. In diesem Sinne ist die D-Optimalität universeller einsetzbar als die anderen Kriterien. Zum anderen existieren für D-optimale Pläne die meisten praktikablen Konstruktionsverfahren.

Eine Interpretation, welche statistischen Konsequenzen die Verwendung eines D-optimalen Planes für die Schätzung hat, gelingt am besten über die *Konfidenzellipsoide* für ϑ. Es sei $\hat{\vartheta}$ eine erwartungstreue Schätzung für ϑ. Dann wollen wir unter einem Konfidenzellipsoid zum Niveau $1 - \alpha$ einen (zufälligen) Bereich

$$I_\alpha = \{\vartheta \in \mathrm{R}^r : (\hat{\vartheta} - \vartheta)' B_{\hat{\vartheta}}^{-1} (\hat{\vartheta} - \vartheta) \leqq t_\alpha\} \tag{4.1.23}$$

von Parameterwerten ϑ verstehen, der den wahren Parameter ϑ^* mit einer Wahrscheinlichkeit von mindestens $1 - \alpha$ überdeckt. Praktisch ist die Angabe eines solchen Bereiches nur unter einschneidenden Verteilungsvoraussetzungen möglich. Für die reguläre MKQ-Schätzung $\check{\boldsymbol{\vartheta}}$ ist bei normalverteilten Fehlern mit bekannter Varianz σ^2 ein solches Ellipsoid z. B. durch

$$I_\alpha = \{\boldsymbol{\vartheta} \in \mathrm{R}^r : (\check{\boldsymbol{\vartheta}} - \boldsymbol{\vartheta})' \boldsymbol{F}'\boldsymbol{F}(\check{\boldsymbol{\vartheta}} - \boldsymbol{\vartheta}) \leqq \sigma^2 \chi^2_{r,1-\alpha}\} \tag{4.1.24}$$

gegeben (›Bem. 3.1.1).

Das Volumen eines Ellipsoides $\boldsymbol{z}'\boldsymbol{A}\boldsymbol{z} \leqq 1$ ist bekanntlich proportional zu $(\det \boldsymbol{A})^{-1/2}$. Also ist das Volumen des Konfidenzellipsoides (4.1.23) proportional zu $(\det \boldsymbol{B}_{\hat{\vartheta}})^{1/2}$ und das von (4.1.24) proportional zu $(\det (\boldsymbol{F}'\boldsymbol{F}))^{-1/2}$. Die Größe $\det \boldsymbol{B}_{\hat{\vartheta}}$ wird auch *verallgemeinerte Varianz* von $\hat{\boldsymbol{\vartheta}}$ genannt. Es ist nun eine sinnvolle Aufgabe, bei vorgegebener Sicherheit $1 - \alpha$ das Volumen des Konfidenzellipsoides zu minimieren, d. h. den Parameter $\boldsymbol{\vartheta}$ so gut wie möglich zu lokalisieren. Das Kriterium der D-Optimalität setzt an dieser Stelle ein, indem es (für festes n) die Lösung der Aufgabe

$$\det \overline{\boldsymbol{M}}(V_n)^{-1} \overset{!}{=} \inf_{V_n \in V_n^{(0)}} \tag{4.1.25}$$

verlangt.

VERFAHREN 4.1.7 (D-Optimalität):

1. **Gegebene Größen:** a) bis d) wie in Verf. 4.1.1.

2. **Aufgabe:** Bestimme einen Plan aus $V^{(0)}$, der die verallgemeinerte Varianz der Schätzung von $\boldsymbol{\vartheta}$ bzw. $\boldsymbol{\psi} = \boldsymbol{A}\boldsymbol{\vartheta}$; $\boldsymbol{A} \in \mathcal{M}_{s\times r}$; minimiert.

3. **Bezeichnungen:** wie in Verf. 4.1.1.

4. **Voraussetzungen:** a) und b) wie in Verf. 4.1.1.

c) $\overline{\boldsymbol{M}} \neq \boldsymbol{M}_p$ (›Tab. 4.1.1).

5. **Lösung:** a) Benutze das Funktional $Z_D(\overline{\boldsymbol{M}}(V_n)) = \det \overline{\boldsymbol{M}}(V_n)^{-1}$.

b) Bestimme für jedes $n \in N^{(0)}$ eine Lösung V_n^* der Aufgabe

$$Z_D(\overline{\boldsymbol{M}}(V_n)) \overset{!}{=} \inf_{V_n \in V_n^{(0)}} .$$

c) Bestimme einen D-optimalen Plan $V_{n^*}^*$ als Lösung von

$$\frac{1}{n^r} Z_D(\overline{\boldsymbol{M}}(V_n^*)) \overset{!}{=} \inf_{n \in N^{(0)}}$$

$$\left(\frac{1}{n^s} Z_D(\boldsymbol{M}_A(V_n^*)) \overset{!}{=} \inf_{n \in N^{(0)}} \text{ im Falle der singulären MKQ}\right) \bullet$$

Bemerkung 4.1.8: Äquivalent zur Minimierung von Z_D ist die Minimierung der Funktionale

$$Z_{D'}(\overline{\boldsymbol{M}}(V_n)) = -\det \overline{\boldsymbol{M}}(V_n) \tag{4.1.26}$$

und

$$Z_{D''}(\overline{\boldsymbol{M}}(V_n)) = -\ln \det \overline{\boldsymbol{M}}(V_n) . \tag{4.1.27}$$

Während Verf. 4.1.7/5.b) mit $Z_{D'}$ bzw. $Z_{D''}$ nicht verändert werden muß, ist jedoch Schritt 5.c) zu ersetzen durch:

5.c$_1$) Bestimme einen D-optimalen Plan $V_{n^*}^*$ als Lösung von $n^r Z_{D'}(\overline{\boldsymbol{M}}(V_n^*)) \overset{!}{=} \inf_{n \in N^{(0)}}$.

bzw.

5.c₂) Bestimme einen D-optimalen Plan V_n^*. als Lösung von $Z_{D''}(\overline{M}(V_n^*)) - r \ln n \overset{!}{=} \inf_{n \in N^{(0)}}$.

Im Falle der singulären MKQ-Schätzung für $\psi = A\vartheta$; $A \in \mathcal{M}_{s \times r}$; ist in 5.c₁) und 5.c₂) r durch s zu ersetzen.

Beispiele für ein konkretes Funktional Z_D, $Z_{D'}$ oder $Z_{D''}$ werden in diesem Kapitel häufig auftreten, so daß wir an dieser Stelle darauf verzichten.

Im Falle der BAYES-Schätzung bei normalverteilten Fehlern und einer normalen a-priori-Verteilung kann man die D-Optimalität deuten als ein Kriterium, das die erwartete Entropieabnahme zwischen a-priori- und a-posteriori-Verteilung maximiert, also in diesem Spezialfall mit dem Kriterium der sog. S-Optimalität zusammenfällt (›[I/7.4]).

Bemerkung 4.1.4: In den Verfahren 4.1.3 bis 4.1.7 ist bisher die Minimum-Bias-Schätzung $\hat{\beta}_p$ (›Verf. 3.6.1) ausgeschlossen worden. Die Kriterien der A-, C-, M- und D-Optimalität sind jedoch auch für sie sinnvoll, wenn man in den entsprechenden Verfahren die Aufgabenstellungen auf die Schätzung von β bezieht, und überdies in Verf. 4.1.4 den Vektor c aus R^q wählt und in Verf. 4.1.7/5.c) r durch q ersetzt wird.

Die Tab. 4.1.2 gibt eine Zusammenstellung der einzelnen Funktionale der Optimalitätskriterien und macht noch einmal den Zusammenhang zwischen Z und $\overline{Z}$ gemäß (4.1.19) deutlich.

In Verf. 4.1.1 bis Verf. 4.1.7 sind die wichtigsten Optimalitätskriterien zur Versuchsplanung im Regressionsmodell angegeben. Es gibt weitere Kriterien (›[I/5.2]), die aber mehr von theoretischem Interesse sind.

Oft wird es vorkommen, daß die Güteforderung an die Schätzung in einem EW-Problem nicht in eindeutiger Weise auf ein hier angegebenes Optimalitätskriterium führt. Dann kann man z. B. ein solches Kriterium auswählen, das der Güteforderung annähernd entspricht, ihr jedoch zumindest nicht widerspricht. Dies wird auch dadurch gerechtfertigt, daß man häufig gar nicht an exakt optimalen Plänen interessiert ist, sondern bereits mit fast optimalen (sog. δ-optimalen ›[4.3.1]) zufrieden ist. Auf den Fall, daß gleichzeitig mehrere Güteforderungen erfüllt werden sollen (Polyoptimalität) gehen wir in [4.6] ein.

Wie bereits die Beispiele zu den Optimalitätskriterien zeigten, ist vor allem das im Verfahrensschritt 5.b) enthaltene Optimierungsproblem recht schwierig. Die Mehrzahl der folgenden Verfahren dieses Kapitels wird dazu dienen, dieses Optimierungsproblem (wenigstens näherungsweise) zu lösen.

4.1.2. Versuchsaufwand als Optimalitätskriterium

Die in den Verfahren 4.1.1 bis 4.1.7 vorgestellten Optimalitätskriterien zielen alle darauf ab, die statistische Genauigkeit der Schätzungen zu erhöhen. Die Anzahl und Lage der Versuchspunkte wurde z. B. so bestimmt, daß gewisse Varianzausdrücke der Schätzungen minimiert werden. Dabei blieben Fragen des Versuchsaufwandes, z. B. die Höhe des Stichprobenumfanges n, die Höhe der Versuchskosten im Versuchspunkt x u. a. weitgehend unberücksichtigt. Lediglich bei der Festlegung von $V^{(0)}$ haben wir bemerkt, daß Fragen des Versuchsaufwandes Beachtung finden sollten, insbesondere wenn es um eine obere Grenze für den möglichen Planumfang geht.

Tab. 4.1.2. Funktionale Z und $\overline{Z}$ der Optimalitätskriterien, ihr Zusammenhang gemäß (4.1.19) und statistische Interpretation im Falle der regulären MKQ

Optimalitäts-kriterium	Z	$\overline{Z}$	Spezialfälle	statistische Interpretation im Falle der MKQ
G	$Z_G = \sup_{x \in H} f(x)' \overline{M}(V_n)^{-1} f(x)$	$\overline{Z}_G = \frac{1}{n} Z_G$	Im Falle $\overline{M} = M_p$ ersetze $f(x)$ durch $g(x)$ (für G und I)	$\overline{Z}_G = \frac{1}{\sigma^2} \sup_{x \in H} D^2 \check{\eta}(x, \mathfrak{Y})$
I	$Z_I = \int_H f(x)' \overline{M}(V_n)^{-1} f(x)\, p(x)\, dx$	$\overline{Z}_I = \frac{1}{n} Z_I$		$\overline{Z}_I = \frac{1}{\sigma^2} \int_H D^2 \check{\eta}(x, \mathfrak{Y})\, p(x)\, dx$
A	$Z_A = \operatorname{sp} \overline{M}(V_n)^{-1}$	$\overline{Z}_A = \frac{1}{n} Z_A$		$\overline{Z}_A = \frac{1}{\sigma^2} \sum_{i=1}^{r} D^2 \check{\vartheta}_i(\mathfrak{Y})$
C	$Z_C = c' \overline{M}(V_n)^{-1} c$	$\overline{Z}_C = \frac{1}{n} Z_C$	$Z_C = c' M(V_n)^{-} c$ im Falle der singulären MKQ	$\overline{Z}_C = \frac{1}{\sigma^2} D^2 c' \check{\vartheta}(\mathfrak{Y})$
E	$Z_E = \lambda_{\max}\left(\overline{M}(V_n)^{-1}\right)$	$\overline{Z}_E = \frac{1}{n} Z_E$		$\overline{Z}_E = \frac{1}{\sigma^2} \sup_{cc' \leq 1} D^2 c' \check{\vartheta}(\mathfrak{Y})$
E'	$Z_{E'} = -\lambda_{\min}\left(\overline{M}(V_n)\right)$	$\overline{Z}_{E'} = n Z_{E'}$		
M	$Z_M = \sup_i \overline{m}^{ii}(V_n)$	$\overline{Z}_M = \frac{1}{n} Z_M$		$\overline{Z}_M = \frac{1}{\sigma^2} \sup_i D^2 \check{\vartheta}_i(\mathfrak{Y})$
D	$Z_D = \det\left(\overline{M}(V_n)^{-1}\right)$	$\overline{Z}_D = \frac{1}{n^r} Z_D$	im Falle $\overline{M} = M_A$; $A \in \mathcal{M}_{s \times r}$; ist r durch s und im Falle $\overline{M} = M_p$ r durch q zu ersetzen (für D, D' und D'')	$\overline{Z}_D$ proportional zum Volumen des Konfidenzellipsoides für ϑ
D'	$Z_{D'} = -\det \overline{M}(V_n)$	$\overline{Z}_{D'} = n^r Z_D$		
D''	$Z_{D''} = -\ln \det \overline{M}(V_n)$	$\overline{Z}_{D''} = Z_{D'} - r \ln n$		

Jetzt jedoch soll der Versuchsaufwand selbst Gegenstand der Optimierung sein: Es wird ein Plan gesucht, der vorgegebene Genauigkeitsforderungen an die Schätzung erfüllt und den erforderlichen Versuchsaufwand so klein wie möglich macht.

Der Versuchsaufwand wird immer positiv sein, da jeder Versuch etwas kostet, und er wird mit der Anzahl n der Versuche wachsen. Im einfachsten Fall wird der Aufwand proportional zu n wachsen, d. h. eine Minimierung des Versuchsaufwandes ist gleichzusetzen mit der Minimierung des Stichprobenumfangs (s. Verf. 4.1.8). In anderen Fällen wird der Versuchsaufwand auch von den Beobachtungspunkten $\boldsymbol{x}_1, \dots, \boldsymbol{x}_n$ im Versuchsplan abhängen. Eine Messung kann z. B. an verschiedenen Stellen des Versuchsbereiches unterschiedlich kostspielig sein. Dann wird es sinnvoll sein, eine sog. Aufwands- oder Kostenfunktion $K(V_n)$ einzuführen, die sich z. B. als Summe der Kosten $k(\boldsymbol{x}_i)$ in den einzelnen Versuchspunkten ergeben kann (›Verf. 4.1.9):

$$K(V_n) = \sum_{i=1}^{n} k(\boldsymbol{x}_i) . \tag{4.1.28}$$

Wie bereits erwähnt, soll bei der Minimierung des Versuchsaufwandes jedoch gewährleistet sein, daß der Plan vorgegebene statistische Gütekriterien erfüllt. Wir drücken diesen Sachverhalt so aus, daß für den Plan $V_{n^*}^*$ der Wert des dem gegebenen' statistischen Gütekriterium (am besten) entsprechenden Funktionals $\overline{Z}$ aus Tab. 4.1.2 eine obere Schranke z_0 nicht überschreiten darf:

$$\overline{Z}\left(\overline{\boldsymbol{M}}(V_{n^*}^*), n^*\right) \leqq z_0 . \tag{4.1.29}$$

Im folgenden Verfahren werden wir den Fall betrachten, daß der Versuchsaufwand proportional zum Stichprobenumfang wächst.

VERFAHREN 4.1.8 (minimaler Stichprobenumfang):

1. **Gegebene Größen:** a) Wahrer linearer Ansatz $\tilde{S}$ mit

$$\tilde{\eta}(\boldsymbol{x}, \boldsymbol{\vartheta}) = \boldsymbol{f}(\boldsymbol{x})' \boldsymbol{\vartheta}; \qquad \boldsymbol{x} \in B \subseteq \mathrm{R}^k; \qquad \boldsymbol{\vartheta} \in \mathrm{R}^r .$$

b) Schätzmethode, d. h. ein $\overline{\boldsymbol{M}}$ aus Tab. 4.1.1.

c) Versuchsbereich V, nötigenfalls auch Prognosebereich H.

d) $V^{(0)}$ Menge der möglichen Versuchspläne.

e) Güteforderung an die Schätzung.

2. **Aufgabe:** Bestimme einen Plan $V_{n^*}^* \in V^{(0)}$ mit kleinstmöglichem Planumfang n^*, der die Forderung in 1.e) erfüllt.

3. **Bezeichnungen:** a) $N^{(0)}$ Menge aller in $V^{(0)}$ vorkommenden Planumfänge.

b) $V_n^{(0)}$ Menge aller Pläne aus $V^{(0)}$ mit dem Umfang n.

4. **Voraussetzungen:** a) $V^{(0)}$ enthält nur solche Pläne, für die $\overline{\boldsymbol{M}}(V_n)^{-1}$ existiert.

b) $V^{(0)}$ enthält mindestens einen Plan, der 1.e) erfüllt.

5. **Lösung:** a) Formuliere die Güteforderung aus 1.e) mit einem geeigneten Funktional aus Tab. 4.1.2 in der Form $\overline{Z}\left(\overline{\boldsymbol{M}}(V_n), n\right) \leqq z_0$.

b) Ordne die Planumfänge in $N^{(0)}$ der Größe nach: $n_1 < n_2 < \dots < n_m < \dots$

c) Setze $i = 1$.

d) Bestimme eine Lösung $V^*_{n_i}$ der Aufgabe

$$\overline{Z}(\overline{M}(V_{n_i}), n_i) \overset{!}{=} \inf_{V_{n_i} \in V^{(0)}_{n_i}} .$$

e) Falls $\overline{Z}(\overline{M}(V^*_{n_i}), n_i) \leqq z_0$, dann beende das Verfahren und setze $V^*_{n^*} = V^*_{n_i}$. Falls $\overline{Z}(\overline{M}(V^*_{n_i}), n_i) > z_0$, dann erhöhe i um Eins und setze bei 5.d) fort ●

Beispiel 4.1.7 (›Bsp. 4.1.3):

1. a) $\tilde{\eta}(x, \boldsymbol{\vartheta}) = \vartheta_0 + \vartheta_1 x + \vartheta_2 x^2$.

b) Singuläre MKQ für $\boldsymbol{\psi} = \begin{pmatrix} \vartheta_1 \\ \vartheta_0 + \vartheta_2 \end{pmatrix} = \boldsymbol{A\vartheta}$ mit $\boldsymbol{A} = \begin{pmatrix} 0 & 1 & 0 \\ 1 & 0 & 1 \end{pmatrix}$,

d. h. $\overline{\boldsymbol{M}}(V_n) = \boldsymbol{M_A}(V_n) = (\boldsymbol{AM}(V_n)^- \boldsymbol{A}')^{-1}$.

c) $V = \{-1, 1\}$.

d) $V^{(0)}$: Menge aller Pläne mit -1 und $+1$ als Spektrumpunkte.

e) Die Summe der Varianzen der Komponenten von $\check{\boldsymbol{\psi}}$ soll kleiner als $0{,}2\sigma^2$ sein.

5. a) Die Forderung in 1.e), d. h. $\sum_{i=1}^{2} D^2\check{\psi}_i \leqq 0{,}2\sigma^2$ kann wegen $\sum_{i=1}^{2} D^2\check{\psi}_i = \frac{\sigma^2}{n} \operatorname{sp} \boldsymbol{M_A}(V_n)^{-1}$ (›Tab. 4.1.2 und als Analogie (4.1.5) und (4.1.7)) mit dem Funktional $\overline{Z}_A$ der A-Optimalität durch

$$\overline{Z}_A(\boldsymbol{M_A}(V_n), n) = \frac{1}{n} \operatorname{sp} \boldsymbol{M_A}(V_n)^{-1} \leqq 0{,}2 =: z_0$$

ausgedrückt werden.

b) $n_i = i + 1$; $i = 1, 2, \ldots$

d) $$V^*_{n_i} = \begin{cases} (\underbrace{-1, \ldots, -1}_{n_i/2}, \underbrace{1, \ldots, 1}_{n_i/2}), & \text{falls } n_i \text{ gerade,} \\ (\underbrace{-1, \ldots, -1}_{(n_i \pm 1)/2}, \underbrace{1, \ldots, 1}_{(n_i \mp 1)/2}), & \text{falls } n_i \text{ ungerade.} \end{cases} \quad \text{(›Bsp. 4.1.3)}$$

e) Es ist

$$\overline{Z}_A(\boldsymbol{M_A}(V^*_{n_i})) = \begin{cases} 2/n_i, & \text{falls } n_i \text{ gerade,} \\ 2/(n_i - 1), & \text{falls } n_i \text{ ungerade.} \end{cases} \quad \text{(›Bsp. 4.1.3).}$$

Also ist erstmalig für $i = 9$, d. h. $n_i = 10$ $\overline{Z}_A(\boldsymbol{M_A}(V^*_{n_i})) \leqq 0{,}2$ erfüllt, d. h., es ist $n^* = 10$ und $V^*_{n^*} = (-1, -1, -1, -1, -1, 1, 1, 1, 1, 1)$.

Das folgende Verfahren behandelt den Fall, daß der Versuchsaufwand durch eine Kostenfunktion $K(V_n)$ gemessen wird.

VERFAHREN 4.1.9 (Kosten-Optimalität):

1. **Gegebene Größen:** a) bis e) wie bei Verf. 4.1.8.

f) Kostenfunktion $K(V_n)$.

2. **Aufgabe:** Bestimme einen Plan $V^*_{n^*} \in V^{(0)}$ mit minimalen Kosten, der die Forderung 1.e) erfüllt.

3.–4. ›Verf. 4.1.8.

5. **Lösung:** a) Formuliere die Güteforderung aus 1.e) mit einem geeigneten Funktional aus Tab. 4.1.2 in der Form $\overline{Z}(\overline{\boldsymbol{M}}(V_n), n) \leqq z_0$.

b) Bestimme $V_{n^*}^*$ als Lösung der Aufgabe

$$K(V_n) \overset{!}{=} \inf_{V_n \in V^{(0)}}$$

unter der Nebenbedingung $\overline{Z}(\overline{M}(V_n), n) \leqq z_0$ ●

Beispiel 4.1.8:

1. a) $\tilde{\eta}(x, \boldsymbol{\vartheta}) = \vartheta_0 + \vartheta_1 x$.

b) reguläre MKQ, d. h. $\overline{M}(V_n) = M(V_n) = \frac{1}{n} F(V_n)' F(V_n)$.

c) $V = [-1, 1]$.

d) $V^{(0)}$: Menge aller Pläne mit mindestens zwei Spektrumpunkten.

e) Abgeleitet von einer Forderung an den Flächeninhalt der Konfidenzellipse für $\boldsymbol{\vartheta} = (\vartheta_0, \vartheta_1)'$ soll $\det (M(V_n)^{-1}) \leqq 2$ erfüllt sein.

f) $K(V_n) = \sum_{i=1}^{n} x_i^2$.

5. a) $Z_D(M(V_n)) = \det (M(V_n)^{-1}) \leqq 2 =: z_0$. Äquivalent dazu ist $\det M(V_n) \geqq 0{,}5$.

b) $M(V_n) = \begin{pmatrix} 1 & \bar{x} \\ \bar{x} & \frac{1}{n} \sum x_i^2 \end{pmatrix}$ mit $V_n = (x_1, \ldots, x_n)$; $\bar{x} = \frac{1}{n} \sum x_i$;

$$\det M(V_n) = \frac{1}{n} \sum x_i^2 - \bar{x}^2 \geqq 0{,}5.$$

Daher ist $K(V_n) \geqq n(0{,}5 + \bar{x}^2) \geqq 1$ für $V_n \in V^{(0)}$. Der Minimalwert $K(V_n) = 1$ ist erreichbar für $n^* = 2$ und $V_{n^*}^* = (-\frac{1}{2}\sqrt{2}, +\frac{1}{2}\sqrt{2})$.

Das Problem der Kostenoptimalität ist i. allg. schwierig zu lösen. Nur für spezielle Kostenfunktionen (z. B. lineare oder konvexe) und spezielle Nebenbedingungen $\overline{Z}(\overline{M}(V_n), n) \leqq z_0$ gibt es Lösungsverfahren für das Problem in 5.b). Häufig wird man mit groben Näherungslösungen zufrieden sein müssen.

In der Literatur wird auch ein anderer Weg zur Einbeziehung der Versuchskosten beschritten (s. z. B. Elfving [1], Kiefer [1]). Die Berücksichtigung der in einem Versuchspunkt $\boldsymbol{x}$ auftretenden Kosten $k(\boldsymbol{x})$ wird durch eine formale Abänderung der Varianz $D^2\mathfrak{Y}(\boldsymbol{x})$ zu $\sqrt{k(\boldsymbol{x})}\, D^2\mathfrak{Y}(\boldsymbol{x})$ erreicht. Hohen Kosten entspricht dann formal eine größere Varianz der Beobachtungen an dieser Stelle. Wir wollen dieses Vorgehen für die reguläre MKQ-Schätzung demonstrieren:

VERFAHREN 4.1.10 (Kostenoptimalität durch Wichtung der Varianz):

1. **Gegebene Größen:** a) Wahrer linearer Ansatz $\tilde{S}$ mit

$$\tilde{\eta}(\boldsymbol{x}, \boldsymbol{\vartheta}) = \boldsymbol{f}(\boldsymbol{x})' \boldsymbol{\vartheta}; \qquad \boldsymbol{x} \in B \subseteq \mathrm{R}^k; \qquad \boldsymbol{\vartheta} \in \mathrm{R}^r.$$

b) Schätzmethode MKQ regulär.

c) Versuchsbereich V, nötigenfalls auch Prognosebereich H.

d) Optimalitätskriterium $\overline{Z}$ (↗Tab. 4.1.2).

e) $V^{(0)}$ Menge der möglichen Pläne.

f) Kostenfunktion $k(\boldsymbol{x})$ für Beobachtungskosten in $\boldsymbol{x} \in V$.

2. **Aufgabe:** Bestimme einen $\overline{Z}$-optimalen Plan in $V^{(0)}$ unter Beachtung von 1.f).

4. **Voraussetzungen:** a) $k(\boldsymbol{x}) > 0$ für alle $\boldsymbol{x} \in V$.

b) $\boldsymbol{B}_{\mathfrak{Y}}(V_n) = \sigma^2 \boldsymbol{I}_n$ für alle $V_n \in V^{(0)}$.

5. **Lösung:** Bestimme einen $\bar{Z}$-optimalen Plan in $V^{(0)}$ für die verallgemeinerte MKQ-Schätzung mit

$$\boldsymbol{\Sigma}(\boldsymbol{V}_n) = \operatorname{diag}\left(((\sqrt{k(\boldsymbol{x}_1)}, \dots, \sqrt{k(\boldsymbol{x}_n)})')\right); \qquad V_n = (\boldsymbol{x}_1, \dots, \boldsymbol{x}_n) \bullet$$

Die Kostenoptimalität für die reguläre MKQ-Schätzung wird also in eine entsprechende Optimalität für die verallgemeinerte MKQ-Schätzung bei Heteroskedastie überführt.

Wir wollen an dieser Stelle eine Beziehung zwischen Optimalitätskriterien für die verallgemeinerte MKQ bei Heteroskedastie und den entsprechenden Optimalitätskriterien für die reguläre MKQ angeben: Es sei z. B. $\tilde{S}$ ein linearer Ansatz mit $\tilde{\eta}(\boldsymbol{x}, \boldsymbol{\vartheta}) = \boldsymbol{f}(\boldsymbol{x})' \boldsymbol{\vartheta}$, und es gelte

$$\mathfrak{Y}(V_n) = \boldsymbol{F}(V_n)\, \boldsymbol{\vartheta} + \varepsilon(V_n), \qquad \boldsymbol{B}_\varepsilon(V_n) = \sigma^2 \operatorname{diag}\left(((\lambda(\boldsymbol{x}_1), \dots, \lambda(\boldsymbol{x}_n))')\right). \tag{4.1.30}$$

Aussage 4.1.1: Die Bestimmung eines $\bar{Z}$-optimalen Planes für die verallgemeinerte MKQ-Schätzung im Modell (4.1.30) ($\bar{Z}$ aus Tab. 4.1.2 und $\bar{Z} \neq \bar{Z}_G$) ist äquivalent zur Bestimmung eines $\bar{Z}$-optimalen Planes für die reguläre MKQ-Schätzung im Ansatz $\bar{S}$ mit

$$\bar{\eta}(\boldsymbol{x}, \boldsymbol{\vartheta}) = \frac{1}{\sqrt{\lambda(\boldsymbol{x})}}\, \boldsymbol{f}(\boldsymbol{x})' \boldsymbol{\vartheta}. \tag{4.1.31}$$

Ist p die Gewichtsfunktion für die I-Optimalität im Falle der verallgemeinerten MKQ, so ist für die I-Optimalität im Ansatz (4.1.31) die Gewichtsfunktion $\bar{p}(\boldsymbol{x}) = \lambda(\boldsymbol{x})\, p(\boldsymbol{x})$ zu verwenden $\bullet$

Beispiel 4.1.9:

$$\tilde{\eta}(x, \boldsymbol{\vartheta}) = \vartheta_0 + \vartheta_1 x + \vartheta_2 x^2;\ \mathrm{D}^2 \mathfrak{Y}(x) = (1 + x^2)\, \sigma^2, \text{ d. h. } \lambda(x) = 1 + x^2.$$

$$\bar{\eta}(x, \boldsymbol{\vartheta}) = \frac{\vartheta_0}{\sqrt{1 + x^2}} + \vartheta_1 \frac{x}{\sqrt{1 + x^2}} + \vartheta_2 \frac{x^2}{\sqrt{1 + x^2}}.$$

Damit kann die Versuchsplanung im Falle der Heteroskedastie zurückgeführt werden auf die Versuchsplanung im Falle $\boldsymbol{B}_{\mathfrak{Y}} = \sigma^2 \boldsymbol{I}_n$. Insbesondere gilt dies auch für die Kostenoptimalität entsprechend Verf. 4.1.10. Dadurch wird jedoch i. allg. das Versuchsplanungsproblem *nicht* vereinfacht, da die Informationsmatrix $\boldsymbol{M}_{\boldsymbol{\Sigma}}$ im Falle der Heteroskedastie mit der Informationsmatrix $\boldsymbol{M}$ für die reguläre MKQ im Ansatz (4.1.31) übereinstimmt, das zu lösende Optimierungsproblem also dasselbe ist. Der transformierte Ansatz $\bar{S}$ hat i. allg. sogar eine kompliziertere Struktur als der Ausgangsansatz (›Bsp. 4.1.9).

4.1.3. Affininvarianz und Transformation auf Standardbereiche

Die in [4.1.1] zu den jeweiligen Optimalitätskriterien angegebenen einfachen Beispiele zeigen bereits, daß die direkte Bestimmung eines optimalen Versuchsplanes häufig kompliziert sein wird. Es ist daher auf alle Fälle ratsam, nach eventuellen Vereinfachungen der Problemstellung zu suchen. Ein Schritt dazu kann die Transformation des gegebenen (*natürlichen*) Versuchsbereiches V in einen mathematisch einfacheren *Standard*-Versuchsbereich $\overline{V}$ sein. Unter Standard-Versuchsbereichen verstehen wir dabei im Falle eines k-dimensionalen Einflußgrößenvektors den k-dimensionalen Einheitswürfel (Hypereinheitswürfel)

$$\overline{V}_W = \{\boldsymbol{z} \in \mathrm{R}^k: -1 \leqq z_i \leqq 1;\, i = 1, \dots, k\} \tag{4.1.32}$$

oder die k-dimensionale Einheitskugel (Hypereinheitskugel)

$$\overline{V}_K = \{\boldsymbol{z} \in \mathrm{R}^k: \boldsymbol{z}'\boldsymbol{z} \leqq 1\} \tag{4.1.33}$$

(›(2.5.4)). Mitunter verwendet man auch die den Einheitswürfel umschreibende Kugel $\{\boldsymbol{z} \in \mathrm{R}^k: \boldsymbol{z}'\boldsymbol{z} \leqq k\}$ als Versuchsbereich.

Die folgenden beiden Verfahren zeigen, daß man jeden natürlichen Versuchsbereich, der die Form eines k-dimensionalen Hyperquaders (›(2.5.2)) oder eines k-dimensionalen Hyperellipsoids (›(2.5.3)) hat, auf den Einheitswürfel $\overline{V}_W$ bzw. die Einheitskugel $\overline{V}_K$ transformieren kann.

VERFAHREN 4.1.11 (Transformation auf Einheitswürfel und Umkehrung):

1. **Gegebene Größen:** $V = \{\boldsymbol{x} \in \mathrm{R}^k: a_i \leqq x_i \leqq b_i;\ i = 1, \dots, k\}$ (Hyperquader) mit $-\infty < a_i < b_i < \infty;\ i = 1, \dots, k$.

2. **Aufgabe:** Transformiere V auf den Einheitswürfel $\overline{V}_W$ und umgekehrt.

3. **Bezeichnungen:** $\overline{V}_W = \{\boldsymbol{z} \in \mathrm{R}^k: -1 \leqq z_i \leqq 1;\, i = 1, \dots, k\}$, $\boldsymbol{x} = (x_1, \dots, x_k)'$ Versuchspunkte in V, $\boldsymbol{z} = (z_1, \dots, z_k)'$ Versuchspunkte in $\overline{V}_W$.

5. **Lösung:** a) Transformation der (natürlichen) Versuchspunkte $\boldsymbol{x} \in V$ auf Punkte $\boldsymbol{z} \in \overline{V}_W$:

$$z_i = \frac{2}{b_i - a_i}\left(x_i - \frac{a_i + b_i}{2}\right); \quad i = 1, \dots, k\,.$$

b) Transformation der Punkte $\boldsymbol{z} \in \overline{V}_W$ auf Punkte $\boldsymbol{x}$ des (natürlichen) Versuchsbereiches V:

$$x_i = \frac{a_i + b_i}{2} + \frac{b_i - a_i}{2} z_i; \quad i = 1, \dots, k \;\bullet$$

Beispiel 4.1.10:

1. $V = [0, 10]$, d. h. $k = 1$.

3. $\overline{V}_W = [-1, 1]$ (Im Fall $k = 1$ spezialisiert sich $\overline{V}_W$ zum Intervall).

5. a) Für $x \in V$ ist $z = \frac{1}{5}(x - 5) \in \overline{V}_W$.

b) Für $z \in \overline{V}_W$ ist $x = 5 + 5z \in V$.

VERFAHREN 4.1.12 (Transformation auf Einheitskugel und Umkehrung):

1. **Gegebene Größen:** $V = \{\boldsymbol{x} \in \mathrm{R}^k: (\boldsymbol{x} - \boldsymbol{x}_0)'\, \boldsymbol{Q}(\boldsymbol{x} - \boldsymbol{x}_0) \leqq \varrho^2\}$ (Hyperellipsoid) mit $\boldsymbol{Q} \in \mathcal{M}_k^{>}$, $\boldsymbol{x}_0 \in \mathrm{R}^k$, $\varrho \neq 0$.

2. **Aufgabe:** Transformiere V auf die Einheitskugel $\overline{V}_K$ und umgekehrt.

3. **Bezeichnungen:** $\overline{V}_K = \{z \in \mathrm{R}^k : z'z \leqq 1\}$, x Versuchspunkte in V, z Versuchspunkte in $\overline{V}_K$.

5. **Lösung:** a) Bestimme die Eigenwerte $\lambda_1, \dots, \lambda_k$ von Q und die dazugehörenden Eigenvektoren $e_1, \dots, e_k$.

b) Berechne mit $\Lambda^{1/2} = \operatorname{diag}\left(((\sqrt{\lambda_1}, \dots, \sqrt{\lambda_k})')\right)$, $E = (e_1, \dots, e_k)$: $Q^{1/2} = E\Lambda^{1/2}$.

c) Transformation der (natürlichen) Versuchspunkte $x \in V$ auf Punkte $z \in \overline{V}_K$:

$$z = \frac{1}{\varrho} Q^{1/2}(x - x_0) .$$

d) Transformation der Punkte $z \in \overline{V}_K$ auf Punkte x des (natürlichen) Versuchsbereiches V:

$$x = \varrho(Q^{1/2})^{-1} z + x_0 \bullet$$

Beispiel 4.1.11:

1. $V = \{x \in \mathrm{R}^2; 4(x_1 - 1)^2 + (x_2 - 2)^2 \leqq 100\}$; d. h. $k = 2$,

$$Q = \begin{pmatrix} 4 & 0 \\ 0 & 1 \end{pmatrix}; \quad x_0 = \begin{pmatrix} 1 \\ 2 \end{pmatrix}, \quad \varrho = 10.$$

3. $\overline{V}_K = \{z \in \mathrm{R}^2 : z'z = z_1^2 + z_2^2 \leqq 1\}$.

5. a) $\lambda_1 = 4$, $\lambda_2 = 1$, $e_1 = (1, 0)'$, $e_2 = (0, 1)'$.

b) $\Lambda^{1/2} = \begin{pmatrix} 2 & 0 \\ 0 & 1 \end{pmatrix}$, $E = I_2$, $Q^{1/2} = \Lambda^{1/2} = \begin{pmatrix} 2 & 0 \\ 0 & 1 \end{pmatrix}$.

c) Für $x \in V$ ist $z = \frac{1}{10}\begin{pmatrix} 2 & 0 \\ 0 & 1 \end{pmatrix}\begin{pmatrix} x_1 - 1 \\ x_2 - 2 \end{pmatrix} = \begin{pmatrix} \frac{1}{5}(x_1 - 1) \\ \frac{1}{10}(x_2 - 2) \end{pmatrix} \in \overline{V}_K$,

d. h. $z_1 = \frac{1}{5}(x_1 - 1)$, $z_2 = \frac{1}{10}(x_2 - 2)$.

d) Für $z \in \overline{V}_K$ ist $x = 10\begin{pmatrix} 0{,}5 & 0 \\ 0 & 1 \end{pmatrix} z + \begin{pmatrix} 1 \\ 2 \end{pmatrix} = \begin{pmatrix} 5z_1 + 1 \\ 10z_1 + 2 \end{pmatrix} \in V$,

d. h. $x_1 = 5z_1 + 1$, $x_2 = 10z_2 + 2$.

Die Transformation eines Hyperquaders bzw. -ellipsoids auf den Einheitswürfel bzw. die Einheitskugel läßt sich stets durch eine *affine Abbildung*

$$z = Ax + a , \quad A \in \mathcal{M}_k , \quad a \in \mathrm{R}^k , \tag{4.1.34}$$

erreichen. Die Umkehrabbildung von Würfel bzw. Kugel auf Hyperquader bzw. -ellipsoid ist dann ebenfalls eine affine Abbildung

$$x = Bz + b , \quad B \in \mathcal{M}_k , \quad b \in \mathrm{R}^k , \tag{4.1.35}$$

wobei der Zusammenhang durch

$$B = A^{-1} , \quad b = A^{-1}a \tag{4.1.36}$$

gegeben ist.

Wir stellen fest, daß die Transformation auf Standardbereiche gemäß Verf. 4.1.11 und Verf. 4.1.12 unabhängig vom vorliegenden Regressionsansatz und dem gewählten Optimalitätskriterium ist. Ob jedoch ein Versuchsplan über dem (Standard-) Bereich $\overline{V}$ und der durch Anwendung der entsprechenden affinen Abbildung auf seine Punkte entstehende transformierte Versuchsplan über dem (natürlichen) Versuchsbereich V

die gleichen Optimalitätseigenschaften haben, hängt sehr wohl vom Ansatz und vom Optimalitätskriterium ab. Damit kommen wir zum Problem der *Affininvarianz* optimaler Pläne.

Zum Beispiel kann die Frage interessieren, ob der im Ansatz $\tilde{S}_1$ mit $\tilde{\eta}_1(x, \boldsymbol{\vartheta}) = \vartheta_0 + \vartheta_1 x$, $\bar{V} = [-1, 1]$, erhaltene A-optimale Plan $V_4^{(1)} = (-1, -1, 1, 1)$ die Eigenschaft hat, daß der auf den Versuchsbereich $V = [a, b]$ transformierte Plan $V_4 = (a, a, b, b)$ ebenfalls A-optimal ist, eventuell in einem formal abgeänderten Ansatz $\tilde{S}$.

Wir betrachten zunächst nur lineare Ansätze. Gegeben sei ein linearer Ansatz $\tilde{S}$ mit

$$\tilde{\eta}(\boldsymbol{x}, \boldsymbol{\vartheta}) = \boldsymbol{f}(\boldsymbol{x})' \boldsymbol{\vartheta}\,; \qquad \boldsymbol{x} \in B \subseteq \mathrm{R}^k\,; \qquad \boldsymbol{\vartheta} \in \mathrm{R}^r\,; \tag{4.1.37}$$

über dem (natürlichen) Versuchsbereich V und ein (abgeänderter) linearer Ansatz $\tilde{S}_1$ mit

$$\tilde{\eta}_1(\boldsymbol{z}, \boldsymbol{\vartheta}) = \boldsymbol{h}(\boldsymbol{z})' \boldsymbol{\vartheta}\,; \qquad \boldsymbol{z} \in \bar{B} \subseteq \mathrm{R}^k\,; \qquad \boldsymbol{\vartheta} \in \mathrm{R}^r\,; \tag{4.1.38}$$

über dem (Standard-) Versuchsbereich $\bar{V}$. Der Zusammenhang zwischen V und $\bar{V}$ sei durch eine affine Abbildung der Gestalt (4.1.34) bis (4.1.36) gegeben.

Bezeichnung 4.1.2: Es sei $V_n^{(1)} = (\boldsymbol{z}_1, \dots, \boldsymbol{z}_n)$ mit $\boldsymbol{z}_i \in \bar{V}$ ein $\bar{Z}^{(1)}$-optimaler Plan zum Ansatz $\tilde{S}_1$ aus (4.1.38). Der Plan $V_n^{(1)}$ heißt *affininvariant bez.* $\tilde{\eta}_1, \tilde{\eta}, \bar{Z}^{(1)}, \bar{Z}$, wenn der Versuchsplan $V_n = (\boldsymbol{x}_1, \dots, \boldsymbol{x}_n)$ mit $\boldsymbol{x}_i = \boldsymbol{B}\boldsymbol{z}_i + \boldsymbol{b} \in V$ ein $\bar{Z}$-optimaler Plan zum Ansatz $\tilde{S}$ aus (4.1.37) ist (›(4.1.35)) •

Ein über einem Standardbereich optimaler Plan heißt also affininvariant, wenn der gemäß (4.1.35) transformierte Plan über dem natürlichen Versuchsbereich ebenfalls optimal ist (eventuell bei modifiziertem Ansatz und Kriterium). Wir werden meistens Invarianz bei unverändertem Optimalitätskriterium, d. h. bei $\bar{Z}^{(1)} = \bar{Z}$, betrachten und dieses Affininvarianz bez. $\tilde{\eta}_1, \tilde{\eta}, \bar{Z}$ nennen (›Verf. 4.1.13 bis 4.1.15).

Wir geben jetzt ein Verfahren zur Konstruktion optimaler Pläne an, das über die Konstruktion eines affininvarianten optimalen Planes über einem Standard-Versuchsbereich läuft.

VERFAHREN 4.1.13 (Konstruktion optimaler Pläne unter Ausnutzung der Affininvarianz):

1. **Gegebene Größen:** a) Wahrer linearer Ansatz $\tilde{S}$ mit

$$\tilde{\eta}(\boldsymbol{x}, \boldsymbol{\vartheta}) = \boldsymbol{f}(\boldsymbol{x})' \boldsymbol{\vartheta}; \qquad \boldsymbol{x} \in B \subseteq \mathrm{R}^k; \qquad \boldsymbol{\vartheta} \in \mathrm{R}^r.$$

b) Versuchsbereich V.

c) (Standard-) Versuchsbereich $\bar{V}$.

d) Optimalitätskriterium $\bar{Z}$ aus Tab. 4.1.2.

e) Affine Abbildung von $\bar{V}$ auf V: $\boldsymbol{x} = \boldsymbol{B}\boldsymbol{z} + \boldsymbol{b}$; $\boldsymbol{z} \in \bar{V}$; $\boldsymbol{B} \in \mathcal{M}_k$, $\boldsymbol{b} \in \mathrm{R}^k$.

2. **Aufgabe:** Konstruiere einen $\bar{Z}$-optimalen Plan über V.

3. **Bezeichnungen:** $\boldsymbol{x}$ Punkte aus V, $\boldsymbol{z}$ Punkte aus $\bar{V}$.

4. **Voraussetzung:** $\boldsymbol{B}$ reguläre Matrix.

5. **Lösung:** a) Bestimme einen $\bar{Z}$-optimalen Plan $V_n^{(1)} = (z_1, \dots, z_n)$ über $\bar{V}$ im Ansatz $\tilde{S}_1$ mit

$$\tilde{\eta}_1(z, \vartheta) = h(z)'\,\vartheta\,; \qquad h(z) = f(Bz + b)\,.$$

b) Bestimme den gesuchten $\bar{Z}$-optimalen Plan über V im Ansatz $\tilde{S}$ gemäß

$$V_n = (x_1, \dots, x_n)\,; \qquad x_i = Bz_i + b\,; \quad i = 1, \dots, n \;\bullet$$

Beispiel 4.1.12:

1. a) $\tilde{\eta}(x, \vartheta) = \vartheta_0 + \vartheta_1 x_1 + \vartheta_2 x_2$, d. h. $k = 2$, $r = 3$.

b) $V = \{x \in \mathrm{R}^2 : 0 \leqq x_1 \leqq 5\,; 0 \leqq x_2 \leqq 10\}$.

c) $\bar{V} = \{z \in \mathrm{R}^2 : -1 \leqq z_i \leqq 1\,; i = 1{,}2\}$ (Einheitsquadrat).

d) $\bar{Z} = \bar{Z}_A$ (A-Optimalität).

e) $x = \begin{pmatrix} x_1 \\ x_2 \end{pmatrix} = \underbrace{\begin{pmatrix} 2{,}5 & 0 \\ 0 & 5 \end{pmatrix}}_{B} \begin{pmatrix} z_1 \\ z_2 \end{pmatrix} + \underbrace{\begin{pmatrix} 2{,}5 \\ 5 \end{pmatrix}}_{b}$.

5. a) $f(x) = (1, x_1, x_2)'$,

$h(z) = f(Bz + b) = \big(1\,; 2{,}5(z_1 + 1)\,; 5(z_2 + 1)\big)'$,

$\tilde{\eta}_1(z, \vartheta) = \vartheta_0 + 2{,}5\vartheta_1(z_1 + 1) + 5\vartheta_2(z_2 + 1)$,

Sei z. B. $V_4^{(1)} = \left(\begin{pmatrix} 1 \\ 1 \end{pmatrix}, \begin{pmatrix} 1 \\ -1 \end{pmatrix}, \begin{pmatrix} -1 \\ 1 \end{pmatrix}, \begin{pmatrix} -1 \\ -1 \end{pmatrix}\right)$ A-optimal für $\tilde{\eta}_1$ und $\bar{V}$.

b) $B\begin{pmatrix} 1 \\ 1 \end{pmatrix} + b = \begin{pmatrix} 5 \\ 10 \end{pmatrix}$; $B\begin{pmatrix} 1 \\ -1 \end{pmatrix} + b = \begin{pmatrix} 5 \\ 0 \end{pmatrix}$; $B\begin{pmatrix} -1 \\ 1 \end{pmatrix} + b = \begin{pmatrix} 0 \\ 10 \end{pmatrix}$; $B\begin{pmatrix} -1 \\ -1 \end{pmatrix} + b = \begin{pmatrix} 0 \\ 0 \end{pmatrix}$.

$V_4 = \left(\begin{pmatrix} 5 \\ 10 \end{pmatrix}, \begin{pmatrix} 5 \\ 0 \end{pmatrix}, \begin{pmatrix} 0 \\ 10 \end{pmatrix}, \begin{pmatrix} 0 \\ 0 \end{pmatrix}\right)$ ist dann A-optimal für $\tilde{\eta}$ und V.

Verf. 4.1.13 ist auch auf nichtlineare Ansätze anwendbar, wenn man in 5.a) $\tilde{\eta}_1(z, \vartheta) = \tilde{\eta}(Bz + b, \vartheta)$ setzt. Es ist dann vorteilhaft anwendbar, wenn für den Ansatz $\tilde{S}_1$ der optimale Plan $V_n^{(1)}$ über dem Standardbereich bereits bekannt ist. Sollte dies nicht der Fall sein, dann führt Verf. 4.1.13 zu *keiner Vereinfachung* des Versuchsplanungsproblems. Wegen

$$h(z) = f(Bz + b) = f(x) \tag{4.1.39}$$

stimmen nämlich die Informationsmatrizen aus Tab. 4.1.1 für einen Plan $V_n^{(1)}$ und den transformierten Plan V_n überein. Dadurch sind die Optimierungsprobleme zur Bestimmung eines optimalen Planes für $\tilde{\eta}_1$ und $\bar{V}$ identisch mit den Optimierungsproblemen zur direkten Bestimmung eines optimalen Planes für $\tilde{\eta}$ und V. Darüberhinaus wird durch die Transformation auf einen Standardbereich i. allg. der Ansatz $\tilde{S}_1$ komplizierter als $\tilde{S}$ (›Bsp. 4.1.12).

Wünschenswert wäre eine Invarianz von Plänen, ohne die Ansatzfunktion $\tilde{\eta}$ komplizierter zu gestalten (›Verf. 4.1.14), vielleicht sogar sie zu vereinfachen (›Verf. 4.1.15). Nur für die Versuchsplanung zur regulären MKQ-Schätzung gibt es dafür praktikable Verfahren, die wir im folgenden als Verfahren zur Überprüfung der Invarianz bez. $\tilde{\eta}_1, \tilde{\eta}, \bar{Z}$ formulieren werden. Beim ersten Verfahren dieser Art werden wir den Ansatz nicht verändern, d. h. den Fall $\tilde{\eta} = \tilde{\eta}_1$ betrachten (Invarianz bez. $\tilde{\eta}, \bar{Z}$).

VERFAHREN 4.1.14 (Überprüfung der Invarianz bez. $\tilde{\eta}, \bar{Z}$):

1. **Gegebene Größen:** a) Wahrer linearer Ansatz $\tilde{S}$ mit

$$\tilde{\eta}(\boldsymbol{x}, \boldsymbol{\vartheta}) = \boldsymbol{f}(\boldsymbol{x})' \boldsymbol{\vartheta}; \qquad \boldsymbol{x} \in B \subseteq \mathrm{R}^k; \qquad \boldsymbol{\vartheta} \in \mathrm{R}^r.$$

b) Standard-Versuchsbereich $\bar{V}$.

c) Natürlicher Versuchsbereich V.

d) Optimalitätskriterium $\bar{Z}$.

e) Affine Abbildung von $\bar{V}$ auf V: $\boldsymbol{x} = \boldsymbol{B}\boldsymbol{z} + \boldsymbol{b}$; $\boldsymbol{z} \in \bar{V}$; $\boldsymbol{B} \in \mathcal{M}_k$, $\boldsymbol{b} \in \mathrm{R}^k$.

2. **Aufgabe:** Überprüfe, ob jeder über $\bar{V}$ optimaler Plan für $\tilde{S}$ invariant ist bez. $\tilde{\eta}, \bar{Z}$.

3. **Bezeichnungen:** $\boldsymbol{x}$ Punkte aus V, $\boldsymbol{z}$ Punkte aus $\bar{V}$.

4. **Voraussetzungen:** a) Schätzmethode reguläre MKQ.

b) $\bar{Z} = \bar{Z}_G$, $\bar{Z} = \bar{Z}_D$ oder $\bar{Z} = \bar{Z}_I$ (G-, D- oder I-Optimalität).

c) $\boldsymbol{B}$ reguläre Matrix.

5. **Lösung:** Falls es eine nichtsinguläre Matrix $\boldsymbol{C} \in \mathcal{M}_r$, gibt, so daß für alle $\boldsymbol{z} \in \bar{V}$

$$\boldsymbol{f}(\boldsymbol{B}\boldsymbol{z} + \boldsymbol{b}) = \boldsymbol{C}\boldsymbol{f}(\boldsymbol{z})$$

gilt, dann ist jeder $\bar{Z}$-optimaler Plan invariant bez. $\tilde{\eta}, \bar{Z}$ ●

Beispiel 4.1.13:

1. a) $\tilde{\eta}(\boldsymbol{x}, \boldsymbol{\vartheta}) = \vartheta_0 + \vartheta_1 x_1 + \dots + \vartheta_k x_k$.

b) $\bar{V} = \{\boldsymbol{z} \in \mathrm{R}^k: -1 \leqq z_i \leqq 1;\ i = 1, \dots, k\}$ (Hypereinheitswürfel).

c) $V = \{\boldsymbol{x} \in \mathrm{R}^k: a_i \leqq x_i \leqq b_i;\ i = 1, \dots, k\}$ (Hyperquader).

d) D-, G- oder I-Optimalität.

e) $x_i = \frac{1}{2}(b_i - a_i) z_i + \frac{1}{2}(a_i + b_i);\ i = 1, \dots, k$;

$$\text{d. h. } \boldsymbol{B} = \frac{1}{2}\begin{pmatrix} b_1 - a_1 & & \boldsymbol{0} \\ & \ddots & \\ \boldsymbol{0} & & b_k - a_k \end{pmatrix}; \quad \boldsymbol{b} = \frac{1}{2}(a_1 + b_1, \dots, a_k + b_k)'.$$

5. $\boldsymbol{f}(\boldsymbol{x}) = (1, x_1, \dots, x_k)'$,

$$\boldsymbol{f}(\boldsymbol{B}\boldsymbol{z} + \boldsymbol{b}) = (1; \tfrac{1}{2}(b_1 - a_1) z_1 + \tfrac{1}{2}(a_1 + b_1); \dots; \tfrac{1}{2}(b_k - a_k) z_k + \tfrac{1}{2}(a_k + b_k))'$$

$$= \underbrace{\begin{bmatrix} 1 & & & & \boldsymbol{0} \\ \frac{1}{2}(a_1 + b_1) & \frac{1}{2}(b_1 - a_1) & & & \\ \vdots & & \frac{1}{2}(b_2 - a_2) & & \\ \cdot & & & \ddots & \\ \frac{1}{2}(a_k + b_k) & \boldsymbol{0} & & & \frac{1}{2}(b_k - a_k) \end{bmatrix}}_{\boldsymbol{C}} \boldsymbol{f}(\boldsymbol{z}),$$

d. h. Invarianz bez. $\tilde{\eta}, \bar{Z}$.

Beispiel 4.1.14:

1. a) $\tilde{\eta}(x, \boldsymbol{\vartheta}) = \vartheta_0 + \vartheta_1 x + \dots + \vartheta_q x^q$.

b) $\bar{V} = [-1, 1]$.

c) $V = [a, b]$.

d) D-, G- oder I-Optimalität.

e) $x = \frac{1}{2}(b - a) z + \frac{1}{2}(b + a)$.

5. Bezeichne $c := \frac{1}{2}(b - a)$; $d := \frac{1}{2}(b + a)$; $f(x) = (1, x, \ldots, x^q)'$.

$$f(\boldsymbol{B}z + \boldsymbol{b}) = \begin{pmatrix} 1 \\ cz + d \\ (cz + d)^2 \\ \vdots \\ (cz + d)^q \end{pmatrix} = \underbrace{\begin{pmatrix} 1 & & & & \\ d & c & & \boldsymbol{0} & \\ d^2 & 2cd & c^2 & & \\ \vdots & \vdots & & \ddots & \\ d^q & \ldots & \binom{q}{i} c^i d^{q-i} & \ldots & c^q \end{pmatrix}}_{\boldsymbol{C}} \begin{pmatrix} 1 \\ z \\ z^2 \\ \vdots \\ z^q \end{pmatrix},$$

d. h. Invarianz bez. $\tilde{\eta}, \bar{Z}$.

Etwas allgemeiner als in Besp. 4.1.13 gilt für eine Ansatzfunktion

$$\tilde{\eta}(\boldsymbol{x}, \boldsymbol{\vartheta}) = \vartheta_0 + \vartheta_1 x_1 + \ldots + \vartheta_k x_k = \boldsymbol{f}(\boldsymbol{x})' \boldsymbol{\vartheta}; \qquad \boldsymbol{f}(\boldsymbol{x}) = (1, \boldsymbol{x}')';$$

und eine beliebige affine Abbildung von $\bar{V}$ auf V, also

$$\boldsymbol{x} = \boldsymbol{B}\boldsymbol{z} + \boldsymbol{b}; \qquad \boldsymbol{z} \in \bar{V};$$

stets

$$\boldsymbol{f}(\boldsymbol{B}\boldsymbol{z} + \boldsymbol{b}) = \begin{pmatrix} 1 \\ \boldsymbol{B}\boldsymbol{z} + \boldsymbol{b} \end{pmatrix} = \begin{pmatrix} 1 & \boldsymbol{0}' \\ \boldsymbol{b} & \boldsymbol{B} \end{pmatrix} \begin{pmatrix} 1 \\ \boldsymbol{z} \end{pmatrix} = \boldsymbol{C}\boldsymbol{f}(\boldsymbol{z}),$$

d. h., es liegt bez. jeder affinen Abbildung Invarianz für D-, G- und I-optimale Pläne zur MKQ-Schätzung vor, also z. B. auch für den Übergang von der Einheitskugel zum Ellipsoid gemäß Verf. 4.1.12.

Etwas allgemeiner als Verf. 4.1.14 kann man auch ein Verfahren formulieren, mit dem Invarianz bez. $\tilde{\eta}_1, \tilde{\eta}, \bar{Z}$, also bez. ungleichen Ansatzfunktionen, überprüft werden kann. Das Ziel wird dabei i. allg. sein, Invarianz bez. einer Ansatzfunktion $\tilde{\eta}_1$ nachzuweisen, die *einfacher* ist als die Ausgangsansatzfunktion $\tilde{\eta}$.

VERFAHREN 4.1.15 (Überprüfung der Invarianz bez. $\tilde{\eta}_1, \tilde{\eta}, \bar{Z}$):

1. Gegebene Größen: a) bis e) wie in Verf. 4.1.14.

f) Lineare Ansatzfunktion $\tilde{\eta}_1(\boldsymbol{z}, \boldsymbol{\vartheta}) = \boldsymbol{h}(\boldsymbol{z})' \boldsymbol{\vartheta}$; $\boldsymbol{z} \in \bar{V}$.

2. Aufgabe: Überprüfe, ob jeder über $\bar{V}$ optimaler Plan invariant ist bez. $\tilde{\eta}_1, \tilde{\eta}, \bar{Z}$ (›Bez. 4.1.2).

3. und 4. wie in Verf. 4.1.14.

5. Lösung: Falls es eine nichtsinguläre Matrix $\boldsymbol{C} \in \mathcal{M}_r$ gibt, so daß für alle $\boldsymbol{z} \in \bar{V}$

$$\boldsymbol{f}(\boldsymbol{B}\boldsymbol{z} + \boldsymbol{b}) = \boldsymbol{C}\boldsymbol{h}(\boldsymbol{z})$$

gilt, dann ist jeder $\bar{Z}$-optimaler Plan invariant bez. $\tilde{\eta}_1, \tilde{\eta}, \bar{Z}$ ●

Beispiel 4.1.15:

1. a) $\tilde{\eta}(\boldsymbol{x}, \boldsymbol{\vartheta}) = \vartheta_0 + \vartheta_1(x_1 - 3) + \vartheta_2(x_2 - 7)$.

b) $\bar{V} = \{\boldsymbol{z} \in \mathrm{R}^2\colon -1 \leqq z_1 \leqq 1, -1 \leqq z_2 \leqq 1\}$ (Einheitsquadrat).

c) $V = \{\boldsymbol{x} \in \mathrm{R}^2\colon 0 \leqq x_1 \leqq 5, 0 \leqq x_2 \leqq 10\}$.

d) D-, G- oder I-Optimalität.

e) $\boldsymbol{x} = \begin{pmatrix} 2,5 & 0 \\ 0 & 5 \end{pmatrix} \boldsymbol{z} + \begin{pmatrix} 2,5 \\ 5 \end{pmatrix}$.

f) $\tilde{\eta}_1(\boldsymbol{z}, \boldsymbol{\vartheta}) = \vartheta_0 + \vartheta_1 z_1 + \vartheta_2 z_2$.

5. $\boldsymbol{f}(\boldsymbol{x}) = (1, x_1 - 3, x_2 - 7)'$, $\boldsymbol{h}(\boldsymbol{z}) = (1, z_1, z_2)'$,

$$\boldsymbol{f}(\boldsymbol{B}\boldsymbol{z} + \boldsymbol{b}) = \begin{pmatrix} 1 \\ 2{,}5 z_1 - 0{,}5 \\ 5 z_2 - 2 \end{pmatrix} = \begin{pmatrix} 1 & 0 & 0 \\ -0{,}5 & 2{,}5 & 0 \\ -2 & 0 & 5 \end{pmatrix} \begin{pmatrix} 1 \\ z_1 \\ z_2 \end{pmatrix} = \boldsymbol{C}\boldsymbol{h}(\boldsymbol{z}),$$

d. h. Invarianz bez. $\tilde{\eta}_1$, $\tilde{\eta}$, $\bar{Z}$.

Wir bemerken, daß z. B. die mit Verf. 4.1.13 konstruierten Pläne wegen $\boldsymbol{f}(\boldsymbol{B}\boldsymbol{z} + \boldsymbol{b}) = \boldsymbol{h}(\boldsymbol{z})$, also $\boldsymbol{C} = \boldsymbol{I}_r$, invariant sind bez. $\tilde{\eta}_1$, $\tilde{\eta}$, $\bar{Z}$.

Falls Invarianz bez. $\tilde{\eta}_1$, $\tilde{\eta}$, $\bar{Z}$ vorliegt, kann man also $\bar{Z}$-optimale Pläne über Standardbereichen gemäß (4.1.35) transformieren auf $\bar{Z}$-optimale Pläne über dem natürlichen Versuchsbereich. Wir bemerken jedoch, daß die Invarianz optimaler Pläne selbst bei einfachen Ansätzen und bei der MKQ-Schätzung *kein selbstverständliches Phänomen ist und stets der Überprüfung bedarf*. So erweisen sich z. B. A-optimale Pläne für die MKQ-Schätzung i. allg. als nicht affininvariant bez. unveränderter Ansatzfunktion, d. h. $\tilde{\eta}_1 = \tilde{\eta}$. Die Überprüfung der Affininvarianz von Plänen für andere Schätzmethoden und Optimalitätskriterien ist ein i. allg. schwieriges Problem (›[I/Satz 6.1.5]). Die Verfahren zur Affininvarianz lassen sich verallgemeinern auf allgemeine eineindeutige Transformationen zwischen den Versuchsbereichen (›[I/6.1.2]).

Die in diesem Abschnitt angegebenen Verfahren sollten nicht routinemäßig angewendet werden. Es ist häufig relativ einfach, zwei durch Invarianz verbundene Versuchsplanungsprobleme aufzustellen (z. B. ähnlich wie in Verf. 4.1.13). Man sollte nur dann vom gegebenen Versuchsplanungsproblem zu einem anderen übergehen, wenn davon eine wesentliche Verringerung des Rechenaufwandes erwartet wird, oder wenn für das transformierte Problem bereits mehr Pläne und Aussagen bekannt sind als für das Originalproblem. Wenn das transformierte Problem als Versuchsbereich z. B. einen Standardbereich hat, dann sind häufig schon optimale Pläne bekannt (›[4.8]). Wir betonen, daß zur fruchtbaren Anwendung der Verfahren 4.1.14 und 4.1.15 Erfahrung gehört, da sich die Suche nach einer Matrix $\boldsymbol{C}$ nur äußerst schwer formalisieren und in einer algorithmischen Weise angeben läßt.

4.1.4. Randomisierung der Versuchsreihenfolge

Falls es im vorliegenden EW-Problem nichterfaßte determinierte Einflußgrößen gibt (z. B. zeitliche Trendeffekte), so wirkt sich das in einem systematischen Fehler der Schätzungen aus. Man kann dem durch sog. Blockbildung (›[5.2.4]) entgegenwirken oder auch indem bei gegebenem Versuchsplan V_n vor dem Experiment die Reihenfolge der Versuche randomisiert wird (›[2.5.1], insbesondere Bsp. 2.5.3).

Wir wollen hier die Randomisierung der Versuchsreihenfolge betrachten. Das Vorgehen besteht im wesentlichen darin, bei einem gegebenen Plan $V_n = (\boldsymbol{x}_1, \dots, \boldsymbol{x}_n)$ die Zahlen $1, \dots, n$ (und damit die Punkte $\boldsymbol{x}_1, \dots, \boldsymbol{x}_n$) in eine zufällige Reihenfolge zu bringen. Dies kann z. B. dadurch geschehen, daß man n numerierte Kugeln mischt und dann zufällig eine nach der anderen zieht. Erhält man beim ersten Zug die Kugel i_1, so wird der Versuch im Punkt x_{i_1} zuerst durchgeführt. Zieht man dann die Kugel i_2, so findet der zweite Versuch in x_{i_2} statt.

Beispiel 4.1.16: $V_8 = (-1, -1, -1, 0, 0, 1, 1, 1)$; zufällige Reihenfolge der Zahlen $1, \dots, 8$: 6, 3, 8, 2, 5, 1, 7, 4; Versuchsplan in zufälliger Reihenfolge: $V_8 = (1, -1, 1, -1, 0, -1, 1, 0)$.

Ein etwas formaleres Vorgehen ist durch Anwendung von Zufallszahlen möglich. Tabellen derartiger Zahlen enthalten i. allg. zufällige Anordnungen der Ziffern 0 bis 9 in praktisch beliebiger Länge. Für Pläne vom Umfang $n = 10$ sind sie daher zur Randomisierung direkt einsetzbar. Für andere Umfänge kann man beispielsweise zu Dualzahlen übergehen. Wir formulieren ein mögliches Vorgehen in folgendem Verfahren.

VERFAHREN 4.1.16 (Randomisierung der Versuchsreihenfolge):

1. **Gegebene Größen:** $V_n = (x_0, \dots, x_{n-1})$.

2. **Aufgabe:** Randomisiere die Reihenfolge der n durchzuführenden Versuche.

5. **Lösung:** a) Bestimme das kleinste m, für das $n \leqq 2^m$ gilt.

b) Entnimm einer Zufallszahlentabelle der Ziffern 0, 1, ..., 9 der Reihe nach Gruppen der Länge m, ersetze die Ziffern 0, 1, 2, 3, 4 durch 0 und die Ziffern 5, 6, 7, 8, 9 durch 1. (Man erhält also m-stellige Dualzahlen.)

Tab. 4.1.3: Zur Lösung von Bsp. 4.1.17

4-stellige Zufallszahlen	Dualzahlen	Dezimalzahlen	Versuchsreihenfolge
7213	1000	8	8
0425	0001	1	1
4808	0101	5	5
1660	0110	6	6
2991	0110	(6)	
8345	1001	9	9
5116	1001	(9)	
8380	1010	10	10
5978	1111	(15)	
0962	0110	(6)	
5441	1000	(8)	
7284	1010	(10)	
0182	0010	2	2
8987	1111	(15)	
7488	1011	11	11
2875	0111	7	7
7847	1101	(13)	
2700	0100	4	4
1412	0000	0	0
9937	1101	(13)	
0999	0111	(7)	
9487	1011	(11)	
7422	1000	(8)	
8505	1101	(13)	
6027	1001	(9)	
8501	1100	(12)	
8874	1110	(14)	
4298	0011	3	3

c) Ordne den Dualzahlen die entsprechenden Dezimalzahlen zu.

d) Entnimm der Zufallszahlentabelle so viele Gruppen (s. b)), daß unter c) jede der Zahlen $0, 1, \dots, n-1$ mindestens einmal vorkommt.

e) Streiche alle Dezimalzahlen, die größer als $n-1$ sind, und alle, die doppelt vorkommen. Die verbleibenden Zahlen geben die Reihenfolge der Versuche an ●

Beispiel 4.1.17:

1. $V_{12} = (-1, -1, -1, -1, -1, -1, 1, 1, 1, 1, 1, 1)$.

5. a) $n = 12 < 16 = 2^4$, d. h. $m = 4$.

b) bis e) ›Tab. 4.1.3 (die gestrichenen Zahlen sind in der Tabelle eingeklammert). Es ergibt sich schließlich $V_{12} = (1, -1, -1, 1, 1, 1, -1, 1, 1, -1, -1, -1)$.

Ist ein gegebener Versuchsplan mehrmals anzuwenden, so hat man vor *jeder* Anwendung eine Randomisierung durchzuführen. Man erhält also bei jeder Durchführung des Planes i. allg. eine andere Reihenfolge.

4.2. Bestimmung exakt optimaler konkreter Pläne

Zur Konstruktion eines konkreten Planes, der optimal ist bez. eines Kriteriums aus Tab. 4.1.2, wird es auch nach eventueller Transformation auf Standardbereiche und einfachere Ansatzfunktionen (›[4.1.3]) erforderlich sein, das entsprechende Optimierungsproblem

$$\bar{Z}(\bar{\boldsymbol{M}}(V_n), n) \overset{!}{=} \inf_{V_n \in V^{(0)}} \tag{4.2.1}$$

zu lösen (›(4.1.15)). Dies ist i. allg. sehr schwierig, u. a. weil $V^{(0)}$ Pläne verschiedenen Umfangs enthalten kann, also die Optimierung über einem Raum nicht festgelegter Dimension erfolgen müßte. Selbst bei festgelegtem n lassen sich in $V_n^{(0)}$ z. B. keine Konvexitätsbegriffe einführen. Das Problem (4.2.1) ist also mit Standardmethoden der Optimierung häufig nicht lösbar. Aus diesem Grunde gibt es auch relativ wenig Konstruktionsverfahren für exakt optimale konkrete Pläne. Es ist jedoch häufig gar nicht nötig, einen exakt optimalen Plan zu konstruieren. Oft erfüllt auch ein nur näherungsweise optimaler Plan alle praktischen Anforderungen. Zur näherungsweisen Bestimmung optimaler Pläne gibt es eine ganze Reihe von Möglichkeiten (›[4.3] bis [4.5]).

Wir beschränken uns in diesem Abschnitt darauf, für einige wichtige Ansätze und ausgewählte n (im wesentlichen D- und G-) optimale konkrete Pläne zur MKQ- und Bayes-Schätzung anzugeben, d. h. das Problem

$$Z(\boldsymbol{M}(V_n)) \overset{!}{=} \inf_{V_n \in V_n^{(0)}} \tag{4.2.2}$$

aus dem Verfahrensschritt 5.b) der Verfahren 4.1.1 bis 4.1.7 für einige n zu lösen. Die Bestimmung des optimalen Umfanges n^* wird hier nicht betrachtet.

4.2.1. *D*- und *G*-optimale Pläne zur MKQ für Ansätze mit einer Einflußgröße

In diesem Abschnitt betrachten wir zunächst Ansatzfunktionen der Art

$$\tilde{\eta}(x, \boldsymbol{\vartheta}) = \vartheta_0 + \vartheta_1 x + \dots + \vartheta_q x^q \,. \tag{4.2.3}$$

Wir wollen derartige Ansätze (*eindimensionale*) *Polynomansätze* nennen. Sie enthalten z. B. den Spezialfall der einfachen linearen Regression ($q = 1$). Das folgende Verfahren dient zur Konstruktion D- und G-optimaler konkreter Pläne für (4.2.3). Es benutzt in entscheidendem Maße die Kenntnis der LEGENDRE-Polynome (s. KARLIN/STUDDEN [2]).

Das LEGENDRE-Polynom der Ordnung k, $L_k(x)$, ist definiert durch

$$L_k(x) = \frac{(-1)^k}{2^k k!} \frac{\mathrm{d}^k}{\mathrm{d}x^k} [(x^2 - 1)^k]; \quad x \in [-1, 1] .$$

Es ist z. B. $L_0(x) = 1$; $L_1(x) = x$; $L_2(x) = \frac{1}{2}(3x^2 - 1)$. Die Polynome höherer Ordnung können auch mit der Rekursionsformel

$$(k + 1) L_{k+1}(x) = (2k + 1) x L_k(x) - k L_{k-1}(x)$$

erzeugt werden (s. auch OBRESCHKOFF [1]).

VERFAHREN 4.2.1 (D- und G-optimale Pläne für Polynomansätze):

1. **Gegebene Größen:** a) Ansatz $\tilde{S}$ mit $\tilde{\eta}$ aus (4.2.3).
b) Versuchsbereich $V = [-1, 1]$.
c) Planumfang n.

2. **Aufgabe:** Konstruiere für die MKQ-Schätzung einen D- bzw. G-optimalen konkreten Plan.

3. **Bezeichnungen:** a) H Prognosebereich.
b) $L_k(x)$ LEGENDRE-Polynom der Ordnung k.

4. **Voraussetzungen:** a) $n = j(q + 1)$; $j = 1, 2, \ldots$
b) Im Falle der G-Optimalität ist $H = V$.

5. **Lösung:** a) Bestimme die $(q + 1)$ Nullstellen $x_1, \ldots, x_{q+1}$ von $(1 - x^2) \frac{\mathrm{d}}{\mathrm{d}x} L_q(x)$.
b) $V_n^* = (\underbrace{x_1, \ldots, x_1}_{j\text{-mal}}, \underbrace{x_2, \ldots, x_2}_{j\text{-mal}}, \ldots, \underbrace{x_{q+1}, \ldots, x_{q+1}}_{j\text{-mal}})$ ist D- und G-optimal ●

Beispiele für D- und G-optimale Pläne für verschiedene Polynomgrade q kann man aus Tab. 4.8.3 entnehmen. Insbesondere erkennt man, daß bei einfacher linearer Regression ($q = 1$) D- und G-optimale Pläne zur MKQ-Schätzung die Hälfte der Versuche bei -1 und die andere Hälfte bei $+1$ erfordern.

Verf. 4.2.1 kann auch auf spezielle Ansatzfunktionen

$$\tilde{\eta}(x, \boldsymbol{\vartheta}) = \sqrt{w(x)} \sum_{i=0}^{q} \vartheta_i x^i \tag{4.2.4}$$

angewendet werden, wenn man Schritt 5.a) folgendermaßen modifiziert (s. KARLIN/STUDDEN [1]):

a) Der Fall $w(x) = (1 - x)^\alpha (1 + x)^\beta$; $\alpha > -1$; $\beta > -1$; $V = [-1, 1]$: Bestimme die Planpunkte $x_1, \ldots, x_{q+1}$ als Nullstellen des JACOBI-Polynoms $P_{q+1}^{(\alpha, \beta)}(x)$. Dabei ist

$$P_k^{(\alpha, \beta)}(x) = \frac{(-1)^k}{2^k k!} (1 - x)^{-\alpha} (1 + x)^{-\beta} \frac{\mathrm{d}^k}{\mathrm{d}x^k} [(1 - x)^{\alpha+k} (1 + x)^{\beta+k}] .$$

b) Der Fall $w(x) = x^\alpha \mathrm{e}^{-x}$; $\alpha > -1$; $V = [0, \infty)$: Bestimme die Planpunkte $x_1, \ldots, x_{q+1}$ als Nullstellen des LAGUERRE-Polynoms $L_{q+1}^{(\alpha)}(x)$. Dabei ist

$$L_k^{(\alpha)}(x) = \frac{1}{k!} \mathrm{e}^x x^{-\alpha} \frac{\mathrm{d}^k}{\mathrm{d}x^k} (x^{\alpha+k} \mathrm{e}^{-x}) .$$

c) Der Fall $w(x) = e^{-x^2}$; $V = (-\infty, \infty)$: Bestimme die Planpunkte $x_1, \dots, x_{q+1}$ als Nullstellen des HERMITE-Polynoms $H_{q+1}(x)$. Dabei ist

$$H_k(x) = (-1)^k \frac{d^k}{dx^k} e^{-x^2}.$$

Für die angegebenen Polynome gibt es ebenfalls Rekursionsformeln (s. z. B. OBRESCHKOFF [1]). Die Nullstellen dieser Polynome sind u. a. in geeigneten Tafelwerken zu finden (s. z. B. JAHNKE/EMDE/LÖSCH [1]).

Optimale Pläne zur MKQ in (4.2.3) bzw. (4.2.4) für Umfänge n, die kein Vielfaches von $q + 1$ sind, können näherungsweise über gerundete diskrete optimale Pläne bestimmt werden (›Verf. 4.4.2). Wir bemerken, daß die mit Verf. 4.2.1 konstruierten Pläne invariant sind gegenüber einer Transformation auf den Versuchsbereich $[a, b]$ (›Verf. 4.1.11 und Bsp. 4.1.14).

Wir geben nun noch ein Verfahren zur Konstruktion D- und G-optimaler Pläne für Ansatzfunktionen der Form

$$\tilde{\eta}(x, \boldsymbol{\vartheta}) = \vartheta_0 + \vartheta_1 \cos x + \vartheta_2 \sin x + \dots + \vartheta_{2l-1} \cos lx + \vartheta_{2l} \sin lx \tag{4.2.5}$$

an (s. HOEL [2], KARLIN/STUDDEN [2]). Derartige Ansätze können z. B. bei Approximation der unbekannten Wirkungsfläche durch eine FOURIER-Reihe entstehen.

VERFAHREN 4.2.2 (D- und G-optimale Pläne für trigonometrische Ansätze):

1. **Gegebene Größen:** a) Ansatz $\tilde{S}$ mit $\tilde{\eta}$ aus (4.2.5).

b) Versuchsbereich $V = [0, 2\pi]$.

c) Planumfang n.

2. **Aufgabe:** Konstruiere für die MKQ-Schätzung einen D- und G-optimalen Plan.

3. **Bezeichnung:** $V_n^* = (x_1, \dots, x_n)$ optimaler Plan.

4. **Voraussetzungen:** a) $n \geqq 2l + 1$.

b) Im Falle der G-Optimalität ist $H = V$.

5. **Lösung:** a) Wähle ein beliebiges $\alpha \in \left[0, \frac{2\pi}{n}\right]$.

b) $x_i = \alpha + \frac{2(i-1)\pi}{n} \quad (i = 1, \dots, n)$ ●

Wir bemerken, daß die n Versuchspunkte in V_n^* aus Verf. 4.2.2 gleichmäßig über das Intervall $[0, 2\pi]$ verteilt sind und daß die Struktur von V_n^* nur von n, aber nicht von l abhängt (wenn man von der Forderung $n \geqq 2l + 1$ absieht). Demzufolge ist V_n^* D- und G-optimal für alle Ansätze (4.2.5) mit $l \leqq (n-1)/2$.

4.2.2. Optimale Pläne zur MKQ in $(k, 1)$-Ansätzen

Es werden jetzt Ansatzfunktionen der Gestalt

$$\tilde{\eta}(\boldsymbol{x}, \boldsymbol{\vartheta}) = \vartheta_0 + \vartheta_1 x_1 + \dots + \vartheta_k x_k; \tag{4.2.6}$$

bzw.

$$\tilde{\eta}_H(\boldsymbol{x}, \boldsymbol{\vartheta}) = \vartheta_1 x_1 + \dots + \vartheta_k x_k; \tag{4.2.7}$$

betrachtet. Ein Ansatz mit (4.2.6) bzw. (4.2.7) heißt *inhomogener* bzw. *homogener* $(k, 1)$-Ansatz (›Bez. 5.1.1). Wir werden zunächst D-, A-, E- und G-optimale Pläne über dem Einheitswürfel konstruieren. Dabei spielen HADAMARD-Matrizen eine große Rolle.

Bezeichnung 4.2.1: Die $(n \times n)$-Matrix $\boldsymbol{H}_n$ heißt HADAMARD-*Matrix der Ordnung* n, wenn

a) alle Elemente von $\boldsymbol{H}_n$ die Werte $+1$ oder -1 haben,

b) $\boldsymbol{H}_n'\boldsymbol{H}_n = n\boldsymbol{I}_n$ gilt ●

Wir verwenden im Zusammenhang mit HADAMARD-Matrizen für $+1$ die Bezeichnung $+$ und für -1 die Bezeichnung $-$. HADAMARD-Matrizen existieren nur für $n = 1$, $n = 2$ und für durch 4 teilbare n. In PALEY [1] sind für alle durch 4 teilbaren n zwischen 1 und 200 mit Ausnahme von $n = 188$ HADAMARD-Matrizen angegeben. Multipliziert man eine Zeile einer HADAMARD-Matrix mit -1, so erhält man wieder eine HADAMARD-Matrix. Aus diesem Grunde werden wir HADAMARD-Matrizen stets so angeben, daß in der ersten Spalte nur Elemente $+1$ stehen. So sind z. B.

$$\boldsymbol{H}_2 = \begin{pmatrix} + & + \\ + & - \end{pmatrix}; \qquad \boldsymbol{H}_4 = \begin{pmatrix} + & + & + & + \\ + & + & - & - \\ + & - & + & - \\ + & - & - & + \end{pmatrix} \tag{4.2.8}$$

HADAMARD-Matrizen der Ordnung 2 bzw. 4.

Aus zwei gegebenen HADAMARD-Matrizen $\boldsymbol{H}_{n_1}$ und $\boldsymbol{H}_{n_2}$ kann man eine HADAMARD-Matrix $\boldsymbol{H}_{n_1 n_2}$ der Ordnung $n_1 n_2$ folgendermaßen konstruieren:

VERFAHREN 4.2.3 (Konstruktion von HADAMARD-Matrizen):

1. **Gegebene Größen:** HADAMARD-Matrizen $\boldsymbol{H}_{n_1}$, $\boldsymbol{H}_{n_2}$.

2. **Aufgabe:** Bestimme $\boldsymbol{H}_{n_1 n_2}$.

3. **Bezeichnungen:** $\boldsymbol{H}_{n_1} = \left((h_{ij}^{(1)})\right)_{n_1 \times n_1}$; $\boldsymbol{H}_{n_2} = \left((h_{ij}^{(2)})\right)_{n_2 \times n_2}$.

5. **Lösung:**

$$\boldsymbol{H}_{n_1 n_2} = \begin{pmatrix} h_{11}^{(1)}\boldsymbol{H}_{n_2} & h_{12}^{(1)}\boldsymbol{H}_{n_2} & \dots & h_{1n_1}^{(1)}\boldsymbol{H}_{n_2} \\ h_{21}^{(1)}\boldsymbol{H}_{n_2} & h_{22}^{(1)}\boldsymbol{H}_{n_2} & \dots & h_{2n_1}^{(1)}\boldsymbol{H}_{n_2} \\ \vdots & \vdots & & \vdots \\ h_{n_1 1}^{(1)}\boldsymbol{H}_{n_2} & h_{n_1 2}^{(1)}\boldsymbol{H}_{n_2} & \dots & h_{n_1 n_1}^{(1)}\boldsymbol{H}_{n_2} \end{pmatrix} \bullet \tag{4.2.9}$$

Beispiel 4.2.1:

1. $\boldsymbol{H}_2 = \begin{pmatrix} + & + \\ + & - \end{pmatrix}$; $\quad \boldsymbol{H}_4 = \begin{pmatrix} + & + & + & + \\ + & + & - & - \\ + & - & + & - \\ + & - & - & + \end{pmatrix}$.

5. $$\boldsymbol{H}_8 = \left(\begin{array}{c|c} +\boldsymbol{H}_4 & +\boldsymbol{H}_4 \\ \hline +\boldsymbol{H}_4 & -\boldsymbol{H}_4 \end{array}\right) = \left(\begin{array}{cccc|cccc} + & + & + & + & + & + & + & + \\ + & + & - & - & + & + & - & - \\ + & - & + & - & + & - & + & - \\ + & - & - & + & + & - & - & + \\ \hline + & + & + & + & - & - & - & - \\ + & + & - & - & - & - & + & + \\ + & - & + & - & - & + & - & + \\ + & - & - & + & - & + & + & - \end{array}\right).$$

Falls H_2, H_{12} und H_{20} gegeben sind, kann man mit Verf. 4.2.3 z. B. alle HADAMARD-Matrizen bis zur Ordnung 24 konstruieren (↗Tab. 4.8.5). Zur Konstruktion von H_{12} und H_{20} und aller weiteren HADAMARD-Matrizen, deren Ordnung ein ungerades Vielfaches von 4 ist, sind zahlentheoretische Hilfsmittel nötig. Wir verweisen dazu auf NALIMOV [1].

VERFAHREN 4.2.4 (D-, A-, E- und G-optimale Pläne für $(k, 1)$-Ansätze):

1. **Gegebene Größen:** a) $\tilde{S}$ mit $\tilde{\eta}$ aus (4.2.6) bzw. $\tilde{\eta}_H$ aus (4.2.7).

b) Versuchsbereich V.

c) Planumfang n.

d) H_n HADAMARD-Matrix der Ordnung n.

2. **Aufgabe:** Konstruktion eines D-, A-, E- bzw. G-optimalen Planes für die MKQ.

3. **Bezeichnung:** $V_n^* = (x_1, \dots, x_n)$ optimaler Plan.

4. **Voraussetzungen:** a) $n \geqq k + 1$ bzw. $n \geqq k$ (bei inhomogenem bzw. homogenem Ansatz).

b) $n = 1, 2$ oder n durch 4 teilbar.

c) $V = \{x \in \mathrm{R}^k \colon -1 \leqq x_i \leqq 1;\ i = 1, \dots, k\}$ (Einheitswürfel) oder
$V = \{x \in \mathrm{R}^k \colon x'x \leqq k\}$ (Kugel, die dem Einheitswürfel umschrieben ist).

d) Im Falle der G-Optimalität ist $H = V$.

5. **Lösung:** a_1) (für inhomogene Ansätze) Streiche von H_n die erste und $n - k - 1$ beliebige weitere Spalten.

a_2) (für homogene Ansätze) Streiche von H_n beliebige $n - k$ Spalten.

b) Die n Zeilenvektoren der so erhaltenen $(n \times k)$-Matrix sind die Versuchspunkte x_i, $i = 1, \dots, n$ ●

Beispiel 4.2.2:

1. a) $\tilde{\eta}(x, \vartheta) = \vartheta_0 + \vartheta_1 x_1 + \vartheta_2 x_2 + \vartheta_3 x_3 + \vartheta_4 x_4$, d. h. $k = 4$, inhomogen.

b) V vierdimensionaler Einheitswürfel.

c) $n = 8$.

5. a_1)
$$H_8 = \begin{pmatrix} + & + & + & + & + & + & + & + \\ + & + & + & + & - & - & - & - \\ + & + & - & - & + & + & - & - \\ + & + & - & - & - & - & + & + \\ + & - & + & - & + & - & + & - \\ + & - & + & - & - & + & - & + \\ + & - & - & + & + & - & - & + \\ + & - & - & + & - & + & + & - \end{pmatrix}$$
$\quad\uparrow \qquad\qquad\qquad \uparrow\ \uparrow\ \uparrow$

z. B. 1. Spalte und die $n - k - 1 = 3$ letzten Spalten streichen.

b)
$$V_8 = \left(\begin{pmatrix}1\\1\\1\\1\end{pmatrix}, \begin{pmatrix}1\\1\\1\\-1\end{pmatrix}, \begin{pmatrix}1\\-1\\-1\\1\end{pmatrix}, \begin{pmatrix}1\\-1\\-1\\-1\end{pmatrix}, \begin{pmatrix}-1\\1\\-1\\1\end{pmatrix}, \begin{pmatrix}-1\\1\\-1\\-1\end{pmatrix}, \begin{pmatrix}-1\\-1\\1\\1\end{pmatrix}, \begin{pmatrix}-1\\-1\\1\\-1\end{pmatrix}\right)$$

ist D-, A-, E- und im Falle $H = V$ auch G-optimal.

Bemerkung 4.2.1: Die mit Verf. 4.2.4 konstruierten Pläne sind über dem Einheitswürfel auch D-, A- und E-optimal für die lineare BAYES-Schätzung, falls die a-priori-Kovarianzmatrix Λ eine Diagonalmatrix mit positiven Elementen ist (↗[4.2.5]).

Die mit Verf. 4.2.4 konstruierten Pläne sind orthogonal (›Bez. 2.5.9), haben also (z. B. für den inhomogenen Ansatz) die Eigenschaft

$$\boldsymbol{M}(V_n^*) = \boldsymbol{I}_{k+1} \quad \text{bzw.} \quad \boldsymbol{B}_{\check{\vartheta}}(V_n^*) = \frac{\sigma^2}{n} \boldsymbol{I}_{k+1}\,, \tag{4.2.10}$$

d. h. die MKQ-Schätzung ergibt sich zu

$$\check{\boldsymbol{\vartheta}}(\boldsymbol{y}) = \frac{1}{n} \boldsymbol{F}(V_n^*)' \boldsymbol{y}\,. \tag{4.2.11}$$

Die Komponenten von $\check{\boldsymbol{\vartheta}}$ sind also unkorreliert.

Bezüglich der D- und G-Optimalität sind die optimalen Pläne aus Verf. 4.2.4 affininvariant, wenn (bei unverändertem Ansatz) zum Versuchs- und Prognosebereich $\tilde{V} = \tilde{H} = \{\boldsymbol{x} \in \mathrm{R}^k : a_i \leqq x_i \leqq b_i;\ i = 1, \ldots, k\}$ übergegangen wird (›Verf. 4.1.11 und Bsp. 4.1.13). Mit Verf. 4.2.4 kann man also für Ansätze der Form (4.2.6) bzw. (4.2.7) D-, A-, E- oder G-optimale Pläne für durch 4 teilbare n konstruieren. Insbesondere bei größerem Stichprobenumfang wird man wohl stets ohne merklichen Güteverlust oder zusätzlichen Kostenaufwand nicht durch 4 teilbare n von vornherein ausschließen und sich nur auf durch 4 teilbare Versuchsumfänge beschränken können. Bei kleinen Versuchsanzahlen (z. B. $n = 6$) kann jedoch z. B. die Verwendung eines V_4^* gemäß Verf. 4.2.4 zu ungenau und die Verwendung eines V_8^* zu teuer sein. Dann sind also auch optimale Pläne für nicht durch 4 teilbare n interessant. Im Falle der D-Optimalität über dem Einheitswürfel im Ansatz (4.2.6) verweisen wir dazu auf Verf. 4.3.6.

Für $n = 2^{k-p}$; $p = 1, 2, \ldots$ und $p < k$; erhält man mit Verf. 4.2.4 gerade teilweise faktorielle Pläne TFV 2^{k-p} (›[5.2.3]). Wenn man als Versuchsbereich die den Einheitswürfel umschreibende Kugel, d. h.

$$V = \{\boldsymbol{x} \in \mathrm{R}^k : \boldsymbol{x}'\boldsymbol{x} \leqq k\} \tag{4.2.12}$$

wählt, so kann man für zwei- und dreidimensionale Ansätze (4.2.6) bzw. (4.2.7) mit den folgenden beiden Verfahren auch für nicht durch 4 teilbare Umfänge D-, A-, E- bzw. G-optimale Pläne erhalten (s. auch Jung [4]).

VERFAHREN 4.2.5 (D-, A-, E- und G-optimale Pläne für (2, 1)-Ansätze):

1. **Gegebene Größen:** a) Ansatz $\tilde{S}$ mit

$$\tilde{\eta}(\boldsymbol{x}, \boldsymbol{\vartheta}) = \vartheta_0 + \vartheta_1 x_1 + \vartheta_2 x_2 \text{ (inhomogen)}$$

oder

$$\tilde{\eta}_H(\boldsymbol{x}, \boldsymbol{\vartheta}) = \vartheta_1 x_1 + \vartheta_2 x_2 \text{ (homogen)}.$$

b) $V = \{\boldsymbol{x} \in \mathrm{R}^2 : x_1^2 + x_2^2 \leqq 2\}$ (Kreis um Einheitsquadrat).

c) Planumfang n.

2. **Aufgabe:** Konstruktion eines D-, A-, E- bzw. G-optimalen Planes für die MKQ.

3. **Bezeichnung:** $V_n^* = (\boldsymbol{x}_1, \ldots, \boldsymbol{x}_n)$ optimaler Plan.

4. **Voraussetzungen:** a) $n \geqq 3$ (inhomogen); $n \geqq 2$ (homogen).

b) Im Falle der G-Optimalität ist $H = V$.

5. **Lösung:** a) Wähle ein $\varphi_0 \in [0, 2\pi]$.

b) Wähle ein $\varphi \in (0, 2\pi)$, das kein Vielfaches von π ist, so daß $n\varphi$ ein Vielfaches von 2π ist.

c) $\boldsymbol{x}_i = \begin{pmatrix} \sqrt{2}\cos(i\varphi + \varphi_0) \\ \sqrt{2}\sin(i\varphi + \varphi_0) \end{pmatrix}; \quad i = 1, \ldots, n$ ●

VERFAHREN 4.2.6 (*D*-, *A*-, *E*- und *G*-optimale Pläne auf der Kugel für (3, 1)-Ansätze):

1. **Gegebene Größen:** a) Ansatz $\tilde{S}$ mit

$$\tilde{\eta}(\boldsymbol{x}, \boldsymbol{\vartheta}) = \vartheta_0 + \vartheta_1 x_1 + \vartheta_2 x_2 + \vartheta_3 x_3 \text{ (inhomogen)}$$

oder

$$\tilde{\eta}_H(\boldsymbol{x}, \boldsymbol{\vartheta}) = \vartheta_1 x_1 + \vartheta_2 x_2 + \vartheta_3 x_3 \text{ (homogen).}$$

b) $V = \{\boldsymbol{x} \in \mathrm{R}^3 : x_1^2 + x_2^2 + x_3^2 \leqq 3\}$ (Kugel um Einheitswürfel).

c) Planumfang n.

2. **und** *3.*: wie in Verf. 4.2.5.

4. **Voraussetzungen:** a) $n \geqq 4$ (inhomogen); $n \geqq 3$ (homogen).

b) n gerade.

c) Im Falle der *G*-Optimalität ist $H = V$.

5. **Lösung:** a) Wähle ein $\alpha_0 \in [0, 2\pi]$.

b) Wähle ein φ_0 mit $\cos\varphi_0 = \frac{1}{3}$.

c) Wähle ein $\alpha \in (0, 2\pi)$, das kein Vielfaches von π ist, so daß $n\alpha$ ein Vielfaches von 2π ist.

d) Wähle ein $\varphi \in (0, 2\pi)$, so daß $n\varphi$ ungerades Vielfaches von π ist.

e) $$\boldsymbol{x}_i = \begin{pmatrix} \sqrt{3}\cos(i\varphi + \varphi_0)\cos(i\alpha + \alpha_0) \\ \sqrt{3}\cos(i\varphi + \varphi_0)\sin(i\alpha + \alpha_0) \\ \sqrt{3}\sin(i\varphi + \varphi_0) \end{pmatrix}; \quad i = 1, \ldots, n \text{ ●}$$

Beispiel 4.2.8 (zu Verf. 4.2.5):

1. a) $\tilde{\eta}(\boldsymbol{x}, \boldsymbol{\vartheta}) = \vartheta_0 + \vartheta_1 x_1 + \vartheta_2 x_2$.

b) $V = \{\boldsymbol{x} \in \mathrm{R}^2 : x_1^2 + x_2^2 \leqq 2\}$.

c) $n = 6$.

5. a) $\varphi_0 = 0$.

b) $$\varphi = \frac{2\pi}{n} = \frac{2\pi}{6} = 60^\circ .$$

c) $$\boldsymbol{x}_1 = \begin{pmatrix} \sqrt{2}\cos 60^\circ \\ \sqrt{2}\sin 60^\circ \end{pmatrix} = \begin{pmatrix} \frac{1}{2}\sqrt{2} \\ \frac{1}{2}\sqrt{6} \end{pmatrix}; \quad \boldsymbol{x}_2 = \begin{pmatrix} \sqrt{2}\cos 120^\circ \\ \sqrt{2}\sin 120^\circ \end{pmatrix} = \begin{pmatrix} -\frac{1}{2}\sqrt{2} \\ \frac{1}{2}\sqrt{6} \end{pmatrix};$$

$$\boldsymbol{x}_3 = \begin{pmatrix} -\sqrt{2} \\ 0 \end{pmatrix}; \quad \boldsymbol{x}_4 = \begin{pmatrix} -\frac{1}{2}\sqrt{2} \\ -\frac{1}{2}\sqrt{6} \end{pmatrix}; \quad \boldsymbol{x}_5 = \begin{pmatrix} \frac{1}{2}\sqrt{2} \\ -\frac{1}{2}\sqrt{6} \end{pmatrix}; \quad \boldsymbol{x}_6 = \begin{pmatrix} \sqrt{2} \\ 0 \end{pmatrix}.$$

Die mit den Verfahren 4.2.5 und 4.2.6 konstruierten Planpunkte liegen gleichmäßig verteilt auf der Kreis- bzw. Kugeloberfläche des Versuchsbereiches. Die Pläne sind orthogonal, d. h., es gelten für sie analoge Beziehungen wie in (4.2.10) und (4.2.11). Bezüglich der D- und G-Optimalität sind die Pläne aus Verf. 4.2.4 und 4.2.5 affin-invariant, wenn man zu Versuchsbereichen übergeht, die Ellipsen bzw. Ellipsoide sind (›[4.1.3]).

Wir geben noch ein Verfahren zur Konstruktion D- und G-optimaler Pläne für den Ansatz (4.2.7) über $V = \{\boldsymbol{x} \in \mathrm{R}^k : 0 \leq x_i \leq 1;\, i = 1, \dots, k\}$ an (s. BRODSKIJ/GOLIKOVA [1]). Diese Pläne haben minimalen Umfang unter allen konkreten Plänen, die gleichzeitig D- und G-optimale diskrete Pläne sind (›[4.4]).

VERFAHREN 4.2.7 (D- und G-optimale Pläne kleinen Umfanges für homogene $(k, 1)$-Ansätze):

1. **Gegebene Größen:** a) Ansatz $\tilde{S}$ mit $\tilde{\eta}_H(\boldsymbol{x}, \boldsymbol{\vartheta}) = \vartheta_1 x_1 + \dots + \vartheta_k x_k$.

b) $V = \{\boldsymbol{x} \in \mathrm{R}^k : 0 \leq x_i \leq 1;\, i = 1, \dots, k\}$.

2. **Aufgabe:** Konstruiere D- bzw. G-optimale Pläne für reguläre MKQ mit möglichst kleinem Umfang.

3. **Bezeichnungen:** a) $V_n^* = (\boldsymbol{x}_1, \dots, \boldsymbol{x}_n)$ optimaler Plan.

b) $\boldsymbol{H}_m$ HADAMARD-Matrix der Ordnung m (›Bez. 4.2.1).

4. **Voraussetzungen:** a) $(k + 1)$ oder $(k + 2)$ durch 4 teilbar.

b) Im Falle der G-Optimalität ist $H = V$.

5. **Lösung:** a) Falls $(k + 1)$ durch 4 teilbar:

a$_1$) Multipliziere alle Zeilen und Spalten von $\boldsymbol{H}_{k+1}$, die mit $+1$ beginnen, mit -1 (so daß eine Matrix $\boldsymbol{H}_{k+1}^*$ entsteht, deren erste Zeile und erste Spalte nur Elemente -1 besitzt).

a$_2$) Streiche die erste Zeile und die erste Spalte und ersetze in der verbleibenden $(k \times k)$-Matrix alle Elemente -1 durch 0.

a$_3$) Die k Zeilenvektoren $\boldsymbol{x}_i$ der so erhaltenen Matrix sind die $n = k$ Versuchspunkte; $i = 1, \dots, k$.

b) Falls $(k + 2)$ durch 4 teilbar:

b$_1$) Setze $k' = k + 1$ und behandle $\boldsymbol{H}_{k'+1}$ wie in a$_1$) und a$_2$).

b$_2$) Streiche von der verbleibenden Matrix eine beliebige Spalte.

b$_3$) Die $(k + 1)$ Zeilenvektoren $\boldsymbol{x}_i$ der so erhaltenen Matrix sind die $n = k + 1$ Versuchspunkte; $i = 1, \dots, k + 1$ ●

Beispiel 4.2.4:

1. a) $\tilde{\eta}_H(\boldsymbol{x}, \boldsymbol{\vartheta}) = \sum_{i=1}^{6} \vartheta_i x_i$, d. h. $k = 6$, also $(k + 2)$ durch 4 teilbar.

b) $V = H = \{\boldsymbol{x} \in \mathrm{R}^6 : 0 \leq x_i \leq 1;\, i = 1, \dots, 6\}$.

5. b₁) a₁)

$$\boldsymbol{H}_8 = \begin{pmatrix} + & + & + & + & + & + & + & + \\ + & + & + & + & - & - & - & - \\ + & + & - & - & + & + & - & - \\ + & + & - & - & - & - & + & + \\ + & - & + & - & + & - & + & - \\ + & - & + & - & - & + & - & + \\ + & - & - & + & + & - & - & + \\ + & - & - & + & - & + & + & - \end{pmatrix}; \quad \boldsymbol{H}_8^* = \begin{pmatrix} - & - & - & - & - & - & - & - \\ - & - & - & - & + & + & + & + \\ - & - & + & + & - & - & + & + \\ - & - & + & + & + & + & - & - \\ - & + & - & + & - & + & - & + \\ - & + & - & + & + & - & + & - \\ - & + & + & - & - & + & + & - \\ - & + & + & - & + & - & - & + \end{pmatrix}$$

b₁) a₂)

$$\begin{pmatrix} 0 & 0 & 0 & 1 & 1 & 1 & 1 \\ 0 & 1 & 1 & 0 & 0 & 1 & 1 \\ 0 & 1 & 1 & 1 & 1 & 0 & 0 \\ 1 & 0 & 1 & 0 & 1 & 0 & 1 \\ 1 & 0 & 1 & 1 & 0 & 1 & 0 \\ 1 & 1 & 0 & 0 & 1 & 1 & 0 \\ 1 & 1 & 0 & 1 & 0 & 0 & 1 \end{pmatrix}.$$

b₂) z. B. letzte Spalte streichen.

b₃) $$V_7^* = \left(\begin{pmatrix} 0 \\ 0 \\ 0 \\ 1 \\ 1 \\ 1 \end{pmatrix}, \begin{pmatrix} 0 \\ 1 \\ 1 \\ 0 \\ 0 \\ 1 \end{pmatrix}, \begin{pmatrix} 0 \\ 1 \\ 1 \\ 1 \\ 1 \\ 0 \end{pmatrix}, \begin{pmatrix} 1 \\ 0 \\ 1 \\ 0 \\ 1 \\ 0 \end{pmatrix}, \begin{pmatrix} 1 \\ 0 \\ 1 \\ 1 \\ 0 \\ 1 \end{pmatrix}, \begin{pmatrix} 1 \\ 1 \\ 0 \\ 0 \\ 1 \\ 1 \end{pmatrix}, \begin{pmatrix} 1 \\ 1 \\ 0 \\ 1 \\ 0 \\ 0 \end{pmatrix} \right).$$

Auch für die nicht mit Verf. 4.2.7 erfaßten Fälle

c) $k + 3$ durch 4 teilbar, d) k durch 4 teilbar

gibt es Konstruktionsverfahren für D- und G-optimale Pläne (s. Brodskij/Golikova [1]). Sie benutzen jedoch relativ komplizierte zahlentheoretische Methoden, auf die wir hier nicht eingehen wollen. Die optimalen Pläne haben im Fall c) genau $2k$ und im Fall d) genau $2k + 2$ Versuchspunkte. Für $k = 4, 5, 8, 9$ haben wir diese Pläne in Tab. 4.8.6 angegeben. Die mit Verf. 4.2.7 konstruierten Pläne sind affininvariant, wenn man zu einem Hyperquader als Versuchsbereich übergeht (›[4.1.3]).

Bemerkung 4.2.2: Die mit Verf. 4.2.7 konstruierten Pläne haben auch Bedeutung als sog. *Wägepläne*. Das Wäge-Problem besteht dabei in folgendem: Die unbekannten Gewichte von k leichten Objekten sollen durch möglichst wenige Wägungen möglichst genau bestimmt werden. Das Ergebnis einer Wägung ist mit einem zufälligen Fehler behaftet, der in der Größenordnung der unbekannten Gewichte liegt. Deshalb ist es ungünstig, jedes Objekt einzeln zu wägen und so durch k Wägungen die unbekannten Gewichte festzustellen. Es entsteht also die Aufgabe, möglichst wenige Wägungen von gewissen Kombinationen der Objekte durchzuführen und diese Kombinationen im Hinblick auf einen kleinen statistischen Fehler der geschätzten Gewichte möglichst optimal zu wählen.

Dieses Problem kann im Ansatz $\tilde{S}$ aus Verf. 4.2.7/1.a), d. h.

$$\tilde{\eta}_H(\boldsymbol{x}, \boldsymbol{\vartheta}) = \vartheta_1 x_1 + \dots + \vartheta_k x_k ,$$

dargestellt werden. Dabei sind ϑ_i; $i = 1, \dots, k$; die unbekannten Gewichte. Die Einflußgrößen x_i; $i = 1, \dots, k$; d. h., die Komponenten der „Versuchspunkte" $\boldsymbol{x}$, nehmen nur die Werte 1 oder 0 an, je nachdem, ob das i-te Objekt in der gerade zu wägenden Kombination von Objekten enthalten ist oder nicht. (Falls eine Waage mit zwei Waagschalen verwendet wird, kann x_i die Werte $+1$, -1 oder 0 annehmen, je nachdem, ob das i-te Objekt auf der linken, der rechten oder auf keiner Schale liegt.)

Die mit Verf. 4.2.7 konstruierten Pläne sind also unter diesem Aspekt D-optimale Wägepläne mit möglichst kleiner Anzahl von Wägungen. (Zum Problem der Wägepläne s. auch Banarjee [1].)

4.2.3. Optimale Pläne zur MKQ bei k-dimensionalen Ansätzen 2. Ordnung

Mit Ansätzen der Gestalt (4.2.3), (4.2.6) bzw. (4.2.7) wird man die unbekannte Wirkungsfläche häufig noch nicht genügend gut approximieren können. Man wird daher oft z. B. $(k, 2)$-Ansätze (›Bez. 5.1.1), d. h. ein $\tilde{S}$ mit

$$\begin{aligned}\tilde{\eta}(\boldsymbol{x}, \boldsymbol{\vartheta}) = \vartheta_0 &+ \vartheta_1 x_1 + \dots + \vartheta_k x_k \\ &+ \vartheta_{11} x_1^2 + \dots + \vartheta_{kk} x_k^2 \\ &+ \vartheta_{12} x_1 x_2 + \dots + \vartheta_{(k-1)k} x_{k-1} x_k\end{aligned} \tag{4.2.13}$$

betrachten müssen. Ein Ansatz dieser Art hat genau $\frac{1}{2}(k+1)(k+2)$ unbekannte Parameter. Falls der Versuchsbereich der k-dimensionale Einheitswürfel ist, können z. Z. keine allgemeinen Verfahren zur Konstruktion exakt optimaler konkreter Pläne angegeben werden. Für einzelne spezielle Ansätze (kleine k) sind D-optimale Pläne berechnet worden (›Tab. 4.8.11). Für den allgemeinen Ansatz (4.2.13) werden wir in [4.4] diskrete D-optimale Pläne angeben, die auf näherungsweise D-optimale konkrete Pläne gerundet werden können.

Falls man als Versuchsbereich die den Einheitswürfel umhüllende Kugel $V = \{\boldsymbol{x} \in \mathrm{R}^k : \boldsymbol{x}'\boldsymbol{x} \leqq k\}$ wählen kann, so liefert das folgende Verfahren für gewisse Planumfänge n eine Möglichkeit zur exakten Konstruktion konkreter D- und G-optimaler Pläne (s. KIEFER [3]).

VERFAHREN 4.2.8 (D- und G-optimale Pläne für $(k, 2)$-Ansätze auf der Kugel):

1. **Gegebene Größen:** a) Ansatz $\tilde{S}$ mit $\tilde{\eta}(\boldsymbol{x}, \boldsymbol{\vartheta})$ aus (4.2.13).
   b) $V = \{\boldsymbol{x} \in \mathrm{R}^k : \boldsymbol{x}'\boldsymbol{x} \leqq k\}$.
   c) Planumfang n.

2. **Aufgabe:** Konstruiere einen D- bzw. G-optimalen Plan für die MKQ-Schätzung.

3. **Bezeichnung:** $V_n^* = (\boldsymbol{x}_1, \dots, \boldsymbol{x}_n)$ optimaler Plan.

4. **Voraussetzungen:** a) $n = j \cdot \frac{1}{2}(k+1)(k+2)$; $j = 1, 2, \dots$
   b) Im Falle der G-Optimalität ist $H = V$.

5. **Lösung:** a) $\boldsymbol{x}_1 = \boldsymbol{0}, \dots, \boldsymbol{x}_j = \boldsymbol{0}$.
   b) Die $n - j$ restlichen Punkte sind entsprechend einer Gleichverteilung auf der Kugeloberfläche von V zu wählen ●

Der Schritt 5.b) läßt sich besonders einfach in folgenden Fällen lösen:

$k = 2$: Wähle die $n^* = n - j$ Punkte entsprechend Verf. 4.2.5.

$k = 3$: Falls $n^* = n - j$ gerade ist, dann wähle die n^* Punkte entsprechend Verf. 4.2.6.

k beliebig: Falls $n^* = n - j$ durch 4 teilbar ist, dann wähle die n^* Punkte entsprechend Verf. 4.2.4.

Tab. 4.2.1

k	n	j	$n^* = n - j$
2	6	1	5
3	20	2	18
4	30	2	28
5	21	1	20
6	112	4	108
7	144	4	140

In Tab. 4.2.1 sind die Planumfänge n einiger nach dieser Empfehlung konstruierbarer D- bzw. G-optimaler Pläne angegeben.

Beispiel 4.2.5 (zu Verf. 4.2.8):

1. a) $\tilde{\eta}(\boldsymbol{x}, \boldsymbol{\vartheta}) = \vartheta_0 + \vartheta_1 x_1 + \vartheta_2 x_2 + \vartheta_{11} x_1^2 + \vartheta_{22} x_2^2 + \vartheta_{12} x_1 x_2$, d. h. $k = 2$.

b) $V = \{\boldsymbol{x} \in \mathrm{R}^2 : x_1^2 + x_2^2 \leqq 2\}$.

c) $n = 6$, d. h. $j = 1$.

5. a) $\boldsymbol{x}_1 = \begin{pmatrix} 0 \\ 0 \end{pmatrix}$.

b) entsprechend Verf. 4.2.5 mit $\varphi_0 = 0$, $\varphi = \frac{2\pi}{5} = 72°$ ergibt sich:

$$\boldsymbol{x}_2 = \begin{pmatrix} \sqrt{2} \cos 72° \\ \sqrt{2} \sin 72° \end{pmatrix} = \begin{pmatrix} 0{,}44 \\ 1{,}34 \end{pmatrix}; \quad \boldsymbol{x}_3 = \begin{pmatrix} -\sqrt{2} \cos 36° \\ \sqrt{2} \sin 36° \end{pmatrix} = \begin{pmatrix} -1{,}14 \\ 0{,}83 \end{pmatrix};$$

$$\boldsymbol{x}_4 = \begin{pmatrix} -1{,}14 \\ -0{,}83 \end{pmatrix}; \quad \boldsymbol{x}_5 = \begin{pmatrix} 0{,}44 \\ -1{,}34 \end{pmatrix}; \quad \boldsymbol{x}_6 = \begin{pmatrix} 1{,}41 \\ 0 \end{pmatrix}.$$

4.2.4. Zur Mixturplanung

Wir betrachten jetzt ein häufig auftretendes Versuchsplanungsproblem. Es liege ein linearer Ansatz $\tilde{S}$ mit

$$\tilde{\eta}(\boldsymbol{x}, \boldsymbol{\vartheta}) = \boldsymbol{f}(\boldsymbol{x})' \boldsymbol{\vartheta}; \qquad \boldsymbol{x} = (x_1, \dots, x_k)' \in \mathrm{R}^k; \tag{4.2.14}$$

vor. Die Einflußgrößen x_i sollen jetzt jedoch Komponenten einer sog. *Mixtur* sein, z. B. Gewichts-, Volumen- oder Molanteile des i-ten Stoffes in einem Gemisch von k Stoffen. Die Wirkung η hänge nur von den relativen Anteilen der verschiedenen Stoffe ab, d. h., die Einflußgrößen erfüllen die Nebenbedingung

$$\sum_{i=1}^{k} x_i = 1; \quad x_i \geqq 0\,. \tag{4.2.15}$$

Das Ziel besteht z. B. darin, eine solche Mixtur zusammenzustellen, die die Wirkung η optimiert. Als notwendige Voruntersuchung dazu muß die Struktur der Wirkungsfläche erkundet werden, insbesondere z. B. der unbekannte Parameter in (4.2.14) auf Grund möglichst optimal geplanter Versuche geschätzt werden. Wesentliche Impulse zu Versuchsplanung zu diesem Problem kamen von SCHEFFÉ [1]. Betrachten wir zunächst einen recht einfachen Ansatz, z. B.

$$\tilde{\eta}(\boldsymbol{x}, \boldsymbol{\vartheta}) = \vartheta_0 + \vartheta_1 x_1 + \dots + \vartheta_k x_k; \qquad \sum_{i=1}^{k} x_i = 1; \quad x_i \geqq 0\,. \tag{4.2.16}$$

Es gilt für alle reellen c

$$\tilde{\eta}(\boldsymbol{x}, \boldsymbol{\vartheta}) = \vartheta_0 + c + \sum_{i=1}^{k} (\vartheta_i - c)\, x_i; \quad c \in \mathrm{R}^1;$$

d. h., der $(k + 1)$-dimensionale Parametervektor $\boldsymbol{\vartheta}$ aus (4.2.16) ist *nicht eindeutig identifizierbar* bzw. *nicht linear schätzbar* (›Bez. 3.1.1). Aus diesem Grunde geht man zum *kanonischen Ansatz* über:

$$\tilde{\eta}(\boldsymbol{x}, \boldsymbol{\vartheta}) = \vartheta_0 \sum_{i=1}^{k} x_i + \sum_{i=1}^{k} \vartheta_i x_i = \sum_{i=1}^{k} (\vartheta_0 + \vartheta_i)\, x_i =: \sum_{i=1}^{k} \beta_i x_i =: \tilde{\eta}(\boldsymbol{x}, \boldsymbol{\beta})\,. \tag{4.2.17}$$

Der k-dimensionale Parametervektor $\boldsymbol{\beta}$ ist nun linear schätzbar. Auch Ansätze höherer Ordnung schreibt man aus diesen Gründen in kanonischer Form (s. SCHEFFÉ [2]).

Falls die ursprünglichen Parameter $\vartheta_0, \vartheta_1, \dots, \vartheta_k$ fachwissenschaftlich interpretierbar waren, dann wird diese Interpretation bei den kanonischen Parametern $\beta_1, \dots, \beta_k$ erschwert werden. Ein anderer Zugang zum Mixturproblem, der diesen Umstand berücksichtigt und dabei nicht im kanonischen Modell arbeitet, ist in COX [1] zu finden.

Im nächsten Verfahren werden wir D- und G-optimale Pläne für die folgenden kanonischen Ansätze in k-Variablen angeben:

$$\tilde{\eta}(\boldsymbol{x}, \boldsymbol{\beta}) = \sum_{i=1}^{k} \beta_i x_i; \quad k = 1, 2, \dots, \tag{4.2.18}$$

$$\tilde{\eta}(\boldsymbol{x}, \boldsymbol{\beta}) = \sum_{i=1}^{k} \beta_i x_i + \sum_{i<j} \beta_{ij} x_i x_j; \quad k = 2, 3, \dots, \tag{4.2.19}$$

$$\tilde{\eta}(\boldsymbol{x}, \boldsymbol{\beta}) = \sum_{i=1}^{k} \beta_i x_i + \sum_{i<j} \beta_{ij} x_i x_j + \sum_{i<j<l} \beta_{ijl} x_i x_j x_l; \quad k = 3, 4, \dots, \tag{4.2.20}$$

$$\tilde{\eta}(\boldsymbol{x}, \boldsymbol{\beta}) = \sum_{i=1}^{k} \beta_i x_i + \sum_{i<j} \beta_{ij} x_i x_j + \dots + \beta_{12\dots k} x_1 x_2 \dots x_k; \quad k = 4, 5, \dots \tag{4.2.21}$$

Die Ansätze (4.2.18) bis (4.2.21) sind also jeweils $(k, 1)$-, $(k, 1, 2)$-, $(k, 1, 3)$- bzw. $(k, 1, k)$-Ansätze ohne Absolutglied (›Bez. 5.1.3).

Die folgenden Pläne wurden von SCHEFFÉ [2] eingeführt und *simplex-zentrierte* Pläne genannt. Ihre Optimalität wiesen ATWOOD [1], KIEFER [2] und URANISI [1] nach.

VERFAHREN 4.2.9 (D- und G-optimale Pläne für Mixturen):

1. **Gegebene Größen:** a) Ansatz $\tilde{S}$ mit einem $\tilde{\eta}(\boldsymbol{x}, \boldsymbol{\beta})$ aus (4.2.18) bis (4.2.21).

b) Versuchsbereich $V = \left\{\boldsymbol{x} \in \mathrm{R}^k\colon \sum_{i=1}^{k} x_i = 1,\, x_i \geqq 0\right\}$.

c) Planumfang $n = 2^k - 1$ $\big(=$ Anzahl der Parameter in (4.2.21)$\big)$.

2. **Aufgabe:** Konstruiere einen D- bzw. G-optimalen Plan für die MKQ-Schätzung.

3. **Bezeichnung:** $V_n^* = (\boldsymbol{x}_1, \dots, \boldsymbol{x}_n)$ optimaler Plan.

4. **Voraussetzung:** Im Falle der G-Optimalität ist $H = V$.

5. **Lösung:** a) $\boldsymbol{x}_1 = (1, 0, \dots, 0)'$; $\boldsymbol{x}_2 = (1/2, 1/2, 0, \dots, 0)'$; $\dots$; $\boldsymbol{x}_k = (1/k, 1/k, \dots, 1/k)'$.

b) Die restlichen $n - k$ Punkte ergeben sich durch Permutation der Komponenten von $\boldsymbol{x}_1$ bis $\boldsymbol{x}_k$ ●

Beispiel 4.2.6:

1. a) $\tilde{\eta}(\boldsymbol{x}, \boldsymbol{\beta}) = \beta_1 x_1 + \beta_2 x_2 + \beta_3 x_3 + \beta_{12} x_1 x_2 + \beta_{13} x_1 x_3 + \beta_{23} x_2 x_3$ (d. h. Ansatz vom Typ (4.2.19) mit $k = 3$).

b) $V = \{\boldsymbol{x} \in \mathrm{R}^3\colon x_1 + x_2 + x_3 = 1;\, x_i \geqq 0;\, i = 1, 2, 3\}$ (in Abb. 4.2.1 schraffiert).

c) $n = 7$.

5. a) $\boldsymbol{x}_1 = (1, 0, 0)'$; $\boldsymbol{x}_2 = (\frac{1}{2}, \frac{1}{2}, 0)'$; $\boldsymbol{x}_3 = (\frac{1}{3}, \frac{1}{3}, \frac{1}{3})'$.

b) $\boldsymbol{x}_4 = (0, 1, 0)'$; $\boldsymbol{x}_5 = (0, 0, 1)'$; $\boldsymbol{x}_6 = (\frac{1}{2}, 0, \frac{1}{2})'$, $\boldsymbol{x}_7 = (0, \frac{1}{2}, \frac{1}{2})'$ (›Abb. 4.2.1).

Für Ansätze vom Typ (4.2.21) liefert Verf. 4.2.9 *gesättigte* D- und G-optimale Pläne. Falls im Ansatz (4.2.21) von vornherein einige Polynomterme fehlen, ist V_n^*

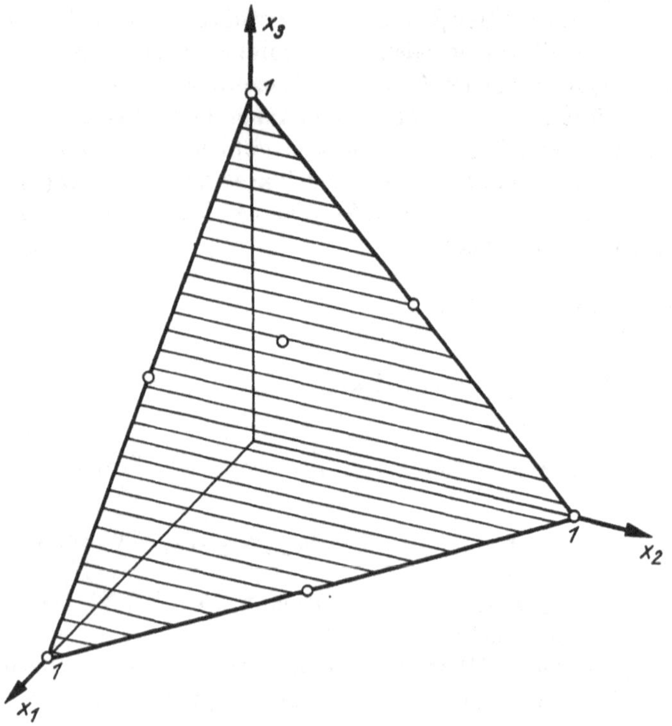

Abb. 4.2.1. Versuchsbereich (schraffiert) und Versuchsplan (kleine Kreise) zu Bsp. 4.2.6

aus Verf. 4.2.9 i. allg. nicht mehr exakt optimal, sondern gegebenenfalls als näherungsweise optimal zu verwenden. Für die Ansätze (4.2.18) bis (4.2.20) ist V_n^* zwar D- und G-optimal, jedoch übersteigt die Anzahl $n = 2^k - 1$ der Planpunkte bei größerem k die Parameteranzahl k in (4.2.18), $\frac{1}{2} k(k+1)$ in (4.2.19) bzw. $\frac{1}{6} k(k^2+5)$ in (4.2.20) erheblich (›Tab. 4.2.2).

Tab. 4.2.2

k	$n = 2^k - 1$	$\frac{1}{2} k(k+1)$	$\frac{1}{6} k(k^2+5)$
1	1	1	1
2	3	3	3
3	7	6	7
4	15	10	14
5	31	15	25
6	63	21	41
7	127	28	63

Für die Ansatzfunktionen (4.2.18) bis (4.2.20) können *gesättigte* D- und G-optimale Pläne durch folgende Modifizierung von Verf. 4.2.9/5. erhalten werden:

Für (4.2.18): a) $\boldsymbol{x}_1 = (1, 0, \dots, 0)'$.
b) Die restlichen Punkte $\boldsymbol{x}_2, \dots, \boldsymbol{x}_k$ durch Permutation der Komponenten von $\boldsymbol{x}_1$.

Für (4.2.19): a) $\boldsymbol{x}_1 = (1, 0, \dots, 0)'$; $\boldsymbol{x}_2 = (\frac{1}{2}, \frac{1}{2}, 0, \dots, 0)'$.
b) Die restlichen Punkte durch Permutation der Komponenten von $\boldsymbol{x}_1$ und $\boldsymbol{x}_2$.

Für (4.2.20): a) $\boldsymbol{x}_1 = (1, 0, \dots, 0)'$; $\boldsymbol{x}_2 = (\frac{1}{2}, \frac{1}{2}, 0, \dots, 0)'$; $\boldsymbol{x}_3 = (\frac{1}{3}, \frac{1}{3}, \frac{1}{3}, 0, \dots, 0)'$.
b) Die restlichen Punkte durch Permutation der Komponenten von $\boldsymbol{x}_1$, $\boldsymbol{x}_2$ und $\boldsymbol{x}_3$.

Für Bsp. 4.2.6 ist dann also

$$V_6^* = \left(\begin{pmatrix}1\\0\\0\end{pmatrix}, \begin{pmatrix}0\\1\\0\end{pmatrix}, \begin{pmatrix}0\\0\\1\end{pmatrix}, \begin{pmatrix}\frac{1}{2}\\\frac{1}{2}\\0\end{pmatrix}, \begin{pmatrix}\frac{1}{2}\\0\\\frac{1}{2}\end{pmatrix}, \begin{pmatrix}0\\\frac{1}{2}\\\frac{1}{2}\end{pmatrix}\right)$$

ein gesättigter D- und G-optimaler Plan (›Abb. 4.2.1).

Häufig wird es wichtig sein, Mixturpläne für vollständige (k, d)-Ansätze $\tilde{S}(k, d)$, z. B. für $\tilde{S}(k, 3)$ mit

$$\tilde{\eta}(\boldsymbol{x}, \boldsymbol{\vartheta}) = \vartheta_0 + \sum_{i=1}^{k} \vartheta_i x_i + \sum_{i \leq j} \vartheta_{ij} x_i x_j + \sum_{i \leq j \leq l} \vartheta_{ijl} x_i x_j x_l \tag{4.2.22}$$

zu erhalten. Ein solcher Ansatz kann durch Ausnutzen von $\sum_{i=1}^{k} x_i = 1$ in einen kanonischen Ansatz der Gestalt

$$\tilde{\eta}(\boldsymbol{x}, \boldsymbol{\beta}, \boldsymbol{\gamma}) = \sum_{i=1}^{k} \beta_i x_i + \sum_{i<j} \beta_{ij} x_i x_j + \sum_{i<j<l} \beta_{ijl} x_i x_j x_l + \sum_{i<j} \gamma_{ij} x_i x_j (x_i - x_j) \tag{4.2.23}$$

überführt werden. Man sieht, daß (4.2.23) *nicht* mit (4.2.20) übereinstimmt. Daher werden mit Verf. 4.2.9 keine optimalen Pläne für vollständige Polynomansätze dritter und höherer Ordnung für k Variable erhalten.

In [4.3] werden wir ein Verfahren zur Konstruktion der ebenfalls von Scheffé [1] eingeführten Simplex-Gitter-Pläne angeben. Diese sind gut geeignet als näherungsweise optimale Pläne zur MKQ-Schätzung in vollständigen Polynomansätzen d-ter Ordnung.

4.2.5. Exakt optimale konkrete Pläne für die Bayes-Schätzung

Die (lineare) Bayessche Schätzung des Regressionsparameters $\boldsymbol{\vartheta}$ ist dadurch charakterisiert, daß in sie a-priori Erwartungswert $\boldsymbol{\mu}$ und a-priori Kovarianzmatrix $\boldsymbol{\Lambda}$ eingehen (›Verf. 3.3.2). Als Bayessche Informationsmatrix haben wir

$$\boldsymbol{M}_b(V_n) = \boldsymbol{M}(V_n) + \frac{\sigma^2}{n} \boldsymbol{\Lambda}^{-1} \tag{4.2.24}$$

kennengelernt (›Tab. 4.1.1). Optimalitätskriterien für die Versuchsplanung zur Bayes-Schätzung sind also Funktionale von $\boldsymbol{M}_b$ (›Verf. 4.1.1 bis Verf. 4.1.7).

Die folgenden Ausführungen gelten auch für die Ridge-, die Kuks-Olman-Schätzung und für die Schätzung (3.3.28) mit Vorschätzung, weil die dazu gehörenden Informationsmatrizen als spezielle Bayessche interpretiert werden können (›Tab. 4.1.1).

Wir werden in diesem Abschnitt über der Einheitskugel bzw. dem Einheitswürfel A-, D- und E-optimale Pläne für die Bayes-Schätzung in Ansätzen der Form

$$\tilde{\eta}_H(\boldsymbol{x}, \boldsymbol{\vartheta}) = \sum_{i=1}^{k} \vartheta_i x_i \quad \text{(homogen)} \tag{4.2.25}$$

bzw.

$$\tilde{\eta}(\boldsymbol{x}, \boldsymbol{\vartheta}) = \vartheta_0 + \sum_{i=1}^{k} \vartheta_i x_i \quad \text{(inhomogen)} \tag{4.2.26}$$

konstruieren. Ähnlich wie bei der MKQ-Schätzung in diesen Ansätzen werden auch hier HADAMARD-Matrizen eine Rolle spielen (›Bez. 4.2.1).

Zur Versuchsplanung bei komplizierteren Ansätzen verweisen wir auf die Konstruktion diskreter optimaler Pläne für die BAYES-Schätzung in [4.4.3].

Wir geben zunächst erst ein Verfahren zur Konstruktion gewisser Zahlen m_i^*; $i = 1, \dots, r$; an, die grundlegend sind für den Aufbau optimaler Pläne für die BAYES-Schätzung. Dazu kann $\tilde{\eta}(\boldsymbol{x}, \boldsymbol{\vartheta})$ allgemeiner als in (4.2.25), aber ohne Absolutglied gewählt werden. Für $\boldsymbol{\Lambda}$ wird eine Diagonalmatrix angenommen. Es wird angestrebt, dann einen optimalen Plan V_n^* für die BAYES-Schätzung so zu konstruieren, daß $\boldsymbol{M}_b(V_n^*)$ eine Diagonalmatrix ist. Insbesondere muß dann auch $\boldsymbol{M}(V_n^*)$ Diagonalform haben, da $\boldsymbol{\Lambda}$ Diagonalform hat (›(4.2.24)). Die im folgenden Verfahren konstruierten Zahlen m_i^*; $i = 1, \dots, r$; werden später die Rolle der Diagonalelemente von $\boldsymbol{M}(V_n^*)$ spielen. Falls kein A-optimaler Plan existiert, dessen Informationsmatrix Diagonalgestalt hat, so führt Verf. 4.2.10 zu keiner Lösung.

VERFAHREN 4.2.10 (Konstruktion von $m_1^*, \dots, m_r^*$):

1. **Gegebene Größen:** a) Ansatz $\tilde{S}$ mit

$$\tilde{\eta}(\boldsymbol{x}, \boldsymbol{\vartheta}) = \boldsymbol{f}(\boldsymbol{x})' \boldsymbol{\vartheta} = \sum_{i=1}^{r} f_i(\boldsymbol{x}) \vartheta_i; \qquad \boldsymbol{x} \in B \subseteq \mathrm{R}^k, \quad \boldsymbol{\vartheta} \in \mathrm{R}^r .$$

b) $\boldsymbol{\Lambda}, \sigma^2, n$ (zur Festlegung der BAYESschen Informationsmatrix).

c) Versuchsbereich V.

2. **Aufgabe:** Konstruiere Zahlen $m_1^*, \dots, m_r^*$ so, daß sie als Diagonalelemente der Matrix $\boldsymbol{M} = \frac{1}{n} \boldsymbol{F}'\boldsymbol{F}$ im Falle eines A-optimalen Planes für die BAYES-Schätzung dienen können.

3. **Bezeichnungen:** $V_0^* = \left\{\boldsymbol{x} \in V : \sup\limits_{\tilde{\boldsymbol{x}} \in V} \boldsymbol{f}(\tilde{\boldsymbol{x}})' \boldsymbol{f}(\tilde{\boldsymbol{x}}) = \boldsymbol{f}(\boldsymbol{x})' \boldsymbol{f}(\boldsymbol{x})\right\}$, $\quad I_0 = \{1, \dots, r\}$.

4. **Voraussetzungen:** a) $\boldsymbol{\Lambda} = \operatorname{diag}\left(((\lambda_1, \dots, \lambda_r)')\right)$ mit $\lambda_i > 0$; $i = 1, \dots, r$.

b) Es gibt kein $f_i(\boldsymbol{x})$, das über V konstant ist ($i = 1, \dots, r$) (d. h., $\tilde{\eta}$ hat kein Absolutglied).

5. **Lösung:** a) Berechne die Zahlen

$$a = \sup_{\boldsymbol{x} \in V} \boldsymbol{f}(\boldsymbol{x})' \boldsymbol{f}(\boldsymbol{x}); \qquad b_i = \inf_{\boldsymbol{x} \in V} f_i(\boldsymbol{x})^2 ,$$

$$c_i = b_i + \frac{\sigma^2}{n\lambda_i}; \qquad e_i^{(0)} = \sup_{\boldsymbol{x} \in V^*} f_i(\boldsymbol{x})^2 \quad (i = 1, 2, \dots, r)$$

und ordne die c_i der Größe nach: $c_{i_1} \leqq \dots \leqq c_{i_r}$.

b) Falls für alle $j = 2, 3, \dots, r$

$$(j-1)\, c_{i_j} - \sum_{s=1}^{j-1} c_{i_s} \leqq a - \sum_{s=1}^{r} b_s$$

gilt, so setze $l = 0$ und bei c) fort, andernfalls bei f).

c) Berechne $d_l = \dfrac{1}{r-l}\left(a - \sum\limits_{s=1}^{l} m_{j_s}^* + \dfrac{\sigma^2}{n} \sum\limits_{i \in J_l} \lambda_i^{-1}\right)$.

d) Falls $\max_{i \in J_l} c_i \leqq d_l \leqq \min_{i \in J_l} (c_i + e_i^{(l)} - b_i)$, so setze $m_i^* = d_l - c_i + b_i$ für alle $i \in J_l$; andernfalls setze bei e) fort.

e) Bestimme den Index $j_{l-1} \in J_l$, für den

$$c_{j_{l+1}} - b_{j_{l+1}} - e_{j_{l+1}}^{(l)} = \min_{i \in J_l} (c_i - b_i + e_i^{(l)})$$

und setze $m_{j_{l+1}}^* = e_{j_{l+1}}^{(l)}$. Falls J_l einelementig, dann beende das Verfahren. Andernfalls bilde

$$J_{l+1} = J_l \backslash \{j_{l+1}\}\,, \quad V_{l+1}^* = \{x \in V_l : f_{j_{l+1}}^2(x) = e_{j_{l+1}}^{(l)}\}\,,$$
$$e_i^{(l+1)} = \sup_{x \in V_{l+1}^*} f_i(x)^2; \quad i \in J_{l-1};$$

erhöhe 1 um eins und setze bei c) fort.

f) Es sei $j_0 \geqq 2$ die kleinste Zahl, für die die Ungleichung in b) nicht erfüllt ist. Bestimme für $j = 1, \ldots, j_0 - 1$

$$m_{i_j} = \frac{1}{j_0 - 1}\left(a - \sum_{s=1}^{r} b_s + \sum_{s=1}^{j_0-1} c_{i_s}\right) - c_{i_j}.$$

g) Falls für alle $j = 1, \ldots, j_0 - 1$ gilt $m_{i_j} + b_{i_j} \leqq e_{i_j}^{(0)}$, so setze

$$m_i^* = m_i + b_i \quad \text{für } i \in \{i_1, \ldots, i_{j_0-1}\}\,,$$
$$m_i^* = b_i \quad \text{für die verbleibenden } i \in \{1, \ldots, r\}\,.$$

Andernfalls setze $l = 0$ und bei e) fort.

Beispiel 4.2.7 (zu Verf. 4.2.10):

1. a) $\tilde{\eta}(x, \vartheta) = \vartheta_1 x_1 + \vartheta_2 x_2$, d. h. $f(x) = (x_1, x_2)'$.

b) $A = \begin{pmatrix} 2 & 0 \\ 0 & 3 \end{pmatrix}$, $\sigma^2 = 1$, $n = 6$.

c) $V = \{x \in \mathrm{R}^2 : -1 \leqq x_1 \leqq 1; -1 \leqq x_2 \leqq 1\}$ (Einheitsquadrat).

3. $V_0^* = \left\{x \in V : \sup_{\tilde{x} \in V} (\tilde{x}_1^2 + \tilde{x}_2^2) = x_1^2 + x_2^2\right\} = \left\{\begin{pmatrix} 1 \\ 1 \end{pmatrix}, \begin{pmatrix} 1 \\ -1 \end{pmatrix}, \begin{pmatrix} -1 \\ 1 \end{pmatrix}, \begin{pmatrix} -1 \\ -1 \end{pmatrix}\right\}.$

5. a) $a = 2$; $b_1 = b_2 = 0$; $c_1 = \frac{1}{12}$; $c_2 = \frac{1}{18}$; $e_1^{(0)} = e_2^{(0)} = 1$; $c_{i_1} = \frac{1}{18}$; $c_{i_2} = \frac{1}{12}$.

b) Überprüfung der Ungleichung nur für $j = 2$ nötig: $c_{i_2} - c_{i_1} = \frac{1}{36} < 2 = a$, d. h. Fortsetzung bei c).

c) $d_0 = \frac{77}{72}$.

d) $\min_i (c_i + e_i^{(0)} - b_i) = \min_i c_i + 1 = \frac{19}{18}$. Wegen $d_0 = \frac{77}{72} > \frac{19}{18}$ muß bei e) fortgesetzt werden.

e) $\min_{i \in \{1, 2\}} (c_i - b_i + e_i^{(0)}) = \min\{\frac{13}{12}, \frac{19}{18}\} = \frac{19}{18}$, d. h. $j_1 = 2$, $m_2^* = 1$. Mit $J_1 = \{1\}$,

$$V_1^* = \{x \in V_0^* : f_{j_1}(x)^2 = 1\} = V_0^*\,, \quad e_1^{(1)} = \sup_{x \in V_1^*} f_1(x)^2 = 1$$

wird $d_1 = \frac{13}{12}$ und wegen $c_1 = \frac{1}{12} \leqq d_1 \leqq c_1 - b_1 + e_1^{(1)} = \frac{13}{12}$, also $m_1^* = d_1 - c_1 + b_1 = 1$.

Bemerkung 4.2.8: Für einen Ansatz der Form (4.2.25) mit V als Einheitswürfel gilt stets $a = k$, $b_i = 0$, $e_i^{(0)} = 1$ $(i = 1, \ldots, k)$. Die Ungleichung in Verf. 4.2.10/5.d) ist nicht erfüllbar.

Bemerkung 4.2.4: Die in Verf. 4.2.10/5.b) angegebene Ungleichung ist erfüllt, wenn die a-priori-Varianzen von $\boldsymbol{\vartheta}$, d. h. die Diagonalelemente von $\boldsymbol{\Lambda}$ nicht zu sehr voneinander verschieden sind. Genauer: Falls

$$\frac{1}{\min\limits_i \lambda_i} - \frac{1}{\max\limits_i \lambda_i} \leqq \frac{n}{(r-1)\,\sigma^2}\left(a - \sum_{s=1}^{r} b_s\right)$$

gilt, ist die Ungleichung in Verf. 4.2.10/5.b) erfüllt.

Wir geben nun ein Konstruktionsverfahren für konkrete A-, D- und E-optimale Pläne über der Einheitskugel für den homogenen Ansatz (4.2.25) an. Wir betrachten gleich den allgemeinen Fall, daß die a-priori-Kovarianzmatrix nicht notwendig eine Diagonalmatrix ist. Durch Hauptachsentransformation von $\boldsymbol{\Lambda}$ und eine entsprechende Transformation der Ansatzfunktion $\boldsymbol{f}(\boldsymbol{x})$ wird jedoch der in Verf. 4.2.10 zugrundeliegende Fall wieder hergestellt.

VERFAHREN 4.2.11 $\big($$A$-, D- und E-optimale Pläne für die BAYES-Schätzung in homogenen $(k, 1)$-Ansätzen$\big)$:

1. **Gegebene Größen:** a) Ansatz $\tilde{S}$ mit $\tilde{\eta}(\boldsymbol{x}, \boldsymbol{\vartheta}) = \sum_{i=1}^{k} \vartheta_i x_i = \boldsymbol{\vartheta}'\boldsymbol{x}$.

b) $V = \{\boldsymbol{x} \in \mathrm{R}^k : \boldsymbol{x}'\boldsymbol{x} \leqq 1\}$ (Einheitskugel).

c) $\boldsymbol{\Lambda}, \sigma^2, n$ (zur Festlegung der BAYESschen Informationsmatrix).

2. **Aufgabe:** Bestimme einen A-, D- bzw. E-optimalen Plan für die lineare BAYES Schätzung.

3. **Bezeichnungen:** a) $V_n^* = (\boldsymbol{x}_1, \dots, \boldsymbol{x}_n)$ optimaler Plan.

b) $\boldsymbol{H}_l$ HADAMARD-Matrix der Ordnung l.

4. **Voraussetzung:** $\boldsymbol{\Lambda} \in \mathcal{M}_k^{>}$.

5. **Lösung:** a) Bestimme die Eigenwerte $\lambda_1, \dots, \lambda_k$ und die dazugehörenden orthonormierten Eigenvektoren $\boldsymbol{c}_1, \dots, \boldsymbol{c}_k$ von $\boldsymbol{\Lambda}$.

b) Berechne mit Verf. 4.2.10 Zahlen $m_1^*, \dots, m_k^*$, wobei dort $f_i(\boldsymbol{x}) = \boldsymbol{c}_i\boldsymbol{x}$; $i = 1, \dots, k$; und für $\boldsymbol{\Lambda}$ die Matrix $\bar{\boldsymbol{\Lambda}} = \operatorname{diag}\big(((\lambda_1, \dots, \lambda_k)')\big)$ zu setzen ist.

c) Ordne die Zahlen m_i^* der Größe nach: $m_{i_1}^* \geqq m_{i_2}^* \geqq \dots \geqq m_{i_k}^* \geqq 0$.

d) Bestimme den größten Index j, für den $m_{i_j}^* > 0$ gilt, und bezeichne ihn mit j^*. Falls $n < j^*$, dann setze bei e) fort. Im Falle $n \geqq j^*$ gehe zu g).

e) Berechne: $s = 1 - \sum_{j=1}^{n} m_{i_j}^*$

$$a_i = \begin{cases} n m_i^* + s & \text{für } i \in \{i_1, \dots, i_n\}\,, \\ 0 & \text{für die restlichen } i \in \{1, \dots, k\}\,. \end{cases}$$

f) Bestimme $\boldsymbol{x}_i$; $i = 1, \dots, n$; als Lösung des Gleichungssystems

$$\sum_{i=1}^{n} \boldsymbol{x}_i \boldsymbol{x}_i' = \boldsymbol{C} \operatorname{diag}\big(((a_1, \dots, a_k)')\big)\, \boldsymbol{C}'; \qquad \boldsymbol{C} = (\boldsymbol{c}_1, \dots, \boldsymbol{c}_k)\,.$$

g) Streiche von $\boldsymbol{C}$ die $k - j^*$ Spalten mit den Nummern i_j; $k \geqq j > j^*$; ordne die restlichen j^* Eigenvektoren in der Reihenfolge unter 5.c) an und bezeichne die entstehende Matrix mit $\boldsymbol{C}_{j^*}$. Falls eine HADAMARD-Matrix $\boldsymbol{H}_n$ existiert, dann setze bei h) fort, ansonsten bei j).

h) Streiche von $\boldsymbol{H}_n$ beliebige $n - j^*$ Spalten und bezeichne die entstandene Matrix mit $\tilde{\boldsymbol{H}}_n$.

i) Die n Zeilenvektoren der $(n \times k)$-Matrix

$$\frac{1}{\sqrt{n}} \tilde{\boldsymbol{H}}_n \operatorname{diag} \left(((\sqrt{m^*_{i_1}}, \dots, \sqrt{m^*_{i_{j^*}}})')\right) \boldsymbol{C}'_{j^*}$$

sind die Versuchspunkte $\boldsymbol{x}_i$; $i = 1, \dots, n$.

j) Konstruiere $\boldsymbol{Q}_1 = \begin{pmatrix} \boldsymbol{q}'_1 \\ \vdots \\ \boldsymbol{q}'_{n-j^*} \end{pmatrix} \in \mathcal{M}_{(n-j^*)\times j^*}$ folgendermaßen:

j$_1$) $\boldsymbol{q}_1 = (0, \dots, 0, \underset{i_1}{1}, \dots, 0)'$ (s. 5.c)),

j$_2$) Bestimme das kleinste Diagonalelement $l^{(1)}_{j_1}$ von

$$\tilde{\boldsymbol{\Lambda}} + \boldsymbol{q}_1\boldsymbol{q}'_1 = \operatorname{diag}\left(((l^{(1)}_1, \dots, l^{(1)}_k)')\right); \qquad \tilde{\boldsymbol{\Lambda}} = \operatorname{diag}\left(((\lambda_{i_1}, \dots, \lambda_{i_k})')\right)$$

(Ordnung wie in 5.c)). Setze $\boldsymbol{q}_2 = (0, \dots, 0, \underset{j_1}{1}, 0, \dots, 0)'$.

j$_3$) Bestimme das kleinste Diagonalelement $l^{(2)}_{j_2}$ von

$$\tilde{\boldsymbol{\Lambda}} + \boldsymbol{q}_1\boldsymbol{q}'_1 + \boldsymbol{q}_2\boldsymbol{q}'_2 = \operatorname{diag}\left(((l^{(2)}_1, \dots, l^{(2)}_k)')\right).$$

Setze $\boldsymbol{q}_3 = (0, \dots, 0, \underset{j_2}{1}, 0, \dots, 0)'$. Setze dieses Vorgehen bis zu $\boldsymbol{q}_{n-j^*}$ fort.

k) Bestimme die größte durch 4 teilbare Zahl m, für die $m \leqq j^*$ gilt. Falls $j^* < 4$, dann setze $m = 2$.

l$_1$) Falls $m = j^*$: Setze $\boldsymbol{Q}_2 = \frac{1}{\sqrt{m}} \boldsymbol{H}_m$.

l$_2$) Falls $m = j^* - 1$: Setze $\frac{1}{\sqrt{m}} \boldsymbol{H}_m = (\boldsymbol{h} \mid \boldsymbol{H}^*)$; $\boldsymbol{h} \in \mathrm{R}^m$; $\boldsymbol{H}^* \in \mathcal{M}_{(m-1)\times m}$ und

$$\boldsymbol{Q}_2 = \left(\begin{array}{c|c|c} a\boldsymbol{h} & \boldsymbol{H}^* & b\boldsymbol{h} \\ \hline b & \boldsymbol{0}' & -a \end{array}\right) \in \mathcal{M}_{j^*} \quad \text{mit } a^2 = \frac{m^*_{i_1} - 1}{m^*_{i_1} - m^*_{i_{j^*}}}, \qquad b^2 = \frac{1 - m^*_{i_{j^*}}}{m^*_{i_1} - m^*_{i_{j^*}}}.$$

l$_3$) Falls $m = j^* - 2$: Mit $\frac{1}{\sqrt{m}} \boldsymbol{H}_m = (\boldsymbol{h}_1 \mid \boldsymbol{h}_2 \mid \boldsymbol{H}^{**})$; $\boldsymbol{h}_1 \in \mathrm{R}^m$; $\boldsymbol{h}_2 \in \mathrm{R}^m$; $\boldsymbol{H}^{**} \in \mathcal{M}_{(m-2)\times m}$ bilde

$$\boldsymbol{Q}_2 = \left(\begin{array}{cc|c|cc} a\boldsymbol{h}_1 & a\boldsymbol{h}_2 & \boldsymbol{H}^{**} & b\boldsymbol{h}_1 & b\boldsymbol{h}_2 \\ \hline \multicolumn{2}{c|}{\frac{1}{\sqrt{2}} b\boldsymbol{H}_2} & \boldsymbol{0}' & \multicolumn{2}{c}{-\frac{1}{\sqrt{2}} a\boldsymbol{H}_2} \end{array}\right) \in \mathcal{M}_{j^*}$$

mit

$$a^2 = \frac{m^*_{i_1} + m^*_{i_2} - 2}{m^*_{i_1} + m^*_{i_2} - m^*_{i_{j^*-1}} - m^*_{i_{j^*}}}, \qquad b^2 = \frac{2 - m^*_{i_{j^*-1}} - m^*_{i_{j^*}}}{m^*_{i_1} + m^*_{i_2} - m^*_{i_{j^*-1}} - m^*_{i_{j^*}}}.$$

l$_4$) Falls $m = j^* - 3$: Bilde ausgehend von $\boldsymbol{H}_m$ analog wie in l$_3$) eine Matrix $\tilde{\boldsymbol{Q}}_2 \in \mathcal{M}_{j^*-1}$. Zerlege $\tilde{\boldsymbol{Q}}_2 = (\boldsymbol{h} \mid \boldsymbol{H}^*)$ und bilde davon ausgehend $\boldsymbol{Q}_2 \in \mathcal{M}_{j^*}$ wie in l$_2$).

m) Bilde $\boldsymbol{Q} = \begin{pmatrix} \boldsymbol{Q}_1 \\ \cdots \\ \boldsymbol{Q}_2 \end{pmatrix}$.

n) Die n Zeilenvektoren der $(n \times k)$-Matrix $\boldsymbol{Q}\boldsymbol{C}'_{j*}$ sind die n Versuchspunkte ●

Die Verfahrensschritte 5.j) bis 5.n) gehen auf COVEY-CRUMP/SILVEY [1] zurück.

Beispiel 4.2.8:

1. a) $\tilde{\eta}(\boldsymbol{x}, \boldsymbol{\vartheta}) = \vartheta_1 x_1 + \vartheta_2 x_2 + \vartheta_3 x_3$, d. h. $k = 3$.

b) $V = \{\boldsymbol{x} \in \mathrm{R}^3 : x_1^2 + x_2^2 + x_3^2 \leqq 1\}$.

c) $\Lambda = \begin{pmatrix} 1{,}5 & 1 & 0 \\ 1 & 2{,}5 & -1 \\ 0 & -1 & 1{,}5 \end{pmatrix}$, $\sigma^2 = 1$, $n = 2$.

5. a) Eigenwerte: $\lambda_1 = 3{,}5$; $\lambda_2 = 1{,}5$; $\lambda_3 = 0{,}5$

Eigenvektoren: $\boldsymbol{C} = (\boldsymbol{c}_1, \boldsymbol{c}_2, \boldsymbol{c}_3) = \begin{pmatrix} -1/\sqrt{6} & 1/\sqrt{2} & 1/\sqrt{3} \\ -2/\sqrt{6} & 0 & -1/\sqrt{3} \\ 1/\sqrt{6} & 1/\sqrt{2} & -1/\sqrt{3} \end{pmatrix}$

b) Anwendung von Verf. 4.2.10:

4.2.10/a) $a = \sup\limits_{\boldsymbol{x} \in V} \boldsymbol{f}(\boldsymbol{x})' \boldsymbol{f}(\boldsymbol{x}) = \sup\limits_{\boldsymbol{x} \in V} \boldsymbol{x}'\boldsymbol{C}\boldsymbol{C}'\boldsymbol{x} = \sup\limits_{\boldsymbol{x} \in V} \boldsymbol{x}'\boldsymbol{x} = 1$

$b_i = \inf\limits_{\boldsymbol{x} \in V} \boldsymbol{x}'\boldsymbol{c}_i\boldsymbol{c}_i'\boldsymbol{x} = 0 \ (i = 1, 2, 3)$, $c_1 = \frac{1}{7}$, $c_2 = \frac{1}{3}$, $c_3 = 1$,

$V_0^* = \left\{\boldsymbol{x} \in \mathrm{R}^3 : \sup\limits_{\tilde{\boldsymbol{x}} \in V} \tilde{\boldsymbol{x}}'\boldsymbol{C}\boldsymbol{C}'\tilde{\boldsymbol{x}} = \sup\limits_{\tilde{\boldsymbol{x}} \in V} \tilde{\boldsymbol{x}}'\tilde{\boldsymbol{x}} = \boldsymbol{x}'\boldsymbol{x}\right\} = \{\boldsymbol{x} \in \mathrm{R}^3 : \boldsymbol{x}'\boldsymbol{x} = 1\}$,

d. h. insbesondere $\boldsymbol{c}_i \in V^*$,

$e_i^{(0)} = \sup\limits_{\boldsymbol{x} \in V_0^*} \boldsymbol{x}'\boldsymbol{c}_i\boldsymbol{c}_i'\boldsymbol{x} = \boldsymbol{c}_i'\boldsymbol{c}_i\boldsymbol{c}_i'\boldsymbol{c}_i = 1 \ (i = 1, 2, 3)$.

4.2.10/b) $j = 2: c_2 - c_1 = \frac{4}{21} < 1 = a$

$j = 3: 2c_3 - (c_1 + c_2) = \frac{32}{21} > 1 = a$, daher zu 4.2.10/f).

4.2.10/f) $j_0 = 2: m_1 = \frac{1}{2}(a + c_1 + c_2) - c_1 = \frac{25}{42}$, $m_2 = \frac{1}{2}(a + c_1 + c_2) - c_2 = \frac{17}{42}$.

4.2.10/g) $m_1^* = \frac{25}{42}$; $m_2^* = \frac{17}{42}$; $m_3^* = 0$.

c) $m_1^* \geqq m_2^* \geqq m_3^*$, d. h. $m_{ij}^* = m_j^* \ (j = 1, 2, 3)$.

d) $j^* = 2$, $n = 2 \geqq j^* = 2$, d. h. Fortsetzung bei g).

g) letzte Zeile von $\boldsymbol{C}$ streichen (wegen $3 = i_3 > 2 = j^*$).

h) $\boldsymbol{H}_2 = \begin{pmatrix} 1 & 1 \\ 1 & -1 \end{pmatrix}$.

i) $\begin{pmatrix} 1 & 1 \\ 1 & -1 \end{pmatrix} \begin{pmatrix} 5/\sqrt{42} & 0 \\ 0 & \sqrt{17/42} \end{pmatrix} \begin{pmatrix} -1/\sqrt{6} & -2/\sqrt{6} & 1/\sqrt{6} \\ 1/\sqrt{2} & 0 & 1/\sqrt{2} \end{pmatrix} = \begin{pmatrix} 0{,}13 & -0{,}63 & 0{,}76 \\ -0{,}76 & 0{,}63 & -0{,}13 \end{pmatrix}$,

d. h. $V_2^* = \left(\begin{pmatrix} 0{,}13 \\ -0{,}63 \\ 0{,}76 \end{pmatrix}, \begin{pmatrix} -0{,}76 \\ 0{,}63 \\ -0{,}13 \end{pmatrix} \right)$.

Beispiel 4.2.9 (COVEY-CRUMP/SILVEY [1]):

1. a) $\tilde{\eta}(\boldsymbol{x}, \boldsymbol{\vartheta}) = \vartheta_1 x_1 + \vartheta_2 x_2 + \vartheta_3 x_3 + \vartheta_4 x_4$, d. h. $k = 4$.

b) V Einheitskugel.

c) $\Lambda = \begin{pmatrix} 1{,}1385 & -0{,}3642 & 0{,}3421 & -0{,}0225 \\ -0{,}3642 & 1{,}1385 & -0{,}3421 & 0{,}0225 \\ 0{,}3421 & -0{,}3421 & 0{,}7228 & -0{,}7630 \\ -0{,}0225 & 0{,}0225 & -0{,}7630 & 5{,}0000 \end{pmatrix}$; $\sigma^2 = 1$; $n = 5$.

5. a) $\lambda_1 = 0{,}3906$; $\lambda_2 = 0{,}7743$; $\lambda_3 = 1{,}6993$; $\lambda_4 = 5{,}1357$;

$$C = (c_1, c_2, c_3, c_4) = \begin{pmatrix} -0{,}2765 & 0{,}7071 & 0{,}6504 & -0{,}0245 \\ 0{,}2765 & 0{,}7071 & -0{,}6504 & 0{,}0245 \\ 0{,}9085 & 0 & 0{,}3801 & -0{,}1737 \\ 0{,}1477 & 0 & 0{,}0967 & 0{,}9843 \end{pmatrix}.$$

b) $m_1^* = 1{,}2308$; $m_2^* = 0{,}8471$; $m_3^* = 0{,}9221$; $m_4^* = 0$.

c) $m_{i_1}^* = m_1^*$; $m_{i_2}^* = m_3^*$; $m_{i_3}^* = m_2^*$; $m_{i_4}^* = m_4^*$.

d) $j^* = 3$; $n = 5 > j^* = 3$, d. h. Fortsetzung bei g).

g) Für $n = 5$ existiert keine HADAMARD-Matrix, d. h. Fortsetzung bei j).

j₁) $q_1 = (1, 0, 0)'$.

j₂) $\tilde{\Lambda} + q_1 q_1' = \operatorname{diag}\,(((1{,}3906;\ 1{,}6993;\ 0{,}7743;\ 5{,}1357)'))$, $q_2 = (0, 0, 1)'$,

d. h. $Q_1 = \begin{pmatrix} 1 & 0 & 0 \\ 0 & 0 & 1 \end{pmatrix}$.

k) $m = 2$.

l₂) $\frac{1}{\sqrt{2}} H_2 = \frac{1}{\sqrt{2}} \begin{pmatrix} 1 & 1 \\ 1 & -1 \end{pmatrix}$; $\quad h = \frac{1}{\sqrt{2}} \begin{pmatrix} 1 \\ 1 \end{pmatrix}$; $\quad H^* = \frac{1}{\sqrt{2}} \begin{pmatrix} 1 \\ -1 \end{pmatrix}$;

$$a^2 = \frac{0{,}2308}{0{,}3835} = 0{,}602; \quad b^2 = 0{,}398; \quad a = 0{,}776; \quad b = 0{,}631;$$

$$Q_2 = \begin{pmatrix} 0{,}548 & 0{,}707 & 0{,}446 \\ 0{,}548 & -0{,}707 & 0{,}446 \\ 0{,}630 & 0 & -0{,}776 \end{pmatrix}.$$

m) $Q = \begin{pmatrix} 1 & 0 & 0 \\ 0 & 0 & 1 \\ 0{,}548 & 0{,}707 & 0{,}446 \\ 0{,}548 & -0{,}707 & 0{,}446 \\ 0{,}630 & 0 & -0{,}776 \end{pmatrix}$; $\quad C_{j^*} = \begin{pmatrix} -0{,}2765 & 0{,}6504 & 0{,}7071 \\ 0{,}2765 & -0{,}6504 & 0{,}7071 \\ 0{,}9085 & 0{,}3801 & 0 \\ 0{,}1477 & 0{,}0967 & 0 \end{pmatrix}$

n) $V_n^* = \left(\begin{pmatrix} -0{,}2765 \\ 0{,}2765 \\ 0{,}9085 \\ 0{,}1477 \end{pmatrix}, \begin{pmatrix} 0{,}7071 \\ 0{,}7071 \\ 0 \\ 0 \end{pmatrix}, \begin{pmatrix} 0{,}5640 \\ 0{,}0171 \\ 0{,}8108 \\ 0{,}1555 \end{pmatrix}, \begin{pmatrix} -0{,}3193 \\ 0{,}9004 \\ 0{,}2946 \\ 0{,}0242 \end{pmatrix}, \begin{pmatrix} 0{,}6984 \\ 0{,}3111 \\ -0{,}6363 \\ -0{,}1034 \end{pmatrix} \right)$.

Wir weisen darauf hin, daß im Unterschied zur MKQ-Schätzung bei der Planung zur BAYES-Schätzung die Forderung, daß der Planumfang n mindestens so groß ist wie die Anzahl r der Parameter bei regulären a-priori-Kovarianzmatrizen Λ nicht nötig ist.

Bemerkung 4.2.5: Es liege der inhomogene Ansatz (4.2.26) vor, und die a-priori-Kovarianzmatrix von $\vartheta = (\vartheta_0, \vartheta_1, \dots, \vartheta_k)'$ habe die Struktur

$$\begin{pmatrix} \lambda_0 & 0' \\ 0 & \Lambda \end{pmatrix}; \quad \Lambda \in \mathcal{M}_r^>, \quad \lambda_0 > 0;$$

(d. h. ϑ_0 ist mit $\vartheta_1, \dots, \vartheta_r$ a-priori unkorreliert). Existiert zu gegebenem Planumfang n eine HADAMARD-Matrix und ist (mit den Bezeichnungen von Verf. 4.2.11) $n \geqq j^*$, dann ist der in Verf. 4.2.11/5.g) bis 5.i) konstruierte Plan A-, D- und E-optimal für die BAYES-Schätzung im inhomogenen Ansatz.

Wir erwähnen noch, daß wir für die Ansätze (4.2.25) und (4.2.26) und im Falle $\Lambda = \operatorname{diag}\,(((\lambda_1, \dots, \lambda_r)'))$ bereits mit Verf. 4.2.4 A-, D- und E-optimale Pläne über dem Einheitswürfel konstruiert hatten (›Bem. 4.2.1).

4.2.6. Verfahren zur Überprüfung der Optimalität konkreter Pläne

Wir haben bisher in [4.2] zur MKQ-Schätzung und in einigen Fällen auch zur linearen BAYES-Schätzung für spezielle Regressionsansätze und Versuchsbereiche *Konstruktions*verfahren für optimale Pläne angegeben. Jetzt soll eine Möglichkeit zur *Überprüfung* der Optimalität gegebener konkreter Pläne angegeben werden. Diese Möglichkeit ist anwendbar für allgemeine lineare Ansätze und Versuchsbereiche. Als Schätzmethoden sind die reguläre und singuläre MKQ und die lineare BAYES-Schätzung (mit ihren Spezialfällen der Ridge-, KUKS-OLMAN-Schätzung und Schätzung mit Vorschätzung (3.3.28)) zugelassen.

Wir betonen, daß mit dem folgenden Verfahren die *Optimalität eines Planes in der Menge aller konkreten Pläne mit festem Umfang n*, für die die entsprechende Informationsmatrix regulär ist, überprüft wird. Im Falle der Optimalität eines solchen Planes ist er dann natürlich auch in jeder kleineren Menge von Plänen festen Umfangs n optimal. Wir prüfen also, ob ein gegebener Plan Lösung der Aufgabe 5.b) in den Verf. 4.1.1 bis Verf. 4.1.7 sein kann.

Das Verfahren ist auch geeignet zur Überprüfung der (lokalen) Optimalität von Plänen zur MKQ-Schätzung in nichtlinearen Modellen. Wir werden es hier jedoch nur für lineare Ansätze formulieren (zum nichtlinearen Fall ›[4.7.1]).

Das Verfahren ist eine Anwendung der Äquivalenzsätze, die in Bd. I ausführlich behandelt wurden (›[I/5.5]).

VERFAHREN 4.2.12 (Überprüfung der Optimalität konkreter Pläne):

1. **Gegebene Größen:** a) Linearer Ansatz $\tilde{S}$ mit

$$\tilde{\eta}(\boldsymbol{x}, \boldsymbol{\vartheta}) = \boldsymbol{f}(\boldsymbol{x})' \boldsymbol{\vartheta}; \qquad \boldsymbol{x} \in B \subseteq \mathrm{R}^k; \boldsymbol{\vartheta} \in \mathrm{R}^r .$$

b) Versuchsbereich V.

c) Prognosebereich H (nur im Falle der I-Optimalität).

d) Schätzmethode, d. h. eine Informationsmatrix aus Tab. 4.1.1.

e) Optimalitätskriterium Z (›Tab. 4.1.2).

f) Zu prüfender Versuchsplan V_n.

2. **Aufgabe:** Prüfe, ob V_n Z-optimal ist für die gegebene Schätzmethode.

3. **Bezeichnungen:** a) $\overline{\boldsymbol{M}}$ Informationsmatrix, $\overline{\boldsymbol{M}}(\boldsymbol{x})$ Informationsmatrix des Einpunktplanes $V_1 = (\boldsymbol{x})$

b) $D_1(\overline{\boldsymbol{M}}), D_2(\overline{\boldsymbol{M}}) = \sup\limits_{\boldsymbol{x} \in V} d_2(\boldsymbol{x}, \overline{\boldsymbol{M}}(V_n))$ (›Tab. 4.2.3 bis Tab. 4.2.5)

c) $\lambda_{\min}(\overline{\boldsymbol{M}})$ minimaler Eigenwert von $\overline{\boldsymbol{M}}$, $\boldsymbol{t}_{\min}(\overline{\boldsymbol{M}})$ dazugehörender normierter Eigenvektor (nur im Falle der E-Optimalität).

4. **Voraussetzungen:** a) $\overline{\boldsymbol{M}}(V_n)$ regulär.

b) Zugelassene Schätzmethoden, d. h. zugelassene Informationsmatrizen: $\boldsymbol{M}, \boldsymbol{M}_A, \boldsymbol{M}_p, \boldsymbol{M}_b, \boldsymbol{M}_K, \boldsymbol{M}_R, \boldsymbol{M}_V$ (›Tab. 4.1.1).

c) Zugelassene Optimalitätskriterien: D, A, I, C, L, E (letzteres nicht im Falle $\boldsymbol{M}_A$ und $\boldsymbol{M}_p$).

d) Im Falle der E-Optimalität sei $\lambda_{\min}(\overline{\boldsymbol{M}}(V_n))$ einfach (›[A.1]).

5. **Lösung:** a) Wähle aus Tab. 4.1.1 die der gegebenen Schätzmethode entsprechende Informationsmatrix.

b) Berechne entsprechend des vorliegenden Optimalitätskriteriums und unter Benutzung der Tabellen 4.2.3 bis 4.2.5 die Größen $D_1(\overline{\boldsymbol{M}}(V_n))$ und $D_2(\overline{\boldsymbol{M}}(V_n))$.

Tab. 4.2.3: Die Größen D_1 und d_2 für $\overline{\boldsymbol{M}} = \boldsymbol{M}, \boldsymbol{M}_b, \boldsymbol{M}_K, \boldsymbol{M}_R, \boldsymbol{M}_V$
(Erläuterung: Es ist $\overline{\boldsymbol{M}}(V_n)^{-2} = \overline{\boldsymbol{M}}(V_n)^{-1}\,\overline{\boldsymbol{M}}(V_n)^{-1}$)

Optimalitäts-kriterium	$D_1(\overline{\boldsymbol{M}}(V_n))$		$d_2(\boldsymbol{x}, \overline{\boldsymbol{M}}(V_n))$
D	r		$\mathrm{sp}\,\overline{\boldsymbol{M}}(\boldsymbol{x})\,\overline{\boldsymbol{M}}(V_n)^{-1}$
A	$Z_A(\overline{\boldsymbol{M}}(V_n))$	s. Tab. 4.1.2	$\mathrm{sp}\,\overline{\boldsymbol{M}}(\boldsymbol{x})\,\overline{\boldsymbol{M}}(V_n)^{-2}$
I	$Z_I(\overline{\boldsymbol{M}}(V_n))$		$\int_H \boldsymbol{f}(\tilde{\boldsymbol{x}})'\,\overline{\boldsymbol{M}}(V_n)^{-1}\,\overline{\boldsymbol{M}}(\boldsymbol{x})\,\overline{\boldsymbol{M}}(V_n)^{-1} \times \boldsymbol{f}(\tilde{\boldsymbol{x}})\,\boldsymbol{p}(\tilde{\boldsymbol{x}})\,\mathrm{d}\tilde{\boldsymbol{x}}$
C	$Z_C(\overline{\boldsymbol{M}}(V_n))$		$\boldsymbol{c}'\overline{\boldsymbol{M}}(V_n)^{-1}\,\overline{\boldsymbol{M}}(\boldsymbol{x})\,\overline{\boldsymbol{M}}(V_n)^{-1}\,\boldsymbol{c}$
L	$Z_L(\overline{\boldsymbol{M}}(V_n))$		$\mathrm{sp}\,\overline{\boldsymbol{M}}(\boldsymbol{x})\,\overline{\boldsymbol{M}}(V_n)^{-1}\,\boldsymbol{U}\overline{\boldsymbol{M}}(V_n)^{-1}$
E	$-Z_{E'}(\overline{\boldsymbol{M}}(V_n))$		$\boldsymbol{t}_{\min}(\overline{\boldsymbol{M}}(V_n))'\,\overline{\boldsymbol{M}}(\boldsymbol{x})\,\boldsymbol{t}_{\min}(\overline{\boldsymbol{M}}(V_n))$

Tab. 4.2.4: Die Größen D_1 und d_2 für $\overline{\boldsymbol{M}} = \boldsymbol{M}_A$
(Im Falle $\overline{\boldsymbol{M}} = \boldsymbol{M}_p$ ist $\boldsymbol{M}_A$ durch $\boldsymbol{M}_p$ zu ersetzen)

Optimalitäts-kriterium	$D_1(\boldsymbol{M}_A(V_n))$	$d_2(\boldsymbol{x}, \boldsymbol{M}_A(V_n))$
D	s	$\boldsymbol{f}(\boldsymbol{x})'\,\boldsymbol{M}(V_n)^-\,\boldsymbol{A}'\boldsymbol{M}_A(V_n)\,\boldsymbol{A}\boldsymbol{M}(V_n)^-\,\boldsymbol{f}(\boldsymbol{x})$
A	$Z_A(\boldsymbol{M}_A(V_n))$	$\boldsymbol{f}(\boldsymbol{x})'\,\boldsymbol{M}(V_n)^-\,\boldsymbol{A}'\boldsymbol{A}\boldsymbol{M}(V_n)^-\,\boldsymbol{f}(\boldsymbol{x})$
I	$Z_I(\boldsymbol{M}_A(V_n))$	$\int_H (\boldsymbol{f}(\boldsymbol{x})'\,\boldsymbol{M}(V_n)^-\,\boldsymbol{A}'\boldsymbol{f}(\tilde{\boldsymbol{x}}))^2\,\boldsymbol{p}(\tilde{\boldsymbol{x}})\,\mathrm{d}\tilde{\boldsymbol{x}}$
C	$Z_C(\boldsymbol{M}_A(V_n))$	$(\boldsymbol{f}(\boldsymbol{x})'\,\boldsymbol{M}(V_n)^-\,\boldsymbol{c})^2$
L	$Z_L(\boldsymbol{M}_A(V_n))$	$\boldsymbol{f}(\boldsymbol{x})'\,\boldsymbol{M}(V_n)^-\,\boldsymbol{A}'\boldsymbol{U}\boldsymbol{A}\boldsymbol{M}(V_n)^-\,\boldsymbol{f}(\boldsymbol{x})$

Tab. 4.2.5: Die Größe d_2 für die reguläre MKQ-Schätzung
(als Konkretisierung von Tab. 4.2.3)

Optimalitäts-kriterium	$d_2(\boldsymbol{x}, \boldsymbol{M}(V_n))$
D	$\boldsymbol{f}(\boldsymbol{x})'\,\boldsymbol{M}(V_n)^{-1}\,\boldsymbol{f}(\boldsymbol{x})$
A	$\boldsymbol{f}(\boldsymbol{x})'\,\boldsymbol{M}(V_n)^{-2}\,\boldsymbol{f}(\boldsymbol{x})$
I	$\int_H (\boldsymbol{f}(\boldsymbol{x})'\,\boldsymbol{M}(V_n)^{-1}\,\boldsymbol{f}(\tilde{\boldsymbol{x}}))^2\,\boldsymbol{p}(\tilde{\boldsymbol{x}})\,\mathrm{d}\tilde{\boldsymbol{x}}$
C	$(\boldsymbol{c}'\boldsymbol{M}(V_n)^{-1}\,\boldsymbol{f}(\boldsymbol{x}))^2$
L	$\boldsymbol{f}(\boldsymbol{x})'\,\boldsymbol{M}(V_n)^{-1}\,\boldsymbol{U}\boldsymbol{M}(V_n)^{-1}\,\boldsymbol{f}(\boldsymbol{x})$
E	$(\boldsymbol{t}_{\min}(\boldsymbol{M}(V_n))'\,\boldsymbol{f}(\boldsymbol{x}))^2$

c) Falls $D_1(\overline{M}(V_n)) = D_2(\overline{M}(V_n))$ gilt, ist V_n optimal. Andernfalls ist keine Entscheidung möglich ●

Beispiel 4.2.10:

1. a) $\tilde{\eta}(\boldsymbol{x}, \boldsymbol{\vartheta}) = \vartheta_1 + \sum_{i=2}^{r} \vartheta_i f_i(\boldsymbol{x})$; $\boldsymbol{x} \in \mathrm{R}^k$.

b) $V = \{\boldsymbol{x} \in \mathrm{R}^k : a_i \leqq x_i \leqq b_i; i = 1, \dots, k\}$.

d) Singuläre MKQ für $\boldsymbol{A} = (1, 0, \dots, 0)$ (d. h. Schätzung von ϑ_1).

e) C-Optimalität bez. $\mathbf{c} = (1, 0, \dots, 0)' = \boldsymbol{A}'$.

f) $V_n = (\underbrace{\boldsymbol{x}_0, \dots, \boldsymbol{x}_0}_{n\text{-mal}})$; $\boldsymbol{x}_0 \in V$.

5. a) $\overline{\boldsymbol{M}}(V_n) = \boldsymbol{M}_A(V_n)$.

b) $D_1(\boldsymbol{M}_A(V_n)) = Z_C(\boldsymbol{M}_A(V_n)) = \mathbf{c}'\boldsymbol{M}(V_n)^- \mathbf{c}$ (›Tab. 4.1.2),

$\boldsymbol{M}(V_n) = \boldsymbol{f}(\boldsymbol{x}_0)\, \boldsymbol{f}(\boldsymbol{x}_0)'$ mit $\boldsymbol{f}(\boldsymbol{x}_0) = (1, f_2(\boldsymbol{x}_0), \dots, f_r(\boldsymbol{x}_0))'$,

$\boldsymbol{M}(V_n)^- = [\boldsymbol{f}(\boldsymbol{x}_0)'\, \boldsymbol{f}(\boldsymbol{x}_0)]^{-2}\, \boldsymbol{f}(\boldsymbol{x}_0)\, \boldsymbol{f}(\boldsymbol{x}_0)'$ (überprüfe (A.1.39))

Damit wird: $D_1(\boldsymbol{M}_A(V_n)) = [\boldsymbol{f}(\boldsymbol{x}_0)'\boldsymbol{f}(\boldsymbol{x}_0)]^{-2}$,

$$D_2(\boldsymbol{M}_A(V_n)) = \sup_{\boldsymbol{x} \in V} (\boldsymbol{f}(\boldsymbol{x})'\, \boldsymbol{M}(V_n)^- \,\mathbf{c})^2.$$

$$= [\boldsymbol{f}(\boldsymbol{x}_0)'\, \boldsymbol{f}(\boldsymbol{x}_0)]^{-4} \sup_{\boldsymbol{x} \in V} \boldsymbol{f}(\boldsymbol{x})'\, \boldsymbol{f}(\boldsymbol{x}_0)\, \boldsymbol{f}(\boldsymbol{x}_0)'\, \mathbf{c}\mathbf{c}'\, \boldsymbol{f}(\boldsymbol{x}_0)\, \boldsymbol{f}(\boldsymbol{x}_0)'\, \boldsymbol{f}(\boldsymbol{x}) = [\boldsymbol{f}(\boldsymbol{x}_0)'\, \boldsymbol{f}(\boldsymbol{x}_0)]^{-2}$$

(folgt mit RAYLEIGHscher Ungleichung, da $\boldsymbol{f}(\boldsymbol{x}_0)$ Eigenvektor zum maximalen Eigenwert der Matrix $\boldsymbol{f}(\boldsymbol{x}_0)\, \boldsymbol{f}(\boldsymbol{x}_0)'$).

Damit wird: $D_2(\boldsymbol{M}_A(V_n)) = (\boldsymbol{f}(\boldsymbol{x}_0)'\, \boldsymbol{M}(V_n)^- \,\mathbf{c})^2 = [\boldsymbol{f}(\boldsymbol{x}_0)'\, \boldsymbol{f}(\boldsymbol{x}_0)]^{-2}$.

c) $D_1 = D_2$, d. h., V_n ist C-optimal.

Beispiel 4.2.11:

1. a) $\tilde{\eta}(x, \boldsymbol{\vartheta}) = \vartheta_1 + \vartheta_2 x$.

b) $V = [-1, 1]$.

d) BAYES-Schätzung mit $\Lambda = c\boldsymbol{I}_2$ $(c > 0)$, $\sigma^2 = 1$.

e) A-Optimalität.

f) $V_2 = (-1, 1)$.

5. a) $\overline{\boldsymbol{M}}(V_2) = \boldsymbol{M}_b(V_2) = \boldsymbol{M}(V_2) + \dfrac{\sigma^2}{n} \Lambda^{-1} = \boldsymbol{M}(V_2) + \dfrac{1}{2c} \boldsymbol{I}_2$.

b) $D_1(\boldsymbol{M}_b(V_2)) = Z_A(\boldsymbol{M}_b(V_2)) = \operatorname{sp} \boldsymbol{M}_b(V_2)^{-1}$;

$$\boldsymbol{M}(V_2) = \boldsymbol{I}_2;\ \boldsymbol{M}_b(V_2)^{-1} = \left[1 + \frac{1}{2c}\right]^{-1} \boldsymbol{I}_2 = \frac{2c}{2c+1} \boldsymbol{I}_2 .$$

Damit wird: $D_1(\boldsymbol{M}_b(V_2)) = \dfrac{4c}{2c+1}$; $D_2(\boldsymbol{M}_b(V_2)) = \sup\limits_{x \in V} \boldsymbol{M}_b(x)\, \boldsymbol{M}_b(V_2)^{-2}$;

$$\boldsymbol{M}_b(x) = \boldsymbol{f}(x)\, \boldsymbol{f}(x)' + \frac{1}{2c} \boldsymbol{I}_2 = \begin{pmatrix} 1 + \dfrac{1}{2c} & x \\ x & x^2 + \dfrac{1}{2c} \end{pmatrix};$$

$$\boldsymbol{M}_b(x)\, \boldsymbol{M}_b(V_2)^{-2} = \left(\frac{2c}{2c+1}\right)^2 \boldsymbol{M}_b(x);\ \operatorname{sp} \boldsymbol{M}_b(x)\, \boldsymbol{M}_b(V_2)^{-2} = \left(\frac{2c}{2c+1}\right)^2 \left(\frac{2c+2}{2c} + x^2\right).$$

Maximalwert über V wird bei $|x| = 1$ angenommen. Damit wird: $D_2(\boldsymbol{M}_b(V_2)) = \left(\dfrac{2c}{2c+1}\right)^2 \dfrac{4c+2}{2c} = \dfrac{4c}{2c+1}$.

c) $D_1 = D_2$, d. h., V_2 ist A-optimal.

Bemerkung 4.2.6: In Verf. 4.2.12 ist im Falle der BAYES-Schätzung in der Informationsmatrix $M_b(x)$ des Einpunktplanes nicht etwa $n = 1$ zu setzen, sondern der Umfang n des zu überprüfenden Planes zu benutzen (›Bsp. 4.2.11). Es ist also $M_b(x) = M(x) + \frac{\sigma^2}{n} A^{-1}$.

Verf. 4.2.12 ist insbesondere dann vorteilhaft anwendbar, wenn man die Optimalität eines als optimal vermuteten Planes prüfen will. Ebenso kann es sinnvoll sein, die für gewisse Schätzmethoden, Ansätze und Versuchsbereiche bekannte Optimalität eines Planes mit Verf. 4.2.12 auch für andere Schätzmethoden, Ansätze und Versuchsbereiche festzustellen. Ein Mangel des Verfahrens ist allerdings, daß die zur Überprüfung dienende Bedingung $D_1 = D_2$ für konkrete Pläne nur hinreichend ist für deren Optimalität. Im Fall $D_1 \neq D_2$ *kann* der untersuchte konkrete Plan ebenfalls optimal sein. Dies ist aber mit Verf. 4.2.12 nicht feststellbar.

Ein zu Verf. 4.2.12 analoges Verfahren zur Überprüfung der Optimalität diskreter Pläne geben wir in [4.4] an (›Verf. 4.4.10). Dann ist die Bedingung $D_1 = D_2$ hinreichend und notwendig für die Optimalität. Für die MKQ-Schätzung vereinfachen sich wegen $M(x) = f(x) f(x)'$ i. allg. die in Tab. 4.2.3 angegebenen Ausdrücke für d_2. Man benutze daher in diesem Fall Tab. 4.2.5.

Die Prüfung auf D-Optimalität für die MKQ-Schätzung gestaltet sich besonders einfach. Sie ist im Falle $H = V$ gleichzeitig eine Überprüfung auf G-Optimalität, denn es gilt:

Aussage 4.2.1: Falls

$$\sup_{x \in V} f(x)' M(V_n)^{-1} f(x) = r \tag{4.2.27}$$

gilt, ist V_n D-optimal und für $H = V$ auch G-optimal für die MKQ-Schätzung (s. KIEFER/WOLFOWITZ [2]).

4.2.7. Versuchsplanung zur Schätzung in adäquaten Ansätzen

Die in [4.1.1] eingeführten Optimalitätskriterien basieren auf Varianzausdrücken der Schätzung von ϑ bzw. der Schätzung von $\eta(x)$. Die Varianz ist jedoch lediglich für erwartungstreue Schätzungen ein sinnvolles Gütemaß. Falls der zugrundeliegende Regressionsansatz nicht die Eigenschaft der Wahrheit im Sinne von Bez. 2.2.1 hat, sondern lediglich als ein mehr oder weniger guter adäquater Ansatz zu betrachten ist, kann ϑ und damit $\eta(x)$ i. allg. nicht mehr erwartungstreu geschätzt werden. Zur Beurteilung einer Schätzung $\hat{\eta}$ sollte dann nicht die Varianz, sondern die mittlere quadratische Abweichung von der zu schätzenden Größe $\eta(x)$ herangezogen werden.

Falls die Schätzung von $\eta(x)$ im Prognosebereich $H \subset \mathrm{R}^k$ interessiert, ist z. B. die über H gemittelte mittlere quadratische Abweichung, d. h.

$$J = \int_H \mathrm{E}[\hat{\eta}(x, \mathfrak{Y}(V_n)) - \eta(x)]^2 \, dx \tag{4.2.28}$$

ein geeignetes Gütemaß für $\hat{\eta}$ und damit eine mögliche Grundlage für die Auswahl eines Versuchsplanes zur Schätzung in adäquaten Ansätzen. Man kann J in der Form

$$J = v + b \tag{4.2.29}$$

darstellen, wobei v die über H gemittelte Varianz von $\hat{\eta}$ ist, d. h.

$$v = \int_H \mathrm{D}^2 \hat{\eta}(x, \mathfrak{Y}(V_n)) \, dx \tag{4.2.30}$$

und b den mittleren Bias (↗Bez. 1.2.6) darstellt:

$$b = \int_H [\mathrm{E}\hat{\eta}(\boldsymbol{x}, \mathfrak{Y}(V_n)) - \eta(\boldsymbol{x})]^2 \, \mathrm{d}\boldsymbol{x} \, . \tag{4.2.31}$$

Falls der zugrundeliegende Regressionsansatz wahr ist und man eine erwartungstreue Schätzung für $\eta(\boldsymbol{x})$ (z. B. die MKQ-Schätzung) verwendet, ist $b = 0$ und die Versuchsplanung beruht sinnvollerweise auf der Minimierung von v allein. In diesem Fall entspricht die Minimierung von v der I-Optimalität mit $p(\boldsymbol{x}) = \text{const}$ (↗Verf. 4.1.2).

Falls der Ansatz jedoch nur adäquat ist, wie in diesem Abschnitt angenommen werden soll, ist neben v auch der Biasanteil b zu berücksichtigen. Der Term b hängt jedoch von der unbekannten Wirkungsfläche $\eta(\boldsymbol{x})$ ab (↗(4.2.31)). Man kann b also nur dann quantitativ erfassen, wenn man Vorkenntnisse über die Struktur von $\eta(\boldsymbol{x})$ hat. Das ist beispielsweise in dem in [3.6.2] behandelten Problem der Fall, wo man für $\eta(\boldsymbol{x})$ einen wahren Ansatz $\tilde{S}$ mit

$$\left.\begin{array}{l} \tilde{\eta}(\boldsymbol{x}, \boldsymbol{\vartheta})) = \boldsymbol{f}(\boldsymbol{x})' \, \boldsymbol{\vartheta} = \boldsymbol{f}_0(\boldsymbol{x})' \, \boldsymbol{\vartheta}_0 + \boldsymbol{f}_1(\boldsymbol{x})' \, \boldsymbol{\vartheta}_1 \, , \\ \boldsymbol{x} \in B \subseteq \mathrm{R}^k; \qquad \boldsymbol{\vartheta} \in \mathrm{R}^r; \qquad \boldsymbol{\vartheta}_0 \in \mathrm{R}^q; \qquad \boldsymbol{\vartheta}_1 \in \mathrm{R}^{r-q} \end{array}\right\} \tag{4.2.32}$$

zwar kennt, aber in dem einfacheren, nur adäquaten Ansatz $\tilde{S}_0$ mit

$$\tilde{\eta}(\boldsymbol{x}, \boldsymbol{\beta}) = \boldsymbol{f}_0(\boldsymbol{x})' \, \boldsymbol{\beta}; \qquad \boldsymbol{x} \in B \subseteq \mathrm{R}^k; \qquad \boldsymbol{\beta} \in \mathrm{R}^q \tag{4.2.33}$$

schätzen will.

Es soll also in diesem Abschnitt die Planung für die Schätzung im adäquaten Ansatz (4.2.33) betrachtet werden, wobei man die Struktur des wahren Ansatzes kennt und zur Planung mit ausnutzt.

Die Aufgabe, einen Versuchsplan für den adäquaten Ansatz (4 2.33) durch Minimierung von J aus (4.2.28) zu bestimmen, wurde von Box, G. E. P./Draper [1] gestellt und für einige wichtige Spezialfälle untersucht. Als Schätzung für $\eta(\boldsymbol{x})$ wird dabei die MKQ-Schätzung im Ansatz (4.2.33) verwendet (↗Verf. 3.6.2).

Beispiel 4.2.12 (s. Box, G. E. P./Draper [1]): Sei die wahre Wirkungsfläche z. B. eine Parabel, d. h.

$$\eta(x) = \vartheta_0 + \vartheta_1 x + \vartheta_2 x^2 \, . \tag{4.2.34}$$

Zur Schätzung von $\eta(x)$ soll jedoch der einfache lineare Ansatz

$$\tilde{\eta}(x, \boldsymbol{\beta}) = \beta_0 + \beta_1 x \tag{4.2.35}$$

verwendet werden. Als Prognosebereich liege $H = [-1, 1]$ vor. An den Versuchsbereich werden keine Bedingungen gestellt. Für die MKQ-Schätzung von $\eta(x)$ mit dem Ansatz (4.2.35) soll unter allen Plänen $V_n = (x_1, \dots, x_n)$ mit $m_1 = \frac{1}{n} \sum_{i=1}^{n} x_i = 0$ ein geeigneter Plan ausgewählt werden. Die Größen v und b aus (4.2.30) und (4.2.31) hängen dann nur über $m_2 = \frac{1}{n} \sum_{i=1}^{n} x_i^2$ und $m_3 = \frac{1}{n} \sum_{i=1}^{n} x_i^3$ vom Plan ab. Es stellt sich heraus, daß der optimale Plan im wesentlichen durch die Minimierung allein des Biasanteiles bestimmt wird und der Varianzanteil nur einen unbedeutenden Einfluß ausübt. Es ergibt sich z. B.:

$$\left.\begin{array}{ll} \text{Minimierung von } b \text{ allein:} & m_2 = 0{,}58 \\ \text{Minimierung von } v + b\text{:} & m_2 = 0{,}62 \\ \text{Minimierung von } 4v + b\text{:} & m_2 = 0{,}72 \\ \text{Minimierung von } v \text{ allein:} & m_2 = \infty \end{array}\right\} \; m_3 = 0 \tag{4.2.36}$$

Durch die Festlegung von m_1, m_2 und m_3 ist der optimale Plan noch nicht eindeutig bestimmt. Es können also weitere Forderungen berücksichtigt werden. So führt z. B. die

Forderung, daß die Überprüfung der Adäquatheit von $\tilde{\eta}$ aus (4.2.35) bez. η aus (4.2.34) mit einem möglichst guten Test durchführbar sein soll, auf die weitere Bedingung, $m_4 = \frac{1}{n} \sum_{i=1}^{n} x_i^4$ möglichst groß zu wählen.

Wir bemerken, daß die Bedingungen (4.2.36) an den Plan nur bei Vorliegen eines geeigneten Versuchsbereiches V erfüllbar sind. Beispielsweise ist $m_2 = 0{,}58$ für $V = [-0{,}5;\ 0{,}5]$ nicht erreichbar. Andererseits werden z. B. bei $V = [-1, 1]$ die Versuchspunkte nicht auf dem Rand von V lokalisiert, wie es sonst bei Ansätzen (4.2.35) der Fall ist (›Tab. 4.8.1).

In diesem Zusammenhang wollen wir die Kritik von STIGLER [1] am Zugang von Box und DRAPER erwähnen (s. auch ATKINSON [1], ATWOOD [2]). Der dominierende Einfluß des Biasanteiles bei der Minimierung von $J = v + b$ wird wesentlich dadurch verursacht, daß der Versuchsbereich nicht festgelegt ist, insbesondere also beliebig über den Prognosebereich H hinaus vergrößert werden kann (um z. B. die Forderung $m_2 = \infty$ zu erfüllen, ›(4.2.36)). Diese Eigenschaft des Versuchsbereiches ist jedoch nicht nur unrealistisch, sondern auch inhaltlich bedenklich, denn wenn der Ansatz lediglich eine solche Adäquatheit aufweist, daß man bereits über H mit einem nicht vernachlässigbaren Bias rechnet, dann wird der Experimentator schlecht beraten sein, wenn er Beobachtungen außerhalb des Prognosebereiches anstellt.

Wenn man (im Bsp. 4.2.12) $V = H = [-1, 1]$ fordert, dann ist die Dominanz des Bias bei der Minimierung von $J = v + b$ nicht mehr so drastisch und alleinige Biasbetrachtungen haben nicht mehr diese hohe Bedeutung.

STIGLER [1] schlägt in diesem Zusammenhang das Kriterium der *c-beschränkten D-Optimalität* vor. Es werden dazu Polynomansätze in einer Variablen;

$$\tilde{\eta}(x, \boldsymbol{\vartheta}) = \vartheta_0 + \vartheta_1 x + \dots + \vartheta_k x^k \tag{4.2.37}$$

betrachtet und D-optimale Pläne zur Schätzung in diesem Ansatz so bestimmt, daß sie gleichzeitig auch die Schätzung im Ansatz nächsthöherer Ordnung, insbesondere des Koeffizienten ϑ_{k+1}, mit vorgegebener Genauigkeit $D^2\check{\vartheta}_{k+1} \leqq \frac{c}{n}\sigma^2$; $c > 0$; erlauben.

Falls $\boldsymbol{M}_k$ die Informationsmatrix zur MKQ in einem Polynomansatz k-ter Ordnung bezeichnet, so besteht das Kriterium der c-beschränkten D-Optimalität in der Lösung der Aufgabe

$$\det \boldsymbol{M}_k(V_n) \overset{!}{=} \sup\,, \qquad \det \boldsymbol{M}_k(V_n) \leqq c \det \boldsymbol{M}_{k+1}(V_n)\,. \tag{4.2.38}$$

Für den Fall $k = 1$ ist z. B. $V_8 = (-1, -1, -1, 0, 0, 1, 1, 1)$ ein c-beschränkter D-optimaler Plan mit $c = \frac{16}{3}$.

Falls es doch gerechtfertigt werden kann, die Minimierung von b allein zu betrachten, so sind dazu folgende Resultate bedeutsam. Wir verwenden dazu die Momente des Versuchsplanes (›Bez. 5.3.12).

Aussage 4.2.2 (Box, G. E. P./DRAPER [1]): Die wahre Wirkungsfläche sei ein Polynom der Ordnung d_2 in k Variablen. Der Regressionsansatz $\tilde{S}_0$ bestehe aus Polynomen der Ordnung $d_1 < d_2$ ((k, d_1)-Ansatz, ›Bez. 5.1.1). Dann wird für die MKQ-Schätzung in $\tilde{S}_0$ die Größe b aus (4.2.31) minimiert, wenn die Momente des Versuchsplanes bis zur Ordnung $d_1 + d_2$ mit den entsprechenden Momenten einer Gleichverteilung auf dem Prognosebereich H übereinstimmen ●

Zur Darstellung des nächsten Resultates verwenden wir wieder die Ansätze (4.2.32) und (4.2.33), d. h. also nicht notwendig Polynomansätze. Es bezeichne

$$\left.\begin{aligned} \boldsymbol{W}_0 &= \int_H \boldsymbol{f}_0(x)\,\boldsymbol{f}_0(x)'\,\mathrm{d}x; & \boldsymbol{W}_1 &= \int_H \boldsymbol{f}_0(x)\,\boldsymbol{f}_1(x)'\,\mathrm{d}x \\ \boldsymbol{F}_0(V_n) &= \big(\boldsymbol{f}_0(x_1), \dots, \boldsymbol{f}_0(x_n)\big)'; & \boldsymbol{F}_1(V_n) &= \big(\boldsymbol{f}_1(x_1), \dots, \boldsymbol{f}_1(x_n)\big)'. \end{aligned}\right\} \tag{4.2.39}$$

Aussage 4.2.3 (Box, G. E. P./Draper[1], ›[I/Satz 10.2.1]): Es liege die Wirkungsfläche (4.2.32) vor, und es soll mit dem Ansatz (4.2.33) geschätzt werden. Dann wird für die MKQ-Schätzung $\check{\boldsymbol{\beta}} = (\boldsymbol{F}_0'\boldsymbol{F}_0)^{-1}\boldsymbol{F}_0'\mathfrak{Y}$ (›Verf. 3.6.2) die Größe b aus (4.2.31) minimal, wenn der Versuchsplan V_n die Beziehung

$$\big(\boldsymbol{F}_0(V_n)'\,\boldsymbol{F}_0(V_n)\big)^{-1}\,\boldsymbol{F}_0(V_n)'\,\boldsymbol{F}_1(V_n) = \boldsymbol{W}_0^{-1}\boldsymbol{W}_1 \tag{4.2.40}$$

erfüllt •

Für den Fall nur einer Einflußgröße ($k = 1$) und auf H orthogonaler Komponenten von $\boldsymbol{f}(x)$ (d. h. $\boldsymbol{W}_0 = \boldsymbol{I}_q$, $\boldsymbol{W}_1 = \boldsymbol{O}$), sind diskrete optimale Pläne auf der Grundlage von (4.2.40) von Sedunov [1] konstruiert worden.

Ein anderer Zugang zum Versuchsplanungsproblem in adäquaten Ansätzen wurde von Karson [1] beschritten. Er legt nicht die MKQ-Schätzung im Ansatz (4.2.33) zugrunde, sondern die *Minimum-Biasschätzung* (3.6.20), die sich im Falle des Risikos $R = J$ aus (4.2.28) zu

$$\hat{\boldsymbol{\beta}}_p = \boldsymbol{P}(\boldsymbol{F}'\boldsymbol{F})^{-1}\boldsymbol{F}'\mathfrak{Y}; \qquad \boldsymbol{P} = (\boldsymbol{I}_q \,\vdots\, \boldsymbol{W}_0^{-1}\boldsymbol{W}_1); \qquad \boldsymbol{F} = (\boldsymbol{F}_0 \,\vdots\, \boldsymbol{F}_1) \tag{4.2.41}$$

ergibt. Diese Schätzung besitzt den minimal möglichen Bias für jeden regulären Versuchsplan. Aus dieser umfangreichen Planmenge kann dann ein Plan bestimmt werden, der v minimiert. Im Falle der MKQ-Schätzung führen nur die Pläne, die (4.2.40) erfüllen auf minimales b, so daß dann lediglich aus dieser kleineren Menge noch ein Plan mit minimalem v gesucht werden kann. Im Gesamtergebnis führt also die Planung auf der Grundlage von $\hat{\boldsymbol{\beta}}_p$ auf kleinere Werte J, als die Planung auf der Grundlage der MKQ-Schätzung (solange $\hat{\boldsymbol{\beta}}_p$ besser ist als $\check{\boldsymbol{\beta}}$; ›(3.6.23)).

Zur Versuchsplanung für $\hat{\boldsymbol{\beta}}_p$ im Falle von Ansätzen der Form (4.2.32) und (4.2.33) ›Verf. 4.1.1 bis Verf. 4.1.7 und Bem. 4.1.4.

In den bisherigen Betrachtungen haben wir, um den Biasanteil b berechnen zu können, die Kenntnis der Struktur der wahren Wirkungsfläche benötigt (›(4.2.32), (4.2.34), (4.2.37)). Diese Kenntnis wird in vielen praktischen Situationen nicht vorhanden sein. Karson [1] hat in diesem Zusammenhang Bedingungen an Versuchspläne angegeben, so daß man für mehrere mögliche Strukturen der wahren Wirkungsfläche stets auf ein und dieselbe Minimum-Bias-Schätzung geführt wird. (In [I/Def. 10.2.1] wurde diese Eigenschaft des Planes projektions-MKQ-invariant genannt.)

Für Wirkungsflächen, die nur von einer Einflußgröße abhängen ($k = 1$), ergeben sich z. B. die in Tab. 4.2.6 angegebenen Ergebnisse. Die 1. Zeile in Tab. 4.2.6 bedeutet also z. B., daß bei einem Ansatz $\tilde{S}_0$ mit $\tilde{\eta}(x, \boldsymbol{\beta}) = \beta_0 + \beta_1 x$ der Plan $V_n = (x_1, \dots, x_n)$ die Bedingungen $\frac{1}{n}\sum_{i=1}^{n} x_i^4 = \frac{3}{5}\frac{1}{n}\sum_{i=1}^{n} x_i^2$ erfüllen muß, damit die Minimum-Bias-Schätzungen bez. der beiden möglichen Wirkungsflächen

$$\eta(x) = \vartheta_0 + \vartheta_1 x + \vartheta_2 x^2$$

und

$$\eta(x) = \vartheta_0 + \vartheta_1 x + \vartheta_2 x^2 + \vartheta_3 x^3$$

identisch sind.

Tab. 4.2.6: Bedingungen an den Plan, die auf Übereinstimmung der Schätzungen $\hat{\beta}_p$ bez. mehrerer möglicher Wirkungsflächen führen (s. KARSON [1])

Grad des Polynom-ansatzes	möglicher Grad der Wirkungs-fläche	Bedingungen an die Momente $m_j = \frac{1}{n} \sum_{i=1}^{n} x_i^j$ des Planes $V_n = (x_1, \dots, x_n)$
1	2, 3	$m_4 = \frac{3}{5} m_2$
1	2, 3, 4, 5	$m_2 = \frac{1}{3};\ m_4 = \frac{1}{5};\ m_6 = \frac{1}{7}$
2	3, 4	$m_4 = \frac{3}{35}(10m_2 - 1);\ m_6 = \frac{3}{245}(53m_2 - 6)$
2	3, 4, 5	$m_4 = \frac{3}{35}(10m_2 - 1);\ m_6 = \frac{3}{245}(53m_2 - 6);$ $m_8 = \frac{9}{8575}(460m_2 - 53)$
3	4, 5	$m_6 = \frac{5}{21}\left(\frac{14}{3} m_4 - m_2\right);\ m_8 = \frac{50}{189}\left(\frac{113}{30} m_4 - m_2\right)$

Falls die Wirkungsfläche von $k > 1$ Einflußgrößen abhängt und ein Ansatz $\tilde{S}(k, 1)$, d. h.

$$\tilde{\eta}(\boldsymbol{x}, \boldsymbol{\beta}) = \beta_0 + \beta_1 x_1 + \dots + \beta_k x_k$$

verwendet wird, so sind die folgenden Bedingungen an die Momente des Planes $V_n = (\boldsymbol{x}_1, \dots, \boldsymbol{x}_n)$ hinreichend für die Übereinstimmung der Minimum-Bias-Schätzungen bez. einer Wirkungsfläche 2. oder 3. Grades in k-Variablen:

$$\sum_{i=1}^{n} x_{i1}^4 = \sum_{i=1}^{n} x_{i2}^4 = \dots = \sum_{i=1}^{n} x_{ik}^4; \qquad \sum_{i=1}^{n} x_{i1}^2 = \sum_{i=1}^{n} x_{i2}^2 = \dots = \sum_{i=1}^{n} x_{ik}^2;$$

$$\sum_{i=1}^{n} x_{i1}^4 = \frac{3}{5} \sum_{i=1}^{n} x_{i1}^2; \qquad \sum_{i=1}^{n} x_{i2}^2 = \sum_{i=1}^{n} x_{i1}^2 x_{i3}^2 = \dots = \sum_{i=1}^{n} x_{i(k-1)}^2 x_{ik}^2 = \frac{1}{3} \sum_{i=1}^{n} x_{i1}^2 .$$

Wir bemerken, daß es, ausgehend von den Ideen in BOX, G. E. P./DRAPER [1], weitere Arbeiten zur Versuchsplanung in adäquaten Modellen gibt (s. z. B. DRAPER/LAWRENCE [1], KARSON/MANSON/HADER [1], KUPPER/MEYDRECH [1], BOKOR [1], DRAPER/HERZBERG [1], s. auch Kap. 5).

4.3. Konstruktion näherungsweise optimaler konkreter Pläne

Bereits in der Einleitung zu [4.2] wurde betont, daß es bisher nur in Spezialfällen gelungen ist, Konstruktionsverfahren für exakt optimale konkrete Pläne anzugeben. Die Spezialfälle beschränken sich im wesentlichen auf die Planung zur MKQ- und BAYES-Schätzung, und da jeweils wiederum nur auf spezielle, strukturell einfache Ansätze und Versuchsbereiche. Für kompliziertere Versuchsplanungsprobleme ist man also gezwungen, mit einer näherungsweisen Bestimmung optimaler Pläne vorliebzunehmen. Um den Begriff „näherungsweise optimal" genauer zu erfassen, werden wir Bezeichnungen wie „Effektivität eines Planes" und „δ-Optimalität" einführen ('[4.3.1]).

Die geschilderte Situation ist für praktische Belange kein Nachteil. In den meisten Fällen wird auch eine hinreichend gute Annäherung an den optimalen Plan den praktisch gestellten Anforderungen genügen. Häufig wird man sogar einen Plan, der die gestellten Anforderungen in vorgegebener Güte erfüllt, einem exakt optimalen Plan vorziehen, nämlich dann, wenn die Konstruktion eines optimalen Planes sehr aufwendig und damit teuer wird.

Unter anderem aus diesen Gründen sind die in den folgenden Abschnitten vorgestellten Konstruktionsverfahren sehr bedeutsam. Wir werden im wesentlichen zwei Zugänge zur näherungsweisen Bestimmung optimaler Pläne vorstellen. Der erste Zugang betrifft Iterationsverfahren, die wir in diesem Abschnitt behandeln. Der zweite Zugang besteht in der Einführung diskreter Versuchspläne (›[4.4] und [4.5]).

4.3.1. Effektivität und δ-Optimalität konkreter Pläne

Für einen vorliegenden Versuchsplan V_n soll eingeschätzt werden, wie gut er in einer Menge $V^{(0)}$ von Versuchsplänen bez. eines Optimalitätskriteriums $\bar{Z}(\bar{M}(V_n), n)$ aus Tab. 4.1.2 ist. Zu diesem Zweck führen wir den Begriff der Effektivität eines konkreten Planes V_n ein.

Bezeichnung 4.3.1: Unter der *Effektivität* von V_n in $V^{(0)}$ bez. des Optimalitätskriteriums $\bar{Z}$ aus Tab. 4.1.2 versteht man den Ausdruck

$$e_{\bar{Z}}(\bar{M}(V_n)) = \frac{\bar{Z}^*}{\bar{Z}(\bar{M}(V_n), n)}. \tag{4.3.1}$$

Dabei ist $\bar{Z}^* = \inf\limits_{V_n \in V^{(0)}} \bar{Z}(\bar{M}(V_n), n)$ $\bar{M}$ eine Informationsmatrix aus Tab. 4.1.1 und $\bar{Z} \neq \bar{Z}_{E'}$, $\bar{Z} \neq Z_{D'}$, $\bar{Z} \neq \bar{Z}_{D''}$ ●

Die Effektivität setzt also den Funktionalwert für V_n mit dem minimalen Funktionalwert in $V^{(0)}$ ins Verhältnis. Es gilt stets $e_{\bar{Z}}(\bar{M}(V_n)) \leqq 1$. Das Gleichheitszeichen wird angenommen, falls V_n ein $\bar{Z}$-optimaler Plan ist.

Man kann $e_{\bar{Z}}$ auch durch die Funktionale Z ausdrücken, indem man mit n^* den Planumfang des in $V^{(0)}$ $\bar{Z}$-optimalen Planes bezeichnet und Tab. 4.1.2 ausnutzt. So ergibt sich z. B. für $\bar{Z} = \bar{Z}_G$, $\bar{Z} = \bar{Z}_I$, $\bar{Z} = \bar{Z}_A$, $\bar{Z} = \bar{Z}_C$, $\bar{Z} = \bar{Z}_E$ und $\bar{Z} = \bar{Z}_M$

$$e_{\bar{Z}}(\bar{M}(V_n)) = \frac{n}{n^*} \frac{Z^*}{Z\,(\bar{M}(V_n))} \tag{4.3.2}$$

mit $Z^* = \inf\limits_{V_n \in V^{(0)}} Z(\bar{M}(V_n))$ und für die D-Optimalität

$$e_D(\bar{M}(V_n)) = \left(\frac{n}{n^*}\right)^r \frac{Z_D^*}{Z_D(\bar{M}(V_n))} = \left(\frac{n}{n^*}\right)^r \frac{Z_{D'}(\bar{M}(V_n))}{Z_{D'}^*} \tag{4.3.3}$$

mit $Z_D^* = \inf\limits_{V_n \in V^{(0)}} Z_D(\bar{M}(V_n))$ und $Z_{D'}^* = \inf\limits_{V_n \in V^{(0)}} Z_{D'}(\bar{M}(V_n))$.

Beispiel 4.3.1: $\tilde{\eta}(x, \vartheta) = \vartheta_0 + \vartheta_1 x$; $V = [-1, 1]$.
$V^{(0)}$: Menge aller Pläne mit zwei verschiedenen Punkten aus V
Optimalitätskriterium: D-Optimalität für reguläre MKQ

$$V_2 = (x_1, x_2) \in V^{(0)}; \qquad M(V_2) = \frac{1}{2}\begin{pmatrix} 2 & x_1 + x_2 \\ x_1 + x_2 & x_1^2 + x_2^2 \end{pmatrix};$$

$$Z_{D'}(M(V_2)) = -\det M(V_2) = -\tfrac{1}{4}(x_1 - x_2)^2; \; Z_{D'}^* = -\max_{x_1, x_2 \in V} \tfrac{1}{4}(x_1 - x_2)^2 = -1;$$

$$n^* = 2.$$

Welche Effektivität hat $\tilde{V}_2 = (-0{,}9; 1)$?

$$Z_{D'}(M(\tilde{V}_2)) = -\frac{3{,}61}{4}, \text{ d. h. nach (4.3.3) } e_D(M(\tilde{V}_2)) = \frac{3{,}61}{4} = 0{,}9.$$

Der minimale Wert Z^* des Optimalitätskriteriums ist i. allg. unbekannt. Die Berechnung von Z^* (und damit die exakte Berechnung von $e_{\overline{Z}}$) ist im wesentlichen äquivalent zum Problem der Bestimmung eines exakt $\overline{Z}$-optimalen Planes, also i. allg. von der Schwierigkeit, die wir gerade umgehen wollen. Man ist daher daran interessiert, Schranken für $e_{\overline{Z}}$ anzugeben. Von besonderem Interesse sind dabei untere Schranken der Effektivität. Dann weiß man also, welche Effektivität ein gegebener Plan mindestens hat.

Im folgenden recht allgemeinen Verfahren wollen wir für verschiedene Schätzmethoden und Optimalitätskriterien untere Schranken für $e_{\overline{Z}}$ bestimmen. Das Verfahren ist eine Anwendung von [I/6.3].

VERFAHREN 4.3.1 (Untere Schranke für Effektivität konkreter Pläne):

1. **Gegebene Größen:** a) Linearer Ansatz $\tilde{S}$ mit

$$\tilde{\eta}(\boldsymbol{x}, \boldsymbol{\vartheta}) = \boldsymbol{f}(\boldsymbol{x})' \boldsymbol{\vartheta}; \qquad \boldsymbol{x} \in B \subseteq \mathrm{R}^k; \; \boldsymbol{\vartheta} \in \mathrm{R}^r.$$

b) Versuchsbereich V.

c) Prognosebereich H (nur im Falle der I-Optimalität).

d) Schätzmethode, d. h. ein $\overline{M}$ aus Tab. 4.1.1.

e) Optimalitätskriterium Z aus Tab. 4.1.2.

f) Zu prüfender Plan V_n.

g) Menge $V^{(0)}$ von Plänen, bez. der die Effektivität von V_n interessiert.

2. **Aufgabe:** Bestimme eine untere Schranke für $e_{\overline{Z}}(\overline{M}(V_n))$.

3. **Bezeichnungen:** a) $\overline{M}(\boldsymbol{x})$ Informationsmatrix des Einpunktplanes $V_1 = (\boldsymbol{x})$.

b) $D_2(\overline{M}(V_n)) = \sup_{\boldsymbol{x} \in V} d_2(\boldsymbol{x}, \overline{M}(V_n))$, ›Tab. 4.2.3 bis Tab. 4.2.5

c) N größter in $V^{(0)}$ vorkommender Planumfang.

d) $\lambda_{\min}(\overline{M})$ minimaler Eigenwert von $\overline{M}$, $\boldsymbol{t}_{\min}(\overline{M})$ dazugehörender normierter Eigenvektor (nur im Falle der E-Optimalität).

4. **Voraussetzungen:** a) $V_n \in V^{(0)}$.

b) Für alle $V_n \in V^{(0)}$ ist $\overline{M}(V_n)$ regulär. (Im Falle $\overline{M} = M_A$ sei sogar $M(V_n)$ regulär)

c) Zugelassene Schätzmethoden, d. h. zugelassene $\overline{M}$: M, M_A, M_p, M_b, M_K, M_R, M_V (›Tab. 4.1.1).

d) Zugelassene Optimalitätskriterien: Z_D, Z_A, Z_I, Z_C, Z_L, Z_E (›Tab. 4.1.2) (Z_E nicht im Falle M_A und M_p).

e) Im Falle der E-Optimalität sei $\lambda_{\min}(\overline{M})$ einfach (›[A.1]).

5. **Lösung:** a) Berechne $Z(\overline{M}(V_n))$.

b) Berechne $D_2(\overline{M}(V_n))$ (›Tab. 4.2.3 bis Tab. 4.2.5).

c) Es ist

$$c_1)\ \frac{n}{N}\left(2 - \frac{D_2(\overline{M}(V_n))}{Z(\overline{M}(V_n))}\right) \leqq e_{\overline{Z}}(\overline{M}(V_n)) \text{ für } A\text{-}, I\text{-}, C\text{- und } L\text{-Optimalität,}$$

$$c_2)\ \frac{n}{N}\,\frac{\lambda_{\min}(\overline{M}(V_n))}{D_2(\overline{M}(V_n))} \leqq e_E(\overline{M}(V_n)) \text{ für die } E\text{-Optimalität,}$$

$$c_3)\ \left(\frac{n}{N}\right)^r \exp\{r - D_2(\overline{M}(V_n))\} \leqq e_D(\overline{M}(V_n)) \text{ für die } D\text{-Optimalität}$$

(im Falle $\overline{M} = M_A$ ist r durch s und im Falle $\overline{M} = M_p$ ist r durch q zu ersetzen, ›Tab. 4.1.2) ●

Beispiel 4.3.2 (›Bsp. 4.3.1):

1. a) $\tilde{\eta}(x, \vartheta) = \vartheta_0 + \vartheta_1 x$.

b) $V = [-1, 1]$.

d) MKQ regulär.

e) D-Optimalität.

f) $V_n = V_2 = (-0{,}9;\ 1)$.

g) $V^{(0)}$ Menge aller Pläne mit zwei verschiedenen Versuchspunkten.

5. a) $Z_D(M(V_2)) = \det M(V_2)^{-1} = (\det M(V_2))^{-1} = \frac{4}{3{,}61} = 1{,}11$ (›Bsp. 4.3.1).

b) $D_2(M(V_2)) = \sup_{x \in V} f(x)'\, M(V_2)^{-1} f(x)$ (›Tab. 4.2.5),

$$M(V_2)^{-1} = \begin{pmatrix} 1 & 0{,}050 \\ 0{,}050 & 0{,}905 \end{pmatrix}^{-1} = 1{,}136 \begin{pmatrix} 0{,}905 & -0{,}050 \\ -0{,}050 & 1 \end{pmatrix}; \quad f(x) = \begin{pmatrix} 1 \\ x \end{pmatrix};$$

$$D_2(M(V_2)) = 1{,}136 \sup_{x \in V} (0{,}905 - 0{,}100x + x^2) = 1{,}136 \cdot 2{,}005 = 2{,}27.$$

c) $n = N = 2;\ r = 2;$

$e^{2-2{,}27} = e^{-0{,}27} = 0{,}76 \leqq e_D(M(V_2))$

(zum Vergleich: $e_D(M(V_2)) = 0{,}9$ (›Bsp. 4.3.1)).

Beispiel 4.3.3:

1. wie Bsp. 4.3.2, jedoch für A-Optimalität.

5. a) $Z_A(M(V_2)) = \operatorname{sp} M(V_2)^{-1} = 1{,}136 \cdot 1{,}905 = 2{,}16$ (›Bsp. 4.3.2).

b) $D_2(M(V_2)) = \sup_{x \in V} f(x)'\, M(V_2)^{-2} f(x)$ (›Tab. 4.2.5),

$$M(V_2)^{-2} = 1{,}204 \begin{pmatrix} 0{,}819 & -0{,}095 \\ -0{,}095 & 1{,}025 \end{pmatrix},$$

$$D_2(M(V_2)) = 1{,}204 \sup_{x \in V} (0{,}819 - 0{,}190x + 1{,}025x^2) = 1{,}204 \cdot 2{,}034 = 2{,}45\,.$$

c) $n = N = 2;\ r = 2;$

$$2 - \frac{2{,}45}{2{,}16} = 0{,}87 \leqq e_A(M(V_2))$$

$$\left(\text{zum Vergleich: } e_A(M(V_2)) = \frac{2{,}00}{2{,}16} = 0{,}926\right).$$

Bemerkung 4.3.1: Im Falle der D-Optimalität für die reguläre MKQ-Schätzung läßt sich eine schärfere untere Schranke für e_D als in Verf. 4.3.1 angeben. Es gilt im Falle der regulären MKQ

$$\left(\frac{n}{N}\right)^r \left[\frac{r}{\sup\limits_{x \in V} f(x)' M(V_n)^{-1} f(x)}\right]^r \leqq e_D(M(V_n)) \tag{4.3.4}$$

und im Falle der MKQ für schätzbares $\psi = A\vartheta;\ A \in \mathcal{M}_{s\times r};$

$$\left(\frac{n}{N}\right)^s \left[\frac{s}{\sup\limits_{x \in \tilde{V}(V_n)} f(x)' M(V_n)^{-1} A'[A M(V_n)^{-1} A']^{-1} A M(V_n)^{-1} f(x)}\right]^s \leqq e_D(M_A(V_n)) \tag{4.3.5}$$

(s. ATWOOD [1] und [I/6.3]).

Beispiel 4.3.4: Wir berechnen eine untere Schranke gemäß (4.3.4) für den Sachverhalt in Bsp. 4.3.2:

$$r = 2; \quad \sup_{x \in [-1,\,1]} f(x)' M(V_2)^{-1} f(x) = 2{,}27 \quad (\text{›Bsp. } 4.3.2);$$

$$n = N = 2; \quad \left(\frac{2}{2{,}27}\right)^2 = (0{,}88)^2 = 0{,}774 \leqq e_D(M(V_2)).$$

Wir haben den Begriff der Effektivität eines Planes bisher dazu benutzt, die Güte eines vorgegebenen Planes bez. eines bestimmten Optimalitätskriteriums einzuschätzen. Wir werden ihn jedoch auch zur Konstruktion von Plänen ausnutzen, nämlich z. B. in der Hinsicht, daß ein Verfahren zur näherungsweisen Bestimmung optimaler Pläne abgebrochen wird, wenn eine vorgegebene Effektivität erreicht wird. Die Konstruktion eines Planes von vorgegebener Effektivität kann man auch als Konstruktion eines sog. δ-optimalen Planes auffassen. V_n^* heißt *$\bar{Z}$-δ-optimal* in $V^{(0)}$ wenn

$$\delta \leqq e_{\bar{Z}}(\bar{M}(V_n^*)) \tag{4.3.6}$$

gilt. (In der Literatur wird häufig auch ein Plan V_n^* mit $\bar{Z}(V_n^*) - \bar{Z}^* \leqq \delta$ als δ-optimal bezeichnet.) Das folgende Verfahren formuliert die allgemeine Aufgabe der Konstruktion eines δ-optimalen Planes.

VERFAHREN 4.3.2 (δ-Optimalität):

1. **Gegebene Größen:** a) Linearer Ansatz $\tilde{S}$ mit

$$\tilde{\eta}(x, \vartheta) = f(x)'\vartheta; \qquad x \in B \subseteq \mathrm{R}^k;\ \vartheta \in \mathrm{R}^r.$$

b) Schätzmethode, d. h. ein $\bar{M}$ aus Tab. 4.1.1.

c) Versuchsbereich V, Prognosebereich H.

d) Menge möglicher Pläne $V^{(0)}$.

e) Optimalitätskriterium $\bar{Z}$ aus Tab. 4.1.2.

f) δ mit $0 < \delta < 1$.

2. **Aufgabe:** Bestimme einen Plan, dessen Effektivität in $V^{(0)}$ bez. $\bar{Z}$ mindestens δ ist.

3. **Bezeichnung:** V_n^*: δ-optimaler Plan.

4. **Voraussetzung:** Für alle $V_n \in V^{(0)}$ ist $\overline{M}(V_n)$ regulär.

5. **Lösung:** Bestimme V_n^* so, daß $\delta \leqq e_{\overline{Z}}(\overline{M}(V_n^*))$ gilt •

Beispiel 4.3.5:

1. a) $\tilde{\eta}(\boldsymbol{x}, \boldsymbol{\vartheta}) = \vartheta_0 + \vartheta_1 x_1 + \vartheta_2 x_2$.
b) MKQ.
c) $V = H = \{\boldsymbol{x} \in \mathrm{R}^r: -1 \leqq x_i \leqq 1;\ i = 1, 2\}$ (Einheitsquadrat).
d) $V^{(0)} = \{V_n: 3 \leqq n \leqq 48$ und $M(V_n)$ regulär$\}$.
e) G-Optimalität.
f) $\delta = 0{,}9$.

5. $e_G(M(V_n)) = \dfrac{n}{n^*} \dfrac{Z_G^*}{Z_G(M(V_n))}$ (›(4.3.2)),

$$V_{48} = \Bigg(\underbrace{\begin{pmatrix}1\\1\end{pmatrix}}_{12\times}, \underbrace{\begin{pmatrix}-1\\1\end{pmatrix}}_{12\times}, \underbrace{\begin{pmatrix}1\\-1\end{pmatrix}}_{12\times}, \underbrace{\begin{pmatrix}-1\\-1\end{pmatrix}}_{12\times}\Bigg) \text{ ist } G\text{-optimal in } V^{(0)},$$

d. h. $n^* = 48$, $M(V_{48}) = I_3$, $\boldsymbol{f}(\boldsymbol{x}) = (1, x_1, x_2)'$.

$$Z_G^* = \sup_{\boldsymbol{x} \in V} \boldsymbol{f}(\boldsymbol{x})' \, M(V_{48})^{-1} \boldsymbol{f}(\boldsymbol{x}) = \sup_{\boldsymbol{x} \in V} (1 + x_1^2 + x_2^2) = 3,$$

d. h. $e_G(M(V_n^*)) = \dfrac{3n}{48 \sup\limits_{\boldsymbol{x} \in V} \boldsymbol{f}(\boldsymbol{x})' \, M(V_n^*)^{-1} \boldsymbol{f}(\boldsymbol{x})} \geqq 0{,}9$,

d. h. $n \geqq 14{,}4 \sup\limits_{\boldsymbol{x} \in V} \boldsymbol{f}(\boldsymbol{x})' \, M(V_n^*)^{-1} \boldsymbol{f}(\boldsymbol{x})$. (4.3.7)

Ansatz für V_n^*: $V_n^* = \Bigg(\underbrace{\begin{pmatrix}1\\1\end{pmatrix}}_{n/4\times}, \underbrace{\begin{pmatrix}-1\\1\end{pmatrix}}_{n/4\times}, \underbrace{\begin{pmatrix}1\\-1\end{pmatrix}}_{n/4\times}, \underbrace{\begin{pmatrix}-1\\-1\end{pmatrix}}_{n/4\times}\Bigg)$.

Damit wird $\sup\limits_{\boldsymbol{x} \in V} \boldsymbol{f}(\boldsymbol{x})' \, M(V_n^*)^{-1} \boldsymbol{f}(\boldsymbol{x}) = 3$. Um (4.3.7) zu erfüllen, muß $n \geqq 43{,}2$ gelten. Wir wählen für n die kleinste durch 4 teilbare Zahl, die größer als 43,2 ist: $n = 44$.

Also ist $V_n^* = \Bigg(\underbrace{\begin{pmatrix}1\\1\end{pmatrix}}_{11\times} \underbrace{\begin{pmatrix}-1\\1\end{pmatrix}}_{11\times} \underbrace{\begin{pmatrix}1\\-1\end{pmatrix}}_{11\times} \underbrace{\begin{pmatrix}-1\\-1\end{pmatrix}}_{11\times}\Bigg)$ G-δ-optimal in $V^{(0)}$ für $\delta = 0{,}9$.

Die Bestimmung eines δ-optimalen Planes V_n^* entsprechend Verf. 4.3.2/5. erfordert zur Berechnung von $e_{\overline{Z}}(\overline{M}(V_n^*))$ i. allg. die Kenngnis des $\overline{Z}$-optimalen Planes in $V^{(0)}$. Dieser optimale Plan ist mitunter auch bekannt, hat aber z. B. sehr viele Versuchspunkte. Verf. 4.3.2 kann dann z. B. dazu benutzt werden, einen δ-optimalen Plan mit weniger Punkten zu finden (›Bsp. 4.3.5). In sehr vielen Fällen wird jedoch der optimale Plan unbekannt sein. (Die Einführung des Begriffes der δ-Optimalität war ja gerade zu dem Zweck geschehen, gegebenenfalls die Konstruktion exakt optimaler Pläne zu umgehen.). Dann kann man die mit Verf. 4.3.1 berechnete untere Schranke der Effektivität vorteilhaft ausnutzen und folgendes Verfahren zur Überprüfung der δ-Optimalität eines gegebenen Planes benutzen.

VERFAHREN 4.3.3 (Überprüfung der δ-Optimalität bei konkreten Plänen):

1. **Gegebene Größen:** a) bis g) ›Verf. 4.3.1.
h) δ mit $0 < \delta < 1$.

2. **Aufgabe:** Prüfe, ob V_n ein $\overline{Z}$-δ-optimaler Plan ist.

3. Bezeichnungen:
4. Voraussetzungen: } › Verf. 4.3.1.

5. Lösung: Falls für V_n

$$\delta \leqq \frac{n}{N}\left(2 - \frac{D_2(\overline{M}(V_n))}{Z(\overline{M}(V_n))}\right) \text{ (im Falle der } A\text{-, } I\text{-, } C\text{- und } L\text{-Optimalität)} \tag{4.3.8}$$

$$\delta \leqq \left(\frac{n}{N}\right)^r \exp\left\{r - D_2(\overline{M}(V_n))\right\} \text{ (im Falle der } D\text{-Optimalität)} \tag{4.3.9}$$

$$\delta \leqq \frac{n}{N}\frac{\lambda_{\min}(\overline{M}(V_n))}{D_2(\overline{M}(V_n))} \text{ (im Falle der } E\text{-Optimalität)} \tag{4.3.10}$$

gilt, dann ist V_n $\overline{Z}$-δ-optimal. Andernfalls ist keine Entscheidung möglich. (Im Falle der D-Optimalität ist r bei $\overline{M} = M_A$ durch s und bei $\overline{M} = M_p$ durch q zu ersetzen) ●

Bemerkung 4.3.2: Im Falle der D-Optimalität für die reguläre MKQ-Schätzung können in (4.3.9) auch die Schranken (4.3.4) bzw. (4.3.5) benutzt werden (›Bem. 4.3.1).

Beispiel 4.3.6:

1. a) $\tilde{\eta}(x, \boldsymbol{\vartheta}) = \vartheta_0 + \vartheta_1 x$.

b) $V = [-1, 1]$.

d) Bayes-Schätzung mit $\sigma^2 = 1$, $\Lambda^{-1} = \begin{pmatrix} 2 & 0{,}4 \\ 0{,}4 & 2 \end{pmatrix}$.

e) C-Optimalität bez. $\mathbf{c} = (0, 1)'$.

f) $V_n = V_4 = (-1, -1, 1, 1)$.

g) $V^{(0)} = \{V_n : 2 \leqq n \leqq 4\}$.

h) $\delta = 0{,}90$.

5. $Z_C(\boldsymbol{M}_b(V_4)) = \mathbf{c}'\boldsymbol{M}_b(V_4)^{-1}\,\mathbf{c}$; $\quad \boldsymbol{M}_b(V_4) = \boldsymbol{I}_2 + \frac{1}{4}\Lambda^{-1} = \begin{pmatrix} 1{,}5 & 0{,}1 \\ 0{,}1 & 1{,}5 \end{pmatrix}$;

$\boldsymbol{M}_b(V_4)^{-1} = 0{,}446 \begin{pmatrix} 1{,}5 & -0{,}1 \\ -0{,}1 & 1{,}5 \end{pmatrix}$;

$Z_C(\boldsymbol{M}_b(V_4)) = 0{,}446 \cdot 1{,}5 = 0{,}669$; $D_2(\boldsymbol{M}_b(V_4)) = \sup\limits_{x \in V} \mathbf{c}'\boldsymbol{M}_b(V_4)^{-1}\,\boldsymbol{M}_b(x)\,\boldsymbol{M}_b(V_4)^{-1}\,\mathbf{c}$

(›Tab. 4.2.3);

$\boldsymbol{M}_b(x) = \boldsymbol{f}(x)\,\boldsymbol{f}(x)' + \frac{\sigma^2}{n}\Lambda^{-1} = \begin{pmatrix} 1{,}5 & x + 0{,}1 \\ x + 0{,}1 & x^2 + 0{,}5 \end{pmatrix}$; $\quad \boldsymbol{M}_b(V_4)^{-1}\,\mathbf{c} = \begin{pmatrix} -0{,}045 \\ 0{,}669 \end{pmatrix}$;

$$D_2(\boldsymbol{M}_b(V_4)) = \sup_{x \in V}\left[(0{,}045)^2 \cdot 1{,}5 + (0{,}669)^2\,(x^2 + 0{,}5) - 2 \cdot 0{,}045 \cdot 0{,}669(x + 0{,}1)\right]$$
$$= 0{,}729;$$

$n = N = 4$;

$$\frac{n}{N}\left(2 - \frac{D_2(\boldsymbol{M}_b(V_4))}{Z_C(\boldsymbol{M}_b(V_4))}\right) = 2 - \frac{0{,}729}{0{,}669} = 0{,}91 > 0{,}90 = \delta\,.$$

D. h., V_4 ist in $V^{(0)}$ C-δ-optimal für die Bayes-Schätzung mit $\delta = 0{,}90$.

4.3.2. Iterationsverfahren zur Konstruktion näherungsweise optimaler konkreter Pläne

In diesem Abschnitt geben wir ein recht allgemeines Verfahren zur näherungsweisen Bestimmung optimaler konkreter Pläne an. Es ist prinzipiell anwendbar für alle in

Verf. 4.1.1 bis Verf. 4.1.7 angegebenen Optimalitätskriterien (d. h. für alle $\overline{Z}$ aus Tab. 4.1.2), für beliebige Ansätze und Versuchsbereiche. Für sehr komplizierte Ansätze und Versuchsbereiche werden sich jedoch z. T. recht erhebliche numerische Schwierigkeiten nicht vermeiden lassen.

Das folgende Iterationsverfahren (s. FEDOROV [1], WYNN [1]) arbeitet im wesentlichen so, daß zu einem gegebenen Startplan $V_n^{(0)}$ im ersten Iterationsschritt ein solcher Punkt hinzugefügt wird, der eine maximale Abnahme des Funktionalwertes des zugrundegelegten Optimalitätskriteriums bewirkt. Gleichzeitig (oder daran anschließend) wird aus dem so entstandenen Plan der im Sinne des Optimalitätskriteriums schlechteste Punkt entfernt. Der damit erhaltene Plan $V_n^{(1)}$ ist bez. des Optimalitätskriteriums nicht schlechter als $V_n^{(0)}$. Mit $V_n^{(1)}$ kann man im nächsten Schritt des Iterationsverfahrens analog verfahren.

Das Iterationsverfahren sollte abgebrochen werden, falls ein Plan mit der erforderlichen Effektivität bzw. ein δ-optimaler Plan mit vorgegebenem δ entstanden ist. Zur Überprüfung der δ-Optimalität kann z. B. Verf. 4.3.3 benutzt werden.

Das Verfahren kann neben der Konstruktion näherungsweise optimaler Pläne auch zur weiteren Verbesserung schon näherungsweise optimaler Pläne verwendet werden.

VERFAHREN 4.3.4 (Iterationsverfahren für konkrete Pläne):

1. **Gegebene Größen:** a) Linearer Ansatz $\tilde{S}$ mit

$$\tilde{\eta}(\boldsymbol{x}, \boldsymbol{\vartheta}) = \boldsymbol{f}(\boldsymbol{x})' \boldsymbol{\vartheta}; \qquad \boldsymbol{x} \in B \subseteq \mathrm{R}^k; \boldsymbol{\vartheta} \in \mathrm{R}^r.$$

b) Schätzmethode, d. h. ein $\overline{\boldsymbol{M}}$ aus Tab. 4.1.1.

c) Planumfang n.

d) Versuchsbereich V, Prognosebereich H.

e) Optimalitätskriterium Z aus Tab. 4.1.2.

f) Startplan $V_n^{(0)}$.

g) δ mit $0 < \delta < 1$.

2. **Aufgabe:** Bestimme, ausgehend von $V_n^{(0)}$, iterativ einen Z-δ-optimalen Plan.

3. **Bezeichnungen:** $V_n^{(i)} = (\boldsymbol{x}_1^{(i)}, \ldots, \boldsymbol{x}_n^{(i)})$;

$$V_{n+1}^{(i)}(\boldsymbol{x}) = V_n^{(i)} + (\boldsymbol{x}) = (\boldsymbol{x}_1^{(i)}, \ldots, \boldsymbol{x}_n^{(i)}, \boldsymbol{x}); \qquad i = 0, 1, \ldots;$$

$$V_n^{(i)}(j) = (\boldsymbol{x}_1^{(i)}, \ldots, \boldsymbol{x}_{j-1}^{(i)}, \boldsymbol{x}_{j+1}^{(i)}, \ldots, \boldsymbol{x}_{n+1}^{(i)}); \qquad j = 1, \ldots, n+1;$$

4. **Voraussetzung:** $\overline{\boldsymbol{M}}(V_n^{(0)})$ regulär.

5. **Lösung:** a) i-ter Iterationsschritt ($i = 0, 1, \ldots$):

a_1) Bestimme eine Lösung $\boldsymbol{x}_{n+1}^{(i)} \in V$ der Aufgabe

$$Z(\overline{\boldsymbol{M}}(V_{n+1}^{(i)}(\boldsymbol{x}))) \stackrel{!}{=} \inf_{\boldsymbol{x} \in V}.$$

a_2) Bestimme eine Lösung j^* der Aufgabe

$$Z(\overline{\boldsymbol{M}}(V_n^{(i)}(j))) \stackrel{!}{=} \inf_{j \in \{1, \ldots, n+1\}}.$$

a_3) Setze $V_n^{(i+1)} = V_n^{(i)}(j^*)$.

b) Abbruchregel: Falls $e_{\overline{Z}}(\overline{\boldsymbol{M}}(V_n^{(i+1)})) \geqq \delta$, dann beende das Verfahren ●

Bemerkung 4.3.3: Eine praktikable, aber nur heuristisch motivierte Abbruchregel besteht darin, das Verfahren zu beenden, falls die Funktionalwertabnahme $Z(\overline{M}(V_n^{(i)})) - Z(\overline{M}(V_n^{(i+1)}))$ kleiner als ein vorgegebenes $\varepsilon > 0$ wird.

Beispiel 4.3.7:

1. a) $\tilde{\eta}(x, \boldsymbol{\vartheta}) = \vartheta_0 + \vartheta_1 x$.

b) Bayes-Schätzung mit $\sigma^2 = 2$, $\Lambda = \boldsymbol{I}_2$.

c) $n = 2$.

d) $V = [-1, 1]$.

e) C-Optimalität bez. $\boldsymbol{c} = (0, 1)'$.

f) $V_2^{(0)} = (-0{,}9; 0{,}9)$.

g) $\delta = 0{,}9$.

5. $i = 0$:

a$_1$) $V_3^{(0)}(x) = (-0{,}9;\ 0{,}9;\ x)$,

$$\boldsymbol{M}_b(V_3^{(0)}(x)) = \boldsymbol{M}(V_3^{(0)}(x)) + \frac{\sigma^2}{n+1}\Lambda^{-1} = \frac{1}{3}\begin{pmatrix}3 & x\\ x & 1{,}62 + x^2\end{pmatrix} + \frac{2}{3}\boldsymbol{I}_2$$
$$= \frac{1}{3}\begin{pmatrix}5 & x\\ x & 3{,}62 + x^2\end{pmatrix},$$

$$Z_C(\boldsymbol{M}_b(V_3^{(0)}(x))) = \boldsymbol{c}'\boldsymbol{M}_b^{-1}(V_3^{(0)}(x))\,\boldsymbol{c} = \frac{1{,}67}{2{,}02 + 0{,}44x^2} \overset{!}{=} \inf_{x\in[-1,1]},$$

Lösung: $|x_3^{(0)}| = 1$, d. h. z. B. $x_3^{(0)} = +1$.

a$_2$) $V_2^{(0)}(1) = (0{,}9;\ 1)$; $V_2^{(0)}(2) = (-0{,}9;\ 1)$; $V_2^{(0)}(3) = (-0{,}9;\ 0{,}9)$;

$$\boldsymbol{M}_b(V_2^{(0)}(1)) = \begin{pmatrix}2 & 0{,}950\\ 0{,}950 & 1{,}905\end{pmatrix};\quad \boldsymbol{M}_b(V_2^{(0)}(2)) = \begin{pmatrix}2 & 0{,}050\\ 0{,}050 & 1{,}905\end{pmatrix};$$

$$\boldsymbol{M}_b(V_2^{(0)}(3)) = \begin{pmatrix}2 & 0\\ 0 & 1{,}81\end{pmatrix};$$

$$Z_C(\boldsymbol{M}_b(V_2^{(0)}(j))) = \boldsymbol{c}'\boldsymbol{M}_b^{-1}(V_2^{(0)}(j))\,\boldsymbol{c} = \begin{cases}2/2{,}91, & j = 1,\\ 2/3{,}79, & j = 2,\\ 2/3{,}62, & j = 3,\end{cases}$$

d. h. $j^* = 2$.

a$_3$) $V_2^{(1)} = (-0{,}9;\ 1)$.

b) Wir prüfen mit Verf. 4.3.3, ob die untere Schranke von $e_C(\boldsymbol{M}_b(V_2^{(1)}))$ größer als δ ist:

$$Z_C(\boldsymbol{M}_b(V_2^{(1)})) = \frac{2}{3{,}79} = 0{,}53,$$

$$D_2(\boldsymbol{M}_b(V_2^{(1)})) = \sup_{x\in[-1,1]} \boldsymbol{c}'\boldsymbol{M}_b(V_2^{(1)})^{-1}\,\boldsymbol{M}_b(x)\,\boldsymbol{M}_b(V_2^{(1)})^{-1}\,\boldsymbol{c},$$

$$\boldsymbol{M}_b(x) = \begin{pmatrix}2 & x\\ x & x^2 + 1\end{pmatrix};\quad \boldsymbol{M}_b(V_2^{(1)})^{-1} = 0{,}264\begin{pmatrix}1{,}905 & -0{,}050\\ -0{,}050 & 2\end{pmatrix};$$

$$\boldsymbol{M}_b(V_2^{(1)})^{-1}\,\boldsymbol{c} = \begin{pmatrix}-0{,}013\\ 0{,}528\end{pmatrix};$$

$$D_2(\boldsymbol{M}_b(V_2^{(1)})) = \sup_{x\in[-1,1]} [(0{,}013)^2\cdot 2 + (0{,}528)^2(1 + x^2) - 2\cdot 0{,}013\cdot 0{,}528x] = 0{,}57.$$

$$2 - \frac{D_2(\boldsymbol{M}_b(V_2^{(1)}))}{Z_C(\boldsymbol{M}_b(V_2^{(1)}))} = 2 - \frac{0{,}57}{0{,}53} = 0{,}92 > 0{,}9 = \delta\,.$$

Also ist $V_2^{(1)}$ C-δ-optimal mit $\delta = 0{,}9$, d. h. Abbruch.

In Verf. 4.3.4/5.a$_1$) wird also zum Plan $V_n^{(i)}$, dem Ergebnis der $(i-1)$-ten Stufe des Iterationsverfahrens, ein Punkt $\boldsymbol{x}_{n+1}^{(i)}$ hinzugefügt, der eine maximale Verbesserung des Funktionalwertes des zugrundeliegenden Optimalitätskriteriums bewirkt.

Durch 5.a$_2$) wird die Streichung des Punktes $x_{j^*}^{(i)}$ aus $V_{n+1}^{(i)}(x_{n+1}^{(i)})$ vorgenommen, dessen Entfernung eine minimale Verschlechterung des Funktionalwertes gegenüber $Z(\overline{M}(V_{n+1}^{(i)}(x_{n+1}^{(i)})))$ ergibt.

Das Optimierungsproblem in 5.a$_1$) kann vor allem bei komplizierten Ansätzen und Versuchsbereichen sehr schwierig sein. Häufig wird man numerische Verfahren zur Bestimmung des Minimums einsetzen müssen (›Verf. 3.5.10 und Verf. 3.5.11).

Das Optimierungsproblem in 5.a$_2$) ist dagegen i. allg. weniger aufwendig. Notfalls müssen alle (maximal $n + 1$) Funktionalwerte berechnet und daraus das j^* mit dem kleinsten herausgesucht werden (›Bsp. 4.3.7).

Verf. 4.3.4 sichert i. allg. keine Konvergenz gegen den optimalen konkreten Plan, sondern lediglich eine schrittweise Verbesserung eines gegebenen (Anfangs-) Planes. Daher ist es auch durchaus möglich, daß insbesondere für δ nahe 1 mit Verf. 4.3.4 ein δ-optimaler Plan nicht erreicht wird. Dann empfiehlt es sich, das Verfahren mit einem neuen Startplan erneut zu beginnen.

Verf. 4.3.4 ist für festen, gegebenen Planumfang n formuliert, d. h. mit Verf. 4.3.4 können δ-optimale Pläne in der Menge

$$V^{(0)} = \{V_n\colon \overline{M}(V_n) \text{ regulär}\} =\colon V^{(n)} \tag{4.3.11}$$

bestimmt werden. Falls die Menge $V^{(0)}$ der möglichen Pläne eine echte Teilmenge von $V^{(n)}$ ist, ist Verf. 4.3.4 dahingehend zu modifizieren, daß die Minimierung in 5.a$_2$) unter der Nebenbedingung geschehen muß, daß die Lösung $V_n^{(i)}(j^*)$ ein Element von $V^{(0)}$ ist.

Betrachten wir nun den Fall, daß in $V^{(0)}$ Pläne verschiedenen Umfangs enthalten sind und ein δ-optimaler Plan in $V^{(0)}$ konstruiert werden soll. Wenn $V^{(0)}$ z. B. alle regulären Pläne, deren Umfang zwischen n_0 und N liegt, enthält, d. h. wenn

$$V^{(0)} = \{V_n\colon n_0 \leqq n \leqq N;\ \overline{M}(V_n) \text{ regulär}\} \tag{4.3.12}$$

ist, und ein Startplan $V_n^{(0)}$ mit $n < N$ vorliegt, so wird man vor allem, wenn n wesentlich kleiner als N ist, i. allg. keinen δ-optimalen Plan in $V^{(0)}$ vom Umfang n finden. Dies ist ein Ausdruck der Tatsache, daß es zu einem optimalen Plan vom Umfang n i. allg. Pläne größeren Umfangs gibt, die besser bez. des gewählten Optimalitätskriteriums $\overline{Z}$ aus Tab. 4.1.2 sind. Man kann im Falle $V^{(0)}$ aus (4.3.12) Verf. 4.3.4 folgendermaßen modifizieren:

Man wähle einen regulären Anfangsplan vom Umfang n_0, $V_{n_0}^{(0)}$, und führe zunächst $(N - n_0)$-mal den Schritt 5.a$_1$) durch, d. h., man füge zu $V_{n_0}^{(0)}$ genau $N - n_0$ Punkte hinzu, die eine maximale Abnahme des Funktionalwertes des gewählten Optimalitätskriteriums gegenüber $Z(\overline{M}(V_{n_0}^{(0)}))$ bewirken. Man beginne Verf. 4.3.4 dann mit dem so entstandenen Plan $V_N^{(0)}$.

Es kann auch der Fall vorliegen, daß ein Startplan $V_N^{(0)}$ gegeben ist (vielleicht sogar ein optimaler Plan vom Umfang N), der Planumfang N jedoch zu groß ist. Es ist also ein δ-optimaler Plan vom Umfang $n < N$ gesucht (›Bsp. 4.3.5). Dann kann man ausgehend von $V_N^{(0)}$ zunächst $(N - n)$-mal den Schritt 5.a$_2$) aus Verf. 4.3.4 durchführen, d. h. genau die $N - n$ Punkte von $V_N^{(0)}$ entfernen, die zu einer minimalen Funktionalwertzunahme führen. Als Startplan für Verf. 4.3.4 verwende man dann den so entstandenen Plan $V_n^{(0)}$.

Falls $V^{(0)}$ zwar Pläne verschiedenen Umfangs enthält, aber nicht von der Struktur (4.3.12) ist, d. h. weiteren Nebenbedingungen unterliegt, dann ist die entsprechende Modifikation von Verf. 4.3.4 nur sehr schwer handhabbar.

Es werden nun einige Spezialfälle von Verf. 4.3.4 betrachtet. Im besonders wichtigen Fall der D- und A-Optimalität für die reguläre MKQ-Schätzung und die BAYES-Schätzung (ebenso für die Ridge-Schätzung, KUKS-OLMAN-Schätzung und Schätzung mit Vorschätzung, ›Tab. 4.1.1) lassen sich die Optimierungsprobleme in Verf. 4.3.4/ 5.a$_1$) und 5.a$_2$) geeignet umformen. Wir wollen daher für diese Fälle die entsprechende Konkretisierung von Verf. 4.3.4 angeben (zur Bezeichnung ›Verf. 4.3.4).

D-Optimalität für MKQ- *und* BAYES-*Schätzung*:

Verf. 4.3.4/5.a$_1$) Bestimme eine Lösung $\boldsymbol{x}_{n+1}^{(i)}$ der Aufgabe

$$\boldsymbol{f}(\boldsymbol{x})'\,\overline{\boldsymbol{M}}(V_n^{(i)})^{-1}\,\boldsymbol{f}(\boldsymbol{x}) \stackrel{!}{=} \sup_{\boldsymbol{x}\in V} . \tag{4.3.13}$$

Verf. 4.3.4/5.a$_2$) Bestimme eine Lösung j^* der Aufgabe

$$\boldsymbol{f}(\boldsymbol{x}_j^{(i)})'\,\overline{\boldsymbol{M}}\big(V_{n+1}^{(i)}(\boldsymbol{x}_{n+1}^{(i)})\big)^{-1}\,\boldsymbol{f}(\boldsymbol{x}_j^{(i)}) \stackrel{!}{=} \inf_{j\in\{1,\dots,n+1\}} . \tag{4.3.14}$$

A-Optimalität für MKQ- *und* BAYES-*Schätzung*:

Verf. 4.3.4/5.a$_1$) Bestimme eine Lösung $\boldsymbol{x}_{n+1}^{(i)}$ der Aufgabe

$$\frac{\boldsymbol{f}(\boldsymbol{x})'\,\overline{\boldsymbol{M}}(V_n^{(i)})^{-2}\,\boldsymbol{f}(\boldsymbol{x})}{n + \boldsymbol{f}(\boldsymbol{x})'\,\overline{\boldsymbol{M}}(V_n^{(i)})^{-1}\,\boldsymbol{f}(\boldsymbol{x})} \stackrel{!}{=} \sup_{\boldsymbol{x}\in V} . \tag{4.3.15}$$

Verf. 4.3.4/5.a$_2$) Bestimme eine Lösung j^* der Aufgabe

$$\frac{\boldsymbol{f}(\boldsymbol{x}_j^{(i)})'\,\overline{\boldsymbol{M}}\big(V_{n+1}^{(i)}(\boldsymbol{x}_{n+1}^{(i)})\big)^{-2}\,\boldsymbol{f}(\boldsymbol{x}_j^{(i)})}{n+1-\boldsymbol{f}(\boldsymbol{x}_j^{(i)})'\,\overline{\boldsymbol{M}}\big(V_{n+1}^{(i)}(\boldsymbol{x}_{n+1}^{(i)})\big)^{-1}\,\boldsymbol{f}(\boldsymbol{x}_j^{(i)})} \stackrel{!}{=} \inf_{j\in\{1,\dots,n+1\}} . \tag{4.3.16}$$

In (4.3.13) bis (4.3.16) ist also $\overline{\boldsymbol{M}} = \boldsymbol{M}$ im Falle der regulären MKQ oder $\overline{\boldsymbol{M}} = \boldsymbol{M}_b$ im Falle der BAYES-Schätzung zu setzen. Außerdem bezeichne $\boldsymbol{M}^{-2} = \boldsymbol{M}^{-1}\boldsymbol{M}^{-1}$.

Beispiel 4.3.8 (zu Verf. 4.3.4 im Spezialfall D-Optimalität für MKQ):

1. a) $\tilde{\eta}(x, \boldsymbol{\vartheta}) = \vartheta_0 + \vartheta_1 x$.
b) MKQ.
c) $n = 3$.
d) $V = [-1, 1]$.
e) D-Optimalität.
f) $V_3^{(0)} = (-1, 0, 1)$.
g) $\delta = 0{,}9$.

5. $i = 0$.

a$_1$) (nach (4.3.13)) $\boldsymbol{M}(V_3^{(0)}) = \begin{pmatrix}1 & 0\\ 0 & \frac{2}{3}\end{pmatrix}$; $\boldsymbol{f}(x) = (1, x)'$;

$$\boldsymbol{f}(x)'\,\boldsymbol{M}(V_3^{(0)})^{-1}\,\boldsymbol{f}(x) = 1 + \tfrac{3}{2}x^2 \stackrel{!}{=} \sup_{x\in[-1,1]} ;$$

Lösung: $|x_4^{(0)}| = 1$, z. B. $x_4^{(0)} = +1$.

a$_2$) $V_4^{(0)} = (-1, 0, 1, 1) = (x_1^{(0)}, x_2^{(0)}, x_3^{(0)}, x_4^{(0)})$;

$$\boldsymbol{M}(V)_4^{(0)-1} = 4\begin{pmatrix}4 & 1\\ 1 & 3\end{pmatrix}^{-1} = \frac{1}{11}\begin{pmatrix}12 & -4\\ -4 & 16\end{pmatrix};$$

$$\boldsymbol{f}(x_j^{(0)})'\,\boldsymbol{M}(V_4^{(0)})^{-1}\,\boldsymbol{f}(x_j^{(0)}) = \frac{1}{11}\big(12 - 8x_j^{(0)} + 16(x_j^{(0)})^2\big) = \begin{cases}36/11, & j = 1,\\ 12/11, & j = 2,\\ 20/11, & j = 3, 4,\end{cases}$$

d. h. $j^* = 2$, also $x_2^{(0)} = 0$ streichen.

a$_3$) $V_3^{(1)} = (-1, 1, 1)$.

b) $V_3^{(1)}$ ist der D-optimale konkrete Plan vom Umfang $n = 3$ (↗[4.8]), daher Abbruch.

Wir betrachten als weiteren Spezialfall die Konkretisierung von Verf. 4.3.4 auf die verallgemeinerte MKQ-Schätzung im Falle der D- und A-Optimalität. Im Vergleich zur klassischen MKQ-Schätzung wird das Verfahren nun dadurch komplizierter, daß in der Informationsmatrix

$$\boldsymbol{M}_{\Sigma}(V_n) = \frac{1}{n} \boldsymbol{F}(V_n)' \, \boldsymbol{\Sigma}(V_n)^{-1} \, \boldsymbol{F}(V_n) \tag{4.3.17}$$

(↗Tab. 4.1.1) neben $\boldsymbol{F}(V_n)$ auch die Kovarianzmatrix $\boldsymbol{\Sigma}(V_n)$ vom Versuchsplan abhängt.

Wir führen zunächst folgende Bezeichnungen ein: Es sei $V_n^{(i)} = (\boldsymbol{x}_1^{(i)}, \dots, \boldsymbol{x}_n^{(i)})$ der Versuchsplan der $(i-1)$-ten Iteration und $\boldsymbol{x} \in V$. Dann bezeichne

$$\mathrm{D}^2 \mathfrak{Y}(\boldsymbol{x}) =: \sigma^2(\boldsymbol{x})$$

die Varianz der Beobachtungen in $\boldsymbol{x}$ und

$$\boldsymbol{\omega}(\boldsymbol{x}) = \left(\operatorname{cov}\left(\mathfrak{Y}(\boldsymbol{x}_1^{(i)}), \mathfrak{Y}(\boldsymbol{x})\right), \dots, \operatorname{cov}\left(\mathfrak{Y}(\boldsymbol{x}_n^{(i)}), \mathfrak{Y}(\boldsymbol{x})\right)\right)'$$

den Vektor der Kovarianzen zwischen einer Beobachtung im Versuchspunkt $\boldsymbol{x}_j^{(i)}$ und einer Beobachtung in $\boldsymbol{x}$; $j = 1, \dots, n$. Es sei weiter

$$\boldsymbol{g}(\boldsymbol{x}) = \frac{\boldsymbol{F}(V_n^{(i)}) \, \boldsymbol{\Sigma}(V_n^{(i)})^{-1} \, \boldsymbol{\omega}(\boldsymbol{x}) + \boldsymbol{f}(\boldsymbol{x})}{\sqrt{\sigma^2(\boldsymbol{x}) - \boldsymbol{\omega}(\boldsymbol{x})' \, \boldsymbol{\Sigma}(V_n^{(i)})^{-1} \, \boldsymbol{\omega}(\boldsymbol{x})}}. \tag{4.3.18}$$

Dann ergeben sich die Konkretisierungen der Schritte 5.a$_1$) und 5.a$_2$) aus Verf. 4.3.4 für die D- und A-Optimalität, indem man in (4.3.13) bis (4.3.16) die Funktion $\boldsymbol{f}(\boldsymbol{x})$ durch $\boldsymbol{g}(\boldsymbol{x})$ aus (4.3.18) ersetzt.

Die Bayes-Schätzung hat in bezug auf Verf. 4.3.4 noch eine besonders bemerkenswerte Eigenschaft. Bei ihr ist nämlich zur Anwendung dieses Iterationsverfahrens die Vorgabe eines Startplanes nicht unbedingt nötig. Der Startplan kann vielmehr durch eine vorhergehende Iteration erzeugt werden. Das Vorgehen dazu formulieren wir in folgendem Verfahren.

VERFAHREN 4.3.5 (Startplan zur Iteration für Bayes-Schätzung):

1. **Gegebene Größen:** a) Linearer Ansatz $\tilde{S}$ mit

$$\tilde{\eta}(\boldsymbol{x}, \boldsymbol{\vartheta}) = \boldsymbol{f}(\boldsymbol{x})' \, \boldsymbol{\vartheta}; \qquad \boldsymbol{x} \in B \subseteq \mathrm{R}^k; \; \boldsymbol{\vartheta} \in \mathrm{R}^r.$$

b) Beobachtungsvarianz σ^2, a-priori-Kovarianzmatrix $\boldsymbol{\Lambda}$.

c) Umfang n des Startplanes.

d) Versuchsbereich V.

e) Optimalitätskriterium Z aus Tab. 4.1.2.

2. **Aufgabe:** Konstruiere einen Plan $V_n^{(0)}$, der als Startplan zur Bestimmung eines Z-δ-optimalen Planes mit Verf. 4.3.4 dienen kann.

3. **Bezeichnungen:** a) $V_{i+1}(\boldsymbol{x}) = (\boldsymbol{x}_1, \dots, \boldsymbol{x}_i, \boldsymbol{x})$; $i = 1, \dots, n-1$.

b) $\boldsymbol{M}_b(\boldsymbol{x}) = \boldsymbol{f}(\boldsymbol{x}) \, \boldsymbol{f}(\boldsymbol{x})' + \sigma^{-2} \boldsymbol{\Lambda}^{-1}$ (Bayessche Informationsmatrix des Einpunktplanes $(\boldsymbol{x})$).

4. **Voraussetzung:** $\boldsymbol{\Lambda}$ regulär.

5. **Lösung:** a) Bestimme $\boldsymbol{x}_1$ als Lösung der Aufgabe

$$Z(\boldsymbol{M}_b(\boldsymbol{x})) \stackrel{!}{=} \inf_{\boldsymbol{x} \in V} .$$

b) $V_1 = (\boldsymbol{x}_1)$.

c) i-ter Iterationsschritt ($i = 1, 2, \ldots, n - 1$):

c$_1$) Bestimme $\boldsymbol{x}_{i+1}$ als Lösung der Aufgabe

$$Z(\boldsymbol{M}_b(V_i(\boldsymbol{x}))) \stackrel{!}{=} \inf_{\boldsymbol{x} \in V} .$$

c$_2$) $V_{i+1} = V_i(\boldsymbol{x}_{i+1})$.

d) Abbruchregel: Wenn $i + 1 = n$, dann beende das Verfahren und setze $V_n = V_n^{(0)}$ ●

Beispiel 4.3.9: (Wir berechnen einen Startplan für den Sachverhalt in Bsp. 4.3.7).

1. a) $\tilde{\eta}(x, \boldsymbol{\vartheta}) = \vartheta_0 + \vartheta_1 x$.

b) $\sigma^2 = 2$; $\Lambda = \boldsymbol{I}_2$.

c) $n = 2$.

d) $V = [-1, 1]$.

e) C-Optimalität bez. $\boldsymbol{c} = (0, 1)'$.

5. a) $\boldsymbol{f}(x) = (1, x)'$; $\boldsymbol{M}_b(x) = \begin{pmatrix} 1 & x \\ x & x^2 \end{pmatrix} + 2\boldsymbol{I}_2 = \begin{pmatrix} 3 & x \\ x & x^2 + 2 \end{pmatrix}$;

$$Z_C(\boldsymbol{M}_b(x)) = \boldsymbol{c}' \boldsymbol{M}_b(x)^{-1} \boldsymbol{c} = \frac{3}{6 + 2x^2} \stackrel{!}{=} \inf_{x \in [-1,1]} .$$

Lösung: $x_1 = +1$ (oder $x_1 = -1$).

b) $V_1 = (1)$.

c) $i = 1$:

c$_1$) $V_1(x) = (1, x)$;

$$\boldsymbol{M}_b(V_1(x)) = \frac{1}{2}\begin{pmatrix} 1 & 1 + x \\ 1 + x & 1 + x^2 \end{pmatrix} + \frac{2}{2}\boldsymbol{I}_2 = \frac{1}{2}\begin{pmatrix} 3 & 1 + x \\ 1 + x & 3 + x^2 \end{pmatrix};$$

$$Z_C(\boldsymbol{M}_b(V_1(x))) = \frac{1{,}5}{2{,}0 - 0{,}5x + 2{,}0x^2} \stackrel{!}{=} \inf_{x \in [-1,1]} .$$

Lösung: $x_2 = -1$.

c$_2$) $V_2 = (-1, 1)$.

d) Abbruch des Verfahrens, d. h. $V_2^{(0)} = (-1, 1)$.

Wir betonen, daß Verf. 4.3.5 nicht nur zur Erzeugung eines Startplanes geeignet ist, sondern daß in vielen Fällen das Ergebnis $V_n^{(0)}$ aus Verf. 4.3.5 selbst schon ein sehr guter näherungsweise Z-optimaler Plan für die Bayes-Schätzung ist. In Bsp. 4.3.9 ist der erhaltene Plan $V_2 = (-1, 1)$ z. B. bereits ein exakter C-optimaler Plan. Es wird also häufig so sein, daß Verf. 4.3.5 für die Bayes-Schätzung die eigentliche Rolle des Iterationsverfahrens spielt, und Verf. 4.3.4 lediglich zu einer eventuellen Nachbesserung des Ergebnisses von Verf. 4.3.5 benutzt wird.

Im Falle der D- und A-Optimalität können die Schritte 5.a) und 5.c$_1$) analog zu (4.3.13) und (4.3.15) umgeformt werden:

D-Optimalität:

Verf. 4.3.5/5.a) Bestimme $\boldsymbol{x}_1$ aus

$$\boldsymbol{f}(\boldsymbol{x})' \Lambda \boldsymbol{f}(\boldsymbol{x}) \stackrel{!}{=} \sup_{\boldsymbol{x} \in V} . \tag{4.3.19}$$

Verf. 4.3.5/5.c$_1$) Bestimme $\boldsymbol{x}_{i+1}$ aus

$$\boldsymbol{f}(\boldsymbol{x})' \boldsymbol{M}_b(V_i)^{-1} \boldsymbol{f}(\boldsymbol{x}) \stackrel{!}{=} \sup_{\boldsymbol{x} \in V} . \tag{4.3.20}$$

A-Optimalität:

Verf. 4.3.5/5.a) Bestimme $\boldsymbol{x}_1$ aus

$$\frac{\boldsymbol{f}(\boldsymbol{x})' \boldsymbol{\Lambda}^2 \boldsymbol{f}(\boldsymbol{x})}{\sigma^2 + \boldsymbol{f}(\boldsymbol{x})' \boldsymbol{\Lambda} \boldsymbol{f}(\boldsymbol{x})} \stackrel{!}{=} \sup_{\boldsymbol{x} \in V} . \tag{4.3.21}$$

Verf. 4.3.5/5.c$_1$) Bestimme $\boldsymbol{x}_{i+1}$ aus

$$\frac{\boldsymbol{f}(\boldsymbol{x})' \boldsymbol{M}_b(V_i)^{-2} \boldsymbol{f}(\boldsymbol{x})}{i + \boldsymbol{f}(\boldsymbol{x})' \boldsymbol{M}_b(V_i)^{-1} \boldsymbol{f}(\boldsymbol{x})} \stackrel{!}{=} \sup_{\boldsymbol{x} \in V} . \tag{4.3.22}$$

4.3.3. Einige spezielle Verfahren zur Konstruktion näherungsweise optimaler Pläne für die MKQ-Schätzung

Für spezielle Ansätze und Versuchsbereiche gibt es im Falle der Versuchsplanung für die MKQ-Schätzung mitunter einfachere Verfahren zur Konstruktion näherungsweise optimaler Pläne als das in [4.3.2] angegebene Iterationsverfahren. Wir wollen in diesem Abschnitt für zwei Situationen dieser Art Verfahren angeben: Erstens näherungsweise D-optimale Pläne für $(k, 1)$-Ansätze (›Bez. 5.1.1) und zweitens die Simplex-Gitter-Pläne für die Mixturplanung.

Betrachten wir zunächst einen Ansatz $\tilde{S}(k, 1)$ (›Bez. 5.1.1), d. h.

$$\tilde{\eta}(\boldsymbol{x}, \boldsymbol{\vartheta}) = \vartheta_0 + \vartheta_1 x_1 + \ldots + \vartheta_k x_k . \tag{4.3.23}$$

Für durch vier teilbare Planumfänge kann man mit Verf. 4.2.4 exakte D-, A-, E- und G-optimale Pläne konstruieren. Es soll jetzt ein Verfahren zur Konstruktion näherungsweise D-optimaler Pläne über dem Einheitswürfel auch für nicht durch vier teilbare Planumfänge n angegeben werden. Dies ist insbesondere für kleine n (z. B. $n = 6$) praktisch bedeutsam, weil dann die Verwendung eines Planes mit dem nächstgrößeren, durch vier teilbaren Umfang (z. B. $n = 8$) eventuell bereits einen zu hohen Versuchsaufwand erfordert, und die Verwendung eines Planes mit dem nächstkleineren durch vier teilbaren Umfang (z. B. $n = 4$) vielleicht nicht die geforderte Genauigkeit der Schätzungen gewährleistet.

VERFAHREN 4.3.6 (Näherungsweise D-Optimalität in $\tilde{S}(k, 1)$):

1. **Gegebene Größen:** a) Ansatz $\tilde{S}(k, 1)$ mit $\tilde{\eta}$ aus (4.3.23).

b) $V = \{\boldsymbol{x} \in \mathrm{R}^k\colon -1 \leqq x_i \leqq 1;\, i = 1, \ldots, k\}$.

c) Planumfang n.

2. **Aufgabe:** Konstruiere einen näherungsweise D-optimalen Plan vom Umfang n.

3. **Bezeichnungen:** a) V_n^* näherungsweise optimaler Plan.

b) $\boldsymbol{H}_m$ HADAMARD-Matrix der Ordnung m (›Bez. 4.2.1).

4. **Voraussetzungen:** a) Schätzmethode MKQ.

b) $n \geqq k + 1$ für $n = 4l$ und $n = 4l + 3$,

$n \geqq k + 2$ für $n = 4l + 1$, $\qquad l = 1, 2, \ldots$

$n \geqq k + 3$ für $n = 4l + 2$.

5. **Lösung:** a) Falls $n = 4l$ (d. h. n durch 4 teilbar) oder $n = 2$ ›Verf. 4.2.4.

b) Falls $n = 4l + 1$; $l = 1, 2, \ldots$; oder $n = 3$:

b₁) Streiche von $\boldsymbol{H}_{n-1}$ die erste Spalte und weitere $n - k - 2$ beliebige Spalten. Bezeichne die so erhaltene $(n - 1) \times k$-Matrix mit $\tilde{\boldsymbol{H}}$.

b₂) Bilde die $(n \times k)$-Matrix $\begin{pmatrix} \tilde{\boldsymbol{H}} \\ \cdots \\ \boldsymbol{h}' \end{pmatrix}$, wobei $\boldsymbol{h}'$ eine beliebige Zeile von $\tilde{\boldsymbol{H}}$ ist. Die Zeilenvektoren dieser Matrix sind die Versuchspunkte von V_n^*.

c) Falls $n = 4l + 2$; $l = 1, 2, \ldots$;

c₁) Streiche von $\boldsymbol{H}_{n-2}$ die erste Spalte und weitere $n - k - 3$ beliebige Spalten. Bezeichne die so erhaltene $(n - 2) \times k$-Matrix mit $\bar{\boldsymbol{H}}$.

c₂) Bilde die $(n \times k)$-Matrix $\begin{pmatrix} \bar{\boldsymbol{H}} \\ \cdots \\ \boldsymbol{h}_1' \\ \boldsymbol{h}_2' \end{pmatrix}$, wobei $\boldsymbol{h}_1'$ und $\boldsymbol{h}_2'$ beliebige Zeilen von $\bar{\boldsymbol{H}}$ sind. Die Zeilenvektoren dieser Matrix sind die Versuchspunkte von V_n^*.

d) Falls $n = 4l + 3$; $l = 1, 2, \ldots$;

d₁) Streiche von $\boldsymbol{H}_{n+1}$ die erste Spalte, weitere $n - k$ beliebige Spalten und eine beliebige Zeile. Die Zeilenvektoren der so entstandenen $(n \times k)$-Matrix sind die Versuchspunkte von V_n^*●

Beispiel 4.3.10:

1. a) $\tilde{\eta}(\boldsymbol{x}, \boldsymbol{\vartheta}) = \vartheta_0 + \vartheta_1 x_1 + \vartheta_2 x_2 + \vartheta_3 x_3$, d. h. $k = 3$.

b) Einheitswürfel.

c) $n = 6$.

4. b) $n \geqq k + 3$ erfüllt.

5. c) $n = 4l + 2$ mit $l = 1$

$$\text{c}_1)\ \boldsymbol{H}_4 = \begin{pmatrix} + & + & + & + \\ + & + & - & - \\ + & - & + & - \\ + & - & - & + \end{pmatrix}; \quad \bar{\boldsymbol{H}} = \begin{pmatrix} + & + & + \\ + & - & - \\ - & + & - \\ - & - & + \end{pmatrix} \begin{matrix} \\ \\ \leftarrow \\ \leftarrow \text{hinzufügen} \end{matrix}$$

↑ streichen (erste Spalte von $\boldsymbol{H}_4$)

keine weitere Zeile streichen, da $n - k - 3 = 0$.

$$\text{c}_2)\ \begin{pmatrix} \bar{\boldsymbol{H}} \\ \boldsymbol{h}_1' \\ \boldsymbol{h}_2' \end{pmatrix}' = \begin{pmatrix} + & + & - & - & - & - \\ + & - & + & - & + & - \\ + & - & - & + & - & + \end{pmatrix}, \text{ d. h. } V_6^* = \left(\begin{pmatrix} 1 \\ 1 \\ 1 \end{pmatrix}, \begin{pmatrix} 1 \\ -1 \\ -1 \end{pmatrix}, \begin{pmatrix} -1 \\ 1 \\ -1 \end{pmatrix}, \begin{pmatrix} -1 \\ -1 \\ 1 \end{pmatrix}, \begin{pmatrix} -1 \\ 1 \\ -1 \end{pmatrix}, \begin{pmatrix} -1 \\ -1 \\ 1 \end{pmatrix} \right).$$

Das Konstruktionsprinzip in Verf. 4.3.6 stammt von MOOD [1]. MITCHELL [1] konnte durch Simulationsergebnisse die näherungsweise D-Optimalität weitgehend bestätigen.

In den Fällen $n = 4l + 1$ und $n = 4l + 2$ sind mit Verf. 4.3.6 keine gesättigten Pläne konstruierbar und im Fall $n = 4l + 2$ auch keine Pläne, deren Umfang n die Parameteranzahl $k + 1$ um eins übersteigt, d. h., Verf. 4.3.6 liefert in folgenden Fällen keine Pläne:

n	3	5	6	6	9	10	10
k	2	4	4	5	8	8	9

In Tab. 4.8.7 sind für einige dieser Fälle näherungsweise D-optimale Pläne angegeben.

Wir bemerken, daß die mit Verf. 4.3.6 konstruierten Pläne auch Bedeutung als Wägepläne haben (zur Wägung von k leichten Objekten auf einer Waage mit zwei Waagschalen, ›Bem. 4.2.2).

Wir wenden uns jetzt der Konstruktion von Simplex-Gitter-Plänen für die Mixturplanung zu. In [4.2.4] hatten wir im Falle der Mixturplanung für spezielle Polynomansätze (›(4.2.18) bis (4.2.21)) D- und G-optimale Pläne konstruiert (›Verf. 4.2.9). Wir bemerkten bereits dort, daß damit keine Pläne zur Schätzung aller Parameter in vollständigen (k, d)-Ansätzen (›Bez. 5.1.1) mit

$$\tilde{\eta}(\boldsymbol{x}, \boldsymbol{\vartheta}) = \vartheta_0 + \sum_{i=1}^{k} \vartheta_i x_i + \sum_{1 \leqq i \leqq j \leqq k} \vartheta_{ij} x_i x_j + \dots + \sum_{1 \leqq i_1 \leqq \dots \leqq i_d \leqq k} \vartheta_{i_1 \dots i_d} x_{i_1} \dots x_{i_d} \tag{4.3.24}$$

vorliegen. Die im folgenden konstruierten Simplex-Gitter-Pläne sind geeignet zur Schätzung der Koeffizienten in (k, d)-Ansätzen, die der Bedingung

$$\sum_{i=1}^{k} x_i = 1; \qquad x_i \geqq 0 \qquad (i = 1, \dots, k) \tag{4.3.25}$$

der Mixturplanung genügen (›[4.2.4]).

VERFAHREN 4.3.7 (Simplex-Gitter-Pläne):

1. **Gegebene Größen:** a) $\tilde{S}(k, d)$ (›(4.3.24)).

b) $V = \left\{\boldsymbol{x} \in \mathrm{R}^k \colon \sum_{i=1}^{k} x_i = 1; x_i \geqq 0; i = 1, \dots, k\right\}$.

c) Natürliche Zahl d'.

2. **Aufgabe:** Konstruiere einen Simplex-Gitter-Plan für $\tilde{S}(k, d)$.

3. **Bezeichnung:** V_n^* Simplex-Gitter-Plan.

4. **Voraussetzung:** $d' \geqq d$.

5. **Lösung:** V_n^* enthält alle $n = \binom{k + d' - 1}{d'}$ Punkte $\boldsymbol{x}_i$, deren Komponenten x_{ij}; $j = 1, \dots, k$; die Bedingung $\sum_{j=1}^{k} x_{ij} = 1$ erfüllen und die die Werte $0, \frac{1}{d'}, \frac{2}{d'}, \dots, \frac{d'-1}{d'}$ oder 1 besitzen •

Beispiel 4.3.11:

1. a) $k = 5, d = 3$.

c) $d' = d = 3$.

5. $n = \binom{k + d' - 1}{d'} = \binom{7}{3} = 35$ Punkte;

$\boldsymbol{x}_1 = (1, 0, 0, 0, 0)'$; $\boldsymbol{x}_2 = (\frac{1}{3}, \frac{2}{3}, 0, 0, 0)'$; $\boldsymbol{x}_3 = (\frac{1}{3}, \frac{1}{3}, \frac{1}{3}, 0, 0)'$.

Die Punkte $\boldsymbol{x}_4, \dots, \boldsymbol{x}_{35}$ entstehen durch Permutation der Komponenten von $\boldsymbol{x}_1$, $\boldsymbol{x}_2$ und $\boldsymbol{x}_3$. Es gibt für $\boldsymbol{x}_1$ genau $n_1 = \frac{5!}{4!} = 5$, für $\boldsymbol{x}_2$ genau $n_2 = \frac{5!}{3!} = 20$ und für $\boldsymbol{x}_3$ genau $n_3 = \frac{5!}{3!2!} = 10$ Permutationen $(n_1 + n_2 + n_3 = n = 35)$.

Der mit Verf. 4.3.7 konstruierte Plan wird Simplex-Gitter-Plan der Ordnung (k, d') genannt. Die Konstruktion von Simplex-Gitter-Plänen geht auf Scheffé [1] zurück. Falls in Verf. 4.3.7 $d' = d$ gewählt wird, erhält man gesättigte Pläne für den vollständigen (k, d)-Ansatz, denn dieser Ansatz enthält in seiner kanonischen Form (d. h. nach Einarbeiten der Bedingung $\sum_{i=1}^{k} x_i = 1$; ›[4.2.4]) gerade $\binom{k+d-1}{d}$ Koeffizienten (s. SCHEFFÉ [1]). Will man anschließend an die Schätzung der Parameter eines vollständigen (k, d)-Ansatzes noch Entscheidungskriterien über den Ansatz (z. B. über dessen Adäquatheit) anwenden, dann muß $d' > d$ gewählt werden, d. h. dann müssen ungesättigte Simplex-Gitter-Pläne verwendet werden.

Für $d' = d = 1$ und $d' = d = 2$ erhält man mit Verf. 4.3.7 D-optimale Pläne für $\tilde{S}(k, d)$. In diesen Fällen stimmen die Simplex-Gitter-Pläne nämlich mit den D-optimalen simplex-zentrierten Plänen aus Verf. 4.2.9 und die kanonischen (k, d)-Ansätze mit den dortigen Ansätzen (4.2.18) und (4.2.19) überein.

Für einen allgemeinen Ansatz $\tilde{S}(k, d)$ sind die Simplex-Gitter-Pläne jedoch i. allg. *nicht* optimal bez. eines Z aus Tab. 4.1.2. Sie sind als praktikable heuristische Pläne zu betrachten. Falls man sich für ein Optimalitätskriterium entschieden hat, kann man die Effektivität eines Simplex-Gitter-Planes z. B. mit Verf. 4.3.1 einschätzen.

Auf dem Gebiet der Mixturplanung gibt es noch sehr viele weitere Konstruktionsverfahren von Plänen. Falls nur ein Teil der Einflußgrößen Mixturvariable sind, s. z. B. SCHEFFÉ [1]. Numerische Ergebnisse dazu liefert VUČKOV [N 1]. Falls die Komponente einer Mixtur wiederum eine Mixtur ist, s. z. B. LAMBRAKIS [1]. Wegen eines guten und schnellen Überblicks verweisen wir auf CORNELL [1].

4.4. Diskrete Pläne

In diesem Abschnitt wird eine weitere Möglichkeit angegeben, zu näherungsweise optimalen konkreten Plänen zu gelangen. Es wird zunächst der Begriff des bisher betrachteten konkreten Planes verallgemeinert und der Begriff des diskreten Planes eingeführt. Man versucht nun, einen optimalen diskreten Plan zu bestimmen und rundet diesen dann auf einen konkreten, näherungsweise optimalen Plan.

4.4.1. Einführung diskreter Pläne und deren Optimalität

Wir haben bisher Versuchspläne der Gestalt

$$V_n = (\boldsymbol{x}_1, \dots, \boldsymbol{x}_n); \qquad \boldsymbol{x}_i \in V \subseteq \mathrm{R}^k;\ i = 1, \dots, n \tag{4.4.1}$$

betrachtet und zu konstruieren versucht. Jeder in V_n enthaltene Punkt $\boldsymbol{x}_i$ hat die Bedeutung, daß an der Stelle $\boldsymbol{x}_i$ ein Versuch durchgeführt, d. h. eine Realisierung der Wirkungsgröße $\mathfrak{Y}(\boldsymbol{x}_i)$ beobachtet werden soll. Jedem V_n kann man also nach Durchführung des Experiments mit V_n ein Beobachtungsergebnis $\boldsymbol{y} = (y_1, \dots, y_n)'$ zuordnen. Einen Plan der Gestalt (4.4.1) nennen wir *konkreten Versuchsplan* (›Bez. 2.5.2). Die Konstruktion optimaler konkreter Pläne ist u. a. dadurch schwierig, weil die konkreten Pläne natürlicherweise vom Planumfang n abhängen. So gelang es uns nur in Spezialfällen und für gewisse n, optimale konkrete Pläne zu konstruieren (›[4.2]).

Wir wollen nun eine Erweiterung des Planbegriffes vornehmen. Zunächst werden wir einen konkreten Plan (4.4.1) formal umschreiben. Wir führen nur die *voneinander verschiedenen* Versuchspunkte auf und ordnen jedem solchen Punkt $\boldsymbol{x}_i$ die relative Häufigkeit p_i seines Auftretens in V_n zu (›(2.5.10)). Angenommen in V_n gibt es $m \leqq n$ verschiedene Punkte. Dann schreiben wir für V_n, wobei p_i Vielfache von $1/n$ sind,

$$\{(x_i, p_i)\}_{i=1,\ldots,m} =: \xi_n; \qquad \sum_{i=1}^{m} p_i = 1 . \qquad (\text{›}(2.5.10)) \tag{4.4.2}$$

Beispielsweise kann man den konkreten Plan

$$V_{10} = (-1, -1, -1, 0, 0, \tfrac{1}{2}, 1, 1, 1, 1)$$

schreiben als

$$\begin{aligned} \xi_{10} &= \{(-1, \tfrac{3}{10}), (0, \tfrac{2}{10}), (\tfrac{1}{2}, \tfrac{1}{10}), (1, \tfrac{4}{10})\} \\ &= \{(-1; 0{,}3), (0; 0{,}2), (0{,}5; 0{,}1), (1; 0{,}4)\} . \end{aligned} \tag{4.4.3}$$

Wir erweitern den Planbegriff, indem wir in (4.4.2) nicht mehr fordern, daß p_i ein Vielfaches von $1/n$ ist, sondern lediglich $0 < p_i \leqq 1$ und $\sum_{i=1}^{m} p_i = 1$ verlangen.

Bezeichnung 4.4.1:

$$\xi = \{(x_i, p_i)\}_{i=1,\ldots,m} \tag{4.4.4}$$

heißt *diskreter Versuchsplan*, wenn $x_i \in V \subseteq \mathrm{R}^k$ und $0 < p_i \leqq 1$ $(i = 1, \ldots, m)$, sowie $\sum_{i=1}^{m} p_i = 1$ gilt. Die Menge $S(\xi) = \{x_1, \ldots, x_m\}$ heißt *Spektrum* von ξ, ein Punkt aus $S(\xi)$ heißt *Spektrumpunkt* von ξ und p_i heißt *Gewicht* des Spektrumpunktes x_i; $i = 1, \ldots, m$ ●

Jeder konkrete Plan in der Schreibweise (4.4.2) ist ein diskreter Plan. Verschiedene konkrete Pläne können dieselbe diskrete Darstellung haben. Beispielsweise führt

$$V_{20} = (-1, -1, -1, -1, -1, -1, 0, 0, 0, 0, \tfrac{1}{2}, \tfrac{1}{2}, 1, 1, 1, 1, 1, 1, 1, 1)$$

ebenfalls auf (4.4.3). Umgekehrt kann jedoch nicht jeder diskrete Plan in einen konkreten Plan vom Umfang n umgeschrieben werden, nämlich dann nicht, wenn die Gewichte des diskreten Planes *keine* Vielfachen von $1/n$ sind.

Ein diskreter Plan ist von der Versuchsanzahl n unabhängig. Das ist ein Vorteil für die mathematische Behandlung. Es bedeutet allerdings auch, daß ein diskreter Plan i. allg. nicht realisierbar ist, d. h. daß zu vorgegebener Versuchsanzahl n i. allg. kein eindeutiges Rezept vorliegt, wieviele Versuche im Spektrumpunkt x_i durchzuführen sind. Die Gewichte p_i geben zwar an, welcher *Anteil* der n Versuche in x_i stattzufinden hat, jedoch sind diese Anteile i. allg. keine ganzen Zahlen. Es entsteht also nach der Konstruktion eines geeigneten diskreten Planes die Aufgabe des *Rundens* dieses Planes auf einen konkreten (und damit realisierbaren) Plan (›[4.4.5]).

Betrachten wir beispielsweise den diskreten Plan

$$\xi = \{(-1, \tfrac{1}{3}), (0, \tfrac{1}{3}), (1, \tfrac{1}{3})\} .$$

Für $n = 3l$, $l = 1, 2, \ldots$; sind alle Gewichte Vielfache von $1/n$, d. h., ξ ist als konkreter Plan darstellbar mit jeweils l Punkten in -1, 0 und 1. Für $n \neq 3l$, z. B. für $n = 4$, ist ξ nicht realisierbar.

Nachdem man zu diskreten Plänen übergegangen ist, besteht die Aufgabe nun darin, einen in gewünschter Weise optimalen diskreten Plan zu konstruieren (der dann auf einen konkreten Plan vorgegebenen Umfangs oder vorgegebener Effektivität gerundet wird). Dazu ist es nötig, die in Verf. 4.1.1 bis Verf. 4.1.7 vorerst nur für konkrete Pläne formulierten Optimalitätskriterien auf den Fall diskreter Pläne zu verallgemeinern. Wir haben in [4.1.1] festgestellt, daß diese Kriterien nur über eine dem jeweiligen Schätzverfahren entsprechende Informationsmatrix vom Versuchsplan abhängen. Also genügt es, diese Informationsmatrizen für diskrete Pläne zu formulieren. Wir demonstrieren das am Beispiel der MKQ-Schätzung. Die Informationsmatrix für einen konkreten Plan $V_n = (\boldsymbol{x}_1, \ldots, \boldsymbol{x}_n)$ und in einem linearen Ansatz $\tilde{S}$ mit $\tilde{\eta}(\boldsymbol{x}, \boldsymbol{\vartheta}) = \boldsymbol{f}(\boldsymbol{x})' \boldsymbol{\vartheta}$ lautet

$$\boldsymbol{M}(V_n) = \frac{1}{n} \boldsymbol{F}(V_n)' \boldsymbol{F}(V_n) = \frac{1}{n} \sum_{i=1}^{n} \boldsymbol{f}(\boldsymbol{x}_i) \boldsymbol{f}(\boldsymbol{x}_i)' \tag{4.4.5}$$

(›Tab. 4.1.1 und (2.5.23)). Für einen diskreten Plan $\xi = \{(\boldsymbol{x}_i, p_i)\}_{i=1,2,\ldots,m}$ verallgemeinert man (4.4.5) zu

$$\boldsymbol{M}(\xi) = \sum_{i=1}^{m} p_i \boldsymbol{f}(\boldsymbol{x}_i) \boldsymbol{f}(\boldsymbol{x}_i)' . \tag{4.4.6}$$

Man erkennt, daß für einen konkreten Plan V_n stets $\boldsymbol{M}(V_n) = \boldsymbol{M}(\xi_n)$ gilt, wobei ξ_n die diskrete Schreibweise von V_n gemäß (4.4.2) ist.

Die anderen Informationsmatrizen aus Tab. 4.1.1 können analog auf diskrete Pläne verallgemeinert werden. Eine Ausnahme bildet lediglich die verallgemeinerte MKQ-Schätzung, deren Informationsmatrix *nicht* in zu (4.4.6) analoger Weise für diskrete Pläne formuliert werden kann. Der Übergang zu diskreten Plänen im Falle der verallgemeinerten MKQ ist daher nicht fruchtbar.

Tab. 4.4.1: Schätzmethoden für $\boldsymbol{\vartheta}$ und dazugehörige Informationsmatrizen für diskrete Pläne (›Tab. 4.1.1)

Schätzmethode	Informationsmatrix $\overline{\boldsymbol{M}}(\xi)$ des diskreten Planes $\xi = \{(\boldsymbol{x}_i, p_i)\}_{i=1,\ldots,m}$
MKQ regulär (Verf. 3.1.1)	$\boldsymbol{M}(\xi) = \sum_{i=1}^{m} p_i \boldsymbol{f}(\boldsymbol{x}_i) \boldsymbol{f}(\boldsymbol{x}_i)'$
MKQ singulär für schätzbares $\boldsymbol{\psi} = \boldsymbol{A}\boldsymbol{\vartheta}$ (Verf. 3.1.8)	$\boldsymbol{M}_A(\xi) = \left(\boldsymbol{A}\boldsymbol{M}(\xi)^- \boldsymbol{A}'\right)^{-1}$
MKQ unter linearen Restriktionen $\boldsymbol{K}\boldsymbol{\vartheta} = \boldsymbol{l}$ (Verf. 3.3.5)	$\boldsymbol{M}_L(\xi) = (\boldsymbol{I}_r - \boldsymbol{K}^-\boldsymbol{K})\, \boldsymbol{M}(\xi)$; $\boldsymbol{K}^- = \boldsymbol{M}(\xi)^{-1} \boldsymbol{K}'[\boldsymbol{K}\boldsymbol{M}(\xi)^{-1} \boldsymbol{K}']^{-1}$
lineare BAYES-Schätzung I bei $\boldsymbol{B}_\varepsilon = \sigma^2 \boldsymbol{I}_n$ (Verf. 3.3.2)	$\boldsymbol{M}_b(\xi) = \boldsymbol{M}(\xi) + \frac{\sigma^2}{n} \boldsymbol{\Lambda}^{-1}$
MKQ nichtlinear (Verf. 3.5.1)	$\boldsymbol{M}(\xi, \boldsymbol{\vartheta}) = \sum_{i=1}^{m} p_i \boldsymbol{f}(\boldsymbol{x}_i, \boldsymbol{\vartheta}) \boldsymbol{f}(\boldsymbol{x}_i, \boldsymbol{\vartheta})'$ (›(3.5.3))
Maximum-Likelihood (Verf. 3.5.9)	$\boldsymbol{M}_{\mathrm{ML}}(\xi, \boldsymbol{\vartheta}) = \sum_{i=1}^{m} p_i \mathrm{E}\left(\left(\frac{\partial \ln p_\varepsilon(\mathfrak{Y}_i - \tilde{\eta}(\boldsymbol{x}_i, \boldsymbol{\vartheta}))}{\partial \vartheta_j} \times \times \frac{\partial \ln p_\varepsilon(\mathfrak{Y}_i - \tilde{\eta}(\boldsymbol{x}_i, \boldsymbol{\vartheta}))}{\partial \vartheta_k}\right)\right)$

In Analogie zu Tab. 4.1.1 geben wir in Tab. 4.4.1 die zu den verschiedenen Schätzverfahren gehörenden Informationsmatrizen für diskrete Pläne an. Die in Tab. 4.1.1 unter „Spezialfälle" stehenden Informationsmatrizen geben wir in Tab. 4.4.1 nicht noch einmal an, da sie sich völlig analog zu Tab. 4.1.1 aus $\boldsymbol{M}_A(\xi)$ und $\boldsymbol{M}_b(\xi)$ ableiten lassen. Die für die einzelnen Optimalitätskriterien aus Verf. 4.1.1 bis Verf. 4.1.7 wichtigen Funktionale $Z\left(\overline{\boldsymbol{M}}(V_n)\right)$ aus Tab. 4.1.2 lassen sich durch Ersetzen von $\overline{\boldsymbol{M}}(V_n)$ durch $\overline{\boldsymbol{M}}(\xi)$ auch als Funktionale von Informationsmatrizen diskreter Pläne schreiben.

Das Problem der Konstruktion eines Z-optimalen diskreten Planes, wobei hier Z-Optimalität stellvertretend für G-, I-, C-, A-, L-, M-, E- und D-Optimalität steht, wird in folgendem Verfahren formuliert. Im Gegensatz zur $\overline{Z}$-Optimalität konkreter Pläne sprechen wir von der Z-Optimalität diskreter Pläne, da diskrete Pläne unabhängig von n sind, das Funktional $\overline{Z}$ hier also nicht interessiert (›Tab. 4.1.2).

VERFAHREN 4.4.1 (Z-Optimalität diskreter Pläne):

1. **Gegebene Größen:** a) Linearer Ansatz $\tilde{S}$ mit

$$\tilde{\eta}(\boldsymbol{x}, \boldsymbol{\vartheta}) = \boldsymbol{f}(\boldsymbol{x})' \boldsymbol{\vartheta}; \qquad \boldsymbol{x} \in B \subseteq \mathrm{R}^k; \qquad \boldsymbol{\vartheta} \in \mathrm{R}^r.$$

b) Schätzmethode, d. h. ein $\overline{\boldsymbol{M}}$ aus Tab. 4.4.1.

c) Versuchsbereich V (im Falle der G- und I-Optimalität auch Prognosebereich H).

d) $\Xi^{(0)}$ Menge der möglichen diskreten Pläne.

e) Optimalitätskriterium Z aus Tab. 4.1.2.

2. **Aufgabe:** Bestimme in $\Xi^{(0)}$ einen Z-optimalen diskreten Plan.

3. **Bezeichnung:** ξ^* Z-optimaler diskreter Plan.

4. **Voraussetzung:** Für alle $\xi \in \Xi^{(0)}$ ist $\overline{\boldsymbol{M}}(\xi)$ regulär.

5. **Lösung:** Bestimme ξ^* als Lösung der Aufgabe

$$Z\big(\overline{\boldsymbol{M}}(\xi)\big) \overset{!}{=} \inf_{\xi \in \Xi^{(0)}} \quad \bullet$$

Beispiel 4.4.1:

1. a) $\tilde{\eta}(x, \boldsymbol{\vartheta}) = \vartheta_0 + \vartheta_1 x$.

b) MKQ, d. h. $\overline{\boldsymbol{M}} = \boldsymbol{M}$.

c) $V = [-1, 1]$.

d) $\Xi^{(0)}$ Menge aller diskreten Pläne mit zwei Spektrumpunkten.

e) $Z = Z_D$.

5. $\xi = \{(x_1, p_1)\ (x_2, p_2)\}$; $p_1 + p_2 = 1$; $\boldsymbol{f}(x) = (1, x)'$;

$$\boldsymbol{M}(\xi) = \sum_{i=1}^{2} p_i \boldsymbol{f}(x_i)\, \boldsymbol{f}(x_i)' = p_1 \begin{pmatrix} 1 & x_1 \\ x_1 & x_1^2 \end{pmatrix} + (1 - p_1) \begin{pmatrix} 1 & x_2 \\ x_2 & x_2^2 \end{pmatrix}$$

$$= \begin{pmatrix} 1 & p_1 x_1 + (1 - p_1)\, x_2 \\ p_1 x_1 + (1 - p_1)\, x_2 & p_1 x_1^2 + (1 - p_1)\, x_2^2 \end{pmatrix},$$

$$Z_D\big(\boldsymbol{M}(\xi)\big) = \det \boldsymbol{M}(\xi)^{-1} = [p_1 x_1^2 + (1 - p_1)\, x_2^2 - (p_1 x_1 + (1 - p_1)\, x_2)^2]^{-1}.$$

Bestimme ξ^* als Lösung der Aufgabe

$$p_1 x_1^2 + (1 - p_1)\, x_2^2 - (p_1 x_1 + (1 - p_1)\, x_2)^2 \overset{!}{=} \sup_{\substack{x_1, x_2 \in [-1, 1];\ x_1 \neq x_2 \\ 0 < p_1 \leq 1}} .$$

(Als Lösung ergibt sich $\xi^* = \{(-1, \tfrac{1}{2}), (1, \tfrac{1}{2})\}$, ›Verf. 4.4.2).

Wir bemerken, daß man analog wie bei konkreten Plänen im Falle der D- und E-Optimalität häufig auch die Funktionale

$$Z_{D'}\big(\overline{\boldsymbol{M}}(\xi)\big) = -\det \overline{\boldsymbol{M}}(\xi)\,, \tag{4.4.7}$$

$$Z_{D''}\big(\overline{\boldsymbol{M}}(\xi)\big) = -\ln \det \overline{\boldsymbol{M}}(\xi)\,, \tag{4.4.8}$$

$$Z_{E'}\big(\overline{\boldsymbol{M}}(\xi)\big) = -\lambda_{\min}\big(\overline{\boldsymbol{M}}(\xi)\big) \tag{4.4.9}$$

benutzt (›Tab. 4.1.2). Für die Menge $\Xi^{(0)}$ der zur Auswahl stehenden diskreten Pläne wird häufig die Menge

$$\Xi_{\text{reg}}(\overline{M}) = \{\xi : \overline{M}(\xi) \text{ regulär}\} \tag{4.4.10}$$

aller diskreten Pläne verwendet, für die die entsprechende Informationsmatrix regulär ist. Sie wird kurz mit Menge der *$\overline{M}$-regulären diskreten Pläne* bezeichnet.

Ein optimaler diskreter Plan ξ^* kann nun als Grundlage für die Konstruktion eines näherungsweise optimalen konkreten Planes dienen, indem man nämlich den optimalen diskreten Plan durch geeignete Rundungsverfahren (›[4.4.5]) auf einen konkreten Plan vorgegebenen Umfangs oder vorgegebener Effektivität rundet. Die Benutzung optimaler diskreter Pläne lohnt nur dann, wenn man mit einer nicht zu kleinen Versuchsanzahl n rechnet, da man für kleine n die Gewichte p_i dieser Pläne nur sehr ungenau durch Vielfache von $1/n$ approximieren kann.

Der Weg über diskrete Pläne mag zunächst als Mehraufwand gegenüber direkten Verfahren zur Konstruktion näherungsweise optimaler konkreter Pläne (wie z. B. dem Iterationsverfahren Verf. 4.3.4) erscheinen. Er wird jedoch dadurch gerechtfertigt, daß sich die Optimierungsprobleme in einer Menge diskreter Pläne, insbesondere in $\Xi_{\text{reg}}(\overline{M})$ aus (4.4.10) wesentlich einfacher lösen lassen, als die entsprechenden Probleme für konkrete Pläne. Der Weg über diskrete Pläne führt also i. allg. zu einer *Vereinfachung* der Originalprobleme, mitunter sogar auf bereits gelöste Probleme, so daß vorhandene optimale diskrete Pläne lediglich noch auf den entsprechenden Umfang gerundet werden müssen.

Es ist für viele Untersuchungen vorteilhaft, die (konvexe) Summe zweier diskreter Pläne einzuführen (zur Summe konkreter Pläne ›Bez. 2.5.5).

Bezeichnung 4.4.2: Es seien

$$\xi^{(1)} = \{(x_i^{(1)}, p_i^{(1)})\}_{i=1,\dots,m_1}; \qquad \xi^{(2)} = \{(x_i^{(2)}, p_i^{(2)})\}_{i=1,\dots,m_2}$$

zwei diskrete Pläne und $\alpha \in (0, 1)$. Dann heißt der diskrete Plan $\xi = \{(x_i, p_i)\}_{i=1,\dots,m}$ mit dem Spektrum $S(\xi) = S(\xi^{(1)}) \cup S(\xi^{(2)})$ und den Gewichten

$$p_i = \begin{cases} (1-\alpha)\, p_i^{(1)} + \alpha p_i^{(2)}, & \text{falls } x_i \in S(\xi^{(1)}) \text{ und } x_i \in S(\xi^{(2)}), \\ (1-\alpha)\, p_i^{(1)}, & \text{falls } x_i \in S(\xi^{(1)}) \text{ und } x_i \notin S(\xi^{(2)}), \\ \alpha p_i^{(2)}, & \text{falls } x_i \notin S(\xi^{(1)}) \text{ und } x_i \in S(\xi^{(2)}), \end{cases}$$

konvexe Summe von $\xi^{(1)}$ und $\xi^{(2)}$ und wird mit

$$\xi = (1-\alpha)\, \xi^{(1)} + \alpha \xi^{(2)}$$

bezeichnet ●

Beispielsweise ergibt sich aus $\xi^{(1)} = \{(-1, \frac{1}{3}), (0, \frac{2}{3})\}$ und $\xi^{(2)} = \{(0, \frac{1}{2}), (1, \frac{1}{2})\}$ mit $\alpha = \frac{1}{3}$ wegen $S(\xi) = S(\xi^{(1)}) \cup S(\xi^{(2)}) = \{-1, 0, 1\}$ die konvexe Summe zu

$$\xi = \tfrac{2}{3}\, \xi^{(1)} + \tfrac{1}{3}\, \xi^{(2)} = \{(-1, p_1), (0, p_2), (1, p_3)\}$$

mit $p_1 = \frac{2}{3} \cdot \frac{1}{3} = \frac{2}{9}$, $p_2 = \frac{2}{3} \cdot \frac{2}{3} + \frac{1}{3} \cdot \frac{1}{2} = \frac{11}{18}$, $p_3 = \frac{1}{3} \cdot \frac{1}{2} = \frac{1}{6}$, d. h. zu $\xi = \{(-1, \frac{4}{18}), (0, \frac{11}{18}), (1, \frac{3}{18})\}$.

Die Struktur optimaler diskreter Pläne ist wesentlich klarer als die Struktur optimaler konkreter Pläne. Der Übergang zu diskreten Plänen, der von einer unmittelbaren Anwendbarkeit der Pläne wegführt, erweist sich somit auch als fruchtbar zur Klärung der *Struktur* optimaler Pläne. Als Beispiele dafür mögen die folgenden beiden Aussagen dienen.

Aussage 4.4.1: Es liege ein linearer Ansatz mit r Parametern vor. Für jede Schätzmethode aus Tab. 4.4.1 und jedes Optimalitätskriterium Z aus Tab. 4.1.2 gibt es einen Z-optimalen diskreten Plan mit höchstens $\frac{1}{2}r(r+1)+1$ Spektrumpunkten •

Wegen Aussage 4.4.1 genügt es also, diskrete Pläne mit höchstens $\frac{1}{2}r(r+1)+1$ Spektrumpunkten zu betrachten. Die folgende Aussage ist ein Beispiel eines sog. Äquivalenzsatzes (›[I/5.5]).

Aussage 4.4.2 (Kiefer/Wolfowitz [2]): Es liege ein linearer Ansatz $\tilde{S}$ mit $\tilde{\eta}(\boldsymbol{x}, \boldsymbol{\vartheta}) = \boldsymbol{f}(\boldsymbol{x})' \boldsymbol{\vartheta}$ mit r Parametern vor, und es sei $\Xi^{(0)} = \Xi_{\text{reg}}(\boldsymbol{M})$ und $V = H$. Dann ist für die MKQ-Schätzung jeder D-optimale diskrete Plan auch ein G-optimaler diskreter Plan und umgekehrt. Der Plan ξ^* ist genau dann D- und G-optimal, wenn gilt

$$\sup_{\boldsymbol{x} \in V} \boldsymbol{f}(\boldsymbol{x})' \boldsymbol{M}(\xi^*)^{-1} \boldsymbol{f}(\boldsymbol{x}) = r \quad \bullet$$

Für die MKQ-Schätzung sind also im Falle der Übereinstimmung von Versuchs- und Prognosebereich die Kriterien der D- und G-Optimalität äquivalent. Das gilt jedoch nur für diskrete Pläne. Im Bereich der konkreten Pläne für die MKQ gibt es einfache Beispiele, daß D- und G-optimale Pläne *nicht* übereinstimmen.

Die meisten Konstruktionsverfahren optimaler diskreter Pläne sind für die MKQ und die Bayes-Schätzung bekannt (›[4.4.2] und [4.4.3]). In anderen Fällen muß man zu Näherungsverfahren greifen (›[4.5]).

4.4.2. Exakt optimale diskrete Pläne für die MKQ-Schätzung

In diesem Abschnitt werden für Polynomansätze in einer Variablen und für Ansätze höherer (insbesondere zweiter Ordnung) in k Variablen einige Konstruktionsverfahren optimaler diskreter Pläne für die MKQ-Schätzung angegeben. Wir werden u. a. die in [4.2.1] und [4.2.3] angegebenen Konstruktionsverfahren für optimale konkrete Pläne verallgemeinern, aber auch neue Verfahren angeben, die im konkreten Fall keine Entsprechung haben (›Verf. 4.2.3 und Verf. 4.2.5). Ausgehend von den in diesem Abschnitt konstruierten diskreten Plänen eröffnet sich also die Möglichkeit, für Planumfänge n, zu denen in [4.2] kein konkreter optimaler Plan konstruiert werden konnte, durch geeignetes Runden einen näherungsweise optimalen konkreten Plan zu erhalten.

Wir beginnen zunächst mit dem Fall, daß ein Polynomansatz $\tilde{S}$ mit

$$\tilde{\eta}(x, \boldsymbol{\vartheta}) = \vartheta_0 + \vartheta_1 x + \vartheta_2 x^2 + \dots + \vartheta_q x^q = \boldsymbol{f}(x)' \boldsymbol{\vartheta} \tag{4.4.11}$$

vorliegt und optimale diskrete Pläne über $V = [-1, 1]$ gesucht werden. Das folgende Verfahren ist im Falle der D- und G-Optimalität für $H = V$ eine Verallgemeinerung von Verf. 4.2.1. Es werden jedoch außerdem G-optimale Pläne für

$$H = [x_*, x^*]; \quad x_* \geqq 1; \tag{4.4.12}$$

I-optimale Pläne bez. $H = [-1, 1] = V$ und $p(x) = \text{const}$ und C-optimale Pläne für die Fälle

$$\boldsymbol{c} = (0, \dots, 0, 1)' \tag{4.4.13}$$

und

$$\boldsymbol{c} = \left(1, x^*, (x^*)^2, \dots, (x^*)^q\right)' = \boldsymbol{f}(x^*); \quad x^* > 1; \tag{4.4.14}$$

konstruiert. Im Falle (4.4.12) sind das optimale Pläne zur MKQ-Schätzung der Wirkungsfläche in einem Bereich H, der vollständig vom Versuchsbereich verschieden ist, im Falle (4.4.13) optimale Pläne zur MKQ-Schätzung des (Leit-) Koeffizienten ϑ_q des Polynomansatzes und im Falle (4.4.14) optimale Pläne für die MKQ-Schätzung der Wirkungsfläche im Punkt $x^* > 1$, d. h. sog. *Extrapolationspläne.*

VERFAHREN 4.4.2 (Optimale diskrete Pläne für Polynomansatz):

1. **Gegebene Größen:** a) Ansatz $\tilde{S}$ mit $\tilde{\eta}(x, \boldsymbol{\vartheta}) = \sum_{i=0}^{q} \vartheta_i x^i = \boldsymbol{f}(x)' \boldsymbol{\vartheta}$.

b) Versuchsbereich $V = [-1, 1]$.

c) Menge möglicher Pläne $\Xi^{(0)}$.

d) Optimalitätskriterium.

2. **Aufgabe:** Konstruiere einen entsprechend dem gegebenen Kriterium optimalen diskreten Plan für die MKQ.

3. **Bezeichnungen:** a) $\xi_j^* = \{(x_i, p_i)\}_{i=0,\dots,q}$ optimale Pläne ($j = 1, \dots, 4$).

b) $L_q(x)$ LEGENDRE-Polynom der Ordnung q (›[4.2.1]).

c) $$U_i(x) = \frac{(x - x_0)(x - x_1)\dots(x - x_{i-1})(x - x_{i+1})\dots(x - x_q)}{(x_i - x_0)(x_i - x_1)\dots(x_i - x_{i-1})(x_i - x_{i+1})\dots(x_i - x_q)}; \quad i = 0, 1, \dots, q.$$

4. **Voraussetzungen:** a) $\Xi^{(0)} = \Xi_{\mathrm{reg}}(\boldsymbol{M})$ (›(4.4.10)).

b) Zugelassene Optimalitätskriterien: D-Optimalität; G-Optimalität mit $H = V$ bzw. $H = [x_*, x^*]$, $x_* \geqq 1$; I-Optimalität mit $H = V$ und $p(x) = \text{const}$; C-Optimalität bez. $\boldsymbol{c} = (0, \dots, 0, 1)' \in \mathrm{R}^{q+1}$ bzw. bez. $\boldsymbol{c} = \boldsymbol{f}(x^*)$; $x^* > 1$.

5. **Lösung:** a) Für D-, G- und I-Optimalität mit $H = V$ und $p(x) = \text{const}$:

a$_1$) Bestimme die $q + 1$ Nullstellen $x_0, \dots, x_q$ von $(1 - x^2)\dfrac{\mathrm{d}}{\mathrm{d}x} L_q(x)$.

a$_2$) $\xi_1^* = \left\{\left(x_i, \dfrac{1}{q+1}\right)\right\}_{i=0,\dots,q}$ ist D- und G-optimal für $H = V$.

$$\xi_2^* = \{(x_i, p_i)\}_{i=0,\dots,q} \quad \text{mit } p_i = |L_q^{-1}(x_i)| \Big/ \sum_{j=0}^{q} |L_q^{-1}(x_j)|$$

ist I-optimal mit $H = V$ und $p(x) = \text{const}$.

b) Für G-Optimalität mit $H = [x_*, x^*]$; $x_* \geqq 1$; und L-Optimalität mit $\boldsymbol{c} = (0, \dots, 0, 1)'$ bzw. $\boldsymbol{c} = \boldsymbol{f}(x^*)$; $x^* > 1$:

b$_1$) Bestimme $x_i = -\cos\left(\dfrac{i\pi}{q}\right)$; $i = 0, 1, \dots, q$.

b$_2$) $\xi_3^* = \{(x_i, p_i)\}_{i=0,\dots,q}$ mit $p_0 = p_q = \dfrac{1}{2q}$ und $p_i = \dfrac{1}{q}$; $i = 1, \dots, q-1$; ist C-optimal bez. $\boldsymbol{c} = (0, \dots, 0, 1)'$.

$$\xi_4^* = \{(x_i, p_i)\}_{i=0,\dots,q} \quad \text{mit } p_i = |U_i(x^*)| \Big/ \sum_{j=0}^{q} |U_j(x^*)|$$

ist C-optimal bez. $\boldsymbol{c} = \boldsymbol{f}(x^*)$; $x^* > 1$; und G-optimal bez. $H = [x_*, x^*]$ mit $x_* \geqq 1$ ●

Beispiel 4.4.2:

1. a) $\tilde{\eta}(x, \vartheta) = \vartheta_0 + \vartheta_1 x + \vartheta_2 x^2$, d. h. $q = 2$.

b) $V = [-1, 1]$.

c) $\Xi^{(0)} = \Xi_{\text{reg}}(M)$.

d) C-Optimalität bez. $c = f(x^*) = (1, x^*, (x^*)^2)'$ mit $x^* = 2$.

5. b₁) $x_0 = -\cos(0) = -1;\ x_1 = -\cos\left(\frac{\pi}{2}\right) = 0;\ x_2 = -\cos\pi = 1;$

b₂) $U_0(2) = \frac{(2-0)(2-1)}{(-1-0)(-1-1)} = \frac{2}{2} = 1;\quad U_1(2) = \frac{(2+1)(2-1)}{(0+1)(0-1)} = -3;$

$$U_3(2) = \frac{(2+1)(2-0)}{(1+1)(1-0)} = \frac{6}{2} = 3;$$

$$p_0 = \tfrac{1}{7};\ p_1 = \tfrac{3}{7};\ p_2 = \tfrac{3}{7} \text{ d. h. } \xi^* = \{(-1, \tfrac{1}{7}), (0, \tfrac{3}{7}), (1, \tfrac{3}{7})\}.$$

Das Verf. 4.4.2 beruht auf den Arbeiten GUEST [1], HOEL [1], HOEL/LEVINE [1], KARLIN/STUDDEN [1], [2], KIEFER/WOLFOWITZ [1], MALJUTOV/FEDOROV [1] und STUDDEN [1].

Weitere Beispiele diskreter optimaler Pläne, die als Lösung von Verf. 4.4.2 gewonnen werden können, finden sich in Tab. 4.8.3, insbesondere D- und G-optimale Pläne bez. $H = V$.

Bemerkung 4.4.1: Zur Konstruktion D- und G-optimaler Pläne für $H = V = [-1, 1]$ und gewisse Ansätze der Form $\tilde{\eta}(x, \vartheta) = \sqrt{w(x)} \sum_{i=0}^{q} \vartheta_i x^i$ geht man wie in [4.2] nach Verf. 4.2.1 geschildert vor. Man bestimmt die Spektrumpunkte $x_0, \dots, x_q$ als Nullstellen der dort angegebenen Polynome. Für die Gewichte gilt in jedem Fall $p_i = \frac{1}{q+1}$; $i = 0, \dots, q$; (›Tab. 4.8.4).

Wir betrachten nun Ansätze für $k > 1$ Einflußgrößen. Für die einfachsten Ansätze dieser Art, die $(k, 1)$-Ansätze (›Bez. 5.1.1) mit

$$\tilde{\eta}(\boldsymbol{x}, \boldsymbol{\vartheta}) = \vartheta_0 + \vartheta_1 x_1 + \dots + \vartheta_k x_k,$$

gibt es genügend Verfahren zur Konstruktion optimaler bzw. näherungsweise optimaler *konkreter* Pläne (›Verf. 4.2.4, Verf. 4.2.5, Verf. 4.2.6, Verf. 4.2.7 und Verf. 4.3.6), so daß wir auf die Konstruktion optimaler diskreter Pläne in diesem Fall nicht eingehen.

Betrachten wir also Ansätze $\tilde{S}(k, 2)$ (›Bez. 5.1.1), d. h.

$$\tilde{\eta}(\boldsymbol{x}, \boldsymbol{\vartheta}) = \vartheta_0 + \vartheta_1 x_1 + \dots + \vartheta_k x_k + \vartheta_{11} x_1^2 + \dots + \vartheta_{kk} x_k^2 + \vartheta_{12} x_1 x_2 + \dots + \vartheta_{(k-1)k} x_{k-1} x_k, \tag{4.4.15}$$

und als Versuchsbereich den k-dimensionalen Einheitswürfel. Wir geben im folgenden ein Verfahren von KÔNO [1] zur Konstruktion von diskreten D- und im Falle $H = V$ auch G-optimalen Plänen an.

VERFAHREN 4.4.3 (D- und G-optimale Pläne nach KÔNO):

1. **Gegebene Größen:** a) Ansatz $\tilde{S}$ mit $\tilde{\eta}$ aus (4.4.15).

b) Versuchsbereich $V = \{\boldsymbol{x} \in \mathrm{R}^k\colon -1 \leq x_i \leq 1;\ i = 1, \dots, k\}$ (Einheitswürfel).

c) $\Xi^{(0)}$ Menge möglicher Pläne.

2. **Aufgabe:** Konstruiere einen diskreten D- und G-optimalen Plan für die MKQ.

3. **Bezeichnung:** $\xi^* = \{(x_i, p_i)\}_{i=1,\dots,m}$ optimaler Plan.

4. **Voraussetzungen:** a) $\Xi^{(0)} = \Xi_{\text{reg}}(M)$ (›(4.4.10))

b) $k \leqq 9$.

c) Im Falle der G-Optimalität ist $H = V$.

5. **Lösung:** a) Berechne

$$\mu = \begin{cases} 0 & \text{für } k = 1\,, \\ \dfrac{2k + 1 + \sqrt{4k^2 + 12k + 17}}{4(k+2)} & \text{für } 2 \leqq k \leqq 9\,, \end{cases}$$

$$\lambda = \frac{k+3}{(k+1)(k+2)}[1 + (k-1)\mu]\,,$$

$$\alpha = \lambda[(k-1)\mu - k + 2]\,,$$

$$\beta = \begin{cases} 0 & \text{für } k = 1\,, \\ \lambda k(1-\mu) & \text{für } 2 \leqq k \leqq 9\,, \end{cases}$$

$$\gamma = 1 - \alpha - \beta\,.$$

b) Der optimale Plan $\xi^* = \{(x_i, p_i)\}_{i=1,\dots,m}$ hat $m = 2^k + k2^{k-1} + 1$ Punkte im Spektrum. Davon sind

$x_1, \dots, x_{2^k}$ die 2^k Ecken des Einheitswürfels V mit den Gewichten $p_1 = \dots = p_{2^k} = \dfrac{\alpha}{2^k}$

$x_{2^k+1}, \dots, x_{2^k+k2^{k-1}}$ die Mittelpunkte der $k2^{k-1}$ Würfelkanten von V mit den Gewichten $p_{2^k+1} = \dots = p_{2^k+k2^{k-1}} = \dfrac{\beta}{k2^{k-1}}$

$x_m = \boldsymbol{0}$ Mittelpunkt des Einheitswürfels V mit dem Gewicht $p_m = \gamma$ ●

Die 2^k Punkte auf den Ecken von V entsprechen den 2^k möglichen Vektoren der Struktur $(\pm 1, \pm 1, \dots, \pm 1)' \in \mathrm{R}^k$ und die $k2^{k-1}$ Punkte auf den Kantenmitten den $k2^{k-1}$ möglichen Vektoren der Struktur $(\pm 1, \dots, \pm 1, 0, \pm 1, \dots, \pm 1)' \in \mathrm{R}^k$ (›[5.3.4]).

Beispiel 4.4.8:

1. a) $\tilde{\eta}(x, \vartheta) = \vartheta_0 + \vartheta_1 x_1 + \vartheta_2 x_2 + \vartheta_{11} x_1^2 + \vartheta_{22} x_2^2 + \vartheta_{12} x_1 x_2$, d. h. $k = 2$.

c) $\Xi^{(0)} = \Xi_{\text{reg}}(M)$.

5. a) $\mu = \dfrac{5 + \sqrt{57}}{16} = 0{,}784$; $\lambda = \dfrac{5}{12} \cdot 1{,}784 = 0{,}743$; $\alpha = 0{,}743 \cdot 0{,}784 = 0{,}583$;

$\beta = 0{,}743 \cdot 0{,}432 = 0{,}321$; $\gamma = 0{,}096$.

b) ξ^* hat $m = 9$ Punkte: $x_1 = \begin{pmatrix}1\\1\end{pmatrix}$, $x_2 = \begin{pmatrix}1\\-1\end{pmatrix}$, $x_3 = \begin{pmatrix}-1\\1\end{pmatrix}$, $x_4 = \begin{pmatrix}-1\\-1\end{pmatrix}$ mit $p_1 = p_2 = p_3 = p_4 = \dfrac{0{,}583}{4} = 0{,}146$. $x_5 = \begin{pmatrix}1\\0\end{pmatrix}$, $x_6 = \begin{pmatrix}0\\1\end{pmatrix}$, $x_7 = \begin{pmatrix}-1\\0\end{pmatrix}$, $x_8 = \begin{pmatrix}0\\-1\end{pmatrix}$ mit $p_5 = p_6 = p_7 = p_8 = \dfrac{0{,}321}{4} = 0{,}080$, $x_9 = \begin{pmatrix}0\\0\end{pmatrix}$ mit $p_9 = 0{,}096$.

Für Ansätze (4.4.15) mit $1 \leqq k \leqq 7$ Einflußgrößen haben wir die mit Verf. 4.4.3 konstruierbaren Pläne in Tab. 4.8.8 angegeben. Die mit Verf. 4.4.3 konstruierten Pläne haben den Nachteil, daß sie vor allem für größere k sehr viele Punkte im Spektrum haben. Insbesondere PESOČINSKIJ [1] hat erfolgreiche Überlegungen angestellt, D- und G-optimale Pläne mit kleinerem Spektrum zu konstruieren. Wir geben einige dieser Pläne in Tab. 4.8.9 an.

Weitere Untersuchungen zur Konstruktion von D- und G-optimalen Plänen für Ansätze der Form (4.4.15) sind z. B. in KIEFER [2] und FARRELL/KIEFER/WALBRAN [1] zu finden.

Falls man für einen Ansatz der Form (4.4.15) als Versuchsbereich auch die den Einheitswürfel umschreibende Hyperkugel, d. h.

$$V = \{\boldsymbol{x} \in \mathrm{R}^k : \boldsymbol{x}'\boldsymbol{x} \leqq k\} \tag{4.4.16}$$

wählen kann, so kann man D- und G-optimale diskrete Pläne durch Modifikation von Verf. 4.2.8 erhalten.

VERFAHREN 4.4.4 (D- und G-optimale diskrete Pläne über der Kugel):

1. **Gegebene Größen:** a) Ansatz $\tilde{S}$ mit $\tilde{\eta}$ aus (4.4.15).

b) Versuchsbereich (4.4.16).

c) $\Xi^{(0)}$ Menge möglicher Pläne.

2. **Aufgabe:** Konstruiere D- und G-optimalen diskreten Plan für die MKQ.

3. **Bezeichnung:** $\xi^* = \{(\boldsymbol{x}_i, p_i)\}_{i=1,\dots,m}$ optimaler Plan.

4. **Voraussetzungen:** a) $\Xi^{(0)} = \Xi_{\text{reg}}(\boldsymbol{M})$ (›(4.4.10))

b) Im Falle der G-Optimalität ist $H = V$.

c) $m \geqq \dfrac{(k+1)(k+2)}{2}$.

5. **Lösung:** a) $\boldsymbol{x}_1 = \boldsymbol{0}$, $p_1 = \dfrac{2}{(k+1)(k+2)}$.

b) $\boldsymbol{x}_2, \dots, \boldsymbol{x}_m$ sind gleichmäßig verteilt über die Kugeloberfläche des Versuchsbereiches V zu wählen mit den Gewichten

$$p_2 = p_3 = \dots = p_m = \frac{(k+1)(k+2) - 2}{(m-1)(k+1)(k+2)} \quad \bullet$$

Im Falle $m = \frac{1}{2}(k+1)(k+2)$ erhält man in Verf. 4.4.4 die Gewichte $p_1 = p_2 = \dots = p_m = \dfrac{1}{m} = \dfrac{2}{(k+1)(k+2)}$ und die gleichmäßige Verteilung der $m-1$ Spektrumpunkte auf der Oberfläche von V kann für spezielle k und m so gefunden werden, wie in [4.2.3] nach Verf. 4.2.8 bemerkt wurde. Für beliebige k und m sind jedoch keine Algorithmen zur gleichmäßigen Verteilung bekannt.

Für Ansätze 3. Ordnung in k Variablen ist in FARRELL/KIEFER/WALBRAN [1] eine Möglichkeit angegeben, D- und G-optimale Pläne über der Kugel aus (4.4.16) zu konstruieren. Sie besteht im wesentlichen darin, einen Teil der Spektrumpunkte auf der Kugeloberfläche von V und den Rest auf einer im Inneren von V liegenden Kugelschale gleichmäßig zu verteilen.

Wir erwähnen noch, daß im Falle der Mixturplanung diskrete D- und G-optimale Pläne für Ansätze der Form (4.2.18) bis (4.2.21) durch folgende einfache Abänderung von Verf. 4.2.9 erhalten werden können: Die in Verf. 4.2.9/5.a) und 5.b) konstruierten $m = 2^k - 1$ Punkte fungieren als Spektrumpunkte mit den Gewichten $p_1 = \dots = p_m = 1/(2^k - 1)$. Der so erhaltene Plan $\xi^* = \{(\boldsymbol{x}_i, p_i)\}_{i=1,\dots,m}$ ist D- (und im Falle $H = V$ auch G-) optimal.

Das folgende Verfahren zur Konstruktion D- und G-optimaler Pläne ist nicht an einen Ansatz bestimmter Ordnung gebunden. Es ist anwendbar, falls ein *Ansatzprodukt* $\tilde{S}$ mit

$$\tilde{\eta}(\boldsymbol{x}, \boldsymbol{\vartheta}) = \tilde{\eta}(\boldsymbol{x}^{(1)}, \boldsymbol{x}^{(2)}, \boldsymbol{\vartheta}) = \sum_{i=1}^{t} \sum_{j=1}^{s} \vartheta_{ij} g_i(\boldsymbol{x}^{(1)})\, h_j(\boldsymbol{x}^{(2)});$$

$$\boldsymbol{x} = \begin{pmatrix} \boldsymbol{x}^{(1)} \\ \boldsymbol{x}^{(2)} \end{pmatrix}; \quad \boldsymbol{\vartheta} = (\vartheta_{11}, \vartheta_{12}, \dots, \vartheta_{ts})' \in \mathrm{R}^{ts}; \tag{4.4.17}$$

vorliegt und D- bzw. G-optimale Pläne für die Ansätze $\tilde{S}^{(1)}$ und $\tilde{S}^{(2)}$ mit

$$\tilde{\eta}^{(1)}(\boldsymbol{x}^{(1)}, \boldsymbol{\alpha}) = \sum_{i=1}^{t} \alpha_i g_i(\boldsymbol{x}^{(1)}), \tag{4.4.18}$$

$$\tilde{\eta}^{(2)}(\boldsymbol{x}^{(2)}, \boldsymbol{\beta}) = \sum_{j=1}^{s} \beta_j h_j(\boldsymbol{x}^{(2)}) \tag{4.4.19}$$

bekannt oder leicht konstruierbar sind. Ein Beispiel für einen Ansatz der Struktur (4.4.17) ist

$$\tilde{\eta}(x_1, x_2, \boldsymbol{\vartheta}) = \vartheta_0 + \vartheta_1 x_1 + \vartheta_2 x_2 + \vartheta_{12} x_1 x_2,$$

der sich aus $\tilde{\eta}^{(1)}(x_1, \boldsymbol{\alpha}) = \alpha_0 + \alpha_1 x_1$ und $\tilde{\eta}^{(2)}(x_2, \boldsymbol{\beta}) = \beta_0 + \beta_1 x_2$ aufbauen läßt.

VERFAHREN 4.4.5 (D- und G-optimale Pläne für Ansatzprodukt):

1. **Gegebene Größen:** a) Ansatz $\tilde{S}$ mit $\tilde{\eta}$ aus (4.4.17).

b) $V = \{\boldsymbol{x} \in \mathrm{R}^k : a_j \leqq x_j \leqq b_j;\, j = 1, \dots, k\}$ (Hyperquader).

c) $\Xi^{(0)}$ Menge der möglichen Pläne.

2. **Aufgabe:** Konstruiere D- und G-optimalen Plan für die MKQ.

3. **Bezeichnungen:** a) $\boldsymbol{x} = (\boldsymbol{x}^{(1)\prime}, \boldsymbol{x}^{(2)\prime})'$ mit $\boldsymbol{x}^{(1)} \in \mathrm{R}^{k_1}$, $\boldsymbol{x}^{(2)} \in \mathrm{R}^{k-k_1}$.

b) $\tilde{\eta}^{(1)}(\boldsymbol{x}^{(1)}, \boldsymbol{\alpha})$ aus (4.4.18), $\tilde{\eta}^{(2)}(\boldsymbol{x}^{(2)}, \boldsymbol{\beta})$ aus (4.4.19).

4. **Voraussetzungen:** a) $\Xi^{(0)} = \Xi_{\mathrm{reg}}(M)$ (›(4.4.10))

b) Im Falle der G-Optimalität ist $H = V$.

5. **Lösung:** a) Bestimme einen D-optimalen diskreten Plan $\xi^{(1)} = \{(\boldsymbol{x}_i^{(1)}, q_i)\}_{i=1,\dots,m_1}$ im Ansatz $\tilde{S}^{(1)}$ mit $\tilde{\eta}(\boldsymbol{x}^{(1)}, \boldsymbol{\alpha})$ und dem Versuchsbereich $V^{(1)} = \{\boldsymbol{x}^{(1)} \in \mathrm{R}^{k_1} : a_l \leqq x_l^{(1)} \leqq b_l;\, l = 1, \dots, k_1\}$.

b) Bestimme einen D-optimalen diskreten Plan $\xi^{(2)} = \{(\boldsymbol{x}_j^{(2)}, r_j)\}_{j=1,\dots,m_2}$ im Ansatz $\tilde{S}^{(2)}$ mit $\tilde{\eta}^{(2)}(\boldsymbol{x}^{(2)}, \boldsymbol{\beta})$ und $V^{(2)} = \{\boldsymbol{x}^{(2)} \in \mathrm{R}^{k-k_1} : a_l \leqq x_l^{(2)} \leqq b_l;\, l = k_1 + 1, \dots, k\}$.

c) Der diskrete Plan $\xi^* = \{(\boldsymbol{x}_{ij}, p_{ij})\}_{i=1,\dots,m_1;\, j=1,\dots,m_2}$ mit $\boldsymbol{x}_{ij} = \begin{pmatrix} \boldsymbol{x}_i^{(1)} \\ \boldsymbol{x}_j^{(2)} \end{pmatrix}$ und $p_{ij} = q_i r_j$ $(i = 1, \dots, m_1;\, j = 1, \dots, m_2)$ ist D- und G-optimal für $\tilde{S}$ ●

Beispiel 4.4.4:

1. a) $\tilde{\eta}(\boldsymbol{x}, \boldsymbol{\vartheta}) = \vartheta_0 + \vartheta_1 x_1 + \vartheta_2 x_2 + \vartheta_{12} x_1 x_2$.

b) $V = \{\boldsymbol{x} \in \mathrm{R}^2 \colon -1 \leqq x_i \leqq 1;\ i = 1, 2\}$ (Einheitsquadrat).

c) $\Xi^{(0)} = \Xi_{\text{reg}}(\boldsymbol{M})$.

3. a) $\boldsymbol{x} = (x_1, x_2)'$; $\boldsymbol{x}^{(1)} = x_1$; $\boldsymbol{x}^{(2)} = x_2$.

b) $\tilde{\eta}^{(1)}(x_1, \boldsymbol{\alpha}) = \alpha_0 + \alpha_1 x_1$; $\tilde{\eta}^{(2)}(x_2, \boldsymbol{\beta}) = \beta_0 + \beta_1 x_2$.

5. a) $\xi^{(1)} = \{(-1, \tfrac{1}{2}), (1, \tfrac{1}{2})\}$ ist D-optimal für $\tilde{S}^{(1)}$ (›Tab. 4.8.1).

b) $\xi^{(2)} = \{(-1, \tfrac{1}{2}), (1, \tfrac{1}{2})\}$ ist D-optimal für $\tilde{S}^{(2)}$.

c) $\xi^* = \left\{\left(\begin{pmatrix}1\\1\end{pmatrix}, \frac{1}{4}\right), \left(\begin{pmatrix}1\\-1\end{pmatrix}, \frac{1}{4}\right), \left(\begin{pmatrix}-1\\1\end{pmatrix}, \frac{1}{4}\right), \left(\begin{pmatrix}-1\\-1\end{pmatrix}, \frac{1}{4}\right)\right\}$ ist D- und G-optimal für $\tilde{S}$.

Verf. 4.4.5 beruht auf einem Satz von Hoel (s. Hoel [2] und [I/6.1.4]). Es ermöglicht also die Konstruktion eines D-optimalen Planes aus D-optimalen Plänen einfacherer Ansätze.

Wir bemerken, daß z. B. vollständige Polynomansätze d-ten Grades (Ansätze $\tilde{S}(k, d)$, ›Bez. 5.1.1) *nicht* in Form eines Ansatzproduktes (4.4.17) dargestellt werden können.

Verf. 4.4.5 kann verallgemeinert werden auf den Fall, daß der Ansatz ein (4.4.17) entsprechendes Produkt *mehrerer* Ansätze ist.

4.4.3. Exakt optimale diskrete Pläne für die Bayes-Schätzung

In [4.2.5] hatten wir Verf. 4.2.11 zur Konstruktion A-, D- und E-optimaler konkreter Pläne für die Bayes-Schätzung in homogenen $(k, 1)$-Ansätzen angegeben. Wir wollen jetzt Konstruktionsverfahren für diskrete optimale Pläne in allgemeineren Ansätzen vorstellen.

Die Informationsmatrix eines diskreten Planes ξ für die Bayes-Schätzung hatte die Gestalt

$$\boldsymbol{M}_b(\xi) = \boldsymbol{M}(\xi) + \frac{\sigma^2}{n} \boldsymbol{\Lambda}^{-1} , \tag{4.4.20}$$

wobei $\boldsymbol{\Lambda}$ die a-priori-Kovarianzmatrix darstellt (›[3.3.1] und Tab. 4.4.1). Ein diskreter Plan ξ ist zwar *unabhängig* von der durchzuführenden Versuchsanzahl n, die Bayessche Informationsmatrix $\boldsymbol{M}_b$ hängt aber von n ab. Durch dieses n wird festgelegt, auf welchen Umfang der erhaltene Plan gerundet werden muß.

Es werden im folgenden A-optimale diskrete Pläne konstruiert, die unter gewissen Bedingungen gleichzeitig auch D- und E-optimal sind. Wir unterscheiden bei der Konstruktion ähnlich wie in [4.2.5] *homogene* Ansätze $\tilde{S}_H$ mit

$$\tilde{\eta}_H(\boldsymbol{x}, \boldsymbol{\vartheta}) = \sum_{i=1}^{r} \vartheta_i f_i(\boldsymbol{x}) , \tag{4.4.21}$$

in denen jede Funktion f_i über dem Versuchsbereich nicht konstant ist, und *inhomogene* Ansätze $\tilde{S}$ mit

$$\tilde{\eta}(\boldsymbol{x}, \vartheta_0, \boldsymbol{\vartheta}) = \vartheta_0 + \sum_{i=1}^{r} \vartheta_i f_i(\boldsymbol{x}) . \tag{4.4.22}$$

Für homogene Ansätze gestalten sich die Konstruktionsverfahren etwas einfacher. Wir beginnen daher mit diesem Fall (s. auch Pilz [5]). Für das Weitere ist Verf. 4.2.10 grundlegend.

VERFAHREN 4.4.6 (A-optimale Pläne für die BAYES-Schätzung bei homogenem Ansatz):

1. **Gegebene Größen:** a) Ansatz $\tilde{S}_H$ mit $\tilde{\eta}_H$ aus (4.4.21).

b) Versuchsbereich V.

c) Λ, σ^2, n (zur Festlegung der BAYESschen Informationsmatrix).

2. **Aufgabe:** Bestimme einen diskreten A-optimalen Plan.

3. **Bezeichnung:** $\xi^* = \{(\boldsymbol{x}_i, p_i)\}_{i=1,\ldots,m}$ A-optimaler Plan.

4. **Voraussetzungen:** a) $\operatorname{Rg} \Lambda = r$.

b) Jedes $f_i(\boldsymbol{x})$ ist über V nicht konstant ($i = 1, \ldots, r$).

5. **Lösung:** a) Bestimme die Eigenwerte $\lambda_1, \ldots, \lambda_r$ von Λ und die dazugehörende Matrix $\boldsymbol{C} = (\boldsymbol{c}_1, \ldots, \boldsymbol{c}_r)$ der orthonormierten Eigenvektoren.

b) Ersetze in Verf. 4.2.10 die Funktionen $f_i(\boldsymbol{x})$ durch $\tilde{f}_i(\boldsymbol{x}) = \boldsymbol{c}_i'\boldsymbol{f}(\boldsymbol{x})$ und Λ durch $\tilde{\Lambda} = \operatorname{diag}\left(((\lambda_1, \ldots, \lambda_r)')\right)$ und bestimme die Werte $m_1^*, \ldots, m_r^*$.

c) Bestimme die Spektrumpunkte $\boldsymbol{x}_i$ und deren Gewichte p_i; $i = 1, \ldots, m$; als Lösung des Gleichungssystems

$$\sum_{i=1}^{m} p_i \boldsymbol{f}(\boldsymbol{x}_i)\, \boldsymbol{f}(\boldsymbol{x}_i)' = \boldsymbol{C} \operatorname{diag}\left(((m_1^*, \ldots, m_r^*)')\right) \boldsymbol{C}',$$

$$\sum_{i=1}^{m} p_i = 1$$

unter der Nebenbedingung $p_i \geqq 0$, $\boldsymbol{x}_i \in V$; $i = 1, \ldots, m$ ●

Beispiel 4.4.5 (›Bsp. 4.2.7):

1. a) $\tilde{\eta}_H(\boldsymbol{x}, \boldsymbol{\vartheta}) = \vartheta_1 x_1 + \vartheta_2 x_2$, d. h. $r = 2$.

b) V Einheitsquadrat.

c) $\Lambda = \begin{pmatrix} 2 & 0 \\ 0 & 3 \end{pmatrix}$; $\sigma^2 = 1$; $n = 6$.

5. a) $\lambda_1 = 2$; $\lambda_2 = 3$; $\boldsymbol{c}_1 = \begin{pmatrix} 1 \\ 0 \end{pmatrix}$; $\boldsymbol{c}_2 = \begin{pmatrix} 0 \\ 1 \end{pmatrix}$; $\boldsymbol{C} = \boldsymbol{I}_2$.

b) $m_1^* = 1$, $m_2^* = 1$ (›Bsp. 4.2.7).

c) Wir bestimmen einen diskreten Plan mit $m = 2$ Spektrumpunkten $\boldsymbol{x}_1 = (x_{11}, x_{12})'$, $\boldsymbol{x}_2 = (x_{21}, x_{22})'$:

$p_1 x_{11}^2 + p_2 x_{21}^2 = 1$, $p_1 x_{12}^2 + p_2 x_{22}^2 = 1$, $p_1 x_{11} x_{12} + p_2 x_{21} x_{22} = 0$, $p_1 + p_2 = 1$.

Eine (nicht die einzige) Lösung ist $p_1 = p_2 = \frac{1}{2}$; $x_{11} = x_{12} = x_{21} = 1$; $x_{22} = -1$

d. h. $\xi^* = \left\{\left(\begin{pmatrix} 1 \\ 1 \end{pmatrix}, \frac{1}{2}\right), \left(\begin{pmatrix} 1 \\ -1 \end{pmatrix}, \frac{1}{2}\right)\right\}$.

Die Matrix $\boldsymbol{C} \operatorname{diag}\left(((m_1^*, \ldots, m_r^*)')\right) \boldsymbol{C}'$ stellt die Informationsmatrix $\boldsymbol{M}_b(\xi^*)$ des A-optimalen Planes dar. Falls das Gleichungssystem in 5.c) keine Lösung hat, dann gibt es keinen A-optimalen Plan ξ^*, dessen Informationsmatrix diese Struktur hat. Dann sind andere Konstruktionsverfahren, z. B. Iterationsverfahren zur Bestimmung näherungsweise optimaler diskreter Pläne zu verwenden (›[4.5]).

I. allg. wird man versuchen, das Gleichungssystem in 5.c) für möglichst kleines m, z. B. eventuell für $m = r$, zu lösen. Dies ist einerseits günstig für den numerischen Aufwand, zum anderen zieht man im Falle eines wahren Ansatzes meist Pläne mit wenig Spektrumpunkten solchen mit vielen vor. Das Gleichungssystem 5.c) ist ein i. allg. nichtlineares überbestimmtes Gleichungssystem. Zu seiner Lösung werden häufig geeignete numerische Verfahren nötig sein.

Falls die a-priori-Kovarianzmatrix eine Diagonalmatrix ist, $\Lambda = \text{diag}\left(((\lambda_1, \ldots, \lambda_r)')\right)$, dann entfällt in Verf. 4.4.6 Schritt 5.a), und es gilt $\tilde{f}_i(\boldsymbol{x}) = f_i(\boldsymbol{x})$; $i = 1, \ldots, r$. In 5.b) kann also Verf. 4.2.10 direkt angewendet werden. Das Gleichungssystem in 5.c) hat in diesem Spezialfall die Form (›Bsp. 4.4.5)

$$\left.\begin{aligned} &\sum_{i=1}^{m} p_i f_j^2(\boldsymbol{x}_i) = m_j^*; \quad j = 1, \ldots, r; \\ &\sum_{i=1}^{m} p_i f_j(\boldsymbol{x}_i) f_k(\boldsymbol{x}_i) = 0; \quad j, k = 1, \ldots, r; j \neq k; \\ &\sum_{i=1}^{m} p_i = 1 . \end{aligned}\right\} \tag{4.4.23}$$

Mit Verfahren 4.4.6 kann man unter gewissen Bedingungen auch Pläne finden, die nicht nur A-optimal, sondern gleichzeitig auch D- und E-optimal sind. Das richtet sich danach, auf welchem Wege in Verf. 4.2.10 die Zahlen m_i^*; $i = 1, \ldots, r$; gefunden worden sind (›Abb. 4.4.1).

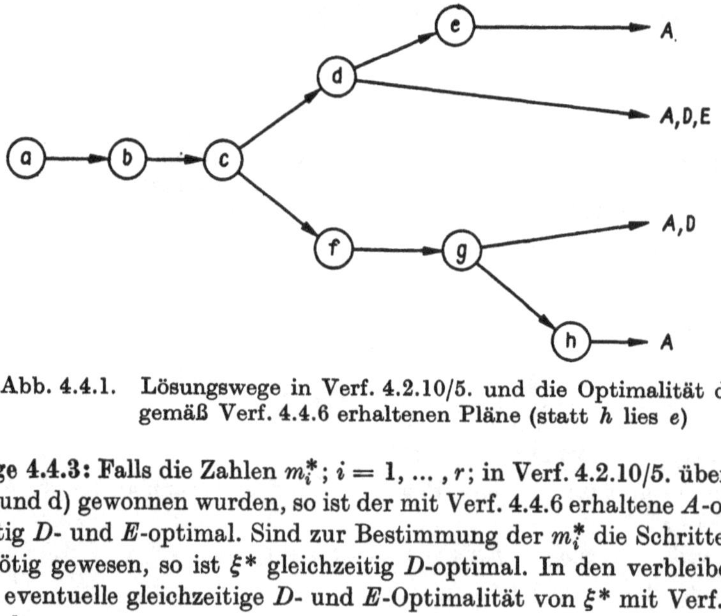

Abb. 4.4.1. Lösungswege in Verf. 4.2.10/5. und die Optimalität der damit gemäß Verf. 4.4.6 erhaltenen Pläne (statt h lies e)

Aussage 4.4.3: Falls die Zahlen m_i^*; $i = 1, \ldots, r$; in Verf. 4.2.10/5. über die Schritte a), b), c) und d) gewonnen wurden, so ist der mit Verf. 4.4.6 erhaltene A-optimale Plan gleichzeitig D- und E-optimal. Sind zur Bestimmung der m_i^* die Schritte a), b), c), f) und g) nötig gewesen, so ist ξ^* gleichzeitig D-optimal. In den verbleibenden Fällen kann die eventuelle gleichzeitige D- und E-Optimalität von ξ^* mit Verf. 4.4.10 überprüft werden ●

Für spezielle Ansätze und Versuchsbereiche kann sich Verf. 4.4.6, insbesondere das darin enthaltene Verf. 4.2.10, wesentlich vereinfachen. Dazu betrachten wir z. B. einen homogenen $(k, 1)$-Ansatz (›Bez. 5.1.1) mit

$$\tilde{\eta}(\boldsymbol{x}, \boldsymbol{\vartheta}) = \sum_{i=1}^{k} \vartheta_i x_i \tag{4.4.24}$$

über der Einheitskugel $V = \left\{\boldsymbol{x} \in \mathrm{R}^k \colon \sum_{i=1}^{k} x_i^2 \leq 1\right\}$.

VERFAHREN 4.4.7 (*A*-, *D*- und *E*-optimale Pläne zur BAYES-Schätzung für homogene $(k, 1)$-Ansätze):

1. **Gegebene Größen:** a) Ansatz $\tilde{S}$ mit $\tilde{\eta}$ aus (4.4.24).

b) Versuchsbereich $V = \left\{ \boldsymbol{x} \in \mathrm{R}^k \colon \sum_{i=1}^{k} x_i^2 \leqq 1 \right\}$.

c) Λ, σ^2, n (zur Festlegung der BAYESschen Informationsmatrix).

2. **Aufgabe:** Bestimme einen *A*-, *D*- und *E*-optimalen Plan.

3. **Bezeichnung:** ξ^* optimaler Plan.

4. **Voraussetzung:** $\mathrm{Rg}\,\Lambda = k$.

5. **Lösung:** a) Bestimme die Eigenwerte $\lambda_1, \ldots, \lambda_k$ von Λ und die dazugehörenden orthonormierten Eigenvektoren $\boldsymbol{c}_1, \ldots, \boldsymbol{c}_k$.

b) Setze $a = 1$, $b_i = 0$ und $c_i = \dfrac{\sigma^2}{n\lambda_i}$; $i = 1, \ldots, k$; und prüfe, ob die Ungleichung in Verf. 4.2.10/5.b) für alle $j = 2, \ldots, k$ erfüllt ist. Wenn ja, dann setze bei c) fort. Ansonsten bestimme ξ^* mit Verf. 4.4.6.

c) Prüfe, ob die Ungleichung $\sigma^2 \sum_{i=1}^{k} \lambda_i^{-1} \leqq n(k-1) + \dfrac{k\sigma^2}{\max\limits_i \lambda_i}$ erfüllt ist. Wenn ja, dann setze bei d) fort. Andernfalls bestimme ξ^* mit Verf. 4.4.6.

d) Setze $m_i^* = \dfrac{1}{k} + \dfrac{\sigma^2}{nk} \sum_{j=1}^{k} \lambda_j^{-1} - \dfrac{\sigma^2}{n\lambda_i}$; $i = 1, \ldots, k$.

e) $\xi^* = \{(\boldsymbol{c}_1, m_1^*), \ldots, (\boldsymbol{c}_k, m_k^*)\}$ ●

Beispiel 4.4.6:

1. a) $\tilde{\eta}(\boldsymbol{x}, \boldsymbol{\vartheta}) = \vartheta_1 x_1 + \vartheta_2 x_2$, d. h. $k = 2$.

b) V Einheitskreis.

c) $\Lambda = \begin{pmatrix} 2 & 0 \\ 0 & 3 \end{pmatrix}$; $\sigma^2 = 1$; $n = 6$ (›Bsp. 4.4.5).

5. a) $\lambda_1 = 2$; $\lambda_2 = 3$; $\boldsymbol{c}_1 = \begin{pmatrix} 1 \\ 0 \end{pmatrix}$; $\boldsymbol{c}_2 = \begin{pmatrix} 0 \\ 1 \end{pmatrix}$.

b) $a = 1$; $b_1 = b_2 = 0$; $c_1 = \frac{1}{12}$; $c_2 = \frac{1}{18}$; $c_{i_1} = \frac{1}{18}$; $c_{i_2} = \frac{1}{12}$.
$\frac{1}{12} - \frac{1}{18} = \frac{1}{36} < 1 = a$, d. h. Ungleichung in Verf. 4.2.10/5.b) erfüllt.

c) $\sum_{i=1}^{2} \lambda_i^{-1} = \dfrac{5}{6} < \dfrac{20}{3} = n(k-1) + \dfrac{k\sigma^2}{\max\limits_i \lambda_i}$.

d) $m_1^* = \frac{1}{2} + \frac{1}{12} \cdot \frac{5}{6} - \frac{1}{12} = \frac{35}{72}$, $m_2^* = \frac{37}{72}$.

e) $\xi^* = \left\{ \left(\begin{pmatrix} 1 \\ 0 \end{pmatrix}, \dfrac{35}{72} \right); \left(\begin{pmatrix} 0 \\ 1 \end{pmatrix}, \dfrac{37}{72} \right) \right\}$. (Dieser Plan ist mit einem Verfahren aus [4.4.5] auf einen konkreten Plan vom Umfang $n = 6$ zu runden.)

Wir befassen uns nun mit der Konstruktion *A*- (und gegebenenfalls gleichzeitig *D*- und *E*-) optimaler Pläne im inhomogenen Ansatz $\tilde{S}$ aus (4.4.22). Im Unterschied zu Verf. 4.4.6 geht man in diesem Fall von der Inversen der a-priori-Kovarianzmatrix Λ aus und führt dort die entsprechende Hauptachsentransformation durch.

VERFAHREN 4.4.8 (A-optimale Pläne zur BAYES-Schätzung bei inhomogenem Ansatz):

1. **Gegebene Größen:** a) Ansatz $\tilde{S}$ mit

$$\tilde{\eta}(\boldsymbol{x}, \vartheta_0, \boldsymbol{\vartheta}) = \vartheta_0 + \sum_{i=1}^{r} f_i(\boldsymbol{x})\, \vartheta_i = \vartheta_0 + \boldsymbol{f}(\boldsymbol{x})'\, \boldsymbol{\vartheta}; \quad \boldsymbol{x} \in B \subseteq \mathrm{R}^k; \quad \boldsymbol{\vartheta} \in \mathrm{R}^r.$$

b) Versuchsbereich V.

c) Λ, σ^2, n (zur Festlegung der BAYESschen Informationsmatrix).

2. **Aufgabe:** Bestimme einen diskreten A-optimalen Plan.

3. **Bezeichnungen:** a) $\xi^* = \{(\boldsymbol{x}_i, p_i)\}_{i=1,\ldots,m}$ A-optimaler Plan.

b) $\Lambda^{-1} = \begin{pmatrix} \varphi_{00} & \boldsymbol{\varphi}_0' \\ \boldsymbol{\varphi}_0 & \boldsymbol{\Phi} \end{pmatrix}$; $\varphi_{00} \in (0, \infty)$, $\boldsymbol{\varphi}_0 \in \mathrm{R}^r$, $\boldsymbol{\Phi} \in \mathcal{M}_r^{>}$.

4. **Voraussetzung:** $\operatorname{Rg} \Lambda = r + 1$.

5. **Lösung:** a) Bestimme die Eigenwerte $\mu_1, \ldots, \mu_r$ von $\boldsymbol{\Phi}$ und die dazugehörende Matrix $\boldsymbol{C} = (\boldsymbol{c}_1, \ldots, \boldsymbol{c}_r)$ der orthonormierten Eigenvektoren von $\boldsymbol{\Phi}$.

b) Ersetze in Verf. 4.2.10 die Funktionen $f_i(\boldsymbol{x})$ durch $\boldsymbol{c}_i'\boldsymbol{f}(\boldsymbol{x})$ und λ_i durch μ_i^{-1} und bestimme die Zahlen $m_1^*, \ldots, m_r^*$.

c) Bestimme die Spektrumpunkte $\boldsymbol{x}_i$ und deren Gewichte p_i; $i = 1, \ldots, r$; als Lösung des Gleichungssystems

$$\sum_{i=1}^{m} p_i \boldsymbol{f}(\boldsymbol{x}_i)\, \boldsymbol{f}(\boldsymbol{x}_i)' = \boldsymbol{C} \operatorname{diag}\left(((m_1^*, \ldots, m_r^*)')\right) \boldsymbol{C}',$$

$$\sum_{i=1}^{m} p_i \boldsymbol{f}(\boldsymbol{x}_i) = -\frac{\sigma^2}{n}\, \boldsymbol{\varphi}_0, \qquad \sum_{i=1}^{m} p_i = 1$$

unter der Nebenbedingung $p_i \geqq 0$, $\boldsymbol{x}_i \in V$; $i = 1, \ldots, m$ ●

Beispiel 4.4.7:

1. a) $\tilde{\eta}(x, \boldsymbol{\vartheta}) = \vartheta_0 + \vartheta_1 x$, d. h. $r = 1$, $\boldsymbol{f}(x) = x$.

b) $V = [-1, 1]$.

c) $\Lambda = \begin{pmatrix} 1 & 1 \\ 1 & 2 \end{pmatrix}$; $\sigma^2 = 1$; $n = 5$.

3. b) $\Lambda^{-1} = \begin{pmatrix} 2 & -1 \\ -1 & 1 \end{pmatrix}$ d. h. $\varphi_{00} = 2$, $\boldsymbol{\varphi}_0 = -1$, $\boldsymbol{\Phi} = 1$.

5. a) $\mu_1 = 1$; $\boldsymbol{C} = c_1 = 1$.

b) (↑Verf. 4.2.10)

Verf. 4.2.10/5.a) $a = 1$, $b_i = b = 0$, $c_i = c = \frac{1}{5}$, $e_i^{(0)} = e = 1$;
Verf. 4.2.10/5.b) erfüllt;
Verf. 4.2.10/5.c) $d_0 = 1 + \frac{1}{5} = \frac{6}{5}$;
Verf. 4.2.10/5.d) $c = \frac{1}{5} < \frac{6}{5} = d_0 \leqq \frac{6}{5} = c + e - b$, d. h. $m_1^* = \frac{6}{5} - \frac{1}{5} = 1$.

c) $\sum_{i=1}^{m} p_i x_i^2 = 1, \quad \sum_{i=1}^{m} p_i x_i = \frac{1}{5}, \quad \sum_{i=1}^{m} p_i = 1;$

Lösung für $m = 2$: $x_1 = -1$, $x_2 = 1$, $p_1 = \frac{2}{5}$, $p_2 = \frac{3}{5}$, d. h. $\xi^* = \{(-1, \frac{2}{5}), (1, \frac{3}{5})\}$.
$V_5^* = (-1, -1, 1, 1, 1)$ ist also ein konkreter A-optimaler Plan vom Umfang $n = 5$.

Die Überprüfung, ob der mit Verf. 4.4.8 erhaltene A-optimale Plan gleichzeitig auch D- und G-optimal ist, kann wie bei Verf. 4.4.6 mit Aussage 4.4.3 vorgenommen werden. Der in Bsp. 4.4.7 konstruierte A-optimale Plan ist z. B. gleichzeitig auch D- und E-optimal.

Falls im inhomogenen Ansatz $\tilde{S}$ aus (4.4.22) ϑ_0 a-priori mit $\boldsymbol{\vartheta} = (\vartheta_1, \dots, \vartheta_r)'$ unkorreliert ist, d. h. falls Λ die Struktur

$$\Lambda = \begin{pmatrix} \lambda_{00} & \boldsymbol{0}' \\ \boldsymbol{0} & \Lambda_0 \end{pmatrix}; \quad \Lambda_0 \in \mathcal{M}_r^>; \quad \lambda_{00} > 0; \tag{4.4.25}$$

hat, läßt sich Verf. 4.4.8 etwas vereinfachen. Man bestimmt in 5.a) von Λ_0 die Eigenwerte $\lambda_1, \dots, \lambda_r$ und die Matrix $\boldsymbol{C} = (\boldsymbol{c}_1, \dots, \boldsymbol{c}_r)$ der dazugehörenden orthonormierten Eigenvektoren, erzeugt in 5.b) mit $f_i(\boldsymbol{x}) = \boldsymbol{c}_i'\boldsymbol{f}(\boldsymbol{x})$ und λ_i; $i = 1, \dots, r$; durch Verf. 4.2.10 die Zahlen $m_1^*, \dots, m_r^*$ und löst das Gleichungssystem in 5.c), wobei $\boldsymbol{\varphi}_0 = \boldsymbol{0}$ zu setzen ist.

Ebenso wie in Verf. 4.4.7 ergibt sich für (inhomogene) Ansätze $\tilde{S}(k, 1)$,

$$\tilde{\eta}(\boldsymbol{x}, \vartheta_0, \boldsymbol{\vartheta}) = \vartheta_0 + \sum_{i=1}^{k} \vartheta_i x_i = \vartheta_0 + \boldsymbol{\vartheta}'\boldsymbol{x}\,, \tag{4.4.26}$$

über der Einheitskugel und unter der zusätzlichen Voraussetzung (4.4.25) eine wesentliche Vereinfachung für die Konstruktion A- und D-optimaler Pläne.

VERFAHREN 4.4.9 (A- und D-optimale Pläne zur BAYES-Schätzung für Ansätze $\tilde{S}(k, 1)$):

1. **Gegebene Größen:** a) Ansatz $\tilde{S}$ mit $\tilde{\eta}$ aus (4.4.26).

b) $V = \left\{\boldsymbol{x} \in \mathrm{R}^k\colon \sum_{i=1}^{k} x_i^2 \leqq 1\right\}$ (Einheitskugel).

c) Λ, σ^2, n (zur Festlegung der BAYESschen Informationsmatrix).

2. **Aufgabe:** Bestimme einen A- und D-optimalen diskreten Plan.

3. **Bezeichnungen:** a) ξ^* optimaler Plan.

b) $\boldsymbol{f}(\boldsymbol{x}) = (x_1, \dots, x_k)'$.

4. **Voraussetzungen:** a) $\operatorname{Rg} \Lambda = k + 1$.

b) $\Lambda = \begin{pmatrix} \lambda_{00} & \boldsymbol{0}' \\ \boldsymbol{0} & \Lambda_0 \end{pmatrix}$; $\Lambda_0 \in \mathcal{M}_k^>$, $\lambda_{00} > 0$ ($\nearrow$(4.4.25)).

5. **Lösung:** a) Bestimme die Eigenwerte $\lambda_1, \dots, \lambda_k$ von Λ_0 und die Matrix $\boldsymbol{C} = (\boldsymbol{c}_1, \dots, \boldsymbol{c}_k)$ der dazugehörenden orthonormierten Eigenvektoren.

b) Ersetze in Verf. 4.2.10 die Funktionen $f_i(\boldsymbol{x})$ durch $\boldsymbol{c}_i'\boldsymbol{x}$ und Λ durch $\operatorname{diag}\left(((\lambda_1, \dots, \lambda_k)')\right)$ und berechne die Zahlen $m_1^*, \dots, m_r^*$.

c) Ordne die m_i^* der Größe nach: $m_{i_1}^* \geqq m_{i_2}^* \geqq \dots \geqq m_{i_k}^*$.

d) Bestimme den größten Index j^*, für den $m_{i_{j^*}}^* > 0$ gilt.

e) $\xi^* = \{(\boldsymbol{x}_i, p_i)\}_{i=1,\dots,m}$ mit $m = 2j^*$, $\boldsymbol{x}_{2l-1} = -\boldsymbol{c}_{i_l}$, $\boldsymbol{x}_{2l} = \boldsymbol{c}_{i_l}$,

$p_{2l-1} = p_{2l} = \frac{1}{2} m_{i_l}^*$ $(l = 1, \dots, j^*)$ ●

Beispiel 4.4.8:

1. a) $\tilde{\eta}(x, \vartheta) = \vartheta_0 + \vartheta_1 x$.

b) $V = [-1, 1]$.

c) $\Lambda = \begin{pmatrix} 1 & 0 \\ 0 & 2 \end{pmatrix}$; $\sigma^2 = 1$; $n = 5$.

5. a) $\lambda_1 = 2$, $c_1 = 1$.

b) $m_1^* = 1$ (analog zu Bsp. 4.4.7).

d) $j^* = 1$.

e) $x_1 = -1$, $x_2 = 1$, $p_1 = \frac{1}{2}$, $p_2 = \frac{1}{2}$, d. h. $\xi^* = \{(-1, \frac{1}{2}), (1, \frac{1}{2})\}$.

Bemerkung 4.4.2: Die in diesem Abschnitt angegebenen Verfahren können so modifiziert werden, daß sie zur Bestimmung von I- bzw. L-optimalen Plänen für Bayes-Schätzung geeignet sind (s. dazu Pilz [5]).

4.4.4. Verfahren zur Überprüfung der Optimalität diskreter Pläne

Wir haben in [4.4.2] und [4.4.3] einige Verfahren zur Konstruktion diskreter optimaler Pläne für die MKQ- und die Bayes-Schätzung kennengelernt. Sie sind an spezielle Ansätze, Versuchsbereiche und Optimalitätskriterien gebunden. Für allgemeinere Versuchsplanungsprobleme geben wir jetzt eine Möglichkeit zur Überprüfung der eventuellen Optimalität eines gegebenen diskreten Planes an.

Das Überprüfungsverfahren ist eine Modifikation von Verf. 4.2.12. Es wird geprüft, ob ein diskreter Plan optimal ist in der Menge $\Xi_{\text{reg}}(\overline{M})$ (›(4.4.10)). Falls ξ^* optimal ist in $\Xi_{\text{reg}}(\overline{M})$, dann ist ξ^* auch optimal in jeder Teilmenge von $\Xi_{\text{reg}}(\overline{M})$, die ξ^* enthält.

Im Unterschied zu Verf. 4.2.12 ist die in Verf. 4.4.10 angegebene Bedingung *notwendig und hinreichend* für die Optimalität des zu untersuchenden Planes.

VERFAHREN 4.4.10 (Überprüfung der Optimalität diskreter Pläne):

1. **Gegebene Größen:** a) Linearer Ansatz $\tilde{S}$ mit

$$\tilde{\eta}(\boldsymbol{x}, \boldsymbol{\vartheta}) = \boldsymbol{f}(\boldsymbol{x})' \boldsymbol{\vartheta}; \qquad \boldsymbol{x} \in B \subseteq \mathrm{R}^k; \qquad \boldsymbol{\vartheta} \in \mathrm{R}^r.$$

b) Versuchsbereich V, Prognosebereich H (im Falle der I-Optimalität).

c) Schätzmethode, d. h. eine Informationsmatrix aus Tab. 4.4.1.

d) Optimalitätskriterium Z (›Tab. 4.1.2).

e) Zu prüfender diskreter Plan ξ.

2. **Aufgabe:** Prüfe, ob ξ ein Z-optimaler Plan ist für die gegebene Schätzmethode.

3. **Bezeichnungen:** a) $\overline{\boldsymbol{M}}(\boldsymbol{x})$ Informationsmatrix des Einpunktplanes $\xi = \{(\boldsymbol{x}, 1)\}$.

b) $D_1(\overline{\boldsymbol{M}}(\xi))$, $D_2(\overline{\boldsymbol{M}}(\xi)) = \sup\limits_{\boldsymbol{x} \in V} d_2(\boldsymbol{x}, \overline{\boldsymbol{M}}(\xi))$, ›Tab. 4.2.3 bis Tab. 4.2.5

c) $\lambda_{\min}(\overline{\boldsymbol{M}})$ minimaler Eigenwert von $\overline{\boldsymbol{M}}$, $\boldsymbol{t}_{\min}(\overline{\boldsymbol{M}})$ dazugehörender normierter Eigenvektor, (nur im Falle der E-Optimalität).

4. **Voraussetzungen:** a) $\overline{M}(\xi)$ regulär. (Im Falle $\overline{M} = M_A$ sei sogar M regulär.)

b) Zugelassene Schätzmethoden, d. h. zugelassene $\overline{M}$ aus Tab. 4.4.1: M, M_A, M_p, M_b, M_K, M_R, M_V.

c) Zugelassene Optimalitätskriterien: D, A, I, C, L, E (letzteres nicht im Falle $\overline{M} = M_A$, $\overline{M} = M_p$).

d) Im Falle der E-Optimalität sei $\lambda_{\min}(\overline{M})$ einfach (›[A.1]).

5. **Lösung:** a) Wähle aus Tab. 4.4.1 die der gegebenen Schätzmethode entsprechende Informationsmatrix $\overline{M}(\xi)$.

b) Berechne entsprechend dem vorliegenden Optimalitätskriterium und unter Benutzung der Tabellen 4.2.3 bis 4.2.5 die Größen $D_1(\overline{M}(\xi))$ und $D_2(\overline{M}(\xi))$. Ersetze dazu in diesen Tabellen V_n durch ξ.

c) Falls $D_1(\overline{M}(\xi)) = D_2(\overline{M}(\xi))$ gilt, ist ξ ein Z-optimaler diskreter Plan. Andernfalls ist ξ nicht Z-optimal ●

Beispiel 4.4.9:

1. a) $\tilde{\eta}(x, \vartheta) = \vartheta_0 + \vartheta_1 x_1 + \vartheta_2 x_2$.

b) V Einheitsquadrat.

c) MKQ für $\psi = \begin{pmatrix}\vartheta_0\\ \vartheta_1\end{pmatrix} = \begin{pmatrix}1 & 0 & 0\\ 0 & 1 & 0\end{pmatrix}\begin{pmatrix}\vartheta_0\\ \vartheta_1\\ \vartheta_2\end{pmatrix} = A\vartheta$, d. h. $s = 2$.

d) $Z = Z_D$ (D-Optimalität).

e) $\xi = \left\{\left(\begin{pmatrix}1\\1\end{pmatrix}, \frac{1}{4}\right), \left(\begin{pmatrix}-1\\1\end{pmatrix}, \frac{1}{4}\right), \left(\begin{pmatrix}1\\-1\end{pmatrix}, \frac{1}{4}\right), \left(\begin{pmatrix}-1\\-1\end{pmatrix}, \frac{1}{4}\right)\right\}$.

5. a) $\overline{M}(\xi) = [AM(\xi)^- A']^{-1} = M_A(\xi)$.

b) $M(\xi) = I_3 = M^-(\xi)$, $f(x) = (1, x_1, x_2)'$,

Aus Tab. 4.2.4 liest man ab:

$$D_2(M_A(\xi)) = \sup_{x \in V} f(x)' M(\xi)^- A' M_A(\xi) AM(\xi)^- f(x);$$

$$M_A(\xi) = I_2,\ M(\xi)^- A' = A',$$

$$D_2(M_A(\xi)) = \sup_{x \in V} f(x)' A'Af(x) = \sup_{x \in V} (1 + x_1^2) = 2 = s,$$

$$D_1(M_A(\xi)) = s = 2.$$

c) $D_1 = D_2$, d. h., ξ ist D-optimal für die singuläre MKQ-Schätzung von $\psi = (\vartheta_0, \vartheta_1)'$.

Verf. 4.4.10 ist eine Anwendung der Äquivalenzsätze aus [I/5]. Aus ihnen kann man auch folgende notwendige Bedingung für die Optimalität eines Planes ableiten:

Aussage 4.4.4: Es sei Z ein Optimalitätskriterium aus Verf. 4.4.10/4.c). Es liege eine Schätzmethode aus Verf. 4.4.10/4.b) vor. Es mögen $d_2(x, \overline{M}(\xi))$ und $D_1(\overline{M}(\xi))$ die entsprechenden Größen aus Tab. 4.2.3 bis 4.2.5 sein. Ist ξ ein Z-optimaler Plan, so gilt für sein Spektrum

$$S(\xi) \subseteq \{x \in V: d_2(x, \overline{M}(\xi)) = D_1(\overline{M}(\xi))\} \; ● \tag{4.4.27}$$

Falls also das Spektrum eines Planes ξ die Beziehung (4.4.27) nicht erfüllt, so kann er nicht Z-optimal sein.

Für die reguläre MKQ-Schätzung und für spezielle Ansätze und Optimalitätskriterien gibt es eine Reihe weiterer (einfacher) Überprüfungsmöglichkeiten der Optimalität diskreter Pläne. Es gilt z. B. (s. ATWOOD [3]):

Aussage 4.4.5: Es liege ein linearer Ansatz mit r unbekannten Parametern vor. Falls $\xi = \{(\boldsymbol{x}_i, p_i)\}_{i=1,\dots,m}$ ein D-optimaler diskreter Plan für die MKQ-Schätzung der Parameter ist, dann gilt für seine Gewichte

$$p_i \leqq \frac{1}{r}\,; \quad i = 1, \dots, r \bullet \tag{4.4.28}$$

Falls also (4.4.28) nicht gilt, kann der Plan nicht D-optimal für die MKQ-Schätzung sein.

Eine weitere einfache Überprüfungsmöglichkeit der Optimalität von Plänen ergibt sich bei $(k, 1)$-Ansätzen der Form

$$\tilde{\eta}(\boldsymbol{x}, \vartheta_0, \boldsymbol{\vartheta}) = \vartheta_0 + \sum_{i=1}^{k} \vartheta_i x_i \quad \text{(inhomogen)}\,, \tag{4.4.29}$$

$$\tilde{\eta}(\boldsymbol{x}, \boldsymbol{\vartheta}) = \sum_{i=1}^{k} \vartheta_i x_i \quad \text{(homogen)} \tag{4.4.30}$$

über dem Einheitswürfel.

Aussage 4.4.6: Es liege ein Ansatz der Form (4.4.29) oder (4.4.30) vor und der Versuchsbereich sei der k-dimensionale Einheitswürfel. Ein diskreter Plan ξ ist für die reguläre MKQ-Schätzung D-, A-, E- (und im Falle $H = V$ auch G-) optimal bzw. für die BAYES-Schätzung mit diagonaler a-priori-Kovarianzmatrix D-, A- und E-optimal genau dann, wenn

$$\boldsymbol{M}(\xi) = \boldsymbol{I}_{k+1} \quad \text{im inhomogenen Fall,}$$

$$\boldsymbol{M}(\xi) = \boldsymbol{I}_{k} \quad \text{im homogenen Fall}$$

gilt $\bullet$

4.4.5. Rundung diskreter Pläne

In diesem Abschnitt wird das Problem betrachtet, einen gegebenen diskreten Plan $\xi = \{(\boldsymbol{x}_i, p_i)\}_{i=1,\dots,m}$ auf einen konkreten Plan V_n von vorgegebenem Umfang n zu runden. Eine solche Rundung diskreter Pläne ist nötig, weil nur konkrete Pläne bei der Versuchsdurchführung realisierbar sind ([4.4.1] und FEDOROV [1]). Häufig wird man von einem (näherungsweise) optimalen diskreten Plan ausgehen und ihn auf einen näherungsweise optimalen konkreten Plan runden wollen. Für kleine Planumfänge n wirkt sich der durch die Rundung entstehende Optimalitätsverlust i. allg. stärker aus als für große n. Das liegt einfach daran, daß die Gewichte p_i des diskreten Planes viel genauer durch Vielfache von $1/n$ approximiert werden können, wenn n groß ist. Die Rundungsverfahren können daher auf jeden Fall empfohlen werden, wenn n groß ist. Bei kleinem n macht sich eventuell noch eine Iteration mit Verf. 4.3.4 notwendig, um den gerundeten konkreten Plan zu verbessern. Die Einschätzung der Effektivität des gerundeten Planes kann z. B. mit einem Verfahren aus [4.3.1] erfolgen.

Wir werden in diesem Abschnitt vier Rundungsverfahren angeben, die sich hinsichtlich ihres Aufwandes und der damit verbundenen Güte der gerundeten Pläne unterscheiden. Das erste Rundungsverfahren ist das einfachste. Es ist völlig unabhängig von Ansatz, Versuchsbereich, Schätzmethode und Optimalitätskriterium. Es liefert daher im Vergleich zu den anderen Verfahren auch nur relativ grobe Ergebnisse.

Bezeichnung 4.4.3: Es sei a eine reelle Zahl. Unter $[\![a]\!]$ wollen wir die größte ganze Zahl verstehen, die kleiner oder gleich a ist. (Beispielsweise ist $[\![2,7]\!] = 2$ und $[\![5]\!] = 5$.)

VERFAHREN 4.4.11 (Rundung I):

1. **Gegebene Größen:** a) diskreter Plan $\xi = \{(x_i, p_i)\}_{i=1,\dots,m}$.

b) Planumfang n des konkreten Planes.

2. **Aufgabe:** Runde ξ auf einen konkreten Plan vom Umfang n.

3. **Bezeichnung:** V_n gerundeter Plan.

4. **Voraussetzung:** $n \geqq m$.

5. **Lösung:** a) Bilde die Zahlen

$$\tilde{n}_i = [\![p_i n]\!]\,, \qquad \Delta_i = p_i n - \tilde{n}_i\,, \qquad (i = 1, \dots, m), \qquad n_0 = n - \sum_{i=1}^{m} \tilde{n}_i.$$

b) Ordne die Δ_i der Größe nach: $\Delta_{i_1} \geqq \Delta_{i_2} \geqq \dots \geqq \Delta_{i_m}$.

c) Bilde

$$n_i = \begin{cases} \tilde{n}_i + 1\,, & \text{falls } i \in \{i_1, i_2, \dots, i_{n_0}\}\,, \\ \tilde{n}_i\,, & \text{falls } i \in \{i_{n_0+1}, \dots, i_m\}\,, \end{cases} \qquad i = 1, \dots, m\,.$$

d) $V = (\underbrace{x_1, \dots, x_1}_{n_1\text{-mal}}, \underbrace{x_2, \dots, x_2}_{n_2\text{-mal}}, \dots, \underbrace{x_m, \dots, x_m}_{n_m\text{-mal}})$ ●

Beispiel 4.4.10:

1. a) $\xi = \{(-1, \frac{1}{3}), (0, \frac{1}{6}), (1, \frac{1}{2})\}$.

b) $n = 8$.

5. a) $\tilde{n}_1 = [\![\frac{8}{3}]\!] = 2$; $\tilde{n}_2 = [\![\frac{8}{6}]\!] = 1$; $\tilde{n}_3 = [\![\frac{8}{2}]\!] = 4$; $\Delta_1 = \frac{2}{3}$; $\Delta_2 = \frac{1}{3}$; $\Delta_3 = 0$;

$n_0 = 8 - 7 = 1$.

b) $i_1 = 1$, $i_2 = 2$, $i_3 = 3$.

c) $n_1 = \tilde{n}_1 + 1 = 3$, $n_2 = \tilde{n}_2 = 1$, $n_3 = \tilde{n}_3 = 4$.

d) $V_8 = (-1, -1, -1, 0, 1, 1, 1, 1)$.

Ein mit Verf. 4.4.11 gerundeter Plan enthält also den Spektrumpunkt x_i des diskreten Planes mindestens $\tilde{n}_i = [\![np_i]\!]$-mal; $i = 1, \dots, m$. Als die noch zu n fehlenden Punkte werden die n_0 Spektrumpunkte verwendet, für die Differenzen $\Delta_i = np_i - \tilde{n}_i$ am größten sind, d. h. für die $\dfrac{\tilde{n}_i}{n}$ das Gewicht p_i am schlechtesten approximiert.

Das folgende Rundungsverfahren trägt dem Umstand Rechnung, daß es nicht schlechthin nur wichtig ist, durch Vermeidung größerer Differenzen Δ_i jedes Gewicht p_i möglichst gut zu approximieren, sondern daß bei der endgültigen Bestimmung der

Anzahlen n_i das gewählte Optimalitätskriterium und damit auch die Schätzmethode, der Ansatz und der Versuchsbereich eine Rolle spielen müssen.

VERFAHREN 4.4.12 (Rundung II):

1. **Gegebene Größen:** a) Linearer Ansatz $\tilde{S}$ mit

$$\tilde{\eta}(\boldsymbol{x}, \boldsymbol{\vartheta}) = \boldsymbol{f}(\boldsymbol{x})' \boldsymbol{\vartheta}; \qquad \boldsymbol{x} \in B \subseteq \mathrm{R}^k; \qquad \boldsymbol{\vartheta} \in \mathrm{R}^r.$$

b) Schätzmethode, d. h. eine Informationsmatrix $\overline{\boldsymbol{M}}$ aus Tab. 4.4.1.

c) Optimalitätskriterium Z (›Tab. 4.1.2).

d) Versuchsbereich V.

e) Diskreter Plan $\xi = \{(\boldsymbol{x}_i, p_i)\}_{i=1,\dots,m}$.

f) Planumfang n des konkreten Planes.

2. **Aufgabe:** Runde ξ auf einen konkreten Plan V_n unter Berücksichtigung des Optimalitätskriteriums Z.

3. **Bezeichnungen:** a) ξ_n^* gerundeter Plan in diskreter Schreibweise (›(4.4.2)).

b) $S(\xi)$ Spektrum von ξ (›Bez. 4.4.1).

4. **Voraussetzungen:** a) $n \geqq m$.

b) $\overline{\boldsymbol{M}}(\xi)$ regulär.

5. **Lösung:** a) Bilde die folgende Menge:

$$\Xi_1^{(n)} = \left\{\xi_n = \left\{\left(\boldsymbol{x}_i, \frac{n_i}{n}\right)\right\}_{i=1,\dots,m} : n_i \geqq [\![np_i]\!],\ n_i \in \{0, 1, \dots, n\},\ \sum_{i=1}^{m} n_i = n\right\}.$$

b) Bestimme ξ_n^* als Lösung der Aufgabe

$$Z(\overline{\boldsymbol{M}}(\xi_n)) \overset{!}{=} \inf_{\xi_n \in \Xi_1^{(n)}} \quad \bullet$$

Beispiel 4.4.11:

1. a) $\tilde{\eta}(x, \boldsymbol{\vartheta}) = \vartheta_0 + \vartheta_1 x$.

b) Reguläre MKQ, d. h. $\overline{\boldsymbol{M}} = \boldsymbol{M}$.

c) G-Optimalität, d. h. $Z = Z_G$ mit $H = V$.

d) $V = [-1, 1]$.

e) $\xi = \{(-1, \frac{1}{2}), (1, \frac{1}{2})\}$.

f) $n = 3$.

5. a) $\Xi_1^{(3)} = \left\{\xi_3 = \left\{\left(x_i, \frac{n_i}{3}\right)\right\}_{i=1,2} : n_i \geqq [\![1{,}5]\!] = 1;\ n_1 + n_2 = 3\right\} = \{\xi_3^{(1)}, \xi_3^{(2)}\}$

mit $\xi_3^{(1)} = \{(-1, \frac{1}{3}), (1, \frac{2}{3})\}$, $\xi_2^{(2)} = \{(-1, \frac{2}{3}), (1, \frac{1}{3})\}$.

b) $Z_G(\boldsymbol{M}(\xi)) = \sup\limits_{x \in [-1,1]} \boldsymbol{f}(x)' \boldsymbol{M}(\xi)^{-1} \boldsymbol{f}(x)$; $\boldsymbol{f}(x) = (1, x)'$;

$$\boldsymbol{M}(\xi_3^{(1)})^{-1} = \begin{pmatrix} 1 & \frac{1}{3} \\ \frac{1}{3} & 1 \end{pmatrix}^{-1} = \frac{9}{8}\begin{pmatrix} 1 & -\frac{1}{3} \\ -\frac{1}{3} & 1 \end{pmatrix}; \quad \boldsymbol{M}(\xi_3^{(2)})^{-1} = \begin{pmatrix} 1 & -\frac{1}{3} \\ -\frac{1}{3} & 1 \end{pmatrix}^{-1} = \frac{9}{8}\begin{pmatrix} 1 & \frac{1}{3} \\ \frac{1}{3} & 1 \end{pmatrix};$$

$$Z_G(\boldsymbol{M}(\xi_3^{(1)})) = \frac{9}{8} \sup_{x \in [-1,1]} (1 - \tfrac{2}{3}x + x^2) = \tfrac{9}{8}(1 + \tfrac{2}{3} + 1) = 3,$$

$$Z_G(\boldsymbol{M}(\xi_3^{(2)})) = \frac{9}{8} \sup_{x \in [-1,1]} (1 + \tfrac{2}{3}x + x^2) = 3.$$

Daher sind $\xi_2^{(1)}$ und $\xi_3^{(2)}$ bez. dieses Rundungsverfahrens gleichwertig. Als gerundeter Plan kann also $V_3^{(1)} = (-1, 1, 1)$ oder $V_3^{(2)} = (-1, -1, 1)$ verwendet werden.

Die Menge $\Xi_1^{(n)}$ in Verf. 4.4.12/5.a) ist so konstruiert, daß jeder Spektrumpunkt wie auch in Verf. 4.4.11 mindestens $\tilde{n}_i = [\![np_i]\!]$-mal im gerundeten Plan vorkommt. Die noch fehlenden $n_0 = n - \sum_{i=1}^{m} \tilde{n}_i$ Punkte werden in Verf. 4.4.12 im Unterschied zu Verf. 4.4.11 jedoch so gewählt, daß das Optimalitätskriterium Z möglichst klein wird.

Das folgende Rundungsverfahren berücksichtigt die Tatsache, daß das Spektrum eines konkreten optimalen Planes nicht unbedingt im Spektrum eines diskreten optimalen Planes enthalten sein muß. Daher wird nun zugelassen, daß der gerundete Plan auch andere Punkte enthält, als der zu rundende Plan.

VERFAHREN 4.4.13 (Rundung III):

1.–4. › Verf. 4.4.12.

5. **Lösung:** a) Bilde die folgende Menge:

$$\Xi_2^{(n)} = \left\{\xi_n = \left\{\left(x_i, \frac{n_i}{n}\right)\right\}_{i=1,\dots,m+m_1} : n_i \geqq [\![np_i]\!],\ x_i \in S(\xi) \text{ für } i = 1, \dots, m;\right.$$

$$\left.\sum_{i=1}^{m+m_1} n_i = n;\ n_i \in \{0, 1, \dots, n\};\ m_1 \leqq n - m\right\}.$$

b) Bestimme ξ_n^* als Lösung der Aufgabe

$$Z(\overline{M}(\xi_n)) \overset{!}{=} \inf_{\xi_n \in \Xi_2^{(n)}} \quad \bullet$$

Beispiel 4.4.12: Der Plan ξ aus Bsp. 4.4.11 soll nach Verf. 4.4.13 gerundet werden:

5. a) $$\Xi_2^{(3)} = \left\{\xi_3 = \left\{\left(x_i, \frac{n_i}{n}\right)\right\}_{i=1,2,3} : n_i \geqq [\![1{,}5]\!] = 1 \text{ für } i = 1, 2;\ n_1 + n_2 + n_3 = 3\right\}$$

$$= \{\xi_3 = \{(-1, \tfrac{1}{3}), (1, \tfrac{1}{3}), (x_3, \tfrac{1}{3})\} : x_3 \in [-1, 1]\}\,.$$

b) $$M(\xi_3) = \frac{1}{3}\begin{pmatrix} 3 & x_3 \\ x_3 & (2 + x_3^2) \end{pmatrix}; \quad M(\xi_3)^{-1} = \frac{3}{2(3 + x_3^2)}\begin{pmatrix} 2 + x_3^2 & -x_3 \\ -x_3 & 3 \end{pmatrix};$$

$$Z_G(M(\xi_3)) = \frac{3}{2(3 + x_3^2)} \sup_{x \in [-1,1]} (2 + x_3^2 - 2x_3x + 3x^2)$$

$$= \frac{3}{2(3 + x_3^2)}\begin{cases} 5 - 2x_3 + x_3^2 & \text{falls } x_3 < 0, \\ 5 + 2x_3 + x_3^2 & \text{falls } x_3 \geqq 0. \end{cases}$$

Minimum von $Z_G(M(\xi_3))$ wird für $x_3 = 0$ angenommen, d. h. $\xi_3^* = \{(-1, \tfrac{1}{3}), (0, \tfrac{1}{3}), (1, \tfrac{1}{3})\}$ bzw. $V_3^* = (-1, 0, 1)$.

Die Menge $\Xi_2^{(n)}$ in Verf. 4.4.13/5.a) ist so konstruiert, daß jeder Spektrumpunkt wie auch in den ersten beiden Verfahren mindetens $\tilde{n}_i = [\![np_i]\!]$-mal im gerundeten Plan vorkommt. Die noch fehlenden $n_0 = n - \sum_{i=1}^{m} \tilde{n}_i$ Punkte werden jedoch jetzt *nicht* aus dem Spektrum von ξ, sondern aus dem gesamten Versuchsbereich V ausgewählt.

Ein mit Verf. 4.4.12 oder Verf. 4.4.13 gerundeter Plan ist nicht automatisch (M)-regulär. Gegebenenfalls muß dies (und evtl. noch eine Anzahl weiterer, dem Problem innewohnender Nebenbedingungen) bei der Konstruktion der Mengen $\Xi_1^{(n)}$ bzw. $\Xi_2^{(n)}$ aus den beiden Verfahren berücksichtigt werden.

In den bisher angegebenen Rundungsverfahren wurde vorausgesetzt, daß der Planumfang n mindestens so groß ist, wie der Umfang des Spektrums des zu rundenden diskreten Planes ($n \geqq m$). Bei sehr umfangreichem Spektrum ist diese Voraussetzung oft nicht praktikabel. Wir geben daher im folgenden noch ein Verfahren an, das ohne sie auskommt.

VERFAHREN 4.4.14 (Rundung IV):

1.–3. › Verf. 4.4.12.

4. **Voraussetzung:** $\overline{M}(\xi)$ regulär.

5. **Lösung:** a) Bilde die folgende Menge:

$$\Xi_3^{(n)} = \{\xi_n : S(\xi_n) \subseteq S(\xi),\ \overline{M}(\xi_n) \text{ regulär}\} .$$

b) Bestimme ξ_n^* als Lösung der Aufgabe

$$Z(\overline{M}(\xi_n)) \stackrel{!}{=} \inf_{\xi_n \in \Xi_3^{(n)}} \quad \bullet$$

Beispiel 4.4.13:

1. a) $\tilde{\eta}(x, \vartheta) = \vartheta_0 + \vartheta_1 x$.

b) Reguläre MKQ, d. h. $\overline{M} = M$.

c) D-Optimalität, speziell $Z = Z_{D'}$(›Tab. 4.1.2).

d) $V = [-1, 1]$.

e) $\xi = \{(-1, \frac{1}{3}), (0, \frac{1}{3}), (1, \frac{1}{3})\}$.

f) $n = 2$.

5. a) $\Xi_3^{(2)} = \{\xi_2 : S(\xi_2) \subseteq S(\xi), M(\xi_2) \text{ regulär}\} = \{\xi_2^{(1)}, \xi_2^{(2)}, \xi_2^{(3)}\}$ mit $\xi_2^{(1)} = \{(-1, \frac{1}{2}), (0, \frac{1}{2})\}$, $\xi_2^{(2)} = \{(-1, \frac{1}{2}), (1, \frac{1}{2})\}$, $\xi_2^{(3)} = \{(0, \frac{1}{2}), (1, \frac{1}{2})\}$.

b) $Z_{D'}(M(\xi)) = -\det M(\xi)$;

$$M(\xi_2^{(1)}) = \frac{1}{2}\begin{pmatrix} 2 & -1 \\ -1 & 1 \end{pmatrix}, \quad M(\xi_2^{(2)}) = \frac{1}{2}\begin{pmatrix} 2 & 0 \\ 0 & 2 \end{pmatrix}, \quad M(\xi_2^{(3)}) = \frac{1}{2}\begin{pmatrix} 2 & 1 \\ 1 & 1 \end{pmatrix}.$$

$\det M(\xi_2^{(1)}) = \frac{1}{4}$, $\det M(\xi_2^{(2)}) = 1$, $\det M(\xi_2^{(3)}) = \frac{1}{4}$, d. h. $\xi_2^* = \xi_2^{(2)}$ bzw. $V_2^* = (-1, 1)$.

Falls der Umfang n des konkreten Planes in den Verfahren 4.4.11 bis 4.4.14 nicht eindeutig vorgegeben werden kann, sondern nur eine *Menge* $N^{(0)}$ von möglichen, günstigen oder durch Kostenbetrachtungen vorgeschriebenen Planumfängen, dann sollte die Rundung auf den größtmöglichen Planumfang erfolgen, da dann i. allg. die größte statistische Genauigkeit der Schätzungen für ϑ oder $\eta(x)$ erreicht wird.

4.5. Konstruktion näherungsweise optimaler diskreter Pläne

Ähnlich wie bei optimalen konkreten Plänen kann ein optimaler diskreter Plan häufig auch nur näherungsweise bestimmt werden. Dies ist vor allem bei relativ komplizierten Ansätzen und Versuchsbereichen der Fall. Das Ziel einer Versuchsplanung wird letztendlich sein, einen konkreten Plan vorgeschriebener Effektivität zu konstruieren. Dieses Ziel kann auch durch Rundung von hinreichend guten näherungsweise optimalen diskreten Plänen erreicht werden. Es ist daher häufig gar nicht nötig, einen exakt optimalen diskreten Plan zu bestimmen.

Wir werden zunächst analog zu [4.3.1] auch für diskrete Pläne die Begriffe „Effektivität“ und „δ-Optimalität“ einführen (›[4.5.1]) und dann Iterationsverfahren zur Bestimmung näherungsweise optimaler diskreter Pläne angeben (›[4.5.2]).

4.5.1. Effektivität und δ-Optimalität diskreter Pläne

Dieser Abschnitt ist weitgehend eine Modifikation von [4.3.1] über Effektivität und δ-Optimalität konkreter Pläne. Im jetzt zu behandelnden Fall der diskreten Pläne ist die Situation insofern einfacher, als die Effektivität unabhängig von den Planumfängen der zu vergleichenden Pläne definiert werden kann (›Bez. 4.3.1).

Bezeichnung 4.5.1: Unter der Effektivität des diskreten Planes ξ bez. des Optimalitätskriteriums Z aus Tab. 4.1.2 in einer Menge $\Xi^{(0)}$ von diskreten Plänen versteht man den Ausdruck

$$e_Z(\overline{M}(\xi)) = \frac{Z^*}{Z(\overline{M}(\xi))}. \tag{4.5.1}$$

Dabei ist $Z^* = \inf\limits_{\xi \in \Xi^{(0)}} Z(\overline{M}(\xi))$, $\overline{M}$ eine Informationsmatrix aus Tab. 4.4.1 und $Z \neq Z_{E'}$, $Z \neq Z_{D'}$, $Z \neq Z_{D''}$ ●

Der minimale Wert Z^* des Optimalitätskriteriums wird i. allg. unbekannt sein. Man ist daher daran interessiert, untere Schranken für die Effektivität eines diskreten Planes ξ anzugeben, um zu wissen, welche Effektivität ξ mindestens hat.

Das folgende Verfahren ist eine Modifizierung von Verf. 4.3.1.

VERFAHREN 4.5.1 (Untere Schranke für Effektivität diskreter Pläne):

1. **Gegebene Größen:** a) Linearer Ansatz $\tilde{S}$ mit

$$\tilde{\eta}(\boldsymbol{x}, \boldsymbol{\vartheta}) = \boldsymbol{f}(\boldsymbol{x})' \boldsymbol{\vartheta}; \qquad \boldsymbol{x} \in B \subseteq \mathrm{R}^k; \qquad \boldsymbol{\vartheta} \in \mathrm{R}^r.$$

b) Versuchsbereich V.

c) Prognosebereich H (nur im Falle der I-Optimalität).

d) Schätzmethode, d. h. ein $\overline{M}$ aus Tab. 4.4.1.

e) Optimalitätskriterium Z aus Tab. 4.1.2.

f) Einzuschätzender diskreter Plan ξ.

g) Menge $\Xi^{(0)}$ von Plänen, bez. der die Effektivität von ξ interessiert.

2. **Aufgabe:** Bestimme eine untere Schranke für $e_Z(\overline{M}(\xi))$.

3. **Bezeichnungen:** a) $\overline{M}(\boldsymbol{x})$ Informationsmatrix des Einpunktplanes $\xi_{\boldsymbol{x}} = \{(\boldsymbol{x}, 1)\}$.

b) $D_2(\overline{M}(\xi)) = \sup\limits_{\boldsymbol{x} \in V} d_2(\boldsymbol{x}, \overline{M}(\xi))$ (›Tab. 4.2.3 bis 4.2.5)

c) $\lambda_{\min}(\overline{M})$ minimaler Eigenwert von $\overline{M}$; $\boldsymbol{t}_{\min}(\overline{M})$ dazugehörender normierter Eigenvektor (nur im Falle der E-Optimalität).

4. Voraussetzungen: a) $\xi \in \Xi^{(0)}$.

b) Für alle $\xi' \in \Xi^{(0)}$ ist $\overline{M}(\xi')$ regulär. (Im Falle $\overline{M} = M_A$ ist sogar M regulär.)

c) Zugelassene Schätzmethoden, d. h. zugelassene $\overline{M}$: M, M_A, M_p, M_b, M_K, M_R, M_V (›Tab. 4.4.1).

d) Zugelassene Optimalitätskriterien: $Z_D, Z_A, Z_I, Z_C, Z_L, Z_E$ (›Tab. 4.1.2); Z_E nicht im Falle M_A und M_p.

e) Im Falle der E-Optimalität sei $\lambda_{\min}(\overline{M})$ einfach (›[A.1]).

5. Lösung: a) Berechne $Z(\overline{M}(\xi))$ (nicht für $Z = Z_D$).

b) Berechne $D_2(\overline{M}(\xi))$ unter Benutzung von Tab. 4.2.3 bis 4.2.5. Ersetze dazu in diesen Tabellen V_n durch ξ .

c) Es ist

$$2 - \frac{D_2(\overline{M}(\xi))}{Z(\overline{M}(\xi))} \leqq e_Z(\overline{M}(\xi)) \qquad \text{für } Z = Z_A, Z_I, Z_C, Z_L\,,$$

$$\exp\{r - D_2(\overline{M}(\xi))\} \leqq e_D(\overline{M}(\xi)) \quad \text{für } Z = Z_D\,,$$

$$\frac{\lambda_{\min}(\overline{M}(\xi))}{D_2(\overline{M}(\xi))} \leqq e_E(\overline{M}(\xi)) \qquad \text{für } Z = Z_E$$

(im Falle $\overline{M} = M_A$ ist r durch s und im Falle $\overline{M} = M_p$ r durch q zu ersetzen, ›Tab. 4.1.2)●

Beispiel 4.5.1:

1. a) $\tilde{\eta}(x, \vartheta) = \vartheta_0 + \vartheta_1 x$.

b) $V = [-1, 1]$.

c) BAYES-Schätzung mit $\sigma^2 = 1$, $A^{-1} = \begin{pmatrix} 2 & 0{,}4 \\ 0{,}4 & 2 \end{pmatrix}$, $n = 4$.

e) C-Optimalität bez. $c = (0, 1)'$.

f) $\xi = \{(-1, \frac{1}{2}), (1, \frac{1}{2})\}$.

g) $\Xi^{(0)} = \Xi_{\text{reg}}(M_b)$ (›(4.4.10)).

5. a) $Z_C(M_b(\xi)) = c' M_b(\xi)^{-1} c$; $M_b(\xi) = I_2 + \frac{1}{4} A^{-1} = \begin{pmatrix} 1{,}5 & 0{,}1 \\ 0{,}1 & 1{,}5 \end{pmatrix}$;

$M_b(\xi)^{-1} = 0{,}446 \begin{pmatrix} 1{,}5 & -0{,}1 \\ -0{,}1 & 1{,}5 \end{pmatrix}$; $Z_C(M_b(\xi)) = 0{,}669$.

b) $D_2(M_b(\xi)) = \sup\limits_{x \in [-1,1]} c' M_b(\xi)^{-1} M_b(x) M_b(\xi)^{-1} c$ (›Tab. 4.2.3),

$$M_b(x) = f(x) f(x)' + \frac{\sigma^2}{n} A^{-1} = \begin{pmatrix} 1{,}5 & x + 0{,}1 \\ x + 0{,}1 & 0{,}5 + x^2 \end{pmatrix}, \quad M_b(\xi)^{-1} c = \begin{pmatrix} -0{,}045 \\ 0{,}669 \end{pmatrix}.$$

$$D_2(M_b(\xi)) = \sup_{x \in V} [(0{,}045)^2 \cdot 1{,}5 + (0{,}669)^2 (x^2 + 0{,}5) + 0{,}09 \cdot 0{,}669(x + 0{,}1)]$$
$$= 0{,}741\,.$$

c) $2 - \dfrac{0{,}741}{0{,}669} = 0{,}89 \leqq e_C(M_b(\xi))$.

Wir bemerken, daß im Falle $\Xi^{(0)} = \Xi_{\text{reg}}(\overline{M})$ (›(4.4.10)) die mit Verf. 4.5.1 berechneten unteren Schranken genau dann den Wert 1 annehmen, wenn der zu überprüfende Plan Z-optimal in $\Xi_{\mathrm{reg}}(\overline{M})$ ist. Damit ist im Falle einer unteren Schranke kleiner 1 klar, daß der überprüfte Plan nicht Z-optimal sein kann in $\Xi_{\mathrm{reg}}(\overline{M})$.

Bemerkung 4.5.1: Im Falle der D-Optimalität für reguläre MKQ-Schätzungen können die Schranken aus Verf. 4.5.1 verbessert werden (s. Atwood [1], ›[I/6.3]). Es gilt (›Bem. 4.3.1)

$$\left[\frac{r}{\sup\limits_{x \in V} f(x)' M(\xi)^{-1} f(x)}\right]^r \leqq e_D\left(M(\xi)\right), \tag{4.5.2}$$

$$\left[\frac{s}{\sup\limits_{x \in V} f(x)' M(\xi)^{-1} A' M_A(\xi)\, A M(\xi)^{-1} f(x)}\right]^s \leqq e_D\left(M_A(\xi)\right). \tag{4.5.3}$$

Beispiel 4.5.2 (zu Verfahren 4.5.1 und zu Bem. 4.5.1):

1. a) $\tilde{\eta}(x, \vartheta) = \vartheta_0 + \vartheta_1 x$.
b) $V = [-1, 1]$.
d) Reguläre MKQ.
e) D-Optimalität.
f) $\xi = \{(-1, \frac{3}{5}), (1, \frac{2}{5})\}$.
g) $\Xi^{(0)} = \Xi_{\mathrm{reg}}(M)$ (›(4.4.10)).

5. b) $D_2\left(M(\xi)\right) = \sup\limits_{x \in [-1,1]} f(x)' M(\xi)^{-1} f(x)$; $f(x) = (1, x)'$;

$$M(\xi) = \begin{pmatrix} 1 & -\frac{1}{5} \\ -\frac{1}{5} & 1 \end{pmatrix}; \quad M(\xi)^{-1} = \frac{25}{24}\begin{pmatrix} 1 & \frac{1}{5} \\ \frac{1}{5} & 1 \end{pmatrix};$$

$$D_2\left(M(\xi)\right) = \tfrac{25}{24} \sup_{x \in [-1,1]} \left(1 + \tfrac{2}{5}x + x^2\right) = \tfrac{25}{24}\left(1 + \tfrac{2}{5} + 1\right) = 2{,}5.$$

c) Nach Verf. 4.5.1: $e_D\left(M(\xi)\right) \geqq e^{-0,5} = 0{,}6065$;

nach Bem. 4.5.1: $e_D\left(M(\xi)\right) \geqq \left(\frac{2}{2{,}5}\right)^2 = \frac{16}{25} = 0{,}6400.$

Bemerkung 4.5.2: Im Falle der Effektivität in $\Xi^{(0)} = \Xi_{\mathrm{reg}}(M)$ bez. der D-Optimalität für die reguläre MKQ-Schätzung kann man auch obere Schranken angeben, die von der trivialen oberen Schranke 1 verschieden sind. Im Falle der regulären MKQ gilt z. B.

$$e_D\left(M(\xi)\right) \leqq \left[\frac{r}{\sup\limits_{x \in V} f(x)' M(\xi)^{-1} f(x)}\right]^r \left[\frac{\sup\limits_{x \in V} f(x)' M(\xi)^{-1} f(x) - 1}{r-1}\right]^{r-1}. \tag{4.5.4}$$

(Zu oberen Schranken für die singuläre MKQ ›[I/Lemma 6.3.4] und zu einer weiteren Verbesserung von (4.5.4) ›[I/Lemma 6.3.3]).

In Bsp. 4.5.2 ist also $0{,}64 \cdot 1{,}5 = 0{,}96$ eine obere Schranke für die Effektivität des untersuchten Planes.

Ebenso wie in [4.3.1] kann man den Begriff des δ-optimalen diskreten Planes einführen (›(4.3.6)).

Bezeichnung 4.5.2: Der diskrete Plan ξ^* heißt Z-δ-optimal in einer Menge $\Xi^{(0)}$ von diskreten Plänen, wenn seine Effektivität bez. Z in $\Xi^{(0)}$ mindestens δ ist, d. h. wenn mit $0 < \delta \leqq 1$ gilt

$$\delta \leqq e_Z\left(\overline{M}(\xi^*)\right) \bullet \tag{4.5.5}$$

I. allg. wird man die Effektivität in (4.5.5) nicht exakt bestimmen können, sondern lediglich untere Schranken dafür. Falls nun für einen diskreten Plan diese untere

Schranke größer als δ ist, so ist er auf jeden Fall δ-optimal. Damit erhält man analog zu Verf. 4.3.3 ein Verfahren zur Überprüfung der Z-δ-Optimalität eines gegebenen Planes.

VERFAHREN 4.5.2 (Überprüfung der δ-Optimalität bei diskreten Plänen):

1. **Gegebene Größen:** a) bis g) › Verf. 4.5.1.
h) δ mit $0 < \delta \leqq 1$.

2. **Aufgabe:** Prüfe, ob ξ ein Z-δ-optimaler Plan ist.

3. **und** *4.*: › Verf. 4.5.1.

5. **Lösung:** Falls für ξ

$$\delta \leqq 2 - \frac{D_2(\overline{M}(\xi))}{Z(\overline{M}(\xi))} \qquad \text{für } Z = Z_A, Z_I, Z_C, Z_L \tag{4.5.6}$$

$$\delta \leqq \frac{\lambda_{\min}(\overline{M}(\xi))}{D_2(\overline{M}(\xi))} \qquad \text{für } Z = Z_E \tag{4.5.7}$$

$$\delta \leqq \exp\{r - D_2(\overline{M}(\xi))\} \quad \text{für } Z = Z_D \tag{4.5.8}$$

gilt, dann ist ξ ein Z-δ-optimaler Plan. Andernfalls ist keine Entscheidung möglich. (Im Falle der D-Optimalität ist r bei $M = M_A$ durch s und bei $\overline{M} = M_{\hat{p}}$ durch q zu ersetzen.) ●

Bemerkung 4.5.3: Im Falle der D-Optimalität für die reguläre MKQ-Schätzung können in (4.5.8) auch die Schranken (4.5.2) oder (4.5.3) aus Bem. 4.5.1 benutzt werden.

Beispiel 4.5.3:

1. a) $\tilde{\eta}(x, \vartheta) = \vartheta_0 + \vartheta_1 x$; $f(x) = (1, x)'$.
b) $V = [0, 1]$.
d) MKQ für $\psi = \vartheta_0 + \vartheta_1$, d. h. $A = (1, 1)$, $s = 1$.
e) D-Optimalität (ist in diesem Falle äquivalent zur C-Optimalität bez. $c = (1, 1)'$).
f) $\xi = \{(0, \frac{1}{10}), (1, \frac{9}{10})\}$.
g) $\Xi^{(0)} = \Xi_{\text{reg}}(M)$ (›(4.4.10)).
h) $\delta = 0{,}90$.

5. (mit Bem. 4.5.3)

$$M(\xi) = \begin{pmatrix} 1 & 0{,}9 \\ 0{,}9 & 0{,}9 \end{pmatrix}; \quad M(\xi)^- = M(\xi)^{-1} = \frac{1}{0{,}09}\begin{pmatrix} 0{,}9 & -0{,}9 \\ -0{,}9 & 1 \end{pmatrix}; \quad M(\xi)^{-1} A' = \left(0, \frac{1}{0{,}9}\right)';$$

$$(AM(\xi)^{-1} A')^{-1} = M_A(\xi) = 0{,}9;$$

$$\sup_{x \in [0,1]} f(x)' M(\xi)^{-1} A' M_A(\xi) A M(\xi)^{-1} f(x) = \sup_{x \in [0,1]} 0{,}9 \cdot \frac{1}{(0{,}9)^2} x^2 = \frac{1}{0{,}9}.$$

Es ist also nach (4.5.3) $e_D(M_A(\xi)) \geqq \left[\frac{1}{\frac{1}{0{,}9}}\right]^1 = 0{,}9 = \delta$ d. h., ξ ist D-δ-optimal mit $\delta = 0{,}9$.

Die in diesem Abschnitt angegebenen Verfahren zur Einschätzung der Effektivität bzw. der δ-Optimalität eines gegebenen Planes können z. B. benutzt werden, um bei den in [4.5.2] angegebenen Iterationsverfahren auf einer bestimmten Stufe über den Abbruch zu entscheiden.

4.5.2. Iterationsverfahren zur Konstruktion näherungsweise optimaler diskreter Pläne

In diesem Abschnitt geben wir allgemeine Verfahren zur näherungsweisen Bestimmung diskreter optimaler Pläne an. Sie sind anwendbar für alle in Verf. 4.1.1 bis 4.1.7 angegebenen Optimalitätskriterien, für alle Schätzmethoden aus Tab. 4.4.1 und für weitgehend beliebige lineare Ansätze und Versuchsbereiche. Für kompliziertere Versuchsplanungsprobleme erfordern sie jedoch auch einen entsprechend höheren numerischen Aufwand.

Das Prinzip der Iterationsverfahren besteht darin, einen Startplan $\xi^{(0)}$ von Schritt zu Schritt zu verbessern, d. h. eine Folge $\{\xi^{(i)}\}_{i=0,1,\ldots}$ von diskreten Plänen mit abnehmenden Funktionalwerten

$$Z(\overline{M}(\xi^{(0)})) \geqq Z(\overline{M}(\xi^{(1)})) \geqq \ldots \geqq Z(\overline{M}(\xi^{(i)})) \geqq \ldots \qquad (4.5.9)$$

des entsprechenden Optimalitätskriteriums zu konstruieren.

Die Verfahren sollten auf der Stufe i^* abgebrochen werden, wenn $\xi^{(i^*)}$ eine genügend gute Effektivität bez. des gewählten Kriteriums besitzt. Dies kann z. B. mit Verf. 4.5.1 oder Verf. 4.5.2 überprüft werden. Eine oft praktizierte heuristische Abbruchregel ist auch, das Verfahren zu stoppen, falls die Funktionalwertverkleinerung pro Schritt eine vorgegebene (kleine) Zahl ε nicht mehr überschreitet. Wir betonen, daß diese Regel zum Abbruch des Verfahrens führen kann, obwohl man noch sehr weit entfernt ist vom (näherungsweise) optimalen Plan. In Bsp. 4.5.5 ist die Funktionalwertabnahme zwischen drittem und viertem Iterationsschritt z. B. sehr klein, jedoch ist man mit einer Effektivität von 0,75 noch nicht sehr nahe am optimalen Plan (›Tab. 4.5.1).

Der erhaltene näherungsweise optimale diskrete Plan $\xi^{(i^*)}$ ist dann noch auf einen konkreten Plan zu runden (›[4.4.5]). Falls dadurch ein zu hoher Effektivitätsverlust entsteht, ist für den gerundeten Plan gegebenenfalls noch eine iterative Nachbesserung mit Verf. 4.3.4 durchzuführen. Die folgenden Verfahren arbeiten im Prinzip so, daß auf jeder Iterationsstufe ein Punkt zum Spektrum des Planes der vorhergehenden Stufe hinzugefügt wird. Die Verfahren unterscheiden sich durch die Höhe des Aufwandes zur Bestimmung der Gewichte im neuen Plan. Wir geben die Verfahren nach steigendem numerischen Aufwand geordnet an.

Die Konvergenz der Verfahren gegen den Funktionalwert Z^* eines optimalen Planes, d. h. $\lim\limits_{i\to\infty} Z(\overline{M}(\xi^{(i)})) = Z^*$, ist für die MKQ-Schätzung und die wichtigsten Optimalitätskriterien (wie D- und A-Optimalität) gesichert (›[I/6.2]; Wynn [1], Fedorov [1], Atwood [3]). Auf jeden Fall führen die Verfahren zu einer *Verbesserung des Startplanes* im Sinne von (4.5.9).

Das folgende Iterationsverfahren stammt in seiner Grundidee von Wynn [1].

VERFAHREN 4.5.3 (Iteration I):

1. **Gegebene Größen:** a) Linearer Ansatz $\tilde{S}$ mit

$$\tilde{\eta}(\boldsymbol{x}, \boldsymbol{\vartheta}) = \boldsymbol{f}(\boldsymbol{x})' \boldsymbol{\vartheta}; \qquad \boldsymbol{x} \in B \subseteq \mathrm{R}^k; \qquad \boldsymbol{\vartheta} \in \mathrm{R}^r.$$

b) Schätzmethode, d. h. ein $\overline{M}$ aus Tab. 4.4.1.

c) Versuchsbereich V, Prognosebereich H (für G- und I-Optimalität).

d) Optimalitätskriterium Z aus Tab. 4.1.2.

e) Startplan $\xi^{(0)}$.
f) Zu erreichende Effektivität δ; $0 < \delta < 1$.

2. **Aufgabe:** Bestimme ausgehend von $\xi^{(0)}$ iterativ einen näherungsweise Z-optimalen diskreten Plan.

3. **Bezeichnungen:** a) $\xi^{(0)} = \{(x_i, p_i)\}_{i=1,\dots,m_0}$.

b) ξ^* Lösung der Aufgabe.

c) $\xi_x = \{(x, 1)\}$ Einpunktplan, der $x \in V$ das Gewicht 1 gibt.

d) $\alpha_i = \dfrac{1}{m_0 + i}$; $i = 1, 2, \dots$

4. **Voraussetzung:** $M(\xi^{(0)})$ regulär.

5. **Lösung:** a) i-ter Iterationsschritt ($i = 1, 2, \dots$):

a_1) Bilde $\xi^{(i)}(x) = (1 - \alpha_i)\, \xi^{(i-1)} + \alpha_i \xi_x$ (›Bez. 4.4.2).

a_2) Bestimme eine Lösung x_i^* der Aufgabe

$$Z(\overline{M}(\xi^{(i-1)})) - Z(\overline{M}(\xi^{(i)}(x))) \overset{!}{=} \sup_{x \in V} .$$

a_3) Bilde $\xi^{(i)} = \xi^{(i)}(x_i^*)$.

b) Abbruchregel: Beende das Verfahren nach dem i^*-ten Schritt, falls $e_Z(\overline{M}(\xi^{(i^*)})) \geqq \delta$. (Benutze dazu Verf. 4.5.1 oder Verf. 4.5.2) Setze dann $\xi^* = \xi^{(i^*)}$ ●

Im Falle der D- und A-Optimalität für die reguläre MKQ-Schätzung kann man Verf. 4.5.3/5.a_2) äquivalent umformen:

D-Optimalität: Bestimme x_i^* als Lösung von

$$f(x)'\, M(\xi^{(i-1)})^{-1} f(x) \overset{!}{=} \sup_{x \in V} . \tag{4.5.10}$$

A-Optimalität: Bestimme x_i^* als Lösung von

$$\frac{f(x)'\, M(\xi^{(i-1)})^{-2} f(x)}{1 - \alpha_i + \alpha_i f(x)'\, M(\xi^{(i-1)})^{-1} f(x)} \overset{!}{=} \sup_{x \in V} . \tag{4.5.11}$$

Bemerkung 4.5.4: Im Falle $Z \neq Z_M$, $Z \neq Z_G$ kann man anstelle Verf. 4.5.3/5.a_2) auch die Aufgabe

$$d_2(x, \overline{M}(\xi^{(i-1)})) \overset{!}{=} \sup_{x \in V} \tag{4.5.12}$$

mit d_2 aus Tab. 4.2.3 bis Tab. 4.2.5 lösen. 5.a_2) und (4.5.12) sind mit Ausnahme der D-Optimalität für die MKQ *nicht* äquivalent. In 5.a_2) wird x_i^* so gewählt, daß er die Funktionalwertabnahme maximiert. Die Wahl von x_i^* nach (4.5.12) kann so interpretiert werden, daß x_i^* in der Richtung des steilsten Abstiegs des Funktionals im „Punkt“ $\xi^{(i-1)}$ liegt.

Die Ausnutzung von Bem. 4.5.4 führt häufig zu einer Verringerung des Rechenaufwandes für Verf. 4.5.3.

Beispiel 4.5.4 (zu Verf. 4.5.3):

1. a) $\tilde{\eta}(x, \vartheta) = \vartheta_0 + \vartheta_1 x_1 + \vartheta_2 x_2$.

b) reguläre MKQ.

c) V Einheitsquadrat.

d) A-Optimalität.

e) $\xi^{(0)} = \left\{\left(\begin{pmatrix}1\\1\end{pmatrix}, \frac{1}{3}\right), \left(\begin{pmatrix}-1\\-1\end{pmatrix}, \frac{1}{3}\right), \left(\begin{pmatrix}1\\-1\end{pmatrix}, \frac{1}{3}\right)\right\}$, d. h. $m_0 = 3$.

f) $\delta = 0{,}9$.

5. $i = 1$: a_1) $\alpha_1 = \frac{1}{4}$

$$\xi^{(1)}(x) = \frac{3}{4}\,\xi^{(0)} + \frac{1}{4}\,\xi_x = \left\{\left(\begin{pmatrix}1\\1\end{pmatrix}, \frac{1}{4}\right), \left(\begin{pmatrix}-1\\-1\end{pmatrix}, \frac{1}{4}\right), \left(\begin{pmatrix}1\\-1\end{pmatrix}, \frac{1}{4}\right), \left(\begin{pmatrix}x_1\\x_2\end{pmatrix}, \frac{1}{4}\right)\right\}.$$

a_2) nach Bem. 4.5.4: $d_2(x, M(\xi^{(0)})) = f(x)'\, M(\xi^{(0)})^{-2}\, f(x)$; $f(x) = (1, x_1, x_2)'$;

$$M(\xi^{(0)})^{-1} = 3\begin{pmatrix} 3 & 1 & -1\\ 1 & 3 & 1\\ -1 & 1 & 3\end{pmatrix}^{-1} = \frac{3}{4}\begin{pmatrix} 2 & -1 & 1\\ -1 & 2 & -1\\ 1 & -1 & 2\end{pmatrix};$$

$$M(\xi^{(0)})^{-2} = \frac{9}{16}\begin{pmatrix} 6 & -5 & 5\\ -5 & 6 & -5\\ 5 & -5 & 6\end{pmatrix};$$

$d_2(x, M(\xi^{(0)})) = \frac{9}{16}(6 + 6x_1^2 + 6x_2^2 - 10x_1 + 10x_2 - 10x_1x_2)$, Maximum bei $x_1^* = (-1, 1)'$.

a_3) $\xi^{(1)} = \left\{\left(\begin{pmatrix}1\\1\end{pmatrix}, \frac{1}{4}\right), \left(\begin{pmatrix}-1\\-1\end{pmatrix}, \frac{1}{4}\right), \left(\begin{pmatrix}1\\-1\end{pmatrix}, \frac{1}{4}\right), \left(\begin{pmatrix}-1\\1\end{pmatrix}, \frac{1}{4}\right)\right\}$.

b) $\xi^{(1)}$ ist bereits A-optimal (›Verf. 4.2.4), d. h. Abbruch.

Bemerkung 4.5.5: In Verf. 4.5.3/3.d) wurden die Gewichte des im i-ten Iterationsschritt hinzukommenden Spektrumpunktes durch $\alpha_i = (m_0 + i)^{-1}$ festgelegt. Die α_i können auch anders gewählt werden, müssen aber die Bedingungen

$$\lim_{i\to\infty} \alpha_i = 0\,, \qquad \sum_{i=1}^{\infty} \alpha_i = \infty \tag{4.5.13}$$

erfüllen. Zu numerischen Untersuchungen für verschiedene Folgen $\{\alpha_i\}_{i=1,2,\ldots}$ in Verf. 4.5.3 s. z. B. TSAY [1].

Falls in Verf. 4.5.3 der Startplan $\xi^{(0)}$ so gewählt wurde, daß sein Spektrum $S(\xi^{(0)})$ im Spektrum $S(\xi^*)$ eines exakt Z-optimalen Planes ξ^* enthalten ist, kann das Verfahren nach endlich vielen Schritten diesen exakt optimalen Plan ξ^* erreichen (›Bsp. 4.5.4). Falls es keinen optimalen Plan ξ^* mit $S(\xi^{(0)}) \subseteq S(\xi^*)$ gibt, dann kann in endlich vielen Schritten kein optimaler Plan ξ^* erreicht werden, da in jedem Iterationsschritt der nichtoptimale Teil des Spektrums von $\xi^{(0)}$ zwar ein immer kleineres Gewicht erhält, aber eben nicht verschwindet. Es empfiehlt sich daher, gegebenenfalls nach einigen Iterationsschritten Spektrumpunkte mit kleinem Gewicht zu entfernen, nahe beieinanderliegende Spektrumpunkte zu einem zusammenzufassen und mit einem so gewonnenen Plan als Startplan Verf. 4.5.3 erneut zu beginnen.

Das folgende Verfahren ist insofern allgemeiner als Verf. 4.5.3, als es die Wahl der Folge $\{\alpha_i\}_{i=1,2,\ldots}$ von Gewichten auch einer Optimierung unterzieht (s. FEDOROV [1]).

VERFAHREN 4.5.4 (Iteration II):

1.—3.: ›Verf. 4.5.3 (ohne 3.d).

4. **Voraussetzungen:** a) $\overline{M}(\xi^{(0)})$ regulär.

b) $Z \neq Z_G$, $Z \neq Z_M$ (›Tab. 4.1.2).

5. **Lösung:** a) i-ter Iterationsschritt ($i = 1, 2, \ldots$):

a₁) Bestimme eine Lösung x_i^* von $d_2(x, \overline{M}(\xi^{(i-1)})) \stackrel{!}{=} \sup\limits_{x \in V}$ (›Tab. 4.2.3 bis 4.2.5).

a₂) Bilde $\xi_\alpha^{(i)} = (1-\alpha)\,\xi^{(i-1)} + \alpha\xi_{x_i^*}$; $\alpha \in (0, 1)$ (›Bez. 4.4.2).

a₃) Bestimme das Gewicht α_i als Lösung von

$$Z(\overline{M}(\xi^{(i-1)})) - Z(\overline{M}(\xi_\alpha^{(i)})) \stackrel{!}{=} \sup_{\alpha \in (0,1)} .$$

a₄) Bilde $\xi^{(i)} = \xi_{\alpha_i}^{(i)}$.

b) Abbruch ›Verf. 4.5.3 ●

Im Fall der D-Optimalität für die reguläre MKQ-Schätzung kann man die Lösung von 5.a₃) explizit angeben:

$$\alpha_i = \frac{f(x_i^*)'\, M(\xi^{(i-1)})^{-1} f(x_i^*) - r}{r\big(f(x_i^*)' M(\xi^{(i-1)})^{-1} f(x_i^*) - 1\big)} . \tag{4.5.14}$$

Von Atwood [3] stammt hierzu der Vorschlag, die Gewichte auf keiner Stufe i größer als r^{-1} werden zu lassen (›Aussage 4.4.5) und deshalb in dem Fall, daß x_i^* bereits im Spektrum von $\xi^{(i-1)}$ enthalten ist, d. h. z. B. $x_i^* = x_j$, α_i höchstens so groß zu wählen, daß $(1-\alpha_i)\,p_j + \alpha_i \leqq r^{-1}$ gilt, wobei p_j das Gewicht von x_j in $\xi^{(i-1)}$ ist.

Beispiel 4.5.5 (zu Verf. 4.5.4):

1. a) $\tilde{\eta}(x, \vartheta) = \vartheta_0 + \vartheta_1 x$.

b) Reguläre MKQ.

c) $V = [-1, 1]$.

d) D-Optimalität.

e) $\xi^{(0)} = \{(-0{,}5;\ 0{,}33), (0;\ 0{,}67)\}$.

f) $\delta = 0{,}9$.

5. $i = 1$: a₁) $d_2(x, M(\xi^{(0)})) = f(x)'\, M(\xi^{(0)})^{-1} f(x)$;

$$M(\xi^{(0)})^{-1} = \begin{pmatrix} 1 & -0{,}15 \\ -0{,}15 & 0{,}08 \end{pmatrix}^{-1} = 17{,}4 \begin{pmatrix} 0{,}08 & 0{,}15 \\ 0{,}15 & 1 \end{pmatrix};$$

$$d_2(x, M(\xi^{(0)})) = 17{,}4(0{,}08 + 0{,}3x + x^2) \stackrel{!}{=} \sup_{x \in [-1, 1]} .$$

Lösung: $x_1^* = 1$.

a₂) $\xi_\alpha^{(1)} = \{(-0{,}5;\ (1-\alpha)\,0{,}33), (0;\ (1-\alpha)\,0{,}67), (1;\ \alpha)\}$.

a₃) Nach (4.5.14): $\alpha_1 = \dfrac{17{,}4 \cdot 1{,}38 - 2}{2(17{,}4 \cdot 1{,}38 - 1)} = 0{,}48$.

a₄) $\xi^{(1)} = \{(-0{,}5;\ 0{,}17), (0;\ 0{,}35), (1;\ 0{,}48)\}$.

b) Der D-optimale Plan hat in diesem Fall die Gestalt $\xi^* = \{(-1, \tfrac{1}{2}), (1, \tfrac{1}{2})\}$ mit $\det M(\xi^*) = 1$. Also ist $e_D(M(\xi^{(1)})) = \det M(\xi^{(1)}) = 0{,}36 < \delta$, d. h. Fortsetzung.

Die Ergebnisse der weiteren Iterationsschritte sind in Tab. 4.5.1 zusammengefaßt. Als D-δ-optimaler Plan mit $\delta = 0{,}9$ ergibt sich: $\{(-1;\ 0{,}47), (-0{,}5;\ 0{,}03), (0;\ 0{,}06), (1;\ 0{,}44)\}$.

Für Verf. 4.5.4 gilt wie bei Verf. 4.5.3, daß bei schlecht gewähltem Startplan ein exakt optimaler Plan mit endlich vielen Schritten nicht erreicht werden kann, da in jedem Iterationsschritt die „falschen" Spektrumpunkte von $\xi^{(0)}$ noch ein positives

Tab. 4.5.1: zu Bsp. 4.5.5

i	x_i^*	α_i	$e_D(M(\xi^{(i)}))$	Spektrumpunkte von $\xi^{(i)}$ mit Gewichten			
				-1	$-0,5$	0	1
1	1	0,48	0,36	0	0,17	0,35	0,48
2	-1	0,41	0,68	0,41	0,10	0,21	0,28
3	1	0,25	0,75	0,31	0,08	0,16	0,45
4	1	0,22	0,76	0,25	0,06	0,12	0,57
5	-1	0,27	0,89	0,46	0,04	0,08	0,42
6	1	0,10	0,89	0,41	0,03	0,08	0,48
7	-1	0,11	0,91	0,47	0,03	0,06	0,44

Gewicht haben. Man sollte also auch hier viel Wert auf die Wahl von $\xi^{(0)}$ legen. Eventuell kann man Aussage 4.4.4 ausnutzen und das Spektrum von $\xi^{(0)}$ so wählen, daß (4.4.27) gilt. Bei ungünstigem Startplan sollte man nach einigen Iterationsschritten Spektrumpunkte mit kleinem Gewicht entfernen. In Bsp. 4.5.5 könnte man eventuell zunächst nach dem 5. Schritt abbrechen (›Tab. 4.5.1) und einen neuen Startplan mit den Spektrumpunkten $+1$ und -1 wählen. Falls man dazu jeweils die Gewichte $\frac{1}{2}$ wählt (das liegt bei der Betrachtung von $\xi^{(5)}$ aus Tab. 4.5.1 nahe), dann ist dieser Startplan bereits D-optimal und braucht nicht weiter verbessert zu werden.

Bemerkung 4.5.6: Verf. 4.5.4 kann noch so verallgemeinert werden, daß die optimale Bestimmung von x_i^* und α_i *gleichzeitig* geschieht (und nicht nacheinander) (›[I/6.2.1]).

Beim folgenden Verfahren ist die Wahl des Startplanes unproblematisch, da in jedem Iterationsschritt die Gewichte *aller* Spektrumpunkte neu bestimmt werden, also „schlechte" Punkte aus dem Anfangsplan durchaus das Gewicht Null erhalten können. Das Verfahren wird daher i. allg. mit weniger Schritten als bei Verf. 4.5.3 und 4.5.4 zum Ziel führen. Dieser Vorteil ist mit dem Nachteil verbunden, daß der Aufwand pro Iterationsschritt den bei den vorhergehenden Verfahren weit übersteigt.

VERFAHREN 4.5.5 (Iteration III):

1.—4. ›Verf. 4.5.3 (ohne 3.d).

5. **Lösung:** a) i-ter Iterationsschritt ($i = 1, 2, \ldots$):

a$_1$) Bilde die Menge

$$\Xi(i) = \{\xi : S(\xi) \subseteq S(\xi^{(i-1)}) \cup \{x\};\, x \in V\} \tag{4.5.15}$$

(Menge aller diskreten Pläne, die (höchstens) einen Spektrumpunkt $x \in V$ mehr haben als $\xi^{(i-1)}$).

a$_2$) Bestimme $\xi^{(i)}$ als Lösung der Aufgabe $Z(\overline{M}(\xi)) \overset{!}{=} \inf_{\xi \in \Xi(i)}$.

b) Abbruch ›Verf. 4.5.3 ●

Beispiel 4.5.6:

1. a) bis f) ›Bsp. 4.5.5.

5. $i = 1$: a$_1$) $\Xi(1) = \{\xi : S(\xi) \subseteq \{-0,5;\, 0;\, x\}\}$.

a$_2$) $Z_{D'}(M(\xi)) = -\det M(\xi)$; $\xi = \{(-0,5;\, p_1),\, (0;\, p_2),\, (x;\, p_3)\}$;

$$M(\xi) = \begin{pmatrix} 1 & -0,5p_1 + p_3 x \\ -0,5p_1 + p_3 x & 0,25p_1 + p_3 x^2 \end{pmatrix};$$

det $M(\xi) = p_1 p_3 x + 0{,}25 p_1(1 - p_1) + p_3(1 - p_3)\, x^2$ wird maximal bei $p_1 = p_3 = \frac{1}{2}$, $p_2 = 0$, $x = 1$, d. h. $\xi^{(1)} = \{(-0{,}5; \frac{1}{2}), (1; \frac{1}{2})\}$.

b) $e_D(M(\xi^{(1)})) = \det M(\xi^{(1)}) = 0{,}5 < \delta = 0{,}9$, d. h. Fortsetzung.

$i = 2$: a$_1$) $\Xi(2) = \{\xi : S(\xi) \subseteq \{-0{,}5; 1; x\}\}$.

a$_2$) $$M(\xi) = \begin{pmatrix} 1 & -0{,}5p_1 + p_2 + p_3 x \\ -0{,}5p_1 + p_2 + p_3 x & 0{,}25p_1 + p_2 + p_3 x^2 \end{pmatrix};$$

det $M(\xi) = 0{,}25p_1(1 - p_1) + p_2(1 - p_2) + p_3(1 - p_3)\, x^2 + p_1 p_2 + p_3(p_1 - 2p_2)\, x$ wird maximal bei $p_1 = 0$, $p_2 = p_3 = \frac{1}{2}$, $x = -1$, d. h. $\xi^{(2)} = \{(-1, \frac{1}{2}), (1, \frac{1}{2})\}$.

b) $e_D(M(\xi^{(2)})) = \det M(\xi^{(2)}) = 1$, d. h. $\xi^{(2)} = \xi^*$ ist D-optimal. Abbruch.

Die Beispiele 4.5.5 und 4.5.6 zeigen deutlich den Unterschied zwischen Verf. 4.5.4 und Verf. 4.5.5. Während in Bsp. 4.5.5 sieben Schritte nötig sind, um zu einem D-δ-optimalen Plan mit $\delta = 0{,}9$ zu gelangen, erreicht man mit Verf. 4.5.5 bereits nach zwei Schritten den exakten D-optimalen Plan, indem in jedem Schritt jeweils einer der falschen Spektrumpunkte 0 und $-0{,}5$ das Gewicht Null erhält.

Bemerkung 4.5.7: Verf. 4.5.5 läßt sich in der Richtung verallgemeinern, daß pro Iterationsschritt *mehrere* Spektrumpunkte zum Plan $\xi^{(i-1)}$ hinzugenommen werden (›[I/6.2.1]).

Bei Verf. 4.5.4 und auch bei Verf. 4.5.3 (falls man Bem. 4.5.4 ausnutzt) wird der neu ins Spektrum aufzunehmende Punkt als Lösung von

$$d_2(\boldsymbol{x}, \overline{M}(\xi^{(i-1)})) \stackrel{!}{=} \sup_{\boldsymbol{x} \in V} \qquad (4.5.16)$$

bestimmt. Man kann $-d_2$ als Ableitung von Z an der Stelle $\xi^{(i-1)}$ in Richtung $\boldsymbol{x}$ interpretieren (›Bem. 4.5.4). Der neue Spektrumpunkt $\boldsymbol{x}_i^*$ wird also so gewählt, daß er in der Richtung liegt, wo die Ableitung von Z am stärksten negativ ist, wo also die Werte des Optimalitätskriteriums am schnellsten abnehmen. Verf. 4.5.3 und Verf. 4.5.4 sind also gewisse Analoga zu den sog. *Gradientenverfahren* zur Suche des Extremums einer Funktion. Bekanntlich ist die Konvergenzgeschwindigkeit klassischer Gradientenverfahren relativ klein. Man benutzt daher oft Verfahren vom sog. NEWTON-*Typ*, die auch 2. Ableitungen der zu minimierenden Funktion benötigen, dafür aber i. allg. schneller konvergieren.

Ausgehend von diesem Gedankengang hat ATWOOD für die näherungsweise Konstruktion von diskreten optimalen Plänen ein Iterationsverfahren vom NEWTON-Typ, angegeben, das wir im folgenden vorstellen wollen. Für die D- und A-Optimalität zur MKQ-Schätzung ist die Konvergenz dieses Verfahrens nachgewiesen (s. ATWOOD [4]).

VERFAHREN 4.5.6 (Iteration IV):

1.* und *2. ›Verf. 4.5.3.

***3.* Bezeichnungen:** a) bis c) ›Verf. 4.5.3.

d) $p_s^{(i)}$; $s = 1, \ldots, \widetilde{m}_i$; Gewichte der Spektrumpunkte in $\xi^{(i)}$ ($i = 0, 1, \ldots$).

e) $\boldsymbol{e}$ Vektor mit Komponenten $+1$.

***4.* Voraussetzung:** ›Verf. 4.5.3.

***5.* Lösung:** a) i-ter Iterationsschritt ($i = 1, 2, \ldots$):

a$_1$) Bestimme $\boldsymbol{x}_i^*$ als Lösung von

$$d_2(\boldsymbol{x}, \overline{M}(\xi^{(i-1)})) \stackrel{!}{=} \sup_{\boldsymbol{x} \in V} \qquad (›\text{Tab. 4.2.3 bis 4.2.5}).$$

a_2) Bestimme die Anzahl m_i der Punkte in der Menge

$$S_i = S(\xi^{(i-1)}) \cup \{x_i^*\} ,$$

a_3) Bilde die Matrix $H = ((h_{kj})) \in \mathcal{M}_{m_i}$ (Hessesche Matrix) mit

$$h_{kj} = \left. \frac{\partial^2 Z(\overline{M}(\xi^{(i-1)} + \alpha\xi_{x_k} + \beta\xi_{x_j}))}{\partial\alpha\, \partial\beta} \right|_{\substack{\alpha=0\\ \beta=0}} ; x_k, x_j \in S_i .$$

a_4) Bilde den Vektor $g = (g_1, \dots, g_{m_i})'$ mit

$$g_s = \left. \frac{\partial Z(\overline{M}(\xi^{(i-1)} + \alpha\xi_{x_s}))}{\partial\alpha} \right|_{\alpha=0} ; s = 1, \dots, m_i; x_s \in S_i .$$

a_5) Berechne $q^{(i)} = -H^{-1}g + \dfrac{e'H^{-1}g}{e'H^{-1}e} H^{-1}e$.

a_6) Seien $q_s^{(i)}$; $s = 1, \dots, m_i$; die Komponenten von $q^{(i)}$. Bilde den diskreten Plan $\xi_\alpha^{(i)}$ mit den m_i Spektrumpunkten aus S_i (x_i^* wird dabei zuletzt aufgeführt) und den Gewichten

$$p_s^{(i)}(\alpha) = p_s^{(i-1)} + \alpha q_s^{(i)} \qquad (s = 1, \dots, m_i - 1)$$

$$p_{m_i}^{(i)}(\alpha) = \begin{cases} p_{m_i}^{(i-1)} + \alpha q_{m_i}^{(i)}, & \text{falls } x_i^* \in S(\xi^{(i-1)}) , \\ \alpha q_{m_i}^{(i)}, & \text{falls } x_i^* \notin S(\xi^{(i-1)}) . \end{cases}$$

a_7) Bestimme α_i als Lösung der Aufgabe $Z(\overline{M}(\xi_\alpha^{(i)})) \overset{!}{=} \inf\limits_{\alpha \in (0,1)}$.

a_8) Falls $\xi_{\alpha_i}^{(i)}$ einem Spektrumpunkt ein negatives Gewicht gibt, so entferne diesen Punkt aus S_i und beginne erneut bei a_3). Andernfalls setze $\xi^{(i)} = \xi_{\alpha_i}^{(i)}$.

b) Abbruch ›Verf. 4.5.3 •

Im Falle der D-Optimalität für die MKQ-Schätzung ergeben sich die in den Schritten a_3) und a_4) zu bildenden Größen beispielsweise zu

$$\left. \begin{aligned} g_s &= -f(x_s)' M(\xi^{(i-1)})^{-1} f(x_s); & s &= 1, \dots, m_i; x_s \in S_i; \\ h_{kj} &= f(x_k)' M(\xi^{(i-1)})^{-1} f(x_j); & k, j &= 1, \dots, m_i; x_k, x_j \in S_i . \end{aligned} \right\} \tag{4.5.17}$$

Auch bei Verf. 4.5.6 wird empfohlen, nach einigen Iterationsschritten eng benachbarte Spektrumpunkte zu einem zusammenzufassen und deren Gewichte entsprechend zu addieren. Dadurch kann das Verfahren abgekürzt werden. Außerdem werden durch derartige Maßnahmen die Dimensionen der Matrix H und des Vektors g reduziert, was sich günstig auf die numerische Behandlung auswirkt. Einige Hinweise zur Zusammenfassung von Spektrumpunkten im Falle der Anwendung von Verf. 4.5.6 auf die D-Optimalität zur MKQ-Schätzung sind in Atwood [4] zu finden.

Die in diesem Abschnitt angegebenen Iterationsverfahren beinhalten alle in jedem Iterationsschritt die Maximierung bzw. Minimierung einer Funktion. Man vergleiche z. B. Verf. 4.5.3/5.a_2), Verf. 4.5.4/5.a_1) und 5.a_3), Verf. 4.5.5/5.a_2) und Verf. 4.5.6/5.a_1) und 5.a_7). Zur numerischen Lösung dieser Aufgaben kann nötigenfalls Verf. 3.5.10 oder Verf. 3.5.11 herangezogen werden.

Es gibt noch andere Möglichkeiten zur näherungsweisen Bestimmung diskreter optimaler Pläne. Insbesondere im Fall der D-Optimalität für die reguläre und singuläre MKQ-Schätzung ist es möglich, auf der Grundlage von Dualitätssätzen iterative Algorithmen anzugeben (s. z. B. Silvey/Titterington [1]). Eine weitere Möglichkeit besteht in der Anwendung gewisser aus der Theorie der Optimierung bekannter Schnittebenenverfahren (s. dazu GRIBIK/KORTANEK [1]). Gegenwärtig ist es jedoch so, daß diese neueren Zugänge noch nicht so praktikabel sind, wie die hier angegebenen Iterationsverfahren.

4.6. Näherungsweise optimale Pläne bezüglich mehrerer Kriterien

Häufig wird es so sein, daß die Güte- und Aufwandsforderungen an ein aufzuklärendes EW-Problem nicht in eindeutiger Weise auf ein bestimmtes Optimalitätskriterium führen. Insbesondere wird man oft nicht mit Sicherheit wissen, welches der sieben angebotenen Optimalitätskriterien für die statistische Genauigkeit der Schätzungen im Regressionsmodell (›Tab. 4.1.2) man verwenden soll. In anderen EW-Problemen wiederum wird es von vornherein mehrere zu berücksichtigende Kriterien geben, die sich eventuell sogar teilweise widersprechen (z. B. Kosten- und Güteforderungen). In all diesen Fällen ist es eigentlich nicht gerechtfertigt, nur ein Kriterium der Optimierung zugrundezulegen und alle anderen ebenfalls möglichen unberücksichtigt zu lassen. Andererseits gibt es gegenwärtig noch nicht genügend praktikable Verfahren für die Optimierung bez. mehrerer Kriterien. Wir werden in diesem Abschnitt einige Ideen und Verfahren dazu vorstellen. Sie werden für diskrete Pläne formuliert. Im Kommentar zu den Verfahren wird nötigenfalls angegeben, was bei der Spezialisierung auf konkrete Pläne zu beachten ist.

Im ersten Verfahren wird angegeben, wie man (theoretisch) einen polyoptimalen Plan konstruieren kann.

Bezeichnung 4.6.1: Der Plan ξ heißt *polyoptimal* in $\Xi^{(0)}$ bez. der Optimalitätskriterien $\psi_1, \dots, \psi_m$, wenn man in $\Xi^{(0)}$ keinen Plan findet, der bez. eines Kriteriums ψ_i besser und bez. aller anderen Kriterien nicht schlechter als ξ ist.

VERFAHREN 4.6.1 (Polyoptimalität):

1. **Gegebene Größen:** a) Zu berücksichtigende Kriterien: $\psi_1, \dots, \psi_m$.
   b) $\Xi^{(0)}$ Menge möglicher diskreter Pläne.

2. **Aufgabe:** Bestimme in $\Xi^{(0)}$ einen polyoptimalen Plan bez. $\psi_1, \dots, \psi_m$.

3. **Bezeichnung:** ξ^* polyoptimaler Plan.

4. **Voraussetzung:** $\Xi^{(0)}$ so, daß alle nötigen Informationsmatrizen regulär sind.

5. **Lösung:** a) Bestimme die Menge $\Xi^{(0)}_{\text{pol}}$ aller Pläne $\xi \in \Xi^{(0)}$ derart, daß es kein $\xi' \in \Xi^{(0)}$ gibt, für das $\psi_i(\xi') \leqq \psi_i(\xi)$; $i = 1, \dots, m$ und für mindestens ein $i^* \in \{1, \dots, m\}$ sogar $\psi_{i^*}(\xi') < \psi_{i^*}(\xi)$ gilt.
   b) Wähle einen beliebigen Plan aus $\Xi^{(0)}_{\text{pol}}$ und verwende ihn als ξ^* ●

Bemerkung 4.6.1: Die Spezialisierung von Verf. 4.6.1 auf konkrete Pläne geschieht durch Ersetzen von ξ, ξ^*, $\Xi^{(0)}$, $\Xi^{(0)}_{\text{pol}}$ durch V_n, V_n^*, $V^{(0)}$, $V^{(0)}_{\text{pol}}$. Falls unter den Kriterien ψ_i gewisse Z aus Tab. 4.1.2 sind, so sind diese durch die entsprechenden $\bar{Z}$ zu ersetzen.

Beispiel 4.6.1:

1.. a) D- und G-Optimalität, angewandt auf die MKQ-Schätzung in $\tilde{S}$ mit $\tilde{\eta}(x, \vartheta) = \vartheta_0 + \vartheta_1 x$; $V = H = [-1, 1]$, d. h. $\psi_1 = \bar{Z}_D$, $\psi_2 = \bar{Z}_G$.
b) $V^{(0)} = \{(-1, 0, 1), (-1, 1, 1), (0, 0, 1)\} = \{V_3^{(1)}, V_3^{(2)}, V_3^{(3)}\}$.

5. a) $\boldsymbol{M}(V_3^{(1)})^{-1} = \begin{pmatrix} 1 & 0 \\ 0 & \frac{2}{3} \end{pmatrix}^{-1} = \begin{pmatrix} 1 & 0 \\ 0 & \frac{3}{2} \end{pmatrix}$, $\boldsymbol{M}(V_3^{(2)})^{-1} = \begin{pmatrix} 1 & \frac{1}{3} \\ \frac{1}{3} & 1 \end{pmatrix}^{-1} = \frac{1}{8}\begin{pmatrix} 9 & -3 \\ -3 & 9 \end{pmatrix}$,

$\boldsymbol{M}(V_3^{(3)})^{-1} = \begin{pmatrix} 1 & \frac{1}{3} \\ \frac{1}{3} & \frac{1}{3} \end{pmatrix}^{-1} = \frac{1}{2}\begin{pmatrix} 3 & -3 \\ -3 & 9 \end{pmatrix}$;

i	1	2	3
$\bar{Z}_D(\boldsymbol{M}(V_3^{(i)}))$	1,5	1,125	4,5
$\bar{Z}_G(\boldsymbol{M}(V_3^{(i)}))$	2,5	3,0	9,0

d. h. $V_{\text{pol}}^{(0)} = \{(-1, 0, 1), (-1, 1, 1)\}$.

b) $V_3^* = (-1, 0, 1)$ oder $V_3^* = (-1, 1, 1)$.

In 1.a) wurde bewußt die Bezeichnung $\psi_1, \dots, \psi_m$ gewählt, weil die Optimalitätskriterien nicht auf solche, die von einer Informationsmatrix abhängen (z. B. Z aus Tab. 4.1.2) beschränkt sind. Beispielsweise kann ψ_i ein Kostenfunktional sein. Die Menge $\Xi_{\text{pol}}^{(0)}$ der polyoptimalen Pläne wird sich i. allg. nur sehr schwer bestimmen lassen. Häufig wird $\Xi_{\text{pol}}^{(0)}$ im Vergleich zu $\Xi^{(0)}$ noch eine sehr umfangreiche Menge sein. Dies ist insbesondere dann der Fall, wenn sich widersprechende Kriterien betrachtet werden.

Beispiel 4.6.2 (zu Verf. 4.6.1):

1. a) $\tilde{\eta}(x, \boldsymbol{\vartheta}) = \vartheta_0 + \vartheta_1 x$; $V = [-1, 1]$; MKQ-Schätzung; $\psi_1 = \bar{Z}_D$ (D-Optimalität), $\psi_2 = n$ (Stichprobenumfang).

b) $V^{(0)} = \{V_n = (\underbrace{-1, \dots, -1}_{n/2}, \underbrace{1, \dots, 1}_{n/2}) : n = 2, 4, 6, 8, 10\}$.

5. a) $\boldsymbol{M}(V_n) = \boldsymbol{I}_2$ für alle $V_n \in V^{(0)}$. $\bar{Z}_D(\boldsymbol{M}(V_n)) = \frac{1}{n^r} \det \boldsymbol{M}(V_n)^{-1} = \frac{1}{n^r}$. Für $\psi_2(V_{n_1}) = n_1 > n_2 = \psi_2(V_{n_2})$ gilt stets $\bar{Z}_D(\boldsymbol{M}(V_{n_1})) < \bar{Z}_D(\boldsymbol{M}(V_{n_2}))$. Daher ist $V_{\text{pol}}^{(0)} = V^{(0)}$, also jeder Plan aus $V^{(0)}$ polyoptimal.

Man benötigt also i. allg. zur Auswahl von ξ^* aus $\Xi_{\text{pol}}^{(0)}$ bzw. von V_n^* aus $V_{\text{pol}}^{(0)}$ noch ein Zusatzkriterium. Zur Konstruktion eines polyoptimalen Planes geht man daher meist nicht von der Konstruktion von $\Xi_{\text{pol}}^{(0)}$ aus. Man versucht vielmehr, eine Art Kompromißkriterium aufzustellen, d. h. eine gewichtete Summe der möglichen Optimalitätskriterien, und dafür einen optimalen Plan zu bestimmen. Dieser Plan ist dann ein spezieller polyoptimaler Plan (s. auch PESCHEL/RIEDEL [1]).

VERFAHREN 4.6.2 (Linearkombination von Kriterien als Kompromiß):

1.—4. ›Verf. 4.6.1.

5. **Lösung:** a) Wähle Gewichte $\lambda_i > 0$; $i = 1, \dots, m$; mit $\sum_{i=1}^{m} \lambda_i = 1$ für die einzelnen Optimalitätskriterien.

b) Formuliere das Kompromißkriterium $\psi(\xi) = \sum_{i=1}^{m} \lambda_i \psi_i(\xi)$.

c) Bestimme ξ^* als Lösung der Aufgabe $\psi(\xi) \overset{!}{=} \inf\limits_{\xi \in \Xi^{(0)}}$ ●

Die Spezialisierung von Verf. 4.6.2 auf konkrete Pläne geschieht analog wie bei Verf. 4.6.1 (›Bem. 4.6.1).

Beispiel 4.6.3:

1. a) und b) ›Bsp. 4.6.1.

5. a) $\lambda_1 = \frac{1}{2}, \lambda_2 = \frac{1}{2}$.

b) $\psi(V_n) = \frac{1}{2}\overline{Z}_D(M(V_n)) + \frac{1}{2}\overline{Z}_G(M(V_n))$.

c) $\psi(V_3^{(1)}) = \frac{1}{2} \cdot 1{,}5 + \frac{1}{2} \cdot 2{,}5 = 2{,}00$, $\psi(V_3^{(2)}) = \frac{1}{2} \cdot 1{,}125 + \frac{1}{2} \cdot 3{,}0 = 2{,}06$,

$\psi(V_3^{(3)}) = \frac{1}{2} \cdot 4{,}5 + \frac{1}{2} \cdot 9{,}0 = 6{,}75$, d. h. $V_3^* = V_3^{(1)} = (-1, 0, 1)$.

Die Gewichte in 5.a) sollten so gewählt werden, daß sie in dem Fall, wo keine a-priori Bevorzugung eines Kriteriums berechtigt ist, eine Normierung der möglichen Kriterien bewirken, und zwar in dem Sinne, daß die verschiedenen Funktionswerte $\psi_i(\xi)$ etwa die gleiche Größenordnung haben. In Bsp. 4.6.3 wären im Falle der Normierung etwa die Gewichte $\lambda_1 = 2/3, \lambda_2 = 1/3$ angebracht, da die Funktionalwerte von $\overline{Z}_G$ ungefähr doppelt so groß sind wie die von $\overline{Z}_D$ (›Bsp. 4.6.1). Ein Abgehen von dieser Normierung bedeutet, daß man gewissen Kriterien eine höhere Bedeutung zumißt als den anderen. Wenn wir in Bsp. 4.6.3 $\lambda_1 = \lambda_2 = 1/2$ gewählt haben, so wird dadurch die G-Optimalität bevorzugt. Das drückt sich auch im Ergebnis aus: Es wird der polyoptimale Plan gewählt, der den kleineren Wert $\overline{Z}_G$ hat.

Falls die Kriterien $\psi_1, \dots, \psi_m$ aus Verf. 4.6.2 alle gewisse Kriterien Z aus Tab. 4.1.2 sind, dann können zur Lösung der Aufgabe 5.c) z. B. die Iterationsverfahren aus [4.3.2] und [4.5.2] verwendet werden, indem man dort Z durch $\psi = \sum_{i=1}^{m} \lambda_i \psi_i$ ersetzt.

Oft wird es so sein, daß man kein Kompromißkriterium im Sinne von Verf. 4.6.2 aufstellen will oder kann, sondern daß vielmehr die Aufgabe darin besteht, einen Plan zu bestimmen, dessen Effektivität (›Bez. 4.3.1 und Bez. 4.5.1) bez. mehrerer Kriterien eine vorgegebene Größe δ nicht unterschreitet. Es wird also ein Plan gesucht, der bez. mehrerer Kriterien δ-optimal ist (›(4.3.6) und Bez. 4.5.2).

VERFAHREN 4.6.3 (δ-Optimalität bez. mehrerer Kriterien):

1. **Gegebene Größen:** a) und b) ›Verf. 4.6.1.

c) δ mit $0 < \delta < 1$.

2. **Aufgabe:** Bestimme einen Plan $\xi^* \in \Xi^{(0)}$, der bez. aller Kriterien $\psi_1, \dots, \psi_m$ δ-optimal ist.

3. **Bezeichnung:** ξ^* δ-optimaler Plan.

4. **Voraussetzung:** Für alle $\xi \in \Xi^{(0)}$ sei $\psi_i(\xi) > 0$; $i = 1, \dots, m$.

5. **Lösung:** a) Bilde $\psi_i^* = \inf_{\xi \in \Xi^{(0)}} \psi_i(\xi)$; $i = 1, \dots, m$.

b) Bestimme ξ^* als Lösung des Ungleichungssystems

$$e_{\psi_i}(\xi^*) = \frac{\psi_i^*}{\psi_i(\xi^*)} \geq \delta; \qquad i = 1, \dots, m \bullet$$

Das Ungleichungssystem in Verf. 4.6.3/5.b) ist i. allg. nicht für jedes vorgegebene (insbesondere große) δ lösbar. Vor allem dann, wenn unter den verschiedenen Kriterien solche sind, die sich widersprechen (wie z. B. die Forderung nach minimalem statistischem Fehler und minimalen Kosten), wird man kein zu großes δ vorgeben dürfen. Im Falle konkreter Pläne wende Bem. 4.6.1 sinngemäß an.

Beispiel 4.6.4 (zu Verf. 4.6.3; vgl. auch Bsp. 4.6.2):

1. a) und b) ›Bsp. 4.6.2.

c) $\delta = \frac{1}{3}$.

5. a) $\psi_1^* = \inf \frac{1}{n^2} = \frac{1}{100}$; $\psi_2^* = \inf n = 2$ (vgl. Bsp. 4.6.2),

b) $e_{\psi_1}(V_n) = \frac{n^2}{100} \geqq \frac{1}{3}$; d. h. $n \geqq \sqrt{33}$ also $n \geqq 6$,

$e_{\psi_2}(V_n) = \frac{2}{n} \geqq \frac{1}{3}$; d. h. $n \leqq 6$.

Lösung: $n = 6$, d. h. $V_n^* = (-1, -1, -1, 1, 1, 1)$. (Für größere δ wäre für dieses Beispiel die Aufgabe 5.b) in Verf. 4.6.3 nicht lösbar.)

Falls in Verf. 4.6.3/5. die Größen ψ_i^* nicht bekannt sind oder nur sehr schwer berechnet werden können, so benutze man untere Schranken für die Effektivitäten (s. z. B. Verf. 4.3.1 und Verf. 4.5.1) und bestimme ξ^* so, daß die unteren Schranken noch größer als δ sind.

Verf. 4.6.3 kann auch zur Überprüfung der δ-Optimalität eines gegebenen Planes ξ bez. mehrerer Kriterien eingesetzt werden, indem man feststellt, ob ξ das Ungleichungssystem in 5.b) erfüllt oder nicht. Auch in diesem Fall wird man eventuell untere Schranken der Effektivität verwenden müssen.

Wir betrachten jetzt den Fall, daß ein δ-optimaler Plan bez. zweier Kriterien Z_1 und Z_2 aus Tab. 4.1.2 gesucht ist und die optimalen Pläne bez. der einzelnen Kriterien bekannt sind. Als $\Xi^{(0)}$ wird dabei stets $\Xi_{\text{reg}}(\overline{M})$, d. h. die Menge aller regulären Pläne bez. der gewählten Informationsmatrix, verwendet (s. auch (4.4.10)). Es zeigt sich, daß eine geeignete Kombination der beiden optimalen Pläne auf einen δ-optimalen Plan bez. beider Kriterien führen kann.

VERFAHREN 4.6.4 (δ-Optimalität bez. zweier Kriterien):

1. **Gegebene Größen:** a) Optimalitätskriterien Z_1 und Z_2.

b) Schätzmethode.

c) ξ_1^*, ξ_2^* optimale Pläne bez. Z_1 und Z_2.

d) δ mit $0 < \delta < 1$.

2. **Aufgabe:** Konstruiere aus ξ_1^* und ξ_2^* einen δ-optimalen Plan bez. Z_1 und Z_2.

3. **Bezeichnungen:** a) ξ^* δ-optimaler Plan bez. Z_1 und Z_2.

b) $Z_1^* = Z_1(\overline{M}(\xi_1^*)), Z_2^* = Z_2(\overline{M}(\xi_2^*)), Z_{12}^* = Z_1(\overline{M}(\xi_2^*)), Z_{21}^* = Z_2(\overline{M}(\xi_1^*))$.

4. **Voraussetzungen:** a) $\overline{M}(\xi_1^*)$, $\overline{M}(\xi_2^*)$ regulär.

b) Z_1 und Z_2 aus Tab. 4.1.2.

c) $\Xi^{(0)} = \Xi_{\text{reg}}(\overline{M})$.

5. **Lösung:** a) Bestimme eine Lösung $\alpha^* \in (0, 1)$ des Ungleichungssystems

$$\frac{Z_1^*}{(1-\alpha^*) Z_1^* + \alpha^* Z_{12}^*} \geqq \delta, \qquad \frac{Z_2^*}{(1-\alpha^*) Z_{21}^* + \alpha^* Z_2^*} \geqq \delta.$$

b) $\xi^* = (1-\alpha^*)\,\xi_1^* + \alpha^* \xi_2^*$ (›Bez. 4.4.2) ●

Beispiel 4.6.5:

1. a) D- und A-Optimalität über $V = [-1, 1]$ im Ansatz $\tilde{S}$ mit $\tilde{\eta}(x, \boldsymbol{\vartheta}) = \vartheta_0 + \vartheta_1 x + \vartheta_2 x^2$, d. h. $Z_1 = Z_D$, $Z_2 = Z_A$.

b) Reguläre MKQ.

c) $\xi_1^* = \{(-1, \frac{1}{3}), (0, \frac{1}{3}), (1, \frac{1}{3})\}$, $\xi_2^* = \{(-1, \frac{1}{4}), (0, \frac{1}{2}), (1, \frac{1}{4})\}$.

d) $\delta = 0{,}9$.

5. a) $M(\xi_1^*) = \frac{1}{3}\begin{pmatrix} 3 & 0 & 2 \\ 0 & 2 & 0 \\ 2 & 0 & 2 \end{pmatrix}$; $M(\xi_2^*) = \frac{1}{2}\begin{pmatrix} 2 & 0 & 1 \\ 0 & 1 & 0 \\ 1 & 0 & 1 \end{pmatrix}$;

$Z_1^* = 6{,}75$; $Z_2^* = 8{,}01$; $Z_{12}^* = 10{,}40$; $Z_{21}^* = 8{,}91$;

$$\frac{6{,}75}{6{,}75 + \alpha^* \cdot 3{,}65} \geqq 0{,}9, \quad \text{d. h. } \alpha^* \leqq 0{,}185;$$

$$\frac{8{,}01}{8{,}91 - \alpha^* \cdot 0{,}9} \geqq 0{,}9, \quad \text{d. h. } \alpha^* \geqq 0{,}11.$$

b) Für alle $\alpha^* \in [0{,}11; 0{,}185]$ ist $\xi^* = (1 - \alpha^*)\, \xi_1^* + \alpha^* \xi_2^*$ δ-optimal bez. der D- und A-Optimalität mit $\delta = 0{,}9$. Für $\alpha^* = \frac{1}{6}$ ist beispielsweise $\xi^* = \{(-1, p_1), (0, p_2), (1, p_3)\}$ mit $p_1 = p_3 = (1 - \frac{1}{6})\frac{1}{3} + \frac{1}{6} \cdot \frac{1}{4} = \frac{23}{72}$; $p_2 = 1 - p_1 - p_3 = \frac{26}{72}$ δ-optimal.

Falls das Ungleichungssystem in Verf. 4.6.4/5.a) nicht lösbar ist, gibt es keinen aus ξ_1^* und ξ_2^* konstruierbaren Plan, der die vorgeschriebene Güte δ hat. Man prüfe dann, ob man auch mit einem kleineren δ zufrieden sein kann und versuche, mit diesem δ einen Plan nach Verf. 4.6.4 zu konstruieren.

Verf. 4.6.4 ist *nicht* direkt auf konkrete Pläne übertragbar.

In speziellen Fällen kann man auch Monotoniebeziehungen zwischen verschiedenen Optimalitätskriterien ausnutzen. So gilt z. B. für die Funktionale der D-, A- und E-Optimalität (›Tab. 4.1.2) bez. $\xi \in \Xi^{(0)} \subseteq \Xi_{\text{reg}}(\overline{M})$:

$$[Z_D(\overline{M}(\xi))]^{1/r} \leqq \frac{1}{r} Z_A(\overline{M}(\xi)) \leqq Z_E(\overline{M}(\xi)) \,. \tag{4.6.1}$$

Wenn man nun den D-optimalen Plan ξ^* kennt, kann man Schranken für die Effektivitäten bez. der A- und E-Optimalität angeben, *ohne* den relativ komplizierten Formelapparat aus Verf. 4.3.1 bzw. Verf. 4.5.1 zu benutzen. Es gilt mit $Z_D^* = \inf\limits_{\xi \in \Xi^{(0)}} Z_D(\overline{M}(\xi))$

$$r \cdot \frac{(Z_D^*)^{1/r}}{Z_A(\overline{M}(\xi))} \leqq e_A(\overline{M}(\xi)) \leqq \min\left\{1; \frac{Z_A(\overline{M}(\xi^*))}{Z_A(\overline{M}(\xi))}\right\} \tag{4.6.2}$$

$$\frac{(Z_D^*)^{1/r}}{Z_E(\overline{M}(\xi))} \leqq e_E(\overline{M}(\xi)) \leqq \min\left\{1; \frac{Z_E(\overline{M}(\xi^*))}{Z_E(\overline{M}(\xi))}\right\}. \tag{4.6.3}$$

Falls man den D-optimalen Plan ξ^* und damit Z_D^* kennt, kann man nun unter Ausnutzung von (4.6.2) und (4.6.3) einen gegebenen Plan $\xi \in \Xi^{(0)}$ auf (gleichzeitige) δ-Optimalität bez. der D-, A- und E-Optimalität überprüfen.

VERFAHREN 4.6.5 (Überprüfung auf δ-Optimalität bez. D-, E- und A-Optimalität):

1. **Gegebene Größen:** a) Linearer Ansatz $\tilde{S}$ mit

$$\tilde{\eta}(\boldsymbol{x}, \boldsymbol{\vartheta}) = \boldsymbol{f}(\boldsymbol{x})' \boldsymbol{\vartheta}; \qquad \boldsymbol{x} \in B \subseteq \mathrm{R}^k;\ \boldsymbol{\vartheta} \in \mathrm{R}^r;$$

Versuchsbereich V.

b) Schätzmethode, d. h. ein $\overline{M}$ aus Tab. 4.4.1.

c) Zu überprüfender Plan ξ.

d) $\Xi^{(0)}$ Menge von Plänen, bez. der ξ eingeschätzt werden soll.

e) δ mit $0 < \delta < 1$.

2. **Aufgabe:** Prüfe, ob ξ bez. der D-, A- und E-Optimalität δ-optimal ist.

3. **Bezeichnungen:** Z_D, Z_A, Z_E ›Tab. 4.1.2.

4. **Voraussetzung:** Für alle $\xi \in \Xi^{(0)}$ ist $\overline{M}(\xi)$ regulär.

5. **Lösung:** a) Bestimme $Z_D^* = \inf\limits_{\xi \in \Xi^{(0)}} Z_D(\overline{M}(\xi))$.

b) Falls

$$\frac{Z_D^*}{Z_D(\overline{M}(\xi))} \geqq \delta\,, \qquad \frac{r(Z_D^*)^{1/r}}{Z_A(\overline{M}(\xi))} \geqq \delta\,, \qquad \frac{(Z_D^*)^{1/r}}{Z_E(\overline{M}(\xi))} \geqq \delta$$

gilt, ist ξ δ-optimal bez. der D-, A- und E-Optimalität ●

Beispiel 4.6.6:

1. a) $\tilde{\eta}(x, \vartheta) = \vartheta_0 + \vartheta_1 x$, d. h. $r = 2$; $V = [-1, 1]$.

b) Reguläre MKQ.

c) $\xi = \{(-1, \frac{1}{3}), (0, \frac{1}{3}), (1, \frac{1}{3})\}$.

d) $\Xi^{(0)} = \Xi_{\text{reg}}(M)$.

e) $\delta = \frac{2}{3}$.

5. a) Da $\xi^* = \{(-1, \frac{1}{2}), (1, \frac{1}{2})\}$ D-optimal und $M(\xi^*) = I_2$, gilt $Z_D^* = 1$.

b) $M(\xi) = \begin{pmatrix} 1 & 0 \\ 0 & \frac{2}{3} \end{pmatrix}$; $\quad M(\xi)^{-1} = \begin{pmatrix} 1 & 0 \\ 0 & \frac{3}{2} \end{pmatrix}$;

$Z_D(M(\xi)) = \frac{3}{2}$; $Z_A(M(\xi)) = \frac{5}{2}$; $Z_E(M(\xi)) = \frac{3}{2}$;

$$\frac{1}{\frac{3}{2}} = \frac{2}{3} \geqq \delta; \qquad \frac{2}{\frac{5}{2}} = \frac{4}{5} \geqq \delta; \qquad \frac{1}{\frac{3}{2}} = \frac{2}{3} \geqq \delta\,,$$

d. h., ξ ist δ-optimal bez. der D-, A- und E-Optimalität mit $\delta = \frac{2}{3}$.

Der Vorteil von Verf. 4.6.5 gegenüber Verf. 4.6.3 besteht darin, daß man nur für *ein* Kriterium (nämlich Z_D), den Minimalwert über $\Xi^{(0)}$ kennen oder berechnen muß.

Wir wollen noch erwähnen, daß für spezielle Ansätze und Schätzfunktionen D-, G-, A- und E-optimale Pläne identisch sind. So haben wir z. B. in den Verf. 4.2.4 bis 4.2.6 spezielle Pläne für die MKQ-Schätzung konstruiert, die gleichzeitig D-, G-, A- und E-optimal sind. In den Verf. 4.2.11 und 4.4.6 wurden auch für die Bayes-Schätzung Pläne gefunden, die gleichzeitig D-, A- und E-optimal sind. Die folgende Aussage gibt Bedingungen an, unter denen ein Plan D-, G-, A- und E-optimal ist.

Aussage 4.6.1: Es sei ξ^* ein diskreter Plan für die Schätzung in einem linearen Ansatz $\tilde{S}$ mit $\tilde{\eta}(x, \vartheta) = f(x)'\,\vartheta$; $\vartheta \in \mathrm{R}^r$. Es gelte

$$M(\xi^*) = aI_r; \qquad a > 0\,. \tag{4.6.4}$$

a) Falls

$$\sup_{x \in V} f(x)' M(\xi^*)^{-1} f(x) = r \tag{4.6.5}$$

gilt, ist ξ^* D-, A-, E- (und im Falle $H = V$ auch G-) optimal für die MKQ-Schätzung.

b) Falls

$$\sup_{x \in V} \operatorname{sp} M_b(x) M_b(\xi^*)^{-1} = r; \tag{4.6.6}$$

$M_b(x)$ BAYESsche Informationsmatrix des Einpunktplanes $\xi_x = \{(x, 1)\}$; dann ist ξ^* D-, A- und E-optimal für die BAYES-Schätzung ●

Bemerkung 4.6.2: Falls (4.6.4) bis (4.6.6) auch für einen konkreten Plan zutrifft, dann gilt die Aussage 4.6.1 auch für ihn. Insbesondere kann man mit Aussage 4.6.1 z. B. nachweisen, daß die VFV 2^k und TFV 2^{k-p} (›[5.2]) gleichzeitig D-, A-, E- und im Falle $H = V = \{x \in \mathrm{R}^k\colon -1 \leqq x_i \leqq 1;\ i = 1, \dots, k\}$ auch G-optimal für die MKQ-Schätzung in $(k, 1, k)$-Ansätzen sind.

Bemerkung 4.6.3: Die Methoden dieses Abschnittes sind prinzipiell auch anwendbar für den Fall, daß ein näherungsweise optimaler Plan bez. *mehrerer Ansätze* gesucht ist. Dies kann z. B. dann eintreten, wenn zum Zeitpunkt der Planung die Wahl des Ansatzes noch nicht geklärt ist (s. dazu Kap. 6, z. B. Verf. 6.3.5), oder aber, wenn der Plan tatsächlich für verschiedene Ansätze verwendet werden soll. Die Funktionale $\psi_1, \dots, \psi_m$ in den Verf. 4.6.1 bis 4.6.4 sind dann so zu interpretieren, daß sie *ein* Optimalitätskriterium in m verschiedenen Ansätzen darstellen. Von den m möglichen Ansätzen muß man jedoch fordern, daß sie alle die gleiche Anzahl von Einflußgrößen haben, da sonst die Anwendung eines Planes mit festgelegter Dimension der Versuchspunkte nicht möglich ist.

4.7. Optimale Versuchsplanung in nichtlinearen Ansätzen

In den bisherigen Abschnitten haben wir nur für lineare Ansätze Verfahren zur Konstruktion von Plänen angegeben. Lediglich in Tab. 4.1.1 und Tab. 4.4.1 sind bereits die Informationsmatrizen der nichtlinearen MKQ-Schätzung und der vor allem im nichtlinearen Fall bedeutsamen ML-Schätzung (›[3.5]) angegeben worden. Häufig führt jedoch die Untersuchung eines EW-Problems auf einen nichtlinearen Regressionsansatz. Dies ist insbesondere bei fachwissenschaftlich begründeten Ansätzen der Fall, während die reinen Approximationsansätze i. allg. doch linear sind (›[2.2.4], Bsp. 2.2.1). Z. B. in der chemischen Kinetik treten sehr oft gut begründete nichtlineare Ansätze auf (s. z. B. M. J. Box [1]). Von fachwissenschaftlich begründeten nichtlinearen Ansätzen kann man in der Regel annehmen, daß sie wahre Ansätze im Sinne von Bez. 2.2.1 sind.

In Spezialfällen kann man nichtlineare Ansätze auf lineare Ansätze transformieren (›Bem. 2.2.1 und Bsp. 2.2.3). Diesen Fall wollen wir in diesem Abschnitt nicht betrachten.

Die Versuchsplanung in nichtlinearen Ansätzen erfordert vor allem deswegen qualitativ andere Verfahren als im Falle linearer Ansätze, weil die entsprechenden Informationsmatrizen (s. Tab. 4.1.1 und Tab. 4.4.1) vom zu schätzenden unbekannten Parameter $\boldsymbol{\vartheta}^*$ abhängen, also nicht unmittelbar die Grundlage für eine optimale Planung bilden können.

Es gibt verschiedene Möglichkeiten, eine Versuchsplanung in nichtlinearen Ansätzen durchzuführen. Zuerst werden wir *lokal-optimale* Pläne bez. eines gegebenen $\boldsymbol{\vartheta}_0$ betrachten, die dann gute Eigenschaften haben, wenn $\boldsymbol{\vartheta}_0$ nahe beim wahren, unbekannten Parameter $\boldsymbol{\vartheta}^*$ liegt (›[4.7.1]). In [4.7.2] wird ein etwas neuerer Zugang vorgestellt

— die *global-optimalen* Pläne. Die dem nichtlinearen Fall wohl am besten angepaßte Vorgehensweise ist eine *sequentielle Versuchsplanung*, mit der wir uns in [4.7.3] befassen werden.

4.7.1. Lokal-optimale Pläne

Als Schätzmethode für den Parameter $\boldsymbol{\vartheta}$ in einem wahren nichtlinearen Regressionsansatz haben wir die nichtlineare MKQ- und die ML-Schätzung kennengelernt (›Verf. 3.5.1 und Verf. 3.5.9). Analog zu linearen Ansätzen soll eine optimale Versuchsplanung bewirken, daß Varianzausdrücke dieser Schätzungen verkleinert werden. Im Unterschied zu linearen Ansätzen kann man hier jedoch $\boldsymbol{B}_{\hat{\vartheta}}$ nur näherungsweise durch die asymptotische Kovarianzmatrix der Schätzungen angeben. Liege z. B. der wahre Ansatz $\tilde{S}$ mit

$$\tilde{\eta}(\boldsymbol{x}, \boldsymbol{\vartheta}); \qquad \boldsymbol{x} \in B \subseteq \mathrm{R}^k; \boldsymbol{\vartheta} \in \mathrm{R}^r; \tag{4.7.1}$$

vor. Es bezeichne $\sigma^2 = \mathrm{D}^2\mathfrak{Y}(\boldsymbol{x})$ die Varianz der Beobachtungen und

$$\boldsymbol{f}(\boldsymbol{x}, \boldsymbol{\vartheta}) = \mathrm{grad}_{\vartheta}\, \tilde{\eta}(\boldsymbol{x}, \boldsymbol{\vartheta}). \tag{4.7.2}$$

Für einen Versuchsplan $V_n = (\boldsymbol{x}_1, \dots, \boldsymbol{x}_n)$ gilt dann mit

$$\boldsymbol{F}(V_n, \boldsymbol{\vartheta}) = \big(\boldsymbol{f}(\boldsymbol{x}_1, \boldsymbol{\vartheta}), \dots, \boldsymbol{f}(\boldsymbol{x}_n, \boldsymbol{\vartheta})\big)' \tag{4.7.3}$$

für die nichtlineare MKQ-Schätzung $\check{\boldsymbol{\vartheta}}$ z. B.

$$\boldsymbol{B}_{\check{\vartheta}} \approx \sigma^2[\boldsymbol{F}(V_n, \boldsymbol{\vartheta}^*)'\, \boldsymbol{F}(V_n, \boldsymbol{\vartheta}^*)]^{-1}, \tag{4.7.4}$$

wobei $\boldsymbol{\vartheta}^*$ der wahre unbekannte Parameter ist (›(3.5.3)), und im Falle der ML-Schätzung $\hat{\boldsymbol{\vartheta}}$

$$\boldsymbol{B}_{\hat{\vartheta}} \approx \Big[\int\limits_{\mathrm{R}^n} (\mathrm{grad}_{\vartheta} \ln l(\boldsymbol{y}, \boldsymbol{\vartheta}^*, V_n))\, (\mathrm{grad}_{\vartheta} \ln l(\boldsymbol{y}, \boldsymbol{\vartheta}^*, V_n))'\, l(\boldsymbol{y}, \boldsymbol{\vartheta}^*, V_n)\, \mathrm{d}\boldsymbol{y}\Big]^{-1}$$
$$= \boldsymbol{I}(V_n, \boldsymbol{\vartheta}^*)^{-1} \tag{4.7.5}$$

(›(3.5.15) und (3.5.16)). Die Versuchsplanung geht nun wie im linearen Fall von den Informationsmatrizen aus, die gemäß $(\sigma^2/n)\, \boldsymbol{B}_{\hat{\vartheta}}^{-1}$ gebildet werden (›(4.1.10)), d. h. im Fall der nichtlinearen MKQ

$$\boldsymbol{M}(V_n, \boldsymbol{\vartheta}) = \frac{1}{n} \boldsymbol{F}(V_n, \boldsymbol{\vartheta})'\, \boldsymbol{F}(V_n, \boldsymbol{\vartheta}), \tag{4.7.6}$$

und im Falle der ML-Schätzung

$$\boldsymbol{M}_{ML}(V_n, \boldsymbol{\vartheta}) = \frac{1}{n} \boldsymbol{I}(V_n, \boldsymbol{\vartheta}) \tag{4.7.7}$$

(vgl. auch Tab. 4.1.1). Da diese Informationsmatrizen von $\boldsymbol{\vartheta}$ abhängen, heißen sie auch *lokale Informationsmatrizen* bez. $\boldsymbol{\vartheta}$. Die entsprechenden Funktionale Z oder $\overline{Z}$ aus Tab. 4.1.2, angewendet auf die Informationsmatrizen (4.7.6) bzw. (4.7.7), heißen dann *lokale Optimalitätskriterien* bez. $\boldsymbol{\vartheta}$ (s. Chernoff [1]). Eine lokale Informationsmatrix ist lediglich dann ein (asymptotisches) Äquivalent für die zu minimierenden Varianzausdrücke der Schätzungen, wenn sie bez. des wahren Parameters $\boldsymbol{\vartheta}^*$ betrachtet wird. Gesucht sind also lokal-$\overline{Z}$-optimale Pläne bez. $\boldsymbol{\vartheta}^*$. Da $\boldsymbol{\vartheta}^*$ jedoch unbekannt ist, erscheint eine Versuchsplanung auf der Grundlage von (4.7.6) und (4.7.7) zunächst sinnlos. Falls man jedoch durch Voruntersuchungen, fachwissenschaftliche Argumente oder auch Expertenmeinungen ein $\boldsymbol{\vartheta}_0$ angeben kann, das voraussichtlich in der Nähe des wahren $\boldsymbol{\vartheta}^*$ liegt, so wird die lokale Informationsmatrix bez. $\boldsymbol{\vartheta}_0$ auch noch näherungsweise das Varianzverhalten der entsprechenden Schätzung widerspiegeln. Man bestimmt also einen lokal-optimalen Plan bez. der vorgegebenen Näherung $\boldsymbol{\vartheta}_0$ des wahren Parameters $\boldsymbol{\vartheta}^*$ und hofft, damit einen näherungsweise lokal-optimalen Plan bez. $\boldsymbol{\vartheta}^*$ zu erhalten (s. auch BOX/LUCAS [1]).

VERFAHREN 4.7.1 (lokale $\overline{Z}$-Optimalität bez. $\boldsymbol{\vartheta}_0$):

1. **Gegebene Größen:** a) Wahrer Ansatz $\tilde{S}$ mit $\tilde{\eta}(\boldsymbol{x}, \boldsymbol{\vartheta})$; $\boldsymbol{x} \in B \subseteq \mathrm{R}^k$; $\boldsymbol{\vartheta} \in \mathrm{R}^r$.

b) Schätzmethode (MKQ oder ML).

c) Optimalitätskriterium $\overline{Z}$ aus Tab. 4.1.2.

d) Versuchsbereich V, Prognosebereich H (nur für $\overline{Z}_G$ und $\overline{Z}_I$).

e) Menge möglicher Pläne $V^{(0)}$.

f) Näherung $\boldsymbol{\vartheta}_0$ für unbekannten Parameter.

2. **Aufgabe:** Bestimme einen lokal-$\overline{Z}$-optimalen Plan bez. $\boldsymbol{\vartheta}_0$ in $V^{(0)}$.

3. **Bezeichnungen:** a) $V_n^{(0)}$ Menge aller Pläne aus $V^{(0)}$ vom Umfang n.

b) $N^{(0)}$ Menge aller in $V^{(0)}$ vorkommenden Planumfänge.

c) $\overline{\boldsymbol{M}}(V_n, \boldsymbol{\vartheta}_0)$ gemäß (4.7.6) oder (4.7.7).

4. **Voraussetzung:** Für alle $V_n \in V^{(0)}$ sei $\overline{\boldsymbol{M}}(V_n, \boldsymbol{\vartheta}_0)$ regulär.

5. **Lösung:** a) Wähle das zu $\overline{Z}$ gehörende Z (›Tab. 4.1.2) und bestimme für jedes $n \in N^{(0)}$ eine Lösung V_n^* der Aufgabe $Z(\overline{\boldsymbol{M}}(V_n, \boldsymbol{\vartheta}_0)) \stackrel{!}{=} \inf\limits_{V_n \in V_n^{(0)}}$.

b) Bestimme den bez. $\boldsymbol{\vartheta}_0$ lokal-$\overline{Z}$-optimalen Plan $V_{n^*}^*$ als Lösung der Aufgabe $\overline{Z}(\overline{\boldsymbol{M}}(V_n^*, \boldsymbol{\vartheta}_0)) \stackrel{!}{=} \inf\limits_{n \in N^{(0)}}$ ●

Beispiel 4.7.1:

1. a) $\tilde{\eta}(x, \boldsymbol{\vartheta}) = \vartheta_1 \, \mathrm{e}^{-\vartheta_2 x}$.

b) MKQ.

c) D-Optimalität, genauer: $\overline{Z} = Z_{D'}$ (›Tab. 4.1.2).

d) $V = [-1, 1]$.

e) $V^{(0)} = \{V_2 = (x_1, x_2) : x_1 \neq x_2\}$.

f) $\boldsymbol{\vartheta}_0 = (1,1)'$.

3. a) $V_n^{(0)} = V_2^{(0)} = V^{(0)}$.

b) $N^{(0)} = \{2\}$.

5. a) $Z_{D'}(\boldsymbol{M}(V_2, \boldsymbol{\vartheta}_0)) = -\det \boldsymbol{M}(V_2, \boldsymbol{\vartheta}_0)$;

$$\boldsymbol{f}(x, \boldsymbol{\vartheta}_0) = \begin{pmatrix} \mathrm{e}^{-x} \\ -x\,\mathrm{e}^{-x} \end{pmatrix};$$

$$\boldsymbol{M}(V_2, \boldsymbol{\vartheta}_0) = \frac{1}{2}\begin{pmatrix} \mathrm{e}^{-2x_1} + \mathrm{e}^{-2x_2} & -(x_1\,\mathrm{e}^{-2x_1} + x_2\,\mathrm{e}^{-2x_2}) \\ -(x_1\,\mathrm{e}^{-2x_1} + x_2\,\mathrm{e}^{-2x_2}) & x_1^2\,\mathrm{e}^{-2x_1} + x_2^2\,\mathrm{e}^{-2x_2} \end{pmatrix};$$

$$\det \boldsymbol{M}(V_2, \boldsymbol{\vartheta}_0) = \tfrac{1}{4}\,(x_1 - x_2)^2\,\mathrm{e}^{-2(x_1+x_2)};$$

V_2^* ergibt sich also als Lösung der Aufgabe

$$(x_1 - x_2)^2 \, e^{-2(x_1+x_2)} \overset{!}{=} \sup_{x_1, x_2 \in [-1,1]} .$$

Es ergibt sich in diesem Falle: $V_2^* = (-1,0)$.

b) Entfällt, da $N^{(0)} = \{2\}$, also $V_{n^*}^* = V_2^* = (-1,0)$.

Bemerkung 4.7.1: Die Verallgemeinerung von Verf. 4.7.1 auf diskrete Pläne geschieht, indem man $V^{(0)}$ durch $\Xi^{(0)}$, V_n durch ξ, V_n^* durch ξ^* ersetzt und Schritt 5.b) wegläßt. Das Verfahren hat dann genau die Struktur von Verf. 4.4.1, wenn man dort $\overline{\boldsymbol{M}}(\xi)$ durch $\overline{\boldsymbol{M}}(\xi, \boldsymbol{\vartheta}_0)$ ersetzt.

Es kommt auf das Verhalten der Ansatzfunktion $\tilde{\eta}(\boldsymbol{x}, \boldsymbol{\vartheta})$ in der Umgebung des wahren Parameters $\boldsymbol{\vartheta}^*$ an, ob ein zwar nahe an $\boldsymbol{\vartheta}^*$ liegendes $\boldsymbol{\vartheta}_0$ eventuell doch zu einem Plan führt, der merklich abweicht von dem eigentlich gesuchten lokal-optimalen Plan bez. $\boldsymbol{\vartheta}^*$. Verf. 4.7.1 ist also dann erfolgreich anwendbar, wenn

a) $\boldsymbol{\vartheta}_0$ eine gute Näherung für $\boldsymbol{\vartheta}^*$ ist und

b) die Ansatzfunktion in der Umgebung von $\boldsymbol{\vartheta}^*$ sich nicht zu schnell ändert.

Wir bemerken, daß ein lokal-$\overline{Z}$-optimaler Plan bez. $\boldsymbol{\vartheta}_0$ für die nichtlineare MKQ-Schätzung äquivalent ist zu einem $\overline{Z}$-optimalen Plan für die MKQ in dem *linearen* Ansatz $\tilde{S}_0$ mit

$$\tilde{\eta}_0(\boldsymbol{x}, \boldsymbol{\vartheta}) = \tilde{\eta}(\boldsymbol{x}, \boldsymbol{\vartheta}_0) + \boldsymbol{f}(\boldsymbol{x}, \boldsymbol{\vartheta}_0)' (\boldsymbol{\vartheta} - \boldsymbol{\vartheta}_0) , \tag{4.7.8}$$

der aus einer nach dem linearen Glied abgebrochenen Taylor-Entwicklung von $\tilde{\eta}(\boldsymbol{x}, \boldsymbol{\vartheta})$ um $\boldsymbol{\vartheta}_0$ entsteht (›(3.5.6)). Indem man in (4.7.8) die bekannten Größen $\tilde{\eta}(\boldsymbol{x}, \boldsymbol{\vartheta}_0)$ und $\boldsymbol{f}(\boldsymbol{x}, \boldsymbol{\vartheta}_0)' \boldsymbol{\vartheta}_0$ wegläßt, erhält man einen zu $\tilde{S}_0$ äquivalenten Ansatz $\overline{S}_0$ mit

$$\overline{\eta}_0(\boldsymbol{x}, \boldsymbol{\vartheta}) = \boldsymbol{f}(\boldsymbol{x}, \boldsymbol{\vartheta}_0)' \boldsymbol{\vartheta} . \tag{4.7.9}$$

Der in Bsp. 4.7.1 ermittelte lokal-D-optimale Plan $V_2^* = (-1, 0)$ ist also beispielsweise ein D-optimaler Plan im linearen Ansatz $\tilde{\eta}_0(x, \boldsymbol{\vartheta}) = \vartheta_1 e^{-x} - \vartheta_2 x \, e^{-x}$.

Das Problem der Bestimmung eines lokal-$\overline{Z}$-optimalen Planes bez. $\boldsymbol{\vartheta}_0$ für die MKQ-Schätzung ist damit *prinzipiell* zurückgeführt auf die Versuchsplanung in linearen Ansätzen. Aus diesem Grunde können zur Lösung der Aufgaben 5.a) und 5.b) in Verf. 4.7.1 passende Verfahren aus [4.1] bis [4.5] eingesetzt werden. Da die linearen Ansätze (4.7.9) i. allg. keine einfache Struktur haben, werden in den meisten Fällen die Iterationsverfahren aus [4.3.2] bzw. [4.5.2] angewendet werden müssen. Nützliche Dienste können dabei auch die Verfahren zur Überprüfung der Optimalität gegebener Pläne (›Verf. 4.2.12, Verf. 4.4.10) bzw. die Verfahren zur Einschätzung der Effektivität von Plänen (›Verf. 4.3.1, Verf. 4.3.3, Verf. 4.5.1, Verf. 4.5.2) leisten.

Am besten untersucht in der Literatur ist die lokale D-Optimalität für die nichtlineare MKQ-Schätzung (s. Box/Lucas [1], M. J. Box [1]). Insbesondere in M. J. Box [1] gibt es Vorschläge, wie man lokal-D-optimale Pläne vom Umfang n mit nur r Spektrumpunkten aufbauen kann.

4.7.2. Global-optimale Pläne

Die sinnvolle Anwendbarkeit lokal-optimaler Pläne bez. $\boldsymbol{\vartheta}_0$ ist daran gebunden, daß der wahre Parameter $\boldsymbol{\vartheta}^*$ tatsächlich in der Nähe von $\boldsymbol{\vartheta}_0$ liegt. Hat man keine Möglichkeit, eine gut begründete Näherung $\boldsymbol{\vartheta}_0$ für $\boldsymbol{\vartheta}^*$ vor der Planung anzugeben, so wird ein willkürlich herausgegriffenes $\boldsymbol{\vartheta}_0$ i. allg. zu Plänen führen, die nicht sinnvoll sind.

Es kann jedoch möglich sein, daß man zwar kein ϑ_0 angeben kann, aber eine Vermutung darüber hat, in welchen Gebieten der wahre Parameter voraussichtlich liegt und in welchen Gebieten man ihn kaum erwartet. Mit anderen Worten: Es kann möglich sein, daß man eine derartige a-priori-Vorstellung von der Lage des wahren Parameters hat, daß man über dem Bereich $\Theta \subseteq \mathrm{R}^r$ der möglichen Parameter eine Gewichtsfunktion $q(\vartheta)$ angeben kann, die ausdrückt, welche Chancen man ϑ im Vergleich zu den anderen möglichen Parametern einräumt, der wahre Parameter zu sein. Wir bemerken, daß man $q(\vartheta)$ auch als Dichte einer a-priori-Verteilung über Θ interpretieren kann (›[2.2.3]; weitere Bemerkungen über $q(\vartheta)$ ›(4.7.12) und (4.7.13)).

Als Optimalitätskriterium verwendet man nun nicht ein bez. ϑ_0 lokales, sondern das mit $q(\vartheta)$ gewichtete Mittel lokaler Optimalitätskriterien, d. h.

$$\overline{Z}(V_n) = \int_{\Theta} \overline{Z}\left(\overline{M}(V_n, \vartheta)\right) q(\vartheta)\, \mathrm{d}\vartheta\,. \tag{4.7.10}$$

Derartige Kriterien heißen im Unterschied zu den lokalen auch *globale Optimalitätskriterien*. Optimale Pläne bez. $\overline{Z}$ aus (4.7.10) nennt man *globale $\overline{Z}$-optimale Pläne.*

Wenn nur gewisse diskrete Punkte $\vartheta_i \in \Theta$ mit den a-priori-Wahrscheinlcihkeiten q_i als wahre Parameter in Frage kommen, wird (4.7.10) zu

$$\overline{Z}(V_n) = \sum_i q_i \overline{Z}\left(\overline{M}(V_n, \vartheta_i)\right)\,. \tag{4.7.11}$$

Daran sieht man, daß die globalen Optimalitätskriterien starke Analogien zu den Kompromißkriterien aus Verf. 4.6.2 haben.

Die Verallgemeinerung der Funktionale $\overline{Z}$ aus (4.7.10) und (4.7.11) auf diskrete Pläne geschieht, indem man $\overline{M}(V_n, \vartheta)$ durch $\overline{M}(\xi, \vartheta)$ und $\overline{Z}$ durch das entsprechende Z ersetzt (›Tab. 4.4.1 und Tab. 4.1.2).

VERFAHREN 4.7.2 (Globale $\overline{Z}$-Optimalität):

1. **Gegebene Größen:** a) bis e) ›Verf. 4.7.1.

f) Gewichtsfunktion $q(\vartheta)$ über $\Theta = \mathrm{R}^r$.

2. **Aufgabe:** Bestimme einen global-$\overline{Z}$-optimalen Plan in $V^{(0)}$.

3. **Bezeichnungen:** a) bis c) ›Verf. 4.7.1.

d) $\overline{Z}(V_n)$ ›(4.7.10) bzw. (4.7.11).

e) $Z(V_n) = \int_{\mathrm{R}^r} Z\left(\overline{M}(V_n, \vartheta)\right) q(\vartheta)\, \mathrm{d}\vartheta\,.$

4. **Voraussetzung:** ›Verf. 4.7.1.

5. **Lösung:** a) Wähle das zu $\overline{Z}$ gehörende Z (s. Tab. 4.1.2) und bestimme für jedes $n \in N^{(0)}$ eine Lösung V_n^* der Aufgabe $Z(V_n) \overset{!}{=} \inf\limits_{V_n \in V_n^{(0)}}$.

b) Bestimme den global-$\overline{Z}$-optimalen Plan $V_{n^*}^*$ als Lösung der Aufgabe $\overline{Z}(V_n^*) \overset{!}{=} \inf\limits_{n \in N^{(0)}}$ ●

Zur Verallgemeinerung des Verfahrens auf diskrete Pläne benutze man Bem. 4.7.1 sinngemäß.

Beispiel 4.7.2 (↗Bsp. 4.7.1):

1. a) bis e) ↗Bsp. 4.7.1.

f) $q(\boldsymbol{\vartheta}) = \begin{cases} 1, & \text{falls } 0 \leqq \vartheta_1 \leqq 1,\ 0 \leqq \vartheta_2 \leqq 1\,, \\ 0 & \text{sonst.} \end{cases}$

5. a) $Z_{D'}(\boldsymbol{M}(V_2, \boldsymbol{\vartheta})) = -\det \boldsymbol{M}(V_2, \boldsymbol{\vartheta})$; $\boldsymbol{f}(x, \boldsymbol{\vartheta}) = \begin{pmatrix} \mathrm{e}^{-\vartheta_2 x} \\ -\vartheta_1 x\, \mathrm{e}^{-\vartheta_2 x} \end{pmatrix}$;

$$\boldsymbol{M}(V_2, \boldsymbol{\vartheta}) = \frac{1}{2} \begin{pmatrix} \mathrm{e}^{-2\vartheta_2 x_1} + \mathrm{e}^{-2\vartheta_2 x_2} & -\vartheta_1(x_1\,\mathrm{e}^{-2\vartheta_2 x_1} + x_2\,\mathrm{e}^{-2\vartheta_2 x_2}) \\ -\vartheta_1(x_1\,\mathrm{e}^{-2\vartheta_2 x_1} + x_2\,\mathrm{e}^{-2\vartheta_2 x_2}) & \vartheta_1^2(x_1^2\,\mathrm{e}^{-2\vartheta_2 x_1} + x_2^2\,\mathrm{e}^{-2\vartheta_2 x_2}) \end{pmatrix}$$

$\det \boldsymbol{M}(V_2, \boldsymbol{\vartheta}) = \frac{1}{4}\, \vartheta_1^2 (x_1 - x_2)^2\, \mathrm{e}^{-2\vartheta_2(x_1+x_2)}$;

$$Z(V_2) = -\int_0^1\!\!\int_0^1 \det \boldsymbol{M}(V_2, \boldsymbol{\vartheta})\, q(\boldsymbol{\vartheta})\, \mathrm{d}\boldsymbol{\vartheta} = -\frac{1}{24} \frac{(x_1 - x_2)^2}{x_1 + x_2} (1 - \mathrm{e}^{-2(x_1+x_2)})\,.$$

V_2^* ergibt sich also als Lösung der Aufgabe

$$\frac{(x_1 - x_2)^2}{x_1 + x_2} (1 - \mathrm{e}^{-2(x_1+x_2)}) \overset{!}{=} \sup_{x_1, x_2 \in [-1, 1]}\,.$$

Es ergibt sich in diesem Fall $V_2^* = (-1{,}1)$. ($Z(V_2)$ ist für V_2^* nicht definiert. Man setze $Z(V_2^*) = \lim\limits_{\substack{x_1 \to -1 \\ x_2 \to 1}} Z(V_2)$.)

b) Entfällt, da $N^{(0)} = \{2\}$, d. h. $V_{n^*}^* = V_2^* = (-1{,}1)$.

Solange das Optimalitätskriterium aus Tab. 4.1.2 stammt (wie wir in Verf. 4.7.2 angenommen haben) kann das Optimierungsproblem $Z(V_n) \overset{!}{=} \inf\limits_{V_n \in V_n^{(0)}}$ bzw. $Z(\xi) \overset{!}{=} \inf\limits_{\xi \in \Xi^{(0)}}$ z. B. mit den Iterationsverfahren Verf. 4.3.4 bzw. Verf. 4.5.3 gelöst werden, indem man dort $Z(\overline{\boldsymbol{M}}(V_n))$ bzw. $Z(\overline{\boldsymbol{M}}(\xi))$ durch $Z(V_n)$ bzw. $Z(\xi)$ ersetzt. Für die globale D-Optimalität zur nichtlinearen MKQ-Schätzung gibt es eine Reihe weiterer Untersuchungen (s. E. Läuter [3]). So sind z. B. spezielle Iterationsverfahren zur Konstruktion global-D-optimaler diskreter Pläne bekannt.

VERFAHREN 4.7.3 (Iterationsverfahren globale D-Optimalität zur MKQ):

1. **Gegebene Größen:** a) Ansatz $\tilde{S}$ mit $\tilde{\eta}(\boldsymbol{x}, \boldsymbol{\vartheta})$, $\boldsymbol{x} \in B \subseteq \mathrm{R}^k$, $\boldsymbol{\vartheta} \in \mathrm{R}^r$.

b) Schätzmethode MKQ nichtlinear.

c) Versuchsbereich V.

d) Optimalitätskriterium globale D-Optimalität.

e) Startplan $\xi^{(0)}$.

f) $\varepsilon > 0$.

g) Gewichtsfunktion $q(\boldsymbol{\vartheta})$ auf $\Theta = \mathrm{R}^r$.

2. **Aufgabe:** Bestimme ausgehend von $\xi^{(0)}$ iterativ einen (näherungsweise) global-D-optimalen diskreten Plan.

3. **Bezeichnungen:** a) $\boldsymbol{f}(\boldsymbol{x}, \boldsymbol{\vartheta}) = \operatorname{grad}_{\boldsymbol{\vartheta}} \tilde{\eta}(\boldsymbol{x}, \boldsymbol{\vartheta})$.

b) $d(\xi, \boldsymbol{x}, \boldsymbol{\vartheta}) = \boldsymbol{f}(\boldsymbol{x}, \boldsymbol{\vartheta})'\, \boldsymbol{M}(\xi, \boldsymbol{\vartheta})^{-1}\, \boldsymbol{f}(\boldsymbol{x}, \boldsymbol{\vartheta})$.

c) $Z_{D'}(\xi) = -\int_{\mathrm{R}^r} \det \boldsymbol{M}(\xi, \boldsymbol{\vartheta})\, q(\boldsymbol{\vartheta})\, \mathrm{d}\boldsymbol{\vartheta}$.

d) $\xi_{\boldsymbol{x}}$ Einpunktplan in $\boldsymbol{x} \in V$.

4. **Voraussetzung:** $M(\xi^{(0)}, \vartheta)$ regulär für alle $\vartheta \in R^r$.

5. **Lösung:** a) i-ter Iterationsschritt ($i = 1, 2, \ldots$):

a$_1$) Bestimme eine Lösung x_i^* der Aufgabe

$$\int_{R^r} d(\xi^{(i-1)}, x, \vartheta)\, q(\vartheta)\, d\vartheta \overset{!}{=} \sup_{x \in V} .$$

a$_2$) Bestimme die kleinste positive Lösung α_i der Gleichung

$$\int_{R^r} \frac{d(\xi^{(i-1)}, x_i^*, \vartheta)}{1 - \alpha + \alpha\, d(\xi^{(i-1)}, x_i^*, \vartheta)}\, q(\vartheta)\, d\vartheta = r \int_{R^r} q(\vartheta)\, d\vartheta .$$

a$_3$) $\xi^{(i)} = (1 - \alpha_i)\, \xi^{(i-1)} + \alpha_i \xi_{x_i^*}$ (Bez. 4.4.2).

b) Brich das Verfahren ab, falls $Z_{D'}(\xi^{(i-1)}) - Z_{D'}(\xi^{(i)}) \leqq \varepsilon$ ●

Es wurde bereits betont, daß in die Gewichtsfunktion $q(\vartheta)$ die Vorkenntnisse über das wahre ϑ^* eingehen sollen. Das ist jedoch nicht der einzige zu berücksichtigende Umstand bei der Festlegung von $q(\vartheta)$. Die Gewichtsfunktion sollte außerdem so sein, daß eine Normierung der Funktionalwerte $Z(\overline{M}(V_n, \vartheta))$ über Θ erreicht wird. Man berücksichtigt beide Gesichtspunkte, wenn man $q(\vartheta)$ gemäß

$$q(\vartheta) = q_1(\vartheta) \cdot q_2(\vartheta) \tag{4.7.12}$$

wählt, wobei $q_1(\vartheta)$ die Dichte der a-priori-Verteilung über Θ ist und $q_2(\vartheta)$ die Normierung der Funktionalwerte bewirken soll in dem Sinne, daß $q_2(\vartheta)\, Z(\overline{M}(V_n(\vartheta), \vartheta))$ für alle ϑ etwa gleich groß ist, wobei $V_n(\vartheta)$ ein lokal-Z-optimaler Plan bez. ϑ ist. Wird eine derartige Normierung nicht durchgeführt, so bedeutet das im globalen Optimalitätskriterium eine Bevorzugung der lokal-optimalen Pläne, zu denen die Funktionalwerte $Z(\overline{M}(V_n(\vartheta), \vartheta))$ groß sind im Vergleich zu anderen Parametern aus Θ. Die Festlegung von $q_2(\vartheta)$ ist relativ problematisch, da die theoretisch beste Wahl

$$q_2(\vartheta) = [Z(\overline{M}(V_n(\vartheta), \vartheta))]^{-1} \tag{4.7.13}$$

die Kenntnis aller lokal-Z-optimalen Pläne erfordert, also nicht praktikabel ist. Im Falle der globalen D-Optimalität sind einige Hinweise dazu in E. Läuter [3] zu finden.

Verf. 4.7.2 und Verf. 4.7.3 sind nur dann sinnvoll anwendbar, wenn eine relativ präzise Vorkenntnis über ϑ^* vorliegt und $\tilde{\eta}(x, \vartheta)$ sich nicht zu stark mit ϑ ändert.

4.7.3. Sequentielle Versuchsplanung für die nichtlineare MKQ-Schätzung

Das erfolgversprechendste Vorgehen bei der Planung von Versuchen zur MKQ-Schätzung in nichtlinearen Regressionsansätzen ist die sequentielle Versuchsplanung. Die theoretische Grundlage dazu bildet die Aussage von Jennrich [1], daß die nichtlineare MKQ-Schätzung $\check{\vartheta}$ eine konsistente Schätzung für den wahren Parameter ϑ^* ist. Das bedeutet anschaulich, daß $\check{\vartheta}$ mit Vergrößerung des Stichprobenumfangs n sich immer mehr ϑ^* annähert. Also ist auch $M(V_n, \check{\vartheta})$ für größere n eine gute Näherung für die Informationsmatrix $M(V_n, \vartheta^*)$ bez. des wahren Parameters.

Zur Erläuterung der allgemeinen Vorgehensweise bei sequentiellen Verfahren verweisen wir auf [2.7].

Bezeichne $\check{\boldsymbol{\vartheta}}_n$ die nichtlineare MKQ-Schätzung auf der Grundlage von n Beobachtungen $y_1, \dots, y_n$. Eine Stufe des sequentiellen Vorgehens besteht nun darin, daß ausgehend von $\boldsymbol{M}(V_n, \check{\boldsymbol{\vartheta}}_n)$ ein neuer Versuchspunkt $\boldsymbol{x}_{n+1}$ in einer bez. eines Auswahlkriteriums optimalen Weise bestimmt wird und an diesem Punkt die $(n+1)$-te Beobachtung y_{n+1} realisiert wird. Danach wird $\check{\boldsymbol{\vartheta}}_{n+1}$ berechnet und entschieden, ob weitere Beobachtungen nötig sind. Wenn ja, dann wird eine weitere Stufe des Sequentialverfahrens durchlaufen, wenn nein, dann wird $\check{\boldsymbol{\vartheta}}_{n+1}$ als Schätzwert (Endentscheidung) für $\boldsymbol{\vartheta}^*$ verwendet. Die Stoppregel bricht das Verfahren ab, falls die komponentenweise Verbesserung von $\check{\boldsymbol{\vartheta}}_{n+1}$ im Vergleich zu $\check{\boldsymbol{\vartheta}}_n$ wesentlich kleiner ist als die Varianz dieser Komponenten.

Wir betonen, daß das folgende sequentielle Verfahren nicht vergleichbar ist mit den bisherigen Konstruktionsverfahren optimaler Pläne, die ohne Kenntnis von Beobachtungsergebnissen auskommen. Mit ihnen konnte man also insbesondere *vor* der Versuchsdurchführung einen optimalen Plan konstruieren, den man dann während der Versuchsdurchführung realisiert. Die Situation ist beim sequentiellen Verfahren völlig anders. Es kann prinzipiell nur *während* der Versuchsdurchführung angewendet werden. Es benutzt die bereits vorliegenden Beobachtungen, um daraus den nächsten Versuchspunkt zu bestimmen. Der im Laufe des Verfahrens entstehende Versuchsplan hat also seine Berechtigung nur im Zusammenhang mit der während dieses Verfahrens erhaltenen Folge $y_1, \dots, y_n$ von Beobachtungen. Insbesondere kann dieser Plan nicht in anderen Situationen wiederverwendet werden, speziell auch nicht bei einer anderen (z. B. späteren) Folge von Beobachtungen im selben EW-Problem. Das folgende sequentielle Verfahren ist also primär kein Konstruktionsverfahren für optimale Pläne, sondern ein sequentielles Schätzverfahren für $\boldsymbol{\vartheta}^*$ mit sequentieller Versuchsplanung, (›[I/2.4]).

Wir formulieren nun das sequentielle Verfahren. Es stammt in seiner Grundidee von Box/Hunter, W. C. [1] und wurde von Uspenskij/Fedorov [1] verallgemeinert.

VERFAHREN 4.7.4 (Sequentielle Versuchsplanung zur nichtlinearen MKQ):

1. **Gegebene Größen:** a) Ansatz $\tilde{S}$ mit $\tilde{\eta}(\boldsymbol{x}, \boldsymbol{\vartheta})$; $\boldsymbol{x} \in B \subseteq \mathrm{R}^k$; $\boldsymbol{\vartheta} \in \mathrm{R}^r$.

b) Versuchsbereich V.

c) Optimalitätskriterium Z aus Tab. 4.1.2.

d) Startplan $V_n = (\boldsymbol{x}_1, \dots, \boldsymbol{x}_n)$.

e) Varianz σ^2 der Beobachtungen.

2. **Aufgabe:** Schätze $\boldsymbol{\vartheta}$ nach der nichtlinearen MKQ und plane die Versuche dazu sequentiell.

3. **Bezeichnungen:** a) $\boldsymbol{f}(\boldsymbol{x}, \boldsymbol{\vartheta}) = \operatorname{grad}_{\boldsymbol{\vartheta}} \tilde{\eta}(\boldsymbol{x}, \boldsymbol{\vartheta})$.

b) $\check{\boldsymbol{\vartheta}}_{n+i} = (\check{\vartheta}_{n+i}^{(1)}, \dots, \check{\vartheta}_{n+i}^{(r)})'$ MKQ-Schätzung auf der Grundlage von $(n+i)$ Beobachtungen; $i = 0, 1, \dots$

c) $V_{n+i} = (\boldsymbol{x}_1, \dots, \boldsymbol{x}_n, \boldsymbol{x}_{n+1}, \dots, \boldsymbol{x}_{n+i})$; $i = 0, 1, \dots$

d) $V_{n+i}(\boldsymbol{x}) = (\boldsymbol{x}_1, \dots, \boldsymbol{x}_{n+i}, \boldsymbol{x}) = V_{n+i} + (\boldsymbol{x})$; $i = 0, 1, \dots$

4. **Voraussetzung:** $\boldsymbol{M}(V_n, \boldsymbol{\vartheta})$ regulär für alle $\boldsymbol{\vartheta} \in \mathrm{R}^r$.

5. **Lösung:** a) Realisiere den Startplan V_n, d. h. ermittle Beobachtungen $y_1, \dots, y_n$.

b) i-te Stufe des Verfahrens ($i = 0, 1, \dots$):

b_1) Bestimme den Schätzwert $\check{\boldsymbol{\vartheta}}_{n+i}$ (nach einem Verfahren aus [3.5]) und die Informationsmatrix $\boldsymbol{M}(V_{n+i}, \check{\boldsymbol{\vartheta}}_{n+i})$ (›(4.7.6)).

b_2) Stoppregel (für $i = 1, 2, \dots$): Falls für alle $j \in \{1, \dots, r\}$ gilt

$$|\check{\vartheta}^{(j)}_{n+i} - \check{\vartheta}^{(j)}_{n+i-1}| \leqq 10^{-2} \frac{\sigma^2}{n+i} \sqrt{m^{jj}(i)};$$

$m^{jj}(i)$ j-tes Diagonalelement von $\boldsymbol{M}(V_{n+i}, \check{\boldsymbol{\vartheta}}_{n+i})^{-1}$; dann beende das Verfahren mit der Endentscheidung $\check{\boldsymbol{\vartheta}} = \check{\boldsymbol{\vartheta}}_{n+i}$. Andernfalls setze fort bei b_3).

b_3) Auswahlregel: Bestimme $\boldsymbol{x}_{n+i+1}$ als Lösung der Aufgabe

$$Z\big(\boldsymbol{M}(V_{n+i}, \check{\boldsymbol{\vartheta}}_{n+i})\big) - Z\big(\boldsymbol{M}(V_{n+i}(\boldsymbol{x}), \check{\boldsymbol{\vartheta}}_{n+i})\big) \stackrel{!}{=} \sup_{\boldsymbol{x} \in V} .$$

b_4) $V_{n+i+1} = V_{n+i}(\boldsymbol{x}_{n+i+1}) = (\boldsymbol{x}_1, \dots, \boldsymbol{x}_{n+i+1})$.

b_5) Ermittle die Beobachtung y_{n+i+1} im Punkt $\boldsymbol{x}_{n+i+1}$ ●

In 5.b_2) wird gestoppt, falls jede Komponente $\check{\vartheta}^{(j)}$ nur noch um weniger als 1% ihrer Standardabweichung verbessert wird.

Die Auswahlregel in 5.b_3) kann im Falle $Z = Z_D, Z_A, Z_I, Z_C, Z_L, Z_E$ (›Tab. 4.1.2) dadurch ersetzt werden, daß $\boldsymbol{x}_{n+i+1}$ Lösung der Aufgabe

$$d_2\big(\boldsymbol{x}, \boldsymbol{M}(V_{n+i}, \check{\boldsymbol{\vartheta}}_{n+i})\big) \stackrel{!}{=} \sup_{\boldsymbol{x} \in V} \tag{4.7.14}$$

ist. Dabei stammt d_2 aus Tab. 4.2.5, indem man dort $\boldsymbol{f}(\boldsymbol{x})$ durch $\boldsymbol{f}(\boldsymbol{x}, \check{\boldsymbol{\vartheta}}_{n+i})$ und $\boldsymbol{M}(V_n)$ durch $\boldsymbol{M}(V_{n+i}, \check{\boldsymbol{\vartheta}}_{n+i})$ ersetzt. Die Aufgabe (4.7.14) ist i. allg. einfacher als 5.b_3).

So ergibt sich im Falle der D-Optimalität z. B.

$$\boldsymbol{f}(\boldsymbol{x}, \check{\boldsymbol{\vartheta}}_{n+i})' \boldsymbol{M}(V_{n+i}, \check{\boldsymbol{\vartheta}}_{n+i})^{-1} \boldsymbol{f}(\boldsymbol{x}, \check{\boldsymbol{\vartheta}}_{n+i}) \stackrel{!}{=} \sup_{\boldsymbol{x} \in V} \tag{4.7.15}$$

und im Falle der A-Optimalität

$$\boldsymbol{f}(\boldsymbol{x}, \check{\boldsymbol{\vartheta}}_{n+i})' \boldsymbol{M}(V_{n+i}, \check{\boldsymbol{\vartheta}}_{n+i})^{-2} \boldsymbol{f}(\boldsymbol{x}, \check{\boldsymbol{\vartheta}}_{n+i}) \stackrel{!}{=} \sup_{\boldsymbol{x} \in V} . \tag{4.7.16}$$

Beispiel 4.7.3 (zu Verf. 4.7.4; nur Stufe $i = 0$):

1. a) $\tilde{\eta}(x, \boldsymbol{\vartheta}) = \vartheta_1 \, \mathrm{e}^{-\vartheta_2 x}$.

b) $V = [-1,1]$.

c) D-Optimalität.

d) $V_3 = (-1, 0, 1)$.

e) $\sigma^2 = 1$.

5. a) $y_1 = 5$, $y_2 = 2$, $y_3 = 1$.

b) $i = 0$: b_1) $\check{\boldsymbol{\vartheta}}_3 = (2{,}10; 0{,}86)'$ (›Bsp. 3.5.3)

$$\boldsymbol{M}(V_3, \boldsymbol{\vartheta}) = \frac{1}{3} \begin{pmatrix} \sum\limits_{i=1}^{3} \mathrm{e}^{-2\vartheta_2 x_i} & -\sum\limits_{i=1}^{3} \vartheta_1 x_i \, \mathrm{e}^{-2\vartheta_2 x_i} \\ -\sum\limits_{i=1}^{3} \vartheta_1 x_i \, \mathrm{e}^{-2\vartheta_2 x_i} & \sum\limits_{i=1}^{3} \vartheta_1^2 x_i^2 \, \mathrm{e}^{-2\vartheta_2 x_i} \end{pmatrix}$$

(analog zu Bsp. 4.7.2)

$$M(V_3, \check{\vartheta}_3) = \frac{1}{3}\begin{pmatrix} 6{,}76 & 11{,}34 \\ 11{,}34 & 25{,}40 \end{pmatrix}$$

b_2) Erst anwendbar ab $i = 1$.

b_3) Wir benutzen (4.7.15): $M(V_3, \check{\vartheta}_3)^{-1} = \frac{3}{43}\begin{pmatrix} 25{,}40 & -11{,}34 \\ -11{,}34 & 6{,}76 \end{pmatrix}$,

$$f(x, \vartheta) = \begin{pmatrix} e^{-\vartheta_2 x} \\ -\vartheta_1 x\, e^{-\vartheta_2 x} \end{pmatrix}; \quad f(x, \check{\vartheta}_3) = \begin{pmatrix} e^{-0{,}86x} \\ -2{,}10x\, e^{-0{,}86x} \end{pmatrix};$$

$$f(x, \check{\vartheta}_3)'\, M(V_3, \check{\vartheta}_3)^{-1}\, f(x, \check{\vartheta}_3) = \tfrac{3}{43}\, e^{-1{,}72x}(25{,}40 + 47{,}63x + 29{,}81x^2) \overset{!}{=} \sup_{x \in [-1, 1]} .$$

Lösung: $x_4 = -1$.

b_4) $V_4 = (-1, 0, 1, -1)$.

In Verf. 4.7.4 wird man sowohl im Schritt 5.b_1) als auch in 5.b_3) numerische Verfahren einsetzen müssen. Für 5.b_1) ›[3.5] und für 5.b_3) ›Verf. 3.5.10 und Verf. 3.5.11.

4.8. Einige optimale und näherungsweise optimale Versuchspläne für die MKQ-Schätzung

In diesem Abschnitt wird eine kleine Sammlung von Versuchsplänen angegeben. Das betrifft vor allem Pläne, die mit den in Kap. 4 angegebenen Verfahren konstruierbar sind, aber zum Teil auch solche Pläne, zu denen wir kein Konstruktionsverfahren angegeben haben. Wir müssen uns dabei auf Pläne zur MKQ-Schätzung beschränken, weil zu den anderen Schätzmethoden noch nicht genügend Versuchspläne vorliegen. Wir betonen, daß der hier angegebene Katalog keinesfalls die existierenden wesentlich umfangreicheren Plankataloge wie Golikova/Pančenko/Fridman [1] oder Dubova/Pckialadze/Fedorov [1], die wir hiermit ausdrücklich empfehlen, ersetzen will oder kann.

Der Katalog ermöglicht u. a. die Durchführung des Schrittes 5.c) des Generalverfahrens, d. h. die Prüfung der Eignung bekannter Pläne. Die hier zusammengestellten Pläne sind zumeist nur für Standardbereiche angegeben. Wegen einer Transformation auf die natürlichen Versuchsbereiche ›[4.1.3]. Als Ordnungsprinzip des Katalogs wurden die verschiedenen betrachteten Regressionsansätze gewählt, die zusammen mit dem Versuchsbereich in diesem Abschnitt *Modelle* genannt werden.

Tabellen 4.8.1 bis 4.8.12 siehe folgende Seiten

Tab. 4.8.1: Optimale Pläne bei einfachem linearem Regressionsansatz (s. ELFVING [1], FEDOROV [2], HOEL/LEVINE [1], JUNG [1], KARLIN/STUDDEN [1], MALJUTOV/FEDOROV [1], SMITH [1])

Modell: $\tilde{\eta}(x, \boldsymbol{\vartheta}) = \vartheta_0 + \vartheta_1 x$; $V = [-1, 1]$

Versuchsplan	Optimalität
$\xi = \{(-1, \frac{1}{2}), (1, \frac{1}{2})\}$ bzw. $V_n = (\underbrace{-1, \ldots, -1}_{n/2\text{mal}}, \underbrace{1, \ldots, 1}_{n/2\text{mal}})$; n gerade	D, A, E, C bez. $\mathbf{c} = (0, 1)'$ G bez. $H = V$ I bez. $H = V$ und $p = \text{const}$
$V_n = (\underbrace{-1, \ldots, -1}_{\frac{n\pm1}{2}\text{mal}}, \underbrace{1, \ldots, 1}_{\frac{n\mp1}{2}\text{mal}})$; n ungerade	D C bez. $\mathbf{c} = (0, 1)'$
$V_n = (\underbrace{-1, \ldots, -1}_{\frac{n-1}{2}\text{mal}}, 0, \underbrace{1, \ldots, 1}_{\frac{n-1}{2}\text{mal}})$; n ungerade	G bez. $H = V$
$\xi = \left\{\left(-1, \frac{\alpha-1}{2\alpha}\right), \left(1, \frac{\alpha+1}{2\alpha}\right)\right\}$	C bez. $\mathbf{c} = (1, \alpha)'$; $\alpha \geqq 1$ (Extrapolationsplan für $x = \alpha$)
$\xi = \{(-x, \frac{1}{2}), (x, \frac{1}{2})\}$; $0 < x \leqq 1$	C bez. $\mathbf{c} = (1, 0)'$
$V_n = (0, \ldots, 0)$	C bez. $\mathbf{c} = (1, 0)'$

Tab. 4.8.2: Optimale Pläne bei quadratischem Regressionsansatz in einer Variablen (›Verf. 4.4.2) (s. auch FEDOROV [2], GUEST [1], HOEL [1], HOEL/LEVINE [1], KARLIN/STUDDEN [1], [2], KIEFER/WOLFOWITZ [1], MALJUTOV/FEDOROV [1], SMITH [1], STUDDEN [1], WILLIAMS [1])

Modell: $\tilde{\eta}(x, \boldsymbol{\vartheta}) = \vartheta_0 + \vartheta_1 x + \vartheta_2 x^2$; $V = [-1, 1]$

Versuchsplan	Optimalität
$\xi = \{(-1, \frac{1}{3}), (0, \frac{1}{3}), (1, \frac{1}{3})\}$ bzw. $V_n = (\underbrace{-1, \ldots, -1}_{n/3\text{mal}}, \underbrace{0, \ldots, 0}_{n/3\text{mal}}, \underbrace{1, \ldots, 1}_{n/3\text{mal}})$	D, G bez. $H = V$
$\xi = \{(-1, \frac{1}{4}), (0, \frac{1}{2}), (1, \frac{1}{4})\}$ bzw. $V_n = (\underbrace{-1, \ldots, -1}_{n/4\text{mal}}, \underbrace{0, \ldots, 0}_{n/2\text{mal}}, \underbrace{1, \ldots, 1}_{n/4\text{mal}})$	A, C bez. $\mathbf{c} = (0, 0, 1)'$ I bez. $V = H$ und $p = \text{const}$
$\xi = \left\{\left(-1, \frac{\alpha^2-\alpha}{4\alpha^2-2}\right), \left(0, \frac{2\alpha^2-2}{4\alpha^2-2}\right), \left(1, \frac{\alpha^2+\alpha}{4\alpha^2-2}\right)\right\}$	C bez. $\mathbf{c} = (1, \alpha, \alpha^2)'$; $\alpha \geqq 1$ (Extrapolationsplan für $x = \alpha$)

Tab. 4.8.3: D- und für $H = V$ auch G-optimale diskrete Pläne — ›Verf. 4.4.2 und Verf. 4.2.1 (s. auch KARLIN/STUDDEN [1], [2], DUBOVA/PCKIALADZE/FEDOROV [1])

Modell: $\tilde{\eta}(x, \vartheta) = \vartheta_0 + \vartheta_1 x + \dots + \vartheta_q x^q$; $V = [-1, 1]$

q	Spektrumpunkte							Gewicht jeweils
	x_1	x_2	x_3	x_4	x_5	x_6	x_7	
1	−1	1						1/2
2	−1	0	1					1/3
3	−1	−0,4472	0,4472	1				1/4
4	−1	−0,6547	0	0,6547	1			1/5
5	−1	−0,7651	−0,2852	0,2852	0,7651	1		1/6
6	−1	−0,8302	−0,4688	0	0,4688	0,8302	1	1/7

Tab. 4.8.4: D- und für $H = V$ auch G-optimale diskrete Pläne — ›Modifizierung von Verf. 4.2.1 und Verf. 4.4.2 auf andere Ansätze (s. auch KARLIN/STUDDEN [1], [2])

Modell: $\tilde{\eta}(x, \vartheta) = \sqrt{e^{-x}}\,(\vartheta_0 + \vartheta_1 x + \dots + \vartheta_q x^q)$; $V = [0, \infty)$

q	Spektrumpunkte							Gewicht jeweils
	x_1	x_2	x_3	x_4	x_5	x_6	x_7	
1	0	2						1/2
2	0	1,268	4,732					1/3
3	0	0,936	3,305	7,759				1/4
4	0	0,743	2,571	5,731	10,954			1/5
5	0	0,617	2,113	4,611	8,399	14,260		1/6
6	0	0,528	1,796	3,877	6,919	11,235	17,646	1/7

Tab. 4.8.5: HADAMARD-Matrizen $\boldsymbol{H}_m$ der Ordnung $m = 2, 4, 8, 12, 16$ und 20 zur Versuchsplanung in $(k, 1)$-Ansätzen (↗Verf. 4.2.4, Verf. 4.2.7, Verf. 4.2.11, Verf. 4.3.6).

$m = 2$

$$\begin{pmatrix} + & + \\ + & - \end{pmatrix}$$

$m = 4$

$$\begin{pmatrix} + & + & + & + \\ + & + & - & - \\ + & - & + & - \\ + & - & - & + \end{pmatrix}$$

$m = 8$

$$\begin{pmatrix}
+ & + & + & + & + & + & + & + \\
+ & + & - & - & + & + & - & - \\
+ & - & + & - & + & - & + & - \\
+ & - & - & + & + & - & - & + \\
+ & + & + & + & - & - & - & - \\
+ & + & - & - & - & - & + & + \\
+ & - & + & - & - & + & - & + \\
+ & - & - & + & - & + & + & -
\end{pmatrix}$$

$m = 12$

$$\begin{pmatrix}
+ & + & + & + & + & + & + & + & + & + & + & + \\
+ & - & + & - & + & + & + & - & - & - & + & - \\
+ & - & - & + & - & + & + & + & - & - & - & + \\
+ & + & - & - & + & - & + & + & + & - & - & - \\
+ & - & + & - & - & + & - & + & + & + & - & - \\
+ & - & - & + & - & - & + & - & + & + & + & - \\
+ & - & - & - & + & - & - & + & - & + & + & + \\
+ & + & - & - & - & + & - & - & + & - & + & + \\
+ & + & + & - & - & - & + & - & - & + & - & + \\
+ & + & + & + & - & - & - & + & - & - & + & - \\
+ & - & + & + & + & - & - & - & + & - & - & + \\
+ & + & - & + & + & + & - & - & - & + & - & -
\end{pmatrix}$$

$m = 16$

$$\begin{pmatrix}
+ & + & + & + & + & + & + & + & + & + & + & + & + & + & + & + \\
+ & + & - & - & + & + & - & - & + & + & - & - & + & + & - & - \\
+ & - & + & - & + & - & + & - & + & - & + & - & + & - & + & - \\
+ & - & - & + & + & - & - & + & + & - & - & + & + & - & - & + \\
+ & + & + & + & - & - & - & - & + & + & + & + & - & - & - & - \\
+ & + & - & - & - & - & + & + & + & + & - & - & - & - & + & + \\
+ & - & + & - & - & + & - & + & + & - & + & - & - & + & - & + \\
+ & - & - & + & - & + & + & - & + & - & - & + & - & + & + & - \\
+ & + & + & + & + & + & + & + & - & - & - & - & - & - & - & - \\
+ & + & - & - & + & + & - & - & - & - & + & + & - & - & + & + \\
+ & - & + & - & + & - & + & - & - & + & - & + & - & + & - & + \\
+ & - & - & + & + & - & - & + & - & + & + & - & - & + & + & - \\
+ & + & + & + & - & - & - & - & - & - & - & - & + & + & + & + \\
+ & + & - & - & - & - & + & + & - & - & + & + & + & + & - & - \\
+ & - & + & - & - & + & - & + & - & + & - & + & + & - & + & - \\
+ & - & - & + & - & + & + & - & - & + & + & - & + & - & - & +
\end{pmatrix}$$

$m = 20$

$$\begin{pmatrix}
+ & + & + & + & + & + & + & + & + & + & + & + & + & + & + & + & + & + & + & + \\
+ & - & - & + & + & - & - & - & - & + & - & + & - & + & + & + & + & - & - & + \\
+ & + & - & - & + & + & - & - & - & - & + & - & + & - & + & + & + & + & - & - \\
+ & - & + & - & - & + & + & - & - & - & - & + & - & + & - & + & + & + & + & - \\
+ & - & - & + & - & - & + & + & - & - & - & - & + & - & + & - & + & + & + & + \\
+ & + & - & - & + & - & - & + & + & - & - & - & - & + & - & + & - & + & + & + \\
+ & + & + & - & - & + & - & - & + & + & - & - & - & - & + & - & + & - & + & + \\
+ & + & + & + & - & - & + & - & - & + & + & - & - & - & - & + & - & + & - & + \\
+ & + & + & + & + & - & - & + & - & - & + & + & - & - & - & - & + & - & + & - \\
+ & - & + & + & + & + & - & - & + & - & - & + & + & - & - & - & - & + & - & + \\
+ & + & - & + & + & + & + & - & - & + & - & - & + & + & - & - & - & - & + & - \\
+ & - & + & - & + & + & + & + & - & - & + & - & - & + & + & - & - & - & - & + \\
+ & + & - & + & - & + & + & + & + & - & - & + & - & - & + & + & - & - & - & - \\
+ & - & + & - & + & - & + & + & + & + & - & - & + & - & - & + & + & - & - & - \\
+ & - & - & + & - & + & - & + & + & + & + & - & - & + & - & - & + & + & - & - \\
+ & - & - & - & + & - & + & - & + & + & + & + & - & - & + & - & - & + & + & - \\
+ & - & - & - & - & + & - & + & - & + & + & + & + & - & - & + & - & - & + & + \\
+ & + & - & - & - & - & + & - & + & - & + & + & + & + & - & - & + & - & - & + \\
+ & + & + & - & - & - & - & + & - & + & - & + & + & + & + & - & - & + & - & - \\
+ & - & + & + & - & - & - & - & + & - & + & - & + & + & + & + & - & - & + & -
\end{pmatrix}$$

Tab. 4.8.6: D- und im Falle $H = V$ auch G-optimale konkrete Pläne, die nicht mit Verf. 4.2.7 konstruiert werden können (s. Brodskij/Golikova [1]).

Modell: $\tilde{\eta}(x, \vartheta) = \vartheta_1 x_1 + \ldots + \vartheta_k x_k$; $V = \{x \in \mathrm{R}^k : 0 \leqq x_i \leqq 1\}$

k	x_1	x_2	x_3	x_4	x_5	x_6	x_7	x_8	x_9	x_{10}	x_{11}	x_{12}	x_{13}	x_{14}	x_{15}	x_{16}	x_{17}	x_{18}
4	1	1	0	0	1	1	0	1	1	0								
	1	1	1	0	0	0	1	0	1	1								
	0	1	1	1	0	1	0	1	0	1								
	0	0	1	1	1	1	1	0	1	0								
5	1	0	0	1	1	0	1	1	0	1								
8	1	1	1	1	0	0	1	0	0	1	0	0	0	1	1	0	1	1
	1	1	1	0	1	0	0	1	0	0	1	0	1	0	1	1	0	1
	1	1	1	0	0	1	0	0	1	0	0	1	1	1	0	1	1	0
	1	0	0	1	1	1	1	0	0	0	1	1	1	0	0	0	1	1
	0	1	0	1	1	1	0	1	0	1	0	1	0	1	0	1	0	1
	0	0	1	1	1	1	0	0	1	1	1	0	0	0	1	1	1	1
	1	0	0	1	0	0	1	1	1	0	1	1	0	1	1	1	0	0
	0	1	0	0	1	0	1	1	1	1	0	1	1	0	1	0	1	0
9	0	0	1	0	0	1	1	1	1	1	1	0	1	1	0	0	0	1

Erläuterung: In den Spalten der Tabelle stehen die Versuchspunkte des Planes. Im Falle $k = 5$ und $k = 9$ stimmen die ersten 4 bzw. 8 Komponenten mit den Punkten im Falle $k = 4$ und $k = 8$ überein. Deshalb ist in diesem Fall nur die letzte Komponente angegeben.

Tab. 4.8.7: Einige näherungsweise D-optimale Pläne mit kleiner Versuchsanzahl, die nicht mit Verf. 4.3.6 konstruiert werden können (s. auch MITCHELL [1], BANARJEE [1]).

Modell: $\tilde{\eta}(\boldsymbol{x}, \boldsymbol{\vartheta}) = \vartheta_0 + \vartheta_1 x_1 + \dots + \vartheta_k x_k$; $V = \{\boldsymbol{x} \in \mathrm{R}^k: -1 \leqq x_i \leqq 1\}$

k	x_1	x_2	x_3	x_4	x_5	x_6	x_7	x_8	x_9	x_{10}
2	1	−1	1							
	1	1	−1							
4	1	−1	−1	1	−1					
	1	1	1	−1	−1					
	−1	−1	1	1	−1					
	−1	1	−1	1	−1					
4	1	−1	1	1	−1	−1				
	−1	1	1	−1	−1	1				
	−1	−1	1	1	1	1				
	1	−1	1	−1	1	−1				
5	−1	−1	−1	1	1	−1				
	−1	−1	1	1	−1	−1				
	−1	1	1	−1	1	−1				
	1	1	−1	1	−1	−1				
	1	−1	1	−1	1	−1				
8	1	1	−1	1	−1	−1	−1	1	−1	
	−1	1	1	−1	1	−1	−1	1	1	
	1	−1	−1	−1	1	1	−1	1	−1	
	1	1	1	−1	−1	1	−1	−1	1	
	1	1	−1	−1	1	−1	1	−1	1	
	1	−1	1	−1	−1	−1	1	1	1	
	1	−1	1	1	1	−1	−1	−1	1	
	−1	−1	−1	1	−1	1	−1	1	1	
8	−1	−1	1	1	1	1	−1	1	−1	1
	1	−1	−1	−1	1	1	−1	−1	1	1
	−1	−1	1	−1	1	−1	1	−1	1	1
	−1	1	−1	1	1	1	1	−1	−1	−1
	1	−1	−1	1	1	−1	1	1	−1	1
	−1	−1	−1	1	−1	1	1	1	1	−1
	−1	1	−1	−1	1	−1	−1	1	1	−1
	−1	1	−1	1	−1	−1	−1	−1	1	1

Tab. 4.8.8: D- und G-optimale Pläne nach KÔNO [1] (Bezeichnungen ›Verf. 4.4.3) (s. auch DUBOVA/PCKIALADZE/FEDOROV [1]).

Modell: $\tilde{\eta}(\boldsymbol{x}, \boldsymbol{\vartheta}) = \vartheta_0 + \vartheta_1 x_1 + \dots + \vartheta_k x_k + \vartheta_{11} x_1^2 + \dots$
$\dots + \vartheta_{kk} x_k^2 + \vartheta_{12} x_1 x_2 + \dots + \vartheta_{(k-1)k} x_{k-1} x_k$
$V = \{\boldsymbol{x} \in \mathrm{R}^k: -1 \leqq x_i \leqq 1\}$

k	α	β	γ
2	0,58316	0,32064	0,09619
3	0,51034	0,42419	0,06547
4	0,45055	0,50208	0,04738
5	0,40207	0,56218	0,03675
6	0,36228	0,60971	0,02710
7	0,32971	0,64859	0,02160

Tab. 4.8.9: Näherungsweise konkrete D-optimale Pläne nach PESOČINSKIJ [1] (›Verf. 4.4.3). Weitere Pläne zu diesem Modell s. GOLIKOVA/PANČENKO/FRIDMAN [1].
Erläuterung: n Planumfang; $+ \mathrel{\hat{=}} +1$; $- \mathrel{\hat{=}} -1$.

Modell: $\tilde{\eta}(\boldsymbol{x}, \boldsymbol{\vartheta}) = \vartheta_0 + \vartheta_1 x_1 + \dots + \vartheta_k x_k + \vartheta_{11} x_1^2 + \dots + \vartheta_{kk} x^k + \vartheta_{12} x_1 x_2 + \dots + \vartheta_{(k-1)k} x_{k-1} x_k$
$V = \{\boldsymbol{x} \in \mathrm{R}^k \colon -1 \leqq x_i \leqq 1\}$

k	n	i	1	2	3	4	5	6	7	8	9	10	11	12	13
2	13	x_1	−	+	−	+	−	+	−	+	0	0	+	−	0
		x_2	−	−	+	+	−	−	+	+	+	−	0	0	0

k	n	i	1	2	3	4	5	6	7	8	9	10	11	12	13
3	13	x_1	0	0	0	0	−	+	−	+	−	+	−	+	0
		x_2	−	+	−	+	0	0	0	0	−	−	+	+	0
		x_3	−	−	+	+	−	−	+	+	0	0	0	0	0

k	n	i	1	2	3	4	5	6	7	8	9	10	11	12	13	14	15	16	17	18	19	20	21
4	42	x_1	+	−	−	+	+	−	−	+	0	0	0	0	0	0	0	0	−	+	−	+	−
		x_2	−	+	−	+	−	+	−	+	−	+	−	+	−	+	−	+	0	0	0	0	0
		x_3	−	−	+	+	−	−	+	+	−	−	+	+	−	−	+	+	−	−	+	+	−
		x_4	−	−	−	−	+	+	+	+	−	−	−	−	+	+	+	+	−	−	−	−	+

k	n	i	22	23	24	25	26	27	28	29	30	31	32	33	34	35	36	37	38	39	40	41	42
		x_1	+	−	+	−	+	−	+	−	+	−	+	−	+	−	+	−	+	−	+	0	0
		x_2	0	0	0	−	−	+	+	−	−	+	+	−	−	+	+	−	−	+	+	0	0
		x_3	+	+	+	0	0	0	0	0	0	0	0	−	+	+	−	−	+	+	−	0	0
		x_4	+	+	+	−	−	−	−	+	+	+	+	0	0	0	0	0	0	0	0	0	0

k	n	i	1	2	3	4	5	6	7	8	9	10	11	12	13	14	15	16	17	18	19	20	21	22	23	24	25
5	50	x_1	−	+	−	+	−	+	−	+	0	0	0	0	0	0	0	0	−	+	−	+	−	+	−	+	−
		x_2	−	−	+	+	−	−	+	+	−	+	−	+	−	+	−	+	0	0	0	0	0	0	0	0	−
		x_3	−	−	−	−	+	+	+	+	−	−	+	+	−	−	+	+	−	−	+	+	−	−	+	+	0
		x_4	+	−	+	−	−	+	−	+	−	−	−	−	+	+	+	+	−	−	−	−	+	+	+	+	−
		x_5	+	+	−	−	−	−	+	+	+	+	−	−	−	−	+	+	−	−	+	+	+	+	−	−	+

k	n	i	26	27	28	29	30	31	32	33	34	35	36	37	38	39	40	41	42	43	44	45	46	47	48	49	50
		x_1	+	−	+	−	+	−	+	−	+	−	+	−	+	−	+	−	+	−	+	−	+	−	+	0	0
		x_2	−	+	+	−	−	+	+	−	−	+	+	−	−	+	+	−	−	+	+	−	−	+	+	0	0
		x_3	0	0	0	0	0	0	0	−	−	−	−	+	+	+	+	−	−	−	−	+	+	+	+	0	0
		x_4	−	−	−	+	+	+	+	0	0	0	0	0	0	0	0	−	+	−	+	+	−	+	−	0	0
		x_5	−	−	+	−	+	+	−	−	−	+	+	+	+	−	−	0	0	0	0	0	0	0	0	0	0

k	n	i	1	2	3	4	5	6	7	8	9	10	11	12	13	14	15	16	17	18	19	20	21	22
6	66	x_1	−	+	−	+	−	+	−	+	−	+	−	+	−	+	−	+	0	0	0	0	0	0
		x_2	−	−	+	+	−	−	+	+	−	−	+	+	−	−	+	+	−	+	−	+	−	+
		x_3	−	−	−	−	+	+	+	+	−	−	−	−	+	+	+	+	−	−	+	+	−	−
		x_4	−	−	−	−	−	−	−	−	+	+	+	+	+	+	+	+	−	−	−	−	+	+
		x_5	−	+	−	+	+	−	+	−	+	−	+	−	−	+	−	+	+	−	+	−	−	+
		x_6	+	+	−	−	−	−	+	+	−	−	+	+	+	+	−	−	−	+	+	−	+	−

(Fortsetzung von Tab. 4.8.9)

k	n	i	23	24	25	26	27	28	29	30	31	32	33	34	35	36	37	38	39	40	41	42	43	44
		x_1	0	0	−	+	−	+	−	+	−	+	−	+	−	+	−	+	−	+	−	+	−	+
		x_2	−	+	0	0	0	0	0	0	0	0	−	−	+	+	−	−	+	+	−	−	+	+
		x_3	+	+	−	−	+	+	−	−	+	+	0	0	0	0	0	0	0	0	−	−	−	−
		x_4	+	+	−	−	−	−	+	+	+	+	−	−	−	−	+	+	+	+	0	0	0	0
		x_5	−	+	+	−	−	+	−	+	+	−	−	−	+	+	+	+	−	−	−	−	+	+
		x_6	−	+	+	−	+	−	−	+	−	+	−	+	−	+	+	−	+	−	−	+	−	+
		i	45	46	47	48	49	50	51	52	53	54	55	56	57	58	59	60	61	62	63	64	65	66
		x_1	−	+	−	+	−	+	−	+	−	+	−	+	−	+	−	+	−	+	−	+	0	0
		x_2	−	−	+	+	−	−	+	+	−	−	+	+	−	−	+	+	−	−	+	+	0	0
		x_3	+	+	+	+	−	−	−	−	+	+	+	+	−	−	−	−	+	+	+	+	0	0
		x_4	0	0	0	0	+	−	−	+	+	−	−	+	−	+	+	−	−	+	+	−	0	0
		x_5	+	+	−	−	0	0	0	0	0	0	0	0	+	+	−	−	−	−	+	+	0	0
		x_6	+	−	+	−	+	−	+	−	−	+	−	+	0	0	0	0	0	0	0	0	0	0

Tab. 4.8.10: Gesättigte, näherungsweise D-optimale konkrete Pläne (s. DUBOVA/FEDOROV [1]). In den Zeilen stehen die Komponenten der Versuchspunkte.

$$\text{Modell: } \tilde{\eta}(\boldsymbol{x}, \boldsymbol{\vartheta}) = \vartheta_0 + \vartheta_1 x_1 + \dots + \vartheta_k x_k + \vartheta_{11} x_1^2 + \dots + \vartheta_{kk} x_k^2 + \vartheta_{12} x_1 x_2 + \dots + \vartheta_{(k-1)k} x_{k-1} x_k$$

$$V = \{\boldsymbol{x} \in \mathrm{R}^k : -1 \leqq x_i \leqq 1\}$$

k		Beobachtungspunkte		
2	$\boldsymbol{x}_1$	1,00	1,00	
	$\boldsymbol{x}_2$	−1,00	1,00	
	$\boldsymbol{x}_3$	−1,00	−1,00	
	$\boldsymbol{x}_4$	0,40	−1,00	
	$\boldsymbol{x}_5$	1,00	−0,40	
	$\boldsymbol{x}_6$	−0,10	0,10	
3	$\boldsymbol{x}_1$	1,00	−1,00	−1,00
	$\boldsymbol{x}_2$	1,00	1,00	−1,00
	$\boldsymbol{x}_3$	1,00	1,00	1,00
	$\boldsymbol{x}_4$	−1,00	1,00	−1,00
	$\boldsymbol{x}_5$	0,30	−1,00	1,00
	$\boldsymbol{x}_6$	−1,00	0,30	1,00
	$\boldsymbol{x}_7$	−1,00	−1,00	−0,30
	$\boldsymbol{x}_8$	−0,20	1,00	0,20
	$\boldsymbol{x}_9$	−0,20	−0,20	−1,00
	$\boldsymbol{x}_{10}$	1,00	−0,20	0,20

k		Beobachtungspunkte			
4	$\boldsymbol{x}_1$	1,00	−1,00	0,00	−1,00
	$\boldsymbol{x}_2$	−1,00	1,00	−1,00	−1,00
	$\boldsymbol{x}_3$	−1,00	−1,00	1,00	−1,00
	$\boldsymbol{x}_4$	−0,25	1,00	0,25	−0,25
	$\boldsymbol{x}_5$	1,00	1,00	1,00	−1,00
	$\boldsymbol{x}_6$	0,00	−0,25	−1,00	−1,00
	$\boldsymbol{x}_7$	0,00	−1,00	1,00	1,00
	$\boldsymbol{x}_8$	1,00	1,00	−1,00	−0,50
	$\boldsymbol{x}_9$	−1,00	1,00	1,00	1,00
	$\boldsymbol{x}_{10}$	1,00	−0,25	1,00	0,00
	$\boldsymbol{x}_{11}$	−1,00	−0,25	0,00	1,00
	$\boldsymbol{x}_{12}$	1,00	−1,00	−1,00	1,00
	$\boldsymbol{x}_{13}$	−1,00	−1,00	−1,00	0,00
	$\boldsymbol{x}_{14}$	−0,50	1,00	−1,00	1,00
	$\boldsymbol{x}_{15}$	1,00	1,00	0,50	1,00

Tab. 4.8.11: Optimale Pläne für spezielle (2, 2)- und (2, 3)-Ansätze (s. VUČKOV/ERMURATSKIJ [1], KIEFER/WOLFOWITZ [1], FARRELL/KIEFER/WALBRAN [1], DUBOVA/FEDOROV [1]).

Modell: $\tilde{\eta}(\boldsymbol{x}, \boldsymbol{\vartheta}) = \vartheta_0 + \vartheta_1 x_1 + \vartheta_2 x_2 + \vartheta_{11} x_1^2 + \vartheta_{22} x_2^2 + \vartheta_{12} x_1 x_2 + \vartheta_{112} x_1^2 x_2 + \vartheta_{122} x_1 x_2^2 + \vartheta_{111} x_1^3 + \vartheta_{222} x_2^3$

$V = \{\boldsymbol{x} \in \mathrm{R}^2 \colon -1 \leqq x_1 \leqq 1,\ -1 \leqq x_2 \leqq 1\}$

Modellspezialisierung	Versuchsplan	Optimalität
$\vartheta_{12} = \vartheta_{112} = \vartheta_{122} = \vartheta_{111} = \vartheta_{222} = 0$	$\xi = \{(\boldsymbol{x}_i, p_i)\}_{i=1,\dots,9}$ mit $p_i = \frac{1}{9}$ $\boldsymbol{x}_1 = \begin{pmatrix}1\\1\end{pmatrix}$; $\boldsymbol{x}_2 = \begin{pmatrix}1\\-1\end{pmatrix}$; $\boldsymbol{x}_3 = \begin{pmatrix}-1\\1\end{pmatrix}$; $\boldsymbol{x}_4 = \begin{pmatrix}-1\\-1\end{pmatrix}$; $\boldsymbol{x}_5 = \begin{pmatrix}1\\0\end{pmatrix}$; $\boldsymbol{x}_6 = \begin{pmatrix}-1\\0\end{pmatrix}$; $\boldsymbol{x}_7 = \begin{pmatrix}0\\1\end{pmatrix}$; $\boldsymbol{x}_8 = \begin{pmatrix}0\\-1\end{pmatrix}$; $\boldsymbol{x}_9 = \begin{pmatrix}0\\0\end{pmatrix}$.	D- und G-optimal für $H = V$
$\vartheta_{112} = \vartheta_{122} = \vartheta_{111} = \vartheta_{222} = 0$	$\xi = \{(\boldsymbol{x}_i, p_i)\}_{i=1,\dots,4}$ mit $p_i = \frac{1}{4}$ $\boldsymbol{x}_1 = \begin{pmatrix}1\\1\end{pmatrix}$; $\boldsymbol{x}_2 = \begin{pmatrix}1\\-1\end{pmatrix}$; $\boldsymbol{x}_3 = \begin{pmatrix}-1\\1\end{pmatrix}$; $\boldsymbol{x}_4 = \begin{pmatrix}-1\\-1\end{pmatrix}$.	C-optimal für Schätzung von ϑ_{12}
$\vartheta_{111} = \vartheta_{222} = 0$	$\xi = \{(\boldsymbol{x}_i, p_i)\}_{i=1,\dots,8}$ mit $p_i = \frac{1}{8}$ $\boldsymbol{x}_1 = \begin{pmatrix}1\\1\end{pmatrix}$; $\boldsymbol{x}_2 = \begin{pmatrix}1\\-1\end{pmatrix}$; $\boldsymbol{x}_3 = \begin{pmatrix}-1\\1\end{pmatrix}$; $\boldsymbol{x}_4 = \begin{pmatrix}-1\\-1\end{pmatrix}$; $\boldsymbol{x}_5 = \begin{pmatrix}1\\0\end{pmatrix}$; $\boldsymbol{x}_6 = \begin{pmatrix}-1\\0\end{pmatrix}$; $\boldsymbol{x}_7 = \begin{pmatrix}0\\1\end{pmatrix}$; $\boldsymbol{x}_8 = \begin{pmatrix}0\\-1\end{pmatrix}$.	D- und G-optimal für $H = V$
	$\xi = \{(\boldsymbol{x}_i, p_i)\}_{i=1,\dots,16}$ mit $\boldsymbol{x}_1 = \begin{pmatrix}1\\1\end{pmatrix}$; $\boldsymbol{x}_2 = \begin{pmatrix}-1\\1\end{pmatrix}$; $\boldsymbol{x}_3 = \begin{pmatrix}1\\-1\end{pmatrix}$; $\boldsymbol{x}_4 = \begin{pmatrix}-1\\-1\end{pmatrix}$; $p_1 = p_2 = p_3 = p_4 = 0{,}091\,925$. $\boldsymbol{x}_5 = \begin{pmatrix}b\\b\end{pmatrix}$; $\boldsymbol{x}_6 = \begin{pmatrix}b\\-b\end{pmatrix}$; $\boldsymbol{x}_7 = \begin{pmatrix}-b\\b\end{pmatrix}$; $\boldsymbol{x}_8 = \begin{pmatrix}-b\\-b\end{pmatrix}$; $b = 0{,}4800$; $p_5 = p_6 = p_7 = p_8 = 0{,}042\,825$. $\boldsymbol{x}_9 = \begin{pmatrix}1\\a\end{pmatrix}$; $\boldsymbol{x}_{10} = \begin{pmatrix}1\\-a\end{pmatrix}$; $\boldsymbol{x}_{11} = \begin{pmatrix}-1\\a\end{pmatrix}$; $\boldsymbol{x}_{12} = \begin{pmatrix}-1\\-a\end{pmatrix}$; $\boldsymbol{x}_{13} = \begin{pmatrix}a\\1\end{pmatrix}$; $\boldsymbol{x}_{14} = \begin{pmatrix}a\\-1\end{pmatrix}$; $\boldsymbol{x}_{15} = \begin{pmatrix}-a\\1\end{pmatrix}$; $\boldsymbol{x}_{16} = \begin{pmatrix}-a\\-1\end{pmatrix}$; $a = 0{,}3588$; $p_9 = \dots = p_{16} = 0{,}057\,625$	D- und G-optimal für für $H = V$
	$V_{10} = \left(\begin{pmatrix}1\\1\end{pmatrix}, \begin{pmatrix}1\\-1\end{pmatrix}, \begin{pmatrix}-1\\-1\end{pmatrix}, \begin{pmatrix}-1\\1\end{pmatrix}, \begin{pmatrix}0\\1\end{pmatrix}, \begin{pmatrix}0\\-1\end{pmatrix}, \begin{pmatrix}1\\-0{,}3\end{pmatrix}, \begin{pmatrix}-1\\-0{,}3\end{pmatrix}, \begin{pmatrix}0{,}6\\0{,}5\end{pmatrix}, \begin{pmatrix}-0{,}6\\0{,}5\end{pmatrix}\right)$	näherungsweise D-optimal (gesättigt)

Tab. 4.8.12: D-optimale bzw. näherungsweise D-optimale Pläne in $(k, 3)$-Ansätzen (s. HARTMANN/LEZKIJ/SCHÄFER [1]).

$$\text{Modell: } \tilde{\eta}(\boldsymbol{x}, \boldsymbol{\vartheta}) = \vartheta_0 + \sum_{i=1}^{k} \vartheta_i x_i + \sum_{i=1}^{k} \sum_{j=1}^{k} \vartheta_{ij} x_i x_j + \sum_{i=1}^{k} \sum_{j=1}^{k} \sum_{l=1}^{k} \vartheta_{ijl} x_i x_j x_l ,$$

$$V = \{\boldsymbol{x} \in \mathrm{R}^k : -1 \leqq x_i \leqq 1\}$$

Modellspeziali-sierung	Spektrumpunkte			Optimalität
	Struktur	Gewicht	Anzahl	
$k = 2$	$(\pm 1, \pm 1)'$	0,09175	4	Näherungsweise D
	$(\pm 0{,}476; \pm 0{,}476)'$	0,04398	4	
	$(\pm 1, \pm 0{,}354)'$	0,05763	8	
$k = 2$, $\vartheta_{12} = 0$	$(\pm 1, \pm 1)'$	0,0625 (für alle)	4	D
	$(\pm 0{,}445; \pm 0{,}445)'$		4	
	$(\pm 1; \pm 0{,}445)'$		8	
$k = 3$	$(\pm 1, \pm 1, \pm 1)'$	0,0296	8	Näherungsweise D
	$(\pm 0{,}5; \pm 0{,}5; \pm 0{,}5)'$	0,0167	8	
	$(\pm 1; \pm 1; \pm 0{,}5)'$	0,0263	24	
$k = 3$, $\vartheta_{12} = \vartheta_{13} = \vartheta_{23} = \vartheta_{123} = 0$	$(\pm 0{,}445; \pm 0{,}445; \pm 0{,}445)'$	0,03125 (für alle)	8	D
	$(\pm 1; \pm 1; \pm 0{,}445)'$		24	
$k = 4$	$(\pm 1, \pm 1, \pm 1, \pm 1)'$	0,0104 (für alle)	16	Näherungsweise D
	$(\pm 0{,}5; \pm 0{,}5; \pm 0{,}5; \pm 0{,}5)'$		16	
	$(\pm 1; \pm 1; \pm 1; \pm 0{,}5)'$		64	

Erläuterung: Die Anzahl der Spektrumpunkte einer bestimmten Struktur wird durch die Anzahl der Permutationen der Komponenten des Punktes und die Anzahl der Vorzeichenkombinationen bestimmt.

4.9. Weitere Probleme

1. In der Literatur sind verschiedentlich auch Optimalitätskriterien zur Versuchsplanung betrachtet worden, die nicht wie in [4.1.1] auf Varianzausdrücken der Schätzung, sondern auf dem Maß der *Information* beruhen, die man bei Durchführung eines Experimentes über den unbekannten Parameter $\boldsymbol{\vartheta}$ erhalten kann. Es wird angestrebt, einen Plan zu bestimmen, dessen Durchführung eine maximale Entropieabnahme (›(6.1.119)) erwarten läßt (s. LINDLEY [1], STONE [1], MALLOWS [1] und [I/7.4]). Wir bemerken, daß solche Informationsmaße in Kap. 6 bei der Planung zur Ansatzdiskrimination verwendet werden (›Verf. 6.2.24 bis 6.2.27).

2. Die in [4.6] behandelte Problematik kann man interpretieren als die Suche nach einem Plan, dessen Effektivität möglichst hoch ist bez. mehrerer möglicher Kriterien. Ein solcher Plan heißt *robust* bez. dieser Kriterien. Weitere Untersuchungen dazu, insbesondere eine Verallgemeinerung von Verf. 4.6.5 auf Optimalitätskriterien der Gestalt

$$Z_p(\boldsymbol{M}(\xi)) = \left[\frac{1}{r} \operatorname{sp} \boldsymbol{M}(\xi)^{-p}\right]^{1/p}; \qquad 0 < p < \infty;$$

die als Spezialfälle die A-Optimalität ($p = 1$), E-Optimalität ($p \to \infty$) und die D-Optimalität ($p \to 0$) enthalten, sind in KIEFER [4] und S. NAGEL [1] zu finden.

Robustheitsuntersuchungen von optimalen Plänen bez. des Grades des Polynomansatzes führen z. B. KIEFER/STUDDEN [1] durch.

In HUBER [2] wird (in gewisser Analogie zu BOX, G. E. P./DRAPER, N. R. [1], ›[4.2.7]) gezeigt, daß optimale Pläne, die allein durch Minimierung von Varianzausdrücken entstanden sind, nicht robust sind bez. einer Änderung des Regressionsansatzes.

3. Für das Versuchsplanungsproblem in nichtlinearen Ansätzen (›[4.7]) gibt es einen weiteren Zugang von ERMAKOV [1] und GRANOVSKIJ/ERMAKOV [1]: Die nichtlineare Wirkungsfläche wird zunächst durch eine endliche FOURIER-Reihe approximiert. Die Koeffizienten ϑ_i in dem so erhaltenen linearen Ansatz werden nach der MKQ geschätzt. Die Schätzungen sind aufgrund der Tatsache, daß der lineare Ansatz nur adäquat ist, nicht erwartungstreu, d. h., es gilt

$$\mathrm{E}_{\mathfrak{Y}(V_n)} \check{\vartheta}_i(\mathfrak{Y}(V_n)) \neq \vartheta_i \,.$$

Es wird nun ein sog. *randomisierter Versuchsplan* V_n (dessen Punkte also zufällig gemäß eines Verteilungsgesetzes bestimmt werden) so gesucht, daß eine weitere Erwartungswertbildung bez. V_n auf Erwartungstreue, d. h. auf

$$\mathrm{E}_{V_n} \mathrm{E}_{\mathfrak{Y}(V_n)|V_n} \check{\vartheta}_i(\mathfrak{Y}(V_n)) = \vartheta_i$$

führt. Derartige Pläne heißen *erwartungstreue Pläne*, unter ihnen können dann nach weiteren Kriterien optimale Pläne gesucht werden.

4. Eine Anzahl von Arbeiten behandelt Versuchsplanungsprobleme in *speziellen nichtlinearen Ansätzen*. Für bestimmte Klassen von nichtlinearen Ansätzen lassen sich dann weitergehende Ergebnisse als in [4.7] erreichen. So wird z. B. in HOHMANN/JUNG [1] ein Ansatz der Form $\tilde{\eta}(\boldsymbol{x}, \vartheta_1, \vartheta_2) = \vartheta_1 + \varphi(\boldsymbol{x}, \vartheta_2)$ mit dem (eindimensionalen) nichtlinearen Parameter ϑ_2 untersucht. MELAS [1] gibt lokal-D-optimale Pläne für Ansätze der Gestalt

$$\tilde{\eta}(x, \boldsymbol{\vartheta}, \boldsymbol{\beta}) = \sum_{i=1}^{r} \beta_i \exp(-\vartheta_i x)$$

an. Für einen Überblick ist auch die Arbeit COCHRAN [1] zu empfehlen.

5. Versuchsplanungsprobleme bei linearen und nichtlinearen Ansätzen im *multivariaten Fall* behandeln BOX, M. J./DRAPER [3], DRAPER/HUNTER [1] und FEDOROV [1], [4]. Ein Rechenprogramm zur Versuchsplanung im multivariaten nichtlinearen Fall wird in M. J. BOX [4] angegeben.

6. Falls die Wirkungsfläche nur von einer Einflußgröße abhängt ($k = 1$) und als Ansatz *Spline-Funktionen* gewählt wurden(›Bem. 2.2.4), dann sind für spezielle Spline-Funktionen D- und I-optimale Pläne in STUDDEN [2] und C-optimale Pläne in MURTY [1] zu finden.

7. Zur Versuchsplanung für *Mixturen* (›[4.2.4]) gibt es eine Arbeit von GALIL/KIEFER [3], wo Mixturpläne bez. der Familie von Kriterien aus [4.9/2] eingeschätzt werden. In GALIL/KIEFER [1] werden in $(k, 2)$-Mixturansätzen für Wirkungsflächen 3. Ordnung D-optimale Pläne und BOX/DRAPER-Pläne (im Sinne der Minimierung von $J = v + b$ aus (4.2.29)) miteinander verglichen. Für ein quadratisches Mixturmodell erweisen sich näherungsweise E-optimale Simplexpläne als relativ robust gegenüber anderen Kriterien (z. B. der D- und A-Optimalität), haben jedoch relativ viele Spektrumpunkte (s. GALIL/KIEFER [2]).

Wir erwähnen noch eine Arbeit von DRAPER/JOHN [1], wo Mixturmodelle mit sog. inversen Termen, z. B.

$$\tilde{\eta}(\boldsymbol{x}, \boldsymbol{\vartheta}) = \sum_{i=1}^{k} \vartheta_i x_i + \sum_{i=1}^{k} \vartheta_{-i} x_i^{-1}; \quad \sum_{i=1}^{k} x_i = 1; \quad x_i \geqq 0;$$

betrachtet werden. Diese sind insbesondere dort von Bedeutung, wo die Wirkungsfläche $\eta(\boldsymbol{x})$ für $x_i \to 0$ sehr große Werte annimmt.

8. Zur Suche des Optimums der Wirkungsfläche ist es mitunter wichtig, Fragen der Versuchsplanung zur *Schätzung des Gradienten* der Wirkungsfläche zu beantworten. In ATKINSON [4] ist dies für eine Wirkungsfläche 2. Ordnung durchgeführt worden, wobei ausführlich Zwei- und Drei-Niveau-Pläne im Falle einer Einflußgröße ($k = 1$) betrachtet werden (s. auch OTT/MENDENHALL [1], ZIELINSKI [2]).

5. Faktorielle Versuchsplanung für Polynomansätze

In den Kap. 3 und 4 war für die Schätzung und die Versuchsplanung vorausgesetzt worden, daß der Regressionsansatz aus fachwissenschaftlichen Vorkenntnissen oder aus Näherungsüberlegungen bereits vor der experimentellen Untersuchung gewählt wurde. Weiterhin war in den Betrachtungen in der Regel angenommen worden, daß dieser Ansatz *wahr* ist.

In diesem Kapitel werden wir auf diese Voraussetzungen verzichten. Wir werden den Ansatz anhand des Datensatzes erst unmittelbar vor der Schätzung wählen und uns der Approximationsauffassung für den Ansatz zuwenden (›[2.2.4] und [2.5.3]). Mit solchen Problemen der Anpassung des Ansatzes beschäftigen wir uns auch in [6.3]. Dabei besteht eine Besonderheit des Vorgehens in diesem Kapitel darin, daß der Datensatz *stufenweise* erweitert werden kann, bis nach einem vorgelegten Entscheidungskriterium für einen Ansatz entschieden wird. Als Approximationsansätze werden Polynome verwendet, die von Stufe zu Stufe verändert werden. Zur Entscheidung werden Verfahren aus Kap. 6 herangezogen oder modifiziert. Die Schätzung der Wirkungsfläche mit dem gewählten Ansatz erfolgt dann nach der MKQ (›Kap. 3).

Für die Versuchsplanung werden wir uns auf gewisse Typen von regulären konkreten Versuchsplänen (›Bez. 2.5.8) einfacher Struktur orientieren. Die dafür vorausgesetzten Formen für den Versuchsbereich entsprechen in der Regel den praktischen Gegebenheiten.

Die Versuchspläne sollen in möglichst einfacher Weise die Durchführung des im Generalverfahren gegebenen Vorgehens sichern (vgl. die Forderungen a)—c) aus [2.5.3]), der MKQ-Schätzung eine einfache Struktur geben und möglichst wenige Versuchspunkte enthalten. Darüberhinaus sind weitere Eigenschaften, wie Orthogonalität (›Bez. 2.5.9) und Drehbarkeit (›Bez. 2.5.10), wünschenswert. Die Forderungen an die Pläne sind also vom praktischen Vorgehen her motiviert. Zuweilen wird man so auch auf Pläne geführt, die einem der Optimalitätskriterien aus Kap. 4 genügen, *falls der gewählte Ansatz ein wahrer ist*. Im Rahmen der Näherungsauffassung für den Ansatz kommt aber in diesem Kapitel dieser Optimalität nur eine untergeordnete Bedeutung zu.

Die Literatur zu den Problemen der faktoriellen Versuchsplanung für das Regressionsmodell ist sehr umfangreich. Wesentliche grundlegende Ideen wurden von G. E. P. Box vorgelegt (s. z. B. Box, G. E. P./Hunter, J. S. [1], [2], Hill/Hunter [1]), die Methoden wurden bereits häufig in Monographien und Lehrbüchern dargestellt (Nalimov/Černova [1], Nalimov [1], Scheffler [1]). Es existieren zahlreiche Varianten und Modifikationen von Verfahren zur Konstruktion von Plänen nach Nebenbedingungen und Eigenschaften für Polynomansätze. Im folgenden wollen wir uns daher auf die Darstellung der Grundideen und solcher Verfahren beschränken, die das Verständnis dieser Varianten und Modifikationen ermöglichen und möglichst überschaubar in der Anwendung sind.

Eine wesentliche Quelle für die Konstruktion von Versuchsplänen für Polynomansätze war und ist die Versuchsplanung für qualitative Einflußgrößen in mehreren Ausprägungen (s. z. B. ADDELMAN [2], [3], RASCH [1]).

Eine wesentliche Anwendung der Versuchspläne für Regressionsansätze ist die Optimierung von Funktionen, deren analytische Form unbekannt ist und deren Funktionswerte nur mit einem (zufälligen) Fehler beobachtet werden können.

Die zu optimierende Funktion wird als Wirkungsfläche eines Regressionsmodells aufgefaßt und zur (näherungsweisen) Bestimmung der Fortschreitungsrichtung des Suchverfahrens nach dem Optimum, z. B. zur (näherungsweisen) Bestimmung des Gradienten, in einem kleinen Teilbereich durch ein Polynom approximiert. Diese von BOX/WILSON [1] vorgeschlagenen Verfahren bilden häufig Motiv und Rahmen für die Darstellung der Versuchsplanung (s. z. B. SCHEFFLER [1], ADLER/MARKOVA/GRANOVSKIJ [1]). Da man, zumindest im Prinzip, zu jedem der bekannten Optimierungsverfahren eine BOX/WILSON-Variante untersuchen müßte, bei der die Versuchsplanung stets nach einem der in diesem Kapitel angegebenen Verfahren erfolgt, haben wir auf die Darstellung der Optimierungsalgorithmen verzichtet (s. z. B. ADLER/MARKOVA/GRANOVSKIJ [1]; ZIELINSKI [1]; HARTMANN/LETZKIJ/SCHÄFER [1]; SCHEFFLER [1]).

In [5.1] wird zuerst in einem Generalverfahren das allgemeine stufenweise Vorgehen bei der Wahl des Ansatzes und zur Schätzung vorgestellt, sowie eine Bezeichnungsweise für die verschiedenen im folgenden verwendeten Polynome vereinbart. In [5.2] wird die Versuchsplanung für Polynomansätze entwickelt, in denen die Einflußgrößen nur in der ersten Potenz vorkommen. Dann werden in [5.3] und [5.4] Polynomansätze behandelt, in denen die Einflußgrößen auch in der zweiten bzw. dritten Potenz auftreten. [5.5] enthält Hinweise auf Entscheidungskriterien, mit denen die Polynome nach der Durchführung von Versuchsplänen modifiziert werden können. Zum Schluß, in [5.6], sind einige Pläne zur unmittelbaren Verwendung zusammengestellt.

5.1. Allgemeines Vorgehen und Bezeichnungen

5.1.1. Generalverfahren zur Ansatzwahl, Schätzung und Planung

Im folgenden geben wir für das Vorgehen in diesem Kapitel ein Verfahren, dessen einzelne Stufen und Schritte in den weiteren Abschnitten konkretisiert werden. Theoretische Untersuchungen zur Struktur der Problemstellung und des Verfahrens findet man in [I/11].

GENERALVERFAHREN (Schätzung und Planung für Polynomsätze):

1. **Gegebene Größen:** a) k Einflußgrößen (Faktoren): $x_1, \ldots, x_k$; $k \geqq 2$.

b) Anfangsansatz $\tilde{S}_1$.

c) Versuchsbereich:

$$V = \{x \in \mathrm{R}^k\colon -1 \leqq x_i \leqq 1;\ i = 1, \ldots, k\} \tag{5.1.1}$$

oder

$$V = \{x \in \mathrm{R}^k\colon x'x \leqq k\} \tag{5.1.2}$$

d) Prognosebereich: $H = V$; V gemäß 1.c).

e) Schätzmethode: MKQ-Schätzung.

f) Entscheidungskriterien für die Wahl des Ansatzes.

2. Aufgabe: Schätze die unbekannte Wirkungsfläche.

3. Bezeichnungen: a) Versuchsplan $V_{n_t} = (x_1, \ldots, x_{n_t})$; $t = 1, 2, \ldots$

b) Beobachtungsvektor $\mathfrak{Y}(V_{n_t}) = (\mathfrak{Y}(x_1), \ldots, \mathfrak{Y}(x_{n_t}))'$ und Realisierung $y(V_{n_t})$.

4. Voraussetzungen: a) Die k Faktoren $x_1, \ldots, x_k$ sind beobachtbar, determiniert und einstellbar (›[2.1.2]).

b) Für jeden Versuchsplan V_{n_t} ist $B_{\mathfrak{Y}(V_{n_t})} = \sigma^2 I_{n_t}$.

5. Lösung: a) Setze $t = 1$.

b) Wähle ein Entscheidungskriterium aus 1.f).

c) Wähle einen regulären Plan V_{n_t}, der die Anwendung des Entscheidungskriteriums und die reguläre MKQ-Schätzung mit dem Ansatz $\tilde{S}_t$ erlaubt.

d) Führe den Plan V_{n_t} durch, d. h. beobachte $\mathfrak{Y}(V_{n_t})$ mit dem Ergebnis $y(V_{n_t})$.

e) Prüfe mit dem gewählten Kriterium aus 1.f), ob der Ansatz $\tilde{S}_t$ gewählt werden soll.

f) Falls $\tilde{S}_t$ gewählt wird, dann schätze mit diesem Ansatz und $y(V_{n_t})$ die Wirkungsfläche nach der MKQ.

g) Falls $\tilde{S}_t$ abgelehnt wird, modifiziere den Ansatz zu $\tilde{S}_{t+1}$.

h) Wähle ein Entscheidungskriterium aus 1.f).

i) Wähle einen Zusatzplan V_{m_t}, so daß

$$V_{n_t} + V_{m_t} = V_{n_{t+1}} \tag{5.1.3}$$

die Anwendung des Entscheidungskriteriums und die reguläre MKQ-Schätzung mit dem Ansatz $\tilde{S}_{t+1}$ erlaubt.

j) Führe den Plan V_{m_t} durch.

k) Setze mit $t + 1$ an Stelle von t bei 5.e) fort ●

Das Generalverfahren bedarf einiger Erläuterungen:

Bei den k Faktoren gemäß 1.a) wird angenommen, daß sie vor der experimentellen Untersuchung zur Schätzung der Wirkungsfläche festgelegt wurden. Möglich ist auch, daß sie sich aus einer vorangehenden Untersuchung mit einem Screening-Verfahren (›[6.1]) ergeben haben.

Der Anfangspolynomansatz $\tilde{S}_1$ in 1.b) wird aus ersten Näherungsüberlegungen festgelegt. Meist wählt man hierfür einen Ansatz, der linear in den Einflußgrößen ist (›[5.2]).

Der Versuchsbereich V gemäß 1.c) soll also der k-dimensionale Hypereinheitswürfel (5.1.1) bzw. die k-dimensionale Hyperkugel (5.1.2) mit dem Mittelpunkt im Koordinatenursprung und dem Radius $\sqrt{k}$ sein. Falls der natürliche Versuchsbereich ein Hyperquader oder ein Hyperellipsoid ist, dann kann er mit Verf. 4.1.11 bzw. Verf. 4.1.12 auf die hier erforderliche Standardform transformiert werden. Diese Standardform wird verlangt, damit die später zu entwickelnden Versuchspläne eine einfache Darstellung haben.

Die Forderung an den Prognosebereich, $H = V$, gemäß 1.d) ist eine Konsequenz daraus, daß die Ansätze nicht mehr als wahr vorausgesetzt werden und die Schätzungen nur als Approximationen im Versuchsbereich aufgefaßt werden dürfen. Eine Extrapolation mit Näherungspolynomen ist problematisch und in der Regel sinnlos.

Die guten Eigenschaften der MKQ-Schätzung, die in 1.e) als Schätzmethode vorgegeben wird, sind u. a. an die Voraussetzung geknüpft, daß der verwendete Ansatz wahr ist. Dies wird bei dem vorliegenden Verfahren nicht vorausgesetzt. Eine Beurteilung der Schätzungen und der Versuchspläne, die wir gelegentlich vornehmen werden, geht jedoch ebenfalls von dieser Voraussetzung aus.

Als Entscheidungskriterien gemäß 1.f) (›[5.5]) stehen prinzipiell die Kriterien zur Ansatzwahl aus Kap. 6 zur Verfügung. Im [5.5] werden diese Kriterien gemäß der Spezifik der verwendeten Pläne modifiziert und einige weitere Kriterien vorgeschlagen.

Das Lösungsverfahren beginnt in 5.a) und 5.b) mit der Betrachtung des Anfangspolynomansatzes $\tilde{S}_1$. Bei der Auswahl eines Kriteriums gemäß 1.f) sollte man bereits eine Vorstellung von dem Ansatz $\tilde{S}_2$ haben, den man untersuchen will, falls sich $\tilde{S}_1$ als nicht geeignet erweisen sollte (›[5.5]). Man kann aber auch auf die Prüfung des Ansatzes $\tilde{S}_1$ verzichten, wenn man von vornherein überzeugt ist, daß er eine hinreichende Approximation der Wirkungsfläche gewährleistet. Dann verzichtet man auf 5.b) und wählt bei 5.e) in jedem Falle $\tilde{S}_1$.

Da die reguläre MKQ-Schätzung mit dem Ansatz $\tilde{S}_1$ und das Entscheidungskriterium, z. B. der F-Test mit $\tilde{S}_1$ und $\tilde{S}_2$, verschiedene Anforderungen an den Plan stellen, hat man dies bei der Wahl von V_{n_1} gemäß 5.c) zu berücksichtigen. Speziell muß der Plan regulär sein (›Bez. 2.5.8).

Vor der Durchführung der Pläne gemäß 5.d) und 5.j) hat man die Versuchsreihenfolge zu randomisieren (›Verf. 4.1.16) oder eine Blockbildung (›Verf. 5.2.12 oder Verf. 5.2.13) vorzunehmen, um den systematischen Einfluß weiterer nichterfaßter Einflußgrößen zu unterdrücken bzw. zu erfassen (›Bsp. 2.5.3).

Die Modifizierung von $\tilde{S}_t$ gemäß 5.g) geschieht meist in der Weise, daß weitere Polynomterme in den Ansatz aufgenommen und gewisse Polynomterme aus dem Ansatz entfernt werden.

Falls der Plan V_{n_t} die eindeutige MKQ-Schätzung mit dem Ansatz $\tilde{S}_{n_t+1}$ und die Anwendung des gemäß 5.h) gewählten Kriteriums nicht erlaubt, man jedoch die mit der Realisierung von V_{n_t} erhaltenen Beobachtungsergebnisse weiter verwenden möchte, wird der Plan entsprechend (5.1.3) erweitert.

Soll das Verfahren, z. B. aus Aufwandsgründen, spätestens für $t = t_0$ unbedingt beendet werden, dann verzichtet man für t_0 auf die Auswahl eines Kriteriums aus 1.f).

5.1.2. Polynomansätze

In Bez. 2.2.6 haben wir Polynome vom Grade d als Linearkombinationen von *Polynomtermen* der Form

$$x_1^{d_1} \dots x_k^{d_k} \tag{5.1.4}$$

mit $d_j \in \{0, 1, \dots, d\}$ eingeführt, wobei die Exponentensumme für jeden Term höchstens d ist und mindestens einmal dieser Wert erreicht wird. Damit sind *Polynomansätze*, d. h. Polynome als Regressionsansätze, spezielle lineare Ansätze, die in der Form

$$\tilde{S} = \left\{\tilde{\eta}(x, \vartheta) = \sum_{j=1}^{r} \vartheta_j f_j(x) = f(x)' \vartheta : x \in B\right\}_{\vartheta \in \Theta \subseteq \mathbb{R}^r} \tag{5.1.5}$$

dargestellt werden können (›(2.2.5)). Dabei sind die Funktionen $f_j(\boldsymbol{x})$; $j = 1, \dots, r$; hier Polynomterme der Art (5.1.4). Wir vereinbaren folgende

Bezeichnung 5.1.1: a) Als (*unvollständiger*) (k, d)-*Ansatz* wird ein Polynomansatz in k Faktoren bezeichnet, in dem die Exponentensumme für jeden der Terme (5.1.4) höchstens d erreicht.

b) Ein (k, d)-Ansatz, der *alle möglichen* Polynomterme (5.1.4) enthält, für die die Exponentensumme höchstens d ist, heißt *vollständiger* (k, d)-*Ansatz* und wird mit $\tilde{S}(k, d)$ abgekürzt •

Bei der Darstellung der Polynomansätze wird für die Konstante $1 = x_1^0 \dots x_k^0$ ein *fiktiver Faktor* x_0 mit $x_0 \equiv 1$ (dummy variable) eingeführt, mit dem sich später die Versuchspläne einfacher schreiben lassen.

Beispiel 5.1.1:

a) $$\tilde{S}(k, 1) = \left\{\tilde{\eta}(\boldsymbol{x}, \boldsymbol{\vartheta}) = \vartheta_0 x_0 + \sum_{i=1}^{k} \vartheta_i x_i : \boldsymbol{x} \in B\right\}_{\boldsymbol{\vartheta} \in \mathbb{R}^{k+1}} . \tag{5.1.6}$$

b) $$\tilde{S}(k, 2) = \left\{\tilde{\eta}(\boldsymbol{x}, \boldsymbol{\vartheta}) = \vartheta_0 x_0 + \sum_{i=1}^{k} \vartheta_i x_i + \sum_{1 \le i_1 \le i_2 \le k} \vartheta_{i_1 i_2} x_{i_1} x_{i_2} : \boldsymbol{x} \in B\right\}_{\boldsymbol{\vartheta} \in \mathbb{R}^r} ;$$
$$r = (k + 1)(k + 2)/2 . \tag{5.1.7}$$

c) $$\begin{aligned}\tilde{S}(3, 3) = \Big\{\tilde{\eta}(\boldsymbol{x}, \boldsymbol{\vartheta}) = {} & \vartheta_0 x_0 + \sum_{i=1}^{3} \vartheta_i x_i + \sum_{i=1}^{3} \vartheta_{ii} x_i^2 + \sum_{i=1}^{3} \vartheta_{iii} x_i^3 + \vartheta_{12} x_1 x_2 + \vartheta_{13} x_1 x_3 \\ & + \vartheta_{23} x_2 x_3 + \vartheta_{112} x_1^2 x_2 + \vartheta_{113} x_1^2 x_3 + \vartheta_{122} x_1 x_2^2 + \vartheta_{123} x_1 x_2 x_3 + \vartheta_{133} x_1 x_3^2 \\ & + \vartheta_{223} x_2^2 x_3 + \vartheta_{233} x_2 x_3^2 : \boldsymbol{x} \in B\Big\}_{\boldsymbol{\vartheta} \in \mathbb{R}^{20}} .\end{aligned}$$

Bezeichnung 5.1.2: a) Als (*unvollständiger*) $(k, d, k^{(d)})$-*Ansatz* wird ein Polynomansatz in k Faktoren bezeichnet, bei dem in jedem Term jeder Faktor einen Exponenten aus der Menge $\{0, 1, \dots, d\}$ annehmen kann.

b) Ein $(k, d, k^{(d)})$-Ansatz, der *alle möglichen* Polynomterme (5.1.4) mit $d_i \in \{0, 1, \dots, d\}$; $i = 1, \dots, k$; enthält, heißt *vollständiger* $(k, d, k^{(d)})$-*Ansatz* und wird mit $\tilde{S}(k, d, k^{(d)})$ abgekürzt •

Bei $d = 1$ wird auch einfach $(k, 1, k)$-Ansatz geschrieben.

Beispiel 5.1.2:

a) $$\begin{aligned}\tilde{S}(k, 1, k) = \Big\{\tilde{\eta}(\boldsymbol{x}, \boldsymbol{\vartheta}) = {} & \vartheta_0 x_0 + \sum_{i=1}^{k} \vartheta_i x_i + \sum_{1 \le i_1 < i_2 \le k} \vartheta_{i_1 i_2} x_{i_1} x_{i_2} + \dots \\ & \dots + \sum_{1 \le i_1 < \dots < i_{k-1} \le k} \vartheta_{i_1 \dots i_{k-1}} x_{i_1} \dots x_{i_{k-1}} \\ & + \vartheta_{1 \dots k} x_1 \dots x_k : \boldsymbol{x} \in B\Big\}_{\boldsymbol{\vartheta} \in \mathbb{R}^r} ; \quad r = 2^k \end{aligned} \tag{5.1.8}$$

b) $$\begin{aligned}\tilde{S}(3, 2, 3^{(2)}) = \Big\{\tilde{\eta}(\boldsymbol{x}, \boldsymbol{\vartheta}) = {} & \vartheta_0 x_0 + \sum_{i=1}^{3} \vartheta_i x_i + \sum_{i=1}^{3} \vartheta_{ii} x_i^2 + \vartheta_{12} x_1 x_2 + \vartheta_{13} x_1 x_3 + \vartheta_{23} x_2 x_3 \\ & + \vartheta_{112} x_1^2 x_2 + \vartheta_{113} x_1^2 x_3 + \vartheta_{122} x_1 x_2^2 + \vartheta_{123} x_1 x_2 x_3 + \vartheta_{133} x_1 x_3^2 \\ & + \vartheta_{223} x_2^2 x_3 + \vartheta_{233} x_2 x_3^2 + \vartheta_{1122} x_1^2 x_2^2 + \vartheta_{1123} x_1^2 x_2 x_3 + \vartheta_{1133} x_1^2 x_3^2 \\ & + \vartheta_{1223} x_1 x_2^2 x_3 + \vartheta_{1233} x_1 x_2 x_3^2 + \vartheta_{2233} x_2^2 x_3^2 + \vartheta_{11223} x_1^2 x_2^2 x_3 \\ & + \vartheta_{11233} x_1^2 x_2 x_3^2 + \vartheta_{12233} x_1 x_2^2 x_3^2 + \vartheta_{112233} x_1^2 x_2^2 x_3^2 : \boldsymbol{x} \in B\Big\}_{\boldsymbol{\vartheta} \in \mathbb{R}^{27}} .\end{aligned}$$

Ein $(k, d, k^{(d)})$-Ansatz kann also vom Grad d *in jedem Faktor* sein. Da die Summe der Exponenten in einem seiner Terme dk erreichen kann, ist er gemäß Bez. 5.1.1 ein (unvollständiger) (k, d, k)-Ansatz. Andererseits ist ein (k, d)-Ansatz auch ein spezieller (unvollständiger) $(k, d, k^{(d)})$-Ansatz. Diese mehrfache Einordnung der Polynomansätze erlaubt die gleichzeitige Betrachtung eines solchen Ansatzes im Zusammenhang mit verschiedenen Stufen und Problemstellungen des Generalverfahrens.

Beispiel 5.1.3:

a) $\tilde{S}(k, 1)$ ist sowohl ein (unvollständiger) $(k, 1, k)$-Ansatz als auch ein (unvollständiger) $(k, 2)$-Ansatz.

b) $$\tilde{S} = \left\{\tilde{\eta}(\boldsymbol{x}, \boldsymbol{\vartheta}) = \vartheta_0 x_0 + \sum_{i=1}^{k} \vartheta_i x_i + \sum_{1 \leq i_1 < i_2 \leq k} \vartheta_{i_1 i_2} x_{i_1} x_{i_2} : \boldsymbol{x} \in B\right\}_{\boldsymbol{\vartheta} \in \mathbb{R}^r}; \tag{5.1.9}$$

$r = 1 + k(k + 1)/2$; ist ein unvollständiger $(k, 1, k)$-Ansatz.

c) $\tilde{S} = \left\{\tilde{\eta}(\boldsymbol{x}, \boldsymbol{\vartheta}) = \vartheta_0 x_0 + \sum_{i=1}^{k} \vartheta_i x_i + \vartheta_{12} x_1 x_2 : \boldsymbol{x} \in B\right\}_{\boldsymbol{\vartheta} \in \mathbb{R}^{k+2}}$ ist ein unvollständiger $(k, 1, k)$-Ansatz und ein unvollständiger $(k, 2)$-Ansatz.

Da in der Praxis Polynomansätze ausreichen, bei denen die Faktoren höchstens in der dritten Potenz vorkommen, werden wir uns im Kap. 5 auf die drei Fälle $d = 1, 2, 3$ beschränken. Speziell für $d = 1, 2$ ist für gewisse $(k, 1, k)$- und $(k, 2, k^{(2)})$-Ansätze eine weitere Bezeichnungsvereinbarung zweckmäßig.

Bezeichnung 5.1.3: a) Wenn in einem (unvollständigen) $(k, 1, k)$-Ansatz in jedem Polynomterm jeweils nur höchstens $q \leqq k$ Faktoren gleichzeitig auftreten, dann heißt dieser Ansatz ein (*unvollständiger*) $(k, 1, q)$-*Ansatz*. Treten *alle möglichen* solchen Terme auf, dann bezeichnen wir den Ansatz als *vollständigen* $(k, 1, q)$-*Ansatz* und kürzen ihn mit $\tilde{S}(k, 1, q)$ ab.

b) Wenn in einem (unvollständigen) $(k, 2, k^{(2)})$-Ansatz in jedem Term, in dem mindestens zwei Faktoren auftreten, alle Faktoren nur *linear* vorkommen, und wenn jeweils nur höchstens $q \leqq k$ Faktoren gleichzeitig in einem Term stehen, dann heißt dieser Ansatz ein (*unvollständiger*) $(k, 2, q)$-Ansatz. Treten *alle möglichen* solchen Terme auf, dann bezeichnen wir den Ansatz als *vollständigen* $(k, 2, q)$-*Ansatz* und kürzen ihn mit $\tilde{S}(k, 2, q)$ ab ●

Im Bsp. 5.1.3 ist der Ansatz unter b) ein $\tilde{S}(k, 1, 2)$ und der Ansatz unter c) ein unvollständiger $(k, 1, 2)$-Ansatz. Man erhält daraus $\tilde{S}(k, 2, 2)$ bzw. einen unvollständigen $(k, 2, 2)$-Ansatz, wenn man zu den Ansätzen den Anteil $\sum_{i=1}^{k} \vartheta_{ii} x_i^2$ hinzufügt. Für die Koeffizienten der Polynomansätze haben sich Namen eingebürgert, die an ihre Deutung in bezug auf die untersuchte Wirkungsgröße erinnern sollen.

Bezeichnung 5.1.4: Die s-fach indizierten Koeffizienten $\vartheta_{i\ldots i}$; $i = 1, \ldots, k$; $s = 1, \ldots, d$; der Polynomterme x_i^s werden *Hauptwirkungen* (s-ten Grades) genannt. Die übrigen Koeffizienten $\vartheta_{i_1 \ldots i_w}$; $1 \leqq i_1 \leqq \ldots \leqq i_w \leqq k$; heißen *Wechselwirkungen*, falls $1 \leqq i_1 < \ldots < i_w \leqq k$ w-faktorielle Wechselwirkungen ●

Für einige Betrachtungen ist die Darstellung der Polynomansätze in der allgemeinen Form (5.1.5) nützlich. Die Funktionen $f_j(\boldsymbol{x})$ sind die entsprechenden Polynomterme (›Bsp. 2.2.12). Die Versuchsplanmatrix $\boldsymbol{F}(V_n)$ läßt sich dann in der bekannten Form

$$\boldsymbol{F}(V_n) = \left(\boldsymbol{f}(\boldsymbol{x}_1), \ldots, \boldsymbol{f}(\boldsymbol{x}_n)\right)' \tag{5.1.10}$$

bilden, und *reguläre Pläne* müssen die Forderung

$$\det\left(F(V_n)'\,F(V_n)\right) > 0 \tag{5.1.11}$$

erfüllen.

Eine notwendige Bedingung für (5.1.11) für $(k, d, k^{(d)})$-Ansätze liefert die folgende Aussage, auf die wir bei der Konstruktion von regulären Versuchsplänen in diesem Kapitel ständig zurückkommen werden.

Aussage 5.1.1: In einem regulären Versuchsplan für einen $(k, d, k^{(d)})$-Ansatz, in dem jeder Faktor mindestens einmal in der d-ten Potenz auftritt, nimmt notwendig jeder Faktor mindestens $d + 1$ *verschiedene* Werte aus dem Versuchsbereich an ●

Die Wahl des Typs für den Polynomansatz und die Festlegung des Versuchsbereichs erfolgt häufig in engem Zusammenhang aus einer gemeinsamen Motivation. Der Hyperwürfel (5.1.1) stellt in vielen Fällen denjenigen Bereich dar, außerhalb dessen eine Einstellung der Einflußgrößen im Prinzip nicht mehr möglich ist. In diesem Fall verwendet man in der Regel (unvollständige) $(k, d, k^{(d)})$-Ansätze, um eine möglichst gute Approximation der Wirkungsfläche innerhalb des Hyperwürfels zu erreichen.

Falls der Versuchsbereich nur ein (kleiner) Teilbereich des Gebietes ist, in dem die Einstellung der Einflußgrößen möglich ist, und wenn an die Approximationsgüte geringere Anforderungen gestellt werden, dann legt man den Versuchsbereich als eine Hyperkugel fest und wählt einen (k, d)-Ansatz im Sinne einer abgebrochenen Taylor-Entwicklung für die Wirkungsfläche. Der letztere Fall spielt z. B. eine besondere Rolle bei den einleitend erwähnten Box/Wilson-Verfahren, jedoch ist seine Bedeutung nicht hierauf beschränkt. Diese Unterschiede werden von Interesse sein, wenn bei der Konstruktion der Versuchspläne zusätzliche Bedingungen berücksichtigt werden sollen.

5.2. Faktorielle Versuchspläne für $(k, 1, k)$-Ansätze

Wir betrachten nun die erste Stufe des Generalverfahrens für den Fall, daß das Verfahren auf dieser Stufe endet (d. h. $t_0 = 1$) und daß als $\tilde{S}_1$ ein $(k, 1, k)$-Ansatz gegeben ist. Wir sind also in diesem Falle von vornherein davon überzeugt, daß dieser Ansatz für die Approximation der Wirkungsfläche ausreicht und verzichten auf ein Entscheidungskriterium zur Prüfung des Ansatzes. Damit reduziert sich das Generalverfahren auf die folgende Form:

VERFAHREN 5.2.1 (Einstufige Version des Generalverfahrens):

1. **Gegebene Größen:** a) k Einflußgrößen (Faktoren) $x_1, \ldots, x_k$; $k \geqq 2$.
b) (unvollständiger) $(k, 1, k)$-Ansatz $\tilde{S}_1$.
c)—e) wie Generalverfahren.

2. **Aufgabe:** Schätze die unbekannte Wirkungsfläche.

3. **Bezeichnung:** Versuchsplan $V_n = (\boldsymbol{x}_1, \ldots, \boldsymbol{x}_n)$ und Beobachtungsergebnis $\boldsymbol{y}(V_n) = \left(y(\boldsymbol{x}_1), \ldots, y(\boldsymbol{x}_n)\right)'$.

4. **Voraussetzungen:** wie Generalverfahren.

5. **Lösung:** a) Wähle einen Plan V_n, der die reguläre MKQ-Schätzung mit $\tilde{S}_1$ erlaubt.

b) Realisiere V_n mit dem Ergebnis $y(V_n)$.

c) Schätze die Wirkungsfläche mit $y(V_n)$ nach der MKQ ●

Dabei ist bei 5.b) noch eine Randomisierung (›Verf. 4.1.16) oder eine Blockbildung (›Verf. 5.2.12 oder Verf. 5.2.13) vorzunehmen.

Die Aufgabenstellung in Verf. 5.2.1 ist ein Spezialfall der Aufgabenstellung, mit der wir uns in Kap. 3 beschäftigt haben. Hier interessieren uns jedoch vor allem die Wahl des Versuchsplanes in 5.a) für die Polynomansätze und die Möglichkeit, mit dem Verf. 5.2.1 zu einem Grundbaustein für das (sequentielle) Generalverfahren zu kommen.

5.2.1. Faktorielle Versuchspläne erster Ordnung

Wir wenden uns nun der Konstruktion von regulären Versuchsplänen für den (unvollständigen) $(k, 1, k)$-Ansatz zu (›Verf. 5.2.1/5.a)). Ein solcher Versuchsplan wird auch (*k-dimensionaler*) *Versuchsplan* 1. *Ordnung* genannt. Als Versuchsbereich legen wir den k-dimensionalen *Hypereinheitswürfel* (5.1.1) fest. Die im weiteren konstruierten Pläne werden brauchbar bleiben, wenn als Versuchsbereich die k-dimensionale Hyperkugel (5.1.2) mit $\varrho = \sqrt{k}$ gegeben ist. Die Ecken des Hyperwürfels liegen dann auf dieser Hyperkugel. Für spezielle Ansätze und gewisse Planumfänge n werden auch andere Pläne für die Hyperkugel angegeben (›[5.3.6]).

Nach Aussage 5.1.1 muß in einem regulären Versuchsplan für einen $(k, 1, k)$-Ansatz notwendig jeder der k Faktoren auf mindestens *zwei* verschiedene Werte aus dem Versuchsbereich eingestellt werden. Aus Kap. 4 ist bekannt, daß in *optimalen* Versuchsplänen zur MKQ-Schätzung für Polynomansätze, die in jeder Einflußgröße linear sind, die Eckpunkte des Versuchsbereichs (5.1.1) das größte Gewicht besitzen. So enthalten z. B. die diskreten D- und G-optimalen Pläne für $\tilde{S}(k, 1)$ als Versuchspunkte nur diese Eckpunkte (›[4.4.2]). Es ist sehr wünschenswert, daß der gemäß Verf. 5.2.1/5.a) gewählte Plan im Falle, daß der Ansatz ein wahrer ist, ebenfalls solche Optimalitätseigenschaften hat (›Forderung a) aus [2.5.3]).

Ausgehend von diesen Überlegungen werden wir, anders als beim Vorgehen in Kap. 4, für die k stetig veränderlichen Faktoren in Versuchsplänen 1. Ordnung nicht mehr alle Punkte des Versuchsbereichs (5.1.1) als Versuchspunkte zulassen, sondern nur noch die 2^k Eckpunkte dieses k-dimensionalen Hypereinheitswürfels. Dies bedeutet eine *Diskretisierung des Versuchsbereichs*. In der Praxis wird es häufig sowieso der Fall sein, daß die (theoretisch) stetig veränderlichen Faktoren, wie Temperatur, Druck und Konzentration der Ausgangsstoffe, für die Versuche nur auf einige wenige Werte eingestellt werden können oder sollen.

Bezeichnung 5.2.1: a) die Menge $V_{(d)}^{(2)}$ aller Punkte $x \in V$, deren Koordinaten nur $+1$ oder -1 sind, wird *diskretisierter Versuchsbereich* zum Versuchsbereich (5.1.1) für $(k, 1, k)$-Ansätze genannt.

b) Die Werte -1 und $+1$ heißen dabei *Stufen* oder *Niveaus der Faktoren* ●

Diese Stufen der Faktoren werden im folgenden mit „$-$" bzw. „$+$" symbolisiert.

Beispiel 5.2.1: Für $k = 2$ ist der Hypereinheitswürfel (5.1.1) das Einheitsquadrat (›Abb. 5.2.1) $V = \{x \in \mathbf{R}^2\colon -1 \leqq x_1 \leqq 1,\ -1 \leqq x_2 \leqq 1\}$. Der diskretisierte Versuchsbereich besteht aus den vier Eckpunkten, $V_{(d)}^{(2)} = \{(-1, -1)', (1, -1)', (-1, 1)', (1, 1)'\}$.

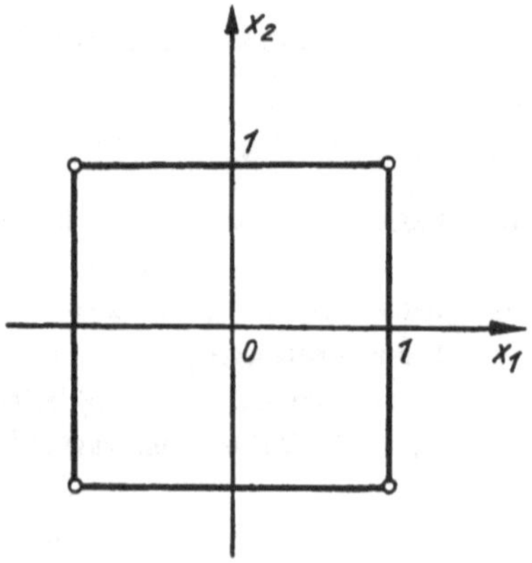

Abb. 5.2.1. Punkte des $V_{(d)}^{(2)}$ für $k = 2$ und VFV 2^2

Beispiel 5.2.2: Für $k = 3$ ist der Hypereinheitswürfel (5.1.1) der Einheitswürfel (›Abb. 5.2.2) $V = \{x \in \mathrm{R}^3: -1 \leqq x_i \leqq 1; i = 1, 2, 3\}$ und $V_{(d)}^{(2)}$ besteht aus den acht Eckpunkten, $V_{(d)}^{(2)} = \{(-1, -1, -1)', (1, -1, -1)', (-1, 1, -1)', (1, 1, -1)', (-1, -1, 1)', (1, -1, 1)', (-1, 1, 1)', (1, 1, 1)'\}$.

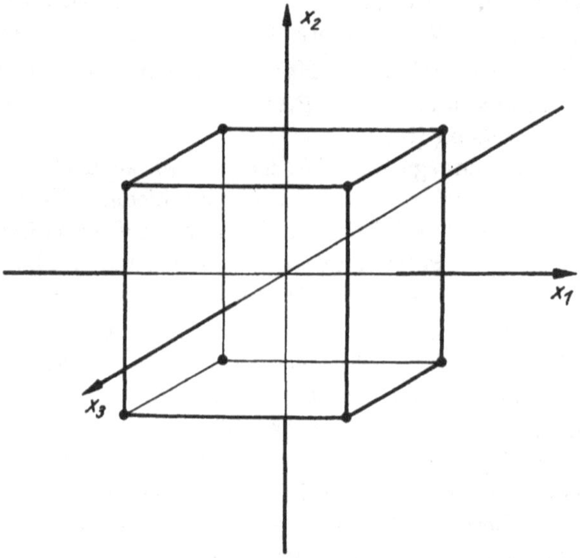

Abb. 5.2.2. Punkte des $V_{(d)}^{(2)}$ für $k = 3$ und VFV 2^3

Bemerkung 5.2.1: Die Diskretisierung des Versuchsbereichs gemäß Bez. 5.2.1 ermöglicht uns, die für die Untersuchung qualitativer Einflußgrößen in je zwei Ausprägungen entwickelten faktoriellen Versuchspläne auf zwei Stufen (s. z. B. Rasch [1], Finney [1]), die für die Varianzanalyse eine große Rolle spielen, auch für das Regressionsmodell auszunutzen.

Bezeichnung 5.2.2: Der Versuchsplan V_n heißt (*k-dimensionaler*) *faktorieller Versuchsplan auf zwei Stufen*, wenn sein Spektrum (›Bez. 2.5.3) aus Versuchspunkten besteht, deren Koordinaten durch alle möglichen oder nur einen Teil aller möglichen Kombinationen der beiden Stufen der k Faktoren gebildet werden ●

Jeder reguläre Plan für einen linearen Ansatz mit r Koeffizienten muß mindestens r *verschiedene* Punkte haben (›[I/Lemma 5.1.6]).

Bezeichnung 5.2.3: Der reguläre Versuchsplan V_n heißt *gesättigt* für einen linearen Ansatz mit r Koeffizienten, wenn $n = r$ gilt •

Gesättigte Pläne besitzen den kleinsten Umfang in der Menge der regulären Pläne für den entsprechenden Ansatz. Sie erlauben im allgemeinen nicht, ein Entscheidungskriterium über den Ansatz, z. B. einen Test, gemäß Generalverf. /5.e) anzuwenden.

5.2.2. Vollständige faktorielle Versuchspläne vom Typ 2^k

Bezeichnung 5.2.4: Ein faktorieller Versuchsplan V_n auf zwei Stufen heißt *vollständiger faktorieller Versuchsplan vom Typ* 2^k (kurz VFV 2^k), wenn er aus den Versuchspunkten besteht, die durch *alle* 2^k Kombinationen der beiden Stufen der k Faktoren gebildet werden •

Ein VFV 2^k ist bis auf Permutationen der Versuchspunkte eindeutig bestimmt. Die Versuchspunkte liegen in den 2^k Eckpunkten des Hypereinheitswürfels (5.1.1). In der Bezeichnung VFV 2^k ist die Basis des Exponentialausdruckes 2^k für den Typ gleich der Stufenanzahl und der Exponent gleich der Anzahl der Faktoren. Der Typ gibt die Anzahl der Punkte des Planes an.

Ein VFV 2^k ist ein regulärer Plan für alle $(k, 1, k)$-Ansätze, und er hat eine einfache Struktur. Damit läßt sich Verf. 5.2.1/5.a) folgendermaßen konkretisieren:

VERFAHREN 5.2.2 (Konstruktion eines VFV 2^k):

1. **Gegebene Größen:** a) (unvollständiger) $(k, 1, k)$-Ansatz $\tilde{S}_1$.
b) Hypereinheitswürfel (5.1.1) als Versuchsbereich V.

2. **Aufgabe:** Bestimme einen regulären Plan zur MKQ-Schätzung mit $\tilde{S}_1$.

3. **Bezeichnung:** $V_n = (\boldsymbol{x}_1, \ldots, \boldsymbol{x}_n)$.

5. **Lösung:** Wähle als Versuchspunkte für den Plan V_n alle Ecken des Hypereinheitswürfels V •

Für die Darstellung der VFV 2^k und der später einzuführenden Teilpläne hat sich eine *Codierung* für die Punkte der Pläne bewährt. Man ordnet jedem der Faktoren $x_1, \ldots, x_k$ einen Buchstaben des Alphabets $a, b, c, \ldots$ zu und symbolisiert den Versuchspunkt durch das Produkt derjenigen Buchstaben, für die die Faktoren in diesem Versuchspunkt den Wert $+1$ haben. Der Punkt, an dem *alle* Faktoren auf -1 eingestellt sind, wird mit (1) bezeichnet. Diese Codierung wird in den folgenden Beispielen stets angegeben. Um die spätere Verwendung der VFV 2^k im Generalverfahren und im Verf. 5.2.1 vorzubereiten, führen wir in den Beispielen auch die Versuchsplanmatrix $\boldsymbol{F}(V_{2^k})$ für $\tilde{S}(k, 1, k)$ auf (die wir mit $\boldsymbol{F}(\text{VFV } 2^k; \tilde{S}(k, 1, k))$ bezeichnen). Wir wählen dazu eine tabellarische Form, die sich für die Berechnung der MKQ-Schätzung (›Verf. 5.2.4) als günstig erweisen wird.

Beispiel 5.2.3:

1. a) $\tilde{S}(2, 1, 2) = \{\tilde{\eta}(\boldsymbol{x}, \boldsymbol{\vartheta}) = \vartheta_0 x_0 + \vartheta_1 x_1 + \vartheta_2 x_2 + \vartheta_{12} x_1 x_2 : \boldsymbol{x} \in B\}_{\boldsymbol{\vartheta} \in \mathrm{R}^4}$.
$V = \{\boldsymbol{x} \in \mathrm{R}^2 : -1 \leqq x_1 \leqq 1, -1 \leqq x_2 \leqq 1\}$.

5. ›Tab. 5.2.1. In der ersten Spalte der Versuchsplanmatrix $\boldsymbol{F}$ (VFV 2^2; $\tilde{S}(2, 1, 2)$) aus Tab. 5.2.1 steht der Wert der fiktiven Variablen $x_0 \equiv 1$. Die zweite und die dritte Spalte

Tab. 5.2.1: VFV 2^2

Versuch Nr.	Versuchsplanmatrix F (VFV 2^2; $\tilde{S}(2, 1, 2)$)				Codierung
		VFV 2^2			
	x_0	x_1	x_2	x_1x_2	
1	+	−	−	+	(1)
2	+	+	−	−	*a*
3	+	−	+	−	*b*
4	+	+	+	+	*ab*

enthalten die Stufen der Faktoren x_1 und x_2, und in der vierten Spalte ist der Wert des Produktes x_1x_2 angegeben. Die zweite und die dritte Spalte bilden den VFV 2^2, denn sie enthalten die vier möglichen Kombinationen der beiden Stufen „+" und „−". Die Versuchspunkte des VFV 2^2 liegen in den in Abb. 5.2.1 als Kreise eingezeichneten Eckpunkten des Einheitsquadrats aus Bsp. 5.2.1. Die Zeilen von Tab. 5.2.1 entsprechen den Versuchspunkten $\boldsymbol{x}_1, \boldsymbol{x}_2, \boldsymbol{x}_3, \boldsymbol{x}_4$ des VFV $2^2 = V_4 = (\boldsymbol{x}_1, \boldsymbol{x}_2, \boldsymbol{x}_3, \boldsymbol{x}_4)$. Die letzte Spalte von Tab. 5.2.1 enthält die oben eingeführte Codierung der entsprechenden Punkte. .

Beispiel 5.2.4:

1. a) $\tilde{S}(3, 1, 3) = \{\tilde{\eta}(\boldsymbol{x}, \boldsymbol{\vartheta}) = \vartheta_0x_0 + \vartheta_1x_1 + \vartheta_2x_2 + \vartheta_3x_3 + \vartheta_{12}x_1x_2 + \vartheta_{13}x_1x_3 + \vartheta_{23}x_2x_3 + \vartheta_{123}x_1x_2x_3 : \boldsymbol{x} \in B\}_{\boldsymbol{\vartheta} \in \mathrm{R}^8}$

b) $V = \{\boldsymbol{x} \in \mathrm{R}^3 : -1 \leqq x_i \leqq 1, i = 1, 2, 3\}$.

5. ›Tab. 5.2.2. Die Versuchspunkte des VFV 2^3 liegen in den in Abb. 5.2.2 als Kreise eingezeichneten Eckpunkten des Einheitswürfels aus Bsp. 5.2.2.

Tab. 5.2.2: VFV 2^3

Versuch Nr.	Versuchsplanmatrix F (VFV 2^3; $\tilde{S}(3, 1, 3)$)								Codierung
		VFV 2^3							
	x_0	x_1	x_2	x_3	x_1x_2	x_1x_3	x_2x_3	$x_1x_2x_3$	
1	+	−	−	−	+	+	+	−	(1)
2	+	+	−	−	−	−	+	+	*a*
3	+	−	+	−	−	+	−	+	*b*
4	+	+	+	−	+	−	−	−	*ab*
5	+	−	−	+	+	−	−	+	*c*
6	+	+	−	+	−	+	−	−	*ac*
7	+	−	+	+	−	−	+	−	*bc*
8	+	+	+	+	+	+	+	+	*abc*

Beispiel 5.2.5:

1. a) $\tilde{S}(4, 1, 4) = \{\tilde{\eta}(\boldsymbol{x}, \boldsymbol{\vartheta}) = \vartheta_0x_0 + \vartheta_1x_1 + \vartheta_2x_2 + \vartheta_3x_3 + \vartheta_4x_4 + \vartheta_{12}x_1x_2 + \vartheta_{13}x_1x_3 + \vartheta_{14}x_1x_4 + \vartheta_{23}x_2x_3 + \vartheta_{24}x_2x_4 + \vartheta_{34}x_3x_4 + \vartheta_{123}x_1x_2x_3 + \vartheta_{124}x_1x_2x_4 + \vartheta_{134}x_1x_3x_4 + \vartheta_{234}x_2x_3x_4 + \vartheta_{1234}x_1x_2x_3x_4 : \boldsymbol{x} \in B\}_{\boldsymbol{\vartheta} \in \mathrm{R}^{16}}$.

b) $V = \{\boldsymbol{x} \in \mathrm{R}^4 : -1 \leqq x_i \leqq 1, i = 1, 2, 3, 4\}$.

5. ›Tab. 5.2.3. Die Versuchspunkte des VFV 2^4 liegen in den $n = 2^4 = 16$ Eckpunkten des 4-dimensionalen Hypereinheitswürfels.

Bezeichnung 5.2.5: Enthält ein Versuchsplan jeden der Versuchspunkte eines VFV 2^k genau einmal, so spricht man von *einer Wiederholung des* VFV 2^k ●

Beim Vergleich von Tab. 5.2.2 mit Tab. 5.2.1 erkennt man, daß man einen VFV 2^3 ausgehend von einem VFV 2^2 konstruieren kann, indem man den VFV 2^2 einmal unter

Tab. 5.2.3: VFV 2^4

Versuch Nr.	Versuchsplanmatrix $F(\text{VFV } 2^4; \tilde{S}(4, 1, 4))$																Codierung
		VFV 2^4															
	x_0	x_1	x_2	x_3	x_4	x_1x_2	x_1x_3	x_1x_4	x_2x_3	x_2x_4	x_3x_4	$x_1x_2x_3$	$x_1x_2x_4$	$x_1x_3x_4$	$x_2x_3x_4$	$x_1x_2x_3x_4$	
1	+	−	−	−	−	+	+	+	+	+	+	−	−	−	−	+	(1)
2	+	+	−	−	−	−	−	−	+	+	+	+	+	+	−	−	*a*
3	+	−	+	−	−	−	+	+	−	−	+	+	+	−	+	−	*b*
4	+	+	+	−	−	+	−	−	−	−	+	−	−	+	+	+	*ab*
5	+	−	−	+	−	+	−	+	−	+	−	+	−	+	+	−	*c*
6	+	+	−	+	−	−	+	−	−	+	−	−	+	−	+	+	*ac*
7	+	−	+	+	−	−	−	+	+	−	−	−	+	+	−	+	*bc*
8	+	+	+	+	−	+	+	−	+	−	−	+	−	−	−	−	*abc*
9	+	−	−	−	+	+	+	−	+	−	−	−	+	+	+	−	*d*
10	+	+	−	−	+	−	−	+	+	−	−	+	−	−	+	+	*ad*
11	+	−	+	−	+	−	+	−	−	+	−	+	−	+	−	+	*bd*
12	+	+	+	−	+	+	−	+	−	+	−	−	+	−	−	−	*abd*
13	+	−	−	+	+	+	−	−	−	−	+	+	+	−	−	+	*cd*
14	+	+	−	+	+	−	+	+	−	−	+	−	−	+	−	−	*acd*
15	+	−	+	+	+	−	−	−	+	+	+	−	−	−	+	−	*bcd*
16	+	+	+	+	+	+	+	+	+	+	+	+	+	+	+	+	*abcd*

Hinzufügung von x_3 auf der unteren Stufe und einmal unter Hinzufügung von x_3 auf der oberen Stufe wiederholt. Entsprechend läßt sich jeder VFV 2^k; $k \geqq 3$; ausgehend von einem VFV 2^{k-1} konstruieren.

VERFAHREN 5.2.3 (Konstruktion von VFV 2^k aus VFV 2^{k-1}):

1. **Gegebene Größen:** a) (unvollständiger) $(k, 1, k)$-Ansatz $\tilde{S}$.

b) $V = \{\boldsymbol{x} \in \mathrm{R}^k;\ -1 \leqq x_i \leqq 1;\ i = 1, \dots, k\}$.

c) VFV 2^{k-1}.

2. **Aufgabe:** Konstruiere VFV 2^k.

5. **Lösung:** Bilde den VFV 2^k aus einer Wiederholung des VFV 2^{k-1} unter Hinzufügung von x_k auf der unteren Stufe und einer Wiederholung des VFV 2^{k-1} unter Hinzufügung von x_k auf der oberen Stufe •

Beispiel 5.2.6:

1. a) $\tilde{S}(4, 1, 4)$ (›Bsp. 5.2.5).

b) $V = \{\boldsymbol{x} \in \mathrm{R}^4\colon -1 \leqq x_i \leqq 1,\ i = 1, 2, 3, 4\}$.

c) VFV 2^3 gemäß Bsp. 5.2.4.

2. Konstruiere VFV 2^4.

5. Als Lösung erhalten wir den in Tab. 5.2.3 angegebenen VFV 2^4: Die Versuche Nr. 1–8 aus Tab. 5.2.3 entsprechen einer Wiederholung des VFV 2^3 (›Tab. 5.2.2) unter Hinzufügung von x_4 auf der unteren Stufe, und die Versuche Nr. 9–16 werden von einer Wiederholung des VFV 2^3 unter Hinzufügung von x_4 auf der oberen Stufe gebildet.

Beispiel 5.2.7:

1. a) $\tilde{S}(5, 1, 5)$ (›Bsp. 5.1.2/a) mit $k = 5$) mit $\tilde{\eta}(\boldsymbol{x}, \boldsymbol{\vartheta}) = \vartheta_0 x_0 + \vartheta_1 x_1 + \vartheta_2 x_2 + \vartheta_3 x_3 + \vartheta_4 x_4 + \vartheta_5 x_5 + \vartheta_{12} x_1 x_2 + \dots + \vartheta_{12345} x_1 x_2 x_3 x_4 x_5$.

b) $V = \{\boldsymbol{x} \in \mathrm{R}^5\colon -1 \leqq x_i \leqq 1;\ i = 1, 2, 3, 4, 5\}$.

c) VFV 2^4 gemäß Bsp. 5.2.5.

2. Konstruiere VFV 2^5.

5. Die Versuchspunkte Nr. 1–16 entsprechen einer Wiederholung des VFV 2^4 (›Tab. 5.2.3) unter Hinzufügung von x_5 auf der unteren Stufe. Sie haben damit die gleiche Codierung wie der VFV 2^4. Die Versuchspunkte Nr. 17–32 werden von einer Wiederholung des VFV 2^4 unter Hinzufügung von x_5 auf der oberen Stufe gebildet, in der Codierung erscheint daher ein *e*. Als VFV 2^5 erhalten wir in codierter Form:

(1), *a, b, ab, c, ac, bc, abc, d, ad, bd, abd, cd, acd, bcd, abcd, e, ae, be, abe, ce, ace, bce, abce, de, ade, bde, abde, cde, acde, bcde, abcde.*

Zur Untersuchung der Eigenschaften der VFV 2^k ist es nützlich, die Spalten der Versuchsplanmatrix $\boldsymbol{F}(\text{VFV } 2^k;\ \tilde{S}(k, 1, k))$ des vollständigen $(k, 1, k)$-Ansatzes $\tilde{S}(k, 1, k)$ zu betrachten.

Bezeichnung 5.2.6: Es bezeichne $\boldsymbol{s}_{i_1 \dots i_w}$ diejenige Spalte von $\boldsymbol{F}(\text{VFV } 2^k;\ \tilde{S}(k, 1, k))$, die zum Polynomterm $x_{i_1} \dots x_{i_w}$ gehört •

Damit hat z. B. $\boldsymbol{F}(\text{VFV } 2^2;\ \tilde{S}(2, 1, 2))$ die Darstellung (›Tab. 5.2.1)

$$\boldsymbol{F}(\text{VFV } 2^2;\ \tilde{S}(2, 1, 2)) = (\boldsymbol{s}_0, \boldsymbol{s}_1, \boldsymbol{s}_2, \boldsymbol{s}_{12})\,. \tag{5.2.1}$$

Die Versuchsplanmatrix für einen *unvollständigen* $(k, 1, k)$-Ansatz $\tilde{S}$ erhält man aus der zum vollständigen Ansatz, indem man die entsprechenden Spalten für die fehlenden Polynomterme *wegläßt*; die Versuchsplanmatrix wird dann entsprechend mit $\boldsymbol{F}(\text{VFV } 2^k; \tilde{S})$ bezeichnet. Kürzen wir die Indexfolge $i_1 \dots i_q$ mit (j) ab, so erhalten wir

$$\boldsymbol{s}'_{(j)}\boldsymbol{s}_{(j')} = \begin{cases} 0 & \text{für } (j) \neq (j'), \\ 2^k & \text{für } (j) = (j'), \end{cases} \tag{5.2.2}$$

d. h., das *skalare Produkt* zweier verschiedener Spalten ist Null und das jeder Spalte mit sich selbst ist 2^k. Aus (5.2.2) ergibt sich für $\tilde{S}(k, 1, k)$

$$\boldsymbol{F}'\big(\text{VFV } 2^k; \tilde{S}(k, 1, k)\big)\, \boldsymbol{F}\big(\text{VFV } 2^k; \tilde{S}(k, 1, k)\big) = 2^k \boldsymbol{I}_{2^k} \tag{5.2.3}$$

und für einen unvollständigen $(k, 1, k)$-Ansatz $\tilde{S}$ mit r Koeffizienten

$$\boldsymbol{F}'(\text{VFV } 2^k; \tilde{S})\, \boldsymbol{F}(\text{VFV } 2^k; \tilde{S}) = 2^k \boldsymbol{I}_r\,. \tag{5.2.4}$$

Damit sind die VFV 2^k *reguläre* Pläne ($\det \boldsymbol{F}'\boldsymbol{F} > 0$). Sie erfüllen aber sogar die Bedingung in Bez. 2.5.9.

Aussage 5.2.1: Für jeden $(k, 1, k)$-Ansatz ist ein VFV 2^k ein *orthogonaler* Versuchsplan ●

Für $\tilde{S}(k, 1, k)$ ist ein VFV 2^k darüberhinaus ein *gesättigter* Versuchsplan (›Bez. 5.2.3).

Die Orthogonalität des Planes macht die Berechnung der MKQ-Schätzungen sehr einfach. Die Konkretisierung von Verf. 5.2.1/5.c) hat die folgende Form.

VERFAHREN 5.2.4 (MKQ-Schätzung mit VFV 2^k):

1. **Gegebene Größen:** a) k Faktoren: $x_1, \dots, x_k$; $k \geqq 2$.

b) (unvollständiger) $(k, 1, k)$-Ansatz $\tilde{S}_1$.

c) $V = \{\boldsymbol{x} \in \mathrm{R}^k\colon -1 \leqq x_i \leqq 1;\, i = 1, \dots, k\}$.

d) $H = V$.

e) $V_n = \text{VFV } 2^k$ und $\boldsymbol{y}(V_n)$.

2. **Aufgabe:** Schätze die unbekannte Wirkungsfläche $\eta(\boldsymbol{x})$ in H.

3. **Bezeichnung:** a) $\tilde{S}_1 = \{\tilde{\eta}(\boldsymbol{x}, \boldsymbol{\vartheta}) = \boldsymbol{f}(\boldsymbol{x})'\, \boldsymbol{\vartheta} : \boldsymbol{x} \in B\}_{\boldsymbol{\vartheta} \in \mathrm{R}^r}$.

b) $\boldsymbol{f}(\boldsymbol{x}) = \big(f_1(\boldsymbol{x}), \dots, f_r(\boldsymbol{x})\big)'$.

c) $f_j(\boldsymbol{x}) = x_{i_1} \dots x_{i_{q_j}}$; $1 \leqq i_1 < i_2 < \dots < i_{q_j} \leqq k$; $q_j \leqq k$; $j = 1, \dots, r$.

d) $\boldsymbol{\vartheta} = (\vartheta_{(1)}, \dots, \vartheta_{(r)})'$.

e) $\vartheta_{(j)} = \vartheta_{i_1 i_2 \dots i_{q_j}}$ (entsprechend 3.c)).

f) $\check{\vartheta}_{(j)} = \check{\vartheta}_{i_1 i_2 \dots i_{q_j}}$ (entsprechend 3.c)).

g) $\boldsymbol{s}_{(j)} = \boldsymbol{s}_{i_1 i_2 \dots i_{q_j}}$ gemäß Bez. 5.2.6.

4. **Voraussetzung:** $\boldsymbol{B}_{\mathfrak{y}(V_n)} = \sigma^2 \boldsymbol{I}_n$.

5. **Lösung:** a) Schätze $\vartheta_{(j)}$ durch $\check{\vartheta}_{(j)}$ mit

$$\check{\vartheta}_{(j)} = \frac{1}{2^k}\, \boldsymbol{s}'_{(j)}\, \boldsymbol{y}(V_n)\,. \tag{5.2.5}$$

b) Schätze $\eta(\boldsymbol{x})$ durch

$$\tilde{\eta}(\boldsymbol{x}, \check{\boldsymbol{\vartheta}}) = \boldsymbol{f}(\boldsymbol{x})' \check{\boldsymbol{\vartheta}} \bullet \tag{5.2.6}$$

Man erhält also die Schätzung eines Koeffizienten, indem man die zugehörige Spalte der Versuchsplanmatrix skalar mit der Realisierung des Beobachtungsvektors multipliziert und durch 2^k dividiert.

Beispiel 5.2.8:

1. a) x_1, x_2, x_3, x_4

b) unvollständiger (4,1,4)-Ansatz mit $\tilde{\eta}(\boldsymbol{x}, \boldsymbol{\vartheta}) = \vartheta_0 x_0 + \vartheta_1 x_1 + \vartheta_2 x_2 + \vartheta_3 x_3 + \vartheta_4 x_4 + \vartheta_{12} x_1 x_2 + \vartheta_{13} x_1 x_3 + \vartheta_{14} x_1 x_4 + \vartheta_{23} x_2 x_3 + \vartheta_{24} x_2 x_4 + \vartheta_{34} x_3 x_4 + \vartheta_{123} x_1 x_2 x_3 + \vartheta_{124} x_1 x_2 x_4 + \vartheta_{134} x_1 x_3 x_4$; $\boldsymbol{x} \in B$; $\boldsymbol{\vartheta} \in \mathrm{R}^{14}$.

e) V_{16} = VFV 2^4 und $\boldsymbol{y}(V_{16}) = (6{,}2; 20{,}3; -12{,}1; 5{,}8; 19{,}7; 16{,}2; 0{,}5; 17{,}6; 30{,}4; 15{,}8; 22{,}0; 14{,}1; 13{,}9; 16{,}4; 11{,}5; 26{,}3)'$.

3. a) –c) s. 1.b).

e) $\boldsymbol{\vartheta} = (\vartheta_0, \vartheta_1, \vartheta_2, \vartheta_3, \vartheta_4, \vartheta_{12}, \vartheta_{13}, \vartheta_{14}, \vartheta_{23}, \vartheta_{24}, \vartheta_{34}, \vartheta_{123}, \vartheta_{124}, \vartheta_{134})'$.

f) $\check{\boldsymbol{\vartheta}}$ entsprechend 3.e).

g) $\boldsymbol{s}$ mit den entsprechenden Indizes aus 3.e).

5. a) ›Tab. 5.2.4.

b) $\tilde{\eta}(\boldsymbol{x}, \check{\boldsymbol{\vartheta}}) = 14{,}0 + 2{,}5x_1 - 3{,}3x_2 + 1{,}2x_3 + 4{,}8x_4 + 2{,}7x_1x_2 + 1{,}3x_1x_3 - 3{,}2x_1x_4 + 2{,}0x_2x_3 + 3{,}0x_2x_4 - 3{,}0x_3x_4 + 1{,}4x_1x_2x_3 - 0{,}3x_1x_2x_4 + 3{,}6x_1x_3x_4$.

Aus (5.2.4) erhalten wir als *Kovarianzmatrix* der MKQ-Schätzung

$$\boldsymbol{B}_{\check{\boldsymbol{\vartheta}}(\mathfrak{Y}(V_{2^k}))} = \sigma^2 \big(\boldsymbol{F}'(\text{VFV } 2^k; \tilde{S})\, \boldsymbol{F}(\text{VFV } 2^k; \tilde{S})\big)^{-1} = \frac{\sigma^2}{2^k} \boldsymbol{I}_r \,. \tag{5.2.7}$$

Die Schätzungen der Parameter sind *unkorreliert* und haben alle die gleiche Varianz $\sigma^2\, 2^{-k}$. Falls $\mathfrak{Y}(V_{2^k})$ normalverteilt ist, sind die Schätzungen der Parameter sogar unabhängig.

Im *Spezialfall*, daß als *Ansatz* $\tilde{S}(k, 1)$ vorliegt, hat der VFV 2^k weitere Eigenschaften, die sich als vorteilhaft erweisen können. Für die Varianzfunktion ergibt sich dann speziell

$$\begin{aligned} \mathrm{D}^2\tilde{\eta}(\boldsymbol{x}, \check{\boldsymbol{\vartheta}}(\mathfrak{Y}(V_{2^k})))' &= \sigma^2 \boldsymbol{f}(\boldsymbol{x})' \, (\boldsymbol{F}'(\text{VFV } 2^k; \tilde{S}(k, 1))\, \boldsymbol{F}(\text{VFV } 2^k; \tilde{S}(k, 1)))^{-1} \boldsymbol{f}(\boldsymbol{x}) \\ &= \frac{\sigma^2}{2^k} (1, x_1, \dots, x_k)\, (1, x_1, \dots, x_k)' = \frac{\sigma^2}{2^k} \left(1 + \sum_{i=1}^{k} x_i^2\right). \end{aligned}$$

Der Versuchsplan VFV 2^k ist also für $\tilde{S}(k, 1)$ *drehbar* (›Bez. 2.5.10) bezüglich $\boldsymbol{x}_0 = \boldsymbol{0}$. Wegen (5.2.7) ist der VFV 2^k für einen *wahren* $(k, 1, k)$-Ansatz sogar *D*-, *G*-, *A*- und *E-optimal* in der Menge aller regulären Pläne des gleichen Umfangs (›Bem. 4.6.2).

5.2.3. Teilweise faktorielle Versuchspläne vom Typ 2^{k-p}

Die Anzahl der Versuchspunkte in einem VFV 2^k wächst sehr stark mit der Anzahl k der Faktoren. Für den $\tilde{S}(k, 1, k)$ als Ansatz ist dies auch nötig, weil die Anzahl seiner Koeffizienten in gleicher Weise wächst. Für diesen vollständigen $(k, 1, k)$-Ansatz ist ein VFV 2^k ein gesättigter Plan (›Bez. 5.2.3).

Tab. 5.2.4: MKQ-Schätzung mit VFV 2^4

Versuch Nr.	Versuchsplanmatrix $F(\text{VFV } 2^4; \tilde{S})$														Codierung	Vektor der Beobachtungen $y(V_{16})$
		VFV 2^4														
	x_0	x_1	x_2	x_3	x_4	x_1x_2	x_1x_3	x_1x_4	x_2x_3	x_2x_4	x_3x_4	$x_1x_2x_3$	$x_1x_2x_4$	$x_1x_3x_4$		
	s_0	s_1	s_2	s_3	s_4	s_{12}	s_{13}	s_{14}	s_{23}	s_{24}	s_{34}	s_{123}	s_{124}	s_{134}		
1	+	−	−	−	−	+	+	+	+	+	+	−	−	−	(1)	6,2
2	+	+	−	−	−	−	−	−	+	+	+	+	+	+	*a*	20,3
3	+	−	+	−	−	−	+	+	−	−	+	+	+	−	*b*	−12,1
4	+	+	+	−	−	+	−	−	−	−	+	−	−	+	*ab*	5,8
5	+	−	−	+	−	+	−	+	−	+	−	+	−	+	*c*	19,7
6	+	+	−	+	−	−	+	−	−	+	−	−	+	−	*ac*	16,2
7	+	−	+	+	−	−	−	+	+	−	−	−	+	+	*bc*	0,5
8	+	+	+	+	−	+	+	−	+	−	−	+	−	−	*abc*	17,6
9	+	−	−	−	+	+	+	−	+	−	−	−	+	+	*d*	30,4
10	+	+	−	−	+	−	−	+	+	−	−	+	−	−	*ad*	15,8
11	+	−	+	−	+	−	+	−	−	+	−	+	−	+	*bd*	22,0
12	+	+	+	−	+	+	−	+	−	+	−	−	+	−	*abd*	14,1
13	+	−	−	+	+	+	−	−	−	−	+	+	+	−	*cd*	13,9
14	+	+	−	+	+	−	+	+	−	−	+	−	−	+	*acd*	16,4
15	+	−	+	+	+	−	−	−	+	+	+	−	−	−	*bcd*	11,5
16	+	+	+	+	+	+	+	+	+	+	+	+	+	+	*abcd*	26,3
$\check{\vartheta}$	$\check{\vartheta}_0$	$\check{\vartheta}_1$	$\check{\vartheta}_2$	$\check{\vartheta}_3$	$\check{\vartheta}_4$	$\check{\vartheta}_{12}$	$\check{\vartheta}_{13}$	$\check{\vartheta}_{14}$	$\check{\vartheta}_{23}$	$\check{\vartheta}_{24}$	$\check{\vartheta}_{34}$	$\check{\vartheta}_{123}$	$\check{\vartheta}_{124}$	$\check{\vartheta}_{134}$		
	14,0	2,5	−3,3	1,2	4,8	2,7	1,3	−3,2	2,0	3,0	−3,0	1,4	−0,3	3,6		

Wenn man jedoch *mehr* über die Wirkungsfläche *weiß* oder *weniger* von der Approximation der Wirkungsfläche durch die Schätzung *verlangt*, kann man auf einige der Polynomterme in $\tilde{S}(k, 1, k)$ für den Ansatz verzichten. Häufig darf man z. B. Wechselwirkungen zwischen mehr als zwei Faktoren (›Bez. 5.1.4) als unwesentlich ansehen und die entsprechenden Polynomterme aus dem $\tilde{S}(k, 1, k)$ weglassen. Man erwartet dann, daß man mit einem geringen Planumfang für die Schätzung auskommt.

Falls der vorgelegte unvollständige $(k, 1, k)$-Ansatz wesentlich weniger Koeffizienten als $\tilde{S}(k, 1, k)$ enthält, dann ist für die reguläre MKQ-Schätzung der Umfang 2^k eines VFV 2^k nicht mehr erforderlich und in der Regel zu hoch. Zwar verkleinert sich die Varianz der Schätzung mit dem Faktor $1/n$, aber gleichzeitig können die Aufwendungen für die Versuchsdurchführung mit dem Umfang n des Planes stark wachsen. Es ist also in diesem Fall erforderlich und möglich, für den Planumfang n eine *Größenordnung* zu wählen, die einerseits nicht kleiner sein darf als die Anzahl der Koeffizienten des unvollständigen $(k, 1, k)$-Ansatzes und andererseits die Versuchskosten auf einem vertretbaren Niveau halten muß.

Es ist naheliegend, als Versuchsplan zur Schätzung für den unvollständigen $(k, 1, k)$-Ansatz einen *Teil* der Punkte des VFV 2^k zu verwenden.

Bezeichnung 5.2.7: Der Versuchsplan V_n heißt *(k-dimensionaler) teilweise faktorieller Versuchsplan auf zwei Stufen vom Umfang n* (kurz TFV $(2, k, n)$), wenn V_n aus n; $n \leqq 2^k$; verschiedenen Versuchspunkten eines VFV 2^k besteht •

Bei gegebenem n gibt es zu einem VFV 2^k aber $\binom{2^k}{n}$ verschiedene TFV $(2, k, n)$ und die Auswahl aus ihnen muß in Abhängigkeit vom vorliegenden Ansatz erfolgen, denn der Plan muß für diesen Ansatz *regulär* sein. Für bestimmte n gibt es für die im allgemeinen mühsame Auswahlprozedur praktikable Verfahren. Um diese Verfahren zu nutzen, hatten wir eingangs geraten, nur die Größenordnung von n festzulegen.

Bezeichnung 5.2.8: Der Versuchsplan TFV$(2, k, n)$ heißt *(k-dimensionaler) teilweise faktorieller Versuchsplan vom Typ* 2^{k-p} (kurz TFV 2^{k-p}), wenn $n = 2^{k-p}$ gilt, wobei p; $p < k$; eine natürliche Zahl ist •

Die Idee für das Auswahlverfahren besteht nun darin, die Versuchsplanmatrix eines VFV 2^q mit $q = k - p$ aufzuschreiben und die Spalten dieser Versuchsplanmatrix den Polynomtermen des vorgelegten unvollständigen $(k, 1, k)$-Ansatzes in geschickter Weise zuzuordnen. In den Spalten für die Faktoren $x_1, \ldots, x_k$ steht dann der gesuchte TFV 2^{k-p}. Die Geschick erfordernde Schwierigkeit besteht darin, daß die neue Zuordnung der Spalten für die Produktterme der Faktoren $x_1, \ldots, x_k$ wirklich die entsprechenden Produkte der Spalten dieser Faktoren liefert. Wir werden dieses Vorgehen daher an verschiedenen wichtigen Spezialfällen und in Beispielen demonstrieren (zur Theorie ›[I/11]).

Für den Fall, daß der Planumfang n vorgegeben ist und, z. B. aus Aufwandgründen, nicht auf eine Zweierpotenz erhöht werden darf, werden in Verf. 5.2.15 und Verf. 5.2.16 nach anderen Methoden (gesättigte) Versuchspläne für gewisse Ansätze angegeben.

Bei der Wahl eines TFV 2^{k-p} wird die Versuchsanzahl im allgemeinen noch um einiges größer sein als die Anzahl der Koeffizienten im vorgelegten Ansatz. Dies läßt sich in zweifacher Hinsicht ausnutzen. Da der Ansatz nur als Näherungsansatz aufgefaßt wird, kann man sich überlegen, ob man nicht weitere solche Polynomterme zum Ansatz hinzunimmt, deren Koeffizienten der Plan eindeutig zu schätzen erlaubt und über deren Beibehaltung im weiteren Verlauf eines stufenweisen Verfahrens (›General-verf.) mitentschieden werden kann. Weiterhin ist es gelegentlich möglich, die Anforderungen, die ein Entscheidungskriterium (z. B. ein Test) über den Ansatz (›General-verf. /1.f)) an den Plan stellt, durch diesen größeren Planumfang zu befriedigen. (Wenn wir uns auch für [5.2] auf eine einstufige Version gemäß Verf. 5.2.1 festgelegt haben, so wollen wir doch das Generalverfahren nicht aus den Augen verlieren.)

Wir beginnen mit der Auswahl eines TFV 2^{k-p} für den einfachsten Ansatz, den $\tilde{S}(k, 1)$, in dem keine Produktterme auftreten.

VERFAHREN 5.2.5 (TFV 2^{k-p} für $\tilde{S}(k, 1)$):

1. **Gegebene Größen:** a) $\tilde{S}(k, 1) = \left\{\tilde{\eta}(\boldsymbol{x}, \boldsymbol{\vartheta}) = \vartheta_0 x_0 + \sum_{i=1}^{k} \vartheta_i x_i : \boldsymbol{x} \in B\right\}_{\boldsymbol{\vartheta}\in \mathrm{R}^{k+1}}$.

b) $V = \{\boldsymbol{x} \in \mathrm{R}^k: -1 \leqq x_i \leqq 1; i = 1, \ldots, k\}$.

c) VFV 2^q mit $q = k - p$ für $\tilde{S}(q, 1, q)$.

2. **Aufgabe:** Konstruiere TFV 2^{k-p} für $\tilde{S}(k, 1)$.

3. **Bezeichnungen:** a) $\boldsymbol{F}(\text{VFV } 2^q; \tilde{S}(q, 1, q)) = (\tilde{\boldsymbol{s}}_0, \tilde{\boldsymbol{s}}_1, \ldots, \tilde{\boldsymbol{s}}_q, \tilde{\boldsymbol{s}}_{12}, \ldots, \tilde{\boldsymbol{s}}_{1\ldots q})$.

b) $\boldsymbol{F}(\text{TFV } 2^{k-p}; \tilde{S}(k, 1)) = (\boldsymbol{s}_0, \boldsymbol{s}_1, \ldots, \boldsymbol{s}_k)$.

5. **Lösung:** a) Setze für $j = 0, 1, \ldots, q$

$$\boldsymbol{s}_j = \tilde{\boldsymbol{s}}_j .$$

b) Wähle aus den Spalten $\tilde{\boldsymbol{s}}_{12}, \ldots, \tilde{\boldsymbol{s}}_{q-1,q}, \ldots, \tilde{\boldsymbol{s}}_{1\ldots q}$ insgesamt p verschiedene Spalten aus und bezeichne sie mit $\boldsymbol{s}_{(q+1)}, \ldots, \boldsymbol{s}_{(k)}$.

c) Wähle p Vorzeichen

$$(-1)^{\alpha_{q+1}}, \ldots, (-1)^{\alpha_k}; \quad \alpha_i \in \{0, 1\}, i = q + 1, \ldots, k . \tag{5.2.8}$$

d) Setze für $j = q + 1, \ldots, k$

$$\boldsymbol{s}_j = (-1)^{\alpha_j} \boldsymbol{s}_{(j)} . \tag{5.2.9}$$

e) Die Zeilen der Matrix $(\boldsymbol{s}_1, \ldots, \boldsymbol{s}_k)$ entsprechen den Punkten des gesuchten Versuchsplanes TFV 2^{k-p} ●

Im Verf. 5.2.5/1.c) ist angenommen, daß p aus Überlegungen zum Versuchsplanumfang vor dem Verfahren gewählt wurde. Die Auswahl in 5.a), aber in noch stärkerem Maße die in 5.b), ist willkürlich. Wenn diese Auswahl erfolgt ist, gibt es immer noch 2^p Möglichkeiten für die Festlegung der Vorzeichen in 5.c). Die 2^p Versuchspläne TFV 2^{k-p}, die sich nur durch die verschiedene Festsetzung dieser Vorzeichen unterscheiden, bezeichnen wir als eine *Familie* von TFV 2^{k-p} bezüglich (5.2.9). Ihre Summe liefert den VFV 2^k.

Man bezeichnet einen TFV 2^{k-p} auch als eine $(1/2^p)$-*Wiederholung eines* VFV 2^k. Zum Beispiel wird also ein TFV 2^{k-1} eine halbe Wiederholung des VFV 2^k genannt.

Beispiel 5.2.9:

1. a) $\tilde{S}(3,1) = \{\tilde{\eta}(\boldsymbol{x}, \boldsymbol{\vartheta}) = \vartheta_0 x_0 + \vartheta_1 x_1 + \vartheta_2 x_2 + \vartheta_3 x_3 : \boldsymbol{x} \in B\}_{\boldsymbol{\vartheta}\in \mathrm{R}^4}$.

b) $V = \{\boldsymbol{x} \in \mathrm{R}^3: -1 \leqq x_i \leqq 1; i = 1, 2, 3\}$.

c) VFV 2^2 mit $q = 3 - 1$ für $\tilde{S}(2, 1, 2)$.

2. Konstruiere einen TFV 2^{3-1}.

3. a) $\boldsymbol{F}(\text{VFV } 2^2; \tilde{S}(2, 1, 2)) = (\tilde{\boldsymbol{s}}_0, \tilde{\boldsymbol{s}}_1, \tilde{\boldsymbol{s}}_2, \tilde{\boldsymbol{s}}_{12})$.

b) $\boldsymbol{F}(\text{TFV } 2^{3-1}; \tilde{S}(3, 1)) = (\boldsymbol{s}_0, \boldsymbol{s}_1, \boldsymbol{s}_2, \boldsymbol{s}_3)$.

5. a) $\boldsymbol{s}_0 = \tilde{\boldsymbol{s}}_0;\ \boldsymbol{s}_1 = \tilde{\boldsymbol{s}}_1;\ \boldsymbol{s}_2 = \tilde{\boldsymbol{s}}_2$.

b) $p = 1: \boldsymbol{s}_{(3)} = \tilde{\boldsymbol{s}}_{12}$.

c₁) 1. Variante: $(-1)^{\alpha_3} = +1$.

d₁) 1. Variante: $\boldsymbol{s}_3 = \tilde{\boldsymbol{s}}_{12}$.

c₂) 2. Variante: $(-1)^{\alpha_3} = -1$.

d₂) 2. Variante: $\boldsymbol{s}_3 = -\tilde{\boldsymbol{s}}_{12}$.

e) Es handelt sich um Umbezeichnungen der gesamten Versuchsplanmatrix $\boldsymbol{F}(\text{VFV } 2^2; \tilde{S}(2, 1, 2))$ (›Tab. 5.2.5 bez. der 1. Variante und Tab. 5.2.6 bez. der 2. Variante).

Tab. 5.2.5: TFV 2^{3-1} mit $\boldsymbol{s}_3 = \tilde{\boldsymbol{s}}_{12}$

Versuch Nr.	Versuchsplanmatrix $\boldsymbol{F}(\text{TFV } 2^{3-1}; \tilde{S}(3,1))$				Codierung
		TFV 2^{3-1}			
	x_0	x_1	x_2	$x_3(= x_1x_2)$	
	$\boldsymbol{s}_0$	$\boldsymbol{s}_1$	$\boldsymbol{s}_2$	$\boldsymbol{s}_3(= \tilde{\boldsymbol{s}}_{12})$	
1	+	−	−	+	*c*
2	+	+	−	−	*a*
3	+	−	+	−	*b*
4	+	+	+	+	*abc*

Tab. 5.2.6: TFV 2^{3-1} mit $\boldsymbol{s}_3 = -\tilde{\boldsymbol{s}}_{12}$

Versuch Nr.	Versuchsplanmatrix $\boldsymbol{F}(\text{TFV } 2^{3-1}; \tilde{S}(3, 1))$				Codierung
		TFV 2^{3-1}			
	x_0	x_1	x_2	$x_3(= -x_1x_2)$	
	$\boldsymbol{s}_0$	$\boldsymbol{s}_1$	$\boldsymbol{s}_2$	$\boldsymbol{s}_3(= -\tilde{\boldsymbol{s}}_{12})$	
1	+	−	−	−	(1)
2	+	+	−	+	*ac*
3	+	−	+	+	*bc*
4	+	+	+	−	*ab*

Der TFV 2^{3-1} aus Tab. 5.2.5 wird *alternativer* TFV 2^{3-1} zu dem aus Tab. 5.2.6 genannt, weil er für einen der Faktoren, x_3, in jedem Versuch jeweils die alternative Stufe fordert. Die Summe der beiden alternativen Pläne ergibt den VFV 2^3 (›Tab. 5.2.2).

Beispiel 5.2.10:

1. a) $\tilde{S}(4, 1) = \{\tilde{\eta}(\boldsymbol{x}, \boldsymbol{\vartheta}) = \vartheta_0x_0 + \vartheta_1x_1 + \vartheta_2x_2 + \vartheta_3x_3 + \vartheta_4x_4 : \boldsymbol{x} \in B\}_{\boldsymbol{\vartheta}\in\mathrm{R}^5}$.

b) $V = \{\boldsymbol{x} \in \mathrm{R}^4 : -1 \leq x_i \leq 1;\ i = 1, 2, 3, 4\}$.

c) VFV 2^3 mit $q = 4 - 1$ für $\tilde{S}(3, 1, 3)$.

2. Konstruiere einen TFV 2^{4-1}.

3. a) $\boldsymbol{F}(\text{VFV } 2^3; \tilde{S}(3, 1, 3)) = (\tilde{\boldsymbol{s}}_0, \tilde{\boldsymbol{s}}_1, \tilde{\boldsymbol{s}}_2, \tilde{\boldsymbol{s}}_3, \tilde{\boldsymbol{s}}_{12}, \tilde{\boldsymbol{s}}_{13}, \tilde{\boldsymbol{s}}_{23}, \tilde{\boldsymbol{s}}_{123})$.

b) $\boldsymbol{F}(\text{TFV } 2^{4-1}; \tilde{S}(4, 1)) = (\boldsymbol{s}_0, \boldsymbol{s}_1, \boldsymbol{s}_2, \boldsymbol{s}_3, \boldsymbol{s}_4)$.

5. a) $\boldsymbol{s}_0 = \tilde{\boldsymbol{s}}_0$, $\boldsymbol{s}_1 = \tilde{\boldsymbol{s}}_1$, $\boldsymbol{s}_2 = \tilde{\boldsymbol{s}}_2$, $\boldsymbol{s}_3 = \tilde{\boldsymbol{s}}_3$.

b) $p = 1$: $\boldsymbol{s}_{(4)} = \tilde{\boldsymbol{s}}_{123}$. c) $(-1)^{\alpha_4} = +1$. d) $\boldsymbol{s}_4 = \tilde{\boldsymbol{s}}_{123}$.

e) Aus Tab. 5.2.2 entnimmt man die Spalten, die zu $x_1, x_2, x_3, x_1x_2x_3$ gehören, d. h. $\tilde{\boldsymbol{s}}_1, \tilde{\boldsymbol{s}}_2, \tilde{\boldsymbol{s}}_3, \tilde{\boldsymbol{s}}_{123}$. Es ergibt sich Tab. 5.2.7. (Wegen der Verwendung des Symbols $\odot$ ›(5.2.12)–(5.2.15)).

Tab. 5.2.7: TFV 2^{4-1} mit $\boldsymbol{1} = \boldsymbol{s}_1 \odot \boldsymbol{s}_2 \odot \boldsymbol{s}_3 \odot \boldsymbol{s}_4$

Versuch Nr.	Versuchsplanmatrix $\boldsymbol{F}$(TFV 2^{4-1}; $\tilde{S}(4, 1)$)					Codierung
		TFV 2^{4-1}				
	x_0	x_1	x_2	x_3	$x_4 (= x_1x_2x_3)$	
	$\boldsymbol{s}_0$	$\boldsymbol{s}_1$	$\boldsymbol{s}_2$	$\boldsymbol{s}_3$	$\boldsymbol{s}_4 (= \tilde{\boldsymbol{s}}_1 \odot \tilde{\boldsymbol{s}}_2 \odot \tilde{\boldsymbol{s}}_3)$	
1	+	–	–	–	–	(1)
2	+	+	–	–	+	*ad*
3	+	–	+	–	+	*bd*
4	+	+	+	–	–	*ab*
5	+	–	–	+	+	*cd*
6	+	+	–	+	–	*ac*
7	+	–	+	+	–	*bc*
8	+	+	+	+	+	*abcd*

Beispiel 5.2.11:

1.–5. b) wie Bsp. 5.2.10.

5. c) $(-1)^{\alpha_4} = -1$. d) $\boldsymbol{s}_4 = -\tilde{\boldsymbol{s}}_{123}$. e) ›Tab. 5.2.8.

Tab. 5.2.8: TFV 2^{4-1} mit $\boldsymbol{1} = -\boldsymbol{s}_1 \odot \boldsymbol{s}_2 \odot \boldsymbol{s}_3 \odot \boldsymbol{s}_4$

Versuch Nr.	Versuchsplanmatrix $\boldsymbol{F}$(TFV 2^{4-1}; $\tilde{S}(4, 1)$)					Codierung
		TFV 2^{4-1}				
	x_0	x_1	x_2	x_3	$x_4 (= -x_1x_2x_3)$	
	$\boldsymbol{s}_0$	$\boldsymbol{s}_1$	$\boldsymbol{s}_2$	$\boldsymbol{s}_3$	$\boldsymbol{s}_4 (= -\tilde{\boldsymbol{s}}_1 \odot \tilde{\boldsymbol{s}}_2 \odot \tilde{\boldsymbol{s}}_3)$	
1	+	–	–	–	+	*d*
2	+	+	–	–	–	*a*
3	+	–	+	–	–	*b*
4	+	+	+	–	+	*abd*
5	+	–	–	+	–	*c*
6	+	+	–	+	+	*acd*
7	+	–	+	+	+	*bcd*
8	+	+	+	+	–	*abc*

Der TFV 2^{4-1} aus Bsp. 5.2.11 wird *alternativer* TFV 2^{4-1} zu dem aus Bsp. 5.2.10 genannt, weil er für einen der Faktoren, x_4, in jedem Versuch jeweils die alternative Stufe fordert. Die Summe der beiden alternativen Pläne ergibt den VFV 2^4 (›Tab. 5.2.4).

Beispiel 5.2.12:

1. a) $\tilde{S}(5,1) = \{\tilde{\eta}(\boldsymbol{x}, \boldsymbol{\vartheta}) = \vartheta_0 x_0 + \vartheta_1 x_1 + \vartheta_2 x_2 + \vartheta_3 x_3 + \vartheta_4 x_4 + \vartheta_5 x_5 : \boldsymbol{x} \in B\}_{\boldsymbol{\vartheta} \in \mathrm{R}^6}$.

b) $V = \{\boldsymbol{x} \in \mathrm{R}^5 : -1 \leqq x_i \leqq 1, i = 1, 2, 3, 4, 5\}$.

c) VFV 2^3 mit $q = 5 - 2$ für $\tilde{S}(3, 1, 3)$.

2. Konstruiere einen TFV 2^{5-2}.

3. a) $F(\text{VFV } 2^3; \tilde{S}(3, 1, 3)) = (\tilde{s}_0, \tilde{s}_1, \tilde{s}_2, \tilde{s}_3, \tilde{s}_{12}, \tilde{s}_{13}, \tilde{s}_{23}, \tilde{s}_{123})$.
   b) $F(\text{TFV } 2^{5-2}; \tilde{S}(5,1)) = (s_0, s_1, s_2, s_3, s_4, s_5)$.

5. a) $s_0 = \tilde{s}_0$; $s_1 = \tilde{s}_1$; $s_2 = \tilde{s}_2$; $s_3 = \tilde{s}_3$.
   b) $p = 2$: $s_{(4)} = \tilde{s}_{123}$, $s_{(5)} = \tilde{s}_{12}$.
   c) $(-1)^{\alpha_4} = +1$; $(-1)^{\alpha_5} = +1$.
   d) $s_4 = \tilde{s}_{123}$; $s_5 = \tilde{s}_{12}$.
   e) Aus Tab. 5.2.2 entnimmt man die Spalten für $x_1, x_2, x_3, x_1x_2x_3, x_1x_2$ (↗Tab. 5.2.9).

Tab. 5.2.9: TFV 2^{5-2} gemäß Bsp. 5.2.12

Versuch Nr.	Versuchsplanmatrix $F(\text{TFV } 2^{5-2}; \tilde{S}(5, 1))$						Codierung
		TFV 2^{5-2}					
	x_0	x_1	x_2	x_3	$x_4(=x_1x_2x_3)$	$x_5(=x_1x_2)$	
	s_0	s_1	s_2	s_3	$s_4(=\tilde{s}_1 \odot \tilde{s}_2 \odot \tilde{s}_3)$	$s_5(=\tilde{s}_1 \odot \tilde{s}_2)$	
1	+	−	−	−	−	+	*e*
2	+	+	−	−	+	−	*ad*
3	+	−	+	−	+	−	*bd*
4	+	+	+	−	−	+	*abe*
5	+	−	−	+	+	+	*cde*
6	+	+	−	+	−	−	*ac*
7	+	−	+	+	−	−	*bc*
8	+	+	+	+	+	+	*abcde*

Beispiel 5.2.13:

1. a) $\tilde{S}(6, 1) = \left\{\tilde{\eta}(\boldsymbol{x}, \boldsymbol{\vartheta}) = \vartheta_0 x_0 + \sum_{i=1}^{6} \vartheta_i x_i : \boldsymbol{x} \in B\right\}_{\boldsymbol{\vartheta} \in \mathbb{R}^7}$.
   b) $V = \{\boldsymbol{x} \in \mathbb{R}^6 : -1 \leqq x_i \leqq 1; i = 1, \dots, 6\}$.
   c) VFV 2^3 mit $q = 6 - 3$ für $\tilde{S}(3, 1, 3)$.

2. Konstruiere einen TFV 2^{6-3}.

3. a) $F(\text{VFV } 2^3; \tilde{S}(3, 1, 3)) = (\tilde{s}_0, \tilde{s}_1, \tilde{s}_2, \tilde{s}_3, \tilde{s}_{12}, \tilde{s}_{13}, \tilde{s}_{23}, \tilde{s}_{123})$.
   b) $F(\text{TFV } 2^{6-3}; \tilde{S}(6, 1)) = (s_0, s_1, s_2, s_3, s_4, s_5, s_6)$.

Tab. 5.2.10: TFV 2^{6-3} gemäß Bsp. 5.2.13

Versuch Nr.	Versuchsplanmatrix $F(\text{TFV } 2^{6-3}; \tilde{S}(6, 1))$							Codierung
		TFV 2^{6-3}						
	x_0	x_1	x_2	x_3	$x_4(=x_1x_2x_3)$	$x_5(=x_1x_2)$	$x_6(=x_1x_3)$	
	s_0	s_1	s_2	s_3	$s_4(=\tilde{s}_1 \odot \tilde{s}_2 \odot \tilde{s}_3)$	$s_5(=\tilde{s}_1 \odot \tilde{s}_2)$	$s_6(=\tilde{s}_1 \odot \tilde{s}_3)$	
1	+	−	−	−	−	+	+	*ef*
2	+	+	−	−	+	−	−	*ad*
3	+	−	+	−	+	−	+	*bdf*
4	+	+	+	−	−	+	−	*abe*
5	+	−	−	+	+	+	−	*cde*
6	+	+	−	+	−	−	+	*acf*
7	+	−	+	+	−	−	−	*bc*
8	+	+	+	+	+	+	+	*abcdef*

5. a) $\boldsymbol{s}_0 = \tilde{\boldsymbol{s}}_0$; $\boldsymbol{s}_1 = \tilde{\boldsymbol{s}}_1$; $\boldsymbol{s}_2 = \tilde{\boldsymbol{s}}_2$; $\boldsymbol{s}_3 = \tilde{\boldsymbol{s}}_3$.

b) $p = 3$; $\boldsymbol{s}_{(4)} = \tilde{\boldsymbol{s}}_{123}$; $\boldsymbol{s}_{(5)} = \tilde{\boldsymbol{s}}_{12}$; $\boldsymbol{s}_{(6)} = \tilde{\boldsymbol{s}}_{13}$.

c) $(-1)^{\alpha_4} = (-1)^{\alpha_5} = (-1)^{\alpha_6} = +1$.

d) $\boldsymbol{s}_4 = \tilde{\boldsymbol{s}}_{123}$; $\boldsymbol{s}_5 = \tilde{\boldsymbol{s}}_{12}$; $\boldsymbol{s}_6 = \tilde{\boldsymbol{s}}_{13}$.

e) Aus Tab. 5.2.2 entnimmt man die Spalten für $x_1, x_2, x_3, x_1x_2x_3, x_1x_2, x_1x_3$ (›Tab. 5.2.10).

Beispiel 5.2.14:

1. a) $\tilde{S}(7, 1) = \left\{\tilde{\eta}(\boldsymbol{x}, \boldsymbol{\vartheta}) = \vartheta_0 x_0 + \sum_{i=1}^{7} \vartheta_i x_i : \boldsymbol{x} \in B\right\}_{\boldsymbol{\vartheta} \in \mathrm{R}^8}$.

b) $V = \{\boldsymbol{x} \in \mathrm{R}^7 : -1 \leqq x_i \leqq 1; i = 1, \ldots, 7\}$.

c) VFV 2^3 mit $q = 7 - 4$ für $\tilde{S}(3, 1, 3)$.

2. Konstruiere einen TFV 2^{7-4}.

3. a) $\boldsymbol{F}(\text{VFV } 2^3; \tilde{S}(3, 1, 3)) = (\tilde{\boldsymbol{s}}_0, \tilde{\boldsymbol{s}}_1, \tilde{\boldsymbol{s}}_2, \tilde{\boldsymbol{s}}_3, \tilde{\boldsymbol{s}}_{12}, \tilde{\boldsymbol{s}}_{13}, \tilde{\boldsymbol{s}}_{23}, \tilde{\boldsymbol{s}}_{123})$.

b) $\boldsymbol{F}\,(\text{TFV } 2^{7-4}; \tilde{S}(7, 1)\,) = (\boldsymbol{s}_0, \boldsymbol{s}_1, \boldsymbol{s}_2, \boldsymbol{s}_3, \boldsymbol{s}_4, \boldsymbol{s}_5, \boldsymbol{s}_6, \boldsymbol{s}_7)$.

5. a) $\boldsymbol{s}_0 = \tilde{\boldsymbol{s}}_0$; $\boldsymbol{s}_1 = \tilde{\boldsymbol{s}}_1$; $\boldsymbol{s}_2 = \tilde{\boldsymbol{s}}_2$; $\boldsymbol{s}_3 = \tilde{\boldsymbol{s}}_3$.

b) $p = 4$: $\boldsymbol{s}_{(4)} = \tilde{\boldsymbol{s}}_{123}$; $\boldsymbol{s}_{(5)} = \tilde{\boldsymbol{s}}_{12}$; $\boldsymbol{s}_{(6)} = \tilde{\boldsymbol{s}}_{13}$; $\boldsymbol{s}_{(7)} = \tilde{\boldsymbol{s}}_{23}$.

c) $(-1)^{\alpha_i} = +1$ für $i = 4, 5, 6, 7$.

d) $\boldsymbol{s}_4 = \tilde{\boldsymbol{s}}_{123}$; $\boldsymbol{s}_5 = \tilde{\boldsymbol{s}}_{12}$; $\boldsymbol{s}_6 = \tilde{\boldsymbol{s}}_{13}$; $\boldsymbol{s}_7 = \tilde{\boldsymbol{s}}_{23}$.

e) Die Spalten in Tab. 5.2.2 werden entsprechend 5.a) und 5.d) umbezeichnet (›Tab. 5.2.11).

Tab. 5.2.11: TFV 2^{7-4} gemäß Bsp. 5.2.14

Ver-such Nr.	Versuchsplanmatrix $\boldsymbol{F}(\text{TFV } 2^{7-4}; \tilde{S}(7, 1))$								Codie-rung
		TFV 2^{7-4}							
	x_0	x_1	x_2	x_4	x_4 $(= x_1x_2x_3)$	x_5 $(= x_1x_2)$	x_6 $(= x_1x_3)$	x_7 $(= x_2x_3)$	
	$\boldsymbol{s}_0$	$\boldsymbol{s}_1$	$\boldsymbol{s}_2$	$\boldsymbol{s}_3$	$\boldsymbol{s}_4$ $(= \tilde{\boldsymbol{s}}_1 \odot \tilde{\boldsymbol{s}}_2 \odot \tilde{\boldsymbol{s}}_3)$	$\boldsymbol{s}_5$ $(= \tilde{\boldsymbol{s}}_1 \odot \tilde{\boldsymbol{s}}_2)$	$\boldsymbol{s}_6$ $(= \tilde{\boldsymbol{s}}_1 \odot \tilde{\boldsymbol{s}}_3)$	$\boldsymbol{s}_7$ $(= \tilde{\boldsymbol{s}}_2 \odot \tilde{\boldsymbol{s}}_3)$	
1	+	−	−	−	−	+	+	+	*efg*
2	+	+	−	−	+	−	−	+	*adg*
3	+	−	+	−	+	−	+	−	*bdf*
4	+	+	+	−	−	+	−	−	*abe*
5	+	−	−	+	+	+	−	−	*cde*
6	+	+	−	+	−	−	+	−	*acf*
7	+	−	+	+	−	−	−	+	*bcg*
8	+	+	+	+	+	+	+	+	*abcdefg*

Bei den vorausgehenden Beispielen sind wir jeweils vom VFV 2^3 ausgegangen und haben der Reihe nach Pläne TFV 2^{4-1}, TFV 2^{5-2}, TFV 2^{6-3}, TFV 2^{7-4}, jeweils vom Planumfang $n = 8$ konstruiert. Entsprechend kann man aus einem VFV 2^4 mit $n = 16$ Planreihen TFV 2^{5-1}, TFV 2^{6-2}, TFV 2^{7-3}, TFV 2^{8-4}, ..., TFV 2^{15-11} konstruieren. Allgemein bekommt man aus jedem VFV 2^q solche Planreihen. Der jeweils letzte Plan einer solchen Reihe ist für $\tilde{S}(k, 1)$ gesättigt (›Bez. 5.2.3). Da zum Aufbau eines TFV 2^{k-p} für $\tilde{S}(k, 1)$ nur Spalten der Versuchsplanmatrix eines VFV verwendet werden, die bekanntlich orthogonal zueinander sind (›(5.2.2)), gestaltet sich auch für die TFV die MKQ-Schätzung sehr einfach.

VERFAHREN 5.2.6 (MKQ-Schätzung mit TFV 2^{k-p} für $\tilde{S}(k, 1)$):

1. **Gegebene Größen:** a) $\tilde{S}(k, 1) = \left\{\tilde{\eta}(\boldsymbol{x}, \boldsymbol{\vartheta}) = \vartheta_0 x_0 + \sum_{i=1}^{k} \vartheta_i x_i : \boldsymbol{x} \in B\right\}_{\boldsymbol{\vartheta} \in \mathrm{R}^{k+1}}$.

b) $V = \{\boldsymbol{x} \in \mathrm{R}^k : -1 \leqq x_i \leqq 1;\ i = 1, \dots, k\}$.

c) $H = V$.

d) $V_n = \mathrm{TFV}\ 2^{k-p}$ und $\boldsymbol{y}(V_n)$.

2. **Aufgabe:** Schätze die unbekannte Wirkungsfläche $\eta(\boldsymbol{x})$ in H.

3. **Bezeichnungen:** a) $\boldsymbol{F}(\mathrm{TFV}\ 2^{k-p}; \tilde{S}(k, 1)) = (\boldsymbol{s}_0, \boldsymbol{s}_1, \dots, \boldsymbol{s}_k)$.

b) $\boldsymbol{\vartheta} = (\vartheta_0, \vartheta_1, \dots, \vartheta_k)'$.

c) $\check{\boldsymbol{\vartheta}} = (\check{\vartheta}_0, \check{\vartheta}_1, \dots, \check{\vartheta}_k)'$.

4. **Voraussetzungen:** a) $\boldsymbol{B}_{\boldsymbol{y}(V_n)} = \sigma^2 \boldsymbol{I}_n$.

b) $2^{k-p} \geqq k + 1$.

5. **Lösung:** a) Schätze ϑ_i; $i = 0, 1, \dots, k$; durch

$$\check{\vartheta}_i = \frac{1}{2^{k-p}} \boldsymbol{s}_i' \boldsymbol{y}(V_n) . \tag{5.2.10}$$

b) Schätze $\eta(\boldsymbol{x})$ durch

$$\tilde{\eta}(\boldsymbol{x}, \check{\boldsymbol{\vartheta}}) = \check{\vartheta}_0 + \sum_{i=1}^{k} \check{\vartheta}_i x_i \bullet \tag{5.2.11}$$

Beispiel 5.2.15:

1. a) $\tilde{S}(7, 1) = \left\{\tilde{\eta}(\boldsymbol{x}, \boldsymbol{\vartheta}) = \vartheta_0 x_0 + \sum_{i=1}^{7} \vartheta_i x_i : \boldsymbol{x} \in B\right\}_{\boldsymbol{\vartheta} \in \mathrm{R}^8}$.

b) $V = \{\boldsymbol{x} \in \mathrm{R}^7 : -1 \leqq x_i \leqq 1;\ i = 1, \dots, 7\}$.

c) $H = V$.

d) $V_8 = \mathrm{TFV}\ 2^{7-4}$ aus Tab. 5.2.11 und $\boldsymbol{y}(V_8) = (-40{,}8; -4{,}2; 1{,}3; -9{,}5; -12{,}4; 19{,}7; -29{,}5; 10{,}1)'$.

3. a) $\boldsymbol{F}(\mathrm{TFV}\ 2^{7-4}; \tilde{S}(7, 1)) = (\boldsymbol{s}_0, \boldsymbol{s}_1, \dots, \boldsymbol{s}_7)$.

b) $\boldsymbol{\vartheta} = (\vartheta_0, \dots, \vartheta_7)'$.

c) $\check{\boldsymbol{\vartheta}} = (\check{\vartheta}_0, \dots, \check{\vartheta}_7)'$.

5. a) $\check{\vartheta}_i = \frac{1}{8} \boldsymbol{s}_i' \boldsymbol{y}(V_n)$; $i = 0, 1, \dots, 7$; ›Tab. 5.2.12.

b) $\tilde{\eta}(\boldsymbol{x}, \boldsymbol{\vartheta}) = \check{\vartheta}_0 + \sum_{i=1}^{7} \vartheta_i x_i$

$$= -8{,}2 + 12{,}2x_1 + 1{,}3x_2 + 5{,}1x_3 + 6{,}9x_4 - 5{,}0x_5 + 5{,}7x_6 - 8{,}0x_7.$$

Beim Verf. 5.2.5 hatten wir bemerkt, daß bei der Konstruktion eines TFV 2^{k-p} oft in gewisser Weise willkürlich vorgegangen werden kann. Dies kann man benutzen, um einen TFV 2^{k-p} zu wählen, der die reguläre Schätzung der Koeffizienten in einem vorgelegten unvollständigen $(k, 1, k)$-Ansatz ermöglicht. Weiterhin kann man bei der Auswahl des Plans berücksichtigen, daß er gemäß Generalverf. /5.c) die Anwendung eines Entscheidungskriteriums über den Ansatz gestatten soll, z. B. die Anwendung des F-Tests auf eine lineare Hypothese.

Tab. 5.2.12: MKQ-Schätzung mit TFV 2^{7-4} aus Bsp. 5.2.15

Versuch Nr.	Versuchsplanmatrix $\boldsymbol{F}(\text{TFV } 2^{7-4}; \tilde{S}(7, 1))$								Codierung	Vektor der Beobachtungen $\boldsymbol{y}(V_8)$
		TFV2^{7-4}								
	x_0	x_1	x_2	x_3	x_4 $(= x_1x_2x_3)$	x_5 $(= x_1x_2)$	x_6 $(= x_1x_3)$	x_7 $(= x_2x_3)$		
	$\boldsymbol{s}_0$	$\boldsymbol{s}_1$	$\boldsymbol{s}_2$	$\boldsymbol{s}_3$	$\boldsymbol{s}_4$ $(= \tilde{\boldsymbol{s}}_1 \odot \tilde{\boldsymbol{s}}_2 \odot \tilde{\boldsymbol{s}}_3)$	$\boldsymbol{s}_5$ $(= \tilde{\boldsymbol{s}}_1 \odot \tilde{\boldsymbol{s}}_2)$	$\boldsymbol{s}_6$ $(= \tilde{\boldsymbol{s}}_1 \odot \tilde{\boldsymbol{s}}_3)$	$\boldsymbol{s}_7$ $(= \tilde{\boldsymbol{s}}_2 \odot \tilde{\boldsymbol{s}}_3)$		
1	+	−	−	−	−	+	+	+	*efg*	−40,8
2	+	+	−	−	+	−	−	+	*adg*	− 4,2
3	+	−	+	−	+	−	+	−	*bdf*	1,3
4	+	+	+	−	−	+	−	−	*abe*	− 9,5
5	+	−	−	+	+	+	−	−	*cde*	−12,4
6	+	+	−	+	−	−	+	−	*acf*	19,7
7	+	−	+	+	−	−	−	+	*bcg*	−29,5
8	+	+	+	+	+	+	+	+	*abcdefg*	10,1
$\check{\boldsymbol{\vartheta}}$	$\check{\vartheta}_0$	$\check{\vartheta}_1$	$\check{\vartheta}_2$	$\check{\vartheta}_3$	$\check{\vartheta}_4$	$\check{\vartheta}_5$	$\check{\vartheta}_6$	$\check{\vartheta}_7$		
	−8,2	12,2	1,3	5,1	6,9	−5,0	5,7	−8,0		

Die reguläre Schätzung aller r Koeffizienten eines Ansatzes bedeutet, daß sie eindeutig mit der MKQ bestimmbar sein soll. Ausschlaggebend dafür ist die Struktur der Versuchsplanmatrix $\boldsymbol{F}(V_n)$. Ihre r Spalten müssen linear unabhängig (›Bez. A.1.4) sein. Die Feststellung der linearen Unabhängigkeit von Vektoren erfordert im allgemeinen einen gewissen numerischen Rechenaufwand. Bei TFV haben die Spalten der Planmatrix jedoch eine spezielle, besonders einfache Gestalt.

VERFAHREN 5.2.7 (Planmatrix zu TFV 2^{k-p} für unvollständigen $(k, 1, k)$-Ansatz):

1. **Gegebene Größen:** a) Unvollständiger $(k, 1, k)$-Ansatz $\tilde{S}$.

b) TFV 2^{k-p} für $\tilde{S}(k, 1)$.

2. **Aufgabe:** Konstruiere Planmatrix für $\tilde{S}$.

3. **Bezeichnungen:** a) TFV$2^{k-p} = V_n$.

b) $$\tilde{S} = \left\{\tilde{\eta}(\boldsymbol{x}, \boldsymbol{\vartheta}) = \sum_{j=1}^{r} \vartheta_{(j)} x_1^{\beta_{j1}} \dots x_k^{\beta_{jk}} : \boldsymbol{x} \in B, \beta_{ji} \in \{0, 1\}\,;\ i = 1, \dots, k;\ j = 1, \dots, r\right\}_{\boldsymbol{\vartheta} \in \mathbf{R}^r}.$$

c) $\boldsymbol{F}(V_n; \tilde{S}(k, 1)) = (\boldsymbol{s}_0, \boldsymbol{s}_1, \dots, \boldsymbol{s}_k)$.

d) $\boldsymbol{F}(V_n; \tilde{S}) = (\boldsymbol{s}_{(1)}, \boldsymbol{s}_{(2)}, \dots, \boldsymbol{s}_{(r)})$.

5. **Lösung:** a) Setze $j = 1$.

b) Bestimme diejenigen Exponenten β_{ji} mit $\beta_{ji} = 1$; $i = 1, \dots, k$: $\beta_{ji_1}, \dots, \beta_{ji_{k_j}}$; $k_j \leqq k$.

c) Multipliziere die Spalten $\boldsymbol{s}_{i_1}, \dots, \boldsymbol{s}_{i_{k_j}}$ elementweise miteinander. Die sich ergebende Spalte ist $\boldsymbol{s}_{(j)}$.

d) Falls alle $\beta_{ji} = 0$, dann ist $\boldsymbol{s}_{(j)} = \boldsymbol{s}_0$.

e) Wiederhole 5.b) und 5.c) mit $j + 1$, falls $j + 1 \leqq r$ ●

Beispiel 5.2.16:

1. a) $\tilde{S} = \{\tilde{\eta}(\boldsymbol{x}, \boldsymbol{\vartheta}) = \vartheta_0 x_0 + \vartheta_1 x_1 + \vartheta_2 x_2 + \vartheta_5 x_5 + \vartheta_{12} x_1 x_2 + \vartheta_{35} x_3 x_5 + \vartheta_{145} x_1 x_4 x_5 \colon \boldsymbol{x} \in \boldsymbol{B}\}_{\vartheta \in \mathrm{R}^7}$.

b) TFV 2^{5-2} gemäß Tab. 5.2.9.

3. a) TFV $2^{5-2} = V_8$. b) s. 1.a).

c) $\boldsymbol{F}(V_n; \tilde{S}(5, 1)) = (\boldsymbol{s}_0, \boldsymbol{s}_1, \dots, \boldsymbol{s}_5)$.

d) $\boldsymbol{F}(V_n; \tilde{S}) = (\boldsymbol{s}_{(1)}, \dots, \boldsymbol{s}_{(7)})$.

5. $j = 1$: nach 5.d): $\boldsymbol{s}_{(1)} = \boldsymbol{s}_0$;
$j = 2$: $\beta_{21} = 1$, $\boldsymbol{s}_{(3)} = \boldsymbol{s}_1$;
$j = 3$: $\beta_{32} = 1$, $\boldsymbol{s}_{(2)} = \boldsymbol{s}_2$;
$j = 4$: $\beta_{45} = 1$, $\boldsymbol{s}_{(4)} = \boldsymbol{s}_5$;
$j = 5$: $\beta_{51} = \beta_{52} = 1$, multipliziere elementweise $\boldsymbol{s}_1$ und $\boldsymbol{s}_2$; $\boldsymbol{s}_{(5)} = \boldsymbol{s}_{12}$
$j = 6$: $\beta_{63} = \beta_{65} = 1$, multipliziere elementweise $\boldsymbol{s}_3$ und $\boldsymbol{s}_5$; $\boldsymbol{s}_{(6)} = \boldsymbol{s}_{35}$
$j = 7$: $\beta_{71} = \beta_{74} = \beta_{75} = 1$. multipliziere elementweise $\boldsymbol{s}_1$, $\boldsymbol{s}_4$ und $\boldsymbol{s}_5$; $\boldsymbol{s}_{(7)} = \boldsymbol{s}_{145}$
(›Tab. 5.2.13).

Tab. 5.2.13: $\boldsymbol{F}(V_8, \tilde{S})$ gemäß Bsp. 5.2.16

Versuch Nr.	$\boldsymbol{F}(V_8; \tilde{S}(5, 1))$						$\boldsymbol{F}(V_8; \tilde{S})$						
	$\boldsymbol{s}_0$	$\boldsymbol{s}_1$	$\boldsymbol{s}_2$	$\boldsymbol{s}_3$	$\boldsymbol{s}_4$	$\boldsymbol{s}_5$	$\boldsymbol{s}_0$	$\boldsymbol{s}_1$	$\boldsymbol{s}_2$	$\boldsymbol{s}_5$	$\boldsymbol{s}_{12}$	$\boldsymbol{s}_{35}$	$\boldsymbol{s}_{145}$
1	+	−	−	−	−	+	+	−	−	+	+	−	+
2	+	+	−	−	+	−	+	+	−	−	−	+	−
3	+	−	+	−	+	−	+	−	+	−	−	+	+
4	+	+	+	−	−	+	+	+	+	+	+	−	−
5	+	−	−	+	+	+	+	−	−	+	+	+	−
6	+	+	−	+	−	−	+	+	−	−	−	−	+
7	+	−	+	+	−	−	+	−	+	−	−	−	−
8	+	+	+	+	+	+	+	+	+	+	+	+	+

Die Darstellung des Ansatzes $\tilde{S}$ in Verf. 5.2.7/3.b) dient nur der inneren Verfahrensbeschreibung. In 5.b) wird deutlich, daß es nur auf die Faktoren ankommt, die im j-ten Polynomterm tatsächlich vorkommen.

Die Feststellung der linearen Unabhängigkeit der Spaltenvektoren von Planmatrizen $\boldsymbol{F}(V_n; \tilde{S})$, die gemäß Verf. 5.2.7 konstruiert werden, wird dadurch wesentlich erleichtert, daß für jede Spalte $\boldsymbol{s}_{(j)}$ *eine* der drei folgenden Aussagen gilt:

a) Man kann ein $j' \neq j$ finden mit $\boldsymbol{s}_{(j)} = \boldsymbol{s}_{(j')}$.
b) Man kann ein $j' \neq j$ finden mit $\boldsymbol{s}_{(j)} = -\boldsymbol{s}_{(j')}$.
c) Die Spalte $\boldsymbol{s}_{(j)}$ läßt sich *nicht* als Linearkombination aus den anderen Spalten darstellen.

Wenn wir also keine Spalten finden, die einander gleich oder alternativ sind, dann sind die Spalten linear unabhängig.

Die Spalten der Matrix $\boldsymbol{F}(V_8; \tilde{S})$ im Bsp. 5.2.16 sind linear abhängig, in Tab. 5.2.13 steht $\boldsymbol{s}_5 = \boldsymbol{s}_{12}$. Der gewählte Plan V_8 ist also zur regulären Schätzung für den Ansatz $\tilde{S}$ *ungeeignet*.

Für die Feststellung der Abhängigkeit der Spalten genügt es bereits, *zwei* Spalten zu finden, die gleich oder alternativ sind. Dazu ist Verf. 5.2.7 jedoch nicht besonders praktikabel. Die Konstruktion der gesamten Planmatrix für $\tilde{S}$ ist nur dann sinnvoll, wenn die Regularität des Planes für den gegebenen Ansatz bekannt ist. Daher wollen wir ein Verfahren angeben, mit dem man in einfacher Weise feststellen kann, für welche unvollständigen $(k, 1, k)$-Ansätze ein gegebener TFV eine reguläre MKQ-Schätzung erlaubt. Da alle unvollständigen $(k, 1, k)$-Ansätze nur Polynomterme aus $\tilde{S}(k, 1, k)$ enthalten, werden wir den folgenden Untersuchungen diesen $\tilde{S}(k, 1, k)$ zugrunde legen und von ihm aus auf die $(k, 1, k)$-Ansätze schließen.

Durch den TFV $2^{k-p} = V_n$ sind die Spalten der Planmatrix $\boldsymbol{F}(V_n; \tilde{S}(k, 1, k))$ festgelegt. Für einen $(k, 1, k)$-Ansatz erhält man mit diesem Plan genau dann eine reguläre Schätzung, wenn unter den zu den Polynomtermen des Ansatzes gehörigen Spalten keine gleichen oder alternativen enthalten. Wenn also alle gleichen und alternativen Spalten aus $\boldsymbol{F}(V_n; \tilde{S}(k, 1, k))$ bestimmt sind, kann man für jeden gegebenen $(k, 1, k)$-Ansatz ablesen, ob der Plan für ihn eine reguläre Schätzung erlaubt. Um nun alle solchen Spalten zu bestimmen, ohne die Matrix explizit nach Verf. 5.2.7 auszurechnen (diese Matrix enthält 2^k Spalten!), wollen wir einige einfache Rechenregeln für die elementweise Multiplikation der Spalten angeben.

Für die elementweise Multiplikation führen wir das Symbol $\odot$ ein, dabei bedeutet also für $j \in \{1, \dots, k\}$, $l \in \{1, \dots, k\}$

$$\boldsymbol{s}_j \odot \boldsymbol{s}_l = \boldsymbol{s}_{jl}, \tag{5.2.12}$$

daß die Spalten $\boldsymbol{s}_j$ und $\boldsymbol{s}_l$ elementweise miteinander multipliziert werden sollen. Das Ergebnis ist wieder eine Spalte $\boldsymbol{s}_{jl}$. Entsprechend Bez. 5.2.6 kann man gemäß (5.2.12) z. B. schreiben

$$\boldsymbol{s}_{i_1 \dots i_u} = \boldsymbol{s}_{i_1} \odot \boldsymbol{s}_{i_2} \odot \dots \odot \boldsymbol{s}_{i_u}. \tag{5.2.13}$$

Wir haben diese Schreibweise bereits in den Bsp. 5.2.10 bis 5.2.15 benutzt.

Eine Sonderrolle spielt die nur aus $+1$ bestehende Spalte $\boldsymbol{s}_0$, die in diesem Zusammenhang auch mit $\boldsymbol{1}$ bezeichnet wird. Es gilt nämlich für eine beliebige Indexreihe (j)

$$\boldsymbol{s}_{(j)} \odot \boldsymbol{s}_0 = \boldsymbol{s}_{(j)} \odot \boldsymbol{1} = \boldsymbol{s}_{(j)} \tag{5.2.14}$$

und

$$\boldsymbol{s}_{(j)} \odot \boldsymbol{s}_{(j)} = \boldsymbol{s}_0 = \boldsymbol{1}. \tag{5.2.15}$$

Man kann also mit den Spalten rechnen. Dabei hat man zu beachten, daß $\boldsymbol{s}_0 = \boldsymbol{1}$ bei der Multiplikation $\odot$ die Rolle der 1 bei der gewöhnlichen Multiplikation übernommen hat (s. (5.2.14)) und daß das „Quadrat" einer jeden Spalte gleich dieser $\boldsymbol{1}$ ist (↗(5.2.15)) und bei der weiteren Multiplikation unberücksichtigt bleiben kann (↗(5.2.14)).

Bemerkung 5.2.2: Die Rechenregeln (5.2.13)–(5.2.15) werden in der Literatur (z. B. Bandemer/Bellmann/Jung/Richter [1]) symbolisch geschrieben, indem man statt der Spalten die entsprechenden Faktorprodukte benutzt und das Symbol $\odot$ wegläßt. Statt $\boldsymbol{s}_{12} \odot \boldsymbol{s}_{12} = \boldsymbol{1}$ findet man also $x_1 x_2 x_1 x_2 = 1$.

Der TFV 2^{k-p} wird gemäß Verf. 5.2.5/5.d) (bis auf eine Permutation der Faktoren) eindeutig bestimmt. Da $\tilde{S}(q, 1, q)$ und $\tilde{S}(k, 1)$ spezielle $(k, 1, k)$-Ansätze sind, sind die Matrizen $\boldsymbol{F}(V_n; \tilde{S}(q, 1, q))$ und $\boldsymbol{F}(V_n; \tilde{S}(k, 1))$ Teilmatrizen von $\boldsymbol{F}(V_n; \tilde{S}(k, 1, k))$, die aus den Spalten $\boldsymbol{s}_0, \boldsymbol{s}_1, \dots, \boldsymbol{s}_k, \boldsymbol{s}_{12}, \dots, \boldsymbol{s}_{k-1,k}, \dots, \boldsymbol{s}_{12\dots k}$ besteht. Daher stimmen die entsprechenden Spalten von $\boldsymbol{F}(V_n; \tilde{S}(q, 1, q))$ und von $\boldsymbol{F}(V_n; \tilde{S}(k, 1, k))$ überein, d. h., für jede Indexkombination gilt $\tilde{\boldsymbol{s}}_{(j)} = \boldsymbol{s}_{(j)}$. Aus der Konstruktionsvorschrift (5.2.9) für den TFV 2^{k-p} haben wir damit bereits p Paare von Spalten, die einander gleich oder alternativ sind:

$$\boldsymbol{s}_j = (-1)^{\alpha_j} \boldsymbol{s}_{(j)}; \quad j = q+1, \dots, k\,. \tag{5.2.16}$$

Diese Gleichungen multipliziert man jeweils mit $\boldsymbol{s}_j$; $j = q+1, \dots, k$; und bezeichnet sie als *erzeugende Beziehungen* des TFV 2^{k-p}:

$$(-1)^{\alpha_j} \boldsymbol{s}_j \odot \boldsymbol{s}_{(j)} = \boldsymbol{1}; \quad j = q+1, \dots, k\,. \tag{5.2.17}$$

Die linken Seiten der erzeugenden Beziehungen nennt man die *p Generatoren* $\boldsymbol{G}_1, \dots, \boldsymbol{G}_p$ des TFV 2^{k-p}. Diese Generatoren sind Spalten aus $\boldsymbol{F}(\text{TFV } 2^{k-p}; \tilde{S}(k, 1, k))$ und gehorchen daher den gleichen Rechenregeln wie diese.

Beispiel 5.2.17: Wir geben im folgenden erzeugende Beziehungen (e. B.) und Generatoren ($\boldsymbol{G}$) der in Bsp. 5.2.9–5.2.14 konstruierten TFV an.

a) Bsp. 5.2.9, 1. Variante:
e. B.: $\boldsymbol{s}_3 \odot \boldsymbol{s}_{12} = \boldsymbol{s}_{123} = \boldsymbol{s}_1 \odot \boldsymbol{s}_2 \odot \boldsymbol{s}_3 = \boldsymbol{1}$; $\boldsymbol{G}_1 = \boldsymbol{s}_1 \odot \boldsymbol{s}_2 \odot \boldsymbol{s}_3$.

b) Bsp. 5.2.9, 2. Variante:
e. B.: $(-1)\, \boldsymbol{s}_3 \odot \boldsymbol{s}_{12} = -\boldsymbol{s}_1 \odot \boldsymbol{s}_2 \odot \boldsymbol{s}_3 = \boldsymbol{1}$; $\boldsymbol{G}_1 = (-1)\, \boldsymbol{s}_1 \odot \boldsymbol{s}_2 \odot \boldsymbol{s}_3$.

c) Bsp. 5.2.10:
e. B.: $\boldsymbol{s}_4 \odot \boldsymbol{s}_{123} = \boldsymbol{s}_1 \odot \boldsymbol{s}_2 \odot \boldsymbol{s}_3 \odot \boldsymbol{s}_4 = \boldsymbol{1}$; $\boldsymbol{G}_1 = \boldsymbol{s}_1 \odot \boldsymbol{s}_2 \odot \boldsymbol{s}_3 \odot \boldsymbol{s}_4$.

d) Bsp. 5.2.11:
e. B.: $\boldsymbol{s}_4 \odot (-1)\, \boldsymbol{s}_{123} = (-1)\, \boldsymbol{s}_1 \odot \boldsymbol{s}_2 \odot \boldsymbol{s}_3 \odot \boldsymbol{s}_4 = \boldsymbol{1}$; $\boldsymbol{G}_1 = (-1)\, \boldsymbol{s}_1 \odot \boldsymbol{s}_2 \odot \boldsymbol{s}_3 \odot \boldsymbol{s}_4$.

e) Bsp. 5.2.12:
e. B.: $\boldsymbol{s}_4 \odot \boldsymbol{s}_{123} = \boldsymbol{s}_1 \odot \boldsymbol{s}_2 \odot \boldsymbol{s}_3 \odot \boldsymbol{s}_4 = \boldsymbol{1}$; $\boldsymbol{s}_5 \odot \boldsymbol{s}_{12} = \boldsymbol{s}_1 \odot \boldsymbol{s}_2 \odot \boldsymbol{s}_5 = \boldsymbol{1}$;
$\boldsymbol{G}_1 = \boldsymbol{s}_1 \odot \boldsymbol{s}_2 \odot \boldsymbol{s}_3 \odot \boldsymbol{s}_4$; $\boldsymbol{G}_2 = \boldsymbol{s}_1 \odot \boldsymbol{s}_2 \odot \boldsymbol{s}_5$;

f) Bsp. 5.2.13:
e. B.: $\boldsymbol{s}_4 \odot \boldsymbol{s}_{123} = \boldsymbol{s}_1 \odot \boldsymbol{s}_2 \odot \boldsymbol{s}_3 \odot \boldsymbol{s}_4 = \boldsymbol{1}$; $\boldsymbol{s}_5 \odot \boldsymbol{s}_{12} = \boldsymbol{s}_1 \odot \boldsymbol{s}_2 \odot \boldsymbol{s}_5 = \boldsymbol{1}$;
$\boldsymbol{s}_6 \odot \boldsymbol{s}_{13} = \boldsymbol{s}_1 \odot \boldsymbol{s}_3 \odot \boldsymbol{s}_6 = \boldsymbol{1}$;
$\boldsymbol{G}_1 = \boldsymbol{s}_1 \odot \boldsymbol{s}_2 \odot \boldsymbol{s}_3 \odot \boldsymbol{s}_4$; $\boldsymbol{G}_2 = \boldsymbol{s}_1 \odot \boldsymbol{s}_2 \odot \boldsymbol{s}_5$; $\boldsymbol{G}_3 = \boldsymbol{s}_1 \odot \boldsymbol{s}_3 \odot \boldsymbol{s}_6$;

g) Bsp. 5.2.14:
e. B.: $\boldsymbol{s}_4 \odot \boldsymbol{s}_{123} = \boldsymbol{s}_1 \odot \boldsymbol{s}_2 \odot \boldsymbol{s}_3 \odot \boldsymbol{s}_4 = \boldsymbol{1}$; $\boldsymbol{s}_5 \odot \boldsymbol{s}_{12} = \boldsymbol{s}_1 \odot \boldsymbol{s}_2 \odot \boldsymbol{s}_5 = \boldsymbol{1}$;
$\boldsymbol{s}_6 \odot \boldsymbol{s}_{13} = \boldsymbol{s}_1 \odot \boldsymbol{s}_3 \odot \boldsymbol{s}_6 = \boldsymbol{1}$; $\boldsymbol{s}_7 \odot \boldsymbol{s}_{23} = \boldsymbol{s}_2 \odot \boldsymbol{s}_3 \odot \boldsymbol{s}_7 = \boldsymbol{1}$;
$\boldsymbol{G}_1 = \boldsymbol{s}_1 \odot \boldsymbol{s}_2 \odot \boldsymbol{s}_3 \odot \boldsymbol{s}_4$; $\boldsymbol{G}_2 = \boldsymbol{s}_1 \odot \boldsymbol{s}_2 \odot \boldsymbol{s}_5$; $\boldsymbol{G}_3 = \boldsymbol{s}_1 \odot \boldsymbol{s}_3 \odot \boldsymbol{s}_6$; $\boldsymbol{G}_4 = \boldsymbol{s}_2 \odot \boldsymbol{s}_3 \odot \boldsymbol{s}_7$.

Über die in (5.2.16) genannten Spaltenpaare hinaus, deren Zusammenhang den Versuchsplan charakterisiert, gibt es in $\boldsymbol{F}(V_n; \tilde{S}(k, 1, k))$ noch mehr Spaltenpaare, die gleich oder alternativ sind. Um alle diese Spaltenpaare zu erhalten, gehen wir von den p Generatoren des Planes aus.

Bezeichnung 5.2.9: Als *definierende Beziehung* des TFV 2^{k-p}, der durch die p Generatoren $\boldsymbol{G}_1, \dots, \boldsymbol{G}_p$ charakterisiert ist, bezeichnet man die folgende Gleichungskette

$$\left.\begin{aligned} \boldsymbol{1} &= \boldsymbol{G}_1 = \dots = \boldsymbol{G}_p \\ &= \boldsymbol{G}_1 \odot \boldsymbol{G}_2 = \dots = \boldsymbol{G}_{p-1} \odot \boldsymbol{G}_p \\ &= \boldsymbol{G}_1 \odot \boldsymbol{G}_2 \odot \boldsymbol{G}_3 = \dots = \boldsymbol{G}_{p-2} \odot \boldsymbol{G}_{p-1} \odot \boldsymbol{G}_p \\ &= \dots \\ &\;\vdots \\ &= \boldsymbol{G}_1 \odot \boldsymbol{G}_2 \odot \boldsymbol{G}_3 \odot \dots \odot \boldsymbol{G}_p \;\bullet \end{aligned}\right\} \tag{5.2.18}$$

Die definierende Beziehung enthält also neben den Generatoren selbst noch die Produkte aller Kombinationen aus ihnen. Sie ermöglicht die Ermittlung aller Paare von Spalten, die gleich oder alternativ sind.

VERFAHREN 5.2.8 (Spaltenabhängigkeiten in $\boldsymbol{F}(V_n;\ \tilde{S}(k, 1, k))$:

1. **Gegebene Größen:** a) $\tilde{S}(k, 1, k)$ gemäß (5.1.8).

b) TFV 2^{k-p} mit den Generatoren $\boldsymbol{G}_1, \ldots, \boldsymbol{G}_p$.

2. **Aufgabe:** Bestimmung aller Paare von Spalten, die gleich oder alternativ sind.

3. **Bezeichnung:** a) TFV $2^{k-p} = V_n$.

b) $\boldsymbol{F}(V_n;\ \tilde{S}(k, 1, k)) = (\boldsymbol{s}_0, \boldsymbol{s}_1, \ldots, \boldsymbol{s}_k, \ldots, \boldsymbol{s}_{1\ldots k})$.

5. **Lösung:** a) Bestimme für V_n die definierende Beziehung gemäß (5.2.18).

b) Multipliziere die definierende Beziehung der Reihe nach mit den Spalten $\boldsymbol{s}_{i_1\ldots i_u} = \boldsymbol{s}_{(j)}$ der Matrix $\boldsymbol{F}(V_n;\ \tilde{S}(k, 1, k))$:

$$\left.\begin{aligned} \boldsymbol{s}_{(j)} &= \boldsymbol{s}_{(j)} \odot \boldsymbol{G}_1 = \ldots = \boldsymbol{s}_{(j)} \odot \boldsymbol{G}_p \\ &= \boldsymbol{s}_{(j)} \odot \boldsymbol{G}_1 \odot \boldsymbol{G}_2 = \ldots = \boldsymbol{s}_{(j)} \odot \boldsymbol{G}_{p-1} \odot \boldsymbol{G}_p \\ &\;\vdots \\ &= \boldsymbol{s}_{(j)} \odot \boldsymbol{G}_1 \odot \boldsymbol{G}_2 \odot \ldots \odot \boldsymbol{G}_p\,. \end{aligned}\right\} \qquad (5.2.19)$$

c) Bilde aus den Ausdrücken $\boldsymbol{s}_{(j)} \odot \boldsymbol{G}_{j_1} \odot \ldots \odot \boldsymbol{G}_{j_c}$; $c \leqq p$; gemäß (5.2.13) und unter Verwendung von (5.2.15) und (5.2.14) jeweils *eine* Spalte.

d) Die gemäß 5.b) umgeformte Gleichungskette (5.2.19) gibt alle Spalten an, die mit $\boldsymbol{s}_{(j)}$ gleich oder zu ihr alternativ sind.

e) Wenn $\boldsymbol{s}_{(j)}$ alle Spalten von $\boldsymbol{F}(V_n;\ \tilde{S}(k, 1, k))$ durchläuft, ergibt sich die Lösung der Aufgabe ●

Beispiel 5.2.18:

1. a) $\tilde{S}(5, 1, 5)$ gemäß (5.1.8) mit $k = 5$.

b) TFV 2^{5-2} aus Bsp. 5.2.12 mit
$\boldsymbol{G}_1 = \boldsymbol{s}_1 \odot \boldsymbol{s}_2 \odot \boldsymbol{s}_3 \odot \boldsymbol{s}_4$; $\boldsymbol{G}_2 = \boldsymbol{s}_1 \odot \boldsymbol{s}_2 \odot \boldsymbol{s}_5$ (vgl. Bsp. 5.2.17/e)).

3. a) TFV $2^{5-2} = V_8$.

b) $\boldsymbol{F}(V_8;\ \tilde{S}(5, 1, 5)) = (\boldsymbol{s}_0, \boldsymbol{s}_1, \ldots, \boldsymbol{s}_5, \ldots, \boldsymbol{s}_{12345})$.

5. a) Definierende Beziehung:

$$\begin{aligned} &\boldsymbol{1} = \boldsymbol{s}_1 \odot \boldsymbol{s}_2 \odot \boldsymbol{s}_3 \odot \boldsymbol{s}_4 = \boldsymbol{s}_1 \odot \boldsymbol{s}_2 \odot \boldsymbol{s}_5 \\ &(= \boldsymbol{s}_1 \odot \boldsymbol{s}_2 \odot \boldsymbol{s}_3 \odot \boldsymbol{s}_4 \odot \boldsymbol{s}_1 \odot \boldsymbol{s}_2 \odot \boldsymbol{s}_5) = \boldsymbol{s}_3 \odot \boldsymbol{s}_4 \odot \boldsymbol{s}_5; \end{aligned}$$

b_0) $\boldsymbol{s}_0 = \boldsymbol{s}_0 \odot \boldsymbol{s}_1 \odot \boldsymbol{s}_2 \odot \boldsymbol{s}_3 \odot \boldsymbol{s}_4 = \boldsymbol{s}_0 \odot \boldsymbol{s}_1 \odot \boldsymbol{s}_2 \odot \boldsymbol{s}_5 = \boldsymbol{s}_0 \odot \boldsymbol{s}_3 \odot \boldsymbol{s}_4 \odot \boldsymbol{s}_5$;

c_0) $\boldsymbol{s}_0 = \boldsymbol{s}_{1234} = \boldsymbol{s}_{125} = \boldsymbol{s}_{345}$;

b_1) $\boldsymbol{s}_1 = \boldsymbol{s}_1 \odot \boldsymbol{s}_1 \odot \boldsymbol{s}_2 \odot \boldsymbol{s}_3 \odot \boldsymbol{s}_4 = \boldsymbol{s}_1 \odot \boldsymbol{s}_1 \odot \boldsymbol{s}_2 \odot \boldsymbol{s}_5 = \boldsymbol{s}_1 \odot \boldsymbol{s}_3 \odot \boldsymbol{s}_4 \odot \boldsymbol{s}_5$;

c_1) $\boldsymbol{s}_1 = \boldsymbol{s}_{234} = \boldsymbol{s}_{25} = \boldsymbol{s}_{1345}$;

c_2) $\boldsymbol{s}_2 = \boldsymbol{s}_{134} = \boldsymbol{s}_{15} = \boldsymbol{s}_{2345}$;

c_3) $\boldsymbol{s}_3 = \boldsymbol{s}_{124} = \boldsymbol{s}_{1235} = \boldsymbol{s}_{45}$;

c_4) $\boldsymbol{s}_4 = \boldsymbol{s}_{123} = \boldsymbol{s}_{1245} = \boldsymbol{s}_{35}$;

c_5) $\boldsymbol{s}_5 = \boldsymbol{s}_{12345} = \boldsymbol{s}_{12} = \boldsymbol{s}_{34}$;

b_{12}) $s_{12} = s_{12} \odot s_1 \odot s_2 \odot s_3 \odot s_4 = s_{12} \odot s_1 \odot s_2 \odot s_5 = s_{12} \odot s_3 \odot s_4 \odot s_5$;

c_{12}) $s_{12} = s_1 \odot s_2 \odot s_1 \odot s_2 \odot s_3 \odot s_4 = s_1 \odot s_2 \odot s_1 \odot s_2 \odot s_5$
$= s_1 \odot s_2 \odot s_3 \odot s_4 \odot s_5$;

$s_{12} = s_{34} = s_5 = s_{12345}$;

⋮

c_{12345}) $s_{12345} = s_5 = s_{34} = s_{12}$.

Bei der Bestimmung aller Paare von Spalten von $F(V_n; \tilde{S}(k, 1, k))$, die gleich oder alternativ sind, gemäß Verf. 5.2.8, kommen die Paare in mehreren Gleichungsketten vor (›Bsp. 5.2.18/5.). Dies ist jedoch *günstig* für die Anwendung, wie das folgende Verfahren zeigt.

VERFAHREN 5.2.9 (Regularität von $F(V_n; \tilde{S})$):

1. **Gegebene Größen:** a) unvollständiger $(k, 1, k)$-Ansatz $\tilde{S}$.
b) TFV 2^{k-p} mit den Generatoren $G_1, \dots, G_p$.

2. **Aufgabe:** Stelle fest, ob der Plan für den Ansatz regulär ist.

3. **Bezeichnungen:** a) TFV $2^{k-p} = V_n$.
b) $F(V_n; \tilde{S}) = (s_{(1)}, \dots, s_{(r)})$.
c) $F(V_n; \tilde{S}(k, 1, k)) = (s_0, s_1, \dots, s_k, \dots, s_{12\dots k})$.

5. **Lösung:** a) Bestimme für V_n die definierende Beziehung gemäß (5.2.18).

b) Multipliziere die definierende Beziehung der Reihe nach mit den Spalten $s_{(j)}$; $j = 1, \dots, r$; von $F(V_n; \tilde{S})$.

c) Bilde aus den Ausdrücken $s_{(j)} \odot G_{j_1} \odot \dots \odot G_{j_c}$; $c \leqq p$; gemäß (5.2.13) und unter Verwendung von (5.2.15) und (5.2.14) jeweils *eine* Spalte.

d) Kommen in einer der gemäß 5.b) umgeformten Gleichungsketten zwei Spalten von $F(V_n; \tilde{S})$ vor, dann ist der Plan V_n *nicht* regulär für die Schätzung mit $\tilde{S}$.

e) Kommt in jeder der gemäß 5.b) umgeformten Gleichungsketten jeweils nur eine der Spalten von $F(V_n; \tilde{S})$ vor, dann ist der Plan V_n regulär für die Schätzung mit $\tilde{S}$ ●

Beispiel 5.2.19:

1. a) $\tilde{S} = \{\tilde{\eta}(x, \vartheta) = \vartheta_0 + \vartheta_1 x_1 + \vartheta_2 x_2 + \vartheta_3 x_3 + \vartheta_4 x_4 + \vartheta_{12} x_1 x_2 + \vartheta_{23} x_2 x_3 : x \in B\}_{\vartheta \in \mathbb{R}^7}$.
b) TFV 2^{4-1} mit $G_1 = s_1 \odot s_2 \odot s_3 \odot s_4$.

3. a) TFV $2^{4-1} = V_8$.
b) $F(V_8; \tilde{S}) = (s_0, s_1, s_2, s_3, s_4, s_{12}, s_{23})$.
c) $F(V_8; \tilde{S}(4, 1, 4)) = (s_0, s_1, \dots, s_4, s_{12}, s_{13}, \dots, s_{1234})$.

5. a) $1 = s_1 \odot s_2 \odot s_3 \odot s_4$.
c) (›Verf. 5.2.8) $s_0 = s_{1234}$, $s_1 = s_{234}$, $s_2 = s_{134}$, $s_3 = s_{124}$, $s_4 = s_{123}$, $s_{12} = s_{34}$, $s_{23} = s_{14}$.
e) V_n ist regulär für $\tilde{S}$.

Wenn im Ansatz $\tilde{S}$ statt $x_2 x_3$ der Polynomterm $x_3 x_4$ auftritt, ergibt sich für den Plan gemäß 1.b) bei 5.c) ebenfalls $s_{12} = s_{34}$, und der Plan ist für den so abgeänderten Ansatz *nicht* regulär.

Wenn in einer Versuchsplanmatrix $\boldsymbol{F}(V_n; \tilde{S})$ einige der Spalten gleich oder alternativ sind, dann lassen sich die zu den entsprechenden Polynomtermen gehörenden Koeffizienten nicht mehr eindeutig mit der MKQ schätzen. Es ist aber noch möglich, eine gewisse Summe dieser Koeffizienten eindeutig zu schätzen. Diese Möglichkeit hat zur Einführung von Bezeichnungen geführt, mit denen auch eine äquivalente Darstellung der in (5.2.19) gegebenen Gleichungsketten für die Spalten möglich ist. Wir betrachten im folgenden auch Pläne und Ansätze, für die $\boldsymbol{F}(V_n; \tilde{S})$ *nicht* regulär ist, z. B. also auch TFV 2^{k-p} und $\tilde{S}(k, 1, k)$.

Der unvollständige $(k, 1, k)$-Ansatz $\tilde{S}$ habe r Koeffizienten $\vartheta_{(1)}, \dots, \vartheta_{(r)}$ und der TFV $2^{k-p} = V_n$ sei durch die Generatoren $\boldsymbol{G}_1, \dots, \boldsymbol{G}_p$ charakterisiert.

Bezeichnung 5.2.10: Die Koeffizienten $\vartheta_{(j_1)}, \dots, \vartheta_{(j_w)}$; $w \leqq r$; des Ansatzes $\tilde{S}$ mit voneinander verschiedenen Indizes heißen *vermengt* bezüglich V_n, wenn in der Versuchsplanmatrix $\boldsymbol{F}(V_n; \tilde{S})$ gilt

$$\boldsymbol{s}_{(j_1)} = \pm \boldsymbol{s}_{(j_2)} = \dots = \pm \boldsymbol{s}_{(j_w)}, \tag{5.2.20}$$

wobei jeweils nur eines der beiden Vorzeichen zutreffen soll. Weiterhin soll es keine weitere Spalte in $\boldsymbol{F}(V_n; \tilde{S})$ geben, die in (5.2.20) eingereiht werden kann ●

Wenn die Koeffizienten gemäß (5.2.20) vermengt sind, dann ist die entsprechende Summe

$$\vartheta_{(j_1)} \pm \vartheta_{(j_2)} \pm \dots \pm \vartheta_{(j_w)} \tag{5.2.21}$$

eindeutig mit der MKQ schätzbar. Wir bezeichnen die Linearkombination (5.2.21) mit $l_{(j_t)}$, wobei (j_t) eine Indexfolge mit der geringsten Anzahl von Indizes aus $\{(j_1), \dots, (j_w)\}$ und darunter die mit den kleinsten Indizes ist.

Bezeichnung 5.2.11: Die Menge aller zum Ansatz $\tilde{S}$ und zum Plan V_n bestimmbaren Linearkombinationen (5.2.21) vermengter Koeffizienten heißt *Vermengungsstruktur der Koeffizienten* des Ansatzes $\tilde{S}$ zum Plan V_n ●

VERFAHREN 5.2.10 (Bestimmung der Vermengungsstruktur):

1. **Gegebene Größen:** a) (unvollständiger) $(k, 1, k)$-Ansatz $\tilde{S}$ mit r Koeffizienten.

b) TFV 2^{k-p} für $\tilde{S}(k, 1)$ mit den Generatoren $\boldsymbol{G}_1, \dots, \boldsymbol{G}_p$.

2. **Aufgabe:** Konstruktion der Vermengungsstruktur der Koeffizienten des Ansatzes $\tilde{S}$ zum Plan TFV 2^{k-p}.

3. **Bezeichnungen:** a) TFV $2^{k-p} = V_n$.

b) $\boldsymbol{F}(V_n; \tilde{S}) = (\boldsymbol{s}_{(1)}, \dots, \boldsymbol{s}_{(r)})$.

c) $\boldsymbol{F}(V_n; \tilde{S}(k, 1, k)) = (\boldsymbol{s}_0, \boldsymbol{s}_1, \dots, \boldsymbol{s}_k, \dots, \boldsymbol{s}_{12\dots k})$.

5. **Lösung:** a) Bestimme für V_n die definierende Beziehung gemäß (5.2.18).

b) Multipliziere die definierende Beziehung der Reihe nach mit den $\boldsymbol{s}_{(j)}$ der Matrix $\boldsymbol{F}(V_n; \tilde{S})$.

c) Bilde aus den Ausdrücken $\boldsymbol{s}_{(j)} \odot \boldsymbol{G}_{j_1} \odot \dots \odot \boldsymbol{G}_{j_c}$; $c \leqq p$; mittels (5.2.13) unter Verwendung von (5.2.15) und (5.2.14) jeweils *eine* Spalte.

d) Streiche aus den gemäß 5.c) gebildeten Gleichungsketten alle Spalten, die *nicht* in $\boldsymbol{F}(V_n; \tilde{S})$ vorkommen.

e) Bilde aus den verbleibenden Gleichungsketten (der Form (5.2.20)) die entsprechenden Linearkombinationen gemäß (5.2.21).

f) Die in 5.e) konstruierten Linearkombinationen der Koeffizienten bilden die gesuchte Vermengungsstruktur ●

Beispiel 5.2.20:

1. a) $\tilde{S}(4, 1, 4)$.

b) TFV 2^{4-1} für $\tilde{S}(4, 1)$ mit $G_1 = \boldsymbol{s}_1 \odot \boldsymbol{s}_2 \odot \boldsymbol{s}_3 \odot \boldsymbol{s}_4$ (›Bsp. 5.2.10).

2. Konstruiere die Vermengungsstruktur der Koeffizienten des Ansatzes $\tilde{S}(4, 1, 4)$ zum Plan VFV 2^{4-1}.

3. a) TFV $2^{4-1} = V_8$.

b) $\boldsymbol{F}(V_n; \tilde{S}(4, 1, 4)) = (\boldsymbol{s}_0, \boldsymbol{s}_1, \dots, \boldsymbol{s}_4, \dots, \boldsymbol{s}_{1234})$.

c) wie 3.b).

5. a) $\boldsymbol{1} = \boldsymbol{s}_1 \odot \boldsymbol{s}_2 \odot \boldsymbol{s}_3 \odot \boldsymbol{s}_4 \quad (p = 1)$.

b) $\boldsymbol{s}_0 = \boldsymbol{s}_1 \odot \boldsymbol{s}_2 \odot \boldsymbol{s}_3 \odot \boldsymbol{s}_4,$

$\boldsymbol{s}_1 = \boldsymbol{s}_1 \odot \boldsymbol{s}_1 \odot \boldsymbol{s}_2 \odot \boldsymbol{s}_3 \odot \boldsymbol{s}_4 = \boldsymbol{s}_2 \odot \boldsymbol{s}_3 \odot \boldsymbol{s}_4,$

$\vdots$

$\boldsymbol{s}_{1234} = \boldsymbol{s}_{1234} \odot \boldsymbol{s}_1 \odot \boldsymbol{s}_2 \odot \boldsymbol{s}_3 \odot \boldsymbol{s}_4 = \boldsymbol{1} = \boldsymbol{s}_0.$

c) $\boldsymbol{s}_0 = \boldsymbol{s}_{1234}, \boldsymbol{s}_1 = \boldsymbol{s}_{234}, \dots, \boldsymbol{s}_{1234} = \boldsymbol{s}_0$.

d) Entfällt wegen $\tilde{S} = \tilde{S}(k, 1, k)$.

e) $l_0 = \vartheta_0 + \vartheta_{1234}$; $l_1 = \vartheta_1 + \vartheta_{234}$; $l_2 = \vartheta_2 + \vartheta_{134}$; $l_3 = \vartheta_3 + \vartheta_{124}$;
$l_4 = \vartheta_4 + \vartheta_{123}$; $l_{12} = \vartheta_{12} + \vartheta_{34}$; $l_{13} = \vartheta_{13} + \vartheta_{24}$; $l_{14} = \vartheta_{14} + \vartheta_{23}$.

Beispiel 5.2.21:

1. a) $\tilde{S}(4, 1, 4)$.

b) TFV 2^{4-1} für $\tilde{S}(4, 1)$ mit $G_1 = -\boldsymbol{s}_1 \odot \boldsymbol{s}_2 \odot \boldsymbol{s}_3 \odot \boldsymbol{s}_4$.

2. und *3.* wie Bsp. 5.2.20.

5. a) $\boldsymbol{1} = -\boldsymbol{s}_1 \odot \boldsymbol{s}_2 \odot \boldsymbol{s}_3 \odot \boldsymbol{s}_4 \quad (p = 1)$.

b)–d) Entsprechend Bsp. 5.2.20.

e) $l_0 = \vartheta_0 - \vartheta_{1234}$; $l_1 = \vartheta_1 - \vartheta_{234}$; $l_2 = \vartheta_2 - \vartheta_{134}$; $l_3 = \vartheta_3 - \vartheta_{124}$;
$l_4 = \vartheta_4 - \vartheta_{123}$; $l_{12} = \vartheta_{12} - \vartheta_{34}$; $l_{13} = \vartheta_{13} - \vartheta_{24}$; $l_{14} = \vartheta_{14} - \vartheta_{23}$.

Beispiel 5.2.22:

1. a) $\tilde{S}(5, 1, 2) = \left\{\tilde{\eta}(\boldsymbol{x}, \boldsymbol{\vartheta}) = \vartheta_0 x_0 + \sum\limits_{i=1}^{5} \vartheta_i x_i + \sum\limits_{1 \leq i_1 < i_2 \leq 5} \vartheta_{i_1 i_2} x_{i_1} x_{i_2} : \boldsymbol{x} \in B\right\}_{\boldsymbol{\vartheta} \in \mathbb{R}^{16}}$.

b) TFV 2^{5-2} für $\tilde{S}(5, 1)$ mit $G_1 = \boldsymbol{s}_1 \odot \boldsymbol{s}_2 \odot \boldsymbol{s}_3 \odot \boldsymbol{s}_4$; $G_2 = \boldsymbol{s}_1 \odot \boldsymbol{s}_2 \odot \boldsymbol{s}_5$ (›Bsp. 5.2.12).

2. Konstruiere die Vermengungsstruktur der Koeffizienten des Ansatzes $\tilde{S}(5, 1, 2)$ zum Plan TFV 2^{5-2}.

3. a) TFV $2^{5-2} = V_8$.

b) $\boldsymbol{F}(V_8; \tilde{S}(5, 1, 2)) = (\boldsymbol{s}_0, \boldsymbol{s}_1, \dots, \boldsymbol{s}_5, \boldsymbol{s}_{12}, \dots, \boldsymbol{s}_{45})$.

c) $\boldsymbol{F}(V_8; \tilde{S}(5, 1, 5)) = (\boldsymbol{s}_0, \boldsymbol{s}_1, \dots, \boldsymbol{s}_5, \boldsymbol{s}_{12}, \dots, \boldsymbol{s}_{45}, \dots, \boldsymbol{s}_{12345})$.

5. a) $\boldsymbol{1} = \boldsymbol{s}_1 \odot \boldsymbol{s}_2 \odot \boldsymbol{s}_3 \odot \boldsymbol{s}_4 = \boldsymbol{s}_1 \odot \boldsymbol{s}_2 \odot \boldsymbol{s}_5 = \boldsymbol{s}_3 \odot \boldsymbol{s}_4 \odot \boldsymbol{s}_5$ (vgl. Bsp. 5.2.18/5.a)).

b)
$$\begin{aligned} \boldsymbol{s}_0 &= \boldsymbol{s}_1 \odot \boldsymbol{s}_2 \odot \boldsymbol{s}_3 \odot \boldsymbol{s}_4 = \boldsymbol{s}_1 \odot \boldsymbol{s}_2 \odot \boldsymbol{s}_5 = \boldsymbol{s}_3 \odot \boldsymbol{s}_4 \odot \boldsymbol{s}_5, \\ \boldsymbol{s}_1 &= \boldsymbol{s}_2 \odot \boldsymbol{s}_3 \odot \boldsymbol{s}_4 = \boldsymbol{s}_2 \odot \boldsymbol{s}_5 = \boldsymbol{s}_1 \odot \boldsymbol{s}_3 \odot \boldsymbol{s}_4 \odot \boldsymbol{s}_5, \\ &\vdots \\ \boldsymbol{s}_{12} &= \boldsymbol{s}_3 \odot \boldsymbol{s}_4 = \boldsymbol{s}_5 = \boldsymbol{s}_1 \odot \boldsymbol{s}_2 \odot \boldsymbol{s}_3 \odot \boldsymbol{s}_4 \odot \boldsymbol{s}_5, \\ &\vdots \\ \boldsymbol{s}_{45} &= \boldsymbol{s}_1 \odot \boldsymbol{s}_2 \odot \boldsymbol{s}_3 \odot \boldsymbol{s}_5 = \boldsymbol{s}_1 \odot \boldsymbol{s}_2 \odot \boldsymbol{s}_4 = \boldsymbol{s}_3. \end{aligned}$$

c)
$$\begin{aligned} \boldsymbol{s}_0 &= \boldsymbol{s}_{1234} = \boldsymbol{s}_{125} = \boldsymbol{s}_{345}, \\ \boldsymbol{s}_1 &= \boldsymbol{s}_{234} = \boldsymbol{s}_{25} = \boldsymbol{s}_{1345}, \\ &\vdots \\ \boldsymbol{s}_{12} &= \boldsymbol{s}_{34} = \boldsymbol{s}_5 = \boldsymbol{s}_{12345}, \\ &\vdots \\ \boldsymbol{s}_{45} &= \boldsymbol{s}_{1235} = \boldsymbol{s}_{124} = \boldsymbol{s}_3. \end{aligned}$$

d) $\boldsymbol{s}_1 = \boldsymbol{s}_{25}, \ldots, \boldsymbol{s}_{12} = \boldsymbol{s}_{34} = \boldsymbol{s}_5, \ldots, \boldsymbol{s}_{45} = \boldsymbol{s}_3$.

e) $l_1 = \vartheta_1 + \vartheta_{25}$; $l_2 = \vartheta_2 + \vartheta_{15}$; $l_3 = \vartheta_3 + \vartheta_{45}$; $l_4 = \vartheta_4 + \vartheta_{35}$;
$l_5 = \vartheta_5 + \vartheta_{12} + \vartheta_{34}$; $l_{13} = \vartheta_{13} + \vartheta_{24}$; $l_{14} = \vartheta_{14} + \vartheta_{23}$; und der Vollständigkeit halber $l_0 = \vartheta_0$.

Beispiel 5.2.23:

1. a) $\tilde{S}(6, 1, 6)$.

b) TFV 2^{6-3} für $\tilde{S}(6, 1)$ mit $\boldsymbol{G}_1 = \boldsymbol{s}_1 \odot \boldsymbol{s}_2 \odot \boldsymbol{s}_3 \odot \boldsymbol{s}_4$; $\boldsymbol{G}_2 = \boldsymbol{s}_1 \odot \boldsymbol{s}_2 \odot \boldsymbol{s}_5$; $\boldsymbol{G}_3 = \boldsymbol{s}_1 \odot \boldsymbol{s}_3 \odot \boldsymbol{s}_6$ (vgl. Bsp. 5.2.13).

2. Konstruiere die Vermengungsstruktur der Koeffizienten des Ansatzes $\tilde{S}(6, 1, 6)$ zum Plan TFV 2^{6-3}.

3. a) TFV $2^{6-3} = V_8$.

b) $\boldsymbol{F}(V_8; \tilde{S}(6, 1, 6)) = (\boldsymbol{s}_0, \boldsymbol{s}_1, \ldots, \boldsymbol{s}_6, \ldots, \boldsymbol{s}_{123456})$.

c) wie 3.b).

5. a)
$$\begin{aligned} \boldsymbol{1} &= \boldsymbol{s}_1 \odot \boldsymbol{s}_2 \odot \boldsymbol{s}_3 \odot \boldsymbol{s}_4 = \boldsymbol{s}_1 \odot \boldsymbol{s}_2 \odot \boldsymbol{s}_5 = \boldsymbol{s}_1 \odot \boldsymbol{s}_3 \odot \boldsymbol{s}_6 \\ &= \boldsymbol{s}_3 \odot \boldsymbol{s}_4 \odot \boldsymbol{s}_5 = \boldsymbol{s}_2 \odot \boldsymbol{s}_4 \odot \boldsymbol{s}_6 = \boldsymbol{s}_2 \odot \boldsymbol{s}_3 \odot \boldsymbol{s}_5 \odot \boldsymbol{s}_6 = \boldsymbol{s}_1 \odot \boldsymbol{s}_4 \odot \boldsymbol{s}_5 \odot \boldsymbol{s}_6. \end{aligned}$$

b)—d) analog Bsp. 5.2.22.

e) Vermengungsstruktur:
$$\begin{aligned} l_0 &= \vartheta_0 + \vartheta_{125} + \vartheta_{136} + \vartheta_{345} + \vartheta_{246} + \vartheta_{1234} + \vartheta_{1456} + \vartheta_{2356}, \\ l_1 &= \vartheta_1 + \vartheta_{25} + \vartheta_{36} + \vartheta_{234} + \vartheta_{456} + \vartheta_{1246} + \vartheta_{1345} + \vartheta_{12356}, \\ l_2 &= \vartheta_2 + \vartheta_{15} + \vartheta_{46} + \vartheta_{134} + \vartheta_{356} + \vartheta_{1236} + \vartheta_{2345} + \vartheta_{12456}, \\ l_3 &= \vartheta_3 + \vartheta_{16} + \vartheta_{45} + \vartheta_{124} + \vartheta_{256} + \vartheta_{1235} + \vartheta_{2346} + \vartheta_{13456}, \\ l_4 &= \vartheta_4 + \vartheta_{26} + \vartheta_{35} + \vartheta_{123} + \vartheta_{156} + \vartheta_{1245} + \vartheta_{1346} + \vartheta_{23456}, \\ l_5 &= \vartheta_5 + \vartheta_{12} + \vartheta_{34} + \vartheta_{146} + \vartheta_{236} + \vartheta_{1356} + \vartheta_{2456} + \vartheta_{12345}, \\ l_6 &= \vartheta_6 + \vartheta_{13} + \vartheta_{24} + \vartheta_{145} + \vartheta_{235} + \vartheta_{1256} + \vartheta_{3456} + \vartheta_{12346}, \\ l_{14} &= \vartheta_{14} + \vartheta_{23} + \vartheta_{56} + \vartheta_{126} + \vartheta_{135} + \vartheta_{245} + \vartheta_{346} + \vartheta_{123456}. \end{aligned}$$

Beispiel 5.2.24:

1. a) $\tilde{S}(7, 1, 2) = \left\{\tilde{\eta}(\boldsymbol{x}, \boldsymbol{\vartheta}) = \vartheta_0 x_0 + \sum_{i=1}^{7} \vartheta_i x_i + \sum_{1 \leq i_1 < i_2 \leq 7} \vartheta_{i_1 i_2} x_{i_1} x_{i_2} : \boldsymbol{x} \in B\right\}_{\boldsymbol{\vartheta} \in \mathbb{R}^{29}}$.

b) TFV 2^{7-4} für $\tilde{S}(7, 1)$ mit $\boldsymbol{G}_1 = \boldsymbol{s}_1 \odot \boldsymbol{s}_2 \odot \boldsymbol{s}_3 \odot \boldsymbol{s}_4$; $\boldsymbol{G}_2 = \boldsymbol{s}_1 \odot \boldsymbol{s}_2 \odot \boldsymbol{s}_5$; $\boldsymbol{G}_3 = \boldsymbol{s}_1 \odot \boldsymbol{s}_3 \odot \boldsymbol{s}_6$; $\boldsymbol{G}_4 = \boldsymbol{s}_2 \odot \boldsymbol{s}_3 \odot \boldsymbol{s}_7$ (↗Bsp. 5.2.14).

2. Konstruiere die Vermengungsstruktur der Koeffizienten des Ansatzes $\tilde{S}(7, 1, 2)$ bezüglich TFV 2^{7-4}.

3. a) TFV $2^{7-4} = V_8$.

b) $\boldsymbol{F}(V_8; \tilde{S}(7, 1, 2)) = (\boldsymbol{s}_0, \boldsymbol{s}_1, \ldots, \boldsymbol{s}_7, \boldsymbol{s}_{12}, \ldots, \boldsymbol{s}_{67})$.

c) $\boldsymbol{F}(V_8; \tilde{S}(7, 1, 7)) = (\boldsymbol{s}_0, \boldsymbol{s}_1, \ldots, \boldsymbol{s}_7, \boldsymbol{s}_{12}, \ldots, \boldsymbol{s}_{67}, \ldots, \boldsymbol{s}_{1234567})$.

5. a) $1 = s_1 \odot s_2 \odot s_3 \odot s_4 = s_1 \odot s_2 \odot s_5 = s_1 \odot s_3 \odot s_6 = s_2 \odot s_3 \odot s_7$
$= s_3 \odot s_4 \odot s_5 = s_2 \odot s_4 \odot s_6 = s_1 \odot s_4 \odot s_7 = s_2 \odot s_3 \odot s_5 \odot s_6$
$= s_1 \odot s_3 \odot s_5 \odot s_7 = s_1 \odot s_2 \odot s_6 \odot s_7 = s_1 \odot s_4 \odot s_5 \odot s_6$
$= s_2 \odot s_4 \odot s_5 \odot s_7 = s_3 \odot s_4 \odot s_6 \odot s_7 = s_5 \odot s_6 \odot s_7$
$= s_1 \odot s_2 \odot s_3 \odot s_4 \odot s_5 \odot s_6 \odot s_7$.

b)–d) analog Bsp. 5.2.22.

e) Vermengungsstruktur: $l_0 = \vartheta_0$, $l_1 = \vartheta_1 + \vartheta_{25} + \vartheta_{36} + \vartheta_{47}$, $l_2 = \vartheta_2 + \vartheta_{15} + \vartheta_{37} + \vartheta_{46}$, $l_3 = \vartheta_3 + \vartheta_{16} + \vartheta_{27} + \vartheta_{45}$, $l_4 = \vartheta_4 + \vartheta_{17} + \vartheta_{26} + \vartheta_{35}$, $l_5 = \vartheta_5 + \vartheta_{12} + \vartheta_{34} + \vartheta_{67}$, $l_6 = \vartheta_6 + \vartheta_{13} + \vartheta_{24} + \vartheta_{57}$, $l_7 = \vartheta_7 + \vartheta_{14} + \vartheta_{23} + \vartheta_{56}$.

Wie aus (5.2.19) kann man auch an der Vermengungsstruktur ablesen, wann in einem unvollständigen $(k, 1, k)$-Ansatz mit einem TFV 2^{k-p} eine reguläre MKQ-Schätzung aller seiner Koeffizienten möglich ist. Dann nämlich, wenn in jeder Linearkombination der Vermengungsstruktur für einen umfassenderen Ansatz, z. B. den $\tilde{S}(k, 1, k)$, höchstens ein Koeffizient des unvollständigen $(k, 1, k)$-Ansatzes vorkommt. Daher ist es wichtig, die Vermengungsstruktur für viele TFV zu kennen. Die Kenntnis der Vermengungsstruktur eines Ansatzes zum Plan ist noch in anderer Richtung sehr nützlich. Da die Polynomansätze in der Regel als Näherungsansätze gebraucht werden, ist die Auswahl eines unvollständigen $(k, 1, k)$-Ansatzes $\tilde{S}_0$ einer gewissen Unsicherheit unterworfen. Es kann also in vielen Fällen Polynomterme in $\tilde{S}(k, 1, k)$ geben, die in den Ansatz $\tilde{S}_0$ *nicht* aufgenommen wurden, die aber einen merklichen Anteil zur Beschreibung der Wirkungsfläche liefern würden. Für die Schätzung der Wirkungsfläche bedeutet dies, daß man in dem eigentlich nötigen umfassenderen Ansatz $\tilde{S}_1$ einige Koeffizienten von vornherein gleich Null gesetzt hat, die aber merklich von Null abweichen. Benutzt man in diesem Falle trotzdem den Ansatz $\tilde{S}_0$ ohne diese Polynomterme, dann liefert die berechnete MKQ-Schätzung für dessen Koeffizienten $\vartheta_{(j)}$; $j = 1, \dots, r$; erwartungstreue Schätzungen (falls $\tilde{S}_1$ wahr ist) nur für die Linearkombinationen der Koeffizienten aus der Vermengungsstruktur für den umfassenderen Ansatz $\tilde{S}_1$, d. h., die Schätzungen für $\vartheta_{(j)}$ sind *verzerrt.*

Beispiel 5.2.25: Seien $\tilde{S}_0 = \tilde{S}(7, 1)$ (›Bsp. 5.2.14) und $\tilde{S}_1 = \tilde{S}(7, 1, 2)$ (›Bsp. 5.2.24) und sei der Plan TFV 2^{7-4} gemäß Tab. 5.2.11 gegeben. Die Vermengungsstruktur von $\tilde{S}(7, 1, 2)$ ist durch Bsp. 5.2.24/4.e) gegeben. Damit erhalten wir

$\check{\vartheta}_0$ schätzt $l_0 = \vartheta_0$,
$\check{\vartheta}_1$ schätzt $l_1 = \vartheta_1 + \vartheta_{25} + \vartheta_{36} + \vartheta_{47}$,
$\check{\vartheta}_2$ schätzt $l_2 = \vartheta_2 + \vartheta_{15} + \vartheta_{37} + \vartheta_{46}$,
$\check{\vartheta}_3$ schätzt $l_3 = \vartheta_3 + \vartheta_{16} + \vartheta_{27} + \vartheta_{45}$,
$\check{\vartheta}_4$ schätzt $l_4 = \vartheta_4 + \vartheta_{17} + \vartheta_{26} + \vartheta_{35}$,
$\check{\vartheta}_5$ schätzt $l_5 = \vartheta_5 + \vartheta_{12} + \vartheta_{34} + \vartheta_{67}$,
$\check{\vartheta}_6$ schätzt $l_6 = \vartheta_6 + \vartheta_{13} + \vartheta_{24} + \vartheta_{57}$,
$\check{\vartheta}_7$ schätzt $l_7 = \vartheta_7 + \vartheta_{14} + \vartheta_{23} + \vartheta_{56}$.

Wie beim Verf. 5.2.5 bemerkt, gibt es insgesamt 2^p Möglichkeiten für die Auswahl von Spalten aus $\boldsymbol{F}(V_n; \tilde{S}(q, 1, q))$ zur Konstruktion eines TFV 2^{k-p} gemäß (5.2.9). Die den Plan charakterisierenden Gleichungen (5.2.9) legen die Generatoren gemäß (5.2.17) fest und bestimmen über die definierende Beziehung (5.2.18) die Vermengungsstruktur (›Verf. 5.2.10) für die Koeffizienten des verwendeten Ansatzes.

Da bei praktischen Problemen Wechselwirkungen sehr hoher Ordnung in der Regel vernachlässigt werden dürfen, wird angestrebt, daß die interessierenden Koeffizienten, ϑ_0, die Hauptwirkungen ϑ_i; $i = 1, \dots, k$; die zweifachen Wechselwirkungen $\vartheta_{i_1 i_2}$; $1 \leqq i_1 < i_2 \leqq k$, und eventuell gewisse einzelne Wechselwirkungen höherer Ordnung, nur mit solchen Wechselwirkungen hoher Ordnung vermengt sind, die vernachlässigt werden sollen. Um für einen Plan bereits von seinen Generatoren her einschätzen zu können, ob seine Vermengungsstruktur diese Forderung erfüllt, wurde der Begriff des Lösungstyps für einen Plan eingeführt (Box, G. E. P./Hunter, J. S. [2]).

Bezeichnung 5.2.12: Der *Lösungstyp L eines* TFV 2^{k-p} ist die minimale Anzahl von Indizes, die in der Gleichungskette seiner definierenden Beziehung (5.2.18) vorkommt, wenn die Generatorenprodukte jeweils als eine Spalte geschrieben werden ($\boldsymbol{s}_0$ als Spalte bleibt unberücksichtigt) ●

Für den Lösungstyp L werden stets römische Ziffern verwendet und als Index dem Plantyp angefügt: TFV 2_L^{k-p}.

Beispiel 5.2.26: Es werden jeweils die definierenden Beziehungen und der Lösungstyp angegeben.

a) TFV 2^{4-1} mit $\boldsymbol{1} = \boldsymbol{s}_1 \odot \boldsymbol{s}_2 \odot \boldsymbol{s}_3 \odot \boldsymbol{s}_4 = \boldsymbol{s}_{1234}$ (›Bsp. 5.2.10), $L = \text{IV}$; TFV 2_{IV}^{4-1}.

b) TFV 2^{7-4} gemäß Bsp. 5.2.14 (›Tab. 5.2.11), definierende Beziehung (›Bsp. 5.2.24/5.a)):

$$\boldsymbol{1} = \boldsymbol{s}_{1234} = \boldsymbol{s}_{125} = \boldsymbol{s}_{136} = \boldsymbol{s}_{237} = \boldsymbol{s}_{345} = \boldsymbol{s}_{246} = \boldsymbol{s}_{147} = \boldsymbol{s}_{2356} = \boldsymbol{s}_{1357} = \boldsymbol{s}_{1267} = \boldsymbol{s}_{1456} = \boldsymbol{s}_{2457} = \boldsymbol{s}_{3467} = \boldsymbol{s}_{567} = \boldsymbol{s}_{1234567},\ L = \text{III};\ \text{TFV } 2_{\text{III}}^{7-4}.$$

Für die anderen in [5.2.3] konstruierten TFV 2^{k-p} ergeben sich in gleicher Weise: Tab. 5.2.5: TFV 2_{III}^{3-1}; Tab. 5.2.6: TFV 2_{III}^{3-1}; Tab. 5.2.8: TFV 2_{IV}^{4-1}; Tab. 5.2.9: TFV 2_{III}^{5-2}; Tab. 5.2.10: TFV 2_{III}^{6-3}. Der Lösungstyp eines TFV 2^{k-p} wird eindeutig durch die definierende Beziehung bestimmt. Aber zu einem Lösungstyp wird es im allgemeinen mehrere TFV 2^{k-p} geben, die ihn besitzen. Vom Lösungstyp kann man bereits wichtige Schlußfolgerungen über die Vermengungsstruktur ziehen, ohne diese zu bestimmen.

Aussage 5.2.2: In der Vermengungsstruktur der Koeffizienten jedes unvollständigen $(k, 1, k)$-Ansatzes bezüglich eines TFV 2_L^{k-p} sind alle auftretenden l_1-faktoriellen Wechselwirkungen, $0 \leqq l_1 \leqq L$, *unvermengt* mit allen auftretenden l_2-faktoriellen Wechselwirkungen, $0 \leqq l_2 \leqq L - l_1 - 1$ ●

Für $l = 0$ bezeichnen wir als l-faktorielle Wechselwirkung ϑ_0 und für $l = 1$ jede der Hauptwirkungen ϑ_i; $i = 1, \dots, k$. Für $L \geqq \text{III}$ ist nach Aussage 5.2.2 jede der Hauptwirkungen $\vartheta_1, \dots, \vartheta_k$ unvermengt mit anderen Hauptwirkungen. Da gewöhnlich alle Hauptwirkungen im Ansatz auftreten, ist dies eine Minimalforderung an eine brauchbare Vermengungsstruktur. Im folgenden wählen wir daher stets $L \geqq \text{III}$.

Aussage 5.2.3: In der Vermengungsstruktur der Koeffizienten von $\tilde{S}(k, 1, k)$ bezüglich eines TFV 2_L^{k-p} sind alle l_1-faktoriellen Wechselwirkungen, $0 \leqq l_1 \leqq L$, *vermengt* mit $2^p - 1$ mindestens l_2-faktoriellen Wechselwirkungen, $l_2 = L - l_1$ ●

In Tab. 5.2.14 ist angegeben, welche Vermengungen bei den Lösungstypen III bis VI auftreten. Dabei werden l-faktorielle Wechselwirkungen mit $l \geqq 4$ vernachlässigt, da sie nur selten eine praktische Rolle spielen.

Aus dem Lösungstyp kann man für bestimmte Ansätze bereits erkennen, ob der Plan eine reguläre Schätzung erlaubt.

Tab. 5.2.14: Vermengungen von l_1-faktoriellen Wechselwirkungen, $l_1 = 0, 1, 2, 3$, mit l_2-faktoriellen Wechselwirkungen, $l_2 = 0, 1, 2, 3$, für die Lösungstypen III bis VI

Lösungstyp	unvermengt (in jedem unvollst. $(k, 1, k)$-Ansatz)		vermengt (im $\tilde{S}(k, 1, k)$)							
			$k = 3$		$k = 4$		$k = 5$		$k \geqq 6$	
	l_1	l_2	l_1	l_2	l_1	l_2	l_1	l_2	l_1	l_2
III	0	1	1	2	0	3	0	3	0	3
	0	2			1	2	1	2	1	2
	1	1			1	3	1	3	1	3
					2	2	2	2	2	2
							2	3	2	3
									3	3
IV	0	1	nicht		1	3	1	3	1	3
	0	2	möglich		2	2	2	2	2	2
	0	3					2	3	2	3
	1	1							3	3
	1	2								
V	0	1	nicht		nicht		2	3	2	3
	0	2	möglich		möglich				3	3
	0	3								
	0	4								
	1	1								
	1	2								
	1	3								
	2	2								
VI	0	1	nicht		nicht		nicht		3	3
	0	2	möglich		möglich		möglich			
	0	3								
	0	4								
	0	5								
	1	1								
	1	2								
	1	3								
	2	2								
	2	3								

Aussage 5.2.4: Ein TFV 2_L^{k-p} ist regulär für $\tilde{S}(k, 1, q)$, $q = 1, \ldots, k-1$, genau dann wenn

$$L > 2q \bullet \qquad (5.2.22)$$

Bei *unvollständigen* $(k, 1, q)$-Ansätzen ist es in vielen Fällen möglich, durch geschickte Wahl der Generatoren bereits für $L = 2q$ bzw. in einigen Fällen auch für $L < 2q$ einen regulären TFV 2_L^{k-p} zu erhalten (›Bsp. 5.2.28, Bsp. 5.2.29 und Bsp. 5.2.30). Damit ergibt sich die folgende kurze Einschätzung der wichtigsten Lösungstypen (vgl. Tab. 5.2.14):

Pläne vom Lösungstyp III sind regulär für $\tilde{S}(k, 1)$ und für gewisse Ansätze mit sehr wenigen Wechselwirkungen. Vom Lösungstyp III sind die angegebenen gesättigten TFV 2^{k-p} für $\tilde{S}(k, 1)$ mit $k = 2^{k-p} - 1$ (›Tab. 5.2.5, Tab. 5.2.6 und Tab. 5.2.11) und die gesättigten Pläne nach PLACKETT/BURMAN [1] (›Verf. 5.2.16).

Pläne vom Lösungstyp IV sind regulär für $\tilde{S}(k, 1)$ sowie für viele unvollständige $(k, 1, 2)$-Ansätze und einige Ansätze mit wenigen dreifaktoriellen Wechselwirkungen. Die TFV 2_{IV}^{k-p} werden häufig praktisch angewandt.

Pläne vom Lösungstyp V erweisen sich als regulär für $\tilde{S}(k, 1, 2)$ sowie für viele unvollständige Ansätze mit drei- und höherfaktoriellen Wechselwirkungen. Sie erfordern aber im allgemeinen bereits eine relativ hohe Anzahl von Versuchen.

Im folgenden Verfahren werden die Empfehlungen zur Konstruktion eines regulären TFV 2^{k-p} für einen gegebenen Ansatz zusammengefaßt.

VERFAHREN 5.2.11 (Regulärer TFV 2^{k-p} für unvollständigen $(k, 1, k)$-Ansatz):

1. **Gegebene Größen:** a) k Faktoren: $x_1, \dots, x_k$; $k \geqq 3$.

b) Versuchsbereich $V = \{\boldsymbol{x} \in \mathrm{R}^k: -1 \leqq x_i \leqq 1; i = 1, \dots, k\}$.

c) Unvollständiger $(k, 1, k)$-Ansatz $\tilde{S}$ mit r Koeffizienten.

d) Größenordnung für den Planumfang n.

2. **Aufgabe:** Konstruiere einen regulären teilweise faktoriellen Versuchsplan für $\tilde{S}$.

5. **Lösung:** a) Wähle eine natürliche Zahl p, so daß $n = 2^{k-p} \geqq r$ in der bei 1.d) angegebenen Größenordnung gilt.

b) Wähle den Lösungstyp L.

c) Wähle p Generatoren $\boldsymbol{G}_1, \dots, \boldsymbol{G}_p$, so daß die definierende Beziehung den Lösungstyp L liefert.

d) Konstruiere gemäß Verf. 5.2.5 mit $\boldsymbol{G}_1, \dots, \boldsymbol{G}_p$ den TFV 2_L^{k-p} für $\tilde{S}(k, 1)$.

e) Bestimme gemäß Verf. 5.2.10 die Vermengungsstruktur der Koeffizienten von $\tilde{S}$ zum gemäß 5.d) konstruierten Plan.

f) Falls die r Koeffizienten von $\tilde{S}$ untereinander unvermengt sind, dann ist der erhaltene Plan regulär.

g) Falls gewisse der r Koeffizienten von $\tilde{S}$ untereinander vermengt sind, dann ändere einen oder mehrere der Generatoren und setze bei 5.d) fort.

h) Falls in g) keine Veränderung der Generatoren zu einem regulären Plan führt, dann erhöhe den Lösungstyp um 1 und setze bei 5.c) fort ●

Falls bei 5.b) der kleinste Lösungstyp L gewählt wird, der nach Aussage 5.2.4 gewährleistet, daß der Plan regulär ist, dann entfallen die Schritte 5.e) bis 5.h) im Verf. 5.2.11. Allerdings ist das nicht immer möglich ($L \leqq k$).

Die Wahl der Generatoren in 5.c) ist der wichtigste Schritt des Verfahrens. Ziel der Festlegung der Generatoren ist es, die r Koeffizienten des Ansatzes $\tilde{S}$ auf r verschiedene Linearkombinationen der 2^{k-p} Linearkombinationen vermengter Koeffizienten aus der Vermengungsstruktur des $\tilde{S}(k, 1, k)$ bezüglich des TFV 2_L^{k-p} zu verteilen.

Der Schritt 5.e) kann durch die Anwendung von Verf. 5.2.9 ersetzt werden. In einer anderen Hinsicht ist es jedoch günstig, die Vermengungsstruktur gemäß 5.e) zu bestimmen. Da der Ansatz $\tilde{S}$ nur Näherungscharakter trägt, kann man sich anhand der Vermengungsstruktur zu einer geringfügigen Modifikation dieses Ansatzes entschließen, indem man entweder einige weitere Polynomterme in den Ansatz einbringt, deren Koeffizienten der Ansatz zu schätzen erlaubt, oder einige Polynomterme wegläßt, von deren Relevanz man nicht überzeugt ist, wodurch der Plan für den so verbleibenden Ansatz regulär wird. Jedoch muß eine solche Modifikation mit Überlegung erfolgen, denn der ursprüngliche Ansatz war ja aus dem praktischen Problem und aus Näherungsbetrachtungen begründet gewählt worden.

Beispiel 5.2.27:

1. a) $k = 5;\ x_1, \dots, x_5$.

b) $V = \{\boldsymbol{x} \in \mathrm{R}^5\colon -1 \leqq x_i \leqq 1;\ i = 1, \dots, 5\}$.

c) $\tilde{S}(5, 1, 2);\ r = 16$.

d) $n \approx 20$.

5. a) $p = 1;\ n = 2^{5-1} = 16 \geqq 16 = r$.

b) $L = \mathrm{V}$ (vgl. Aussage 5.2.4).

c) $\boldsymbol{G}_1 = \boldsymbol{s}_1 \odot \boldsymbol{s}_2 \odot \boldsymbol{s}_3 \odot \boldsymbol{s}_4 \odot \boldsymbol{s}_5$.

d) TFV 2_{V}^{5-1} (›Tab. 5.2.15).

Tab. 5.2.15: TFV 2_V^{5-1} mit dem Generator $\boldsymbol{G}_1 = \boldsymbol{s}_1 \odot \boldsymbol{s}_2 \odot \boldsymbol{s}_3 \odot \boldsymbol{s}_4 \odot \boldsymbol{s}_5$ (›Bsp. 5.2.27)
Es ist $x_5 = x_1x_2x_3x_4$; $\boldsymbol{s}_5 = \boldsymbol{s}_1 \odot \boldsymbol{s}_2 \odot \boldsymbol{s}_3 \odot \boldsymbol{s}_4$

Versuch Nr.	Versuchsplanmatrix $\boldsymbol{F}(\text{TFV } 2_{\mathrm{V}}^{5-1};\ \tilde{S}(5, 1, 2))$																Codierung
		TFV 2_{V}^{5-1}															
	x_0	x_1	x_2	x_3	x_4	x_5	x_1x_2	x_1x_3	x_1x_4	x_1x_5	x_2x_3	x_2x_4	x_2x_5	x_3x_4	x_3x_5	x_4x_5	
	$\boldsymbol{s}_0$	$\boldsymbol{s}_1$	$\boldsymbol{s}_2$	$\boldsymbol{s}_3$	$\boldsymbol{s}_4$	$\boldsymbol{s}_5$	$\boldsymbol{s}_{12}$	$\boldsymbol{s}_{13}$	$\boldsymbol{s}_{14}$	$\boldsymbol{s}_{15}$	$\boldsymbol{s}_{23}$	$\boldsymbol{s}_{24}$	$\boldsymbol{s}_{25}$	$\boldsymbol{s}_{34}$	$\boldsymbol{s}_{35}$	$\boldsymbol{s}_{45}$	
1	+	−	−	−	−	+	+	+	+	−	+	+	−	+	−	−	*e*
2	+	+	−	−	−	−	−	−	−	−	+	+	+	+	+	+	*a*
3	+	−	+	−	−	−	−	+	+	+	−	−	−	+	+	+	*b*
4	+	+	+	−	−	+	+	−	−	+	−	−	+	+	−	−	*abe*
5	+	−	−	+	−	−	+	−	+	+	−	+	+	−	−	+	*c*
6	+	+	−	+	−	+	−	+	−	+	−	+	−	−	+	−	*ace*
7	+	−	+	+	−	+	−	−	+	−	+	−	+	−	+	−	*bce*
8	+	+	+	+	−	−	+	+	−	−	+	−	−	−	−	+	*abc*
9	+	−	−	−	+	−	+	+	−	+	+	−	+	−	+	−	*d*
10	+	+	−	−	+	+	−	−	+	+	+	−	−	−	−	+	*ade*
11	+	−	+	−	+	+	−	+	−	−	−	+	+	−	−	+	*bde*
12	+	+	+	−	+	−	+	−	+	−	−	+	−	−	+	−	*abd*
13	+	−	−	+	+	+	+	−	−	−	−	−	−	+	+	+	*cde*
14	+	+	−	+	+	−	−	+	+	−	−	−	+	+	−	−	*acd*
15	+	−	+	+	+	−	−	−	−	+	+	+	−	+	−	−	*bcd*
16	+	+	+	+	+	+	+	+	+	+	+	+	+	+	+	+	*abcde*

e) Vermengungsstruktur bez. $\tilde{S}(5, 1, 5)$ (wegen 5.b) zur Bestimmung der Regularität eigentlich überflüssig):

$$l_0 = \vartheta_0 + \vartheta_{12345},\quad l_1 = \vartheta_1 + \vartheta_{2345},\quad l_2 = \vartheta_2 + \vartheta_{1345},\quad l_3 = \vartheta_3 + \vartheta_{1245},$$
$$l_4 = \vartheta_4 + \vartheta_{1235},\quad l_5 = \vartheta_5 + \vartheta_{1234},\quad l_{12} = \vartheta_{12} + \vartheta_{345},\quad l_{13} = \vartheta_{13} + \vartheta_{245},$$
$$l_{14} = \vartheta_{14} + \vartheta_{235},\quad l_{15} = \vartheta_{15} + \vartheta_{234},\quad l_{23} = \vartheta_{23} + \vartheta_{145},\quad l_{24} = \vartheta_{24} + \vartheta_{135},$$
$$l_{25} = \vartheta_{25} + \vartheta_{134},\quad l_{34} = \vartheta_{34} + \vartheta_{125},\quad l_{35} = \vartheta_{35} + \vartheta_{124},\quad l_{45} = \vartheta_{45} + \vartheta_{123}.$$

Im Bsp. 5.2.27 wurde für $\tilde{S}(5, 1, 2)$ ein regulärer TFV 2^{5-1} mit dem kleinsten möglichen Lösungstyp $L = \mathrm{V}$ (›Aussage 5.2.4) konstruiert. Im folgenden Beispiel wird für einen unvollständigen (5, 1, 2)-Ansatz ein regulärer Plan bereits mit $L = \mathrm{III}$ aufgebaut.

Beispiel 5.2.28:

1. a) $k = 5; x_1, \dots, x_5$.

b) $V = \{\boldsymbol{x} \in \mathrm{R}^5: -1 \leqq x_i \leqq 1; i = 1, \dots, 5\}$.

c) $\tilde{S} = \left\{\tilde{\eta}(\boldsymbol{x}, \boldsymbol{\vartheta}) = \vartheta_0 x_0 + \sum_{i=1}^{5} \vartheta_i x_i + \vartheta_{14} x_1 x_4 : \boldsymbol{x} \in B\right\}_{\boldsymbol{\vartheta} \in \mathrm{R}^7}; \quad r = 7.$

d) $n \approx 10$.

5. a) $p = 2; n = 2^{5-2} = 8 > 7 = r$.

b) $L = \mathrm{III}$.

c) $\boldsymbol{G}_1 = \boldsymbol{s}_1 \odot \boldsymbol{s}_2 \odot \boldsymbol{s}_3 \odot \boldsymbol{s}_4$; $\boldsymbol{G}_2 = \boldsymbol{s}_1 \odot \boldsymbol{s}_2 \odot \boldsymbol{s}_5$.

d) TFV 2_{III}^{5-2} im Bsp. 5.2.12 (›Tab. 5.2.9).

e) Vermengungsstruktur bez. $\tilde{S}(5, 1, 5)$ aus der definierenden Beziehung in Bsp. 5.2.18.

f) Der erhaltene TFV 2_{III}^{5-2} ist regulär für $\tilde{S}$.

Beispiel 5.2.29:

1. a) $k = 4; x_1, x_2, x_3, x_4$.

b) $V = \{\boldsymbol{x} \in \mathrm{R}^4: -1 \leqq x_i \leqq 1; i = 1, 2, 3, 4\}$.

c) $\tilde{S} = \left\{\tilde{\eta}(\boldsymbol{x}, \boldsymbol{\vartheta}) = \vartheta_0 x_0 + \sum_{i=1}^{4} \vartheta_i x_i + \vartheta_{23} x_2 x_3 : \boldsymbol{x} \in B\right\}_{\boldsymbol{\vartheta} \in \mathrm{R}^6}; \quad r = 6.$

d) $n \approx 10$.

5. a) $p = 1; n = 2^{4-1} = 8 > 6 = r$.

b) $L = \mathrm{IV}$.

c) $\boldsymbol{G}_1 = \boldsymbol{s}_1 \odot \boldsymbol{s}_2 \odot \boldsymbol{s}_3 \odot \boldsymbol{s}_4$.

d) TFV 2_{IV}^{4-1} im Bsp. 5.2.10 (›Tab. 5.2.7).

e) Vermengungsstruktur: ›Bsp. 5.2.17.

f) Der erhaltene TFV 2_{IV}^{4-1} ist regulär für $\tilde{S}$.

Beispiel 5.2.30:

1. a) $k = 6; x_1, \dots, x_6$.

b) $V = \{\boldsymbol{x} \in \mathrm{R}^6: -1 \leqq x_i \leqq 1; i = 1, \dots, 6\}$.

c) $\tilde{S} = \left\{\tilde{\eta}(\boldsymbol{x}, \boldsymbol{\vartheta}) = \vartheta_0 x_0 + \sum_{i=1}^{6} \vartheta_i x_i + \sum_{i=2}^{6} \vartheta_{1i} x_1 x_i + \vartheta_{156} x_1 x_5 x_6 : \boldsymbol{x} \in B\right\}_{\boldsymbol{\vartheta} \in \mathrm{R}^{13}}; \quad r = 13.$

d) $n \approx 20$.

5. a) $p = 2; n = 2^{6-2} = 16 > 13 = r$.

b) $L = \mathrm{IV}$.

c) $\boldsymbol{G}_1 = \boldsymbol{s}_1 \odot \boldsymbol{s}_2 \odot \boldsymbol{s}_3 \odot \boldsymbol{s}_5$; $\boldsymbol{G}_2 = \boldsymbol{s}_1 \odot \boldsymbol{s}_2 \odot \boldsymbol{s}_4 \odot \boldsymbol{s}_6$.

d) TFV 2_{IV}^{6-2} nach Verf. 5.2.5 bestimmt (›Tab. 5.2.16).

e) Gemäß Bez. 5.2.9 lautet die definierende Beziehung:

$\boldsymbol{1} = \boldsymbol{s}_1 \odot \boldsymbol{s}_2 \odot \boldsymbol{s}_3 \odot \boldsymbol{s}_5 = \boldsymbol{s}_1 \odot \boldsymbol{s}_2 \odot \boldsymbol{s}_4 \odot \boldsymbol{s}_6 = \boldsymbol{s}_3 \odot \boldsymbol{s}_4 \odot \boldsymbol{s}_5 \odot \boldsymbol{s}_6$.

Daraus ergibt sich die Vermengungsstruktur bez. $\tilde{S}(6, 1, 3)$:

$\boldsymbol{l}_0 = \boldsymbol{\vartheta}_0$, $\boldsymbol{l}_1 = \boldsymbol{\vartheta}_1 + \boldsymbol{\vartheta}_{235} + \boldsymbol{\vartheta}_{246}$, $\boldsymbol{l}_2 = \boldsymbol{\vartheta}_2 + \boldsymbol{\vartheta}_{135} + \boldsymbol{\vartheta}_{146}$, $\boldsymbol{l}_3 = \boldsymbol{\vartheta}_3 + \boldsymbol{\vartheta}_{125} + \boldsymbol{\vartheta}_{456}$,
$\boldsymbol{l}_4 = \boldsymbol{\vartheta}_4 + \boldsymbol{\vartheta}_{126} + \boldsymbol{\vartheta}_{356}$, $\boldsymbol{l}_5 = \boldsymbol{\vartheta}_5 + \boldsymbol{\vartheta}_{123} + \boldsymbol{\vartheta}_{346}$, $\boldsymbol{l}_6 = \boldsymbol{\vartheta}_6 + \boldsymbol{\vartheta}_{124} + \boldsymbol{\vartheta}_{345}$,
$\boldsymbol{l}_{12} = \boldsymbol{\vartheta}_{12} + \boldsymbol{\vartheta}_{35} + \boldsymbol{\vartheta}_{46}$, $\boldsymbol{l}_{13} = \boldsymbol{\vartheta}_{13} + \boldsymbol{\vartheta}_{25}$, $\boldsymbol{l}_{14} = \boldsymbol{\vartheta}_{14} + \boldsymbol{\vartheta}_{26}$, $\boldsymbol{l}_{15} = \boldsymbol{\vartheta}_{15} + \boldsymbol{\vartheta}_{23}$,
$\boldsymbol{l}_{16} = \boldsymbol{\vartheta}_{16} + \boldsymbol{\vartheta}_{24}$, $\boldsymbol{l}_{34} = \boldsymbol{\vartheta}_{34} + \boldsymbol{\vartheta}_{56}$, $\boldsymbol{l}_{36} = \boldsymbol{\vartheta}_{36} + \boldsymbol{\vartheta}_{45}$, $\boldsymbol{l}_{134} = \boldsymbol{\vartheta}_{134} + \boldsymbol{\vartheta}_{156} + \boldsymbol{\vartheta}_{236}$,
$\boldsymbol{l}_{234} = \boldsymbol{\vartheta}_{234} + \boldsymbol{\vartheta}_{136} + \boldsymbol{\vartheta}_{145}$.

Tab. 5.2.16: TFV 2_{IV}^{6-2} mit den Generatoren $G_1 = s_1 \odot s_2 \odot s_3 \odot s_5$, $G_2 = s_1 \odot s_2 \odot s_4 \odot s_6$ (›Bsp. 5.2.30)
Es ist $x_5 = x_1x_2x_3$; $x_6 = x_1x_2x_4$; $s_5 = s_1 \odot s_2 \odot s_3$; $s_6 = s_1 \odot s_2 \odot s_4$

Versuch Nr.	Versuchsplanmatrix $F(\text{TFV } 2_{IV}^{6-2}; \tilde{S})$													Codierung
		TFV 2_{IV}^{6-2}												
	x_0	x_1	x_2	x_3	x_4	x_5	x_6	x_1x_2	x_1x_3	x_1x_4	x_1x_5	x_1x_6	$x_1x_5x_6$	
	s_0	s_1	s_2	s_3	s_4	s_5	s_6	s_{12}	s_{13}	s_{14}	s_{15}	s_{16}	s_{156}	
1	+	−	−	−	−	−	−	+	+	+	+	+	−	(1)
2	+	+	−	−	−	+	+	−	−	−	+	+	+	*aef*
3	+	−	+	−	−	+	+	−	+	+	−	−	−	*bef*
4	+	+	+	−	−	−	−	+	−	−	−	−	+	*ab*
5	+	−	−	+	−	+	−	+	−	+	−	+	+	*ce*
6	+	+	−	+	−	−	+	−	+	−	−	+	−	*acf*
7	+	−	+	+	−	−	+	−	−	+	+	−	+	*bcf*
8	+	+	+	+	−	+	−	+	+	−	+	−	−	*abce*
9	+	−	−	−	+	−	+	+	+	−	+	−	+	*df*
10	+	+	−	−	+	+	−	−	−	+	+	−	−	*ade*
11	+	−	+	−	+	+	−	−	+	−	−	+	+	*bde*
12	+	+	+	−	+	−	+	+	−	+	−	+	−	*abdf*
13	+	−	−	+	+	+	+	+	−	−	−	−	−	*cdef*
14	+	+	−	+	+	−	−	−	+	+	−	−	+	*acd*
15	+	−	+	+	+	−	−	−	−	−	+	+	−	*bcd*
16	+	+	+	+	+	+	+	+	+	+	+	+	+	*abcdef*

Der TFV 2_{IV}^{6-2} aus Tab. 5.2.16 ist damit regulär für $\tilde{S}$. (Gegebenenfalls könnte man zum Ansatz aus 1.c) z. B. noch das Glied mit dem Koeffizienten ϑ_{34} bzw. die Glieder mit den Koeffizienten ϑ_{56}, ϑ_{45} und ϑ_{234} hinzufügen, da auch dann der TFV 2_{IV}^{6-2} regulär bleibt.)

Die r Spaltenvektoren der Versuchsplanmatrix zu einem TFV 2^{k-p} für einen unvollständigen $(k, 1, k)$-Ansatz sind gleich oder alternativ zu den entsprechenden Spaltenvektoren der Versuchsplanmatrix zum VFV 2^q, $q = k - p$, für den $\tilde{S}(q, 1, q)$ (›Verf. 5.2.5). Damit erhalten wir für die TFV 2^{k-p} entsprechende Eigenschaften wie für die VFV 2^k (›[5.2.2]).

Aussage 5.2.5: Jeder reguläre TFV 2^{k-p} für einen unvollständigen $(k, 1, k)$-Ansatz ist ein *orthogonaler* Versuchsplan (›Aussage 5.2.1) •

Damit gelten auch hier die im Verf. 5.2.4 angegebenen vereinfachten MKQ-Schätzformeln (5.2.5) und (5.2.6). Analog zu (5.2.7) erhalten wir aus (5.2.4) als *Kovarianzmatrix* der MKQ-Schätzung

$$\boldsymbol{B}_{\breve{\vartheta}(\mathfrak{Y}(V_{2^{k-p}}))} = \sigma^2 \big(\boldsymbol{F}'(\text{TFV } 2^{k-p}; \tilde{S})\, \boldsymbol{F}(\text{TVF } 2^{k-p}; \tilde{S})\big)^{-1} = \frac{\sigma^2}{2^{k-p}} \boldsymbol{I}_r \,. \qquad (5.2.23)$$

Die MKQ-Schätzungen der Parameter sind damit *unkorreliert* und besitzen die gleiche Varianz $\sigma^2 2^{-(k-p)}$. Wenn der Beobachtungsvektor normal verteilt ist, sind die MKQ-Schätzungen der Parameter sogar unabhängig.

Im Spezialfall, daß der Ansatz wahr ist, sind die regulären TFV 2^{k-p} dann *D-*, *G-*, *A-* und *E-optimal* in der Menge aller regulären konkreten Pläne gleichen Umfangs für diesen Ansatz (›Bem. 4.6.2). Für den speziellen Ansatz $\tilde{S}(k, 1)$ sind diese Pläne *drehbar* (›Bez. 2.5.10) bez. $\boldsymbol{x}_0 = \boldsymbol{0}$.

Zum Abschluß dieses Abschnitts geben wir ein Beispiel für die Verwendung der TFV 2^{k-p} bei gegebenem unvollständigen $(k, 1, k)$-Ansatz im Verf. 5.2.1.

Beispiel 5.2.31:

1. a) $k = 4$; x_1, x_2, x_3, x_4.

b) $\tilde{S}_1 = \left\{\tilde{\eta}(\boldsymbol{x}, \boldsymbol{\vartheta}) = \vartheta_0 x_0 + \sum_{i=1}^{4} \vartheta_i x_i + \vartheta_{23} x_2 x_3 : \boldsymbol{x} \in B\right\}_{\boldsymbol{\vartheta} \in \mathrm{R}^6}$.

c) $V = \{\boldsymbol{x} \in \mathrm{R}^4 : -1 \leqq x_i \leqq 1;\ i = 1, 2, 3, 4\}$.

d) $H = V$.

e) MKQ-Schätzung.

3. a) $V_n = (\boldsymbol{x}_1, \dots, \boldsymbol{x}_n)$; $\boldsymbol{y}(V_n) = (y(\boldsymbol{x}_1), \dots, y(\boldsymbol{x}_n))'$.

5. a) Wähle TFV 2_{IV}^{4-1} aus Tab. 5.2.7, er ist regulär für $\tilde{S}_1$.

b) $\boldsymbol{y}(V_8) = (20{,}3;\ -17{,}8;\ -12{,}1;\ 5{,}6;\ -22{,}2;\ -4{,}5;\ 41{,}6;\ 3{,}7)'$.

c) Verwende die Schätzformeln (5.2.5) für $\check{\vartheta}_0, \check{\vartheta}_1, \dots, \check{\vartheta}_4, \check{\vartheta}_{23}$ (›Tab. 5.2.17) und schätze $\eta(\boldsymbol{x})$ gemäß (5.2.6): $\tilde{\eta}(\boldsymbol{x}, \check{\boldsymbol{\vartheta}}) = 1{,}8 - 5{,}1x_1 + 7{,}9x_2 + 2{,}8x_3 - 13{,}9x_4 + 10{,}1x_2x_3$.

Tab. 5.2.17: MKQ-Schätzung mit TFV 2_{IV}^{4-1} aus Bsp. 5.2.31

Versuch Nr.	Versuchsplanmatrix $\boldsymbol{F}(\text{TFV } 2_{\mathrm{IV}}^{4-1}; \tilde{S}_1)$						Codierung	Vektor der Beobachtungen $\boldsymbol{y}(V_8)$
		TFV 2_{IV}^{4-1}						
	x_0	x_1	x_2	x_3	$x_4(= x_1x_2x_3)$	x_2x_3		
	$\boldsymbol{s}_0$	$\boldsymbol{s}_1$	$\boldsymbol{s}_2$	$\boldsymbol{s}_3$	$\boldsymbol{s}_4(= \boldsymbol{s}_1 \odot \boldsymbol{s}_2 \odot \boldsymbol{s}_3)$	$\boldsymbol{s}_{23}$		
1	+	−	−	−	−	+	(1)	20,3
2	+	+	−	−	+	+	*ad*	−17,8
3	+	−	+	−	+	−	*bd*	−12,1
4	+	+	+	−	−	−	*ab*	5,6
5	+	−	−	+	+	−	*cd*	−22,2
6	+	+	−	+	−	−	*ac*	− 4,5
7	+	−	+	+	−	+	*bc*	41,6
8	+	+	+	+	+	+	*abcd*	3,7
$\check{\boldsymbol{\vartheta}}$	$\check{\vartheta}_0$	$\check{\vartheta}_1$	$\check{\vartheta}_2$	$\check{\vartheta}_3$	$\check{\vartheta}_4$	$\check{\vartheta}_{23}$		
	1,8	−5,1	7,9	2,8	−13,9	10,1		

5.2.4. Blockbildung bei VFV 2^k und TFV 2^{k-p}

Bisher wurde davon ausgegangen, daß bei der Durchführung der VFV 2^k bzw. TFV 2^{k-p} nur die k untersuchten Faktoren entsprechend dem Versuchsplan systematisch geändert werden. Alle anderen Einflußgrößen sollen sich nur *zufällig* oder *gar nicht* ändern. Bei der praktischen Versuchsdurchführung kommt es aber häufig vor, daß sich einige der nicht erfaßten Einflußgrößen *in systematischer Weise* ändern. So können sich nicht erfaßte Einflußgrößen, z. B. die Eigenschaften der verwendeten Rohstoffe im zeitlichen Verlauf der Durchführung der Versuche, z. B. durch Oxidation, systematisch ändern, die Versuchsanlage kann Verschleißerscheinungen zeigen, die mit der Dauer des gesamten Experiments stärker werden. Man spricht dann von einem *Driften* der Resultate der Versuche. Durch notwendige Erneuerung von reagierenden Chemikalien

(z. B. Katalysatoren) innerhalb des Gesamtversuchs, durch Wechsel des Bedienungspersonals, durch Verwendung mehrerer Anlagen usw. können auch *sprunghafte* Änderungen nichterfaßter Einflußgrößen hervorgerufen werden. Um die Überlagerung der Wirkung solcher systematischen Änderungen nichterfaßter Einflußgrößen mit der der systematischen Änderung der erfaßten Faktoren, die durch den Versuchsplan vorgeschrieben wird, *auszuschalten*, wurde empfohlen, die Reihenfolge der Versuche zu *randomisieren* (›[5.1.1] und Verf. 4.1.16)). Die nichterfaßten Einflußgrößen werden damit wieder stochastische und gehen in den zufälligen Fehler des Zusammenhangsmodells ein. Die Varianz des so gebildeten zufälligen Fehlers kann aber ziemlich groß werden, was die Aussagefähigkeit der Schätzung der Wirkungsfläche gering hält oder einen hohen Planumfang für eine brauchbare Schätzung verlangt. *Kennt* man also die nichterfaßten Einflußgrößen, die sich beim Gesamtversuch systematisch ändern, und befürchtet man, daß diese Änderung eine merkliche Auswirkung auf die Versuchsergebnisse hat, dann ist es besser, diese Einflußgrößen mitzuerfassen.

Eine Möglichkeit, bei der Planung und Auswertung weitere solche Einflußgrößen zu berücksichtigen, ist die *Blockbildung*. Man zerlegt den Versuchsplan in bestimmte Gruppen von Einzelversuchen, *Blöcke*, innerhalb derer man davon ausgehen kann, daß sich die bisher nicht erfaßten, aber insgesamt sich systematisch ändernden Einflußgrößen nur wenig oder zufällig ändern. Jedem Block ordnet man eine weitere Einflußgröße, eine *Blockvariable*, zu, die für alle Versuche des Blocks den Wert 1 und für alle anderen den Wert 0 annimmt. Dies bedeutet eine Erweiterung des Ansatzes um soviel einfache Terme, wie Blocks gebildet wurden. Falls der Versuchsplan die reguläre Schätzung für den erweiterten Ansatz erlaubt, erfolgt die Auswertung mit der MKQ in üblicher Weise; die vereinfachten Formeln (5.2.5) und (5.2.6) sind in der Regel *nicht* mehr anwendbar. Für das Zusammenhangsmodell unter Einbeziehung der Blockvariablen erwartet man, daß die Varianz des zufälligen Fehlers *wesentlich geringer* ist als im Modell ohne diese Blockvariablen.

Die *Planung* der Blockbildung besteht darin, daß man von *vornherein* festlegt, welche Versuche des Planes zu welchem Block gehören sollen. Dies wird bei einem praktischen EW-Problem nicht immer möglich sein, häufig kann man die Zugehörigkeit zu einem bestimmten Block erst zusammen mit der Wirkungsgröße beobachten. Falls aber eine Planung der Blockbildung möglich ist, wäre es für die Auswertung und Deutung der Ergebnisse sehr *günstig*, wenn jeder *Block* die gleiche Anzahl von Versuchen enthält, d. h. *gleichen Umfang* hat.

Bei der Verwendung von VFV 2^k oder TFV 2^{k-p} wären dann als *Blockumfänge* ebenfalls *Zweierpotenzen* geeignet. In diesem Fall würden wir also den Gesamtplan in 2^l Blocks mit den Umfängen 2^{k-l} bzw. 2^{k-p-l}; $l = 1, \ldots, k-1$ bzw. $l = 1, \ldots, k-p-1$; aufteilen.

Speziell für diesen Fall kann man zur Einbeziehung der Blocks bei der Ansatzmodifikation einen etwas anderen Weg als den oben für den allgemeinen Fall beschriebenen gehen. Außerdem kann man bei der Planung der Blocks dafür sorgen, daß der Einfluß der ursprünglich erfaßten Einflußgrößen und der Einfluß durch die Blockbildung bei der Schätzung getrennt ausgewiesen werden. Weiterhin läßt sich erreichen, daß die vereinfachten Formeln der MKQ (›(5.2.5) und (5.2.6)) für den erweiterten Ansatz anwendbar bleiben.

Die Idee der Planung für die Blockbildung in diesem speziellen Fall besteht darin, statt der mit dem allgemeinen Vorgehen eigentlich nötigen 2^l-Blockvariablen nur insgesamt l *Blockfaktoren* einzuführen, die die Stufen $+1$ und -1 annehmen sollen. Jede Kombination der Stufen aller l Blockfaktoren entspricht dann einer Blockvariablen.

Die Blockfaktoren unterscheiden sich bezüglich ihrer Wertannahme formal nicht von den ursprünglich erfaßten Faktoren. Daher kann man sie in gleicher Weise wie diese verwenden und wie im Verf. 5.2.5 (weitere) Spalten aus $\boldsymbol{F}(V_n; \tilde{S}(k, 1, k))$ bzw. $\boldsymbol{F}(V_n; \tilde{S}(q, 1, q))$ auswählen, die man analog zu (5.2.9) den Blockfaktoren zuordnet. Zu einem Block gehören dann alle die Versuche aus V_n, für die die entsprechenden Werte der Blockfaktoren jeweils gleich sind. Im allgemeinen nimmt man an, daß Wechselwirkungen zwischen den Faktoren und den Blockfaktoren, zwischen diesen sowie deren Wechselwirkungen, und den Wechselwirkungen der jeweils anderen Art von Faktoren *nicht* auftreten. Man fügt dann also dem ursprünglichen $(k, 1, k)$-Ansatz einen $(l, 1, l)$-Blockansatz in den l-Blockfaktoren hinzu. Kann das Auftreten von Wechselwirkungen zwischen Faktoren und Blockfaktoren (und zwischen deren Wechselwirkungen, usw.) *nicht* ausgeschlossen werden, dann sind dem Ansatz weitere Terme anzufügen und diese bei der Auswahl der Spalten für die Blockfaktoren (Betrachtung der Vermengungsstruktur) und bei der Schätzung ebenfalls zu berücksichtigen.

Falls der $(k, 1, k)$-Ansatz ein konstantes Glied $\vartheta_0 x_0$ enthält, dann läßt sich der *Einfluß jedes einzelnen* der 2^l *Blocks nicht* schätzen, selbst wenn als Blockansatz der $\tilde{S}(l, 1, l)$ gewählt wurde, denn die Konstante des Gesamtansatzes läßt sich natürlich nicht in einen Anteil für die Faktoren und in einen für die Blockfaktoren zerlegen. Wählt man den $\tilde{S}(l, 1, l)$, dann kann man jedoch alle $2^l - 1$ *Differenzen der Blockeffekte* schätzen. Ist man daran interessiert, dann darf man auf die Mitführung aller Wechselwirkungen der Blockfaktoren nicht verzichten. Die Wahl des um das konstante Glied verkürzten $\tilde{S}(l, 1, l)$ als Blockansatz bringt *wesentliche Einschränkungen für die Auswahl der Spalten* aus $\boldsymbol{F}(V_n; \tilde{S}(k, 1, k))$ bzw. $\boldsymbol{F}(V_n; \tilde{S}(q, 1, q))$.

Für einen in Blöcke aufgeteilten (kurz: *geblockten*) Versuchsplan wird nicht mehr eine Randomisierung der Reihenfolge aller seiner Versuchspunkte vorgenommen, sondern es wird nur noch innerhalb der Blöcke randomisiert. Man spricht bei einem geblockten Versuchsplan von einer *Randomisierung unter Beschränkung*.

VERFAHREN 5.2.12 (Blockbildung im VFV 2^k):

1. **Gegebene Größen:** a) k Faktoren: $x_1, \ldots, x_k$.

b) Unvollständiger $(k, 1, k)$-Ansatz $\tilde{S}$ mit r Koeffizienten.

c) VFV 2^k.

d) Anzahl 2^l der Blöcke.

2. **Aufgabe:** Zerlege VFV 2^k in 2^l Blöcke gleichen Umfangs.

3. **Bezeichnungen:** a) VFV $2^k = V_n$.

b) $\boldsymbol{F}(V_n, \tilde{S}(k, 1, k)) = (\boldsymbol{s}_0, \boldsymbol{s}_1, \ldots, \boldsymbol{s}_k, \boldsymbol{s}_{12}, \ldots, \boldsymbol{s}_{12\ldots k})$.

c) $\boldsymbol{F}(V_n; \tilde{S}) = (\boldsymbol{s}_{(1)}, \ldots, \boldsymbol{s}_{(r)})$.

4. **Voraussetzungen:** a) Die Blockbildung hat keinen Einfluß auf die Wirkung der Faktoren aus 1.a).

b) $l < k$.

5. **Lösung:** a) Führe l Blockfaktoren $x_{k+1}^{(B)}, \ldots, x_{k+l}^{(B)}$ ein.

b) Wähle aus den Spalten von $\boldsymbol{F}(V_n; \tilde{S}(k, 1, k))$ insgesamt l verschiedene Spalten

$$\boldsymbol{s}_{(r+1)}, \ldots, \boldsymbol{s}_{(r+l)} \tag{5.2.24}$$

aus, für die gilt

$$s_{(r+i)} \neq \pm s_{(j)}, \qquad i = 1, \dots, l; j = 1, \dots, r, \tag{5.2.25}$$

sowie

$$s_{(r+i_1)} \odot s_{(r+i_2)} \odot \dots \odot s_{(r+i_w)} \neq \pm s_{(j)} \tag{5.2.26}$$

$$1 \leqq i_1 < i_2 < \dots < i_w \leqq l; \qquad w = 2, \dots, l; \qquad j = 1, \dots, r.$$

c) Wähle l Vorzeichen

$$(-1)^{\alpha_{r+1}}, \dots, (-1)^{\alpha_{r+l}}; \qquad \alpha_i \in \{0, 1\}; i = r+1, \dots, r+l. \tag{5.2.27}$$

d) Setze für $i = 1, \dots, l$

$$s_{(r+i)}^{(B)} = s_{k+i}^{(B)} = (-1)^{\alpha_{r+i}} s_{(r+i)}. \tag{5.2.28}$$

e) Fasse die Versuche aus V_n, die sich in der Einstellung der l Blockfaktoren $x_{k+1}^{(B)}, \dots, x_{k+l}^{(B)}$ nicht unterscheiden, jeweils zu einem Block zusammen ●

Dabei bedeutet die Voraussetzung in Verf. 5.2.12/4.a), daß die Wechselwirkungen zwischen den Faktoren aus 1.a) und den in 5.a) eingeführten Blockfaktoren für beliebige Ordnung in beiden Faktorenarten weggelassen werden dürfen. Die Auswahl der Spalten gemäß 5.b) darf also keine der Spalten aus $\boldsymbol{F}(V_n; \tilde{S}(k, 1, k))$ erfassen, die zu einer der Spalten in $\boldsymbol{F}(V_n; \tilde{S})$ gleich oder alternativ ist, da die Koeffizienten von $\tilde{S}$ sonst mit Blockeffekten vermengt wären.

Beispiel 5.2.32:

1. a) 4 Faktoren: x_1, x_2, x_3, x_4.

b) $\tilde{S} = \left\{\tilde{\eta}(\boldsymbol{x}, \boldsymbol{\vartheta}) = \vartheta_0 x_0 + \sum_{i=1}^{4} \vartheta_i x_i + \vartheta_{234} x_2 x_3 x_4 : \boldsymbol{x} \in B\right\}_{\boldsymbol{\vartheta} \in \mathbf{R}^6}$.

c) VFV 2^4 (›Tab. 5.2.3).

d) $l = 3$, d. h. $2^l = 8$.

3. a) VFV $2^4 = V_{16}$.

b) $\boldsymbol{F}(V_{16}; \tilde{S}(4, 1, 4)) = (s_0, s_1, s_2, \dots, s_{1234})$.

c) $\boldsymbol{F}(V_{16}; \tilde{S}) = (s_0, s_1, s_2, s_3, s_4, s_{234})$.

5. a) $x_5^{(B)}, x_6^{(B)}, x_7^{(B)}$.

b) $s_{(7)} = s_{34}$, $s_{(8)} = s_{24}$, $s_{(9)} = s_{14}$; (5.2.25) erfüllt.

$s_{(7)} \odot s_{(8)} = s_{34} \odot s_{24} = s_{23}$, $s_{(7)} \odot s_{(9)} = s_{34} \odot s_{14} = s_{13}$,

$s_{(8)} \odot s_{(9)} = s_{24} \odot s_{14} = s_{12}$, $s_{(7)} \odot s_{(8)} \odot s_{(9)} = s_{34} \odot s_{24} \odot s_{14} = s_{123}$

(5.2.26) erfüllt.

c) $(-1)^{\alpha_7} = (-1)^{\alpha_8} = (-1)^{\alpha_9} = +1$.

d) $s_5^{(B)} = s_{34}$; $s_6^{(B)} = s_{24}$, $s_7^{(B)} = s_{14}$.

e) ›Tab. 5.2.18.

VERFAHREN 5.2.13 (Blockbildung in TFV 2^{k-p}):

1. **Gegebene Größen:** a) k Faktoren: $x_1, \dots, x_k$.

b) Unvollständiger $(k, 1, k)$-Ansatz $\tilde{S}$ mit r Koeffizienten.

c) TFV 2^{k-p} für $\tilde{S}(k, 1)$ mit den p-Generatoren $G_1, \dots, G_p$.

d) Anzahl 2^l der Blöcke.

Tab. 5.2.18: Aufteilung des VFV 2^4 in 2^3 Blöcke
$\left(\boldsymbol{s}_5^{(B)} = \boldsymbol{s}_{34},\ \boldsymbol{s}_6^{(B)} = \boldsymbol{s}_{24},\ \boldsymbol{s}_7^{(B)} = \boldsymbol{s}_{14}\right)$ (›Bsp. 5.2.32)

Block Nr.	Versuch Nr.	Versuch Nr. aus Tab. 5.2.3	Versuchsplanmatrix $\boldsymbol{F}(\text{VFV } 2^4; \tilde{S})$ VFV 2^4						Blockfaktoren							Codierung
			x_0	x_1	x_2	x_3	x_4	$x_2x_3x_4$	$x_5^{(B)}$ $(= x_3x_4)$	$x_6^{(B)}$ $(= x_2x_4)$	$x_7^{(B)}$ $(= x_1x_4)$	$x_5^{(B)}x_6^{(B)}$	$x_5^{(B)}x_7^{(B)}$	$x_6^{(B)}x_7^{(B)}$	$x_5^{(B)}x_6^{(B)}x_7^{(B)}$	
			$\boldsymbol{s}_0$	$\boldsymbol{s}_1$	$\boldsymbol{s}_2$	$\boldsymbol{s}_3$	$\boldsymbol{s}_4$	$\boldsymbol{s}_{234}$	$\boldsymbol{s}_5^{(B)}$ $(= \boldsymbol{s}_3 \odot \boldsymbol{s}_4)$	$\boldsymbol{s}_6^{(B)}$ $(= \boldsymbol{s}_2 \odot \boldsymbol{s}_4)$	$\boldsymbol{s}_7^{(B)}$ $(= \boldsymbol{s}_1 \odot \boldsymbol{s}_4)$	$\boldsymbol{s}_{56}^{(B)}$	$\boldsymbol{s}_{57}^{(B)}$	$\boldsymbol{s}_{67}^{(B)}$	$\boldsymbol{s}_{567}^{(B)}$	
1	1	8	+	+	+	+	−	−	−	−	−	+	+	+	−	*abc*
	2	9	+	−	−	−	+	+	−	−	−	+	+	+	−	*d*
2	3	4	+	+	+	−	−	+	+	−	−	−	−	+	+	*ab*
	4	13	+	−	−	+	+	−	+	−	−	−	−	+	+	*cd*
3	5	6	+	+	−	+	−	+	−	+	−	−	+	−	+	*ac*
	6	11	+	−	+	−	+	−	−	+	−	−	+	−	+	*bd*
4	7	2	+	+	−	−	−	−	+	+	−	+	−	−	−	*a*
	8	15	+	−	+	+	+	+	+	+	−	+	−	−	−	*bcd*
5	9	7	+	−	+	+	−	−	−	−	+	+	−	−	+	*bc*
	10	10	+	+	−	−	+	+	−	−	+	+	−	−	+	*ad*
6	11	3	+	−	+	−	−	+	+	−	+	−	+	−	−	*b*
	12	14	+	+	−	+	+	−	+	−	+	−	+	−	−	*acd*
7	13	5	+	−	−	+	−	+	−	+	+	−	−	+	−	*c*
	14	12	+	+	+	−	+	−	−	+	+	−	−	+	−	*abd*
8	15	1	+	−	−	−	−	−	+	+	+	+	+	+	+	(1)
	16	16	+	+	+	+	+	+	+	+	+	+	+	+	+	*abcd*

2. **Aufgabe:** Zerlege TFV2^{k-p} in 2^l Blöcke gleichen Umfangs.

3. **Bezeichnungen:** a) TFV $2^{k-p} = V_n$.

b) $k - p = q$.

c) $\boldsymbol{F}(V_n; \tilde{S}(q, 1, q)) = (\boldsymbol{s}_0, \boldsymbol{s}_1, \dots, \boldsymbol{s}_q, \boldsymbol{s}_{12}, \dots, \boldsymbol{s}_{12\dots q})$.

d) $\boldsymbol{F}(V_n; \tilde{S}) = (\boldsymbol{s}_{(1)}, \dots, \boldsymbol{s}_{(r)})$.

4. **Voraussetzungen:** a) Die Blockbildung hat keinen Einfluß auf die Wirkung der Faktoren aus 1.a).

b) V_n regulär für $\tilde{S}$.

c) $2^q - r \geqq 2^l - 1$.

5. **Lösung:** a) Führe l Blockfaktoren $x_{k+1}^{(B)}, \dots, x_{k+l}^{(B)}$ ein.

b) Wähle aus den Spalten von $\boldsymbol{F}(V_n; \tilde{S}(q, 1, q))$ insgesamt l verschiedene Spalten $\boldsymbol{s}_{(r+1)}, \dots, \boldsymbol{s}_{(r+l)}$ aus, für die gilt

$$\boldsymbol{s}_{(r+i)} \neq \pm \boldsymbol{s}_{(j)}, \qquad i = 1, \dots, l; j = 1, \dots, r$$

sowie

$$\boldsymbol{s}_{(r+i_1)} \odot \boldsymbol{s}_{(r+i_2)} \odot \dots \odot \boldsymbol{s}_{(r+i_w)} \neq \pm \boldsymbol{s}_{(j)}$$

$$i \leqq i_1 < i_2 < \dots < i_w \leqq l; w = 2, \dots, l; j = 1, \dots, r.$$

c)—e) wie Verf. 5.2.12/5.c)—5.e) ●

Die Voraussetzung in Verf. 5.2.13/4.c) sichert, daß in 5.b) überhaupt noch l Spalten gefunden werden, die die Bedingungen erfüllen.

Tab. 5.2.19: Aufteilung des TFV 2_{V}^{5-1} mit $G_1 = \boldsymbol{s}_1 \odot \boldsymbol{s}_2 \odot \boldsymbol{s}_3 \odot \boldsymbol{s}_4 \odot \boldsymbol{s}_5$ in 2 Blöcke $(\boldsymbol{s}_6^{(B)} = \tilde{\boldsymbol{s}}_{45})$ (›Bsp. 5.2.33)
Es ist $x_5 = x_1x_2x_3x_4$; $\boldsymbol{s}_5 = \boldsymbol{s}_1 \odot \boldsymbol{s}_2 \odot \boldsymbol{s}_3 \odot \boldsymbol{s}_4$

Block Nr.	Versuch Nr.	Versuch Nr. aus Tab. 5.2.15	Versuchsplanmatrix $\boldsymbol{F}$(TFV 2_{V}^{5-1}; $\tilde{S}$) TFV 2_{V}^{5-1}: x_0 / $\tilde{\boldsymbol{s}}_0$	x_1 / $\tilde{\boldsymbol{s}}_1$	x_2 / $\tilde{\boldsymbol{s}}_2$	x_3 / $\tilde{\boldsymbol{s}}_3$	x_4 / $\tilde{\boldsymbol{s}}_4$	x_5 / $\tilde{\boldsymbol{s}}_5$	x_1x_2 / $\tilde{\boldsymbol{s}}_{12}$	x_1x_3 / $\tilde{\boldsymbol{s}}_{13}$	x_1x_4 / $\tilde{\boldsymbol{s}}_{14}$	x_1x_5 / $\tilde{\boldsymbol{s}}_{15}$	Blockfaktor $x_6^{(B)}(= x_4x_5)$ / $\boldsymbol{s}_6^{(B)}(= \tilde{\boldsymbol{s}}_4 \odot \tilde{\boldsymbol{s}}_5)$	Codierung
1	1	1	+	−	−	−	−	+	+	+	+	−	−	*e*
	2	4	+	+	+	−	−	+	+	−	−	+	−	*abe*
	3	6	+	+	−	+	−	+	−	+	−	+	−	*ace*
	4	7	+	−	+	+	−	+	−	−	+	−	−	*bce*
	5	9	+	−	−	−	+	−	+	+	−	+	−	*d*
	6	12	+	+	+	−	+	−	+	−	+	−	−	*abd*
	7	14	+	+	−	+	+	−	−	+	+	−	−	*acd*
	8	15	+	−	+	+	+	−	−	−	−	+	−	*bcd*
2	9	2	+	+	−	−	−	−	−	−	−	−	+	*a*
	10	3	+	−	+	−	−	−	−	+	+	+	+	*b*
	11	5	+	−	−	+	−	−	+	−	+	+	+	*c*
	12	8	+	+	+	+	−	−	+	+	−	−	+	*abc*
	13	10	+	+	−	−	+	+	−	−	+	+	+	*ade*
	14	11	+	−	+	−	+	+	−	+	−	−	+	*bde*
	15	13	+	−	−	+	+	+	+	−	−	−	+	*cde*
	16	16	+	+	+	+	+	+	+	+	+	+	+	*abcde*

Beispiel 5.2.33:

1. a) $k = 5;\ x_1, \dots, x_5$.

b) $\tilde{S} = \left\{\tilde{\eta}(\boldsymbol{x}, \boldsymbol{\vartheta}) = \vartheta_0 x_0 + \sum_{i=1}^{5} \vartheta_i x_i + \sum_{i=2}^{5} \vartheta_{1i} x_1 x_i : \boldsymbol{x} \in B\right\}_{\boldsymbol{\vartheta} \in \mathbb{R}^{10}}$.

c) TFV 2^{5-1} mit $G_1 = \boldsymbol{s}_1 \odot \boldsymbol{s}_2 \odot \boldsymbol{s}_3 \odot \boldsymbol{s}_4 \odot \boldsymbol{s}_5$ (›Tab. 5.2.15).

d) $l = 1$; 2 Blöcke.

3. a) TFV $2^{5-1} = V_{16}$.

b) $q = k - p = 4$.

c) $\boldsymbol{F}(V_{16}; \tilde{S}(4, 1, 4)) = (\boldsymbol{s}_0, \boldsymbol{s}_1, \dots, \boldsymbol{s}_4, \boldsymbol{s}_{12}, \dots, \boldsymbol{s}_{1234})$.

d) $\boldsymbol{F}(V_{16}; \tilde{S}) = (\boldsymbol{s}_{(1)}, \dots, \boldsymbol{s}_{(10)}) = (\tilde{\boldsymbol{s}}_0, \tilde{\boldsymbol{s}}_1, \tilde{\boldsymbol{s}}_2, \tilde{\boldsymbol{s}}_3, \tilde{\boldsymbol{s}}_4, \tilde{\boldsymbol{s}}_5, \tilde{\boldsymbol{s}}_{12}, \tilde{\boldsymbol{s}}_{13}, \tilde{\boldsymbol{s}}_{14}, \tilde{\boldsymbol{s}}_{15})$
$= (\boldsymbol{s}_0, \boldsymbol{s}_1, \boldsymbol{s}_2, \boldsymbol{s}_3, \boldsymbol{s}_4, \boldsymbol{s}_{1234}, \boldsymbol{s}_{12}, \boldsymbol{s}_{13}, \boldsymbol{s}_{14}, \boldsymbol{s}_{234})$.

Wegen 1.c) $\boldsymbol{s}_{(6)} = \tilde{\boldsymbol{s}}_5 = \boldsymbol{s}_{1234}$; $\boldsymbol{s}_{(10)} = \tilde{\boldsymbol{s}}_{15} = \boldsymbol{s}_{234}$.

5. a) $x_6^{(B)}$. b) $\boldsymbol{s}_{(11)} = \boldsymbol{s}_{123} = \tilde{\boldsymbol{s}}_{45}$ (Bedingungen erfüllt).

c) $(-1)^{\alpha_{11}} = +1$. d) $\boldsymbol{s}_6^{(B)} = \boldsymbol{s}_{123} = \tilde{\boldsymbol{s}}_{45}$. e) ›Tab. 5.2.19.

Beispiel 5.2.34:

1. a)–c) wie Bsp. 5.2.33. d) $l = 2$; 4 Blöcke.

3. a)–d) wie Bsp. 5.2.33.

5. a) $x_6^{(B)}, x_7^{(B)}$.

b) $\boldsymbol{s}_{(11)} = \boldsymbol{s}_{123} = \tilde{\boldsymbol{s}}_{45}$; $\boldsymbol{s}_{(12)} = \boldsymbol{s}_{34} = \tilde{\boldsymbol{s}}_{34}$;
$\boldsymbol{s}_{(11)} \neq \pm \boldsymbol{s}_{(j)}, \boldsymbol{s}_{(12)} \neq \pm \boldsymbol{s}_{(j)};\ j = 1, \dots, 10$;
$\boldsymbol{s}_{123} \odot \boldsymbol{s}_{34} = \boldsymbol{s}_{124} \neq \pm \boldsymbol{s}_{(j)};\ j = 1, \dots, 10$.

c) $(-1)^{\alpha_{11}} = (-1)^{\alpha_{12}} = +1$.

d) $\boldsymbol{s}_6^{(B)} = \boldsymbol{s}_{123} = \tilde{\boldsymbol{s}}_{45}$; $\boldsymbol{s}_7^{(B)} = \boldsymbol{s}_{34} = \tilde{\boldsymbol{s}}_{34}$.

e) ›Tab. 5.2.20.

Bemerkung 5.2.8: Falls gewisse Wechselwirkungen zwischen den Faktoren aus Verf. 5.2.12/1.a) bzw. Verf. 5.2.13/1.a) und den Blockfaktoren und/oder zwischen diesen und den Wechselwirkungen der jeweils anderen Art von Faktoren auftreten können, müssen diese bei der Auswahl der Spalten in 5.b) berücksichtigt werden. Dies geschieht, indem man den Bedingungen (5.2.25) und (5.2.26) als weitere Bedingung hinzufügt, daß die den interessierenden Wechselwirkungen entsprechenden Spaltenprodukte ebenfalls zu keiner bereits in $\boldsymbol{F}(V_n; \tilde{S})$ vorhandenen Spalte gleich oder alternativ sind.

Die Auswahl der Spalten gemäß Verf. 5.2.12/5.b) bzw. Verf. 5.2.13/5.b) sichert, daß der Ausgangsplan *regulär* ist für einen Ansatz, der sich als Summe aus dem gegebenen unvollständigen $(k, 1, k)$-Ansatz $\tilde{S}$ und dem zusätzlichen $(l, 1, l)$-Blockansatz $\tilde{S}^{(B)}$ in den Blockfaktoren $x_{k+1}^{(B)}, \dots, x_{k+l}^{(B)}$ (ohne Absolutglied) zusammensetzt. Dieser *l-geblockte* $(k, 1, k)$-*Ansatz* ist ein spezieller unvollständiger $(k + l, 1, k)$-Ansatz. Der Plan ist auch für diesen Ansatz orthogonal. Die MKQ-Schätzung $\check{\boldsymbol{\vartheta}}$ der Parameter $\boldsymbol{\vartheta}$ dieses Ansatzes und damit auch die MKQ-Schätzung $\check{\eta}$ für die Wirkungsfläche η auf der Basis eines geblockten VFV 2^k bzw. eines geblockten TFV 2^{k-p} können also ebenfalls nach den vereinfachten MKQ-Schätzformeln berechnet werden (›(5.2.5) bzw. (5.2.6)). Wegen der Orthogonalität des Planes hat die Einteilung in Blöcke keinen Einfluß auf die Schätzung der Koeffizienten des $(k, 1, k)$-Ansatzes $\tilde{S}$. Die Schätzungen der Differenzen der Blockeffekte erhält man aus den Schätzungen der Koeffizienten im $(l, 1, l)$-Blockansatz $\tilde{S}^{(B)}$ in einfacher Weise.

Tab. 5.2.20: Aufteilung des TFV 2_{V}^{5-1} mit $G_1 = \boldsymbol{s}_1 \odot \boldsymbol{s}_2 \odot \boldsymbol{s}_3 \odot \boldsymbol{s}_4 \odot \boldsymbol{s}_5$ in 2^2 Blöcke $\left(\boldsymbol{s}_6^{(B)} = \tilde{\boldsymbol{s}}_{45},\ \boldsymbol{s}_7^{(B)} = \tilde{\boldsymbol{s}}_{34}\right)$ (›Bsp. 5.2.34)
Es ist $x_5 = x_1x_2x_3x_4$; $\tilde{\boldsymbol{s}}_5 = \boldsymbol{s}_1 \odot \boldsymbol{s}_2 \odot \boldsymbol{s}_3 \odot \boldsymbol{s}_4$

Block Nr.	Versuch Nr.	Versuch Nr. aus Tab. 5.2.15	Versuchsplanmatrix $\boldsymbol{F}(\text{TFV } 2_{\mathrm{V}}^{5-1}; \tilde{S})$										Blockfaktoren			Codierung
				TFV 2_{V}^{5-1}												
			x_0	x_1	x_2	x_3	x_4	x_5	x_1x_2	x_1x_3	x_1x_4	x_1x_5	$x_6^{(B)}$ $(= x_4x_5)$	$x_7^{(B)}$ $(= x_3x_4)$	$x_6^{(B)}x_7^{(B)}$	
			$\tilde{\boldsymbol{s}}_0$	$\tilde{\boldsymbol{s}}_1$	$\tilde{\boldsymbol{s}}_2$	$\tilde{\boldsymbol{s}}_3$	$\tilde{\boldsymbol{s}}_4$	$\tilde{\boldsymbol{s}}_5$	$\tilde{\boldsymbol{s}}_{12}$	$\tilde{\boldsymbol{s}}_{13}$	$\tilde{\boldsymbol{s}}_{14}$	$\tilde{\boldsymbol{s}}_{15}$	$\boldsymbol{s}_6^{(B)}$ $(= \tilde{\boldsymbol{s}}_4 \odot \tilde{\boldsymbol{s}}_5)$	$\boldsymbol{s}_7^{(B)}$ $(= \tilde{\boldsymbol{s}}_3 \odot \tilde{\boldsymbol{s}}_4)$	$\boldsymbol{s}_6^{(B)} \odot \boldsymbol{s}_7^{(B)}$	
1	1	6	+	+	−	+	−	+	−	+	−	+	−	−	+	*ace*
	2	7	+	−	+	+	−	+	−	−	+	−	−	−	+	*bce*
	3	9	+	−	−	−	+	−	+	+	−	+	−	−	+	*d*
	4	12	+	+	+	−	+	−	+	−	+	−	−	−	+	*abd*
2	5	5	+	−	−	+	−	−	+	−	+	+	+	−	−	*c*
	6	8	+	+	+	+	−	−	+	+	−	−	+	−	−	*abc*
	7	10	+	+	−	−	+	+	−	−	+	+	+	−	−	*ade*
	8	11	+	−	+	−	+	+	−	+	−	−	+	−	−	*bde*
3	9	1	+	−	−	−	−	+	+	+	+	−	−	+	−	*e*
	10	4	+	+	+	−	−	+	+	−	−	+	−	+	−	*abe*
	11	14	+	+	−	+	+	−	−	+	+	−	−	+	−	*acd*
	12	15	+	−	+	+	+	−	−	−	−	+	−	+	−	*bcd*
4	13	2	+	+	−	−	−	−	−	−	−	−	+	+	+	*a*
	14	3	+	−	+	−	−	−	−	+	+	+	+	+	+	*b*
	15	13	+	−	−	+	+	+	+	−	−	−	+	+	+	*cde*
	16	16	+	+	+	+	+	+	+	+	+	+	+	+	+	*abcde*

VERFAHREN 5.2.14 (Schätzung der Differenzen der Blockeffekte):

1. **Gegebene Größen:** a) l Blockfaktoren: $x_{k+1}^{(B)}, \dots, x_{k+l}^{(B)}$.

b) $(l, 1, l)$-Blockansatz:

$$\tilde{S}^{(B)} = \Big\{ \tilde{\eta}(\boldsymbol{x}^{(B)}, \boldsymbol{\vartheta}^{(B)}) = \sum_{i=1}^{l} \vartheta_i^{(B)} x_{k+i}^{(B)} + \sum_{1 \leqq i_1 < i_2 \leqq l} \vartheta_{i_1 i_2}^{(B)} x_{k+i_1}^{(B)} x_{k+i_2}^{(B)} + \dots$$
$$+ \vartheta_{12\dots l}^{(B)} x_{k+1}^{(B)} \dots x_{k+l}^{(B)} : x_{k+i}^{(B)} \in \{-1, 1\}\,;\, i = 1, \dots, l \Big\}_{\vartheta \in \mathbf{R}^{r_B}}\,;$$
$$r_B = 2^l - 1\,.$$

c) Schätzung $\breve{\boldsymbol{\vartheta}}^{(B)} = (\breve{\vartheta}_1^{(B)}, \dots, \breve{\vartheta}_l^{(B)}, \dots, \breve{\vartheta}_{12\dots l}^{(B)})'$ gemäß einem geblockten VFV 2^k oder TFV 2^{k-p} mit 2^l Blocks.

2. **Aufgabe:** Schätzung der Differenzen der Blockeffekte zwischen allen Paaren der 2^l Blocks.

3. **Bezeichnungen:** a) $\boldsymbol{x}^{(B)} = (x_{k+1}^{(B)}, \dots, x_{k+l}^{(B)})'$.

b) $x_{k+i,j}^{(B)}$ Einstellung des i-ten Blockfaktors im j-ten Block.

c) $\boldsymbol{x}_j^{(B)} = (x_{k+1,j}^{(B)}, \dots, x_{k+l,j}^{(B)})'$.

d) $d_{j_1 j_2}$ Differenz der Effekte zwischen dem j_1-ten und dem j_2-ten Block; $j_1 = 1, \dots, 2^l$; $j_2 = 1, \dots, 2^l$.

5. **Lösung:** $d_{j_1 j_2} = \tilde{\eta}(\boldsymbol{x}_{j_1}^{(B)}, \breve{\boldsymbol{\vartheta}}^{(B)}) - \tilde{\eta}(\boldsymbol{x}_{j_2}^{(B)}, \breve{\boldsymbol{\vartheta}}^{(B)})$ ● (5.2.29)

Falls man den geblockten Plan zur Schätzung in einem modifizierten $(k, 1, k)$-Ansatz $\tilde{S}$ verwenden will, interessiert es, ob der Plan bei Hinzunahme weiterer Polynomterme zu $\tilde{S}$ noch regulär bleibt. Dazu ist die Betrachtung der Vermengungsstruktur des l-geblockten $(k, 1, k)$-Ansatzes bezüglich des geblockten Planes nötig, der nun als TFV $2^{(k+l)-(p+l)}$ für die Faktoren $x_1, \dots, x_k, x_{k+1}^{(B)}, \dots, x_{k+l}^{(B)}$ aufgefaßt werden muß und durch $p + l$ Generatoren $G_1, \dots, G_p, G_{p+1}^{(B)}, \dots, G_{p+l}^{(B)}$ charakterisiert wird. Die Blockgeneratoren $G_{p+1}^{(B)}, \dots, G_{p+l}^{(B)}$ entsprechen den Übergangsgleichungen (5.2.28) aus Verf. 5.1.12/5.d) bzw. Verf. 5.1.13/5.d) und werden gemäß (5.2.17) gebildet. So wählten wir im Bsp. 5.2.34 $\mathbf{s}_6^{(B)} = \tilde{\mathbf{s}}_4 \odot \tilde{\mathbf{s}}_5$, $\mathbf{s}_7^{(B)} = \tilde{\mathbf{s}}_3 \odot \tilde{\mathbf{s}}_4$ und erhielten daraus $G_{p+1}^{(B)} = G_2^{(B)} = \tilde{\mathbf{s}}_4 \odot \tilde{\mathbf{s}}_5 \odot \mathbf{s}_6^{(B)}$, $G_{p+2}^{(B)} = G_3^{(B)} = \tilde{\mathbf{s}}_3 \odot \tilde{\mathbf{s}}_4 \odot \mathbf{s}_7^{(B)}$. Die gesuchte Vermengungsstruktur wird gemäß Verf. 5.2.10 mit $k + l$ und $p + l$ an Stelle von k und p bestimmt. Wir geben zu diesem Verfahren hier als ein weiteres Beispiel die Vermengungsstruktur für den in Bsp. 5.2.34 in 4 Blöcke aufgeteilten TFV 2_{V}^{5-1}.

Beispiel 5.2.35: (›Verf. 5.2.10):

1. a) Unvollständiger $(7, 1, 5)$-Ansatz $\tilde{S}$, $k = 5$, $l = 2$: $x_1, x_2, x_3, x_4, x_5, x_6^{(B)}, x_7^{(B)}$

$$\tilde{S} = \Big\{ \tilde{\eta}(\boldsymbol{x}, \boldsymbol{\vartheta}) = \vartheta_0 x_0 + \sum_{i=1}^{5} \vartheta_i x_i + \sum_{1 \leqq i_1 < i_2 \leqq 5} \vartheta_{i_1 i_2} x_{i_1} x_{i_2} + \sum_{1 \leqq i_1 < i_2 < i_3 \leqq 5} \vartheta_{i_1 i_2 i_3} x_{i_1} x_{i_2} x_{i_3}$$
$$+ \sum_{1 \leqq i_1 < i_2 < i_3 < i_4 \leqq 5} \vartheta_{i_1 i_2 i_3 i_4} x_{i_1} x_{i_2} x_{i_3} x_{i_4} + \vartheta_{12345} x_1 x_2 x_3 x_4 x_5$$
$$+ \vartheta_6^{(B)} x_6^{(B)} + \vartheta_7^{(B)} x_7^{(B)} + \vartheta_{67}^{(B)} x_6^{(B)} x_7^{(B)} :$$
$$-1 \leqq x_i \leqq 1 \text{ für } i = 1, \dots, 5;\ x_6^{(B)} \in \{-1, 1\},\ x_7^{(B)} \in \{-1, 1\} \Big\}_{\vartheta \in \mathbf{R}^{35}}.$$

(Summe aus $\tilde{S}(5, 1, 5)$ und $\tilde{S}(2, 1, 2)$ ohne Absolutglied).

b) TFV 2^{7-3} mit $G_1 = s_1 \odot s_2 \odot s_3 \odot s_4 \odot s_5$, $G_2^{(B)} = s_4 \odot s_5 \odot s_6^{(B)}$; $G_3^{(B)} = s_3 \odot s_4 \odot s_7^{(B)}$.

3. a) TFV $2^{7-3} = V_{16}$.

b) $F(V_{16}; \tilde{S}) = (s_{(1)}, \dots, s_{(35)})$.

c) $F(V_{16}; \tilde{S}(7, 1, 5)) = (s_0, s_1, \dots, s_7, \dots, s_{34567})$.

5. a) Definierende Beziehung:

$$1 = s_1 \odot s_2 \odot s_3 \odot s_4 \odot s_5 = s_4 \odot s_5 \odot s_6^{(B)} = s_3 \odot s_4 \odot s_7^{(B)} = s_1 \odot s_2 \odot s_3 \odot s_6^{(B)}$$
$$= s_1 \odot s_2 \odot s_5 \odot s_7^{(B)} = s_3 \odot s_5 \odot s_6^{(B)} \odot s_7^{(B)} = s_1 \odot s_2 \odot s_4 \odot s_6^{(B)} \odot s_7^{(B)}.$$

b)–d) analog Bsp. 5.2.22.

e)–f) Vermengungsstruktur des Planes für den Ansatz $\tilde{S}$:

$$l_0 = \vartheta_0 + \vartheta_{12345},\quad l_1 = \vartheta_1 + \vartheta_{2345},\quad l_2 = \vartheta_2 + \vartheta_{1345},\quad l_3 = \vartheta_3 + \vartheta_{1245},$$
$$l_4 = \vartheta_4 + \vartheta_{1235},\quad l_5 = \vartheta_5 + \vartheta_{1234},\quad l_6 = \vartheta_6^{(B)} + \vartheta_{45} + \vartheta_{123},\quad l_7 = \vartheta_7^{(B)} + \vartheta_{34} + \vartheta_{125},$$
$$l_{12} = \vartheta_{12} + \vartheta_{345},\quad l_{13} = \vartheta_{13} + \vartheta_{245},\quad l_{14} = \vartheta_{14} + \vartheta_{235},\quad l_{15} = \vartheta_{15} + \vartheta_{234},$$
$$l_{23} = \vartheta_{23} + \vartheta_{145},\quad l_{24} = \vartheta_{24} + \vartheta_{135},\quad l_{25} = \vartheta_{25} + \vartheta_{134},\quad l_{35} = \vartheta_{35} + \vartheta_{67}^{(B)} + \vartheta_{124}.$$

Für alle Ansätze, die jeweils einen Koeffizienten aus den vorstehenden Linearkombinationen des Bsp. 5.2.35/5.b) enthalten, in denen weder $\vartheta_6^{(B)}$, $\vartheta_7^{(B)}$ noch $\vartheta_{67}^{(B)}$ vorkommen, ist der geblockte TFV 2_V^{5-1} regulär. Der Plan bliebe also regulär, wenn wir dem Ansatz $\tilde{S}$ aus Bsp. 5.2.34/1.b) die Summe $\sum_{i=3}^{5} \vartheta_{2i} x_2 x_i$ hinzufügen würden. Er wäre aber z. B. nicht mehr regulär, wenn $\vartheta_{234} x_2 x_3 x_4$ hinzukäme.

5.2.5. Weitere TFV (2, *k*, *n*)

Die Festlegung des Planumfangs n auf eine Zweierpotenz bei den TFV 2^{k-p} (›Bez. 5.2.8) wird vor allem dann als eine starke Einschränkung empfunden, wenn dieser Umfang n wesentlich größer ist als die Anzahl r der im Ansatz enthaltenen Koeffizienten, aber die Verwendung eines kleineren TFV 2^{k-p-1} die reguläre MKQ-Schätzung mit dem Ansatz nicht mehr erlauben würde. Wir betrachten im folgenden zwei Möglichkeiten, um in diesem Fall zu Plänen mit geringerem Umfang zu kommen. Die erste besteht in der Kombination von TFV nach einem Baukastenprinzip, die zweite in der Wahl anderer Auswahlprinzipe von Punkten aus dem diskretisierten Versuchsbereich $V_{(d)}^{(2)}$ (›Bez. 5.2.1.a)).

Bezeichnung 5.2.13: Eine Summe verschiedener TFV 2^{k-p_j}; $j = 1, \dots, q$; d. h. ein Plan

$$\text{TFV}\,(2, k, n) = \sum_{j=1}^{q} \text{TFV}\,2^{k-p_j}, \tag{5.2.30}$$

der die reguläre MKQ-Schätzung mit einem vorgegebenen (unvollständigen) $(k, 1, k)$-Ansatz $\tilde{S}$ erlaubt, heißt *aggregierter* (*k-dimensionaler*) *faktorieller Versuchsplan auf zwei Stufen zum Ansatz* $\tilde{S}$, oder kurz *aggregierter* TFV (2, k, n) für $\tilde{S}$ ●

Der aggregierte TFV (2, k, n) hat den Umfang

$$n = \sum_{j=1}^{q} 2^{k-p_j}. \tag{5.2.31}$$

Die p_j müssen nicht verschieden sein. Diese Pläne bieten eine größere Flexibilität für die Wahl des Umfangs, aber zu ihrer Konstruktion können nur in Spezialfällen detaillierte Verfahrenshinweise gegeben werden. Im allgemeinen wird es auf ein mehr oder weniger systematisches Probieren (bei größerem n auf einem Rechner) hinauslaufen. Nützlich dabei ist es, die definierenden Beziehungen der vorgesehenen TFV 2^{k-p_j} zu betrachten. Falls nämlich für alle diese TVF 2^{k-p_j}, $j = 1, \ldots, q$, das gleiche Spaltenpaar in den Versuchsplanmatrizen $\boldsymbol{F}$(TFV 2^{k-p_j}; $\tilde{S}$) einander gleich oder für alle diese Pläne zueinander alternativ ist, dann sind es auch die entsprechenden Spalten der Versuchsplanmatrix $\boldsymbol{F}$(TFV $(2, k, n)$; $\tilde{S}$), und der Plan TFV $(2, k, n)$ ist *nicht regulär*. Da der TFV $(2, k, n)$ *nicht orthogonal* ist, muß er nicht unbedingt regulär sein, wenn es kein solches Spaltenpaar in allen verwendeten TFV 2^{k-p_j} gibt. Es ist also in jedem Fall erforderlich, die Regularität des erhaltenen Planes, z. B. über die Berechnung von det $(\boldsymbol{F}'\boldsymbol{F})$, zu prüfen.

Näher untersucht sind aggregierte Pläne für den Spezialfall, daß alle TFV 2^{k-p_j} zur selben Familie gehören, hier ist also speziell auch $p_j = p$; $j = 1, \ldots, q$ (s. z. B. Addelman [1], Nalimov [1], Box, G. E. P./Hunter, J. S. [2]). Der Gedanke für die Konstruktion besteht in diesem Falle darin, zuerst einen TFV 2^{k-p} mit einer für den Ansatz $\tilde{S}$ günstigen Vermengungsstruktur als Ausgangspunkt zu wählen und durch geschickte Wahl der Vorzeichen für die Generatoren der anderen Pläne die eindeutige Schätzung aller Koeffizienten mit dem aggregierten Plan zu sichern.

VERFAHREN 5.2.15 (Aggregierte TFV $(2, k, n)$ aus der gleichen Familie):

1. **Gegebene Größen:** a) (unvollständiger) $(k, 1, k)$-Ansatz $\tilde{S}$ mit r Koeffizienten.
b) $V = \{\boldsymbol{x} \in \mathrm{R}^k \colon -1 \leqq x_i \leqq 1; i = 1, \ldots, k\}$.
c) Größenordnung für Planumfang n.

2. **Aufgabe:** Konstruktion eines aggregierten TFV$(2, k, n)$ für $\tilde{S}$.

5. **Lösung:** a) Wähle eine natürliche Zahl p mit $2^{k-p} < n/2$.

b) Wähle einen TFV 2^{k-p} mit Generatoren $\boldsymbol{G}_1, \boldsymbol{G}_2, \ldots, \boldsymbol{G}_p$, dessen Vermengungsstruktur für $\tilde{S}$ eine möglichst einfache Gestalt hat.

c) Wähle weitere TFV 2^{k-p} dieser Familie durch Veränderung der Vorzeichen einiger Generatoren, so daß sich gewisse Vorzeichen in den Linearkombinationen der Vermengungsstruktur ändern.

d) Mit der Hinzunahme von Plänen kann aufgehört werden, wenn es zu jeder Summe oder Differenz von Koeffizienten in der Vermengungsstruktur von TFV 2^{k-p} gemäß 5.b) einen Plan gibt, in dessen Vermengungsstruktur die entsprechende Differenz bzw. Summe dieser Koeffizienten auftritt.

e) Übersteigt der Umfang des Planes aus der Summe der gemäß 5.b) und 5.c) gewählten TFV 2^{k-p} die Größenordnung für n wesentlich, müssen entweder andere TFV 2^{k-p} gemäß 5.c) aus der gleichen Familie gewählt werden oder sogar ein anderer Ausgangsplan gemäß 5.b) mit einem solchen anderen Generatorsystem, das eine andere Familie liefert ●

Die Wahl von p im Verf. 5.2.15/5.a) ist damit motiviert, daß man im Falle $2^{k-p} \geqq n/2$ versuchen würde, einen TFV 2^{k-p+1} zu suchen, der regulär für $\tilde{S}$ ist. Zur Konstruktion von TFV 2^{k-p} gemäß 5.b) kann man das Verf. 5.2.11 (ohne 5.g) und

5.h), da Regularität für TFV 2^{k-p} im Verf. 5.2.15 nicht gefordert) und die Methode aus Verf. 5.2.5 benutzen. Die Vorzeichenänderungen in 5.c) werden aus der Betrachtung der Vermengungsstruktur für TFV 2^{k-p} aus 5.b) vorgenommen. Über die in 5.e) aufgezeigten Veränderungsmöglichkeiten hinaus kann gegebenenfalls auch das p in 5.a) geändert werden.

Beispiel 5.2.36:

1. a) $\tilde{S} = \{\tilde{\eta}(\boldsymbol{x}, \boldsymbol{\vartheta}) = \vartheta_0 x_0 + \vartheta_1 x_1 + \vartheta_2 x_2 + \vartheta_3 x_3 + \vartheta_4 x_4 + \vartheta_5 x_5 + \vartheta_6 x_6 + \vartheta_7 x_7 + \vartheta_{14} x_1 x_4 + \vartheta_{15} x_1 x_5 + \vartheta_{24} x_2 x_4 + \vartheta_{25} x_2 x_5 + \vartheta_{34} x_3 x_4 + \vartheta_{35} x_3 x_5 + \vartheta_{45} x_4 x_5 + \vartheta_{46} x_4 x_6 + \vartheta_{56} x_5 x_6 + \vartheta_{57} x_5 x_7 \colon \boldsymbol{x} \in B\}_{\boldsymbol{\vartheta} \in \mathrm{R}^{18}}$.

b) $V = \{\boldsymbol{x} \in \mathrm{R}^7\colon -1 \leqq x_i \leqq 1;\ i = 1, \dots, 7\}$.

c) $n \approx 25$.

5. a) $p = 4\colon 2^{7-4} = 8 < 12{,}5$.

b) Aus Bsp. 5.2.14 und Bsp. 5.2.24: TFV 2^{7-4} mit den Generatoren

$G_1 = \boldsymbol{s}_1 \odot \boldsymbol{s}_2 \odot \boldsymbol{s}_3 \odot \boldsymbol{s}_4$; $G_2 = \boldsymbol{s}_1 \odot \boldsymbol{s}_2 \odot \boldsymbol{s}_5$; $G_3 = \boldsymbol{s}_1 \odot \boldsymbol{s}_3 \odot \boldsymbol{s}_6$; $G_4 = \boldsymbol{s}_2 \odot \boldsymbol{s}_3 \odot \boldsymbol{s}_7$.

Die Vermengungsstruktur für $\tilde{S}$ aus 1.a) ist (›Bsp. 5.2.24):

$l_1 = \vartheta_1 + \vartheta_{25}$, $l_2 = \vartheta_2 + \vartheta_{15} + \vartheta_{46}$, $l_3 = \vartheta_3 + \vartheta_{45}$, $l_4 = \vartheta_4 + \vartheta_{35}$, $l_5 = \vartheta_5 + \vartheta_{34}$, $l_6 = \vartheta_6 + \vartheta_{24} + \vartheta_{57}$, $l_7 = \vartheta_7 + \vartheta_{14} + \vartheta_{56}$.

c) Statt G_1 wählen wir $-G_1 = -\boldsymbol{s}_1 \odot \boldsymbol{s}_2 \odot \boldsymbol{s}_3 \odot \boldsymbol{s}_4 = \boldsymbol{1}$ für den zweiten TFV 2^{k-p}; G_2, G_3, G_4 wie in b); Vermengungsstruktur für $\tilde{S}$ aus 1.a):

$l_1' = \vartheta_1 + \vartheta_{25}$, $l_2' = \vartheta_2 + \vartheta_{15} - \vartheta_{46}$, $l_3' = \vartheta_3 - \vartheta_{45}$, $l_4' = \vartheta_4 - \vartheta_{35}$, $l_5' = \vartheta_5 - \vartheta_{34}$, $l_6' = \vartheta_6 - \vartheta_{24} + \vartheta_{57}$, $l_7' = \vartheta_7 - \vartheta_{14} + \vartheta_{56}$.

Die beiden TFV 2^{k-p} reichen noch nicht, es fehlen die Differenzen für einige Paare in l_1, l_2, l_6, l_7. Für den dritten TFV 2^{k-p} wählen wir statt G_2 den Generator $-G_2 = -\boldsymbol{s}_1 \odot \boldsymbol{s}_2 \odot \boldsymbol{s}_5$ (wegen der Vermengung von ϑ_1 und ϑ_{25}) und G_1, G_3 und G_4 wie in b). Vermengungsstruktur für $\tilde{S}$ aus 1.a):

$l_1'' = \vartheta_1 - \vartheta_{25}$, $l_2'' = \vartheta_2 - \vartheta_{15} + \vartheta_{46}$, $l_3'' = \vartheta_3 - \vartheta_{45}$, $l_4'' = \vartheta_4 - \vartheta_{35}$, $l_5'' = \vartheta_5 - \vartheta_{34}$, $l_6'' = \vartheta_6 + \vartheta_{24} - \vartheta_{57}$, $l_7'' = \vartheta_7 + \vartheta_{14} - \vartheta_{56}$.

Nunmehr gibt es zu jeder Summe oder Differenz in einer Vermengungsstruktur die entsprechende Differenz bzw. Summe in der Vermengungsstruktur eines anderen der Pläne. Die Summe der drei TFV 2^{k-p} ist also ein aggregierter TFV (2, 7, 24) für $\tilde{S}$ aus 1.a). Die Versuchsplanmatrix für diesen TFV (2, 7, 24) wird in Tab. 5.2.21 angegeben.

Aggregierte Pläne TFV (2, k, n) aus der gleichen Familie stimmen für den Spezialfall, daß die Anzahl q der verwendeten TFV 2^{k-p} eine Zweierpotenz, z. B. $q = 2^s$, ist, mit entsprechenden TFV $2^{k-(p-s)}$ überein. In diesem Fall kann man deren Generatoren sofort aus den Generatoren der TFV 2^{k-p} bestimmen (s. Box, G. E. P./Hunter, J. S. [2]).

Man bezeichnet den aggregierten TFV (2, k, n) als eine $q \cdot 2^{-p}$-Wiederholung des VFV 2^k. Der im Bsp. 5.2.36 bestimmte TFV (2, 7, 24) ist also eine 3/16-Wiederholung des VFV 2^7. Aus dieser Bezeichnung kann man den jeweiligen Planumfang $n = q \cdot 2^{-p}\, 2^k$ ablesen.

Bemerkung 5.2.4: Aggregierte Pläne sind auch bei sequentiellem Vorgehen verwendbar, wenn man die TFV 2^{k-p} einen nach dem anderen realisiert und zwischendurch den ursprünglichen Ansatz anhand der Versuchsergebnisse und der Vermengungsstrukturen modifiziert.

Tab. 5.2.21: $F(\text{TFV}(2, 7, 24); \tilde{S})$ gemäß Bsp. 5.2.36

Versuch Nr.	Versuchsplanmatrix $F(\text{TFV}(2, 7, 24); \tilde{S})$																		Codierung
		TFV (2, 7, 24)																	
	x_0	x_1	x_2	x_3	x_4	x_5	x_6	x_7	x_1x_4	x_1x_5	x_2x_4	x_2x_5	x_3x_4	x_3x_5	x_4x_5	x_4x_6	x_5x_6	x_5x_7	
	s_0	s_1	s_2	s_3	s_4	s_5	s_6	s_7	s_{14}	s_{15}	s_{24}	s_{25}	s_{34}	s_{35}	s_{45}	s_{46}	s_{56}	s_{57}	
1	+	−	−	−	−	+	+	+	+	−	+	−	+	−	−	−	+	+	*efg*
2	+	+	−	−	+	−	−	+	+	−	−	+	−	+	−	−	+	−	*adg*
3	+	−	+	−	+	−	+	−	−	+	+	−	−	+	−	+	−	+	*bdf*
4	+	+	+	−	−	+	−	−	−	+	−	+	+	−	−	+	−	−	*abe*
5	+	−	−	+	+	+	−	−	−	−	−	−	+	+	+	−	−	−	*cde*
6	+	+	−	+	−	−	+	−	−	−	+	+	−	−	+	−	−	+	*acf*
7	+	−	+	+	−	−	−	+	+	+	−	−	−	−	+	+	+	−	*bcg*
8	+	+	+	+	+	+	+	+	+	+	+	+	+	+	+	+	+	+	*abcdefg*
9	+	−	−	−	+	+	+	+	−	−	−	−	−	−	+	+	+	+	*defg*
10	+	+	−	−	−	−	−	+	−	−	+	+	+	+	+	+	+	−	*ag*
11	+	−	+	−	−	−	+	−	+	+	−	−	+	+	+	−	−	+	*bf*
12	+	+	+	−	+	+	−	−	+	+	+	+	−	−	+	−	−	−	*abde*
13	+	−	−	+	−	+	−	−	+	−	+	−	−	+	−	+	−	−	*ce*
14	+	+	−	+	+	−	+	−	+	−	−	+	+	−	−	+	−	+	*acdf*
15	+	−	+	+	+	−	−	+	−	+	+	−	+	−	−	−	+	−	*bcdg*
16	+	+	+	+	−	+	+	+	−	+	−	+	−	+	−	−	+	+	*abcefg*
17	+	−	−	−	−	−	+	+	+	+	+	+	+	+	+	−	−	−	*fg*
18	+	+	−	−	+	+	−	+	+	+	−	−	−	−	+	−	−	+	*adeg*
19	+	−	+	−	+	+	+	−	−	−	+	+	−	−	+	+	+	−	*bdef*
20	+	+	+	−	−	−	−	−	−	−	−	−	+	+	+	+	+	+	*ab*
21	+	−	−	+	+	−	−	−	−	+	−	+	+	−	−	−	+	+	*cd*
22	+	+	−	+	−	+	+	−	−	+	+	−	−	+	−	−	+	−	*acef*
23	+	−	+	+	−	+	−	+	+	−	−	+	−	+	−	+	−	+	*bceg*
24	+	+	+	+	+	−	+	+	+	−	+	−	+	−	−	+	−	−	*abcdfg*

Die *aggregierten* TFV $(2, k, n)$ sind im allgemeinen *nicht orthogonal*, die vereinfachten MKQ-Formeln (5.2.5) und (5.2.6) sind also *nicht* anwendbar. Jedoch enthalten die Matrizen $\boldsymbol{F}'\boldsymbol{F}$ für sie außerhalb der Hauptdiagonale nur wenige von Null verschiedene Elemente, was die Bestimmung der Schätzwerte immer noch einfach gestaltet (vgl. NALIMOV [1]). Über die Optimalität der aggregierten TFV $(2, k, n)$, falls der Ansatz wahr ist, läßt sich allgemein nichts sagen, eine Einschätzung müßte von Fall zu Fall vorgenommen werden.

Für die zweite Methode zur Konstruktion von TFV $(2, k, n)$ durch die Veränderung des Auswahlprinzips für die Versuchspunkte aus $V_{\{d\}}^{(2)}$ geben wir zwei spezielle Verfahren.

VERFAHREN 5.2.16 (PLACKETT/BURMAN-Pläne):

1. **Gegebene Größen:** a) $\tilde{S}(k, 1)$.

b) $V = \{\boldsymbol{x} \in \mathrm{R}^k: -1 \leqq x_i \leqq 1; i = 1, \ldots, k\}$.

c) $n = k + 1$.

2. **Aufgabe:** Konstruiere einen gesättigten regulären Plan für $\tilde{S}(k, 1)$.

4. **Voraussetzung:** n ist durch 4 teilbar.

5. **Lösung:** Wähle einen PLACKETT/BURMAN-Plan (Für $4 \leqq n \leqq 100$ und $n \neq 92$ Katalog in PLACKETT/BURMAN [1], PALEY [1], Auszug in HARTMANN/LEZKI/SCHÄFER [1], auch [5.6.1]) ●

Beispiel 5.2.37:

1. a) $\tilde{S}(11, 1)$.

b) $V = \{\boldsymbol{x} \in \mathrm{R}^{11}: -1 \leqq x_i \leqq 1; i = 1, \ldots, 11\}$.

c) $n = 12$.

5. Für $n = 12$ entsteht der Plan durch die zyklische Vertauschung der Vorzeichenzeile

$$+ - + - - - + + + - +$$

und Hinzufügen einer Zeile, die nur aus Minuszeichen besteht (↗Tab. 5.2.22).

Tab. 5.2.22: PLACKETT/BURMAN-Plan für $n = 12$

Versuch Nr.	PLACKETT/BURMAN-Plan V_{12} für $\tilde{S}(11, 1)$										
	x_1	x_2	x_3	x_4	x_5	x_6	x_7	x_8	x_9	x_{10}	x_{11}
1	+	−	+	−	−	−	+	+	+	−	+
2	+	+	−	+	−	−	−	+	+	+	−
3	−	+	+	−	+	−	−	−	+	+	+
4	+	−	+	+	−	+	−	−	−	+	+
5	+	+	−	+	+	−	+	−	−	−	+
6	+	+	+	−	+	+	−	+	−	−	−
7	−	+	+	+	−	+	+	−	+	−	−
8	−	−	+	+	+	−	+	+	−	+	−
9	−	−	−	+	+	+	−	+	+	−	+
10	+	−	−	−	+	+	+	−	+	+	−
11	−	+	−	−	−	+	+	+	−	+	+
12	−	−	−	−	−	−	−	−	−	−	−

VERFAHREN 5.2.17 (Rechtschaffner-Pläne für $\tilde{S}(k, 1, 2)$):

1. **Gegebene Größen:** a) $\tilde{S}(k, 1, 2)$.

b) $V = \{\boldsymbol{x} \in \mathrm{R}^k: -1 \leqq x_i \leqq 1; i = 1, \dots, k\}$.

c) $n = k(k+1)/2 + 1$.

2. **Aufgabe:** Konstruiere einen gesättigten Plan für $\tilde{S}(k, 1, 2)$.

4. **Voraussetzung:** $k > 3$.

5. **Lösung:** Wähle als Punkte des Planes:

a) den Punkt $(-1, \dots, -1)'$, in dem alle Faktoren den Wert -1 haben.

b) die k Punkte, in denen ein Faktor den Wert -1 hat und alle anderen den Wert $+1$ haben,

c) die $\binom{k}{2}$ Punkte, in den zwei Faktoren den Wert $+1$ haben, und alle anderen den Wert -1 ●

Dieser Vorschlag stammt von Rechtschaffner [1], s. auch Addelman [3].

Bei $k = 3$ sind in c) die Punkte zu wählen, in denen zwei Faktoren den Wert -1 haben und der dritte den Wert $+1$.

Beispiel 5.2.38:

1. a) $\tilde{S}(4, 1, 2) = \{\tilde{\eta}(\boldsymbol{x}, \boldsymbol{\vartheta}) = \vartheta_0 x_0 + \vartheta_1 x_1 + \vartheta_2 x_2 + \vartheta_3 x_3 + \vartheta_4 x_4 + \vartheta_{12} x_1 x_2 + \vartheta_{13} x_1 x_3 + \vartheta_{14} x_1 x_4 + \vartheta_{23} x_2 x_3 + \vartheta_{24} x_2 x_4 + \vartheta_{34} x_3 x_4 : \boldsymbol{x} \in B\}_{\boldsymbol{\vartheta} \in \mathrm{R}^{11}}$.

c) $n = 4 \cdot 5/2 + 1 = 11$.

5. ›Tab. 5.2.23.

Tab. 5.2.23: Gesättigter Rechtschaffner-Plan für $\tilde{S}(4, 1, 2)$

Versuch Nr.	$F(V_{11}; \tilde{S}(4, 1, 2))$										
		V_{11}									
	x_0	x_1	x_2	x_3	x_4	x_1x_2	x_1x_3	x_1x_4	x_2x_3	x_2x_4	x_3x_4
	s_0	s_1	s_2	s_3	s_4	s_{12}	s_{13}	s_{14}	s_{23}	s_{24}	s_{34}
1	+	−	−	−	−	+	+	+	+	+	+
2	+	−	+	+	+	−	−	−	+	+	+
3	+	+	−	+	+	−	+	+	−	−	+
4	+	+	+	−	+	+	−	+	−	+	−
5	+	+	+	+	−	+	+	−	+	−	−
6	+	+	+	−	−	+	−	−	−	−	+
7	+	+	−	+	−	−	+	−	−	+	−
8	+	+	−	−	+	−	−	+	+	−	−
9	+	−	+	+	−	−	−	+	+	−	−
10	+	−	+	−	+	−	+	−	−	+	−
11	+	−	−	+	+	+	−	−	−	−	+

Die Rechtschaffner-Pläne sind im allgemeinen nicht orthogonal.

5.2.6. Versuchspläne für $(k, 1, k)$-Ansätze und eine Hyperkugel als Versuchsbereich

Die bisher in diesem Kapitel entwickelten Pläne sind prinzipiell sowohl für den Hyperwürfel (5.1.1) als auch für die Hyperkugel (5.1.2) brauchbar. Für den Hyperwürfel sind die Ecken extremale Punkte seiner Oberfläche, bei der Hyperkugel ist dies aber ihre *ganze* Oberfläche, eine Hyperkugelschale. Daher ist es hier auch sinnvoll, von der Betrachtung des diskretisierten Versuchsbereichs $V_{(d)}^{(2)}$ gemäß Bez. 5.2.1.a) abzugehen und alle Punkte der Hyperkugelschale als Versuchspunkte zuzulassen. Dies hat den Vorteil, daß man nicht wie bei den TFV $(2, k, n)$ auf bestimmte ganze Zahlen, z. B. Potenzen von 2, für die Anzahl der möglichen Spektrumpunkte beschränkt ist, andererseits kann die Festlegung der Punkte nach gewissen zusätzlichen Kriterien numerisch aufwendiger werden. Von besonderem Interesse ist die Ausnutzung der ganzen Hyperkugelschale bei der Konstruktion *drehbarer Pläne* (›Bez. 2.5.10).

Da die Konstruktion eines drehbaren Planes von der höchsten Exponentensumme der Polynomterme des Ansatzes abhängt, haben wir die $(k, 1, q)$-Ansätze in diesem Zusammenhang als unvollständige (k, q)-Ansätze aufzufassen. Wir werden daher diese Problematik erst in [5.3.6] für $(k, 2)$-Ansätze aufgreifen. Der einfache Spezialfall von $(k, 1)$-Ansätzen wird sich dort mit wesentlich geringerem Aufwand behandeln lassen.

5.3. Faktorielle Versuchspläne für $(k, 2, k^{(2)})$-Ansätze und andere Pläne 2. Ordnung

In [5.2] hatten wir uns auf $(k, 1, k)$-Ansätze beschränkt. Dies wird in vielen Fällen für die erste Stufe des Generalverfahrens ausreichen. Wenn man aber von vornherein aus der Sachkenntnis über das EW-Problem weiß, daß auch die in den Faktoren quadratischen Polynomterme eine Rolle spielen werden, dann ist es nicht mehr sinnvoll, mit einem $(k, 1, k)$-Ansatz anzufangen. In einer ähnlichen Situation befinden wir uns, wenn das gewählte Entscheidungskriterium (›[5.5]) gemäß Generalverf. 5.e) den vorgelegten $(k, 1, k)$-Ansatz ablehnt und seine Modifizierung im Rahmen der $(k, 1, k)$-Ansätze keine wesentliche Verbesserung der Approximationsgüte verspricht.

In diesen Fällen geht man zu unvollständigen $(k, 2, k^{(2)})$-Ansätzen über (›Bez. 5.1.2), bei denen in jedem Term jeder Faktor einen Exponenten aus $\{0, 1, 2\}$ annehmen kann. Der vollständige $(k, 2, k^{(2)})$-Ansatz $\tilde{S}(k, 2, k^{(2)})$ mit 3^k Polynomtermen wird im allgemeinen zu umfangreich sein. Die Auswahl eines unvollständigen Teilansatzes ist daher noch bedeutungsvoller als beim $\tilde{S}(k, 1, k)$, aber wesentlich komplizierter (›[5.3.1]). Man beschränkt sich daher häufig auf die Behandlung von $(k, 2)$-Ansätzen (›Bez. 5.1.1).

Für Ansätze, die wie $\tilde{S}(k, 2, k^{(2)})$ vom zweiten Grade in jedem Faktor sind, muß gemäß Aussage 5.1.1 jeder Faktor im Versuchsplan mindestens *drei* verschiedene Werte annehmen. Bei der Versuchsplanung werden also Versuchspläne auf drei Niveaus oder Stufen eine Rolle spielen. Bei Versuchsplänen auf zwei Stufen, VFV 2^k und TFV 2^{k-p}, war es relativ gleichgültig, ob als Versuchsbereich der Hyperwürfel (5.1.1) oder die Hyperkugel (5.1.2) festgelegt ist. Die Punkte des Planes liegen sowohl auf der Oberfläche des Hyperwürfels (in den Ecken) als auch auf der Oberfläche der Hyperkugel. Bei Plänen auf drei Stufen ist das nicht mehr der Fall. Wir werden daher zu unterschiedlichen Plantypen für die beiden Versuchsbereiche geführt.

Trotzdem werden die Pläne für den Hyperwürfel im wesentlichen Grundlage und Ausgangspunkt für die Konstruktion von Plänen für die Hyperkugel sein. Dies ist besonders in dem Fall von Interesse, wenn ein VFV 2^k oder ein TFV 2^{k-p} den Kern für einen Plan einer höheren Stufe des Generalverfahrens bildet (›Forderung c) aus [2.5.3]).

Da die Auswahl von Punkten aus dem entsprechend diskretisierten Versuchsbereich noch verschiedene Möglichkeiten offen läßt und auch gewisse Modifizierungen, speziell beim Übergang zum Aufbau von Plänen für die Hyperkugel, möglich sind, betrachtet man Mengen von Plänen, innerhalb derer weitere Forderungen (Orthogonalität, Drehbarkeit, gewisse Optimalitätskriterien aus Kap. 4) als Zusatzkriterien möglichst gut erfüllt werden sollen (›Verf. 5.3.10 bis Verf. 5.3.12).

Eine generelle Forderung an den Versuchsplan ist auch hier die aus dem Generalverfahren bekannte Voraussetzung, daß der Plan die Anwendung der regulären MKQ erlaubt, d. h. selbst regulär ist. Wegen des starken Anwachsens der Anzahl der Koeffizienten in $\tilde{S}(k, 2, k^{(2)})$ mit der Anzahl der Faktoren wird ein möglichst geringer Planumfang angestrebt. Bei (unvollständigen) $(k, 2, k^{(2)})$-Ansätzen mit wesentlich weniger Koeffizienten soll auch der Plan eine entsprechend geringe Anzahl von Versuchspunkten haben. Im Extremfall verwendet man auch gesättigte Pläne (›Bez. 5.2.3), bei denen die Anzahl der Koeffizienten mit der Anzahl der verschiedenen Versuchspunkte übereinstimmt. Jedoch ist ihre Verwendung nicht in jedem Falle ratsam, vor allem, wenn anhand der Realisierung des Versuchsplanes auch noch über den Ansatz entschieden werden soll.

5.3.1. Faktorielle Versuchspläne 2. Ordnung

Wir wenden uns nun der Konstruktion von regulären Versuchsplänen für den (unvollständigen) $(k, 2, k^{(2)})$-Ansatz zu. Ein solcher Plan wird auch (*k-dimensionaler*) *Versuchsplan* 2. *Ordnung* genannt. Als Versuchsbereich legen wir den k-dimensionalen *Hypereinheitswürfel* (5.1.1) fest. Zur Versuchsplanung für die Hyperkugel werden wir in [5.3.5] und [5.3.6] kommen.

Nach Aussage 5.1.1 müssen die Komponenten der Punkte eines regulären Versuchsplanes für einen (unvollständigen) $(k, 2, k^{(2)})$-Ansatz, in dem jeder Faktor mindestens einmal auch in der zweiten Potenz vorkommt, auf mindestens drei verschiedene Werte aus dem Versuchsbereich eingestellt werden. Dies legt analog zur Bez. 5.2.1 die Einführung eines entsprechend diskretisierten Versuchsbereichs nahe.

Bezeichnung 5.3.1: a) Die Menge $V_{(d)}^{(3)}$ aller Punkte $x \in V$, deren Koordinaten nur $+1$, 0 oder -1 sind, wird *diskretisierter Versuchsbereich* zum Versuchsbereich (5.1.1) für $(k, 2, k^{(2)})$-Ansätze genannt.

b) Die Werte $+1$, 0 und -1 heißen dabei *Stufen* oder *Niveaus der Faktoren* ●

Bezeichnung 5.3.2: Der Versuchsplan V_n heißt (*k-dimensionaler*) *faktorieller Versuchsplan auf drei Stufen,* wenn sein Spektrum (›Bez. 2.5.3) aus Versuchspunkten besteht, deren Koordinaten durch alle möglichen oder nur einen Teil aller möglichen Kombinationen der drei Stufen der k Faktoren gebildet werden ●

Die Begriffsbildungen sind völlig analog zu denen aus [5.2.1], daher verzichten wir hier auf Beispiele und weitere Erläuterungen.

5.3.2. Vollständige faktorielle Versuchspläne vom Typ 3^k

Bezeichnung 5.3.3: Ein faktorieller Versuchsplan V_n auf drei Stufen heißt *vollständiger faktorieller Versuchsplan vom Typ* 3^k (kurz VFV 3^k), wenn er aus den Versuchspunkten besteht, die durch *alle* 3^k Kombinationen der drei Stufen der k Faktoren gebildet werden •

Ein VFV 3^k ist bis auf Permutationen der Versuchspunkte eindeutig bestimmt. Die Versuchspunkte liegen in den 3^k Gitterpunkten mit ganzzahligen Koordinaten des Hypereinheitswürfels (5.1.1) und, mit Ausnahme des Koordinatenursprungs, alle auf der Oberfläche dieses Hyperwürfels. In der Bezeichnung VFV 3^k ist die Basis des Exponentialausdruckes 3^k für den Typ gleich der Stufenanzahl und der Exponent gleich der Anzahl der Faktoren. Der Typ gibt die Anzahl der Punkte des Planes an.

Ein VFV 3^k ist ein *regulärer* Plan für alle $(k, 2, k^{(2)})$-Ansätze, und für den *vollständigen* $\tilde{S}(k, 2, k^{(2)})$ ist er ein *gesättigter* Plan (›Bez. 5.2.3). Im Unterschied zu den VFV 2^k ist er *nicht orthogonal.*

Damit läßt sich das Generalverf. 5.c) folgendermaßen konkretisieren:

VERFAHREN 5.3.1 (Konstruktion eines VFV 3^k):

1. **Gegebene Größen:** a) (unvollständiger) $(k, 2, k^{(2)})$-Ansatz $\tilde{S}$.
b) $V = \{\boldsymbol{x} \in \mathrm{R}^k\colon -1 \leqq x_i \leqq 1, i = 1, \dots, k\}$.

2. **Aufgabe:** Bestimme einen regulären Plan zur MKQ-Schätzung mit $\tilde{S}$.

3. **Bezeichnung:** $V_n = (\boldsymbol{x}_1, \dots, \boldsymbol{x}_n)$.

5. **Lösung:** Wähle als Versuchspunkte des Planes V_n alle Gitterpunkte des Hypereinheitswürfels V mit ganzzahligen Koordinaten •

Für die Darstellung des VFV 3^k und der später einzuführenden Teilpläne hat sich eine *Codierung* für die Punkte der Pläne bewährt. Diese Codierung ist ähnlich der für die VFV 2^k und TFV 2^{k-p} (s. nach Verf. 5.2.2). Dazu bezeichnen wir den Wert -1 als die erste Stufe des Faktors, entsprechend 0 als zweite und $+1$ als dritte Stufe. Jedem der Faktoren $x_1, \dots, x_k$ wird ein Buchstabe des Alphabeths $a, b, c, \dots$ zugeordnet. Der Versuchspunkt wird nun durch das *Produkt* der entsprechenden Buchstaben mit gewissen Exponenten symbolisiert. Befindet sich der Faktor auf der ersten Stufe, dann erscheint sein Buchstabe nicht im Produkt, dies entspricht einem Exponenten Null. Ist der Faktor auf der zweiten Stufe, dann erscheint sein Buchstabe in der ersten Potenz, und wenn der Faktor auf der dritten Stufe ist, dann tritt sein Buchstabe in der zweiten Potenz auf. Der Punkt, an dem *alle* Faktoren auf der ersten Stufe eingestellt sind, wird mit (1) bezeichnet. Diese Codierung wird in den folgenden Beispielen in der Regel angegeben. Sie ermöglicht auch eine platzsparende Angabe des Planes. In einigen Fällen führen wir die Versuchsplanmatrix $\boldsymbol{F}(\text{VFV } 3^k; \tilde{S}(k, 2, k^{(2)}))$ des Planes VFV 3^k zum Ansatz $\tilde{S}(k, 2, k^{(2)})$ mit auf.

Bezeichnung 5.3.4: Es bezeichne $\boldsymbol{s}_{i_1 \dots i_w}$ diejenige Spalte von $\boldsymbol{F}(\text{VFV } 3^k; \tilde{S}(k, 2, k^{(2)}))$, die zu dem Polynomterm gehört, dessen Koeffizient $\vartheta_{i_1 \dots i_w}$ ist (›Bez. 5.2.6) •

Beispiel 5.3.1:

1. a) $$\tilde{S}(2, 2, 2^{(2)}) = \{\tilde{\eta}(\boldsymbol{x}, \boldsymbol{\vartheta}) = \vartheta_0 x_0 + \vartheta_1 x_1 + \vartheta_2 x_2 + \vartheta_{11} x_1^2 + \vartheta_{22} x_2^2 + \vartheta_{12} x_1 x_2 + \vartheta_{112} x_1^2 x_2 + \vartheta_{122} x_1 x_2^2 + \vartheta_{1122} x_1^2 x_2^2 \colon \boldsymbol{x} \in B\}_{\boldsymbol{\vartheta} \in \mathrm{R}^9}. \quad (5.3.1)$$
b) $V = \{\boldsymbol{x} \in \mathrm{R}^2\colon -1 \leqq x_1 \leqq 1, -1 \leqq x_2 \leqq 1\}$.

5. ›Tab. 5.3.1.

Tab. 5.3.1: VFV 3^2

Versuch Nr.	$F(\text{VFV } 3^2; \tilde{S}(2, 2, 2^{(2)}))$									Codierung
		VFV 3^2								
	x_0	x_1	x_2	x_1^2	x_2^2	x_1x_2	$x_1^2x_2$	$x_1x_2^2$	$x_1^2x_2^2$	
	s_0	s_1	s_2	s_{11}	s_{22}	s_{12}	s_{112}	s_{122}	s_{1122}	
1	+	−	−	+	+	+	−	−	+	(1)
2	+	0	−	0	+	0	0	0	0	a
3	+	+	−	+	+	−	−	+	+	a^2
4	+	−	0	+	0	0	0	0	0	b
5	+	0	0	0	0	0	0	0	0	ab
6	+	+	0	+	0	0	0	0	0	a^2b
7	+	−	+	+	+	−	+	−	+	b^2
8	+	0	+	0	+	0	0	0	0	ab^2
9	+	+	+	+	+	+	+	+	+	a^2b^2

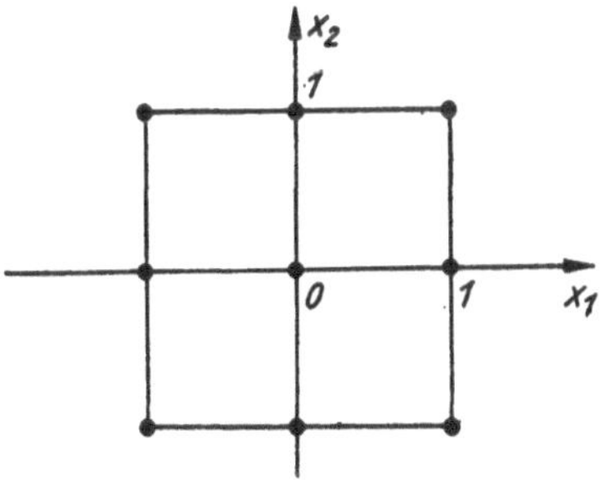

Abb. 5.3.1. Punkte des VFV 3^2

Die Punkte des VFV 3^2 sind die in Abb. 5.3.1 eingezeichneten ganzzahligen Gitterpunkte des Einheitsquadrates.

Beispiel 5.3.2:

1. a)
$$\begin{aligned}\tilde{S}(3, 2, 3^{(2)}) = \{\tilde{\eta}(\boldsymbol{x}, \boldsymbol{\vartheta}) &= \vartheta_0x_0 + \vartheta_1x_1 + \vartheta_2x_2 + \vartheta_3x_3 + \vartheta_{11}x_1^2 + \vartheta_{22}x_2^2 + \vartheta_{33}x_3^2 \\ &+ \vartheta_{12}x_1x_2 + \vartheta_{13}x_1x_3 + \vartheta_{23}x_2x_3 + \vartheta_{112}x_1^2x_2 + \vartheta_{113}x_1^2x_3 + \vartheta_{122}x_1x_2^2 \\ &+ \vartheta_{123}x_1x_2x_3 + \vartheta_{133}x_1x_3^2 + \vartheta_{223}x_2^2x_3 + \vartheta_{233}x_2x_3^2 + \vartheta_{1122}x_1^2x_2^2 \\ &+ \vartheta_{1133}x_1^2x_3^2 + \vartheta_{2233}x_2^2x_3^2 + \vartheta_{1223}x_1x_2^2x_3 + \vartheta_{1233}x_1x_2x_3^2 + \vartheta_{1123}x_1^2x_2x_3 \\ &+ \vartheta_{11223}x_1^2x_2^2x_3 + \vartheta_{11233}x_1^2x_2x_3^2 + \vartheta_{12233}x_1x_2^2x_3^2 \\ &+ \vartheta_{112233}x_1^2x_2^2x_3^2 : \boldsymbol{x} \in B\}_{\boldsymbol{\vartheta} \in \mathrm{R}^{27}} . \end{aligned} \tag{5.3.2}$$

b) $V = \{\boldsymbol{x} \in \mathrm{R}^3 : -1 \leqq x_i \leqq 1;\ i = 1, 2, 3\}$.

5. ›Tab. 5.3.2.

Die Punkte des VFV 3^3 sind die in Abb. 5.3.2 eingezeichneten ganzzahligen Gitterpunkte des Einheitswürfels.

Bezeichnung 5.3.5: Enthält ein Versuchsplan jeden der Versuchspunkte eines VFV 3^k genau einmal, so spricht man von *einer Wiederholung des* VFV 3^k ●

Beim Vergleich von Tab. 5.3.1 mit Tab. 5.3.2 erkennt man, daß man einen VFV 3^3 konstruieren kann, indem man den VFV 3^2 je einmal unter Hinzufügen von x_3 auf

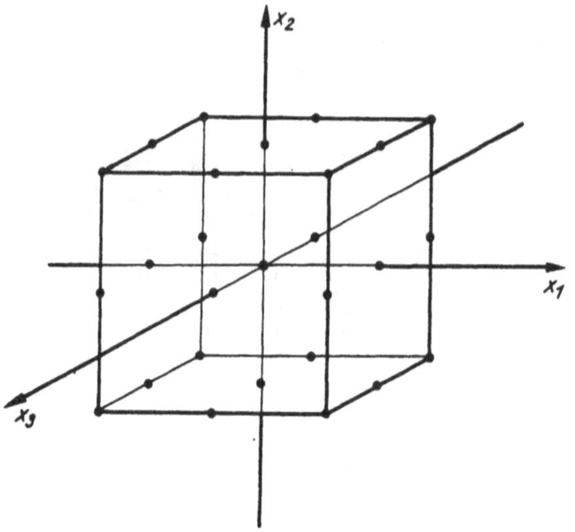

Abb. 5.3.2. Punkte des VFV 3^3

jeder seiner drei Stufen wiederholt. Entsprechend läßt sich jeder VFV 3^k, $k \geqq 3$; ausgehend von einem VFV 3^{k-1} konstruieren.

VERFAHREN 5.3.2 (Konstruktion von VFV 3^k aus VFV 3^{k-1}):

1. **Gegebene Größen:** a) (unvollständiger) $(k, 2, k^{(2)})$-Ansatz $\tilde{S}$.

b) $V = \{\boldsymbol{x} \in \mathrm{R}^k: -1 \leqq x_i \leqq i; i = 1, \ldots, k\}$.

c) VFV 3^{k-1}.

2. **Aufgabe:** Konstruiere VFV 3^k.

5. **Lösung:** Bilde den VFV 3^k aus je einer Wiederholung des VFV 3^{k-1} unter Hinzufügung von x_k auf seinen drei Stufen $-1, 0, +1$ ●

Beispiel 5.3.3:

1. a) $\tilde{S}(4, 2, 4^{(2)})$ gemäß Bez. 5.1.2/b).

b) $V = \{\boldsymbol{x} \in \mathrm{R}^4: -1 \leqq x_i \leqq 1; i = 1, 2, 3, 4\}$.

c) VFV 3^3 gemäß Tab. 5.3.2.

2. Konstruiere VFV 3^4.

5. Wir führen für x_4 den Codierungsbuchstaben d ein und haben dann die Codierung von VFV 3^3 einmal ohne d (x_4 auf Stufe $-$) zu schreiben, einmal mit d (x_4 auf Stufe 0) und einmal mit d^2 (x_4 auf Stufe $+$) zu multiplizieren. Im Ergebnis erhalten wir den VFV 3^4 in codierter Form, die für die Anwendung und den Aufbau der Versuchsplanmatrix ausreicht, auf deren Angabe wir des Umfangs wegen verzichten müssen.

VFV 3^4: (1), $a, a^2, b, ab, a^2b, b^2, ab^2, a^2b^2; c, ac, a^2c, bc, abc, a^2bc, b^2c, ab^2c, a^2b^2c; c^2, ac^2, a^2c^2, bc^2, abc^2, a^2bc^2, b^2c^2, ab^2c^2, a^2b^2c^2; d, ad, a^2d, bd, abd, a^2bd, b^2d, ab^2d, a^2b^2d; cd, acd, a^2cd, bcd, abcd, a^2bcd, b^2cd, ab^2cd, a^2b^2cd; c^2d, ac^2d, a^2c^2d, bc^2d, abc^2d, a^2bc^2d, b^2c^2d, ab^2c^2d, a^2b^2c^2d; d^2, ad^2, a^2d^2, bd^2, abd^2, a^2bd^2, b^2d^2, ab^2d^2, a^2b^2d^2; cd^2, acd^2, a^2cd^2, bcd^2, abcd^2, a^2bcd^2, b^2cd^2, ab^2cd^2, a^2b^2cd^2; c^2d^2, ac^2d^2, a^2c^2d^2, bc^2d^2, abc^2d^2, a^2bc^2d^2, b^2c^2d^2, ab^2c^2d^2, a^2b^2c^2d^2$. (5.3.3)

Tab. 5.3.2: VFV 3³

Versuch Nr.	F(VFV 3³; $\tilde{S}(3, 2, 3^{(2)})$) — VFV 3³ (x_1) s_0	x_1: s_1	x_2: s_2	x_3: s_3	s_{11}	s_{22}	s_{33}	s_{12}	s_{13}	s_{23}	s_{112}	s_{113}	s_{122}	s_{123}	s_{133}	s_{223}	s_{233}	s_{1122}	s_{1123}	s_{1133}	s_{1223}	s_{1233}	s_{2233}	s_{11223}	s_{11233}	s_{12233}	s_{112233}	Codierung
1	+	−	−	−	+	+	+	+	+	+	−	−	−	−	−	−	−	+	+	+	+	+	+	−	−	−	+	(1)
2	+	0	−	−	0	+	+	0	0	+	0	0	0	0	0	−	−	0	0	0	0	0	+	0	0	0	0	a
3	+	+	−	−	+	+	+	−	−	+	−	−	+	+	+	−	−	+	+	+	−	−	+	−	−	+	+	a^2
4	+	−	0	−	+	0	+	0	+	0	0	−	0	0	−	0	0	0	0	+	0	0	0	0	0	0	0	b
5	+	0	0	−	0	0	+	0	0	0	0	0	0	0	0	0	0	0	0	0	0	0	0	0	0	0	0	ab
6	+	+	0	−	+	0	+	0	−	0	0	−	0	0	+	0	0	0	0	+	0	0	0	0	0	0	0	a^2b
7	+	−	+	−	+	+	+	−	+	−	+	−	−	+	−	−	+	+	−	+	+	−	+	−	+	−	+	b^2
8	+	0	+	−	0	+	+	0	0	−	0	0	0	0	0	−	+	0	0	0	0	0	+	0	0	0	0	ab^2
9	+	+	+	−	+	+	+	+	−	−	+	−	+	−	+	−	+	+	−	+	−	+	+	−	+	+	+	a^2b^2
10	+	−	−	0	+	+	0	+	0	0	−	0	−	0	0	0	0	+	0	0	0	0	0	0	0	0	0	c
11	+	0	−	0	0	+	0	0	0	0	0	0	0	0	0	0	0	0	0	0	0	0	0	0	0	0	0	ac
12	+	+	−	0	+	+	0	−	0	0	−	0	+	0	0	0	0	+	0	0	0	0	0	0	0	0	0	a^2c
13	+	−	0	0	+	0	0	0	0	0	0	0	0	0	0	0	0	0	0	0	0	0	0	0	0	0	0	bc
14	+	0	0	0	0	0	0	0	0	0	0	0	0	0	0	0	0	0	0	0	0	0	0	0	0	0	0	abc
15	+	+	0	0	+	0	0	0	0	0	0	0	0	0	0	0	0	0	0	0	0	0	0	0	0	0	0	a^2bc
16	+	−	+	0	+	+	0	−	0	0	+	0	−	0	0	0	0	+	0	0	0	0	0	0	0	0	0	b^2c
17	+	0	+	0	0	+	0	0	0	0	0	0	0	0	0	0	0	0	0	0	0	0	0	0	0	0	0	ab^2c
18	+	+	+	0	+	+	0	+	0	0	+	0	+	0	0	0	0	+	0	0	0	0	0	0	0	0	0	a^2b^2c
19	+	−	−	+	+	+	+	+	−	−	−	+	−	+	−	+	−	+	−	+	−	+	+	+	−	−	+	c^2
20	+	0	−	+	0	+	+	0	0	−	0	0	0	0	0	+	−	0	0	0	0	0	+	0	0	0	0	ac^2
21	+	+	−	+	+	+	+	−	+	−	−	+	+	−	+	+	−	+	−	+	+	−	+	+	−	+	+	a^2c^2
22	+	−	0	+	+	0	+	0	−	0	0	+	0	0	−	0	0	0	0	+	0	0	0	0	0	0	0	bc^2
23	+	0	0	+	0	0	+	0	0	0	0	0	0	0	0	0	0	0	0	0	0	0	0	0	0	0	0	abc^2
24	+	+	0	+	+	0	+	0	+	0	0	+	0	0	+	0	0	0	0	+	0	0	0	0	0	0	0	a^2bc^2
25	+	−	+	+	+	+	+	−	−	+	+	+	−	−	−	+	+	+	+	+	−	−	+	+	+	−	+	b^2c^2
26	+	0	+	+	0	+	+	0	0	+	0	0	0	0	0	+	+	0	0	0	0	0	+	0	0	0	0	ab^2c^2
27	+	+	+	+	+	+	+	+	+	+	+	+	+	+	+	+	+	+	+	+	+	+	+	+	+	+	+	$a^2b^2c^2$

Da ein VFV 3^k nicht orthogonal ist, lassen sich die vereinfachten Formeln für die MKQ (5.2.5) und (5.2.6) hier *nicht* anwenden. Daher wird hier auch kein spezielles Verfahren für die Schätzung angegeben. Für besonders einfache Ansätze, z. B. $\tilde{S}(k, 2, k)$, läßt sich der Ansatz so modifizieren, daß der VFV 3^k orthogonal für diesen Ansatz wird (›Verf. 5.3.5 und Verf. 5.3.10).

Da man nur höchst selten gezwungen sein wird, den vollständigen $(k, 2, k^{(2)})$-Ansatz oder einen unvollständigen $(k, 2, k^{(2)})$-Ansatz, bei dem nur *wenige* der Polynomterme fehlen, als Approximationsansätze zu verwenden, ist die Bedeutung der VFV 3^k für die *unmittelbare* Anwendung sehr gering. Seine Struktur wird jedoch eine Basis und einen Ausgangspunkt für die Konstruktion von Versuchsplänen für $(k, 2, k^{(2)})$-Ansätze bilden, die wesentlich weniger Versuchspunkte enthalten.

Falls $\tilde{S}(k, 2, k^{(2)})$ ein *wahrer* Ansatz ist, dann ist der VFV 3^k D-optimal (s. Hoel [2]).

5.3.3. Teilweise faktorielle Versuchspläne vom Typ 3^{k-p}

Noch stärker als beim VFV 2^k (›[5.2.2]) wächst beim VFV 3^k die Anzahl der Versuchspunkte mit der Anzahl k der Faktoren. Für $\tilde{S}(k, 2, k^{(2)})$ als Ansatz ist dies nötig, denn für diesen Ansatz ist ein VFV 3^k ein gesättigter Plan. Falls der vorgelegte (unvollständige) $(k, 2, k^{(2)})$-Ansatz wesentlich weniger Koeffizienten als $\tilde{S}(k, 2, k^{(2)})$ enthält, dann ist der Umfang 3^k für eine reguläre MKQ-Schätzung nicht erforderlich und in der Regel viel zu hoch. Man wird in diesem Fall für den Planumfang n eine Größenordnung wählen, die einerseits nicht kleiner sein darf als die Anzahl r der Koeffizienten des Ansatzes und andererseits die Versuchskosten auf einem vertretbaren Niveau halten muß. Wie bei Plänen auf zwei Stufen ist es auch hier naheliegend, als Versuchsplan zur Schätzung für den $(k, 2, k^{(2)})$-Ansatz einen *Teil* der Punkte des VFV 3^k zu verwenden.

Bezeichnung 5.3.6: Der Versuchsplan V_n heißt (*k-dimensionaler*) *teilweise faktorieller Versuchsplan auf drei Stufen vom Umfang n* (kurz TFV $(3, k, n)$), wenn V_n aus n, $n \leqq 3^k$, *verschiedenen* Versuchspunkten eines VFV 3^k besteht ●

Bei gegebenem n gibt es zu einem VFV 3^k aber $\binom{3^k}{n}$ verschiedene TFV $(3, k, n)$, und die Auswahl aus ihnen muß in Abhängigkeit vom vorliegenden Ansatz erfolgen, denn der Plan muß für diesen Ansatz *regulär* sein. Diese Auswahlprozedur ist im allgemeinen sehr mühsam, nur für sehr spezielle Ansätze werden wir später praktikable Verfahren angeben können. Analog zur Bildung von TFV 2^{k-p} kann man auch bei VFV 3^k entsprechende Teilpläne betrachten.

Bezeichnung 5.3.7: Der Versuchsplan TFV$(3, k, n)$ heißt (*k-dimensionaler*) *teilweise faktorieller Versuchsplan vom Typ* 3^{k-p} (kurz TFV 3^{k-p}), wenn $n = 3^{k-p}$ gilt, wobei p, $p < k$, eine natürliche Zahl ist ●

Wie bei den TFV 2^{k-p} besteht auch hier die Idee für ein Auswahlverfahren darin, die Versuchsplanmatrix eines VFV 3^q mit $q = k - p$ aufzuschreiben und die Spalten dieser Versuchsplanmatrix den Polynomtermen des vorgelegten unvollständigen $(k, 2, k^{(2)})$-Ansatzes in geschickter Weise zuzuordnen. In den Spalten für die Faktoren $x_1, \dots, x_k$ steht dann der gesuchte TFV 3^{k-p}.

Im Gegensatz zur Konstruktion von TFV 2^{k-p} ergeben sich bei der Bildung von TFV 3^{k-p} wesentliche zusätzliche Schwierigkeiten. Die Spalten der Versuchsplanmatrix $\boldsymbol{F}(\text{VFV } 3^k; \tilde{S}(k, 2, k^{(2)}))$ sind nicht orthogonal, und es gibt viele Spalten, die nicht alle drei Werte $-1, 0, +1$ enthalten (z. B. für x_i^2, $x_{i_1}^2 x_{i_2}^2$). Damit sind die möglichen linearen Abhängigkeiten der Spalten in der Versuchsplanmatrix $\boldsymbol{F}(\text{TFV } 3^{k-p}; \tilde{S})$ nicht mehr aus einer relativ einfach konstruierbaren Vermengungsstruktur ablesbar. Es gibt eine gruppentheoretische Verallgemeinerung des Vorgehens zur Konstruktion der Vermengungsstruktur für TFV 2^{k-p} auf das Vorgehen für die Konstruktion der Vermengungsstruktur bei TFV 3^{k-p} (s. DAVIES [1], FINNEY [1]), aber dieses Vorgehen ist im allgemeinen Fall eines unvollständigen $(k, 2, k^{(2)})$-Ansatzes für kleines k nicht nötig und für großes k sehr aufwendig und wird damit nicht mehr praktikabel.

Falls der vorgelegte $(k, 2, k^{(2)})$-Ansatz wesentlich weniger Koeffizienten als $\tilde{S}(k, 2, k^{(2)})$ hat und keine der in den folgenden Abschnitten behandelten Strukturen aufweist (z. B. $\tilde{S}(k, 2)$, $\tilde{S}(k, 2, q)$ oder unvollständige Ansätze hiervon), dann empfiehlt sich folgendes Herangehen an die Plankonstruktion.

VERFAHREN 5.3.3 (Konstruktion eines TFV 3^{k-p} zu einem Ansatz):

1. **Gegebene Größen:** a) Unvollständiger $(k, 2, k^{(2)})$-Ansatz $\tilde{S}$ mit r Koeffizienten.

b) $V = \{x \in \mathrm{R}^k\colon -1 \leqq x_i \leqq 1;\ i = 1, \dots, k\}$.

c) Größenordnung für Planumfang n.

2. **Aufgabe:** Konstruiere einen regulären TFV 3^{k-p} für $\tilde{S}$.

3. **Bezeichnungen:** a) $\boldsymbol{F}(\text{VFV } 3^q; \tilde{S}(q, 2, q^{(2)})) = (\tilde{\mathbf{s}}_0, \tilde{\mathbf{s}}_1, \dots, \tilde{\mathbf{s}}_q, \dots, \tilde{\mathbf{s}}_{1122\dots qq})$.

b) $\boldsymbol{F}(\text{TFV } 3^{k-p}, \tilde{S}) = (\mathbf{s}_{(1)}, \dots, \mathbf{s}_{(r)})$.

4. **Voraussetzung:** $n \geqq r$.

5. **Lösung:** a) Wähle eine natürliche Zahl p, so daß $r \leqq 3^{k-p}$ gilt und 3^{k-p} in der gegebenen Größenordnung für n liegt.

b) Setze $q = k - p$.

c) Wähle q der Einflußgrößen aus, so daß die Anzahl r_1 derjenigen Polynomterme, die nur diese Einflußgrößen (und x_0) enthalten, möglichst groß ist. Numeriere gegebenenfalls die Einflußgrößen um, so daß die gewählten q Einflußgrößen gerade $x_1, \dots, x_q$ sind.

d) Übernimm die r_1 Spalten aus $\boldsymbol{F}(\text{VFV } 3^q; \tilde{S}(q, 2, q^{(2)}))$ für $\boldsymbol{F}(\text{TFV } 3^{k-p}, \tilde{S})$, deren Indizes den Polynomtermen aus $\tilde{S}$ entsprechen, die nur $x_1, \dots, x_q$ (und x_0) enthalten:

$$\mathbf{s}_{(i)} = \tilde{\mathbf{s}}_{(i)}; \qquad i = 1, \dots, r_1 .$$

Bezeichne die restlichen Spalten von $\boldsymbol{F}(\text{VFV } 3^q; \tilde{S}(q, 2, q^{(2)}))$ mit $\tilde{\mathbf{s}}_{(i)}$; $i = r_1 + 1, \dots, 3^q$. Falls $\tilde{S}$ ein konstantes Glied x_0 enthält, setze $\mathbf{s}_0 = \tilde{\mathbf{s}}_0$.

e) Wähle eine weitere Spalte $\tilde{\mathbf{s}}_{(j)}$, $j \in \{r_1 + 1, \dots, 3^q\}$, aus, in der alle drei Werte $-$, 0, $+$ vorkommen und ordne sie einem weiteren Faktor x_{q+1} zu.

f) Betrachte alle Polynomterme in $\tilde{S}$, die nur x_{q+1} oder nur Faktoren aus $x_1, \dots, x_q$ und x_{q+1} enthalten und bestimme mit den in d) und e) festgelegten Spalten für $x_1, \dots, x_{q+1}$ die entsprechenden Spalten dieser Polynomterme.

g) Vergleiche die in f) gewonnenen r_2 Spalten miteinander und mit den Spalten $\tilde{\mathbf{s}}_{(i)}$; $i = 1, 2, \dots, r_1 + 1$.

h) Falls in g) zwei der verglichenen Spalten gleich sind, verändere die Wahl der Spalte $\tilde{s}_{(j)}$ in e) und setze bei f) fort. Sind alle in Frage kommenden Spalten bereits untersucht, dann verändere die Wahl in c) und setze bei d) fort. Falls alle Möglichkeiten hierfür bereits untersucht sind, dann prüfe, ob 3^{k-p+1} noch in der gegebenen Größenordnung für n liegt und setze gegebenenfalls $q = k - p + 1$ und bei c) fort.

i) Falls alle in g) verglichenen Spalten voneinander verschieden sind, dann sind sie unter den $\tilde{s}_{(i)}$; $i = r_1 + 2, \dots, 3^q$; enthalten. Übernimm die entsprechenden Spalten hieraus für $F(\text{TFV } 3^{k-p}; \tilde{S})$ und bezeichne die restlichen mit $\tilde{s}_{(i)}$; $i = r_1 + r_2 + 2, \dots, 3^q$.

j) Wähle eine weitere Spalte $s_{(j)}$; $j \in \{r_1 + r_2 + 2, \dots, 3^q\}$; aus, in der alle drei Werte $-$, 0, $+$ vorkommen und ordne sie einem weiteren Faktor x_{q+2} zu. Setze mit $q + 2$ statt $q + 1$ bei f) fort. (Ersetze entsprechend $r_1 + 1$ durch $r_1 + r_2 + 2$ usw.) ●

Das Verf. 5.3.3 liefert nicht immer einen TFV 3^{k-p}. Falls es versagt, kann versucht werden, mit der Betrachtung anderer Auswahlen von Teilmengen aus $V_{(d)}^{(3)}$ zu einem regulären TFV (3, k, n) zu kommen. Dieses Verfahren, wie auch das Verf. 5.3.3 für größeres p, sollten auf einem Rechner durchgeführt werden.

Beispiel 5.3.4:

1. a) $\tilde{S} = \{\tilde{\eta}(\boldsymbol{x}, \boldsymbol{\vartheta}) = \vartheta_0 x_0 + \vartheta_1 x_1 + \vartheta_2 x_2 + \vartheta_3 x_3 + \vartheta_4 x_4 + \vartheta_{11} x_1^2 + \vartheta_{22} x_2^2 + \vartheta_{33} x_3^2 + \vartheta_{44} x_4^2 + \vartheta_{12} x_1 x_2 + \vartheta_{13} x_1 x_3 + \vartheta_{14} x_1 x_4 + \vartheta_{112} x_1^2 x_2 + \vartheta_{113} x_1^2 x_3 + \vartheta_{114} x_1^2 x_4 \colon \boldsymbol{x} \in B\}_{\vartheta \in \mathbb{R}^{15}}$.

b) $n \approx 30$.

5. a) $p = 1\colon 15 \leqq 3^{4-1} = 27 \approx 30$.

b) $q = 3$.

c) x_1, x_2, x_3

$F(\text{VFV } 3^3; \tilde{S}(3, 2, 3^{(2)})) = (\tilde{s}_0, \dots, \tilde{s}_3, \dots, \tilde{s}_{112233})$ (›Tab. 5.3.2),

$F(\text{TFV } 3^{4-1}, \tilde{S}) = (s_0, s_1, s_2, s_3, s_4, s_{11}, s_{22}, s_{33}, s_{44}, s_{12}, s_{13}, s_{14}, s_{112}, s_{113}, s_{114})$.

d) $s_0 = \tilde{s}_0$, $s_1 = \tilde{s}_1$, $s_2 = \tilde{s}_2$, $s_3 = \tilde{s}_3$, $s_{11} = \tilde{s}_{11}$, $s_{22} = \tilde{s}_{22}$, $s_{33} = \tilde{s}_{33}$, $s_{12} = \tilde{s}_{12}$, $s_{13} = \tilde{s}_{13}$, $s_{112} = \tilde{s}_{112}$, $s_{113} = \tilde{s}_{113}$

restliche Spalten von $F(\text{VFV } 3^3, \tilde{S}(3, 2, 3^{(2)}))$: $\tilde{s}_{(12)}, \dots, \tilde{s}_{(27)}$.

e) $\tilde{s}_{(12)} = \tilde{s}_{11223} = s_4$.

f) x_4, $x_1 x_4$, $x_1^2 x_4$, x_4^2 (›Tab. 5.3.3).

g) $s_{14} = \tilde{s}_{1223}$, $s_{114} = \tilde{s}_{11223}$, $s_{44} = \tilde{s}_{112233}$.

i) ›Tab. 5.3.3.

Das Verf. 5.3.3 liefert einen regulären TFV 3^{k-p} für den vorgelegten Ansatz $\tilde{S}$. Es ist durchaus möglich, daß es für gewisse Ansätze andere reguläre TFV 3^{k-p} gibt, die zusätzliche Eigenschaften haben, die sie für die Anwendung noch günstiger erscheinen lassen. Werden solche TFV 3^{k-p} gesucht, so kann man entweder Verf. 5.3.3 mit Zusatzbedingungen modifizieren oder zu gruppentheoretischen Methoden (Davies [1], Finney [1]) übergehen.

Für die Blockbildung kann man analog verfahren wie bei der Blockbildung bei VFV 2^k und TFV 2^{k-p}, indem man den Ansatz um s Blockvariable $x_{k+1}, \dots, x_{k+s}$ (mit Werten aus $\{0, 1\}$) für s Blocks oder um l Blockfaktoren $x_{k+1}^{(B)}, \dots, x_{k+l}^{(B)}$ (mit Werten aus $\{-1, 0, 1\}$) für 3^l Blocks erweitert. Im letzteren Falle ist ein Blockansatz $\tilde{S}^{(B)}(l, 2, l^{(2)})$ einzuführen, wenn man den Einfluß der Blockeinteilung näher unter-

Tab. 5.3.3: TFV 3^{4-1} zu $\tilde{S}$ aus Bsp. 5.3.4

Versuch-Nr.	$F(\text{TFV } 3^{4-1}; \tilde{S})$															Codierung
	TFV 3^{4-1}															
	x_0	x_1	x_2	x_3	x_4											
	s_0	s_1	s_2	s_3	$s_4 = \tilde{s}_{11223}$	s_{11}	s_{22}	s_{33}	s_{12}	s_{13}	s_{112}	s_{113}	$s_{14} = \tilde{s}_{1223}$	$s_{114} = \tilde{s}_{11223}$	$s_{44} = \tilde{s}_{112233}$	
1	+	−	−	−	−	+	+	+	+	+	−	−	+	−	+	(1)
2	+	0	−	−	0	0	+	+	0	0	0	0	0	0	0	ad
3	+	+	−	−	−	+	+	+	−	−	−	−	−	−	+	a^2
4	+	−	0	−	0	+	0	+	0	+	0	−	0	0	0	bd
5	+	0	0	−	0	0	0	+	0	0	0	0	0	0	0	abd
6	+	+	0	−	0	+	0	+	0	−	0	−	0	0	0	a^2bd
7	+	−	+	−	−	+	+	+	−	+	+	−	+	−	+	b^2
8	+	0	+	−	0	0	+	+	0	0	0	0	0	0	0	ab^2d
9	+	+	+	−	−	+	+	+	+	−	+	−	−	−	+	a^2b^2
10	+	−	−	0	0	+	+	0	+	0	−	0	0	0	0	cd
11	+	0	−	0	0	0	+	0	0	0	0	0	0	0	0	acd
12	+	+	−	0	0	+	+	0	−	0	−	0	0	0	0	a^2cd
13	+	−	0	0	0	+	0	0	0	0	0	0	0	0	0	bcd
14	+	0	0	0	0	0	0	0	0	0	0	0	0	0	0	$abcd$
15	+	+	0	0	0	+	0	0	0	0	0	0	0	0	0	a^2bcd
16	+	−	+	0	0	+	+	0	−	0	+	0	0	0	0	b^2cd
17	+	0	+	0	0	0	+	0	0	0	0	0	0	0	0	ab^2cd
18	+	+	+	0	0	+	+	0	+	0	+	0	0	0	0	a^2b^2cd
19	+	−	−	+	+	+	+	+	+	−	−	+	−	+	+	c^2d^2
20	+	0	−	+	0	0	+	+	0	0	0	0	0	0	0	ac^2d
21	+	+	−	+	+	+	+	+	−	+	−	+	+	+	+	$a^2c^2d^2$
22	+	−	0	+	0	+	0	+	0	−	0	+	0	0	0	bc^2d
23	+	0	0	+	0	0	0	+	0	0	0	0	0	0	0	abc^2d
24	+	+	0	+	0	+	0	+	0	+	0	+	0	0	0	a^2bc^2d
25	+	−	+	+	+	+	+	+	−	−	+	+	−	+	+	$b^2c^2d^2$
26	+	0	+	+	0	0	+	+	0	0	0	0	0	0	0	ab^2c^2d
27	+	+	+	+	+	+	+	+	+	+	+	+	+	+	+	$a^2b^2c^2d^2$

suchen will. Die Blockbildung für spezielle Ansätze wird in Davies [1], Finney [1] behandelt.

Verschiedene praktisch wichtige TFV 3^{k-p} und geblockte TFV 3^{k-p} werden in Cochran/Cox [1], Davies [1] angegeben. Hinweise auf weitere Plansammlungen enthält auch Addelman [2].

5.3.4. TFV $(3, k, n)$ für den Hypereinheitswürfel

In vielen Fällen enthalten die $(k, 2, k^{(2)})$-Ansätze, mit denen man das Generalverfahren beginnt oder die sich auf einer späteren Stufe dieses Verfahrens ergeben, wesentlich weniger Polynomterme als $\tilde{S}(k, 2, k^{(2)})$. Die VFV 3^k enthalten dann wesentlich mehr Punkte als zur regulären MKQ-Schätzung notwendig sind und der Versuchsaufwand bei der Durchführung eines VFV 3^k kann sehr schnell die gegebenen Möglichkeiten übersteigen. Die Konstruktion von regulären TFV 3^{k-p} ist nicht für jeden Ansatz möglich und auch wenn ein solcher TFV 3^{k-p} gefunden wird, kann dessen Planumfang noch unvertretbar hoch ausfallen. Im folgenden sollen daher für einige wichtige spezielle Ansätze Konstruktionsmethoden für faktorielle Pläne angegeben werden, die in der Regel wesentlich weniger Versuchspunkte enthalten.

Als Ausgangspunkt betrachten wir einen VFV 3^k. Wir können seine Versuchspunkte danach ordnen, wieviele ihrer Koordinaten jeweils von Null verschieden, d. h. -1 oder $+1$, sind. Wenn für den Punkt $\boldsymbol{x}_i = (x_{i1}, \ldots, x_{ik})'$; $i = 1, \ldots, 3^k$, des VFV 3^k die Anzahl der von Null verschiedenen Koordinaten j; $j \in \{0, 1, \ldots, k\}$; ist, dann gilt für $\boldsymbol{x}_i$

$$\sum_{l=1}^{k} x_{il}^2 = j\,. \tag{5.3.4}$$

Der Punkt $\boldsymbol{x}_i$ liegt dann auf einer Hyperkugelschale vom Radius $\sqrt{j}$. Die Punkte des VFV 3^k liegen also auf $k+1$ Hyperkugelschalen mit den Radien $0, 1, \sqrt{2}, \ldots, \sqrt{k}$. Dabei haben wir den Koordinatenursprung als (ausgeartete) Hyperkugelschale mitgerechnet. Die Anzahl n_j der Versuchspunkte auf der j-ten Hyperkugelschale berechnet man als Anzahl der möglichen Kombinationen von $-1, 0, 1$ im Vektor $\boldsymbol{x}_i$:

$$n_j = \binom{k}{j} 2^j\,. \tag{5.3.5}$$

Auf der k-ten Hyperkugelschale liegen die Ecken des Hypereinheitswürfels, d. h. die 2^k Punkte des VFV 2^k.

Beispiel 5.3.5: a) Beim VFV 3^2 ist die erste Hyperkugelschale der Kreis durch die 4 *Seitenmitten* des Quadrats, die zweite Hyperkugelschale der Kreis durch die 4 *Ecken* des Quadrats. Der Mittelpunkt stellt die nullte Hyperkugelschale dar (›Abb. 5.3.3).

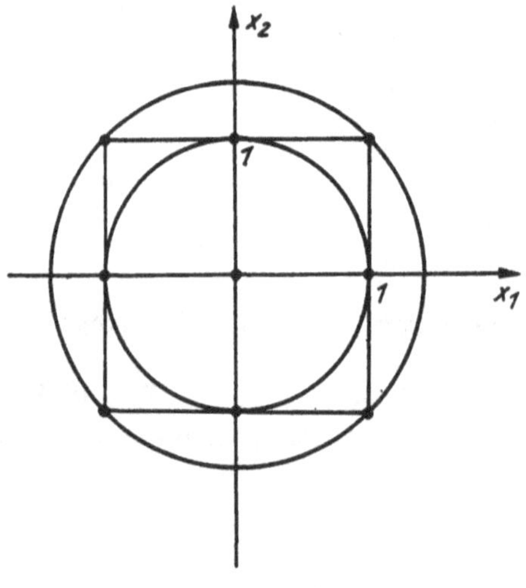

Abb. 5.3.3. Punkte des VFV 3^2 und Kreise als Hyperkugelschalen im R^2

b) Beim VFV 3^3 ist die erste Hyperkugelschale die Kugelschale durch die 6 *Mittelpunkte der Würfelflächen*, die zweite die Kugelschale durch die 12 *Mittelpunkte der Würfelkanten* und die dritte die Kugelschale durch die 8 *Würfelecken*. Der Mittelpunkt stellt die nullte Hyperkugelschale dar (zur Lage der Punkte vgl. Abb. 5.3.2).

Ein *Auswahlprinzip* für TFV $(3, k, n)$ besteht nun darin, daß man die Punkte nur von *einigen* der Hyperkugelschalen für den TFV $(3, k, n)$ aussucht. Dabei kann man jeweils alle oder nur einen Teil der Punkte einer Hyperkugelschale wählen. Außerdem lassen sich die Eigenschaften des zu konstruierenden Planes dadurch verändern, daß man die ausgewählten Punkte nur als Spektrum des Planes auffaßt und ihnen noch unterschiedliche Gewichte zuordnet.

VERFAHREN 5.3.4 (Zentral zusammengesetzter TFV $(3, k, n)$):

1. **Gegebene Größen:** a) (unvollständiger) $(k, 2, k)$-Ansatz $\tilde{S}$ mit r Koeffizienten.

b) $V = \{x \in \mathrm{R}^k: -1 \leqq x_i \leqq 1; i = 1, \ldots, k\}$.

c) Größenordnung für Planumfang n.

2. **Aufgabe:** Wähle einen regulären TFV $(3, k, n)$ für $\tilde{S}$.

3. **Bezeichnungen:** a) $\tilde{S}_1$ ist der (unvollständige) $(k, 1, k)$-Ansatz, der aus $\tilde{S}$ dadurch entsteht, daß die Polynomterme $x_1^2, \ldots, x_k^2$ weggelassen werden.

b) $V_{n_0(0)} = (0, \ldots, 0)$ vom Umfang n_0.

4. **Voraussetzung:** $r < n$.

5. **Lösung:** a) Bestimme zu $\tilde{S}_1$ einen VFV 2^k oder einen regulären TFV 2^{k-p} gemäß einem Verfahren aus [5.2] und bezeichne ihn mit V_{n_k}. Dabei soll der Planumfang n_k mindestens um $2k$ kleiner sein als die gegebene Größenordnung für n.

b) Wähle als einen Versuchsplan V_{n_1} die $2k$ Punkte des VFV 3^k auf der ersten Hyperkugelschale.

c) Wähle eine natürliche Zahl n_0, so daß $n_k + n_1 + n_0$ in der gegebenen Größenordnung für den Planumfang liegt.

d) Wähle als TFV $(3, k, n)$ die folgende Plansumme

$$\text{TFV}\,(3, k, n) = V_{n_k} + V_{n_1} + V_{n_0(0)} \bullet \tag{5.3.6}$$

Beispiel 5.3.6:

1. a) $\tilde{S}(3, 2, 3) = \{\tilde{\eta}(x, \vartheta) = \vartheta_0 x_0 + \vartheta_1 x_1 + \vartheta_2 x_2 + \vartheta_3 x_3 + \vartheta_{12} x_1 x_2 + \vartheta_{13} x_1 x_3 + \vartheta_{23} x_2 x_3 + \vartheta_{123} x_1 x_2 x_3 + \vartheta_{11} x_1^2 + \vartheta_{22} x_2^2 + \vartheta_{33} x_3^2 : x \in B\}_{\vartheta \in \mathrm{R}^{11}}$.

b) $V = \{x \in \mathrm{R}^3: -1 \leqq x_i \leqq 1, i = 1, 2, 3\}$.

c) $n \approx 15$.

2. Wähle regulären TFV $(3, 3, 15)$.

3. a) $\tilde{S}_1 = \tilde{S}(3, 1, 3)$.

5. a) $V_8 = \text{VFV } 2^3$.

b) $V_6 = ((-1, 0, 0)', (+1, 0, 0)', (0, -1, 0)', (0, +1, 0)', (0, 0, -1)', (0, 0, +1)')$.

c) $n_0 = 1$.

d) TFV $(3, 3, 15) = V_8 + V_6 + V_{1(0)}$ (›Tab. 5.3.4).

Die Bezeichnung *zentral zusammengesetzter* Plan erklärt sich aus (5.3.6). Der TFV $(3, k, n)$ wird aus drei Plänen zusammengesetzt, deren Punkte jeweils den gleichen Abstand vom Mittelpunkt (Zentrum) des Versuchsbereichs haben (›Bez. 5.3.9.d)).

Tab. 5.3.4: TFV (3, 3, 15) gemäß Bsp. 5.3.6

Versuch Nr.	$F(\text{TFV}\ (3, 3, 15); \tilde{S})$											Codierung
		TFV (3, 3, 15)										
	x_0	x_1	x_2	x_3	x_1x_2	x_1x_3	x_2x_3	$x_1x_2x_3$	x_1^2	x_2^2	x_3^2	
1	+	−	−	−	+	+	+	−	+	+	+	(1)
2	+	+	−	−	−	−	+	+	+	+	+	a^2
3	+	−	+	−	−	+	−	+	+	+	+	b^2
4	+	+	+	−	+	−	−	−	+	+	+	a^2b^2
5	+	−	−	+	+	−	−	+	+	+	+	c^2
6	+	+	−	+	−	+	−	−	+	+	+	a^2c^2
7	+	−	+	+	−	−	+	−	+	+	+	b^2c^2
8	+	+	+	+	+	+	+	+	+	+	+	$a^2b^2c^2$
9	+	−	0	0	0	0	0	0	+	0	0	bc
10	+	+	0	0	0	0	0	0	+	0	0	a^2bc
11	+	0	−	0	0	0	0	0	0	+	0	ac
12	+	0	+	0	0	0	0	0	0	+	0	ab^2c
13	+	0	0	−	0	0	0	0	0	0	+	ab
14	+	0	0	+	0	0	0	0	0	0	+	abc^2
15	+	0	0	0	0	0	0	0	0	0	0	abc

Der im Verf. 5.3.4/1.a) gegebene Ansatz ist insofern speziell, als er in den Produkten verschiedener Faktoren keine Quadrate der Faktoren enthält. Diese *Quadrate* treten *nur als Polynomterme* auf. Auf Ansätze diesen Typs wird man häufig auf einer höheren Stufe des Generalverfahrens geführt, wenn in den vorangegangenen Stufen nur $(k, 1, k)$-Ansätze betrachtet wurden. Der in Verf. 5.3.4/3. mit $\tilde{S}_1$ bezeichnete Ansatz ist dann der zuletzt untersuchte $(k, 1, k)$-Ansatz. Das Vorgehen in Verf. 5.3.4/5. entspricht auch der Forderung c) in [2.5.3], daß der Ansatz einer früheren Stufe als Kern für die nächste verwendet werden soll. Der in 5.a) verlangte VFV 2^k oder TFV 2^{k-p} liegt also beim stufenweisen Vorgehen bereits vor. Soll der Plan für die erste Stufe des Generalverfahrens konstruiert werden, dann kann es passieren, daß die Einhaltung der in 1.c) gegebenen Größenordnung für den Planumfang n nicht möglich ist, man also Verf. 5.3.4 nicht anwenden kann. Für $(k, 2)$-Ansätze gibt es Verfahren, die Pläne mit geringerem Umfang liefern (›Verf. 5.3.6 bis Verf. 5.3.8). Die n_0 Versuche im Koordinatenursprung können nicht nur zur Verringerung der Varianz der Schätzung herangezogen werden, sondern werden häufig für das Entscheidungskriterium über den Ansatz gemäß Generalverf./5.f) und für die Blockbildung benötigt.

Jeder im Verf. 5.3.4/5.a) verwendete VFV 2^k oder TFV 2^{k-p} ist für $\tilde{S}_1$ ein orthogonaler Plan. Durch das Auftreten der Spalten für x_i^2; $i = 1, \ldots, k$; ist der konstruierte TFV $(3, k, n)$ für den Ansatz $\tilde{S}$ *nicht* orthogonal. Im Interesse einer einfachen Durchführung der MKQ-Schätzung wird empfohlen, den Ansatz $\tilde{S}$ geringfügig umzuformulieren. Für den entstehenden Ansatz $\tilde{S}_0$ ist der Plan dann orthogonal.

VERFAHREN 5.3.5 (Orthogonalisierung des Ansatzes bezüglich des Planes):

1. **Gegebene Größen:** a) (unvollständiger) $(k, 2, k)$-Ansatz $\tilde{S}$.

b) $V = \{\boldsymbol{x} \in \mathrm{R}^k\colon -1 \leqq x_i \leqq 1, i = 1, \ldots, k\}$.

c) Zentral zusammengesetzter TFV $(3, k, n)$ gemäß Verf. 5.3.4.

2. **Aufgabe:** Umformulierung des Ansatzes $\tilde{S}$ in einen Ansatz $\tilde{S}_0$, für den TFV$(3, k, n)$ orthogonal ist.

3. **Bezeichnungen:** a) TFV $(3, k, n) = (\boldsymbol{x}_1, \boldsymbol{x}_2, \dots, \boldsymbol{x}_n)$.

b) $\boldsymbol{x}_i = (x_{i1}, \dots, x_{ik})'$; $i = 1, \dots, n$.

c) $c = \frac{1}{n} \sum_{i=1}^{n} x_{il}^2$; $l = 1, \dots, k$.

5. **Lösung:** a) Ersetze die im Ansatz $\tilde{S}$ vorkommenden Polynomterme x_i^2 jeweils durch $x_i^2 - c$, $i \in \{1, \dots, k\}$.

b) Der Ansatz $\tilde{S}_0$ enthält alle Polynomterme aus $\tilde{S}$, in denen die Faktoren nur in der ersten Potenz vorkommen und statt der quadratischen Terme aus $\tilde{S}$ die gemäß 5.a) veränderten ●

Beispiel 5.3.7:

1. a) $\tilde{S} = \tilde{S}(2, 2, 2)$

$= \{\tilde{\eta}(\boldsymbol{x}, \boldsymbol{\vartheta}) = \vartheta_0 x_0 + \vartheta_1 x_1 + \vartheta_2 x_2 + \vartheta_{12} x_1 x_2 + \vartheta_{11} x_1^2 + \vartheta_{22} x_2^2 : \boldsymbol{x} \in B\}_{\boldsymbol{\vartheta} \in \mathrm{R}^6}$.

b) $V = \{\boldsymbol{x} \in \mathrm{R}^2 : -1 \leqq x_1 \leqq 1, -1 \leqq x_2 \leqq 1\}$.

c) TFV (3, 2, 9) gemäß Tab. 5.3.5.

Tab. 5.3.5: Versuchsplanmatrix zu Bsp. 5.3.7

Versuch Nr.	F(TFV (3, 2, 9); $\tilde{S}_0$)						Codierung
		TFV (3, 2, 9)					
	x_0	x_1	x_2	x_1x_2	$(x_1^2 - 2/3)$	$(x_2^2 - 2/3)$	
1	+	−	−	+	1/3	1/3	(1)
2	+	+	−	−	1/3	1/3	a^2
3	+	−	+	−	1/3	1/3	b^2
4	+	+	+	+	1/3	1/3	a^2b^2
5	+	−	0	0	1/3	−2/3	b
6	+	+	0	0	1/3	−2/3	a^2b
7	+	0	−	0	−2/3	1/3	a
8	+	0	+	0	−2/3	1/3	ab^2
9	+	0	0	0	−2/3	−2/3	ab

3. c) $c = \frac{1}{9} \sum_{i=1}^{9} x_{il}^2 = \frac{6}{9} = \frac{2}{3}$.

5. a) $x_1^2 - \frac{2}{3}$, $x_2^2 - \frac{2}{3}$.

b) $\tilde{S}_0 = \{\tilde{\eta}(\boldsymbol{x}, \boldsymbol{\vartheta}^{(0)})$

$= \vartheta_0^{(0)} x_0 + \vartheta_1^{(0)} x_1 + \vartheta_2^{(0)} x_2 + \vartheta_{12}^{(0)} x_1 x_2 + \vartheta_{11}^{(0)}(x_1^2 - \frac{2}{3}) + \vartheta_{22}^{(0)}(x_2^2 - \frac{2}{3}) : \boldsymbol{x} \in B\}_{\boldsymbol{\vartheta}^{(0)} \in \mathrm{R}^6}$.

Für den Ansatz $\tilde{S}_0$ kann die MKQ-Schätzung mit den vereinfachten Formeln (5.2.5) und (5.2.6) erfolgen. Wegen der Orthogonalität des zur Konstruktion des TFV $(3, k, n)$ verwendeten VFV 2^k bzw. TFV 2^{k-p} sind nur die Koeffizienten der quadratischen Terme und von x_0 in $\tilde{S}_0$ gegenüber $\tilde{S}$ zu ändern.

Wir wenden uns jetzt speziell $(k, 2)$-Ansätzen zu, die z. B. entstehen, wenn eine Taylor-Entwicklung für die unbekannte Wirkungsfläche η nach den quadratischen Gliedern abgebrochen wird.

Die Forderung in Verf. 5.3.4/5.a), einen *regulären* TFV 2^{k-p} als Kern des zentral zusammengesetzten TFV $(3, k, n)$ zu verwenden, kann zu einem großen Planumfang führen, der wesentlich über der Anzahl der Koeffizienten liegt. Für $(k, 2)$-Ansätze hat HARTLEY [1] die Anforderungen an den TFV 2^{k-p} herabsetzen können.

VERFAHREN 5.3.6 (HARTLEY-Pläne für den Hyperwürfel):

1. **Gegebene Größen:** a) (unvollständiger) $(k, 2)$-Ansatz $\tilde{S}$.

1. b)—*4.* wie Verf. 5.3.4.

5. **Lösung:** a) Bestimme zu $\tilde{S}_1$ einen TFV 2^{k-p}, mit dem alle auftretenden zweifachen Wechselwirkungen untereinander unvermengt geschätzt werden können, gemäß einem Verfahren aus [5.2] und bezeichne ihn mit V_{n_k}. Dabei soll der Planumfang n_k mindestens um $2k$ kleiner sein als die gegebene Größenordnung für n.

b)—d) wie Verf. 5.3.4 ●

Beispiel 5.3.8:

1. a) $\tilde{S}(4, 2) = \{\tilde{\eta}(x, \vartheta) = \vartheta_0 x_0 + \vartheta_1 x_1 + \vartheta_2 x_2 + \vartheta_3 x_3 + \vartheta_4 x_4 + \vartheta_{12} x_1 x_2 + \vartheta_{13} x_1 x_3 + \vartheta_{14} x_1 x_4$ $\vartheta_{23} x_2 x_3 + \vartheta_{24} x_2 x_4 + \vartheta_{34} x_3 x_4 + \vartheta_{11} x_1^2 + \vartheta_{22} x_2^2 + \vartheta_{33} x_3^2 + \vartheta_{44} x_4^2 : x \in B\}_{\vartheta \in \mathrm{R}^{15}}$.

b) $V = \{x \in \mathrm{R}^4 : -1 \leqq x_i \leqq 1, i = 1, 2, 3, 4\}$.

c) $n \approx 20$.

2. Wähle regulären TFV (3, 4, 20).

3. $\tilde{S}_1 = \tilde{S}(4, 1, 2)$.

5. a) Wähle TFV 2^{4-1} mit $G_1 = s_1 \odot s_2 \odot s_4$ (›Tab. 5.3.6); zur Untersuchung der Vermengungsstruktur verwende Verf. 5.2.10. Die zweifachen Wechselwirkungen sind unvermengt.

Tab. 5.3.6: TFV (3, 4, 20) gemäß Bsp. 5.3.8

Versuch Nr.	TFV (3, 4, 20)				Codierung
	x_1	x_2	x_3	x_4	
1	−	−	−	+	d^2
2	+	−	−	−	a^2
3	−	+	−	−	b^2
4	+	+	−	+	$a^2b^2d^2$
5	−	−	+	+	c^2d^2
6	+	−	+	−	a^2c^2
7	−	+	+	−	b^2c^2
8	+	+	+	+	$a^2b^2c^2d^2$
9	−	0	0	0	bcd
10	+	0	0	0	a^2bcd
11	0	−	0	0	acd
12	0	+	0	0	ab^2cd
13	0	0	−	0	abd
14	0	0	+	0	abc^2d
15	0	0	0	−	abc
16	0	0	0	+	$abcd^2$
17	0	0	0	0	$abcd$
18	0	0	0	0	$abcd$
19	0	0	0	0	$abcd$
20	0	0	0	0	$abcd$

b) ›Tab. 5.3.6.
c) $n_0 = 4$.
d) ›Tab. 5.3.6.

Die Herabsetzung der Forderung von Verf. 5.3.4/5.a) im Verf. 5.3.6/5.a) besteht darin, daß Vermengungen von je einer Hauptwirkung und einer zweifachen Wechselwirkung beim TFV 2^{k-p} nunmehr erlaubt sind, dieser Plan also nicht regulär für den Ansatz $\tilde{S}_1$ sein muß. Dies führt in der Regel dazu, daß auch TFV 2^{k-p} mit einem größeren p noch als Kernpläne geeignet sind, wodurch der Umfang n des TFV $(3, k, n)$ für eine reguläre MKQ-Schätzung mit dem gegebenen Ansatz $\tilde{S}$ relativ gering gehalten werden kann. In Tab. 5.3.7 sind einige Angaben über solche TFV 2^{k-p} zusammengestellt, die sich zum Aufbau HARTLEYscher Pläne für $\tilde{S}(k, 2)$ eignen (›[5.6]).

Tab. 5.3.7: HARTLEY-Pläne

Dimension k	Anzahl der Parameter in $\tilde{S}(k, 2)$ r	Typ des TFV 2^{k-p}	definierende Beziehung	Umfang des HARTLEY-Plans n
2	6	2^{2-1}	$1 = s_1 \odot s_2$	7
3	10	2^{3-1}	$1 = s_1 \odot s_2 \odot s_3$	11
4	15	2^{4-1}	$1 = s_1 \odot s_2 \odot s_3$	17
5	21	2^{5-1}	$1 = s_1 \odot s_2 \odot s_3 \odot s_4 \odot s_5$	27
6	28	2^{6-2}	$1 = s_1 \odot s_2 \odot s_3$ $= s_4 \odot s_5 \odot s_6$ $= s_1 \odot s_2 \odot s_3 \odot s_4$ $\odot s_5 \odot s_6$	29
7	36	2^{7-2}	$1 = s_1 \odot s_2 \odot s_6$ $= s_3 \odot s_4 \odot s_7$ $= s_1 \odot s_2 \odot s_3 \odot s_4$ $\odot s_6 \odot s_7$	47
8	45	2^{8-2}	$1 = s_1 \odot s_2 \odot s_3 \odot s_4 \odot s_7$ $= s_3 \odot s_4 \odot s_5 \odot s_6 \odot s_8$ $= s_1 \odot s_2 \odot s_5 \odot s_6$ $\odot s_7 \odot s_8$	81

Eine *weitere Verringerung des Planumfangs* läßt sich in gewissen Fällen erreichen, wenn statt TFV 2^{k-p} auch andere TFV $(2, k, n)$ als Kern zugelassen werden. Wie bereits bei den HARTLEY-Plänen bemerkt, müssen diese TFV $(2, k, n)$ nicht mehr regulär für $\tilde{S}_1$ sein, aber der Gesamtplan muß wieder regulär für $\tilde{S}$ sein. Durch Benutzung von aggregierten TFV $(2, k, n)$ aus der gleichen Familie (›Verf. 5.2.15) und Untersuchung der Vermengungsstrukturen erhielt WESTLAKE [1] für $k = 5, 7, 9$ geeignete TFV $(3, k, n)$, die weniger Versuchspunkte enthalten als die mit Verf. 5.3.6 konstruierbaren Pläne für den Ansatz $\tilde{S}(k, 2)$. Die von WESTLAKE angegebenen Pläne sind in [5.6] tabelliert.

VERFAHREN 5.3.7 (RECHTSCHAFFNER-Pläne für $\tilde{S}(k, 2)$):

***1.* Gegebene Größen:** a) $\tilde{S}(k, 2)$.
b) $V = \{x \in \mathrm{R}^k: -1 \leqq x_i \leqq 1, i = 1, \dots, k\}$.
c) $n = (k + 2)(k + 1)/2$.

2. **Aufgabe:** Konstruiere einen gesättigten Plan für $\tilde{S}(k, 2)$.

4. **Voraussetzung:** $k > 3$.

5. **Lösung:** Wähle als Punkte des Planes:

a) den Punkt $(-1, \ldots, -1)'$, an dem alle Faktoren den Wert -1 haben.

b) die k Punkte, in denen *ein* Faktor den Wert -1 hat und alle anderen den Wert $+1$.

c) die $\binom{k}{2}$ Punkte, in denen *zwei* Faktoren den Wert $+1$ haben und alle anderen den Wert -1.

d) die k-Punkte, in denen *ein* Faktor den Wert $+1$ hat, und alle anderen den Wert 0 haben ●

Dieser Vorschlag stammt von Rechtschaffner [1]. Der Rechtschaffner-Plan für $\tilde{S}(k, 1, 2)$ (›Verf. 5.2.15) dient als Kern. Für $k = 3$ sind in c) die Punkte zu wählen, in denen zwei Faktoren den Wert -1 haben und der dritte den Wert $+1$ hat. In d) können auch Punkte gewählt werden, in denen jeweils ein Faktor den Wert $+1$ oder -1 hat, während die anderen alle den Wert 0 haben.

Beispiel 5.3.9:

1. a) $\tilde{S}(4, 2)$.

b) $V = \{x \in R^4: -1 \leqq x_i \leqq 1, i = 1, \ldots, 4\}$.

c) $6 \cdot 5/2 = 15$.

5. a)–c) ›Tab. 5.2.23.

d) Füge zum Rechtschaffner-Plan für $\tilde{S}(4, 1, 2)$ die vier Punkte hinzu: $(1, 0, 0, 0)'$, $(0, 1, 0, 0)'$, $(0, 0, 1, 0)'$, $(0, 0, 0, 1)'$.

Bei den bisherigen Verfahren in diesem Abschnitt war es das Ziel, für den vorgelegten Ansatz einen regulären Plan zu erhalten und mit möglichst wenigen Versuchspunkten dafür auszukommen. Falls der Ansatz als wahr vorausgesetzt werden darf, kann man die entwickelten Plantypen als Ausgangspunkt zur Konstruktion von Plänen benutzen, die einem Optimalitätskriterium aus Kap. 4 genügen. Besonders intensiv wurde die Konstruktion von D-optimalen Plänen spezieller Struktur für $\tilde{S}(k, 2)$ untersucht. So wurden unter den Plänen, die auf entsprechenden Hyperkugelschalen konzentriert sind, D-optimale stetige Pläne gefunden, und zwar für die Kombination der Hyperkugelschalen $(k, k - 1, k - 2)$ von Kiefer [2], [3] für $(k, k - 1, 0)$ von Kôno [1] (›Verf. 4.4.3) und für $(k, 1, 0)$ von Box, M. J./Draper N. R. [1], [2] und Atkinson [2] (›auch Verf. 4.2.8). Von Atkinson [2] werden gerundete konkrete Pläne für diese stetigen Pläne auf $(k, 1, 0)$ und für $k = 2, 3, 4, 5$ angegeben.

Eine andere Richtung zur Berücksichtigung der D-Optimalität ist die Veränderung der Radien der Hyperkugelschalen. Auf diesem Wege kamen z. B. Box, M. J./Draper, N. R. [2] zu gesättigten D-optimalen Plänen aus einer Menge von Plänen mit einer Struktur, die eine große Ähnlichkeit zu den Rechtschaffner-Plänen (›Verf. 5.3.7) hat.

VERFAHREN 5.3.8 (Box/Draper-Pläne für $\tilde{S}(k, 2)$):

1. **Gegebene Größen:** a) $\tilde{S}(k, 2)$.

b) $V = \{x \in R^k: -1 \leqq x_i \leqq 1, i = 1, \ldots, k\}$.

c) $n = (k + 2)(k + 1)/2$.

2. **Aufgabe:** Konstruiere einen gesättigten Plan für $\tilde{S}(k, 2)$.

5. **Lösung:** a) Entnimm der Tab. 5.3.8 die Werte λ und μ.

b) Wähle als Punkte des Planes:

b_1) den Punkt $(-1, \ldots, -1)'$, an dem alle Faktoren den Wert -1 haben.

b_2) die k Punkte, in denen *ein* Faktor den Wert $+1$ hat und alle anderen den Wert -1.

b_3) die $\binom{k}{2}$ Punkte, in denen *zwei* Faktoren den Wert λ haben und alle anderen den Wert -1.

b_4) die k Punkte, in denen *ein* Faktor den Wert μ hat und alle anderen den Wert $+1$ haben ●

Tab. 5.3.8: Radien für Box/Draper-Pläne

k	λ	μ
2	−0,1315	0,3944
3	0,1925	−0,2912
4	0,4114	−0,6502
5	0,5355	−0,8108
6	0,6183	−0,8854
7	0,6772	−0,9242
8	0,7208	−0,9464
9	0,7544	−0,9602
10	0,7808	−0,9693
11	0,8022	−0,9757
12	0,8198	−0,9802
13	0,8346	−0,9836
14	0,8471	−0,9862
15	0,8579	−0,9882

Beispiel 5.3.10:

1. a) $\tilde{S}(4, 2)$.

b) $V = \{\boldsymbol{x} \in \mathrm{R}^4 \colon -1 \leqq x_i \leqq 1, i = 1, 2, 3, 4\}$.

c) $n = 6 \cdot 5/2 = 15$.

Tab. 5.3.9: Box/Draper-Plan für Bsp. 5.3.10

Versuch Nr.	x_1	x_2	x_3	x_4
1	−1	−1	−1	−1
2	1	−1	−1	−1
3	−1	1	−1	−1
4	−1	−1	1	−1
5	−1	−1	−1	1
6	0,4114	0,4114	−1	−1
7	0,4114	−1	0,4114	−1
8	0,4114	−1	−1	0,4114
9	−1	0,4114	0,4114	−1
10	−1	0,4114	−1	0,4114
11	−1	−1	0,4114	0,4114
12	−0,6502	1	1	1
13	1	−0,6502	1	1
14	1	1	−0,6502	1
15	1	1	1	−0,6502

5. a) $\lambda = 0{,}414$, $\mu = -0{,}6502$.

b) ›Tab. 5.3.9.

Bemerkung 5.3.1: a) Die Box/Draper-Pläne für $k = 2, 3$ sind auch D-optimal für $\tilde{S}(k, 2)$ bezüglich aller konkreten Pläne des gegebenen Planumfangs.

b) Im Hinblick auf das sequentielle Vorgehen im Generalverfahren ist die Wahl von D-optimalen gesättigten Plänen nicht immer vorteilhaft, vor allem wenn ein Entscheidungskriterium über den Ansatz angewandt werden soll und der Ansatz mit einem Verfahren aus [5.5] modifiziert werden soll. Die guten Eigenschaften D-optimaler Pläne sind stark an den verwendeten Ansatz gebunden und ein gesättigter Plan bietet in der Regel keinen Ansatzpunkt für eine Prüfung des Ansatzes.

Gelegentlich tritt der *Sonderfall* auf, daß im vorgelegten $(k, 2, k^{(2)})$-Ansatz *nur* $k_1 < k$ Faktoren *in der zweiten Potenz* auftreten, während die restlichen $k_2 = k - k_1$ nur linear vorkommen. In diesem Fall genügt für eine reguläre MKQ-Schätzung mit einem Ansatz, der *alle* Polynomterme enthält, die die vorstehende Bedingung erfüllen, ein TFV $(3, k, n)$ von der folgenden Struktur. Wir numerieren die Faktoren so, daß $x_1, \ldots, x_{k_2}$ die nur linear auftretenden sind. Für $(x_1, \ldots, x_{k_2})'$ wählen wir alle Punkte eines VFV 2^{k_2} und für $(x_{k_2+1}, \ldots, x_k)'$ alle Punkte eines VFV 3^{k_1}.

Bezeichnung 5.3.8: Ein faktorieller Versuchsplan TFV$(3, k, n)$ heißt *vollständiger faktorieller Versuchsplan vom Typ* $2^{k_2}3^{k_1}$ (kurz VFV $2^{k_2}3^{k_1}$), wenn seine Punkte $(x_1, \ldots, x_k)'$ dadurch entstehen, daß $(x_1, \ldots, x_{k_2})'$ alle Punkte eines VFV 2^{k_2} und $(x_{k_2+1}, \ldots, x_k)'$ alle Punkte eines VFV 3^{k_1} durchläuft und *jeder* Punkt $(x_1, \ldots, x_{k_2})'$ mit *jedem* Punkt $(x_{k_2+1}, \ldots, x_k)'$ zu einem Punkt $(x_1, \ldots, x_k)'$ kombiniert wird •

In entsprechender Weise lassen sich TFV $2^{k_2-p_2}$ und TFV $3^{k_1-p_1}$ kombinieren, wenn der Ansatz nicht alle möglichen Polynomterme enthält. Die Konstruktionsverfahren für teilweise faktorielle Pläne lassen sich modifizieren, z. B. indem man im Verf. 5.3.3 von einem VFV $2^{q_2}3^{q_1}$ ausgeht. Auch das Vorgehen, nur Punkte von bestimmten Hyperkugelschalen für den Plan auszuwählen, läßt sich in diesem Falle verwenden, wobei zu beachten ist, daß die Koordinaten $x_1, \ldots, x_{k_2}$ nur die Werte $+1$ und -1 annehmen können. Für einige spezielle Ansätze werden in Addelman [3] Versuchspläne angegeben, dort finden sich auch Hinweise auf weitere Literatur und Plansammlungen. Für den Spezialfall, daß sich der Ansatz als Summe zweier Ansätze, $\tilde{S}(k_2, 1)$ für die Faktoren $x_1, \ldots, x_{k_2}$ und $\tilde{S}(k_1, 2)$ für die Faktoren $x_{k_2+1}, \ldots, x_k$ schreiben läßt, werden in Draper/Stoneman [1] einige Versuchspläne mit relativ geringem Planumfang angegeben.

5.3.5. Modifizierte TFV (3, k, n) für die Hyperkugel

Die in [5.3.4] für den Hypereinheitswürfel entwickelten TFV $(3, k, n)$ liefern für die entsprechenden $(k, 2, k^{(2)})$-Ansätze reguläre MKQ-Schätzungen auch für die Hyperkugel mit dem Radius $\sqrt{k}$ gemäß (5.1.2). Jedoch gibt es Pläne, die der Hyperkugel als Versuchsbereich besser angepaßt sind und daher z. B. zu einer wesentlichen Verbesserung der Güte der MKQ-Schätzung (falls der Ansatz wahr ist) in diesem Hyperkugelbereich führen. Der Volumenanteil des dieser Hyperkugel einbeschriebenen Hypereinheitswürfels (5.1.1) wird nämlich mit wachsendem k sehr schnell kleiner und damit wächst in der Regel auch der Anteil der Punkte des TFV $(3, k, n)$, die weit *im Inneren* der Hyperkugel liegen. Damit wird ein großer Volumenanteil der Hyperkugel vom

TFV (3, k, n) nicht erfaßt. Die Einbeziehung des Bereichs außerhalb des Hypereinheitswürfels, der zur Hyperkugel gehört, bringt die oben erwähnte Verbesserung für die Schätzung (›[5.2.6]).

Eine besondere Betrachtung verdient der Fall, daß der Plan auf einer höheren Stufe des Generalverfahrens benötigt wird, auf der zum ersten Mal auch quadratische Polynomterme in den Faktoren in den Ansatz aufgenommen werden sollen. In der Regel begnügt man sich für diese Stufe mit der Aufnahme der k quadratischen Polynomterme $x_1^2, \ldots, x_k^2$ der einzelnen Faktoren allein oder nur einiger von ihnen und wählt damit einen (unvollständigen) (k, 2, k)-Ansatz. Weiterhin hat man aus den vorangehenden Stufen einen TFV (2, k, n) für den entsprechenden (unvollständigen) (k, 1, k)-Ansatz ohne die quadratischen Polynomterme. Die Erweiterung dieses TFV (2, k, n) geschieht nun in der Weise, daß man Punkte hinzufügt, die auf den Koordinatenachsen im Abstand α vom Umfang liegen, und eventuell noch den Koordinatenursprung als Versuchspunkt einbezieht. Für $\alpha = 1$ liegen die Punkte auf dem Hyperwürfel (›Verf. 5.3.4). Für $1 < \alpha \leqq \sqrt{k}$ liegen sie außerhalb des Hyperwürfels, aber in der Hyperkugel. Obwohl der (k, 2, k)-Ansatz und der Versuchsplan im allgemeinen im Verlauf mehrerer Stufen des Generalverfahrens aufgebaut werden, kann und soll in diesem Abschnitt dieser Stufenaufbau bei der Darstellung der Versuchsplanung unberücksichtigt bleiben. Die Anwendung der erhaltenen Pläne innerhalb des Generalverfahrens erfolgt dann in Abhängigkeit vom Ansatz.

Bezeichnung 5.3.9: a) Die auf den Koordinatenachsen im Abstand α vom Koordinatenursprung liegenden Punkte heißen *Sternpunkte*:

$$(-\alpha, 0, \ldots, 0)', (+\alpha, 0, \ldots, 0)', \ldots, (0, 0, \ldots, -\alpha)', (0, 0, \ldots, +\alpha)' . \qquad (5.3.7)$$

b) Der Versuchsplan $V_{2k,\alpha}$, der zu einem gegebenen festen α alle Sternpunkte (5.3.7) enthält, heißt *Sternpunktplan zu* α.

c) Es bezeichnet $V_{n_0(\boldsymbol{0})}$ den Plan vom Umfang n_0, dessen Punkte alle im Koordinatenursprung $\boldsymbol{0}$ liegen.

d) Ein Versuchsplan V_n heißt *zentral zusammengesetzter Versuchsplan vom Umfang n* (kurz ZZV (3, k, n)), wenn er die Form hat

$$\text{ZZV}(3, k, n) = \text{TFV}(2, k, n - 2k - n_0) + V_{2k,\alpha} + V_{n_0(\boldsymbol{0})} . \qquad (5.3.8)$$

e) Der in d) auftretende TFV (2, k, $n - 2k - n_0$) wird *Kernplan* oder kurz *Kern* des ZZV (3, k, n) genannt ●

Die Bezeichnung 5.3.9.d) erklärt sich daraus, daß für die in (5.3.8) angegebenen Teilpläne die Versuchspunkte jeweils den gleichen Abstand vom Mittelpunkt (Zentrum) des Versuchsbereichs haben.

Ein allgemeineres Vorgehen zur Planung für (k, 2, $k^{(2)}$)-Ansätze auf der Hyperkugel besteht in der Auswahl von Hyperkugelschalen um den Koordinatenursprung, auf denen die Lage der Planpunkte keiner so starken Beschränkung wie in Bez. 5.3.9 mehr unterworfen ist. Wir wenden uns zuerst dem Spezialfall dieses Vorgehens, der Konstruktion von ZZV (3, k, n), zu und werden den allgemeineren Fall in [5.3.6] untersuchen.

VERFAHREN 5.3.9 (Konstruktion von ZZV (3, k, n)):

1. **Gegebene Größen:** a) (unvollständiger) (k, 2, k)-Ansatz $\tilde{S}$ mit r Koeffizienten.

b) $V = \{\boldsymbol{x} \in \mathrm{R}^k : \boldsymbol{x}'\boldsymbol{x} \leqq k\}$.

c) Größenordnung für Planumfang n.

2. **Aufgabe:** Wähle einen regulären Versuchsplan für $\tilde{S}$.

3. **Bezeichnung:** $\tilde{S}_1$ ist der (unvollständige) $(k, 1, k)$-Ansatz, der aus $\tilde{S}$ dadurch entsteht, daß die Polynomterme $x_1^2, \ldots, x_k^2$ weggelassen werden.

4. **Voraussetzung:** $r < n$.

5. **Lösung:** a) Bestimme zu $\tilde{S}_1$ einen regulären TFV$(2, k, n_k)$ gemäß einem Verfahren aus [5.2]. Dabei soll der Planumfang n_k mindestens um $2k$ kleiner sein als die gegebene Größenordnung für n.

b) Wähle $\alpha \in [1, \sqrt{k}]$.

c) Wähle den $V_{2k,\alpha}$ gemäß Bez. 5.3.9/b).

d) Wähle ein n_0, so daß

$$n_k + 2k + n_0 \tag{5.3.9}$$

in der gegebenen Größenordnung von n liegt.

e) Wähle den Plan

$$\text{ZZV}\,(3, k, n) = \text{TFV}\,(2, k, n_k) + V_{2k,\alpha} + V_{n_0(0)} \bullet \tag{5.3.10}$$

Beispiel 5.3.11:

1. a) $\tilde{S}(3, 2, 3)$ (↗Bsp. 5.3.6).

b) $V = \{x \in R^3 : x_1^2 + x_2^2 + x_3^2 \leqq 3\}$.

c) $n \approx 15$.

3. $\tilde{S}_1 = \tilde{S}(3, 1, 3)$.

5. a) TFV (2, 3, 8) = VFV 2^3.

b) $\alpha = 1{,}7 \leqq \sqrt{3}$.

Tab. 5.3.10: ZZV (3, 3, 15) gemäß Bsp. 5.3.11

Versuch Nr.	$F(\text{ZZV}\,(3, 3, 15); \tilde{S})$										
	ZZV (3, 3, 15)										
	x_0	x_1	x_2	x_3	x_1x_2	x_1x_3	x_2x_3	$x_1x_2x_3$	x_1^2	x_2^2	x_3^2
1	+1	−1	−1	−1	+1	+1	+1	−1	+1	+1	+1
2	+1	+1	−1	−1	−1	−1	+1	+1	+1	+1	+1
3	+1	−1	+1	−1	−1	+1	−1	+1	+1	+1	+1
4	+1	+1	+1	−1	+1	−1	−1	−1	+1	+1	+1
5	+1	−1	−1	+1	+1	−1	−1	+1	+1	+1	+1
6	+1	+1	−1	+1	−1	+1	−1	−1	+1	+1	+1
7	+1	−1	+1	+1	−1	−1	+1	−1	+1	+1	+1
8	+1	+1	+1	+1	+1	+1	+1	+1	+1	+1	+1
9	+1	−1,7	0	0	0	0	0	0	+2,89	0	0
10	+1	+1,7	0	0	0	0	0	0	+2,89	0	0
11	+1	0	−1,7	0	0	0	0	0	0	+2,89	0
12	+1	0	+1,7	0	0	0	0	0	0	+2,89	0
13	+1	0	0	−1,7	0	0	0	0	0	0	+2,89
14	+1	0	0	+1,7	0	0	0	0	0	0	+2,89
15	+1	0	0	0	0	0	0	0	0	0	0

c) $V_{6;1,7} = ((-1,7; 0; 0)', (1,7; 0; 0)', (0; -1,7; 0)', (0; 1,7; 0)', (0; 0; -1,7)', (0; 0; 1,7)')$.

d) $n_0 = 1$.

e) ZZV (3, 3, 15) = VFV $2^3 + V_{6;1,7} + V_{1(0)}$ (›Tab. 5.3.10 und Abb. 5.3.4).

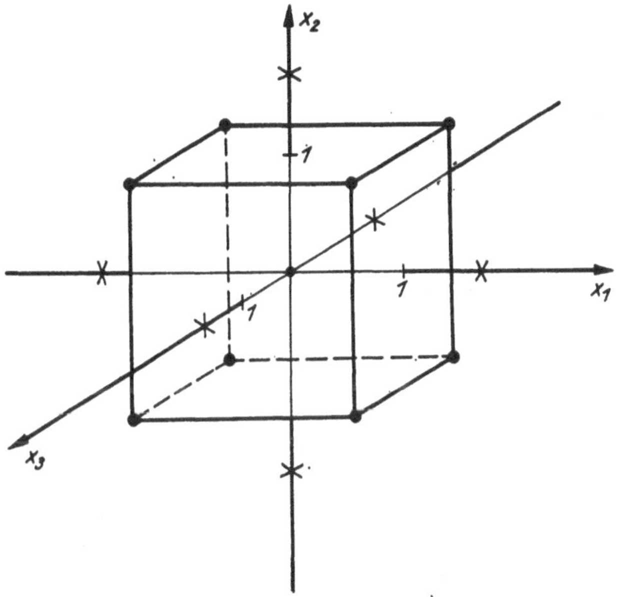

Abb. 5.3.4. ZZV (3, 3, 15) bestehend aus VFV 2^3 (kleine Punkte), Sternpunkten (kleine Kreuze) und dem Koordinatenursprung

Als Verfahren zu Verf. 5.3.9/5.a) kommen die Verf. 5.2.2, 5.2.5, 5.2.11 und 5.2.15 bis 5.2.17 in Frage. Für die Wahl von α gemäß 5.b) werden in den Verf. 5.3.11 bis 5.3.13 Vorschläge gemacht. Es lassen sich damit weitere Eigenschaften des Planes erreichen. Falls der Ansatz $\tilde{S}$ aus 1.a) nur $k_1 < k$ quadratische Polynomterme enthält, genügt in 5.b) die Wahl eines $V_{2k_1;\alpha}$, der aus den Sternpunkten derjenigen Koordinatenachsen besteht, für die die quadratischen Polynomterme im Ansatz vorkommen. Wird $\alpha > 1$ gewählt, dann ist der ZZV $(3, k, n)$ kein TFV $(3, k, n)$.

Im Interesse einer einfachen Bestimmung der MKQ-Schätzung ist man bestrebt, eine orthogonale Versuchsplanmatrix zu erreichen, um die vereinfachten Formeln der MKQ (5.2.5) und (5.2.6) anwenden zu können. Dies gelingt durch eine geringfügige Umformulierung der Darstellung für den Ansatz analog Verf. 5.3.5 und eine entsprechende Wahl von α aus Verf. 5.3.9/5.b).

VERFAHREN 5.3.10 (Konstruktion von orthogonalen ZZV $(3, k, n)$):

1. **Gegebene Größen:** a) (unvollständiger) $(k, 2, k)$-Ansatz $\tilde{S}$ mit r Koeffizienten.

b) $V = \{x \in \mathrm{R}^k : x'x \leqq k\}$.

c) Größenordnung für Planumfang n.

2. **Aufgabe:** Wähle einen ZZV$(3, k, n)$ mit orthogonaler Versuchsplanmatrix für einen umformulierten Ansatz.

3. **Bezeichnungen:** a) $\tilde{S}_1$ ist der (unvollständige) $(k, 1, k)$-Ansatz, der aus $\tilde{S}$ dadurch entsteht, daß die Polynomterme $x_1^2, \ldots, x_k^2$ weggelassen werden.

b) k_1 ist die Anzahl der in $\tilde{S}$ vorkommenden Polynomterme aus $x_1^2, \ldots, x_k^2$.

4. **Voraussetzungen:** a) $r < n$.

b) $x_0 \equiv 1$ tritt im Ansatz auf.

c) $k_1 \geqq 2$.

5. **Lösung:** a) Bestimme zu $\tilde{S}_1$ einen orthogonalen TFV $(2, k, n_k)$ gemäß einem Verfahren aus [5.2]. Dabei soll der Planumfang n_k mindestens um $2k_1$ kleiner sein als die gegebene Größenordnung für n.

b) Bestimme eine ganze Zahl $n_0 \in \{0, 1, \ldots, n - n_k - 2k_1\}$, eine Konstante $c \in R^1$ und ein $\alpha \in [1, \sqrt{k}]$, die die folgenden beiden Gleichungen erfüllen:

$$n_k(1 - c) + 2(\alpha^2 - c) - \left((2k_1 - 2) + n_0\right) c = 0 . \qquad (5.3.11)$$

$$n_k(1 - c)^2 + (2k_1 - 4)\, c^2 - 4c(\alpha^2 - c) + n_0 c^2 = 0 . \qquad (5.3.12)$$

c) Ersetze die im Ansatz $\tilde{S}$ vorkommenden Polynomterme aus $x_1^2, \ldots, x_k^2$ jeweils durch $x_i^2 - c$.

d) Wähle den $V_{2k_1,\alpha}$ gemäß Bez. 5.3.9 b) mit dem k_1 aus 3.b) und dem α aus 5.b).

e) Wähle n_0 gemäß 5.b).

f) Wähle als Plan ZZV $(3, k, n)$ = TFV $(2, k, n_k) + V_{2k_1;\alpha} + V_{n_0(0)}$ ●

Eine besondere Rolle in der Literatur (Box, G. E. P./Hunter, J. S. [1], Hartmann/Lezki/Schäfer [1], Scheffler [1]) spielt der *Spezialfall* TFV $(2, k, n)$ = TFV 2^{k-p}, $k_1 = k$ und $n_0 = 1$. Dann läßt sich eine Lösung von (5.3.11) und (5.3.12) unmittelbar angeben:

$$c = \frac{2^{k-p} + 2\alpha^2}{2^{k-p} + 2k + 1}, \qquad \text{›Tab. 5.3.12} \qquad (5.3.13)$$

$$\alpha = \left(2^{((k-p)/2)-1} \left((2^{k-p} + 2k + 1)^{1/2} - 2^{(k-p)/2}\right)\right)^{1/2} . \qquad (5.3.14)$$

Beispiel 5.3.12:

1. a) $\tilde{S}(3, 2, 3)$ (›Bsp. 5.3.6 und 5.3.11).

b) $V = \{x \in R^3 : x_1^2 + x_2^2 + x_3^2 \leqq 3\}$.

c) $n \approx 15$.

2. Wähle orthogonalen ZZV (3, 3, 15) für $\tilde{S}(3, 2, 3)$.

3. a) $\tilde{S}_1 = \tilde{S}(3, 1, 3)$. b) $k_1 = k$.

5. a) TFV (2, 3, 8) = VFV 2^3.

b) $n_0 = 1$, $\alpha = 1{,}215$, $c = 0{,}730$.

c) $x_i^2 - 0{,}730$; $i = 1, 2, 3$.

d) $V_{6;1,215} = ((-1{,}215; 0; 0)', (1{,}215; 0; 0)', (0; -1{,}215; 0)', (0; 1{,}215; 0)', (0; 0; -1{,}215)'; (0; 0; 1{,}215)')$.

e) $n_0 = 1$.

f) ZZV (3, 3, 15) = VFV $2^3 + V_{6;1,215} + V_{1(0)}$ (›Tab. 5.3.11). $\tilde{S}_2$ modifizierter Ansatz.

Ausgehend von den Ideen der Box/Wilson-Verfahren (s. Box/Wilson [1]) zur Bestimmung der Extrema von Funktionen, die nur mit einem zufälligen Fehler beobachtet werden können, haben Box, G. E. P./Hunter, J. S. [1] der Eigenschaft der *Drehbarkeit* eines Versuchsplans (›Bez. 2.5.10) eine zentrale Stellung eingeräumt. Die

Tab. 5.3.11: Orthogonaler ZZV (3, 3, 15) gemäß Bsp. 5.3.12

Versuch Nr.	$F(\text{ZZV }(3, 3, 15); \tilde{S}_2)$										
		ZZV (3, 3, 15)									
	x_0	x_1	x_2	x_3	x_1x_2	x_1x_3	x_2x_3	$x_1x_2x_3$	$x_1^2 - c$	$x_2^2 - c$	$x_3^2 - c$
1	+1	−1	−1	−1	+1	+1	+1	−1	+0,270	+0,270	+0,270
2	+1	+1	−1	−1	−1	−1	+1	+1	+0,270	+0,270	+0,270
3	+1	−1	+1	−1	−1	+1	−1	+1	+0,270	+0,270	+0,270
4	+1	+1	+1	−1	+1	−1	−1	−1	+0,270	+0,270	+0,270
5	+1	−1	−1	+1	+1	−1	−1	+1	+0,270	+0,270	+0,270
6	+1	+1	−1	+1	−1	+1	−1	−1	+0,270	+0,270	+0,270
7	+1	−1	+1	+1	−1	−1	+1	−1	+0,270	+0,270	+0,270
8	+1	+1	+1	+1	+1	+1	+1	+1	+0,270	+0,270	+0,270
9	+1	−1,215	0	0	0	0	0	0	+0,746	−0,730	−0,730
10	+1	+1,215	0	0	0	0	0	0	+0,746	−0,730	−0,730
11	+1	0	−1,215	0	0	0	0	0	−0,730	+0,746	−0,730
12	+1	0	+1,215	0	0	0	0	0	−0,730	+0,746	−0,730
13	+1	0	0	−1,215	0	0	0	0	−0,730	−0,730	+0,746
14	+1	0	0	+1,215	0	0	0	0	−0,730	−0,730	+0,746
15	+1	0	0	0	0	0	0	0	−0,730	−0,730	−0,730

Tab. 5.3.12: Einige Werte von α und c gemäß (5.3.13) und (5.3.14)

k	orthog. TFV $(2, k, n_k)$	n	α	c
2	VFV 2^2	9	1,000	0,667
3	VFV 2^3	15	1,215	0,730
4	VFV 2^4	25	1,414	0,800
5	VFV 2^5	43	1,596	0,863
5	TFV 2^{5-1}	27	1,547	0,750
6	VFV 2^6	77	1,761	0,911
6	TFV 2^{6-1}	45	1,722	0,843
7	VFV 2^7	143	1,909	0,946
7	TFV 2^{7-1}	79	1,885	0,900
8	VFV 2^8	273	2,045	0,970
8	TFV 2^{8-1}	145	2,029	0,942
8	TFV 2^{8-2}	81	2,000	0,889

Varianzfunktion der Schätzung der Wirkungsfläche hängt nur vom Abstand von einem gegebenen Punkt $\boldsymbol{x}_0$ ab. Die Genauigkeitsverhältnisse sind also in jeder Richtung des Raumes von $\boldsymbol{x}_0$ aus die gleichen. Das ist bedeutungsvoll für die Box/Wilson-Verfahren, bei denen die Fortschreitungsrichtung zur Extremasuche ja erst durch die Beobachtungen in den Versuchspunkten festgelegt werden soll.

Für den gegebenen Versuchsbereich, die Hyperkugel um den Koordinatenursprung, ist natürlich die *Drehbarkeit bezüglich* $\boldsymbol{x}_0 = \boldsymbol{0}$ von Interesse. Daher werden wir diesen Bezug in diesem Abschnitt weglassen und für drehbar bezüglich $\boldsymbol{x}_0 = \boldsymbol{0}$ kurz *drehbar* schreiben. Die Drehbarkeit ist eine Eigenschaft für einen Versuchsplan, sie stellt *kein* Optimalitätskriterium im Sinne von Kap. 4 dar. Daher ist es möglich, neben der Drehbarkeit weitere Forderungen an den Plan zu stellen.

Bei der *Transformation* des Versuchsbereichs, z. B. vom natürlichen Bereich in einen Standardbereich und zurück, *geht* die *Drehbarkeit* des Planes im allgemeinen *verloren*.

Nur in dem seltenen Ausnahmefall, daß die Maßstabänderung für jede Einflußgröße die gleiche ist, ist auch der transformierte Plan drehbar bezüglich des Bereichsmittelpunktes.

Im folgenden werden Bedingungen angegeben, die die gemäß Verf. 5.3.9/5.b) und 5.d) zu wählenden Größen α und n_0 zu erfüllen haben, damit der Plan drehbar wird. Weiterhin werden wir auch untersuchen, welche weiteren Eigenschaften des Planes sich erreichen lassen. Wir wenden uns hier speziell $(k, 2)$-Ansätzen zu, die zum Beispiel entstehen, wenn eine TAYLOR-Entwicklung für die unbekannte Wirkungsfläche η nach den quadratischen Gliedern abgebrochen wird. Für $(k, 2, k)$-Ansätze erfordert die Konstruktion drehbarer Pläne mehr numerischen Aufwand, einiges dazu wird in [5.3.6] behandelt.

VERFAHREN 5.3.11 (Konstruktion von drehbaren ZZV $(3, k, n)$):

1. **Gegebene Größen:** a) (unvollständiger) $(k, 2)$-Ansatz $\tilde{S}$ mit r Koeffizienten.

b) $V = \{\boldsymbol{x} \in \mathrm{R}^k : \boldsymbol{x}'\boldsymbol{x} \leqq k\}$.

c) Größenordnung für Planumfang n.

2. **Aufgabe:** Wähle einen regulären, drehbaren ZZV $(3, k, n)$ für $\tilde{S}$.

3. **Bezeichnung:** $\tilde{S}_1$ ist der (unvollständige) $(k, 1, 2)$-Ansatz, der aus $\tilde{S}$ dadurch entsteht, daß die Polynomterme $x_1^2, \dots, x_k^2$ weggelassen werden.

4. **Voraussetzung:** $r < n$.

5. **Lösung:** a) Bestimme zu $\tilde{S}_1$ einen orthogonalen TFV $(2, k, n_k)$ gemäß einem Verfahren aus [5.2]. Dabei soll der Planumfang n_k mindestens um $2k$ kleiner sein als die gegebene Größenordnung für n.

b) Berechne

$$\alpha = \sqrt[4]{n_k}\,. \tag{5.3.15}$$

c) Wähle den $V_{2k,\alpha}$ gemäß Bez. 5.3.9b) mit dem α aus 5.b).

d) Wähle ein $n_0 \in \{0, 1, \dots, n - n_k - 2k\}$ mit

$$n_0 > \frac{1}{k+2}\left(4k\sqrt{n_k} - 2n_k - 2k^2\right)\,. \tag{5.3.16}$$

f) Wähle als Plan ZZV $(3, k, n)$ = TFV $(2, k, n_k) + V_{2k,\alpha} + V_{n_0(0)}$ ●

Beispiel 5.3.13:

1. a) $\tilde{S}(3, 2)$.

b) $V = \{\boldsymbol{x} \in \mathrm{R}^3 : x_1^2 + x_2^2 + x_3^2 \leqq 3\}$.

c) $n \approx 15$.

2. Wähle regulären drehbaren ZZV (3, 3, 15) für $\tilde{S}(3, 2)$.

3. $\tilde{S}_1 = \tilde{S}(3, 1, 2)$.

5. a) TFV (2, 3, 8) = VFV 2^3.

b) $\alpha = \sqrt[4]{8} = 1{,}682$.

c) $V_{6;1,682} = ((-1{,}682; 0; 0)', (1{,}682; 0; 0)', (0; -1{,}682; 0)', (0; 1{,}682; 0)', (0; 0; -1{,}682)', (0; 0; 1{,}682)')$.

d) $n_0 = 1$.

f) ZZV (3, 3, 15) = VFV $2^3 + V_{6;1,682} + V_{1(0)}$ (›Tab. 5.3.13).

Tab. 5.3.13: Drehbarer ZZV (3, 3, 15) gemäß Bsp. 5.3.13

Versuch Nr.	$F(\text{ZZV}(3, 3, 15); \tilde{S})$									
		ZZV (3, 3, 15)								
	x_0	x_1	x_2	x_3	x_1x_2	x_1x_3	x_2x_3	x_1^2	x_2^2	x_3^2
1	+1	−1	−1	−1	+1	+1	+1	+1	+1	+1
2	+1	+1	−1	−1	−1	−1	+1	+1	+1	+1
3	+1	−1	+1	−1	−1	+1	−1	+1	+1	+1
4	+1	+1	+1	−1	+1	−1	−1	+1	+1	+1
5	+1	−1	−1	+1	+1	−1	−1	+1	+1	+1
6	+1	+1	−1	+1	−1	+1	−1	+1	+1	+1
7	+1	−1	+1	+1	−1	−1	+1	+1	+1	+1
8	+1	+1	+1	+1	+1	+1	+1	+1	+1	+1
9	+1	−1,682	0	0	0	0	0	+2,828	0	0
10	+1	+1,682	0	0	0	0	0	+2,828	0	0
11	+1	0	−1,682	0	0	0	0	0	+2,828	0
12	+1	0	+1,682	0	0	0	0	0	+2,828	0
13	+1	0	0	−1,682	0	0	0	0	0	+2,828
14	+1	0	0	+1,682	0	0	0	0	0	+2,828
15	+1	0	0	0	0	0	0	0	0	0

Die Bedingung (5.3.15) im Verf. 5.3.11/5.b) sichert die Drehbarkeit des Planes und (5.3.16) seine Regularität (s. Box, G. E. P./Hunter, J. S. [1] und [I/Folgerung 11.3.2], speziell (11.3.14) bzw. (11.3.16)).

Ein *drehbarer* Versuchsplan gemäß Verf. 5.3.11 ist im allgemeinen *kein orthogonaler* Versuchsplan für einen geringfügig umformulierten Ansatz, wie er im Verf. 5.3.10 bestimmt wird. Darüberhinaus wird es sogar in der Regel *unmöglich* sein, zu dem α aus Verf. 5.3.11/5.b) ein c und eine *ganze* Zahl n_0 zu finden, die den Bedingungsgleichungen (5.3.11) *und* (5.3.12) genügen. Man kann also mit Verf. 5.3.10 in der Regel keinen umformulierten Ansatz finden, für den der Plan *gleichzeitig* orthogonal *und* drehbar ist. Um die Schätzformeln für die Koeffizienten trotzdem noch möglichst einfach zu halten, strebt man an, daß die Informationsmatrix $\boldsymbol{F}'(V_n; \tilde{S})\, \boldsymbol{F}(V_n; \tilde{S})$ nur in der ersten Zeile und in der ersten Spalte einige von Null verschiedene Elemente enthält, falls $x_0 \equiv 1$ im Ansatz vorkommt.

Bezeichnung 5.3.10: Der Plan V_n heißt *quasi-orthogonal für den Ansatz* $\tilde{S}$ mit r Koeffizienten, in dem der Polynomterm $f_1(\boldsymbol{x}) = x_0 \equiv 1$ vorkommt, wenn seine Informationsmatrix die folgende Form hat

$$\frac{1}{n} \boldsymbol{F}'(V_n; \tilde{S})\, \boldsymbol{F}(V_n; \tilde{S}) = \begin{pmatrix} m_1 & & & \boldsymbol{0} \\ & m_2 & & \\ & & \ddots & \\ \boldsymbol{0} & & & m_r \end{pmatrix} + \begin{pmatrix} 0 & m_{12} & \dots & m_{1r} \\ m_{12} & & & \\ \vdots & & & \\ m_{1r} & & & \boldsymbol{0} \end{pmatrix}$$

mit $m_i \neq 0$ für $i = 1, \dots, r$ ●

Die Quasiorthogonalität kann die Orthogonalität ersetzen, wenn es nur auf die *Differenz* der Schätzwerte der Wirkungsfläche ankommt, dann ist das absolute Glied $\check{\vartheta}_0$ ohne Belang. Dieser Fall hat große Bedeutung für Box/Wilson-Verfahren, wenn nur entschieden werden muß, in welcher Richtung die Suche nach dem Extremum fortgesetzt werden soll.

VERFAHREN 5.3.12 (Konstruktion drehbarer quasi-orthogonaler ZZV $(3, k, n)$):

1. **Gegebene Größen:** a) (unvollständiger) $(k, 2)$-Ansatz $\tilde{S}$ mit r Koeffizienten.

b) $V = \{x \in \mathrm{R}^k : x'x \leqq k\}$.

c) Größenordnung für Planumfang n.

2. **Aufgabe:** Wähle einen drehbaren ZZV $(3, k, n)$, der quasiorthogonal für einen umformulierten Ansatz ist.

3. **Bezeichnungen:** a) $\tilde{S}_1$ ist der (unvollständige) $(k, 1, 2)$-Ansatz, der aus $\tilde{S}$ dadurch entsteht, daß die Polynomterme $x_1^2, \ldots, x_k^2$ weggelassen werden.

b) k_1 ist die Anzahl der in $\tilde{S}$ vorkommenden Polynomterme aus $x_1^2, \ldots, x_k^2$.

4. **Voraussetzungen:** a) $r < n$. b) $k_1 \geqq 2$.

5. **Lösung:** a) Bestimme zu $\tilde{S}_1$ einen orthogonalen TFV $(2, k, n_k)$ gemäß einem Verfahren aus [5.2]. Dabei soll der Planumfang n_k mindestens um $2k_1$ kleiner sein als die gegebene Größenordnung für n.

b) Berechne $\alpha = \sqrt[4]{n_k}$.

c) Bestimme eine ganze Zahl $n_0 \in \{0, 1, \ldots, n - n_k - 2k_1\}$ und eine Konstante $c \in \mathrm{R}^1$, die die folgenden beiden Bedingungen erfüllen:

$$n_k(1 - c)^2 + (2k_1 - 4)\, c^2 - 4c(\alpha^2 - c) + n_0 c^2 = 0.$$

$$n_0 > \frac{1}{k+2}\left(4k\sqrt{n_k} - 2n_k - 2k^2\right). \tag{5.3.17}$$

d) Ersetze die im Ansatz $\tilde{S}$ vorkommenden Polynomterme aus $x_1^2, \ldots, x_k^2$ jeweils durch $x_i^2 - c$.

e) Wähle den $V_{2k_1,\alpha}$ gemäß Bez. 5.3.9b) mit dem k_1 aus 3.b) und dem α aus 5.b).

f) Wähle n_0 gemäß 5.c).

g) Wähle als Plan für den gemäß 5.d) umformulierten Ansatz

$$\mathrm{ZZV}\,(3, k, n) = \mathrm{TFV}\,(2, k, n_k) + V_{2k_1,\alpha} + V_{n_0(0)}$$ ●

Tab. 5.3.14: Drehbare, quasi-orthogonale ZZV $(3, k, n)$ gemäß Verf. 5.3.12 ($k_1 = k$)

k	TFV $(2, k, n_k)$	α	n_0	n
2	VFV 2^2	1,414	8	16
3	VFV 2^3	1,682	9	23
4	VFV 2^4	2,000	12	36
5	VFV 2^5	2,378	17	59
5	TFV 2^{5-1}	2,000	10	36
6	VFV 2^6	2,828	24	100
6	TFV 2^{6-1}	2,378	15	59
7	VFV 2^7	3,364	35	177
7	TFV 2^{7-1}	2,828	22	100
8	VFV 2^8	4,000	52	324
8	TFV 2^{8-1}	3,364	33	177
8	TFV 2^{8-2}	2,828	20	100

Beispiel 5.3.14:

1. a) $\tilde{S}(3, 2)$.

b) $V = \{x \in \mathrm{R}^3 : x_1^2 + x_2^2 + x_3^2 \leqq 3\}$.

c) $n \approx 25$.

2. Wähle drehbaren, quasi-orthogonalen ZZV (3, 3, 23) für $\tilde{S}(3, 2)$.

3. a) $\tilde{S}_1 = \tilde{S}(3, 1, 2)$.

b) $k_1 = k$.

5. a) TFV (2, 3, 8) = VFV 2^3.

b) $\alpha = \sqrt[4]{8} = 1{,}682$.

c) $n_0 = 9$; $c = 0{,}525$.

d) $x_i^2 - 0{,}525$.

e) $V_{6;\,1,682}$ (Bsp. 5.3.13/5.c)).

f) $n_0 = 9$.

g) ZZV (3,3,23) = VFV $2^3 + V_{6;1,682} + V_{9(0)}$,

Im Verf. 5.3.12 wird durch eine geschickte Wahl der Anzahl n_0 der Beobachtungen im Koordinatenursprung erreicht, daß der Plan *quasi-orthogonal* für den umformulierten Ansatz ist. Ebenfalls durch die Wahl von n_0 läßt sich erreichen, daß die Funktion

$$h(x'x) = f(x)' \left(F'(V_n; \tilde{S})\, F(V_n; \tilde{S})\right)^{-1} f(x)\,, \tag{5.3.18}$$

die Varianzfunktion für den (Polynom-) Ansatz $\tilde{S} = \{\tilde{\eta}(x, \vartheta) = f(x)'\,\vartheta : x \in B\}_{\vartheta \in \mathrm{R}^r}$, *ungefähr konstant* im Versuchsbereich wird. Dies gelingt, wenn man fordert

$$h(0) = h(k)\,. \tag{5.3.19}$$

Bezeichnung 5.3.11: Der drehbare reguläre Plan V_n heißt *uniform drehbar* für den Ansatz $\tilde{S}$, wenn für die mit seiner Versuchsplanmatrix $F(V_n, \tilde{S})$ gemäß (5.3.18) gebildete Funktion $h(x'x)$ die Beziehung (5.3.19) gilt ●

VERFAHREN 5.3.13 (Konstruktion näherungsweise uniform drehbarer ZZV $(3, k, n)$):

1. **Gegebene Größen:** a) (unvollständiger) $(k, 2)$-Ansatz $\tilde{S}$ mit r Koeffizienten.

b) $V = \{x \in \mathrm{R}^k : x'x \leqq k\}$.

c) Größenordnung für Planumfang n.

2. **Aufgabe:** Wähle einen näherungsweise uniform drehbaren ZZV$(3, k, n)$.

3. **Bezeichnung:** $\tilde{S}_1$ ist der (unvollständige) $(k, 1, 2)$-Ansatz, der aus $\tilde{S}$ dadurch entsteht, daß die Polynomterme $x_1^2, \ldots, x_k^2$ weggelassen werden.

4. **Voraussetzung:** $r < n$.

5. **Lösung:** a) Bestimme zu $\tilde{S}_1$ einen orthogonalen TFV$(2, k, n_k)$ gemäß einem Verfahren aus [5.2]. Dabei soll der Planumfang n_k mindestens um $2k$ kleiner sein als die gegebene Größenordnung für n.

b) Berechne $\alpha = \sqrt[4]{n_k}$.

c) Bestimme ein $n_0 \in \{0, 1, \ldots, n - n_k - 2k\}$, für das die Ungleichung (5.3.17) erfüllt ist und die Funktion $h(\boldsymbol{x}'\boldsymbol{x})$ *näherungsweise* (5.3.19) erfüllt.

d) Wähle den $V_{2k,\alpha}$ gemäß Bez. 5.3.9b) mit dem α aus 5.b).

e) Wähle als Plan ZZV $(3, k, n)$ = TFV $(2, k, n_k) + V_{2k,\alpha} + V_{n_0(0)}$ ●

Tab. 5.3.15: Uniform drehbare ZZV $(3, k, n)$ für $\tilde{S}(k, 2)$ nach Box/Hunter [1]

k	TFV $(2, k, n_k)$	α	n_0	n
2	VFV 2^2	1,414	5	13
3	VFV 2^3	1,682	6	20
4	VFV 2^4	2,000	7	31
5	VFV 2^5	2,378	10	52
5	TFV 2^{5-1}	2,000	6	32
6	VFV 2^6	2,828	15	91
6	TFV 2^{6-1}	2,378	9	53
7	VFV 2^7	3,364	21	163
7	TFV 2^{7-1}	2,828	14	92
8	VFV 2^8	4,000	28	300
8	TFV 2^{8-1}	3,364	20	164
8	TFV 2^{8-2}	2,828	13	93

Beispiel 5.3.15:

1. a) $\tilde{S}(3, 2)$.

b) $V = \{\boldsymbol{x} \in \mathrm{R}^3 : x_1^2 + x_2^2 + x_3^2 \leqq 3\}$.

c) $n \approx 20$.

2. Wähle näherungsweise uniform drehbaren ZZV (3, 3, 20) für $\tilde{S}(3, 2)$.

3. $\tilde{S}_1 = \tilde{S}(3, 1, 2)$.

5. a) TFV (2, 3, 8) = VFV 2^3.

b) $\alpha = \sqrt[4]{8} = 1{,}682$.

c) $n_0 = 6$.

d) $V_{6;1,682}$ (›Bsp. 5.3.13/5.c)).

e) ZZV (3, 3, 20) = VFV $2^3 + V_{6;1,682} + V_{6(0)}$.

Die Bestimmung von n_0 gemäß Verf. 5.3.13/5.c) erfolgt im allgemeinen numerisch durch Berechnung der Funktion $h(\boldsymbol{x}'\boldsymbol{x})$ für $\boldsymbol{x}'\boldsymbol{x} = 0$ und $\boldsymbol{x}'\boldsymbol{x} = k$. Speziell für einige VFV 2^k und TFV 2^{k-p} wurden die Werte n_0 von Box, G. E. P./Hunter J. S. [1] berechnet (›Tab. 5.3.15). Eine *exakte* Erfüllung der Bedingung (5.3.19) ist im allgemeinen nicht möglich, da n_0 nur einen der endlich vielen Werte des angegebenen Bereichs annehmen darf.

Die Forderung im Verf. 5.3.9/5.a), einen *regulären* TFV $(2, k, n_k)$ als Kern des ZZV $(3, k, n)$ zu verwenden, kann zu einem großen Planumfang führen, der wesentlich über der Anzahl der Koeffizienten liegt. Von Hartley [1] und Westlake [1] stammen Vorschläge, wie man die Anforderungen an den TFV $(2, k, n_k)$ herabsetzen kann.

VERFAHREN 5.3.14 (Hartley-Pläne und Westlake-Pläne für die Hyperkugel):

1. **Gegebene Größen:** a) $(k, 2)$-Ansatz $\tilde{S}$ mit r Koeffizienten.

b) $V = \{\boldsymbol{x} \in \mathrm{R}^k : \boldsymbol{x}'\boldsymbol{x} \leqq k\}$.

c) Größenordnung für den Planumfang n.

2. **Aufgabe:** Wähle einen regulären Versuchsplan für $\tilde{S}$.

3. **Bezeichnung:** $\tilde{S}_1$ ist der $(k, 1, 2)$-Ansatz, der aus $\tilde{S}$ dadurch entsteht, daß die Polynomterme $x_1^2, \dots, x_k^2$ weggelassen werden.

4. **Voraussetzung:** $r < n$.

5. **Lösung:** a) Bestimme zu $\tilde{S}_1$ einen TFV 2^{k-p} (HARTLEY) oder einen anderen TFV $(2, k, n_k)$ (WESTLAKE), mit dem alle auftretenden zweifachen Wechselwirkungen untereinander unvermengt geschätzt werden können, gemäß einem Verfahren aus [5.2] und bezeichne ihn mit V_{n_k}. Dabei soll der Planumfang n_k mindestens um $2k$ kleiner sein als die gegebene Größenordnung für n.

b) Wähle $\alpha = \sqrt{k}$.

c) Wähle den $V_{2k,\alpha}$ gemäß Bez. 5.3.9/b) mit α aus 5.b).

d) Wähle ein $n_0 \geqq 1$, so daß $2^{k-p} + 2k + n_0$ (HARTLEY) bzw. $n_k + 2k + n_0$ (WESTLAKE) in der gegebenen Größenordnung von n liegt.

e) Wähle den Plan

$$\text{ZZV}(3, k, n) = \begin{cases} \text{TFV } 2^{k-p} + V_{2k,\alpha} + V_{n_0(0)} \text{ (HARTLEY)}, \\ \text{TFV } (2, k, n_k) + V_{2k,\alpha} + V_{n_0(0)} \text{ (WESTLAKE)} \end{cases}$$ ●

Beispiel 5.3.16:

1. a) $\tilde{S}(4, 2)$ ›Bsp. 5.3.8.

b) $V = \{x \in \mathrm{R}^4 : x'x \leqq 4\}$.

c) $n \approx 20$.

2. Wähle regulären ZZV (3, 4, 20).

3. $\tilde{S}_1 = \tilde{S}(4, 1, 2)$.

Tab. 5.3.16: ZZV (3, 4, 20) mit HARTLEY-Kern gemäß Bsp. 5.3.16

Versuch Nr.	ZZV (3, 4, 20)			
	x_1	x_2	x_3	x_4
1	−1	−1	−1	+1
2	+1	−1	−1	−1
3	−1	+1	−1	−1
4	+1	+1	−1	+1
5	−1	−1	+1	+1
6	+1	−1	+1	−1
7	−1	+1	+1	−1
8	+1	+1	+1	+1
9	−2	0	0	0
10	+2	0	0	0
11	0	−2	0	0
12	0	+2	0	0
13	0	0	−2	0
14	0	0	+2	0
15	0	0	0	−2
16	0	0	0	+2
17	0	0	0	0
18	0	0	0	0
19	0	0	0	0
20	0	0	0	0

5. a) Wähle TFV 2^{4-1} mit $G_1 = s_1 \odot s_2 \odot s_4$. Zur Untersuchung der Vermengungsstruktur verwende Verf. 5.2.10. Die zweifachen Wechselwirkungen sind unvermengt.
   b) $\alpha = \sqrt{4} = 2$.
   c) $V_{8;2} = ((-2, 0, 0, 0)', (2, 0, 0, 0)', (0, -2, 0, 0)', (0, 2, 0, 0)', (0, 0, -2, 0)', (0, 0, 2, 0)', (0, 0, 0, -2)', (0, 0, 0, 2)')$.
   d) $n_0 = 4$.
   e) ›Tab. 5.3.16.

Im Verf. 5.3.15 wird in 5.a) ein HARTLEY- oder ein WESTLAKE-Kern gewählt, wie er schon bei den zentral zusammengesetzten TFV $(3, k, n)$ im Verf. 5.3.6 empfohlen wurde (›[5.6]). Durch die Wahl von $\alpha = \sqrt{k}$ werden die Sternpunkte auf die Hyperkugel gelegt, und der Versuchsbereich wird damit voll ausgenutzt; der Plan erhält gute Eigenschaften für die Varianzfunktion (›[5.3.7]). Die Verwendung des Koordinatenursprungs als Versuchspunkt ist für die Regularität des Planes im vorliegenden Fall erforderlich, daher wird in 5.d) $n_0 \geqq 1$ verlangt.

5.3.6. Weitere drehbare Versuchspläne für $(k, 2, k^{(2)})$-Ansätze

Bereits in [5.2] hatten wir festgestellt, daß VFV 2^k und TFV 2^{k-p} drehbare Pläne für $\tilde{S}(k, 1)$ darstellen. In [5.3.5] hatten wir für $(k, 2)$-Ansätze Verfahren zur Konstruktion drehbarer Versuchspläne für die Hyperkugel (5.1.2) angegeben (›Verf. 5.3.11 bis Verf. 5.3.13). Die Konstruktion drehbarer Pläne für Polynomansätze, in denen Produkte aus *mehreren* Faktoren oder Faktorpotenzen vorkommen, wie es bei $(k, 2, k^{(2)})$-Ansätzen in der Regel der Fall ist, erfordert einen wesentlich höheren numerischen Aufwand. Andererseits genügt es in manchen Fällen, drehbare Versuchspläne einer speziellen Struktur zu untersuchen, für die sich der numerische Aufwand auf ein erträgliches Maß senken läßt. Obwohl wir ein allgemeines Verfahren zur Konstruktion drehbarer Pläne angeben werden (Verf. 5.3.15), beschränken wir uns in diesem Abschnitt auf die Angabe von weiteren drehbaren Plänen für $\tilde{S}(k, 1)$ und $\tilde{S}(k, 2)$.

Gemäß Bez. 2.5.10 ist ein drehbarer Versuchsplan ein solcher Plan, für den die Funktion

$$\boldsymbol{f}(\boldsymbol{x})' \left(\boldsymbol{F}'(V_n; \tilde{S})\, \boldsymbol{F}(V_n; \tilde{S})\right)^{-1} \boldsymbol{f}(\boldsymbol{x}) \tag{5.3.20}$$

nur vom Abstand des Punktes $\boldsymbol{x}$ von einem gegebenen Punkt $\boldsymbol{x}_0$ abhängt. Für den Hyperkugelbereich (5.1.2) ist es sinnvoll, $\boldsymbol{x}_0 = \boldsymbol{0}$ zu wählen.

Für einen $(k, 2, k^{(2)})$-Ansatz haben die Elemente der Informationsmatrix (›Tab. 4.1.1)

$$\boldsymbol{M}(V_n, \tilde{S}) = \frac{1}{n} \boldsymbol{F}'(V_n; \tilde{S})\, \boldsymbol{F}(V_n; \tilde{S}) \tag{5.3.21}$$

die folgende Form

$$\frac{1}{n} \sum_{j=1}^{n} x_{j1}^{\gamma_1} x_{j2}^{\gamma_2} \dots x_{jk}^{\gamma_k}\,, \tag{5.3.22}$$

wobei $\gamma_i \in \{0, 1, 2, 3, 4\}$; $i = 1, \dots, k$; und $\gamma = \sum_{i=1}^{k} \gamma_i \leqq 4k$ ist.

Bezeichnung 5.3.12: a) Die Elemente (5.3.22) von $\boldsymbol{M}(V_n; \tilde{S})$ werden als *Momente* (des Versuchsplanes) *der Ordnung* γ und $\boldsymbol{M}(V_n; \tilde{S})$ wird in diesem Zusammenhang auch als *Momentenmatrix* bezeichnet.

b) Ein Moment heißt *ungerade*, wenn *wenigstens einer* der Exponenten γ_i ungerade ist, sonst *gerade* ●

VERFAHREN 5.3.15 (Prinzipielle Konstruktion drehbarer Pläne für $(k, 2, k^{(2)})$-Ansätze):

1. **Gegebene Größen:** a) (unvollständiger) $(k, 2, k^{(2)})$-Ansatz $\tilde{S}$ mit r Koeffizienten.

b) $V = \{\boldsymbol{x} \in \mathrm{R}^k : \boldsymbol{x}'\boldsymbol{x} \leqq k\}$.

c) Größenordnung für Planumfang n.

d) $2k$ positive Zahlen $\lambda_2, \lambda_4, \dots, \lambda_{4k}$.

2. **Aufgabe:** Konstruktion eines regulären drehbaren Planes für $\tilde{S}$.

3. **Bezeichnungen:** a) $\boldsymbol{x}_j = (x_{j1}, \dots, x_{jk})'$; $j = 1, \dots, n$.

b) $V_n = (\boldsymbol{x}_1, \dots, \boldsymbol{x}_n)$.

c) $\tilde{S} = \left\{\tilde{\eta}(\boldsymbol{x}, \boldsymbol{\vartheta}) = \sum_{j=1}^{r} f_j(\boldsymbol{x})\, \vartheta_{(j)} = \boldsymbol{f}(\boldsymbol{x})'\, \boldsymbol{\vartheta} : \boldsymbol{x} \in B\right\}_{\boldsymbol{\vartheta} \in \mathrm{R}^r}$.

d) $\boldsymbol{F}(V_n; \tilde{S}) = \big((f_j(\boldsymbol{x}_i))\big)$; $i = 1, \dots, n$; $j = 1, \dots, r$.

e) $\boldsymbol{M}(V_n; \tilde{S}) = \frac{1}{n} \boldsymbol{F}'(V_n; \tilde{S})\, \boldsymbol{F}(V_n; \tilde{S})$.

f) $\sum_{i=1}^{k} \gamma_i = \gamma$.

4. **Voraussetzung:** $r \leqq n$.

5. **Lösung:** a) Bestimme $\boldsymbol{x}_1, \dots, \boldsymbol{x}_n \in V$, so daß für alle in $\boldsymbol{M}(V_n; \tilde{S})$ vorkommenden Momente gilt

$$\frac{1}{n} \sum_{j=1}^{n} x_{j1}^{\gamma_1} x_{j2}^{\gamma_2} \dots x_{jk}^{\gamma_k} = \begin{cases} \lambda_\gamma \dfrac{\prod_{i=1}^{k} (\gamma_i)!}{2^{\gamma/2} \prod_{i=1}^{k} (\gamma_i/2)!}, & \text{falls Moment gerade} \\ 0 & \text{sonst.} \end{cases} \tag{5.3.23}$$

b) Prüfe, ob det $\boldsymbol{M}(V_n; \tilde{S}) > 0$.

c) Falls det $\boldsymbol{M}(V_n; \tilde{S}) = 0$, verändere $\lambda_2, \dots, \lambda_{4k}$ ●

Die Vorgabe der Zahlen $\lambda_2, \dots, \lambda_{4k}$ im Verf. 5.3.15/1.d) sichert, daß die geraden Momente gleicher Ordnung γ die durch (5.3.23) gegebenen Proportionalitäten haben, die erforderlich sind, damit die Funktion (5.3.20) nur noch über $\boldsymbol{x}'\boldsymbol{x}$ von $\boldsymbol{x}$ abhängt (›[I/11.3.2]). Diese Vorgabe ist nicht völlig willkürlich, daher wurden die Lösungsschritte 5.b) und 5.c) eingeführt. Für bestimmte spezielle Typen von Polynomen, z. B. $(k, 2)$-Ansätze, werden wir Bedingungen an $\lambda_2, \dots, \lambda_{4k}$ angeben, die die Regularität des drehbaren Planes sichern. Durch die Regularitätsforderung sind die Konstanten $\lambda_2, \dots, \lambda_{4k}$ noch nicht festgelegt. Man kann die Wahl dieser Konstanten benutzen, um weitere Eigenschaften des Planes zu erreichen, z. B. daß er uniform drehbar oder daß er D-optimal in der Menge der drehbaren Pläne wird.

Das Gleichungssystem (5.3.23) ist zur expliziten Bestimmung der Versuchspunkte $\boldsymbol{x}_1, \dots, \boldsymbol{x}_n$ wenig praktikabel. Bei der Konstruktion optimaler Pläne (›Verf. 4.4.4) und bei der Untersuchung der Struktur von VFV 3^k (›[5.3.4]) waren wir darauf gestoßen, daß die Versuchspunkte auf Hyperkugelschalen liegen. Auch die Forderung, daß eine Drehung der Hyperkugel die Funktion (5.3.20) nicht ändern darf, d. h.

$$f(\boldsymbol{x})' \left(\boldsymbol{F}'(V_n; \tilde{S})\, \boldsymbol{F}(V_n; \tilde{S})\right)^{-1} f(\boldsymbol{x}) = h(\boldsymbol{x}'\boldsymbol{x}) \,, \tag{5.3.24}$$

legt es nahe, die Versuchspunkte für einen drehbaren Versuchsplan *auf Hyperkugelschalen* anzuordnen. Eine weitere Vereinfachung des numerischen Problems erreicht man, wenn man fordert, daß die Versuchspunkte auf jeder einzelnen Hyperkugelschale einige der Drehbarkeitsbedingungen (5.3.23) für irgendwelche nichtnegativen $\lambda_2, \dots, \lambda_{4k}$ bereits erfüllen.

Bezeichnung 5.3.13: a) Ein Versuchsplan $V_{n_\varrho} = (\boldsymbol{x}_1, \dots, \boldsymbol{x}_{n_\varrho})$ heißt *Hyperkugel-Teilversuchsplan* (kurz HTV), wenn seine n_ϱ Punkte alle auf einer Hyperkugel mit dem Radius ϱ liegen, d. h.

$$\boldsymbol{x}_i'\boldsymbol{x}_i = \varrho; \qquad i = 1, \dots, n_\varrho \,. \tag{5.3.25}$$

b) Ein Hyperkugel-Teilversuchsplan heißt *drehbar der Ordnung* γ_0 *für* $\tilde{S}$, wenn es nichtnegative $\lambda_0, \lambda_1, \dots, \lambda_{\gamma_0}$ gibt, so daß die Bedingungen (5.3.23) für alle in $\boldsymbol{M}(V_{n_\varrho}; \tilde{S})$ auftretenden Momente mit einer Ordnung $\gamma \leqq \gamma_0$ gelten. Ein solcher HTV wird mit DHTV $(\gamma_0; \tilde{S})$ abgekürzt. Dabei ist nicht erforderlich, daß ein solcher DHTV $(\gamma_0; \tilde{S})$ regulär ist ●

Die Idee für die Konstruktion drehbarer regulärer Pläne besteht nun darin, mehrere solcher DHTV $(\gamma_0; \tilde{S})$ (oder lediglich HTV) zu einem Plan V_n zusammenzusetzen und durch Festlegung ihrer Radien ϱ_j; $j = 1, 2, \dots$; zu erreichen, daß sowohl die Bedingungen (5.3.23) *alle* erfüllt sind als auch der Plan V_n regulär ist.

Im Spezialfall von $(k, 2)$-Ansätzen sind die drehbaren (regulären) ZZV $(3, k, n)$ solche Pläne. Sie bestehen jeweils aus *drei* DHTV $(\gamma_0; \tilde{S})$; dem TFV $(2, k, n_k)$ mit dem Radius $\sqrt{k}$, drehbar mit $\gamma_0 = 2$, dem Sternpunktplan mit dem Radius $\sqrt[4]{n_k}$, drehbar mit $\gamma_0 = 4$ und dem $V_{n_0(0)}$, mit dem Radius 0, drehbar mit $\gamma_0 = 4$.

Reguläre DHTV $(\gamma_0, \tilde{S}(k, 1))$ mit $\gamma_0 \geqq 2$ sind zugleich *drehbare Pläne* für $\tilde{S}(k, 1)$. In diesem Sinne erhält man, wie in [5.2.6] angekündigt, weitere drehbare Pläne für $\tilde{S}(k, 1)$, gewissermaßen als Nebenergebnis bei der Konstruktion von drehbaren Plänen für umfangreichere Ansätze.

Vorschläge zur Konstruktion von drehbaren Plänen über HTV für $(k, 2)$-Ansätze stammen von Box, G. E. P./Hunter, J. S. [1] und Box/Behnken [1].

VERFAHREN 5.3.16 (Drehbare Pläne aus DHTV):

1. **Gegebene Größen:** a) (unvollständiger) $(k, 2, k^{(2)})$-Ansatz $\tilde{S}$ mit r Koeffizienten.

b) $V = \{\boldsymbol{x} \in \mathrm{R}^k : \boldsymbol{x}'\boldsymbol{x} \leqq k\}$.

c) m DHTV $(\gamma_{0l}; \tilde{S})$; $l = 1, \dots, m$; mit $\varrho = 1$ und höchstens einmal $\varrho = 0$.

d) Größenordnung für Planumfang n.

2. **Aufgabe:** Konstruiere drehbaren, regulären Plan V_n für $\tilde{S}$.

3. **Bezeichnungen:** a) DHTV $(\gamma_{0l}; \tilde{S}) = (\boldsymbol{x}_1^{(l)}, \dots, \boldsymbol{x}_{n_l}^{(l)})$; $V_n = (\boldsymbol{x}_1, \dots, \boldsymbol{x}_n)$.

b) $\tilde{S} = \left\{\tilde{\eta}(\boldsymbol{x}, \boldsymbol{\vartheta}) = \sum\limits_{i=1}^{r} f_i(\boldsymbol{x})\, \vartheta_{(i)} = f(\boldsymbol{x})'\, \boldsymbol{\vartheta} : \boldsymbol{x} \in B\right\}_{\boldsymbol{\vartheta} \in \mathrm{R}^r}$.

c) $\boldsymbol{F}(\mathrm{DHTV}(\gamma_{0l}; \tilde{S}); \tilde{S}) = ((f_j(\boldsymbol{x}_i^{(l)}))); i = 1, \dots, n_l; j = 1, \dots, r.$

$\boldsymbol{F}(V_n; \tilde{S}) = ((f_j(\boldsymbol{x}_i))); i = 1, \dots, n; j = 1, \dots, r.$

d) $\boldsymbol{M}(V_n; \tilde{S}) = \frac{1}{n} \boldsymbol{F}'(V_n; \tilde{S}) \boldsymbol{F}(V_n; \tilde{S})$.

4. Voraussetzung: $r \leqq n$.

5. Lösung: Bestimme $0 \leqq \varrho_1 \leqq \dots \leqq \varrho_m \leqq \sqrt{k}$, so daß für $V_n = (\varrho_1 \boldsymbol{x}_1^{(1)}, \dots, \varrho_1 \boldsymbol{x}_{n_1}^{(1)}, \dots, \varrho_m \boldsymbol{x}_1^{(m)}, \dots, \varrho_m \boldsymbol{x}_{n_m}^{(m)})$ gilt:

a) alle Elemente von $\boldsymbol{M}(V_n; \tilde{S})$ erfüllen die Bedingungen (5.3.23).

b) $\det \boldsymbol{M}(V_n; \tilde{S}) > 0$ ●

Beispiel 5.3.17:

1. a) $\tilde{S}(2, 2) = \{\tilde{\eta}(\boldsymbol{x}, \boldsymbol{\vartheta}) = \vartheta_0 x_0 + \vartheta_1 x_1 + \vartheta_2 x_2 + \vartheta_{12} x_1 x_2 + \vartheta_{11} x_1^2 + \vartheta_{22} x_2^2 : \boldsymbol{x} \in B\}_{\boldsymbol{\vartheta} \in \mathrm{R}^6}$.

b) $V = \{\boldsymbol{x} \in \mathrm{R}^2 : x_1^2 + x_2^2 \leqq 2\}$.

c) $\mathrm{DHTV}\,(\gamma_{01}; \tilde{S}(2, 2)) = ((0, 0)')$.

$$\mathrm{DHTV}\,(\gamma_{02}; \tilde{S}(2, 2)) = \left(\left(\cos\left(\frac{2\pi}{5}\right), \sin\left(\frac{2\pi}{5}\right)\right)', \left(\cos\left(\frac{4\pi}{5}\right), \sin\left(\frac{4\pi}{5}\right)\right)', \left(\cos\left(\frac{6\pi}{5}\right), \sin\left(\frac{6\pi}{5}\right)\right)', \left(\cos\left(\frac{8\pi}{5}\right), \sin\left(\frac{8\pi}{5}\right)\right)', \left(\cos\left(\frac{10\pi}{5}\right), \sin\left(\frac{10\pi}{5}\right)\right)'\right); \quad \gamma_{01} = \gamma_{02} = 4.$$

d) $n \approx 6$.

2. Konstruiere drehbaren Plan V_6 für $\tilde{S}(2, 2)$.

3. $\varrho_1 = 0$, $\varrho_2 = \sqrt{2}$.

$V_6 = ((0, 0)', (0, 437; 1,345)', (-1,144; 0,831)', (-1, 144; -0,831)', (0,437; -1,345)', (1,414; 0)')$.

(↗Tab. 5.3.17 und Abb. 5.3.5).

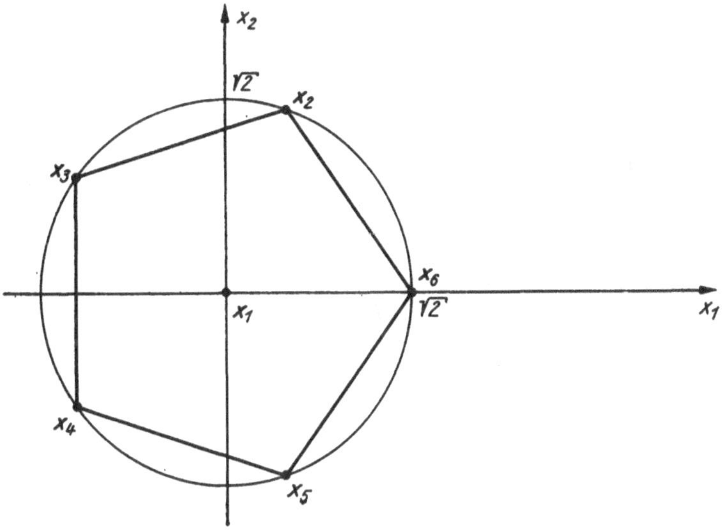

Abb. 5.3.5. V_6 aus Bsp. 5.3.17

Tab. 5.3.17: $F(V_6; \tilde{S}(2, 2))$ gemäß Bsp. 5.3.17

Versuch Nr.	$F(V_6; \tilde{S}(2, 2))$					
		V_6				
	x_0	x_1	x_2	x_1x_2	x_1^2	x_2^2
1	1	0	0	0	0	0
2	1	0,437	1,345	0,588	0,191	1,809
3	1	−1,144	0,831	−0.951	1,309	0,691
4	1	−1.144	−0.831	0,951	1,309	0,691
5	1	0,437	−1,345	−0,588	0,191	1,809
6	1	1,414	0	0	2	0

Zum Vergleich anhand von (5.3.23) wurde die Informationsmatrix $M(V_6; \tilde{S}(2, 2))$ berechnet:

$$M(V_6; \tilde{S}(2, 2)) = \begin{pmatrix} 1 & 0 & 0 & 0 & 5/6 & 5/6 \\ 0 & 5/6 & 0 & 0 & 0 & 0 \\ 0 & 0 & 5/6 & 0 & 0 & 0 \\ 0 & 0 & 0 & 5/12 & 0 & 0 \\ 5/6 & 0 & 0 & 0 & 5/4 & 5/12 \\ 5/6 & 0 & 0 & 0 & 5/12 & 5/4 \end{pmatrix}.$$

Daraus erkennt man: $\lambda_0 = 1, \lambda_2 = 5/6;\ \lambda_4 = 5/12$ und $\lambda_1 = \lambda_3 = 0$. Der Plan ist also drehbar. Es ist det $M(V_6; \tilde{S}(2, 2)) = 0{,}067$, damit ist der angegebene Plan V_6 auch regulär.

Für Verf. 5.3.16 ist es bedeutungsvoll, DHTV zu kennen und Bedingungen an die $\lambda_2, \dots, \lambda_{4k}$ aus (5.3.23) zu formulieren, die die Regularität des Planes sichern, so daß eine Berechnung der Determinante gemäß 5.b) entfallen kann.

Wir wenden uns nun solchen $(k, 2, k^{(2)})$-Ansätzen zu, bei denen in M nur Momente bis zur Ordnung $\gamma = 7$ vorkommen.

Aussage 5.3.1: Ein *drehbarer Versuchsplan* V_n für den Ansatz $\tilde{S}$, in dessen Informationsmatrix $M(V_n; \tilde{S})$ nur Momente bis zur Ordnung $\gamma = 7$ vorkommen, ist *regulär*, wenn λ_2, λ_4 und λ_6 in (5.3.23) positiv sind und die folgenden Ungleichungen erfüllen:

$$\frac{\lambda_4}{\lambda_2^2} > \frac{k}{k+2}, \qquad (5.3.26)$$

$$\frac{\lambda_2\lambda_6}{\lambda_4^2} > \frac{k+2}{k+4} \qquad (5.3.27)$$

(s. Nalimov/Černova [1], [I/11.3.2]) •

Die Ungleichung (5.3.26) hatten wir bereits implizit im Verfahren zur Konstruktion drehbarer ZZV ausgenutzt.

Von Box, G. E. P./Hunter, J. S. [1] wurde das Vorgehen gemäß Verf. 5.3.16 für $(k, 2)$-Ansätze noch näher untersucht. Für $k = 2$ kann man die folgende Aussage zur Gewinnung von DHTV ausnutzen.

Aussage 5.3.2: Die Eckpunkte jedes regelmäßigen n-Ecks mit den Komponenten

$$x_{i1} = \cos\left(\varphi + \frac{2\pi i}{n}\right); \quad x_{i2} = \sin\left(\varphi + \frac{2\pi i}{n}\right); \quad i = 1, \dots, n;\ \varphi \text{ beliebig aus } [0,2\pi); \qquad (5.3.28)$$

bilden einen DHTV $(\gamma_0; \tilde{S})$ mit $\gamma_0 = n - 1$ •

Zur Konstruktion eines regulären, drehbaren Planes für $\tilde{S}(2, 2)$ sind mindestens zwei Kugelschalen erforderlich und jede Kugelschale mit $\varrho > 0$ muß mindestens fünf Punkte haben. Die Festlegung der Radien ϱ_1, ϱ_2 kann benutzt werden, um zusätzliche Eigenschaften des Plans zu sichern. So enthält Tab. 5.3.18 den Radius ϱ_1 und die Punktanzahlen der beiden DHTV, wenn zusätzlich erreicht werden soll, daß der Gesamtplan uniform drehbar (›Bez. 5.3.11) oder quasi-orthogonal (›Bez. 5.3.10) sein soll; ϱ_2 wurde als 1 gewählt.

Für $k = 3$ sind einige Möglichkeiten für DHTV $(\gamma_0; \tilde{S})$ in Tab. 5.3.19 angegeben. Es handelt sich um die regelmäßigen Polyeder. Zur Konstruktion von drehbaren regulären Plänen für $\tilde{S}(3, 2)$ benötigt man mindestens zwei dieser DHTV $(\gamma_0; \tilde{S})$, wobei einer von ihnen auch durch den Koordinatenursprung ersetzt werden kann.

Tab. 5.3.18: Hyperkugelteilpläne für $k = 2$

n_1	6	7	8	7	8	8
n_2	5	5	5	6	6	7
ϱ_1 (uniform drehbar)	0,414	0,438	0,454	0,407	0,430	0,404
ϱ_1 (quasi-orthogonal)	0,204	0,267	0,304	0,189	0,250	0,176

Tab. 5.3.19: Hyperkugelteilpläne für $k = 3$

DHTV $(\gamma_0; \tilde{S})$	n	γ_0
Tetraeder: $(-1/\sqrt{3}, -1/\sqrt{3}, 1/\sqrt{3})'$, $(1/\sqrt{3}, -1/\sqrt{3}, -1/\sqrt{3})'$ $(-1/\sqrt{3}, 1/\sqrt{3}, -1/\sqrt{3})'$, $(1/\sqrt{3}, 1/\sqrt{3}, 1/\sqrt{3})'$	4	2
Oktaeder: $(\pm 1, 0, 0)'$, $(0, \pm 1, 0)'$, $(0, 0 \pm 1)'$	6	2
Würfel: $(\pm 1/\sqrt{3}, \pm 1/\sqrt{3}, \pm 1/\sqrt{3})'$	8	2
Isokaeder: $(0, \pm a, \pm b)'$, $(\pm b, 0, \pm a)'$, $(\pm a, 0, \pm b)'$	12	4
Dodekaeder: $(0, \pm c^{-1}, \pm c)'$, $(\pm c, 0, \pm c^{-1})'$ $(\pm c^{-1}, \pm c, 0)'$, $(\pm 1/\sqrt{3}, \pm 1/\sqrt{3}, \pm 1/\sqrt{3})'$	20	4

Für $k \geqq 5$ gibt es, analog zu den regelmäßigen Polyedern in Tab. 5.3.19, nur noch drei regelmäßige Hyperkörper, die man als DHTV $(\gamma_0, \tilde{S})$ heranzieht. Für $k = 4$ gibt es daneben noch einige weitere. Da sie aber entweder eine sehr hohe Punktanzahl aufweisen oder sich aus den einfachen regelmäßigen Hyperkörpern konstruieren lassen, sollen auch für $k = 4$ nur die entsprechenden drei betrachtet werden, die es auch für $k \geqq 5$ gibt. Es handelt sich um das regelmäßige *Simplex* mit $k + 1$ Ecken, das *Kreuzpolytop* mit $2k$ Ecken und den *Hyperwürfel* mit 2^k Ecken. Beispiele für regelmäßige Simplexe liefern die gesättigten regulären TFV 2^{3-1} und TFV 2^{7-4} für $\tilde{S}(3, 1)$ bzw. $\tilde{S}(7, 1)$ aus Bsp. 5.2.9 bzw. Bsp. 5.2.14. Regelmäßige Simplexe liefern DHTV $(\gamma_0; \tilde{S})$ mit $\gamma_0 = 2$. Das Kreuzpolytop wurde bereits in Bez. 5.3.9b) als Sternpunktplan $V_{2k,\alpha}$ verwendet und gibt $\gamma_0 = 4$. Der Hyperwürfel schließlich bildete die Grundlage für die

VFV 2^k und die TFV 2^{k-p}, auch für ihn ist $\gamma_0 = 4$. Wegen der Regularitätsforderung sind auch hier mindestens zwei DHTV $(\gamma_0; \tilde{S})$ zur Konstruktion von drehbaren Plänen für $\tilde{S}(k, 2)$ erforderlich. Damit führt die Verwendung von regelmäßigen Hyperkörpern für $k \geqq 4$ nicht wesentlich über die drehbaren ZZV $(3, k, n)$ hinaus. Jedoch zeigt die Untersuchung für die $(k, 2)$-Ansätze, wie ein praktizierbares Vorgehen im Falle von umfangreicheren $(k, 2, k^{(2)})$-Ansätzen aussehen könnte. (Zur Blockbildung in drehbaren Plänen s. Box, G. E. P./Hunter, J. S. [1], Nalimov/Černova [1] und [5.6]).

Speziell für $\tilde{S}(k, 2)$ haben Box/Behnken [1] ein Verfahren vorgeschlagen, mit dem aus dem regelmäßigen Simplex ein System von HTV konstruiert wird, aus dem sich drehbare reguläre Pläne zusammensetzen lassen. Durch die Festlegung der Radien der HTV gelingt es darüberhinaus, auch noch weitere erwünschte Eigenschaften des Planes zu erreichen.

VERFAHREN 5.3.17 (HTV aus dem Simplex):

1. **Gegebene Größen:** a) $\tilde{S}(k, 2)$.

b) $V = \{x \in \mathrm{R}^k : x'x \leq k\}$.

Tab. 5.3.20: Punkte der regelmäßigen Simplexe in der Hypereinheitskugel

k	regelmäßiges Simplex in der Hypereinheitskugel
2	$\frac{1}{2}(\sqrt{3}, -1)'$; $\frac{1}{2}(-\sqrt{3}, -1)'$; $(0, 1)'$
3	$\frac{1}{3}(\sqrt{6}, -\sqrt{2}, -1)'$; $\frac{1}{3}(-\sqrt{6}, -\sqrt{2}, -1)'$; $\frac{1}{3}(0, 2\sqrt{2}, -1)'$; $(0, 0, 1)'$
4	$\frac{1}{4}(\sqrt{10}, -\sqrt{\frac{10}{3}}, -\sqrt{\frac{5}{3}}, -1)'$; $\frac{1}{4}(-\sqrt{10}, -\sqrt{\frac{10}{3}}, -\sqrt{\frac{5}{3}}, -1)'$; $\frac{1}{4}(0, 2\sqrt{\frac{10}{3}}, -\sqrt{\frac{5}{3}}, -1)'$; $\frac{1}{4}(0, 0, \sqrt{15}, -1)'$; $(0, 0, 0, 1)'$
5	$\frac{1}{5}(\sqrt{15}, -\sqrt{5}, -\sqrt{\frac{5}{2}}, -\sqrt{\frac{3}{2}}, -1)'$; $\frac{1}{5}(-\sqrt{15}, -\sqrt{5}, -\sqrt{\frac{5}{2}}, -\sqrt{\frac{3}{2}}, -1)'$; $\frac{1}{5}(0, 2\sqrt{5}, -\sqrt{\frac{5}{2}}, -\sqrt{\frac{3}{2}}, -1)'$; $\frac{1}{5}(0, 0, 3\sqrt{\frac{5}{2}}, -\sqrt{\frac{3}{2}}, -1)'$; $\frac{1}{5}(0, 0, 0, 2\sqrt{6}, -1)'$; $(0, 0, 0, 0, 1)'$
6	$\frac{1}{6}(\sqrt{21}, -\sqrt{\frac{21}{3}}, -\sqrt{\frac{7}{2}}, -\sqrt{\frac{21}{10}}, -\sqrt{\frac{7}{5}}, -1)'$; $\frac{1}{6}(-\sqrt{21}, -\sqrt{\frac{21}{3}}, -\sqrt{\frac{7}{2}}, -\sqrt{\frac{21}{10}}, -\sqrt{\frac{7}{5}}, -1)'$; $\frac{1}{6}(0, 2\sqrt{7}, -\sqrt{\frac{7}{2}}, -\sqrt{\frac{21}{10}}, -\sqrt{\frac{7}{5}}, -1)'$; $\frac{1}{6}(0, 0, 3\sqrt{\frac{7}{2}}, -\sqrt{\frac{21}{10}}, -\sqrt{\frac{7}{5}}, -1)'$; $\frac{1}{6}(0, 0, 0, 4\sqrt{\frac{21}{10}}, -\sqrt{\frac{7}{5}}, -1)'$; $\frac{1}{6}(0, 0, 0, 0, \sqrt{35}, -1)'$; $(0, 0, 0, 0, 0, 1)'$
7	$\frac{1}{7}(2\sqrt{7}, -\sqrt{\frac{28}{3}}, -\sqrt{\frac{14}{3}}, -\sqrt{\frac{14}{5}}, -\sqrt{\frac{28}{15}}, -\sqrt{\frac{4}{3}}, -1)'$; $\frac{1}{7}(-2\sqrt{7}, -\sqrt{\frac{28}{3}}, -\sqrt{\frac{14}{3}}, -\sqrt{\frac{14}{5}}, -\sqrt{\frac{28}{15}}, -\sqrt{\frac{4}{3}}, -1)'$; $\frac{1}{7}(0, 2\sqrt{\frac{28}{3}}, -\sqrt{\frac{14}{3}}, -\sqrt{\frac{14}{5}}, -\sqrt{\frac{28}{15}}, -\sqrt{\frac{4}{3}}, -1)'$; $\frac{1}{7}(0, 0, 3\sqrt{\frac{14}{3}}, -\sqrt{\frac{14}{5}}, -\sqrt{\frac{28}{15}}, -\sqrt{\frac{4}{3}}, -1)'$; $\frac{1}{7}(0, 0, 0, 4\sqrt{\frac{14}{5}}, -\sqrt{\frac{28}{15}}, -\sqrt{\frac{4}{3}}, -1)'$; $\frac{1}{7}(0, 0, 0, 0, 5\sqrt{\frac{28}{15}}, -\sqrt{\frac{4}{3}}, -1)'$; $\frac{1}{7}(0, 0, 0, 0, 0, 4\sqrt{3}, -1)'$; $(0, 0, 0, 0, 0, 0, 1)'$
8	$\frac{1}{8}(6, -\sqrt{12}, -\sqrt{6}, -\sqrt{\frac{18}{5}}, -\sqrt{\frac{12}{5}}, -\sqrt{\frac{12}{7}}, -\sqrt{\frac{9}{7}}, -1)'$; $\frac{1}{8}(-6, -\sqrt{12}, -\sqrt{6}, -\sqrt{\frac{18}{5}}, -\sqrt{\frac{12}{5}}, -\sqrt{\frac{12}{7}}, -\sqrt{\frac{9}{7}}, -1)'$; $\frac{1}{8}(0, 2\sqrt{12}, -\sqrt{6}, -\sqrt{\frac{18}{5}}, -\sqrt{\frac{12}{5}}, -\sqrt{\frac{12}{7}}, -\sqrt{\frac{9}{7}}, -1)'$; $\frac{1}{8}(0, 0, 3\sqrt{6}, -\sqrt{\frac{18}{5}}, -\sqrt{\frac{12}{5}}, -\sqrt{\frac{12}{7}}, -\sqrt{\frac{9}{7}}, -1)'$; $\frac{1}{8}(0, 0, 0, 4\sqrt{\frac{18}{5}}, -\sqrt{\frac{12}{5}}, -\sqrt{\frac{12}{7}}, -\sqrt{\frac{9}{7}}, -1)'$; $\frac{1}{8}(0, 0, 0, 0, 5\sqrt{\frac{12}{5}}, -\sqrt{\frac{12}{7}}, -\sqrt{\frac{9}{7}}, -1)'$; $\frac{1}{8}(0, 0, 0, 0, 0, 6\sqrt{\frac{12}{7}}, -\sqrt{\frac{9}{7}}, -1)'$; $\frac{1}{8}(0, 0, 0, 0, 0, 0, 3\sqrt{7}, -1)'$; $(0, 0, 0, 0, 0, 0, 0, 1)'$

c) k-dimensionales reguläres Simplex mit den Eckpunkten $\boldsymbol{x}_1, \ldots, \boldsymbol{x}_{k+1}$ (↗Tab. 5.3.20).

2. **Aufgabe:** Konstruiere HTV aus dem Simplex.

5. **Lösung:** a) Bilde für $l = 2, 3, \ldots, k$ für alle Kombinationen von l Punkten des Simplex aus 1.c) die Summe der Punkte in jeder Kombination.

b) Für jedes l bilden die in 5.a) erhaltenen Punkte einen Hyperkugelteilplan $\mathrm{HTV}^{(l)}$, für $l = 1$ bildet das Simplex selbst einen Hyperkugelteilplan ●

Beispiel 5.3.18:

1. a) $\tilde{S}(3, 2)$.

b) $V = \{\boldsymbol{x} \in \mathrm{R}^3 : x_1^2 + x_2^2 + x_3^2 \leqq 3\}$.

c) $\boldsymbol{x}_1 = (-1, -1, 1)'$, $\boldsymbol{x}_2 = (1, -1, -1)'$, $\boldsymbol{x}_3 = (-1, 1, -1)'$, $\boldsymbol{x}_4 = (1, 1, 1)'$.

5. a₁) $l = 2$

$\boldsymbol{x}_1^{(2)} = \boldsymbol{x}_1 + \boldsymbol{x}_2 = (0, -2, 0)'$, $\boldsymbol{x}_2^{(2)} = \boldsymbol{x}_1 + \boldsymbol{x}_3 = (-2, 0, 0)'$,

$\boldsymbol{x}_3^{(2)} = \boldsymbol{x}_1 + \boldsymbol{x}_4 = (0, 0, 2)'$, $\boldsymbol{x}_4^{(2)} = \boldsymbol{x}_2 + \boldsymbol{x}_3 = (0, 0, -2)'$,

$\boldsymbol{x}_5^{(2)} = \boldsymbol{x}_2 + \boldsymbol{x}_4 = (2, 0, 0)'$, $\boldsymbol{x}_6^{(2)} = \boldsymbol{x}_3 + \boldsymbol{x}_4 = (0, 2, 0)'$.

a₂) $l = 3$

$\boldsymbol{x}_1^{(3)} = \boldsymbol{x}_1 + \boldsymbol{x}_2 + \boldsymbol{x}_3 = (-1, -1, -1)'$, $\boldsymbol{x}_2^{(3)} = \boldsymbol{x}_1 + \boldsymbol{x}_2 + \boldsymbol{x}_4 = (1, -1, 1)'$,

$\boldsymbol{x}_3^{(3)} = \boldsymbol{x}_1 + \boldsymbol{x}_3 + \boldsymbol{x}_4 = (-1, 1, 1)'$, $\boldsymbol{x}_4^{(3)} = \boldsymbol{x}_2 + \boldsymbol{x}_3 + \boldsymbol{x}_4 = (1, 1, -1)'$.

b) $\mathrm{HTV}^{(1)} = (\boldsymbol{x}_1, \boldsymbol{x}_2, \boldsymbol{x}_3, \boldsymbol{x}_4)$, $\mathrm{HTV}^{(2)} = (\boldsymbol{x}_1^{(2)}, \boldsymbol{x}_2^{(2)}, \boldsymbol{x}_3^{(2)}, \boldsymbol{x}_4^{(2)}, \boldsymbol{x}_5^{(2)}, \boldsymbol{x}_6^{(2)})$,

$\mathrm{HTV}^{(3)} = (\boldsymbol{x}_1^{(3)}, \boldsymbol{x}_2^{(3)}, \boldsymbol{x}_3^{(3)}, \boldsymbol{x}_4^{(3)})$.

Tab. 5.3.21: Simplex-Summen-Pläne

k	a_1	a_2	a_3	a_4	a_5	a_6	a_7	a_8	n	n_0
2	1	1							6	3
3	1	0,8409	1						14	6
4	1	0,7598	0,7598	1					30	14
5	1	0,7071	0,6389	0,7071	1				62	24
5	1	0,8409	0	0,8409	1				42	10
5	1	0	0,7598	0	1				32	8
6	1	0	0,5946	0,5946	0	1			84	16
6	1	1	0	0	1	1			56	13
7	1	0	0	0,5946	0	0	1		86	15
7	0	1	0	0	0	1	0		56	10
8	0	1	0,5774	0	0	0,5774	1	0	240	0
8	1	0	0,5774	0	0	0,5774	0	1	186	28

Die Summe *aller* Punkte eines regulären Simplex ergibt den Koordinatenursprung $\boldsymbol{0}$, den $\mathrm{HTV}^{(k+1)}$.

In Tab. 5.3.21 sind einige Vorschläge zur Wahl der Radienmultiplikatoren für die $\mathrm{HTV}^{(j)}$ gemacht, damit der Summenplan regulär und drehbar für $\tilde{S}(k, 2)$ ist. Die Punkte des $\mathrm{HTV}^{(j)}$; $j = 1, \ldots, k$; sind jeweils mit dem angegebenen a_j zu multiplizieren. Eine weitere Spalte gibt die Anzahl n_0 der Punkte im Koordinatenursprung an, die noch hinzugefügt werden sollen, damit der Plan uniform drehbar wird. Weitere Werte findet man in Box/Behnken [1]. Die angegebenen Pläne liefern eine sehr kleine

Tab. 5.3.22: Einschätzung einiger Pläne 2. Ordnung auf dem Hypereinheitswürfel (Zahlen z. T. aus GOLIKOVA/PANČENKO/FRIDMAN [1])

Erläuterungen: (1) gesättigter konkreter D-optimaler Plan; (2) HARTLEY-Plan gemäß Verf. 5.3.6; Kern aus Tab. 5.3.7 (s. auch Plan 1.1, 1.3, 1.6, 1.11, 1.19 bzw. 1.24 in [5.6.1]); $\alpha = 1$, $n_0 = 1$; (3) ZZV gemäß Verf. 5.3.4; Kern VFV 2^2; $\alpha = 1$; $n_0 = 5$; (4) ZZV gemäß Verf. 5.3.4; Kern VFV 2^3; $\alpha = 1$; $n_0 = 6$; (5) RECHTSCHAFFNER-Plan gemäß Verf. 5.3.7; (6) ZZV gemäß Verf. 5.3.4; Kern VFV 2^4; $\alpha = 1$; $n_0 = 7$; (7) WESTLAKE-Plan gemäß [5.3.4]; Kern aus [5.6..1] (Plan 1.13 für $k = 5$ bzw. Plan 1.23 für $k = 7$); $\alpha = 1$; $n_0 = 1$; (8) ZZV gemäß Verf. 5.3.4; Kern TFV 2^{5-1} mit $\mathbf{1} = s_1 \odot s_2 \odot s_3 \odot s_4 \odot s_5$; $\alpha = 1$; $n_0 = 6$; (9) ZZV gemäß Verf. 5.3.4; Kern TFV 2^{6-1} mit $\mathbf{1} = s_1 \odot s_2 \odot s_3 \odot s_4 \odot s_5 \odot s_6$; $\alpha = 1$; $n_0 = 9$; (10) ZZV gemäß Verf. 5.3.4; Kern TFV 2^{7-1} mit $\mathbf{1} = s_1 \odot s_2 \odot s_3 \odot s_4 \odot s_5 \odot s_6 \odot s_7$; $\alpha = 1$; $n_0 = 14$.

k	r	Plan	n	Z_D	Z_A	Z_E	Z_I	e_D	$\tilde{e}_D$	e_A	e_E
2	6	ξ_D^*		$8{,}74 \cdot 10^1$	$2{,}116 \cdot 10^1$	$1{,}01 \cdot 10^1$	$4{,}565 \cdot 10^0$	1	1	$0{,}598 \leqq e_A \leqq 0{,}909$	$0{,}210 \leqq e_E \leqq 0{,}441$
		V_6^* (1)	6	$1{,}74 \cdot 10^2$	$2{,}530 \cdot 10^1$	$1{,}12 \cdot 10^1$	$4{,}919 \cdot 10^0$	0,502	0,892	$0{,}500 \leqq e_A \leqq 0{,}760$	$0{,}188 \leqq e_E \leqq 0{,}401$
		HARTLEY (2)	7	$1{,}22 \cdot 10^3$	$5{,}017 \cdot 10^1$	$3{,}71 \cdot 10^1$	$6{,}922 \cdot 10^0$	0,072	0,646	$0{,}252 \leqq e_A \leqq 0{,}383$	$0{,}057 \leqq e_E \leqq 0{,}121$
		VFV 3^2	9	$1{,}03 \cdot 10^2$	$1{,}924 \cdot 10^1$	$9{,}00 \cdot 10^0$	$4{,}050 \cdot 10^0$	0,850	0,975	$0{,}658 \leqq e_A \leqq 1$	$0{,}234 \leqq e_E \leqq 0{,}499$
		ZZV (3, 2, 13) (3)	13	$2{,}89 \cdot 10^2$	$1{,}924 \cdot 10^1$	$4{,}49 \cdot 10^0$	—	0,302	0,819	$0{,}657 \leqq e_A \leqq 1$	$0{,}469 \leqq e_E \leqq 1$
3	10	ξ_D^*		$1{,}73 \cdot 10^3$	$3{,}730 \cdot 10^1$	$6{,}98 \cdot 10^0$	$7{,}478 \cdot 10^0$	1	1	$0{,}565 \leqq e_A \leqq 0{,}856$	$0{,}302 \leqq e_E \leqq 0{,}525$
		V_{10}^* (1)	10	$5{,}40 \cdot 10^3$	$3{,}826 \cdot 10^1$	$1{,}37 \cdot 10^1$	$7{,}112 \cdot 10^0$	0,320	0,892	$0{,}551 \leqq e_A \leqq 0{,}830$	$0{,}154 \leqq e_E \leqq 0{,}267$
		HARTLEY (2)	11	$2{,}74 \cdot 10^5$	$5{,}822 \cdot 10^1$	$1{,}25 \cdot 10^1$	$1{,}081 \cdot 10^1$	0,006	0,602	$0{,}362 \leqq e_A \leqq 0{,}549$	$0{,}169 \leqq e_E \leqq 0{,}293$
		VFV 3^3	27	$3{,}50 \cdot 10^3$	$3{,}174 \cdot 10^1$	$1{,}11 \cdot 10^1$	$5{,}950 \cdot 10^0$	0,494	0,933	$0{,}660 \leqq e_A \leqq 1$	$0{,}223 \leqq e_E \leqq 0{,}330$
		ZZV (3, 3, 20) (4)	20	$2{,}27 \cdot 10^4$	$3{,}768 \cdot 10^1$	$3{,}66 \cdot 10^0$	—	0,076	0,773	$0{,}559 \leqq e_A \leqq 0{,}842$	$0{,}575 \leqq e_E \leqq 1$
		RECHT-SCHAF. (5)	10	$9{,}55 \cdot 10^3$	$5{,}875 \cdot 10^1$	$2{,}56 \cdot 10^1$	$1{,}103 \cdot 10^1$	0,181	0,843	$0{,}359 \leqq e_A \leqq 0{,}540$	$0{,}082 \leqq e_E \leqq 0{,}143$

4	15	ξ_D^*		$4{,}65 \cdot 10^4$	$5{,}741 \cdot 10^1$	$1{,}99 \cdot 10^1$	$1{,}113 \cdot 10^1$	1	1	$0{,}535 \leqq e_A \leqq 0{,}809$	$0{,}102 \leqq e_E \leqq 0{,}663$
		V_{15}^* (1)	15	$2{,}91 \cdot 10^5$	$6{,}401 \cdot 10^1$	$2{,}35 \cdot 10^1$	$1{,}210 \cdot 10^1$	0,160	0,885	$0{,}480 \leqq e_A \leqq 0{,}726$	$0{,}087 \leqq e_E \leqq 0{,}562$
		HARTLEY (2)	17	$9{,}56 \cdot 10^7$	$9{,}582 \cdot 10^1$	$1{,}81 \cdot 10^1$	$1{,}715 \cdot 10^1$	0,001	0,601	$0{,}320 \leqq e_A \leqq 0{,}485$	$0{,}113 \leqq e_E \leqq 0{,}729$
		VFV 3^4	81	$2{,}69 \cdot 10^5$	$4{,}649 \cdot 10^1$	$1{,}32 \cdot 10^1$	$8{,}100 \cdot 10^0$	0,172	0,889	$0{,}660 \leqq e_A \leqq 1$	$0{,}155 \leqq e_E \leqq 1$
		ZZV (3, 4, 31) (6)	31	$2{,}22 \cdot 10^6$	$6{,}902 \cdot 10^1$	$1{,}53 \cdot 10^1$	—	0,021	0,773	$0{,}445 \leqq e_A \leqq 0{,}674$	$0{,}134 \leqq e_E \leqq 0{,}863$
		RECHTSCHAF. (5)	15	$1{,}26 \cdot 10^6$	$8{,}192 \cdot 10^1$	$1{,}73 \cdot 10^1$	$1{,}240 \cdot 10^1$	0,037	0,803	$0{,}375 \leqq e_A \leqq 0{,}568$	$0{,}118 \leqq e_E \leqq 0{,}763$
5	21	ξ_D^*		$1{,}58 \cdot 10^6$	$8{,}148 \cdot 10^1$	$2{,}63 \cdot 10^1$	$1{,}552 \cdot 10^1$	1	1	$0{,}508 \leqq e_A \leqq 0{,}779$	$0{,}075 \leqq e_E \leqq 0{,}513$
		HARTLEY (2)	27	$5{,}79 \cdot 10^7$	$8{,}333 \cdot 10^1$	$1{,}35 \cdot 10^1$	$1{,}097 \cdot 10^1$	0,027	0,841	$0{,}497 \leqq e_A \leqq 0{,}761$	$0{,}146 \leqq e_E \leqq 1$
		WESTL. (7)	23	$1{,}65 \cdot 10^{12}$	$2{,}366 \cdot 10^2$	$5{,}04 \cdot 10^1$	$3{,}702 \cdot 10^1$	0,000	0,516	$0{,}175 \leqq e_A \leqq 0{,}268$	$0{,}039 \leqq e_E \leqq 0{,}268$
		VFV 3^5	243	$4{,}65 \cdot 10^7$	$6{,}349 \cdot 10^1$	$1{,}52 \cdot 10^1$	$1{,}050 \cdot 10^1$	0,034	0,851	$0{,}652 \leqq e_A \leqq 1$	$0{,}130 \leqq e_E \leqq 0{,}888$
		ZZV (3, 5, 32) (8)	32	$1{,}22 \cdot 10^9$	$9{,}652 \cdot 10^1$	$1{,}60 \cdot 10^1$	—	0,001	0,729	$0{,}429 \leqq e_A \leqq 0{,}658$	$0{,}123 \leqq e_E \leqq 0{,}844$
		RECHT. (5)	21	$1{,}98 \cdot 10^7$	$1{,}177 \cdot 10^2$	$2{,}24 \cdot 10^1$	$1{,}490 \cdot 10^1$	0,080	0,887	$0{,}352 \leqq e_A \leqq 0{,}539$	$0{,}088 \leqq e_E \leqq 0{,}603$
6	28	ξ_D^*		$6{,}50 \cdot 10^7$	$1{,}095 \cdot 10^2$	$3{,}38 \cdot 10^1$	$2{,}065 \cdot 10^1$	1	1	$0{,}486 \leqq e_A \leqq 0{,}757$	$0{,}056 \leqq e_E \leqq 0{,}509$
		HARTLEY (2)	29	$4{,}16 \cdot 10^{16}$	$2{,}776 \cdot 10^2$	$2{,}99 \cdot 10^1$	$4{,}968 \cdot 10^1$	0,000	0,484	$0{,}192 \leqq e_A \leqq 0{,}298$	$0{,}064 \leqq e_E \leqq 0{,}575$
		VFV 3^6	729	$1{,}84 \cdot 10^{10}$	$8{,}281 \cdot 10^1$	$1{,}72 \cdot 10^1$	$1{,}316 \cdot 10^1$	0,004	0,816	$0{,}643 \leqq e_A \leqq 1$	$0{,}110 \leqq e_E \leqq 1$
		ZZV (3, 6, 53) (9)	53	$3{,}05 \cdot 10^{11}$	$1{,}706 \cdot 10^2$	$2{,}65 \cdot 10^1$	—	0,000	0,739	$0{,}312 \leqq e_A \leqq 0{,}485$	$0{,}072 \leqq e_E \leqq 0{,}649$
		RECHT. (5)	28	$2{,}12 \cdot 10^{10}$	$1{,}872 \cdot 10^2$	$2{,}96 \cdot 10^1$	$2{,}175 \cdot 10^1$	0,003	0,813	$0{,}284 \leqq e_A \leqq 0{,}442$	$0{,}064 \leqq e_E \leqq 0{,}581$

(Fortsetzung von Tab. 5.3.22)

k	r	Plan	n	Z_D	Z_A	Z_E	Z_I	e_D	$\tilde{e}_D$	e_A	e_E
7	36	ξ_D^*		$3{,}08 \cdot 10^9$	$1{,}416 \cdot 10^2$	$4{,}22 \cdot 10^1$	$2{,}651 \cdot 10^1$	1	1	$0{,}467 \leqq e_A \leqq 0{,}735$	$0{,}044 \leqq e_E \leqq 0{,}457$
		Hartley (2)	47	$1{,}10 \cdot 10^{20}$	$4{,}603 \cdot 10^2$	$4{,}89 \cdot 10^1$	$8{,}110 \cdot 10^1$	0,000	0,511	$0{,}144 \leqq e_A \leqq 0{,}226$	$0{,}037 \leqq e_E \leqq 0{,}395$
		Westl. (7)	41	$5{,}42 \cdot 10^{21}$	$4{,}649 \cdot 10^2$	$1{,}06 \cdot 10^2$	$7{,}013 \cdot 10^1$	0,000	0,457	$0{,}142 \leqq e_A \leqq 0{,}224$	$0{,}017 \leqq e_E \leqq 0{,}182$
		VFV 3^7	2187	$1{,}61 \cdot 10^{13}$	$1{,}042 \cdot 10^2$	$1{,}93 \cdot 10^1$	$1{,}605 \cdot 10^1$	0,000	0,786	$0{,}657 \leqq e_A \leqq 1$	$0{,}095 \leqq e_E \leqq 1$
		ZZV (3, 7, 92) (10)	92	$1{,}53 \cdot 10^{14}$	$3{,}205 \cdot 10^2$	$4{,}60 \cdot 10^1$	—	0,000	0,740	$0{,}206 \leqq e_A \leqq 0{,}325$	$0{,}040 \leqq e_E \leqq 0{,}420$

Tab. 5.3.23: Einschätzung einiger Pläne 2. Ordnung auf der Hyperkugel mit dem Radius $\varrho = \sqrt{k}$.
Erläuterungen: **(1)** Hartley-Plan gemäß Verf. 5.3.14; Kern aus Tab. 5.3.7 (s. auch Plan 1.1, 1.3, 1.6, 1.11, 1.19 bzw. 1.24 in [5.6.1]); $\alpha = \sqrt{k}$; $n_0 = 1$. **(2)** drehbarer ZZV gemäß Verf. 5.3.11; Kern VFV 2^2; $\alpha = \sqrt[4]{4}$; $n_0 = 5$. **(3)** drehbarer ZZV gemäß Verf. 5.3.11; Kern VFV 2^3; $\alpha = \sqrt[4]{8}$; $n_0 = 6$. **(4)** drehbarer ZZV gemäß Verf. 5.3.11; Kern VFV 2^4; $\alpha = \sqrt[4]{16} = 2$; $n_0 = 7$. **(5)** Westlake-Plan gemäß Verf. 5.3.14; Kern aus [5.6.1] (Plan 1.13 für $k = 5$ bzw. Plan 1.23 für $k = 7$). **(6)** drehbarer ZZV gemäß Verf. 5.3.11; Kern TFV 2^{5-1} mit $\boldsymbol{1} = \boldsymbol{s}_1 \odot \boldsymbol{s}_2 \odot \boldsymbol{s}_3 \odot \boldsymbol{s}_4 \odot \boldsymbol{s}_5$; $\alpha = \sqrt[4]{16} = 2$; $n_0 = 6$. **(7)** drehbarer ZZV gemäß Verf. 5.3.11; Kern TFV 2^{6-1} mit $\boldsymbol{1} = \boldsymbol{s}_1 \odot \boldsymbol{s}_2 \odot \boldsymbol{s}_3 \odot \boldsymbol{s}_4 \odot \boldsymbol{s}_5 \odot \boldsymbol{s}_6$; $\alpha = \sqrt[4]{32}$; $n_0 = 9$. **(8)** drehbarer ZZV gemäß Verf. 5.3.11; Kern TFV 2^{7-1} mit $\boldsymbol{1} = \boldsymbol{s}_1 \odot \boldsymbol{s}_2 \odot \boldsymbol{s}_3 \odot \boldsymbol{s}_4 \odot \boldsymbol{s}_5 \odot \boldsymbol{s}_6 \odot \boldsymbol{s}_7$; $\alpha = \sqrt[4]{64}$; $n_0 = 14$

k	r	Plan	n	Z_D	Z_A	Z_E	e_D	$\tilde{e}_D$	e_A	e_E
2	6	ξ_D^*	—	$1{,}49 \cdot 10^1$	$1{,}560 \cdot 10^1$	$9{,}21 \cdot 10^0$	1	1	$0{,}604 \leqq e_A \leqq 0{,}823$	$0{,}170 \leqq e_E \leqq 0{,}434$
		Hartley (1)	7	$2{,}87 \cdot 10^1$	$2{,}013 \cdot 10^1$	$1{,}09 \cdot 10^1$	0,520	0,897	$0{,}468 \leqq e_A \leqq 0{,}638$	$0{,}144 \leqq e_E \leqq 0{,}366$
		ZZV (3, 2, 13) (2)	13	$2{,}95 \cdot 10^1$	$1{,}284 \cdot 10^1$	$3{,}99 \cdot 10^0$	0,507	0,893	$0{,}733 \leqq e_A \leqq 1$	$0{,}393 \leqq e_E \leqq 1$

3	10	ξ_D^*	—	$2{,}77 \cdot 10^1$	$2{,}444 \cdot 10^1$	$1{,}34 \cdot 10^1$	1	1	$0{,}570 \leqq e_A \leqq 0{,}793$	$0{,}104 \leqq e_E \leqq 0{,}344$
		HARTLEY (1)	11	$1{,}93 \cdot 10^2$	$3{,}551 \cdot 10^1$	$1{,}48 \cdot 10^1$	0,143	0,823	$0{,}393 \leqq e_A \leqq 0{,}546$	$0{,}094 \leqq e_E \leqq 0{,}313$
		ZZV (3, 3, 20) (3)	20	$1{,}27 \cdot 10^2$	$1{,}938 \cdot 10^1$	$4{,}62 \cdot 10^0$	0,217	0,858	$0{,}719 \leqq e_A \leqq 1$	$0{,}301 \leqq e_E \leqq 1$
4	15	ξ_D^*	—	$4{,}73 \cdot 10^1$	$3{,}536 \cdot 10^1$	$1{,}88 \cdot 10^1$	1	1	$0{,}424 \leqq e_A \leqq 0{,}723$	$0{,}069 \leqq e_E \leqq 0{,}298$
		HARTLEY (1)	17	$6{,}36 \cdot 10^2$	$4{,}967 \cdot 10^1$	$2{,}13 \cdot 10^1$	0,074	0,841	$0{,}391 \leqq e_A \leqq 0{,}515$	$0{,}061 \leqq e_E \leqq 0{,}263$
		ZZV (3, 4, 31) (4)	31	$1{,}91 \cdot 10^2$	$2{,}556 \cdot 10^1$	$5{,}60 \cdot 10^0$	0,247	0,911	$0{,}759 \leqq e_A \leqq 1$	$0{,}231 \leqq e_E \leqq 1$
5	21	ξ_D^*	—	$7{,}74 \cdot 10^1$	$4{,}830 \cdot 10^1$	$2{,}52 \cdot 10^1$	1	1	$0{,}535 \leqq e_A \leqq 0{,}770$	$0{,}049 \leqq e_E \leqq 0{,}250$
		HARTLEY (1)	27	$1{,}08 \cdot 10^2$	$5{,}684 \cdot 10^1$	$3{,}24 \cdot 10^1$	0,718	0,984	$0{,}455 \leqq e_A \leqq 0{,}655$	$0{,}038 \leqq e_E \leqq 0{,}195$
		WESTLAKE (5)	23	$1{,}65 \cdot 10^4$	$7{,}610 \cdot 10^1$	$2{,}77 \cdot 10^1$	0,005	0,775	$0{,}339 \leqq e_A \leqq 0{,}489$	$0{,}044 \leqq e_E \leqq 0{,}228$
		ZZV (3, 5, 32) (6)	32	$6{,}28 \cdot 10^3$	$3{,}721 \cdot 10^1$	$6{,}32 \cdot 10^0$	0,012	0,811	$0{,}694 \leqq e_A \leqq 1$	$0{,}195 \leqq e_E \leqq 1$
6	28	ξ_D^*	—	$1{,}23 \cdot 10^2$	$6{,}326 \cdot 10^1$	$3{,}27 \cdot 10^1$	1	1	$0{,}526 \leqq e_A \leqq 0{,}686$	$0{,}036 \leqq e_E \leqq 0{,}211$
		HARTLEY (1)	29	$4{,}90 \cdot 10^2$	$6{,}942 \cdot 10^1$	$3{,}39 \cdot 10^1$	0,250	0,951	$0{,}479 \leqq e_A \leqq 0{,}625$	$0{,}035 \leqq e_E \leqq 0{,}204$
		ZZV (3, 6, 53) (7)	53	$3{,}08 \cdot 10^3$	$4{,}341 \cdot 10^1$	$6{,}91 \cdot 10^0$	0,040	0,891	$0{,}766 \leqq e_A \leqq 1$	$0{,}172 \leqq e_E \leqq 1$
7	36	ξ_D^*	—	$1{,}90 \cdot 10^2$	$8{,}019 \cdot 10^1$	$4{,}11 \cdot 10^1$	1	1	$0{,}519 \leqq e_A \leqq 0{,}624$	$0{,}028 \leqq e_E \leqq 0{,}179$
		HARTLEY (1)	47	$3{,}11 \cdot 10^2$	$9{,}475 \cdot 10^1$	$5{,}37 \cdot 10^1$	0,612	0,986	$0{,}440 \leqq e_A \leqq 0{,}528$	$0{,}022 \leqq e_E \leqq 0{,}137$
		WESTLAKE (5)	41	$1{,}63 \cdot 10^8$	$2{,}194 \cdot 10^2$	$1{,}01 \cdot 10^2$	0,000	0,684	$0{,}190 \leqq e_A \leqq 0{,}228$	$0{,}011 \leqq e_E \leqq 0{,}073$
		ZZV (3, 7, 92) (8)	92	$7{,}73 \cdot 10^2$	$5{,}005 \cdot 10^1$	$7{,}36 \cdot 10^0$	0,246	0,962	$0{,}832 \leqq e_A \leqq 1$	$0{,}157 \leqq e_E \leqq 1$

Determinante der Informationsmatrix, d. h. diese ist von schlechter Kondition (›[3.1.3]). Es wird daher empfohlen, unbedingt noch weitere Punkte im Koordinatenursprung hinzuzufügen.

Drehbare Pläne, die in dieser Weise aus den HTV$^{(j)}$; $j = 1, \dots, k+1$; kombiniert werden, nennt man nach dem Bildungsprinzip *Simplex-Summen-Pläne.* Vorschläge zur Blockbildung bei Simplex-Summen-Plänen findet man in Box/Behnken [1]. Weitere Vorschläge für Radiusmultiplikatoren wurden von Gorskij/Brodskij [2] in Nalimov [1] gemacht.

5.3.7. Zur Optimalität von Versuchsplänen 2. Ordnung

Im folgenden sollen einige der in diesem Kapitel angegebenen Pläne nach den Optimalitätskriterien des Kap. 4 eingeschätzt werden. Dies ist nur sinnvoll, wenn der gewählte Ansatz als *wahr* angenommen wird. Diese Voraussetzung wurde jedoch im Kap. 5 *nicht* gestellt, da sie nicht zu dem Näherungscharakter der verwendeten Ansätze und dem sequentiellen Vorgehen bei der Ansatzwahl passen würde. Die *absoluten* Aussagen über die Güte eines Planes 2. Ordnung sind daher nur von beschränktem Wert. Bedeutung gewinnen die Ergebnisse aber im Hinblick auf den Vergleich mehrerer dieser Pläne und als Beispiel für die Möglichkeit, einen der angegebenen Pläne, wenigstens als Startplan, für eine optimale Versuchsplanung im Sinne eines der Kriterien aus Kap. 4 und für einen wahren Ansatz zu nutzen.

Eine sehr umfangreiche Einschätzung einer großen Anzahl von Versuchsplänen 2. Ordnung findet man in Golikova/Pančenko/Fridman [1]. Weitere vergleichende Einschätzungen enthalten Lucas [1], Box, M. J./Draper, N. R. [1], Nalimov [1] und Atkinson [2].

Für die Tabellen 5.3.22 und 5.3.23 wurde als Bezugsansatz $\tilde{S}(k, 2)$ gewählt. Als Versuchsbereich legen wir den Hypereinheitswürfel (5.1.1) bzw. die Hyperkugel (5.1.2) mit dem Radius $\varrho = \sqrt{k}$ zugrunde. Als Optimalitätskriterien verwenden wir die Funktionale Z_D (›Verf. 4.1.7), Z_E (›Verf. 4.1.5) und Z_A (›Verf. 4.1.3). Darüberhinaus wird für den Hypereinheitswürfel noch Z_I (›Verf. 4.1.2) mit $V = H$ und $p(\boldsymbol{x}) = 2^{-k}$ genutzt.

Auf der Basis dieser Funktionalwerte wurde weiterhin die D-Effektivität $e_D(V_n)$ (›[4.5.1]) der untersuchten Pläne berechnet. Da Maßstabsfaktoren der Elemente der Informationsmatrix bei der D-Optimalität in der r-ten Potenz in den Funktionalwert eingehen (bei A- und E-Optimalität nur linear), wird von einigen Autoren (Kiefer [4], Nagel, S. [1]) als Effektivitätsmaß die Größe

$$\tilde{e}_D(V_n) = \frac{(\det \boldsymbol{M}^{-1}(\xi_D^*))^{1/r}}{(\det \boldsymbol{M}^{-1}(V_n))^{1/r}} \tag{5.3.29}$$

benutzt. Dabei bedeutet ξ_D^*, wie auch im folgenden, einen D-optimalen diskreten Plan. Die Werte für $\tilde{e}_D(V_n)$ sind in den Tabellen mit angegeben, sie sind erwartungsgemäß wesentlich größer als die entsprechenden $e_D(V_n)$.

Für die A- und für die E-Effektivität werden Ungleichungen angegeben, die sich von den aus (4.6.2) und (4.6.3) dadurch unterscheiden, daß für die Beurteilung der Effektivität eines Planes auch alle anderen angegebenen Pläne $V_{n;1}, \dots, V_{n,s_k}$ für den gleichen Ansatz mit herangezogen werden:

$$\frac{(\det M^{-1}(\xi_D^*))^{1/r}}{(\operatorname{sp} M^{-1}(V_n))/r} \leqq e_A(V_n) \leqq \min\left\{1;\ \frac{\operatorname{sp} M^{-1}(\xi_D^*)}{\operatorname{sp} M^{-1}(V_n)};\ \frac{\min\limits_{i\in\{1,\ldots,s_k\}} \operatorname{sp} M^{-1}(V_{n,i})}{\operatorname{sp} M^{-1}(V_n)}\right\}, \tag{5.3.30}$$

$$\frac{(\det M^{-1}(\xi_D^*))^{1/r}}{\lambda_{\max}(M^{-1}(V_n))} \leqq e_E(V_n) \leqq \min\left\{1;\ \frac{\lambda_{\max}(M^{-1}(\xi_D^*))}{\lambda_{\max}(M^{-1}(V_n))};\ \frac{\min\limits_{i\in\{1,\ldots,s_k\}} \lambda_{\max}(M^{-1}(V_{n,i}))}{\lambda_{\max}(M^{-1}(V_n))}\right\}. \tag{5.3.31}$$

Zum Vergleich wurden in den Tabellen 5.3.22 und 5.3.23 auch die entsprechenden Funktionalwerte eines diskreten D-optimalen Planes ξ_D^* angegeben, die auch in den Ungleichungen (5.3.30) und (5.3.31) benötigt werden. Die Tabellen enthalten weiterhin für jeden Plan die Anzahl k der Faktoren; $2 \leqq k \leqq 7$; die Anzahl r der Parameter in $\tilde{S}(k, 2)$ und den Versuchsplanumfang n.

5.4. Faktorielle Versuchspläne für $(k, 3, k^{(3)})$-Ansätze und andere Pläne 3. Ordnung

Die in [5.2] und [5.3] behandelten $(k, 1, k)$-Ansätze bzw. $(k, 2, k^{(2)})$-Ansätze werden in der Regel für die Approximation der unbekannten Wirkungsfläche ausreichen. Es wird jedoch Fälle geben, in denen auch Polynomansätze gebraucht werden, die von höherem Grade zumindest bezüglich einiger der Faktoren sein müssen. So kann es vorkommen, daß man von vornherein aus der Sachkenntnis über das EW-Problem weiß, daß ein $(k, 2, k^{(2)})$-Ansatz nicht ausreicht. Dann würde man bereits auf der ersten Stufe des Generalverfahrens mit einem umfangreicheren Ansatz beginnen. Dieser Fall ist jedoch relativ selten. Etwas häufiger befindet man sich in einer ähnlichen Situation, wenn das gewählte Entscheidungskriterium (›[5.5]) gemäß Generalverf. 5.e) den vorgelegten $(k, 2, k^{(2)})$-Ansatz ablehnt und eine Modifizierung im Rahmen der $(k, 2, k^{(2)})$-Ansätze keine wesentliche Verbesserung der Approximationsgüte verspricht.

In diesen Fällen geht man zu unvollständigen $(k, 3, k^{(3)})$-Ansätzen über (›Bez. 5.1.2), bei denen in jedem Term jeder Faktor einen Exponenten aus $\{0, 1, 2, 3\}$ annehmen kann. Der Übergang zu $(k, d, k^{(d)})$-Ansätzen mit $d \geqq 4$ ist zwar möglich, aber bereits so selten notwendig, daß wir auf seine Behandlung verzichten. Schon der vollständige $(k, 3, k^{(3)})$-Ansatz $\tilde{S}(k, 3, k^{(3)})$ mit 4^k Polynomtermen wird im allgemeinen zu umfangreich sein. Die Auswahl eines unvollständigen Teilansatzes ist daher noch bedeutungsvoller als bei $\tilde{S}(k, 1, k)$ und $\tilde{S}(k, 2, k^{(2)})$. Wegen der Kompliziertheit dieser Auswahl und aus anderen Überlegungen (Approximation der Wirkungsfläche durch eine abgebrochene Taylor-Entwicklung) beschränkt man sich meist auf die Behandlung von $(k, 3)$-Ansätzen (›Bez. 5.1.1).

Wie bereits bei Plänen für $(k, 2, k^{(2)})$-Ansätze werden wir für die verschiedenen Versuchsbereiche (Hypereinheitswürfel (5.1.1) und Hyperkugel (5.1.2)) auf verschiedene Plantypen geführt. Jedoch wird es viel Gemeinsames beim Vorgehen zur Konstruktion der Pläne geben.

Eine generelle Forderung an den Versuchsplan ist auch hier die aus dem Generalverfahren bekannte Voraussetzung, daß der Plan die Anwendung der regulären MKQ erlaubt, d. h. selbst regulär ist. Daneben möchte man zuweilen gewisse Eigenschaften erhalten, z. B. die Drehbarkeit, wenn der Gesamtplan auf der vorangehenden Stufe des Generalverfahrens bereits drehbar für den Hyperkugelbereich war.

Wegen des starken Anwachsens der Anzahl der Koeffizienten in $\tilde{S}(k, 3, k^{(3)})$ mit der Anzahl der Faktoren wird ein möglichst geringer Planumfang angestrebt. Für die Erfüllung dieser für die Anwendung so wesentlichen Forderung liegen keine generellen Verfahren vor, sie muß im wesentlichen von Fall zu Fall auf heuristischem Wege erfüllt werden.

5.4.1. Faktorielle Versuchspläne 3. Ordnung für den Hypereinheitswürfel

Wir wenden uns nun der Konstruktion von regulären Versuchsplänen für den (unvollständigen) $(k, 3, k^{(3)})$-Ansatz zu. Ein solcher Plan wird auch (*k-dimensionaler*) *Versuchsplan* 3. *Ordnung* genannt. Als Versuchsbereich legen wir den k-dimensionalen *Hypereinheitswürfel* (5.1.1) fest. Zur Versuchsplanung für die Hyperkugel werden wir in [5.4.2] kommen.

Nach Aussage 5.1.1 müssen die Komponenten der Punkte eines regulären Versuchsplanes für einen (unvollständigen) $(k, 3, k^{(3)})$-Ansatz, in dem jeder Faktor mindestens einmal auch in der dritten Potenz vorkommt, auf mindestens *vier* verschiedene Werte aus dem Versuchsbereich eingestellt werden. Dies legt analog zu den Bez. 5.2.1 und 5.3.1 die Einführung eines entsprechend diskretisierten Versuchsbereichs nahe.

Bezeichnung 5.4.1: a) Die Menge $V_{\{d\}}^{(4)}$ aller Punkte $\boldsymbol{x} \in V$, deren Koordinaten nur $+1$, $+1/3$, $-1/3$ oder -1 sind, wird *diskretisierter Versuchsbereich* zum Versuchsbereich (5.1.1) für $(k, 3, k^{(3)})$- Ansätze genannt.

b) Die Werte $+1$, $+1/3$, $-1/3$, -1 heißen dabei *Stufen* oder *Niveaus der Faktoren* •

Ganz analog zur Bildung der faktoriellen Pläne 1. oder 2. Ordnung führen wir die folgenden Bezeichnungen ein.

Bezeichnung 5.4.2: Der Versuchsplan V_n heißt (*k-dimensionaler*) *faktorieller Versuchsplan auf vier Stufen*, wenn sein Spektrum (›Bez. 2.5.3) aus Versuchspunkten besteht, deren Koordinaten durch alle möglichen oder nur einen Teil aller möglichen Kombinationen der vier Stufen der k Faktoren gebildet werden •

Bezeichnung 5.4.3: Ein faktorieller Versuchsplan V_n auf vier Stufen heißt *vollständiger faktorieller Versuchsplan vom Typ* 4^k (kurz VFV 4^k), wenn er aus den Versuchspunkten besteht, die durch *alle* 4^k Kombinationen der vier Stufen der k Faktoren gebildet weden •

Ein VFV 4^k ist bis auf Permutationen der Versuchspunkte eindeutig bestimmt. In der Bezeichnung VFV 4^k ist die Basis des Exponentialausdrucks 4^k für den Typ gleich der Stufenanzahl und der Exponent gleich der Anzahl der Faktoren. Der Typ gibt den Planumfang an. Ein VFV 4^k ist ein *regulärer* Plan für alle $(k, 3, k^{(3)})$-Ansätze und für den $\tilde{S}(k, 3, k^{(3)})$ ist er ein *gesättigter* Plan (›Bez. 5.2.3).

VERFAHREN 5.4.1 (Konstruktion eines VFV 4^k):

1. **Gegebene Größen:** a) (unvollständiger) $(k, 3, k^{(3)})$-Ansatz $\tilde{S}$.

b) $V = \{\boldsymbol{x} \in \mathrm{R}^k\colon -1 \leqq x_i \leqq 1;\ i = 1, \ldots, k\}$.

2. **Aufgabe:** Bestimme einen regulären Plan V_n zur MKQ-Schätzung mit $\tilde{S}$.

3. **Bezeichnung:** $V_n = (\boldsymbol{x}_1, \dots, \boldsymbol{x}_n)$.

5. **Lösung:** Wähle als Versuchspunkte des Planes V_n alle Gitterpunkte des Hypereinheitswürfels V mit den Koordinaten $+1$, $+1/3$, $-1/3$, -1 ●

Bemerkung 5.4.1: Wie bei den VFV 2^k und VFV 3^k läßt sich auch hier eine *Codierung* einführen. Dafür ist -1 die erste Stufe und $+1$ die vierte Stufe des Faktors. Die Potenz des symbolisierenden Buchstabens für einen Faktor in einem Versuchspunkt ist immer um eins geringer als die vom Faktor angenommene Stufe.

Beispiel 5.4.1:

1. a) $\tilde{S}(2, 3) = \{\tilde{\eta}(\boldsymbol{x}, \boldsymbol{\vartheta}) = \vartheta_0 x_0 + \vartheta_1 x_1 + \vartheta_2 x_2 + \vartheta_{12} x_1 x_2 + \vartheta_{11} x_1^2 + \vartheta_{22} x_2^2 + \vartheta_{111} x_1^3 + \vartheta_{112} x_1^2 x_2 + \vartheta_{122} x_1 x_2^2 + \vartheta_{222} x_2^3 : \boldsymbol{x} \in B\}_{\boldsymbol{\vartheta} \in \mathrm{R}^{10}}$.

b) $V = \{\boldsymbol{x} \in \mathrm{R}^2 : -1 \leqq x_1 \leqq 1, -1 \leqq x_2 \leqq 1\}$.

5. ›Tab. 5.4.1.

Tab. 5.4.1: VFV 4^2 zu Bsp. 5.4.1

Versuch Nr.	$F(\text{VFV } 4^2; \tilde{S}(2;3))$										Codierung
		VFV 4^2									
	x_0	x_1	x_2	x_1x_2	x_1^2	x_2^2	x_1^3	$x_1^2x_2$	$x_1x_2^2$	x_2^3	
1	+1	−1	−1	+1	+1	+1	−1	−1	−1	−1	(1)
2	+1	−1/3	−1	+1/3	+1/9	+1	−1/27	−1/9	−1/3	−1	a
3	+1	+1/3	−1	−1/3	+1/9	+1	+1/27	−1/9	+1/3	−1	a^2
4	+1	+1	−1	−1	+1	+1	+1	−1	+1	−1	a^3
5	+1	−1	−1/3	+1/3	+1	+1/9	−1	−1/3	−1/9	−1/27	b
6	+1	−1/3	−1/3	+1/9	+1/9	+1/9	−1/27	−1/27	−1/27	−1/27	ab
7	+1	+1/3	−1/3	−1/9	+1/9	+1/9	+1/27	−1/27	+1/27	−1/27	a^2b
8	+1	+1	−1/3	−1/3	+1	+1/9	+1	−1/3	+1/9	−1/27	a^3b
9	+1	−1	+1/3	−1/3	+1	+1/9	−1	+1/3	−1/9	+1/27	b^2
10	+1	−1/3	+1/3	−1/9	+1/9	+1/9	−1/27	+1/27	−1/27	+1/27	ab^2
11	+1	+1/3	+1/3	+1/9	+1/9	+1/9	+1/27	+1/27	+1/27	+1/27	a^2b^2
12	+1	+1	+1/3	+1/3	+1	+1/9	+1	+1/3	+1/9	+1/27	a^3b^2
13	+1	−1	+1	−1	+1	+1	−1	+1	−1	+1	b^3
14	+1	−1/3	+1	−1/3	+1/9	+1	−1/27	+1/9	−1/3	+1	ab^3
15	+1	+1/3	+1	+1/3	+1/9	+1	+1/27	+1/9	+1/3	+1	a^2b^3
16	+1	+1	+1	+1	+1	+1	+1	+1	+1	+1	a^3b^3

Bezeichnung 5.4.4: Enthält ein Versuchsplan jeden der Versuchspunkte eines VFV 4^k genau einmal, so spricht man von *einer Wiederholung des* VFV 4^k ●

Analog zum Verf. 5.3.2 zur Konstruktion von VFV 3^k aus VFV 3^{k-1} kann man auch einen VFV 4^k aus einem VFV 4^{k-1} konstruieren, indem man den VFV 4^{k-1} (für $k - 1$ Faktoren) je einmal unter Hinzufügen von x_k auf jeder seiner vier Stufen wiederholt. Weitere Analogien enthalten die folgenden Bezeichnungen.

Bezeichnung 5.4.5: Der Versuchsplan V_n heißt (*k-dimensionaler*) *teilweise faktorieller Versuchsplan auf vier Stufen vom Umfang n* (kurz TFV $(4, k, n)$), wenn V_n aus n; $n \leqq 4^k$; *verschiedenen* Versuchspunkten eines VFV 4^k besteht ●

Bezeichnung 5.4.6: Der Versuchsplan TFV (4, k, n) heißt (*k-dimensionaler*) *teilweise faktorieller Versuchsplan vom Typ* 4^{k-p} (kurz TFV 4^{k-p}), wenn $n = 4^{k-p}$ gilt, wobei p; $p < k$; eine natürliche Zahl ist ●

Wie bei den TFV 2^{k-p} und den TFV 3^{k-p} besteht auch hier die Idee für ein Auswahlverfahren darin, die Versuchsplanmatrix eines VFV 4^q mit $q = k - p$ aufzuschreiben und die Spalten dieser Versuchsplanmatrix den Polynomtermen des vorgelegten unvollständigen $(k, 3, k^{(3)})$-Ansatzes in geschickter Weise zuzuordnen. In den Spalten für die Faktoren $x_1, \ldots, x_k$ steht dann der gesuchte TFV 4^{k-p}.

Das Verf. 5.3.3 zur Konstruktion eines TFV 3^{k-p} zu einem gegebenen Ansatz läßt sich *nicht* für die Konstruktion von TFV 4^{k-p} modifizieren, da die Stufen 1/3, −1/3 in den Potenzen Werte liefern, die nicht mehr in $V_{(d)}^{(4)}$ liegen. Prinzipiell ist das Problem mit gruppentheoretischen Mitteln behandelbar (s. DAVIES [1], FINNEY [1]).

Eine andere Möglichkeit zur Konstruktion von TFV 4^{k-p} ergibt sich, wenn man von einem VFV 2^q oder einem gewissen TFV 2^{q-h}, mit geeigneten natürlichen Zahlen q, h ausgeht und jeweils zwei Spalten der Versuchsplanmatrix einem Faktor zuordnet.

VERFAHREN 5.4.2 (Konstruktion von TFV 4^{k-p} aus VFV 2^q):

1. **Gegebene Größen:** a) (unvollständiger) $(k, 3, k^{(3)})$-Ansatz $\tilde{S}$ mit r Koeffizienten.
b) $V = \{x \in \mathrm{R}^k \colon -1 \leqq x_i \leqq 1, i = 1, \ldots, k\}$.
c) VFV 2^q; q natürliche Zahl.

2. **Aufgabe:** Konstruiere regulären TFV 4^{k-p} zum Ansatz $\tilde{S}$.

3. **Bezeichnung:**
$$\boldsymbol{F}(\text{VFV } 2^q; \tilde{S}(q, 1, q)) = (\boldsymbol{s}_0, \tilde{\boldsymbol{s}}_1, \ldots, \tilde{\boldsymbol{s}}_q, \tilde{\boldsymbol{s}}_{12}, \ldots, \tilde{\boldsymbol{s}}_{12\ldots q}) = (\boldsymbol{s}_0, \boldsymbol{s}_{(1)}, \ldots, \boldsymbol{s}_{(2^q-1)}).$$

4. **Voraussetzungen:** a) q gerade Zahl. b) $0 < p < k$. c) $r \leqq 2^q$. d) $k \leqq 2^q - 1$.

5. **Lösung:** a) Wähle aus $\boldsymbol{F}(\text{VFV } 2^q; \tilde{S}(q, 1, q))$ insgesamt k verschiedene Paare verschiedener Spalten, die jedoch $\boldsymbol{s}_0$ nicht enthalten.
b) Bilde aus jedem Paar $\boldsymbol{s}_{(j_1)}, \boldsymbol{s}_{(j_2)}$ eine neue Spalte $\boldsymbol{s}_j$; $j = 1, \ldots, k$; durch die Zuordnung in den Elementen
$$\left.\begin{array}{ll} - -: & -1 \\ - +: & -1/3 \\ + -: & 1/3 \\ + +: & 1 \end{array}\right\} \qquad (5.4.1)$$
c) Prüfe, ob der durch die Spalten $\boldsymbol{s}_1, \ldots, \boldsymbol{s}_k$ gegebene Versuchsplan V_n für $\tilde{S}$ regulär ist.
d) Falls V_n regulär ist, dann ist V_n ein regulärer TFV 4^{k-p} für $\tilde{S}$ mit $p = k - q/2$.
e) Falls V_n nicht regulär ist, dann verändere die Spaltenauswahl in 5.a) und wiederhole 5.b) und 5.c) ●

Beispiel 5.4.2:

1. a) $\tilde{S} = \{\tilde{\eta}(\boldsymbol{x}, \boldsymbol{\vartheta}) = \vartheta_0 x_0 + \vartheta_1 x_1 + \vartheta_2 x_2 + \vartheta_3 x_3 + \vartheta_{12} x_1 x_2 + \vartheta_{13} x_1 x_3 + \vartheta_{23} x_2 x_3 + \vartheta_{22} x_2^2 + \vartheta_{33} x_3^2 + \vartheta_{111} x_1^3 + \vartheta_{222} x_2^3 + \vartheta_{333} x_3^3 \colon \boldsymbol{x} \in B\}_{\boldsymbol{\vartheta} \in \mathrm{R}^{12}}$.
b) $V = \{\boldsymbol{x} \in \mathrm{R}^3 \colon -1 \leqq x_i \leqq 1, i = 1, 2, 3\}$.
c) VFV 2^4.

3. $\boldsymbol{F}$ (VFV 2^4, $\tilde{S}(4, 1, 4)) = (\boldsymbol{s}_0, \boldsymbol{s}_{(1)}, \ldots, \boldsymbol{s}_{(15)}) = (\boldsymbol{s}_0, \tilde{\boldsymbol{s}}_1, \ldots, \tilde{\boldsymbol{s}}_4, \tilde{\boldsymbol{s}}_{12}, \ldots, \tilde{\boldsymbol{s}}_{1234})$ (↗Tab. 5.2.3).

5. a) Es werden die Spaltenpaare gewählt $\tilde{s}_1, \tilde{s}_2$; $\tilde{s}_3, \tilde{s}_{12}$; $\tilde{s}_4, \tilde{s}_{13}$; ›Tab. 5.4.2.
   b) ›Tab. 5.4.2.
   c) $\det(F'(V_{16}; \tilde{S})\, F(V_{16}; \tilde{S})) > 0$.
   d) V_{16} ist regulärer TFV 4^{3-1} (Codierung in Tab. 5.4.2).

Tab. 5.4.2: Zeilenzuordnung gemäß Bsp. 5.4.2/5.a)

Versuch-Nr.							V_{16}			Codierung
							x_1	x_2	x_3	
	$\tilde{s}_1$	$\tilde{s}_2$	$\tilde{s}_3$	$\tilde{s}_{12}$	$\tilde{s}_4$	$\tilde{s}_{13}$	s_1	s_2	s_3	
1	−	−	−	+	−	+	−1	−1/3	−1/3	bc
2	+	−	−	−	−	−	+1/3	−1	−1	a^2
3	−	+	−	−	−	+	−1/3	−1	−1/3	ac
4	+	+	−	+	−	−	+1	−1/3	−1	a^3b
5	−	−	+	+	−	−	−1	+1	−1	b^3
6	+	−	+	−	−	+	+1/3	+1/3	−1/3	a^2b^2c
7	−	+	+	−	−	−	−1/3	+1/3	−1	ab^2
8	+	+	+	+	−	+	+1	+1	−1/3	a^3b^3c
9	−	−	−	+	+	+	−1	−1/3	+1	bc^3
10	+	−	−	−	+	−	+1/3	−1	+1/3	a^2c^2
11	−	+	−	−	+	+	−1/3	−1	+1	ac^3
12	+	+	−	+	+	−	+1	−1/3	+1/3	a^3bc^2
13	−	−	+	+	+	−	−1	+1	+1/3	b^3c^2
14	+	−	+	−	+	+	+1/3	+1/3	+1	$a^2b^2c^3$
15	−	+	+	−	+	−	−1/3	+1/3	+1/3	ab^2c^2
16	+	+	+	+	+	+	+1	+1	+1	$a^3b^3c^3$

Bemerkung 5.4.2: Es gibt auch Vorschläge, mehr als zwei Spalten einem neuen Faktor zuzuordnen, z. B. in der folgenden Weise

$$\left.\begin{array}{l} -\ -\ -: -1 \\ -\ +\ +: -1/3 \\ +\ -\ -: +1/3 \\ +\ +\ -: +1 \end{array}\right\} \tag{5.4.2}$$

(vgl. hierzu Addelman [2]).

Wie bereits bemerkt, besteht nur selten die Notwendigkeit, einen solchen $(k, 3, k^{(3)})$-Ansatz zu wählen, dessen Struktur und Koeffizientenanzahl die Verwendung eines VFV 4^k oder eines TFV 4^{k-p} zur regulären MKQ-Schätzung erfordert. Daher sind in diesem Zusammenhang Ansätze interessant, die *wesentlich* weniger Koeffizienten enthalten als $\tilde{S}(k, 3, k^{(3)})$.

Falls im Ansatz k_3 der Faktoren nur in der ersten Potenz, k_2 in der zweiten und nur die restlichen $k_1 = k - k_2 - k_3$ in der dritten Potenz vorkommen, kann man durch Kombination von VFV 2^{k_3}, VFV 3^{k_2}, VFV 4^{k_1} oder von entsprechenden TFV $2^{k_3-p_3}$, TFV $3^{k_2-p_2}$ und TFV $4^{k_1-p_1}$ zu Versuchsplänen kommen, die für den Ansatz regulär sind und wesentlich weniger Versuchspunkte enthalten als ein regulärer TFV 4^{k-p} kleinsten Umfangs für diesen Ansatz (s. Draper/Stoneman [1]). Das Zusammenfügen der Pläne geschieht wie in Bez. 5.3.8.

Wie der VFV 3^k ist auch der VFV 4^k auf $k + 1$ Hyperkugelschalen um den Koordinatenursprung angeordnet. Für seine Punkte $\boldsymbol{x}_i = (x_{i1}, \dots, x_{ik})'$; $i = 1, \dots, 4^k$; gilt nämlich

$$\sum_{l=1}^{k} x_{il}^2 = j + \frac{k-j}{9}\,; \qquad j = 0, \dots, k\,, \tag{5.4.3}$$

wobei j die Anzahl der Koordinaten von $\boldsymbol{x}_i$ bezeichnet, deren Betrag 1 ist. Die Radien der $k + 1$ Hyperkugelschalen sind $\sqrt{k/9}$, $\sqrt{(8 + k)/9}$, ..., $\sqrt{k}$ (›(5.4.3)).

Die Anzahl n_j der Versuchspunkte auf der j-ten Hyperkugelschale berechnet man als Anzahl der möglichen Kombinationen von -1, $-1/3$, $1/3$, 1 im Vektor $\boldsymbol{x}_i$:

$$n_j = \binom{k}{j} 2^k . \tag{5.4.4}$$

Beispiel 5.4.3: Beim VFV 4^2 ist die erste Hyperkugelschale der Kreis durch die vier Punkte mit den Koordinaten $\pm 1/3$, $\pm 1/3$. Die zweite Hyperkugelschale geht durch die 8 Punkte mit den Koordinaten ± 1, $\pm 1/3$ und $\pm 1/3$, ± 1. Die dritte Hyperkugelschale ist der Kreis durch die vier Ecken des Einheitsquadrats (›Abb. 5.4.1).

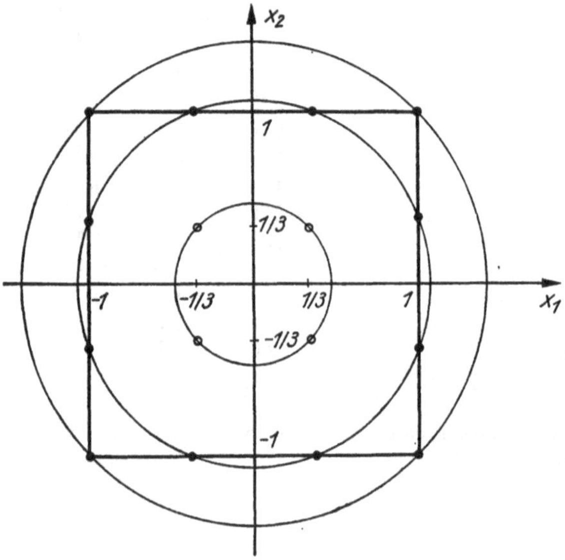

Abb. 5.4.1. Punkte des VFV 4^2

Ein *Auswahlprinzip* für TFV $(4, k, n)$ besteht nun darin, daß man für den TFV $(4, k, n)$ Punkte nur von *einigen* der Hyperkugelschalen des VFV 4^k aussucht. Dabei kann man jeweils alle oder nur einen Teil der Punkte der Hyperkugelschale wählen. Außerdem lassen sich die Eigenschaften des zu konstruierenden Planes dadurch beeinflussen, daß man die ausgewählten Punkte nur als Spektrum des Planes auffaßt und ihnen noch unterschiedliche Gewichte zuordnet. Schließlich läßt man zur Auswahl von Versuchspunkten auch den Koordinatenursprung als uneigentliche Hyperkugelschale zu. Dies hat insofern besondere Bedeutung, als die Auswahl von nur *wenigen* Hyperkugelschalen zu Matrizen $\boldsymbol{F}(V_n)' \boldsymbol{F}(V_n)$ führen kann, die singulär oder fast singulär (›[3.1.3]) sind. Durch Hinzunahme von Punkten im Ursprung wird die Kondition dieser Matrizen (›Bem. 3.1.3) verbessert.

Für den Übergang von einem $(k, 2, k^{(2)})$-Ansatz zu einem $(k, 3, k^{(3)})$-Ansatz läßt sich häufig ein gegebener Plan 2. Ordnung durch Hinzunahme von Punkten auf einer oder zwei weiteren Hyperkugelschalen des VFV 4^k zu einem regulären Plan für den modifizierten Ansatz erweitern.

Die vorstehend genannten Vorschläge tragen heuristischen Charakter, können aber die Suche nach einem faktoriellen Plan, der noch weitere gewünschte Eigenschaften hat, erleichtern. Wegen der hohen Punktanzahl auf den Hyperkugeln sollte diese Suche auf einem Rechenautomaten erfolgen. Die Formulierung als Konstruktionsverfahren erfolgt im Rahmen des allgemeinen Verf. 5.4.3.

5.4.2. Pläne 3. Ordnung für die Hyperkugel

Faktorielle Versuchspläne 3. Ordnung liefern für die entsprechenden $(k, 3, k^{(3)})$-Ansätze reguläre MKQ-Schätzungen auch für die Hyperkugel mit dem Radius $\sqrt{k}$. Jedoch lassen sich Pläne finden, die der Hyperkugel als Versuchsbereich besser angepaßt sind. Die Argumentation in [5.2.6], [5.3.5] und [5.3.6] gilt hier ebenfalls.

Grundgedanke und Ausgangspunkt der Konstruktionsverfahren für Pläne 3. Ordnung für die Hyperkugel ist wie bei den Plänen 2. Ordnung die Wahl von Hyperkugelschalen, auf denen Punkte eines VFV 2^k, VFV 3^k oder VFV 4^k liegen, und die Veränderung der Radien dieser Hyperkugelschalen, d. h. die Verwendung von Hyperkugel-Teilversuchsplänen HTV (›Bez. 5.3.13). Darüberhinaus wird auch noch zugelassen, daß die Niveaus $\pm 1/3$ des VFV 4^k z. B. zu $\pm c$; $|c| < 1$; geändert werden.

Die Punkte dieser speziellen HTV entstehen dadurch, daß jeweils k_1 der Koordinaten einen Wert $+c$ oder $-c$ und die restlichen $k - k_1$ einen Wert $+d$ oder $-d$ annehmen. Der HTV, der bei gegebenen c und d alle solche Punkte enthält, die durch alle möglichen verschiedenen Permutationen der Koordinaten und alle möglichen Kombinationen der Vorzeichen aus

$$(\pm c, \dots, \pm c, \pm d, \dots, \pm d)' \tag{5.4.5}$$

entstehen, soll mit HTV (k_1, c, d) abgekürzt werden. Zur eindeutigen Darstellung sei $|c| \neq |d|$. Falls $c \neq 0$ und $d \neq 0$, dann hat HTV(k_1, c, d) den Umfang $\binom{k}{k_1} 2^k$. Entsprechend ergibt sich für HTV$(k_1, 0, d)$; $d \neq 0$; der Umfang $\binom{k}{k_1} 2^{(k-k_1)}$ und für HTV$(k_1, c, 0)$; $c \neq 0$; der Umfang $\binom{k}{k_1} 2^{k_1}$. (Der Fall $c = d = 0$ liefert den Koordinatenursprung.)

VERFAHREN 5.4.3 (Reguläre Pläne 3. Ordnung aus HTV (k_1, c, d)):

1. **Gegebene Größen:** a) (unvollständiger) $(k, 3, k^{(3)})$-Ansatz

$$\tilde{S} = \left\{\tilde{\eta}(x, \vartheta) = \sum_{j=1}^{r} \vartheta_j f_j(x) : x \in B\right\}_{\vartheta \in \mathrm{R}^r}.$$

b) $V = \{x \in \mathrm{R}^k : x'x \leq k\}$.

c) Größenordnung für Planumfang n.

2. **Aufgabe:** Konstruiere einen regulären Plan für $\tilde{S}$.

3. **Bezeichnungen:** a) HTV (k_1, c, d) Hyperkugel-Teilversuchsplan.

b) $V_n = (x_1, \dots, x_n)$.

c) $F(V_n; \tilde{S}) = \big((f_j(x_i)\big); i = 1, \dots, n; j = 1, \dots, r$.

4. **Voraussetzung:** $r < n$.

5. **Lösung:** a) Wähle natürliche Zahlen m und n_0 und m Hyperkugel-Teilversuchspläne HTV (k_{1s}, c_s, d_s); $|c_s| + |d_s| \neq 0$; $s = 1, \ldots, m$; so daß

$$\sum_{s=1}^{m} \binom{k}{k_{1s}} 2^{k_s^*} \approx n - n_0 \tag{5.4.6}$$

($k_s^* = k$ falls $c_s \neq 0$, $d_s \neq 0$; $k_s^* = k - k_{1s}$ falls $c_s = 0$, $d_s \neq 0$; $k_s^* = k_{1s}$ falls $c_s \neq 0$, $d_s = 0$).

b) Wähle die von Null verschiedenen c_s, d_s so, daß

$$\varrho_s^2 = k_{1s} c_s^2 + (k - k_{1s})\, d_s^2 \leqq k\,. \tag{5.4.7}$$

c) Bilde

$$V_n = \sum_{s=1}^{m} \text{HTV}\,(k_{1s}, c_s, d_s) + V_{n_0(0)}\,. \tag{5.4.8}$$

d) Prüfe, ob

$$\det\left(\boldsymbol{F}'(V_n; \tilde{S})\, \boldsymbol{F}(V_n, \tilde{S})\right) > 0\,. \tag{5.4.9}$$

e) Falls (5.4.9) gilt, wähle V_n als Versuchsplan für $\tilde{S}$.

f) Falls (5.4.9) nicht gilt, verändere c_s, d_s und/oder k_{1s} und/oder m und n_0 und wiederhole 5.d) ●

Bemerkung 5.4.3: Durch (5.4.6) und (5.4.7) sind die im Verf. 5.4.3/5.b) wählbaren Größen noch nicht eindeutig festgelegt. In vielen Fällen gelingt es durch ihre geschickte Wahl, weitere Eigenschaften, z. B. die Drehbarkeit, für den Plan V_n zu erreichen.

Beispiel 5.4.4:

1. a) $\tilde{S} = \tilde{S}(3, 3) = \{\tilde{\eta}(\boldsymbol{x}, \boldsymbol{\vartheta}) = \vartheta_0 x_0 + \vartheta_1 x_1 + \vartheta_2 x_2 + \vartheta_3 x_3 + \vartheta_{12} x_1 x_2 + \vartheta_{13} x_1 x_3$
$+ \vartheta_{23} x_2 x_3 + \vartheta_{11} x_1^2 + \vartheta_{22} x_2^2 + \vartheta_{33} x_3^2 + \vartheta_{112} x_1^2 x_2 + \vartheta_{113} x_1^2 x_3 + \vartheta_{122} x_1 x_2^2 + \vartheta_{123} x_1 x_2 x_3$
$\vartheta_{133} x_1 x_3^2 + \vartheta_{223} x_2^2 x_3 + \vartheta_{233} x_2 x_3^2 + \vartheta_{111} x_1^3 + \vartheta_{222} x_2^3 + \vartheta_{333} x_3^3 \colon \boldsymbol{x} \in B\}_{\boldsymbol{\vartheta} \in \mathbb{R}^{20}}$.

b) $V = \{\boldsymbol{x} \in \mathbb{R}^3 \colon \boldsymbol{x}'\boldsymbol{x} \leqq 3\}$.

c) $n = 35$.

5. a) $m = 4$, $n_0 = 3$,
HTV (k_{11}, c_1, d_1) = HTV $(0, 0, d_1)$, HTV (k_{12}, c_2, d_2) = HTV $(2, 0, d_2)$,
HTV (k_{13}, c_3, d_3) = HTV $(2, 0, d_3)$, HTV (k_{14}, c_4, d_4) = HTV $(1, 0, d_4)$;

$$\sum_{s=1}^{4} \binom{k}{k_{1s}} 2^{k_s^*} = 2^4 + \binom{3}{2} 2^{3-2} + \binom{3}{2} 2^{3-2} + \binom{3}{1} 2^{3-1} = 35 - 3\,.$$

b) $d_1 = 1{,}000$; $d_2 = 1{,}400$; $d_3 = 1{,}500$; $d_4 = 1{,}200$.

c) V_{35} = HTV $(0; 0; 1{,}000)$ + HTV $(2; 0; 1{,}400)$ + HTV $(2; 0; 1{,}500)$
+ HTV $(1; 0; 1{,}200)$ + $V_{3(0)}$.

d) $\det\left(\boldsymbol{F}'(V_{35}; \tilde{S})\, \boldsymbol{F}(V_{35}; \tilde{S})\right) = 3{,}787 \cdot 10^{18}$.

Das Verf. 5.4.3 ist ein heuristisches Vorgehen, bei dem im allgemeinen ein Rechenautomat benutzt werden muß. Es enthält zwei wichtige Spezialfälle:

a) Wenn die Konstanten c und d auf die Werte 0, 1/3, 1 beschränkt werden, dann erhält man ein Verfahren zur Konstruktion faktorieller Versuchspläne für den Hypereinheitswürfel.

b) Sind einige der HTV (k_1, c, d) durch einen ZZV $(3, k, n)$ festgelegt, so erhält man ein Verfahren zur Konstruktion eines ergänzenden Planes für die Stufe des Generalverfahrens, auf der von einem $(k, 2, k^{(2)})$-Ansatz zu einem $(k, 3, k^{(3)})$-Ansatz übergegangen wird.

Das Verf. 5.4.3 muß für eine vorgegebene Größenordnung von n nicht immer oder nicht innerhalb der zur Verfügung stehenden Rechenzeit zu einem brauchbaren Plan führen. In diesen Fällen ist zu prüfen, ob eine höhere Größenordnung erlaubt werden kann oder ob der Ansatz durch weitere fachwissenschaftliche Überlegungen modifiziert werden darf. Es ist auch möglich, die Wahl der c_s und d_s; $s = 1, \dots, m$; aus einem Optimierungsverfahren zu gewinnen, dessen Zielfunktion det $(\boldsymbol{F}'\boldsymbol{F})$ ist; damit bleibt in 5.f) nur die Variation der natürlichen Zahlen k_{1s}, m und n_0, für die durch (5.4.6) und (5.4.7) nur einige wenige Werte möglich sind.

Bemerkung 5.4.4: Für die von GARDINER/GRANDAGE/HADER [1] und NALIMOV/ČERNOVA [1] angegebenen drehbaren Pläne mit einer Struktur (5.4.8) liegen nicht mehr alle Punkte im Versuchsbereich. Die Pläne sind trotzdem in [5.6] aufgenommen.

Eine Alternative zum Verf. 5.4.3 ist die gleichmäßige Anordnung der Versuchspunkte auf jeder der Hyperkugelschalen. Aus der Aussage 5.3.2 erhält man für $k = 2$ z. B. regulär drehbare Pläne für $\tilde{S}(2, 3)$, wenn man zwei Kreise von verschiedenem Radius kombiniert, wovon jeder mindestens sieben Punkte in gleichen Abständen enthält. Die Kombination von Hyperkugelschalen, auf denen jeweils die Eckpunkte eines regelmäßigen Simplex liegen, ist ebenfalls möglich, um einen regulären Plan für $(k, 3, k^{(3)})$-Ansätze auf der Hyperkugel zu konstruieren.

Speziell für drehbare Pläne für $(k, 3)$-Ansätze gibt es einfacher nachprüfbare Bedingungen für die Regularität. Da die Matrix $\boldsymbol{F}(V_n)'\,\boldsymbol{F}(V_n)$ hierfür nur Momente bis höchstens zur Ordnung 6 enthält, kann die Aussage 5.3.1 herangezogen werden. Schließlich ist auch die folgende Aussage von Bedeutung.

Aussage 5.4.1: Ein k-dimensionaler drehbarer Plan 3. Ordnung ist *nicht* regulär, wenn alle seine Punkte, mit Ausnahme des Koordinatenursprungs, auf nur einer k-dimensionalen Hyperkugelschale um den Ursprung liegen (DRAPER [2]) ●

5.5. Entscheidungskriterien über Polynomansätze

Im Generalverfahren ist auf jeder Stufe eine Modifizierung des Ansatzes vorgesehen (vgl. Generalverf. 5.e) und 5.g)). Das Ziel dieser Ansatzmodifizierung ist es, eine möglichst gute Anpassung der Wirkungsfläche durch die Schätzung mit möglichst wenigen Polynomtermen möglichst geringen Grades zu erreichen. Als Maß der Anpassung wird gewöhnlich die *Restquadratsumme* (›Bez. 2.3.4 und (6.2.11))

$$s_0^2(V_n) = \sum_{i=1}^{n} \left(y_i - \sum_{j=1}^{r} \check{\vartheta}_j((\boldsymbol{y}(V_n))\, f_j(\boldsymbol{x}_i) \right)^2 \tag{5.5.1}$$

gewählt, wobei $f_j(\boldsymbol{x})$ hier die entsprechenden Polynomterme des vorliegenden Ansatzes und $\check{\vartheta}_j$; $j = 1, \dots, r$; die mit der regulären MKQ geschätzten Koeffizienten bezeichnen.

Die Wahl von (5.5.1) ist nicht problemlos. Durch die Transformation der Einflußgrößen, der Faktoren $x_1, \dots, x_k$, auf einen Standardbereich, den Hypereinheitswürfel (5.1.1) oder die Hyperkugel (5.1.2), werden im allgemeinen die Maßstäbe der Faktoren stark verändert. Man erreicht durch die Überführung des Problems in einen Standardbereich zwar eine gewisse Gleichberechtigung der Faktoren und eine gemeinsame Größenordnung, jedoch können die Beiträge der einzelnen Faktoren zur Änderung der Wirkungsfläche beim *praktischen Gebrauch* der Schätzung im ursprünglichen natürlichen Bereich ganz anders aussehen. Es muß daher vor einer *mechanischen* Anwendung aller Entscheidungskriterien, die von der Restquadratsumme im Standardbereich ausgehen, nachdrücklich gewarnt werden. Häufig dürfte auch eine Rücktransformation in den natürlichen Bereich und eine fachwissenschaftliche Einschätzung über die einzelnen Polynomterme von großem Nutzen bei der Ansatzmodifikation sein. Die Modifizierung des Ansatzes wird von uns in *zwei Phasen* betrachtet.

1. *Phase*: Herabsetzung der Anzahl der Polynomterme im Ansatz bei nur geringfügiger Verschlechterung der Anpassung (*Reduktionsphase*).
2. *Phase*: Geringfügige Heraufsetzung der Anzahl der Polynomterme bei möglichst großer Verbesserung der Anpassung (*Aufbauphase*).

In der Aufbauphase erfolgt die Entscheidung darüber, ob zu einer höheren Stufe des Generalverfahrens übergegangen werden soll. Die Reduktionsphase wird auch dann durchlaufen, wenn das Generalverfahren auf der erreichten Stufe abgebrochen werden soll.

5.5.1. Reduktionsphase

Die naheliegendste Methode zur Modifizierung eines Polynomansatzes scheint darin zu bestehen, daß man alle die Polynomterme, deren Koeffizienten betragsmäßig verhältnismäßig klein sind, aus dem Ansatz wegläßt. Aber dieses Vorgehen birgt große Gefahren. Die Transformation auf einen Standardversuchsbereich, die i. allg. die Maßstäbe der Einflußgrößen wesentlich ändert, täuscht über die Größenordnung der Koeffizienten im natürlichen Bereich. Weiterhin kann es vorkommen, daß sehr viele Koeffizienten sehr klein sind und man durch das Weglassen der Polynomterme einen Ansatz erhält, der vom fachwissenschaftlichen Standpunkt wesentliche Faktoren nicht oder zu gering berücksichtigt.

Eine Variante dieser Methode ist die formale Anwendung des t-Tests auf jeden einzelnen der Koeffizienten, wie sie gelegentlich für die Anwendung empfohlen wird (Scheffler [1], Hartmann/Lezki/Schäfer [1]). Bekanntlich verlangt die Durchführung eines statistischen Tests (›[1.2]) die Erfüllung gewisser Voraussetzungen über die Verteilung des Beobachtungsvektors und über den wahren Ansatz. Selbst wenn die Voraussetzungen für die Anwendung des t-Testes bei jedem einzelnen Koeffizienten erfüllt sind, so führt die *mehrmalige* Anwendung von Tests auf das *gleiche* Datenmaterial zu prinzipiellen Schwierigkeiten für die Interpretation der Ergebnisse der Tests. Eine statistische Deutung anhand einer Irrtumswahrscheinlichkeit, die die Verbundenheit der Tests unberücksichtigt läßt, ist daher in der Regel unsinnig (›[6.1.2]).

Falls man sich, eventuell nach vorheriger Rücktransformation in den natürlichen Bereich, auf die *Restquadratsumme* als Maß der Anpassung verständigt, dann geben einige der Screeningverfahren aus Kap. 6 eine befriedigendere Basis für die Ansatzreduktion ab. Dazu ist es nützlich, die fachwissenschaftlichen Vorkenntnisse über die Bedeutung der Faktoren und die Einschätzung der Polynomterme zu erfassen, und es ist notwendig, die Polynomterme in (sekundäre) Einflußgrößen umzubenennen. Das folgende Verfahren vermittelt also den Übergang zu einigen Verfahren aus [6.1].

VERFAHREN 5.5.1 (Ansatzreduktion als Screeningproblem):

1. **Gegebene Größen:** a) Polynomansatz $\tilde{S}$ mit r Koeffizienten.

b) Versuchsbereich V.

2. **Aufgabe:** Bereite die Anwendung eines Screeningverfahrens für die Modifizierung des Ansatzes $\tilde{S}$ vor.

3. **Bezeichnung:** $\tilde{S} = \left\{\tilde{\eta}(\boldsymbol{x}, \boldsymbol{\vartheta}) = \sum_{j=1}^{r} \vartheta_j f_j(\boldsymbol{x}) : \boldsymbol{x} \in B\right\}_{\boldsymbol{\vartheta} \in \mathbb{R}^r}$.

4. **Voraussetzung:** Entsprechend dem gemäß 5.d) gewählten Verfahren.

5. **Lösung:** a) Falls $f_{j_0}(\boldsymbol{x}) \equiv 1$, dann setze

$$\tilde{x}_0 = f_{j_0}(\boldsymbol{x}) . \tag{5.5.2}$$

b) Setze für $j = 1, \ldots, r$

$$\left.\begin{aligned} \tilde{x}_j &= f_j(\boldsymbol{x}) , && \text{falls } j < j_0 \text{ oder } j_0 \text{ nicht existiert} , \\ \tilde{x}_{j-1} &= f_j(\boldsymbol{x}) , && \text{falls } j > j_0 . \end{aligned}\right\} \tag{5.5.3}$$

c) Erfasse die vorhandenen Vorkenntnisse über $x_1, \ldots, x_k$ und die Polynomterme in $\tilde{S}$ und interpretiere sie für $(\tilde{x}_0), \tilde{x}_1, \ldots, \tilde{x}_{r-1}, (\tilde{x}_r)$.

d) Wähle in Abhängigkeit von c) ein Screeningverfahren aus [6.1] (›Tab. 5.5.1) ●

Tab. 5.5.1

Bedingungen und Vorkenntnisse bezüglich $\tilde{x}_1, \ldots, \tilde{x}_r$	anwendbares Verfahren
1. r klein	Verf. 6.1.1
2. Kategorieneinteilung der $\tilde{x}_i$; $i = 1, \ldots, r$	Verf. 6.1.2, 6.1.3
3. Rangordnung unter den $\tilde{x}_i$; $i = 1, \ldots, r$	Verf. 6.1.5
4. Gewichte p_i, die die Erwartung dafür ausdrücken, daß die $\tilde{x}_i$ in den Ansatz aufgenommen werden; $i = 1, \ldots, r$	Verf. 6.1.6
5. Bisheriger Gesamtplan hat eine Versuchsplanmatrix, in der in jeder Spalte gleich häufig die Werte $+1$ und -1 und nur diese auftreten, außer für $x_0 = \tilde{x}_0$	Verf. 6.1.8, 6.1.9

Bemerkung 5.5.1: Liegen darüberhinaus Vorkenntnisse über die Varianz des zufälligen Fehlers ε vor, dann sind die bei den entsprechenden Verfahren in [6.1] genannten Varianten zu wählen. Solche Vorkenntnisse können z. B. sein: Kenntnis von $D^2\varepsilon = \sigma^2$, Kenntnis einer möglichst guten oberen Schranke σ_0^2 für σ^2, Vorliegen einer Schätzung $\hat{\sigma}^2$ aus früheren Beobachtungen oder aus Mehrfachmessungen an gewissen Beobachtungspunkten (›[5.5.2]).

Bemerkung 5.5.2: In seltenen speziellen Fällen lassen sich auch entsprechende Verfahren der Ansatzdiskrimination aus [6.2] in der Reduktionsphase anwenden, hauptsächlich die Verfahren zur formalen Anwendung des F-Tests (Verf. 6.2.2 bis Verf. 6.2.5, sowie Verf. 6.2.7).

Bemerkung 5.5.3: Einige Verfahren der Ansatzanpassung (›Verf. 6.3.1, Verf. 6.3.3 und Verf. 6.3.4) sind prinzipiell auch für die Ansatzreduktion anwendbar. Jedoch unterliegen sie, vor allem bei routinemäßiger Anwendung, den gleichen Gefahren wie die eingangs erwähnte formale Anwendung des t-Tests auf jeden einzelnen der Koeffizienten. Hinzu kommen bei Verf. 6.3.3 und Verf. 6.3.4 noch weitere Bedenken, auf die bei diesen Verfahren hingewiesen wurde.

5.5.2. Aufbauphase

Das Vorgehen in der Aufbauphase hängt in starkem Maße vom Versuchsplan ab, der auf der erreichten Stufe vorliegt. Erlaubt dieser Plan die reguläre MKQ-Schätzung der Koeffizienten für die Polynomterme, die dem Ansatz hinzugefügt werden sollen, dann kann die Entscheidung über den modifizierten Ansatz in der Reduktionsphase getroffen werden, indem man bei dem Verfahren vom modifizierten Ansatz statt vom vorgelegten ausgeht. Typisch für diese Art der Ansatzmodifikation, die dann in der Regel bereits vor der Gewinnung der Realisierung des Beobachtungsvektors vorgenommen wird, ist die Erweiterung des Ansatzes nach der Untersuchung der Vermengungsstruktur des Versuchsplanes (›z. B. Verf. 5.2.10) um solche Polynomterme, die mit dem Versuchsplan noch regulär geschätzt werden können. Diese Polynomterme sind gemäß der Struktur der in Kap. 5 betrachteten Faktorpläne stets vom gleichen Grad in den Faktoren wie die im ursprünglichen Ansatz.

In der Regel wird der Versuchsplan auf der erreichten Stufe die Schätzung der Koeffizienten für die Polynomterme, die dem Ansatz hinzugefügt werden sollen, jedoch nicht gestatten. Dies liegt daran, daß man den Umfang des Planes möglichst gering halten möchte. Typisch für diese Situation ist der Übergang zu einem Ansatz mit Polynomtermen, die die Faktoren in höheren Potenzen enthalten dürfen. So können z. B. mit einem TFV $(2, k, n)$ keine quadratischen Terme im Ansatz berücksichtigt werden.

Erlaubt der vorliegende Plan die Schätzung der Koeffizienten im hinzuzunehmenden Teil des Ansatzes *nicht*, dann gibt es mehrere Wege, zu einer Entscheidung über den so modifizierten Ansatz zu kommen. Die Wege hängen vom bereits realisierten Plan ab, vom möglichen Umfang für die Erweiterung dieses Planes und von den Vorkenntnissen über das Regressionsmodell.

a) Der Plan wird so erweitert, daß die reguläre Schätzung aller Koeffizienten im modifizierten Ansatz möglich wird. Die Entscheidung über den Ansatz kann dann mit einem Verfahren aus der Reduktionsphase getroffen werden.

Dieser Weg schließt in der Regel einen hohen zusätzlichen Versuchsaufwand ein. Daher scheut man sich häufig davor, weil man befürchtet, daß die Untersuchung des modifizierten Ansatzes zeigen könnte, daß die Hinzunahme der Terme nicht nötig war und damit der Aufwand für die Schätzung ihrer Koeffizienten.

b) Geringfügige Erweiterung des Plans, so daß die Gewinnung einer vom gewählten Ansatz unabhängigen Schätzung der Varianz σ^2 des zufälligen Fehlers möglich ist. Diese Schätzung wird der geeignet normierten Restquadratsumme gegenübergestellt, die mit dem Ansatz ohne die Zusatzterme erhalten wurde (›Verf. 5.5.2).

Beispiel 5.5.1: Auf einer Stufe des Generalverfahrens habe sich ein $(k, 2, k)$-Ansatz $\tilde{S}$ und ein Gesamtplan TFV $(3, k, n)$ ergeben. Der Ansatz soll durch die Hinzunahme der Terme $x_1^3, \dots, x_k^3$ modifiziert werden. Ein TFV $(3, k, n)$ erlaubt nicht die reguläre MKQ-Schätzung der Koeffizienten ϑ_{iii}; $i = 1, \dots, k$. Der Versuchsplan wird durch einige Versuchspunkte im Koordinatenursprung erweitert. Sei n_0 die Anzahl der Versuchspunkte des erweiterten Planes im Koordinatenursprung und seien $y_1, \dots, y_{n_0}$ die Realisierungen der Wirkungsgröße für diese Punkte. Falls die Beobachtungen unabhängig sind, dann liefert

$$\hat{\sigma}^2 = \frac{1}{n_0} \sum_{i=1}^{n_0} (y_i - \bar{y})^2; \quad \bar{y} = \frac{1}{n_0} \sum_{i=1}^{n_0} y_i, \tag{5.5.4}$$

einen Schätzwert für σ^2, der unabhängig vom Ansatz ist.

c) Wenn der Plan die Gewinnung einer vom Ansatz unabhängigen Schätzung $\hat{\sigma}^2$ der Varianz erlaubt, kann eine Erweiterung des Planes unterbleiben und die Entscheidung in zu b) analoger Weise erfolgen (›Verf. 5.5.2).

Beispiele hierfür sind TFV $(3, k, n)$ mit mehreren Versuchspunkten im Ursprung und Pläne, die die mehrfache Beobachtung an einigen der Versuchspunkte vorsehen (›Verf. 6.2.6 und Bsp. 6.2.6).

d) Falls die Varianz σ^2 selbst oder eine möglichst kleine obere Schranke σ_o^2 bzw. eine möglichst große untere Schranke σ_u^2 für sie bekannt ist, kann die Erweiterung des Planes ebenfalls unterbleiben, und die normierte Restquadratsumme mit diesem Wert verglichen werden (›Verf. 5.5.2).

Ein entsprechendes Verfahren wird im folgenden für den Fall angegeben, daß σ^2 bekannt ist. Es läßt sich in einfacher Weise für die anderen angeführten Fälle modifizieren.

VERFAHREN 5.5.2 (Entscheidung über die Erweiterung des Ansatzes):

1. **Gegebene Größen:** a) Polynomansatz $\tilde{S}$ mit r Koeffizienten.

b) Polynomterme $f_{r+1}(\boldsymbol{x}), \dots, f_{r+s}(\boldsymbol{x})$.

c) Versuchsbereich $V \subset \mathrm{R}^k$.

d) Versuchsplan $V_n = (\boldsymbol{x}_1, \dots, \boldsymbol{x}_n)$.

e) $\boldsymbol{y}(V_n) = \big(y(\boldsymbol{x}_1), \dots, y(\boldsymbol{x}_n)\big)'$.

f) $\sigma^2 = \mathrm{D}^2\varepsilon(\boldsymbol{x})$.

g) $c > 0$.

2. **Aufgabe:** Entscheide, ob der Polynomansatz $\tilde{S}$ um die Terme aus 1.b) erweitert werden soll.

3. **Bezeichnungen:** a) $\tilde{S} = \left\{\tilde{\eta}(\boldsymbol{x}, \boldsymbol{\vartheta}) = \sum_{j=1}^{r} \vartheta_j f_j(\boldsymbol{x}) : \boldsymbol{x} \in B\right\}_{\boldsymbol{\vartheta} \in \mathrm{R}^r}$.

b) Reguläre MKQ-Schätzung $\check{\boldsymbol{\vartheta}}\big(\boldsymbol{y}(V_n)\big) = \big(\check{\vartheta}_1(\boldsymbol{y}(V_n)), \dots, \check{\vartheta}_r(\boldsymbol{y}(V_n))\big)'$ für $\boldsymbol{\vartheta} = (\vartheta_1, \dots, \vartheta_r)'$ aus 3.a) mit $\boldsymbol{y}(V_n)$ aus 1.e) und V_n aus 1.d).

c) $s_0^2(V_n) = \sum_{i=1}^{n} \left(y_i - \sum_{j=1}^{r} \check{\vartheta}_j\big(\boldsymbol{y}(V_n)\big) f_j(\boldsymbol{x}_i)\right)^2$ (›(6.2.11) und (5.5.1)).

4. **Voraussetzungen:** a) $\boldsymbol{B}_{\boldsymbol{\varepsilon}(V_n)} = \sigma^2 \boldsymbol{I}_n$.

b) V_n erlaubt reguläre MKQ-Schätzung aller Koeffizienten von $\tilde{S}$ aus 1.a).

c) $n > r$.

5. **Lösung:** a) Falls

$$\frac{1}{n-r} s_0^2(V_n)/\sigma^2 \leqq 1 + c\,, \tag{5.5.5}$$

dann entscheide für den Ansatz $\tilde{S}$.

b) Falls

$$\frac{1}{n-r} s_0^2(V_n)/\sigma^2 > 1 + c\,, \tag{5.5.6}$$

dann erweitere den Ansatz $\tilde{S}$ um die Polynomterme in 1.b) ●

Beispiel 5.5.2:

1. a) $\tilde{S}(2, 1, 2)$ mit 4 Koeffizienten.

b) $f_5(\boldsymbol{x}) = x_1^2, f_6(\boldsymbol{x}) = x_2^2$.

c) $V = \{\boldsymbol{x} \in \mathrm{R}^2 \colon -1 \leqq x_1 \leqq 1;\ -1 \leqq x_2 \leqq 1\}$.

d) $V_5 = ((0, 0)', (-1, -1)', (-1, 1)', (1, -1)', (1, 1)')$.
e) $\boldsymbol{y}(V_5) = (1{,}3;\ -2{,}7;\ 6{,}4;\ 11{,}4;\ 6{,}0)'$.
f) $\sigma^2 = 2$.
g) $c = 3$.

3. a) $\tilde{S}(2, 1, 2) = \{\tilde{\eta}(\boldsymbol{x}, \boldsymbol{\vartheta}) = \vartheta_0 x_0 + \vartheta_1 x_1 + \vartheta_2 x_2 + \vartheta_{12} x_1 x_2 : \boldsymbol{x} \in B\}_{\boldsymbol{\vartheta} \in \mathbf{R}^4}$.
b) $\check{\boldsymbol{\vartheta}}(\boldsymbol{y}(V_5)) = (4{,}48;\ 0{,}74;\ 2{,}74;\ -2{,}82)'$.
c) $s_0^2(V_5) = 17{,}24$.

5. b) $n - r = 5 - 4 = 1$; $17{,}24/2 = 8{,}62 > 4$. Wähle als erweiterten Ansatz $\tilde{S}(2, 2)$.

Bei dem Versuchsbereich im Verf. 5.5.2/1.c) kann es sich sowohl um den Standardbereich (wie im Bsp. 5.5.2) als auch um den natürlichen Versuchsbereich handeln.

Die Voraussetzung in 4.c) verlangt, daß der Plan V_n nicht ein gesättigter ist. In diesem Fall wäre die Restquadratsumme für den Ansatz gleich Null und eine Entscheidung über den erweiterten Ansatz nicht mehr sinnvoll zu treffen. Obwohl die Anpassung in den Versuchspunkten ideal gut ist, kann diese in weiteren Punkten sehr unzureichend sein, die Restquadratsumme ist für die Beurteilung der Güte der Anpassung in diesem Falle also völlig ungeeignet.

Zur Motivierung der Entscheidungskriterien in 5.a) und 5.b) nehmen wir vorübergehend einmal an, daß der Ansatz $\tilde{S}$ wahr ist. Dann ist $(n - r)^{-1}\, s_0^2(V_n)$ eine erwartungstreue Schätzung für σ^2. Durch die Wahl von c in 1.g) legen wir also fest, um das Wievielfache der erhaltene Schätzwert von unseren Vorkenntnissen abweichen darf, bevor wir uns zur Erweiterung des Ansatzes entschließen wollen. Gelegentlich wird empfohlen, die Entscheidungskriterien als Teste zu deuten und für $1 + c$ Zahlen einzusetzen, die den kritischen Werten der (zentralen) χ^2-Verteilung mit $n - r$ Freiheitsgraden entsprechen. Der Übergang zur strengen Testauffassung verlangt jedoch mindestens, daß der Beobachtungsvektor normalverteilt ist (›Verf. 6.2.2).

Bemerkung 5.5.4: Das Verf. 5.5.2 läßt sich für die Fälle modifizieren, daß in 1.f) statt σ^2 eine möglichst kleine obere Schranke σ_o^2, bzw. eine möglichst große untere Schranke σ_u^2 oder schließlich eine vom Ansatz unabhängige Schätzung $\hat{\sigma}^2$ der Varianz vorgegeben werden kann. Natürlich wird die Vorgabe eines c in 1.g) von der Art dieser Vorkenntnis abhängen müssen (z. B. den Unterschied beachten, ob σ_o^2 oder σ_u^2 gegeben ist, die Zuverlässigkeit von $\hat{\sigma}^2$ einschätzen, u. ä.).

Speziell für den häufigen und wichtigen Übergang von einem $(k, 1, k)$-Ansatz zu einem $(k, 2, k)$-Ansatz mit einem TFV $(2, k, n)$ wird vorgeschlagen, einige zusätzliche Beobachtungen im Koordinatenursprung zu machen und den Mittelwert dieser Beobachtungen mit der Schätzung des Absolutgliedes ϑ_0 des Ansatzes zu vergleichen. Große Abweichungen werden als Begründung für die Aufnahme der quadratischen Terme benutzt.

VERFAHREN 5.5.3 (Aufnahme quadratischer Terme):

1. **Gegebene Größen:** a) $(k, 1, k)$-Ansatz $\tilde{S} = \left\{\tilde{\eta}(\boldsymbol{x}, \boldsymbol{\vartheta}) = \vartheta_0 x_0 + \sum_{j=1}^{r} \vartheta_j f_j(\boldsymbol{x}) : \boldsymbol{x} \in B\right\}_{\boldsymbol{\vartheta} \in \mathbf{R}^{r+1}}$.

b) V entweder Hypereinheitswürfel (5.1.1) oder Hyperkugel (5.1.2).

c) $V_n = \mathrm{TFV}\,(2, k, n) = (\boldsymbol{x}_1, \dots, \boldsymbol{x}_n)$; $\boldsymbol{y}(V_n) = (y_1, \dots, y_n)'$.

d) $n_0 \geqq 1$.

e) $c_1 > 0$.

2. **Aufgabe:** Entscheide, ob die Erweiterung des Ansatzes $\tilde{S}$ zu einem $(k, 2, k)$-Ansatz $\tilde{S}_0$ nötig ist.

3. **Bezeichnungen:** a) $\tilde{\eta}(\boldsymbol{x}, \check{\boldsymbol{\vartheta}}(\boldsymbol{y}(V_n)))$ reguläre MKQ-Schätzung mit $\tilde{S}$.

b) $s_0^2(V_n) = \sum_{i=1}^{n} (y_i - \tilde{\eta}(\boldsymbol{x}_i, \check{\boldsymbol{\vartheta}}(\boldsymbol{y}(V_n))))^2$.

c) $V_{n_0(\boldsymbol{0})} = (\boldsymbol{0}, \dots, \boldsymbol{0})$ vom Umfang n_0.

d) $\boldsymbol{y}(V_{n_0(\boldsymbol{0})}) = (y_{10}, \dots, y_{n_00})'$.

e) $\boldsymbol{F}(V_n) = ((f_j(\boldsymbol{x}_i)))\,; j = 0, 1, \dots, r; i = 1, \dots, n$.

4. **Voraussetzungen:** a) $\boldsymbol{B}_{\boldsymbol{\varepsilon}(V_n)} = \sigma^2 \boldsymbol{I}_n$.

b) $\boldsymbol{B}_{\boldsymbol{\varepsilon}(V_{n_0(\boldsymbol{0})})} = \sigma^2 \boldsymbol{I}_{n_0}$.

c) $n > r + 1$.

d) $\det(\boldsymbol{F}(V_n)' \boldsymbol{F}(V_n)) > 0$.

5. **Lösung:** a) Realisiere $V_{n_0(\boldsymbol{0})}$ mit dem Ergebnis $\boldsymbol{y}(V_{n_0(\boldsymbol{0})})$.

b) Falls $n_0 > 1$, bilde den Mittelwert $\bar{y}_0 = \frac{1}{n_0} \sum_{i=1}^{n_0} y_{i0}$.

c) Falls $n_0 = 1$, setze $\bar{y}_0 = y_{10}$.

d) Falls

$$|\bar{y}_0 - \check{\vartheta}_0(\boldsymbol{y}(V_n))| > c_1 \sqrt{s_0^2(V_n)}\,, \tag{5.5.7}$$

dann wähle $\tilde{S}_0$ ●

Beispiel 5.5.3:

1. a) $\tilde{S}(2, 1) = \{\tilde{\eta}(\boldsymbol{x}, \boldsymbol{\vartheta}) = \vartheta_0 x_0 + \vartheta_1 x_1 + \vartheta_2 x_2 : \boldsymbol{x} \in B\}_{\boldsymbol{\vartheta} \in \mathrm{R}^3}$.

b) $V = \{\boldsymbol{x} \in \mathrm{R}^2 : -1 \leqq x_1 \leqq 1, -1 \leqq x_2 \leqq 1\}$.

c) $V_4 = \text{VFV } 2^2 = ((-1, -1)', (1, -1)', (-1, 1)', (1, 1'))$;
$\boldsymbol{y}(V_4) = (-2{,}7;\ 6{,}4;\ 11{,}4; 6{,}0)'$.

d) $n_0 = 2$.

e) $c_1 = 1$.

3. a) $\tilde{\eta}(\boldsymbol{x}, \check{\boldsymbol{\vartheta}}) = 5{,}28 + 0{,}92 x_1 + 3{,}42 x_2$.

b) $s_0^2(V_4) = 52{,}4$.

c) $V_{2(\boldsymbol{0})} = ((0, 0)', (0, 0))'$.

d) $\boldsymbol{y}(V_{2(\boldsymbol{0})}) = (y_{10}, y_{20})'$.

5. a) $\boldsymbol{y}(V_{2(\boldsymbol{0})}) = (-2{,}4; -2{,}6)'$.

b) $\bar{y}_0 = \frac{1}{2}(-2{,}4 - 2{,}6) = -2{,}5$.

d) $|2{,}5 - 5{,}28| = 7{,}78 < 1 \cdot \sqrt{52{,}4} = 7{,}24$. Erweitere Ansatz.

Zur Motivierung des Verf. 5.5.3 läßt sich ein Test heranziehen. Falls der $(k, 2, k)$-Ansatz wahr ist, liefert $\check{\vartheta}_0$ einen Schätzwert für $\vartheta_0 + \sum_{i=1}^{k} \vartheta_{ii}$, der Mittelwert $\bar{y}_0$ schätzt ϑ_0 ohne Voraussetzung über die Form des Polynomansatzes. Wenn weiterhin alle Beobachtungen $\mathfrak{Y}(\boldsymbol{x}_i)$ unabhängig normalverteilt sind und die gleiche Varianz haben, dann ist die Differenz in (5.5.7) als Zufallsgröße $\overline{\mathfrak{Y}}_0 - \check{\vartheta}_0(\mathfrak{Y}(V_n))$ ebenfalls normalverteilt mit dem Erwartungswert $-\sum_{i=1}^{k} \vartheta_{ii}$ und der Varianz $(g_{00} + n_0^{-1})\,\sigma^2$, wobei g_{00} das Diagonalelement zu $x_0 \equiv 1$ in $(\boldsymbol{F}(V_n)'\,\boldsymbol{F}(V_n))^{-1}$ ist. Andererseits hat unter den soeben genannten Voraussetzungen und der Hypothese H_0: $\sum_{i=1}^{n} \vartheta_{ii} = 0$ der Ausdruck $\mathfrak{S}_0^2(V_n)/\sigma^2$ eine χ^2-Verteilung mit $n - r - 1$ Freiheitsgraden. Damit genügt

$$\frac{(\overline{\mathfrak{Y}}_0 - \check{\vartheta}_0(\mathfrak{Y}(V_n)))\sqrt{n - r - 1}}{(\sqrt{g_{00} + n_0^{-1}})\sqrt{\mathfrak{S}_0^2(V_n)}} \tag{5.5.8}$$

unter der Hypothese H_0 einer t-Verteilung mit $n - r - 1$ Freiheitsgraden, und die Hypothese kann mit dem t-Test geprüft werden. Falls n_0 wesentlich größer als $n - r - 1$ ausfällt, kann man auch eine Testgröße mit einer aus $\boldsymbol{y}(V_{n_0(0)})$ gewonnenen Schätzung für σ^2 gewinnen. Da die genannten Voraussetzungen jedoch häufig nicht erfüllt sind, wurde das Verf. 5.5.3 als praktizierbares Vorgehen formuliert. Aber auch wenn man dieses Vorgehen nicht als Test auffassen darf, kann man aus den entsprechenden kritischen Werten der t-Verteilung Hinweise und Anregungen erhalten, welche Größenordnung für c_1 man wählen soll.

Beispiel 5.5.4: In Bsp. 5.5.3 ist $n - r - 1 = 1$, $g_{00} \equiv 4^{-1}$ und $n_0 = 2$. Ein Vergleich von (5.5.7) mit (5.5.8) legt nahe, die Konstante c_1 proportional zu

$$\sqrt{g_{00} + n_0^{-1}}/\sqrt{n - r - 1} \tag{5.5.9}$$

zu wählen.

Die Testauffassung führt auf einen Proportionalitätsfaktor in der Größenordnung eines kritischen Wertes der t-Verteilung mit $n - r - 1$ Freiheitsgraden, etwa zur Irrtumswahrscheinlichkeit $\alpha = 0{,}05$. Für das Bsp. 5.5.3 ergibt sich mit dem kritischen Wert $t_{1;\,0{,}05} = 12{,}7$ für c_1: $c_1 \approx 10{,}8$. Diese Größenordnung für c_1 ist aber unter den gegebenen Umständen *viel zu hoch*. Dies liegt vor allem daran, daß nur ein Freiheitsgrad für die t-Verteilung übrig geblieben ist und die t-Verteilung für *einen* Freiheitsgrad eine sehr große Varianz aufweist.

Das Beispiel zeigt, daß bei der Verwendung von kritischen Werten der t-Verteilung zur Festlegung von c_1 im Verf. 5.5.3 nicht formal vorgegangen werden darf.

Auf eine weitere Schwierigkeit bei der Anwendung des Verf. 5.5.3 muß noch hingewiesen werden. Mit dem Verfahren wird geprüft, ob $\sum_{i=1}^{k} \vartheta_{ii} = 0$ ist. Aus dieser Gleichung kann *nicht* geschlossen werden, daß $\vartheta_{ii} = 0$; $i = 1, \ldots, k$; ist. Daher fehlt auch im Verfahren eine Empfehlung für den Fall, daß sich $\bar{y}_0$ und $\check{\vartheta}_0(\boldsymbol{y}(V_n))$ nur unwesentlich voneinander unterscheiden. Wählt man in diesem Falle den Ansatz $\tilde{S}$, dann setzt man sich der *zusätzlichen* Irrtumsmöglichkeit aus, daß, obzwar die Hypothese H_0 richtig ist, einige der Koeffizienten ϑ_{ii}; $i = 1, \ldots, k$; sehr große Absolutbeträge haben können.

5.6. Einige Versuchspläne 1., 2. und 3. Ordnung

Im folgenden werden einige faktorielle Versuchspläne und davon abgeleitete oder modifizierte Pläne zusammengestellt. Es handelt sich um eine *Auswahl* solcher Pläne, ein Katalog aller bekannten Pläne wäre viel zu umfangreich. *Nicht* aufgenommen wurden Pläne, die optimal im Sinne eines Kriteriums aus Kap. 4 sind. Pläne dieser Art sind in [4.8] zusammengefaßt. Weiterhin wurden solche Pläne *nicht* aufgeführt, die sich in einfacher Weise nach einem der angegebenen Verfahren aus Kap. 5 konstruieren lassen (VFV, TFV, ZZV, RECHTSCHAFFNER-Pläne, u. a.). Jedoch wird auf so konstruierte Pläne verwiesen, wenn sie im Rahmen eines Beispiels explizit in diesem Kapitel bestimmt wurden.

Die Pläne wurden numeriert und nach ihrer Ordnung, dem Versuchsbereich, der Anzahl der Faktoren und dem Umfang geordnet. Falls in der Literatur weitere Aussagen, z. B. über die Eigenschaften, zu finden sind, wird dies beim Plan angegeben. Pläne, die in GOLIKOVA/PANČENKO/FRIDMAN [1] näher untersucht worden sind, erhalten einen Stern an ihre Nummer.

Im Interesse einer möglichst platzsparenden Darstellung wird bei faktoriellen Plänen die entsprechende *Codierung* verwendet (für Pläne 1. Ordnung ›[5.2.2]; für Pläne 2. Ordnung ›[5.3.2]). Weiterhin werden zusammengesetzte Pläne als Summe geschrieben. Dies ist besonders von Vorteil, wenn der Koordinatenursprung mehrfach als Versuchspunkt auftritt. Schließlich wird darüberhinaus eine *Multiplikation* von Plänen mit reellen Zahlen eingeführt.

Bezeichnung 5.6.1: Für jeden Plan $V_n = (\boldsymbol{x}_1, \dots, \boldsymbol{x}_n)$ und jede reelle Zahl c bedeutet

$$c \cdot V_n = (c\boldsymbol{x}_1, \dots, c\boldsymbol{x}_n) \bullet \tag{5.6.1}$$

Es wird die in [5.4] eingeführte Schreibung von *Hyperkugelteilversuchsplänen* benutzt. Dabei bedeutet HTV (k_1, c, d) einen Plan, dessen Punkte die Struktur

$$(\pm c, \dots, \pm c, \pm d, \dots, \pm d)'; \qquad |c| \neq |d|; \tag{5.6.2}$$

haben, wobei jeweils k_1 der Koordinaten einen Wert $+c$ oder $-c$ und die restlichen $k - k_1$ einen Wert $+d$ oder $-d$ annehmen. Der Plan besteht aus allen möglichen solchen Punkten, d. h. alle verschiedenen Permutationen der Koordinaten und alle möglichen Kombinationen der Vorzeichen in (5.6.2) werden durchlaufen (›(5.4.5)).

5.6.1. Pläne 1. Ordnung

Bei der *Codierung* bedeutet das Auftreten eines Buchstabens *a, b, c, ...* im Produkt für einen Versuchspunkt, daß der zugehörige Faktor auf die obere Stufe +1 einzustellen ist. Tritt der Buchstabe für einen Faktor im Produkt nicht auf, dann ist dieser auf die untere Stufe −1 einzustellen.

Als Versuchsbereich ist in diesem Abschnitt sowohl der *Hypereinheitswürfel* als auch die *Hyperkugel* mit dem Radius $\sqrt{k}$ möglich.

$k = 2$:

Plan 1.1: HARTLEY-Kern, TFV 2^{2-1} mit $G_1 = \mathbf{s}_1 \odot \mathbf{s}_2$; $n = 2$: (1), ab (›Verf. 5.3.6).

Plan 1.2: VFV 2^2; $n = 4$; ›Bsp. 5.2.3, Tab. 5.2.1.

$k = 3$:

Plan 1.3: TFV 2^{3-1}; $n = 4$; ›Bsp. 5.2.9, Bsp. 5.2.17, Tab. 5.2.5, Tab. 5.2.6, HARTLEY-Kern (›Verf. 5.3.6).

Plan 1.4: VFV 2^3; $n = 8$; ›Bsp. 5.2.4, Tab. 5.2.2.

$k = 4$:

Plan 1.5: TFV (2, 4, 5); gesättigter faktorieller Plan für $\tilde{S}(k, 1)$, *D*-optimal unter den Faktorplänen gleichen Umfangs; $n = 5$; BOX, M. J./DRAPER, N. R. [1]: *ac, abd, cd,* (1), *bc*.

Plan 1.6: TFV 2^{4-1}; $n = 8$; ›Bsp. 5.2.10, Bsp. 5.2.11; Bsp. 5.2.17, Tab. 5.2.7, Tab. 5.2.8, HARTLEY-Kern (›Verf. 5.3.6).

Plan 1.7: RECHTSCHAFFNER-Plan; $n = 11$; ›Bsp. 5.2.38, Tab. 5.2.23, Verf. 5.2.17.

Plan 1.8: VFV 2^4; $n = 16$, ›Bsp. 5.2.5, Tab. 5.2.3.

$k = 5$:

Plan 1.9: TFV (2, 5, 6); gesättigter faktorieller Plan für $\tilde{S}(k, 1)$, D-optimal unter den Faktorplänen gleichen Umfangs; $n = 6$; BOX, M. J./DRAPER, N. R. [1]: *abcde, ad, abc, ce, bcd, be.*

Plan 1.10: TFV (2, 5, 6) (wie Plan 1.9): *c, abcde, ad, e, bd, ab.*

Plan 1.11: HARTLEY-Kern TFV 2^{5-2} mit $G_1 = s_1 \odot s_4 \odot s_5$, $G_2 = s_2 \odot s_3 \odot s_5$; $n = 8$: *ab, ac, bd, cd, e, bce, ade, abcde.*
s. HARTLEY [1], nur für speziellen Ansatz s. auch NALIMOV [1], ›Verf. 5.3.6.

Plan 1.12: TFV 2^{5-2}; $n = 8$; Bsp. 5.2.12, Bsp. 5.2.17, Tab. 5.2.9.

Plan 1.13: TFV (2, 5, 12), 3/8 Wdh. eines VFV 2^5; WESTLAKE-Kern; $n = 12$; s. WESTLAKE [1]: *de, ae, ce, acde, bd, ab, bc, abcd, be, abde, bcde, abce.*

Plan 1.14: TFV 2^{5-1}; $n = 16$; Bsp. 5.2.27, Tab. 5.2.15, HARTLEY-Kern, ›Verf. 5.3.6.

Plan 1.15: VFV 2^5; $n = 32$; Bsp. 5.2.7.

$k = 6$:

Plan 1.16: TFV (2, 6, 7); gesättigter faktorieller Plan für $\tilde{S}(k, 1)$, D-optimal unter den Faktorplänen gleichen Umfangs; $n = 7$; BOX, M. J./DRAPER, N. R. [1]: *bcf, c, bde, df, ef, ab, acdef.*

Plan 1.17: TFV 2^{6-3}; $n = 8$; Bsp. 5.2.13, Bsp. 5.2.17, Tab. 5.2.10.

Plan 1.18: TFV 2^{6-2}; $n = 16$; Bsp. 5.2.30, Tab. 5.2.16.

Plan 1.19: TFV 2^{6-2} mit $G_1 = s_1 \odot s_2 \odot s_5$; $G_2 = s_3 \odot s_4 \odot s_6$; HARTLEY-Kern; $n = 16$; s. HARTLEY [1]: *cf, af, bf, abcf, cd, ad, bd, abcd, ce, ae, be, abce, cdef, adef, bdef, abcdef.*

$k = 7$:

Plan 1.20: TFV 2^{7-4}; $n = 8$; Bsp. 5.2.14, Bsp. 5.2.17, Tab. 5.2.11.

Plan 1.21: TFV 2^{7-4}; $n = 8$; PLACKETT-BURMAN-Plan s. PLACKETT/BURMAN [1]: Der Plan entsteht durch zyklische Vertauschung der Komponenten des Punktes $(+1, +1, +1, -1, +1, -1, -1)'$ und dem Punkt $(-1, -1, -1, -1, -1, -1, -1)'$ (analog zu Bsp. 5.2.37), ›Verf. 5.2.16.

Plan 1.22: TFV (2, 7, 24) = 3/16 VFV 2^7; Bsp. 5.2.36, Tab. 5.2.21.

Plan 1.23: TFV (2, 7, 26) = 13/64 VFV 2^7; WESTLAKE-Kern; $n = 26$; (s. WESTLAKE [1]): *abdefg, acfg, bce, d, abcdfg, aefg, bcdef, f, abcdef, af, b, cde, abcf, adef, bdg, ceg, abceg, adg, bdf, cef, abce, ad, bdef, cf, abc, ade.*

Plan 1.24: TFV 2^{7-2} mit $G_1 = s_1 \odot s_2 \odot s_6$; $G_2 = s_3 \odot s_4 \odot s_7$; HARTLEY-Kern; $n = 32$; (s. HARTLEY [1], NALIMOV [1]); *fg, ag, bg, abfg, cf, ac, bc, abcf, df, ad, bd, abdf, cdfg, acdg, bcdg, abcdfg, efg, aeg, beg, abefg, cef, ace, bce, abcef, def, ade, bde, abdef, cdefg, acdeg, bcdeg, abcdefg.*

$k = 11$:

Plan 1.25: PLACKETT-BURMAN-Plan; $n = 12$, Bsp. 5.2.37, Tab. 5.2.22, ›Verf. 5.2.16.

$k = 15$:

Plan 1.26: PLACKETT-BURMAN-Plan; $n = 16$; s. PLACKETT-BURMAN [1]: Der Plan entsteht durch zyklische Vertauschung der Komponenten des Punktes $(+1, +1, +1, +1, -1, +1, -1, +1, +1, -1, -1, +1, -1, -1, -1)'$ und dem Punkt, dessen Komponenten alle -1 sind (analog zu Bsp. 5.2.37), ›Verf. 5.2.16.

$k = 16$:

Plan 1.27: Übersättigter Screening-Plan; $n = 12$; s. BOOTH/COX [1]: ›Tab. 5.6.1, Verf. 6.1.11.

Tab. 5.6.1: Plan 1.27

+	+	+	+	+	+	+	+	+	+	+	−	−	−	−	−
+	−	+	+	+	−	−	−	+	−	−	−	−	−	−	−
−	+	+	+	−	−	−	+	−	−	+	+	+	−	+	+
+	+	+	−	−	−	+	−	−	+	−	−	+	+	+	+
+	+	−	−	−	+	−	−	+	−	+	+	+	−	+	−
+	−	−	−	+	−	−	+	−	+	+	+	+	+	−	+
−	−	−	+	−	−	+	−	+	+	+	+	−	+	+	+
−	−	+	−	−	+	−	+	+	+	−	+	−	+	−	+
−	+	−	−	+	−	+	+	+	−	−	+	+	+	+	−
+	−	−	+	−	+	+	+	−	−	−	−	+	+	−	−
−	−	+	−	+	+	+	−	−	−	+	−	−	−	+	+
−	+	−	+	+	+	−	−	−	+	−	−	−	−	−	−

$k = 19$:

Plan 1.28: PLACKETT-BURMAN-Plan; $n = 20$; analog Plan 1.26; erzeugender Punkt: $(+1, +1, -1, -1, +1, +1, +1, +1, -1, +1, -1, +1, -1, -1, -1, -1, +1, +1, -1)'$, ›Verf. 5.2.16.

$k = 20$:

Plan 1.29: Übersättigter Screening-Plan; $n = 12$; s. BOOTH/COX [1]: ›Tab. 5.6.2, Verf. 6.1.11.

Tab. 5.6.2: Plan 1.29

+	−	−	+	+	+	+	−	+	+	−	−	−	+	−	−	−	−	+	−
−	−	−	−	+	+	−	+	−	−	+	−	+	−	−	+	−	−	−	−
−	−	+	+	+	−	+	+	−	+	−	−	−	−	−	−	+	+	+	+
−	+	−	−	−	+	+	−	+	−	−	+	−	−	−	+	−	+	+	+
+	+	+	−	+	+	−	+	+	−	−	+	+	+	−	+	+	−	−	+
+	+	+	+	+	−	+	−	−	−	+	−	+	−	+	−	−	+	−	−
+	−	−	−	−	+	−	−	−	+	+	+	−	−	+	−	+	−	+	−
−	+	−	+	+	−	−	−	−	+	+	+	+	+	+	−	−	−	−	+
+	+	−	−	−	−	−	+	−	+	−	−	−	+	+	+	+	+	−	−
+	−	+	−	−	−	+	+	+	−	+	−	−	−	−	−	−	−	−	+
−	−	+	+	−	+	+	+	+	+	+	+	+	+	+	+	+	+	+	−
−	+	+	+	−	−	−	−	+	−	−	+	+	+	+	+	+	+	+	+

$k = 23$:

Plan 1.30: PLACKETT-BURMAN-Plan; $n = 24$; analog Plan 1.26; erzeugender Punkt: $(+1, +1, +1, +1, +1, -1, +1\ -1, +1, +1, -1, -1, +1, +1, -1, -1, +1, -1, +1, -1, -1, -1, -1)'$, ›Verf. 5.2.16.

$k = 24$:

Plan 1.31: Übersättigter Screening-Plan; $n = 12$; s. BOOTH/COX [1]: ›Tab. 5.6.3, Verf. 6.1.11.

Tab. 5.6.3: Plan 1.31

+	−	−	+	+	+	+	−	+	+	−	−	−	+	−	−	−	−	−	−	−	−	+	+
−	−	−	−	+	+	−	+	−	−	+	−	+	−	−	+	−	−	−	−	+	−	−	−
−	−	+	+	+	−	+	+	−	+	−	−	−	−	−	−	+	+	+	−	−	+	−	−
−	+	−	−	−	+	+	−	+	−	−	+	−	−	−	+	−	+	+	+	−	−	−	−
+	+	+	−	+	+	−	+	+	−	−	+	+	+	−	+	+	−	+	−	+	−	−	−
+	+	+	+	+	−	+	−	−	−	+	−	+	−	+	−	−	+	−	+	−	−	+	−
+	−	−	−	−	+	−	−	−	+	+	+	−	−	+	−	+	−	−	−	+	+	−	−
−	+	−	+	+	−	−	−	−	+	+	+	+	+	+	−	−	−	+	+	−	+	−	+
+	+	−	−	−	−	−	+	−	+	−	−	−	+	+	+	+	+	−	−	−	−	+	+
+	−	+	−	−	−	+	+	+	−	+	−	−	−	−	−	−	−	+	+	+	+	+	+
−	−	+	+	−	+	+	+	+	+	+	+	+	+	+	+	+	+	−	+	+	+	+	+
−	+	+	+	−	−	−	−	+	−	−	+	+	+	+	+	+	+	+	+	+	+	+	+

Plan 1.32: Übersättigter Screening-Plan; $n = 18$; s. BOOTH/COX [1]: ›Tab. 5.6.4, Verf. 6.1.11.

Tab. 5.6.4: Plan 1.32

+	−	+	−	+	−	+	−	+	−	+	−	+	−	+	+	−	−	−	−	−	−	+	+
−	+	−	+	−	+	−	+	−	+	−	+	−	+	−	+	−	+	−	+	−	−	−	+
−	−	−	−	−	−	−	−	−	−	−	−	−	−	−	+	−	−	−	−	+	−	+	−
+	+	+	−	+	−	+	+	−	−	+	−	−	−	+	+	+	+	+	+	−	+	−	+
+	+	−	+	−	+	+	−	−	+	−	−	−	+	+	+	+	+	+	+	+	+	+	−
+	−	+	−	+	+	−	−	+	−	−	−	+	+	+	+	+	+	+	+	+	+	+	+
−	+	−	+	+	−	−	+	−	−	−	+	+	+	+	+	+	+	+	+	+	+	+	+
+	−	+	+	−	−	+	−	−	−	+	+	+	+	−	+	+	+	+	+	+	+	+	+
−	+	+	−	−	+	−	−	−	+	+	+	+	−	+	−	−	+	+	−	−	−	+	−
+	+	−	−	+	−	−	−	+	+	+	+	−	+	−	+	+	−	+	−	+	−	−	−
+	−	−	+	−	−	−	+	+	+	+	−	+	−	+	−	−	+	−	−	−	+	−	−
−	−	+	−	−	−	+	+	+	+	−	+	−	+	+	−	+	−	−	−	−	−	+	−
−	+	−	−	−	+	+	+	+	−	+	−	+	+	−	−	−	−	−	+	−	+	−	−
+	−	−	−	+	+	+	+	−	+	−	+	+	−	−	−	+	−	−	+	−	−	−	+
−	−	−	+	+	+	+	−	+	−	+	+	−	−	+	−	+	−	−	−	+	+	−	−
−	−	+	+	+	+	−	+	−	+	+	−	−	+	−	−	−	−	+	−	+	+	+	+
−	+	+	+	+	−	+	−	+	+	−	−	+	−	−	−	−	−	+	+	−	−	−	−
+	+	+	+	−	+	−	+	+	−	−	+	−	−	−	−	−	+	−	−	+	−	−	+

$k = 30$:

Plan 1.33: Übersättigter Screening-Plan; $n = 18$; s. BOOTH/COX [1]: ›Tab. 5.6.5, Verf. 6.1.11.

$k = 35$:

Plan 1.34: PLACKETT-BURMAN-Plan; $n = 36$; analog Plan 1.26; erzeugender Punkt: $(-1, +1, -1, +1, +1, +1, -1, -1, -1, +1, +1, +1, +1, +1, -1, +1, +1, +1, -1, -1, +1, -1, -1, -1, -1, +1, -1, +1, -1, +1, +1, -1, -1, +1, -1)'$, ›Verf. 5.2.16.

$k = 36$:

Plan 1.35: Übersättigter Screening-Plan; $n = 18$; s. BOOTH/COX [1]: ›Tab. 5.6.6, Verf. 6.1.11.

Tab. 5.6.5: Plan 1.33

−	+	+	+	−	+	−	−	−	+	−	−	+	−	−	−	−	−	+	−	−	+	+	−	+	−	+	+	+	+
−	+	−	+	+	−	−	−	−	−	+	+	−	−	−	−	−	+	−	−	+	+	−	+	−	+	+	+	+	−
−	+	+	−	−	−	−	+	+	+	−	+	−	−	−	−	+	−	−	+	+	−	+	−	+	+	+	+	−	−
+	−	−	−	−	−	+	−	+	+	−	−	−	+	−	+	−	−	+	+	−	+	−	+	+	+	+	−	−	−
+	−	+	−	−	+	−	−	−	−	+	−	−	+	−	−	−	+	+	−	+	−	+	+	+	+	−	−	−	+
−	−	−	+	−	+	+	−	+	−	+	−	−	−	−	−	+	+	−	+	−	+	+	+	+	−	−	−	+	−
−	−	−	−	+	+	−	+	−	−	−	−	−	+	−	+	+	−	+	−	+	+	+	+	−	−	−	+	−	−
+	−	−	+	+	−	−	−	+	−	−	−	+	−	−	+	−	+	−	+	+	+	+	−	−	−	+	−	−	+
−	−	−	+	−	−	−	−	−	+	−	+	−	+	+	−	+	−	+	+	+	+	−	−	−	+	−	−	+	+
−	−	−	−	−	+	+	+	−	−	−	+	+	−	−	+	−	+	+	+	+	−	−	−	+	−	−	+	+	−
+	+	+	+	+	+	+	+	+	+	+	+	+	+	+	−	+	+	+	+	−	−	−	+	−	−	+	+	−	+
+	+	+	+	+	+	+	+	+	+	+	+	+	+	+	+	+	+	+	−	−	−	+	−	−	+	+	−	+	−
+	+	+	+	+	+	+	+	+	+	+	+	+	+	+	+	+	+	−	−	−	+	−	−	+	+	−	+	−	+
−	−	+	+	+	+	+	+	+	+	+	+	+	+	+	+	+	−	−	−	+	−	−	+	+	−	+	−	+	+
+	+	−	−	−	−	−	−	+	−	+	+	+	+	+	+	−	−	−	+	−	−	+	+	−	+	−	+	+	+
+	+	−	−	−	−	+	+	−	+	−	−	−	−	+	−	−	−	−	−	−	−	−	−	−	−	−	−	−	−
+	+	+	−	+	−	+	−	−	−	+	−	+	−	+	−	+	−	+	−	+	−	+	−	+	−	+	−	+	−
−	−	+	−	+	−	−	+	−	−	−	−	−	−	+	+	−	+	−	+	−	+	−	+	−	+	−	+	−	+

Tab. 5.6.6: Plan 1.35

−	−	−	−	+	+	−	+	+	+	−	+	−	−	−	+	−	−	+	−	−	−	−	−	+	−	−	+	+	−	+	−	+	+	+	+
−	−	+	+	+	−	+	+	−	+	+	+	−	−	−	−	+	+	−	−	−	−	−	+	−	−	+	+	−	+	−	+	+	+	+	−
+	+	+	−	−	+	−	−	+	+	−	−	−	+	+	+	−	+	−	−	−	−	+	−	−	+	+	−	+	−	+	+	+	+	−	−
+	−	−	+	−	−	+	+	−	−	−	−	+	−	+	+	−	−	−	+	−	+	−	−	+	+	−	+	−	+	+	+	+	−	−	−
−	+	+	+	−	−	−	−	+	−	−	−	−	−	−	−	+	−	−	+	−	−	−	+	+	−	+	−	+	+	+	+	−	−	−	+
−	+	−	−	+	−	−	−	−	−	−	−	+	−	+	−	+	−	−	−	−	−	+	+	−	+	−	+	+	+	+	−	−	−	+	−
+	+	−	−	−	+	−	+	−	−	+	−	−	+	−	−	−	−	−	+	−	+	+	−	+	−	+	+	+	+	−	−	−	+	−	−
−	−	+	−	+	+	+	−	−	−	+	−	−	−	+	−	−	−	+	−	−	+	−	+	−	+	+	+	+	−	−	−	+	−	−	+
−	−	−	−	+	−	−	−	−	−	−	−	−	−	−	+	−	+	−	+	+	−	+	−	+	+	+	+	−	−	−	+	−	−	+	+
−	−	−	+	−	−	−	+	−	−	−	+	+	+	−	−	−	+	+	−	−	+	−	+	+	+	+	−	−	−	+	−	−	+	+	−
+	+	+	+	+	−	−	+	+	+	+	−	+	+	+	+	+	+	+	+	+	−	+	+	+	+	−	−	−	+	−	−	+	+	−	+
+	+	+	+	+	+	+	+	+	+	+	+	+	+	+	+	+	+	+	+	+	+	+	+	+	−	−	−	+	−	−	+	+	−	+	−
+	+	+	+	+	+	+	+	+	+	+	+	+	+	+	+	+	+	+	+	+	+	+	+	−	−	−	+	−	−	+	+	−	+	−	+
−	−	+	−	+	+	+	+	+	−	+	+	+	+	+	+	+	+	+	+	+	+	+	−	−	−	+	−	−	+	+	−	+	−	+	+
+	+	−	+	−	+	+	−	−	+	−	+	−	−	+	−	+	+	+	+	+	+	−	−	−	+	−	−	+	+	−	+	−	+	+	+
−	+	+	+	−	+	+	−	−	+	−	+	+	+	−	+	−	−	−	−	+	−	−	−	−	−	−	−	−	−	−	−	−	−	−	−
+	−	−	−	−	−	+	−	+	+	+	−	+	−	−	−	+	−	+	−	+	−	+	−	+	−	+	−	+	−	+	−	+	−	+	−
+	−	−	−	−	−	−	−	+	−	+	+	−	+	−	−	−	−	−	−	+	+	−	+	−	+	−	+	−	+	−	+	−	+	−	+

Plan 1.36: Übersättigter Screening-Plan; $n = 24$; s. BOOTH/COX [1]: ›Tab. 5.6.7, Verf. 6.1.11.

- *Vorschläge für Generatoren zur Erzeugung von aggregierten* TFV $(2, k, n)$ (vgl. NALIMOV [1]), ›Verf. 5.2.15:

a) 3/4 VFV 2^3; $\boldsymbol{G}_1 = \mathbf{s}_1 \odot \mathbf{s}_2$; $\boldsymbol{G}_2 = \mathbf{s}_1 \odot \mathbf{s}_3$; Vorzeichen dieser Generatoren für die TFV 2^{3-2} $(+, -)$; $(-, -)$; $(-, +)$ (d. h. der erste der TFV 2^{3-2} hat die Generatoren $\boldsymbol{G}_1 = \mathbf{s}_1 \odot \mathbf{s}_2$; $\boldsymbol{G}_2 = -\mathbf{s}_1 \odot \mathbf{s}_3$).

b) 3/4 VFV 2^4; $\boldsymbol{G}_1 = \mathbf{s}_1 \odot \mathbf{s}_2 \odot \mathbf{s}_3$; $\boldsymbol{G}_2 = \mathbf{s}_1 \odot \mathbf{s}_2 \odot \mathbf{s}_4$: $(-, -)$; $(-, +)$; $(+, -)$.

c) 3/4 VFV 2^5; $\boldsymbol{G}_1 = \mathbf{s}_1 \odot \mathbf{s}_2 \odot \mathbf{s}_3$; $\boldsymbol{G}_2 = \mathbf{s}_1 \odot \mathbf{s}_4 \odot \mathbf{s}_5$: $(-, -)$; $(-, +)$; $(+, -)$.

d) 3/4 VFV 2^6; $\boldsymbol{G}_1 = \mathbf{s}_1 \odot \mathbf{s}_2 \odot \mathbf{s}_3 \odot \mathbf{s}_4$; $\boldsymbol{G}_3 = \mathbf{s}_1 \odot \mathbf{s}_2 \odot \mathbf{s}_5 \odot \mathbf{s}_6$: $(+, -)$; $(-, -)$; $(-, +)$.

e) 3/8 VFV 2^7; $\boldsymbol{G}_1 = \mathbf{s}_1 \odot \mathbf{s}_2 \odot \mathbf{s}_3 \odot \mathbf{s}_4 \odot \mathbf{s}_5$; $\boldsymbol{G}_2 = \mathbf{s}_1 \odot \mathbf{s}_2 \odot \mathbf{s}_6$; $\boldsymbol{G}_3 = \mathbf{s}_1 \odot \mathbf{s}_5 \odot \mathbf{s}_7$: $(+, -, -)$; $(+, -, +)$; $(+, +, -)$.

Tab. 5.6.7: Plan 1.36

−	−	−	−	−	−	−	−	−	−	−	−	−	−	−	−	−	−	−	−	−	−	−	+	+	+	+	+	+	+
+	+	+	+	−	+	−	+	+	−	−	+	+	−	−	+	−	+	−	−	−	−	+	+	+	+	+	+	+	+
+	+	+	−	+	−	+	+	−	−	+	+	−	−	+	−	+	−	−	−	−	+	+	+	+	+	+	+	+	+
+	+	−	+	−	+	+	−	−	+	+	−	−	+	−	+	−	−	−	−	+	+	+	+	+	+	+	+	+	+
+	−	+	−	+	+	−	−	+	+	−	−	+	−	+	−	−	−	−	+	+	+	+	−	+	−	+	−	−	−
−	+	−	+	+	−	−	+	+	−	−	+	−	+	−	−	−	−	+	+	+	+	+	−	−	−	−	+	+	+
+	−	+	+	−	−	+	+	−	−	+	−	+	−	−	−	−	+	+	+	+	+	−	−	−	+	−	+	−	−
−	+	+	−	−	+	+	−	−	+	−	+	−	−	−	−	+	+	+	+	+	−	+	−	+	−	−	+	−	+
+	+	−	−	+	+	−	−	+	−	+	−	−	−	−	+	+	+	+	+	−	+	−	+	−	+	−	−	−	+
+	−	−	+	+	−	−	+	−	+	−	−	−	−	+	+	+	+	+	−	+	−	+	+	−	−	+	+	−	−
−	−	+	+	−	−	+	−	+	−	−	−	−	+	+	+	+	+	−	+	−	+	+	+	+	+	+	+	−	−
−	+	+	−	−	+	−	+	−	−	−	−	+	+	+	+	+	−	+	−	+	+	−	+	−	−	−	−	+	−
+	+	−	−	+	−	+	−	−	−	−	+	+	+	+	+	−	+	−	+	+	−	−	+	+	+	+	+	+	+
+	−	−	+	−	+	−	−	−	−	+	+	+	+	+	−	+	−	+	+	−	−	+	+	+	+	+	+	+	+
−	−	+	−	+	−	−	−	−	+	+	+	+	+	−	+	−	+	+	−	−	+	+	−	−	−	+	−	+	+
−	+	−	+	−	−	−	−	+	+	+	+	+	−	−	−	+	+	−	−	+	+	−	+	−	−	−	−	−	−
+	−	+	−	−	−	−	+	+	+	+	+	−	+	−	+	+	−	−	+	+	−	−	−	−	+	−	−	−	−
−	+	−	−	−	−	+	+	+	+	+	−	+	−	+	+	−	−	+	+	−	−	+	−	+	+	−	−	−	−
+	−	−	−	−	+	+	+	+	+	−	+	−	+	+	−	−	+	+	−	−	+	−	+	+	−	−	−	+	−
−	−	−	−	+	+	+	+	+	−	+	−	+	+	+	−	+	+	−	−	+	−	+	−	−	−	−	−	−	+
−	−	−	+	+	+	+	+	−	+	−	+	+	−	−	+	+	−	−	+	−	+	−	−	+	−	−	−	+	−
−	−	+	+	+	+	+	−	+	−	+	+	−	−	+	+	−	−	+	−	+	−	−	−	−	−	+	−	−	−
−	+	+	+	+	+	−	+	−	+	+	−	−	+	+	−	−	+	−	+	−	−	−	−	−	+	+	−	−	+
+	+	+	+	+	−	+	−	+	+	−	−	+	+	−	−	+	−	+	−	−	−	−	−	−	−	−	+	+	−

- *Vorschläge für Blockzerlegung von* VFV 2^k, TFV 2^{k-p}

a) VFV 2^3: Block 1: *c, a, b, abc*; Block 2: (1), *ac, bc, ab*.

b) VFV 2^4: Bsp. 5.2.32, Tab. 5.2.18.

c) TFV 2^{5-1}: Bsp. 5.2.33, Tab. 5.2.19, Bsp. 5.2.34, Tab. 5.2.20.

d) TFV 2^{5-2} mit $G_1 = \mathbf{s}_1 \odot \mathbf{s}_2 \odot \mathbf{s}_5$; $G_2 = \mathbf{s}_3 \odot \mathbf{s}_4 \odot \mathbf{s}_5$; $\mathbf{s}_1^B = \mathbf{s}_1 \odot \mathbf{s}_3 = \mathbf{s}_2 \odot \mathbf{s}_4$; $\mathbf{s}_2^B = \mathbf{s}_2 \odot \mathbf{s}_3 = \mathbf{s}_1 \odot \mathbf{s}_4$.
Block 1: *abe, cde*; Block 2: *bd, ac*; Block 3: *ad, bc*; Block 4: (1), *abcde*.

e) TFV 2^{6-1} mit $G_1 = \mathbf{s}_1 \odot \mathbf{s}_2 \odot \mathbf{s}_3 \odot \mathbf{s}_4 \odot \mathbf{s}_5 \odot \mathbf{s}_6$; $\mathbf{s}_1^B = \mathbf{s}_1 \odot \mathbf{s}_2 \odot \mathbf{s}_3 = \mathbf{s}_4 \odot \mathbf{s}_5 \odot \mathbf{s}_6$.
Block 1: (1), *de, df, ef, ab, ac, bc, abde, abdf, abef, acde, acdf, acef, bcde, bcdf, bcef*;
Block 2: *ad, ae, af, bd, bf, be, cd, ce, cf, adef, bdef, cdef, abcd, abce, abcf, abcdef*.

f) TFV 2^{6-1} mit $G_1 = \mathbf{s}_1 \odot \mathbf{s}_2 \odot \mathbf{s}_3 \odot \mathbf{s}_4 \odot \mathbf{s}_5 \odot \mathbf{s}_6$; $\mathbf{s}_1^B = \mathbf{s}_1 \odot \mathbf{s}_2 \odot \mathbf{s}_3 = \mathbf{s}_4 \odot \mathbf{s}_5 \odot \mathbf{s}_6$; $\mathbf{s}_2^B = \mathbf{s}_1 \odot \mathbf{s}_2 \odot \mathbf{s}_4 = \mathbf{s}_3 \odot \mathbf{s}_5 \odot \mathbf{s}_6$.
Block 1: (1), *ef, ab, abef, acde, acdf, bcde, bcdf*;
Block 2: *de, df, ac, bc, abde, abdf, acef, bcef*;
Block 3: *ae, af, be, bf, cd, abcd, cdef, abcdef*;
Block 4: *ad, bd, ce, cf, abce, abcf, adef, bdef*.

g) TFV 2^{6-3} mit $G_1 = \mathbf{s}_1 \odot \mathbf{s}_2 \odot \mathbf{s}_5$; $G_2 = \mathbf{s}_1 \odot \mathbf{s}_3 \odot \mathbf{s}_7$; $G_3 = \mathbf{s}_1 \odot \mathbf{s}_2 \odot \mathbf{s}_3 \odot \mathbf{s}_4$; $\mathbf{s}_1^B = \mathbf{s}_2 \odot \mathbf{s}_3 = \mathbf{s}_1 \odot \mathbf{s}_4 = \mathbf{s}_5 \odot \mathbf{s}_6$.
Block 1: *bdf, abe, cde, acf*.
Block 2: *ef, ad, bc, abcdef* (vgl. Box, G. E. P./Hunter, J. S. [2]).

h) TFV 2^{8-4} mit $G_1 = \mathbf{s}_1 \odot \mathbf{s}_2 \odot \mathbf{s}_3 \odot \mathbf{s}_5$; $G_2 = \mathbf{s}_1 \odot \mathbf{s}_2 \odot \mathbf{s}_4 \odot \mathbf{s}_6$; $G_3 = \mathbf{s}_1 \odot \mathbf{s}_3 \odot \mathbf{s}_4 \odot \mathbf{s}_7$; $G_4 = \mathbf{s}_2 \odot \mathbf{s}_3 \odot \mathbf{s}_4 \odot \mathbf{s}_8$ und $\mathbf{s}_1^B = \mathbf{s}_3 \odot \mathbf{s}_4 = \mathbf{s}_5 \odot \mathbf{s}_6 = \mathbf{s}_1 \odot \mathbf{s}_7$

$= s_2 \odot s_8; s_2^B = s_2 \odot s_4 = s_1 \odot s_6 = s_5 \odot s_7 = s_3 \odot s_8; s_3^B = s_1 \odot s_4 = s_2 \odot s_6$
$= s_3 = s_7 = s_5 \odot s_8$.

Block 1: *abce, dfgh*; Block 2: *abgh, cdef*; Block 3: *acfh, bdeg*; Block 4: *aefg, bcdh*; Block 5: *bcfg, adeh*; Block 6: *befh, acdg*; Block 7: *cegh, abdf*; Block 8: (1), *abcdefgh*.

Weitere Vorschläge für Blockzerlegungen findet man z. B. in NALIMOV/ČERNOVA [1], COCHRAN/COX [1], BOX, G. E. P./HUNTER, J. S. [2].

5.6.2. Pläne 2. Ordnung

Bei der *Codierung* bedeutet das Auftreten eines Buchstabens *a*, *b*, *c*, ... im Produkt für einen Versuchspunkt, daß der zugehörige Faktor auf die mittlere Stufe 0 einzustellen ist. Entsprechend ist beim Auftreten von $a^2, b^2, c^2, \ldots$ der Faktor auf die oberste Stufe +1 und beim Nichtauftreten des Buchstabens auf die unterste Stufe −1 einzustellen. Man beachte den Unterschied zur Codierung von Plänen 1. Ordnung •

Als Versuchsbereich wird zuerst der *Hypereinheitswürfel* betrachtet.

$k = 2$:

Plan 2.1*: Simplex-Summen-Plan kleinsten Umfangs; $n = 7$, ›Tab. 5.6.8, Verf. 5.3.17.

Plan 2.2*: Simplex-Summen-Plan kleinsten Umfangs; $n = 7$, ›Tab. 5.6.9, Verf. 5.3.17.

Tab. 5.6.8: Plan 2.1*

Versuchs-Nr.	x_1	x_2
1	0,268	−1,000
2	−1,000	0,268
3	0,732	0,732
4	−1,000	−1,000
5	1,000	−0,268
6	−0,268	1,000
7	0,000	0,000

Tab. 5.6.9: Plan 2.2*

Versuchs-Nr.	x_1	x_2
1	0,474	−1,000
2	−1,000	0,474
3	1,000	1,000
4	−1,000	−1,000
5	1,000	−0,072
6	−0,072	1,000
7	0,000	0,000

Plan 2.3*: VFV 3^2; $n = 9$; ›Bsp. 5.3.1, Tab. 5.3.1.

Plan 2.4: TFV (3, 2, 9); $n = 9$; ›Bsp. 5.3.7, Tab. 5.3.5.

$k = 3$:

Plan 2.5*: Nichtsymmetrischer näherungsweise *D*-optimaler Plan $n = 10$: b^2c, a^2c^2, a^2b^2, a^2, $a^2b^2c^2$, bc^2, ac^2, abc, c, b.

Plan 2.6*: Symmetrischer näherungsweise *D*-optimaler Plan; $n = 13$; TFV (3, 3, 13) = HTV (1, 0, 1) + $V_{1(0)}$.

Plan 2.7*: Box/BEHNKEN-Plan; $n = 15$: TFV (3, 3, 15) = HTV (1, 0, 1) + $V_{3(0)}$.

Plan 2.8: TFV (3, 3, 15) = ZZV (3, 3, 15); $n = 15$; ›Bsp. 5.3.6, Tab. 5.3.4.

Plan 2.9*: VFV 3^3; $n = 27$; ›Bsp. 5.3.2, Tab. 5.3.2.

$k = 4$:

Plan 2.10*: RECHTSCHAFFNER-Plan, $n = 15$; ›Bsp. 5.3.9, Verf. 5.3.7.

Plan 2.11: BOX-DRAPER-Plan, $n = 15$; ›Bsp. 5.3.10, Tab. 5.3.9.

Plan 2.12*: Nichtsymmetrischer näherungsweise D-optimaler Plan, $n = 15$: $b^2c^2d^2$, $a^2c^2d^2$, $a^2b^2d^2$, a^2b^2, a^2c^2, d^2, (1), ab^2c^2, bc^2, b^2c, a^2d, b^2d, c^2d, $a^2b^2c^2d$, $abcd$.

Plan 2.13*: Simplex-Summen-Plan kleinsten Umfangs, $n = 16$, ›Tab. 5.6.10, Verf. 5.3.17.

Tab. 5.6.10: Plan 2.13*

Versuchs-Nr.	x_1	x_2	x_3	x_4
1	−1,000	+1,000	0,000	−0,667
2	+1,000	0,000	−1,000	−0,667
3	0,000	−1,000	+1,000	−0,667
4	−0,707	−0,707	−0,707	+1,000
5	+0,707	+0,707	+0,707	+1,000
6	0,000	+0,750	−0,750	−1,000
7	−0,750	0,000	+0,750	−1,000
8	−1,000	+0,172	−0,414	+0,195
9	−0,172	+1,000	+0,414	+0,195
10	+0,750	−0,750	0,000	−1,000
11	+0,172	−0,414	−1,000	+0,195
12	+1,000	+0,414	−0,172	+0,195
13	−0,414	−1,000	+0,172	+0,195
14	+0,414	−0,172	+1,000	+0,195
15	0,000	0,000	0,000	+1,000
16	0,000	0,000	0,000	0,000

Plan 2.14*: Simplex-Summen-Plan kleinsten Umfangs, $n = 16$, ›Tab. 5.6.11, Verf. 5.3.17.

Tab. 5.6.11: Plan 2.14*

Versuchs-Nr.	x_1	x_2	x_3	x_4
1	+1,000	−1,000	−1,000	−1,000
2	−1,000	+1,000	−1,000	−1,000
3	−1,000	−1,000	+1,000	−1,000
4	−1,000	−1,000	−1,000	+1,000
5	+0,618	+0,618	+0,618	+0,618
6	0,000	0,000	−1,000	−1,000
7	0,000	−1,000	0,000	−1,000
8	0,000	−1,000	−1,000	0,000
9	+1,000	−0,176	−0,176	−0,176
10	−1,000	0,000	0,000	−1,000
11	−1,000	0,000	−1,000	0,000
12	−0,176	+1,000	−0,176	−0,176
13	−1,000	−1,000	0,000	0,000
14	−0,176	−0,176	+1,000	−0,176
15	−0,176	−0,176	−0,176	+1,000
16	0,000	0,000	0,000	0,000

Plan 2.15*: HARTLEY-KÔNO-Plan; $n = 18$: a^2, b^2, c^2, $a^2b^2c^2$, a^2d^2, b^2d^2, $a^2b^2c^2d^2$, $abcd$, ab^2d^2, b, $a^2bc^2d^2$, b^2d, bc^2d^2, ab^2c^2, a^2c^2d, a^2cd^2, ac^2.

Plan 2.16: HARTLEY-Plan; $n = 20$, ›Bsp. 5.3.8, Tab. 5.3.6, Verf. 5.3.6.

Plan 2.17*: BOX-BEHNKEN-Plan; $n = 27$: TFV (3, 4, 27) = HTV (2, 0, 1) + $V_{3(0)}$.

Plan 2.18: TFV 3^{4-1}; $n = 27$; ›Bsp. 5.3.4, Tab. 5.3.3.

Plan 2.19*: VFV 3^4; $n = 81$, ›Bsp. 5.3.3.

$k = 5$:

Plan 2.20*: Simplex-Summen-Plan kleinsten Umfangs; $n = 22$, ›Tab. 5.6.12, Verf. 5.3.17.

Tab. 5.6.12: Plan 2.20*

Versuchs-Nr.	x_1	x_2	x_3	x_4	x_5
1	+0,384	−1,000	−1,000	+1,000	−0,182
2	+1,000	−1,000	+1,000	−0,182	+0,384
3	−1,000	+1,000	−0,182	+0,384	−1,000
4	+1,000	−0,182	+0,384	−1,000	−1,000
5	−0,182	+0,382	−1,000	−1,000	+1,000
6	+0,798	+0,798	+0,798	+0,798	+0,798
7	−0,308	−1,000	0,000	+0,409	+0,101
8	−0,445	0,000	−0,854	+1,000	−0,854
9	+1,000	−0,854	−0,445	0,000	−0,854
10	+0,101	−0,308	−1,000	0,000	+0,409
11	+0,657	−0,112	−0,112	+1,000	+0,343
12	−1,000	0,000	+0,409	+0,101	−0,308
13	0,000	−0,854	+1,000	−0,854	−0,445
14	−0,854	−0,445	0,000	−0,854	+1,000
15	−0,112	−0,112	+1,000	+0,343	+0,657
16	0,000	+0,409	+0,101	+0,308	−1,000
17	−0,854	+1,000	−0,854	−0,445	0,000
18	−0,112	+1,000	+0,343	+0,657	−0,112
19	+0,409	+0,101	−0,308	−1,000	0,000
20	+1,000	+0,343	+0,657	−0,112	−0,112
21	+0,343	+0,657	−0,112	−0,112	+1,000
22	0,000	0,000	0,000	0,000	0,000

Tab. 5.6.13: Plan 2.21*

Versuchs-Nr.	x_1	x_2	x_3	x_4	x_5
1	+0,814	−1,000	−1,000	+1,000	−0,047
2	−1,000	−1,000	+1,000	−0,047	+0,814
3	−1,000	+1,000	−0,047	+0,814	−1,000
4	+1,000	−0,047	+0,814	−1,000	−1,000
5	−0,047	+0,814	−1,000	−1,000	+1,000
6	+1,000	+1,000	+1,000	+1,000	+1,000
7	−0,093	−1,000	0,000	+0,476	+0,383
8	−0,113	−0,015	−0,602	+1,000	−0,602
9	+1,000	−0,602	−0,119	−0,015	−0,602
10	+0,383	−0,093	−1,000	0,000	+0,476
11	+0,907	0,000	0,000	+1,000	+0,476
12	−1,000	0,000	+0,476	+0,383	−0,093
13	−0,015	−0,602	+1,000	−0,602	−0,119
14	−0,602	−0,119	−0,015	−0,602	+1,000
15	0,000	0,000	+1,000	+0,476	+0,907
16	0,000	+0,476	+0,383	−0,093	−1,000
17	−0,602	+1,000	−0,602	−0,119	−0,015
18	0,000	+1,000	+0,476	+0,907	0,000
19	+0,476	+0,383	−0,093	−1,000	0,000
20	+1,000	+0,476	+0,907	0,000	0,000
21	+0,476	+0,907	0,000	0,000	+1,000
22	0,000	0,000	0,000	0,000	0,000

Plan 2.21*: Simplex-Summen-Plan kleinsten Umfangs; $n = 22$, ›Tab. 5.6.13, Verf. 5.3.17.

Plan 2.22*: Nichtsymmetrischer näherungsweise D-optimaler Plan TFV (3, 5, 28); $n = 28$: $a^2b^2e^2$, $a^2c^2e^2$, $a^2b^2d^2$, $bc^2d^2e^2$, $ac^2d^2e^2$, b^2d^2e, ab^2c^2, a, $a^2b^2c^2d^2e$, b^2c^2d, a^2b^2c, b^2ce^2, c^2e, $a^2b^2cd^2e^2$, b, cd^2, a^2c^2d, de^2, $a^2b^2c^2de^2$, a^2d^2e, $abcde$, $a^2bc^2d^2$, a^2e^2, $a^2bc^2d^2$, a^2e^2, $a^2bd^2e^2$, b^2, d^2, $b^2d^2e^2$, $b^2c^2e^2$ (weitere Pläne dieses Typs für $n = 30$; 34; 40 in GOLIKOVA/PANČENKO/FRIDMAN [1]).

Plan 2.23*: BOX-BEHNKEN-Plan; $n = 46$: TFV (3, 5, 46) = HTV (3, 0, 1) + $V_{6(0)}$.

Plan 2.24*: KIEFER-Plan; $n = 52$; TFV (3, 5, 52) = 2×TFV (3, 5, 16) + TFV (3, 5, 20)
TFV (3, 5, 16): e^2, a^2, b^2, $a^2b^2e^2$, c^2, $a^2c^2e^2$, $b^2c^2e^2$, $a^2b^2c^2$, d^2, a^2d^2, $b^2d^2e^2$, $a^2b^2d^2$, $c^2d^2e^2$, $a^2c^2d^2$, $b^2c^2d^2$, $a^2b^2c^2d^2e^2$.
TFV (3, 5, 20): $abc^2d^2e^2$, $a^2bcd^2e^2$, abe^2, c^2de, acd^2e^2, bcd^2e^2, bc^2d^2e, b^2cd^2e, a^2bc, a^2bd, ab^2d^2e, ab^2ce^2, a^2bce^2, bc^2d, ab^2c^2e, a^2b^2de, a^2b^2ce, ad, bd, be.

Plan 2.25: KIEFER-Plan; $n = 52$; TFV (3, 5, 52) = VFV 2^5 + TFV (3, 5, 20); TFV (3, 5, 20) aus Plan 2.24*, s. NALIMOV [1].

$k = 6$:

Plan 2.26*: Simplex-Summen-Plan kleinsten Umfangs; $n = 29$; ›Tab. 5.6.14, Verf. 5.3.17.

Tab. 5.6.14: Plan 2.26*

Versuchs-Nr.	x_1	x_2	x_3	x_4	x_5	x_6
1	−1,000	−1,000	+1,000	+1,000	0,000	+1,000
2	−1,000	+1,000	−1,000	0,000	+1,000	+1,000
3	+1,000	−1,000	0,000	−1,000	+1,000	+1,000
4	+1,000	0,000	−1,000	+1,000	−1,000	+1,000
5	0,000	+1,000	+1,000	−1,000	−1,000	+1,000
6	−0,708	−0,708	−0,708	−0,708	−0,708	−1,000
7	+0,708	+0,708	+0,708	+0,708	+0,708	−1,000
8	−1,000	0,000	0,000	+0,500	+0,500	+1,000
9	0,000	−1,000	+0,500	0,000	+0,500	+1,000
10	0,000	−0,500	0,000	+1,000	−0,500	+1,000
11	−0,500	0,000	+1,000	0,000	−0,500	+1,000
12	−1,000	−1,000	+0,172	+0,172	−0,414	−0,073
13	−0,172	−0,172	+1,000	+1,000	+0,414	−0,073
14	0,000	0,000	−0,500	−0,500	+1,000	+1,000
15	0,000	+0,500	−1,000	+0,500	0,000	+1,000
16	−0,500	+1,000	0,000	−0,500	0,000	+1,000
17	−1,000	+0,172	−1,000	−0,414	+0,172	−0,073
18	−0,172	+1,000	−0,172	+0,414	+1,000	−0,073
19	+1,000	−0,500	−0,500	0,000	0,000	+1,000
20	+0,500	0,000	+0,500	−1,000	0,000	+1,000
21	+0,172	−1,000	−0,414	−1,000	+0,172	−0,073
22	+1,000	−0,172	+0,414	−0,172	+1,000	−0,073
23	+0,500	+0,500	0,000	0,000	−1,000	+1,000
24	+0,172	−0,414	−1,000	+0,172	−1,000	−0,073
25	+1,000	+0,414	−0,172	+1,000	−0,172	−0,073
26	−0,414	+0,172	+0,172	−1,000	−1,000	−0,073
27	+0,414	+1,000	+1,000	−0,172	−0,172	−0,073
28	0,000	0,000	0,000	0,000	0,000	−1,000
29	0,000	0,000	0,000	0,000	0,000	0,000

Plan 2.27*: Nichtsymmetrischer näherungsweise D-optimaler Plan TFV (3, 6, 29); $n = 29$: d^2e^2f, $b^2e^2f^2$, $c^2d^2e^2f^2$, a^2bf^2, a^2e^2, $a^2b^2c^2e^2f^2$, $b^2c^2f^2$, $a^2b^2d^2e^2$, c^2d^2, $a^2d^2e^2f^2$, a^2d^2e, $ab^2c^2d^2e^2$, $a^2c^2d^2e^2f$, $b^2cd^2e^2f^2$, a^2b^2c, ab^2d^2, ac^2, $a^2b^2c^2d^2$, ad^2e^2, bd^2f^2, bc^2e^2, b, $a^2b^2c^2d^2ef^2$, cf^2, $a^2c^2de^2$, a^2d, $a^2c^2d^2ef^2$, $abcdef$, $a^2c^2ef^2$ (weitere Pläne dieses Typs für $n = 35; 45; 60$ in GOLIKOVA/PANČENKO/FRIDMAN [1]).

Plan 2.28: HARTLEY-KÔNO-Plan; $n = 44$; s. NALIMOV [1]; TFV (3, 6, 44) = TFV (3, 6, 16) + TFV (3, 6, 28); TFV (3, 6, 16): HARTLEY-Kern, Plan 1.19; TFV (3, 6, 28): $abcdef$, $a^2ce^2f^2$, $ab^2c^2d^2f^2$, de^2, ef^2, $ac^2d^2e^2$, $b^2c^2ef^2$, $a^2c^2df^2$, bc^2, $b^2cd^2e^2f^2$, a^2b, ac^2f^2, de^2f^2, $a^2b^2c^2de^2f^2$, bf^2, $ac^2e^2f^2$, $a^2b^2ef^2$, a^2d^2f, a^2b^2d, $a^2bc^2e^2f^2$, $ad^2e^2f^2$, $b^2d^2e^2f$, $a^2b^2c^2d^2e$, cf^2, a^2df^2, ab^2e^2, $b^2cd^2e^2$, bd^2f^2.

Plan 2.29*: BOX-BEHNKEN-Plan; $n = 54$: TFV (3, 6, 54) $= \sum_{j=1}^{6}$ TFV$_j$ (3, 6, 8) $+ V_{6(0)}$. In TFV$_j$ (3, 6, 8) durchlaufen 3 der Faktoren einen VFV 2^3: $j = 1$: x_1, x_2, x_4; $j = 2$: x_2, x_3, x_5; $j = 3$: x_3, x_4, x_6; $j = 4$: x_1, x_4, x_5; $j = 5$: x_2, x_5, x_6; $j = 6$: x_1, x_3, x_6; die anderen 3 Faktoren haben jeweils den Wert 0.

$k = 7$:

Plan 2.30*: Simplex-Summen-Plan kleinsten Umfangs; $n = 37$: $e^2f^2g^2$, $a^2d^2e^2$, $b^2d^2e^2$, $a^2b^2g^2$, $c^2d^2g^2$, $a^2c^2e^2$, $b^2c^2f^2$, $a^2b^2c^2d^2e^2f^2g^2$, $adef^2g$, bde^2fg, $abefg^2$, $cdefg^2$, ace^2fg, $bcef^2g$, $abcde^2f^2g^2$, abd^2ef, a^2bdfg, acd^2fg, a^2cdef, $abcdf^2$, $a^2bcd^2ef^2g$, ab^2deg, bcd^2eg, $abcde^2$, b^2cdef, $ab^2cd^2e^2fg$, $abcdg^2$, a^2bceg, ab^2cfg, $a^2b^2cdefg^2$, ac^2deg, bc^2dfg, $abc^2d^2efg^2$, abc^2ef, $a^2bc^2de^2fg$, $ab^2c^2def^2g$, $abcdefg$, ›Verf. 5.3.17.

Plan 2.31*: BOX-BEHNKEN-Plan; $n = 62$: TFV (3, 7, 62) $= \sum_{j=1}^{7}$ TFV$_j$ (3, 7, 8) $+ V_{6(0)}$. In TFV$_j$ (3, 7, 8) durchlaufen 3 der Faktoren einen VFV 2^3: $j = 1$: x_4, x_5, x_6; $j = 2$: x_1, x_6, x_7; $j = 3$: x_2, x_5, x_7; $j = 4$: x_1, x_2, x_4; $j = 5$: x_3, x_4, x_7; $j = 6$: x_1, x_3, x_5; $j = 7$: x_2, x_3, x_6; die anderen 4 Faktoren haben jeweils den Wert 0.

- Als Versuchsbereich wird nun die *Hyperkugel* mit dem Radius $\sqrt{k}$ betrachtet.

$k = 2$:

Plan 2.32: Drehbarer V_6 aus Bsp. 5.3.17, Tab. 5.3.17, Abb. 5.3.5.

Plan 2.33: Simplex-Summen-Plan kleinsten Umfangs, $n = 7$: ›Tab. 5.6.15, Vert. 5.3.17.

Tab. 5.6.15: Plan 2.33

Versuchs-Nr.	x_1	x_2
1	1,2247	0,7071
2	−1,2247	0,7071
3	0,0000	−1,4142
4	0,0000	1,4142
5	1,2247	−0,7071
6	−1,2247	−0,7071
7	0,0000	0,0000

$k = 3$:

Plan 2.34: Symmetrischer näherungsweise D-optimaler Plan; $n = 13$: 1,2247 · HTV (1, 0, 1) + $V_{1(0)}$.

Plan 2.35: ZZV (3, 3, 15); regulär; ›Bsp. 5.3.11, Tab. 5.3.10, ›Verf. 5.3.9.

Plan 2.36: ZZV (3, 3, 15); orthogonal für $\tilde{S}(3, 2, 3)$; ›Bsp. 5.3.12, Tab. 5.3.11, Verf. 5.3.10.

Plan 2.37: ZZV (3, 3, 15); drehbar; ›Bsp. 5.3.13, Tab. 5.3.13, ›Verf. 5.3.11.

Plan 2.38: ZZV (3, 3, 20); näherungsweise uniform drehbar; ›Bsp. 5.3.15, Verf. 5.3.13.

Plan 2.39: ZZV (3, 3, 23); drehbar, quasi-orthogonal; ›Bsp. 5.3.14, Verf. 5.3.12.

$k = 4$:

Plan 2.40*: Simplex-Summen-Plan kleinsten Umfangs; $n = 16$; ›Tab. 5.6.16, Verf. 5.3.17.

Tab. 5.6.16: Plan 2.40*

Versuchs-Nr.	x_1	x_2	x_3	x_4
1	1,580	0,912	0,644	0,498
2	−1,580	0,912	0,644	0,498
3	0,000	−1,824	0,644	0,498
4	0,000	0,000	−1,936	0,498
5	0,000	0,000	0,000	−2,000
6	0,000	1,490	1,054	0,816
7	1,290	−0,744	1,054	0,816
8	1,290	0,744	−1,054	0,816
9	1,290	0,744	0,526	−1,224
10	−1,290	−0,744	1,054	0,816
11	−1,290	0,744	−1,054	0,816
12	−1,290	0,744	0,526	−1,224
13	0,000	−1,490	−1,054	0,816
14	0,000	−1,490	0,526	−1,224
15	0,000	0,000	−1,580	−1,224
16	0,000	0,000	0,000	0,000

Plan 2.41: ZZV (3, 4, 20); HARTLEY-Plan; $n = 20$; ›Bsp. 5.3.16, Tab. 5.3.16, Verf. 5.3.14.

Plan 2.42*: Nichtsymmetrischer Simplex-Summen-Plan; $n = 25$: $V_{20} + V_{5(0)}$; V_{20} ›Tab. 5.6.17, › Verf. 5.3.17.

Plan 2.43*: Box-BEHNKEN-Plan; $n = 27$: 1,414 · TFV (3, 4, 27) mit Plan 2.17*.

$k = 5$:

Plan 2.44*: Simplex-Summen-Plan kleinsten Umfangs; $n = 22$: ›Tab. 5.6.18, Verf. 5.3.17.

Plan 2.45*: Nichtsymmetrischer Simplex-Summen-Plan; $n = 32$: $V_{27} + V_{5(0)}$; V_{27} ›Tab. 5.6.19, Verf. 5.3.17.

Plan 2.46*: Drehbarer Simplex-Summen-Plan; $n = 40$; $V_{32} + V_{8(0)}$; V_{32} ›Tab. 5.6.20, Verf. 5.3.17.

Plan 2.47*: Box-BEHNKEN-Plan; $n = 46$: 1,580 · TFV (3, 5, 46) mit Plan 2.23*.

Tab. 5.6.17: V_{20} für Plan 2.42*

Versuchs-Nr.	x_1	x_2	x_3	x_4
1	1,210	0,680	0,494	0,382
2	−1,210	0,680	0,494	0,382
3	0,000	−1,396	0,494	0,382
4	0,000	0,000	−1,482	0,382
5	0,000	0,000	0,000	−1,530
6	−1,576	−0,910	−0,642	−0,498
7	1,576	−0,910	−0,642	−0,498
8	0,000	1,820	−0,642	−0,498
9	0,000	0,000	1,930	−0,498
10	0,000	0,000	0,000	2,000
11	0,000	1,490	1,054	0,816
12	1,290	−0,744	1,054	0,816
13	1,290	0,744	−1,054	0,816
14	1,290	0,744	0,526	−1,224
15	−1,290	−0,744	1,054	0,816
16	−1,290	0,744	−1,054	0,816
17	−1,290	0,744	0,526	−1,224
18	0,000	−1,490	−1,054	0,816
19	0,000	−1,490	0,526	−1,224
20	0,000	0,000	−1,560	−1,224

Tab. 5.6.18: Plan 2.44*

Versuchs-Nr.	x_1	x_2	x_3	x_4	x_5
1	1,730	1,000	0,707	0,545	0,447
2	−1,730	1,000	0,707	0,545	0,447
3	0,000	−2,000	0,707	0,547	0,447
4	0,000	0,000	−2,118	0,547	0,447
5	0,000	0,000	0,000	−2,182	0,447
6	0,000	0,000	0,000	0,000	−2,236
7	0,000	1,578	1,111	0,863	0,707
8	1,361	−0,738	1,111	0,863	0,707
9	1,361	0,738	−1,111	0,863	0,707
10	1,361	0,738	0,556	−1,292	0,707
11	1,361	0,738	0,556	0,431	−1,414
12	−1,361	−0,738	1,111	0,863	0,707
13	−1,361	0,738	−1,111	0,863	0,707
14	−1,361	0,738	0,556	−1,292	0,707
15	−1,361	0,738	0,556	0,431	−1,414
16	0,000	−1,578	−1,111	0,863	0,707
17	0,000	−1,578	0,556	−1,292	0,707
18	0,000	−1,578	0,556	0,431	−1,414
19	0,000	0,000	−1,675	−1,292	0,707
20	0,000	0,000	−1,675	0,431	−1,414
21	0,000	0,000	0,000	−1,729	−1,414
22	0,000	0,000	0,000	0,000	0,000

$k = 6$:

Plan 2.48*: Simplex-Summen-Plan kleinsten Umfangs; $n = 29$: ›Tab. 5.6.21, Verf. 5.3.17.

Plan 2.49*: Box-Behnken-Plan; $n = 54$: 1,414 · TFV (3, 6, 54) mit Plan 2.29*.

Tab. 5.6.19: V_{27} zum Plan 2.45*

Versuchs-Nr.	x_1	x_2	x_3	x_4	x_5
1	1,368	0,790	0,557	0,432	0,352
2	−1,368	0,790	0,557	0,432	0,352
3	0,000	−1,580	0,557	0,432	0,352
4	0,000	0,000	−1,678	0,432	0,352
5	0,000	0,000	0,000	−1,730	0,352
6	0,000	0,000	0,000	0,000	−1,768
7	1,368	0,790	0,557	0,432	0,352
8	−1,368	0,790	0,557	0,432	0,352
9	0,000	−1,580	0,557	0,432	0,352
10	0,000	0,000	−1,678	0,432	0,352
11	0,000	0,000	0,000	−1,730	0,352
12	0,000	0,000	0,000	0,000	−1,768
13	0,000	−1,580	−1,115	−0,865	−0,707
14	−1,368	0,790	−1,115	−0,865	−0,707
15	−1,368	−0,790	1,115	−0,865	−0,707
16	−1,368	−0,790	−0,557	1,296	−0,707
17	−1,368	−0,790	−0,557	−0,432	1,414
18	1,368	0,790	−1,115	−0,865	−0,707
19	1,368	−0,790	1,115	−0,865	−0,707
20	1,368	−0,790	−0,557	1,296	−0,707
21	1,368	−0,790	−0,557	−0,432	1,414
22	0,000	1,580	1,115	−0,865	−0,707
23	0,000	1,580	−0,557	1,296	−0,707
24	0,000	1,580	−0,557	−0,432	1,414
25	0,000	0,000	1,678	1,296	−0,707
26	0,000	0,000	1,678	−0,432	1,414
27	0,000	0,000	0,000	1,730	1,414

Tab. 5.6.20: V_{32} zum Plan 2.46*

Versuchs-Nr.	x_1	x_2	x_3	x_4	x_5
1	1,693	0,979	0,693	0,536	0,438
2	−1,693	0,979	0,693	0,536	0,438
3	0,000	−1,960	0,693	0,536	0,438
4	0,000	0,000	−2,079	0,536	0,438
5	0,000	0,000	0,000	−2,144	0,438
6	0,000	0,000	0,000	0,000	−2,190
7	0,000	0,000	1,580	1,223	1,000
8	0,000	1,488	−0,526	1,223	1,000
9	0,000	1,488	1,052	−0,816	1,000
10	0,000	1,488	1,052	0,816	−1,000
11	1,289	−0,744	−0,526	1,223	1,000
12	1,289	−0,744	1,052	−0,816	1,000
13	1,289	−0,744	1,052	0,816	−1,000
14	1,289	0,744	−1,052	−0,816	1,000
15	1,289	0,744	−1,052	0,816	−1,000
16	1,289	0,744	0,526	−1,223	−1,000
17	−1,289	−0,744	−0,526	1,223	1,000
18	−1,289	−0,744	1,052	−0,816	1,000
19	−1,289	−0,744	1,052	0,816	−1,000
20	−1,289	0,744	−1,052	−0,816	1,000
21	−1,289	0,744	−1,052	0,816	−1,000
22	−1,289	0,744	0,526	−1,223	−1,000
23	0,000	−1,488	−1,052	−0,816	1,000
24	0,000	−1,488	−1,052	0,816	−1,000

(Fortsetzung von Tab. 5.6.20)

Versuchs-Nr.	x_1	x_2	x_3	x_4	x_5
25	0,000	−1,488	0,526	−1,223	−1,000
26	0,000	0,000	−1,580	−1,223	−1,000
27	0,000	0,000	0,000	0,000	2,190
28	0,000	0,000	0,000	2,144	−0,438
29	0,000	0,000	2,079	−0,536	−0,438
30	0,000	1,960	−0,693	−0,536	−0,438
31	1,693	−0,979	−0,693	−0,536	−0,438
32	−1,693	−0,979	−0,693	−0,536	−0,438

Tab. 5.6.21: Plan 2.48*

Versuchs-Nr.	x_1	x_2	x_3	x_4	x_5	x_6
1	1,868	1,078	0,762	0,590	0,482	0,406
2	−1,868	1,078	0,762	0,590	0,482	0,406
3	0,000	−2,158	0,762	0,590	0,482	0,406
4	0,000	0,000	−2,286	0,590	0,482	0,406
5	0,000	0,000	0,000	−2,362	0,482	0,406
6	0,000	0,000	0,000	0,000	−2,412	0,406
7	0,000	0,000	0,000	0,000	0,000	−2,442
8	0,000	1,670	1,182	0,916	0,747	0,632
9	1,448	−0,835	1,182	0,916	0,747	0,632
10	1,448	0,835	−1,182	0,916	0,747	0,632
11	1,448	0,835	0,590	−1,372	0,747	0,632
12	1,448	0,835	0,590	0,458	−1,496	0,632
13	1,448	0,835	0,590	0,458	0,372	−1,580
14	−1,448	−0,835	1,182	0,916	0,747	0,632
15	−1,448	0,835	−1,182	0,916	0,747	0,632
16	−1,448	0,835	0,590	−1,372	0,747	0,632
17	−1,448	0,835	0,590	0,458	−1,496	0,632
18	−1,448	0,835	0,590	0,458	0,372	−1,580
19	0,000	−1,670	−1,182	0,916	0,747	0,632
20	0,000	−1,670	0,590	−1,372	0,747	0,632
21	0,000	−1,670	0,590	0,458	−1,496	0,632
22	0,000	−1,670	0,590	0,458	0,372	−1,580
23	0,000	0,000	−1,772	−1,372	0,747	0,632
24	0,000	0,000	−1,772	0,458	−1,496	0,632
25	0,000	0,000	−1,772	0,458	0,372	−1,580
26	0,000	0,000	0,000	−1,830	−1,496	0,632
27	0,000	0,000	0,000	−1,830	0,372	−1,580
28	0,000	0,000	0,000	0,000	−1,868	−1,580
29	0,000	0,000	0,000	0,000	0,000	0,000

$k = 7$:

Plan 2.50*: Simplex-Summen-Plan kleinsten Umfangs; $n = 37$: Tab. 5.6.22, Verf. 5.3.17.

Plan 2.51*: Box-Behnken-Plan; $n = 62$: 1,525 · TFV (3, 7, 62) mit Plan 2.31*.

Bemerkung 5.6.1: Die Auswahl der Pläne für die Hyperkugel erfolgte im Hinblick auf einen möglichst geringen Planumfang. Die Versuchsplanmatrizen einiger Pläne, vor allem der Simplex-Summen-Pläne, können eine schlechte Kondition haben, die sich durch Hinzunahme von weiteren Versuchspunkten im Koordinatenursprung verbessern läßt. Weitere Pläne mit größerem Umfang werden in Golikova/Pančenko/Fridman [1] angegeben

Tab. 5.6.22: Plan 2.50*

Versuchs-Nr.	x_1	x_2	x_3	x_4	x_5	x_6	x_7
1	2,000	1,152	0,815	0,632	0,516	0,433	0,375
2	−2,000	1,152	0,815	0,632	0,516	0,433	0,375
3	0,000	−2,304	0,815	0,632	0,516	0,433	0,375
4	0,000	0,000	−2,445	0,632	0,516	0,433	0,375
5	0,000	0,000	0,000	−2,528	0,516	0,433	0,375
6	0,000	0,000	0,000	0,000	−2,580	0,433	0,375
7	0,000	0,000	0,000	0,000	0,000	−2,598	0,375
8	0,000	0,000	0,000	0,000	0,000	0,000	−2,642
9	0,000	1,761	1,243	0,965	0,792	0,662	0,576
10	1,525	−0,881	1,243	0,965	0,792	0,662	0,576
11	1,525	0,881	−1,243	0,965	0,792	0,662	0,576
12	1,525	0,881	0,622	−1,448	0,792	0,662	0,576
13	1,525	0,881	0,622	0,482	−1,575	0,662	0,576
14	1,525	0,881	0,622	0,482	0,394	−1,663	0,576
15	1,525	0,881	0,622	0,482	0,394	0,331	−1,728
16	−1,525	−0,881	1,243	0,965	0,792	0,662	0,576
17	−1,525	0,881	−1,243	0,965	0,792	0,662	0,576
18	−1,525	0,881	0,622	−1,448	0,792	0,662	0,576
19	−1,525	0,881	0,622	0,482	−1,575	0,662	0,576
20	−1,525	0,881	0,622	0,482	0,394	−1,663	0,576
21	−1,525	0,881	0,622	0,482	0,394	0,331	−1,728
22	0,000	−1,761	−1,243	0,965	0,792	0,662	0,576
23	0,000	−1,761	0,622	−1,448	0,792	0,662	0,576
24	0,000	−1,761	0,622	0,482	−1,575	0,662	0,576
25	0,000	−1,761	0,622	0,482	0,394	−1,663	0,576
26	0,000	−1,761	0,622	0,482	0,394	0,331	−1,728
27	0,000	0,000	−1,870	−1,448	0,792	0,662	0,576
28	0,000	0,000	−1,870	0,482	−1,575	0,662	0,576
29	0,000	0,000	−1,870	0,482	0,394	−1,663	0,576
30	0,000	0,000	−1,870	0,482	0,394	0,331	−1,728
31	0,000	0,000	0,000	−1,930	−1,575	0,662	0,576
32	0,000	0,000	0,000	−1,930	0,394	−1,663	0,576
33	0,000	0,000	0,000	−1,930	0,394	0,331	−1,728
34	0,000	0,000	0,000	0,000	−1,970	−1,663	0,576
35	0,000	0,000	0,000	0,000	−1,970	0,331	−1,728
36	0,000	0,000	0,000	0,000	0,000	−2,000	−1,728
37	0,000	0,000	0,000	0,000	0,000	0,000	0,000

und untersucht. Da dort diese Pläne auf die Hypereinheitskugel als Versuchsbereich bezogen werden, müssen für die vorstehend aufgeführten Pläne die dort angegebenen Kenngrößen noch umgerechnet werden.

- *Vorschläge zur Blockzerlegung von* ZZV (Mit allen vorkommenden TFV 2^{k-p} sollen alle Hauptwirkungen unvermengt schätzbar sein):

a) ZZV (3, 2, 12) = VFV $2^2 + V_{4;\,1{,}414} + V_{4(0)}$;
Block 1: VFV $2^2 + V_{2(0)}$; Block 2: $V_{4;\,1{,}414} + V_{2(0)}$.

b) ZZV (3, 3, 20) = VFV $2^3 + V_{6;\,1{,}633} + V_{6(0)}$;
Block 1: TFV $2^{3-1} + V_{2(0)}$; Block 2: TFV $2^{3-1} + V_{2(0)}$; Block 3: $V_{6;\,1{,}633} + V_{2(0)}$.

c) ZZV (3, 4, 30) = VFV $2^4 + V_{8;\,2{,}000} + V_{6(0)}$;
Block 1: TFV $2^{4-1} + V_{2(0)}$; Block 2: TFV $2^{4-1} + V_{2(0)}$; Block 3: $V_{8;\,2{,}000} + V_{2(0)}$.

d) ZZV (3, 5, 54) = VFV $2^5 + V_{10;\,2,366} + V_{12(0)}$;
Block 1–4: TFV $2^{5-2} + V_{2(0)}$; Block 5: $V_{10;\,2,366} + V_{4(0)}$.

e) ZZV (3, 5, 33) = TFV $2^{5-1} + V_{10;\,2,000} + V_{7(0)}$;
Block 1: TFV $2^{5-1} + V_{6(0)}$; Block 2: $V_{10;\,2,000} + V_{1(0)}$.

f) ZZV (3, 6, 90) = VFV $2^6 + V_{12;\,2,828} + V_{14(0)}$;
Block 1–8: TFV $2^{6-3} + V_{1(0)}$; Block 9: $V_{12;\,2,828} + V_{6(0)}$.

g) ZZV (3, 6, 54) = TFV $2^{6-1} + V_{12;\,2,366} + V_{10(0)}$;
Block 1: TFV $2^{6-2} + V_{4(0)}$; Block 2: TFV $2^{6-2} + V_{4(0)}$; Block 3: $V_{12;\,2,366} + V_{2(0)}$.

h) ZZV (3, 7, 169) = VFV $2^7 + V_{14;\,3,333} + V_{27(0)}$;
Block 1–16: TFV $2^{7-4} + V_{1(0)}$; Block 17: $V_{14;\,3,333} + V_{11(0)}$.

i) ZZV (3, 7, 90) = TFV $2^{7-1} + V_{14;\,2,828} + V_{12(0)}$;
Block 1–8: TFV $2^{7-4} + V_{1(0)}$; Block 9: $V_{14;\,2,828} + V_{4(0)}$.

Bemerkung 5.6.2: Die Sternpunkte einiger der Pläne liegen außerhalb der Hyperkugel mit dem Radius $\sqrt{k}$. Wenn sie auf $\sqrt{k}$ zurückgenommen werden, sind die entstehenden Pläne nicht mehr drehbar. Wird der gesamte Plan mit einem Faktor multipliziert, so daß die Sternpunkte auf den Betrag $\sqrt{k}$ kommen, dann sinkt die Genauigkeit der Schätzung, aber die Drehbarkeit bleibt erhalten. Weitere Vorschläge zur Blockbildung findet man u. a. in Nalimov/Černova [1], Chew [1] und Dey/Das [1].

5.6.3. Pläne 3. Ordnung

Da Pläne 3. Ordnung nur selten benutzt werden müssen, werden nur wenige solche Pläne als Beispiele angeführt (s. auch den Katalog Meržanova/Nikitina [N 1]).

- Für den *Hypereinheitswürfel*:

$k = 2$:

Plan 3.1: VFV 4^2; $n = 16$; ›Bsp. 5.4.1, Tab. 5.4.1.

$k = 3$:

Plan 3.2: TFV 4^{3-1}; $n = 16$; ›Bsp. 5.4.2, Tab. 5.4.2.

- Für die *Hypereinheitskugel* mit dem Radius $\sqrt{k}$:

$k = 3$:

Plan 3.3: V_{32} aus Bsp. 5.4.4. (V_{35} ohne $V_{3(0)}$)

Plan 3.4: $V_{32} = 0{,}9466 \cdot$ VFV 2^3 + HTV (2; 0; 1,7321) + HTV (2; 0; 1,1013) + HTV (1; 0; 1,1927): s. Gardiner/Grandage/Hader [1].

Plan 3.5: $V_{46} = 0{,}8660 \cdot$ VFV 2^3 + HTV (2; 0; 1,2247) + HTV (2; 0; 1,2247) + HTV (1; 0; 1,2247) + $0{,}8660 \cdot$ VFV 2^3 + HTV (2; 0; 1,7321); s. Draper [5].

Plan 3.6: $V_{50} = 0{,}8724 \cdot$ VFV 2^3 + HTV (2; 0; 1,2337) + HTV (2; 0; 1,2337) + HTV (2; 0; 1,7321) + HTV (1; 0,2980; 1,1224); s. Gardiner/Grandage/Hader [1].

$k = 4$:

Plan 3.7: V_{128} = VFV 2^4 + HTV (3; 0; 2) + HTV (2; 1,2009; 0,2563) + HTV (3; 0; 1,7366); s. Gardiner/Grandage/Hader [1].

Die Pläne 3.4 bis 3.7 sind drehbare; es wird empfohlen, zur Verbesserung der Kondition der Informationsmatrix und der Varianzeigenschaften jeweils noch einen $V_{n_0(0)}$ hinzuzufügen.

5.7. Weitere Probleme

1. Häufig ist es das erklärte oder erwünschte Ziel der experimentellen Untersuchung, zu einer fachwissenschaftlich deutbaren Darstellung der Wirkungsfläche zu kommen. Wertvolle Ratschläge für ein sequentielles heuristisches Vorgehen, um aus einem Näherungsansatz durch sukzessive Beobachtung, Deutung der Ergebnisse und Modifizierung des Ansatzes einen fachwissenschaftlich deutbaren Ansatz aufzubauen, werden in Box/Youle [1] gegeben. Die Darlegung erfolgt anhand eines instruktiven praktischen Beispiels aus der Reaktionskinetik.

2. Für die Konstruktion von TFV $(2, k, n)$, vor allem für spezielle $(k, 1, k)$-Ansätze und eine hohe Anzahl von Faktoren, gibt es eine Vielzahl spezieller Konstruktionsvorschläge und Tabellen mit so bestimmten Plänen. Wir erwähnen hier als Beispiele Addelman [4]–[6] und Draper/Mitchell [1]–[3]; weitere Literaturverweise findet man in den Übersichtsarbeiten von Addelman [2] und [3] sowie von Bose [1].

3. Wird der unvollständige $(k, 1, k)$-Ansatz beim Übergang zur nächsten Stufe des Generalverfahrens nur um Polynomterme erweitert, die ebenfalls alle linear in den Faktoren sind, dann kann der auf der vorangehenden Stufe benutzte TFV 2^{k-p_1} oder TFV $(2, k, n_1)$ durch einen TFV 2^{k-p_2}, nicht notwendig aus der gleichen Familie (›[5.2.5]), erweitert werden. Mit Vorschlägen für die Wahl des TFV 2^{k-p_2} beschäftigen sich Box [3], Daniel [3], Hunter, J. S. [1] und John [1]. Die Erweiterung des TFV $(2, k, n_1)$ zur Schätzung von σ^2 wird u. a. von Dykstra [1] behandelt.

4. Werden die Versuche gemäß einem faktoriellen Plan in einer bestimmten zeitlichen Reihenfolge einzeln ausgeführt, dann ist es möglich, als Alternative zur Randomisierung beim Fehlen eines zeitlichen Trends in der Versuchsanlage, eine solche Reihenfolge der Versuche zu bestimmen, die bereits nach einem Teil der Versuche Aussagen über die Koeffizienten des Ansatzes erlaubt. Zum Beispiel ist es möglich, die Versuche eines VFV 2^3 so durchzuführen, daß man nach jedem Versuch einen weiteren Koeffizienten des Ansatzes $\tilde{S}(3, 1, 3)$ schätzen kann:

$$(1), a, b, ab, c, ac, bc, abc\,.$$

Nach den ersten beiden Versuchen kann ϑ_1, nach den ersten drei ϑ_2, usw. geschätzt werden. Dies ist vor allem in einem frühen Stadium der Untersuchung interessant, wenn festgestellt werden soll, welche Faktoren einen spürbaren Einfluß haben. Zu einer sinnvollen Deutung eines solchen Vorgehens muß man sich davon überzeugen, daß die Varianz der Fehler klein gegenüber den Koeffizienten ist und keine Wechselwirkungen außerhalb des gewählten Ansatzes zu erwarten sind. Dieses Problem wird z. B. in Daniel [1] und ausführlich in Webb [1] behandelt, weitere Literaturhinweise in Addelman [3].

5. Ist bei einer sequentiellen Durchführung eines TFV $(2, k, n)$ mit einem überlagerten zeitlichen Trend zu rechnen, der nicht erfaßt werden soll, dann kann eine spezielle Reihenfolge der Versuche einer randomisierten überlegen sein. Vorschläge für solche *geordneten* Pläne, die gegenüber einem linearen oder quadratischen zeitlichen Trend robust sind, werden von Daniel/Wilcoxon [1] gemacht, s. weiterhin Cox [2], Hill [1], Addelman [2], [3] und Bose [1].

6. Da die Auswahl eines faktoriellen oder eines von einem faktoriellen Plan abgeleiteten Planes für einen vorgelegten Ansatz nicht eindeutig erfolgt, wird verschiedentlich vorgeschlagen, als zusätzliche Kriterien Optimalitätskriterien aus Kap. 4 heranzuziehen. Man sucht dann optimale oder näherungsweise optimale Pläne in einer vorgegebenen Menge von faktoriellen (oder modifizierten) Plänen gleichen Umfangs. So möchte man die einfache Struktur der Pläne, die für die Anwendung bedeutungsvoll ist, und ein möglichst gutes Verhalten der Varianzausdrücke für den Fall, daß der Ansatz wahr ist, vereinen. Die Deutung der Pläne ist nicht problemlos (›[5.3.7]). Als Beispiele nennen wir für TFV $(2, k, n)$ Srivastava/Anderson [1] und für Pläne 2. Ordnung mit HTV-Struktur Hoke [1].

7. Zur Konstruktion drehbarer Pläne zweiter Ordnung über die Wahl von α für den Sternpunktplan in einem ZZV (s. z .B. DRAPER [1]) gibt es eine Alternative, die auf BOSE/DRAPER [1] zurückgeht und bei der gewisse regelmäßige Punktanordnungen auf Hyperkugelschalen zusammengesetzt werden. Dieser Zugang wird von HERZBERG [2] und DRAPER/HERZBERG [1] benutzt.

Weitere Ergebnisse zur Konstruktion drehbarer Pläne enthalten DAS [1] und THAKER/DAS [1].

Eine interessante Verallgemeinerung des Prinzips der Drehbarkeit stellt die von HERZBERG [1], [3] behandelte zylindrische Drehbarkeit, d. h. Drehbarkeit nur bezüglich $s < k$ Faktoren, dar. Hierdurch können z. B. Vorkenntnisse über die erwartete Fortschreitungsrichtung eines Suchprozesses für das Optimum einer empirisch gegebenen Funktion zur Beschleunigung dieses Suchverfahrens herangezogen werden.

8. Falls *kein* Ansatz für die Untersuchung sinnvoll oder nötig erscheint, weil die erhaltenen Werte nur an den Beobachtungspunkten interessieren oder interpoliert werden sollen, dann ist es das rationellste Verhalten, die Versuchspunkte gleichmäßig im Versuchsbereich zu verteilen. Eine solche gleichmäßige Verteilung auf gewissen Hyperkugelschalen, deren Verteilung wiederum die gleichmäßige Verteilung der Punkte im Raum gewährleisten soll, wird von DOEHLERT [1] betrachtet und angegeben. Das vorgeschlagene Konstruktionsverfahren geht vom k-dimensionalen regulären Simplex aus und hat viel Ähnlichkeit mit dem Simplex-Summen-Konstruktionsverfahren von BOX/BEHNKEN [1]. Die Arbeit von DOEHLERT [1] enthält interessante Einschätzungen der Simplex-Summen-Pläne, der PLACKETT-BURMAN-Pläne und gewisser ZZV vom Standpunkt einer möglichst gleichmäßigen Verteilung der Punkte im Raum sowie eine Tabelle von DOEHLERT-Plänen für $k = 2, \ldots, 10$.

9. Eine andere Form der Randomisierung bei der Verwendung von Faktorplänen wird von EHRENFELD/ZACKS [1] vorgeschlagen. Nachdem der Plan in Blocks zerlegt wurde, werden entweder (Verfahren 1) nacheinander in zufälliger Weise Blocks oder (Verfahren 2) in zufälliger Weise aus jedem Block eine feste Anzahl von Versuchspunkten ausgewählt. Dabei ist die wiederholte Auswahl des gleichen Elements (Block oder Versuchspunkt) möglich, wenn es das Prinzip der zufälligen Auswahl verlangt. Die Zufallsauswahl wird durch die Forderung eingeschränkt, daß die interessierenden Koeffizienten des Ansatzes schätzbar sind. Durch diese Art der Randomisierung soll erreicht werden, daß die Schätzungen für die Koeffizienten erwartungstreu (d. h., betrachtet *auch* bezüglich des zufälligen Auswahlmechanismus) sind, auch wenn der Ansatz nicht einmal adäquat ist. Ähnliche Gedanken finden sich auch bei den erwartungstreuen randomisierten Plänen (›[4.9/3].)

10. Die Methoden vom BOX-WILSON-Typ zum Aufsuchen eines Optimums bei einer empirisch gegebenen Funktion sind im laufenden Produktionsprozeß in der Regel nicht mehr anwendbar, da die Versuchspläne eine zu große Veränderung der Einstellgrößen des Prozesses verlangen, die zu einem nicht mehr vertretbaren Risiko führen können. Daher wurde von BOX [1] eine Modifikation dieses Vorgehens entwickelt, die den Erfordernissen des Produktionsprozesses angepaßt ist, nur kleine Veränderungen einiger der Einstellgrößen verlangt und die Möglichkeiten einer zusätzlichen Steuerung durch eine Expertengruppe und eines langzeitlichen Trends der Produktion berücksichtigt. Die Methode wurde „*Evolutionary Operation*", kurz EVOP genannt. Zur Versuchsplanung und -auswertung für diese Methode s. HUNTER/KITTRELL [1], BOX [2], BOX, G. E. P./DRAPER [2], CARPENTER/SWEENY [1], GORSKIJ/ADLER [1].

11. Wegen des Zusammenhangs von faktoriellen Plänen und Wägeplänen s. z. B. RAGHAVARAO [1], weitere Literatur z. B. ADDELMAN [2], ›Bem. 4.2.2.

6. Ansatzwahl

Wenn die Vorkenntnisse über das EW-Problem nicht ausreichen, einen bestimmten Ansatz für die experimentelle Untersuchung und zur Auswertung der Beobachtungsergebnisse festzulegen oder wenn dieser Ansatz zu umfangreich und unhandlich ist, dann muß man zur Festlegung oder Modifizierung des Ansatzes selbst Ergebnisse von experimentellen Untersuchungen heranziehen. Dabei unterscheiden sich die zu verwendenden Methoden sehr stark nach dem speziellen Zweck (›[2.4]). Wir unterscheiden im folgenden drei verschiedene Problemkreise.

Die Auswahl einer Teilmenge der erfaßten Einflußgrößen, die zum Anpassen oder Schätzen der Wirkungsfläche herangezogen werden soll, bezeichnen wir als *Aussieben der Einflußgrößen* (*Screening*) (›[2.4.1]). Dafür werden in [6.1] entsprechende Verfahren angegeben.

Wenn für ein EW-Problem mehrere, eventuell fachwissenschaftlich begründete, Ansätze möglich erscheinen, von denen einer den weiteren Untersuchungen zugrunde gelegt werden soll, dann bezeichnen wir die Auswahl eines von ihnen als *Ansatzdiskrimination* (›[2.4.1]). Verfahren dafür werden in [6.2] gegeben.

Falls die Auswahl eines von mehreren Ansätzen nur zur unmittelbar folgenden Schätzung der Wirkungsfläche verlangt wird, dann wollen wir dies *Ansatzanpassung* nennen. Im Unterschied zur Ansatzdiskrimination ist dabei weniger der Ansatz als die mit ihm gelieferte Schätzfunktion von Interesse und die Auswahl des Ansatzes erfolgt für jeden neuen Datensatz von neuem. Für die Ansatzanpassung werden in [6.3] einige Verfahren vorgestellt.

Obwohl sich die genannten drei Problemstellungen nach Ziel, Denkweise und Voraussetzungen wesentlich unterscheiden, sind die Übergänge bei praktisch gegebenen EW-Problemen fließend. Auch möchte man häufig an einem vorhandenen Datenmaterial verschiedene Aspekte gleichzeitig untersuchen. Jedoch ist es in der Regel *nicht* möglich, mit *einem* Verfahren an *einem* gegebenen Datensatz *mehrere* der obigen Problemstellungen der Ansatzwahl gleichzeitig zu behandeln.

Für die Angabe von Eigenschaften bei Schätzverfahren (›Kap. 3) spielte u. a. die Voraussetzung eine große Rolle, daß der gegebene Ansatz wahr ist. Bei der Betrachtung von mehreren Ansätzen gleichzeitig wird die theoretische Struktur des Problems wesentlich komplizierter. Daher können Eigenschaften bei Verfahren zur Ansatzwahl nur in einfachen Fällen und unter starken Voraussetzungen angegeben werden. Viele Verfahren werden daher lediglich als praktizierbar bezeichnet, weil noch zu wenig Kenntnis über ihre Eigenschaften vorliegt. Andererseits bleiben einige Verfahren numerisch realisierbar, wenn kein stochastisches Modell für den Zusammenhang (2.1.8) formuliert werden kann und nur eine Anpassung im Sinne von [2.3.1] erfolgen soll. In dieser Hinsicht sind dann die Verfahren als heuristisch anzusehen.

Für die Ansatzwahl allein wie für die Verbindung von Ansatzwahl und Schätzung (›Verf. 6.3.6) sind auch sequentielle Verfahren von Interesse. Vor allem für sequentielle

Verfahren in der Versuchsplanung bieten sich hier Anwendungsmöglichkeiten (›Verf. 6.2.20—6.2.27).

Für die nichtsequentiellen Verfahren ist die Versuchsplanung noch schwach entwickelt, die angebotenen Verfahren erfordern einen hohen numerischen Aufwand, wenn es nicht gelingt, Plansammlungen für die Schätzung auch zur Ansatzwahl zu nutzen (›z. B. Verf. 6.2.10).

In [6.4] werden einige Bemerkungen zur Prüfung der g_0-Adäquatheit von Ansätzen gemacht und in [6.5] einige Verfahren zum Erkennen von Ausreißern zusammengestellt. Diese Probleme können vor oder nach der Beobachtung im Zusammenhang mit der Ansatzwahl auftreten.

6.1. Aussieben von Einflußgrößen

In diesem Abschnitt wollen wir das bereits in [2.4.1] eingeführte Problem behandeln, daß nach der fachwissenschaftlichen Präzisierung des EW-Problems noch mehr Einflußgrößen zur Erfassung vorgesehen sind, als für die mathematische Behandlung, fachwissenschaftliche Deutung und Weiterverwendung zweckmäßig scheinen. Diese Situation ist typisch für vorbereitende Untersuchungen mit geringen Vorkenntnissen, wenn auch nicht nur auf diesen Fall beschränkt.

Die zum *Aussieben* der Einflußgrößen oder *Screening* vorgeschlagenen Methoden sind zahlreich und in der Regel heuristisch. Die Auswahl einer dieser Methoden und damit auch die Festlegung des zu treibenden Aufwandes hängt von den unterschiedlichen Umständen ab, die wir im folgenden skizzieren wollen.

a) *Zweck der Untersuchung und Weiterverwendung der Ergebnisse*

Wenn es nur auf die Näherung der Wirkungsfläche, durch Anpassung oder Schätzung, in einem gewissen Bereich ankommt, dann können eventuell verschiedene Auswahlen aus den Einflußgrößen im gleichen Maße brauchbare Ansätze und Approximationen liefern. Die Auswahl unter diesen Ansätzen würde dann nach ihrer einfachen Struktur und Handhabbarkeit erfolgen. Wenn jedoch das durch Auswahl der Einflußgrößen erhaltene Zusammenhangsmodell fachwissenschaftlich gedeutet und weiteren Untersuchungen zu Grunde gelegt werden soll, dann kommt es darauf an, wirklich diejenigen Einflußgrößen zu finden, die die Wirkungsgröße in bedeutendem Maße beeinflussen. Dies kann in der Regel anhand des Datenmaterials allein nicht erfolgen, sondern erfordert fachwissenschaftlich gestützte Vorkenntnisse über das EW-Problem. Sind diese Vorkenntnisse sehr vage, so wird das Datenmaterial sehr umfangreich sein müssen.

b) *Verfügbare Vorkenntnisse*

Fast immer verfügt man über eine gewisse Einschätzung der Bedeutung der verschiedenen Einflußgrößen für das EW-Problem. Häufig lassen sich zu einer solchen Einschätzung Expertenmeinungen heranziehen (›Bsp. 2.4.1 und Verf. 6.1.5), indem diese für die Einflußgrößen Rangordnungen angeben. Eine sehr grobe Rangordnung wäre eine Kategorienbildung.

Beispiel 6.1.1: Die Einflußgrößen werden in drei Kategorien sortiert.

Kategorie 1: Einflußgrößen, von deren Notwendigkeit im Ansatz man überzeugt ist.

Kategorie 2: Einflußgrößen, deren Auftreten im Ansatz man für möglich hält.

Kategorie 3: Einflußgrößen, deren Notwendigkeit für den Ansatz man bezweifelt, jedoch nicht so stark, daß man auf deren Erfassung von vornherein verzichten möchte.

Weiterhin sei noch die Möglichkeit angeführt, für jede Einflußgröße ein Gewicht anzugeben, das ihre angenommene Bedeutung für das EW-Problem widerspiegelt (Verf. 6.1.6 und 6.1.7). Schließlich sind für einige Methoden bestimmte Annahmen über die Fehlerverteilung im Zusammenhangmodell nötig (Verf. 6.1.4).

c) *Möglicher Aufwand*

Der Aufwand für das Aussieben der Einflußgrößen hängt u. a. davon ab, ob bereits Datenmaterial vorliegt und wie umfangreich es ist, oder ob die Versuche erst geplant werden sollen oder müssen. Außerdem spielt natürlich die verfügbare Kapazität an Versuchsaufwand, Zeit und auch an Rechentechnik zur Auswertung der Versuchsergebnisse eine Rolle. Dies alles beeinflußt ebenfalls die Wahl der Methode für das Aussieben.

Wir betrachten in [6.1] hauptsächlich das sog. *Screeningproblem im engeren Sinne.* Die Anzahl der Einflußgrößen, die durch das benutzte Verfahren als unwesentlich ausgesondert werden sollen, ist relativ hoch. Von Interesse ist die Näherung der Wirkungsfläche durch Anpassung oder Schätzung. Es ist kein fachwissenschaftlich begründeter Ansatz bekannt und für das Aussieben scheint ein *linearer Ansatz* (›Bez. 2.2.2) *ausreichend,* der auch linear in den Einflußgrößen ist, d. h. $\tilde{S}$ mit

$$\tilde{\eta}(\boldsymbol{x}, \boldsymbol{\vartheta}) = \vartheta_0 + \sum_{j=1}^{k} \vartheta_j x_j\,. \tag{6.1.1}$$

Mit dem Fall, daß für die Näherung der Wirkungsfläche auch andere Ansätze als (6.1.1) vorliegen, beschäftigen wir uns in [6.2] und [6.3], wobei in [6.2] auch der Aspekt behandelt wird, daß der erhaltene Ansatz fachwissenschaftlich gedeutet werden soll.

Die Menge der angebotenen Verfahren zum Screeningproblem macht eine Auswahl nötig. Sie erfolgte aus dem Blickwinkel der Versuchsplanung. Daher werden von denjenigen Verfahren, bei denen die Versuchsplanung keine Rolle spielt, nur einige der gebräuchlichsten exemplarisch vorgestellt. Weitergehende Literatur findet man u. a. in Cox/Snell [1], Hocking [1], Hartmann/Lezki/Schäfer [1], sowie in anderen Arbeiten, die im weiteren Text an entsprechender Stelle angegeben werden.

Die Voraussetzung eines Ansatzes der Form (6.1.1) ist sehr einschneidend, er kann nur als erste Näherung angesehen werden. Weiterhin wird im folgenden stets angenommen, daß die Kontrolle auf Abweichungen von den jeweiligen Voraussetzungen nötigenfalls gesondert erfolgt, z. B. auf Ausreißer oder Heteroskedastie. Dies wird jedoch nur in seltenen Fällen möglich oder praktikabel sein.

Auch aus diesen letztgenannten Gründen erfordert die Anwendung der Methoden eine kritische Einstellung zu ihren Ergebnissen. In jedem Fall muß ein Kompromiß gefunden werden zwischen einem durch die Anwendung der Rechentechnik geforderten Automatismus und der durch die fachwissenschaftlichen Kenntnisse nahegelegten Einschätzung der unterschiedlichen Wichtigkeit der Einflußgrößen.

6.1.1. Restquadratsumme als Kriterium

Beim Anpassen oder Schätzen der Wirkungsfläche nach der MKQ (›(2.3.6), (2.3.30)) ist die Restquadratsumme (›Bez. 2.3.4) ein Ausdruck für die Güte der Näherung in den Versuchspunkten. Wenn im Ansatz (6.1.1) einige der Einflußgrößen weggelassen werden, wird die zugehörige Restquadratsumme natürlich größer sein als wenn man den vollständigen Ansatz verwendet, denn die Koeffizienten der weggelassenen Einflußgrößen können nicht mehr zur Verbesserung der Anpassung beitragen. Ist der

Unterschied zwischen den Restquadratsummen gering, so schließt man, daß die weggelassenen Einflußgrößen nur wenig zur Verbesserung der Anpassung beitragen und daher für die Darstellung der Näherung der Wirkungsfläche unwesentlich sind. Um diese Vorstellung in einem Verfahren zu fassen, muß man angeben, wann man einen Unterschied als gering betrachten will. Da man die Größenordnung der Restquadratsummen vor der Berechnung meist nicht kennt ist es sinnvoll, die Differenz der Restquadratsummen auf die Restquadratsumme für den vollständigen Ansatz (6.1.1) zu beziehen und einen Prozentsatz anzugeben, bis zu dem man die Differenz als gering ansehen will. Dann hat man, im Prinzip, für alle möglichen Teilmengen der Einflußgrößen die Restquadratsumme zu bestimmen und diejenigen Teilmengen zu betrachten, bei denen die Differenz entsprechend dem gewählten Prozentsatz gering ist. Hieraus sucht man sich, möglichst anhand der verfügbaren Vorkenntnisse, (›[6.1.b)]), eine der Teilmengen heraus, deren Einflußgrößen man als wesentlich für eine Näherung der Wirkungsfläche betrachtet.

Obwohl dieses Vorgehen wegen des Rechenaufwandes nur für kleine k praktikabel ist, soll es wegen seiner prinzipiellen Bedeutung als Verfahren angegeben werden. Es läßt sich in verschiedener Weise für den Fall größerer k modifizieren (›Verf. 6.1.2, 6.1.3 und 6.1.6).

Zur Vorbereitung für die Darstellung des Verfahrens sei an einige Bezeichnungen erinnert. Zur Vereinfachung der Schreibweise führen wir die *Scheinvariable*

$$x_0 \equiv 1 \qquad (6.1.2)$$

ein, mit der sich der Ansatz (6.1.1) in der Form

$$\tilde{S} = \{\tilde{\eta}(\boldsymbol{x}, \boldsymbol{\vartheta}) = \boldsymbol{x}'\boldsymbol{\vartheta}\}_{\boldsymbol{\vartheta} \in \mathrm{R}^{k+1}} \qquad (6.1.3)$$

mit $\boldsymbol{x}' = (x_0, x_1, \dots, x_k)$ schreibt. Die *Versuchsplanmatrix* $\boldsymbol{F}(V_n)$ (›(2.2.10)) hat für (6.1.3) die Gestalt

$$\boldsymbol{F}(V_n) = \big((x_{ij})\big)_{n\times(k+1)}; \qquad i = 1, \dots, n; j = 0, \dots, k; \qquad (6.1.4)$$

und die Schätzung nach der MKQ (›(2.3.30)) für den Parameter $\boldsymbol{\vartheta}$ ist

$$\check{\boldsymbol{\vartheta}}\big(\boldsymbol{y}(V_n)\big) = \big(\boldsymbol{F}(V_n)'\,\boldsymbol{F}(V_n)\big)^{-1}\,\boldsymbol{F}(V_n)'\,\boldsymbol{y}(V_n)\,. \qquad (6.1.5)$$

Für die *Restquadratsumme* (›(2.3.60)) werden wir je nach den Erfordernissen des Rechenganges eine der folgenden Darstellungen verwenden:

$$\begin{aligned} s_0^2(V_n) &= \sum_{i=1}^{n}\Big(y_i - \sum_{j=0}^{k}\check{\vartheta}_j\big(\boldsymbol{y}(V_n)\big)\,x_{ij}\Big)^2 \\ &= \big(\boldsymbol{y}(V_n) - \boldsymbol{F}(V_n)\,\check{\boldsymbol{\vartheta}}(\boldsymbol{y}(V_n))\big)'\,\big(\boldsymbol{y}(V_n) - \boldsymbol{F}(V_n)\,\check{\boldsymbol{\vartheta}}(\boldsymbol{y}(V_n))\big) \\ &= \boldsymbol{y}(V_n)'\,\big(\boldsymbol{I}_n - \boldsymbol{F}(V_n)\,(\boldsymbol{F}(V_n)'\,\boldsymbol{F}(V_n))^{-1}\,\boldsymbol{F}(V_n)'\big)\,\boldsymbol{y}(V_n)\,. \end{aligned} \qquad (6.1.6)$$

Im Fall der Heteroskedastie, d. h. z. B. $\mathrm{D}^2\mathfrak{Y}(\boldsymbol{x}_i) = \lambda(\boldsymbol{x}_i)\,\sigma^2$, wird als Schätzung $\check{\boldsymbol{\vartheta}}_{\boldsymbol{\Sigma}}$ aus (3.2.12) mit $\boldsymbol{\Sigma} = \operatorname{diag}\big(((\lambda(\boldsymbol{x}_1), \dots, \lambda(\boldsymbol{x}_n))')\big)$ gewählt, und die Summanden in (6.1.6) werden mit $\lambda(\boldsymbol{x}_i)^{-1}$ gewichtet.

Werden im Ansatz (6.1.3) die Einflußgrößen $x_{j_1}, \dots, x_{j_l}$ gestrichen, dann erhält man für die Schätzung im verbleibenden Ansatz die Versuchsplanmatrix

$$\boldsymbol{F}(V_n; j_1, \dots, j_l) = \big((x_{ij})\big)_{n\times(k+1-l)} \qquad (6.1.7)$$

$$i = 1, \dots, n; j = 0, 1, \dots, k; j \neq j_\nu \quad \text{für} \quad \nu = 1, \dots, l\,,$$

die aus $\boldsymbol{F}(V_n)$ durch Streichen der entsprechenden Spalten $j_1, \dots, j_l$ hervorgeht. Die Spalte für x_0 darf natürlich nicht gestrichen werden. Sinnvollerweise sollte im verbleibenden Ansatz mindestens noch eine Einflußgröße vorkommen, d. h.

$$l \leqq k - 1; \qquad \{j_1, \dots, j_l\} \subset \{1, \dots, k\}.$$

Die Bildung der Restquadratsumme für den reduzierten Ansatz erfolgt dann analog zu (6.1.5) und (6.1.6) mit

$$\begin{aligned}\check{\boldsymbol{\vartheta}}(\boldsymbol{y}(V_n); j_1, \dots, j_l) &= \left(\boldsymbol{F}(V_n; j_1, \dots, j_l)' \boldsymbol{F}(V_n; j_1, \dots, j_l)\right)^{-1} \\ &\quad \times \boldsymbol{F}(V_n; j_1, \dots, j_l)' \boldsymbol{y}(V_n)\end{aligned} \tag{6.1.8}$$

und

$$\begin{aligned}s_0^2(V_n; j_1, \dots, j_l) &= \sum_{i=1}^{n} \left(y_i - \sum_{j=j_\nu;\, \nu=1,\dots,l} \check{\vartheta}_j(\boldsymbol{y}(V_n); j_1, \dots, j_l)\, x_{ij}\right)^2 \\ &= \left(\boldsymbol{y}(V_n) - \boldsymbol{F}(V_n; j_1, \dots, j_l)\right) \check{\boldsymbol{\vartheta}}\left(\boldsymbol{y}(V_n), j_1, \dots, j_l)\right)' \\ &\quad \times \left(\boldsymbol{y}(V_n) - \boldsymbol{F}(V_n; j_1, \dots, j_l)\, \check{\boldsymbol{\vartheta}}(\boldsymbol{y}(V_n), j_1, \dots, j_l)\right) \\ &= \boldsymbol{y}(V_n)' \left(\boldsymbol{I}_n - \boldsymbol{F}(V_n; j_1, \dots, j_l)\right) \left(\boldsymbol{F}(V_n; j_1, \dots, j_l)'\right. \\ &\quad \times \left.\boldsymbol{F}(V_n; j_1, \dots, j_l)\right)^{-1} \boldsymbol{F}(V_n; j_1, \dots, j_l)' \boldsymbol{y}(V_n).\end{aligned} \tag{6.1.9}$$

Die Modifizierung für den Fall der Heteroskedastie ist analog zum Vorgehen bei (6.1.6) vorzunehmen.

VERFAHREN 6.1.1 (Screeningprinzip für kleines k):

1. **Gegebene Größen:** a) k Einflußgrößen $x_1, \dots, x_k$.

b) Prozentsatz $c_0 \cdot 100\%$, bis zu dem die Differenz der Restquadratsummen als gering betrachtet wird.

c) Versuchsplan $V_n = (\boldsymbol{x}_1, \dots, \boldsymbol{x}_n)$ und Beobachtungsergebnisse $\boldsymbol{y}(V_n) = (y_1, \dots, y_n)'$.

2. **Aufgabe:** Auswahl einer Teilmenge der Einflußgrößen, die zum Anpassen oder Schätzen der Wirkungsfläche weggelassen werden kann.

3. **Bezeichnungen:** a) $\boldsymbol{F}(V_n)$ und $\boldsymbol{F}(V_n; j_1, \dots, j_l)$; $l = 1, \dots, k-1$; $\{j_1, \dots, j_l\} \subset \{1, \dots, k\}$ gemäß (6.1.4) bzw. (6.1.7).

b) $s_0^2(V_n)$ und $s_0^2(V_n; j_1, \dots, j_l)$ gemäß (6.1.6) bzw. (6.1.9).

c) $q(j_1, \dots, j_l) = s_0^2(V_n; j_1, \dots, j_l) - s_0^2(V_n)$. (6.1.10)

4. **Voraussetzungen:** a) Die in (6.1.10) benötigten inversen Matrizen existieren.

b) $n > k + 1$.

5. **Lösung:** a) Berechne $s_0^2(V_n)$ gemäß (6.1.6).

b) Berechne für alle Teilmengen $\{j_1, \dots, j_l\}$ die Differenzen $q(j_1, \dots, j_l)$ gemäß (6.1.10).

c) Bestimme die Teilmengen $\{j_1^{(0)}, \dots, j_{l_0}^{(0)}\}$, für die

$$\frac{q(j_1^{(0)}, \dots, j_{l_0}^{(0)})}{s_0^2(V_n)} \leqq c_0. \tag{6.1.11}$$

d) Wähle eine der Teilmengen, die (6.1.11) erfüllen ●

Bemerkung 6.1.1: Falls es mehrere Teilmengen gibt, die (6.1.11) erfüllen, kann man eine gegebene Rangordnung oder eine Kategorieneinteilung zur Auswahl in 5.d) heranziehen (›Bsp. 6.1.6). Falls keine Rangordnung und keine Kategorieneinteilung gegeben ist, wähle man eine Teilmenge, für die l_0 möglichst groß ist. Der reduzierte Ansatz enthält dann nur noch verhältnismäßig wenige Einflußgrößen.

Beispiel 6.1.2:

1. a) 3 Einflußgrößen x_1, x_2, x_3; $k = 3$.

b) $c_0 = 0{,}1$.

c) $$V_8 = \left(\begin{pmatrix}-1\\-1\\-1\end{pmatrix}, \begin{pmatrix}-1\\-1\\1\end{pmatrix}, \begin{pmatrix}-1\\1\\-1\end{pmatrix}, \begin{pmatrix}-1\\1\\1\end{pmatrix}, \begin{pmatrix}1\\-1\\-1\end{pmatrix}, \begin{pmatrix}1\\-1\\1\end{pmatrix}, \begin{pmatrix}1\\1\\-1\end{pmatrix}, \begin{pmatrix}1\\1\\1\end{pmatrix}\right);$$

VFV 2^3, $n = 8$.

$\boldsymbol{y}(V_8)' = (0{,}398,\ -0{,}942;\ -1{,}937;\ -1{,}742;\ 5{,}125;\ 6{,}144;,\ 4{,}324;\ 3{,}517)$.

5. a) $$\boldsymbol{F}(V_8)' = \begin{pmatrix} 1 & 1 & 1 & 1 & 1 & 1 & 1 & 1\\ -1 & -1 & -1 & -1 & 1 & 1 & 1 & 1\\ -1 & -1 & 1 & 1 & -1 & -1 & 1 & 1\\ -1 & 1 & -1 & 1 & -1 & 1 & -1 & 1 \end{pmatrix}; \quad (\boldsymbol{F}(V_8)'\,\boldsymbol{F}(V_8))^{-1} = \tfrac{1}{8}\,\boldsymbol{I}_4;$$

$(\boldsymbol{F}'\boldsymbol{y})' = (14{,}887;\ 23{,}333;\ -6{,}563;\ -0{,}933)$; $\check{\boldsymbol{\vartheta}}' = (1{,}861;\ 2{,}917;\ -0{,}820;\ -0{,}117)$;

$(\boldsymbol{F}\check{\boldsymbol{\vartheta}})' = (-0{,}119;\ -0{,}353;\ -1{,}759;\ -1{,}993;\ 5{,}715;\ 5{,}481;\ 4{,}075;\ 3{,}841)$;

$\boldsymbol{z}' = (\boldsymbol{y} - \boldsymbol{F}\check{\boldsymbol{\vartheta}})' = (0{,}517;\ -0{,}589;\ -0{,}178;\ 0{,}251;\ -0{,}590;\ 0{,}663;\ 0{,}249;\ -0{,}324)$;

$\boldsymbol{z}'\boldsymbol{z} = 1{,}6635 = s_0^2(V_8)$.

b_1) Einflußgröße x_3 gestrichen:

$$\boldsymbol{F}(V_8;3)' = \begin{pmatrix} 1 & 1 & 1 & 1 & 1 & 1 & 1 & 1\\ -1 & -1 & -1 & -1 & 1 & 1 & 1 & 1\\ -1 & -1 & 1 & 1 & -1 & -1 & 1 & 1 \end{pmatrix}; \quad (\boldsymbol{F}(V_8;3)'\,\boldsymbol{F}(V_8;3))^{-1} = \tfrac{1}{8}\,\boldsymbol{I}_3;$$

$s_0^2(V_8;3) = 1{,}7723$; $q(3) = 1{,}7723 - 1{,}6635 = 0{,}1088$.

b_2) Einflußgröße x_2 gestrichen:

$$\boldsymbol{F}(V_8;2)' = \begin{pmatrix} 1 & 1 & 1 & 1 & 1 & 1 & 1 & 1\\ -1 & -1 & -1 & -1 & 1 & 1 & 1 & 1\\ -1 & 1 & -1 & 1 & -1 & 1 & -1 & 1 \end{pmatrix}; \quad (\boldsymbol{F}(V_8;2)'\,\boldsymbol{F}(V_8;2))^{-1} = \tfrac{1}{8}\,\boldsymbol{I}_3;$$

$s_0^2(V_8;2) = 7{,}0473$; $q(2) = 7{,}0473 - 1{,}6635 = 5{,}3838$.

b_3) Einflußgröße x_1 gestrichen:

$$\boldsymbol{F}(V_8;1)' = \begin{pmatrix} 1 & 1 & 1 & 1 & 1 & 1 & 1 & 1\\ -1 & -1 & 1 & 1 & -1 & -1 & 1 & 1\\ -1 & 1 & -1 & 1 & -1 & 1 & -1 & 1 \end{pmatrix}; \quad (\boldsymbol{F}(V_8;1)'\,\boldsymbol{F}(V_8;1))^{-1} = \tfrac{1}{8}\,\boldsymbol{I}_3;$$

$s_0^2(V_8;1) = 69{,}7169$; $q(1) = 69{,}7169 - 1{,}6635 = 68{,}0534$.

b_4) Einflußgrößen x_1 und x_2 gestrichen:

$$\boldsymbol{F}(V_8;1,2)' = \begin{pmatrix} 1 & 1 & 1 & 1 & 1 & 1 & 1 & 1\\ -1 & 1 & -1 & 1 & -1 & 1 & -1 & 1 \end{pmatrix}; \quad (\boldsymbol{F}(V_8;1,2)'\,\boldsymbol{F}(V_8;1,2))^{-1} = \tfrac{1}{8}\,\boldsymbol{I}_2;$$

$s_0^2(V_8;1,2) = 75{,}1010$; $q(1,2) = 75{,}1010 - 1{,}6635 = 73{,}4375$.

b_5) Einflußgrößen x_1 und x_3 gestrichen:

$$\boldsymbol{F}(V_8;1,3)' = \begin{pmatrix} 1 & 1 & 1 & 1 & 1 & 1 & 1 & 1\\ -1 & -1 & 1 & 1 & -1 & -1 & 1 & 1 \end{pmatrix}; \quad (\boldsymbol{F}(V_8;1,3)'\,\boldsymbol{F}(V_8;1,3))^{-1} = \tfrac{1}{8}\,\boldsymbol{I}_2;$$

$s_0^2(V_8;1,3) = 69{,}8254$; $q(1,3) = 69{,}8254 - 1{,}6635 = 68{,}1619$.

b_6) Einflußgrößen x_2 und x_3 gestrichen:

$$\boldsymbol{F}(V_8;2,3)' = \begin{pmatrix} 1 & 1 & 1 & 1 & 1 & 1 & 1 & 1\\ -1 & -1 & -1 & -1 & 1 & 1 & 1 & 1 \end{pmatrix}; \quad (\boldsymbol{F}(V_8;2,3)'\,\boldsymbol{F}(V_8;2,3))^{-1} = \tfrac{1}{8}\,\boldsymbol{I}_2;$$

$s_0^2(V_8;2,3) = 7{,}1561$; $q(2,3) = 7{,}1561 - 1{,}6635 = 5{,}4926$.

b_7) Einflußgrößen x_1, x_2 und x_3 gestrichen:

$\boldsymbol{F}(V_8; 1, 2, 3)' = (1 \quad 1 \quad 1 \quad 1 \quad 1 \quad 1 \quad 1 \quad 1)$; $(\boldsymbol{F}(V_8, 1, 2, 3)' \boldsymbol{F}(V; 1, 2, 3))^{-1} = \frac{1}{8}$;

$s_0^2(V_8; 1, 2, 3) = 75{,}2097$; $q(1, 2, 3) = 75{,}2097 - 1{,}6635 = 73{,}5462$.

c) $\dfrac{q(3)}{s_0^2(V_8)} = \dfrac{0{,}1088}{1{,}6635} = 0{,}0654 < 0{,}1$; $\quad \dfrac{q(2)}{s_0^2(V_8)} = \dfrac{5{,}3838}{1{,}6635} = 3{,}2364 > 0{,}1$;

$\dfrac{q(1)}{s_0^2(V_8)} = \dfrac{68{,}0534}{1{,}6635} = 40{,}9098 > 0{,}1$; $\quad \dfrac{q(1, 2)}{s_0^2(V_8)} = \dfrac{73{,}4375}{1{,}6635} = 44{,}1464 > 0{,}1$;

$\dfrac{q(1, 3)}{s_0^2(V_8)} = \dfrac{68{,}1619}{1{,}6635} = 40{,}9750 > 0{,}1$; $\quad \dfrac{q(2, 3)}{s_0^2(V_8)} = \dfrac{5{,}4926}{1{,}6635} = 3{,}3018 > 0{,}1$;

$\dfrac{q(1, 2, 3)}{s_0^2(V_8)} = \dfrac{73{,}5462}{1{,}6635} = 44{,}2117 > 0{,}1$; $\{j_1^{(0)}\} = \{3\}$.

d) Es erfüllt nur die Teilmenge $\{3\}$ die Bedingung (6.1.11), folglich kann auf die Einflußgröße x_3 verzichtet werden.

Bemerkung 6.1.2: a) Die Festlegung des Prozentsatzes c_0 im Verf. 6.1.1/1.b) ist ein sinnvoller Kompromiß, um einerseits eine gute Näherung in den Versuchspunkten beizubehalten und andererseits die Anzahl der benutzten Einflußgrößen auf ein handhabbares Maß zu senken. Das Verfahren ermöglicht es, ein relativ großes c_0 vorzugeben und diesen Kompromiß erst in der Lösung unter 5.c) und 5.d) wirksam werden zu lassen (s. hierzu auch (6.1.34) und (6.1.35)).

b) Es kommt häufig vor, daß die Voraussetzungen im Verf. 6.1.1/4.a) und 4.b) durch den Versuchsplan zwar erfüllt werden, jedoch die Kondition der Matrizen schlecht ist. Dann werden die (numerisch bestimmten) Inversen bzw. die zu berechnenden MKQ-Schätzungen und die Restquadratsummen einen großen numerischen Fehler haben. Er kann nötigenfalls durch eine Nachbesserung nach Verf. 3.1.7 verkleinert werden.

Für den Rechenaufwand zur Bestimmung der Differenz für alle Teilmengen gemäß Verf. 6.1.1/5.b) ist die Reihenfolge, in der die Teilmengen nacheinander betrachtet werden, von großer Bedeutung. Empfohlen wird u. a. eine Reihenfolge, bei der sich die Teilmengen jeweils nur in einem Element unterscheiden, da dann die inversen Matrizen nicht ständig aus der Versuchsplanmatrix $\boldsymbol{F}(V_n)$ neu berechnet werden müssen, sondern aus der jeweils vorangehenden Inversen $(\boldsymbol{F}(V_n; j_1, \dots, j_l)' \times \boldsymbol{F}(V_n; j_1, \dots, j_l))^{-1}$ bestimmt werden können (GARSIDE [1], MORGAN/TATAR [1]). Bei schlechter Kondition der Matrizen stößt die konsequente Durchführung einer solchen Methode jedoch auf Schwierigkeiten. Andere Reihenfolgen für die Berechnung der Differenzen werden von FURNIVAL/WILSON [1] betrachtet.

Die Bestimmung der Differenzen $q(j_1, \dots, j_l)$ für alle Teilmengen von Einflußgrößen im Verf. 6.1.1. diente nur dazu, diejenigen Teilmengen zu finden, für die die prozentuale Abweichung von der Restquadratsumme $s_0^2(V_n)$ den Wert $c_0 \cdot 100\%$ nicht überstieg. Hierfür ist jedoch die Bestimmung *aller* Differenzen *nicht* notwendig. Sei z. B. für eine spezielle Teilmenge $\{j_1^{(1)}, \dots, j_{l_1}^{(1)}\}$ bereits

$$\frac{q(j_1^{(1)}, \dots, j_{l_1}^{(1)})}{s_0^2(V_n)} > c_0 . \tag{6.1.12}$$

Werden weitere Einflußgrößen im Ansatz gestrichen, d. h. werden der Menge $\{j_1^{(1)}, \dots, j_{l_1}^{(1)}\}$ weitere Indizes $j_{l_1+1}, \dots, j_{l_1+t}$ hinzugefügt, dann kann die Differenz nur noch größer werden, denn die Koeffizienten der Einflußgrößen $x_{j_{l_1+1}}, \dots, x_{j_{l_1+t}}$ entfallen für die Minimierung der Summe der Abweichungsquadrate. Auf die Betrachtung aller Teilmengen, die $\{j_1^{(1)}, \dots, j_{l_1}^{(1)}\}$ enthalten, kann also verzichtet werden. Dies bringt eine erhebliche Einsparung an Rechenaufwand. Im Bsp. 6.1.2 hätten die Berechnungen 5.b_5)—5.b_7) entfallen können.

Einen weiteren Vorteil kann man häufig daraus ziehen, daß man die Berechnung nach der Anzahl l der weggelassenen Einflußgrößen ordnet. Betrachtet man jeweils das Minimum der Differenzen, also

$$\min_{j \in \{1, \dots, k\}} q(j); \quad \min_{j_1, j_2 \in \{1, \dots, k\}; j_1 \neq j_2} q(j_1, j_2); \dots, \tag{6.1.13}$$

dann gilt

$$\min_j q(j) \leqq \min_{j_1, j_2} q(j_1, j_2) \leqq \dots \tag{6.1.14}$$

Man wird also mit der Berechnung aufhören, wenn das Minimum zum ersten Mal den Prozentsatz $c_0 \cdot 100\%$ von $s_0^2(V_n)$ übersteigt.

Im folgenden geben wir ein Verfahren zur Bestimmung der Minima aus (6.1.13) an. Ein zu einem solchen Minimum für Teilmengen mit l Elementen gehörender Ansatz wird entsprechend *bester* $(k - l)$*-Ansatz* genannt. Das Verfahren wird dann leicht für den Fall modifiziert, daß alle $(k - l)$-Ansätze zu bestimmen sind, die der Forderung (6.1.11) genügen.

Eine weitere wesentliche Modifizierung von Verf. 6.1.1 erhält man im Fall, daß für die Varianz σ^2 der Beobachtungen eine Schätzung $\hat{\sigma}^2$ oder eine obere möglichst gute Schranke σ_0^2 bekannt ist. Dann kann man die entsprechenden Restquadratsummen der reduzierten Ansätze statt mit $s_0^2(V_n)$ z. B. mit $(n - k - 1)\,\hat{\sigma}^2$ vergleichen.

VERFAHREN 6.1.2 (Bestimmung eines besten $(k - l)$-Ansatzes):

1. **Gegebene Größen:** a) k Einflußgrößen $x_1, \dots, x_k$ und eine natürliche Zahl l; $l < k$.

b) Versuchsplan $V_n = (\boldsymbol{x}_1, \dots, \boldsymbol{x}_n)$ und Beobachtungsergebnisse $\boldsymbol{y}(V_n) = (y_1, \dots, y_n)'$.

2. **Aufgabe:** Auswahl einer Teilmenge von l Einflußgrößen, die für das Anpassen oder Schätzen der Wirkungsfläche weggelassen werden können.

3. **Bezeichnung:** $q(j)$ und $q(j_1, \dots, j_l)$ gemäß (6.1.10).

4. **Voraussetzung:** Die in $q(j)$ und $q(j_1, \dots, j_l)$ vorkommenden inversen Matrizen existieren für alle $j \in \{1, \dots, k\}$ bzw. alle Teilmengen aus $\{1, \dots, k\}$.

5. **Lösung:** a) Berechne $q(j)$ gemäß (6.1.10) für $j = 1, \dots, k$.

b) Ordne $q(j)$ der Größe nach:

$$q(j_1) \leqq q(j_2) \leqq \dots \leqq q(j_k)\,. \tag{6.1.15}$$

c) Numeriere die Einflußgrößen gemäß der Reihenfolge in (6.1.15), d. h. aus x_{j_t} wird x_t und aus (6.1.15) wird

$$q(1) \leqq q(2) \leqq \dots \leqq q(k)\,. \tag{6.1.16}$$

d) Berechne $q(1, \dots, l)$.

e) Falls

$$q(1, \dots, l) \leqq q(l + 1)\,, \tag{6.1.17}$$

dann ist $x_1, \dots, x_l$, in der Numerierung von (6.1.16) die gesuchte Auswahl der Einflußgrößen.

f) Falls (6.1.17) nicht gilt, setze $m = 1$.

g) Bilde

$$T_m = \{(t_1, \dots, t_l); t_1 < \dots < t_l, t_v \in \{1, \dots, l + m\}; v = 1, \dots, l\}\,. \tag{6.1.18}$$

h) Bestimme

$$\min_{T_m} q(t_1, \dots, t_l) = q(t_1^{(m)}, \dots, t_l^{(m)}) . \tag{6.1.19}$$

i) Falls $m = k - l$ oder falls

$$q(t_1^{(m)}, \dots, t_l^{(m)}) \leqq q(l + m + 1) \tag{6.1.20}$$

ist, dann ist $x_{t_1^{(m)}}, \dots, x_{t_l^{(m)}}$ in der Numerierung von (6.1.16) die gesuchte Auswahl der Einflußgrößen.

j) Ist

$$q(t_1^{(m)}, \dots, t_l^{(m)}) > q(l + m + 1) , \tag{6.1.21}$$

dann setze das Verfahren mit $m + 1$ anstelle von m bei 5.g) fort ●

Beispiel 6.1.8:

1. a) 3 Einflußgrößen x_1, x_2, x_3; $k = 3$; $l = 1$

b) $V_8 = \left(\begin{pmatrix} -1 \\ -1 \\ -1 \end{pmatrix}, \begin{pmatrix} -1 \\ -1 \\ 1 \end{pmatrix}, \begin{pmatrix} -1 \\ 1 \\ -1 \end{pmatrix}, \begin{pmatrix} -1 \\ 1 \\ 1 \end{pmatrix}, \begin{pmatrix} 1 \\ -1 \\ -1 \end{pmatrix}, \begin{pmatrix} 1 \\ -1 \\ 1 \end{pmatrix}, \begin{pmatrix} 1 \\ 1 \\ -1 \end{pmatrix}, \begin{pmatrix} 1 \\ 1 \\ 1 \end{pmatrix} \right)$;

VFV 2^3; $n = 8$;

$y(V_8)' = (0{,}398;\ -0{,}942;\ -1{,}937;\ -1{,}742;\ 5{,}125;\ 6{,}144;\ 4{,}324;\ 3{,}517)$.

5. a) $q(1) = 68{,}0534$; $q(2) = 5{,}3838$; $q(3) = 0{,}1088$ (↗Bsp. 6.1.2).

b) $\min_j (q(j)) = \min (68{,}0534;\ 5{,}3838;\ 0{,}1088) = 0{,}1088$.

c) $q(3) < q(2) < q(1)$: $0{,}1088 < 5{,}3838 < 68{,}0534$.

d) $x_3 \to x_1'$; $x_2 \to x_2'$; $x_1 \to x_3'$; $q(1) < q(2) < q(3)$.

e) Für $l = 1$: $q(1) = 0{,}1088$.

$q(1) = 0{,}1088 < 5{,}3838 = q(2)$: Also kann die Einflußgröße $x_1' = x_3$ im Ansatz gestrichen werden.

Für die Lösung im Verf. 6.1.2 ist die Neubezeichnung der Einflußgrößen in 5.c) unbedingt zu beachten. Die weiteren Rechenschritte sind in dieser Numerierung gegeben. Der Grundgedanke des Verfahrens besteht darin, auf jeder Stufe ($m = 1, \dots, k - l$) *eine* weitere Einflußgröße x_{l+m} in T_m und damit in die Optimierung (6.1.19) einzubeziehen. Man hofft dabei, bei praktisch sinnvollen Problemen zu recht, auf einen schnellen Abbruch des Verfahrens.

Beim Verf. 6.1.2 wurde wesentlich in (6.1.17) und (6.1.20) ausgenutzt, daß die Differenz beim Weglassen weiterer Einflußgrößen nur größer werden kann. Dies läßt sich noch umfassender nutzen. Zusammen mit weiteren numerischen Überlegungen wurden auf dieser Grundlage effektivere Verfahren entwickelt (s. dazu La Motte/Hocking [1], Furnival/Wilson [2], und die Übersichtsarbeit von Hocking [1]).

Das Verf. 6.1.2 kann man abändern, um alle $(k - l)$-Ansätze zu erhalten, die der Forderung (6.1.11) für die Differenzen der Restquadratsummen genügen. Nach 5.c) ist das Verfahren folgendermaßen fortzusetzen.

d_1) Aus der Ungleichungskette (6.1.16) bestimme dasjenige t, für das zum ersten Mal gilt

$$q(t) < c_0 s_0^2(V_n) . \tag{6.1.22}$$

e_1) Bestimme für $m = 1, \dots, k - l$ jeweils alle $(t_1, \dots, t_l)$ aus T_m, für die gilt

$$q(t_1, \dots, t_l) \leqq c_0 s_0^2(V_n) . \tag{6.1.23}$$

f₁) Beende die Berechnung, wenn t (in der Numerierung (6.1.16)) zum ersten Mal in T_m auftreten würde.

Wie zum Verf. 6.1.1 läßt sich auch hier $s_0^2(V_n)$ durch $(n-k-1+l)\,\hat{\sigma}^2$ oder $(n-k-1+l)\,\sigma_0^2$ ersetzen. In ähnlicher Weise wie Verf. 6.1.2 lassen sich auch andere Verfahren zur Bestimmung eines besten $(k-l)$-Ansatzes zum obigen Zweck abändern.

Die Differenz der Restquadratsummen ist nicht das einzige Kriterium zur Beurteilung einer Auswahl von Einflußgrößen im Rahmen eines Aussiebeverfahrens. Am gebräuchlichsten sind jedoch Funktionen der Restquadratsummen. Einen Überblick mit gründlichen Einschätzungen findet man bei HOCKING [1]. Als Beispiel geben wir eine Größe an, die auf dem Quotienten der Restquadratsummen beruht und betrachten wieder den Ansatz (6.1.3), in dem die Einflußgrößen $x_{j_1}, \ldots, x_{j_l}$ gestrichen werden. Die zugehörige Restquadratsumme $s_0^2(V_n; j_1, \ldots, j_l)$ hat die Form (6.1.9). Damit bezeichnen wir als modifizierten Quotienten

$$C_{k-l+1}(j_1, \ldots, j_l) = (n-k-1)\,\frac{s_0^2(V_n; j_1, \ldots, j_l)}{s_0^2(V_n)} - (n-2k-2+2l)\,. \tag{6.1.24}$$

Durch die Modifikation des Quotienten erreicht man, daß *kleine* Werte von C_{k-l+1} auf eine gute Annäherung an die Beobachtungswerte schließen lassen. Darüberhinaus zeigen entsprechende Untersuchungen (s. GORMAN/TOMAN [1], HOCKING [1]), daß man bei Werten für C_{k-l+1} um $k-l+1$ mit einem nur geringen systematischen Fehler der Schätzung rechnen kann. Es ist daher sinnvoll, solche Auswahlen der Einflußgrößen zum Ausgangspunkt einer weiteren Betrachtung nach Rangordnung oder Kategorien zu nehmen, für die C_{k-l+1} höchstens um eine gegebene positive Konstante c_1 den Wert $k-l+1$ übersteigt, d. h.

$$C_{k-l+1}(j_1, \ldots, j_l) \leqq k-l+1+c_1\,. \tag{6.1.25}$$

Auswahlen gemäß dem Kriterium (6.1.25) kann man mit einem zu Verf. 6.1.1 und 6.1.2 analogen Verfahren bestimmen, falls es solche Auswahlen gibt. Es empfiehlt sich also, c_1 nicht allzu klein zu wählen.

VERFAHREN 6.1.3 (Screening mit C_{k-l+1}):

1. **Gegebene Größen:** a) k Einflußgrößen $x_1, \ldots, x_k$.

b) Positive Konstante c_1.

c) Versuchsplan $V_n = (\boldsymbol{x}_1, \ldots, \boldsymbol{x}_n)$ und Beobachtungsergebnisse $\boldsymbol{y}(V_n) = (y_1, \ldots, y_n)'$.

2. **Aufgabe:** Auswahl einer Teilmenge der Einflußgrößen, die zum Anpassen oder Schätzen der Wirkungsfläche weggelassen werden kann.

3. **Bezeichnungen:** a) $\boldsymbol{F}(V_n)$ und $\boldsymbol{F}(V_n; j_1, \ldots, j_l)$; $l = 1, \ldots, k-1$; $\{j_1, \ldots, j_l\} \subset \{1, \ldots, k\}$ gemäß (6.1.4) bzw. (6.1.7).

b) $s_0^2(V_n)$ und $s_0^2(V_n; j_1, \ldots, j_l)$ gemäß (6.1.6) bzw. (6.1.9).

4. **Voraussetzungen:** a) Die in (6.1.6) und (6.1.9) benötigten inversen Matrizen existieren.

b) $n > k+1$.

5. **Lösung:** a) Berechne $s_0^2(V_n; j)$ gemäß (6.1.9) für $j = 1, \dots, k$.

b) Ordne $s_0^2(V_n; j)$ der Größe nach:

$$s_0^2(V_n; j_1) \leqq s_0^2(V_n; j_2) \leqq \dots \leqq s_0^2(V_n; j_k) \,. \tag{6.1.26}$$

c) Numeriere die Einflußgrößen gemäß der Reihenfolge in (6.1.26), d. h., aus x_{j_t} wird x_t, so daß aus (6.1.26)

$$s_0^2(V_n; 1) \leqq s_0^2(V_n; 2) \leqq \dots \leqq s_0^2(V_n; k) \tag{6.1.27}$$

wird.

d) Berechne $s_0^2(V_n)$ gemäß (6.1.6).

e) Bestimme für $l = 1, \dots, k$ die in der Reihenfolge gemäß 5.c) jeweils kleinsten $t^{(l)}$, für die gilt

$$s_0^2(V_n; t^{(l)}) > \frac{n-k-1+l+c_1}{n-k-1} s_0^2(V_n) \,. \tag{6.1.28}$$

f) Für alle l mit $t^{(l)} < l$ gibt es keine Auswahl von l Einflußgrößen, die (6.1.25) erfüllt.

g) Für alle l mit $t^{(l)} \geqq l$ bilde die Mengen

$$T_m = \{(t_1, \dots, t_l); t_1 < \dots < t_l, t_\nu \in \{1, \dots, l+m\}, \nu = 1, \dots, l\}; l+m < t^{(l)}$$

und registriere daraus für $m = 1, 2, \dots$ diejenigen $(t_1, \dots, t_l)$, für die gilt

$$s_0^2(V_n; t_1, \dots, t_l) \leqq \frac{n-k-1+l+c_1}{n-k-1} s_0^2(V_n) \,. \tag{6.1.29}$$

h) Alle in 5.g) registrierten Teilmengen der Indizes gehören zu Einflußgrößenteilmengen, in der Numerierung von (6.1.27), die zur Lösung der Aufgabe geeignet sind. Zur Auswahl ›Bem. 6.1.1 ●

Beispiel 6.1.4:

1. a) 3 Einflußgrößen x_1, x_2, x_3; $k = 3$.

b) $c_1 = 1$.

c) V_8 (›Bsp. 6.1.2): VFV 2^3; $n = 8$;

$y(V_8)' = (0{,}398;\ -0{,}942;\ -1{,}937;\ -1{,}742;\ 5{,}125;\ 6{,}144;\ 4{,}324;\ 3{,}517)$.

5. a) $s_0^2(V_8; 1) = 69{,}7169$; $s_0^2(V_8; 2) = 7{,}0473$; $s_0^2(V_8; 3) = 1{,}7723$ (›Bsp. 6.1.2).

b) $s_0^2(V_8; 3) < s_0^2(V_8; 2) < s_0^2(V_8; 1)$: $1{,}7723 < 7{,}0473 < 69{,}7169$.

c) $x_3 \to x_1'$; $x_2 \to x_2'$; $x_1 \to x_3'$; $s_0^2(V_8; 1) < s_0^2(V_8; 2) < s_0^2(V_8; 3)$: $1{,}7723 < 7{,}0473 < 69{,}7169$.

d) $s_0^2(V_8) = 1{,}6635$ (›Bsp. 6.1.2.)

e) $l = 1$: $\dfrac{n-k-1+l+c_1}{n-k-1} = \dfrac{8-3-1+1+1}{8-3-1} = 1{,}5$; $1{,}5 \cdot s_0^2(V_8) = 2{,}4952$;

$l = 2$: $\dfrac{n-k-1+l+c_1}{n-k-1} = 1{,}75$; $1{,}75 \cdot s_0^2(V_8) = 2{,}9111$;

$l = 3$: $\dfrac{n-k-1+l+c_1}{n-k-1} = 2{,}0$; $2{,}00 \cdot s_0^2(V_8) = 3{,}3270$;

$s_0^2(V_8; 2) = 7{,}0473 > 2{,}4952 = 1{,}5 \cdot s_0^2(V_8)$, d. h. $t^{(1)} = 2$;

$s_0^2(V_8; 2) = 7{,}0473 > 2{,}9111 = 1{,}75 \cdot s_0^2(V_8)$, d. h. $t^{(2)} = 2$;

$s_0^2(V_8; 2) = 7{,}0473 > 3{,}3270 = 2{,}0 \cdot s_0^2(V_8)$, d. h. $t^{(3)} = 2$;

f) Wegen $t^{(3)} < 3$ gibt es keine Auswahl von 3 Einflußgrößen, die (6.1.25) erfüllt.

g) Für $l = 1$: $s_0^2(V_8; 1) = 1{,}7723 < 2{,}4952 = 1{,}5 \cdot s_0^2(V_8)$;
$l = 2$: $s_0^2(V_8; 2, 3) = 7{,}1561 > 2{,}9111 = 1{,}75 \cdot s_0^2(V_8)$;
$s_0^2(V_8; 1, 2)$ ›Bsp. 6.1.2.

h) Ungleichung (6.1.29) gilt nur für $t_1 = 1$, also kann die Einflußgröße $x_1' = x_3$ im Ansatz weggelassen werden.

Bemerkung 6.1.8: a) Die Verwendung des modifizierten Quotienten (6.1.24) läßt sich auch aus der Sicht der mathematischen Statistik motivieren und interpretieren (vgl. dazu Gorman/Toman [1], Hocking [1]).

b) Die normierte Restquadratsumme $s_0^2(V_n)/(n - k - 1)$ kann im Verf. 6.1.3 auch durch eine Schätzung $\hat{\sigma}^2$ oder eine möglichst kleine obere Schranke σ_0^2 der Varianz für den vollständigen Ansatz (6.1.3) (›Verf. 6.2.6) ersetzt werden.

c) Die Zusammenhänge von C_{k-l+1} mit anderen Funktionen der Restquadratsummen, die zum Aussieben von Einflußgrößen benutzt werden, sind in Hocking [1] angegeben.

6.1.2. F-Test als Kriterium

Zur Entscheidung darüber, welche Einflußgrößen im Gesamtansatz weggelassen werden sollen, wird sehr häufig der F-Test herangezogen. Seine sinnvolle Anwendung erfordert jedoch die Beachtung einiger zusätzlicher Voraussetzungen und seines stochastischen Charakters. Die Frage, ob im Ansatz (6.1.3) die Einflußgrößen $x_{j_1}, \dots, x_{j_l}$ weggelassen werden sollen, läßt sich als *statistische lineare Hypothese* über die Koeffizienten formulieren:

$$H_0: \vartheta_{j_1} = \dots = \vartheta_{j_l} = 0 . \tag{6.1.30}$$

Um eine *Testgröße* (›[1.2]) für diese Hypothese zu konstruieren, führen wir zusätzliche Voraussetzungen ein.

Voraussetzung 6.1.1: a) Der Ansatz (6.1.3) sei wahr (›Bez. 2.2.1).

b) Der Fehlervektor $\boldsymbol{\varepsilon}(V_n)$ des zugehörigen Zusammenhangsmodells genüge einer Normalverteilung mit der Kovarianzmatrix $\sigma^2 \boldsymbol{I}_n$ ●

Mit $s_0^2(V_n)$ gemäß (6.1.6) und $q(j_1, \dots, j_l)$ gemäß (6.1.10) bilden wir nun den Ausdruck

$$\frac{n - k - 1}{l} \frac{q(j_1, \dots, j_l)}{s_0^2(V_n)} . \tag{6.1.31}$$

Wenn die Hypothese (6.1.30) richtig ist und man in (6.1.31) die Realisierung $\boldsymbol{y}(V_n)$ durch den Beobachtungsvektor $\mathfrak{Y}(V_n)$ ersetzt, dann wird (6.1.31) eine Zufallsgröße, die einer (zentralen) F-Verteilung mit l und $n - k - 1$ Freiheitsgraden genügt. Darauf beruht das folgende Verfahren.

VERFAHREN 6.1.4 (Auswahl mit F-Test):

1. **Gegebene Größen:** a) k Einflußgrößen $x_1, \dots, x_k$.

b) Irrtumswahrscheinlichkeit α.

c) Versuchsplan $V_n = (\boldsymbol{x}_1, \dots, \boldsymbol{x}_n)$ und Beobachtungsergebnisse $\boldsymbol{y}(V_n) =: (y_1, \dots, y_n)'$.

2. **Aufgabe:** Entscheidung, ob die Einflußgrößen $x_{j_1}, \dots, x_{j_l}$ im Ansatz (6.1.3) weggelassen werden dürfen.

3. **Bezeichnungen:** a) $\boldsymbol{F}(V_n)$ und $\boldsymbol{F}(V_n; j_1, \dots, j_l)$ gemäß (6.1.4) bzw. (6.1.7).

b) $s_0^2(V_n)$ gemäß (6.1.6).

c) $q(j_1, \dots, j_l)$ gemäß (6.1.10).

d) $f_{l, n-k-1; 1-\alpha}$ ist das $(1-\alpha)$-Quantil der F-Verteilung mit l und $n-k-1$ Freiheitsgraden.

4. **Voraussetzungen:** a) Gesamtansatz (6.1.3) wahr.

b) Es existieren die inversen Matrizen

$$\left(\boldsymbol{F}(V_n)' \boldsymbol{F}(V_n)\right)^{-1} \quad \text{und} \quad \left(\boldsymbol{F}(V_n; j_1, \dots, j_l)' \boldsymbol{F}(V_n; j_1, \dots, j_l)\right)^{-1}.$$

c) $\boldsymbol{\varepsilon}(V_n) \sim \mathrm{N}(\boldsymbol{0}; \sigma^2 \boldsymbol{I}_n)$.

d) $n > k + 1$.

5. **Lösung:** Falls

$$\frac{(n-k-1)}{l} \frac{q(j_1, \dots, j_l)}{s_0^2(V_n)} > f_{l, n-k-1; 1-\alpha} \tag{6.1.32}$$

gilt, dann sind die Einflußgrößen $x_{j_1}, \dots, x_{j_l}$ *im Ansatz* zu *belassen* ●

Beispiel 6.1.5:

1. a) 3 Einflußgrößen x_1, x_2, x_3; $k = 3$.

b) $\alpha = 0{,}05$.

V_8 (›Bsp. 6.1.2): VFV 2^3; $n = 8$;

$\boldsymbol{y}(V_8)' = (0{,}398;\ -0{,}942;\ -1{,}937;\ -1{,}742;\ 5{,}125;\ 6{,}144;\ 4{,}324;\ 3{,}517)$.

5. $q(3) = 0{,}1088$; $l = 1$; $s_0^2(V_8) = 1{,}6635$ (›Bsp. 6.1.2);

$$\frac{n-k-1}{l} = \frac{8-3-1}{1} = 4; \quad \frac{n-k-1}{l} \frac{q(3)}{s_0^2(V_8)} = 4 \cdot \frac{0{,}1088}{1{,}6635} = 0{,}2616;$$

$f_{1;4;0,95} = 7{,}71$.

Wegen $0{,}2616 < 7{,}71$ kann die Einflußgröße x_3 gestrichen werden.

$$q(2) = 5{,}3838 \text{ (›Bsp. 6.1.2)}; \quad \frac{n-k-1}{l} \frac{q(2)}{s_0^2(V_8)} = 4 \cdot \frac{5{,}3838}{1{,}6635} = 12{,}9456\,.$$

Wegen $12{,}9456 > 7{,}71$ ist die Einflußgröße x_2 im Ansatz zu belassen.

Bemerkung 6.1.4: a) In (6.1.31) und entsprechend in (6.1.32) kann $s_0^2(V_n)/(n-k-1)$ durch eine andere (unabhängige) Schätzung der Varianz σ^2 ersetzt werden. Dabei ist die Anzahl der Freiheitsgrade für den F-Test entsprechend zu modifizieren (›Verf. 6.2.2).

b) Für den Fall $l = 1$ ist der im Verf. 6.1.4 angegebene F-Test äquivalent zu einem t-Test. Bezeichne $\check{\vartheta}_j$ die MKQ-Schätzung für ϑ_j und c^{jj} das j-te Diagonalelement aus $(\boldsymbol{F}(V_n)' \boldsymbol{F}(V_n))^{-1}$, dann ist mit $\mathfrak{Y}(V_n)$ anstelle von $\boldsymbol{y}(V_n)$

$$\sqrt{n-k-1}\; \check{\vartheta}_j / \sqrt{s_0^2(V_n)\, c^{jj}} \tag{6.1.33}$$

t-verteilt mit $n-k-1$ Freiheitsgraden (›Bez. 1.1.12). Die Hypothese $\vartheta_j = 0$ wird abgelehnt, wenn der Betrag von (6.1.33) das $(1-\alpha/2)$-Quantil der t-Verteilung mit $n-k-1$ Freiheitsgraden übersteigt.

c) Der im Verf. 6.1.4 angegebene F-Test ist empfindlich gegenüber Abweichungen der Verteilung des Fehlervektors von der Normalverteilung. Eine Untersuchung dazu mit Vorschlägen zur Modifikation der Freiheitsgrade bei entsprechenden Abweichungen findet man bei Box/Watson [1].

Die Anwendung des F-Testes für das Aussieben von Einflußgrößen ist sehr problematisch. Bereits die Formulierung in Verf. 6.1.4/5. zeigt, daß die Aussage, für die wir die Irrtumswahrscheinlichkeit vorgeben, sich eigentlich nicht auf das *Weglassen* der betrachteten Einflußgrößen bezieht. Bedeutungsvoller als dies ist jedoch die bei Screeningproblemen auftretende Notwendigkeit, mehrere, in der Regel sehr viele, verschiedene Auswahlen von Einflußgrößen daraufhin zu untersuchen, ob man sie im Ansatz weglassen kann (›Verf. 6.1.1—6.1.3). Bei der mehrmaligen Anwendung des F-Tests auf das *gleiche Datenmaterial* hängen die erhaltenen Aussagen in starkem Maße voneinander ab. Eine Einschätzung der statistischen Relevanz dieser Aussagen und der tatsächlichen Fehlerwahrscheinlichkeiten 1. und 2. Art für das Gesamtverfahren ist in der Regel nicht möglich. Jedoch geht man nicht fehl, wenn man die Gesamtirrtumswahrscheinlichkeit als sehr hoch annimmt. Es ist daher irreführend, in diesem Falle die getroffenen Entscheidungen über die Auswahl der Einflußgrößen mit dem Hinweis auf die für den Einzeltest gewählte Irrtumswahrscheinlichkeit als signifikant zu irgendeinem „Sicherheitsniveau" zu begründen. Dies gilt auch für den in Bem. 6.1.4.b) genannten t-Test. Für das Screeningproblem ist daher im allgemeinen die Anwendung von (6.1.32) lediglich ein *praktizierbares* Verfahren. Man vergleiche (6.1.32) etwa mit (6.1.11). Wenn man also auf die Deutung von (6.1.32) als Durchführung eines Tests verzichtet, kann man (6.1.32) noch in verschiedener Weise zu einem Kriterium umgestalten. Von HOCKING [1] werden die folgenden beiden Entscheidungsregeln empfohlen:

a) Falls der Zweck der Untersuchung die Schätzung der Wirkungsfläche ist, dann lasse man die Einflußgrößen $x_{j_1}, \dots, x_{j_l}$ im Gesamtansatz weg, wenn gilt

$$\frac{(n-k-1)}{l} \frac{q(j_1, \dots, j_l)}{s_0^2(V_n)} \leqq \frac{1}{l} . \tag{6.1.34}$$

b) Falls der Zweck der Untersuchung die Anpassung der Wirkungsfläche in den Versuchspunkten ist, dann lasse man die Einflußgrößen $x_{j_1}, \dots, x_{j_l}$ im Gesamtansatz weg, wenn gilt (›(6.1.11))

$$\frac{(n-k-1)}{l} \frac{q(j_1, \dots, j_l)}{s_0^2(V_n)} \leqq 1 . \tag{6.1.35}$$

Eine andere Methode, bei der eine Rangordnung oder Kategorienbildung berücksichtigt werden kann, ist die folgende:

c) Bestimme zu jedem x_j ein $\alpha(j) \in (0, 1)$ entsprechend der Rangordnung oder Kategorie und mit $\sum_{j=1}^{k} \alpha(j) \leqq 1$. Je größer die Bedeutung ist, die man der Einflußgröße x_j zumißt, um so kleiner ist $\alpha(j)$ zu wählen. Dann bilde zu jeder Auswahl $x_{j_1}, \dots, x_{j_l}$ die Größe $\alpha(j_1, \dots, j_l) = \sum_{\nu=1}^{l} \alpha(j_\nu)$ und lasse die Einflußgrößen $x_{j_1}, \dots, x_{j_l}$ im Gesamtansatz weg, wenn

$$\frac{(n-k-1)}{l} \frac{q(j_1, \dots, j_l)}{s_0^2(V_n)} \leqq f_{l,\, n-k-l;\, 1-\alpha(j_1, \dots, j_l)} . \tag{6.1.36}$$

Natürlich ist die durch Anwendung von (6.1.34), (6.1.35) oder (6.1.36) auf alle interessierenden Teilansätze erhaltene Menge von Ansätzen noch nach weiteren Kriterien (Rangordnung, Kategorie, Einfachheit) auf ihre Verwendbarkeit zu prüfen.

Ein weiteres praktizierbares Verfahren, das den F-Test iterativ nutzt, wird in [6.3.1] angegeben. Es läßt sich ebenfalls zum Aussieben von Einflußgrößen nutzen.

6.1.3. Ausnutzen von Vorkenntnissen über die Einflußgrößen

Bereits in [2.4.1] (speziell Bsp. 2.4.1) und in [6.1.b)] wurde darauf hingewiesen, daß Vorkenntnisse oder Einschätzungen über Einflußgrößen bei dem Aussieben von Einflußgrößen verwendet werden können und sollten. Im folgenden sollen einige dieser Möglichkeiten näher betrachtet werden.

Wir nehmen zuerst das Bsp. 2.4.1 wieder auf. Es stehen also m Experten E_j; $j = 1, \dots, m$; zur Verfügung, deren möglicherweise unterschiedliches Erfahrungs- und Kenntnisniveau durch entsprechende Kompetenzgewichte $e_j > 0$; $j = 1, \dots, m$; berücksichtigt werden sollte. Es empfiehlt sich, die Kompetenzgewichte durch $\sum_{j=1}^{m} e_j = 1$ zu normieren. Jeder der Experten wird gebeten, die k Einflußgrößen in eine *Rangordnung* zu bringen entsprechend der Bedeutung, die sie seiner Meinung nach für die Wirkungsgröße im EW-Problem haben. Dem Sprachgebrauch folgend erhalten die Einflußgrößen mit der größeren Bedeutung die kleineren Rangzahlen. Scheint eine strenge Rangfolge für gewisse Einflußgrößen dem Experten nicht sinnvoll, dann dürfen auch gleiche Ränge vergeben werden. Im folgenden geben wir ein Verfahren an, wie diese Angaben zu einer *mittleren Rangordnung* für die Einflußgrößen führen. Diese mittlere Rangordnung kann dann bei der Auswahl der Einflußgrößen benutzt werden.

VERFAHREN 6.1.5 (mittlere Rangordnung):

1. **Gegebene Größen:** a) k Einflußgrößen $x_1, \dots, x_k$.

b) m Experten $E_1, \dots, E_m$ mit den Kompetenzgewichten $e_1, \dots, e_m$.

c) r_{ij} Rangzahl, die der Experte E_j der Einflußgröße x_i zugeordnet hat.

2. **Aufgabe:** Bestimmung einer mittleren Rangordnung der Einflußgrößen durch Expertenbefragung.

4. **Voraussetzungen:** $e_j > 0; j = 1, \dots, m; \sum_{j=1}^{m} e_j = 1.$ (6.1.37)

5. **Lösung:** a) Falls einer der Experten für verschiedene Einflußgrößen den *gleichen Rang* vergeben hat, dann sind seine Rangzahlen in folgender Weise zu modifizieren. Sei für festes j

$$r_{i_1 j} \leqq r_{i_2 j} \leqq \dots \leqq r_{i_k j} \quad \text{und} \quad r_{i_s j} < r_{i_s+1 j} = \dots = r_{i_s+t j} < r_{i_s+t+1 j}\,. \tag{6.1.38}$$

Dann ersetze $r_{i_s+r j}$; $r = 1, \dots, t$; durch

$$r^*_{i_s+r j} = s + \frac{t+1}{2}\,. \tag{6.1.39}$$

Nachdem diese Ersetzung für alle Einflußgrößen, die von E_j jeweils die gleiche Rangzahl erhalten haben, durchgeführt wurde, setze für alle restlichen t mit $r_{i_{t-1} j} < r_{i_t j} < r_{i_{t+1} j}$ noch

$$r^*_{i_t j} = t\,. \tag{6.1.40}$$

b) Falls ein Experte *keine gleichen Ränge* vergeben hat, so setze für seine Angaben

$$r^*_{ij} = r_{ij}\,. \tag{6.1.41}$$

c) Zur Kontrolle, ob die Modifizierung richtig ausgeführt worden ist, kann benutzt werden, daß für $j = 1, \dots, m$ gelten muß

$$\sum_{i=1}^{k} r^*_{ij} = \tfrac{1}{2}\, k(k+1)\,. \tag{6.1.42}$$

d) Bestimme als mittlere Rangzahl von x_i

$$r_i = \sum_{j=1}^{m} e_j r_{ij}^*; \qquad j = 1, \dots, k; \tag{6.1.43}$$

und benutze $(r_1, \dots, r_k)$ als mittlere Rangordnung ●

Beispiel 6.1.6:

1. 8 Einflußgrößen $x_1, \dots, x_8$, $k = 8$; 6 Experten $E_1, \dots, E_6$ mit den Kompetenzgewichten $e_1 = \dots = e_4 = 0{,}2$; $e_5 = e_6 = 0{,}1$; $m = 6$.

Tab. 6.1.1: Rangzahlen r_{ij}; $i = 1, \dots, 8$; $j = 1, \dots, 6$

	x_1	x_2	x_3	x_4	x_5	x_6	x_7	x_8
E_1	1	2	2	2	3	3	4	5
E_2	1	3	6	2	7	8	5	4
E_3	1	4	2	3	5	7	7	6
E_4	3	1	4	5	7	6	8	2
E_5	1	1	2	2	3	4	4	4
E_6	2	5	6	1	6	4	6	3

5. a) Modifizierung der gegebenen Rangzahlen r_{ij} nach (6.1.39)–(6.1.41):

$j = 1$: $r_{21} = r_{31} = r_{41} = 2$; $r_{21}^* = r_{31}^* = r_{41}^* = \frac{1}{3}(2 + 3 + 4) = 3$;

$r_{51} = r_{61} = 3$; $r_{51}^* = r_{61}^* = \frac{1}{2}(5 + 6) = 5{,}5$; $r_{71}^* = 7$; $r_{81}^* = 8$;

$j = 2$: $r_{i2}^* = r_{i2}$; $i = 1, \dots, 8$;

$j = 3$: $r_{63} = r_{73} = 7$; $r_{63}^* = r_{73}^* = 7{,}5$;

$j = 4$: $r_{i4}^* = r_{i4}$; $i = 1, \dots, 8$;

$j = 5$: $r_{15} = r_{25} = 1$; $r_{15}^* = r_{25}^* = 1{,}5$; $r_{35} = r_{45} = 2$; $r_{35}^* = r_{45}^* = 3{,}5$; $r_{55}^* = 5$;

$r_{65} = r_{75} = r_{85} = 4$; $r_{65}^* = r_{75}^* = r_{85}^* = 7$;

$j = 6$: $r_{36} = r_{56} = r_{76} = 6$; $r_{36}^* = r_{56}^* = r_{76}^* = 7$.

Tab. 6.1.2: Modifizierte Rangzahlen r_{ij}^*

	x_1	x_2	x_3	x_4	x_5	x_6	x_7	x_8	e_j
E_1	1	3	3	3	5,5	5,5	7	8	0,2
E_2	1	3	6	2	7	8	5	4	0,2
E_3	1	4	2	3	5	7,5	7,5	6	0,2
E_4	3	1	4	5	7	6	8	2	0,2
E_5	1,5	1,5	3,5	3,5	5	7	7	7	0,1
E_6	2	5	7	1	7	4	7	3	0,1

d) Aus Tab. 6.1.2 erhält man gemäß (6.1.43)

$$r_1 = 1 \cdot 0{,}2 + 1 \cdot 0{,}2 + 1 \cdot 0{,}2 + 3 \cdot 0{,}2 + 1{,}5 \cdot 0{,}1 + 2 \cdot 0{,}1 = 1{,}55$$

und entsprechend

$$r_2 = 2{,}85;\ r_3 = 4{,}05;\ r_4 = 3{,}05;\ r_5 = 6{,}10;\ r_6 = 6{,}50;\ r_7 = 6{,}90;\ r_8 = 4{,}00\,.$$

Eine Anordnung nach der mittleren Rangzahl liefert also die Rangfolge $x_1, x_2, x_4, x_8, x_3, x_5, x_6, x_7$.

Die Deutung und Verwendung der mittleren Rangzahlen gemäß (6.1.43) richtet sich nach ihrer Aussagekraft, in der sich die mehr oder weniger gute Übereinstimmung der Experten als Ausdruck einer allgemeinen mehr oder weniger sicheren fachwissenschaftlichen Einschätzung widerspiegelt.

Weichen die mittleren Rangzahlen *wenig* voneinander ab, dann ist die Bedeutung der Einflußgrößen nach der Meinung der Experten wenig zu unterscheiden und die mittleren Rangzahlen selbst sind von geringem Wert für die Auswahl der Einflußgrößen. Von einigen Autoren (z. B. HARTMANN/LEZKI/SCHÄFER [1]) wird empfohlen, mit einem sogenannten Konkordanzkoeffizienten zu prüfen, ob dieser Fall vorliegt. Jedoch liefert diese Prüfung, u. a. wegen der notwendigen Festlegung einer Irrtumswahrscheinlichkeit, keine sicherere Aussage als die Betrachtung der mittleren Rangzahlen selbst.

Falls die mittleren Rangzahlen *sehr stark* voneinander abweichen, kann man sich in vielen Fällen ohne eine weitere experimentelle Untersuchung für die Auswahl bestimmter Einflußgrößen entscheiden. Erforderlichenfalls kann man noch einige Einflußgrößen zusätzlich beibehalten, über deren Aufnahme in den Ansatz man erst im Laufe der experimentellen Untersuchung befinden will.

In jedem Fall kann man mittlere Rangzahlen bei den Verfahren, die einen Datensatz zum Ausgangspunkt der Untersuchungen haben, als zusätzliche Entscheidungshilfe benutzen. Wenn bei den Verf. 6.1.1 und 6.1.3, sowie bei den Modifikationen, den Verf. 6.1.2 und 6.1.4, mehrere Auswahlen die angegebenen Kriterien erfüllen, dann kann man z. B. diejenige Auswahl weiterverwenden, bei der die *Summe* der *mittleren Rangzahlen* der Einflußgrößen im Ansatz *minimal* ist.

Beispiel 6.1.7: Für die $k = 4$ Einflußgrößen $x_1, \dots, x_4$ wurde festgestellt, daß die Auswahlen a) x_2, x_3, x_4 und b) x_1, x_2, x_3 beide ein gegebenes Kriterium aus [6.1] erfüllen. Zur weiteren Entscheidung liegen die in Tab. 6.1.3 gegebenen Rangordnungen durch 6 Experten $E_1, \dots, E_6$ vor. Die Kompetenzgewichte seien gleich und können daher weggelassen werden. Nach Modifizierung gemäß Verf. 6.1.5 ergeben sich die Tab. 6.1.4 und daraus die angegebenen mittleren Rangzahlen r_i; $i = 1, \dots, 4$.

Tab. 6.1.3: Rangzahlen für Bsp. 6.1.7

	x_1	x_2	x_3	x_4
E_1	2	3	1	4
E_2	1	1	2	2
E_3	1	3	2	2
E_4	2	4	1	3
E_5	1	1	1	2
E_6	1	4	3	2

Tab. 6.1.4: Mittlere Rangzahlen für Bsp. 6.1.7

	x_1	x_2	x_3	x_4
E_1	2	3	1	4
E_2	1,5	1,5	3,5	3,5
E_3	1	4	2,5	2,5
E_4	2	4	1	3
E_5	2	2	2	4
E_6	1	4	3	2
r_i	1,58	3,08	2,16	3,17

Die Summe der mittleren Rangzahlen ist damit für a) $3{,}08 + 2{,}16 + 3{,}17 = 8{,}41$, für b) $1{,}58 + 3{,}08 + 2{,}16 = 6{,}82$. Die Auswahl b) sollte also vorgezogen werden.

Die in [6.1.b)] genannte Einteilung in Kategorien ist offensichtlich eine sehr grobe Rangordnung und kann daher in ähnlicher Weise wie die mittlere Rangordnung verwendet werden.

Eine andere Möglichkeit, Vorkenntnisse oder fachwissenschaftlich begründete Einschätzungen zahlenmäßig zu erfassen, ist die ebenfalls bereits in [6.1.b)] erwähnte *Angabe eines Gewichtes* für jede Einflußgröße, das deren angenommene Bedeutung für das EW-Problem widerspiegelt. In diesem Fall ist es zweckmäßig, diese Gewichte zwischen 0 und 1 zu wählen und sie als Wahrscheinlichkeiten für das Erscheinen der entsprechenden Einflußgrößen im Ansatz zu interpretieren. Die Verwendung der Gewichte ist analog zur Verwendung der mittleren Rangzahlen. Auch zur Gewinnung (mittlerer) Gewichte kann man die Meinung von Experten einholen.

Typisch für Screeningprobleme ist es, daß einerseits die Anzahl k der Einflußgrößen noch ziemlich groß und andererseits die Wahrscheinlichkeiten für das Auftreten einer Vielzahl dieser Einflußgrößen relativ klein ist. Wären diese Wahrscheinlichkeiten relativ groß oder äußerst klein, hätten wir keine Bedenken, uns ohne eine experimentelle Untersuchung für ihre Beibehaltung bzw. für ihr Weglassen zu entscheiden. Wenn k klein ist, wäre die Beibehaltung von Einflußgrößen geringer Bedeutung bis zu einer späteren Entscheidung vertretbar.

Weiterhin reichen die Kenntnisse über das EW-Problem in manchen Fällen aus, wenigstens für gewisse Einflußgrößen die Richtung ihres Einflusses auf die Wirkungsgröße anzugeben. Für das Zusammenhangsmodell mit dem Ansatz (6.1.3) heißt das, daß wir das Vorzeichen der Koeffizienten ϑ_j für gewisse Einflußgrößen x_j kennen.

Die Angabe von Wahrscheinlichkeiten und von Vorzeichen der Koeffizienten ermöglicht die Durchführung eines von KLEIJNEN [2], PATEL [1], LI [1] vorgeschlagenen Verfahrens. Der Gedanke des Verfahrens besteht darin, jeweils einige der (primären) Einflußgrößen, deren Koeffizienten gleiches Vorzeichen haben, zu einer Gruppe zusammenzufassen, deren Summe eine neue (sekundäre) Einflußgröße bildet. Wird mit einem gewählten Screeningverfahren eine dieser sekundären Einflußgrößen weggelassen, so wird daraus geschlossen, daß alle primären Einflußgrößen, die die Gruppe bilden, weggelassen werden dürfen. Aus den primären Einflußgrößen der verbleibenden sekundären Einflußgrößen können wiederum Gruppen gebildet werden, mit denen das Vorgehen wiederholt wird.

Der Vorteil des Verfahrens liegt in einer möglichen Einsparung von experimentellem Aufwand. Im folgenden wollen wir dieses Verfahren ohne Versuchsplanung vorstellen. Die Versuchsplanungsaspekte behandeln wir in [6.1.4]. Die Anwendung empfiehlt sich vor allem, wenn k groß und der Mittelwert der Wahrscheinlichkeiten klein ist. Die strengen Forderungen bezüglich der Kenntnis der Vorzeichen der Koeffizienten lassen sich mildern, worauf wir im Anschluß an das Verfahren eingehen werden.

VERFAHREN 6.1.6 (Gruppenscreening):

1. **Gegebene Größen:** a) k Einflußgrößen $x_1, \dots, x_k$.

b) k Wahrscheinlichkeiten $p_1, \dots, p_k$ für das Auftreten der Einflußgrößen im Ansatz (6.1.3).

c) $\operatorname{sgn}(\vartheta_j)$; $j = 1, \dots, k$.

d) Versuchsplan $V_n = (\boldsymbol{x}_1, \dots, \boldsymbol{x}_n)$ und Beobachtungsergebnisse $\boldsymbol{y}(V_n) = (y_1, \dots, y_n)'$.

2. **Aufgabe:** Auswahl einer Teilmenge der Einflußgrößen, die beim Anpassen oder Schätzen der Wirkungsfläche weggelassen werden darf.

3. **Bezeichnungen:** $g_j = \{i_1, \dots, i_{k_j}\} \subset \{1, \dots, k\}$; $\quad j = 1, \dots, m_1$. (6.1.44)

4. **Voraussetzungen:** Entsprechende Voraussetzungen des in 5.c) benutzten Verfahrens.

5. Lösung: a) Zerlege $\{x_1, \ldots, x_k\}$ in m_1 Gruppen von Einflußgrößen $\{x_{i_1}, \ldots, x_{i_{k_j}}\}$; $j = 1, \ldots, m_1$; so daß

$$\sum_{i \in g_j} p_i \leqq 0{,}3; \qquad j = 1, \ldots, m_1; \tag{6.1.45}$$

und

$$\operatorname{sgn}(\vartheta_{i_1}) = \ldots = \operatorname{sgn}(\vartheta_{i_{k_j}}); \qquad j = 1, \ldots, m_1 . \tag{6.1.46}$$

b) Bilde die (sekundären) Einflußgrößen

$$x_j^{(1)} = \frac{1}{k_j} \sum_{i \in g_j} x_i; \qquad j = 1, \ldots, m_1 . \tag{6.1.47}$$

c) Wende auf $x_1^{(1)}, \ldots, x_{m_1}^{(1)}$ ein Screeningverfahren aus [6.1.1] oder [6.1.2] an. Seien $x_{j_1}^{(1)}, \ldots, x_{j_s}^{(1)}$ mit $s < m_1$ und $\{j_1, \ldots, j_s\} \subset \{1, \ldots, m_1\}$ die verbliebenen (sekundären) Einflußgrößen, dann löse die Gruppen auf. Die damit verbliebenen Einflußgrößen aus $\{x_1, \ldots, x_k\}$ werden wieder entsprechend (6.1.45) und (6.1.46) in m_2 Gruppen zerlegt und 5.b) und 5.c) wiederholt, eventuell mehrfach ●

Ein Beispiel für dieses Vorgehen wird in Bsp. 6.1.8 mitgeliefert.

Die Forderung, daß die Vorzeichen *aller* ϑ_j; $j = 1, \ldots, k$; bekannt sind (›Verf. 6.1.6/1.c)), läßt sich in verschiedener Hinsicht abschwächen. So genügt es zu wissen, für welche der Einflußgrößen das Vorzeichen jeweils gleich ist, denn nur dieses muß bei der Gruppeneinteilung in 5.a) berücksichtigt werden. Falls die Summe (6.1.45) für eine Gruppe nicht größer als 0,15 ist, dann ist die Wahrscheinlichkeit, daß sie mehr als eine wesentliche Einflußgröße enthält, nicht größer als 0,06, und die Vorzeichen der Koeffizienten haben wenig Einfluß auf das Ergebnis des Screeningverfahrens (s. WATSON [1]). Schließlich hat man gemäß (6.1.45) eine solche Einflußgröße, für die $p_i \geqq 0{,}3$ angegeben ist, jeweils als eine Gruppe zu betrachten. Auch hier braucht man das Vorzeichen des Koeffizienten nicht zu kennen. Schließlich kann man Einflußgrößen mit $0{,}15 < p_i < 0{,}3$, für die man das Vorzeichen nicht kennt, ebenfalls einzeln behandeln. Natürlich erfordert dies gegebenenfalls einen höheren Versuchsaufwand zur Durchführung des Screeningverfahrens.

Bemerkung 6.1.5: Werden zwischen den Einflußgrößen Wechselwirkungen vermutet (›Bez. 5.1.4), dann empfiehlt es sich, die entsprechenden Einflußgrößen mit ihren Wechselwirkungen in die gleiche Gruppe einzuteilen, falls die Vorzeichenkonstellation es zuläßt.

Für die Durchführung des Verf. 6.1.6 genügen sehr grobe Vorstellungen über die Wahrscheinlichkeiten p_i; $i = 1, \ldots, k$. Wenn fachwissenschaftlich gestützte Annahmen über p_i (z. B. durch Experten) fehlen, dann läßt sich häufig noch eine Zahl $k - l$ für die erwartete Anzahl von Einflußgrößen für den gewünschten Teilansatz angeben. Mit

$$\tilde{p}_i = \frac{k - l}{k}; \qquad i = 1, \ldots, k; \tag{6.1.48}$$

erhält man eine brauchbare Abschätzung der p_i. Weitere Vorschläge zur Festlegung von p_i und zu deren Modifizierung im Verlaufe des Verfahrens findet man bei LI [1] und KLEIJNEN [2]. Dort und bei PATEL [1] und WATSON [1] werden auch weitere Modifikationen des Verf. 6.1.6 besonders im Hinblick auf die Gruppenbildung bei mehrfacher Wiederholung von 5.a)—5.c) gegeben.

6.1.4. Versuchsplanung zu den Screeningverfahren

Für die Versuchsplanung zum Aussieben von Einflußgrößen ergeben sich zwei einander widersprechende Forderungen. Da die Schlußfolgerungen der Screeningverfahren streng genommen nur an den Versuchspunkten gelten, muß man an einem *möglichst umfangreichen* Datenmaterial interessiert sein, das für den gesamten Prognosebereich repräsentativ ist. Das Aussieben von Einflußgrößen trägt jedoch nur vorbereitenden Charakter. Man möchte möglichst wenig Information über solche Einflußgrößen sammeln, die für die weitere Untersuchung ohne Belang sind. Dies läßt nun wieder einen *möglichst geringen Umfang* für den Datensatz zum Aussieben geraten erscheinen.

Als Kompromiß verwendet man zum Aussieben in der Regel solche Pläne, bei denen die Anzahl der Versuchspunkte die Gesamtzahl der erfaßten Einflußgrößen nur wenig übersteigt. Für den einfachen Ansatz (6.1.3) und Ansätze mit zweifachen Wechselwirkungen sind solche Pläne im Kap. 5 behandelt worden. Speziell seien hier die Pläne vom Lösungstyp $L = \mathrm{III}$ und $L = \mathrm{IV}$ und die PLACKETT-BURMAN-Pläne genannt (›[5.2]).

Falls eine Schätzung $\hat{\sigma}^2$ für σ^2 zur Verfügung steht, dann kann man damit $s_0^2/(n - k - 1)$ in den Kriterien (6.1.11), (6.1.23), (6.1.28), (6.1.32) ersetzen und sogar *gesättigte* Pläne (›Bez. 5.2.3) verwenden, bei denen die Anzahl der Versuchspunkte gleich der Anzahl der zu schätzenden Parameter des Ansatzes ist. Für spezielle Verfahren (Verf. 6.1.8) und Verf. 6.1.9) sind auch *übersättigte Pläne* möglich, für die die Anzahl der Versuchspunkte geringer ist als die Anzahl der zu schätzenden Parameter (›Verf. 6.1.11). Auf Versuchsplanungsprobleme im Zusammenhang mit dem F-Test in Verf. 6.1.4 gehen wir in [6.2.2] ein.

Eine wesentliche Herabsetzung der Versuchsanzahl kann beim Verf. 6.1.6 bei großer Anzahl k erreicht werden. Wegen der Zusammenfassung in Gruppen ist die Planung nur noch für die geringe Zahl der sekundären Einflußgrößen nötig. Bei der Durchführung des Verfahrens in mehreren Stufen entsprechend 5.c) hat man diesen Anfangsplan auf jeder Stufe so zu ergänzen, daß er die Anwendung des entsprechenden Screeningverfahrens auf dieser Stufe ermöglicht.

Für die nötige Anzahl von Versuchen ist also offensichtlich der Gruppenumfang k_f und die Anzahl r der Stufen maßgebend, die im Verf. 6.1.6 durchlaufen werden. Für den Fall, daß die Wahrscheinlichkeiten p_i; $i = 1, \dots, k$; ungefähr gleich p_0 sind, gibt es Empfehlungen für die Wahl der dann gleichen Gruppenumfänge $k_0^{(s-1)}$; $s = 1, \dots, r$; und der Anzahl der Stufen. Diese Empfehlungen enthält das folgende Verfahren.

VERFAHREN 6.1.7 (Planung zum Gruppenscreening):

1. **Gegebene Größen:** a) k Einflußgrößen $x_1, \dots, x_k$.

b) Wahrscheinlichkeit p_0 für das Auftreten jeder der Einflußgrößen im Ansatz (6.1.3).

c) $\operatorname{sgn}(\vartheta_j)$; $j = 1, \dots, k$.

2. **Aufgabe:** Festlegung der Stufenzahl, der Gruppenumfänge und des Versuchsplanes für Verf. 6.1.6.

3. **Bezeichnungen:** a) Stufenzahl r.

b) Gruppenumfang $k_0^{(s-1)}$ auf der Stufe $s \leqq r$.

c) Anzahl der Versuche $n_0^{(s-1)}$ auf der Stufe $s \leqq r$.

4. **Voraussetzungen:** Entsprechende Voraussetzungen des in Verf. 6.1.6/5.c) benutzten Verfahrens.

5. **Lösung:** a) Wähle das kleinste r, für das gilt

$$p_0 < \left(1 - \frac{1}{r}\right)^{r(r-1)} = p(r)\,. \tag{6.1.50}$$

Tab. 6.1.5

r	2	3	4	5	6
$p(r)$	0,250	0,088	0,0317	0,0115	0,0042

b) Wähle

$$k_0^{(s-1)} \approx p_0^{-(r-s+1)/(r+1)}\,. \tag{6.1.51}$$

c) Wähle als jeweiligen Versuchsplan für die sekundären Einflußgrößen einen TFV, dessen Versuchsanzahl die Anzahl der Gruppen nur wenig übersteigt und der, für die primären Einflußgrößen aufgeschrieben, die Versuchspunkte aus den vorangehenden Stufen mitenthält ●

Die Empfehlungen (6.1.50) und (6.1.51) wurden von PATEL [1] nach Optimierungsuntersuchungen für die Gesamtanzahl der für das Verf. 6.1.6 nötigen Versuche geliefert.

Im folgenden geben wir ein Beispiel, in dem das Verf. 6.1.6 angewandt wird und die Vorschläge (6.1.50) und (6.1.51) nur in der Tendenz berücksichtigt werden, da deren Bedeutung bei der Anwendung auf Probleme mit sehr großem k liegt.

Beispiel 6.1.8 (zu Verf. 6.1.7):

1. a) 12 Einflußgrößen $x_1, \dots, x_{12}$; $k = 12$.

b) $p_0 \approx 0{,}108 = \frac{1}{12} \sum_{i=1}^{12} p_i$ aus Tab. 6.1.6.

c) sgn (ϑ_j); $j = 1, \dots, 12$; gemäß Tab. 6.1.6.

Tab. 6.1.6: Vorkenntnisse über die Einflußgrößen x_j

j	1	2	3	4	5	6
p_j	0,3	0,05	0,05	0,2	0,05	0,05
sgn (ϑ_j)	+	−	+	+	+	−
j	7	8	9	10	11	12
p_j	0,05	0,3	0,05	0,05	0,1	0,05
sgn (ϑ_j)	−	+	+	+	−	−

5. a) Wegen $0{,}088 < p_0 < 0{,}250$ wähle $r = 2$ gemäß Tab. 6.1.5.

b) Für $s = 1$ (1. Stufe): $k_0^{(0)} \approx p_0^{-(2-1+1)/(2+1)} = p_0^{-2/3} \approx (0{,}108)^{-2/3} \approx 4{,}4 \approx 5$.

c) Wegen $k_0^{(0)} \approx 5$ sollten die 12 Einflußgrößen auf mindestens 3 Gruppen aufgeteilt werden. Da die p_j sehr starke Unterschiede zeigen, werden jedoch mehr Gruppen nötig sein, um Verf. 6.1.6/5.a) zu genügen. Daher wird als Versuchsplan ein TFV mit $n = 8$ verwendet.

(zu Verf. 6.1.6)

1. a)–c) ›Tab. 6.1.6; d) TFV 2^3 mit $n = 8$.

5. a) $m_1 = 6$ Gruppen

$g_1 = \{1\}$: Einflußgröße x_1 mit $p_1 = 0{,}3$ und $\operatorname{sgn}(\vartheta_1) = +1$;

$g_2 = \{2, 6, 7\}$: Einflußgrößen x_2, x_6, x_7 mit $p_2 + p_6 + p_7 = 0{,}15 < 0{,}30$ und $\operatorname{sgn}(\vartheta_2) = \operatorname{sgn}(\vartheta_6) = \operatorname{sgn}(\vartheta_7) = -1$;

$g_3 = \{3, 5, 9, 10\}$: Einflußgrößen x_3, x_5, x_9, x_{10} mit $p_3 + p_5 + p_9 + p_{10} = 0{,}2 < 0{,}3$ und $\operatorname{sgn}(\vartheta_3) = \operatorname{sgn}(\vartheta_5) = \operatorname{sgn}(\vartheta_9) = \operatorname{sgn}(\vartheta_{10}) = +1$;

$g_4 = \{4\}$: Einflußgröße x_4 mit $p_4 = 0{,}2 < 0{,}3$ und $\operatorname{sgn}(\vartheta_4) = +1$.

$g_5 = \{8\}$: Einflußgröße x_8 mit $p_8 = 0{,}3$ und $\operatorname{sgn}(\vartheta_8) = +1$.

$g_6 = \{11, 12\}$: Einflußgrößen x_{11}, x_{12} mit $p_{11} + p_{12} = 0{,}15 < 0{,}30$ und $\operatorname{sgn}(\vartheta_{11}) = \operatorname{sgn}(\vartheta_{12}) = -1$.

b) sekundäre Einflußgrößen: $x_1^{(1)} = x_1$; $x_2^{(1)} = \frac{1}{3}(x_2 + x_6 + x_7)$; $x_3^{(1)} = \frac{1}{4}(x_3 + x_5 + x_9 + x_{10})$; $x_4^{(1)} = x_4$; $x_5^{(1)} = x_8$; $x_6^{(1)} = \frac{1}{2}(x_{11} + x_{12})$.

c) Versuchsplan für die sekundären Einflußgrößen (›Tab. 6.1.7); Beobachtungsergebnisse $\boldsymbol{y}(V_8)' = (0{,}9;\ 1{,}3;\ -3{,}9;\ 4{,}5;\ 1{,}5;\ 3{,}4;\ -4{,}1;\ 4{,}5)$.

Tab. 6.1.7: Versuchsplan zu Bsp. 6.1.8

Versuchs-Nr.	x_0	$x_1^{(1)}$	$x_2^{(1)}$	$x_3^{(1)}$	$x_4^{(1)}$	$x_5^{(1)}$	$x_6^{(1)}$
1	+	−	−	−	+	+	+
2	+	+	−	−	−	−	+
3	+	−	+	−	−	+	−
4	+	+	+	−	+	−	−
5	+	−	−	+	+	−	−
6	+	+	−	+	−	+	−
7	+	−	+	+	−	−	+
8	+	+	+	+	+	+	+

Wende auf $x_1^{(1)}, \ldots, x_6^{(1)}$ ein Screeningverfahren aus Abschn. [6.1.1] oder [6.1.2] an und wiederhole das Verfahren für die verbliebenen Einflußgrößen mit 5.a).

Eine sehr leistungsfähige Methode, mit der man sich mit relativ wenigen Versuchen einen Überblick über die Einflußgrößen verschaffen kann, die im Ansatz verbleiben sollten, wurde von SATTERTHWAITE [1] (vgl. HARTMANN/LEZKI/SCHÄFER [1], NALIMOV/ČERNOVA [1]) vorgeschlagen. Sie wird als *Zufallsbalance* bezeichnet und beruht auf den folgenden Gedanken.

Es werden die Werte der Wirkungsgröße für jede der Einflußgrößen gesondert betrachtet. Von den jeweils anderen Einflußgrößen wird angenommen, daß ihr Einfluß zufällig ist. Diese Annahme wird durch eine entsprechende Planung unterstützt (›Verf. 6.1.10). Wegen des speziellen Ansatzes (6.1.3) betrachtet man nur Zweiniveaufaktorpläne (›[5.2]). Zeigt sich nun bei der Betrachtung einer bestimmten Einflußgröße, etwa x_i, zwischen den Werten der Wirkungsgröße für das obere Niveau und denen für das untere Niveau ein bemerkbarer Unterschied, so wird diese Einflußgröße für wesentlich gehalten und für den Ansatz vorgesehen. Dann wird ihr Einfluß dadurch „ausgeschaltet", daß man von den Werten der Wirkungsgröße den geschätzten Einfluß $\hat{\vartheta}_i(\boldsymbol{y}(V_n))\, x_i$ subtrahiert, womit man sogenannte *modifizierte Wirkungsgrößenwerte* erhält, bei denen wiederum nach bemerkbaren Unterschieden gesucht wird. Natürlich kann man gleichzeitig mehrere Einflüsse ausschalten.

Zur Planung benutzt man VFV 2^r für geeignete $r < k$ oder entsprechende TFV, deren Versuchspunkte man in eine zufällige Reihenfolge bringt und dann zu einem Versuchsplan für k Einflußgrößen zusammensetzt (›Verf. 6.1.10 und 6.1.11). Dabei ist darauf zu achten, daß jede Einflußgröße gleichhäufig das obere und das untere Niveau annimmt, womit sich auch die Bezeichnung Zufallsbalance erklärt.

Die Beurteilung des Unterschieds geschieht entweder durch die *Differenz der Mediane* (›(1.2.4)) der Werte auf dem oberen bzw. auf dem unteren Niveau oder durch die Anzahl der *abgesetzten Werte*, d. h. derjenigen, die außerhalb des gemeinsamen Streubereichs der Werte für das obere und untere Niveau liegen. Wir geben daher zwei Versionen des Verfahrens zuerst für einen gegebenen Plan. Beide Versionen können auch kombiniert werden.

Wie bei allen Screeningverfahren, so hängt auch die Leistungsfähigkeit der folgenden Verfahren wesentlich davon ab, ob nur wenige der betrachteten Einflußgrößen zur Beschreibung der Wirkungsfläche ausreichen. Dies soll sich z. B. darin ausdrücken, daß die Beträge der Koeffizienten im Ansatz (6.1.3) für die übrigen Einflußgrößen verhältnismäßig klein sind.

VERFAHREN 6.1.8 (Zufallsbalance mit Medianen):

1. **Gegebene Größen:** a) k Einflußgrößen $x_1, \ldots, x_k$.

b) Versuchsplan $V_n = (\boldsymbol{x}_1, \ldots, \boldsymbol{x}_n)$ gemäß Verf. 6.1.10 oder 6.1.11 mit $x_{ij} \in \{-1, 1\}$ und Beobachtungsergebnisse $\boldsymbol{y}(V_n) = (y_1, \ldots, y_n)'$.

c) Konstante $c_2 \geqq 1$.

2. **Aufgabe:** Auswahl von Einflußgrößen für das Anpassen oder Schätzen der Wirkungsfläche.

3. **Bezeichnungen:** a) Falls $x_{ij} = -1$, dann setze $y_i = y_i(x_{ij} = -1)$, falls $x_{ij} = 1$, dann setze $y_i = y_i\,(x_{ij} = 1)$.

b) $\tilde{y}(x_j = -1)$ Median aller $y_i(x_{ij} = -1)$; $\tilde{y}(x_j = 1)$ Median aller $y_i(x_{ij} = 1)$
$i = 1, \ldots, n; j = 1, \ldots, k$. (6.1.52)

4. **Voraussetzung:** Für jedes $j = 1, \ldots, k$ ist die Anzahl $y_i(x_{ij} = -1)$ gleich der Anzahl der $y_i(x_{ij} = 1)$.

5. **Lösung:** a) Bestimme die Indizes $\{j_1, \ldots, j_{r_1}\} \subset \{1, \ldots, k\}$ mit

$$|\tilde{y}(x_{j_\nu} = -1) - \tilde{y}(x_{j_\nu} = 1)| \geqq \frac{c_2}{k} \sum_{j=1}^{k} |\tilde{y}(x_j = -1) - \tilde{y}(x_j = 1)| \,. \tag{6.1.53}$$

b) Setze $\{j_1, \ldots, j_{r_1}\} = J_1$ und schätze für $j \in J_1$

$$\hat{\vartheta}_j^{(1)}(\boldsymbol{y}(V_n)) = \frac{1}{n} \sum_{i=1}^{n} x_{ij} y_i \,. \tag{6.1.54}$$

c) Modifiziere für $i = 1, \ldots, n$

$$y_i^{(1)} = y_i - \sum_{j \in J_1} \hat{\vartheta}_j^{(1)} x_{ij} \,. \tag{6.1.55}$$

d) Bestimme die Mediane (6.1.52) für die modifizierten Werte $y_i^{(1)} = y_i^{(1)}(x_{ij} = -1)$ und $y_i^{(1)} = y_i^{(1)}(x_{ij} = 1)$; $j = 1, \ldots, k$; und wiederhole 5.a)—5.c) mit $y_i^{(1)}$ anstelle von y_i, J_2 statt J_1, $y_i^{(2)}$ statt $y_i^{(1)}$, usw.

e) Das Verfahren wird beendet, wenn ein t erreicht wird, so daß

e_1) es für $y_i^{(t)}$ kein $j \in \{1, \dots, k\}$ mehr gibt, für das (6.1.53) gilt

oder

e_2) $J_t \subseteq J_1 \cup J_2 \cup \dots \cup J_{t-1}$

oder (falls eine Schätzung $\hat{\sigma}^2$ oder eine untere Schranke σ_u^2 für die Varianz σ^2 des zufälligen Fehlers bekannt ist)

e_3) die Stichprobenstreuung

$$\frac{1}{n-1} \sum_{i=1}^{n} (y_i^{(t)} - \bar{y}^{(t)})^2; \qquad \bar{y}^{(t)} = \frac{1}{n} \sum_{i=1}^{n} y_i^{(t)}; \tag{6.1.56}$$

in die Größenordnung von σ^2 oder σ_u^2 kommt.

f) Für den Ansatz werden die Einflußgrößen gewählt, deren Indizes in $J_1 \cup \dots \cup J_{t-1}$ enthalten sind. Dieser Ansatz wird erforderlichenfalls (d. h. wenn die Anzahl der Einflußgrößen immer noch zu hoch ist) mit einem Verfahren aus [6.1.1] oder [6.1.2] weiterbehandelt •

VERFAHREN 6.1.9 (Zufallsbalance mit abgesetzten Werten):

1. **Gegebene Größen:** a) k Einflußgrößen $x_1, \dots, x_k$.

b) Versuchsplan V_n und Beobachtungsergebnisse $\boldsymbol{y}(V_n)$ wie in Verf. 6.1.8/1.b).

c) Natürliche Zahl $n_0 < n$.

2. **Aufgabe:** Auswahl von Einflußgrößen für das Anpassen oder Schätzen der Wirkungsfläche.

3. **Bezeichnungen:** a) Wie Verf. 6.1.8/3.a).

b) $y_i^{(0)}$ heißt *abgesetzter Wert* bezüglich x_j, $j \in \{1, \dots, k\}$; falls

$$y_i^{(0)}(x_{ij} = 1) \geqq \max_u y_u(x_{uj} = -1) \quad \text{oder} \quad y_i^{(0)}(x_{ij} = 1) \leqq \min_u y_u(x_{uj} = -1)$$

oder

$$y_i^{(0)}(x_{ij} = -1) \geqq \max_u y_u(x_{uj} = 1) \quad \text{oder} \quad y_i^{(0)}(x_{ij} = -1) \leqq \min_u y_u(x_{uj} = 1)\,. \tag{6.1.57}$$

4. **Voraussetzung:** Wie Verf. 6.1.8.

5. **Lösung:** a) Bestimme die Indizes $\{j_1, \dots, j_{r_1}\} \subset \{1, \dots, k\}$, für die die Anzahl der abgesetzten Werte jeweils bezüglich x_{j_ν}; $\nu = 1, \dots, r_1$; größer ist als n_0.

b), c) Wie Verf. 6.1.8.

d) Bestimme für die modifizierten Werte $y_i^{(1)}$ die Indizes, für die die Anzahl der abgesetzten Werte größer als n_0 ist und wiederhole 5.b) und 5.c) mit $y_i^{(1)}$ anstelle von y_i, J_2, statt J_1, $y_i^{(2)}$ statt $y_i^{(1)}$, usw.

e) Das Verfahren wird beendet, wenn ein t erreicht wird, so daß

e_1) es für $y_i^{(t)}$ kein $j \in \{1, \dots, k\}$ mehr gibt, für das die Anzahl der abgesetzten Werte n_0 übersteigt, oder

e_2) oder e_3) aus Verf. 6.1.8.

f) Wie Verf. 6.1.8 •

Bemerkung 6.1.6: Obwohl angenommen wird, daß bei Betrachtung einer Einflußgröße alle anderen Einflußgrößen zufällig sind, werden die Verf. 6.1.8 und 6.1.9 auch benutzt, um den Einfluß von zweifachen Wechselwirkungen, d. h. von Termen $x_{j_1}x_{j_2}$; $j_1 \neq j_2$; zu untersuchen. Dieses Vorgehen läßt sich durch die Überzeugung rechtfertigen, daß die Anzahl der bedeutungsvollen Wechselwirkungen klein sein wird gegenüber der Anzahl aller dieser zweifachen Wechselwirkungen. In der Regel bezieht man auch nur eine Teilmenge, die man nach fachwissenschaftlichen Gesichtspunkten ausgewählt hat, in die Untersuchung ein. Die Modifizierung der Verfahren besteht darin, daß man $x_{j_1}x_{j_2}$ als weitere Einflußgröße x_j; $j > k$; auffaßt.

Beispiel 6.1.9:

1. a) 4 Einflußgrößen x_1, x_2, x_3, x_4.

b) VFV 2^4 ›Tab. 6.1.8; $\boldsymbol{y}(V_{16})$ ›Tab. 6.1.8.

c) $c_2 = 1$, $n_0 = 3$ (für Verf. 6.1.9).

Tab. 6.1.8: Versuchsplan und Beobachtungsvektor für Bsp. 6.1.9

Versuchs-Nr.	Versuchsplan VFV 2^4 (randomisiert) x_1	x_2	x_3	x_4	$\boldsymbol{y}(V_{16})$	$\boldsymbol{y}^{(1)}(V_{16})$	$x_1x_4 = x_5$ ($\boldsymbol{s}_1 \odot \boldsymbol{s}_4 = \boldsymbol{s}_5$)	$x_3x_4 = x_6$ ($\boldsymbol{s}_3 \odot \boldsymbol{s}_4 = \boldsymbol{s}_6$)
1	+	−	−	+	9,398	6,562	+	−
2	+	−	+	−	4,058	1,222	−	−
3	−	+	−	−	1,063	3,899	+	+
4	+	+	+	+	7,258	4,422	+	+
5	+	+	−	−	−1,875	−4,711	−	+
6	−	+	+	+	−2,856	−0,020	−	+
7	+	−	+	+	11,324	8,488	+	+
8	−	−	−	−	2,517	5,353	+	+
9	−	−	+	−	−1,224	1,612	+	−
10	−	−	−	+	−1,883	0,953	−	−
11	−	+	+	−	3,145	5,981	+	−
12	−	−	+	+	−1,049	1,787	−	+
13	+	−	−	−	2,601	−0,235	−	+
14	+	+	+	−	6,500	3,664	−	−
15	+	+	−	+	1,075	−1,761	+	−
16	−	+	−	+	−4,773	−1,937	−	−

5. a) Bestimmung der Indizes $\{j_1, \ldots, j_{r_1}\}$:

$$\tilde{y}(x_1 = -1) = \tfrac{1}{2}(-1{,}224 - 1{,}049) = -1{,}136; \quad \sum_{j=1}^{4} |\tilde{y}(x_j = -1) - \tilde{y}(x_j = 1)| = 12{,}979.$$

Wegen $c_2 = 1$ und $k = 4$ ist

$$|\tilde{y}(x_1 = -1) - \tilde{y}(x_1 = 1)| = 6{,}415 > \tfrac{1}{4}\,12{,}979 = 3{,}245 \text{ (›Tab. 6.1.9)} \quad \{j_1\} = \{1\}.$$

Tab. 6.1.9: Geordnete Stichprobe und Mediane

i	geordnete Stichprobe 1	2	3	4	5	6	7	8	Median	Differenz
$y_i(x_{i1} = -1)$	−4,773	−2,856	−1,883	−1,224	−1,049	1,063	2,517	3,145	−1,136	6,415
$y_i(x_{i1} = 1)$	−1,875	1,075	2,601	4,058	6,500	7,258	9,398	11,324	5,279	
$y_i(x_{i2} = -1)$	−1,883	−1,224	−1,049	2,517	2,601	4,058	9,398	11,324	2,559	1,490
$y_i(x_{i2} = 1)$	−4,773	−2,856	−1,875	1,063	1,075	3,145	6,500	7,258	1,069	
$y_i(x_{i3} = -1)$	−4,773	−1,883	−1,875	1,063	1,075	2,517	2,601	9,398	1,069	2,533
$y_i(x_{i3} = 1)$	−2,856	−1,224	−1,049	3,145	4,058	6,500	7,258	11,324	3,602	
$y_i(x_{i4} = -1)$	−1,875	−1,224	1,063	2,517	2,601	3,145	4,058	6,500	2,554	2,541
$y_i(x_{i4} = 1)$	−4,773	−2,856	−1,883	−1,049	1,075	7,258	9,398	11,324	0,013	

b) $J_1 = \{1\}$; $\hat{\vartheta}_1^{(1)}(\boldsymbol{y}(V_{16})) = \frac{1}{16}\,45{,}401 = 2{,}8375$ (›(6.1.54)).

c) Modifiziere für $i = 1, \ldots, 16$ (›Tab. 6.1.8)

$y_i^{(1)} = y_i - 2{,}8375 x_{i1}$, d. h. $y_1^{(1)} = 9{,}398 - 2{,}8375 \cdot 1 = 6{,}562$.

d) Entsprechend Bem. 6.1.6 führen wir $x_5 = x_1 x_2$ und $x_6 = x_3 x_4$ zur Berücksichtigung der entsprechenden Wechselwirkungen als weitere Einflußgrößen ein. Die Niveaus für die Einflußgrößen x_5 und x_6 ergeben sich durch Produktbildung der entsprechenden Spalten des VFV 2^4 (›Tab. 6.1.8).

zu Verf. 6.1.9:

5. a) Bestimmung der Indizes $\{j_1, \ldots, j_{r_2}\}$: Wegen $n_0 = 3$ ist die Anzahl der abgesetzten Werte für die Einflußgröße x_5 größer als n_0: $8 > 3$ (›Tab. 6.1.10 und Abb. 6.1.1).

Tab. 6. 1.10: Geordnete Stichprobe und abgesetzte Werte

i	geordnete Stichprobe							
	1	2	3	4	5	6	7	8
$y_i^{(1)}$ $(x_{i5} = -1)$	−4,711	−1,937	−1,222	−0,235	−0,020	0,953	1,787	3,664
$y_i^{(1)}$ $(x_{i5} = 1)$	−1,761	1,612	3,899	4,422	5,353	5,981	6,562	8,488
$y_i^{(1)}$ $(x_{i6} = -1)$	−1,937	−1,761	0,953	1,222	1,612	3,664	5,981	6,562
$y_i^{(1)}$ $(x_{i6} = 1)$	−4,711	−0,235	−0,020	1,787	3,899	4,422	5,353	8,488

i	$y_{i,\min}$	$y_{i,\max}$	abgesetzte Werte	Anzahl	Gesamtanzahl für x_j
$y_i^{(1)}$ $(x_{i5} = -1)$	−4,711	3,664	3,899 4,422 5,353 5,981 6,562 8,488	6	8
$y_i^{(1)}$ $(x_{i5} = 1)$	−1,761	8,488	−1,937 −4,711	2	
$y_i^{(1)}$ $(x_{i6} = -1)$	−1,937	6,562	8,488	1	2
$y_i^{(1)}$ $(x_{i6} = 1)$	−4,711	8,488	−4,711	1	

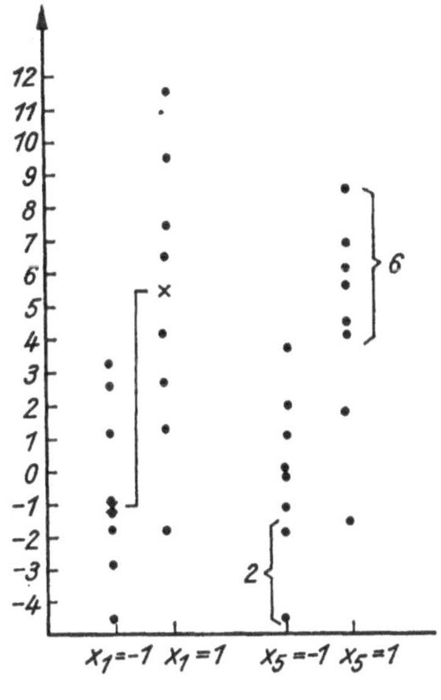

Abb. 6.1.1. Streuungsdiagramm für die Einflußgrößen x_1 und x_5 (× Mediane, ⌉ Mediandifferenz, } abgesetzte Werte)

b) $J_2 = \{5\}$; $\hat{\vartheta}_5^{(2)}(y^{(1)}(V_{16})) = \frac{1}{16}\,33{,}8330 = 2{,}1145$.

c) Modifiziere für $i = 1, \dots, 16$

$$y_i^{(2)} = y_i^{(1)} - 2{,}1145 x_{i5}\,, \quad \text{d. h. } y_1^{(2)} = 6{,}562 - 2{,}1145 \cdot 1 = 4{,}447\,.$$

Das Beispiel wird an dieser Stelle abgebrochen. Nach den beiden angegebenen Rechenschritten werden von den 4 Einflußgrößen die Größe x_1 und von den 2 zweifachen Wechselwirkungen (es wurden nur diese betrachtet) die Wirkung $x_5 = x_1 x_4$ als wesentliche Einflüsse ausgewählt.

Weitere ausführliche Beispiele findet man in: NALIMOV/ČERNOVA [1], HARTMANN/LEZKI/SCHÄFER [1], KOMMISSAROVA/GRANOWSKY/SPIZYN [1]. Die Auswahl der Einflußgrößen nach der Mediandifferenz und auch nach der Anzahl der abgesetzten Werte läßt sich visuell durch ein sogenanntes Streuungsdiagramm vornehmen. Wir geben dieses Diagramm für die Einflußgrößen x_1 und x_5 an (›Abb. 6.1.1).

Wir kommen nun zum *Kommentar* der beiden Verf. 6.1.8 und 6.1.9. Die Wahl der Konstanten c_2, bzw. der natürlichen Zahl n_0 ist ausschlaggebend für das Ergebnis der Verfahren. Sie sind Ausdruck dafür, was man im gegebenen Fall als *wesentlichen* Unterschied ansehen will. Wählt man sie zu klein, werden alle Einflußgrößen im Ansatz belassen, wählt man sie zu groß, dann wird keine Einflußgröße im Ansatz verbleiben. Wenn noch keine Erfahrungen mit der Wahl von c_2 (bzw. n_0) vorliegen, kann die Auswahl auch so erfolgen, daß man jeweils die Indizes mit sehr großen Mediandifferenzen (bzw. sehr großer Anzahl der abgesetzten Werte) auswählt. Auch eine Modifizierung von c_2 (bzw. n_0) nach jedem Durchlaufen von 5.b) und 5.c) wäre ein denkbares Vorgehen.

Die Voraussetzung 4. ermöglicht den einfachen Vergleich der Mediane, bzw. die gleichberechtigte Verwendung der abgesetzten Werte. Geringfügige Abweichungen sind kein Hindernis für die Anwendung der Verfahren.

Bei 5.b) ist zu beachten, daß (6.1.54) nur bei einem orthogonalen Plan die bekannte MKQ-Schätzung ist. Dem Abbruchvorschlag 5.e$_3$) liegt die Vorstellung zugrunde, mit dem Suchen nach wesentlichen Einflußgrößen aufzuhören, wenn man die modifizierten Beobachtungswerte als Schätzungen der Zufallsfehler auffassen kann.

Die Wahl des Versuchsplanes zu den Verf. 6.1.8 und 6.1.9 ist vor allem dann von großer Bedeutung, wenn die Anzahl der Versuche wesentlich geringer sein soll als die Anzahl der Einflußgrößen (und der eventuell noch zu betrachtenden Wechselwirkungen, ›Bem. 6.1.6). Der Versuchsplan soll die Annahme stützen, daß die jeweils restlichen Einflußgrößen nur einen zufälligen Einfluß haben. Der Grundgedanke der Planung besteht darin, die Einflußgrößen in Gruppen einzuteilen und die Pläne der einzelnen Gruppen unabhängig voneinander in zufällige Reihenfolgen zu bringen.

VERFAHREN 6.1.10 (Versuchsplanung zur Zufallsbalance):

1. **Gegebene Größen:** a) k Einflußgrößen $x_1, \dots, x_k$.

b) Obere Schranke $n^{(0)}$ für den Planumfang.

2. **Aufgabe:** Aufstellen eines faktoriellen Versuchsplanes zur Durchführung der Verf. 6.1.8 und 6.1.9.

4. **Voraussetzung:** $V = \{x \in \mathrm{R}^k\colon -1 \leqq x_j \leqq 1;\, j = 1, \dots, k\}$.

5. **Lösung:** a) Bilde aus allen k Einflußgrößen $x_1, \dots, x_k$ insgesamt q Gruppen vom Umfang s_l; $l = 1, \dots, q$; mit

$$\sum_{l=1}^{q} s_l = k \tag{6.1.58}$$

und

$$\max_l 2^{s_l} =: n_{\max} \leqq n^{(0)} . \tag{6.1.59}$$

b) Wähle für jede Gruppe einen VFV 2^{s_l} bzw. einen TFV 2^{r-s} mit $r - s = s_l$ aus.

c) Für alle Gruppen mit $2^{s_l} < n_{\max}$ setze soviel Wiederholungen des in 5.b) gewählten Planes untereinander, bis der Umfang $n_{\max}$ erreicht ist.

d) Randomisiere in jedem der Pläne aus 5.b) die Reihenfolge gemäß Verf. 4.1.16 für die einzelnen Gruppen unabhängig voneinander.

e) Setze die gemäß 5.d) randomisierten Pläne zu einem Plan für $x_1, \ldots, x_k$ zusammen ●

Zweckmäßigerweise wählt man $n^{(0)}$ in Verf. 6.1.10/1.b) im Hinblick auf (6.1.59) als eine Potenz von 2. Als sinnvolle Gruppenumfänge s_l für 5.a) werden Werte zwischen 4 und 6 empfohlen. Für die numerische Behandlung ist es günstig, wenn alle Gruppenumfänge gleich sind. Läßt sich das nicht erreichen, dann führt man für die Planung vorübergehend einige fiktive Einflußgrößen $x_{k+1}, \ldots$, ein, deren zugehörige Spalten im Endplan gemäß 5.e) wieder weggelassen werden.

Beispiel 6.1.10:

1. a) 15 Einflußgrößen $x_1, \ldots, x_{15}$; $k = 15$.

b) $n^{(0)} = 16$.

4. erfüllt (eventuell nach Anwendung von Verf. 4.1.11).

5. a) Bilde aus den $k = 15$ Einflußgrößen $q = 4$ Gruppen mit dem Umfang $s_1 = s_2 = s_3 = 4$, zur vierten Gruppe füge die fiktive Einflußgröße x_{16} hinzu, damit ist auch

$s_4 = 4$; $\sum_{i=1}^{4} s_i = 16$; $\max_l 2^{s_l} = 2^4 = n^{(0)}$

Gruppe 1: x_1, x_2, x_3, x_4; Gruppe 2: x_5, x_6, x_7, x_8;
Gruppe 3: $x_9, x_{10}, x_{11}, x_{12}$; Gruppe 4: $x_{13}, x_{14}, x_{15}, (x_{16})$.

b) Verwende für jede Gruppe einen VFV 2^4.

c) Gruppen mit $2^4 < n_{\max}$ treten durch die Hinzunahme von x_{16} nicht auf (mit $s_4 = 3$ wäre für die 4. Gruppe $2^3 < n_{\max}$, und man müßte den VFV 2^3 für die 4. Gruppe einmal wiederholen).

d) Randomisiere den VFV 2^4 nach den folgenden zufälligen Anordnungen der Zahlen 1, ..., 16 für jede Gruppe:

Gruppe 1: 10, 6, 3, 16, 4, 15, 14, 1, 5, 9, 7, 13, 2, 8, 12, 11;
Gruppe 2: 13, 12, 4, 3, 2, 6, 11, 16, 9, 5, 14, 8, 10, 15, 1, 7;
Gruppe 3: 4, 7, 16, 5, 1, 14, 10, 2, 13, 3, 8, 11, 12, 15, 9, 6;
Gruppe 4: 9, 14, 6, 13, 4, 16, 8, 10, 5, 1, 2, 15, 3, 12, 7, 11.

e) Der Versuchsplan V_{16} hat die in Tab. 6.1.11 angegebene Gestalt.

Von Booth/Cox [1] wurde eine Alternative zum Verf. 6.1.10 vorgeschlagen. Sie betrachten faktorielle Versuchspläne mit gerader Versuchsanzahl n für den Ansatz (6.1.1), bei denen jede Spalte der Versuchsplanmatrix $F(V_n) = ((x_{ij}))_{n\times(k+1)}$,

$$s_j = (x_{1j}, \ldots, x_{nj})'; \qquad j = 0, \ldots, k; \tag{6.1.60}$$

aus $n/2$ Komponenten $+1$ und aus $n/2$ Komponenten -1 besteht. Die Pläne seien *übersättigt*, d. h. die Anzahl n der Versuche sei kleiner als die Anzahl $k + 1$ der zu schätzenden Parameter in (6.1.1). Reguläre faktorielle Versuchspläne für (6.1.1) sind

Tab. 6.1.11: Versuchsplan für die Zufallsbalance (Bsp. 6.1.10)

Versuchs-Nr.	V_{16}														
	x_1	x_2	x_3	x_4	x_5	x_6	x_7	x_8	x_9	x_{10}	x_{11}	x_{12}	x_{13}	x_{14}	x_{15}
1	+	−	−	+	−	−	+	+	+	+	−	−	−	−	−
2	+	−	+	−	+	+	−	+	−	+	+	−	+	−	+
3	−	+	−	−	+	+	−	−	+	+	+	+	+	−	+
4	+	+	+	+	−	+	−	−	−	−	+	−	−	−	+
5	+	+	−	−	+	−	−	−	−	−	−	−	+	+	−
6	−	+	+	+	+	−	+	−	+	−	+	+	+	+	+
7	+	−	+	+	−	+	−	+	+	−	−	+	+	+	+
8	−	−	−	−	+	+	+	+	+	−	−	−	+	−	−
9	−	−	+	−	−	−	−	+	−	−	+	+	−	−	+
10	−	−	−	+	−	−	+	−	−	+	−	−	−	−	−
11	−	+	+	−	+	−	+	+	+	+	+	−	+	−	−
12	−	−	+	+	+	+	+	−	−	+	−	+	−	+	+
13	+	−	−	−	+	−	−	+	+	+	−	+	−	+	−
14	+	+	+	−	−	+	+	+	−	+	+	+	+	+	−
15	+	+	−	+	−	−	−	−	−	−	−	+	−	+	+
16	−	+	−	+	−	+	+	−	+	−	+	−	−	+	−

orthogonal (›Aussage 5.2.1), d. h.

$$\mathbf{s}_j'\mathbf{s}_{j'} = 0 \quad \text{für} \quad j \neq j' . \tag{6.1.61}$$

Bei übersättigten faktoriellen Plänen ist die Anzahl der Spalten von $\boldsymbol{F}(V_n)$ größer als die Anzahl der Zeilen. Daher läßt sich (6.1.61) für diese nicht erreichen. Ein faktorieller Versuchsplan soll *fast-orthogonal* heißen, wenn er für alle Faktorpläne mit (6.1.60) die Größe

$$\max_{j \in \{1, \dots, k\},\, j' \in \{1, \dots, k\},\, j \neq j'} |\mathbf{s}_j'\mathbf{s}_{j'}|$$

minimiert und außerdem die *geringste* Anzahl von Spaltenpaaren besitzt, für die das Maximum angenommen wird.

VERFAHREN 6.1.11 (Übersättigte fast-orthogonale Pläne):

1. **Gegebene Größen:** a) k Einflußgrößen $x_1, \dots, x_k$.

b) Versuchsanzahl n.

2. **Aufgabe:** Aufstellen eines faktoriellen Versuchsplanes zur Durchführung der Verf. 6.1.8 und 6.1.9.

3. **Bezeichnung:** a) $V_n = (\boldsymbol{x}_1, \dots, \boldsymbol{x}_n)$.

b) $\boldsymbol{x}_i = (x_{i0}, \dots, x_{ik})'$; $i = 1, \dots, n$.

c) $\mathbf{s}_j = (x_{1j}, \dots, x_{nj})'$; $j = 0, \dots, k$.

4. **Voraussetzungen:** a) $V = \{\boldsymbol{x} \in \mathrm{R}^k\colon -1 \leqq x_j \leqq 1;\, j = 1, \dots, k\}$.

b) n gerade.

5. **Lösung:** a) Wähle für $j = 1, \dots, k$ jeweils einen Vektor $\mathbf{s}_j$, der $n/2$-mal $+1$ und $n/2$-mal -1 enthält.

b) Berechne

$$\max_{j \in \{1, \dots, k\},\, j' \in \{1, \dots, k\},\, j \neq j'} |\mathbf{s}_j'\mathbf{s}_{j'}| \tag{6.1.62}$$

c) Das Maximum aus 5.b) werde für j_0 und j_0' angenommen. Dann vertausche innerhalb von s_{j_0} und innerhalb von $s_{j_0'}$ die Komponenten solange, bis (6.1.62) kleiner geworden ist.

d) Falls sich (6.1.62) mit 5.c) nicht mehr verkleinern läßt, dann verringere in gleicher Weise die Anzahl der Spaltenpaare, für die das Maximum angenommen wird.

e) Falls sich die Anzahl der Spaltenpaare nicht mehr verkleinern läßt, dann beende das Verfahren. Der gesuchte Versuchsplan V_n wird aus den zuletzt betrachteten Spalten $s_1, \dots, s_k$ gebildet (s. 3.b) und 3.c)) ●

Die Bestimmung eines fast-orthogonalen Planes durch Untersuchung *aller* in Frage kommenden faktoriellen Pläne ist *nicht* praktikabel. Auch die Bestimmung eines solchen Planes mit dem Verf. 6.1.11 erfordert für großes n einen unangemessen hohen numerischen Aufwand. Man kann diesen Aufwand wesentlich verringern, wenn man von Kombinationen von TFV geeigneten Umfangs ausgeht und das Verf. 6.1.11 nach einer vorgegebenen Rechenzeit, im allgemeinen vorzeitig, abbricht. Einige so gewonnene brauchbare Pläne werden in [5.6] angegeben. Von BOOTH/COX [1] wurden diese Pläne mit Zufallsbalance-Plänen verglichen.

6.2. Ansatzdiskrimination

In diesem Abschnitt betrachten wir den Fall, daß nach der Präzisierung des EW-Problems und nach den Ansatzüberlegungen gemäß [2.2] mehrere verschiedene Ansätze für das Zusammenhangsmodell möglich erscheinen. Dabei kann es sich sowohl um fachwissenschaftlich begründete als auch um Näherungsansätze handeln. Von diesen Ansätzen soll einer ausgewählt und allen weiteren Untersuchungen zugrunde gelegt werden. Diese Situation wurde in [2.4.1] als *Ansatzdiskrimination* bezeichnet. Die Schätzung der Wirkungsfläche aus den erhaltenen Daten ist in diesem Problem von untergeordneter Bedeutung und wird aus der Betrachtung ausgeblendet. Der Ansatzwahl zur unmittelbar folgenden Schätzung wenden wir uns in [6.3] zu.

Die Anzahl der zur Ansatzdiskrimination gegebenen *konkurrierenden Ansätze* ist bei praktisch sinnvollen Problemen relativ gering. Dies steht im Gegensatz zur Screeningsituation in [6.1]. Die Versuchsplanung spielt bei der Ansatzdiskrimination eine größere Rolle als beim Screening, denn es geht hier nicht nur um die gute Anpassung für den erhaltenen Datensatz, sondern um Aussagen für kommende Untersuchungen. Dies erfordert in der Regel einen höheren Versuchsaufwand.

Wir beschreiben in [6.2.1] zuerst einige Verfahren zur Auswahl eines Ansatzes bei einem gegebenen Datensatz nach einem gegebenen Versuchsplan. In [6.2.2] behandeln wir dann die Versuchsplanung für diese Verfahren.

Es kann vorkommen, daß nach einem Verfahren noch *mehrere* der Ansätze den Anforderungen des Auswahlkriteriums entsprechen. Dann kann man die Auswahl entweder nach einem Zusatzkriterium vornehmen oder sich zu weiteren Versuchen entschließen. Dies führt auf sequentielle Verfahren (ʼ[6.2.3]), bei denen einige der in [6.2.1] gegebenen Verfahren die Rolle des Anfangsschritts übernehmen. Die Versuchsplanung für diese sequentiellen Verfahren, d. h. die Auswahl des nächsten Versuchspunktes, behandeln wir in [6.2.4].

Es kann auch der Fall eintreten, daß *keiner* der Ansätze den Anforderungen des Auswahlkriteriums entspricht. In diesem Fall hat man entweder weitere Ansätze in die

Betrachtung einzubeziehen oder die Anforderungen des Kriteriums herabzusetzen. Die Verfahren hängen wieder in starkem Maße von den Vorkenntnissen ab. Einige erfordern zu ihrer Durchführung gewisse Verteilungsannahmen (›Verf. 6.2.2 und 6.2.3) oder eine Voreinschätzung durch a-priori-Wahrscheinlichkeiten (›Bsp. 2.4.3) und a-priori-Verteilungen (›Verf. 6.2.8 und 6.2.9).

Die Auswahlverfahren und die Planung dazu tragen mehr oder minder ausgeprägt heuristische Züge. Wegen des theoretischen Hintergrundes einiger der Verfahren sei auf [I/9] verwiesen.

6.2.1. Nichtsequentielle Auswahl bei gegebenem Plan

Als einfachstes Auswahlverfahren wird der Vergleich der Restquadratsummen empfohlen, die sich bei der Schätzung der Parameter in den konkurrierenden Ansätzen ergeben. Dieses Vorgehen entspricht nicht ganz dem Anliegen der Ansatzdiskrimination, es ist sehr stark am vorliegenden Datensatz und auf die Schätzung orientiert. Es sollte nur verwendet werden, wenn weitere Vorkenntnisse nicht zur Verfügung stehen.

VERFAHREN 6.2.1 (Ansatzdiskrimination nach Restquadratsumme):

1. **Gegebene Größen:** a) m Ansätze:

$$\tilde{S}_t = \{\tilde{\eta}^{(t)}(\boldsymbol{x}, \boldsymbol{\vartheta}^{(t)}) : \boldsymbol{x} \in B\}_{\boldsymbol{\vartheta}^{(t)} \in \Theta_t}, \qquad t = 1, \dots, m. \tag{6.2.1}$$

b) Prozentsatz $c_0 \cdot 100\%$, bis zu dem die Differenz der Restquadratsummen als gering betrachtet wird.

c) Versuchsplan $V_n = (\boldsymbol{x}_1, \dots, \boldsymbol{x}_n)$ und Beobachtungsergebnisse $\boldsymbol{y}(V_n) = (y_1, \dots, y_n)'$.

2. **Aufgabe:** Auswahl von Ansätzen, die für die weiteren Untersuchungen verwendet werden sollen.

3. **Bezeichnungen:** a) $\check{\boldsymbol{\vartheta}}^{(t)}(\boldsymbol{y}(V_n))$ Schätzung von $\boldsymbol{\vartheta}^{(t)}$ nach der MKQ; $t = 1, \dots, m$.

b) $\dim \Theta_t = r_t$; $t = 1, \dots, m$.

c) $$s_t^2(V_n) = \frac{1}{n - r_t} \sum_{i=1}^{n} \left(y_i - \tilde{\eta}^{(t)}(\boldsymbol{x}_i, \check{\boldsymbol{\vartheta}}^{(t)})\right)^2; \quad t = 1, \dots, m. \tag{6.2.2}$$

4. **Voraussetzungen:** a) Versuchsplan und Beobachtungsergebnisse erlauben die Berechnung von $\check{\boldsymbol{\vartheta}}^{(t)}(\boldsymbol{y}(V_n))$ für alle $t = 1, \dots, m$.

b) $n - r_t \geqq 1$; $t = 1, \dots, m$.

5. **Lösung:** a) Berechne $s_t^2(V_n)$ gemäß (6.2.2).

b) Bestimme $\min\limits_{t \in \{1, \dots, m\}} s_t^2(V_n)$.

c) Bestimme $\{t_1, \dots, t_l\}$ mit

$$\frac{s_{t_\nu}^2(V_n)}{\min\limits_{t \in \{1, \dots, m\}} s_t^2(V_n)} \leqq 1 + c_0; \qquad \nu = 1, \dots, l. \tag{6.2.3}$$

d) Falls $l = 1$, wähle $\tilde{S}_{t_1}$ als Ansatz.

e) Falls $l > 1$, wähle ein $\tilde{S}_{t_\nu}$; $\nu = 1, \dots, l$; nach einem Zusatzkriterium oder gehe zu einem sequentiellen Verfahren (›Verf. 6.2.16) über •

Beispiel 6.2.1:

1. a) 3 Ansätze ($m = 3$)

$\tilde{S}_1$ mit $\tilde{\eta}^{(1)}(\boldsymbol{x}, \boldsymbol{\vartheta}^{(1)}) = \vartheta_0^{(1)} + \vartheta_1^{(1)} x_1 + \vartheta_2^{(1)} x_2$,

$\tilde{S}_2$ mit $\tilde{\eta}^{(2)}(\boldsymbol{x}, \boldsymbol{\vartheta}^{(2)}) = \vartheta_0^{(2)} + \vartheta_1^{(2)} x_1 x_2 + \vartheta_2^{(2)} \dfrac{1}{x_1}$,

$\tilde{S}_3$ mit $\tilde{\eta}^{(3)}(\boldsymbol{x}, \boldsymbol{\vartheta}^{(3)}) = \vartheta_0^{(3)} + \vartheta_1^{(3)} \mathrm{e}^{-x_1} + \vartheta_2^{(3)} x_2$,

$r_1 = r_2 = r_3 = 3$.

b) $c_0 = 1$.

c) $V_4 = \left(\begin{pmatrix}-1\\-1\end{pmatrix}, \begin{pmatrix}-1\\1\end{pmatrix}, \begin{pmatrix}1\\-1\end{pmatrix}, \begin{pmatrix}1\\1\end{pmatrix}\right)$; VFV 2^2; $n = 4$;

$\boldsymbol{y}(V_4)' = (0,398;\ -1,937;\ 5,125;\ 4,324)$.

5. a) Berechnung von $\check{\boldsymbol{\vartheta}}^{(1)}$:

$$\boldsymbol{F}_1(V_4)' = \begin{pmatrix} 1 & 1 & 1 & 1 \\ -1 & -1 & 1 & 1 \\ -1 & 1 & -1 & 1 \end{pmatrix}; \quad (\boldsymbol{F}_1(V_4)'\, \boldsymbol{F}_1(V_4))^{-1} = \frac{1}{4} \boldsymbol{I}_3;$$

$(\boldsymbol{F}_1(V_4)'\, \boldsymbol{y})' = (7,910;\ 10,988;\ -3,136)$; $\check{\boldsymbol{\vartheta}}^{(1)\prime} = (1,978;\ 2,747;\ -0,784)$.

Berechnung von $\check{\boldsymbol{\vartheta}}^{(2)}$:

$$\boldsymbol{F}_2(V_4)' = \begin{pmatrix} 1 & 1 & 1 & 1 \\ 1 & -1 & -1 & 1 \\ -1 & -1 & 1 & 1 \end{pmatrix}; \quad (\boldsymbol{F}_2(V_4)'\, \boldsymbol{F}_2(V_4))^{-1} = \frac{1}{4} \boldsymbol{I}_3;$$

$(\boldsymbol{F}_2'\boldsymbol{y})' = (7,910;\ 1,534;\ 10,988)$; $\check{\boldsymbol{\vartheta}}^{(2)\prime} = (1,978;\ 0,384;\ 2,747)$.

Berechnung von $\check{\boldsymbol{\vartheta}}^{(3)}$:

$$\boldsymbol{F}_3(V_4)' = \begin{pmatrix} 1 & 1 & 1 & 1 \\ 2,718 & 2,718 & 0,368 & 0,368 \\ -1 & 1 & -1 & 1 \end{pmatrix};$$

$$(\boldsymbol{F}_3(V_4)'\, \boldsymbol{F}_3(V_4))^{-1} = \begin{pmatrix} 0,6811 & -0,2794 & 0 \\ -0,2794 & 0,1810 & 0 \\ 0 & 0 & 0,2500 \end{pmatrix};$$

$(\boldsymbol{F}_3'\boldsymbol{y})' = (7,910;\ -0,7058;\ -3,136)$; $\check{\boldsymbol{\vartheta}}^{(3)\prime} = (5,5847;\ -2,3371;\ -0,7840)$;

$$s_t^2(V_4) = \frac{1}{4-3} (\boldsymbol{y} - \boldsymbol{F}_t(V_4)\, \check{\boldsymbol{\vartheta}}^{(t)})' (\boldsymbol{y} - \boldsymbol{F}_t(V_4)\, \check{\boldsymbol{\vartheta}}^{(t)})$$ (6.1.6) bzw. (6.2.11).

Berechnung von $s_1^2(V_4)$: $(\boldsymbol{F}_1 \check{\boldsymbol{\vartheta}}^{(1)})' = (0,015;\ -1,553;\ 5,509;\ 3,941)$;

$(\boldsymbol{y} - \boldsymbol{F}_1 \check{\boldsymbol{\vartheta}}^{(1)})' = (0,383;\ -0,384;\ -0,384;\ 0,383)$; $s_1^2(V_4) = 0,5880$.

Berechnung von $s_2^2(V_4)$: $(\boldsymbol{F}_2 \check{\boldsymbol{\vartheta}}^{(2)})' = (-0,385;\ -1,153;\ 4,341;\ 5,109)$;

$(\boldsymbol{y} - \boldsymbol{F}_2 \check{\boldsymbol{\vartheta}}^{(2)})' = (0,783;\ -0,784;\ 0,784;\ -0,785)$; $s_2^2(V_4) = 2,4587$.

Berechnung von $s_3^2(V_4)$: $(\boldsymbol{F}_3 \check{\boldsymbol{\vartheta}}^{(3)})' = (0,0165;\ -1,5515;\ 5,5087;\ 3,9407)$;

$(\boldsymbol{y} - \boldsymbol{F}_3 \check{\boldsymbol{\vartheta}}^{(3)})' = (0,382;\ -0,385;\ -0,384;\ 0,383)$; $s_3^2(V_4) = 0,5883$.

b) $\min\limits_{t \in \{1,2,3\}} s_t^2(V_4) = \min\,(0,5880;\ 2,459;\ 0,5883) = 0,5880 = s_1^2(V_4)$.

c) $\dfrac{s_1^2(V_4)}{s_1^2(V_4)} = 1 < 1 + 1$; $\dfrac{s_2^2(V_4)}{s_1^2(V_4)} = \dfrac{2,4587}{0,5880} = 4,1820 > 2$;

$\dfrac{s_3^2(V_4)}{s_1^2(V_4)} = \dfrac{0,5883}{0,5880} = 1,0005 < 2$.

e) $l = 2$, deshalb wähle nach einem Zusatzkriterium Ansatz $\tilde{S}_1$ oder $\tilde{S}_3$.

Bemerkung 6.2.1: Verf. 6.2.1 läßt sich für andere Approximationskriterien (›[2.2.4]) modifizieren. Erfolgt die Anpassung von $\vartheta^{(l)}$ z. B. nach TSCHEBYSCHEFF (›(2.2.25)) durch $\hat{\vartheta}^{(l)}$, dann sind die Restquadratsummen (6.2.2) als Kriterium zu ersetzen durch

$$\max_{i \in \{1, \dots, n\}} |y_i - \tilde{\eta}^{(l)}(x_i, \hat{\vartheta}^{(l)})| . \tag{6.2.4}$$

Auf dem Vergleich der Restquadratsummen beruhen auch alle Verfahren, die sich auf den F-Test berufen. Zur Diskussion seiner Voraussetzungen und zur Einschätzung der auf ihm basierenden praktizierbaren Verfahren geben wir zuerst zwei Verfahren an, bei denen die Voraussetzungen zur Anwendung des F-Tests erfüllt sind (vgl. [I/9.1.3]).

Es werden *zwei lineare* Ansätze betrachtet, von denen der eine den anderen umfaßt. Dabei soll der umfangreichere Ansatz mehr Komponentenfunktionen enthalten als der andere. Es ist nach der Untersuchung festzulegen, ob nicht der weniger umfangreiche für die künftige Arbeit bereits ausreicht. Eine ähnliche Fragestellung, jedoch nur in bezug auf die anschließende Schätzung, wird in [6.3.1] behandelt werden (›Bsp. 2.4.4).

Sei also

$$\tilde{S}_1 = \{\tilde{\eta}^{(1)}(\boldsymbol{x}, \boldsymbol{\vartheta}) = \boldsymbol{f}(\boldsymbol{x})' \boldsymbol{\vartheta} : \boldsymbol{x} \in B\}_{\boldsymbol{\vartheta} \in \mathrm{R}^r} \tag{6.2.5}$$

und

$$\tilde{S}_2 = \{\tilde{\eta}^{(2)}(\boldsymbol{x}, \boldsymbol{\vartheta}^{(2)}) = \boldsymbol{f}^{(2)}(\boldsymbol{x})' \boldsymbol{\vartheta}^{(2)} : \boldsymbol{x} \in B\}_{\boldsymbol{\vartheta}^{(2)} \in \mathrm{R}^{r-l}} ; \qquad l < r . \tag{6.2.6}$$

Dabei unterscheide sich $\boldsymbol{f}^{(2)}$ von $\boldsymbol{f}$ dadurch, daß die Funktionen $f_{j_1}, \dots, f_{j_l}$ in $\boldsymbol{f}$, aber nicht in $\boldsymbol{f}^{(2)}$ vorkommen. Dann läßt sich $\tilde{S}_2$ gemäß (6.2.6) auch in der Form schreiben

$$\tilde{S}_2 = \{\tilde{\eta}^{(2)}(\boldsymbol{x}, \boldsymbol{\vartheta}) = \boldsymbol{f}(\boldsymbol{x})' \boldsymbol{\vartheta} : \boldsymbol{x} \in B\}_{\boldsymbol{\vartheta} \in \Theta} \tag{6.2.7}$$

mit

$$\Theta = \{\boldsymbol{\vartheta} \in \mathrm{R}^r : \vartheta_{j_1} = \dots = \vartheta_{j_l} = 0\} . \tag{6.2.8}$$

Damit erkennt man, daß sich $\tilde{S}_1$ und $\tilde{S}_2$ nur durch eine statistische lineare Hypothese H_0 gemäß (6.1.30) unterscheiden. Die Prüfung dieser Hypothese mit dem F-*Test* erfordert die folgende Voraussetzung.

Voraussetzung 6.2.1: a) Der Ansatz (6.2.5) ist wahr.

b) Der Fehlervektor $\boldsymbol{\varepsilon}(V_n)$ des zugehörigen Zusammenhangsmodells genügt einer Normalverteilung mit der Kovarianzmatrix $\sigma^2 \boldsymbol{I}_n$ ●

Analog zum Vorgehen in [6.1.1] wählen wir die folgenden Bezeichnungen. Die *Versuchsplanmatrizen* haben die Gestalt

$$\begin{aligned} \boldsymbol{F}(V_n) &= \big((f_j(\boldsymbol{x}_i))\big)_{n \times r}; \qquad i = 1, \dots, n; j = 1, \dots, r \\ \boldsymbol{F}(V_n; j_1, \dots, j_l) &= \big((f_j(\boldsymbol{x}_i))\big)_{n \times (r-l)}; \qquad i = 1, \dots, n; j = 1, \dots, r; \\ & \qquad\qquad j \neq j_\nu \text{ für } \nu = 1, \dots, l \end{aligned} \tag{6.2.9}$$

(›(2.2.10) und (6.1.4), (6.1.7)). Hiermit bilden wir Schätzungen *nach der* MKQ (›(2.3.30)) für die Parameter $\boldsymbol{\vartheta}$:

$$\begin{aligned} &\check{\boldsymbol{\vartheta}}\big(\boldsymbol{y}(V_n)\big) = \big(\boldsymbol{F}(V_n)' \boldsymbol{F}(V_n)\big)^{-1} \boldsymbol{F}(V_n)' \boldsymbol{y}(V_n) \\ &\check{\boldsymbol{\vartheta}}\big(\boldsymbol{y}(V_n); j_1, \dots, j_l\big) \\ &= \big(\boldsymbol{F}(V_n; j_1, \dots, j_l)' \boldsymbol{F}(V_n; j_1, \dots, j_l)\big)^{-1} \boldsymbol{F}(V_n; j_1, \dots, j_l)' \boldsymbol{y}(V_n) \end{aligned} \tag{6.2.10}$$

(›(6.1.5) und (6.1.8)). Für die *Restquadratsummen* (›Bez. 2.3.4) werden wir je nach den Erfordernissen des Rechenganges eine der folgenden Darstellungen verwenden, und zwar für $s_0^2(V_n)$

$$s_0^2(V_n) = \sum_{i=1}^{n} \left(y_i - \sum_{j=1}^{r} \check{\vartheta}_j(\boldsymbol{y}(V_n))\, f_j(\boldsymbol{x}_i)\right)^2$$
$$= \left(\boldsymbol{y}(V_n) - \boldsymbol{F}(V_n)\, \check{\boldsymbol{\vartheta}}(\boldsymbol{y}(V_n))\right)' \left(\boldsymbol{y}(V_n) - \boldsymbol{F}(V_n)\, \check{\boldsymbol{\vartheta}}(\boldsymbol{y}(V_n))\right)$$
$$= \boldsymbol{y}(V_n)' \left(\boldsymbol{I}_n - \boldsymbol{F}(V_n)\, (\boldsymbol{F}(V_n)'\, \boldsymbol{F}(V_n))^{-1}\, \boldsymbol{F}(V_n)'\right) \boldsymbol{y}(V_n) \tag{6.2.11}$$

und für $s_0^2(V_n; j_1, \dots, j_l)$

$$s_0^2(V_n; j_1, \dots, j_l) = \sum_{i=1}^{n} \left(y_i - \sum_{j \neq j_\nu;\, \nu=1,\dots,l} \check{\vartheta}_j(\boldsymbol{y}(V_n); j_1, \dots, j_l)\, f_j(\boldsymbol{x}_i)\right)^2;$$
$$= \left(\boldsymbol{y}(V_n) - \boldsymbol{F}(V_n, j_1, \dots, j_l)\right) \check{\boldsymbol{\vartheta}}\left(\boldsymbol{y}(V_n); j_1, \dots, j_l)\right)'$$
$$\times \left(\boldsymbol{y}(V_n) - \boldsymbol{F}(V_n; j_1, \dots, j_l)\right) \check{\boldsymbol{\vartheta}}\left(\boldsymbol{y}(V_n); j_1, \dots, j_l)\right)$$
$$= \boldsymbol{y}(V_n)' \left(\boldsymbol{I}_n - \boldsymbol{F}(V_n; j_1, \dots, j_l)\, (\boldsymbol{F}(V_n; j_1, \dots, j_l)'\, \boldsymbol{F}(V_n; j_1, \dots, j_l))^{-1}\right.$$
$$\left. \times\, \boldsymbol{F}(V_n; j_1, \dots, j_l)'\right) \boldsymbol{y}(V_n)\,. \tag{6.2.12}$$

Bemerkung 6.2.2: Man beachte, daß im Unterschied zum Screening die in der Regel als Ansatzfunktion auftretende Konstante (entsprechend $x_0 \equiv 1$) hier *keine* Sonderrolle spielt. Wenn der zugehörige Parameter wie üblich mit ϑ_0 bezeichnet wird, kann selbstverständlich auch $j_\nu = 0$ in (6.2.9), (6.2.10) und (6.2.12) vorkommen. Da r die Gesamtzahl der Ansatzfunktionen sein soll, darf dann die Numerierung nur bis $r - 1$ gehen.

VERFAHREN 6.2.2 (F-Test zur Diskrimination bei zwei Ansätzen, speziell):

1. **Gegebene Größen:** a) Zwei lineare Ansätze

$$\tilde{S}_1 = \{\tilde{\eta}^{(1)}(\boldsymbol{x}, \boldsymbol{\vartheta}) = \boldsymbol{f}(\boldsymbol{x})'\, \boldsymbol{\vartheta} : \boldsymbol{x} \in B\}_{\boldsymbol{\vartheta} \in \mathrm{R}^r}; \quad \tilde{S}_2 = \{\tilde{\eta}^{(2)}(\boldsymbol{x}, \boldsymbol{\vartheta}) = \boldsymbol{f}(\boldsymbol{x})'\, \boldsymbol{\vartheta} : \boldsymbol{x} \in B\}_{\boldsymbol{\vartheta} \in \Theta}$$

mit $\Theta = \{\boldsymbol{\vartheta} \in \mathrm{R}^r : \vartheta_{j_1} = \dots = \vartheta_{j_l} = 0\}$.

b) Irrtumswahrscheinlichkeit α.

c) Versuchsplan $V_n = (\boldsymbol{x}_1, \dots, \boldsymbol{x}_n)$ und Beobachtungsergebnisse $\boldsymbol{y}(V_n) = (y_1, \dots, y_n)'$.

2. **Aufgabe:** Es soll einer der beiden Ansätze für die weitere Verwendung ausgewählt werden.

3. **Bezeichnungen:** a) $\boldsymbol{F}(V_n)$, $\boldsymbol{F}(V_n; j_1, \dots, j_l)$ gemäß (6.2.9).

b) $s_0^2(V_n)$, $s_0^2(V_n; j_1, \dots, j_l)$ gemäß (6.2.11) bzw. (6.2.12).

c) $f_{l,\, n-r;\, 1-\alpha}$ ist das $(1 - \alpha)$ Quantil der F-Verteilung mit l und $n - r$ Freiheitsgraden.

4. **Voraussetzungen:** a) Ansatz (6.2.5) wahr.

b) Es existieren die in $s_0^2(V_n)$ und $s_0^2(V_n, j_1, \dots, j_l)$ vorkommenden inversen Matrizen.

c) $\boldsymbol{\varepsilon}(V_n) \sim \mathrm{N}(\boldsymbol{0}, \sigma^2 \boldsymbol{I}_n)$.

d) $n > r$.

5. **Lösung:** Falls

$$\frac{n-r}{l}\, \frac{s_0^2(V_n; j_1, \dots, j_l) - s_0^2(V_n)}{s_0^2(V_n)} > f_{l,\, n-r;\, 1-\alpha}\,, \tag{6.2.13}$$

dann wähle $\tilde{S}_1$, sonst $\tilde{S}_2$ ●

(›Bem. 6.1.3b)).

Beispiel 6.2.2:

1. a) $\tilde{S}_1$ mit $\tilde{\eta}^{(1)} = \vartheta_0 + \vartheta_1 x_1 + \vartheta_2 x_2 + \vartheta_3 x_3$; $\tilde{S}_2$ mit $\tilde{\eta}^{(2)} = \vartheta_0 + \vartheta_1 x_1 + \vartheta_2 x_2 + \vartheta_3 x_3$ mit $\Theta = \{(\vartheta_0, \vartheta_1, \vartheta_2, \vartheta_3)' \in \mathrm{R}^4 : \vartheta_3 = 0\}$.

b) $\alpha = 0{,}05$.

c) V_8 (↗Bsp. 6.1.2): VFV 2^3; $n = 8$;
$\boldsymbol{y}(V_8)' = (0{,}398;\ -0{,}942;\ -1{,}937;\ -1{,}742;\ 5{,}125;\ 6{,}144;\ 4{,}324;\ 3{,}517)$.

5. $s_0^2(V_8) = 1{,}6635$. Für $j_1 = 3$ $(l = 1)$ ist $s_0^2(V_8; 3) = 1{,}7723$.

$$\frac{n-r}{l} \cdot \frac{s_0^2(V_8; 3) - s_0^2(V_8)}{s_0^2(V_8)} = \frac{8-4}{1} \cdot \frac{1{,}7723 - 1{,}6635}{1{,}6635} = 0{,}2616 .$$

Wegen $f_{1;4;0,95} = 7{,}71 > 0{,}26$ wähle Ansatz $\tilde{S}_2$ mit $\tilde{\eta}^{(2)} = \vartheta_0 + \vartheta_1 x_1 + \vartheta_2 x_2$.

Bemerkung 6.2.3: Falls die Vor. 6.2.1 (Verf. 6.2.2/4.a) und c)) nicht gilt, handelt es sich bei dem Verfahren um ein praktizierbares Vorgehen zur Auswahl eines geeigneten Ansatzes. Eine Deutung der Irrtumswahrscheinlichkeit ist nicht mehr möglich, sogenannte Signifikanzaussagen sind dann unsinnig.

Das Verf. 6.2.2 läßt sich auf den Fall verallgemeinern, daß die beiden Ansätze sich durch eine lineare Hypothese in der Form

$$\boldsymbol{K}\boldsymbol{\vartheta} = \boldsymbol{l} \tag{6.2.14}$$

unterscheiden. Dabei ist $\boldsymbol{K}$ eine $(l \times r)$-Matrix vom Rang l und $\boldsymbol{l}$ ein Vektor des l-dimensionalen Raumes.

VERFAHREN 6.2.3 (F-Test zur Diskrimination bei zwei Ansätzen, allgemein):

1. **Gegebene Größen:** a) Zwei lineare Ansätze

$$\tilde{S}_1 = \{\tilde{\eta}^{(1)}(\boldsymbol{x}, \boldsymbol{\vartheta}) = \boldsymbol{f}(\boldsymbol{x})'\,\boldsymbol{\vartheta} : \boldsymbol{x} \in B\}_{\boldsymbol{\vartheta} \in \mathrm{R}^r}; \quad \tilde{S}_2 = \{\tilde{\eta}^{(2)}(\boldsymbol{x}, \boldsymbol{\vartheta}) = \boldsymbol{f}(\boldsymbol{x})'\,\boldsymbol{\vartheta} : \boldsymbol{x} \in B\}_{\boldsymbol{\vartheta} \in \Theta}$$

mit $\Theta = \{\boldsymbol{\vartheta} \in \mathrm{R}^r : \boldsymbol{K}\boldsymbol{\vartheta} = \boldsymbol{l}\}$ und $\boldsymbol{K} \in \mathcal{M}_{l \times r}^{(l)}$, $\boldsymbol{l} \in \mathrm{R}^l$.

b) Irrtumswahrscheinlichkeit α.

c) Versuchsplan V_n und Beobachtungsergebnisse $\boldsymbol{y}(V_n)$.

2. **Aufgabe:** Es soll einer der beiden Ansätze für die weitere Verwendung ausgewählt werden.

3. **Bezeichnungen:** a) $\boldsymbol{F}(V_n)$ gemäß (6.2.9).

b) $\check{\boldsymbol{\vartheta}}(\boldsymbol{y}(V_n))$ gemäß (6.2.10).

c) $s_0^2(V_n)$ gemäß (6.2.11).

d) $f_{l,\,n-r,\,1-\alpha}$ ist das $(1-\alpha)$-Quantil der F-Verteilung mit l und $n - r$ Freiheitsgraden.

4. **Voraussetzungen:** a) Ansatz $\tilde{S}_1$ wahr.

b) Es existiert $(\boldsymbol{F}(V_n)'\,\boldsymbol{F}(V_n))^{-1}$.

c) $\boldsymbol{\varepsilon}(V_n) \sim \mathrm{N}(\boldsymbol{0}, \sigma^2 \boldsymbol{I}_n)$.

d) $n > r$, $l < r$, $\Theta \neq \emptyset$.

5. Lösung: a) Berechne

$$\tilde{f} = \frac{n-r}{l} \frac{\left(\boldsymbol{K}\check{\boldsymbol{\vartheta}}(\boldsymbol{y}(V_n)) - \boldsymbol{l}\right)' \left(\boldsymbol{K}(\boldsymbol{F}(V_n)'\boldsymbol{F}(V_n))^{-1}\boldsymbol{K}'\right)^{-1} \left(\boldsymbol{K}\check{\boldsymbol{\vartheta}}(\boldsymbol{y}(V_n)) - \boldsymbol{l}\right)}{s_0^2(V_n)}. \tag{6.2.15}$$

b) Falls $\tilde{f} > f_{l,n-r;1-\alpha}$ dann wähle $\tilde{S}_1$, falls $\tilde{f} \leqq f_{l,n-r;1-\alpha}$ dann wähle $\tilde{S}_2$ ●

Man beachte Bem. 6.1.1 und Bem. 6.2.2.

Beispiel 6.2.3:

1. a) $\tilde{S}_1$ mit $\tilde{\eta}^{(1)} = \vartheta_0 + \vartheta_1 x_1 + \vartheta_2 x_2$; $\tilde{S}_2$ mit $\tilde{\eta}^{(2)} = \vartheta_0 + \vartheta_1 x_1 + \vartheta_2 x_2$ und

$$\vartheta_0 + \vartheta_1 + \vartheta_2 = 6,\ 2\vartheta_0 + \vartheta_1 - 3\vartheta_2 = 4;\ \boldsymbol{K} = \begin{pmatrix} 1 & 1 & 1 \\ 2 & 1 & -3 \end{pmatrix};\ \boldsymbol{l}' = (6, 4);\ r = 3,\ l = 2.$$

b) $\alpha = 0{,}01$.

c) V_8(›Bsp. 6.1.2): VFV 2^3; $n = 8$.

$\boldsymbol{y}(V_8)' = (0{,}398;\ -0{,}942;\ -1{,}937;\ -1{,}742;\ 5{,}125;\ 6{,}144;\ 4{,}324;\ 3{,}517)$.

5. a) $\boldsymbol{F}(V_8)' = \begin{pmatrix} 1 & 1 & 1 & 1 & 1 & 1 & 1 & 1 \\ -1 & -1 & -1 & -1 & 1 & 1 & 1 & 1 \\ -1 & -1 & 1 & 1 & -1 & -1 & 1 & 1 \end{pmatrix};\ (\boldsymbol{F}(V_8)'\boldsymbol{F}(V_8))^{-1} = \frac{1}{8}\boldsymbol{I}_3;$

$(\boldsymbol{F}'\boldsymbol{y}(V_8))' = (14{,}887;\ 23{,}333;\ -6{,}563);\ \check{\boldsymbol{\vartheta}}(\boldsymbol{y}(V_8))' = (1{,}861;\ 2{,}917;\ -0{,}820);$

$$\boldsymbol{K}\check{\boldsymbol{\vartheta}}(\boldsymbol{y}(V_8)) - \boldsymbol{l} = \begin{pmatrix} 1 & 1 & 1 \\ 2 & 1 & -3 \end{pmatrix}\begin{pmatrix} 1{,}861 \\ 2{,}917 \\ -0{,}820 \end{pmatrix} - \begin{pmatrix} 6 \\ 4 \end{pmatrix} = \begin{pmatrix} -2{,}042 \\ 5{,}099 \end{pmatrix};$$

$$\boldsymbol{A} = \boldsymbol{K}(\boldsymbol{F}(V_8)'\boldsymbol{F}(V_8))^{-1}\boldsymbol{K}' = \frac{1}{8}\boldsymbol{K}\boldsymbol{K}' = \begin{pmatrix} 0{,}375 & 0 \\ 0 & 1{,}750 \end{pmatrix};\quad \boldsymbol{A}^{-1} = \begin{pmatrix} 2{,}667 & 0 \\ 0 & 0{,}571 \end{pmatrix};$$

$$(\boldsymbol{K}\check{\boldsymbol{\vartheta}} - \boldsymbol{l})'\boldsymbol{A}^{-1}(\boldsymbol{K}\check{\boldsymbol{\vartheta}} - \boldsymbol{l}) = (-2{,}042;\ 5{,}099)\begin{pmatrix} 2{,}667 & 0 \\ 0 & 0{,}571 \end{pmatrix}\begin{pmatrix} -2{,}042 \\ 5{,}099 \end{pmatrix} = 25{,}969;$$

$$s_0^2(V_8) = 1{,}7723\ (\text{›Bsp. 6.1.2});\ \tilde{f} = \frac{8-3}{2}\cdot\frac{25{,}969}{1{,}772} = 36{,}638\,.$$

b) Wegen $f_{2;5;0,99} = 13{,}274 < 36{,}638 = \tilde{f}$ wähle den Ansatz $\tilde{S}_1$ mit $\tilde{\eta}^{(1)} = \vartheta_0 + \vartheta_1 x_1 + \vartheta_2 x_2$.

Der Zähler in (6.2.15) ist die Differenz der beiden Restquadratsummen, die man erhält, wenn man die Parameter in beiden Ansätzen mit der MKQ schätzt.

Die Verf. 6.2.2 und 6.2.3 werden nun zum Aufbau praktizierbarer Vorgehensweisen benutzt, wenn *mehr als zwei lineare Ansätze* als konkurrierende auftreten. Wir betrachten die m Ansätze $\tilde{S}_t$; $t = 1, \ldots, m$; mit

$$\tilde{S}_t = \{\tilde{\eta}^{(t)}(\boldsymbol{x}, \boldsymbol{\vartheta}^{(t)}) = \boldsymbol{f}^{(t)}(\boldsymbol{x})'\,\boldsymbol{\vartheta}^{(t)} : \boldsymbol{x} \in B\}_{\boldsymbol{\vartheta} \in \mathbb{R}^{r_t}} \tag{6.2.16}$$

und bilden die Menge aller Ansatzfunktionen

$$\{f_1^{(1)}, \ldots, f_{r_1}^{(1)}, f_1^{(2)}, \ldots, f_{r_2}^{(2)}, \ldots, f_1^{(m)}, \ldots, f_{r_m}^{(m)}\}\,. \tag{6.2.17}$$

Für die Menge (6.2.17) gibt es eine Menge

$$\{f_1, \ldots, f_r\} \tag{6.2.18}$$

von Funktionen, die auf B linear unabhängig sind und mit denen sich alle Funktionen aus (6.2.17) auf B als Linearkombination darstellen lassen. Man nennt (6.2.18) eine *Basis* von (6.2.17) auf B. Mit (6.2.18) formulieren wir nun einen sogenannten *Super-*

ansatz

$$\tilde{S}_0 = \{\tilde{\eta}^{(0)}(\boldsymbol{x}, \boldsymbol{\vartheta}) = \boldsymbol{f}(\boldsymbol{x})' \boldsymbol{\vartheta} : \boldsymbol{x} \in B\}_{\boldsymbol{\vartheta} \in \mathrm{R}^r} \tag{6.2.19}$$

mit

$$\boldsymbol{f}(\boldsymbol{x}) = \big(f_1(\boldsymbol{x}), \dots, f_r(\boldsymbol{x})\big)' . \tag{6.2.20}$$

Mit diesem Superansatz (6.2.19) läßt sich jeder Ansatz aus (6.2.16) vergleichen, und es ergibt sich, daß sich jeder Ansatz (6.2.16) von (6.2.19) durch eine spezielle lineare Hypothese unterscheidet. Dies nimmt man als Begründung, den F-Test für jeden einzelnen Ansatz anzuwenden. Bei der mehrmaligen Anwendung des F-Tests auf den *gleichen Datensatz* hängen die erhaltenen Aussagen in starkem Maße voneinander ab. Eine Einschätzung im Sinne des Tests, etwa durch Fehlerwahrscheinlichkeiten 1. und 2. Art, ist in der Regel *nicht* mehr möglich. Die folgenden Verfahren sind also als praktizierbar anzusehen.

Wir betrachten zuerst den einfachen Fall, daß die Mengen (6.2.17) und (6.2.18) übereinstimmen.

VERFAHREN 6.2.4 (Formaler F-Test für Superansatz, speziell):

1. **Gegebene Größen:** a) Superansatz $\tilde{S}_0 = \{\tilde{\eta}^{(0)}(\boldsymbol{x}, \boldsymbol{\vartheta}) = \boldsymbol{f}(\boldsymbol{x})' \boldsymbol{\vartheta} : \boldsymbol{x} \in B\}_{\boldsymbol{\vartheta} \in \mathrm{R}^r}$.

b) m Teilansätze; $t = 1, \dots, m$;

$$\tilde{S}_t = \{\tilde{\eta}^{(t)}(\boldsymbol{x}, \boldsymbol{\vartheta}) = \boldsymbol{f}(\boldsymbol{x})' \boldsymbol{\vartheta} : \boldsymbol{x} \in B\}_{\boldsymbol{\vartheta} \in \Theta_t} \tag{6.2.21}$$

mit

$$\Theta_t = \{\boldsymbol{\vartheta} \in \mathrm{R}^r : \vartheta_{j_1^{(t)}} = \dots = \vartheta_{j_{r-r_t}^{(t)}} = 0\}; \quad \{j_1^{(t)}, \dots, j_{(r-r_t)}^{(t)}\} \subseteq \{1, \dots, r\} . \tag{6.2.22}$$

c) Konstante $\alpha \in (0, 1)$.

d) Versuchsplan $V_n = (\boldsymbol{x}_1, \dots, \boldsymbol{x}_n)$ und Beobachtungsergebnisse $\boldsymbol{y}(V_n) = (y_1, \dots, y_n)'$.

2. **Aufgabe:** Es sind Ansätze für die weitere Verwendung auszuwählen.

3. **Bezeichnungen:** a) $\boldsymbol{F}(V_n)$, $\boldsymbol{F}(V_n; j_1^{(t)}, \dots, j_{(r-r_t)}^{(t)})$ gemäß (6.2.9) für $t = 1, \dots, m$.

b) $s_0^2(V_n)$ gemäß (6.2.11).

c) $s_0^2(V_n; j_1^{(t)}, \dots, j_{(r-r_t)}^{(t)})$ gemäß (6.2.12) für $t = 1, \dots, m$.

d) $f_{r-r_t, n-r; 1-\alpha}$ ist das $(1-\alpha)$-Quantil der F-Verteilung mit $r - r_t$ und $n - r$ Freiheitsgraden.

4. **Voraussetzungen:** a) Es existieren die inversen Matrizen in $s_0^2(V_n)$ und $s_0^2(V_n; j_1^{(t)}, \dots, j_{(r-r_t)}^{(t)})$.

b) $n > r$.

5. **Lösung:** a) Berechne für $t = 1, \dots, m$

$$\tilde{f}^{(t)} = \frac{n-r}{r-r_t} \, \frac{s_0^2(V_n; j_1^{(t)}, \dots, j_{(r-r_t)}^{(t)}) - s_0^2(V_n)}{s_0^2(V_n)} . \tag{6.2.23}$$

b) Falls für $t = t_1, \dots, t_\nu$; $1 \leq \nu \leq m$; gilt

$$\tilde{f}^{(t)} \leq f_{r-r_t; n-r; 1-\alpha} , \tag{6.2.24}$$

dann wähle einen der Ansätze $\tilde{S}_{t_1}, \dots, \tilde{S}_{t_\nu}$, eventuell nach einem Zusatzkriterium, aus.

c) Falls für alle $t \in \{1, \ldots, m\}$ gilt $\tilde{f}^{(t)} > f_{r-r_t, n-r, 1-\alpha}$, dann gehe zu einem sequentiellen Verfahren über (›Verf. 6.2.18) •

Beispiel 6.2.4:

1. a) Superansatz $\tilde{S}_0$ mit $\tilde{\eta}^{(0)} = \vartheta_0 + \vartheta_1 x_1 + \vartheta_2 x_2 + \vartheta_3 x_3$, $r = 4$.

b) 2 Teilansätze, $m = 2$

$\tilde{S}_1$ mit $\tilde{\eta}^{(1)} = \vartheta_0 + \vartheta_1 x_1 + \vartheta_2 x_2 + \vartheta_3 x_3$ und $\Theta_1 = \{\boldsymbol{\vartheta} \in R^4 : \vartheta_3 = 0\}$, $r_1 = 3$.

$\tilde{S}_2$ mit $\tilde{\eta}^{(2)} = \vartheta_0 + \vartheta_1 x_1 + \vartheta_2 x_2 + \vartheta_3 x_3$ und $\Theta_2 = \{\boldsymbol{\vartheta} \in R^4 : \vartheta_2 = 0\}$, $r_2 = 3$.

c) $\alpha = 0{,}05$.

d) V_8 (›Bsp. 6.1.2): VFV 2^3; $n = 8$;

$\boldsymbol{y}(V_8)' = (0{,}398;\ -0{,}942;\ -1{,}937;\ -1{,}742;\ 5{,}125;\ 6{,}144;\ 4{,}324;\ 3{,}517)$.

5. a) $s_0^2(V_8) = 1{,}6635$; $s_0^2(V_8; 3) = 1{,}7723$; $j_1^{(1)} = 3$; $s_0^2(V_8; 2) = 7{,}0473$; $j_1^{(2)} = 2$ (›Bsp. 6.1.2);

$$\tilde{f}^{(1)} = \frac{8-4}{4-3} \cdot \frac{s_0^2(V_8; 3) - s_0^2(V_8)}{s_0^2(V_8)} = 4 \cdot \frac{1{,}7723 - 1{,}6635}{1{,}6635} = 0{,}2616;$$

$$\tilde{f}^{(2)} = \frac{8-4}{4-3} \cdot \frac{s_0^2(V_8; 2) - s_0^2(V_8)}{s_0^2(V_8)} = 4 \cdot \frac{7{,}0473 - 1{,}6635}{1{,}6635} = 12{,}9457\,.$$

b) $f_{1;4;0,95} = 7{,}71$. Wegen $\tilde{f}^{(1)} = 0{,}26 < 7{,}71 = f_{1;4;0,95}$ und $\tilde{f}^{(2)} = 12{,}95 > 7{,}71 = f_{1;4;0,95}$ wähle den Ansatz $\tilde{S}_1$ mit $\tilde{\eta}^{(1)} = \vartheta_0 + \vartheta_1 x_1 + \vartheta_2 x_2$.

Die Indexmengen in (6.2.22) geben also an, welche der Ansatzfunktionen im Superansatz (6.2.19) jeweils *weggelassen* werden müssen, um die verschiedenen Ansätze $\tilde{S}_1, \ldots, \tilde{S}_m$ zu erhalten.

Das Verf. 6.2.4 läßt sich auf den Fall verallgemeinern, daß die einzelnen Ansätze sich nicht allein durch die Auswahl aus den Ansatzfunktionen $f_1, \ldots, f_r$ des Superansatzes ergeben, sondern daß entweder die Parametermengen der Ansätze bereits durch lineare Hypothesen charakterisiert waren oder daß durch den Übergang von (6.2.17) zu (6.2.18) lineare Hypothesen zur Charakterisierung der Ansätze eingeführt werden müssen. Die Ansätze $\tilde{S}_1, \ldots, \tilde{S}_m$ unterscheiden sich vom Superansatz (6.2.19) also jetzt jeweils durch eine lineare Hypothese der Form

$$\boldsymbol{K}_t \boldsymbol{\vartheta} = \boldsymbol{l}_t; \quad t = 1, \ldots, m; \quad \boldsymbol{K}_t \in \mathcal{M}_{(r-r_t)\times r}^{(r-r_t)}; \quad \boldsymbol{l}_t \in \mathrm{R}^{r-r_t}; \tag{6.2.25}$$

VERFAHREN 6.2.5 (Formaler F-Test für Superansatz, allgemein):

1. **Gegebene Größen:** a) Superansatz: $\tilde{S}_0 = \{\tilde{\eta}^{(0)}(\boldsymbol{x}, \boldsymbol{\vartheta}) = \boldsymbol{f}(\boldsymbol{x})'\,\boldsymbol{\vartheta} : \boldsymbol{x} \in B\}_{\boldsymbol{\vartheta} \in \mathrm{R}^r}$.

b) m Ansätze

$$\tilde{S}_t = \{\tilde{\eta}^{(t)}(\boldsymbol{x}, \boldsymbol{\vartheta}) = \boldsymbol{f}(\boldsymbol{x})'\,\boldsymbol{\vartheta} : \boldsymbol{x} \in B\}_{\boldsymbol{\vartheta} \in \Theta_t}; \quad t = 1, \ldots, m; \tag{6.2.26}$$

mit $\Theta_t = \{\boldsymbol{\vartheta} \in \mathrm{R}^r : \boldsymbol{K}_t \boldsymbol{\vartheta} = \boldsymbol{l}_t\}$ (›(6.2.25)).

c) Konstante $\alpha \in (0, 1)$.

d) Versuchsplan V_n und Beobachtungsergebnisse $\boldsymbol{y}(V_n)$.

2. **Aufgabe:** Es sind Ansätze für die weitere Verwendung auszuwählen.

3. **Bezeichnungen:** a) $\boldsymbol{F}(V_n)$ gemäß (6.2.9).

b) $\check{\boldsymbol{\vartheta}}(\boldsymbol{y}(V_n))$ gemäß (6.2.10).

c) $s_0^2(V_n)$ gemäß (6.2.11).

d) $f_{r-r_t, n-r; 1-\alpha}$ ist das $(1-\alpha)$-Quantil der F-Verteilung mit $r - r_t$ und $n - r$ Freiheitsgraden.

4. **Voraussetzungen:** a) Es existiert $\left(\boldsymbol{F}(V_n)'\,\boldsymbol{F}(V_n)\right)^{-1}$.

b) $n > r$.

5. **Lösung:** a) Berechne

$$\tilde{f}^{(t)} = \frac{n-r}{r-r_t}\,\frac{\left(\boldsymbol{K}_t\check{\boldsymbol{\vartheta}}(\boldsymbol{y}(V_n)) - \boldsymbol{l}_t\right)'\left(\boldsymbol{K}_t(\boldsymbol{F}(V_n)'\,\boldsymbol{F}(V_n))^{-1}\boldsymbol{K}_t'\right)^{-1}\left(\boldsymbol{K}_t\check{\boldsymbol{\vartheta}}(\boldsymbol{y}(V_n)) - \boldsymbol{l}_t\right)}{s_0^2(V_n)}. \tag{6.2.27}$$

b) Falls für $t = t_1, \dots, t_\nu$; $1 \leqq \nu \leqq m$; gilt $\tilde{f}^{(t)} \leqq f_{r-r_t, n-r; 1-\alpha}$, dann wähle einen der Ansätze $\tilde{S}_{t_1}, \dots, \tilde{S}_{t_\nu}$, eventuell nach einem Zusatzkriterium, aus.

c) Falls für alle $t \in \{1, \dots, m\}$ gilt $\tilde{f}^{(t)} > f_{r-r_t, n-r, 1-\alpha}$, dann gehe zu einem sequentiellen Verfahren über (Verf. 6.2.18) ●

Beispiel 6.2.5:

1. a) Superansatz $\tilde{S}_0$ mit $\tilde{\eta}^{(0)} = \vartheta_0 + \vartheta_1 x_1 + \vartheta_2 x_2$; $r = 3$.

b) 2 Teilansätze; $m = 2$

$\tilde{S}_1$ mit $\tilde{\eta}^{(1)} = \vartheta_0 + \vartheta_1 x_1 + \vartheta_2 x_2$ und $\vartheta_0 + \vartheta_1 + \vartheta_2 = 6$, $2\vartheta_0 + \vartheta_1 - 3\vartheta_2 = 4$,

d. h. $\boldsymbol{K}_1 = \begin{pmatrix} 1 & 1 & 1 \\ 2 & 1 & -3 \end{pmatrix}$; $\boldsymbol{l}_1' = (6; 4)$, $r - r_1 = 2$;

$\tilde{S}_2$ mit $\tilde{\eta}^{(2)} = \vartheta_0 + \vartheta_1 x_1 + \vartheta_2 x_2$ und $2\vartheta_0 - \vartheta_1 - \vartheta_2 = 0$, $\vartheta_0 + 3\vartheta_1 + 3\vartheta_2 = 10$,

d. h. $\boldsymbol{K}_2 = \begin{pmatrix} 2 & -1 & -1 \\ 1 & 3 & 3 \end{pmatrix}$; $\boldsymbol{l}_2' = (0; 10)$, $r - r_2 = 2$.

c) $\alpha = 0{,}01$.

d) V_8 (›Bsp. 6.1.2): VFV 2^3; $n = 8$;

$\boldsymbol{y}(V_8)' = (0{,}398;\ -0{,}942;\ -1{,}937;\ -1{,}742;\ 5{,}125;\ 6{,}144;\ 4{,}324;\ 3{,}517)$.

5. $\tilde{f}^{(1)} = \dfrac{8-3}{2} \cdot \dfrac{25{,}969}{1{,}772} = 36{,}638$ (›Bsp. 6.2.3);

$\check{\boldsymbol{\vartheta}}(\boldsymbol{y}(V_8))' = (1{,}861;\ 2{,}917;\ -0{,}820)$ (›Bsp. 6.2.3);

$$\boldsymbol{K}_2\check{\boldsymbol{\vartheta}}(\boldsymbol{y}(V_8)) - \boldsymbol{l}_2 = \begin{pmatrix} 2 & -1 & -1 \\ 1 & 3 & 3 \end{pmatrix}\begin{pmatrix} 1{,}861 \\ 2{,}917 \\ -0{,}820 \end{pmatrix} - \begin{pmatrix} 0 \\ 10 \end{pmatrix} = \begin{pmatrix} 1{,}625 \\ -1{,}848 \end{pmatrix};$$

$$\boldsymbol{A}_2 = \boldsymbol{K}_2(\boldsymbol{F}(V_8)'\,\boldsymbol{F}(V_8))^{-1}\,\boldsymbol{K}_2' = \frac{1}{8}\,\boldsymbol{K}_2\boldsymbol{K}_2' = \begin{pmatrix} 0{,}750 & -0{,}500 \\ -0{,}500 & 2{,}375 \end{pmatrix};$$

$$\boldsymbol{A}_2^{-1} = \begin{pmatrix} 1{,}5510 & 0{,}3265 \\ 0{,}3265 & 0{,}4898 \end{pmatrix};$$

$$(\boldsymbol{K}_2\check{\boldsymbol{\vartheta}} - \boldsymbol{l}_2)'\,\boldsymbol{A}_2^{-1}(\boldsymbol{K}_2\check{\boldsymbol{\vartheta}} - \boldsymbol{l}_2) = (1{,}625;\ -1{,}848)\begin{pmatrix} 1{,}551 & 0{,}326 \\ 0{,}326 & 0{,}490 \end{pmatrix}\begin{pmatrix} 1{,}625 \\ -1{,}848 \end{pmatrix} = 2{,}422;$$

$s_0^2(V_8) = 1{,}7723$ (›Bsp. 6.1.2); $\tilde{f}^{(2)} = \dfrac{8-3}{2} \cdot \dfrac{2{,}422}{1{,}772} = 3{,}417$.

b) $f_{2;\,5;\,0{,}99} = 13{,}274$. Wegen $\tilde{f}^{(1)} = 36{,}638 > 13{,}274 = f_{2;\,5;\,0{,}99}$ und wegen $\tilde{f}^{(2)} = 3{,}417 < 13{,}274 = f_{2;\,5;\,0{,}99}$ wähle den Ansatz $\tilde{S}_2$ mit $\tilde{\eta}^{(2)} = \vartheta_0 + \vartheta_1 x_1 + \vartheta_2 x_2$ und mit $2\vartheta_0 - \vartheta_1 - \vartheta_2 = 0$, $\vartheta_0 + 3\vartheta_1 + 3\vartheta_2 = 10$.

Bemerkung 6.2.4: Falls für die verschiedenen Ansätze $\tilde{S}_t$ eine Rangordnung oder eine Kategorieneinteilung vorliegt, kann man diese in den Verf. 6.2.4 und 6.2.5 auch dadurch berücksichtigen, daß man nicht ein α für alle $\tilde{S}_t$, sondern für jedes $\tilde{S}_t$ ein entsprechendes α_t; $t = 1, \dots, m$; wählt. Je höher der Rang von $\tilde{S}_t$, desto kleiner wird man α_t vorschreiben.

Für die Anwendung des F-Testes braucht man eine vom zu prüfenden Teilansatz unabhängige Schätzung der Varianz σ^2. Beim Verf. 6.2.4 und 6.2.5 verwendete man hierzu die mit dem Superansatz gebildete Restquadratsumme $s_0^2(V_n)$ und, falls der Superansatz wahr ist, $s_0^2(V_n)/(n-r)$ als Schätzwert für σ^2. Einen anderen vom Ansatz unabhängigen Schätzwert für σ^2 kann man erhalten, wenn mindestens an einigen Versuchspunkten die Wirkungsgröße *mehrfach* beobachtet worden ist.

Im folgenden Verfahren behandeln wir den Fall, daß an *allen* Versuchspunkten mehrfach beobachtet wurde. Falls an einigen Stellen nur *einmal* beobachtet worden ist, so sind diese Punkte für die Berechnung des Schätzwertes wegzulassen (s. auch Verf. 3.2.3—3.2.5).

VERFAHREN 6.2.6 (Schätzwert für σ^2 bei Mehrfachbeobachtungen):

1. **Gegebene Größen:** Versuchsplan $V_n = \left\{\left(\boldsymbol{x}_q; \frac{n_q}{n}\right)\right\}_{q=1,\dots,q_0}$; $\sum_{q=1}^{q_0} n_q = n$ und Beobachtungsergebnisse $\boldsymbol{y}(V_n) = (y_1(\boldsymbol{x}_1), \dots, y_{n_1}(\boldsymbol{x}_1), \dots, y_{n_{q_0}}(\boldsymbol{x}_{q_0}))'$.

2. **Aufgabe:** Schätzwert für $D^2\varepsilon(\boldsymbol{x}) = \sigma^2$.

3. **Bezeichnungen:** a) $y_i(\boldsymbol{x}_q) = y_{qi}$; $q = 1, \dots, q_0$; $i = 1, \dots, n_q$.

b) $\bar{y}_q = \frac{1}{n_q} \sum_{i=1}^{n_q} y_{qi}$.

4. **Voraussetzung:** $n_q > 1$; $q = 1, \dots, q_0$.

5. **Lösung:**
$$s^2(V_n) = \frac{1}{q_0} \sum_{q=1}^{q_0} \frac{1}{n_q - 1} \sum_{i=1}^{n_q} (y_{qi} - \bar{y}_q)^2 \quad \bullet \qquad (6.2.28)$$

Beispiel 6.2.6:

1. a) $V_8 = \left\{\left(\begin{pmatrix}-1\\-1\end{pmatrix}; \frac{2}{8}\right); \left(\begin{pmatrix}-1\\1\end{pmatrix}; \frac{2}{8}\right); \left(\begin{pmatrix}1\\-1\end{pmatrix}; \frac{2}{8}\right); \left(\begin{pmatrix}1\\1\end{pmatrix}; \frac{2}{8}\right)\right\}$;

$q_0 = 4$; $n_1 = n_2 = n_3 = n_4 = 2$; $n = 8$ (›Bsp. 6.1.2);

$\boldsymbol{y}(V_8)' = (0{,}398;\ -0{,}942;\ -1{,}937;\ -1{,}742;\ 5{,}125;\ 6{,}144;\ 4{,}324;\ 3{,}517)$.

5. $y_{11} = 0{,}398$, $y_{12} = -0{,}942$, $\bar{y}_1 = -0{,}272$; $y_{21} = -1{,}937$, $y_{22} = -1{,}742$, $\bar{y}_2 = -1{,}840$; $y_{31} = 5{,}125$, $y_{32} = 6{,}144$, $\bar{y}_3 = 5{,}634$; $y_{41} = 4{,}324$, $y_{42} = 3{,}517$, $\bar{y}_4 = 3{,}920$.

$z_q^2 = \frac{1}{2-1} \sum_{i=1}^{2} (y_{qi} - \bar{y}_q)^2$: $z_1^2 = 0{,}8978$, $z_2^2 = 0{,}0188$, $z_3^2 = 0{,}5180$, $z_4^2 = 0{,}3264$;

$\sum_{q=1}^{4} z_q^2 = 1{,}7610$, $s^2(V_8) = \frac{1}{4}\, 1{,}7610 = 0{,}4402$.

Ohne die Einführung eines Superansatzes läßt sich nun der F-Test (Verf. 6.2.2) als praktizierbares Verfahren für mehr als zwei Ansätze anwenden, wenn sich der Schätzwert (6.2.28) bilden läßt.

VERFAHREN 6.2.7 (F-Test mit Mehrfachbeobachtungen):

1. **Gegebene Größen:** a) m lineare Ansätze

$$\tilde{S}_t = \{\tilde{\eta}^{(t)}(\boldsymbol{x}, \boldsymbol{\vartheta}^{(t)}) = \boldsymbol{f}^{(t)}(\boldsymbol{x})' \boldsymbol{\vartheta}^{(t)} : \boldsymbol{x} \in B\}_{\boldsymbol{\vartheta}^{(t)} \in \Theta_t}.$$

b) Konstante $\alpha \in (0, 1)$.

c) Versuchsplan und Beobachtungsergebnisse wie in Verf. 6.2.6/1.

2. **Aufgabe:** Auswahl von Ansätzen für die weitere Verwendung.

3. **Bezeichnungen:** a) $\dim \Theta_t = r_t$.

b) $\boldsymbol{F}_t(V_n) = \left(\boldsymbol{f}^{(t)}(\boldsymbol{x}_1), \dots, \boldsymbol{f}^{(t)}(\boldsymbol{x}_1), \dots, \boldsymbol{f}^{(t)}(\boldsymbol{x}_{q_0})\right)'$.

c) $s_{0t}^2(V_n) = \boldsymbol{y}(V_n)' \left(\boldsymbol{I}_n - \boldsymbol{F}_t(V_n) (\boldsymbol{F}_t(V_n)' \boldsymbol{F}_t(V_n))^{-1} \boldsymbol{F}_t(V_n)'\right) \boldsymbol{y}(V_n)$; $t = 1, \dots, m$ (oder eine äquivalente Darstellung gemäß (6.2.11) für den Ansatz $\tilde{S}_t$).

d) $s^2(V_n)$ gemäß (6.2.28).

e) $\sum_{q=1}^{q_0} (n_q - 1) = n_0(V_n) = n_0$.

f) $f_{n-n_0-r_t, n_0; 1-\alpha}$ ist das $(1-\alpha)$-Quantil der F-Verteilung mit $n - n_0 - r_t$ und n_0 Freiheitsgraden.

4. **Voraussetzungen:** a) Für alle $t = 1, \dots, m$ existiert $\left(\boldsymbol{F}_t(V_n)' \boldsymbol{F}_t(V_n)\right)^{-1}$.

b) $n - 1 > q_0$.

5. **Lösung:** a) Berechne

$$\tilde{f}_t = \frac{n_0(V_n)}{n - n_0(V_n) - r_t} \, \frac{s_{0t}^2(V_n) - n_0(V_n)\, s^2(V_n)}{n_0(V_n)\, s^2(V_n)}. \tag{6.2.29}$$

b) Falls für $t = t_1, \dots, t_\nu$; $1 \leqq \nu \leqq m$; gilt $\tilde{f}_t \leqq f_{n-n_0-r_t, n_0; 1-\alpha}$, dann wähle einen der Ansätze $\tilde{S}_{t_1}, \dots, \tilde{S}_{t_\nu}$ eventuell nach einem Zusatzkriterium.

c) Falls für alle $t \in \{1, \dots, m\}$ gilt $\tilde{f}_t > f_{n-n_0-r_t, n_0; 1-\alpha}$, dann gehe zu einem sequentiellen Verfahren über (Verf. 6.2.16) ●

Beispiel 6.2.7:

1. a) 3 lineare Ansätze, $m = 3$: $\tilde{S}_1$ mit $\tilde{\eta}^{(1)} = \vartheta_0^{(1)} + \vartheta_1^{(1)} x_1 + \vartheta_2^{(1)} x_2$,
$\tilde{S}_2$ mit $\tilde{\eta}^{(2)} = \vartheta_0^{(2)} + \vartheta_1^{(2)} x_1$, $\tilde{S}_3$ mit $\tilde{\eta}^{(3)} = \vartheta_0^{(3)} + \vartheta_1^{(3)} e^{-x_1} + \vartheta_2^{(3)} x_2$.

b) $\alpha = 0{,}10$.

c) V_8 (›Bsp. 6.2.6 und 6.1.2): VFV 2^3; $n = 8$;
$\boldsymbol{y}(V_8)' = (0{,}398;\ -0{,}942;\ -1{,}937;\ -1{,}742;\ 5{,}125;\ 6{,}144;\ 4{,}324;\ 3{,}517)$.

5. a) $s^2(V_8) = 0{,}4402$ (›Bsp. 6.2.6), $s_{01}^2(V_8) = 1{,}7723$ (›Bsp. 6.1.2);

$$\boldsymbol{F}_2(V_8)' = \begin{pmatrix} 1 & 1 & 1 & 1 & 1 & 1 & 1 & 1 \\ -1 & -1 & -1 & -1 & 1 & 1 & 1 & 1 \end{pmatrix}; \quad (\boldsymbol{F}_2(V_8)' \boldsymbol{F}_2(V_8))^{-1} = \frac{1}{8} \boldsymbol{I}_2;$$

$s_{02}^2(V_8) = 7{,}1561$ (›Bsp. 6.1.2);

$$\boldsymbol{F}_3(V_8)' = \begin{pmatrix} 1 & 1 & 1 & 1 & 1 & 1 & 1 & 1 \\ 2{,}718 & 2{,}718 & 2{,}718 & 2{,}718 & 0{,}368 & 0{,}368 & 0{,}368 & 0{,}368 \\ -1 & -1 & 1 & 1 & -1 & -1 & 1 & 1 \end{pmatrix};$$

$$(\boldsymbol{F}_3(V_8)' \boldsymbol{F}_3(V_8))^{-1} = \begin{pmatrix} 0{,}3405 & -0{,}1397 & 0 \\ -0{,}1397 & 0{,}0905 & 0 \\ 0 & 0 & 0{,}1250 \end{pmatrix};$$

$\breve{\vartheta}^{(3)}(\boldsymbol{y}(V_8))' = (5{,}684;\ -2{,}484;\ -0{,}820)$; $(\boldsymbol{y} - \boldsymbol{F}_3\breve{\vartheta}^{(3)})' = (0{,}646;\ -0{,}694;\ -0{,}049;\ 0{,}146;\ -0{,}465;\ 0{,}554;\ 0{,}374;\ -0{,}433)$;

$s_{03}^2(V_8) = 1{,}7731$;

$n_0(V_8) = \sum_{q=1}^{4} (n_q - 1)$; $q_0 = 4$, $n_1 = n_2 = n_3 = n_4 = 2$ (›Bsp. 6.2.6);

$n_0(V_8) = 4(2 - 1) = 4$; $r_1 = 3$, $r_2 = 2$, $r_3 = 3$;

$$\tilde{f}_1 = \frac{4}{8-4-3} \cdot \frac{s_{01}^2(V_8) - 4 \cdot s^2(V_8)}{4 \cdot s^2(V_8)} = 4\,\frac{1{,}7723 - 4 \cdot 0{,}4402}{4 \cdot 0{,}4402} = 0{,}0260\,,$$

$$\tilde{f}_2 = \frac{4}{8-4-2} \cdot \frac{s_{02}(V_8) - 4 \cdot s^2(V_8)}{4 \cdot s^2(V_8)} = 2\,\frac{7{,}1561 - 4 \cdot 0{,}4402}{4 \cdot 0{,}4402} = 6{,}1282\,,$$

$$\tilde{f}_3 = \frac{4}{8-4-3} \cdot \frac{s_{03}^2(V_8) - 4 \cdot s^2(V_8)}{4 \cdot s^2(V_8)} = 4\,\frac{1{,}7731 - 4 \cdot 0{,}4402}{4 \cdot 0{,}4402} = 0{,}0279\,.$$

b) $f_{8-4-3;\,4;\,0,90} = f_{1;\,4;\,0,90} = 4{,}54$; $f_{8-4-2;\,4;\,0,90} = f_{2;\,4;\,0,90} = 4{,}32$;

$\tilde{f}_1 = 0{,}0260 < 4{,}54 = f_{1;\,4;\,0,90}$, $\tilde{f}_2 = 6{,}1282 > 4{,}32 = f_{2;\,4;\,0,90}$,

$\tilde{f}_3 = 0{,}0279 < 4{,}54 = f_{1;\,4;\,0,90}$.

Wähle einen der Ansätze $\tilde{S}_1$ oder $\tilde{S}_3$ nach einem Zusatzkriterium, z. B. nach Verf. 6.1.5 bzw. gemäß Bsp. 6.1.7.

In diesem Abschnitt wurden bisher die möglicherweise vorhandenen Vorkenntnisse wie Rangordnungen oder Kategorieneinteilung der Ansätze nur als Zusatzkriterium oder zur Modifizierung der Auswahlkriterien (›Bem. 6.2.4) verwendet. Der vorliegende Datensatz allein war die Basis für die Entscheidung für einen Ansatz.

Es ist jedoch zuweilen möglich, die Vorkenntnisse über die verschiedenen Ansätze in Form von a-priori-Wahrscheinlichkeiten auszudrücken. Ein Weg, wie das durch die Auswertung von Expertenmeinungen geschehen kann, wurde in Bsp. 2.4.3 angegeben. Die a-priori-Wahrscheinlichkeit $P_\tau(i)$ für den Ansatz $\tilde{S}_i$ drückt dessen Chancen aus, der brauchbarste Ansatz zu sein. Die Wahrscheinlichkeit gibt die Erfahrungen des Untersuchenden wieder oder lediglich den Überzeugtheitsgrad. Sinnvolle Auswahlentscheidungskriterien wären offenbar:

a) Wähle einen Ansatz $\tilde{S}_{t_0}$, für den

$$P_\tau(t_0) = \max_{j \in \{1, \dots, m\}} P_\tau(j)\,. \tag{6.2.30}$$

b) Gib eine „überzeugende“ *Mindestwahrscheinlichkeit* P_0 vor und wähle einen Ansatz $\tilde{S}_{t_0}$, für den

$$P_\tau(t_0) \geqq P_0\,. \tag{6.2.31}$$

Unterscheidet sich die Maximalwahrscheinlichkeit in (6.2.30) nur wenig von den übrigen oder erreicht keine der Wahrscheinlichkeiten den Wert P_0 in (6.2.31), dann genügen die Vorkenntnisse allein nicht, eine auch praktisch vertretbare Auswahl zu treffen. Dies begründet dann die Notwendigkeit, eine experimentelle Untersuchung zur Ansatzdiskrimination durchzuführen.

Um die a-priori-Wahrscheinlichkeiten $P_\tau(i)$; $i = 1, \dots, m$; und die Ergebnisse der experimentellen Untersuchung dann miteinander verknüpfen zu können, sind einige weitere Voraussetzungen und Annahmen nötig.

Voraussetzung 6.2.2: a) Verschiedene Ansätze enthalten keine gemeinsamen Funktionen, d. h. wenn $\tilde{\eta}_0 \in \tilde{S}_i$, dann $\tilde{\eta}_0 \notin \tilde{S}_j$ für $i \neq j$.

b) Die a-priori-Wahrscheinlichkeiten $P_\tau(i)$ sind normiert, d. h.

$$\sum_{i=1}^{m} P_\tau(i) = 1 \bullet \tag{6.2.32}$$

Die Vor. 6.2.2a) läßt sich leicht dadurch erfüllen, daß man die in mehreren Ansätzen enthaltenen Funktionen jeweils *einem* der Ansätze zuordnet.

Beispiel 6.2.8: Es sei

$$\tilde{S}_1 = \{\tilde{\eta}^{(1)}(\boldsymbol{x}, \boldsymbol{\vartheta}^{(1)}) = \vartheta_0^{(1)} + \vartheta_1^{(1)} x_1 + \vartheta_2^{(1)} x_2 : \boldsymbol{x} \in B\}_{\boldsymbol{\vartheta}^{(1)} \in \mathbf{R}^3}$$

und

$$\tilde{S}_2 = \left\{\tilde{\eta}^{(2)}(\boldsymbol{x}, \boldsymbol{\vartheta}^{(2)}) = \vartheta_0^{(2)} + \vartheta_1^{(2)} x_1 x_2 + \vartheta_2^{(2)} \frac{1}{x_1} : \boldsymbol{x} \in B\right\}_{\boldsymbol{\vartheta}^{(2)} \in \mathbf{R}^3}.$$

Die Funktion $\eta_0 = \vartheta_0 = \text{const}$ gehört beiden Ansätzen an: $\eta_0 \in \tilde{S}_1$ für $\vartheta_1^{(1)} = \vartheta_2^{(1)} = 0$; $\eta_0 \in \tilde{S}_2$ für $\vartheta_1^{(2)} = \vartheta_2^{(2)} = 0$. Die Vor. 6.2.2a) ist erfüllt, wenn man entweder in $\tilde{S}_1$ die Bedingung $\vartheta_1^{(1)} \neq 0$ oder in $\tilde{S}_2$ entsprechend $\vartheta_1^{(2)} \neq 0$ einführt.

Weiterhin benötigt man Annahmen über die Verteilung von $\boldsymbol{\varepsilon}(V_n)$ und über a-priori-Verteilungen der Parameter in den einzelnen Ansätzen. In [2.2.3] wurden einige Möglichkeiten vorgestellt, wie man solche a-priori-Verteilungen aus den Vorkenntnissen spezifizieren kann. Beim Fehlen von sachlich begründeten a-priori-Verteilungen kann man sich gelegentlich so helfen, daß man alle Parameterwerte als gleich wahrscheinlich betrachtet. Die so entstehende (konstante) Gewichtsfunktion über der Parametermenge für einen Ansatz ist im allgemeinen keine Verteilungsdichte mehr (ihr Integral kann unendlich werden), aber die erhaltenen Ergebnisse sind deutbar und repräsentieren den Kenntnisstand.

Sind die Parameter der Verteilung des Fehlervektors $\boldsymbol{\varepsilon}(V_n)$, z. B. σ^2 oder die Kovarianzmatrix $\boldsymbol{\Sigma}$, nicht bekannt, so hat man auch für diese noch a-priori-Verteilungen festzulegen. Im folgenden werden wir nur den Fall betrachten, daß $\boldsymbol{B}_{\boldsymbol{\varepsilon}(V_n)} = \sigma^2 \boldsymbol{I}_n$ ist. Die Behandlung des Falles $\boldsymbol{B}_{\boldsymbol{\varepsilon}(V_n)} = \boldsymbol{\Sigma}$ mit unbekannter Matrix $\boldsymbol{\Sigma}$ kann analog erfolgen, ist jedoch wesentlich aufwendiger.

Die Zusammenführung von a-priori-Wahrscheinlichkeiten und Versuchsergebnissen erfolgt über die Bayessche Formel (›(1.1.40)) und die Entscheidung anhand der a-posteriori-Wahrscheinlichkeiten (z. B. im Sinne von (6.2.30) oder (6.2.31)).

VERFAHREN 6.2.8 (Bayessche Ansatzdiskrimination, nichtsequentiell):

1. **Gegebene Größen:** a) m Ansätze $\tilde{S}_i = \{\tilde{\eta}^{(i)}(\boldsymbol{x}, \boldsymbol{\vartheta}^{(i)}) : \boldsymbol{x} \in B\}_{\boldsymbol{\vartheta}^{(i)} \in \Theta_i}$; $i = 1, \dots, m$.

b) a-priori-Wahrscheinlichkeiten $P_\tau(i)$ und a-priori-Dichten über Θ_i und $(0, \infty)$

$$p_{(\boldsymbol{\theta}^{(i)}, \Sigma^2)}(\boldsymbol{\vartheta}^{(i)}, \sigma^2 \mid i), \quad i = 1, \dots, m. \tag{6.2.33}$$

c) Dichte von $\mathfrak{Y}(V_n)$, falls $\tilde{\eta}^{(i)}(\boldsymbol{x}, \boldsymbol{\vartheta}^{(i)})$ die wahre Wirkungsfläche und $\sigma^2 \in (0, \infty)$ der wahre Wert der Varianz der Fehlerverteilung und V_n der verwendete Versuchsplan ist:

$$p_{\mathfrak{Y}}(\boldsymbol{y} \mid i, \boldsymbol{\vartheta}^{(i)}, \sigma^2, V_n). \tag{6.2.34}$$

d) Mindestwahrscheinlichkeit $P_0 \in (0, 1)$ (›(6.2.31)).

e) Versuchsplan $V_n = (\boldsymbol{x}_1, \dots, \boldsymbol{x}_n)$ und Beobachtungsergebnisse $\boldsymbol{y}(V_n) = (y_1, \dots, y_n)'$.

2. **Aufgabe:** Auswahl eines der Ansätze für die weitere Verwendung.

3. **Bezeichnung:**

$$p_{\mathfrak{Y}}(\boldsymbol{y} \mid i, V_n) = \int_0^\infty \int_{\Theta_i} p_{\mathfrak{Y}}(\boldsymbol{y} \mid i, \boldsymbol{\vartheta}^{(i)}, \sigma^2, V_n)\, p_{(\boldsymbol{\Theta}^{(i)}, \Sigma^2)}(\boldsymbol{\vartheta}^{(i)}, \sigma^2 \mid i)\, \mathrm{d}\boldsymbol{\vartheta}^{(i)}\, \mathrm{d}\sigma^2 . \quad (6.2.35)$$

4. **Voraussetzungen:** a) ›Vor. 6.2.2.

b) Einer der Ansätze ist wahr.

5. **Lösung:** a) Berechne mit $\boldsymbol{y}(V_n)$ aus 1.e) für $i = 1, \dots, m$

$$P_{\tau|\boldsymbol{y}(V_n)}(i) = \frac{p_{\mathfrak{Y}}\big(\boldsymbol{y}(V_n) \mid i, V_n\big)\, P_\tau(i)}{\sum\limits_{j=1}^{m} p_{\mathfrak{Y}}\big(\boldsymbol{y}(V_n) \mid j, V_n\big)\, P_\tau(j)} . \quad (6.2.36)$$

b) Wähle einen Ansatz $\tilde{S}_t$, für den gilt

$$P_{\tau|\boldsymbol{y}(V_n)}(t) \geqq P_0 . \quad (6.2.37)$$

Falls es mehrere Ansätze gibt, für die (6.2.37) erfüllt ist, benutze ein Zusatzkriterium oder wähle $\tilde{S}_{t_0}$ mit

$$P_{\tau|\boldsymbol{y}(V_n)}(t_0) = \max_{j \in \{1, \dots, m\}} P_{\tau|\boldsymbol{y}(V_n)}(j) . \quad (6.2.38)$$

c) Falls für alle $i = 1, \dots, m$ gilt

$$P_{\tau|\boldsymbol{y}(V_n)}(i) < P_0 , \quad (6.2.39)$$

dann gehe zu einem sequentiellen Verfahren über (Verf. 6.2.17) ●

Für den speziellen Fall, daß die in 1.c) gegebene Dichte (6.2.34) die Dichte einer *Normalverteilung* ist und daß die a-priori-Verteilung (6.2.33) ebenfalls eine Normalverteilung ist oder durch eine konstante Gewichtsfunktion gegeben wird, läßt sich das Integral (6.2.35) als Funktion angeben (›Bsp. 6.2.9).

Beispiel 6.2.9:

1. a) 2 Ansätze, $m = 2$:

$\tilde{S}_1$ mit $\tilde{\eta}^{(1)} = \vartheta_0^{(1)} + \vartheta_1^{(1)} x_1 + \vartheta_2^{(1)} x_2$ und $\boldsymbol{\vartheta}^{(1)} \in \Theta_1 = \mathrm{R}^3$,

$\tilde{S}_2$ mit $\tilde{\eta}^{(2)} = \vartheta_0^{(2)} + \vartheta_1^{(2)} x_1 x_2 + \vartheta_2^{(2)} \dfrac{1}{x_1}$ und $\boldsymbol{\vartheta}^{(2)} \in \Theta_2 = \mathrm{R}^3$.

b) a-priori-Wahrscheinlichkeiten: $P_\tau(1) = 0{,}25$, $P_\tau(2) = 0{,}75$;

a-priori-Dichten: es werden Gewichtsfunktionen mit $\sigma^2 = 1$ gewählt:

$$p_{(\boldsymbol{\Theta}^{(i)}, \Sigma^2)}(\boldsymbol{\vartheta}^{(i)}, \sigma^2 \mid i) =: p_{(\boldsymbol{\Theta}^{(i)})}(\boldsymbol{\vartheta}^{(i)}) = 1; \quad i = 1, 2 .$$

c) $p_{\mathfrak{Y}}(\boldsymbol{y} \mid i, \boldsymbol{\vartheta}^{(i)}, \sigma^2, V_n) = p_{\mathfrak{Y}}(\boldsymbol{y} \mid i, \boldsymbol{\vartheta}^{(i)}, V_n)$

$$= (2\pi)^{-n/2} \exp\left\{-\tfrac{1}{2}\left(\boldsymbol{y} - \boldsymbol{F}_i(V_n)\, \boldsymbol{\vartheta}^{(i)}\right)' \left(\boldsymbol{y} - \boldsymbol{F}_i(V_n)\, \boldsymbol{\vartheta}^{(i)}\right)\right\} .$$

d) $P_0 = 0{,}8$.

e) V_4: VFV 2^2; $n = 4$ (›Tab. 5.2.1); $\boldsymbol{y}(V_4)' = (0{,}398;\ -1{,}937;\ 5{,}125;\ 4{,}324)$.

5. $p_{\mathfrak{Y}}(\boldsymbol{y} \mid i, V_n) = (2\pi\sigma^2)^{-n/2}\, (2\pi\sigma^2)^{r/2} \det\left(\boldsymbol{F}_i(V_n)'\, \boldsymbol{F}_i(V_n)\right)^{-1/2}$

$$\times \exp\left\{-\frac{1}{2\sigma^2}\left(\boldsymbol{y} - \boldsymbol{F}_i(V_n)\, \check{\boldsymbol{\vartheta}}^{(i)}\right)' \left(\boldsymbol{y} - \boldsymbol{F}_i(V_n)\, \check{\boldsymbol{\vartheta}}^{(i)}\right)\right\}$$

$$= (2\pi)^{-n/2}\, (2\pi)^{r/2} \det\left(\boldsymbol{F}_i(V_n)'\, \boldsymbol{F}_i(V_n)\right)^{-1/2} \exp\left\{-\frac{1}{2}\boldsymbol{z}'\boldsymbol{z}\right\}$$

mit $\check{\boldsymbol{\vartheta}}^{(i)} = \left(\boldsymbol{F}_i(V_n)'\, \boldsymbol{F}_i(V_n)\right)^{-1} \boldsymbol{F}_i(V_n)'\, \boldsymbol{y}$ und $\boldsymbol{z} = \left(\boldsymbol{y} - \boldsymbol{F}_i(V_n)\, \check{\boldsymbol{\vartheta}}^{(i)}\right)$.

$$F_1(V_4)' = \begin{pmatrix} 1 & 1 & 1 & 1 \\ -1 & -1 & 1 & 1 \\ -1 & 1 & -1 & 1 \end{pmatrix}; \quad \check{\vartheta}^{(1)\prime} = (1{,}978;\ 2{,}747;\ -0{,}784);\ z'z = 0{,}588;$$

$$F_2(V_4)' = \begin{pmatrix} 1 & 1 & 1 & 1 \\ 1 & -1 & -1 & 1 \\ -1 & -1 & 1 & 1 \end{pmatrix}; \quad \check{\vartheta}^{(2)\prime} = (1{,}978;\ 0{,}384;\ 2{,}747);\ z'z = 2{,}459;$$

$$p_{\mathfrak{Y}}(y(V_4) \mid 1, V_4) = (2\pi)^{-4/2}\,(2\pi)^{3/2}\,(64)^{-1/2} \exp\left\{-\frac{1}{2}\cdot 0{,}588\right\} = \frac{1}{\sqrt{2\pi}}\cdot\frac{1}{8}\,\mathrm{e}^{-0{,}294} = 0{,}037;$$

$$p_{\mathfrak{Y}}(y(V_4) \mid 2, V_4) = (2\pi)^{-4/2}(2\pi)^{3/2}\,(64)^{-1/2} \exp\left\{-\frac{1}{2}\,2{,}459\right\} = \frac{1}{\sqrt{2\pi}}\cdot\frac{1}{8}\,\mathrm{e}^{-1{,}230} = 0{,}015;$$

$$\sum_{j=1}^{2} p_{\mathfrak{Y}}(y(V_4) \mid j, V_4)\, P_\tau(j) = 0{,}037\cdot 0{,}25 + 0{,}015\cdot 0{,}75 = 0{,}0093 + 0{,}0109 = 0{,}0202;$$

a) $P_{\tau|y(V_4)}(1) = \dfrac{0{,}037\cdot 0{,}25}{0{,}0202} = \dfrac{0{,}0093}{0{,}0202} = 0{,}46;$

$P_{\tau|y(V_4)}(2) = \dfrac{0{,}015\cdot 0{,}75}{0{,}0202} = \dfrac{0{,}0109}{0{,}0202} = 0{,}54\,.$

c) Da $P_{\tau|y(V_4)}(1) = 0{,}46 < 0{,}8 = P_0$ und $P_{\tau|y(V_4)}(2) = 0{,}54 < 0{,}8 = P_0$ gilt, geht man zu einem sequentiellen Verfahren über (›Verf. 6.2.17 und Bsp. 6.2.15).

Bemerkung 6.2.5: Da im Verf. 6.2.8 nur mit Verteilungsdichten gearbeitet wird, läßt sich das Vorgehen auf den *multivariaten Fall* übertragen. Die Ansätze $\tilde{S}_i$ bestehen dann aus Vektoren $\tilde{\eta}^{(i)}(x, \vartheta^{(i)})$ von jeweils u Funktionen, entsprechend der Komponentenzahl von $\mathfrak{Y}(x) = (\mathfrak{Y}^{(1)}(x), \dots, \mathfrak{Y}^{(u)}(x))'$ aus dem multivariaten Zusammenhangsmodell (2.1.14). Diese Verallgemeinerung wird für den wichtigen Spezialfall normalverteilter Fehlervektoren von Hill/Hunter [2] betrachtet.

Die Vor. 4.b) im Verf. 6.2.8 dient der mathematischen Fundierung des Verfahrens (›[I/9.1.1]). Unter dieser Bedingung ist eine Entscheidung gemäß (6.2.38) eine Bayessche Entscheidung und auch die Endentscheidung des entsprechenden Sequentialverfahrens (›Verf. 6.2.17) bleibt Bayessch. Ohne diese Voraussetzung ist das Verfahren nur noch praktizierbar. Dies ist bei der Weiterverwendung des gefundenen Ansatzes zu beachten.

Das Verf. 6.2.8 läßt sich noch weiter zu einem betont entscheidungstheoretischen Vorgehen ausbauen. Es sei möglich, den Schaden zu bewerten, der entstehen kann, wenn man statt des wahren Ansatzes $\tilde{S}_i$ den Ansatz $\tilde{S}_t$ auswählt. Man legt diese Verlustfunktion (›Bez. 1.3.2) $L(i; t)$ dadurch fest, daß man jeweils verschiedene Paare $(\tilde{S}_i, \tilde{S}_t)$ gegeneinander abwägt. Mit dieser Funktion wäre das Verf. 6.2.8 z. B. folgendermaßen zu modifizieren.

VERFAHREN 6.2.9 (Bayessche Ansatzdiskrimination, nichtsequentiell mit Verlustfunktion):

***1.* Gegebene Größen:** a)—c) wie Verf. 6.2.8.

d) Verlustfunktion $L(i, t)$; $i = 1, \dots, m$; $t = 1, \dots, m$; und eine Zahl $l_0 \in (0, 1)$ als obere Schranke für den relativen a-posteriori-Verlust (›(1.3.10)).

e) wie Verf. 6.2.8.

2.* bis *4. wie Verf. 6.2.8.

5. **Lösung:** a) wie Verf. 6.2.8.

b) Bestimme t_0 und t_1 gemäß

$$\sum_{i=1}^{m} L(i; t_0)\, P_{\tau|y(V_n)}(i) = \min_{j \in \{1,\dots,m\}} \sum_{i=1}^{m} L(i, j)\, P_{\tau|y(V_n)}(i); \tag{6.2.40}$$

$$\sum_{i=1}^{m} L(i; t_1)\, P_{\tau|y(V_n)}(i) = \min_{j \in \{1,\dots,m\}\setminus\{t_0\}} \sum_{i=1}^{m} L(i, j)\, P_{\tau|y(V_n)}(i)\,. \tag{6.2.41}$$

c) Falls

$$\frac{\sum_{i=1}^{m} L(i; t_0)\, P_{\tau|y(V_n)}(i)}{\sum_{i=1}^{m} L(i; t_1)\, P_{\tau|y(V_n)}(i)} \leqq l_0\,, \tag{6.2.42}$$

dann wähle $\tilde{S}_{t_0}$.

d) Falls der Quotient in (6.2.42) größer als l_0 ausfällt, dann gehe zu einem sequentiellen Verfahren über (analoge Modifikation von Verf. 6.2.17) •

Bemerkung 6.2.6: Die Entscheidung für $\tilde{S}_{t_0}$ gemäß (6.2.40) ist bereits BAYESsch. Das Kriterium (6.2.42) dient dem Übergang zu einem sequentiellen Verfahren, wenn die a-posteriori-Verluste für einige Ansätze nur wenig voneinander abweichen. Eine andere Variante des Verfahrens erhält man, wenn man alle diejenigen Ansätze $\tilde{S}_{t_1}, \tilde{S}_{t_2}, \dots, \tilde{S}_{t_\nu}$ heraussucht, für die (6.2.42) mit t_0 im Zähler gilt, und dann nach einem Zusatzkriterium entscheidet.

6.2.2. Versuchsplanung zur nichtsequentiellen Auswahl

Die Versuchsplanung zu den nichtsequentiellen Methoden der Ansatzdiskrimination gemäß [6.2.1] ist stark an den Verhältnissen beim F-Test für zwei Ansätze orientiert. Wenn die lineare Hypothese in (6.2.8) *nicht* gilt, dann genügt unter den Voraussetzungen von Verf. 6.2.2 die der linken Seite von (6.2.13) entsprechende Testgröße einer nichtzentralen F-Verteilung (›Bez. 1.1.14), (›[I/Satz 9.1.5] und [I/Def. 1.3.19]). Bezeichnet man

$$\boldsymbol{\vartheta}^{(1)} = (\vartheta_{j_1}, \dots, \vartheta_{j_l})' \tag{6.2.43}$$

und mit

$$\boldsymbol{F}(V_n; j_{l+1}, \dots, j_r) = \big(f_j((\boldsymbol{x}_i))\big)_{n \times l}; \tag{6.2.44}$$
$$i = 1, \dots, n,\ j = 1, \dots, r;\ j \neq j_\nu \text{ für } \nu = l+1, \dots, r$$

die zu (6.2.9) komplementäre Matrix von $\boldsymbol{F}(V_n)$, dann erhält man die folgende Darstellung für den *Nichtzentralitätsparameter* dieser F-Verteilung:

$$\begin{aligned} &\boldsymbol{\vartheta}^{(1)}[\boldsymbol{F}'(V_n; j_{l+1}, \dots, j_r)\, \boldsymbol{F}(V_n; j_{l+1}, \dots, j_r) \\ &- \boldsymbol{F}'(V_n; j_{l+1}, \dots, j_r)\, \boldsymbol{F}(V_n; j_1, \dots, j_l)\, (\boldsymbol{F}'(V_n; j_1, \dots, j_l)\, \boldsymbol{F}(V_n; j_1, \dots, j_l))^{-1} \\ &\times \boldsymbol{F}'(V_n, j_1, \dots, j_l)\, \boldsymbol{F}(V_n; j_{l+1}, \dots, j_r)]\, \boldsymbol{\vartheta}^{(1)}/2\sigma^2\,. \end{aligned} \tag{6.2.45}$$

Je größer dieser Nichtzentralitätsparameter ausfällt, desto größer ist auch die Wahrscheinlichkeit, die in diesem Falle falsche Hypothese in (6.2.8) abzulehnen und sich korrekterweise für den Ansatz $\tilde{S}_1$ aus (6.2.5) zu entscheiden. Diese Wahrscheinlichkeit ist das Komplement zum Fehler 2. Art (›[1.2]) und ein Gütemaß für den Test. Wie man aus (6.2.45) ersieht, hängt dieser Parameter nicht nur von $\boldsymbol{\vartheta}^{(1)}$ und σ^2, sondern auch vom Versuchsplan V_n ab und läßt sich damit beeinflussen.

Die in (6.2.45) auftretende Matrix ist bis auf einen Faktor die Inverse der Kovarianzmatrix für die MKQ-Schätzung von $\boldsymbol{\vartheta}^{(1)}$. *Damit ist die Güte des Tests mit der Güte einer Schätzung äquivalent und die hierfür in Kap. 4 entwickelten Kriterien werden anwendbar.* Es bezeichne

$$\begin{aligned} \boldsymbol{M}(V_n; j_1, \dots, j_l) = \frac{1}{n} \big[& \boldsymbol{F}'(V_n; j_{l+1}, \dots, j_r)\, \boldsymbol{F}(V_n; j_{l+1}, \dots, j_r) \\ & - \boldsymbol{F}'(V_n; j_{l+1}, \dots, j_r)\, \boldsymbol{F}(V_n; j_1, \dots, j_l) \left((\boldsymbol{F}'(V_n; j_1, \dots, j_l)\, \boldsymbol{F}(V_n; j_1, \dots, j_l)) \right)^{-1} \\ & \times \boldsymbol{F}'(V_n; j_1, \dots, j_l)\, \boldsymbol{F}(V_n; j_{l+1}, \dots, j_r) \big] . \end{aligned} \tag{6.2.46}$$

VERFAHREN 6.2.10 (Optimale Versuchsplanung für F-Test):

1. **Gegebene Größen:** a) Zwei Ansätze

$$\tilde{S}_1 = \{\tilde{\eta}^{(1)}(\boldsymbol{x}, \boldsymbol{\vartheta}) = \boldsymbol{f}(\boldsymbol{x})'\, \boldsymbol{\vartheta} : \boldsymbol{x} \in B\}_{\boldsymbol{\vartheta} \in \mathrm{R}^r}; \quad \tilde{S}_2 = \{\tilde{\eta}^{(2)}(\boldsymbol{x}, \boldsymbol{\vartheta}) = \boldsymbol{f}(\boldsymbol{x})'\, \boldsymbol{\vartheta} : \boldsymbol{x} \in B\}_{\boldsymbol{\vartheta} \in \Theta}$$

mit $\Theta = \{\boldsymbol{\vartheta} \in \mathrm{R}^r : \vartheta_{j_1} = \dots = \vartheta_{j_l} = 0\}$.

b) Menge $V^{(0)}$ von konkreten Plänen.

2. **Aufgabe:** Angabe eines optimalen Planes zur Anwendung von Verf. 6.2.2.

3. **Bezeichnungen:** a) $\boldsymbol{F}(V_n; j_1, \dots, j_l)$ gemäß (6.2.9), $\boldsymbol{F}(V_n; j_{l+1}, \dots, j_r)$ gemäß (6.2.44).

b) $\boldsymbol{M}(V_n; j_1, \dots, j_l)$ gemäß (6.2.46).

4. **Voraussetzung:** Für alle $V_n \in V^{(0)}$ existiert $\left(\boldsymbol{F}'(V_n; j_1, \dots, j_l)\, \boldsymbol{F}(V_n; j_1, \dots, j_l)\right)^{-1}$.

5. **Lösung:** a) Wähle ein Funktional $\bar{Z}$ aus Tab. 4.1.2 und wende es auf $\boldsymbol{M}$ aus (6.2.46) an.

b) Bestimme einen optimalen Plan gemäß eines der Verf. 4.1.1 bis Verf. 4.1.7 ●

Beispiel 6.2.10: Falls das Funktional $\bar{Z}_D$ der D-Optimalität gewählt wurde (Verf. 4.1.7), dann läßt sich das Problem umformen. Wegen

$$\det \boldsymbol{M}(V_n; j_1, \dots, j_l) = \frac{\det (\boldsymbol{F}(V_n)'\, \boldsymbol{F}(V_n))}{\det (\boldsymbol{F}(V_n; j_1, \dots, j_l)'\, \boldsymbol{F}(V_n; j_1, \dots, j_l))}$$

kann man, statt $\bar{Z}_D(\boldsymbol{M}(V_n; j_1, \dots, j_l))$ zu minimieren, auch die rechte Seite der vorangehenden Gleichung maximieren.

Wegen der Eigenschaften der Optimalitätskriterien und der vielfältigen Zusammenhänge zwischen ihnen sei auf Kap. 4 und [I/9.2.2] verwiesen.

Das Verf. 6.2.10 wird für Verf. 6.2.3 modifiziert, indem man für $\boldsymbol{M}(V_n; j_1, \dots, j_l)$ die Informationsmatrix

$$\boldsymbol{M}(V_n; \boldsymbol{K}, \boldsymbol{l}) := \frac{1}{n} \left(\boldsymbol{K}(\boldsymbol{F}(V_n)'\, \boldsymbol{F}(V_n))^{-1} \boldsymbol{K}'\right)^{-1}$$

einführt. In diesem allgemeinen Fall ist die Güte des F-Tests der Güte für die Schätzung von $\boldsymbol{K\vartheta}$ äquivalent. Die Voraussetzung, daß $\left(\boldsymbol{F}(V_n)'\, \boldsymbol{F}(V_n)\right)^{-1}$ existiert, läßt sich mildern in der Weise, daß nur die Schätzbarkeit von $\boldsymbol{K\vartheta}$ verlangt wird (›[3.1.4]).

Die Verallgemeinerung des Vorgehens bei *mehr* als zwei Ansätzen zwingt zu Kompromissen. Die für den Superansatz folgenden Vorschläge beruhen auf dem Kriterium der D-Optimalität für die Schätzung der in der jeweiligen Hypothese vorkommenden Parameter. Sie erfordern alle einen hohen Aufwand zur Bestimmung der optimalen Pläne und sind in der Regel wenig praktikabel. Da sie aber Anhaltspunkte für die Auswahl von Plänen nach heuristischen Gesichtspunkten liefern können, sollen einige der Verfahren angegeben werden.

VERFAHREN 6.2.11 (Pläne gleicher Effektivität zum Superansatz):

1. **Gegebene Größen:** a) Superansatz $\tilde{S}_0 = \{\tilde{\eta}^{(0)}(\boldsymbol{x}, \boldsymbol{\vartheta}) = \boldsymbol{f}(\boldsymbol{x})' \boldsymbol{\vartheta} : \boldsymbol{x} \in B\}_{\boldsymbol{\vartheta} \in \mathrm{R}^r}$.

b) m Teilansätze: $t = 1, \dots, m$

$$\tilde{S}_t = \{\tilde{\eta}^{(t)}(\boldsymbol{x}, \boldsymbol{\vartheta}) = \boldsymbol{f}(\boldsymbol{x})' \boldsymbol{\vartheta} : \boldsymbol{x} \in B\}_{\boldsymbol{\vartheta} \in \Theta_t}$$

mit $\Theta_t = \{\boldsymbol{\vartheta} \in \mathrm{R}^r : \vartheta_{j_1^{(t)}} = \dots = \vartheta_{j_{(r-r_t)}^{(t)}} = 0\}$; $\{j_1^{(t)}, \dots, j_{(r-r_t)}^{(t)}\} \subseteq \{1, \dots, r\}$.

c) Mindesteffektivität $e_0 \in (0, 1)$.

d) n und Menge konkreter Pläne $V^{(0)} \subseteq V^n$.

2. **Aufgabe:** Angabe eines geeigneten Planes zum Verf. 6.2.4.

3. **Bezeichnung:** $\boldsymbol{M}(V_n; j_1^{(t)}, \dots, j_{(r-r_t)}^{(t)})$ gemäß (6.2.46), $t = 1, \dots, m$; und (6.2.9), (6.2.44).

4. **Voraussetzung:** $\det \left(\boldsymbol{F}'(V_n; j_1^{(t)}, \dots, j_{(r-r_t)}^{(t)})\, \boldsymbol{F}(V_n; j_1^{(t)}, \dots, j_{(r-r_t)}^{(t)})\right) > 0$;
$V_n \in V^{(0)}$; $t = 1, \dots, m$.

5. **Lösung:** a) Berechne für $t = 1, \dots, m$

$$\det \boldsymbol{M}_t = \sup_{V_n \in V^{(0)}} \det \boldsymbol{M}(V_n; j_1^{(t)}, \dots, j_{(r-r_t)}^{(t)}) .$$

b) Bestimme einen Plan V_n^* für ein $t \in \{1, \dots, m\}$, für den gilt

$$\left(\frac{\det \boldsymbol{M}(V_n^*; j_1^{(t)}, \dots, j_{(r-r_t)}^{(t)})}{\det \boldsymbol{M}_t}\right)^{\frac{1}{r-r_t}} = \sup_{V_n \in V^{(0)}} \left(\frac{\det \boldsymbol{M}(V_n; j_1^{(t)}, \dots, j_{(r-r_t)}^{(t)})}{\det \boldsymbol{M}_t}\right)^{\frac{1}{r-r_t}} \tag{6.2.47}$$

unter der Nebenbedingung

$$e^* := \left(\frac{\det \boldsymbol{M}(V_n^*; j_1^{(1)}, \dots, j_{(r-r_1)}^{(1)})}{\det \boldsymbol{M}_1}\right)^{\frac{1}{r-r_1}}$$
$$= \dots = \left(\frac{\det \boldsymbol{M}(V_n^*; j_1^{(m)}, \dots, j_{(r-r_m)}^{(m)})}{\det \boldsymbol{M}_m}\right)^{\frac{1}{r-r_m}}. \tag{6.2.48}$$

c) Falls $e^* \geqq e_0$, dann wähle V_n^* als Plan für Verf. 6.2.4 ●

Die Lösung von (6.2.47), (6.2.48) kann durch einen Übergang zu diskreten Plänen (›[4.4]) näherungsweise erfolgen.

Beispiel 6.2.11:

1. a) Superansatz $\tilde{S}_0$ mit $\tilde{\eta}^{(0)} = \vartheta_1 x + \vartheta_2 x^2 : x \in [0, 1]$.

b) 2 Teilansätze, $m = 2$, $x \in [0, 1]$

$\tilde{S}_1$ mit $\tilde{\eta}^{(1)} = \vartheta_1 x + \vartheta_2 x^2$ und $\Theta_1 = \{\boldsymbol{\vartheta} \in \mathrm{R}^2 : \vartheta_2 = 0\}$;

$\tilde{S}_2$ mit $\tilde{\eta}^{(2)} = \vartheta_1 x + \vartheta_2 x^2$ und $\Theta_2 = \{\boldsymbol{\vartheta} \in \mathrm{R}^2 : \vartheta_1 = 0\}$.

c) $e_0 = 0{,}8$.

d) n; $V^{(0)}$.

zu *5.* Der D-optimale diskrete Plan zur Schätzung von ϑ_1 in $\tilde{S}_0$ ist $\{(0{,}414;\ 0{,}854),\ (1{,}000;\ 0{,}146)\}$, der D-optimale diskrete Plan zur Schätzung von ϑ_2 in $\tilde{S}_0$ ist $\{(0{,}414;\ 0{,}707),\ (1{,}000;\ 0{,}293)\}$ (s. ATKINSON/COX [1]). Ein diskreter Plan, der die (6.2.47), (6.2.48) entsprechenden Bedingungen erfüllt ist $\{(0{,}420;\ 0{,}777),\ (1{,}000;\ 0{,}223)\}$ mit $e^* = 0{,}970$ (vgl. ATKINSON/COX [1]). Dieser Plan ist entsprechend dem vorgegebenen n zu runden (›[4.4.5]), und die Effektivität des gerundeten Planes gemäß (6.2.48) bleibt zu untersuchen.

Im Verf. 6.2.11 müssen alle betrachteten Pläne gleichen Umfang n haben (s. 1.d)). Nur dann sind die Determinanten in (6.2.47), (6.2.48) vergleichbar. Die Exponenten in diesen Formeln tragen dem Umstand Rechnung, daß die Matrizen $\boldsymbol{M}$ unterschiedliche Reihenzahl, $r - r_t$, haben. Die Quotienten in 5.b) sind die Effektivitäten des gewählten Planes V_n^* zum jeweils D-optimalen Plan zur Schätzung der im Ansatz $\tilde{S}_t$ gegenüber dem Superansatz $\tilde{S}_0$ fehlenden Parameter. Die Bedingung in Verf. 6.2.11/5.c) ist eine Konsequenz aus der Tatsache, daß das Verfahren zwar Pläne *gleicher* Effektivität gemäß (6.2.48) liefert, aber diese Effektivität sehr gering sein kann.

Das Verf. 6.2.11 wird für Verf. 6.2.5 modifiziert, indem man für $\boldsymbol{M}(V_n; j_1^{(t)}, \dots, j_{(r-r_t)}^{(t)})$ jeweils die entsprechende Informationsmatrix

$$\boldsymbol{M}(V_n; \boldsymbol{K}_t, \boldsymbol{l}_t) = \frac{1}{n}\left(\boldsymbol{K}_t(\boldsymbol{F}(V_n)'\,\boldsymbol{F}(V_n))^{-1}\,\boldsymbol{K}_t'\right)^{-1} \tag{6.2.49}$$

einführt. Die Voraussetzung, daß $\left(\boldsymbol{F}(V_n)\,\boldsymbol{F}(V_n)\right)^{-1}$ existiert, läßt sich mildern in der Weise, daß alle $\boldsymbol{K}_t\boldsymbol{\vartheta}^{(t)}$ schätzbar sein müssen (›[3.1.4]).

VERFAHREN 6.2.12 (Kompromißplan zum Superansatz):

1.—4. wie Verf. 6.2.11 (ohne 1.c)).

5. **Lösung:** Bestimme einen Plan V_n^* mit

$$\prod_{t=1}^{m}\left(\det \boldsymbol{M}(V_n^*; j_1^{(t)}, \dots, j_{(r-r_t)}^{(t)})\right)^{\frac{1}{r-r_t}} = \sup_{V_n \in V^{(0)}} \prod_{t=1}^{m}\left(\det \boldsymbol{M}(V_n; j_1^{(t)}, \dots, j_{(r-r_t)}^{(t)})\right)^{\frac{1}{r-r_t}} \bullet \tag{6.2.50}$$

Das Kriterium (6.2.50) ist äquivalent zur Forderung

$$\sum_{t=1}^{m}\frac{1}{r-r_t}\ln\det \boldsymbol{M}(V_n^*; j_1^{(t)}, \dots, j_{(r-r_t)}^{(t)})$$
$$= \sup_{V_n \in V^{(0)}} \sum_{t=1}^{m}\frac{1}{r-r_t}\ln\det \boldsymbol{M}(V_n; j_1^{(t)}, \dots, j_{(r-r_t)}^{(t)})\,. \tag{6.2.51}$$

Auch hier ist der Übergang zu diskreten Plänen möglich (›[4.4]). Untersuchungen zu diesem Kriterium lieferten ATKINSON [3], ATKINSON/FEDOROV [1], E. LÄUTER [2].

Weitere Vorschläge für Kompromißkriterien wurden von ATKINSON/FEDOROV [2] vorgelegt. Hierbei wird auf die Bildung eines Superansatzes für *alle* Ansätze verzichtet. Stattdessen werden alle Paare von Ansätzen $(\tilde{S}_{t_1}, \tilde{S}_{t_2})$ betrachtet und jeweils zu einem gemeinsamen Ansatz $\tilde{S}_{t_1t_2}$ vereinigt. Es bezeichne $\boldsymbol{M}(V_n; t_1/t_2)$ die Informationsmatrix zur MKQ-Schätzung der Parameter für den Ansatz $\tilde{S}_{t_1}$ im Ansatz $\tilde{S}_{t_1t_2}$.

Dann empfehlen ATKINSON/FEDOROV [2] eines der beiden Kriterien:

a)

$$\min_{t_2 \in \{1,\dots,m\}} \min_{t_1 \in \{1,\dots,m\} \setminus \{t_2\}} \det \boldsymbol{M}(V_n^*; t_1/t_2)$$
$$= \max_{V_n \in V^{(0)}} \min_{t_2 \in \{1,\dots,m\}} \min_{t_1 \in \{1,\dots,m\} \setminus \{t_2\}} \det \boldsymbol{M}(V_n; t_1/t_2) \,. \qquad (6.2.52)$$

Der Versuchsplan soll also mit dem D-Kriterium für die *ungünstigste* Kombination zweier Ansätze gewonnen werden.

b) Es bezeichne $r(t_1/t_2)$ die Reihenzahl der Matrix $\boldsymbol{M}(V_n; t_1/t_2)$. Dann ist

$$\sum_{t_1=1}^{m} \sum_{\substack{t_2=1 \\ t_1 \neq t_2}}^{m} \frac{1}{r(t_1/t_2)} \ln \det \boldsymbol{M}(V_n^*; t_1/t_2) = \max_{V_n \in V^{(0)}} \sum_{t_1=1}^{m} \sum_{\substack{t_2=1 \\ t_1 \neq t_2}}^{m} \frac{1}{r(t_1/t_2)} \ln \det \boldsymbol{M}(V_n; t_1/t_2) \qquad (6.2.53)$$

das (6.2.51) entsprechende Kompromißkriterium.

Der Nichtzentralitätsparameter (6.2.45) läßt sich als eine Art *Abstandsquadrat* einer Funktion $\tilde{\eta}^{(1)} \in \tilde{S}_1$ von den Funktionen des Ansatzes $\tilde{S}_2$ betrachten, wenn man die Funktionen nur an den Punkten des Versuchsplanes V_n berücksichtigt (›[I/9.2.3]). Dies motiviert ein heuristisches Vorgehen zur Versuchsplanung, das auch sinnvoll bleibt, wenn die Ansätze *nicht* mehr *linear* sind. Jedoch dürfen hier, im Unterschied zu den Verf. 6.2.10—6.2.12 die Ansätze keine Funktionen gemeinsam haben. Wegen des gewählten Approximationskriteriums (›(6.2.54)) paßt diese Versuchsplanung zum Verf. 6.2.1, das die Restquadratsummen zum Auswahlkriterium für den Ansatz wählt.

VERFAHREN 6.2.13 (Plan gemäß maximalem Abstand der Ansätze):

1. **Gegebene Größen:** a) m Ansätze: $\tilde{S}_t = \{\tilde{\eta}^{(t)}(\boldsymbol{x}, \boldsymbol{\vartheta}^{(t)}) : \boldsymbol{x} \in B\}_{\boldsymbol{\vartheta}^{(t)} \in \Theta_t}$; $t = 1, \dots, m$.

b) n und Menge $V^{(0)} \subseteq V^n$ von konkreten Plänen.

2. **Aufgabe:** Bestimmung eines geeigneten Planes für Verf. 6.2.1.

3. **Bezeichnungen:** a) $V_n = (\boldsymbol{x}_1, \dots, \boldsymbol{x}_n)$.

b) $$\psi(V_n; t_1/t_2, \boldsymbol{\vartheta}^{(t_1)}) = \inf_{\boldsymbol{\vartheta}^{(t_2)} \in \Theta_{t_2}} \frac{1}{n} \sum_{i=1}^{n} \left(\tilde{\eta}^{(t_1)}(\boldsymbol{x}_i, \boldsymbol{\vartheta}^{(t_1)}) - \tilde{\eta}^{(t_2)}(\boldsymbol{x}_i, \boldsymbol{\vartheta}^{(t_2)})\right)^2 . \qquad (6.2.54)$$

c) $$\psi_{\min}(V_n) = \min_{t_1 \in \{1,\dots,m\}} \min_{t_2 \in \{1,\dots,m\} \setminus \{t_1\}} \inf_{\boldsymbol{\vartheta}^{(t_1)} \in \Theta_{t_1}} \psi(V_n; t_1/t_2, \boldsymbol{\vartheta}^{(t_1)}) \,. \qquad (6.2.55)$$

4. **Voraussetzungen:** a) Die Ansätze haben paarweise keine Funktion gemeinsam, d. h. $\tilde{S}_{t_1} \cap \tilde{S}_{t_2} = \emptyset$ für $t_1 \neq t_2$.

b) Für alle V_n aus $V^{(0)}$ sind alle Parameter in allen gegebenen Ansätzen nach der MKQ schätzbar.

c) Es gibt mindestens einen Plan V_n in $V^{(0)}$, für den $\psi_{\min}(V_n)$ aus (6.2.55) positiv ist.

5. **Lösung:** Wähle V_n^* mit

$$\psi_{\min}(V_n^*) = \sup_{V_n \in V^{(0)}} \psi_{\min}(V_n) \bullet \qquad (6.2.56)$$

Das Verf. 6.2.13 beruht also darauf, den minimalen Abstand der Ansätze für die Punkte des Planes maximal zu machen, um dadurch besser zu erkennen, welcher Ansatz am besten zu dem damit erhaltenen Datensatz paßt. Der Ausdruck $\psi(V_n; t_1/t_2, \boldsymbol{\vartheta}^{(t_1)})$ in (6.2.54) gibt die durch n dividierte Summe der Abweichungsquadrate für die beste Approximation der Funktion $\tilde{\eta}^{(t_1)}(\boldsymbol{x}, \boldsymbol{\vartheta}^{(t_1)})$ an den Punkten $\boldsymbol{x}_1, \dots, \boldsymbol{x}_n$ durch Funktionen aus $\tilde{S}_{t_2}$ an. In (6.2.55) wird dann über alle Funktionen aus $\tilde{S}_{t_1}$ minimiert und außerdem noch der kleinste Wert über alle Kombinationen von zwei Ansätzen bestimmt. Die Voraussetzungen 4.a) und 4.c) sichern dann, daß (6.2.55) nicht für alle $V_n \in V^{(0)}$ gleich Null ist. Während 4.b) der Vergleichbarkeit von (6.2.54) für $V_n \in V^{(0)}$ dient, sichert 4.c) die Anwendbarkeit von Verf. 6.2.1. Bei der Lösung der Aufgabe (6.2.56) kann man in üblicher Weise zu diskreten Plänen übergehen (>[4.4]), indem man setzt

$$\psi(\xi; t_1/t_2, \boldsymbol{\vartheta}^{(t_1)}) = \inf_{\boldsymbol{\vartheta}^{(t_2)} \in \Theta_{t_2}} \sum_{l=1}^{q} p_l (\tilde{\eta}^{(t_1)}(\boldsymbol{x}_l, \boldsymbol{\vartheta}^{(t_1)}) - \tilde{\eta}^{(t_2)}(\boldsymbol{x}_l, \boldsymbol{\vartheta}^{(t_2)}))^2 \tag{6.2.57}$$

mit $\xi = \{(\boldsymbol{x}_l, p_l)\}_{l=1,\dots,q}$. Die Schwierigkeiten bei der Anwendung von Verf. 6.2.13 liegen auf zwei verschiedenen Gebieten. Bei nichtlinearen Ansätzen ist die notwendige numerische Bestimmung von $\psi_{\min}(V_n)$ gemäß (6.2.55) für jeden Plan V_n aus $V^{(0)}$ in der Regel nicht durchführbar. Selbst wenn sich $\psi_{\min}(V_n)$ bestimmen läßt, z. B. bei linearen Ansätzen, kann es vorkommen, daß die Voraussetzung 4.c) nicht erfüllbar ist. Wenn nämlich Funktionen eines der Ansätze durch Funktionen eines anderen Ansatzes beliebig genau im quadratischen Mittel approximiert werden können, dann ist für diese beiden Ansätze das Infimum in (6.2.55) und damit auch $\psi_{\min}(V_n)$ für alle V_n gleich Null. Dies ist möglich, auch wenn die beiden Ansätze keine Funktion gemeinsam haben, also 4.a) erfüllt ist. Daher ist es für die Ansatzdiskrimination sinnvoll, für Θ_t nur solche Gebiete vorzugeben, in denen man die Funktionen der Ansätze für *wesentlich voneinander verschieden* ansieht. Wie solche Festlegungen getroffen werden können, soll im folgenden für lineare Ansätze gezeigt werden. Für lineare Ansätze

$$\tilde{S}_t = \{\tilde{\eta}^{(t)}(\boldsymbol{x}, \boldsymbol{\vartheta}^{(t)}) = \boldsymbol{f}^{(t)}(\boldsymbol{x})' \boldsymbol{\vartheta}^{(t)} : \boldsymbol{x} \in B\}_{\boldsymbol{\vartheta}^{(t)} \in \Theta_t \subseteq \mathbb{R}^{r_t}} \tag{6.2.58}$$

ergibt sich mit

$$\boldsymbol{F}_t(V_n) = ((f_j^{(t)}(\boldsymbol{x}_i)))_{n \times r_t}, \quad i = 1, \dots, n; j = 1, \dots, r_t; t = 1, \dots, m \tag{6.2.59}$$

für (6.2.54)

$$\begin{aligned}\psi(V_n; t_1/t_2, \boldsymbol{\vartheta}^{(t_1)}) = \frac{1}{n} \boldsymbol{\vartheta}^{(t_1)\prime} (\boldsymbol{F}_{t_1}(V_n)' \boldsymbol{F}_{t_1}(V_n) - \boldsymbol{F}_{t_1}(V_n)' \boldsymbol{F}_{t_2}(V_n) \\ \times (\boldsymbol{F}_{t_2}(V_n)' \boldsymbol{F}_{t_2}(V_n))^{-1} \boldsymbol{F}_{t_2}(V_n)' \boldsymbol{F}_{t_1}(V_n)) \boldsymbol{\vartheta}^{(t_1)}.\end{aligned} \tag{6.2.60}$$

Der Ausdruck (6.2.60) ist eine quadratische Form in $\boldsymbol{\vartheta}^{(t_1)}$. Die Matrix

$$\boldsymbol{A} = \boldsymbol{F}_{t_1}' \boldsymbol{F}_{t_1} - \boldsymbol{F}_{t_1}' \boldsymbol{F}_{t_2} (\boldsymbol{F}_{t_2}' \boldsymbol{F}_{t_2})^{-1} \boldsymbol{F}_{t_2}' \boldsymbol{F}_{t_1} \tag{6.2.61}$$

ist wegen Verf. 6.2.13/4.b) und 4.c) positiv definit. Da für alle $c > 0$ gilt (s. Rao [3])

$$\min_{|\boldsymbol{\vartheta}^{(t_1)}| = c} \boldsymbol{\vartheta}^{(t_1)\prime} \boldsymbol{A} \boldsymbol{\vartheta}^{(t_1)} = c^2 \cdot \lambda_{\min}(\boldsymbol{A}), \tag{6.2.62}$$

ist $\psi(V_n; t_1/t_2, \boldsymbol{\vartheta}^{(t_1)})$ eine monoton wachsende Funktion in $|\boldsymbol{\vartheta}^{(t_1)}|$. Falls also, wie in der Regel, die Umgebung des Ursprungs zu Θ_{t_1} gehört, ist es sinnvoll, einen Betrag c_{t_1} anzugeben, von dem ab man eine Funktion $\tilde{\eta}^{(t_1)} \in \tilde{S}_{t_1}$ als *wesentlich verschieden* von ihrer Näherung im quadratischen Mittel durch Funktionen aus $\tilde{S}_{t_2}$ ansehen will. Wegen

(6.2.62) kann man dann in (6.2.55) das Infimum über Θ_{t_1} durch das Minimum über $|\boldsymbol{\vartheta}^{(t_1)}| = c_{t_1}$ ersetzen. Somit erhält man die folgende Modifizierung von Verf. 6.2.13.

VERFAHREN 6.2.14 (Plan gemäß maximalem Abstand der linearen Ansätze):

1. **Gegebene Größen:** a) m lineare Ansätze $\tilde{S}_t$ gemäß (6.2.58).

b) Positive Konstanten c_t; $t = 1, \dots, m$.

c) n und Menge $V^{(0)} \subseteq V^n$ von konkreten Plänen.

2. **Aufgabe:** Bestimmung eines geeigneten Planes für Verf. 6.2.1 im Falle linearer Ansätze (6.2.58).

3. **Bezeichnungen:** a) $V_n = (\boldsymbol{x}_1, \dots, \boldsymbol{x}_n)$.

b) $\psi(V_n; t_1/t_2, \boldsymbol{\vartheta}^{(t_1)})$ gemäß (6.2.60); $t_1 \neq t_2$; $t_1 \in \{1, \dots, m\}$; $t_2 \in \{1, \dots, m\}$.

c) $$\tilde{\psi}_{\min}(V_n) = \min_{t_1 \in \{1, \dots, m\}} \ \min_{t_2 \in \{1, \dots, m\} \setminus \{t_1\}} \ \min_{|\boldsymbol{\vartheta}^{(t_1)}| = c_{t_1}} \psi(V_n; t_1/t_2, \boldsymbol{\vartheta}^{(t_1)}) . \tag{6.2.63}$$

4. **Voraussetzungen:** a) $\{\boldsymbol{\vartheta}^{(t)}: |\boldsymbol{\vartheta}^{(t)}| = c_t\} \subseteq \Theta_t$; $t = 1, \dots, m$.

b) Die inversen Matrizen in (6.2.60) existieren.

5. **Lösung:** Wähle V_n^* mit $\tilde{\psi}_{\min}(V_n^*) = \sup_{V_n \in V^{(0)}} \tilde{\psi}_{\min}(V_n)$ ●

Beispiel 6.2.12:

1. a) 3 Ansätze, $m = 3$: $\tilde{S}_1$ mit $\tilde{\eta}^{(1)} = \vartheta^{(1)}x$ und $\vartheta^{(1)} \in \Theta_1 = \mathrm{R}^1$;

$\tilde{S}_2$ mit $\tilde{\eta}^{(2)} = \vartheta^{(2)}x^2$ und $\vartheta^{(2)} \in \Theta_2 = \mathrm{R}^1$; $\tilde{S}_3$ mit $\tilde{\eta}^{(3)} = \vartheta^{(3)}\,\mathrm{e}^x$ und $\vartheta^{(3)} \in \Theta_3 = \mathrm{R}^1$.

b) $c_1 = 0{,}7$, $c_2 = 0{,}5$, $c_3 = 0{,}1$.

c) $n = 4$; $V_4 = (x_1, x_2, x_3, x_4)$; $x_i \in [0, 1]$; $i = 1, \dots, 4$.

5. $t_1 = 1, t_2 = 2$: $\boldsymbol{F}_1(V_4)' = (x_1\, x_2\, x_3\, x_4)$; $\boldsymbol{F}_2(V_4)' = (x_1^2\, x_2^2\, x_3^2\, x_4^2)$;

$$\psi(V_4, 1/2, \vartheta^{(1)}) = \tfrac{1}{4}\, \vartheta^{(1)}\big(\boldsymbol{F}_1(V_4)'\, \boldsymbol{F}_1(V_4) - \boldsymbol{F}_1(V_4)'\, \boldsymbol{F}_2(V_4) \times (\boldsymbol{F}_2(V_4)'\, \boldsymbol{F}_2(V_4))^{-1}\, \boldsymbol{F}_2(V_4)'\, \boldsymbol{F}_1(V_4)\big)\, \vartheta^{(1)}$$

$$= \tfrac{1}{4}\, \vartheta^{(1)2} \sum_{j=1}^{4} \left(x_j - \left(\sum_{i=1}^{4} x_i^3\right) \Big/ \left(\sum_{i=1}^{4} x_i^4\right) x_j^2\right)^2 ;$$

$t_1 = 1, t_2 = 3$: $\boldsymbol{F}_3(V_4)' = (\mathrm{e}^{x_1}\, \mathrm{e}^{x_2}\, \mathrm{e}^{x_3}\, \mathrm{e}^{x_4})$;

$$\psi(V_4, 1/3, \vartheta^{(1)}) = \tfrac{1}{4}\, \vartheta^{(1)2} \sum_{j=1}^{4} \left(x_j - \left(\sum_{i=1}^{4} x_i\, \mathrm{e}^{x_i}\right) \Big/ \left(\sum_{i=1}^{4} \mathrm{e}^{2x_i}\right) \mathrm{e}^{x_j}\right)^2 ;$$

$t_1 = 2, t_2 = 3$:

$$\psi(V_4, 2/3, \vartheta^{(2)}) = \tfrac{1}{4}\, \vartheta^{(2)2} \sum_{j=1}^{4} \left(x_j^2 - \left(\sum_{i=1}^{4} x_i^2\, \mathrm{e}^{x_i}\right) \Big/ \left(\sum_{i=1}^{4} \mathrm{e}^{2x_i}\right) \mathrm{e}^{x_j}\right)^2 ;$$

$t_1 = 2, t_3 = 1$:

$$\psi(V_4, 2/1, \vartheta^{(2)}) = \tfrac{1}{4}\, \vartheta^{(2)2} \sum_{j=1}^{4} \left(x_j^2 - \left(\sum_{i=1}^{4} x_i^3\right) \Big/ \left(\sum_{i=1}^{4} x_i^2\right) x_j\right)^2 ;$$

$t_1 = 3$; $t_2 = 1$:

$$\psi(V_4; 3/1; \vartheta^{(3)}) = \tfrac{1}{4}\, \vartheta^{(3)2} \sum_{j=1}^{4} \left(\left(\sum_{i=1}^{4} x_i\, \mathrm{e}^{x_i}\right) \Big/ \left(\sum_{i=1}^{4} x_i^2\right) x_j - \mathrm{e}^{x_j}\right)^2 ;$$

$t_1 = 3$; $t_2 = 2$:

$$\psi(V_4; 3/2; \vartheta^{(3)}) = \tfrac{1}{4}\, \vartheta^{(3)2} \sum_{j=1}^{4} \left(\left(\sum_{i=1}^{4} x_i^2\, \mathrm{e}^{x_i}\right) \Big/ \left(\sum_{i=1}^{4} x_i^4\right) x_j^2 - \mathrm{e}^{x_j}\right)^2 .$$

Weiterhin ist

$$\min_{|\vartheta^{(1)}|=c_1} \psi(V_4, 1/2; \vartheta^{(1)}) = \psi(V_4, 1/2; 0{,}7); \quad \min_{|\vartheta^{(1)}|=c_1} \psi(V_4, 1/3; \vartheta^{(1)}) = \psi(V_4, 1/3; 0{,}7);$$

$$\min_{|\vartheta^{(2)}|=c_2} \psi(V_4, 2/1; \vartheta^{(2)}) = \psi(V_4; 2/1; 0{,}5); \quad \min_{|\vartheta^{(2)}|=c_2} \psi(V_4, 2/3; \vartheta^{(2)}) = \psi(V_4, 2/3; 0{,}5);$$

$$\min_{|\vartheta^{(3)}|=c_3} \psi(V_4, 3/1, \vartheta^{(3)}) = \psi(V_4; 3/1; 0{,}1); \quad \min_{|\vartheta^{(3)}|=c_3} \psi(V_4, 3/2, \vartheta^{(3)}) = \psi(V_4, 3/2; 0{,}1).$$

Damit ist für $t_1 = 1$:

$$\min_{t_2\in\{2,3\}} \psi(V_4, 1/t_2; 0{,}7) = \min\Big\{0{,}1225 \sum_{j=1}^{4} (x_j - (\sum x_i^3)/(\sum x_i^4)\, x_j^2)^2;$$
$$0{,}1225 \sum_{j=1}^{4} (x_j - (\sum x_i\, e^{x_i})/(\sum e^{2x_i})\, e^{x_j})^2\Big\}$$
$$= 0{,}1225 \sum (x_j - (\sum x_i^3)/(\sum x_i^4)\, x_j^2)^2; \quad t_2^* = 2;$$

$t_1 = 2$:

$$\min_{t_2\in\{1,3\}} \psi(V_4, 2/t_2; 0{,}5) = \min\{0{,}0625 \sum (x_j^2 - (\sum x_i^2\, e^{x_i})/(\sum e^{2x_i})\, e^{x_j})^2;$$
$$0{,}0625 \sum (x_j^2 - (\sum x_i^3)/(\sum x_i^2)\, x_j)^2\}$$
$$= 0{,}0625 \sum (x_j^2 - (\sum x_i^3)/(\sum x_i^2)\, x_j)^2; \quad t_2^* = 1;$$

$t_1 = 3$:

$$\min_{t_2\in\{1,2\}} \psi(V_4, 3/t_2; 0{,}1) = \min\{0{,}0025 \sum ((\sum x_i\, e^{x_i})/(\sum x_i^2)\, x_j - e^{x_j})^2;$$
$$0{,}0025 \sum ((\sum x_i^2\, e^{x_i})/(\sum x_i^4)\, x_j^2 - e^{x_j})^2\}$$
$$= 0{,}0025 \sum ((\sum x_j^2\, e^{x_i})/(\sum x_i^4)\, x_j^2 - e^{x_j})^2; \quad t_2^* = 2;$$

und für $\tilde{\psi}_{\min}(V_4)$ ergibt sich:

$$\min_{t_1\in\{1,2,3\}} \psi(V_4, t_1/t_2^*; c_{t_1}) = \min\{0{,}1225 \sum (x_j - (\sum x_i^3)/(\sum x_i^4)\, x_j^2)^2;$$
$$0{,}0625 \sum (x_j^2 - (\sum x_i^3)/(\sum x_i^2)\, x_j)^2;$$
$$0{,}0025 \sum ((\sum x_i^2\, e^{x_i}/(\sum x_i^4)\, x_j^2 - e^{x_j})^2\};$$

$$\tilde{\psi}_{\min}(V_4) = 0{,}0625 \sum (x_j^2 - (\sum x_i^3)/(\sum x_i^2)\, x_j)^2.$$

Wähle einen Versuchsplan $V_4^* = (x_1^*, x_2^*, x_3^*, x_4^*)$ gemäß

$$\tilde{\psi}_{\min}(V_4^*) = \sup_{V_4\in\bar{V}(0)} \left(0{,}0625 \sum_{j=1}^{4} \left(x_j^2 - \left(\sum_{i=1}^{4} x_i^3\right)\Big/\left(\sum_{i=1}^{4} x_i^2\right) x_j\right)^2\right).$$

Die im Punkt 1.b) angegebenen Konstanten c_1, c_2 und c_3 garantieren eine Approximation im quadratischen Mittel von 0,01 auf dem ganzen Intervall [0, 1]. Deshalb kann auch bei der Minimierung über $\vartheta^{(t_1)}$ jeweils der Wert c_{t_1} als Minimum verwendet werden.

Bemerkung 6.2.7: Eine andere Modifizierung des Verf. 6.2.13 geht davon aus, daß a-priori-Wahrscheinlichkeiten dafür vorliegen, welcher der Ansätze wahr ist, d. h. $P_\tau(i)$; $i = 1, \dots, m$; und a-priori-Dichten über Θ_i, falls $\tilde{S}_i$ der wahre Ansatz ist: $p_{\theta^{(i)}}(\vartheta^{(i)})$; $i = 1, \dots, m$. Damit wird zuerst der Erwartungswert von $\psi(V_n; t_1/t_2, \theta^{(t_1)})$ durch

$$\psi(V_n; t_1/t_2) = \int_{\Theta_{t_1}} \psi(V_n; t_1/t_2, \vartheta^{(t_1)})\, p_{\theta^{(t_1)}}(\vartheta^{(t_1)})\, d\vartheta^{(t_1)} \tag{6.2.64}$$

gebildet. Weiterhin wird dann mit den $P_\tau(i)$; $i = 1, \dots, m$; durch

$$\psi_B(V_n) = \sum_{t_1=1}^{m} P_\tau(t_1) \sum_{\substack{t_2=1\\ t_1\neq t_2}}^{m} \frac{P_\tau(t_2)}{1 - P_\tau(t_1)}\, \psi(V_n; t_1/t_2) \tag{6.2.65}$$

gemittelt. Aus (6.2.56) wird damit

$$\psi_B(V_n^*) = \sup_{V_n\in\bar{V}(0)} \psi_B(V_n)\,. \tag{6.2.66}$$

Diese Modifizierung ist für $m = 2$ in [I/9.2.3] angegeben. Der Übergang zu diskreten Plänen ist auch hier möglich. Entsprechende Untersuchungen, so zu den Eigenschaften der Funktionale, dem asymptotischen Verhalten und zu Iterationsverfahren zur Bestimmung näherungsweise optimaler Pläne, findet man in FEDOROV [3].

6.2.3. Sequentielle Verfahren zur Ansatzdiskrimination

Bereits in [6.2.1] waren wir auf Situationen gestoßen, in denen die Entscheidung für einen der Ansätze anhand des vorliegenden Datensatzes nicht mit der wünschenswerten Evidenz erfolgen konnte (›Verf. 6.2.8). In diesen Fällen war empfohlen worden, zu sequentiellen Verfahren überzugehen, d. h. weitere Versuche durchzuführen. Im weiteren sollen einige Kriterien betrachtet werden, mit denen dann die Entscheidung für einen der konkurrierenden Ansätze getroffen werden soll. Wir benötigen für ein sequentielles Verfahren auf jeder Stufe die Angabe von drei Entscheidungsregeln: (›[2.7]): der Auswahlregel für den Versuchsplan, der Stoppregel und der Endentscheidungsregel, hier der Entscheidungsregel für die Ansatzwahl. Der besseren Übersicht halber betrachten wir in diesem Abschnitt nur Stoppregeln und Ansatzwahlregeln, die Versuchsplanung behandeln wir in [6.2.4].

Man kann sich einen Einblick in den Zusammenhang zwischen den verschiedenen vorgeschlagenen sequentiellen Methoden und zu den Empfehlungen von [6.2.1] verschaffen, wenn man von der *Likelihoodfunktion* des Beobachtungsvektors $\mathfrak{Y}(V_n)$ ausgeht (›Bez. 1.2.11). Sei $p_{\mathfrak{Y}}(\boldsymbol{y} \mid i, \boldsymbol{\vartheta}^{(i)}, \sigma^2, V_n)$ die Dichte des Beobachtungsvektors $\mathfrak{Y}(V_n)$, falls $\tilde{\eta}^{(i)}(\boldsymbol{x}, \boldsymbol{\vartheta}^{(i)})$ die wahre Wirkungsfläche und σ^2 die Varianz der Fehlerverteilung ($\boldsymbol{B}_{e(V_n)} = \sigma^2 \boldsymbol{I}_n$), sowie V_n der verwendete Versuchsplan ist (›(6.2.34)). Dann ist die Likelihoodfunktion für die Realisierung $\boldsymbol{y}(V_n)$

$$l\big(\boldsymbol{y}(V_n); \boldsymbol{\vartheta}^{(i)}, \sigma^2\big) = p_{\mathfrak{Y}}\big(\boldsymbol{y}(V_n) \mid i, \boldsymbol{\vartheta}^{(i)}, \sigma^2, V_n\big) \,. \tag{6.2.67}$$

Sie ist eine Funktion von $\boldsymbol{\vartheta}^{(i)} \in \boldsymbol{\Theta}_i$ und $\sigma \in (0, \infty)$, die Realisierung $\boldsymbol{y}(V_n)$ ist gegeben. Im Falle $\boldsymbol{B}_{e(V_n)} = \boldsymbol{\Sigma}$ hängt die Funktion von den Elementen σ_{jl}; $j = 1, \dots, n$; $l = 1, \dots, n$; der unbekannten Matrix $\boldsymbol{\Sigma}$ ab. Die entsprechenden Verfahren dieses Abschnitts sind auf diesen Fall verallgemeinerungsfähig, jedoch steigt der Aufwand beträchtlich.

Wären für jeden Ansatz $\tilde{S}_i$ die Werte $\boldsymbol{\vartheta}^{(i)} \in \boldsymbol{\Theta}_i$ und $\sigma \in (0, \infty)$ *bekannt*, die die Wirkungsfläche und den Beobachtungsvektor charakterisieren, falls $\tilde{S}_i$ der wahre Ansatz ist, dann würde man sich analog zum Maximum-Likelihood-Prinzip (s. z. B. FISZ [1]) für denjenigen Ansatz entscheiden, für den die Likelihoodfunktion für den gegebenen Beobachtungsvektor den größten Wert hat. Die Parameterwerte $\boldsymbol{\vartheta}^{(i)}$ und σ sind *jedoch unbekannt*. Um die Likelihoodfunktion für die verschiedenen Ansätze trotzdem zur Grundlage der Entscheidung über die Ansätze zu machen, bieten sich zwei Wege an:

a) Falls eine a-priori-Dichte über $\boldsymbol{\Theta}_i$ und $(0, \infty)$

$$p_{(\boldsymbol{\theta}^{(i)}, \Sigma^2)}(\boldsymbol{\vartheta}^{(i)}, \sigma^2); \quad i = 1, \dots, m; \tag{6.2.68}$$

bekannt ist, kann man zum Erwartungswert

$$\mathrm{E}_{(\boldsymbol{\theta}^{(i)}, \Sigma^2)} l\big(\boldsymbol{y}(V_n); \boldsymbol{\theta}^{(i)}, \Sigma^2\big) = \int_0^\infty \int_{\boldsymbol{\Theta}_i} l\big(\boldsymbol{y}(V_n); \boldsymbol{\vartheta}^{(i)}, \sigma^2\big)\, p_{(\boldsymbol{\theta}^{(i)}, \Sigma^2)}(\boldsymbol{\vartheta}^{(i)}, \sigma^2)\, \mathrm{d}\boldsymbol{\vartheta}^{(i)}\, \mathrm{d}\sigma^2 \tag{6.2.69}$$

übergehen. Wegen (6.2.67) stimmt (6.2.69) mit dem Wert der totalen Dichte (6.2.35) bei $\boldsymbol{y} = \boldsymbol{y}(V_n)$ überein.

b) Falls der Versuchsplan V_n für jeden Ansatz $\tilde{S}_i$ die Schätzung der Parameter $\vartheta^{(i)}$ und σ^2 mit der Maximum-Likelihood-Methode erlaubt, kann man die geschätzte Likelihoodfunktion

$$l(\boldsymbol{y}(V_n); \hat{\vartheta}^{(i)}(\boldsymbol{y}(V_n)), \hat{\sigma}^{2(i)}(\boldsymbol{y}(V_n))) \tag{6.2.70}$$

betrachten, wobei $\hat{\vartheta}^{(i)}$ und $\hat{\sigma}^{2(i)}$ die Maximum-Likelihood-Schätzwerte von $\vartheta^{(i)}$ und σ^2 mit dem Ansatz $\tilde{S}_i$ bezeichnen. Falls der Fehlervektor normalverteilt ist, stimmt die Maximum-Likelihood-Schätzung (ML-Schätzung) mit der MKQ-Schätzung überein. Entsprechend den Kriterien in [6.2.1] wird man denjenigen Ansatz wählen, für den (6.2.69) oder (6.2.70) wesentlich größer ist als für die anderen Ansätze. Dieses Prinzip soll nun für das sequentielle Vorgehen präzisiert werden.

Wir betrachten zuerst Fall a) für $m = 2$ (›Verf. 6.2.8). Für den Quotienten der a-posteriori-Wahrscheinlichkeiten $P_{\tau|\boldsymbol{y}}(1)$ und $P_{\tau|\boldsymbol{y}}(2)$ gemäß (6.2.36) ergibt sich mit der Bezeichnung (6.2.69)

$$\frac{P_{\tau|\boldsymbol{y}}(1)}{P_{\tau|\boldsymbol{y}}(2)} = \frac{\mathrm{E}_{(\theta^{(1)}, \Sigma^2)} l(\boldsymbol{y}(V_n); \boldsymbol{\theta}^{(1)}, \Sigma^2)\, P_\tau(1)}{\mathrm{E}_{(\theta^{(2)}, \Sigma^2)} l(\boldsymbol{y}(V_n); \boldsymbol{\theta}^{(2)}, \Sigma^2)\, P_\tau(2)} =: \frac{P_\tau(1)}{P_\tau(2)} q(\boldsymbol{y}; V_n)\,. \tag{6.2.71}$$

Die Vorgabe einer Schranke P_0 für die a-posteriori-Wahrscheinlichkeiten gemäß Verf. 6.2.8 ist also äquivalent zur Vorgabe von Schranken für den Quotienten $q(\boldsymbol{y}; V_n)$. Diese Schranken dienen dem Sequentialverfahren als Stopp- und Endentscheidungsregel. Die Festlegung der Schranken für q kann auch in anderer Weise motiviert und durchgeführt werden. Darauf wird im Kommentar zum folgenden Verfahren eingegangen.

VERFAHREN 6.2.15 (Quotient der Likelihooderwartungen):

1. **Gegebene Größen:** a) Zwei Ansätze

$$\tilde{S}_1 = \{\tilde{\eta}^{(1)}(\boldsymbol{x}, \vartheta^{(1)}) : \boldsymbol{x} \in B\}_{\vartheta^{(1)} \in \Theta_1}; \qquad \tilde{S}_2 = \{\tilde{\eta}^{(2)}(\boldsymbol{x}, \vartheta^{(2)}) : \boldsymbol{x} \in B\}_{\vartheta^{(2)} \in \Theta_2}.$$

b) $p_{\mathfrak{Y}}(y \mid i, \vartheta^{(i)}, \sigma^2; \boldsymbol{x})$ Verteilungsdichte von $\mathfrak{Y}(\boldsymbol{x})$, falls $\tilde{\eta}^{(i)}(\boldsymbol{x}; \vartheta^{(i)})$ die Wirkungsfläche und σ^2 die Varianz des Fehlers $\varepsilon(\boldsymbol{x})$; $i = 1, 2$.

c) $p_{(\theta^{(i)}, \Sigma^2)}(\vartheta^{(i)}, \sigma^2)$ a-priori-Dichte, falls $\tilde{S}_i$; $i = 1, 2$; wahrer Ansatz.

d) Zwei positive Zahlen: $0 < b < a$.

e) Anfangsplan V_n und Beobachtungsergebnisse $\boldsymbol{y}(V_n) = (y(\boldsymbol{x}_1), \ldots, y(\boldsymbol{x}_n))'$.

2. **Aufgabe:** Auswahl eines Ansatzes für die weitere Verwendung.

3. **Bezeichnungen:**

a) $$l(\boldsymbol{y}(V_n); \vartheta^{(i)}, \sigma^2) = \prod_{j=1}^{n} p_{\mathfrak{Y}}(y(\boldsymbol{x}_j) \mid i, \vartheta^{(i)}, \sigma^2; \boldsymbol{x}_j); \quad i = 1, 2; \tag{6.2.72}$$

b) $$\mathrm{E}_{(\theta^{(i)}, \Sigma^2)} l(\boldsymbol{y}(V_n); \boldsymbol{\theta}^{(i)}, \Sigma^2)$$
$$= \int_0^\infty \int_{\Theta_i} l(\boldsymbol{y}(V_n); \vartheta^{(i)}, \sigma^2)\, p_{(\theta^{(i)}, \Sigma^2)}(\vartheta^{(i)}, \sigma^2)\, \mathrm{d}\vartheta^{(i)}\, \mathrm{d}\sigma^2; \quad i = 1, 2\,. \tag{6.2.73}$$

4. **Voraussetzungen:** a) Die beiden Ansätze haben keine Funktion gemeinsam: $\tilde{S}_1 \cap \tilde{S}_2 = \emptyset$.

b) Einer der Ansätze ist wahr.

c) $\boldsymbol{B}_{\mathfrak{Y}(V_n)} = \sigma^2 \boldsymbol{I}_n$.

d) Die Erwartungswerte (6.2.73) existieren für alle vorkommenden V_n.

5. **Lösung:** a) Bilde

$$q(\boldsymbol{y};\,V_n) = \frac{\mathrm{E}_{(\boldsymbol{\theta}^{(1)},\,\Sigma^2)} l\big(\boldsymbol{y}(V_n);\,\boldsymbol{\theta}^{(1)},\,\Sigma^2\big)}{\mathrm{E}_{(\boldsymbol{\theta}^{(2)},\,\Sigma^2)} l\big(\boldsymbol{y}(V_n);\,\boldsymbol{\theta}^{(2)},\,\Sigma^2\big)}\,. \tag{6.2.74}$$

b) Falls $q(\boldsymbol{y};\,V_n) > a$, wähle $\tilde{S}_1$, falls $q(\boldsymbol{y};\,V_n) < b$, wähle $\tilde{S}_2$.

c) Falls

$$b \leqq q(\boldsymbol{y};\,V_n) \leqq a\,, \tag{6.2.75}$$

dann wähle nach einem Auswahlkriterium (›[6.2.4]) einen weiteren Versuchspunkt $\boldsymbol{x}_{n+1}$.

d) Realisiere $\mathfrak{Y}(\boldsymbol{x}_{n+1})$ mit dem Ergebnis $y(\boldsymbol{x}_{n+1})$, bilde $V_{n+1} = V_n + (\boldsymbol{x}_{n+1})$ und damit $\boldsymbol{y}(V_{n+1})$, setze V_{n+1} an die Stelle von V_n, bilde (6.2.72) und (6.2.73) und wiederhole 5.a)—5.d) ●

Beispiel 6.2.13:

1. a) $\tilde{S}_1$ mit $\tilde{\eta}^{(1)} = \vartheta^{(1)}x^2$; $\tilde{S}_2$ mit $\tilde{\eta}^{(2)} = \vartheta^{(2)}\,\mathrm{e}^x$.

b) $p_{\mathfrak{Y}}(y \mid i,\,\vartheta^{(i)},\,\sigma^2,\,x) = \dfrac{1}{\sqrt{2\pi}\,\sigma} \exp\left\{-\dfrac{1}{2\sigma^2}\,(y(x) - \vartheta^{(i)}f_i(x))^2\right\}$; $\quad i = 1,\,2.$

c) $p_{(\theta^{(i)},\,\Sigma^2)}(\vartheta^{(i)},\,\sigma^2) = p_{(\theta^{(i)})}(\vartheta^{(i)}) = \dfrac{1}{\sqrt{2\pi}\,\sigma_i} \exp\left\{-\dfrac{1}{2\sigma_i^2}\,(\vartheta^{(i)} - \vartheta_0^{(i)})^2\right\}$; $\quad \vartheta^2 = 1.$

d) $a = 12$, $b = 0{,}0833$ mit $0 < b < a$. Zur Festlegung von a und b sei $P_\tau(1) = 0{,}75$; $P_\tau(2) = 0{,}25$ und $P_0 = 0{,}8$ gewählt (›(6.2.77)).

e) $V_2 = (-1,\,1)$; $\boldsymbol{y}(V_2)' = (0{,}766;\,1{,}776)$.

5. Es ist

$$\begin{aligned}\mathrm{E}_{(\theta^{(i)},\,\Sigma^2)} l(\boldsymbol{y}(V_2);\,\theta^{(i)},\,\Sigma^2) = {} & \det\,(\sigma_i^{-2}\boldsymbol{F}_i\boldsymbol{F}_i' + \sigma^2\boldsymbol{I}_2)^{-1/2} \\ & \times \exp\,\{-\tfrac{1}{2}\,(\boldsymbol{y}(V_2) - \boldsymbol{F}_i\vartheta_0^{(i)})'\,(\sigma_i^{-2}\boldsymbol{F}_i\boldsymbol{F}_i' + \sigma^2\boldsymbol{I}_2)^{-1} \\ & \times (\boldsymbol{y}(V_2) - \boldsymbol{F}_i\vartheta_0^{(i)})\};\quad i = 1,\,2.\end{aligned}$$

Für $\tilde{S}_1$ sei $\vartheta_0^{(1)} = 2$; $\sigma_1^2 = 0{,}8$. Damit ist

$$\det\left(\frac{1}{0{,}8}\begin{pmatrix}1\\1\end{pmatrix}(1\quad 1) + \begin{pmatrix}1 & 0\\0 & 1\end{pmatrix}\right)^{-1/2} = \frac{1}{\sqrt{3{,}5}} = 0{,}5345;\quad \boldsymbol{F}_1\vartheta_0^{(1)} = \begin{pmatrix}2\\2\end{pmatrix};$$

$\boldsymbol{z}_1' := \boldsymbol{y}(V_2) - \boldsymbol{F}_i\vartheta_0^{(1)} = (-1{,}234;\,-0{,}224)$;

$$\boldsymbol{A}_1 = (\sigma_1^{-2}\boldsymbol{F}_1\boldsymbol{F}_1' + \sigma^2\boldsymbol{I}_2)^{-1} = \begin{pmatrix}0{,}6429 & -0{,}3571\\-0{,}3571 & 0{,}6429\end{pmatrix};\quad \boldsymbol{z}_1'\boldsymbol{A}_1^{-1}\boldsymbol{z}_1 = 0{,}9467;$$

$\mathrm{E}_{(\theta^{(1)})}(\boldsymbol{y}(V_2),\,\theta^{(1)}) = 0{,}5345\,\exp\,\{-\tfrac{1}{2}\cdot 0{,}9467\} = 0{,}5345\,\mathrm{e}^{-0{,}4734} = 0{,}3331.$

Für $\tilde{S}_2$ sei $\vartheta_0^{(2)} = 1$; $\sigma_2^2 = 1$. Damit ist

$$\det\left(\begin{pmatrix}\mathrm{e}^{-1}\\\mathrm{e}\end{pmatrix}(\mathrm{e}^{-1}\quad \mathrm{e}) + \begin{pmatrix}1 & 0\\0 & 1\end{pmatrix}\right)^{-1/2} = \frac{1}{\sqrt{8{,}5240}} = 0{,}3425;\quad \boldsymbol{F}_2\vartheta_0^{(2)} = \begin{pmatrix}1/\mathrm{e}\\\mathrm{e}\end{pmatrix} = \begin{pmatrix}0{,}3679\\2{,}7183\end{pmatrix};$$

$$\boldsymbol{z}_2' = (0{,}398;\,-0{,}942);\quad \boldsymbol{A}_2 = (\sigma_2^{-2}\boldsymbol{F}_2\boldsymbol{F}_2' + \sigma^2\boldsymbol{I}_2)^{-1} = \begin{pmatrix}0{,}9842 & -0{,}1173\\-0{,}1173 & 0{,}1332\end{pmatrix};$$

$\boldsymbol{z}_2'\boldsymbol{A}_2^{-1}\boldsymbol{z} = 0{,}3091$;

$\mathrm{E}_{(\theta^{(2)})}l(\boldsymbol{y}(V_2),\,\theta^{(2)}) = 0{,}3425\,\exp\,\{-\tfrac{1}{2}\cdot 0{,}3091\} = 0{,}3425\,\mathrm{e}^{-0{,}1546} = 0{,}2933.$

a) $q(\mathfrak{y}, V_2) = \dfrac{0{,}3331}{0{,}2933} = 1{,}1357$.

Mit $P_\tau(1) = 0{,}75$, $P_\tau(2) = 0{,}25$ und $P_0 = 0{,}8$ ist (›(6.2.77))

$$a = \frac{0{,}8}{1 - 0{,}8} \cdot \frac{0{,}75}{0{,}25} = 12 \quad \text{und} \quad b = \frac{1 - 0{,}8}{0{,}8} \cdot \frac{0{,}25}{0{,}75} = 0{,}0833 \, .$$

c) Wegen $0{,}0833 < 1{,}1357 < 12$ wird das Verfahren fortgesetzt. Dazu wird ein neuer Versuchspunkt x_3 bestimmt, verwende dabei beispielsweise das Verfahren 6.2.20.

Das Verf. 6.2.15 ist ein Prototyp, der entsprechend den speziellen Gegebenheiten konkretisiert und modifiziert werden kann. Es stellt selbst eine Modifizierung des *sequentiellen Likelihoodquotienten-Tests* dar (s. z. B. VINCZE [1]).

Falls die Vor. 4.c) nicht gilt, muß in 1.b) die entsprechende Verteilung von $\mathfrak{Y}(V_n)$ für jeden Versuchsplan angegeben werden, der sich im Laufe des Verfahrens ergeben kann. Wenn der Quotient der Likelihoodfunktionen selbst nicht von σ^2 abhängt, genügt die Vorgabe von Dichten über Θ_i; $i = 1, 2$; allein. Der Erwartungswert (6.2.73) wird dann nur noch über Θ_1 bzw. Θ_2 gebildet.

Falls keine spezielle a-priori-Verteilung gefunden wurde, kann häufig auch mit einer konstanten Gewichtsfunktion gearbeitet werden. Statt (6.2.73) würde man dann z. B.

$$\bar{l}(\mathfrak{y}(V_n)) = \int_0^\infty \int_{\Theta_i} l(\mathfrak{y}(V_n); \boldsymbol{\vartheta}^{(i)}, \sigma^2) \, d\boldsymbol{\vartheta}^{(i)} \, d\sigma^2 \qquad (6.2.76)$$

verwenden.

Für die Wahl von a und b in Verf. 6.2.15/1.d) gibt es verschiedene Vorschläge. Wenn $P_\tau(1)$, $P_\tau(2)$ und P_0 wie in Verf. 6.2.8 vorgegeben sind, dann ist das Kriterium in Verf. 6.2.8/5.b) äquivalent zur Wahl

$$a = \frac{P_0}{1 - P_0} \frac{P_\tau(1)}{P_\tau(2)} ; \qquad b = \frac{1 - P_0}{P_0} \frac{P_\tau(2)}{P_\tau(1)} , \qquad (6.2.77)$$

wie man aus (6.2.71) ersehen kann. Falls, statt P_0 vorzugeben, eine Verlustfunktion $L(i; t)$ mit $L(1; 1) = L(2; 2) = 0$ und $L(1; 2) > 0$; $L(2; 1) > 0$ (›Verf. 6.2.9) angegeben werden kann, dann ist jede Endentscheidungsregel BAYESsch, für die

$$b < \frac{L(2; 1) \, P_\tau(2)}{L(1; 2) \, P_\tau(1)} < a \qquad (6.2.78)$$

ausfällt (›(6.2.40)).

Wenn man das Verf. 6.2.15 als einen (sequentiellen) Test auffaßt und die Wahrscheinlichkeiten α und β für einen Fehler 1. Art bzw. 2. Art betrachtet (daß also der Ansatz $\tilde{S}_1$ gewählt wird, obwohl $\tilde{S}_2$ wahr ist, bzw. umgekehrt), dann gilt als grobe Näherung

$$\alpha \approx \frac{b(a - 1)}{a - b} ; \qquad \beta \approx \frac{a(1 - b)}{a - b} ,$$

woraus als Empfehlung abgeleitet wird,

$$a = (1 - \alpha)/\beta ; \qquad b = \alpha/(1 - \beta) \qquad (6.2.79)$$

zu wählen. Dann sind $\alpha/(1 - \beta)$ und $\beta/(1 - \alpha)$ obere Schranken für die tatsächlich erreichten Fehlerwahrscheinlichkeiten α_0 und β_0.

Falls für das Sequentialverfahren konstante Kosten c pro Versuch anfallen und die Maßeinheit so gewählt wird, daß $0 < c < 1$ ausfällt, dann wird

$$b = c ; \qquad a = c^{-1} \qquad (6.2.80)$$

empfohlen. Man erwartet dann eine Minimierung des Versuchsaufwandes, zumindest in einfachen Fällen.

Die Ungleichung in (6.2.75) stellt die Stoppregel für Verf. 6.2.15 dar, während in 5.b) die Endentscheidungsregel angegeben ist.

Wenn die Versuche sehr aufwendig sind, kann es vorkommen, daß man das Verfahren auf einer Stufe abbrechen muß oder will, auf der q noch im Intervall $[b, a]$ liegt, die Stoppregel also die Durchführung weiterer Versuche verlangt. Bei einem solchen Abbruch wählt man den Ansatz, für den der Erwartungswert der Likelihoodfunktion der größere ist.

Wir wenden uns nun dem Fall b), dem Übergang zur geschätzten Likelihoodfunktion (6.2.70), zu und betrachten wieder nur zwei Ansätze. Das folgende Verfahren ist in vieler Hinsicht ein Analogon zu Verf. 6.2.15 und ebenfalls eine Modifizierung des *sequentiellen Likelihoodquotienten-Tests* (s. z. B. VINCZE [1]).

VERFAHREN 6.2.16 (Quotient der geschätzten Likelihoodfunktionen):

1. **Gegebene Größen:** a) Zwei Ansätze

$$\tilde{S}_1 = \{\tilde{\eta}^{(1)}(\boldsymbol{x}, \boldsymbol{\vartheta}^{(1)}) : \boldsymbol{x} \in B\}_{\boldsymbol{\vartheta}^{(1)} \in \Theta_1}; \qquad \tilde{S}_2 = \{\tilde{\eta}^{(2)}(\boldsymbol{x}, \boldsymbol{\vartheta}^{(2)}) : \boldsymbol{x} \in B\}_{\boldsymbol{\vartheta}^{(2)} \in \Theta_2}.$$

b) $p_{\mathfrak{Y}}(y \mid i, \boldsymbol{\vartheta}^{(i)}, \sigma^2; \boldsymbol{x})$ Verteilungsdichte von $\mathfrak{Y}(\boldsymbol{x})$ falls $\tilde{\eta}^{(i)}(\boldsymbol{x}, \boldsymbol{\vartheta}^{(i)})$ die Wirkungsfläche und σ^2 die Varianz des Fehlers $\varepsilon(\boldsymbol{x})$; $i = 1, 2$.

c) Zwei positive Zahlen: $0 < b < a$.

d) Anfangsplan V_n und Beobachtungsergebnisse $\boldsymbol{y}(V_n) = \big(y(\boldsymbol{x}_1), \dots, y(\boldsymbol{x}_n)\big)'$.

2. **Aufgabe:** Auswahl eines Ansatzes für die weitere Verwendung.

3. **Bezeichnungen:** a) $l\big(\boldsymbol{y}(V_n); \boldsymbol{\vartheta}^{(i)}, \sigma^2\big) = \prod_{j=1}^{n} p_{\mathfrak{Y}}\big(y(\boldsymbol{x}_j) \mid i, \boldsymbol{\vartheta}^{(i)}, \sigma^2; \boldsymbol{x}_j\big)$; $i = 1, 2$.

b) $\hat{\boldsymbol{\vartheta}}^{(i)}\big(\boldsymbol{y}(V_n)\big)$ und $\hat{\sigma}^{2(i)}\big(\boldsymbol{y}(V_n)\big)$ ML-Schätzungen gemäß

$$l\big(\boldsymbol{y}(V_n); \hat{\boldsymbol{\vartheta}}^{(i)}(\boldsymbol{y}(V_n)), \hat{\sigma}^{2(i)}(\boldsymbol{y}(V_n))\big) = \sup_{\boldsymbol{\vartheta}^{(i)} \in \Theta_i;\, \sigma^2 \in (0, \infty)} l\big(\boldsymbol{y}(V_n); \boldsymbol{\vartheta}^{(i)}, \sigma^2\big); \quad i = 1, 2. \tag{6.2.81}$$

4. **Voraussetzungen:** a) Die Komponenten von $\mathfrak{Y}(V_n)$ sind unabhängig, und es gilt $\boldsymbol{B}_{\mathfrak{Y}(V_n)} = \sigma^2 \boldsymbol{I}_n$.

b) Die ML-Schätzungen (6.2.81) existieren für alle vorkommenden Versuchspläne.

5. **Lösung:** a) Bilde

$$\hat{q}(\boldsymbol{y}; V_n) = \frac{l\big(\boldsymbol{y}(V_n); \hat{\boldsymbol{\vartheta}}^{(1)}(\boldsymbol{y}(V_n)), \hat{\sigma}^{2(1)}(\boldsymbol{y}(V_n))\big)}{l\big(\boldsymbol{y}(V_n); \hat{\boldsymbol{\vartheta}}^{(2)}(\boldsymbol{y}(V_n)), \hat{\sigma}^{2(2)}(\boldsymbol{y}(V_n))\big)}. \tag{6.2.82}$$

b) Falls $\hat{q}(\boldsymbol{y}; V_n) > a$, wähle $\tilde{S}_1$. Falls $\hat{q}(\boldsymbol{y}; V_n) < b$, dann wähle $\tilde{S}_2$.

c) Falls

$$b \leqq \hat{q}(\boldsymbol{y}; V_n) \leqq a\,, \tag{6.2.83}$$

dann wähle nach einem Auswahlkriterium (›Verf. 6.2.20) einen weiteren Versuchspunkt $\boldsymbol{x}_{n+1}$.

d) Realisiere $\mathfrak{Y}(\boldsymbol{x}_{n+1})$ mit dem Ergebnis $y(\boldsymbol{x}_{n+1})$, bilde $V_{n+1} = V_n + (\boldsymbol{x}_{n+1})$ und damit $\boldsymbol{y}(V_{n+1})$, setze V_{n+1} an die Stelle von V_n, bilde (6.2.81) und wiederhole 5.a)—5.d) ●

Von besonderer Bedeutung, vor allem wegen seiner Einfachheit, ist der Fall, daß im Verf. 6.2.16 die Ansätze linear und die Verteilungen Normalverteilungen sind. Aus der Likelihoodfunktion mit $\boldsymbol{F}_i(V_n)$ gemäß (6.2.59),

$$l(\boldsymbol{y}(V_n); \boldsymbol{\vartheta}^{(i)}, \sigma^2) = (2\pi\sigma)^{-n/2} \exp\left\{-\frac{1}{2\sigma^2}\left(\boldsymbol{y}(V_n) - \boldsymbol{F}_i(V_n)\,\boldsymbol{\vartheta}^{(i)}\right)' \times \left(\boldsymbol{y}(V_n) - \boldsymbol{F}_i(V_n)\,\boldsymbol{\vartheta}^{(i)}\right)\right\}, \quad (6.2.84)$$

erhält man mit den ML-Schätzungen, die dann mit den MKQ-Schätzungen übereinstimmen,

$$\check{\boldsymbol{\vartheta}}^{(i)}(\boldsymbol{y}(V_n)) = \left(\boldsymbol{F}_i(V_n)'\,\boldsymbol{F}_i(V_n)\right)^{-1} \boldsymbol{F}_i(V_n)'\,\boldsymbol{y}(V_n)\,, \quad (6.2.85)$$

und

$$\hat{\sigma}^{(i)2}(\boldsymbol{y}(V_n)) = \frac{1}{n}\left(\boldsymbol{y}(V_n) - \boldsymbol{F}_i(V_n)\,\check{\boldsymbol{\vartheta}}^{(i)}(\boldsymbol{y}(V_n))\right)'\left(\boldsymbol{y}(V_n) - \boldsymbol{F}_i(V_n)\,\check{\boldsymbol{\vartheta}}^{(i)}(\boldsymbol{y}(V_n))\right) =: \frac{1}{n}\,s_i^2(V_n); \quad i = 1, 2; \quad (6.2.86)$$

für den Quotienten $\hat{q}(\boldsymbol{y}; V_n)$ gemäß (6.2.82)

$$\hat{q}(\boldsymbol{y}; V_n) = \left(s_2^2(V_n)/s_1^2(V_n)\right)^{n/2}. \quad (6.2.87)$$

In diesem Fall lassen sich Konstanten a, b und c_0 finden, so daß das Kriterium (6.2.3) aus Verf. 6.2.1 mit dem Kriterium aus Verf. 6.2.16/5.b) übereinstimmt.

Beispiel 6.2.14:

1. a) Zwei Ansätze; $m = 2$: $\tilde{S}_1$ mit $\tilde{\eta}^{(1)} = \vartheta_0^{(1)} + \vartheta_1^{(1)}x_1 + \vartheta_2^{(1)}x_2$;

$\tilde{S}_2$ mit $\tilde{\eta}^{(2)} = \vartheta_0^{(2)} + \vartheta_1^{(2)}x_1x_2 + \vartheta_2^{(2)}\dfrac{1}{x_1}$.

b) $p_{\mathfrak{Y}}(y \mid i, \boldsymbol{\vartheta}^{(i)}, \sigma^2; \boldsymbol{x}) = \dfrac{1}{\sqrt{2\pi}\,\sigma} \exp\left\{-\dfrac{1}{2\sigma^2}(y - \boldsymbol{f}^{(i)}(\boldsymbol{x})'\,\boldsymbol{\vartheta}^{(i)})^2\right\}$; $i = 1, 2$.

c) $P_0 = 0{,}8$, $P_\tau(1) = 0{,}25$, $P_\tau(2) = 0{,}75$;

$a = \dfrac{0{,}8}{1 - 0{,}8}\cdot\dfrac{0{,}25}{0{,}75}$; $b = \dfrac{1 - 0{,}8}{0{,}8}\cdot\dfrac{0{,}75}{0{,}25}$ (›(6.2.77));

mit $0 < b < a$, $a = 1{,}3333$; $b = 0{,}7500$.

d) V_4: VFV 2^2; $n = 4$ (›Tab. 5.2.1);
$\boldsymbol{y}(V_4)' = (0,398;\ -1{,}937;\ 5{,}125;\ 4{,}324)$.

5. $\hat{q}(\boldsymbol{y}, V_4) = (s_2^2(V_4)/s_1^2(V_4))^{4/2}$; $s_1^2(V_4) = 0{,}588$, $s_2^2(V_4) = 2{,}459$ (s. Bsp. 6.2.9).

a) $\hat{q}(\boldsymbol{y}, V_4) = (2{,}459/0{,}588)^2 = 17{,}4891$.

b) Wegen $\hat{q}(\boldsymbol{y}, V_4) = 17{,}4891 > 1{,}3333 = a$ wähle Ansatz $\tilde{S}_1$ mit $\tilde{\eta}^{(1)} = \vartheta_0^{(1)} + \vartheta_1^{(1)}x_1 + \vartheta_2^{(1)}x_2$.

Falls die Vor. 4.a) in Verf. 6.2.16 nicht gilt, muß in 1.b) die entsprechende Verteilung von $\mathfrak{Y}(V_n)$ für jeden Versuchsplan V_n angegeben werden, der sich im Laufe der Verfahren ergeben kann. Für die Wahl von a und b kann man die Empfehlungen (6.2.79) und (6.2.80) nutzen.

Es gibt Vorschläge, Verf. 6.2.15 und Verf. 6.2.16 zu kombinieren, indem man für σ^2 eine a-priori-Dichte, eventuell auch eine konstante Gewichtsfunktion, vorgibt, und den Erwartungswert bildet:

$$\mathrm{E}_{\Sigma^2} l(\boldsymbol{y}(V_n); \boldsymbol{\vartheta}^{(i)}, \Sigma^2)\,. \quad (6.2.88)$$

Mit (6.2.88) bestimmt man dann eine ML-Schätzung für $\boldsymbol{\vartheta}^{(i)}$ gemäß

$$\mathrm{E}_{\Sigma^2} l(\boldsymbol{y}(V_n);\, \hat{\boldsymbol{\vartheta}}^{(i)}(\boldsymbol{y}(V_n)), \Sigma^2) = \sup_{\boldsymbol{\vartheta}^{(i)} \in \Theta_i} \mathrm{E}_{\Sigma^2} l(\boldsymbol{y}(V_n);\, \boldsymbol{\vartheta}^{(i)}, \Sigma^2) \,. \tag{6.2.89}$$

Lassen sich die Verteilungen in einfacher Weise als reine Exponentialfunktion darstellen (z. B. wenn es sich um Normalverteilungen handelt), dann kann man auch zu $\ln \hat{q}$ übergehen und statt a und b entsprechend $\ln a$ und $\ln b$ verwenden.

Bei normalverteiltem Beobachtungsvektor im Fall, daß sich der lineare Ansatz $\tilde{S}_2$ vom linearen Ansatz $\tilde{S}_1$ nur durch eine lineare Hypothese $\boldsymbol{K}\boldsymbol{\vartheta} = \boldsymbol{l}$ unterscheidet, ist

$$\frac{n - \operatorname{Rg} \boldsymbol{F}(V_n)}{\operatorname{Rg} \boldsymbol{K}} \left((\hat{q}(\mathfrak{Y}(V_n);\, V_n))^{2/n} - 1\right) \tag{6.2.90}$$

die Testgröße für den F-Test (›Verf. 6.2.2 und 6.2.3).

Beim Vorliegen von a-priori-Verteilungen und mehr als zwei Ansätzen bringt die Quotientenbildung keine Vorteile, weder für den theoretischen Einblick noch für die praktische Rechnung. Die Fortsetzung von Verf. 6.2.8 als sequentielles Verfahren geschieht dann einfach dadurch, daß man die a-posteriori-Wahrscheinlichkeiten und -Verteilungen der vorangehenden Stufe als a-priori-Wahrscheinlichkeiten und -Verteilungen für die folgende Stufe ansieht, und das Verf. 6.2.8 damit prinzipiell wiederholt. Von Interesse für die praktische Durchführung sind hier Formeln, mit denen man auf jeder Stufe die a-posteriori-Verteilungen aus den jeweiligen a-priori-Verteilungen gewinnt, *ohne* auf die a-priori-Verteilungen des Gesamtverfahrens zurückzugreifen. Das folgende Verfahren liefert diese Formeln für den Fall, daß jeweils nur *ein* neuer Versuchspunkt hinzugenommen wird. Wann diese sogenannte Einpunktplanung sinnvoll ist, wird in [6.2.4] ausgeführt.

VERFAHREN 6.2.17 (Sequentielle BAYESsche Ansatzwahl):

1. **Gegebene Größen:** a) m Ansätze: $\tilde{S}_i = \{\tilde{\eta}^{(i)}(\boldsymbol{x}, \boldsymbol{\vartheta}^{(i)}) : \boldsymbol{x} \in B\}_{\boldsymbol{\vartheta}^{(i)} \in \Theta_i}$; $i = 1, \dots, m$;

b) a-priori-Dichten über Θ_i und $(0, \infty)$, falls $\tilde{\eta}^{(i)}(\boldsymbol{x}, \boldsymbol{\vartheta}^{(i)})$ die Wirkungsfläche (›Verf. 6.2.8/1.b)): $p_{(\boldsymbol{\theta}^{(i)}, \Sigma^2)}(\boldsymbol{\vartheta}^{(i)}, \sigma^2 | i)$.

c) a-posteriori-Wahrscheinlichkeiten $P_{\tau | \boldsymbol{y}(V_n)}(i)$; $i = 1, \dots, m$; nach der Beobachtung $\boldsymbol{y}(V_n)$.

d) Mindestwahrscheinlichkeit $P_0 \in (0, 1)$ für die a-posteriori-Wahrscheinlichkeit (›Verf. 6.2.8/1.d)).

e) Dichte von $\mathfrak{Y}(\boldsymbol{x})$, falls $\tilde{\eta}^{(i)}(\boldsymbol{x}, \boldsymbol{\vartheta}^{(i)})$ die Wirkungsfläche und σ^2 der Wert der Varianz: $p_{\mathfrak{Y}}(y \mid i, \boldsymbol{\vartheta}^{(i)}, \sigma^2, \boldsymbol{x})$.

f) Wert der Dichte des Beobachtungsvektors $\mathfrak{Y}(V_n)$ bei $\boldsymbol{y}(V_n)$, falls $\tilde{\eta}^{(i)}(\boldsymbol{x}, \boldsymbol{\vartheta}^{(i)})$. die Wirkungsfläche und σ^2 der Wert der Varianz: $p_{\mathfrak{Y}}(\boldsymbol{y}(V_n) \mid i, \boldsymbol{\vartheta}^{(i)}, \sigma^2, V_n)$.

2. **Aufgabe:** Auswahl eines der Ansätze für die weitere Verwendung.

4. **Voraussetzungen:** a) Die Ansätze enthalten paarweise keine gemeinsame Funktion: $\tilde{S}_i \cap \tilde{S}_j = \emptyset$ für $i \neq j$.

b) Einer der Ansätze ist wahr.

c) Einpunktplanung möglich (›[6.2.4]).

d) Für die gemäß 1.c) gegebenen Wahrscheinlichkeiten gilt $P_{\tau | \boldsymbol{y}(V_n)}(i) < P_0$; $i = 1, \dots, m$; (›Verf. 6.2.8/5.c)).

5. **Lösung:** a) Bestimme die a-posteriori-Dichten für $i = 1, \dots, m$:

$$p_{(\theta^{(i)}, \Sigma^2)}(\vartheta^{(i)}, \sigma^2 \mid i, \boldsymbol{y}; V_n) = \frac{p_{\mathfrak{Y}}(\boldsymbol{y}(V_n) \mid i, \vartheta^{(i)}, \sigma^2; V_n)\; p_{(\theta^{(i)}, \Sigma^2)}(\vartheta^{(i)}, \sigma^2 \mid i)}{\int\limits_0^\infty \int\limits_{\Theta_i} p_{\mathfrak{Y}}(\boldsymbol{y}(V_n) \mid i, \vartheta^{(i)}, \sigma^2, V_n)\; p_{(\theta^{(i)}, \Sigma^2)}(\vartheta^{(i)}, \sigma^2 \mid i)\, d\vartheta^{(i)}\, d\sigma^2}.$$

b) Plane neuen Versuch in $\boldsymbol{x}_{n+1}$ gemäß Verf. 6.2.26 und realisiere $\mathfrak{Y}(\boldsymbol{x}_{n+1})$ mit dem Ergebnis $y(\boldsymbol{x}_{n+1})$.

c) Berechne für $i = 1, \dots, m$:

$$p_{\mathfrak{Y}}(y \mid i, \boldsymbol{y}(V_n), V_n, \boldsymbol{x}_{n+1}) = \int\limits_0^\infty \int\limits_{\Theta_i} p_{\mathfrak{Y}}(y \mid i, \vartheta^{(i)}, \sigma^2, \boldsymbol{x}_{n+1})\; p_{(\theta^{(i)}, \Sigma^2)}(\vartheta^{(i)}, \sigma^2 \mid i, \boldsymbol{y}; V_n)\, d\vartheta^{(i)}\, d\sigma^2 .$$

d) Bestimme die a-posteriori-Wahrscheinlichkeiten mit $V_{n+1} = V_n + (\boldsymbol{x}_{n+1})$:

$$P_{\tau \mid \boldsymbol{y}(V_{n+1})}(i) = \frac{p_{\mathfrak{Y}}(y(\boldsymbol{x}_{n+1}) \mid i, \boldsymbol{y}(V_n), V_n, \boldsymbol{x}_{n+1})\; P_{\tau \mid \boldsymbol{y}(V_n)}(i)}{\sum\limits_{j=1}^{m} p_{\mathfrak{Y}}(y(\boldsymbol{x}_{n+1}) \mid j, \boldsymbol{y}(V_n), V_n, \boldsymbol{x}_{n+1})\; P_{\tau \mid \boldsymbol{y}(V_n)}(j)}, \quad i = 1, \dots, m .$$

e) Bestimme ein t_0 mit $P_{\tau \mid \boldsymbol{y}(V_{n+1})}(t_0) = \max\limits_{j \in \{1, \dots, m\}} P_{\tau \mid \boldsymbol{y}(V_{n+1})}(j)$.

f) Falls $P_{\tau \mid \boldsymbol{y}(V_{n+1})}(t_0) \geqq P_0$, wähle $\tilde{S}_{t_0}$.

g) Falls $P_{\tau \mid \boldsymbol{y}(V_{n+1})}(t_0) < P_0$ dann berechne für $i = 1, \dots, m$

$$p_{(\theta^{(i)}, \Sigma^2)}(\vartheta^{(i)}, \sigma^2 \mid i, \boldsymbol{y}(V_n); V_{n+1}) = \frac{p_{\mathfrak{Y}}(y(\boldsymbol{x}_{n+1}) \mid i, \vartheta^{(i)}, \sigma^2; \boldsymbol{x}_{n+1})\; p_{(\theta^{(i)}, \Sigma^2)}(\vartheta^{(i)}, \sigma^2 \mid i, \boldsymbol{y}(V_n), V_n)}{\int\limits_0^\infty \int\limits_{\Theta_i} p_{\mathfrak{Y}}(y(\boldsymbol{x}_{n+1}) \mid i, \vartheta^{(i)}, \sigma^2\, \boldsymbol{x}_{n+1})\; p_{(\theta^{(i)}, \Sigma^2)}(\vartheta^{(i)}, \sigma^2 \mid i, \boldsymbol{y}(V_n), V_n)\, d\vartheta^{(i)}\, d\sigma^2}. \tag{6.2.91}$$

h) Setze mit $V_{n+1} = V_n + (\boldsymbol{x}_{n+1})$ anstelle von V_n und $\boldsymbol{x}_{n+2}$ anstelle von $\boldsymbol{x}_{n+1}$ das Verfahren bei 5.b) fort ●

Beispiel 6.2.15:

1. a) 2 Ansätze, $m = 2$:

$\tilde{S}_1$ mit $\tilde{\eta}^{(1)} = \vartheta_0^{(1)} + \vartheta_1^{(1)} x_1 + \vartheta_2^{(1)} x_2$, $\vartheta_1^{(1)} \neq 0$, $\vartheta_2^{(1)} \neq 0$;

$\tilde{S}_2$ mit $\tilde{\eta}^{(2)} = \vartheta_0^{(2)} + \vartheta_1^{(2)} x_1 x_2 + \vartheta_2^{(2)} \dfrac{1}{x_1}$, $\vartheta_1^{(2)} \neq 0$, $\vartheta_2^{(2)} \neq 0$.

b) Als a-priori-Dichten über Θ_1, Θ_2 werden für $\sigma^2 = 1$ die Gewichtsfunktionen $p_{(\theta^{(i)}, \Sigma^2)}(\vartheta^{(i)}, \sigma^2 \mid i) = p_{(\theta^{(i)})}(\vartheta^{(i)}) = 1$; $i = 1, 2$; gewählt.

c) $P_{\tau \mid \boldsymbol{y}(V_4)}(1) = 0{,}46$; $P_{\tau \mid \boldsymbol{y}(V_4)}(2) = 0{,}54$; $\boldsymbol{y}(V_4) = (0{,}398; -1{,}937; 5{,}125; 4{,}324)'$.

d) $P_0 = 0{,}8$.

e) $p_{\mathfrak{Y}}(y \mid i, \vartheta^{(i)}, \boldsymbol{x}) = (2\pi)^{-1/2} \exp\{-\tfrac{1}{2}(y(\boldsymbol{x}) - \boldsymbol{f}(\boldsymbol{x})'\, \vartheta^{(i)})^2\}$ mit $\sigma^2 = 1$.

f) $p_{\mathfrak{Y}}(\boldsymbol{y}(V_4) \mid 1, \vartheta^{(1)}, V_4)$
$= (2\pi)^{-4/2} \exp\{-\tfrac{1}{2}(\boldsymbol{y}(V_4) - \boldsymbol{F}_1(V_4)\, \vartheta^{(1)})'\, (\boldsymbol{y}(V_4) - \boldsymbol{F}_1(V_4)\, \vartheta^{(1)})\}$;
$p_{\mathfrak{Y}}(\boldsymbol{y}(V_4) \mid 2, \vartheta^{(2)}, V_4)$
$= (2\pi)^{-4/2} \exp\{-\tfrac{1}{2}(\boldsymbol{y}(V_4) - \boldsymbol{F}_2(V_4)\, \vartheta^{(2)})'\, (\boldsymbol{y}(V_4) - \boldsymbol{F}_2(V_4)\, \vartheta^{(2)})\}$.

5. a) Mit den unter 1.f) aufgeführten Dichtefunktionen erhält man die a-posteriori-Dichte

$$p_{(\theta^{(i)}, \Sigma^2)}(\vartheta^{(i)}, \sigma^2 \mid i, \boldsymbol{y}, V_n) = p_{(\theta^{(i)})}(\vartheta^{(i)} \mid i, \boldsymbol{y}, V_n)$$
$$= (2\pi)^{-r/2} \exp\left(-\tfrac{1}{2}(\vartheta^{(i)} - \check{\vartheta}^{(i)})' \boldsymbol{F}_i(V_n)' \boldsymbol{F}_i(V_n) (\vartheta^{(i)} - \check{\vartheta}^{(i)})\right)$$

mit $\check{\vartheta}^{(i)} = \check{\vartheta}^{(i)}(\boldsymbol{y}(V_n)) = (\boldsymbol{F}_i(V_n)' \boldsymbol{F}_i(V_n))^{-1} \boldsymbol{F}_i(V_n)' \boldsymbol{y}$; $i = 1, 2$.

b) Als neuer Versuchspunkt $\boldsymbol{x}_5$ wurde mit Verf. 6.2.27 (›Bsp. 6.2.23) ermittelt: $\boldsymbol{x}_5' = (1, 1)$, als Beobachtungswert wurde erhalten $y(\boldsymbol{x}_5) = 3{,}517$.

c) Mit der unter 5.a) angegebenen a-posteriori-Dichte und der Dichte von $\mathfrak{Y}(\boldsymbol{x})$ (vgl. 1.e)) ergibt sich für $i = 1, 2$

$$p_{\mathfrak{Y}}(y \mid i, \boldsymbol{y}(V_n), V_n, \boldsymbol{x}_{n+1}) = \{2\pi[1 + \boldsymbol{f}_i(\boldsymbol{x}_{n+1})' (\boldsymbol{F}_i(V_n)' \boldsymbol{F}_i(V_n))^{-1} \boldsymbol{f}_i(\boldsymbol{x}_{n+1})]\}^{-1/2}$$
$$\times \exp\{-\tfrac{1}{2}[y(\boldsymbol{x}_{n+1}) - \boldsymbol{f}_i(\boldsymbol{x}_{n+1})' \check{\vartheta}^{(i)}(\boldsymbol{y}(V_n))]^2\}$$

$n = 4$

$$i = 1: \boldsymbol{f}_1'(\boldsymbol{x}_5) = (1, x_{51}, x_{52}) = (1, 1, 1);\ \boldsymbol{F}_1(V_4)' = \begin{pmatrix} 1 & 1 & 1 & 1 \\ -1 & -1 & 1 & 1 \\ -1 & 1 & -1 & 1 \end{pmatrix};$$

$\check{\vartheta}^{(1)\prime} = (1{,}978;\ 2{,}747;\ -0{,}784)$ (›Bsp. 6.2.9);

$\boldsymbol{f}_1'(\boldsymbol{F}_1'\boldsymbol{F}_1)^{-1} \boldsymbol{f}_1 = \frac{3}{4}$; $\boldsymbol{f}_1'\check{\vartheta}^{(1)} = 3{,}941$; $z = y(\boldsymbol{x}_5) - \boldsymbol{f}_1'\check{\vartheta}^{(1)} = 3{,}517 - 3{,}941 = -0{,}424$; $z^2 = 0{,}1798$;

$$p_{\mathfrak{Y}}(y \mid 1, \boldsymbol{y}(V_4), V_4, \boldsymbol{x}_5) = \left\{2\pi\left[1 + \frac{3}{4}\right]\right\}^{-1/2} \exp\left\{-\frac{1}{2} \cdot 0{,}1798\right\}$$
$$= \frac{1}{\sqrt{10{,}996}} \mathrm{e}^{-0{,}0899} = 0{,}302 \cdot 0{,}9141 = 0{,}2761\,.$$

$$i = 2: \boldsymbol{f}_2'(\boldsymbol{x}_5) = \left(1; x_{51}x_{52}; \frac{1}{x_{51}}\right) = (1, 1, 1);\ \boldsymbol{F}_2(V_4)' = \begin{pmatrix} 1 & 1 & 1 & 1 \\ 1 & -1 & -1 & 1 \\ -1 & -1 & 1 & 1 \end{pmatrix};$$

$\check{\vartheta}^{(2)\prime} = (1{,}978;\ 0{,}384;\ 2{,}747)$ (›Bsp. 6.2.9).

$\boldsymbol{f}_2'(\boldsymbol{F}_2'\boldsymbol{F}_2)^{-1} \boldsymbol{f}_2 = \frac{3}{4}$; $\boldsymbol{f}_2'\check{\vartheta}^{(2)} = 5{,}109$; $z = 3{,}517 - 5{,}109 = -1{,}592$; $z^2 = 2{,}5345$;

$$p_{\mathfrak{Y}}(y \mid 2, \boldsymbol{y}(V_4), V_4, \boldsymbol{x}_5) = \left\{2\pi\left[1 + \frac{3}{4}\right]\right\}^{-1/2} \exp\left\{-\frac{1}{2} \cdot 2{,}5345\right\}$$
$$= \frac{1}{\sqrt{10{,}996}} \mathrm{e}^{-1{,}2672} = 0{,}302 \cdot 0{,}2811 = 0{,}0849\,.$$

d) $$\sum_{j=1}^{2} p_{\mathfrak{Y}}(y \mid j, \boldsymbol{y}(V_4), V_4, \boldsymbol{x}_5)\, P_{\tau|\boldsymbol{y}(V_4)}(j) = 0{,}2761 \cdot 0{,}46 + 0{,}0849 \cdot 0{,}54$$
$$= 0{,}1270 + 0{,}0458 = 0{,}1728;$$

$$P_{\tau|\boldsymbol{y}(V_5)}(1) = \frac{0{,}2761 \cdot 0{,}46}{0{,}1728} = \frac{0{,}1270}{0{,}1728} = 0{,}735;$$

$$P_{\tau|\boldsymbol{y}(V_5)}(2) = \frac{0{,}0849 \cdot 0{,}54}{0{,}1728} = \frac{0{,}0458}{0{,}1728} = 0{,}265\,.$$

e) $\max_{j \in \{1,2\}} P_{\tau|\boldsymbol{y}(V_5)}(j) = \max\{0{,}735; 0{,}265\} = 0{,}735$, d. h. $t_0 = 1$.

g) Wegen $P_{\tau|\boldsymbol{y}(V_5)}(1) = 0{,}735 < 0{,}8 = P_0$ berechne für $i = 1, 2$ die a-posteriori-Dichten $p_{(\theta^{(i)})}(\vartheta^{(i)} \mid i, \boldsymbol{y}(V_5), V_5)$ und setze das Verfahren bei 5.b) mit der Anwendung des Verf. 6.2.27 fort.

Bemerkung 6.2.8: a) Der Übergang zu einem Verfahren, bei dem gleichzeitig mehrere neue Versuchspunkte auf jeder Stufe in die Untersuchung einbezogen werden, ist durch geeignete Kombination von Verf. 6.2.8 und 6.2.17 auf jeder Stufe möglich und beim Auftreten von Unterbrechungskosten sogar nötig.

b) Der Übergang zum Fall $\boldsymbol{B}_{\varepsilon(V_n)} = \boldsymbol{\Sigma}$ und einer a-priori-Verteilung über die Elemente von $\boldsymbol{\Sigma}$ ist möglich, aber wesentlich aufwendiger.

Wenn *keine* a-priori-Verteilungen vorliegen, aber ML-Schätzungen möglich sind, kann man das Prinzip der Likelihoodquotienten auch für *mehr* als zwei konkurrierende Ansätze verwenden. Eine Verallgemeinerung von Verf. 6.2.16 könnte dann darin bestehen, daß man in allen Ansätzen $\tilde{S}_1, \dots, \tilde{S}_m$ die Parameter $\vartheta^{(i)}, \sigma^2$ gemäß (6.2.81) schätzt und die (6.2.82) entsprechenden Quotienten

$$\hat{q}_{ij}(\boldsymbol{y}; V_n) = \frac{l(\boldsymbol{y}(V_n); \hat{\vartheta}^{(i)}(\boldsymbol{y}(V_n)), \hat{\sigma}^{2(i)}(\boldsymbol{y}(V_n)))}{l(\boldsymbol{y}(V_n); \hat{\vartheta}^{(j)}(\boldsymbol{y}(V_n)), \hat{\sigma}^{2(j)}(\boldsymbol{y}(V_n)))} \tag{6.2.92}$$

bildet. Falls dann für ein i_0

$$a < \min_{j \in \{1, \dots, m\} \setminus \{i_0\}} \hat{q}_{i_0 j}(\boldsymbol{y}; V_n) \tag{6.2.93}$$

oder für ein j_0

$$\max_{i \in \{1, \dots, m\} \setminus \{j_0\}} \hat{q}_{i j_0}(\boldsymbol{y}; V_n) < b \tag{6.2.94}$$

gilt, dann wähle $\tilde{S}_{i_0}$ bzw. $\tilde{S}_{j_0}$. Falls es mehrere Ansätze gibt, die (6.2.93) oder (6.2.94) erfüllen, dann wähle denjenigen von ihnen mit dem größten Wert der geschätzten Likelihoodfunktion. Wenn es keinen Ansatz gibt, der eine der beiden Bedingungen erfüllt, dann wähle einen neuen Punkt $\boldsymbol{x}_{n+1}$ und wiederhole das Verfahren mit $V_{n+1} = V_n + (\boldsymbol{x}_{n+1})$.

Bei linearen Ansätzen und normalverteilten Fehlern läuft dieses Vorgehen auf einen Vergleich der Restquadratsummen gemäß (6.2.87) hinaus, wie er z. B. auch in Verf. 6.2.1 praktiziert wird.

Neue Aspekte ergeben sich, wenn ein Ansatz als *Basisansatz* gefunden werden kann, der alle gegebenen als Teilansätze enthält. Dabei müssen die Ansätze *nicht* unbedingt linear sein. Der in (6.2.19) eingeführte *Superansatz* ist also ein Beispiel für einen Basisansatz, wenn die Ansätze alle linear sind. Der Gedanke des folgenden Verfahrens besteht darin, die geschätzten Likelihoodfunktionen der Ansätze mit der des Basisansatzes zu vergleichen und denjenigen Ansatz zu wählen, bei dem diese Funktionen wenig voneinander abweichen.

VERFAHREN 6.2.18 (Quotient der geschätzten Likelihoodfunktionen für Basisansatz):

1. **Gegebene Größen:** a) Basisansatz $\tilde{S}_0 = \{\tilde{\eta}(\boldsymbol{x}, \vartheta) : \boldsymbol{x} \in B\}_{\vartheta \in \Theta_0}$ und m Ansätze

$$\tilde{S}_i = \{\tilde{\eta}^{(i)}(\boldsymbol{x}, \vartheta^{(i)}) = \tilde{\eta}(\boldsymbol{x}, \vartheta) : \boldsymbol{x} \in B\}_{\vartheta \in \Theta_i}, \qquad \Theta_i \subset \Theta_0;\ i = 1, \dots, m \tag{6.2.95}$$

b) $p_{\mathfrak{Y}}(y \mid \vartheta, \sigma^2; \boldsymbol{x})$ Verteilungsdichte von $\mathfrak{Y}(\boldsymbol{x})$, falls $\tilde{\eta}(\boldsymbol{x}, \vartheta)$ die Wirkungsfläche und σ^2 die Varianz des Fehlers ist.

c) eine positive Zahl $c_0 \in (0, 1)$.

d) Anfangsplan V_n und Beobachtungsergebnisse $\boldsymbol{y}(V_n) = (y(\boldsymbol{x}_1), \dots, y(\boldsymbol{x}_n))'$.

2. **Aufgabe:** Auswahl eines Ansatzes für die weitere Verwendung.

3. **Bezeichnungen:** a) $l(\boldsymbol{y}(V_n); \vartheta, \sigma^2) = \prod_{j=1}^{n} p_{\mathfrak{Y}}(y(\boldsymbol{x}_j) \mid \vartheta, \sigma^2, \boldsymbol{x}_j)$. (6.2.96)

b) $\hat{\vartheta}^{(i)}(\boldsymbol{y}(V_n))$ und $\hat{\sigma}^{2(i)}(\boldsymbol{y}(V_n))$ ML-Schätzungen gemäß

$$l(\boldsymbol{y}(V_n)); \hat{\vartheta}^{(i)}(\boldsymbol{y}(V_n)), \hat{\sigma}^{2(i)}(\boldsymbol{y}(V_n)) = \sup_{\vartheta \in \Theta_i;\ \sigma^2 \in (0, \infty)} l(\boldsymbol{y}(V_n); \vartheta, \sigma^2); \tag{6.2.97}$$

$i = 0, 1, \dots, m$.

4. **Voraussetzungen:** a) Die Komponenten von $\mathfrak{Y}(V_n)$ seien unabhängig und $B_{\mathfrak{Y}(V_n)} = \sigma^2 I_n$.

b) Die ML-Schätzungen (6.2.97) existieren für alle vorkommenden Versuchspläne.

5. **Lösung:** a) Bilde für $i = 1, \dots, m$:

$$\hat{q}_i(y; V_n) = \frac{l(y(V_n); \hat{\vartheta}^{(i)}(y(V_n)), \sigma^{2(i)}(y(V_n)))}{l(y(V_n); \hat{\vartheta}^{(0)}(y(V_n)), \sigma^{2(0)}(y(V_n)))} \tag{6.2.98}$$

b) Bestimme $\hat{q}_{i_0}(y; V_n) = \max\limits_{i \in \{1, \dots, m\}} \hat{q}_i(y; V_n)$.

c) Falls

$$\hat{q}_{i_0}(y; V_n) > 1 - c_0, \tag{6.2.99}$$

dann wähle $\tilde{S}_{i_0}$.

d) Falls (6.2.99) nicht gilt, dann wähle einen neuen Punkt x_{n+1}, realisiere $\mathfrak{Y}(x_{n+1})$ mit dem Ergebnis $y(x_{n+1})$ und wiederhole 5.a)—5.d) mit $V_{n+1} = V_n + (x_{n+1})$ ●

Für lineare Ansätze, einen Superansatz und normalverteilte Fehler läßt sich (6.2.98) umschreiben. Wegen

$$\begin{aligned} & l(y(V_n); \hat{\vartheta}^{(i)}, \hat{\sigma}^{2(i)}) \\ &= \frac{1}{(2\pi\hat{\sigma}^{2(i)})^{n/2}} \exp\left\{-\frac{1}{2\hat{\sigma}^{2(i)}} (y(V_n) - F_i(V_n)\hat{\vartheta}^{(i)})' (y(V_n) - F_i(V_n)\hat{\vartheta}^{(i)})\right\} \\ &= \left(\frac{2\pi}{n} s_i^2(V_n)\right)^{-n/2} \exp\left\{-\frac{n}{2}\right\}; \qquad i = 0, 1, \dots, m \end{aligned}$$

ist

$$\hat{q}_i(y, V_n) = \left(\frac{s_0^2(V_n)}{s_i^2(V_n)}\right)^{n/2}. \tag{6.2.100}$$

Beispiel 6.2.16:

1. a) Superansatz $\tilde{S}_0$ mit $\tilde{\eta} = \vartheta_0 + \vartheta_1 x_1 + \vartheta_2 x_2 + \vartheta_3 x_3$.

2 Ansätze, $m = 2$

$\tilde{S}_1$ mit $\tilde{\eta}^{(1)} = \vartheta_0 + \vartheta_1 x_1 + \vartheta_2 x_2 + \vartheta_3 x_3$ und $\Theta_1 = \{\vartheta \in \mathrm{R}^4;\ \vartheta_3 = 0\}$;

$\tilde{S}_2$ mit $\tilde{\eta}^{(2)} = \vartheta_0 + \vartheta_1 x_1 + \vartheta_2 x_2 + \vartheta_3 x_3$ und $\Theta_2 = \{\vartheta \in \mathrm{R}^4;\ \vartheta_2 = 0\}$.

b) $p_{\mathfrak{Y}}(y \mid \vartheta^{(i)}, \sigma^2, x) = \dfrac{1}{\sqrt{2\pi}\,\sigma} \exp\left\{-\dfrac{1}{2\sigma^2}(y - f'\vartheta^{(i)})^2\right\}, \quad i = 0, 1, 2.$

c) $c_0 = 0{,}5$.

d) V_8 (›Bsp. 6.1.2); VFV 2^3; $n = 8$ (›Tab. 5.2.2);

$y(V_8) = (0{,}398;\ -0{,}942;\ -1{,}937;\ -1{,}742;\ 5{,}125;\ 6{,}144;\ 4{,}324;\ 3{,}517)'$.

5. a) Wegen (6.2.100) genügt es zu bestimmen: $s_0^2(V_8) = 1{,}6635$, $s_1^2(V_8) = 1{,}7723$, $s_2^2(V_8) = 7{,}0473$ (siehe Bsp. 6.1.2);

$$\hat{q}_1(y, V_8) = \left(\frac{1{,}6635}{1{,}7723}\right)^{8/2} = 0{,}7761; \quad \hat{q}_2(y, V_8) = \left(\frac{1{,}6635}{7{,}0473}\right)^{8/2} = 0{,}0031;$$

b) $\hat{q}_{i_0}(y, V_8) = \max\limits_{i \in \{1, 2\}} \hat{q}_i(y, V_8) = \max(0{,}7761; 0{,}0031) = 0{,}7761$; d. h. $i_0 = 1$.

c) Wegen $\hat{q}_1(y, V_8) = 0{,}7761 > 1 - 0{,}5 = 0{,}5$ wähle den Ansatz $\tilde{S}_1$ mit $\tilde{\eta}^{(1)} = \vartheta_0 + \vartheta_1 x_1 + \vartheta_2 x_2 + \vartheta_3 x_3$ und $\Theta_1 = \{\vartheta \in \mathrm{R}^4;\ \vartheta_3 = 0\}$, also $\tilde{\eta}^{(1)} = \vartheta_0 + \vartheta_1 x_1 + \vartheta_2 x_2$.

Eine Variante von Verf. 6.2.18 beruht auf der Verallgemeinerung eines Verfahrens von CHERNOFF [3] (procedure A) durch BESSLER [1] (procedure D^*).

VERFAHREN 6.2.19 (BESSLER-Verfahren für kleinsten Basisansatz):

1. **Gegebene Größen:** a) Basisansatz und m Teilansätze gemäß (6.2.95), jedoch mit $\Theta_0 = \bigcup_{i=1}^{m} \Theta_i$ und $\Theta_i \cap \Theta_j = \emptyset$ für $i \neq j$.

b) Wie Verf. 6.2.18/1.b).

c) Eine positive Zahl $c_1 \in (0, 1)$.

d) Wie Verf. 6.2.18/1.d).

2. **Aufgabe:** Auswahl eines Ansatzes für die weitere Verwendung.

3. **Bezeichnungen:** a) Wie Verf. 6.2.18/3.a).

b) ML-Schätzung in Θ_0 gemäß

$$l\big(\boldsymbol{y}(V_n)\big);\, \hat{\boldsymbol{\vartheta}}\big(\boldsymbol{y}(V_n)\big),\, \hat{\sigma}^2\big(\boldsymbol{y}(V_n)\big) = \sup_{\boldsymbol{\vartheta} \in \Theta_0;\, \sigma^2 \in (0,\infty)} l\big(\boldsymbol{y}(V_n);\, \boldsymbol{\vartheta}, \sigma^2\big)\,. \tag{6.2.101}$$

4. **Voraussetzungen:** a) Einer der Ansätze ist wahr.

b) Die Komponenten von $\mathfrak{Y}(V_n)$ sind unabhängig und $\boldsymbol{B}_{\mathfrak{Y}(V_n)} = \sigma^2 \boldsymbol{I}_n$.

c) Die ML-Schätzung (6.2.101) existiert für alle vorkommenden Versuchspläne.

5. **Lösung:** a) Bestimme $j_0 \in \{1, \dots, m\}$, für das gilt

$$\hat{\boldsymbol{\vartheta}}\big(\boldsymbol{y}(V_n)\big) \in \Theta_{j_0}\,. \tag{6.2.102}$$

b) Falls gilt

$$\inf_{\boldsymbol{\vartheta} \in \Theta_0 \setminus \Theta_{j_0};\, \sigma^2 \in (0,\infty)} \frac{l\big(\boldsymbol{y}(V_n);\, \boldsymbol{\vartheta}, \sigma^2\big)}{l\big(\boldsymbol{y}(V_n);\, \hat{\boldsymbol{\vartheta}}(\boldsymbol{y}(V_n)),\, \hat{\sigma}^2(\boldsymbol{y}(V_n))\big)} < c_1\,, \tag{6.2.103}$$

dann wähle $\tilde{S}_{j_0}$.

c) Falls (6.2.103) nicht gilt, wähle einen neuen Versuchspunkt $\boldsymbol{x}_{n+1}$ gemäß Verf. 6.2.24, dann realisiere $\mathfrak{Y}(\boldsymbol{x}_{n+1})$ mit dem Ergebnis $y(\boldsymbol{x}_{n+1})$. Für $V_{n+1} = V_n + (\boldsymbol{x}_{n+1})$ und $\boldsymbol{y}(V_{n+1})$ berechne (6.2.101) und wiederhole 5.a)—5.c) ●

Beispiel 6.2.17:

1. a) Basisansatz $\tilde{S}$ mit $\tilde{\eta} = \vartheta_0 + \vartheta_1 x_1 + \vartheta_2 x_2$ und $m = 4$ Teilansätze; $\mathrm{R}^+ = (0, \infty)$; $\mathrm{R}^- = (-\infty, 0)$;

$\tilde{S}_1$ mit $\tilde{\eta}^{(1)} = \vartheta_0 + \vartheta_1 x_1 + \vartheta_2 x_2$ und $\Theta_1 = \{\vartheta_0 \in \mathrm{R}^1, \vartheta_1 \in \mathrm{R}^+, \vartheta_2 \in \mathrm{R}^+\}$,

$\tilde{S}_2$ mit $\tilde{\eta}^{(2)} = \vartheta_0 + \vartheta_1 x_1 + \vartheta_2 x_2$ und $\Theta_2 = \{\vartheta_0 \in \mathrm{R}^1, \vartheta_1 \in \mathrm{R}^+, \vartheta_2 \in \mathrm{R}^-\}$,

$\tilde{S}_3$ mit $\tilde{\eta}^{(3)} = \vartheta_0 + \vartheta_1 x_1 + \vartheta_2 x_2$ und $\Theta_3 = \{\vartheta_0 \in \mathrm{R}^1, \vartheta_1 \in \mathrm{R}^-, \vartheta_2 \in \mathrm{R}^+\}$,

$\tilde{S}_4$ mit $\tilde{\eta}^{(4)} = \vartheta_0 + \vartheta_1 x_1 + \vartheta_2 x_2$ und $\Theta_4 = \{\vartheta_0 \in \mathrm{R}^1, \vartheta_1 \in \mathrm{R}^-, \vartheta_2 \in \mathrm{R}^-\}$.

b) $p_{\mathfrak{Y}}(y \mid \boldsymbol{\vartheta}^{(i)}, \sigma^2, \boldsymbol{x}) = \dfrac{1}{\sqrt{2\pi}\,\sigma} \exp\left\{-\dfrac{1}{2\sigma^2}(y - \boldsymbol{f}'\boldsymbol{\vartheta}^{(i)})^2\right\}$ und $\sigma^2 = 1$; $i = 1, \dots, 4$.

c) $c_1 = 0{,}1$.

d) V_8 (›Bsp. 6.1.2); VFV 2^3; $n = 8$;

$\boldsymbol{y}(V_8)' = (0{,}398;\ -0{,}942;\ -1{,}937;\ -1{,}742;\ 5{,}125;\ 6{,}144;\ 4{,}324;\ 3{,}517)$.

5. a) $\hat{\boldsymbol{\vartheta}}(\boldsymbol{y}(V_8))' = (1{,}861;\, 2{,}917;\, -0{,}820)$ (›Bsp. 6.2.3). Damit gilt $\hat{\boldsymbol{\vartheta}}(\boldsymbol{y}(V_8)) \in \Theta_2$, d. h. $j_0 = 2$.

b) $l(\boldsymbol{y}(V_8);\, \boldsymbol{\vartheta}, \sigma^2) = l(\boldsymbol{y}(V_8), \boldsymbol{\vartheta})$

$= (2\pi)^{-8/2} \exp\{-\frac{1}{2}(\boldsymbol{y}(V_8) - \boldsymbol{F}(V_8)\,\boldsymbol{\vartheta})'\,(\boldsymbol{y}(V_8) - \boldsymbol{F}(V_8)\,\boldsymbol{\vartheta})\}$,

$l(\boldsymbol{y}(V_8);\, \hat{\boldsymbol{\vartheta}}(\boldsymbol{y}(V_8)), \hat{\sigma}^2(\boldsymbol{y}(V_8))) = l(\boldsymbol{y}(V_8);\, \hat{\boldsymbol{\vartheta}}(\boldsymbol{y}(V_8)), \sigma^2) = l(\boldsymbol{y}(V_8);\, \hat{\boldsymbol{\vartheta}}(\boldsymbol{y}(V_8)))$

$= (2\pi)^{-8/2} \exp\{-\frac{1}{2}(\boldsymbol{y}(V_8) - \boldsymbol{F}(V_8)\,\hat{\boldsymbol{\vartheta}}(\boldsymbol{y}(V_8)))'\,(\boldsymbol{y}(V_8) - \boldsymbol{F}(V_8)\,\hat{\boldsymbol{\vartheta}}(\boldsymbol{y}(V_8)))\}$;

$$A = \frac{l(\boldsymbol{y}(V_8), \boldsymbol{\vartheta})}{l(\boldsymbol{y}(V_8));\, \hat{\boldsymbol{\vartheta}}(\boldsymbol{y}(V_8))}.$$

Die Bestimmung von $\inf\limits_{\boldsymbol{\vartheta} \in (\Theta_1 \cup \Theta_3 \cup \Theta_4)} A$ ist gleichbedeutend mit

$$\sup_{\boldsymbol{\vartheta} \in (\Theta_1 \cup \Theta_3 \cup \Theta_4)} (\boldsymbol{y}(V_8) - \boldsymbol{F}(V_8)\,\boldsymbol{\vartheta})'\,(\boldsymbol{y}(V_8) - \boldsymbol{F}(V_8)\,\boldsymbol{\vartheta});$$

$\sup\,(\boldsymbol{y} - \boldsymbol{F}\boldsymbol{\vartheta})'\,(\boldsymbol{y} - \boldsymbol{F}\boldsymbol{\vartheta}) = \sup\,(\boldsymbol{y}'\boldsymbol{y} - 2\boldsymbol{y}'\boldsymbol{F}\boldsymbol{\vartheta} + \boldsymbol{\vartheta}'\boldsymbol{F}'\boldsymbol{F}\boldsymbol{\vartheta}) = \sup A'$;

$\boldsymbol{y}'\boldsymbol{y} = 102{,}913$; $(\boldsymbol{y}'\boldsymbol{F}) = (14{,}887;\, 23{,}333;\, -6{,}563)$;

$C = 102{,}913 - 29{,}774\vartheta_0 - 46{,}666\vartheta_1 + 13{,}126\vartheta_2 + 8\vartheta_0^2 + 8\vartheta_1^2 + 8\vartheta_2^2$.

Da die Koeffizienten der quadratischen Glieder in C positiv sind, nimmt C das Maximum auf dem Rand von $\Theta_1 \cup \Theta_3 \cup \Theta_4$ an. Es ist $\sup C = \infty$ und damit

$$\inf_{\boldsymbol{\vartheta} \in (\Theta_1 \cup \Theta_3 \cup \Theta_4)} A = 0 < 0{,}1 = c_1.$$

Wähle den Ansatz mit $j_0 = 2$, also $\tilde{S}_2$ mit $\tilde{\eta}^{(2)} = \vartheta_0 + \vartheta_1 x_1 + \vartheta_2 x_2$ und $\Theta_2 = \{\vartheta_0 \in \mathrm{R}^1, \vartheta_1 \in \mathrm{R}^+, \vartheta_2 \in \mathrm{R}^-\}$.

Dieses Beispiel diente nur der Demonstration des Rechenganges. Das Verf. 6.2.19 ist besonders bedeutungsvoll für den Fall, daß einige der Θ_i; $i = 1, \ldots, m$; endliche Gebiete sind. Dann aber führt es auf komplizierte und aufwendige Optimierungsprobleme, die als Beispiel wenig geeignet sind.

Bei Verf. 6.2.19 ist 1.a) von großer Bedeutung. Diese Vorgabe sichert, daß jedem ML-Schätzwert für $\tilde{S}_0$ genau ein Ansatz $\tilde{S}_i$ zugeordnet werden kann. Die vorgegebene Zahl c_1 wird auch als Kostenfaktor für einen Versuch in einem passend normierten Maßstab gedeutet. Der Lösung 5.a) und 5.b) liegt der Gedanke zugrunde, daß die ML- Schätzung im kleinsten Basisansatz in der Regel konsistent ist (›Bez. 1.2.9) und damit mit wachsendem n mit immer größerer Wahrscheinlichkeit Werte $\hat{\boldsymbol{\vartheta}}$ annimmt, die zum wahren Ansatz gehören. Aus dem gleichen Grunde verwendet man $\tilde{S}_{j_0}$ bei der Planung des nächsten Versuchspunktes (›Verf. 6.2.24). Eine theoretische Untersuchung der Eigenschaften des Verfahrens einschließlich der Versuchsplanung mit hauptsächlich asymptotischen Ergebnissen findet man in Bessler [1] und für $m = 2$ auch in Chernoff [3].

6.2.4. Sequentielle Versuchsplanung

Wenn auf einer Stufe eines sequentiellen Verfahrens zur Ansatzdiskrimination (›[6.2.3]) die Stoppregel eine Fortsetzung des Verfahrens vorschreibt, hat man für die nächste Stufe einen Versuchsplan zu bestimmen. Dies kann in der Weise erfolgen, daß man *iterativ* (d. h. ohne Beachtung der bis dahin erhaltenen Versuchsergebnisse) dem bisherigen Plan weitere Punkte hinzufügt. Dabei kann ein Kriterium aus [6.2.2] berücksichtigt und ein Konstruktionsverfahren aus Kap. 4 angewendet werden. Auf diese Weise lassen sich z. B. die Verf. 6.2.4, 6.2.5 und 6.2.7 zu sequentiellen Verfahren mit iterativer Versuchsplanung gestalten, indem man auf jeder Stufe jeweils den so bestimmten Plan realisiert und das Verfahren auf den bis dahin erhaltenen *Gesamt*beobachtungsvektor anwendet. Wirkungsvoller, jedoch nicht notwendig einfacher, ist eine *sequentielle* Versuchsplanung zu den sequentiellen Verfahren der Ansatzdiskrimination.

Bei der Verwendung der Auswahlkriterien für den Ansatz als Grundlage der Planung ergeben sich prinzipielle Schwierigkeiten. Die Planung hängt dann nämlich sehr stark davon ab, welcher Ansatz z. B. wahr ist und welche Werte die Parameter haben. Dies ist natürlich unbekannt. Man hilft sich dann entweder dadurch, daß man mit a-priori-Verteilungen zu Erwartungswerten übergeht, oder daß man den für die Planung ungünstigsten Fall betrachtet. Dies macht die Planungsverfahren schwerfällig für den Gebrauch. Wir werden daher hauptsächlich Verfahren zur Planung vorstellen, die auf praktizierbaren Prinzipien basieren oder an Planungsverfahren für die nichtsequentielle Auswahl orientiert sind. Weiterhin wird im folgenden der Einfachheit halber angenommen, daß eine *Einpunktplanung* (›[2.7]) möglich ist. Es sollen also keine Unterbrechungskosten auftreten und die Kostenfunktion für die Versuche sei streng monoton wachsend bezüglich des Umfangs für den Gesamtplan. Prinzipiell ist es möglich, die angegebenen Verfahren für die Planung von jeweils mehreren Punkten gleichzeitig zu modifizieren, jedoch kann dabei der numerische Aufwand enorm ansteigen.

Bei den folgenden Verfahren wird die Planung so angelegt, daß sich die Unterschiede der Ansätze in den Versuchsergebnissen möglichst stark und sichtbar niederschlagen, um eine baldige und zweckmäßige Wahl eines der Ansätze mit dem Auswahlkriterium zu ermöglichen. Zur Charakterisierung der Unterschiede werden entweder die Schätzungen der Wirkungsfläche (Verf. 6.2.20, 6.2.21, 6.2.22), die Varianzfunktionen (Verf. 6.2.23) oder gewisse abgeleitete Kenngrößen (z. B. die KULLBACK/LEIBLER-Informationszahlen, Verf. 6.2.24, 6.2.26, 6.2.27) herangezogen.

VERFAHREN 6.2.20 (Sequentielle Planung mit Maximalabstand für zwei Ansätze):

1. **Gegebene Größen:** a) Zwei Ansätze: $\tilde{S}_i = \{\tilde{\eta}^{(i)}(\boldsymbol{x}, \boldsymbol{\vartheta}^{(i)}): \boldsymbol{x} \in B\}_{\boldsymbol{\vartheta}^{(i)} \in \Theta_i}$; $i = 1, 2$.
b) Bisheriger Gesamtversuchsplan V_n und Beobachtungsergebnisse $\boldsymbol{y}(V_n)$.

2. **Aufgabe:** Bestimmung des nächsten Versuchspunktes.

3. **Bezeichnung:** $\check{\boldsymbol{\vartheta}}^{(i)}(\boldsymbol{y}(V_n))$ MKQ-Schätzung im Ansatz $\tilde{S}_i$; $i = 1, 2$.

4. **Voraussetzung:** V_n erlaubt die Berechnung von $\check{\boldsymbol{\vartheta}}^{(i)}(\boldsymbol{y}(V_n))$; $i = 1, 2$.

5. **Lösung:** Wähle $\boldsymbol{x}_{n+1}$ mit

$$\begin{aligned}&(\tilde{\eta}^{(1)}(\boldsymbol{x}_{n+1}, \check{\boldsymbol{\vartheta}}^{(1)}(\boldsymbol{y}(V_n))) - \tilde{\eta}^{(2)}(\boldsymbol{x}_{n+1}, \check{\boldsymbol{\vartheta}}^{(2)}(\boldsymbol{y}(V_n))))^2\\ &= \sup_{\boldsymbol{x} \in V} (\tilde{\eta}^{(1)}(\boldsymbol{x}, \check{\boldsymbol{\vartheta}}^{(1)}(\boldsymbol{y}(V_n))) - \tilde{\eta}^{(2)}(\boldsymbol{x}, \check{\boldsymbol{\vartheta}}^{(2)}(\boldsymbol{y}(V_n))))^2 \bullet \end{aligned} \qquad (6.2.104)$$

Beispiel 6.2.18:

1. a) 2 Ansätze

$\tilde{S}_1$ mit $\tilde{\eta}^{(1)} = \vartheta_0^{(1)} + \vartheta_1^{(1)} x_1 + \vartheta_2^{(1)} x_2$; $\boldsymbol{\vartheta}^{(1)} \in \Theta_1 = \mathrm{R}^3$,

$\tilde{S}_2$ mit $\tilde{\eta}^{(2)} = \vartheta_0^{(2)} + \vartheta_1^{(2)} x_1 x_2 + \vartheta_2^{(2)} \dfrac{1}{x_1}$; $\boldsymbol{\vartheta}^{(2)} \in \Theta_2 = \mathrm{R}^3$.

b) $V_4 = \left(\begin{pmatrix}-1\\-1\end{pmatrix}, \begin{pmatrix}-1\\1\end{pmatrix}, \begin{pmatrix}1\\-1\end{pmatrix}, \begin{pmatrix}1\\1\end{pmatrix}\right)$; VFV 2^2; $n = 4$ (›Tab. 5.2.1);

$\boldsymbol{y}(V_n)' = (0{,}398;\ -1{,}937;\ 5{,}125;\ 4{,}324)$.

5. $\check{\boldsymbol{\vartheta}}^{(1)}(\boldsymbol{y}(V_4))' = (1{,}978; 2{,}747; -0{,}784)$, $\check{\boldsymbol{\vartheta}}^{(2)}(\boldsymbol{y}(V_n))' = (1{,}978; 0{,}384; 2{,}747)$ (›Bsp. 6.2.1);

$$(\tilde{\eta}^{(1)}(\boldsymbol{x}, \check{\boldsymbol{\vartheta}}^{(1)}(\boldsymbol{y}(V_n)))) - \tilde{\eta}^{(2)}(\boldsymbol{x}, \check{\boldsymbol{\vartheta}}^{(2)}(\boldsymbol{y}(V_n)))^2$$
$$= \left(2{,}747x_1 - 0{,}784x_2 - 0{,}384x_1 x_2 - 2{,}747 \frac{1}{x_1}\right)^2 = A(\boldsymbol{x}) .$$

Zur numerischen Demonstration beschränken wir uns auf den Versuchsbereich $V = \{(-1, -1), (-1, 1), (1, -1), (1, 1)\}$ und bestimmen $\sup_{\boldsymbol{x} \in V} A(\boldsymbol{x})$. Es ist

$$A(\boldsymbol{x})|_{\boldsymbol{x}=(-1,-1)} = A(\boldsymbol{x})|_{\boldsymbol{x}=(-1,1)} = 0{,}16 \quad \text{und} \quad A(\boldsymbol{x})|_{\boldsymbol{x}=(1,-1)} = A(\boldsymbol{x})|_{\boldsymbol{x}=(1,1)} = 1{,}364 .$$

Folglich ist $\sup_{\boldsymbol{x} \in V} A = 1{,}364$, und man wählt als Punkt $\boldsymbol{x}_5$ den Punkt $(1, -1)$ oder den Punkt $(1, 1)$.

Das Verf. 6.2.20 wird von Hunter/Reiner [1] und Atkinson/Fedorov [1] vorgeschlagen. Zur Untersuchung seiner asymptotischen Eigenschaften im Fall, daß einer der Ansätze wahr ist und die beiden Ansätze keine gemeinsame Funktion enthalten, betrachten Atkinson/Fedorov [1] die folgende Situation. Angenommen, wir kennen die wahre Wirkungsfläche, z. B. $\tilde{\eta}^{(1)}(\boldsymbol{x}, \boldsymbol{\vartheta}_0^{(1)})$. Dann ist $n\psi(V_n; 1/2, \boldsymbol{\vartheta}_0^{(1)})$ die gemäß (6.2.54) erhaltene Summe der Abweichungsquadrate für die beste Approximation von $\tilde{\eta}^{(1)}(\boldsymbol{x}, \boldsymbol{\vartheta}_0^{(1)})$ durch Funktionen aus $\tilde{S}_2$ und V_n^* mit

$$n\psi(V_n^*; 1/2, \boldsymbol{\vartheta}_0^{(1)}) = \sup_{V_n \in V^n} n\psi(V_n; 1/2, \boldsymbol{\vartheta}_0^{(1)}) \tag{6.2.105}$$

wäre ein „optimaler“ Plan zur Diskrimination zwischen den Ansätzen $\tilde{S}_1$ und $\tilde{S}_2$. Falls wir aber, wie angenommen, $\tilde{\eta}^{(1)}(\boldsymbol{x}, \boldsymbol{\vartheta}_0^{(1)})$ bereits kennen, ist eine Diskrimination nicht mehr nötig. Da wir jedoch nicht wissen, welche Funktion aus $\tilde{S}_1$ oder $\tilde{S}_2$ vorliegt, ist ein Plan gemäß (6.2.105) nicht bestimmbar. Atkinson/Fedorov [1] zeigen nun, daß für große n durch wiederholte Anwendung von (6.2.104) ein Plan gefunden werden kann, der sich nicht wesentlich von einem Plan unterscheidet, den man aus (6.2.105) erhält, falls $\tilde{\eta}^{(1)}(\boldsymbol{x}, \boldsymbol{\vartheta}_0^{(1)})$ die unbekannte Wirkungsfläche ist. In diesem Sinne ist das Verf. 6.2.20 zu (6.2.105) asymptotisch äquivalent.

Durch (6.2.104) und (6.2.105) werden solche Punkte herausgesucht, an denen sich die Schätzungen der Wirkungsflächen sehr stark unterscheiden. Man erwartet, daß sich dadurch auch die entsprechenden Restquadratsummen der MKQ-Schätzungen stark unterscheiden. Die mit Verf. 6.2.20 praktizierte Versuchsplanung paßt also zu allen Kriterien zur Ansatzwahl, die auf dem Vergleich der Restquadratsummen beruhen. Dazu gehören auch alle Verfahren, die den F-Test zur Grundlage haben.

Das Verf. 6.2.20 läßt sich für den multivariaten Fall modifizieren (Fedorova [1]). Sei $\boldsymbol{B}_{e(\boldsymbol{x})}$ die Kovarianzmatrix für die Beobachtung im Punkt $\boldsymbol{x}$, d. h. von $\vec{\mathfrak{Y}}(\boldsymbol{x}) = (\mathfrak{Y}^{(1)}(\boldsymbol{x}), \ldots, \mathfrak{Y}^{(u)}(\boldsymbol{x}))'$, dann benutze statt $\boldsymbol{x}_{n+1}$ aus (6.2.104) ein $\boldsymbol{x}_{n+1}$, für das

$$(\tilde{\eta}^{(1)}(\boldsymbol{x}, \check{\boldsymbol{\vartheta}}^{(1)}(\vec{\boldsymbol{y}}(V_n))) - \tilde{\eta}^{(2)}(\boldsymbol{x}, \check{\boldsymbol{\vartheta}}^{(2)}(\vec{\boldsymbol{y}}(V_n))))' \boldsymbol{B}_{e(\boldsymbol{x})}^{-1}(\boldsymbol{x}_{n+1})$$
$$\times (\tilde{\eta}^{(1)}(\boldsymbol{x}, \check{\boldsymbol{\vartheta}}^{(1)}(\vec{\boldsymbol{y}}(V_n))) - \tilde{\eta}^{(2)}(\boldsymbol{x}, \check{\boldsymbol{\vartheta}}^{(2)}(\vec{\boldsymbol{y}}(V)))) \stackrel{!}{=} \sup_{\boldsymbol{x} \in V} . \tag{6.2.106}$$

Eventuell kann man $\boldsymbol{B}_{e(\boldsymbol{x})}$ durch eine Schätzung $\hat{\boldsymbol{B}}_{e(\boldsymbol{x})}$ ersetzen.

Eine Modifizierung des Verf. 6.2.20 auf den Fall, daß mehr als zwei Ansätze gegeben sind, wurde von Atkinson/Fedorov [2] entwickelt.

VERFAHREN 6.2.21 (Sequentielle Planung mit Maximalabstand für mehrere Ansätze):

1. **Gegebene Größen:** a) m Ansätze: $\tilde{S}_t = \{\tilde{\eta}^{(t)}(\boldsymbol{x}, \boldsymbol{\vartheta}^{(t)}) : \boldsymbol{x} \in B\}_{\boldsymbol{\vartheta}^{(t)} \in \Theta_t}$; $t = 1, \dots, m$.

b) Bisheriger Gesamtversuchsplan $V_n = (\boldsymbol{x}_1, \dots, \boldsymbol{x}_n)$, Beobachtungsergebnisse $\boldsymbol{y}(V_n) = (y(\boldsymbol{x}_1), \dots, y(\boldsymbol{x}_n))'$.

2. **Aufgabe:** Bestimmung des nächsten Versuchspunktes.

3. **Bezeichnung:** $\check{\boldsymbol{\vartheta}}^{(t)}(\boldsymbol{y}(V_n))$ MKQ-Schätzung im Ansatz $\tilde{S}_t$; $t = 1, \dots, m$.

4. **Voraussetzung:** V_n erlaubt die Berechnung von $\check{\boldsymbol{\vartheta}}^{(t)}(\boldsymbol{y}(V_n))$; $t = 1, \dots, m$.

5. **Lösung:** a) Berechne für $t = 1, \dots, m$

$$s_{0t}^2(V_n) = \sum_{j=1}^{n} \left(y(\boldsymbol{x}_j) - \tilde{\eta}^{(t)}(\boldsymbol{x}_j, \check{\boldsymbol{\vartheta}}^{(t)}(\boldsymbol{y}(V_n)))\right)^2 . \tag{6.2.107}$$

b) Ordne $s_{0t}^2(V_n)$ der Größe nach:

$$s_{0t_1}^2(V_n) \leqq s_{0t_2}^2(V_n) \leqq \dots \leqq s_{0t_m}^2(V_n) . \tag{6.2.108}$$

c) Falls $s_{0t_1}^2(V_n) < s_{0t_2}^2(V_n) < s_{0t_3}^2(V_n)$, dann bestimme $\boldsymbol{x}_{n+1}$ aus

$$\begin{aligned}&\left(\tilde{\eta}^{(t_1)}(\boldsymbol{x}_{n+1}, \check{\boldsymbol{\vartheta}}^{(t_1)}(\boldsymbol{y}(V_n))) - \tilde{\eta}^{(t_2)}(\boldsymbol{x}_{n+1}, \check{\boldsymbol{\vartheta}}^{(t_2)}(\boldsymbol{y}(V_n)))\right)^2 \\ &= \sup_{\boldsymbol{x} \in V} \left(\tilde{\eta}^{(t_1)}(\boldsymbol{x}, \check{\boldsymbol{\vartheta}}^{(t_1)}(\boldsymbol{y}(V_n))) - \tilde{\eta}^{(t_2)}(\boldsymbol{x}, \check{\boldsymbol{\vartheta}}^{(t_2)}(\boldsymbol{y}(V_n)))\right)^2 .\end{aligned} \tag{6.2.109}$$

d) Falls $s_{0t_1}^2(V_n) = s_{0t_2}^2(V_n)$ oder $s_{0t_2}^2(V_n) = s_{0t_3}^2(V_n)$, dann verwende Verf. 6.2.22 ●

Beispiel 6.2.19:

1. a) 3 Ansätze; $m = 3$: $\tilde{S}_1$ mit $\tilde{\eta}^{(1)} = \vartheta_0^{(1)} + \vartheta_1^{(1)} x_1 + \vartheta_2^{(1)} x_2$;

$\tilde{S}_2$ mit $\tilde{\eta}^{(2)} = \vartheta_0^{(2)} + \vartheta_1^{(2)} x_1 x_2 + \vartheta_2^{(2)} \dfrac{1}{x_1}$; $\tilde{S}_3$ mit $\tilde{\eta}^{(3)} = \vartheta_0^{(3)} + \vartheta_1^{(3)} x_1 x_2$.

b) $V_4 = \left(\begin{pmatrix}-1\\-1\end{pmatrix}, \begin{pmatrix}-1\\1\end{pmatrix}, \begin{pmatrix}1\\-1\end{pmatrix}, \begin{pmatrix}1\\1\end{pmatrix}\right)$; VFV 2^2; $n = 4$ (›Tab. 5.2.1);

$\boldsymbol{y}(V_4)' = (0{,}398;\ -1{,}937;\ 5{,}125;\ 4{,}324)$.

5. a) $s_{01}^2(V_4) = 0{,}588$, $s_{02}^2(V_4) = 2{,}459$ (›Bsp. 6.2.1);

$\boldsymbol{F}_3(V_4)' = \begin{pmatrix}1 & 1 & 1 & 1\\ 1 & -1 & -1 & 1\end{pmatrix}$; $(\boldsymbol{F}_3(V_4)'\, \boldsymbol{F}_3(V_4))^{-1} = \frac{1}{4} \boldsymbol{I}_2$;

$(\boldsymbol{F}_3(V_4)'\, \boldsymbol{y}(V_4))' = (7{,}910;\ 1{,}534)$;

$\check{\boldsymbol{\vartheta}}^{(3)} = (1{,}978;\ 0{,}384)'$; $(\boldsymbol{F}_3 \check{\boldsymbol{\vartheta}}^{(3)})' = (2{,}362;\ 1{,}594;\ 1{,}594;\ 2{,}362)$;

$\boldsymbol{z}' = (\boldsymbol{y} - \boldsymbol{F}_3 \check{\boldsymbol{\vartheta}}^{(3)})' = (-1{,}964;\ -3{,}531;\ 3{,}531;\ 1{,}962)$; $\boldsymbol{z}'\boldsymbol{z} = s_{03}^2(V_4) = 32{,}643$.

b) $s_{01}^2(V_4) < s_{02}^2(V_4) < s_{03}^2(V_4)$: $0{,}588 < 2{,}459 < 32{,}643$.

c) $\tilde{\eta}^{(1)}(\boldsymbol{x}, \check{\boldsymbol{\vartheta}}^{(1)}(V_4)) = 1{,}978 + 2{,}747 x_1 - 0{,}784 x_2$ mit $\check{\boldsymbol{\vartheta}}^{(1)}(V_4)' = (1{,}978;\ 2{,}747;\ -0{,}784)$ (›Bsp. 6.2.1);

$\tilde{\eta}^{(2)}(\boldsymbol{x}, \check{\boldsymbol{\vartheta}}^{(2)}(V_4)) = 1{,}978 + 0{,}384 x_1 x_2 + 2{,}747/x_1$ mit $\check{\boldsymbol{\vartheta}}^{(2)}(V_4)' = (1{,}978;\ 0{,}384;\ 2{,}747)$ (›Bsp. 6.2.1);

$\tilde{\eta}^{(3)}(\boldsymbol{x}, \check{\boldsymbol{\vartheta}}^{(3)}(V_4)) = 1{,}978 + 0{,}384 x_1 x_2$;
$A(\boldsymbol{x}) = (\tilde{\eta}^{(1)} - \tilde{\eta}^{(2)})^2 = (2{,}747 x_1 - 0{,}784 x_2 - 0{,}384 x_1 x_2 - 2{,}747/x_1)^2$.

Zur numerischen Demonstration beschränken wir uns auf den Versuchsbereich $\{(1, 1), (-1, 1), (1, -1), (-1, -1)\}$ und bestimmen

$$A(\boldsymbol{x})|_{\boldsymbol{x}=(-1,-1)} = (-2{,}747 + 0{,}784 - 0{,}384 + 2{,}747)^2 = 0{,}160;$$

$$A(\boldsymbol{x})|_{\boldsymbol{x}=(-1,1)} = 0{,}160; \quad A(\boldsymbol{x})|_{\boldsymbol{x}=(1,-1)} = 1{,}364; \quad A(\boldsymbol{x})|_{\boldsymbol{x}=(1,1)} = 1{,}364\,.$$

Also wähle als neuen Versuchspunkt $\boldsymbol{x}_5' = (x_{15}, x_{25}) = (1, 1)$. (Man könnte ebenso den Punkt $(1, -1)'$ als neuen Versuchspunkt $\boldsymbol{x}_5$ verwenden).

Unter den gleichen Annahmen wie für (6.2.105) ist das Verf. 6.2.21 asymptotisch äquivalent zur Versuchsplanung gemäß

$$\min_{t\in\{2,\dots,m\}} n\psi(V_n^*; 1/t, \boldsymbol{\vartheta}_0^{(1)}) = \sup_{V_n\in V^n} \min_{t\in\{2,\dots,m\}} n\psi(V_n; 1/t, \boldsymbol{\vartheta}_0^{(1)}) \tag{6.2.110}$$

(vgl. Atkinson/Fedorov [2]). Damit ist es wie Verf. 6.2.20 für alle Ansatzwahlverfahren geeignet, die die Restquadratsumme zur Basis haben. Der in Verf. 6.2.20/5.d) genannte Fall ist sehr unwahrscheinlich, jedoch können die kleinsten drei Restquadratsummen nur wenig voneinander verschieden sein, so daß die Auswahl von $s_{0t_1}^2(V_n)$ und $s_{0t_2}^2(V_n)$ für das Planungskriterium etwas willkürlich erscheint. Für diese beiden Fälle haben Atkinson/Fedorov [2] die folgende Modifikation von Verf. 6.2.21 entwickelt.

VERFAHREN 6.2.22 (Sequentielle Planung mit Maximalabstand für mehrere Ansätze, Modifikation):

1.—4. wie Verf. 6.2.21.

5. **Lösung:** a), b) wie Verf. 6.2.21/5.a), b).

c) Wähle eine Mindestschranke δ für die Differenz der mittleren Abweichungsquadrate $s_{0t}^2(V_n)/n$; $t = 1, \dots, m$.

d) Bestimme diejenigen Indizes $t_2, \dots, t_\nu$; $\nu \leqq m$; mit

$$s_{0t_j}^2(V_n) - s_{0t_2}(V_n) \leqq n\delta\,.$$

e) Bestimme $\boldsymbol{x}_{n+1}$ aus

$$\inf_{A} \sum_{j=2}^{\nu} \alpha_j(\tilde\eta^{(t_1)}(\boldsymbol{x}_{n+1}, \check{\boldsymbol{\vartheta}}^{(t_1)}(\boldsymbol{y}(V_n))) - \tilde\eta^{(t_j)}(\boldsymbol{x}_{n+1}, \check{\boldsymbol{\vartheta}}^{(t_j)}(\boldsymbol{y}(V_n))))^2$$

$$= \sup_{\boldsymbol{x}\in V} \inf_{A} \sum_{j=2}^{\nu} \alpha_j(\tilde\eta^{(t_1)}(\boldsymbol{x}, \check{\boldsymbol{\vartheta}}^{(t_1)}(\boldsymbol{y}(V_n))) - \tilde\eta^{(t_j)}(\boldsymbol{x}, \check{\boldsymbol{\vartheta}}^{(t_j)}(\boldsymbol{y}(V_n))))^2 \tag{6.2.111}$$

mit $A = \{\{\alpha_2, \dots, \alpha_\nu\} : \alpha_j \geqq 0 \text{ für } j = 2, \dots, \nu, \sum_{j=2}^{\nu} \alpha_j = 1\}$ ●

Beispiel 6.2.20:

1. a) 4 Ansätze, $m = 4$:

$\tilde S_1$ mit $\tilde\eta^{(1)} = \vartheta_0^{(1)} + \vartheta_1^{(1)}x_1 + \vartheta_2^{(1)}x_2$, $\tilde S_2$ mit $\tilde\eta^{(2)} = \vartheta_0^{(2)} + \vartheta_1^{(2)}x_1x_2 + \vartheta_2^{(2)}\dfrac{1}{x_1}$,

$\tilde S_3$ mit $\tilde\eta^{(3)} = \vartheta_0^{(3)} + \vartheta_1^{(3)}x_1x_2$, $\tilde S_4$ mit $\tilde\eta^{(4)} = \vartheta_0^{(4)} + \vartheta_1^{(4)}\,\mathrm{e}^{-x_1} + \vartheta_2^{(4)}x_2$.

b) V_4 = VFV 2^2 (›Tab. 5.2.1); $n = 4$; $\boldsymbol{y}(V_4)' = (0{,}398;\ -1{,}937;\ 5{,}125;\ 4{,}324)$.

5. a) $s_{01}^2(V_4) = 0{,}5880$ (›Bsp. 6.2.1); $s_{02}^2(V_4) = 2{,}4587$ (›Bsp. 6.2.1); $s_{03}^2(V_4) = 32{,}6427$ (›Bsp. 6.2.19); $s_{04}^2(V_4) = 0{,}5883$ (›Bsp. 6.2.1).

b) $s_{01}^2(V_4) < s_{04}^2(V_4) < s_{02}^2(V_4) < s_{03}^2(V_4)$: $0{,}5880 < 0{,}5883 < 2{,}4587 < 32{,}6427$.

c) $\delta = 0{,}5 \quad n\delta = 4 \cdot 0{,}5 = 2{,}0$.

d) $t_1 = 1,\ t_2 = 4,\ t_3 = 2,\ t_4 = 3;$

$s_{02}^2(V_4) - s_{04}^2(V_4) = 1{,}8704 < 2{,}0,\ s_{03}^2(V_4) - s_{04}^2(V_4) = 32{,}0544 > 2{,}0;\ \nu = 3.$

e) $A = \{(\alpha_2, \alpha_3) : \alpha_j \geqq 0 \text{ für } j = 2, 3,\ \alpha_2 + \alpha_3 = 1\}$, äquivalent: $\alpha_2 = \alpha_0,\ \alpha_3 = 1 - \alpha_0,\ 0 \leqq \alpha_0 \leqq 1.$

Bestimme x_5 aus $\inf\limits_{\alpha_0 \in [0,1]} (\alpha_0(\tilde{\eta}^{(1)} - \tilde{\eta}^{(4)})^2 + (1 - \alpha_0)(\tilde{\eta}^{(1)} - \tilde{\eta}^{(2)})) = \sup\limits_{x \in V}.$

Die Konstante δ in 5.c) ist also so zu wählen, daß man solche $s_{0t}^2(V_n)/n$, die sich um höchstens δ unterscheiden, als nicht wesentlich verschieden ansieht. In (6.2.111) werden alle Ansätze berücksichtigt, bei denen sich die Restquadratsummen von der zu $\tilde{S}_{t_1}$ nur unwesentlich unterscheiden. Das Kriterium für die Festlegung des nächsten Punktes geht dann von der kleinsten (konvexen) Linearkombination der entsprechenden Abweichungsquadrate aus. Wegen der Optimierung in zwei Etappen (über A für alle $x \in V$ und dann noch über V) ist das Verf. 6.2.22 erheblich aufwendiger als Verf. 6.2.21. Der Gewinn durch einen schnelleren Abbruch des sequentiellen Ansatzwahlverfahrens ist in der Regel gering. Es sollte nur angewandt werden, wenn die Restquadratsummen $s_{0t}^2(V_n)$ langsamer als n zunehmen.

Wenn die Ansätze alle linear sind und sich damit als Teilansätze aus einem Superansatz (›(6.2.19)) auffassen lassen, kann man ein anderes Planungskriterium aufbauen, das sich an Verf. 6.2.12 orientiert und von ATKINSON/COX [1] vorgeschlagen wurde. Wir geben das Verfahren für den speziellen Fall an, daß sich die Teilansätze durch Weglassen von Komponenten aus dem Funktionenvektor des Superansatzes ergeben (›Verf. 6.2.4).

VERFAHREN 6.2.23 (Sequentielle Planung zum speziellen Superansatz):

1. **Gegebene Größen:** a) Superansatz $\tilde{S}_0 = \{\tilde{\eta}^{(0)}(x, \vartheta) = f(x)'\,\vartheta : x \in B\}_{\vartheta \in \mathrm{R}^r}$.

b) m Teilansätze; $t = 1, \ldots, m$; $\tilde{S}_t = \{\tilde{\eta}^{(t)}(x, \vartheta) = f(x)'\,\vartheta : x \in B\}_{\vartheta \in \Theta_t}$ mit

$$\Theta_t = \{\vartheta \in \mathrm{R}^r : \vartheta_{j_1^{(t)}} = \ldots = \vartheta_{j_{(r-r_t)}^{(t)}} = 0\}\,, \qquad \{j_1^{(t)}, \ldots, j_{(r-r_t)}^{(t)}\} \subset \{1, \ldots, r\}\,.$$

c) Bisheriger Gesamtversuchsplan $V_n = (x_1, \ldots, x_n)$ und Beobachtungsergebnisse $y(V_n) = (y(x_1), \ldots, y(x_n))'$.

2. **Aufgabe:** Bestimmung des nächsten Versuchspunktes.

3. **Bezeichnungen:** a) $F(V_n)$, $F(V_n; j_1^{(t)}, \ldots, j_{(r-r_t)}^{(t)})$ gemäß (6.2.9).

b) $s_0^2(V_n; j_1^{(t)}, \ldots, j_{(r-r_t)}^{(t)})$ gemäß (6.2.12).

c) $f(x; j_1^{(t)}, \ldots, j_{(r-r_t)}^{(t)})$ Restvektor von $f(x)$, wenn die Funktionen $f_{j_v}^{(t)}$; $v = 1, \ldots, r - r_t$; gestrichen werden.

Beachte: $F(V_n; j_1^{(t)}, \ldots, j_{(r-r_t)}^{(t)}) = ((f_j(x_i; j_1^{(t)}, \ldots, j_{(r-r_t)}^{(t)})))$, $i = 1, \ldots, n$, $j = 1, \ldots, r_t$.

4. **Voraussetzung:** Die inversen Matrizen in 3.b) existieren.

5. **Lösung:** a) Bestimme

$$s_{0\,\min}^2(V_n) = \min_{t \in \{1, \ldots, m\}} s_0^2(V_n; j_1^{(t)}, \ldots, j_{(r-r_t)}^{(t)})\,.$$

b) Berechne

$$a_t(V_n) = \frac{1}{r - r_t} \exp\left\{- \frac{1}{2}\,(s_0^2(V_n; j_1^{(t)}, \ldots, j_{(r-r_t)}^{(t)})/s_{0\,\min}^2(V_n))\right\}. \qquad (6.2.112)$$

c) Bestimme eine Lösung $\boldsymbol{x}^*$ der Optimierungsaufgabe

$$\left(\sum_{t=1}^{m} a_t(V_n)\right) \boldsymbol{f}(\boldsymbol{x})' \left(\boldsymbol{F}(V_n)'\boldsymbol{F}(V_n)\right)^{-1} \boldsymbol{f}(\boldsymbol{x}) - \sum_{t=1}^{m} a_t(V_n)\, \boldsymbol{f}(\boldsymbol{x}; j_1^{(t)}, \dots, j_{(r-r_t)}^{(t)})' \times$$
$$\times \left(\boldsymbol{F}(V_n; j_1^{(t)}, \dots, j_{(r-r_t)}^{(t)})' \boldsymbol{F}(V_n; j_1^{(t)}, \dots, j_{(r-r_t)}^{(t)})\right)^{-1} \boldsymbol{f}(\boldsymbol{x}; j_1^{(t)}, \dots, j_{(r-r_t)}^{(t)}) \overset{!}{=} \sup_{\boldsymbol{x}\in V} . \qquad (6.2.113)$$

d) Wähle $\boldsymbol{x}_{n+1} = \boldsymbol{x}^*$ als nächsten Versuchspunkt ●

Beispiel 6.2.21:

1. a) Superansatz $\tilde{S}_0$ mit $\tilde{\eta}^{(0)} = \vartheta_0 + \vartheta_1 x_1 + \vartheta_2 x_2 + \vartheta_3 x_3$; $r = 4$.

b) 2 Teilansätze, $m = 2$:

$\tilde{S}_1$ mit $\tilde{\eta}^{(1)} = \vartheta_0 + \vartheta_1 x_1 + \vartheta_2 x_2 + \vartheta_3 x_3$ und $\Theta_1 = \{\boldsymbol{\vartheta} \in \mathrm{R}^4: \vartheta_3 = 0\}$; $r_1 = 3$;

$\tilde{S}_2$ mit $\tilde{\eta}^{(2)} = \vartheta_0 + \vartheta_1 x_1 + \vartheta_2 x_2 + \vartheta_3 x_3$ und $\Theta_2 = \{\boldsymbol{\vartheta} \in \mathrm{R}^4: \vartheta_2 = 0\}$; $r_2 = 3$.

c) $V_8 = $ VFV 2^3; $n = 8$ (›Tab. 5.2.2);

$\boldsymbol{y}(V_8)' = (0{,}398;\ -0{,}942;\ -1{,}937;\ -1{,}742;\ 5{,}125;\ 6{,}144;\ 4{,}324;\ 3{,}517)$.

5. a) $s_0^2(V_8; 3) = 1{,}7723$, $j_1^{(1)} = 3$; $s_0^2(V_8; 2) = 7{,}0473$; $j_1^{(2)} = 2$ (›Bsp. 6.1.2).

$$s_{0\,\min}^2(V_8) = \min_{t\in\{1,2\}} s_0^2(V_8, j_1^{(t)}) = \min(1{,}7723;\ 7{,}0473) = 1{,}7723.$$

b) $$a_1(V_8) = \frac{1}{4-3}\exp\left\{-\frac{1}{2}\frac{1{,}7723}{1{,}7723}\right\} = \mathrm{e}^{-1/2} = 0{,}6065,$$

$$a_2(V_8) = \frac{1}{4-3}\exp\left\{-\frac{1}{2}\frac{7{,}0473}{1{,}7723}\right\} = \mathrm{e}^{-1{,}9881} = 0{,}1378.$$

c) $$(0{,}6065 + 0{,}1378)\,(1, x_1, x_2, x_3)\frac{1}{8}\boldsymbol{I}_4\begin{pmatrix}1\\x_1\\x_2\\x_3\end{pmatrix} - 0{,}6065(1, x_1, x_2)\frac{1}{8}\boldsymbol{I}_3\begin{pmatrix}1\\x_1\\x_2\end{pmatrix}$$
$$- 0{,}1378(1, x_1, x_3)\frac{1}{8}\boldsymbol{I}_3\begin{pmatrix}1\\x_1\\x_3\end{pmatrix} = 0{,}0172x_2^2 + 0{,}0758x_3^2 \overset{!}{=} \sup_{\boldsymbol{x}\in V} .$$

$\boldsymbol{x}^* = (c, \pm 1, \pm 1)'$, wobei $c \in [-1, 1]$ ein beliebiger Wert ist. $\boldsymbol{x}^*$ ist als nächster Versuchspunkt zu wählen.

Das Verf. 6.2.23 wurde von ATKINSON/COX [1] aus einem Äquivalenzsatz für das Kriterium (6.2.50) entwickelt. Falls, zur theoretischen Überlegung einmal angenommen, für einen Ansatz $\tilde{S}_{t_0}$ die Restquadratsumme $s_0^2(V_n; j_1^{(t_0)}, \dots, j_{(r-r_{t_0})}^{(t_0)})$ verschwindet (z. B. $\sigma^2 = 0$ und Ansatz wahr), dann ist $a_t(V_n) = 0$ für $t \neq t_0$, und in (6.2.113) wird nur noch t_0 berücksichtigt. Der zu wählende Punkt $\boldsymbol{x}_{n+1}$ ist dann optimal zur Diskrimination zwischen $\tilde{S}_0$ und $\tilde{S}_{t_0}$ allein. Wenn alle $s_0^2(V_n; j_1^{(t)}, \dots, j_{(r-r_t)}^{(t)})$ von gleicher Größenordnung sind, dann erhält man Pläne im Sinne einer gewissen Gleichheit der Effektivitäten analog (6.2.51). In der oben genannten Arbeit von ATKINSON/COX [1] findet man weitere (simulierte) Beispiele, die die Brauchbarkeit des Verfahrens zeigen. Es läßt sich noch etwas modifizieren. Hat man z. B. eine (unabhängige) Schätzung $\hat{\sigma}^2$ von σ^2, so kann man $s_{0\,\min}^2(V_n)$ in (6.2.112) durch $n\hat{\sigma}^2$ ersetzen, z. B. durch $s_0^2(V_n)$, die Restquadratsumme für den Superansatz. Das Planungsverfahren paßt zu den Ansatzwahlverfahren, die von einen Superansatz ausgehen (Verf. 6.2.4, 6.2.5 und 6.2.18).

Wenn die Verteilungsfunktion von $\mathfrak{Y}(\boldsymbol{x})$ bis auf Parameter bekannt ist, dann kann man die verschiedenen Ansätze auch anhand von Kenngrößen vergleichen, in die die

Verteilungsannahmen eingehen. Eine Kenngröße für die Abweichung zweier Verteilungen ist die KULLBACK-LEIBLER-Informationszahl. Sei $p_1(x)$ die Dichte der Verteilung von $\mathfrak{X}_1$ und $p_2(x)$ die von $\mathfrak{X}_2$, dann ist

$$I(\mathfrak{X}_1, \mathfrak{X}_2) = \int_{-\infty}^{\infty} \left(\ln \frac{p_1(x)}{p_2(x)}\right) p_1(x)\,\mathrm{d}x \tag{6.2.114}$$

die KULLBACK-LEIBLER-Informationszahl von $\mathfrak{X}_1$ in bezug auf $\mathfrak{X}_2$. Offensichtlich ist $I(\mathfrak{X}_2, \mathfrak{X}_1)$ im allgemeinen von $I(\mathfrak{X}_1, \mathfrak{X}_2)$ verschieden. Für $p_1(x) \equiv p_2(x)$ ist $I(\mathfrak{X}_1, \mathfrak{X}_2) = I(\mathfrak{X}_2, \mathfrak{X}_1) = 0$, anderenfalls positiv. Man kann (6.2.114) auch als Erwartungswert schreiben:

$$I(\mathfrak{X}_1, \mathfrak{X}_2) = \mathrm{E}_{\mathfrak{X}_1} \ln \frac{p_1(\mathfrak{X}_1)}{p_2(\mathfrak{X}_1)}. \tag{6.2.115}$$

Bemerkung 6.2.9: Häufig werden die KULLBACK-LEIBLER-Informationszahlen auch mit einem Logarithmus zu einer anderen Basis definiert. Da sich Logarithmen zu verschiedenen Basen nur durch einen festen Faktor unterscheiden, ist dies eine reine Maßstabsfrage, die für das Folgende ohne Belang ist. Wenn die Verteilungen Normalverteilungen sind, führt die Wahl des natürlichen Logarithmus sogar zu einer einfacheren Darstellung.

VERFAHREN 6.2.24 (KULLBACK-LEIBLER-Informationszahlen für kleinsten Basisansatz):

1. **Gegebene Größen:** a) Basisansatz $\tilde{S}_0 = \{\tilde{\eta}(\boldsymbol{x}, \boldsymbol{\vartheta}) : \boldsymbol{x} \in B\}_{\vartheta \in \Theta_0}$ und m Ansätze

$$\tilde{S}_i = \{\tilde{\eta}^{(i)}(\boldsymbol{x}, \boldsymbol{\vartheta}^{(i)}) = \tilde{\eta}(\boldsymbol{x}, \boldsymbol{\vartheta}) : \boldsymbol{x} \in B\}_{\vartheta \in \Theta_i} \tag{6.2.116}$$

mit $\Theta_0 = \bigcup_{i=1}^{m} \Theta_i$ und $\Theta_i \cap \Theta_j = \emptyset$ für $i = j$.

b) $p_{\mathfrak{Y}}(y \mid \boldsymbol{\vartheta}, \sigma^2, \boldsymbol{x})$ Verteilungsdichte von $\mathfrak{Y}(\boldsymbol{x})$ falls $\tilde{\eta}(\boldsymbol{x}, \boldsymbol{\vartheta})$ die Wirkungsfläche und σ^2 die Varianz des Fehlers ist.

c) ML-Schätzung in Θ_0: $\hat{\boldsymbol{\vartheta}}(\boldsymbol{y}(V_n)), \hat{\sigma}^2(\boldsymbol{y}(V_n))$.

2. **Aufgabe:** Bestimmung des nächsten Versuchspunktes.

5. **Lösung:** Für $\hat{\boldsymbol{\vartheta}}(\boldsymbol{y}(V_n)) \in \Theta_j$ bestimme $\boldsymbol{x}_{n+1}$ gemäß

$$\inf_{\vartheta \in \Theta_0 \setminus \Theta_j;\, \sigma^2 \in (0,\infty)} \mathrm{E}_{\mathfrak{Y}|\hat{\vartheta}(\boldsymbol{y}(V_n)), \hat{\sigma}^2(\boldsymbol{y}(V_n))} \left(\ln \frac{p_{\mathfrak{Y}}(\mathfrak{Y} \mid \hat{\boldsymbol{\vartheta}}(\boldsymbol{y}(V_n)), \hat{\sigma}^2(\boldsymbol{y}(V_n)), \boldsymbol{x}_{n+1})}{p_{\mathfrak{Y}}(\mathfrak{Y} \mid \boldsymbol{\vartheta}, \sigma^2, \boldsymbol{x}_{n+1})}\right)$$

$$= \sup_{\boldsymbol{x} \in V} \inf_{\vartheta \in \Theta_0 \setminus \Theta_j;\, \sigma^2 \in (0,\infty)} \mathrm{E}_{\mathfrak{Y}|\hat{\vartheta}(\boldsymbol{y}(V_n)), \hat{\sigma}^2(\boldsymbol{y}(V_n))} \left(\ln \frac{p_{\mathfrak{Y}}(\mathfrak{Y} \mid \hat{\boldsymbol{\vartheta}}(\boldsymbol{y}(V_n)), \hat{\sigma}^2(\boldsymbol{y}(V_n)), \boldsymbol{x})}{p_{\mathfrak{Y}}(\mathfrak{Y} \mid \boldsymbol{\vartheta}, \sigma^2, \boldsymbol{x})}\right) \bullet \tag{6.2.117}$$

Das Kriterium (6.2.117) verwendet die KULLBACK-LEIBLER Informationszahl (6.2.115) für die geschätzte Verteilung $p_{\mathfrak{Y}}(y \mid \hat{\boldsymbol{\vartheta}}, \hat{\sigma}^2, \boldsymbol{x})$ bezüglich der Verteilungen aus allen anderen Ansätzen. Man nimmt also, jedoch nur für die Planung, an, daß $\tilde{S}_j$ der geeignete Ansatz ist. Der nächste Versuch soll dann in einem Punkt erfolgen, der die minimale Abweichung der Verteilungen für die anderen Ansätze von der geschätzten Verteilung maximal macht.

Bemerkung 6.2.10: Das Verf. 6.2.24 ist der Prototyp für ein Vorgehen, wie es von verschiedenen Autoren (s. BESSLER [1], CHERNOFF [3], KIEFER/SACKS [1], ›[I/9.3.2]) für sequentielle Verfahren nicht nur bei Problemen der Ansatzdiskrimination untersucht und vorgeschlagen wurde. Es gibt hier die Empfehlung, zu *randomisierten Plänen* überzugehen. Ein randomisierter Plan läßt sich im einfachsten Fall als ein Zufallsvektor $\mathfrak{X}$ mit bekannter Verteilungsfunktion $F_{\mathfrak{X}}(x)$ deuten, dessen Realisierungen $x_1, \ldots, x_n$ als Versuchspunkte verwendet werden. Sei G eine gegebene Menge von Verteilungsfunktionen $F_{\mathfrak{X}}(x)$ mit $x \in V$, dann ist ein optimaler randomisierter Plan $\mathfrak{X}^*$ für die Problemstellung von Verf. 6.2.24 durch das folgende Kriterium definiert (›[I/9.3.2]):

$$\inf_{\vartheta \in \Theta_0 \setminus \Theta_j;\, \sigma^2 \in (0,\infty)} \mathrm{E}_{\mathfrak{X}^*} \mathrm{E}_{\mathfrak{Y}|\hat{\vartheta}, \hat{\sigma}^2, \mathfrak{X}^* = x} \ln \frac{p_{\mathfrak{Y}}(\mathfrak{Y} \mid \hat{\vartheta}, \hat{\sigma}^2, \mathfrak{X}^*)}{p_{\mathfrak{Y}}(\mathfrak{Y} \mid \vartheta, \sigma^2, \mathfrak{X}^*)}$$

$$= \sup_{F_{\mathfrak{X}} \in G} \inf_{\vartheta \in \Theta_0 \setminus \Theta_j;\, \sigma^2 \in (0,\infty)} \mathrm{E}_{\mathfrak{X}} \mathrm{E}_{\mathfrak{Y}|\hat{\vartheta}, \hat{\sigma}^2, \mathfrak{X} = x} \ln \frac{p_{\mathfrak{Y}}(\mathfrak{Y} \mid \hat{\vartheta}, \hat{\sigma}^2, \mathfrak{X})}{p_{\mathfrak{Y}}(\mathfrak{Y} \mid \vartheta, \sigma^2, \mathfrak{X})}. \tag{6.2.118}$$

Wenn für die m Ansätze $\tilde{S}_i$ a-priori-Wahrscheinlichkeiten $P_\tau(i)$ vorliegen, dann kann man ein weiteres Informationsmaß betrachten, die SHANNON*sche Entropie*

$$H(P_\tau) = -\sum_{i=1}^{m} P_\tau(i) \ln P_\tau(i). \tag{6.2.119}$$

Sie ist ein Maß für die Unbestimmtheit der Vorkenntnisse. Die Entropie $H(P_\tau)$ ist am größten, wenn die Wahrscheinlichkeit für jeden der Ansätze gleich ist $\left(P_\tau(i) = 1/m;\ i = 1, \ldots, m\right)$, sie ist gleich Null, wenn einer der Ansätze a-priori als der richtige angesehen wird $\left(\tilde{S}_{i_0}\right.$ mit $\left.P_\tau(i_0) = 1\right)$. Man erwartet, daß die Unbestimmtheit durch die Versuchsergebnisse sinkt, da diese zu einem einzigen, dem gesuchten, Ansatz gehören. Die Unbestimmtheit *nach* der Durchführung des Versuchsplanes V_n ist dann entsprechend (6.2.119)

$$H(P_{\tau|y(V_n)}) = -\sum_{i=1}^{m} P_{\tau|y(V_n)}(i) \ln P_{\tau|y(V_n)}(i). \tag{6.2.120}$$

Die Senkung der Unbestimmtheit kann nur so erfolgen, daß die a-posteriori-Wahrscheinlichkeiten zahlenmäßig differenzierter sind als die a-priori-Wahrscheinlichkeiten. Im Verf. 6.2.17 wird der Ansatz gewählt, für den die a-posteriori-Wahrscheinlichkeit maximal und größer als eine vorgegebene Schranke P_0 ist. Eine Beschleunigung des Differenzierungsprozesses der a-posteriori Wahrscheinlichkeiten durch die Planung würde also, zumindest in der Tendenz, dazu führen, daß die Schranke P_0 von einer der a-posteriori-Wahrscheinlichkeiten eher erreicht wird als ohne diese Planung. Dies bedeutet einen früheren Abbruch des Verf. 6.2.17 und damit Einsparung von Versuchsaufwand.

Vor der Durchführung des $(n+1)$-ten Versuches ist die a-posteriori-Wahrscheinlichkeit nach dem $(n+1)$-ten Versuch noch eine Zufallsgröße

$$P_{\tau|y(V_n),\, \mathfrak{Y}(x_{n+1})}(i) = \frac{p_{\mathfrak{Y}}\left(\mathfrak{Y} \mid i, y(V_n), V_n, x_{n+1}\right) P_{\tau|y(V_n)}(i)}{\sum\limits_{j=1}^{m} p_{\mathfrak{Y}}\left(\mathfrak{Y} \mid j, y(V_n), V_n, x_{n+1}\right) P_{\tau|y(V_n)}(j)}. \tag{6.2.121}$$

Damit ist auch die a-posteriori-Entropie eine Zufallsgröße, und wir betrachten die *erwartete Entropieänderung*

$$\Delta H(P_{\tau|y(V_n)}, x_{n+1}) = H(P_{\tau|y(V_n)}) - \mathrm{E}_{\mathfrak{Y}} H(P_{\tau|y(V_n),\, \mathfrak{Y}(x_{n+1})}). \tag{6.2.122}$$

Das Planungsprinzip für den nächsten Versuchspunkt verlangt nun, ΔH aus (6.2.122) für x_{n+1} maximal zu machen. Im folgenden Verfahren wird für ΔH eine Darstellung durch Wahrscheinlichkeitsdichten benutzt, die z. B. in [I/Lemma 9.3.4] abgeleitet wurde.

VERFAHREN 6.2.25 (SHANNONsche Entropie):

1. **Gegebene Größen:** a) m Ansätze $\tilde{S}_i = \{\tilde{\eta}^{(i)}(\boldsymbol{x}, \boldsymbol{\vartheta}^{(i)}) : \boldsymbol{x} \in B\}_{\boldsymbol{\vartheta}^{(i)} \in \Theta_i}$; $i = 1, \ldots, m$.

b) a-posteriori-Wahrscheinlichkeiten $P_{\tau|\boldsymbol{y}(V_n)}(i)$; $i = 1, \ldots, m$.

c) a-posteriori-Dichten $p_{\mathfrak{Y}}(y \mid i, \boldsymbol{y}(V_n), V_n, \boldsymbol{x})$ für alle $\boldsymbol{x} \in V$ gemäß (Verf. 6.2.17/5c).

2. **Aufgabe:** Bestimmung des nächsten Versuchspunktes.

3. **Bezeichnung:**

$$p_{\mathfrak{Y}}(y \mid \boldsymbol{y}(V_n), V_n, \boldsymbol{x}) = \sum_{j=1}^{m} P_{\tau|\boldsymbol{y}(V_n)}(j)\, p_{\mathfrak{Y}}(y \mid j, \boldsymbol{y}(V_n), V_n, \boldsymbol{x})\,. \tag{6.2.123}$$

4. **Voraussetzung:** wie Verf. 6.2.17/4.a)—4.c).

5. **Lösung:** Bestimme ein $\boldsymbol{x}_{n+1}$ aus

$$\sum_{j=1}^{m} P_{\tau|\boldsymbol{y}(V_n)}(j) \int_{-\infty}^{\infty} p_{\mathfrak{Y}}(y \mid j, \boldsymbol{y}(V_n), V_n, \boldsymbol{x}_{n+1}) \ln \frac{p_{\mathfrak{Y}}(y \mid j, \boldsymbol{y}(V_n), V_n, \boldsymbol{x}_{n+1})}{p_{\mathfrak{Y}}(y \mid \boldsymbol{y}(V_n), V_n, \boldsymbol{x}_{n+1})}\, dy$$
$$= \sup_{\boldsymbol{x} \in V} \sum_{j=1}^{m} P_{\tau|\boldsymbol{y}(V_n)}(j) \int_{-\infty}^{\infty} p_{\mathfrak{Y}}(y \mid j, \boldsymbol{y}(V_n), V_n, \boldsymbol{x}) \ln \frac{p_{\mathfrak{Y}}(y \mid j, \boldsymbol{y}(V_n), V_n, \boldsymbol{x})}{p_{\mathfrak{Y}}(y \mid \boldsymbol{y}(V_n), V_n, \boldsymbol{x})}\, dy \bullet \tag{6.2.124}$$

Da die Lösung des Optimierungsproblems (6.2.124) numerisch sehr aufwendig ist, schlagen BOX/HILL [1] vor, die Funktion in (6.2.124) mit einer Ungleichung von KULLBACK nach oben abzuschätzen. Obwohl die Optimierung einer oberen Schrankenfunktion im allgemeinen zu anderen Ergebnissen führt als die Optimierung der Funktion selbst, zeigen Simulationsstudien (MEETER/PIRIE/BLOT [1]), daß dieses Vorgehen im vorliegenden Fall in der Regel zu sehr brauchbaren Resultaten führt.

VERFAHREN 6.2.26 (KULLBACK-LEIBLER-Informationszahlen für BAYESsche Ansatzwahl):

1.—4. wie Verf. 6.2.25.

5. **Lösung:** Bestimme ein $\boldsymbol{x}_{n+1}$ aus

$$\sum_{j=1}^{m} \sum_{l=1}^{m} P_{\tau|\boldsymbol{y}(V_n)}(j)\, P_{\tau|\boldsymbol{y}(V_n)}(l) \int_{-\infty}^{\infty} \left(\ln \frac{p_{\mathfrak{Y}}(y \mid j, \boldsymbol{y}(V_n), V_n, \boldsymbol{x}_{n+1})}{p_{\mathfrak{Y}}(y \mid l, \boldsymbol{y}(V_n), V_n, \boldsymbol{x}_{n+1})} \right)$$
$$\times\, p_{\mathfrak{Y}}(y \mid j, \boldsymbol{y}(V_n), V_n, \boldsymbol{x}_{n+1})\, dy$$
$$= \sup_{\boldsymbol{x} \in V} \sum_{j=1}^{m} \sum_{l=1}^{m} P_{\tau|\boldsymbol{y}(V_n)}(j)\, P_{\tau|\boldsymbol{y}(V_n)}(l) \int_{-\infty}^{\infty} \left(\ln \frac{p_{\mathfrak{Y}}(y \mid j, \boldsymbol{y}(V_n), V_n, \boldsymbol{x})}{p_{\mathfrak{Y}}(y \mid l, \boldsymbol{y}(V_n), V_n, \boldsymbol{x})} \right)$$
$$\times\, p_{\mathfrak{Y}}(y \mid j, \boldsymbol{y}(V_n), V_n, \boldsymbol{x})\, dy \bullet \tag{6.2.125}$$

Ein Vergleich mit (6.2.114) zeigt, daß die Integrale in (6.2.125) die KULLBACK-LEIBLER-Informationszahlen von $\mathfrak{Y}(\boldsymbol{x})$ sind, wenn die den Ansätzen entsprechenden a-posteriori-Dichten gemäß Verf. 6.2.17/5.c) verwendet werden. Damit erhält (6.2.125) eine vom Verf. 6.2.25 unabhängige eigenständige Deutung. Es werden die mit der a-posteriori-Verteilung gemittelten KULLBACK-LEIBLER-Informationszahlen, die ein

Maß für die Abweichungen der Verteilungen sind, maximiert. Da Verf. 6.2.26 für jeden Verteilungstyp auf eine andere konkrete Optimierungsaufgabe führt, soll ein wichtiger Spezialfall in einem gesonderten Verfahren vorgestellt werden.

VERFAHREN 6.2.27 (KULLBACK-LEIBLER-Informationszahlen für lineare Ansätze und Normalverteilung):

1. **Gegebene Größen:** a) m lineare Ansätze:

$$\tilde{S}_i = \{\tilde{\eta}^{(i)}(\boldsymbol{x}, \boldsymbol{\vartheta}^{(i)}) = \boldsymbol{f}^{(i)}(\boldsymbol{x})' \, \boldsymbol{\vartheta}^{(i)} : \boldsymbol{x} \in B\}_{\boldsymbol{\vartheta}^{(i)} \in \Theta_i} .$$

b) Varianz σ_0^2 der Beobachtungen.

c) a-posteriori-Wahrscheinlichkeiten $P_{\tau|\boldsymbol{y}(V_n)}(i)$; $i = 1, \ldots, m$.

d) Bisheriger Gesamtversuchsplan V_n und Beobachtungsergebnisse $\boldsymbol{y}(V_n)$.

2. **Aufgabe:** Bestimmung des nächsten Versuchspunktes.

3. **Bezeichnungen:** a) $\dim \Theta_i = r_i$.

b) $\boldsymbol{F}_i(V_n) = \left((f_j^{(i)}(\boldsymbol{x}_l))\right)_{n \times r_i}$; $i = 1, \ldots, m$; $j = 1, \ldots, r_i$; $l = 1, \ldots, n$.

c) $\breve{\boldsymbol{\vartheta}}^{(i)}(\boldsymbol{y}(V_n)) = \left(\boldsymbol{F}_i(V_n)' \, \boldsymbol{F}_i(V_n)\right)^{-1} \boldsymbol{F}_i(V_n)' \, \boldsymbol{y}(V_n)$.

d) $\sigma_i^2(\boldsymbol{x}) = \sigma_0^2 \boldsymbol{f}^{(i)}(\boldsymbol{x})' \left(\boldsymbol{F}_i(V_n)' \, \boldsymbol{F}_i(V_n)\right)^{-1} \boldsymbol{f}^{(i)}(\boldsymbol{x})$.

4. **Voraussetzungen:** a) $\varepsilon(\boldsymbol{x}) \sim \mathrm{N}(0, \sigma_0^2)$.

b) $\boldsymbol{B}_{\varepsilon(V_n)} = \sigma_0^2 \boldsymbol{I}_n$.

c) $p_{\boldsymbol{\theta}^{(i)}}(\boldsymbol{\vartheta}^{(i)}) = \text{const.}$

d) Die inversen Matrizen in 3.c) und 3.d) existieren.

e) Die Ansätze enthalten keine gemeinsame Funktion: $\tilde{S}_i \cap \tilde{S}_j = \emptyset$ für $i \neq j$.

5. **Lösung:** a) Bestimme eine Lösung $\boldsymbol{x}^*$ des Optimierungsproblems

$$2 \sum_{i=1}^{m} \sum_{j=i+1}^{m} P_{\tau|\boldsymbol{y}(V_n)}(i) \, P_{\tau|\boldsymbol{y}(V_n)}(j) \left\{ \frac{(\sigma_i^2(\boldsymbol{x}) - \sigma_j^2(\boldsymbol{x}))^2}{(\sigma_0^2 + \sigma_i^2(\boldsymbol{x})) \, (\sigma_0^2 + \sigma_j^2(\boldsymbol{x}))} \right.$$

$$\left. + \left(\boldsymbol{f}^{(i)}(\boldsymbol{x})' \, \breve{\boldsymbol{\vartheta}}^{(i)}(\boldsymbol{y}(V_n)) - \boldsymbol{f}^{(j)}(\boldsymbol{x})' \, \breve{\boldsymbol{\vartheta}}^{(j)}(\boldsymbol{y}(V_n))\right)^2 \left(\frac{1}{\sigma_0^2 + \sigma_i^2(\boldsymbol{x})} + \frac{1}{\sigma_0^2 + \sigma_j^2(\boldsymbol{x})}\right) \right\} \stackrel{!}{=} \sup_{\boldsymbol{x} \in V} . \tag{6.2.126}$$

b) Wähle $\boldsymbol{x}_{n+1} = \boldsymbol{x}^*$ ●

Beispiel 6.2.22:

1. a) 2 Ansätze; $m = 2$:

$\tilde{S}_1$ mit $\tilde{\eta}^{(1)} = \vartheta_0^{(1)} + \vartheta_1^{(1)} x_1 + \vartheta_2^{(1)} x_2$ und $\vartheta_1^{(1)} \neq 0$, $\vartheta_2^{(1)} \neq 0$;

$\tilde{S}_2$ mit $\tilde{\eta}^{(2)} = \vartheta_0^{(2)} + \vartheta_1^{(2)} x_1 x_2 + \vartheta_2^{(2)} \dfrac{1}{x_1}$ und $\vartheta_1^{(2)} \neq 0$, $\vartheta_2^{(2)} \neq 0$.

b) $\sigma_0^2 = 1$.

c) $P_{(\tau|\boldsymbol{y}(V_4)}(1) = 0{,}460$, $P_{\tau|\boldsymbol{y}(V_4)}(2) = 0{,}540$ (›Bsp. 6.2.9).

d) $V_4 = \text{VFV } 2^2$; $n = 4$ (›Tab. 5.2.1); $\boldsymbol{y}(V_4)' = (0{,}398;\ -1{,}937;\ 5{,}125;\ 4{,}324)$.

5. $\check{\boldsymbol{\vartheta}}^{(1)}(V_4)' = (1{,}978;\ 2{,}747;\ -0{,}784)$, $\check{\boldsymbol{\vartheta}}^{(2)}(V_4)' = (1{,}978;\ 0{,}384;\ 2{,}747)$ (›Bsp. 6.2.9).

$$\sigma_1^2(\boldsymbol{x}) = (1, x_1, x_2)\,\frac{1}{4}\,\boldsymbol{I}_3\begin{pmatrix}1\\x_1\\x_2\end{pmatrix} = 0{,}25\,(1 + x_1^2 + x_2^2);$$

$$\sigma_2^2(\boldsymbol{x}) = (1, x_1x_2, 1/x_1)\,\frac{1}{4}\,\boldsymbol{I}_3\begin{pmatrix}1\\x_1x_2\\1/x_1\end{pmatrix} = 0{,}25\left(1 + x_1^2x_2^2 + \frac{1}{x_1^2}\right);$$

$$(\sigma_1^2(\boldsymbol{x}) - \sigma_2^2(\boldsymbol{x}))^2 = 0{,}0625\,(x_1^2 + x_2^2 - x_1^2x_2^2 - 1/x_1^2)^2;$$

$$\sigma_0^2 + \sigma_1^2(\boldsymbol{x}) = 0{,}25\,(5 + x_1^2 + x_2^2);\ \sigma_0^2 + \sigma_2^2(\boldsymbol{x}) = 0{,}25\,(5 + x_1^2x_2^2 + 1/x_1^2);$$

$$\boldsymbol{f}^{(1)\prime}(\boldsymbol{x})\,\check{\boldsymbol{\vartheta}}^{(1)}(V_4) = 1{,}978 + 2{,}747x_1 - 0{,}784x_2;$$

$$\boldsymbol{f}^{(2)\prime}(\boldsymbol{x})\,\check{\boldsymbol{\vartheta}}^{(2)}(V_4) = 1{,}978 + 0{,}384x_1x_2 + 2{,}747/x_1;$$

$$(\boldsymbol{f}^{(1)\prime}\check{\boldsymbol{\vartheta}}^{(1)} - \boldsymbol{f}^{(2)}\check{\boldsymbol{\vartheta}}^{(2)})^2 = (2{,}747x_1 - 0{,}784x_2 - 0{,}384x_1x_2 - 2{,}747/x_1)^2;$$

$$\begin{aligned}A(\boldsymbol{x}) = 2\cdot 0{,}460\cdot 0{,}540\Bigg\{&\frac{0{,}0625\,(x_1^2 + x_2^2 - x_1^2x_2^2 - 1/x_1^2)^2}{0{,}25\cdot 0{,}25\,(5 + x_1^2 + x_2^2)\,(5 + x_1^2x_2^2 + 1/x_1^2)}\\ &+ (2{,}747x_1 - 0{,}784x_2 - 0{,}384x_1x_2 - 2{,}747/x_1)^2\\ &\times\left(\frac{1}{0{,}25\,(5 + x_1^2 + x_2^2)} + \frac{1}{0{,}25\,(5 + x_1^2x_2^2 + 1/x_1^2)}\right)\Bigg\};\end{aligned}$$

$$\begin{aligned}A(\boldsymbol{x}) = 0{,}496\,\{&(x_1^2 + x_2^2 - x_1^2x_2^2 - x_1^{-2})^2 + 16(2{,}747x_1 - 0{,}784x_2 - 0{,}384x_1x_2 - 2{,}747/x_1)^2\\ &\times (10 + x_1^2 + x_2^2 + x_1^2x_2^2 + 1/x_1^2)\}/(5 + x_1^2 + x_2^2)\,(5 + x_1^2x_2^2 + 1/x_1^2)\,.\end{aligned}$$

Zur Demonstration der numerischen Rechnung beschränken wir uns auf den Versuchsbereich $V = \{(-1, -1), (-1, 1), (1, -1), (1, 1)\} = \{\boldsymbol{x}_1, \boldsymbol{x}_2, \boldsymbol{x}_3, \boldsymbol{x}_4\}$ und berechnen

$$A(\boldsymbol{x})|_{\boldsymbol{x}=\boldsymbol{x}_1} = 0{,}362,\ A(\boldsymbol{x})|_{\boldsymbol{x}=\boldsymbol{x}_2} = 0{,}362,\ A(\boldsymbol{x})|_{\boldsymbol{x}=\boldsymbol{x}_3} = 3{,}094,\ A(\boldsymbol{x})|_{\boldsymbol{x}=\boldsymbol{x}_4} = 3{,}094.$$

Als neuen Versuchspunkt wählt man also $\boldsymbol{x}_5 = (1, 1)$. (Man könnte ebenso den Punkt $\boldsymbol{x} = (1, -1)$ als neuen Punkt $\boldsymbol{x}_5$ verwenden).

Obwohl man bei der Herleitung von (6.2.126) von den KULLBACK-LEIBLER-Informationszahlen in (6.2.125) ausgegangen ist, zeigen sich Aspekte, die bereits bei anderen Verfahren zur Versuchsplanung ausgenutzt wurden. So enthält (6.2.126) die Differenz der geschätzten Wirkungsflächen $\left(\boldsymbol{f}^{(i)}(\boldsymbol{x})\,\check{\boldsymbol{\vartheta}}^{(i)}(\boldsymbol{y}(V_n)) - \boldsymbol{f}^{(j)}(\boldsymbol{x})\,\check{\boldsymbol{\vartheta}}^{(j)}(\boldsymbol{y}(V_n))\right)$ und die Differenzen der zugehörigen Varianzen $\sigma_i^2(\boldsymbol{x}) - \sigma_j^2(\boldsymbol{x})$.

Ist σ^2 unbekannt, so gelangt man zu einer hinreichend guten Näherung, wenn man σ_0^2 in (6.2.126) durch eine Schätzung $\hat{\sigma}^2$ ersetzt, die man entweder dadurch beschafft, daß man die m Ansätze in einen Superansatz einbettet oder daß man ausnutzt, wenn an einigen Stellen Mehrfachbeobachtungen vorliegen (›Verf. 6.2.6). Allerdings darf die Anzahl der Freiheitsgrade im Nenner der Schätzung nicht zu klein sein.

Die Verf. 6.2.25 bis 6.2.27 lassen sich auf den multivariaten Fall übertragen (s. HILL/HUNTER [2]).

Bemerkung 6.2.11: Für den Spezialfall zweier Ansätze und BAYESscher sequentieller Ansatzwahl gemäß Verf. 6.2.15 gibt es einen Zugang zur sequentiellen Versuchsplanung, der vom dort verwendeten Quotienten der Likelihooderwartungen selbst ausgeht. Basierend auf Vorschlägen, die u. a. von CHERNOFF [2] stammen, wurde von FEDOROV [1] dafür ein Kriterium entwickelt, dessen Gedanken skizziert werden sollen.

Nach der Durchführung von V_n und vor dem $(n+1)$-ten Versuch ist der Quotient der Erwartungswerte der Likelihoodfunktionen eine Zufallsgröße

$$q(\boldsymbol{y}; V_n; \mathfrak{Y}, \boldsymbol{x}) = \frac{\mathrm{E}_{(\boldsymbol{\theta}^{(1)}, \Sigma^2) \mid \boldsymbol{y}(V_n)} l(\boldsymbol{y}(V_n); \boldsymbol{\theta}^{(1)}, \Sigma^2)\, p_{\mathfrak{Y}}(\mathfrak{Y} \mid 1, \boldsymbol{\theta}^{(1)}, \Sigma^2, \boldsymbol{x})}{\mathrm{E}_{(\boldsymbol{\theta}^{(2)}, \Sigma^2) \mid \boldsymbol{y}(V_n)} l(\boldsymbol{y}(V_n); \boldsymbol{\theta}^{(2)}, \Sigma^2)\, p_{\mathfrak{Y}}(\mathfrak{Y} \mid 2, \boldsymbol{\theta}^{(2)}, \Sigma^2, \boldsymbol{x})}. \tag{6.2.127}$$

In Hinblick auf das Auswahlkriterium (6.2.75) für die Ansätze wäre es günstig, den nächsten Punkt $\boldsymbol{x}_{n+1}$ so zu wählen, daß $q(\boldsymbol{y}, V_n; \mathfrak{Y}, \boldsymbol{x})$ möglichst groß ist, falls $\tilde{S}_1$ wahr, und möglichst klein ist, falls $\tilde{S}_2$ wahr ist. Dieser Tendenz trägt das folgende Funktional Rechnung, wobei $q(\boldsymbol{y}; V_n)$ gemäß (6.2.74) einzusetzen ist:

$$\begin{aligned}\psi_T(\boldsymbol{x}) = {} & P_{\tau \mid \boldsymbol{y}(V_n)}(1)\, \mathrm{E}_{(\boldsymbol{\theta}^{(1)}, \Sigma^2)} \mathrm{E}_{\mathfrak{Y} \mid (\boldsymbol{\vartheta}^{(1)}, \sigma^2)} [\ln q(\boldsymbol{y}; V_n; \mathfrak{Y}, \boldsymbol{x}) - \ln q(\boldsymbol{y}; V_n)] \\ & - P_{\tau \mid \boldsymbol{y}(V_n)}(2)\, \mathrm{E}_{(\boldsymbol{\theta}^{(2)}, \Sigma^2)} \mathrm{E}_{\mathfrak{Y} \mid (\boldsymbol{\vartheta}^{(2)}, \sigma^2)} [\ln q(\boldsymbol{y}; V_n; \mathfrak{Y}, \boldsymbol{x}) - \ln q(\boldsymbol{y}; V_n)]\,.\end{aligned} \tag{6.2.128}$$

Der nächste Punkt $\boldsymbol{x}_{n+1}$ wird dann aus der Optimierungsaufgabe

$$\psi_T(\boldsymbol{x}) \stackrel{!}{=} \sup_{\boldsymbol{x} \in V} \tag{6.2.129}$$

bestimmt. Für den Spezialfall $\sigma^2 = \sigma_0^2$ und $\boldsymbol{\theta}^{(i)} \sim \mathrm{N}(\boldsymbol{\vartheta}_0^{(i)}, \Lambda_i)$; $i = 1, 2$; werden die in (6.2.128) benötigten Erwartungswerte explizit in [I/(9.3.50)] angegeben. Auch dort läßt sich σ_0^2 durch einen Schätzwert $\hat{\sigma}^2$ ersetzen. Bereits für den genannten Spezialfall ergibt sich für (6.2.129) ein umfangreiches Optimierungsproblem.

6.2.5. Hinweis zur numerischen Behandlung

Bei den Verfahren zur Ansatzdiskrimination und noch mehr bei der Versuchsplanung dazu treten komplizierte nichtlineare Optimierungsprobleme auf. In gewissen Fällen kann man zu ihrer Lösung Verfahren heranziehen, die in Kap. 3 zur Bestimmung von Schätzungen für nichtlineare Regressionsansätze angegeben wurden (›Verf. 3.5.10 und 3.5.11). In der Regel wird man einen Rechenautomaten zur Bestimmung einer Lösung benutzen müssen und dann ein Verfahren anwenden, das für diesen Rechner bereits programmiert vorliegt. Die Anforderungen an die numerische Genauigkeit sind für die Ansatzdiskrimination im allgemeinen *wesentlich geringer* als bei der Schätzung, da bei der Diskrimination nur eine qualitative Entscheidung, nämlich für einen der Ansätze, angestrebt wird. Außerdem läßt der heuristische Charakter vieler Verfahren eine hohe Genauigkeit gar nicht als sinnvoll erscheinen.

Diese Überlegungen treffen natürlich erst recht auf die Versuchsplanung zur Ansatzdiskrimination zu. Daher vereinfacht man häufig die Problemstellung dadurch, daß man nur eine endliche Anzahl von Versuchspunkten des Bereichs in die Betrachtung einbezieht, die man aus gesonderten Überlegungen oder aus Bequemlichkeit für besonders geeignet hält. Bei einigen Beispielen in [6.2.4] sind wir so verfahren, dort vor allem um die numerische Behandlung überschaubar zu demonstrieren. Wenn die Anzahl der Einflußgrößen nicht allzu hoch ist, sind die Punkte eines gewissen Gitters in V als mögliche Punktauswahl geeignet.

Einen solchen Ersatz des Versuchsbereichs durch eine endliche Auswahl von Punkten nennen wir *Diskretisierung* des *Versuchsbereichs*. Dadurch lassen sich viele Optimierungsprobleme aus [6.2] wesentlich leichter behandeln.

6.3. Ansatzwahl zur Schätzung

Bei der Ansatzdiskrimination (›[6.2]) kommt es darauf an, einen Ansatz auszuwählen, der den weiteren Untersuchungen zugrunde gelegt werden soll. Das Problem, aus dem erhaltenen Datensatz die Wirkungsfläche zu schätzen, spielte dabei keine Rolle.

Stattdessen war es wünschenswert, den gewählten Ansatz fachwissenschaftlich zu deuten. Nun wenden wir uns der Aufgabe zu, die Auswahl des Ansatzes nur zur unmittelbar folgenden Schätzung vorzunehmen. Der Ansatz wird also für jeden vorkommenden Datensatz zusammen mit der Schätzung neu bestimmt und ist daher auch nur im unmittelbaren Zusammenhang mit dieser Schätzung benutzbar. Auf eine fachwissenschaftliche Deutung muß in der Regel verzichtet werden. Obwohl sich also die Aufgaben in [6.2] und [6.3] wesentlich unterscheiden, sind die Grenzen für die Anwendung der vorgestellten Verfahren in der Praxis fließend.

In [6.3.1] wird das Problem bei gegebenem Versuchsplan behandelt. Die Ausführungen werden verhältnismäßig kurz gefaßt, da es nur wenige Vorschläge zur Versuchsplanung dazu gibt, die in [6.3.2] referiert werden.

6.3.1. Ansatzwahl zur Schätzung bei gegebenem Plan

Da die unmittelbare Schätzung oder Anpassung der Wirkungsfläche wesentlich auf Näherungsvorstellungen basiert, ist es prinzipiell sinnvoll, dafür als konkurrierende Ansätze *nur lineare* zu betrachten. Da die Ansatzwahl für jeden Datensatz von neuem vorgenommen wird, kommt es nicht darauf an, ob der gewählte Ansatz im konkreten Fall auch immer der theoretisch richtige ist, also z. B. alle wesentlichen Einflußgrößen und Funktionen enthält. Hier liegt ein Unterschied zur Ansatzdiskrimination. Man verlangt vom gewählten Ansatz stattdessen, daß er möglichst wenige Parameter enthält und daß sich seine Funktionswerte möglichst einfach berechnen lassen.

Wegen der geringeren Ansprüche an das Ergebnis kann man einige *Methoden der Ansatzdiskrimination* (Verf. 6.2.1—6.2.7), die eine Schätzung oder Anpassung der Wirkungsfläche aus dem erhaltenen Datensatz erlauben, auch für die Ansatzwahl zur Schätzung benutzen. Auch *Screeningverfahren* lassen sich anwenden, wenn man die Funktionen $f_j^{(i)}(x)$ der Ansätze zu einem Superansatz zusammenführt (›(6.2.19)) und als neue (sekundäre) Einflußgrößen x_l deutet. Im folgenden sollen einige weitere Verfahren vorgestellt werden, die speziell für die Ansatzwahl zur Schätzung entwickelt wurden.

Typisch für die Ansatzwahl zur Schätzung ist der Fall, daß ein Ansatz mit verhältnismäßig vielen unbekannten Parametern gegeben ist und ein Ansatz gesucht wird, der wesentlich weniger Parameter enthält und eine gute Schätzung der Wirkungsfläche mit dem vorliegenden Datensatz erlaubt.

Ein Prinzip ist hierfür die Benutzung von Ansatzfunktionenkombinationen, die auf der Menge der Versuchspunkte orthogonal sind und das Weglassen solcher Kombinationen, die nur kleine Beiträge zur Anpassung des Datensatzes leisten. Außerdem werden damit die Auswirkungen der sogenannten *Multikollinearität* beseitigt. Als Multikollinearität bezeichnet man den Fall, daß einige der Ansatzfunktionen auf der Menge der Versuchspunkte fast linear abhängig sind. Dies führt zu einer schlechten Kondition der Matrix $\boldsymbol{F}(V_n)'\,\boldsymbol{F}(V_n)$ und zu sehr ungenauen Schätzungen für die Parameter (›[3.1.3] z. B. Verf. 3.1.6).

Es seien $\lambda_j = \lambda_j(\boldsymbol{F}(V_n)'\,\boldsymbol{F}(V_n))$; $j = 1, \dots, r$; die Eigenwerte der Matrix $\boldsymbol{F}(V_n)'\,\boldsymbol{F}(V_n)$ und

$$\Lambda = \begin{pmatrix} \lambda_1(\boldsymbol{F}(V_n)'\,\boldsymbol{F}(V_n)) & & 0 \\ & \ddots & \\ 0 & & \lambda_r(\boldsymbol{F}(V_n)'\,\boldsymbol{F}(V_n)) \end{pmatrix}. \tag{6.3.1}$$

Weiterhin sei $\boldsymbol{C}$ die orthonormale Matrix der Eigenvektoren von $\boldsymbol{F}(V_n)'\,\boldsymbol{F}(V_n)$, für die also gilt

$$\boldsymbol{C}'\boldsymbol{F}'\boldsymbol{F}\boldsymbol{C} = \boldsymbol{\Lambda}; \qquad \boldsymbol{C}'\boldsymbol{C} = \boldsymbol{C}\boldsymbol{C}' = \boldsymbol{I}_r. \tag{6.3.2}$$

Mit

$$\boldsymbol{G} = \boldsymbol{F}\boldsymbol{C} \quad \text{und} \quad \gamma = \boldsymbol{C}'\boldsymbol{\vartheta} \tag{6.3.3}$$

wird aus dem Zusammenhangmodell $\mathfrak{Y} = \boldsymbol{F}\boldsymbol{\vartheta} + \varepsilon$ das transformierte Modell

$$\mathfrak{Y} = \boldsymbol{F}\boldsymbol{C}\boldsymbol{C}'\boldsymbol{\vartheta} + \varepsilon = \boldsymbol{G}\gamma + \varepsilon. \tag{6.3.4}$$

Hierzu gehört das Normalgleichungssystem

$$\boldsymbol{G}'\boldsymbol{G}\hat{\gamma} = \boldsymbol{G}'\boldsymbol{y}(V_n),$$

das sich wegen (6.3.2) zu

$$\boldsymbol{\Lambda}\hat{\gamma} = \boldsymbol{G}'\boldsymbol{y}(V_n) \tag{6.3.5}$$

vereinfacht.

Falls ein Teil der Eigenwerte gleich Null wäre, $\lambda_{j_{s+1}} = \dots = \lambda_{j_r} = 0$, dann müßten auch die entsprechenden Spalten von $\boldsymbol{G}$ nur aus Nullen bestehen, damit (6.3.5) für beliebiges $\boldsymbol{y}(V_n)$ lösbar ist. Die Schätzwerte $\hat{\gamma}_{j_{s+1}}, \dots, \hat{\gamma}_{j_r}$ blieben durch das Gleichungssystem also unbestimmt und könnten z. B. alle gleich Null gesetzt werden. Nach der Transformation des Ansatzvektors,

$$\boldsymbol{g}(\boldsymbol{x}) = \boldsymbol{G}'\boldsymbol{f}(\boldsymbol{x}), \tag{6.3.6}$$

erhielten die Komponenten $g_{j_{s+1}}, \dots, g_{j_r}$ diese so geschätzten Koeffizienten $\hat{\gamma}_{j_{s+1}} = \dots = \hat{\gamma}_{j_r} = 0$ und könnten aus dem transformierten Ansatz für die aktuelle Schätzung weggelassen werden. Die heuristische Anwendung dieser Überlegungen besteht nun darin, Eigenwerte λ_{j_t}, die *klein* sind im Vergleich mit anderen Eigenwerten in $\boldsymbol{\Lambda}$, gleich Null zu setzen.

Bemerkung 6.3.1: Das so erhaltene Verfahren zur Konstruktion eines transformierten Ansatzes, in dem einige Komponenten des Ansatzvektors weggelassen werden, hängt stark vom Maßstab der ursprünglichen Funktionen $f_1, \dots, f_r$ ab. Um gewisse Aspekte der Ansatzdiskrimination zu betrachten, wird von einigen Autoren (z. B. Hartmann/Lezki/Schäfer [1]) eine vorangehende geeignete Standardisierung der Funktionen $f_i(\boldsymbol{x})$, z. B. durch Konstanten c_i; $i = 1, \dots, r$; empfohlen. Jedoch scheint das Verfahren ohne Zusatzüberlegungen und Vorkenntnisse wenig zur Ansatzdiskrimination geeignet.

VERFAHREN 6.3.1 (Hauptkomponentenregression):

1. **Gegebene Größen:** a) Linearer Ansatz $\tilde{S} = \{\tilde{\eta}(\boldsymbol{x}, \boldsymbol{\vartheta}) = \boldsymbol{f}(\boldsymbol{x})'\,\boldsymbol{\vartheta} : \boldsymbol{x} \in B\}_{\boldsymbol{\vartheta} \in \mathbb{R}^r}$.

b) Versuchsplan $V_n = (\boldsymbol{x}_1, \dots, \boldsymbol{x}_n)$ und Beobachtungsergebnisse $\boldsymbol{y}(V_n) = \big(y(\boldsymbol{x}_1), \dots, y(\boldsymbol{x}_n)\big)'$.

c) Konstante $c_0 \in (0, 1)$.

2. **Aufgabe:** Aufbau eines transformierten Teilansatzes zur Schätzung.

3. **Bezeichnungen:** a) $\boldsymbol{F}(V_n) = \big((f_j(\boldsymbol{x}_i))\big)_{n \times r}$; $i = 1, \dots, n$; $j = 1, \dots, r$.

b) $\lambda_j\big(\boldsymbol{F}(V_n)'\,\boldsymbol{F}(V_n)\big)$; $j = 1, \dots, r$; Eigenwerte von $\boldsymbol{F}(V_n)'\,\boldsymbol{F}(V_n)$.

c) $\boldsymbol{C}$ orthonormale Matrix der Eigenvektoren von $\boldsymbol{F}(V_n)'\,\boldsymbol{F}(V_n)$.

4. **Voraussetzung:** $\max\limits_j \lambda_j\big(\boldsymbol{F}(V_n)'\,\boldsymbol{F}(V_n)\big) > 0$.

5. **Lösung:** a) Bestimme alle Eigenwerte $\lambda_i(\boldsymbol{F}(V_n)'\,\boldsymbol{F}(V_n))$ und die orthonormale Matrix $\boldsymbol{C}$ der Eigenvektoren aus dem Eigenwertproblem

$$(\boldsymbol{F}(V_n)'\,\boldsymbol{F}(V_n) - \lambda \boldsymbol{I}_r)\,\boldsymbol{c} = \boldsymbol{0}; \quad \boldsymbol{c} \in \mathrm{R}^r.$$

b) Bilde aus allen Eigenwerten $\lambda_i(\boldsymbol{F}(V_n)'\,\boldsymbol{F}(V_n))$ mit

$$\frac{\lambda_i(\boldsymbol{F}(V_n)'\,\boldsymbol{F}(V_n))}{\max\limits_j \lambda_j(\boldsymbol{F}(V_n)'\,\boldsymbol{F}(V_n))} \geqq c_0 \tag{6.3.7}$$

die Diagonalmatrix

$$\tilde{\Lambda} = \begin{pmatrix} \lambda_{j_1} & & 0 \\ & \ddots & \\ 0 & & \lambda_{j_s} \end{pmatrix}. \tag{6.3.8}$$

c) Bilde $\tilde{\boldsymbol{C}}$ aus den zugehörigen Eigenvektoren der in $\tilde{\Lambda}$ enthaltenen Eigenwerte in der entsprechenden Reihenfolge.

d) Löse das Gleichungssystem für $\hat{\boldsymbol{\gamma}}_g$:

$$\tilde{\Lambda}\hat{\boldsymbol{\gamma}}_g = \tilde{\boldsymbol{C}}'\boldsymbol{F}(V_n)'\,\boldsymbol{y}(V_n). \tag{6.3.9}$$

e) Bilde den transformierten Ansatzteilvektor

$$\boldsymbol{g}(\boldsymbol{x}) = \tilde{\boldsymbol{C}}'\boldsymbol{f}(\boldsymbol{x}). \tag{6.3.10}$$

f) Schätze die Wirkungsfläche durch

$$\hat{\eta}(\boldsymbol{x}) = \boldsymbol{g}(\boldsymbol{x})'\,\hat{\boldsymbol{\gamma}}_g \bullet \tag{6.3.11}$$

Beispiel 6.3.1:

1. a) Ansatz $\tilde{S}$ mit $\tilde{\eta} = \vartheta_0 + \vartheta_1 \mathrm{e}^{-x_1} + \vartheta_2 x_2 + \vartheta_3 x_2^2$.

b) $V_4 = \left(\begin{pmatrix}-1\\-1\end{pmatrix}, \begin{pmatrix}-1\\1\end{pmatrix}, \begin{pmatrix}1\\-1\end{pmatrix}, \begin{pmatrix}1\\1\end{pmatrix}\right) = \text{VFV } 2^2;\ n = 4;$

$\boldsymbol{y}(V_4)' = (0{,}398;\ -1{,}937;\ 5{,}125;\ 4{,}324)$.

c) $c_0 = 0{,}15$.

5. a) Bestimmung von $\lambda_i(\boldsymbol{F}(V_4)'\,\boldsymbol{F}(V_4)) = \lambda_i;\ i = 1, 2, 3, 4$:

$$\boldsymbol{F}'(V_4) = \begin{pmatrix} 1 & 1 & 1 & 1 \\ 2{,}718 & 2{,}718 & 0{,}368 & 0{,}368 \\ -1 & 1 & -1 & 1 \\ 1 & 1 & 1 & 1 \end{pmatrix};$$

$$\boldsymbol{F}'(V_4)\,\boldsymbol{F}(V_4) = \begin{pmatrix} 4 & 6{,}172 & 0 & 4 \\ 6{,}172 & 15{,}046 & 0 & 6{,}172 \\ 0 & 0 & 4 & 0 \\ 4 & 6{,}172 & 0 & 4 \end{pmatrix};$$

$$\det(\boldsymbol{F}'\boldsymbol{F} - \lambda \boldsymbol{I}_4) = \begin{vmatrix} 4-\lambda & 6{,}172 & 0 & 4 \\ 6{,}172 & 15{,}046-\lambda & 0 & 6{,}172 \\ 0 & 0 & 4-\lambda & 0 \\ 4 & 6{,}172 & 0 & 4-\lambda \end{vmatrix}$$

$$= (4-\lambda)\,\lambda(\lambda^2 - 23{,}46\lambda + 44{,}178) = 0;$$

daraus folgt: $\lambda_1 = 0,\ \lambda_2 = 4,\ \lambda_3 = 20{,}935,\ \lambda_4 = 2{,}110$.
Berechnung der Eigenvektoren $\boldsymbol{c}_i;\ i = 1, 2, 3, 4$:

$$i = 3{:}\ \begin{pmatrix} 4-20{,}935 & 6{,}172 & 0 & 4 \\ 6{,}172 & 15{,}046-20{,}935 & 0 & 6{,}172 \\ 0 & 0 & 4-20{,}935 & 0 \\ 4 & 6{,}172 & 0 & 4-20{,}935 \end{pmatrix} \begin{pmatrix} c_{31} \\ c_{32} \\ c_{33} \\ c_{34} \end{pmatrix} = \boldsymbol{0}.$$

Daraus folgt das Gleichungssystem

$$\begin{aligned} -16{,}935c_{31} + 6{,}172c_{32} + \quad 4c_{34} \quad &= 0\\ 6{,}172c_{31} - 5{,}889c_{32} + \quad 6{,}172c_{34} &= 0\\ 4c_{31} + 6{,}172c_{32} - 16{,}935c_{34} &= 0\\ -\ 16{,}935c_{33} &= 0 \end{aligned}$$

mit der Lösung $c_3' = (0{,}477; 1; 0; 0{,}477)$. Durch Normierung von c_3' mit $\sqrt{|c_3|} = 1{,}206$ ergibt sich der Eigenvektor $c_{3e}' = (0{,}395,\ 0{,}829;\ 0;\ 0{,}395)$.
Analog berechnet man die Eigenvektoren $c_{2e}' = (0, 0, 1, 0)$, $c_{4e}' = (-0{,}586; 0{,}559; 0; 0{,}586)$.

b) $\max\limits_{j\in\{1,2,3,4\}} \lambda_j = \max\,(0;\ 4;\ 20{,}935;\ 2{,}110) = 20{,}935;$

$$\frac{\lambda_1}{20{,}935} = \frac{0}{20{,}935} = 0 < 0{,}15\,, \quad \frac{\lambda_2}{20{,}935} = \frac{4}{20{,}935} = 0{,}191 > 0{,}15\,,$$

$$\frac{\lambda_3}{20{,}935} = \frac{20{,}935}{20{,}935} = 1 > 0{,}15\,, \quad \frac{\lambda_4}{20{,}935} = \frac{2{,}110}{20{,}935} = 0{,}101 < 0{,}15;$$

$$\tilde{\Lambda} = \begin{pmatrix} 20{,}935 & 0\\ 0 & 4 \end{pmatrix}.$$

c) $$\tilde{C} = \begin{pmatrix} 0{,}395 & 0{,}829 & 0 & 0{,}395\\ 0 & 0 & 1 & 0 \end{pmatrix}'.$$

d) Löse das Gleichungssystem

$$\begin{pmatrix} 20{,}935 & 0\\ 0 & 4 \end{pmatrix}\begin{pmatrix} \hat{\gamma}_1\\ \hat{\gamma}_2 \end{pmatrix} = \begin{pmatrix} 0{,}395 & 0{,}829 & 0 & 0{,}395\\ 0 & 0 & 1 & 0 \end{pmatrix} \times \begin{pmatrix} 1 & 1 & 1 & 1\\ 2{,}718 & 2{,}718 & 0{,}368 & 0{,}368\\ -1 & 1 & -1 & 1\\ 1 & 1 & 1 & 1 \end{pmatrix}\begin{pmatrix} 0{,}398\\ -1{,}937\\ 5{,}125\\ 4{,}324 \end{pmatrix},$$

d. h. $20{,}935\hat{\gamma}_1 = 5{,}664$; $4\hat{\gamma}_2 = -3{,}136$; daraus folgt: $\hat{\gamma}_1 = 0{,}271$; $\hat{\gamma}_2 = -0{,}784$.

e) $$\boldsymbol{g}(\boldsymbol{x}) = \begin{pmatrix} 0{,}395 & 0{,}829 & 0 & 0{,}395\\ 0 & 0 & 1 & 0 \end{pmatrix}\begin{pmatrix} 1\\ \mathrm{e}^{-x_1}\\ x_2\\ x_2^2 \end{pmatrix} = \begin{pmatrix} 0{,}395 + 0{,}829\,\mathrm{e}^{-x_1} + 0{,}395x_2^2\\ x_2 \end{pmatrix}.$$

f) $$\hat{\eta}(\boldsymbol{x}) = \begin{pmatrix} 0{,}395 + 0{,}829\,\mathrm{e}^{-x_1} + 0{,}395x_2^2\\ x_2 \end{pmatrix}' \cdot \begin{pmatrix} 0{,}271\\ -0{,}784 \end{pmatrix} = 0{,}107 + 0{,}225\,\mathrm{e}^{-x_1} + 0{,}107x_2^2 - 0{,}784x_2.$$

Die Wahl von c_0 beim Verf. 6.3.1 kann auch erst nach Betrachtung der Eigenwerte in 5.a) vorgenommen werden. Falls jedoch bereits eine Vorstellung darüber besteht, wann man einen Eigenwert als klein ansehen will, z. B. wenn $c_0 = 0{,}01$ ist, dann kann man in 5.a) Verfahren einsetzen, die nur die Eigenwerte bestimmen, die (6.3.7) genügen. Der Ansatzvektor $\boldsymbol{g}(\boldsymbol{x})$ enthält nur noch s Funktionen; dabei wünscht man, daß s wesentlich kleiner ist als r, die Dimension des Ausgangsansatzes $\tilde{S}$.

Zur Lösung des Eigenwertproblems 5.a) läßt sich auch die Methode der Singulärwertzerlegung (singular value decomposition) heranziehen (s. Lawson/Hanson [1]).

Wesentlich einfacher gestaltet sich das Problem, wenn bereits eine Vermutung über den zur Schätzung ausreichenden Teilansatz vorliegt. Man kann diese Vermutung als *lineare Hypothese* formulieren, diese Hypothese mit dem F-Test prüfen (↗Verf. 6.2.2) und dann die Schätzung je nach dem Ausfall des Tests mit dem gesamten oder dem vermuteten Teilansatz angeben. Dieses Vorgehen nennt man *Vortest-Schätzung*. Das folgende Verfahren behandelt den wichtigsten Spezialfall. Zur Modifizierung für die allgemeine lineare Hypothese ›Bem. 6.3.2.

VERFAHREN 6.3.2 (einfache Vortest-Schätzung, speziell):

1. **Gegebene Größen:** a) Zwei lineare Ansätze

$$\tilde{S}_1 = \{\tilde{\eta}^{(1)}(\boldsymbol{x}, \boldsymbol{\vartheta}) = \boldsymbol{f}(\boldsymbol{x})'\,\boldsymbol{\vartheta} : \boldsymbol{x} \in B\}_{\boldsymbol{\vartheta} \in \mathrm{R}^r},$$

$$\tilde{S}_2 = \{\tilde{\eta}^{(2)}(\boldsymbol{x}, \boldsymbol{\vartheta}) = \boldsymbol{f}(\boldsymbol{x})'\,\boldsymbol{\vartheta} : \boldsymbol{x} \in B\}_{\boldsymbol{\vartheta} \in \Theta}$$

mit $\Theta = \{\boldsymbol{\vartheta} \in \mathrm{R}^r : \vartheta_{j_1} = \dots = \vartheta_{j_l} = 0\}$.

b) Konstante $\alpha \in (0, 1)$.

c) Versuchsplan $V_n = (\boldsymbol{x}_1, \dots, \boldsymbol{x}_n)$ und Beobachtungsergebnisse $\boldsymbol{y}(V_n) = (y(\boldsymbol{x}_1), \dots, y(\boldsymbol{x}_n))'$.

2. **Aufgabe:** Auswahl eines Ansatzes und Schätzung der Wirkungsfläche

3. **Bezeichnungen:** a) $\boldsymbol{F}(V_n)$, $\boldsymbol{F}(V_n, j_1, \dots, j_l)$ gemäß (6.2.9).

b) $s_0^2(V_n)$, $s_0^2(V_n; j_1, \dots, j_l)$ gemäß (6.2.11) bzw. (6.2.12).

c) $f_{l, n-r; 1-\alpha}$ ist das $(1-\alpha)$-Quantil der F-Verteilung mit l und $n-r$ Freiheitsgraden.

d) $\boldsymbol{\vartheta}^{(2)} = (\vartheta_{j_{l+1}}, \dots, \vartheta_{j_r})'$.

4. **Voraussetzungen:** a) $\tilde{S}_1$ wahrer Ansatz.

b) $\boldsymbol{\varepsilon}(V_n) \sim \mathrm{N}(\boldsymbol{0}, \sigma^2 \boldsymbol{I}_n)$.

c) Die inversen Matrizen in 3.b) existieren.

5. **Lösung:** a) Bilde $\tilde{f} = \dfrac{n-r}{l}\,\dfrac{s_0^2(V_n; j_1, \dots, j_l)}{s_0(V_n)}$.

b) Falls $\tilde{f} \leqq f_{l, n-r; 1-\alpha}$, dann wähle $\tilde{S}_2$. Schätze $\boldsymbol{\vartheta}^{(2)}$ durch

$$\check{\boldsymbol{\vartheta}}^{(2)}(\boldsymbol{y}(V_n)) = (\boldsymbol{F}(V_n; j_1, \dots, j_l)'\,\boldsymbol{F}(V_n; j_1, \dots, j_l))^{-1}$$
$$\times\, \boldsymbol{F}(V_n; j_1, \dots, j_l)'\,\boldsymbol{y}(V_n) = (\check{\vartheta}^{(2)}_{j_{l+1}}, \dots, \check{\vartheta}^{(2)}_{j_r})'$$

und bestimme damit die Schätzung

$$\hat{\boldsymbol{\vartheta}}_K(\boldsymbol{y}(V_n)) = (\hat{\vartheta}_{K1}, \dots, \hat{\vartheta}_{Kr})' \tag{6.3.12}$$

mit

$$\hat{\vartheta}_{Kj} = \begin{cases} \check{\vartheta}^{(2)}_j, & \text{falls } j \in \{j_{l+1}, \dots, j_r\}, \\ 0, & \text{falls } j \in \{j_1, \dots, j_l\}. \end{cases}$$

Für die Schätzung der Wirkungsfläche wähle

$$\tilde{\eta}^{(2)}(\boldsymbol{x}, \hat{\boldsymbol{\vartheta}}_K(\boldsymbol{y}(V_n))) = \boldsymbol{f}(\boldsymbol{x})'\,\hat{\boldsymbol{\vartheta}}_K(\boldsymbol{y}(V_n)).$$

c) Falls $\tilde{f} > f_{l, n-r; 1-\alpha}$, dann wähle $\tilde{S}_1$. Schätze $\boldsymbol{\vartheta}$ durch

$$\check{\boldsymbol{\vartheta}}(\boldsymbol{y}(V_n)) = (\boldsymbol{F}(V_n)'\,\boldsymbol{F}(V_n))^{-1}\,\boldsymbol{F}(V_n)'\,\boldsymbol{y}(V_n)$$

und die Wirkungsfläche durch

$$\tilde{\eta}^{(1)}(\boldsymbol{x}, \check{\boldsymbol{\vartheta}}(\boldsymbol{y}(V_n))) = \boldsymbol{f}(\boldsymbol{x})'\,\check{\boldsymbol{\vartheta}}(\boldsymbol{y}(V_n))\ \bullet$$

Beispiel 6.3.2:

1. a) $\tilde{\eta}(\boldsymbol{x}, \boldsymbol{\vartheta}) = \vartheta_0 + \vartheta_1 x_1 + \vartheta_2 x_2$; $\Theta = \{\boldsymbol{\vartheta} \in \mathrm{R}^3 : \vartheta_2 = 0\}$.

b) $\alpha = 0{,}05$.

c) $V_4 = \left(\begin{pmatrix}1\\1\end{pmatrix}, \begin{pmatrix}1\\0\end{pmatrix}, \begin{pmatrix}0\\1\end{pmatrix}, \begin{pmatrix}0\\0\end{pmatrix}\right)$; $\boldsymbol{y} = (1, -1, 3, 4)'$.

3. a) $\boldsymbol{F}(V_4) = \begin{pmatrix}1 & 1 & 1\\ 1 & 1 & 0\\ 1 & 0 & 1\\ 1 & 0 & 0\end{pmatrix}$; $\boldsymbol{F}(V_4; 2) = \begin{pmatrix}1 & 1\\ 1 & 1\\ 1 & 0\\ 1 & 0\end{pmatrix}$.

d) $f_{1,1;\,0,95} = 161{,}4$.

4. c) $(\boldsymbol{F}(V_4)' \boldsymbol{F}(V_4))^{-1} = \frac{1}{4}\begin{pmatrix}3 & -2 & -2\\ -2 & 4 & 0\\ -2 & 0 & 4\end{pmatrix}$ (›Bsp. 3.1.1);

$(\boldsymbol{F}(V_4; 2)' \boldsymbol{F}(V_4; 2))^{-1} = \frac{1}{2}\begin{pmatrix}1 & -1\\ -1 & 2\end{pmatrix}$.

5. a) $s_0^2(V_4) = 2{,}25$, $s_0^2(V_4; 2) = 0{,}25$, $\tilde{f} = \frac{4-3}{1}\,\frac{0{,}25}{2{,}25} = 0{,}11$.

b) Wegen $0{,}11 < 161{,}4$ wähle $\tilde{S}_2$ und schätze $\check{\boldsymbol{\vartheta}}^{(2)}(\boldsymbol{y}(V_4)) = (3{,}5; 3{,}5)'$, d. h. $\hat{\boldsymbol{\vartheta}}_K = (3{,}5; 3{,}5; 0)'$.

Bemerkung 6.3.2: Falls sich die beiden Ansätze dadurch unterscheiden, daß in einem die lineare Hypothese $\boldsymbol{K\vartheta} = \boldsymbol{l}$ gilt, dann teste man mit dem Verf. 6.2.3 und verwende im Falle, daß $\tilde{f}$ kleiner ist als das entsprechende Quantil, die MKQ-Schätzung unter der Nebenbedingung $\boldsymbol{K\vartheta} = \boldsymbol{l}$:

$$\hat{\boldsymbol{\vartheta}}_K(\boldsymbol{y}(V_n)) = \check{\boldsymbol{\vartheta}}(\boldsymbol{y}(V_n)) + (\boldsymbol{F}(V_n)' \boldsymbol{F}(V_n))^{-1} \boldsymbol{K}'[\boldsymbol{K}(\boldsymbol{F}(V_n)' \boldsymbol{F}(V_n))^{-1} \boldsymbol{K}']^{-1} \times \left(\boldsymbol{l} - \boldsymbol{K}\check{\boldsymbol{\vartheta}}(\boldsymbol{y}(V_n))\right). \tag{6.3.13}$$

Mit

$$I(\alpha) = \begin{cases} 1 & \text{für } \tilde{f} \leqq f_{l,\,n-r;\,1-\alpha}, \\ 0 & \text{für } \tilde{f} > f_{l,\,n-r;\,1-\alpha} \end{cases}$$

kann man die *Vortest-Schätzung* in der Form

$$\hat{\boldsymbol{\vartheta}}(\alpha) = I(\alpha)\, \hat{\boldsymbol{\vartheta}}_K + \left(1 - I(\alpha)\right) \check{\boldsymbol{\vartheta}} \tag{6.3.14}$$

schreiben. Es ist $\hat{\boldsymbol{\vartheta}}(0) = \hat{\boldsymbol{\vartheta}}_K$ und $\hat{\boldsymbol{\vartheta}}(1) = \check{\boldsymbol{\vartheta}}$. Bezüglich einer quadratischen Verlustfunktion sind Schätzungen $\hat{\boldsymbol{\vartheta}}(\alpha)$ mit kleinem α besser als solche mit großem α, falls die Hypothese näherungsweise erfüllt ist. Ist die Hypothese deutlich verletzt, dann sind jedoch Schätzungen $\hat{\boldsymbol{\vartheta}}(\alpha)$ mit großem α besser als solche mit kleinem α. Wir finden also keine Irrtumswahrscheinlichkeit α^*, so daß $\hat{\boldsymbol{\vartheta}}(\alpha^*)$ für jedes $\boldsymbol{\vartheta} \in \mathrm{R}^r$ besser ist als ein anderes $\hat{\boldsymbol{\vartheta}}(\alpha)$, d. h., es gibt keine gleichmäßig beste Vortest-Schätzung bezüglich quadratischem Verlust und daher auch von dieser Seite keine Empfehlung für die Wahl von α.

Ein gewisser Ausweg wird von SAWA/HIROMATSU [1] mit einem *Minimax-Regret-Kriterium* zur Bestimmung eines geeigneten α angeboten. Im Kap. 3 haben wir die Optimalität von Schätzungen $\hat{\boldsymbol{\vartheta}}$ für $\boldsymbol{\vartheta}$ mit einem von einer Verlustfunktion erzeugten Risiko $R(P_\varepsilon, \boldsymbol{\vartheta}, \hat{\boldsymbol{\vartheta}})$ beurteilt (›(3.1.14)). Mit diesem Risiko wird nun für $\hat{\boldsymbol{\vartheta}}(\alpha)$ die *Regretfunktion*

$$r(\boldsymbol{\vartheta}, \alpha) = R\left(P_\varepsilon, \boldsymbol{\vartheta}, \hat{\boldsymbol{\vartheta}}(\alpha)\right) - \inf_{\alpha \in [0,1]} R\left(P_\varepsilon, \boldsymbol{\vartheta}, \hat{\boldsymbol{\vartheta}}(\alpha)\right) \tag{6.3.15}$$

gebildet und ein α^* als Lösung der Aufgabe

$$\sup_{\vartheta \in R^r} r(\vartheta, \alpha) \stackrel{!}{=} \inf_{\alpha \in [0,1]} \tag{6.3.16}$$

gesucht. Dieses Minimax-Regret-Kriterium ist nur in sehr einfachen Spezialfällen praktikabel (s. dazu Sawa/Hiromatsu [1]). Falls das Risiko $R(P_\varepsilon, \vartheta, \hat{\vartheta})$ explizit zur Verfügung steht, ist es sinnvoller, Vorkenntnisse über ϑ zur Bestimmung eines α^* auszunutzen. Sei z. B. $p(\vartheta)$ eine Gewichtsfunktion, die die Wahrscheinlichkeit für das Auftreten von $\vartheta \in R^r$ ausdrückt (nicht notwendig eine Wahrscheinlichkeitsdichte), dann wären die Kriterien

$$\sup_{\vartheta \in R^r} p(\vartheta)\, R(P_\varepsilon, \vartheta, \hat{\vartheta}(\alpha)) \stackrel{!}{=} \inf_{\alpha \in [0,1]} \tag{6.3.17}$$

und

$$\int_{R^r} p(\vartheta)\, R(P_\varepsilon, \vartheta, \hat{\vartheta}(\alpha))\, d\vartheta \stackrel{!}{=} \inf_{\alpha \in [0,1]} \tag{6.3.18}$$

mögliche Alternativen zu (6.3.16) (s. hierzu W. Nagel [1]). Falls keinerlei verwertbare Vorkenntnisse über ϑ zur Verfügung stehen, wählt man gewöhnlich $\alpha \in [0,1; 0,2]$.

Wenn die Voraussetzungen in Verf. 6.3.2/4.a) und 4.b) nicht erfüllt sind, wird das Verfahren, wie der F-Test selbst, zu einer nur praktizierbaren Vorgehensweise.

Das Prinzip der Vortest-Schätzungen läßt sich in zwei Richtungen verallgemeinern: So muß man bei der Ablehnung der Hypothese (›Verf. 6.3.2/5.c)) nicht unbedingt den Ansatz $\tilde{S}_1$ wählen. Ausgehend von $\tilde{S}_1$ kann man auch zwei neue Ansätze $\tilde{S}_2'$ und $\tilde{S}_1'$ festlegen, die sich wiederum durch eine lineare Hypothese unterscheiden. Dann führt man weitere Versuche durch, testet mit dem gesamten Datensatz diese Hypothese und entscheidet sich entweder für $\tilde{S}_2'$ oder für eine weitere analoge Fortsetzung des Vorgehens. Dieser Weg wird gelegentlich bei der Schätzung mit Näherungsansätzen in sequentiellen Verfahren (s. dazu Kap. 5) verfolgt.

Eine andere Richtung schlägt man ein, wenn man die Wahl des Ansatzes und damit der Schätzung *iterativ* mit dem einmal gegebenen Datensatz vornimmt. Hinsichtlich dieses iterativen Charakters und wegen der dabei betrachteten Restquadratsummen zeigen die folgenden Verfahren gewisse Analogien zu einigen Screeningverfahren (Verf. 6.1.1, 6.1.2, 6.1.3). Die wesentlichen Unterschiede bestehen jedoch darin, daß die Differenzen der Restquadratsummen *nicht* auf die Restquadratsumme für den Gesamtansatz bezogen werden und das Auswahlkriterium mit dem Umfang des betrachteten Teilansatzes variiert. Aus der Vielzahl der möglichen Kombinationen und Varianten stellen wir nur die beiden Grundtypen vor. Wegen eines Überblicks verweisen wir auf Haverland [1], O. Bunke [1].

Beim *ersten Grundtyp* werden zuerst diejenigen Ansatzfunktionen aus dem Gesamtansatz *eliminiert*, bei denen die Testwerte für den entsprechenden F-Test der beiden beteiligten Ansätze am kleinsten sind, eine Ablehnung für den entstehenden Ansatz also am wenigsten zu erwarten ist. Mit dem Eliminieren wird aufgehört, sobald die Hypothese bei einem Übergang abgelehnt wird.

VERFAHREN 6.3.3 (Rückwärtselimination):

1. **Gegebene Größen:** a) Ansatz $\tilde{S} = \{\tilde{\eta}(\boldsymbol{x}, \vartheta) = \boldsymbol{f}(\boldsymbol{x})'\, \vartheta : \boldsymbol{x} \in B\}_{\vartheta \in R^r}$.

   b) Konstante $\alpha \in (0, 1)$.

   c) Versuchsplan $V_n = (\boldsymbol{x}_1, \dots, \boldsymbol{x}_n)$ und Beobachtungsergebnisse $\boldsymbol{y}(V_n) = (y(\boldsymbol{x}_1), \dots, y(\boldsymbol{x}_n))'$.

2. **Aufgabe:** Bestimmung eines für die Schätzung ausreichenden Teilansatzes.

3. **Bezeichnungen:** a) $\boldsymbol{F}(V_n)$; $\boldsymbol{F}(V_n; j_1, \dots, j_l)$; $s_0^2(V_n)$; $s_0^2(V_n; j_1, \dots, j_l)$ gemäß (6.2.9), (6.2.11) bzw. (6.2.12); $\{j_1, \dots, j_l\} \subset \{1, \dots, r\}$.

b) $f_{1, n-r+l; 1-\alpha}$ ist das $(1-\alpha)$-Quantil der F-Verteilung mit 1 und $n - r + l$ Freiheitsgraden.

c) $\boldsymbol{F}(V_n) = \boldsymbol{F}(V_n; j_0)$, $s_0^2(V_n) = s_0^2(V_n; j_0)$.

4. **Voraussetzung:** Die inversen Matrizen in 3.a) existieren.

5. **Lösung:** a) Beginne mit $l = 0$.

b) Bestimme für $j = 1, \dots, r$ und $j \neq j_\nu$, $\nu = 1, \dots, l$

$$\tilde{f}_{lj} = \frac{s_0^2(V_n; j_1, \dots, j_l, j) - s_0^2(V_n; j_1, \dots, j_l)}{s_0^2(V_n; j_1, \dots, j_l)/(n - r + l)} . \tag{6.3.19}$$

c) Bilde

$$\tilde{f}_{lj_{l+1}} = \min_{j \neq j_\nu} \tilde{f}_{lj} . \tag{6.3.20}$$

d) Falls $\tilde{f}_{lj_{l+1}} \leqq \tilde{f}_{1, n-r+l; 1-\alpha}$, dann wiederhole 5.b)—5.d) mit $l + 1$ an Stelle von l.

e) Falls $\tilde{f}_{lj_{l+1}} > \tilde{f}_{1, n-r+l; 1-\alpha}$, dann wähle den Ansatz

$$\tilde{S}_l = \{\tilde{\eta}^{(l)}(\boldsymbol{x}, \boldsymbol{\vartheta}) = \boldsymbol{f}(\boldsymbol{x})' \boldsymbol{\vartheta} : \boldsymbol{x} \in B\}_{\boldsymbol{\vartheta} \in \Theta}$$

mit $\Theta = \{\boldsymbol{\vartheta} \in \mathrm{R}^r : \vartheta_{j_1} = \dots = \vartheta_{j_l} = 0\}$ ●

Beispiel 6.3.3:

1. a) $\tilde{S}$ mit $\tilde{\eta} = \vartheta_0 + \vartheta_1 x_1 + \vartheta_2 x_2 + \vartheta_3 x_3$; $r = 4$.

b) $\alpha = 0{,}05$.

c) $V_8 = \mathrm{VFV}\ 2^3$; $n = 8$ (›Tab. 5.2.2);

$\boldsymbol{y}(V_8)' = (0{,}398;\ -0{,}942;\ -1{,}937;\ -1{,}742;\ 5{,}125;\ 6{,}144;\ 4{,}324;\ 3{,}517)$.

5. a$_1$) $l = 0$.

b$_1$) $s_0^2(V_8) = 1{,}6635$, $s_0^2(V_8;\ 1) = 69{,}7169$, $s_0^2(V_8;\ 2) = 7{,}0473$, $s_0^2(V_8;\ 3) = 1{,}7723$ (›Bsp. 6.1.2).

$$\tilde{f}_{01} = \frac{s_0^2(V_8;\ 1) - s_0^2(V_8)}{\frac{1}{8-4} s_0^2(V_8)} = \frac{69{,}7169 - 1{,}6635}{\frac{1}{4} 1{,}6635} = 163{,}6391 ,$$

$$\tilde{f}_{02} = \frac{s_0^2(V_8;\ 2) - s_0^2(V_8)}{\frac{1}{4} s_0^2(V_8)} = \frac{7{,}0473 - 1{,}6635}{\frac{1}{4} \cdot 1{,}6635} = 12{,}9457 ,$$

$$\tilde{f}_{03} = \frac{s_0^2(V_8;\ 3) - s_0^2(V_8)}{\frac{1}{4} s_0^2(V_8)} = \frac{1{,}7723 - 1{,}6635}{\frac{1}{4} \cdot 1{,}6635} = 0{,}2616 .$$

c$_1$) $\tilde{f}_{0j_1} = \min\limits_{i \in \{1,2,3\}} \tilde{f}_{0i} = \min(163{,}6391;\ 12{,}9457;\ 0{,}2616) = 0{,}2616$, d. h. $j_1 = 3$.

d$_1$) $\tilde{f}_{1;\, 8-4+0;\, 0{,}95} = \tilde{f}_{1;\, 4;\, 0{,}95} = 7{,}710$. Wegen $\tilde{f}_{03} = 0{,}2616 < 7{,}71 = f_{1;\, 4;\, 0{,}95}$ wird das Verfahren mit $l = 1$ wiederholt.

a$_2$) $l = 1; j_1 = 3.$

b$_2$) $s_0^2(V_8; 3) = 1{,}7723$, $s_0^2(V_8; 3{,}1) = 69{,}8254$, $s_0^2(V_8; 3, 2) = 7{,}1561$ (›Bsp. 6.1.2).

$$\tilde{f}_{11} = \frac{s_0^2(V_8; 3, 1) - s_0^2(V_8; 3)}{\frac{1}{8-4+1} s_0^2(V_8; 3)} = \frac{69{,}8254 - 1{,}7723}{\frac{1}{5} \cdot 1{,}7723} = 191{,}9909\,,$$

$$\tilde{f}_{12} = \frac{s_0^2(V_8; 3, 2) - s_0^2(V_8; 3)}{\frac{1}{5} s_0^2(V_8; 3)} = \frac{7{,}1561 - 1{,}7723}{\frac{1}{5} \cdot 1{,}7723} = 15{,}1887\,.$$

c$_2$) $\tilde{f}_{1j_2} = \min\limits_{i \in \{1,2\}} \tilde{f}_{1i} = \min\,(191{,}9909;\; 15{,}1887) = 15{,}1887$, d. h. $j_2 = 2$.

e$_2$) $f_{1;\,8-4+1;\,0{,}95} = f_{1;\,5;\,0{,}95} = 6{,}607$. Wegen $\tilde{f}_{12} = 15{,}1887 > 6{,}607 = f_{1;\,5;\,0{,}95}$ wird das Verfahren beendet.

Wähle den Ansatz

$\tilde{S}_1$ mit $\tilde{\eta}^{(1)} = \vartheta_0 + \vartheta_1 x_1 + \vartheta_2 x_2 + \vartheta_3 x_3$ und $\Theta = \{\boldsymbol{\vartheta} \in \mathrm{R}^4 : \vartheta_3 = 0\}$,

d. h. $\tilde{\eta} = \vartheta_0 + \vartheta_1 x_1 + \vartheta_2 x_2$.

Eine Einschätzung des Verf. 6.3.3 wird zusammen mit dem nachfolgenden Verf. 6.3.4 gegeben. Bei diesem *zweiten Grundtyp* werden diejenigen Ansatzfunktionen für den Ansatz ausgewählt (*selektiert*), bei denen die Testwerte für den entsprechenden F-Test der beiden beteiligten Ansätze am größten sind, die Ablehnung des kleineren Ausgangsansatzes also am ehesten zu erwarten ist. Mit der Selektion wird aufgehört, wenn die Hypothese bei einem Übergang nicht mehr abgelehnt wird. Für die Auswahl der *ersten* Ansatzfunktion wird mit dem „Nichtansatz" $\tilde{\eta} = 0$ begonnen (›Verf. 6.3.4/3.d)).

VERFAHREN 6.3.4 (Vorwärtsselektion):

1. **Gegebene Größen:** a) Ansatz $\tilde{S} = \{\tilde{\eta}(\boldsymbol{x}, \boldsymbol{\vartheta}) = \boldsymbol{f}(\boldsymbol{x})' \boldsymbol{\vartheta} : \boldsymbol{x} \in B\}_{\boldsymbol{\vartheta} \in \mathrm{R}^r}$.

b) Konstante $\alpha \in (0, 1)$.

c) Versuchsplan $V_n = (\boldsymbol{x}_1, \dots, \boldsymbol{x}_n)$ und Beobachtungsergebnisse $\boldsymbol{y}(V_n) = \big(y(\boldsymbol{x}_1), \dots, y(\boldsymbol{x}_n)\big)'$.

2. **Aufgabe:** Bestimmung eines für die Schätzung ausreichenden Teilansatzes.

3. **Bezeichnungen:** a) $\boldsymbol{F}(V_n)$; $\boldsymbol{F}(V_n; j_1, \dots, j_l)$; $s_0^2(V_n)$; $s_0^2(V_n; j_1, \dots, j_l)$ gemäß (6.2.9), (6.2.11) bzw. (6.2.12); $\{j_1, \dots, j_l\} \subseteq \{1, \dots, r\}$.

b) $f_{1,\,n-r+l-1;\,1-\alpha}$ ist das $(1-\alpha)$-Quantil der F-Verteilung mit 1 und $n - r + l - 1$ Freiheitsgraden.

c) $s_0^2(V_n; \setminus \{j_{l+1}, \dots, j_r\}) = s_0^2(V_n; j_1, \dots, j_l)$.

d) $s_0^2(V_n; j_1, \dots, j_r) = s_0^2(V_n; 1, \dots, r) = \sum\limits_{i=1}^{n} y(\boldsymbol{x}_i)^2$.

4. **Voraussetzung:** Die inversen Matrizen in 3.a) existieren.

5. **Lösung:** a) Beginne mit $l = r$.

b) Bestimme für $j = j_\nu : \nu = 1, \dots, l$

$$\tilde{f}^{lj} = \frac{s_0^2(V_n; j_1, \dots, j_l) - s_0^2(V_n; \setminus \{j_{l+1}, \dots, j_r, j\})}{s_0^2(V_n; \setminus \{j_{l+1}, \dots, j_r, j\})/(n - r + l - 1)}\,. \tag{6.3.21}$$

c) Bilde

$$\tilde{f}^{lj_{l'}} = \max_{j \in \{j_1, \ldots, j_l\}} \tilde{f}^{lj} . \tag{6.3.22}$$

d) Falls $\tilde{f}^{lj_{l'}} > f_{1,\, n-r+l-1;\, 1-\alpha}$, dann setze mit Umbezeichnung zuerst

$$s_0^2(V_n; \setminus \{j_{l+1}, \ldots, j_r, j_{l'}\}) = s_0^2(V_n; j_1, \ldots, j_{l-1})$$

und dann wiederhole 5.b)—5.d) mit $l - 1$ an Stelle von l.

e) Falls $\tilde{f}^{lj_{l'}} \leqq f_{1,\, n-r+l-1;\, 1-\alpha}$, dann wähle den Ansatz

$$\tilde{S}_l = \{\tilde{\eta}^{(l)}(\boldsymbol{x}, \boldsymbol{\vartheta}) = \boldsymbol{f}(\boldsymbol{x})' \boldsymbol{\vartheta} : \boldsymbol{x} \in B\}_{\boldsymbol{\vartheta} \in \Theta}$$

mit $\Theta = \{\boldsymbol{\vartheta} \in \mathrm{R}^r : \vartheta_{j_1} = \ldots = \vartheta_{j_l} = 0\}$ ●

Beispiel 6.3.4:

1. a) Ansatz $\tilde{S}$ mit $\tilde{\eta} = \vartheta_1 + \vartheta_2 x_2 + \vartheta_3 x_3 + \vartheta_4 x_4$; $r = 4$.

b) $\alpha = 0{,}05$.

c) $V_8 =$ VFV 2^3; $n = 8$ (›Tab. 5.2.2);

$\boldsymbol{y}(V_8)' = (0{,}398;\ -0{,}942;\ -1{,}937;\ -1{,}742;\ 5{,}125;\ 6{,}144;\ 4{,}324;\ 3{,}517)$.

5. a_1) $l = r = 4$.

b_1) $s_0^2(V_8; 1, 2, 3, 4) = \boldsymbol{y}'\boldsymbol{y} = 102{,}9130$; $s_0^2(V_8; \setminus \{1\}) = s_0^2(V_8; 2, 3, 4) = 75{,}2097$ (›Bsp. 6.1.2 mit entsprechender Indextransformation);

$s_0^2(V_8; \setminus \{2\}) = s_0^2(V_8; 1, 3, 4)$;

$\boldsymbol{F}(V_8; 1, 3, 4)' = (-1, -1, -1, -1, 1, 1, 1, 1)$; $(\boldsymbol{F}'\boldsymbol{F})^{-1} = \frac{1}{8}$; $\check{\vartheta}_2 = 2{,}917$;

$\boldsymbol{z}' = (3{,}315;\ 1{,}975;\ 0{,}980;\ 1{,}175;\ 2{,}208;\ 3{,}227;\ 1{,}407;\ 0{,}600)$; $\boldsymbol{z}'\boldsymbol{z} = 34{,}8592$;

$s_0^2(V_8; \setminus \{2\}) = 34{,}8592$;

$s_0^2(V_8; \setminus \{3\}) = s_0^2(V_8; 1, 2, 4)$;

$\boldsymbol{F}(V_8; 1, 2, 4)' = (-1, -1, 1, 1, -1, -1, 1, 1)$; $(\boldsymbol{F}'\boldsymbol{F})^{-1} = \frac{1}{8}$; $\check{\vartheta}_3 = -0{,}820$;

$\boldsymbol{z}' = (-0{,}422;\ -1{,}762;\ -1{,}117;\ -0{,}922;\ 4{,}305;\ 5{,}324;\ 5{,}144;\ 4{,}337)$,

$\boldsymbol{z}'\boldsymbol{z} = 97{,}5288$;

$s_0^2(V_8; \setminus \{3\}) = 97{,}5288$;

$s_0^2(V_8; \setminus \{4\}) = s_0^2(V_8; 1, 2, 3)$;

$\boldsymbol{F}(V_8; 1, 2, 3)' = (-1, 1, -1, 1, -1, 1, -1, 1)$; $(\boldsymbol{F}'\boldsymbol{F})^{-1} = \frac{1}{8}$; $\check{\vartheta}_4 = -0{,}117$;

$\boldsymbol{z}' = (0{,}281;\ -0{,}825;\ -2{,}054;\ -1{,}625;\ 5{,}008;\ 6{,}261;\ 4{,}207;\ 3{,}634)$, $\boldsymbol{z}'\boldsymbol{z} = 102{,}8041$;

$s_0^2(V_8; \setminus \{4\}) = 102{,}8041$

$$\tilde{f}^{41} = \frac{s_0^2(V_8; 1, 2, 3, 4) - s_0^2(V_8; \setminus \{1\})}{\dfrac{1}{8 - 4 + 4 - 1} s_0^2(V_8; \setminus \{1\})} = \frac{102{,}9130 - 75{,}2097}{\dfrac{1}{7} 34{,}2097} = 2{,}5784 ,$$

$$\tilde{f}^{42} = \frac{s_0^2(V_8; 1, 2, 3, 4) - s_0^2(V_8; \setminus \{2\})}{s_0^2(V_8; \setminus \{2\})/7} = \frac{102{,}9130 - 34{,}8592}{75{,}8592/7} = 13{,}6657 ,$$

$$\tilde{f}^{43} = \frac{s_0^2(V_8; 1, 2, 3, 4) - s_0^2(V_8; \setminus \{3\})}{s_0^2(V_8; \setminus \{3\})/7} = \frac{102{,}9130 - 97{,}5288}{97{,}5288/7} = 0{,}3864,$$

$$\tilde{f}^{44} = \frac{s_0^2(V_8; 1, 2, 3, 4) - s_0^2(V_8; \setminus \{4\})}{s_0^2(V_8; \setminus \{4\})/7} = \frac{102{,}9130 - 102{,}8041}{102{,}8041/7} = 0{,}0074 ;$$

c_1) $\tilde{f}^{4j_{l'}} = \max\limits_{j \in \{1, 2, 3, 4\}} \tilde{f}^{4j} = \max\,(2{,}5784;\ 13{,}6657;\ 0{,}3864;\ 0{,}0074) = 13{,}6657$; $j_{l'} = 2$.

d$_1$) $f_{1;\,8-4+4-1;\,1-0{,}05} = f_{1;\,7;\,0{,}95} = 5{,}591, \tilde{f}^{42} = 13{,}6657 > 5{,}591 = f_{1;\,7;\,0{,}95}$;
bezeichne: $s_0^2(V_8; \setminus \{2\}) = s_0^2(V_8; 1, 3, 4)$ und setze Verfahren mit $l := l - 1 = 3$ fort bei 5.a).

a$_2$) $l = r - 1 = 3$.

b$_2$) $s_0^2(V_8; 1, 3, 4) = 34{,}8592$, $s_0^2(V_8; \setminus \{1, 2\}) = s_0^2(V_8; 3, 4) = 7{,}1561$ (›Bsp. 6.1.2 mit entsprechender Indextransformation im Ansatz)

$s_0^2(V_8; \setminus \{2, 3\}) = s_0^2(V_8; 1, 4)$;

$$F(V_8; 1, 4)' = \begin{pmatrix} -1 & -1 & -1 & -1 & 1 & 1 & 1 & 1 \\ -1 & -1 & 1 & 1 & -1 & -1 & 1 & 1 \end{pmatrix}; \quad (F'F)^{-1} = \frac{1}{8} I_2;$$

$\check{\vartheta}' = (2{,}917; -0{,}820)$;

$z' = (2{,}495; 1{,}155; 1{,}800; 1{,}995; 1{,}388; 2{,}407; 0{,}587; -0{,}220)$, $z'z = 22{,}8921$;

$s_0^2(V_8; \setminus \{2, 3\}) = 22{,}8921$;

$s_0^2(V_8; \setminus \{2, 4\}) = s_0^2(V_8; 1, 3)$;

$$F(V_8; 1, 3)' = \begin{pmatrix} -1 & -1 & -1 & -1 & 1 & 1 & 1 & 1 \\ -1 & 1 & -1 & 1 & -1 & 1 & -1 & 1 \end{pmatrix}; \quad (F'F)^{-1} = \frac{1}{8} I_2;$$

$\check{\vartheta}' = (2{,}917; -0{,}117)$;

$z' = (3{,}198; 2{,}092; 0{,}863; 1{,}292; 2{,}091; 3{,}344; 1{,}290; 0{,}717)$, $z'z = 34{,}7506$;

$s_0^2(V_8; \setminus \{2, 4\}) = 34{,}7506$;

$$\tilde{f}^{31} = \frac{s_0^2(V_8; 1, 3, 4) - s_0^2(V_8; \setminus \{1, 2\})}{\frac{1}{8 - 4 + 3 - 1} s_0^2(V_8; \setminus \{1, 2\})} = \frac{34{,}8592 - 7{,}1561}{\frac{1}{6} \cdot 7{,}1561} = 23{,}2272\,,$$

$$\tilde{f}^{33} = \frac{s_0^2(V_8; 1, 3, 4) - s_0^2(V_8; \setminus \{2, 3\})}{s_0^2(V_8; \setminus \{2, 3\})/6} = \frac{34{,}8592 - 22{,}8921}{22{,}8921/6} = 3{,}1365\,,$$

$$\tilde{f}^{34} = \frac{s_0^2(V_8; 1, 3, 4) - s_0^2(V_8; \setminus \{2, 4\})}{s_0^2(V_8; \setminus \{2, 4\})/6} = \frac{34{,}8592 - 34{,}7506}{34{,}7506/6} = 0{,}0188;$$

c$_2$) $\tilde{f}^{3j_{l'}} = \max\limits_{j \in \{1,3,4\}} \tilde{f}^{3j} = \max(23{,}2272; 3{,}1365; 0{,}0188) = 23{,}2272;\ j_{l'} = 1$.

d$_2$) $f_{1;\,8-4+3-1;\,1-0{,}05} = f_{1;\,6;\,0{,}95} = 5{,}987; \tilde{f}^{31} = 23{,}2272 > 5{,}987 = f_{1;\,6;\,0{,}95}$;
bezeichne: $s_0^2(V_8; \setminus \{1, 2\}) = s_0^2(V_8; 3, 4)$ und setze Verfahren mit $l := l - 1 = 2$ fort bei 5.a).

a$_3$) $l = r - 2 = 2$.

b$_3$) $s_0^2(V_8; 3, 4) = 7{,}1561$, $s_0^2(V_8; \setminus \{1, 2, 3\}) = s_0^2(V_8; 4) = 1{,}7723$ (›Bsp. 6.1.2 mit entsprechender Indextransformation im Ansatz)

$s_0^2(V_8; \setminus \{1, 2, 4\}) = s_0^2(V_8; 3) = 7{,}0473$ (›Bsp. 6.1.2 mit entsprechender Indextransformation im Ansatz);

$$\tilde{f}^{23} = \frac{s_0^2(V_8; 3, 4) - s_0^2(V_8; \setminus \{1, 2, 3\})}{\frac{1}{8 - 4 + 2 - 1} s_0^2(V_8; \setminus \{1, 2, 3\})} = \frac{7{,}1561 - 1{,}7723}{\frac{1}{5} \cdot 1{,}7723} = 15{,}1887\,,$$

$$\tilde{f}^{24} = \frac{s_0^2(V_8; 3, 4) - s_0^2(V_8; \setminus \{1, 2, 4\})}{s_0^2(V_8; \setminus \{1, 2, 4\})/5} = \frac{7{,}1561 - 7{,}0473}{7{,}0473/5} = 0{,}0772;$$

c$_3$) $\tilde{f}^{2j_{l'}} = \max\limits_{j \in \{3,4\}} \tilde{f}^{2j} = \max(15{,}1887; 0{,}0772) = 15{,}1887;\ j_{l'} = 3$.

d$_3$) $f_{1;\,8-4+2-1;\,1-0{,}95} = f_{1;\,5;\,0{,}95} = 6{,}607; \tilde{f}^{23} = 15{,}1887 > 6{,}607 = f_{1;\,5;\,0{,}95}$;
bezeichne: $s_0^2(V_8; \setminus \{1, 2, 3\}) = s_0^2(V_8; 4)$ und setze Verfahren mit $l := l - 1 = 1$ fort bei 5.a);

a$_4$) $l = r - 3 = 1$;

b$_4$) $s_0^2(V_8; 4) = 1{,}7723$, $s_0^2(V_8; \setminus \{1, 2, 3, 4\}) = s_0^2(V_8) = 1{,}6635$ (›Bsp. 6.1.2 mit entsprechender Indextransformation im Ansatz)

$$\tilde{f}^{14} = \frac{s_0^2(V_8; 4) - s_0^2(V_8; \setminus \{1, 2, 3, 4\})}{\frac{1}{8 - 4 + 1 - 1} s_0^2(V_8; \setminus \{1, 2, 3, 4\})} = \frac{1{,}7723 - 1{,}6635}{\frac{1}{4} \cdot 1{,}6635} = 0{,}2616;$$

c$_4$) $\tilde{f}^{1j_{l'}} = 0{,}2616$; $j_{l'} = 4$.

e) $f_{1;\,8-4+1-1;\,1-0{,}05} = f_{1;\,4;\,0{,}95} = 7{,}710$. Wegen $\tilde{f}^{1,4} = 0{,}2616 < 7{,}710 = f_{1;\,4;\,0{,}95}$ wähle den Ansatz

$$\tilde{S}_1 \text{ mit } \tilde{\eta}^{(1)} = \vartheta_1 + \vartheta_2 x_2 + \vartheta_3 x_3 + \vartheta_4 x_4 \text{ und } \Theta = \{\boldsymbol{\vartheta} \in \mathrm{R}^4 : \vartheta_4 = 0\}$$

also $\tilde{\eta}^{(1)} = \vartheta_1 + \vartheta_2 x_2 + \vartheta_3 x_3$.

Die Verf. 6.3.3 und 6.3.4 wie auch die vielfach möglichen Kombinationen (z. B. nach jedem Schritt der Vorwärtsselektion ein Schritt der Rückwärtselimination) sind einer sehr starken Kritik ausgesetzt. So führen die beiden Verfahren in der Regel *nicht* zum gleichen Ansatz und damit auch *nicht* zur gleichen Schätzung. Selbst wenn beide Methoden *identische* Folgen von Ansätzen liefern, ist der gewählte Ansatz nicht notwendig zu einer guten Schätzung oder Anpassung geeignet, er kann sogar sehr ungünstig sein (s. Oosterhoff [1]). Es wird also *keine beste* Teilmenge der Ansatzfunktionen etwa im Sinne von Verf. 6.1.2 gefunden. Da immer *nur eine* Funktion eliminiert oder selektiert wird, können, durch die Abhängigkeit der Funktionen bedingt, brauchbare Ansätze übersehen werden. Ein weiterer Einwand betrifft die Anwendung der kritischen Werte der F-Verteilung. Da der F-Test gewissermaßen mehrfach am gleichen Datensatz angewendet wird, sind die jeweiligen Schlußfolgerungen nicht unabhängig voneinander, auch wenn die Voraussetzungen zu seiner Verwendung bei jeder einzelnen Anwendung gegeben sind (s. auch Pope/Webster [1]). Hinweise auf die Optimalität des F-Testes zur Stützung der Verfahren sind also *nicht stichhaltig*, eine Deutung der gewählten Konstanten α als Irrtumswahrscheinlichkeit ist *sinnlos*. Es handelt sich nur um praktikable Verfahren. Daher wurden in Verf. 6.3.3 und 6.3.4 die sonst beim F-Test üblichen Voraussetzungen, daß der Ansatz wahr ist und die Fehler einer Normalverteilung genügen, weggelassen. Bei der Anwendung der Verfahren ist Vorsicht geboten, zur Ansatzdiskrimination sind sie völlig unbrauchbar.

Die Empfehlungen zur Wahl von α schwanken um 0,15, wobei bei der Rückwärtselimination $\alpha = 0{,}1$ und bei der Vorwärtsselektion $\alpha = 0{,}25$ bevorzugt wird.

Bemerkung 6.3.3: Ein interessanter Vorschlag, die Ridge-Schätzung (›Verf. 3.4.2) zur Ansatzwahl zu benutzen, stammt von Hocking [1]. Wird bei der Ridge-Schätzung mit der speziellen Matrix

$$\boldsymbol{C} = \operatorname{diag}\left(((c_1, \ldots, c_r)')\right)$$

die Schätzung

$$\hat{\boldsymbol{\vartheta}}(\boldsymbol{C}) = (\boldsymbol{F}'\boldsymbol{F} + \boldsymbol{C})^{-1} \boldsymbol{F}'\boldsymbol{y} \tag{6.3.23}$$

erhalten, so werden alle diejenigen Funktionen $f_j(\boldsymbol{x})$ des Ansatzes eliminiert, zu denen c_j gehören, die verhältnismäßig groß sind.

6.3.2. Versuchsplanung bei der Ansatzwahl zur Schätzung

Zu einigen Verfahren aus [6.3.1] zur Ansatzwahl gibt es Hinweise und Vorschläge für die Wahl eines Versuchsplanes. Jedoch wird dabei weniger eine Optimalität in einem gegebenen Sinne angestrebt als vielmehr eine möglichst einfache numerische Behandlung. Eine Ausnahme bildet Verf. 6.3.5 mit einem Kompromißkriterium zur einfachen Vortestschätzung.

So empfiehlt sich für die Hauptkomponentenregression (Verf. 6.3.1) die Verwendung von orthogonalen Plänen (›Bez. 2.5.9). Dann ist $\boldsymbol{F}(V_n)'\,\boldsymbol{F}(V_n)$ bereits Diagonalmatrix und die Diagonalelemente sind die gesuchten Eigenwerte. Dabei kann es vorkommen, daß $\boldsymbol{F}(V_n)'\,\boldsymbol{F}(V_n)$ ein Vielfaches der Einheitsmatrix ist (›Kap. 4 und 5). Dies würde das Verf. 6.3.1 gegenstandslos machen und zeigt gleichzeitig, welchen Einfluß der Plan auf das Ergebnis dieses Verfahrens haben kann. Sind die Ansatzfunktionen Polynomterme (›(2.2.27)), so wird empfohlen, als Ansatzfunktionen Orthogonalpolynome und als Versuchsplan die Punktmenge zu wählen, bezüglich der die Polynome orthogonal sind (Humak [1], Hartmann/Lezki/Schäfer [1]). Auch dies ermöglicht die Anwendung von Verf. 6.3.1 ohne die Lösung des Eigenwertproblems 5.a).

Für die einfache Vortestschätzung (Verf. 6.3.2) wurde von E. Läuter [1], [2] ein Kompromißkriterium vorgeschlagen, das die Versuchsplanung zur Schätzung in den beiden Ansätzen (›Verf. 6.2.12) und die Versuchsplanung zum F-Test (›Verf. 6.2.10) kombiniert.

VERFAHREN 6.3.5 (Kompromißplanung für F-Test und Schätzung):

1. **Gegebene Größen:** a) Zwei Ansätze

$$\tilde{S}_1 = \{\tilde{\eta}^{(1)}(\boldsymbol{x}, \boldsymbol{\vartheta}) = \boldsymbol{f}(\boldsymbol{x})'\,\boldsymbol{\vartheta} : \boldsymbol{x} \in B\}_{\boldsymbol{\vartheta} \in \mathrm{R}^r},$$

$$\tilde{S}_2 = \{\tilde{\eta}^{(2)}(\boldsymbol{x}, \boldsymbol{\vartheta}) = \boldsymbol{f}(\boldsymbol{x})'\,\boldsymbol{\vartheta} : \boldsymbol{x} \in B\}_{\boldsymbol{\vartheta} \in \Theta}$$

mit $\Theta = \{\boldsymbol{\vartheta} \in \mathrm{R}^r : \vartheta_{j_1} = \ldots = \vartheta_{j_l} = 0\}$.

b) Positive Konstanten c_1, c_2, c_3.

c) n und eine Menge $V^{(0)} \subseteq V^n$ von konkreten Plänen.

2. **Aufgabe:** Bestimmung eines geeigneten Planes für Verf. 6.3.2.

3. **Bezeichnungen:** a) $\boldsymbol{F}(V_n) = \big((f_j(\boldsymbol{x}_i))\big)_{n \times r},\ i = 1, \ldots, n;\ j = 1, \ldots, r.$

b) $\boldsymbol{F}_1(V_n) = \boldsymbol{F}(V_n; j_1, \ldots, j_l) = \big((f_j(\boldsymbol{x}_i))\big)_{n \times (r-l)};\ i = 1, \ldots, n;\ j = 1, \ldots, r$ mit $j \neq j_\nu$ für $\nu = 1, \ldots, l$;

$$\boldsymbol{F}_2(V_n) = \boldsymbol{F}(V_n; j_{l+1}, \ldots, j_r) = \big((f_j(\boldsymbol{x}_i))\big)_{n \times l};\ i = 1, \ldots, n;\ j \neq j_\nu \quad \text{für } \nu = l+1, \ldots, r.$$

c) $\boldsymbol{M}(V_n) = \dfrac{1}{n}\boldsymbol{F}(V_n)'\,\boldsymbol{F}(V_n);\quad \boldsymbol{M}_{pq}(V_n) = \dfrac{1}{n}\boldsymbol{F}_p(V_n)'\,\boldsymbol{F}_q(V_n);\quad p, q = 1, 2.$

4. **Voraussetzung:** Für alle $V_n \in V^{(0)}$ existieren die Inversen zu den Matrizen $\boldsymbol{M}(V_n)$, $\boldsymbol{M}_{11}(V_n)$, $\boldsymbol{M}_{22}(V_n)$.

5. **Lösung:** Bestimme einen Plan V_n^*, der das folgende Optimierungsproblem löst:

$$[\det \boldsymbol{M}(V_n)]^{c_1}\,[\det \boldsymbol{M}_{11}(V_n)]^{c_2}\,\big[\det\big(\boldsymbol{M}_{11}(V_n) - \boldsymbol{M}_{12}(V_n)\,\boldsymbol{M}_{22}^{-1}(V_n)\,\boldsymbol{M}_{21}(V_n)\big)\big]^{-c_3} \stackrel{!}{=} \sup_{V_n \in V^{(0)}} \bullet \tag{6.3.24}$$

Es ist möglich, in (6.3.24) zu diskreten Plänen überzugehen und die so entstehende Optimierungsaufgabe mit einem Iterationsverfahren aus Kap. 4 näherungsweise zu lösen (s. auch E. LÄUTER [2]). Dabei kann man zum Logarithmus der Funktion (6.3.24) übergehen (›(6.2.51)).

Die Wahl der Konstanten c_1, c_2, c_3 in Verf. 6.3.5/1.b) ist problematisch, da sie die Planung entscheidend beeinflußt. Man benutzt die Größen, um die unterschiedlichen Größenordnungen der Determinanten in (6.3.24) zu nivellieren (vgl. die Empfehlungen zu Verf. 6.2.11).

Der Übergang zu mehrstufigen Vortest-Schätzungen führt speziell bei Polynomansätzen zu dem Problem der Mehrfaktorplanung, dem das Kap. 5 gewidmet ist.

Für die iterativen Verf. 6.3.3 und 6.3.4 und die möglichen Varianten wurde die Versuchsplanung bislang noch nicht behandelt. Die Verwendung von orthogonalen Plänen dürfte die numerische Behandlung vereinfachen, welchen Einfluß die Planung auf das Ergebnis hat, ist im einzelnen nicht bekannt.

6.3.3. Ein Kompromißverfahren zur Ansatzdiskrimination und Schätzung

Bei der Ansatzdiskrimination (›[6.2]) wurde die möglicherweise anschließende Schätzung der Wirkungsfläche aus der Betrachtung ausgeblendet. Bei der Schätzung (›Kap. 3 und 4) wurde der Ansatz als gegeben angesehen. Ist in einem praktischen Fall beides zusammen erforderlich, kann man zuerst die Versuche zur Ansatzdiskrimination planen und sich anhand der Versuchsergebnisse für einen der Ansätze entscheiden. Will man anschließend den gewonnenen Datensatz auch zur Schätzung benutzen, dann kann der zur Ansatzdiskrimination benutzte Plan zur Schätzung sehr ungünstig, eventuell sogar unbrauchbar, sein. Um eine angestrebte Güte der Schätzung zu erreichen, können weitere Versuche nötig werden. Diese Diskrepanz liegt in den unterschiedlichen Zielen, die mit der Versuchsplanung in beiden Fällen erreicht werden sollen.

Wenn man *sequentiell* vorgehen kann (›[2.7]), erhält man die Möglichkeit, das Ziel der Planung allmählich zu wechseln. Solange man über den zu wählenden Ansatz noch sehr im Zweifel ist, wird man das Hauptaugenmerk der Planung auf die Ansatzdiskrimination richten. Je mehr sich einer der Ansätze zur Auswahl anbietet, desto mehr wird die Planung auf die Schätzung mit diesem Ansatz ausgerichtet. Man erwartet, daß man auf diesem Wege insgesamt weniger Versuchsaufwand zum Erreichen beider Ziele zu treiben hat. Allerdings muß man dabei vermeiden, die Planung zur Schätzung *zu früh* auf einen möglicherweise ungeeigneten Ansatz auszurichten.

Ein Kompromißkriterium für eine solche sequentielle Versuchsplanung wurde von HILL/HUNTER/WICHERN [1] vorgeschlagen. Es handelt sich um eine Kombination von lokaler D-Optimalität (›Verf. 4.7.1) und dem KULLBACK/LEIBLER-Kriterium (›Verf. 6.2.26). Im folgenden Verfahren wird dieses Vorgehen an einem wichtigen Spezialfall (›Verf. 6.2.27) dargestellt, bei dem die numerische Behandlung überschaubar ist.

VERFAHREN 6.3.6 (Versuchsplanung für Ansatzdiskrimination und Schätzung):

1. **Gegebene Größen:** a) m Ansätze: $\tilde{S}_i = \{\tilde{\eta}^{(i)}(\boldsymbol{x}, \boldsymbol{\vartheta}^{(i)}) : \boldsymbol{x} \in B\}_{\boldsymbol{\vartheta}^{(i)} \in \Theta_i}$; $i = 1, \dots, m$.

b) Versuchsbereich $V \subset \mathrm{R}^k$.

c) a-priori-Wahrscheinlichkeiten $P_\tau(i)$; $i = 1, \dots, m$; daß $\tilde{S}_i$ wahrer Ansatz.

d) a-priori-Näherungen $\tilde{\boldsymbol{\vartheta}}^{(i)}$ für $\boldsymbol{\vartheta}^{(i)}$; $i = 1, \dots, m$.

e) Varianz $\sigma^2 = \sigma_0^2$.

f) Anfangsversuchsplan $V_n = (\boldsymbol{x}_1, \dots, \boldsymbol{x}_n)$.

g) Beobachtungsvektor $\boldsymbol{y}(V_n) = (y_1, \dots, y_n)'$.

h) Mindestwahrscheinlichkeit $P_0 \in (0, 1)$ für die a-posteriori-Wahrscheinlichkeit (›**(6.2.31)**).

i) Schranke c_0^2 für die normierte Restquadratsumme.

j) Konstante $\lambda \in (0, \infty)$.

2. **Aufgabe:** Ausgehend von V_n plane sequentiell weitere Versuche, wähle einen der Ansätze und schätze dessen Parameter.

3. **Bezeichnungen:** a) $\dim \Theta_i = r_i$.

b) $\boldsymbol{f}^{(i)}(\boldsymbol{x}, \boldsymbol{\vartheta}^{(i)}) = \operatorname{grad}_{\boldsymbol{\vartheta}^{(i)}} \tilde{\eta}^{(i)}(\boldsymbol{x}, \boldsymbol{\vartheta}^{(i)})$; $i = 1, \dots, m$.

c) $\boldsymbol{F}_i(V_n, \boldsymbol{\vartheta}^{(i)}) = \left((f_{j_i}^{(i)}(\boldsymbol{x}_l, \boldsymbol{\vartheta}^{(i)}))\right)_{n \times r_i}$; $l = 1, \dots, n$; $j_i = 1, \dots, r_i$; $i = 1, \dots, m$.

d) $\boldsymbol{M}_i(V_n, \boldsymbol{\vartheta}^{(i)}) = \dfrac{1}{n} \left(\boldsymbol{F}_i'(V_n, \boldsymbol{\vartheta}^{(i)})\, \boldsymbol{F}_i(V_n, \boldsymbol{\vartheta}^{(i)})\right)$.

e) $\sigma_i^2(\boldsymbol{x}, \boldsymbol{\vartheta}^{(i)}) = \sigma_0^2 \boldsymbol{f}^{(i)\prime}(\boldsymbol{x}, \boldsymbol{\vartheta}^{(i)}) \left(\boldsymbol{F}_i'(V_n, \boldsymbol{\vartheta}^{(i)})\, \boldsymbol{F}_i(V_n, \boldsymbol{\vartheta}^{(i)})\right)^{-1} \boldsymbol{f}^{(i)}(\boldsymbol{x}, \boldsymbol{\vartheta}^{(i)})$.

f) $\tilde{\boldsymbol{\eta}}^{(i)}(V_n, \boldsymbol{\vartheta}^{(i)}) = \left(\tilde{\eta}^{(i)}(\boldsymbol{x}_1, \boldsymbol{\vartheta}^{(i)}), \dots, \tilde{\eta}^{(i)}(\boldsymbol{x}_n, \boldsymbol{\vartheta}^{(i)})\right)'$.

g) $\tilde{\boldsymbol{y}}^{(i)}(V_n, \boldsymbol{\vartheta}_0^{(i)}) = \boldsymbol{y}(V_n) - \tilde{\boldsymbol{\eta}}^{(i)}(V_n, \boldsymbol{\vartheta}_0^{(i)}) + \boldsymbol{F}_i(V_n, \boldsymbol{\vartheta}_0^{(i)})\, \boldsymbol{\vartheta}_0^{(i)}$; $\quad \boldsymbol{\vartheta}_0^{(i)} \in \Theta_i$.

4. **Voraussetzungen:** a) Die Ansätze enthalten paarweise keine gemeinsamen Funktionen: $\tilde{S}_i \cap \tilde{S}_j = \emptyset$ für $i \neq j$; $i = 1, \dots, m$; $j = 1, \dots, m$.

b) Einer der Ansätze ist wahr.

c) Für alle Ansätze existiert $\operatorname{grad}_{\boldsymbol{\vartheta}^{(i)}} \tilde{\eta}^{(i)}(\boldsymbol{x}, \boldsymbol{\vartheta}^{(i)})$.

d) $\mathfrak{Y}(\boldsymbol{x})$ und damit auch $\boldsymbol{\mathfrak{Y}}(V_n)$ (näherungsweise) normalverteilt.

e) $\det \boldsymbol{M}_i(V_n, \boldsymbol{\vartheta}^{(i)}) > 0$ für alle $\boldsymbol{\vartheta}^{(i)} \in \Theta_i$; $i = 1, \dots, m$.

f) Einpunktplanung möglich.

g) $n > r_i$; $i = 1, \dots, m$.

5. **Lösung:** a) Schätze $\boldsymbol{\vartheta}^{(i)}$; $i = 1, \dots, m$; mit MKQ im linearisierten Ansatz:

$$\check{\boldsymbol{\vartheta}}_{(n)}^{(i)} = \check{\boldsymbol{\vartheta}}^{(i)}(\boldsymbol{y}(V_n), \tilde{\boldsymbol{\vartheta}}^{(i)}) = \left(\boldsymbol{F}_i'(V_n, \tilde{\boldsymbol{\vartheta}}^{(i)})\, \boldsymbol{F}_i(V_n, \tilde{\boldsymbol{\vartheta}}^{(i)})\right)^{-1} \boldsymbol{F}_i'(V_n, \tilde{\boldsymbol{\vartheta}}^{(i)})\, \tilde{\boldsymbol{y}}^{(i)}(V_n, \tilde{\boldsymbol{\vartheta}}^{(i)}). \tag{6.3.25}$$

b) Bestimme

$$p_{\mathfrak{Y}}\left(\boldsymbol{y}(V_n) \mid i, V_n\right) = (2\pi\sigma_0^2)^{-n/2} \exp\left\{\frac{-1}{2\sigma_0^2} \left(\boldsymbol{y}(V_n) - \tilde{\boldsymbol{\eta}}^{(i)}(V_n, \check{\boldsymbol{\vartheta}}_{(n)}^{(i)})\right)' \times \left(\boldsymbol{y}(V_n) - \tilde{\boldsymbol{\eta}}^{(i)}(V_n, \check{\boldsymbol{\vartheta}}_{(n)}^{(i)})\right)\right\}. \tag{6.3.26}$$

c) Mit $p_{\mathfrak{Y}}\left(\boldsymbol{y}(V_n) \mid i, V_n\right)$ gemäß (6.3.26) berechne

$$P_{\tau \mid \boldsymbol{y}(V_n)}(i) = \frac{p_{\mathfrak{Y}}\left(\boldsymbol{y}(V_n) \mid i, V_n\right) P_\tau(i)}{\sum_{j=1}^{m} p_{\mathfrak{Y}}\left(\boldsymbol{y}(V_n) \mid j, V_n\right) P_\tau(j)}. \tag{6.3.27}$$

d) Bilde mit $\sigma_i^2(\boldsymbol{x}, \check{\boldsymbol{\vartheta}}_{(n)}^{(i)}) = \sigma_i^2(\boldsymbol{x})$ und $P_{\tau|\boldsymbol{y}(V_n)}$ aus (6.3.27):

$$\Delta h(\boldsymbol{x}, V_n) = \sum_{i=1}^{m} \sum_{j=i+1}^{m} P_{\tau|\boldsymbol{y}(V_n)}(i)\, P_{\tau|\boldsymbol{y}(V_n)}(j) \left\{ \frac{(\sigma_i^2(\boldsymbol{x}) - \sigma_j^2(\boldsymbol{x}))^2}{(\sigma_0^2 + \sigma_i^2(\boldsymbol{x}))\,(\sigma_0^2 + \sigma_j^2(\boldsymbol{x}))} \right.$$
$$+ \left(\tilde{\boldsymbol{\eta}}^{(i)}(V_n, \check{\boldsymbol{\vartheta}}_{(n)}^{(i)}) - \tilde{\boldsymbol{\eta}}^{(j)}(V_n, \check{\boldsymbol{\vartheta}}_{(n)}^{(j)})\right)^2$$
$$\left. \times \left((\sigma_0^2 + \sigma_i^2(\boldsymbol{x}))^{-1} + (\sigma_0^2 + \sigma_j^2(\boldsymbol{x}))^{-1}\right) \right\}. \qquad (6.3.28)$$

e) Berechne

$$\Delta h^*(V_n) = \sup_{\boldsymbol{x} \in V} \Delta h(\boldsymbol{x}, V_n)\,. \qquad (6.3.29)$$

f) Bilde

$$D(\boldsymbol{x}; V_n) = \Delta h(\boldsymbol{x}, V_n)/\Delta h^*(V_n)\,. \qquad (6.3.30)$$

g) Für $V_{n+1}(\boldsymbol{x}) = V_n + (\boldsymbol{x})$ und $\check{\boldsymbol{\vartheta}}_{(n)}^{(i)}$ aus (6.3.25) bilde $\boldsymbol{M}_i(V_{n+1}(\boldsymbol{x}), \check{\boldsymbol{\vartheta}}_{(n)}^{(i)})$ und

$$U_i(\boldsymbol{x}, \check{\boldsymbol{\vartheta}}_{(n)}^{(i)}, V_n) = \det \boldsymbol{M}_i(V_{n+1}(\boldsymbol{x}), \check{\boldsymbol{\vartheta}}_{(n)}^{(i)}); \quad i = 1, \dots, m\,. \qquad (6.3.31)$$

h) Berechne

$$U_i^*(\check{\boldsymbol{\vartheta}}_{(n)}^{(i)}, V_n) = \sup_{\boldsymbol{x} \in V} U_i(\boldsymbol{x}, \check{\boldsymbol{\vartheta}}_{(n)}^{(i)}, V_n)\,. \qquad (6.3.32)$$

i) Bilde

$$U(\boldsymbol{x}, V_n) = \sum_{i=1}^{m} P_{\tau|\boldsymbol{y}(V_n)}(i)\, U_i(\boldsymbol{x}, \check{\boldsymbol{\vartheta}}_{(n)}^{(i)}, V_n)/U_i^*(\check{\boldsymbol{\vartheta}}_{(n)}^{(i)}, V_n)\,. \qquad (6.3.33)$$

j) Bestimme $l_n \in \{1, \dots, m\}$ mit

$$P_{\tau|\boldsymbol{y}(V_n)}(l_n) = \max_{i \in \{1, \dots, m\}} P_{\tau|\boldsymbol{y}(V_n)}(i)\,.$$

k) Berechne mit λ aus 1.j)

$$w_1 = [m(1 - P_{\tau|\boldsymbol{y}(V_n)}(l_n))/(m-1)]^\lambda\,, \qquad w_2 = 1 - w_1\,. \qquad (6.3.34)$$

l) Wähle als neuen Versuchspunkt $\boldsymbol{x}_{n+1}$ eine Lösung von

$$w_1 D(\boldsymbol{x}_{n+1}, V_n) + w_2 U(\boldsymbol{x}_{n+1}, V_n) = \sup_{\boldsymbol{x} \in V} \left(w_1 D(\boldsymbol{x}, V_n) + w_2 U(\boldsymbol{x}, V_n)\right). \qquad (6.3.35)$$

m) Realisiere $\mathfrak{Y}(\boldsymbol{x}_{n+1})$ mit dem Ergebnis $y(\boldsymbol{x}_{n+1}) = y_{n+1}$ und setze $V_{n+1} = V_n + (\boldsymbol{x}_{n+1})$ und $\boldsymbol{y}(V_{n+1}) = (y_1, \dots, y_{n+1})'$.

n) Schätze $\boldsymbol{\vartheta}^{(i)}$; $i = 1, \dots, m$; gemäß

$$\check{\boldsymbol{\vartheta}}_{(n+1)}^{(i)}(\boldsymbol{y}(V_{n+1}), \check{\boldsymbol{\vartheta}}_{(n)}^{(i)}) = \left(\boldsymbol{F}_i'(V_{n+1}, \check{\boldsymbol{\vartheta}}_{(n)}^{(i)})\, \boldsymbol{F}_i(V_{n+1}, \check{\boldsymbol{\vartheta}}_{(n)}^{(i)})\right)^{-1}$$
$$\times \boldsymbol{F}_i'(V_{n+1}, \check{\boldsymbol{\vartheta}}_{(n)}^{(i)})\, \tilde{\boldsymbol{y}}^{(i)}(V_{n+1}, \check{\boldsymbol{\vartheta}}_{(n)}^{(i)})\,.$$

o) Mit $\check{\boldsymbol{\vartheta}}_{(n+1)}^{(i)}$ anstelle von $\check{\boldsymbol{\vartheta}}_{(n)}^{(i)}$ berechne $p_{\mathfrak{Y}}(\boldsymbol{y}(V_{n+1}) \mid i, V_{n+1})$; $i = 1, \dots, m$; gemäß (6.3.26) und $P_{\tau|\boldsymbol{y}(V_{n+1})}(i)$ gemäß (6.3.27).

p) Bestimme $\max_{i \in \{1, \dots, m\}} P_{\tau|\boldsymbol{y}(V_{n+1})}(i) = P_{\tau|\boldsymbol{y}(V_{n+1})}(l_{n+1})$.

q) Falls

$$P_{\tau|\boldsymbol{y}(V_{n+1})}(l_{n+1}) \geqq P_0\,, \qquad (6.3.36)$$

dann berechne

$$s_{l_{n+1}}^2(V_{n+1}) = \frac{1}{n + 1 - r_{l_{n+1}}} \left(\boldsymbol{y}(V_{n+1}) - \tilde{\boldsymbol{\eta}}^{(l_{n+1})}(V_{n+1}, \check{\boldsymbol{\vartheta}}_{(n+1)}^{(l_{n+1})})\right)'$$
$$\times \left(\boldsymbol{y}(V_{n+1}) - \tilde{\boldsymbol{\eta}}^{(l_{n+1})}(V_{n+1}, \check{\boldsymbol{\vartheta}}_{(n+1)}^{(l_{n+1})})\right).$$

r) Falls (6.3.36) gilt und außerdem

$$s^2_{l_{n+1}}(V_{n+1}) \leqq c_0^2\sigma_0^2 \,, \tag{6.3.37}$$

dann wähle den Ansatz $\tilde{S}_{l_{n+1}}$ und schätze die Wirkungsfläche durch $\tilde{\eta}^{(l_{n+1})}(\boldsymbol{x}, \check{\boldsymbol{\vartheta}}^{(l_{n+1})}_{(n+1)})$ und beende das Verfahren.

s) Falls (6.3.37) nicht gilt, durchlaufe die Schritte 5.d)—5.j) mit $n+1$ anstelle von n.

t) Falls (6.3.36) gilt, dann setze $w_1 = 0$ und $w_2 = 1$; falls (6.3.36) nicht gilt, bestimme w_1 und w_2 aus (6.3.34) mit $P_{\tau|\boldsymbol{y}(V_{n+1})}(l_{n+1})$ anstelle von $P_{\tau|\boldsymbol{y}(V_n)}(l_n)$.

u) Setze das Verfahren mit $n+1$ anstelle von n bei 5.l) fort ●

Beispiel 6.3.5:

1. a) 2 Ansätze; $m = 2$

$$\tilde{S}_1 = \{\tilde{\eta}^{(1)}(\boldsymbol{x}, \boldsymbol{\vartheta}^{(1)}) = \vartheta_1^{(1)} \exp(-\vartheta_2^{(1)}x_1) + \vartheta_3^{(1)}x_2 : \boldsymbol{x} \in B\}_{\boldsymbol{\vartheta}^{(1)} \in \Theta_1 = \mathbb{R}^3} \,,$$

$$\tilde{S}_2 = \{\tilde{\eta}^{(2)}(\boldsymbol{x}, \boldsymbol{\vartheta}^{(2)}) = \vartheta_1^{(2)}x_1^2 + \vartheta_2^{(2)}x_2 : \boldsymbol{x} \in B\}_{\boldsymbol{\vartheta}^{(2)} \in \Theta_2 = \mathbb{R}^2} \,.$$

b) $V = \{(-1, -1)', (-1, 1)', (1, -1)', (1, 1)'\}$; (um den Umfang des Beispiels in vertretbaren Grenzen zu halten).

c) a-priori-Wahrscheinlichkeiten: $P_\tau(1) = 0{,}670$, $P_\tau(2) = 0{,}330$.

d) a-priori-Näherungen für $\boldsymbol{\vartheta}^{(1)} = (\vartheta_1^{(1)}, \vartheta_2^{(1)}, \vartheta_3^{(1)})'$: $\tilde{\vartheta}_1^{(1)} = 1{,}5$, $\tilde{\vartheta}_2^{(1)} = 0{,}3$, $\tilde{\vartheta}_3^{(1)} = 2{,}4$; Vorgabe von $\tilde{\boldsymbol{\vartheta}}^{(2)}$ kann entfallen, da $\tilde{S}_2$ linearer Ansatz ist.

e) $\sigma_0^2 = 1$.

f) VFV 2^2: $V_4 = \left(\begin{pmatrix}-1\\-1\end{pmatrix}, \begin{pmatrix}-1\\1\end{pmatrix}, \begin{pmatrix}1\\-1\end{pmatrix}, \begin{pmatrix}1\\1\end{pmatrix}\right)$; $n = 4$.

g) $\boldsymbol{y}(V_4)' = (0{,}695;\ 5{,}355;\ -1{,}724;\ 4{,}471)$.

h) $P_0 = 0{,}8$.

i) c_0^2 wird noch nicht benötigt.

j) $\lambda = 2$.

3. a) $r_1 = 3$, $r_2 = 2$.

b) $\boldsymbol{f}^{(1)}(\boldsymbol{x}, \boldsymbol{\vartheta}^{(1)}) = (\exp(-\vartheta_2^{(1)}x_1), -\vartheta_1^{(1)}x_1 \exp(-\vartheta_2^{(1)}x_1), x_2)'$; $\boldsymbol{f}^{(2)}(\boldsymbol{x}, \boldsymbol{\vartheta}^{(2)}) = (x_1^2, x_2)'$.

c) $$\boldsymbol{F}_1(V_4, \boldsymbol{\vartheta}^{(1)}) = \begin{pmatrix} \exp \vartheta_2^{(1)} & \vartheta_1^{(1)} \exp \vartheta_2^{(1)} & -1 \\ \exp \vartheta_2^{(1)} & \vartheta_1^{(1)} \exp \vartheta_2^{(1)} & 1 \\ \exp(-\vartheta_2^{(1)}) & -\vartheta_1^{(1)} \exp(-\vartheta_2^{(1)}) & -1 \\ \exp(-\vartheta_2^{(1)}) & -\vartheta_1^{(1)} \exp(-\vartheta_2^{(1)}) & 1 \end{pmatrix};$$

$$\boldsymbol{F}_2(V_4, \boldsymbol{\vartheta}^{(2)}) = \begin{pmatrix} 1 & -1 \\ 1 & 1 \\ 1 & -1 \\ 1 & 1 \end{pmatrix} =: \boldsymbol{F}_2(V_4) \,.$$

d) $$\boldsymbol{M}_1(V_4, \boldsymbol{\vartheta}^{(1)}) = \begin{pmatrix} \cosh 2\vartheta_2^{(1)} & \vartheta_1^{(1)} \sinh 2\vartheta_2^{(1)} & 0 \\ \vartheta_1^{(1)} \sinh 2\vartheta_2^{(1)} & \vartheta_1^{(1)2} \cosh 2\vartheta_2^{(1)} & 0 \\ 0 & 0 & 1 \end{pmatrix}; \quad \boldsymbol{M}_2(V_4, \boldsymbol{\vartheta}^{(2)}) = \boldsymbol{I}_2 =: \boldsymbol{M}_2(V_4) \,.$$

4. a) erfüllt, falls $\boldsymbol{\vartheta}^{(1)} \neq \boldsymbol{0}$ und $\boldsymbol{\vartheta}^{(2)} \neq \boldsymbol{0}$.

e) erfüllt, falls $\vartheta_1^{(1)} \neq 0$.

5. a) Schätzwertberechnung $\check{\boldsymbol{\vartheta}}_{(4)}^{(1)}$ mit $\tilde{\boldsymbol{\vartheta}}^{(1)}$ aus 1.d):

$$\boldsymbol{F}_1(V_4, \tilde{\boldsymbol{\vartheta}}^{(1)}) = \begin{pmatrix} 1{,}350 & 2{,}025 & -1 \\ 1{,}350 & 2{,}025 & 1 \\ 0{,}741 & -1{,}111 & -1 \\ 0{,}741 & -1{,}111 & 1 \end{pmatrix};$$

$$(\boldsymbol{F}_1'(V_4, \tilde{\boldsymbol{\vartheta}}^{(1)})\, \boldsymbol{F}_1(V_4, \tilde{\boldsymbol{\vartheta}}^{(1)})) = \begin{pmatrix} 4{,}743 & 3{,}821 & 0 \\ 3{,}821 & 10{,}670 & 0 \\ 0 & 0 & 4 \end{pmatrix}; \quad \det \boldsymbol{F}_1'\boldsymbol{F}_1 = 144{,}031;$$

$$(\boldsymbol{F}_1'\boldsymbol{F}_1)^{-1} = \begin{pmatrix} 0{,}296 & -0{,}106 & 0 \\ -0{,}106 & 0{,}132 & 0 \\ 0 & 0 & 0{,}250 \end{pmatrix}; \quad (\boldsymbol{F}_1'\tilde{\boldsymbol{y}}^{(1)})' = (11{,}348;\ 12{,}398;\ 2{,}714);$$

$$\check{\boldsymbol{\vartheta}}_{(4)}^{(1)} = (\boldsymbol{F}_1'\boldsymbol{F}_1)^{-1}\, \boldsymbol{F}_1'\tilde{\boldsymbol{y}}^{(1)} = (2{,}045;\ 0{,}434;\ 2{,}714)'.$$

Schätzwertberechnung $\check{\boldsymbol{\vartheta}}_{(4)}^{(2)}$:

$$(\boldsymbol{F}_2'(V_4)\, \boldsymbol{F}_2(V_4))^{-1} = \tfrac{1}{4}\boldsymbol{I}_2; \quad \det \boldsymbol{F}_2'\boldsymbol{F}_2 = 16; \quad (\boldsymbol{F}_2'\boldsymbol{y})' = (8{,}797;\ 10{,}855).$$

$$\check{\boldsymbol{\vartheta}}_{(4)}^{(2)} = (\boldsymbol{F}_2'\boldsymbol{F}_2)^{-1}\, \boldsymbol{F}_2'\boldsymbol{y} = (2{,}199;\ 2{,}714)'.$$

b) Bestimmung von $p_{\mathfrak{Y}}(\boldsymbol{y}(V_4) \mid i, V_4);\ i = 1, 2$:

$p_{\mathfrak{Y}}(\boldsymbol{y}(V_4) \mid 1;\ V_4)$:

$$\tilde{\boldsymbol{\eta}}^{(1)}(V_4, \check{\boldsymbol{\vartheta}}_{(4)}^{(1)}) = (0{,}442;\ 5{,}870;\ -1{,}389;\ 4{,}039)';$$

$$\boldsymbol{z}_1' = (\boldsymbol{y}(V_4) - \tilde{\boldsymbol{\eta}}^{(1)}(V_4, \check{\boldsymbol{\vartheta}}_{(4)}^{(1)}))' = (0{,}253;\ -0{,}515;\ -0{,}335;\ 0{,}432);$$

$$\boldsymbol{z}_1'\boldsymbol{z}_1 = 0{,}628\ .$$

$$p_{\mathfrak{Y}}(\boldsymbol{y}(V_4) \mid 1;\ V_4) = (2\pi)^{-4/2} \exp\{-0{,}628/2\} = 0{,}025 \cdot 0{,}731 = 0{,}018.$$

$$p_{\mathfrak{Y}}(\boldsymbol{y}(V_4) \mid 2;\ V_4)\colon \boldsymbol{z}_2' = (\boldsymbol{y}(V_4) - \boldsymbol{F}_2\check{\boldsymbol{\vartheta}}_{(4)}^{(2)})' = (1{,}210;\ 0{,}442;\ -1{,}209;\ -0{,}442);$$

$$\boldsymbol{z}_2'\boldsymbol{z}_2 = 3{,}317.$$

$$p_{\mathfrak{Y}}(\boldsymbol{y}(V_4) \mid 2;\ V_4) = (2\pi)^{-4/2} \exp\{-3{,}317/2\} = 0{,}025 \cdot 0{,}191 = 0{,}005.$$

c) Bestimmung der a-posteriori-Wahrscheinlichkeiten

$$\sum_{j=1}^{3} p_{\mathfrak{Y}}(\boldsymbol{y}(V_4) \mid j;\ V_4)\, P_\tau(j) = 0{,}018 \cdot 0{,}670 + 0{,}005 \cdot 0{,}330 = 0{,}0121 + 0{,}0016 = 0{,}0137;$$

$$P_{\tau \mid \boldsymbol{y}(V_4)}(1) = 0{,}0121/0{,}0137 = 0{,}880; \quad P_{\tau \mid \boldsymbol{y}(V_4)}(2) = 0{,}0016/0{,}0137 = 0{,}120.$$

d) Berechnung von $\Delta h(\boldsymbol{x}, V_4)$

$$\boldsymbol{F}_1(V_4, \check{\boldsymbol{\vartheta}}_{(4)}^{(1)}) = \begin{pmatrix} 1{,}543 & 3{,}156 & -1 \\ 1{,}543 & 3{,}156 & 1 \\ 0{,}648 & -1{,}325 & -1 \\ 0{,}648 & -1{,}325 & 1 \end{pmatrix};$$

$$(\boldsymbol{F}_1'\boldsymbol{F}_1)^{-1} = \begin{pmatrix} 5{,}602 & 8{,}022 & 0 \\ 8{,}022 & 23{,}432 & 0 \\ 0 & 0 & 4 \end{pmatrix}^{-1} = \begin{pmatrix} 0{,}350 & -0{,}120 & 0 \\ -0{,}120 & 0{,}084 & 0 \\ 0 & 0 & 0{,}250 \end{pmatrix};$$

$$\begin{aligned} \sigma_1^2(\boldsymbol{x}) &= \sigma_1^2(\boldsymbol{x}, \check{\boldsymbol{\vartheta}}_{(4)}^{(1)}) = \boldsymbol{f}^{(1)}(\boldsymbol{x}, \check{\boldsymbol{\vartheta}}_{(4)}^{(1)})'\, (\boldsymbol{F}_1'(V_4, \check{\boldsymbol{\vartheta}}_{(4)}^{(1)})\, \boldsymbol{F}_1(V_4, \check{\boldsymbol{\vartheta}}_{(4)}^{(1)}))^{-1}\, \boldsymbol{f}(\boldsymbol{x}, \check{\boldsymbol{\vartheta}}_{(4)}^{(1)}) \\ &= (\exp\{-0{,}434x_1\};\ -2{,}045x_1 \exp\{-0{,}434x_1\};\ x_2) \\ &\quad \times \begin{pmatrix} 0{,}350 & -0{,}120 & 0 \\ -0{,}120 & 0{,}084 & 0 \\ 0 & 0 & 0{,}250 \end{pmatrix} \begin{pmatrix} \exp\{-0{,}434x_1\} \\ -2{,}045x_1 \exp\{-0{,}434x_1\} \\ x_2 \end{pmatrix}; \end{aligned}$$

$$\sigma_1^2(\boldsymbol{x}) = (0{,}350 + 0{,}490x_1 + 0{,}352x_1^2) \exp\{-0{,}868x_1\} + 0{,}250x_2^2;$$

$$\sigma_2^2(\boldsymbol{x}) = \boldsymbol{f}^{(2)\prime}(\boldsymbol{F}_2'\boldsymbol{F}_2)^{-1}\, \boldsymbol{f}^{(2)} = 0{,}250\,(x_1^4 + x_2^2);$$

$$(\sigma_1^2(\boldsymbol{x}) - \sigma_2^2(\boldsymbol{x}))^2 = [(0{,}350 + 0{,}490x_1 + 0{,}352x_1^2) \exp\{-0{,}868x_1\} - 0{,}250x_1^4]^2 =: a(\boldsymbol{x});$$

$$(\eta^{(1)}(\boldsymbol{x}, \check{\boldsymbol{\vartheta}}^{(1)}_{(4)} - \tilde{\eta}^{(2)}(\boldsymbol{x}, \check{\boldsymbol{\vartheta}}^{(2)}_{(4)}))^2 = (2{,}045 \exp\{-0{,}434 x_1\} - 2{,}199 x_1^2)^2 =: b(\boldsymbol{x});$$

$$\Delta h(\boldsymbol{x}, V_4) = 0{,}880 \cdot 0{,}120 \left[\frac{a(\boldsymbol{x})}{(1+\sigma_1^2(\boldsymbol{x}))\,(1+\sigma_2^2(\boldsymbol{x}))} + b(\boldsymbol{x})\left(\frac{1}{1+\sigma_1^2(\boldsymbol{x})} + \frac{1}{1+\sigma_2^2(\boldsymbol{x})}\right)\right]$$
$$= 0{,}106\,[a(\boldsymbol{x}) + b(\boldsymbol{x})\,(2 + \sigma_1^2(\boldsymbol{x}) + \sigma_2^2(\boldsymbol{x}))]\,[(1+\sigma_1^2(\boldsymbol{x}))\,(1+\sigma_2^2(\boldsymbol{x}))]^{-1}.$$

e) Berechnung von $\Delta h^*(V_4)$, wobei V gemäß 1.b) verwendet wird

$$\Delta h((-1, -1)', V_4) = 0{,}106\,[0{,}065 + 0{,}916\,(2 + 0{,}755 + 0{,}500)]\,[1{,}755 \cdot 1{,}500]^{-1}$$
$$= 0{,}123;$$

$\Delta h((-1, 1)', V_4) = 0{,}123$, $\Delta h((1, -1)', V_4) = \Delta h((1, 1)', V_4) = 0{,}103$,
$\Delta h^*(V_4) = 0{,}123$.

f) $D((-1, -1)', V_4) = D((-1, 1)', V_4) = 1{,}000$,

$D((1, -1)', V_4) = D((1, 1)', V_4) = 0{,}837$.

g) $U_1(\boldsymbol{x}, \check{\boldsymbol{\vartheta}}^{(1)}_{(4)}, V_4) = \det \boldsymbol{M}_1(V_5, \check{\boldsymbol{\vartheta}}^{(1)}_{(4)})$;
$U_1((-1, -1)', \check{\boldsymbol{\vartheta}}^{(1)}_{(4)}, V_4) = U_1((-1, 1)', \check{\boldsymbol{\vartheta}}^{(1)}_{(4)}, V_4) = 8{,}747$,
$U_1((1, -1)', \check{\boldsymbol{\vartheta}}^{(1)}_{(4)}, V_4) = U_1((1, 1)', \check{\boldsymbol{\vartheta}}^{(1)}_{(4)}, V_4) = 3{,}747$.
Für den Versuchsbereich V gemäß 1.b) ist $U_2(\boldsymbol{x}, V_4) = 0{,}960$.

h) $U_1^*(\check{\boldsymbol{\vartheta}}^{(1)}_{(4)}, V_4) = 8{,}747$, $U_2^*(V_4) = 0{,}960$.

i) $U((-1, -1)', V_4) = U((-1, 1)', V_4) = 0{,}880 \cdot \dfrac{8{,}747}{8{,}747} + 0{,}120 \cdot \dfrac{0{,}960}{0{,}960}$
$= 1{,}000;$

$U((1, -1)', V_4) = U((1, 1)', V_4) = 0{,}880 \cdot \dfrac{3{,}747}{8{,}747} + 0{,}120 \cdot \dfrac{0{,}960}{0{,}960} = 0{,}497$.

j) $\max\limits_{i \in \{1, 2\}} P_{\tau \mid \boldsymbol{y}(V_4)}(i) = 0{,}880$; also $l_4 = 1$.

k) $\lambda = 2, l_4 = 1, m = 2$;
$w_1 = [2(1 - P_{\tau \mid \boldsymbol{y}(V_4)}(1))/(2-1)]^2 = 0{,}168$, $w_2 = 0{,}832$.

l) $C_i = w_1 D(\boldsymbol{x}_i, V_4) + w_2 U(\boldsymbol{x}_i, V_4)$; $i = 1, 2, 3, 4$;
$\boldsymbol{x}_1 = (-1, -1)'$; $\boldsymbol{x}_2 = (-1, 1)'$; $\boldsymbol{x}_3 = (1, -1)'$; $\boldsymbol{x}_4 = (1, 1)'$;
$C_1 = C_2 = 1{,}000$; $C_3 = C_4 = 0{,}554$. Wähle als $\boldsymbol{x}_5$ entweder $\boldsymbol{x}_1$ oder $\boldsymbol{x}_2$.

Damit ist der erste Schritt des Verfahrens beendet, das Beispiel wird an dieser Stelle abgebrochen.

Das Verf. 6.3.6 erlaubt einige Modifikationen, die seine Anwendung erleichtern und gegebenenfalls das Vorgehen beschleunigen. Falls σ_0^2 (›1.e)) unbekannt ist, bilde man mit den Beobachtungsergebnissen die Schätzwerte

$$s_i^2(V_n) = \frac{1}{n - r_i}\,(\boldsymbol{y}(V_n) - \tilde{\boldsymbol{\eta}}^{(i)}(V_n, \check{\boldsymbol{\vartheta}}^{(i)}_{(n)}))'\,(\boldsymbol{y}(V_n) - \tilde{\boldsymbol{\eta}}^{(i)}(V_n, \hat{\boldsymbol{\vartheta}}^{(i)}_{(n)}))$$

und setze $s_i^2(V_n)$ an die Stelle von σ_0^2. Damit wird dann z. B.

$$p_{\mathfrak{Y}}(\boldsymbol{y}(V_n) \mid i, V_n) = (\mathrm{e}\, 2\pi s_i^2)^{-n/2} \exp\{-r/2\}.$$

Die Konstante λ (›1.j)) kann auch während des Sequentialverfahrens auf jeder Stufe neu gewählt werden, z. B. je nach der subjektiven Meinung des Experimentators über die erreichte Evidenz bezüglich des Ansatzes.

Beim Vorliegen entsprechender Verteilungsannahmen kann Verf. 6.3.6 wie die Verf. 6.2.24—6.2.27 auch zur Behandlung des multivariaten Falles herangezogen werden.

6.4. Zur Prüfung der g_0-Adäquatheit eines Ansatzes

Viele der in diesem Kapitel und in [5.5] vorgestellten Verfahren werden in der Literatur als Adäquatheitstests bezeichnet. Dabei wird jedoch nicht die g_0-Adäquatheit eines Ansatzes zu einem vorgegebenen g_0 betrachtet (›Bez. 2.2.5), sondern untersucht, ob der Bias der MKQ-Schätzung gegenüber der Varianzfunktion vernachlässigt werden darf (›[2.5.3]). Im folgenden werden nun einige Beispiele gegeben, wie es in gewissen Fällen gelingt, tatsächlich die g_0-Adäquatheit eines Ansatzes zu prüfen. Dabei werden wir zuerst Vorkenntnisse über die unbekannte Wirkungsfläche ausnutzen und später die Modifizierung eines Tests angeben.

6.4.1. Benutzung von Ableitungsschranken

Wenn sich über das Stetigkeitsverhalten der unbekannten Wirkungsfläche eine quantitative Aussage in Form einer Lipschitz-Bedingung machen läßt, dann erhält man auch eine Abschätzung der Zahl g_0 für die Adäquatheit eines Polynomansatzes. Eine Lipschitz-*Bedingung* gibt eine Schranke für die Änderung einer Funktion bei einer Änderung der Argumente.

Bezeichnung 6.4.1: Eine Funktion η genügt in B einer Lipschitz-*Bedingung mit den Konstanten M und γ* > 0, wenn für alle $\boldsymbol{x}$ und $\boldsymbol{z}$ aus B gilt:

$$|\eta(\boldsymbol{x}) - \eta(\boldsymbol{z})| \leqq M\, |\boldsymbol{x} - \boldsymbol{z}|^{\gamma} \bullet \tag{6.4.1}$$

Es gibt Fälle, in denen man Aussagen über M und γ aus dem EW-Problem erhalten kann.

Beispiel 6.4.1: Sei $k = 1$ und η in $B \subseteq \mathrm{R}^1$ differenzierbar. Weiterhin sei bekannt, daß die Ableitung in B beschränkt ist, d. h., man kennt ein $M < \infty$, so daß für alle x aus B gilt

$$|\eta'(x)| \leqq M\,. \tag{6.4.2}$$

Dann genügt η einer Lipschitz-Bedingung mit M und $\gamma = 1$ (s. Natanson [1]).

Da die Verwendung von Vorkenntnissen dieser Art in größerem Umfang weitere Hilfsmittel aus der Approximationstheorie (Natanson [1], Timan [1]) erfordern würde, wird in diesem Abschnitt ausnahmsweise auf die Formulierung von Verfahren verzichtet. Es werden nur einige Beispiele angegeben.

Beispiel 6.4.2: Es seien

$$S = \{\eta(x) \colon |\eta(x) - \eta(z)| \leqq 0{,}2\, |x - z|^{1/2},\ -1 \leqq x \leqq 1,\ -1 \leqq z \leqq 1\}\,.$$

und

$$\tilde{S} = \tilde{S}(1, 4) = \{\tilde{\eta}(x, \boldsymbol{\vartheta}) = \vartheta_0 + \vartheta_1 x + \vartheta_2 x^2 + \vartheta_3 x^3 + \vartheta_4 x^4 \colon x \in B\}_{\boldsymbol{\vartheta} \in \mathrm{R}^5}$$

(›Bez. 5.1.1).

Nach dem Satz von Jackson (s. Natanson [1]) gilt

$$\inf_{\boldsymbol{\vartheta} \in \mathrm{R}^5} \sup_{x \in [-1,1]} |\eta(x) - \tilde{\eta}(x, \boldsymbol{\vartheta})| \leqq 12 \cdot \frac{0{,}2}{4^{1/2}} = 1{,}2\,.$$

Der Polynomansatz 4. Grades ist also 1,2-adäquat für S im Sinne des Tschebyscheff-Kriteriums (2.2.32). Falls also bekannt ist, daß $\sigma \geqq 1{,}2$ ist, dann kann erwartet werden, daß der Ansatz $\tilde{S}$ zufriedenstellende Ergebnisse liefert.

Zu ähnlichen Aussagen kommt man, wenn man die unbekannte Wirkungsfläche durch eine Taylor-Formel (2.2.38) darstellen kann und aus den Vorkenntnissen über das EW-Problem Schranken für die im Restglied auftretenden $(r + 1)$-ten partiellen Ableitungen zur Verfügung hat.

Es sei $\tilde{\eta}(\boldsymbol{x}, \boldsymbol{\vartheta}^*)$ dasjenige Polynom aus $\tilde{S}(k, r)$, das $\eta(\boldsymbol{x})$ im TSCHEBYSCHEFFschen Sinne (›(2.2.32)) am besten approximiert. Auch

$$\eta(\boldsymbol{x}_0) + \sum_{\nu=1}^{r} \frac{1}{\nu!} \left((\boldsymbol{x} - \boldsymbol{x}_0)' \operatorname{grad}_{\boldsymbol{x}}\right)^{\nu} \eta(\boldsymbol{x}_0) \tag{6.4.3}$$

(›(2.2.37)) ist ein Polynom r-ten Grades und also aus $\tilde{S}(k, r)$. Daher gilt

$$\sup_{\boldsymbol{x} \in B} |\eta(\boldsymbol{x}) - \tilde{\eta}(\boldsymbol{x}, \boldsymbol{\vartheta}^*)| \leqq \sup_{\boldsymbol{x} \in B} \left|\eta(\boldsymbol{x}) - \eta(\boldsymbol{x}_0) - \sum_{\nu=1}^{r} \frac{1}{\nu!} \left((\boldsymbol{x} - \boldsymbol{x}_0)' \operatorname{grad}_{\boldsymbol{x}}\right)^{\nu} \eta(\boldsymbol{x}_0)\right|, \tag{6.4.4}$$

und wegen der TAYLOR-Formel (2.2.38) ist die rechte Seite von (6.4.4) gleich

$$\sup_{\boldsymbol{x} \in B} \left| \frac{1}{(r+1)!} \left((\boldsymbol{x} - \boldsymbol{x}_0)' \operatorname{grad}_{\boldsymbol{x}}\right)^{r+1} \eta\left(\boldsymbol{x}_0 + \delta(\boldsymbol{x} - \boldsymbol{x}_0)\right) \right|. \tag{6.4.5}$$

Wir setzen zur Abkürzung $\boldsymbol{x}_0 + \delta(\boldsymbol{x} - \boldsymbol{x}_0) = \boldsymbol{x}_\delta$. Seien nun Schranken für die Beträge aller $(r + 1)$-ten partiellen Ableitungen in B bekannt, d. h. für alle $\boldsymbol{x}_\delta \in B$ und alle $r_1, \ldots, r_k \in \{0, 1, \ldots, r + 1\}$ mit $\sum_j r_j = r + 1$

$$\left| \frac{\partial^{r+1} \eta}{\partial x_1^{r_1} \ldots \partial x_k^{r_k}} (\boldsymbol{x}_\delta) \right| \leqq g_\eta(r_1, \ldots, r_k), \tag{6.4.6}$$

dann kann man wegen der Beschränktheit und Konvexität von B auch eine Schranke h_η finden, für die

$$\sup_{\boldsymbol{x} \in B} \sup_{\boldsymbol{x}_\delta \in B} \left| \left((\boldsymbol{x} - \boldsymbol{x}_0)' \operatorname{grad}_{\boldsymbol{x}}\right)^{r+1} \eta(\boldsymbol{x}_\delta) \right| \leqq h_\eta \tag{6.4.7}$$

ausfällt. Dann ist aber wegen (6.4.4) und (6.4.5) auch

$$\sup_{\boldsymbol{x} \in B} |\eta(\boldsymbol{x}) - \tilde{\eta}(\boldsymbol{x}, \boldsymbol{\vartheta}^*)| \leqq h_\eta\,. \tag{6.4.8}$$

Damit sind wir auf konstruktivem Wege zu einer Aussage über die Adäquatheit von $\tilde{S}(k, r)$ gekommen.

Aussage 6.4.1: Der Ansatz $\tilde{S}(k, r)$ ist g_0-adäquat für S im TSCHEBYSCHEFFschen Sinne (›(2.2.32)), wenn für jedes η aus S gilt

$$h_\eta \leqq g_0 \quad \bullet \tag{6.4.9}$$

Beispiel 6.4.3: Es sei $B = [-0{,}5; 0{,}5]$ und für alle η aus S gelte

$$\sup_{-0,5 \leqq x \leqq 0,5} \left| \frac{\mathrm{d}^2 \eta}{\mathrm{d}x^2} (x) \right| \leqq 0{,}1$$

(Falls $\eta(x)$ die Ortsangabe zum Zeitpunkt x ist, bedeutet das z. B.: der Beschleunigungsbetrag der Bewegung kann den Wert 0,1 nicht überschreiten). Nach der TAYLOR-Formel hat man z. B.

$$\eta(x) = \eta(0) + x \frac{\mathrm{d}\eta}{\mathrm{d}x}(0) + \frac{x^2}{2} \frac{\mathrm{d}^2\eta}{\mathrm{d}x^2}(\delta x)$$

und damit

$$\sup_{-0,5 \leqq x \leqq 0,5} \left| \eta(x) - \eta(0) - x \frac{\mathrm{d}\eta}{\mathrm{d}x}(0) \right|$$

$$\leqq \sup_{-0,5 \leqq x \leqq 0,5} \sup_{0 \leqq \delta \leqq 1} \frac{x^2}{2} \left| \frac{\mathrm{d}^2\eta}{\mathrm{d}x^2}(\delta x) \right| \leqq \frac{0{,}1}{8} = 0{,}0125\,.$$

Der Ansatz $\tilde{S}(1, 1) = \{\tilde{\eta}(x, \vartheta) = \vartheta_0 + \vartheta_1 x : x \in B\}_{\vartheta \in \mathbf{R}^2}$ ist also 0,0125-adäquat für die Menge aller zweimal differenzierbaren Funktionen über $[-0{,}5; 0{,}5]$, deren zweite Ableitung betragsmäßig durch 0,1 beschränkt ist.

Da bei den hier vorgestellten Methoden zur Einschätzung der Adäquatheit eines Ansatzes immer mit Abschätzungen gegen obere Schranken gearbeitet wird, kann die Güte der Ansätze durchaus viel besser sein als das erhaltene Ergebnis zeigt, d. h., es kann noch kleinere Zahlen g_0' geben, für die die entsprechenden Ansätze auch noch adäquat sind.

6.4.2. Prüfung der Adäquatheit mit einem Test

Die Begriffsbildung der Adäquatheit setzt immer die Kenntnis einer Menge S voraus, in der die unbekannte Wirkungsfläche mit Sicherheit liegt, und die Vereinbarung eines Approximationskriteriums, mit dem die Güte der Näherung beurteilt werden soll. In der Regel lassen sich *nicht alle* $\eta \in S$ durch die Funktionen des Ansatzes $\tilde{S}$ mit einer durch ein vorgegebenes g_0 bestimmten Güte approximieren.

Bezeichnung 6.4.2: Eine Teilmenge S_{g_0} von S heißt *g_0-adäquate Untermenge* von S bezüglich $\tilde{S}$ im Sinne eines bestimmten Approximationskriteriums, wenn $\tilde{S}$ g_0-adäquat für S_{g_0} im Sinne dieses Kriteriums ist ●

Für die Anwendung ist nun interessant, ob im gegebenen konkreten Fall die unbekannte Wirkungsfläche in S_{g_0} liegt. Falls S eine Funktionsschar und $\tilde{S}$ eine Teilmenge davon ist, dann kann man diese Frage eventuell durch die Modifizierung eines Tests anhand des Datensatzes prüfen.

VERFAHREN 6.4.1 (Prüfen der g_0-Adäquatheit):

1. **Gegebene Größen:** a) Menge der möglichen Wirkungsflächen

$$S = \left\{\eta(\boldsymbol{x}, \boldsymbol{\beta}) = \sum_{j=1}^{s} \beta_j f_j(\boldsymbol{x}) : \boldsymbol{x} \in B\right\}_{\boldsymbol{\beta} \in \mathbf{R}^s}.$$

b) Ansatz

$$\tilde{S} = \left\{\tilde{\eta}(\boldsymbol{x}, \boldsymbol{\vartheta}) = \sum_{j=1}^{r} \vartheta_j f_j(\boldsymbol{x}) : \boldsymbol{x} \in B\right\}_{\boldsymbol{\vartheta} \in \mathbf{R}^r}.$$

c) Approximationskriterium: Funktion $L(\eta(\boldsymbol{x}, \boldsymbol{\beta}), \tilde{\eta}(\boldsymbol{x}, \boldsymbol{\vartheta}))$.

d) Positive Zahl g_0.

e) Versuchsplan $V_n = (\boldsymbol{x}_1, \dots, \boldsymbol{x}_n)$.

f) Beobachtungsergebnis $\boldsymbol{y}(V_n) = (y_1, \dots, y_n)'$.

g) Signifikanzniveau $\alpha \in (0, 1)$.

2. **Aufgabe:** Entscheide, ob die unbekannte Wirkungsfläche in einer g_0-adäquaten Untermenge von S bezüglich $\tilde{S}$ im Sinne von L aus 1.c) liegt.

3. **Bezeichnung:** $\tilde{\eta}(V_n) = (\eta(\boldsymbol{x}_1), \dots, \eta(\boldsymbol{x}_n))'$ Werte der wahren Wirkungsfläche.

4. **Voraussetzungen:** a) $\mathfrak{Y}(V_n) \sim \mathrm{N}(\eta(V_n), \sigma^2 \boldsymbol{I}_n)$.

b) $s > r$.

c) $n > s$.

5. **Lösung:** a) Bestimme für alle $\boldsymbol{\beta} \in \mathrm{R}^s$

$$\min_{\boldsymbol{\vartheta} \in \mathrm{R}^r} L\big(\eta(\boldsymbol{x}, \boldsymbol{\beta}), \tilde{\eta}(\boldsymbol{x}, \boldsymbol{\vartheta})\big) = L\big(\eta(\boldsymbol{x}, \boldsymbol{\beta}), \tilde{\eta}(\boldsymbol{x}, \boldsymbol{\vartheta}^*(\boldsymbol{\beta}))\big) . \tag{6.4.10}$$

b) Die g_0-adäquate Untermenge S_{g_0} bezüglich $\tilde{S}$ ist dann

$$S_{g_0} = \left\{\eta(\boldsymbol{x}, \boldsymbol{\beta}) = \sum_{j=1}^{s} \beta_j f_j(\boldsymbol{x}) : L\big(\eta(\boldsymbol{x}, \boldsymbol{\beta}), \tilde{\eta}(\boldsymbol{x}, \boldsymbol{\vartheta}^*(\boldsymbol{\beta}))\big) \leqq g_0 ; \boldsymbol{x} \in B\right\}_{\boldsymbol{\beta} \in \mathrm{R}^s} . \tag{6.4.11}$$

c) Prüfe die statistische Hypothese

$$L\big(\eta(\boldsymbol{x}, \boldsymbol{\beta}), \tilde{\eta}(\boldsymbol{x}, \boldsymbol{\vartheta}^*(\boldsymbol{\beta}))\big) \leqq g_0 \tag{6.4.12}$$

zum Signifikanzniveau α ●

Beispiel 6.4.4:

1. a) $S = \{\eta(x, \beta) = \beta_0 + \beta_1 x + \beta_2 x^2 : x \in [-1, 1]\}_{\beta \in \mathrm{R}^3}$.

b) $\tilde{S} = \{\tilde{\eta}(x, \vartheta) = \vartheta_0 + \vartheta_1 x : x \in [-1, 1]\}_{\vartheta \in \mathrm{R}^2}$.

c) $L(\eta(x, \beta), \tilde{\eta}(x, \vartheta)) = \int_{-1}^{1} (\eta(x, \beta) - \tilde{\eta}(x, \vartheta))^2 \, dx$.

d) $g_0 = 0{,}045$.

e) $V_{12} = (-1; -0{,}8; -0{,}6; -0{,}6; 0; 0{,}2; 0{,}3; 0{,}3; 1; 1; 1; 1)$.

f) $\boldsymbol{y}(V_{12}) = (5{,}96; 5{,}06; 4{,}58; 2{,}91; 1{,}76; 0{,}82; 1{,}10; 1{,}49; 0{,}41; -0{,}22;$
$-0{,}33; -0{,}70)'$.

g) $\alpha = 0{,}05$.

5. a) Die Bedingung $L(\eta, \tilde{\eta}) \stackrel{!}{=} \min_{\vartheta \in \mathrm{R}^2}$ führt auf $\vartheta_1^* = \beta_1$, $\vartheta_0^* = (\beta_0 + \beta_2/3)$.

b) $L\big(\eta(x, \beta), \tilde{\eta}(x, \vartheta^*(\beta))\big) = \frac{8}{45} \beta_2^2 \leqq g_0$.

c) Zu prüfen ist die Hypothese $0 \leqq \beta_2^2 \leqq 45 g_0/8$.

Zur Prüfung dieser Hypothese kann der F-Test (›Verf. 6.2.2) herangezogen werden. Der kritische Wert muß aber aus der nicht zentralen F-Verteilung bestimmt werden. Im vorliegenden Fall ist der Nichtzentralitätsparameter $\lambda = \beta_2^2/2\sigma^2$.

Zur Anwendung des F-Testes ist die Kenntnis einer unteren Schranke für σ^2 nötig. Für das vorliegende Beispiel sei $0{,}25 = \sigma_u^2 \leqq \sigma^2$ gegeben. Zur Bestimmung des Nichtzentralitätsparameters wird die obere Schranke für β_2^2 und die untere für σ^2 eingesetzt, d. h.

$$\lambda_0 = 45 g_0/8 \cdot 2 \cdot 0{,}25 = 45 \cdot 0{,}045/8 \cdot 2 \cdot 0{,}25 \approx 0{,}5.$$

Der kritische Wert der F-Verteilung mit 1 und 12 − 3 Freiheitsgraden und dem Nichtzentralitätsparameter $\lambda_0 = 0{,}5$ zum Signifikanzniveau $\alpha = 0{,}05$ beträgt $f_{1; 9; 0,5; 0,05} = 9{,}58$ (s. Toro-Vizcarrondo/Wallace [1]).

Die Testgröße wird genau wie bei der Hypothese $\beta_2 = 0$ konstruiert (›Verf. 6.2.2).

Aus

$$\boldsymbol{F}'(V_{12}; S) = \begin{pmatrix} 1 & 1 & 1 & 1 & 1 & 1 & 1 & 1 & 1 & 1 & 1 & 1 \\ -1 & -0{,}8 & -0{,}6 & -0{,}6 & 0 & 0{,}2 & 0{,}3 & 0{,}3 & 1 & 1 & 1 & 1 \\ 1 & 0{,}64 & 0{,}36 & 0{,}36 & 0 & 0{,}04 & 0{,}09 & 0{,}09 & 1 & 1 & 1 & 1 \end{pmatrix}$$

erhält man

$$(\boldsymbol{F}'(V_{12}; S)\, \boldsymbol{F}(V_{12}; S))^{-1} = \begin{pmatrix} 0{,}2318 & 0{,}0260 & -0{,}2780 \\ 0{,}0260 & 0{,}1756 & -0{,}0956 \\ -0{,}2780 & -0{,}0956 & 0{,}5331 \end{pmatrix} = ((m^{ij}));$$

$$i = 0, 1, 2; \quad j = 0, 1, 2.$$

Mit $\boldsymbol{F}'(V_{12}; S)\, \boldsymbol{y}(V_n) = (22{,}8400; -14{,}4010; 11{,}3207)'$ berechnet man die MKQ-Schätzung $\check{\boldsymbol{\beta}} = (1{,}77; -3{,}02; 1{,}06)'$ und die Restquadratsumme

$$s_0^2(V_{12}) = (\boldsymbol{y}(V_{12}) - \boldsymbol{F}(V_{12}; S)\, \check{\boldsymbol{\beta}})' (\boldsymbol{y}(V_{12}) - \boldsymbol{F}(V_{12}; S)\, \check{\boldsymbol{\beta}}) = 2{,}61 .$$

Damit ergibt sich für die Testgröße der Wert

$$\frac{(n-r)\,\breve{\beta}_2^2}{m^{22}s_0^2(V_{12})} = 7{,}30 < 9{,}58\,.$$

Gegen die Annahme, daß die wahre Wirkungsfläche in der 0,045-adäquaten Untermenge $S_{0,045}$ bezüglich $\tilde{S}$ im Sinne von L aus 1.c) liegt, ist nichts einzuwenden.

Zum Vergleich: beim gewählten Signifikanzniveau $\alpha = 0{,}05$ ist der kritische Wert der (zentralen) F-Verteilung $f_{1;\,9;\,0{,}95} = 5{,}12$. Die Hypothese $\beta_2 = 0$ würde also abgelehnt. Der vorstehende Test ist unter den in Verf. 6.2.2 angegebenen Voraussetzungen ein gleichmäßig bester invarianter Test (Lehmann [1], Toro-Vizcarrondo/Wallace [1]).

Die Konstruktion der Testgröße zur Prüfung der Hypothese (6.4.12) in Verf. 6.4.1/5.c) hängt vom gewählten Approximationskriterium (1.c)) ab. Eventuell sind dafür, wie im Bsp. 6.4.4, weitere Vorkenntnisse und Voraussetzungen nötig. Zur Problematik der Adäquatheitsprüfung s. auch Bandemer/Näther [1], Bauer [1], [2], Suich/Derringer [1].

6.5. Erkennen von Ausreißern

Bei der statistischen Untersuchung von EW-Problemen kommt es häufig vor, daß Versuchsergebnisse in den Datensatz gelangen, für die die Annahmen des Modells nicht gelten. Es kann sich dabei um grobe Fehlmessungen, Übertragungsfehler, Werte aus Havariesituationen u. ä. handeln. Für die Schlußfolgerungen ist es von Bedeutung, solche Daten zu erkennen und gegebenenfalls zu eliminieren. Bereits in [2.3.6] haben wir hierauf hingewiesen und solche grob fehlerhaften Daten als *Ausreißer* bezeichnet.

Ein wichtiges Hilfsmittel für das Erkennen solcher Ausreißer ist die Untersuchung der *geschätzten Fehler*

$$\hat{\varepsilon}(\boldsymbol{x}_i) = y(\boldsymbol{x}_i) - \hat{\eta}(\boldsymbol{x}_i;\, \boldsymbol{y}(V_n)) \tag{6.5.1}$$

(›Bez. 2.3.3, (2.3.9)). Man erwartet, daß für einen Ausreißer auch der geschätzte Fehler sehr stark von den geschätzten Fehlern für andere Punkte abweicht. Aber dies ist kein eindeutiges Zeichen, denn auch ein ungeeigneter Ansatz kann zu starken Schwankungen der $\hat{\varepsilon}(\boldsymbol{x}_i)$ führen. Weiterhin kann eine vernachlässigte Abhängigkeit der zufälligen Fehler $\varepsilon(\boldsymbol{x}_i)$ von $\boldsymbol{x}_i$ und eine Korrelation zwischen diesen Fehlern die geschätzten Fehler beeinflussen. Es ist in jedem Falle vorteilhaft, diese geschätzten Fehler einer eingehenden Prüfung zu unterziehen. Wenn es möglich ist, sollte man versuchen, diese Fehler in Abhängigkeit von $\boldsymbol{x}_i$; $i = 1, \ldots, n$; darzustellen. Die Deutung von starken Schwankungen muß von Fall zu Fall in Abhängigkeit von den fachspezifischen Vorkenntnissen und durch Überprüfung gewisser Beobachtungswerte erfolgen. In der Regel drücken sich ein ungeeigneter Ansatz oder eine funktionale Abhängigkeit der Fehler durch mehr oder weniger systematische Schwankungen der geschätzten Fehler aus, während ein Ausreißer eine isolierte plötzliche starke Schwankung hervorruft (ausführlich hierzu s. Draper/Smith [N1]). Natürlich können in einem gewissen Umfang große geschätzte Fehler auch durch den zufälligen Einfluß entstehen. Ihre Häufigkeit wird mit dem Planumfang wachsen.

Im folgenden sollen einige Kriterien vorgestellt werden, die bei der Entscheidung helfen sollen, ob es sich bei einer starken Schwankung der $\hat{\varepsilon}(\boldsymbol{x}_i)$; $i = 1, \ldots, n$; um einen Ausreißer handeln kann. Eine zusätzliche Schwierigkeit für die statistische Behandlung des Ausreißerproblems bei der Regression stellt neben den im vorigen Absatz genannten Alternativen für das Vorliegen eines Ausreißers die Tatsache dar, daß die $\hat{\varepsilon}(x_i)$ nicht unabhängig sind, selbst wenn die $\varepsilon(x_i)$; $i = 1, \ldots, n$; es waren. Dies alles zwingt uns, bei der Anwendung und Deutung der für unabhängige Realisierungen einer Zufallsgröße entwickelten Erkennungsmethoden für Ausreißer eine gewisse Vorsicht walten zu lassen.

Die folgenden Verfahren sind nach wachsendem Umfang der Berücksichtigung der Voraussetzungen und Annahmen über das Regressionsmodell geordnet.

VERFAHREN 6.5.1 (Mittlerer Absolutfehler):

1. **Gegebene Größen:** a) Versuchsplan $V_n = (x_1, \ldots, x_n)$.

b) Beobachtungsergebnis $y(V_n) = (y_1, \ldots, y_n)'$.

c) Vektor der geschätzten Werte der Wirkungsfläche $\hat{\eta}(V_n; y(V_n)) = (\hat{\eta}_1, \ldots, \hat{\eta}_n)'$.

d) Positive Zahl c_1.

2. **Aufgabe:** Stelle fest, ob es unter den y_i; $i = 1, \ldots, n$; einen Wert gibt, der als Ausreißer verdächtig ist.

4. **Voraussetzung:** $n \geqq 10$.

5. **Lösung:** a) Bilde

$$|\hat{\varepsilon}_i| = |y_i - \hat{\eta}_i|; \quad i = 1, \ldots, n; \tag{6.5.2}$$

und

$$|\hat{\varepsilon}_{\max}| = \max_{i \in \{1, \ldots, n\}} |\hat{\varepsilon}_i| . \tag{6.5.3}$$

b) Berechne

$$|\hat{\varepsilon}| = \frac{1}{n-1}\left[\sum_{i=1}^{n} |\hat{\varepsilon}_i| - |\hat{\varepsilon}_{\max}|\right]. \tag{6.5.4}$$

c) Falls $|\hat{\varepsilon}_{\max}| > c_1 |\hat{\varepsilon}|$, dann ist der zu $|\hat{\varepsilon}_{\max}|$ gehörige Beobachtungswert als Ausreißer verdächtig ●

Beispiel 6.5.1:

1. a) $V_{10} = (1; 2; 2{,}5; 3; 3{,}5; 4; 4{,}5; 5; 5{,}5; 6)$.

b) $y(V_{10}) = (10, 14, 12, 14, 15, 17, 12, 16, 20, 22)'$.

c) $\hat{\eta}(V_{10}, y(V_{10})) = (10{,}05; 11{,}96; 12{,}92; 13{,}87; 14{,}82; 15{,}78; 16{,}74; 17{,}69; 18{,}64; 19{,}60)'$.

d) $c_1 = 3$.

5. a) $(|\hat{\varepsilon}_1|, \ldots, |\hat{\varepsilon}_{10}|)' = (0{,}05; 2{,}04; 0{,}92; 0{,}13; 0{,}18; 1{,}22; 4{,}74; 1{,}69; 1{,}36; 2{,}40)'$;
$|\hat{\varepsilon}_{\max}| = |\hat{\varepsilon}_7| = 4{,}74$.

b) $|\hat{\varepsilon}| = \frac{1}{9}[14{,}73 - 4{,}74] = 1{,}11$.

c) $4{,}74 > 3 \cdot 1{,}11$; y_7 ist als Ausreißer verdächtig.

Im Verf. 6.5.1 wird der größte Absolutbetrag unter den geschätzten Fehlern mit dem arithmetischen Mittel der anderen Absolutbeträge verglichen (›5.b) und 5.c)). Die in 1.d) zu wählende Zahl c_1 gibt an, das Wievielfache dieses Mittelwertes nicht mehr als zufällige Abweichung toleriert werden soll. Da das Verfahren keinen Gebrauch von den weiteren Gegebenheiten des Regressionsmodells, wie Ansatz, Varianzverhalten der zufälligen Fehler, u. a., macht, ist es ein einfaches heuristisches Verfahren, das jedoch sehr grobe Fehler zu erkennen gestattet. Eine Anwendung für kleine n empfiehlt sich nicht, da die Größenordnung der zufälligen Abweichungen ohne weitere Annahmen noch nicht zuverlässig genug durch den Mittelwert in (6.5.4) eingeschätzt werden kann.

VERFAHREN 6.5.2 (Vergleich mit Varianzschätzung):

1. **Gegebene Größen:** a)—c) wie Verf. 6.5.1/1.a)—1.c).

d) Positive Zahl c_2.

2. **Aufgabe:** Stelle fest, ob es unter den y_i; $i = 1, \ldots, n$; einen Wert gibt, der als Ausreißer verdächtig ist.

4. **Voraussetzung:** $n \geqq 10$.

5. **Lösung:** a) Bilde

$$\hat{\varepsilon}_i = y_i - \hat{\eta}_i; \quad i = 1, \ldots, n; \tag{6.5.5}$$

und $|\hat{\varepsilon}_{\max}| = \max\limits_{i \in \{1, \ldots, n\}} |\hat{\varepsilon}_i|$.

b) Berechne

$$s_0^2(V_n; |\hat{\varepsilon}_{\max}|) = \sum_{i=1}^{n} \hat{\varepsilon}_i^2 - |\hat{\varepsilon}_{\max}|^2. \tag{6.5.6}$$

c) Falls

$$\frac{|\hat{\varepsilon}_{\max}| \sqrt{n-1}}{\sqrt{s_0^2(V_n; |\hat{\varepsilon}_{\max}|)}} > c_2,$$

dann ist der zu $|\hat{\varepsilon}_{\max}|$ gehörige Beobachtungswert als Ausreißer verdächtig ●

Beispiel 6.5.2:

1. a)—c) wie Bsp. 6.5.1.

d) $c_2 = 3$.

5. a) $\hat{\varepsilon}(V_{10}) = (-0{,}05;\ 2{,}04;\ -0{,}92;\ 0{,}13;\ 0{,}18;\ 1{,}22;\ -4{,}74;\ -1{,}69;\ 1{,}36;\ 2{,}40)'$;

$|\hat{\varepsilon}_{\max}| = |\hat{\varepsilon}_7| = 4{,}74$.

b) $s_0^2(V_{10}; |\hat{\varepsilon}_7|) = 39{,}48 - 22{,}47 = 17{,}01$.

c) $4{,}74 \cdot 3/\sqrt{17{,}01} > 3$; y_7 ist als Ausreißer verdächtig.

Das Verf. 6.5.2 ist einem t-Test nachgebildet. Wenn $\mathfrak{X}_1, \ldots, \mathfrak{X}_n$ in Gesamtheit unabhängige normalverteilte Zufallsgrößen mit $\mathrm{E}\mathfrak{X}_i = 0$, $\mathrm{D}^2\mathfrak{X}_i = \sigma^2$; $i = 1, \ldots, n$; sind, dann ist $\mathfrak{X}_n/\sigma$ standardisiert normalverteilt (›Bez. 1.1.10) und $\sum\limits_{i=1}^{n-1} \mathfrak{X}_i^2/\sigma^2$ genügt einer χ^2-Verteilung mit $n - 1$ Freiheitsgraden (›Bez. 1.1.11). Damit hat aber

$$\mathfrak{X}_n \sqrt{n-1} \Bigg/ \sqrt{\sum_{i=1}^{n-1} \mathfrak{X}_i^2} \tag{6.5.7}$$

eine t-Verteilung mit $n - 1$ Freiheitsgraden (›Bez. 1.1.12).

Da die Unabhängigkeitsvoraussetzung für die geschätzten Fehler nicht und die Verteilungsannahme häufig nicht erfüllt sind, wurde das Verfahren als praktizierbares Vorgehen und nicht als t-Test formuliert. Jedoch liefert die Testauffassung einen Hinweis, wie die wichtige Konstante c_2 sinnvoll gewählt werden kann. Bei den üblichen Signifikanzniveaus liegen die kritischen Werte der t-Verteilung mit $n - 1$ Freiheitsgraden; $n \geqq 10$; zwischen 3 und 4, womit für c_2 eine Größenordnung gegeben ist. Eine Anwendung für kleine n empfiehlt sich nicht, da die Aussagekraft der Schätzung $s_0^2(V_n; |\hat{\varepsilon}_{\max}|)/(n-1)$ für σ^2 ohne weitere Annahmen noch zu gering ist. Für $8 \leqq n \leqq 25$ wird im folgenden Verfahren eine Methode vorgestellt, die einem Vorgehen zum Vergleich von Erwartungswerten mit geordneten Stichproben nachgebildet ist (s. z. B. SACHS [1]).

VERFAHREN 6.5.3 (Vergleich in geordneter Stichprobe):

1. **Gegebene Größen:** a)—c) wie Verf. 6.5.1/1.a)—1.c).

d) Positive Zahl c_3.

2. **Aufgabe:** Stelle fest, ob es unter den y_i; $i = 1, \ldots, n$; einen Wert gibt, der als Ausreißer verdächtig ist.

4. **Voraussetzung:** $8 \leqq n \leqq 25$.

5. **Lösung:** a) Bilde $\hat{\varepsilon}_i = y_i - \hat{\eta}_i$; $i = 1, \ldots, n$.

b) Ordne $\hat{\varepsilon}_1, \ldots, \hat{\varepsilon}_n$ der Größe nach und numeriere um: $\hat{\varepsilon}'_1 \leqq \hat{\varepsilon}'_2 \leqq \ldots \leqq \hat{\varepsilon}'_n$.

c) Prüfe ob

c_1) falls $n = 8, 9, 10$

$$\frac{\hat{\varepsilon}'_2 - \hat{\varepsilon}'_1}{\hat{\varepsilon}'_{n-1} - \hat{\varepsilon}'_1} > c_2 \quad \text{oder} \quad \frac{\hat{\varepsilon}'_n - \hat{\varepsilon}'_{n-1}}{\hat{\varepsilon}'_n - \hat{\varepsilon}'_2} > c_2; \tag{6.5.8}$$

c_2) falls $n = 11, 12, 13$

$$\frac{\hat{\varepsilon}'_3 - \hat{\varepsilon}'_1}{\hat{\varepsilon}'_{n-1} - \hat{\varepsilon}'_1} > c_2 \quad \text{oder} \quad \frac{\hat{\varepsilon}'_n - \hat{\varepsilon}'_{n-2}}{\hat{\varepsilon}'_n - \hat{\varepsilon}'_2} > c_2; \tag{6.5.9}$$

c_3) falls $n = 14, \ldots, 25$

$$\frac{\hat{\varepsilon}'_3 - \hat{\varepsilon}'_1}{\hat{\varepsilon}'_{n-2} - \hat{\varepsilon}'_1} > c_2 \quad \text{oder} \quad \frac{\hat{\varepsilon}'_n - \hat{\varepsilon}'_{n-2}}{\hat{\varepsilon}'_n - \hat{\varepsilon}'_3} > c_2\,. \tag{6.5.10}$$

d) Falls in der Numerierung gemäß 5.b) entsprechend der Größe von n eine der Ungleichungen in (6.5.8), (6.5.9) oder (6.5.10) erfüllt ist, dann ist der zu $\hat{\varepsilon}'_1$ bzw. $\hat{\varepsilon}'_n$ gehörige Beobachtungswert als Ausreißer verdächtig ●

Beispiel 6.5.3:

1. a)—c) wie Bsp. 6.5.1.

d) $c_3 = 0{,}4$.

5. a) ›Bsp. 6.5.2/5.a).

b) $\hat{\varepsilon}'_1 \leqq \ldots \leqq \hat{\varepsilon}'_{10}$;

$-4{,}74 < -1{,}69 < -0{,}92 < -0{,}05 < 0{,}13 < 0{,}18 < 1{,}22 < 1{,}36 < 2{,}04 < 2{,}40.$

c₁) $\dfrac{-1{,}69 + 4{,}74}{2{,}04 + 4{,}74} = \dfrac{3{,}05}{6{,}78} > 0{,}4; \quad \dfrac{2{,}40 - 2{,}04}{2{,}40 + 1{,}69} = \dfrac{0{,}36}{4{,}09} < 0{,}4;$

d) y_7 ist als Ausreißer verdächtig.

Die Wahl der Konstanten c_3 in Verf. 6.5.3/1.d) kann wieder an den kritischen Werten der entsprechenden Signifikanztests (z. B. SACHS [1]) orientiert werden. Bei den üblichen Signifikanzniveaus liegen diese Werte in der Größenordnung von 0,4 und 0,5.

Schließlich geben wir den Prototyp einer Methode an, bei der der Ansatz und die Verwendung der MKQ-Schätzung berücksichtigt werden.

VERFAHREN 6.5.4 (Vergleich der standardisierten geschätzten Fehler):

1. **Gegebene Größen:** a) Linearer Ansatz

$$\tilde{S} = \{\tilde{\eta}(\boldsymbol{x}, \boldsymbol{\vartheta}) = \boldsymbol{f}(\boldsymbol{x})' \boldsymbol{\vartheta} : \boldsymbol{x} \in B\}_{\boldsymbol{\vartheta} \in \mathbb{R}^r}.$$

b) Versuchsplan $V_n = (\boldsymbol{x}_1, \dots, \boldsymbol{x}_n)$.

c) Beobachtungsergebnis $\boldsymbol{y}(V_n) = (y_1, \dots, y_n)'$.

d) MKQ-Schätzung $\check{\boldsymbol{\vartheta}}(\boldsymbol{y}(V_n)) = (\check{\vartheta}_1, \dots, \check{\vartheta}_r)'$.

e) Positive Zahl c_4.

2. **Aufgabe:** Stelle fest, ob es unter den y_i; $i = 1, \dots, n$; einen Wert gibt, der als Ausreißer verdächtig ist.

3. **Bezeichnung:** a) $\boldsymbol{f}(\boldsymbol{x}) = \big(f_1(\boldsymbol{x}), \dots, f_r(\boldsymbol{x})\big)'$.

b) $\boldsymbol{F}(V_n) = \big((f_j(\boldsymbol{x}_i))\big)$; $i = 1, \dots, n$; $j = 1, \dots, r$.

c) $$\big((b_{ij})\big) = \big(\boldsymbol{I}_n - \boldsymbol{F}(V_n)\,(\boldsymbol{F}(V_n)'\,\boldsymbol{F}(V_n))^{-1}\,\boldsymbol{F}(V_n)'\big)\,. \qquad (6.5.11)$$

d) $$s_0^2(V_n) = \sum_{i=1}^{n} \left(y_i - \sum_{j=1}^{r} \check{\vartheta}_j f_j(\boldsymbol{x}_i)\right)^2. \qquad (6.5.12)$$

4. **Voraussetzung:** $n > r$.

5. **Lösung:** a) Bilde

$$\check{\varepsilon}_i = y_i - \sum_{j=1}^{r} \check{\vartheta}_j f_j(\boldsymbol{x}_i); \quad i = 1, \dots, n; \qquad (6.5.13)$$

b) Berechne die Diagonalelemente der Matrix (6.5.11): b_{ii}; $i = 1, \dots, n$.

c) Berechne $s_0^2(V_n)$ gemäß (6.5.12) durch $s_0^2(V_n) = \sum_{i=1}^{n} \check{\varepsilon}_i^2$.

d) Bilde

$$\tilde{\varepsilon}_i^2 = \frac{\check{\varepsilon}_i^2(n - r - 1)}{b_{ii} s_0^2(V_n)} \qquad (6.5.14)$$

und

$$\tilde{\varepsilon}_{\max}^2 = \max_{i \in \{1, \dots, n\}} \tilde{\varepsilon}_i^2\,. \qquad (6.5.15)$$

e) Falls $\tilde{\varepsilon}_{\max}^2 > c_4$, dann ist der zu $\tilde{\varepsilon}_{\max}^2$ gehörige Beobachtungswert als Ausreißer verdächtig ●

Beispiel 6.5.4:

1. a) $\tilde{S} = \{\tilde{\eta}(x, \boldsymbol{\vartheta}) = \vartheta_0 + \vartheta_1 x : x \in B\}_{\boldsymbol{\vartheta} \in \mathbb{R}^2}$.

b) $V_{10} = (1;\ 2;\ 2{,}5;\ 3;\ 3{,}5;\ 4;\ 4{,}5;\ 5;\ 5{,}5;\ 6)$.

c) $\boldsymbol{y}(V_{10}) = (10, 14, 12, 14, 15, 17, 12, 16, 20, 22)'$.

d) $(\check{\vartheta}_0, \check{\vartheta}_1)' = (8{,}14;\ 1{,}91)'$.

3. a) $\boldsymbol{f}(x) = (1, x)'$.

b) $$\boldsymbol{F}(V_{10})' = \begin{pmatrix} 1 & 1 & 1 & 1 & 1 & 1 & 1 & 1 & 1 & 1 \\ 1 & 2 & 2{,}5 & 3 & 3{,}5 & 4 & 4{,}5 & 5 & 5{,}5 & 6 \end{pmatrix}.$$

c) $\left(I_{10} - F(V_{10})\,(F(V_{10})'\,F(V_{10}))^{-1}\,F(V_{10})'\right)$; ›Tab. 6.5.1.

Tab. 6.5.1: $(I_n - F(F'F)^{-1}\,F')$ zu Bsp. 6.5.4

0,88	−0,06	−0,15	−0,18	−0,08	−0,05	−0,03	−0,11	−0,09	−0,14
−0,06	**0,83**	0,00	0,05	−0,14	−0,20	−0,23	−0,09	0,01	−0,03
−0,15	0,00	**0,77**	−0,30	−0,04	0,03	0,07	−0,11	−0,08	−0,19
−0,18	0,05	−0,30	**0,58**	−0,01	0,11	0,17	−0,12	−0,06	−0,24
−0,08	−0,14	−0,04	−0,01	**0,87**	−0,16	−0,18	−0,09	−0,11	−0,06
−0,05	−0,20	0,03	0,11	−0,16	**0,76**	−0,28	−0,08	−0,12	−0,01
−0,03	−0,23	0,07	0,17	−0,18	−0,28	**0,67**	−0,08	−0,13	0,02
−0,11	−0,09	−0,11	−0,12	−0,09	−0,08	−0,08	**0,90**	−0,08	−0,11
−0,09	0,01	−0,08	−0,06	−0,11	−0,12	−0,13	−0,08	**1,00**	−0,08
−0,14	−0,03	−0,19	−0,24	−0,06	−0,01	0,02	−0,11	−0,08	**0,84**

(Die Berechnung der gesamten Matrix ist im allgemeinen nicht nötig.)

d) $s_0^2(V_{10}) = \sum_{i=1}^{10} (y_i - \check{\vartheta}_0 - \check{\vartheta}_1 x_i)^2$.

e) $c_4 = 3$.

5. a) $\check{\varepsilon}(V_{10}) = (-0{,}05;\ 2{,}04;\ -0{,}92;\ 0{,}13;\ 0{,}18;\ 1{,}22;\ -4{,}74;\ -1{,}69;\ 1{,}36;\ 2{,}40)'$.

b) Aus Tab. 6.5.1: $b_{11} = 0{,}88$; $b_{22} = 0{,}83$; $b_{33} = 0{,}77$; $b_{44} = 0{,}58$; $b_{55} = 0{,}87$; $b_{66} = 0{,}76$; $b_{77} = 0{,}67$; $b_{88} = 0{,}90$; $b_{99} = 1{,}00$; $b_{1010} = 0{,}84$.

c) $s_0^2(V_{10}) = 38{,}48$.

d) $(\tilde{\varepsilon}_1^2, \dots, \tilde{\varepsilon}_{10}^2)' = (0{,}0005;\ 0{,}9121;\ 0{,}2000;\ 0{,}0053;\ 0{,}0068;\ 0{,}3562;\ 5{,}8285;\ 0{,}5773;\ 0{,}3364;\ 1{,}2474)'$;
$\tilde{\varepsilon}_{\max}^2 = \tilde{\varepsilon}_7^2 = 5{,}8285$.

e) $5{,}8285 > 3$; y_7 ist als Ausreißer verdächtig.

Die Motivierung für Verf. 6.5.4 ist ähnlich wie die zu Verf. 6.5.2. Als Schätzung der unbekannten Varianz σ^2 für die als standardisiert normalverteilt (›Bez. 1.1.10) vorausgesetzte Zufallsgröße $\check{\varepsilon}_i/\sqrt{b_{ii}}\,\sigma$ wird nun $s_0^2(V_n)/(n - r - 1)$ verwendet. Die als *standardisierter geschätzter Fehler* bezeichnete Größe

$$\tilde{\varepsilon}_i = \frac{\check{\varepsilon}_i}{\sqrt{b_{ii}}\,\sqrt{s_0^2(V_n)}}\sqrt{n - r - 1}; \quad i = 1, \dots, n; \tag{6.5.16}$$

genügt dann einer t-Verteilung mit $n - r - 1$ Freiheitsgraden. Die Verteilung von

$$\max_{i \in \{1, \dots, n\}} \tilde{\varepsilon}_i \tag{6.5.17}$$

ist praktisch jedoch nicht beschaffbar. Sie hängt wegen b_{ii} und $s_0^2(V_n)$ offensichtlich vom Plan V_n ab.

Es ist versucht worden, die kritischen Werte der Verteilung wenigstens abzuschätzen (Ellenberg [1], Lund [1]).

Der Übergang zum Quadrat von $\tilde{\varepsilon}_i$ im Verf. 6.5.4 dient lediglich zur Rechenerleichterung. Da in $s_0^2(V_n)$ der potentielle Ausreißeranteil $\hat{\varepsilon}_i^2$ enthalten ist, liefert das Verf. 6.5.4 bei *sehr* groben Abweichungen eventuell keine vernünftige Aussage. Es empfiehlt sich dann als heuristische Variante, statt $\tilde{\varepsilon}_i^2$ aus (6.5.14) die Größen

$$\tilde{\varepsilon}_i^{2\prime} = \frac{\hat{\varepsilon}_i^2(n - r - 2)}{b_{ii} s_0^2(V_n;\ |\hat{\varepsilon}_{\max}|)}; \quad i = 1, \dots, n; \tag{6.5.18}$$

mit $s_0^2(V_n;\ |\hat{\varepsilon}_{\max}|)$ aus (6.5.6) zu verwenden. Die Größenordnung von c_4 kann an den kritischen Werten der F-Verteilung mit 1 und $n - r - 1$ (bzw. 1 und $n - r - 2$) Freiheitsgraden orientiert werden.

Bemerkung 6.5.1: Wie Ellenberg [1] weiter zeigte, ist das Verf. 6.5.4 äquivalent zum Vorgehen von Mickey [1] und der Methode von Snedecor/Cochran [1].

Die Verf. 6.5.1 bis 6.5.4 können auch mehrmals angewendet werden. Erfüllen mehrere geschätzte Fehler gleichzeitig die Bedingungen, so sind sie alle als Ausreißer weiter zu untersuchen. Es ist auch eine sequentielle Version des Vorgehens denkbar, bei der jedesmal nach dem Erkennen und Weglassen eines Ausreißers die auftretenden Größen neu berechnet werden. Jedoch ist vor einer automatischen Anwendung solcher Verfahren zu warnen, da nicht alle extremen Betragswerte zu Ausreißern gehören müssen, im gewissen Umfang treten sie auch zufällig auf. Weiterhin kann eine sukzessive Verringerung des Datensatzes im Laufe des sequentiellen Vorgehens jeden Wert zum potentiellen Ausreißer machen.

Zum Abschluß sei nochmals betont, daß die Entscheidung, ob ein Wert Ausreißer ist oder nicht, letztendlich vom fachwissenschaftlichen interpretierenden Standpunkt unter Berücksichtigung, daß auch der Ansatz oder die Struktur der zufälligen Fehler auf die geschätzten Fehler einwirken, getroffen werden muß.

6.6. Weitere Probleme

1. Um die Zahl der Einflußgrößen speziell in Mixturansätzen (›[4.2.4]) herabzusetzen, werden in Snee/Marquardt [1] Vorschläge gemacht, wie dies durch Weglassen und Zusammenfassen von Mixturkomponenten erreicht werden kann. Die Arbeit enthält auch Hinweise für eine entsprechende Versuchsplanung und weitere Literaturangaben.

2. Als Alternative zur Versuchsplanung zum Superansatz (›Verf. 6.2.10–6.2.12; 6.2.23–6.2.27) wird von Andrews [1] die Benutzung eines geschätzten Signifikanzniveaus für jeden Ansatz vorgeschlagen. Sei $\tilde{f}_{i,n}$ der Wert der (als F-verteilt angenommen) Entscheidungsgröße F für den i-ten Ansatz nach n Versuchen, so wird mit der entsprechenden F-Verteilung die Wahrscheinlichkeit

$$\alpha_i(n) = \mathrm{P}(F > \tilde{f}_{i,n}) \tag{6.6.1}$$

bestimmt. Für die Planung wird eine Funktion

$$g(\boldsymbol{\alpha}) = -\sum_{i=1}^{m} (1 - \alpha_i(n))^c \tag{6.6.2}$$

mit $\boldsymbol{\alpha} = (\alpha_1, \ldots, \alpha_m)'$ und $c \approx 10$ gewählt. Zur Bestimmung des nächsten Versuchspunktes wird $\eta(\boldsymbol{x})$ mit jedem der Ansätze $\tilde{S}_i$ für alle $\boldsymbol{x} \in V$ geschätzt und diese Schätzung in die Entscheidungsgröße eingesetzt, die damit für jedes $\tilde{S}_i$ eine Funktion von $\boldsymbol{x}$ wird, d. h. $\tilde{f}_{i,n+1}(\boldsymbol{x})$. Mit dieser Funktion wird $\hat{\alpha}_i(n+1, \boldsymbol{x})$ gemäß (6.6.1) bestimmt. Als Versuchspunkt wird dann ein Punkt $\boldsymbol{x}_{n+1}$ gewählt, für den gilt

$$g(\hat{\boldsymbol{\alpha}}(n+1, \boldsymbol{x}_{n+1})) = \sup_{\boldsymbol{x} \in V} g(\hat{\boldsymbol{\alpha}}(n+1, \boldsymbol{x}))\,. \tag{6.6.3}$$

Das Verfahren ist nur für einen stark diskretisierten Versuchsbereich praktikabel.

3. Wenn die Versuche in einer linearen Ordnung, etwa nacheinander, durchgeführt werden, ist es von Interesse, solche Punkte zu erkennen, in denen plötzliche sprunghafte Veränderungen in den Koeffizienten des Ansatzes (oder in der Struktur des Ansatzes) auftreten. Hält diese Änderung nur für einen oder wenige Werte an, so entstehen *Ausreißer*, ist die Änderung eine dauerhafte Veränderung, dann spricht man von einer *Verlagerung* oder *Verschiebung* (shift). Für dieses Problem werden z. B. in Schweder [1] Lösungsvorschläge diskutiert und weitere Literatur angegeben.

4. Das Ausreißerproblem besteht nicht nur im Erkennen von Daten, bei denen die Versuchsbedingungen nicht eingehalten wurden, sondern auch in der Entwicklung von Schätz- und Planungsmethoden, die den Einfluß von Ausreißern auf das Ergebnis der experimentellen Untersuchung und dessen Deutung gering halten. Solche Robustheitsforderungen (auch gegen die Fehlerverteilung, den Ansatz, usw.) werden von Huber [2] und Box, G. E. P./Draper, N. R. [3] diskutiert.

5. Weitere Modelle und Methoden zur Erfassung und dem Erkennen von Ausreißern werden von Goldsmith/Boddy [1] und Box/Tiao [1] angeboten. Goldsmith/Boddy [1] empfehlen das folgende Vorgehen. Jeder der Werte wird der Reihe nach als ein fehlender betrachtet und aus den jeweils verbleibenden Werten geschätzt (z. B. mit dem Verfahren von Shearer [1]). Eine wesentliche Verkleinerung der damit berechneten Restquadratsumme gegenüber der ursprünglichen wird als Begründung des Ausreißerverdachts gedeutet. Das Verfahren wird auch zur Suche nach vertauschten Werten modifiziert.

Von Box/Tiao [1] werden die Ausreißer dadurch im Modell erfaßt, daß zwei alternative Regressionsmodelle angenommen werden, die sich allein durch die Größe der Varianz unterscheiden. Die Behandlung des Ausreißerproblems erfolgt dann im Bayesschen Sinne auf Grund von a-priori-Wahrscheinlichkeiten für das Auftreten von Beobachtungswerten aus jedem der beiden Modelle. Mit Methoden zum Erkennen von Ausreißern in multivariaten Modellen beschäftigt sich Butler [1]. Weitere Untersuchungen zum Ausreißerproblem für Regressionsmodelle findet man auch in Anscombe/Tukey [1], Anscombe [1], Daniel [2], Stefansky [1], Prescott [1].

Vor der automatischen Anwendung der vorgeschlagenen Verfahren, vor allem wenn EDV-Programme wie bei Goldsmith/Boddy [1] angegeben werden, sei nochmals nachdrücklich gewarnt (›[6.5]).

6. Untersuchungen, ob Normalverteiltheit der Fehler vorliegt, sind bei Huang/Bolch [1] zu finden. Fragen der *Autokorrelation*, einer Form der gegenseitigen *Abhängigkeit der Fehler*, werden in Durbin/Watson [1] und Savin/White [1] behandelt. In allen drei Arbeiten werden dazu die anhand des Datensatzes und des Ansatzes geschätzten Fehler betrachtet und weitere Literaturhinweise angegeben.

Anhang

A. 1. Lineare Algebra

(Weiterführende Literatur: ZURMÜHL [1], RAO [3], DITTRICH/STAHL [1], Lexikon der Mathematik [1].)

Eine rechteckige Anordnung von $n_1 \times n_2$ reellen Zahlen (Elementen) a_{ij} ($i = 1, \dots, n_1$; $j = 1, \dots, n_2$) in der Form

$$\begin{pmatrix} a_{11} & a_{12} & \dots & a_{1n_2} \\ a_{21} & a_{22} & \dots & a_{2n_2} \\ \vdots & & & \\ a_{n_11} & a_{n_12} & \dots & a_{n_1n_2} \end{pmatrix} = ((a_{ij}))_{n_1 \times n_2} =: \boldsymbol{A}$$

heißt reelle *Matrix* $\boldsymbol{A}$ der *Ordnung* $n_1 \times n_2$. Dabei ist n_1 die Anzahl der *Zeilen* und n_2 die Anzahl der *Spalten* von $\boldsymbol{A}$. Die Menge der reellen Matrizen der Ordnung $n_1 \times n_2$ bezeichnen wir mit $\mathcal{M}_{n_1 \times n_2}$. Ist $n_1 = n_2 = n$, dann heißt $\boldsymbol{A}$ *quadratische* Matrix, die Menge der reellen quadratischen Matrizen der Ordnung n bezeichnen wir mit $\mathcal{M}_n$. Die zur Matrix $\boldsymbol{A} \in \mathcal{M}_{n_1 \times n_2}$ *transponierte* Matrix $\boldsymbol{A}' \in \mathcal{M}_{n_2 \times n_1}$ entsteht aus $\boldsymbol{A}$ durch Vertauschung der Zeilen und Spalten. Es gilt stets $(\boldsymbol{A}')' = \boldsymbol{A}$. Eine Matrix $\boldsymbol{A} \in \mathcal{M}_n$, für die $\boldsymbol{A} = \boldsymbol{A}'$ gilt, heißt *symmetrische* Matrix.

Besitzt eine quadratische Matrix die Elemente $a_{ii} = 1$ und $a_{ij} = 0$ ($i = 1, \dots, n$; $j = 1, \dots, n$; $i \neq j$), dann heißt die Matrix

$$\begin{pmatrix} 1 & 0 & \dots & 0 \\ 0 & 1 & \dots & 0 \\ \dots & & & \\ 0 & 0 & \dots & 1 \end{pmatrix} = \boldsymbol{I}_n$$

Einheitsmatrix der Ordnung n, es ist $\boldsymbol{I}_n \in \mathcal{M}_n$. Sind alle Elemente a_{ij} einer Matrix gleich Null, dann heißt diese Matrix *Nullmatrix*. Zwei Matrizen gleicher Ordnung $\boldsymbol{A} \in \mathcal{M}_{n_1 \times n_2}$ und $\boldsymbol{B} \in \mathcal{M}_{n_1 \times n_2}$ heißen *gleich*, wenn für alle $i = 1, \dots, n_1$ und $j = 1, \dots, n_2$ gilt $a_{ij} = b_{ij}$. Symbolisch schreiben wir dafür $\boldsymbol{A} = \boldsymbol{B}$.

Die *Summe* zweier reeller Matrizen ist nur für Matrizen gleicher Ordnung bildbar. Für $\boldsymbol{A} \in \mathcal{M}_{n_1 \times n_2}$ und $\boldsymbol{B} \in \mathcal{M}_{n_1 \times n_2}$ erhält man die Matrix $\boldsymbol{C} = ((c_{ij}))_{n_1 \times n_2} \in \mathcal{M}_{n_1 \times n_2}$ für $i = 1, \dots, n_1$ und $j = 1, \dots, n_2$ durch $c_{ij} = a_{ij} + b_{ij}$. Wir schreiben für die Summe $\boldsymbol{C} = \boldsymbol{A} + \boldsymbol{B}$. Es gilt

$$(\boldsymbol{A} + \boldsymbol{B})' = \boldsymbol{A}' + \boldsymbol{B}' . \tag{A.1.1}$$

Es sei a eine reelle Zahl, die wir als *Skalar* bezeichnen wollen (a läßt sich als quadratische Matrix der Ordnung 1 auffassen).

Die Multiplikation einer Matrix $\boldsymbol{A} \in \mathcal{M}_{n_1 \times n_2}$ mit einem Skalar $a \in \mathrm{R}^1$ ergibt eine Matrix $\boldsymbol{B} = ((b_{ij}))_{n_1 \times n_2}$, für deren Elemente $b_{ij} = a a_{ij}$ ($i = 1, \dots, n_1$; $j = 1, \dots, n_2$) gilt. Wir schreiben dafür $\boldsymbol{B} = a\boldsymbol{A}$. Für zwei reelle Zahlen a und b und eine Matrix $\boldsymbol{A} \in \mathcal{M}_{n_1 \times n_2}$ gilt:

$$(a\boldsymbol{A})' = a\boldsymbol{A}' , \qquad (a + b)\,\boldsymbol{A} = a\boldsymbol{A} + b\boldsymbol{A} . \tag{A.1.2}$$

Bezeichnung A.1.1: Die für zwei reelle Zahlen a und b und für zwei reelle Matrizen gleicher Ordnung $\boldsymbol{A} \in \mathcal{M}_{n_1 \times n_2}$ und $\boldsymbol{B} \in \mathcal{M}_{n_1 \times n_2}$ durch $\boldsymbol{C} = a\boldsymbol{A} + b\boldsymbol{B}$ definierte Matrix $\boldsymbol{C} \in \mathcal{M}_{n_1 \times n_2}$ heißt *Linearkombination* der Matrizen $\boldsymbol{A}$ und $\boldsymbol{B}$ ●

Eine Matrix $\boldsymbol{C}$, deren Elemente c_{ij} sich aus den Elementen der Matrizen $\boldsymbol{A} \in \mathcal{M}_{n_1 \times n_2}$ und $\boldsymbol{B} \in \mathcal{M}_{n_2 \times n_3}$ für $i = 1, \dots, n_1$ und $j = 1, \dots, n_3$ gemäß $c_{ij} = \sum_{k=1}^{n_2} a_{ik} b_{kj}$ ergeben, heißt *Produkt* von $\boldsymbol{A}$ und $\boldsymbol{B}$. Wir schreiben dafür $\boldsymbol{C} = \boldsymbol{A} \cdot \boldsymbol{B}$, und es ist $\boldsymbol{C} \in \mathcal{M}_{n_1 \times n_3}$. Offensichtlich ist die Multiplikation nur ausführbar, wenn die Anzahl der Spalten (n_2) der Matrix $\boldsymbol{A}$ mit der Zeilenzahl (n_2) der Matrix $\boldsymbol{B}$ übereinstimmt.

Es gilt für $\boldsymbol{A} \in \mathcal{M}_{n_1 \times n_2}$, $\boldsymbol{B} \in \mathcal{M}_{n_2 \times n_3}$, $\boldsymbol{C} \in \mathcal{M}_{n_2 \times n_3}$ und $\boldsymbol{D} \in \mathcal{M}_{n_3 \times n_4}$

$$\boldsymbol{A}(\boldsymbol{B} + \boldsymbol{C}) = \boldsymbol{AB} + \boldsymbol{AC}\,, \tag{A.1.3}$$

$$\boldsymbol{A}(\boldsymbol{BD}) = (\boldsymbol{AB})\,\boldsymbol{D}\,, \tag{A.1.4}$$

$$(\boldsymbol{AB})' = \boldsymbol{B}'\boldsymbol{A}'\,. \tag{A.1.5}$$

Im allgemeinen ist $\boldsymbol{AB} \neq \boldsymbol{BA}$ und aus $\boldsymbol{AB} = \boldsymbol{0}$ folgt *nicht* $\boldsymbol{A} = \boldsymbol{0}$ oder $\boldsymbol{B} = \boldsymbol{0}$.

Bezeichnung A.1.2: Die mit den Matrizen $\boldsymbol{A} \in \mathcal{M}_{n_1 \times n_2}$ und $\boldsymbol{B} \in \mathcal{M}_{n_3 \times n_4}$ gemäß

$$\begin{pmatrix} a_{11}\boldsymbol{B} & a_{12}\boldsymbol{B} & \dots & a_{1n_2}\boldsymbol{B} \\ a_{21}\boldsymbol{B} & a_{22}\boldsymbol{B} & \dots & a_{2n_2}\boldsymbol{B} \\ \cdot & \cdot & \cdot & \\ a_{n_1 1}\boldsymbol{B} & a_{n_1 2}\boldsymbol{B} & \dots & a_{n_1 n_2}\boldsymbol{B} \end{pmatrix} = \boldsymbol{C}$$

gebildete Matrix $\boldsymbol{C}$ heißt KRONECKER-*Produkt* der Matrizen $\boldsymbol{A}$ und $\boldsymbol{B}$. Es ist $\boldsymbol{C} \in \mathcal{M}_{n_1 n_3 \times n_2 n_4}$, wir schreiben für dieses Produkt $\boldsymbol{C} = \boldsymbol{A} \otimes \boldsymbol{B}$ ●

Jede Matrix $\boldsymbol{A} \in \mathcal{M}_{n_1 \times n_2}$ läßt sich in Teilmatrizen oder *Blöcke* zerlegen. Für zwei reelle Zahlen m_1 und m_2 mit $0 \leqq m_1 < n_1$ und $0 \leqq m_2 < n_2$ ist

$$\boldsymbol{A} = \begin{pmatrix} a_{11} & \dots & a_{1m_2} & \dots & a_{1n_2} \\ \cdot\cdot\cdot & & & & \\ a_{m_1 1} & \dots & a_{m_1 m_2} & \dots & a_{m_1 n_2} \\ \cdot\cdot\cdot & & & & \\ a_{n_1 1} & \dots & a_{n_1 m_2} & \dots & a_{n_1 n_2} \end{pmatrix} = \begin{pmatrix} \boldsymbol{A}_{11} & \boldsymbol{A}_{12} \\ \boldsymbol{A}_{21} & \boldsymbol{A}_{22} \end{pmatrix}, \tag{A.1.6}$$

wobei $\boldsymbol{A}_{11} \in \mathcal{M}_{m_1 \times m_2}$, $\boldsymbol{A}_{12} \in \mathcal{M}_{m_1 \times (n_2 - m_2)}$, $\boldsymbol{A}_{21} \in \mathcal{M}_{(n_1 - m_1) \times m_2}$, $\boldsymbol{A}_{22} \in \mathcal{M}_{(n_1 - m_1) \times (n_2 - m_2)}$ ist.

Es gilt mit $\boldsymbol{A} \in \mathcal{M}_{n_1 \times n_2}$, $\boldsymbol{B} \in \mathcal{M}_{n_1 \times n_3}$, $\boldsymbol{C} \in \mathcal{M}_{n_2 \times n_4}$ und $\boldsymbol{D} \in \mathcal{M}_{n_3 \times n_4}$

$$(\boldsymbol{A}, \boldsymbol{B}) \begin{pmatrix} \boldsymbol{C} \\ \boldsymbol{D} \end{pmatrix} = \boldsymbol{AC} + \boldsymbol{BD} = \boldsymbol{E}\,, \tag{A.1.7}$$

und es ist $\boldsymbol{E} \in \mathcal{M}_{n_1 \times n_4}$. Weiterhin gilt für $\boldsymbol{A} \in \mathcal{M}_{n_1 \times n_2}$, $\boldsymbol{B} \in \mathcal{M}_{n_3 \times n_2}$, $\boldsymbol{C} \in \mathcal{M}_{n_2 \times n_4}$ und $\boldsymbol{D} \in \mathcal{M}_{n_2 \times n_5}$

$$\begin{pmatrix} \boldsymbol{A} \\ \boldsymbol{B} \end{pmatrix} (\boldsymbol{C}, \boldsymbol{D}) = \begin{pmatrix} \boldsymbol{AC} & \boldsymbol{AD} \\ \boldsymbol{BC} & \boldsymbol{BD} \end{pmatrix} = \boldsymbol{F}\,, \tag{A.1.8}$$

und es ist $\boldsymbol{F} \in \mathcal{M}_{(n_1 + n_3) \times (n_4 + n_5)}$.

Eine Matrix $\boldsymbol{A} \in \mathcal{M}_n$ der speziellen Gestalt

$$\boldsymbol{A} = \begin{pmatrix} a_{11} & a_{12} & \dots & a_{1n} \\ 0 & a_{22} & \dots & a_{2n} \\ \cdot\cdot\cdot & & & \\ 0 & 0 & \dots & a_{nn} \end{pmatrix}$$

heißt *obere Dreiecksmatrix*. Entsprechend heißt die Matrix $\boldsymbol{B} \in \mathcal{M}_n$

$$\boldsymbol{B} = \begin{pmatrix} b_{11} & 0 & \dots & 0 \\ b_{21} & b_{22} & \dots & 0 \\ \cdot\cdot\cdot & & & \\ b_{n1} & b_{n2} & \dots & b_{nn} \end{pmatrix}$$

untere Dreiecksmatrix. Eine Matrix $\boldsymbol{A} \in \mathcal{M}_n$ der speziellen Gestalt

$$\boldsymbol{A} = \begin{pmatrix} a_{11} & 0 & \dots & 0 \\ 0 & a_{22} & \dots & 0 \\ \cdot\cdot\cdot & \cdot\cdot\cdot & \cdot\cdot\cdot & \cdot \\ 0 & 0 & \dots & a_{nn} \end{pmatrix}$$

heißt *Diagonalmatrix*. Wir bezeichnen sie mit diag $(((a_{11}, \dots, a_{nn})'))$. Eine Matrix der Ordnung $n \times 1$ besteht nur aus einer Spalte und aus n Zeilen (mit nur je einem Element). Eine Matrix dieser Art heißt *Vektor*, wir werden die Vektoren im Weiteren stets als solche Spaltenvektoren verwenden. Die Elemente a_i $(i = 1, \dots, n)$ eines Vektors $\boldsymbol{a}$ heißen *Kompo-*

nenten von $\boldsymbol{a}$. Der Vektor $\boldsymbol{a}'$ heißt Zeilenvektor. Da ein Vektor $\boldsymbol{a} = (a_1, \dots, a_n)'$ ein Element des n-dimensionalen euklidischen Raumes ist, verwenden wir für Vektoren die Bezeichnung $\boldsymbol{a} \in \mathrm{R}^n$.

Analog zum Produkt zweier Matrizen bilden wir Produkte von Vektoren. Für zwei Vektoren $\boldsymbol{a}$ und $\boldsymbol{b}$ mit gleicher Anzahl von Komponenten heißt das Produkt

$$\boldsymbol{a}'\boldsymbol{b} = (a_1, \dots, a_n) \begin{pmatrix} b_1 \\ \vdots \\ b_n \end{pmatrix} = \sum_{i=1}^{n} a_i b_i = c \tag{A.1.9}$$

Skalarprodukt von $\boldsymbol{a}$ und $\boldsymbol{b}$, das Ergebnis ist eine reelle Zahl c. Für einen Vektor $\boldsymbol{a} \in \mathrm{R}^n$ gilt

$$\boldsymbol{a}'\boldsymbol{a} = \sum_{i=1}^{n} a_i^2 \,. \tag{A.1.10}$$

Bildet man für zwei Vektoren $\boldsymbol{a} \in \mathrm{R}^{n_1}$ und $\boldsymbol{b} \in \mathrm{R}^{n_2}$ das Produkt durch

$$\boldsymbol{a}\boldsymbol{b}' = \begin{pmatrix} a_1 \\ \vdots \\ a_{n_1} \end{pmatrix} (b_1, \dots, b_{n_2}) = \begin{pmatrix} a_1 b_1 & \dots & a_1 b_{n_2} \\ \vdots & & \\ a_{n_1} b_1 & \dots & a_{n_1} b_{n_2} \end{pmatrix} = \boldsymbol{C} \tag{A.1.11}$$

dann heißt $\boldsymbol{a}\boldsymbol{b}'$ *dyadisches Produkt* von $\boldsymbol{a}$ und $\boldsymbol{b}$, das Ergebnis ist eine Matrix $\boldsymbol{C} \in \mathcal{M}_{n_1 \times n_2}$. Weiterhin läßt sich ein *komponentenweises Produkt* zweier Vektoren $\boldsymbol{a} \in \mathrm{R}^n$ und $\boldsymbol{b} \in \mathrm{R}^n$ durch

$$\boldsymbol{a} \odot \boldsymbol{b} = (a_1 b_1, \dots, a_n b_n)' = \boldsymbol{c} \tag{A.1.12}$$

bilden. Das Ergebnis ist wieder ein Vektor $\boldsymbol{c} \in \mathrm{R}^n$. Das Produkt läßt sich analog auch für mehr als zwei Vektoren definieren.

Es seien $\alpha_1, \dots, \alpha_p$ reelle Zahlen und $\boldsymbol{a}_1, \dots, \boldsymbol{a}_p$ Vektoren mit jeweils n Komponenten.

Bezeichnung A.1.3: Der Vektor $\boldsymbol{c} \in \mathrm{R}^n$, der durch

$$\alpha_1 \boldsymbol{a}_1 + \alpha_2 \boldsymbol{a}_2 + \dots + \alpha_p \boldsymbol{a}_p = \sum_{i=1}^{p} \alpha_i \boldsymbol{a}_i = \boldsymbol{c} \tag{A.1.13}$$

entsteht, heißt *Linearkombination* der Vektoren $\boldsymbol{a}_1, \dots, \boldsymbol{a}_p$ ●

Bezeichnung A.1.4: Wenn $\sum_{i=1}^{p} \alpha_i \boldsymbol{a}_i = \boldsymbol{0}$ nur für $\alpha_1 = \alpha_2 = \dots = \alpha_p = 0$ gilt, dann heißen die Vektoren $\boldsymbol{a}_1, \dots, \boldsymbol{a}_p$ ($\boldsymbol{a}_i \in \mathrm{R}^n$; $i = 1, \dots, p$) *linear unabhängig* ●

Können dagegen einige Koeffizienten von Null verschieden sein, dann sind die entsprechenden Vektoren *linear abhängig* und lassen sich durch eine Linearkombination von linear unabhängigen Vektoren darstellen. Die maximale Anzahl von unabhängigen Vektoren in einer Teilmenge Θ des R^n, die *Dimension*, wird mit dim Θ bezeichnet.

Aussage A.1.1: Für jede Teilmenge Θ des R^n gilt $\dim \Theta \leqq n$ ●

Die maximale Anzahl linear unabhängiger Spaltenvektoren $\boldsymbol{a}_j$ einer Matrix $\boldsymbol{A}$ heißt *Spaltenrang*, die maximale Anzahl linear unabhängiger Zeilenvektoren $\boldsymbol{a}_i$ einer Matrix $\boldsymbol{A}$ heißt *Zeilenrang*. Da der Zeilenrang und Spaltenrang einer Matrix übereinstimmen, genügt es im allgemeinen einfach vom *Rang* einer Matrix zu sprechen. Er sei mit Rg ($\boldsymbol{A}$) bezeichnet. Die Menge der reellen Matrizen der Ordnung $n_1 \times n_2$ vom Rang k bezeichnen wir mit $\mathcal{M}^{(k)}_{n_1 \times n_2}$. Für $\boldsymbol{A} \in \mathcal{M}_{n_1 \times n_2}$ und $\boldsymbol{B} \in \mathcal{M}_{n_2 \times n_3}$ ist

$$\left.\begin{aligned} \mathrm{Rg}(\boldsymbol{A}) &\leqq \min\{n_1, n_2\}\,, \\ \mathrm{Rg}(\boldsymbol{A}') &= \mathrm{Rg}(\boldsymbol{A})\,, \\ \mathrm{Rg}(\boldsymbol{A}\boldsymbol{B}) &\leqq \min\{\mathrm{Rg}(\boldsymbol{A}), \mathrm{Rg}(\boldsymbol{B})\}\,. \end{aligned}\right\} \tag{A.1.14}$$

Bezeichnung A.1.5: Eine quadratische Matrix $\boldsymbol{A}$ der Ordnung n heißt *regulär*, wenn Rg ($\boldsymbol{A}$) $= n$ gilt, also $\boldsymbol{A} \in \mathcal{M}^{(n)}_{n}$ ●

Eine reguläre Matrix werden wir gelegentlich auch als *nicht singulär* bezeichnen, da eine Matrix $\boldsymbol{A}$ mit Rg $(\boldsymbol{A}) < n$ üblicherweise als *singulär* bezeichnet wird.

Bezeichnung A.1.6: Die Summe der Elemente a_{ii} einer quadratischen Matrix $\boldsymbol{A}$ heißt *Spur* von $\boldsymbol{A}$. Es ist für $\boldsymbol{A} \in \mathcal{M}_n$

$$\sum_{i=1}^{n} a_{ii} = \mathrm{sp}\,(\boldsymbol{A}) \quad \bullet \tag{A.1.15}$$

Für $\boldsymbol{A} \in \mathcal{M}_n$ und $\boldsymbol{B} \in \mathcal{M}_n$ gilt

$$\mathrm{sp}\,(\boldsymbol{A} + \boldsymbol{B}) = \mathrm{sp}\,(\boldsymbol{A}) + \mathrm{sp}\,(\boldsymbol{B})\,, \tag{A.1.16}$$

$$\mathrm{sp}\,(\boldsymbol{A}\boldsymbol{B}) \quad = \mathrm{sp}\,(\boldsymbol{B}\boldsymbol{A})\,, \tag{A.1.17}$$

und für $\boldsymbol{a} \in \mathrm{R}^n$ und $\boldsymbol{b} \in \mathrm{R}^n$ ist

$$\mathrm{sp}\,(\boldsymbol{b}\boldsymbol{a}') = \boldsymbol{a}'\boldsymbol{b}\,, \tag{A.1.18}$$

$$\mathrm{sp}\,(\boldsymbol{A}\boldsymbol{b}\boldsymbol{b}') = \mathrm{sp}\,(\boldsymbol{b}\boldsymbol{b}'\boldsymbol{A}) = \boldsymbol{b}'\boldsymbol{A}\boldsymbol{b}\,. \tag{A.1.19}$$

Bezeichnung A.1.7: Es sei $\boldsymbol{A} \in \mathcal{M}_n$ und $\boldsymbol{A}_{ij}$ eine Teilmatrix von $\boldsymbol{A}$, die durch Streichen der Zeile i und der Spalte j entsteht. Die durch

$$\sum_{j=1}^{n} (-1)^{i+j}\, a_{ij} \det \boldsymbol{A}_{ij} = \det \boldsymbol{A} \tag{A.1.20}$$

rekursiv gebildete reelle Zahl für beliebiges $i \in \{1, \dots, n\}$ heißt *Determinante* der Matrix $\boldsymbol{A}$, wir verwenden die Schreibweise det $\boldsymbol{A}$ ●

Für eine reelle Zahl a und für $\boldsymbol{A} \in \mathcal{M}_n$ und $\boldsymbol{B} \in \mathcal{M}_n$ gilt

$$\left.\begin{aligned} &\det (a\boldsymbol{A}) = a^n \det \boldsymbol{A}\,, \qquad \det \boldsymbol{A}' = \det \boldsymbol{A}\,, \\ &\det \boldsymbol{A}\boldsymbol{B} \;= \det \boldsymbol{A} \cdot \det \boldsymbol{B} = \det \begin{pmatrix} \boldsymbol{A} & \boldsymbol{0} \\ \boldsymbol{0} & \boldsymbol{B} \end{pmatrix}. \end{aligned}\right\} \tag{A.1.21}$$

Aussage A.1.2: Eine Matrix $\boldsymbol{A} \in \mathcal{M}_n$ ist genau dann regulär, wenn det $\boldsymbol{A} \neq 0$ gilt ●

Es sei $\boldsymbol{A}$ eine quadratische reelle Matrix der Ordnung n und λ eine reelle oder komplexe Zahl.

Bezeichnung A.1.8: Jeder Vektor $\boldsymbol{x} \in \mathrm{R}^n$, der ein nichttrivialer Lösungsvektor ($\boldsymbol{x} \neq \boldsymbol{0}$) des Gleichungssystems

$$\boldsymbol{A}\boldsymbol{x} = \lambda\boldsymbol{x} \tag{A.1.22}$$

ist, heißt *Eigenvektor* der Matrix $\boldsymbol{A}$ zu λ ●

Damit die als Eigenwertgleichung bezeichnete Beziehung (A.1.22), die man als

$$(\boldsymbol{A} - \lambda\boldsymbol{I}_n)\,\boldsymbol{x} = \boldsymbol{0} \tag{A.1.23}$$

schreiben kann, nichttriviale Lösungen besitzt, muß bekanntlich die Koeffizientendeterminante von (A.1.23) verschwinden. Daher muß

$$\det (\boldsymbol{A} - \lambda\boldsymbol{I}_n) = 0 \tag{A.1.24}$$

sein. Dies ist eine algebraische Gleichung (*charakteristische Gleichung*) n-ten Grades in λ. Die Koeffizienten des Polynoms auf der linken Seite sind charakteristische Zahlen $c_i(\boldsymbol{A})$ der Matrix $\boldsymbol{A}$:

$$\lambda^n + c_1(\boldsymbol{A})\,\lambda^{n-1} + \dots + c_{n-1}(\boldsymbol{A})\,\lambda + c_n(\boldsymbol{A}) = 0\,, \tag{A.1.25}$$

wobei z. B. $c_1(\boldsymbol{A}) = -\,\mathrm{sp}(\boldsymbol{A})$ und $c_n(\boldsymbol{A}) = (-1)^n \det \boldsymbol{A}$ ist.

Bezeichnung A.1.9: Jede reelle oder komplexe Zahl λ, die Lösung der charakteristischen Gleichung (A.1.25) ist, heißt *Eigenwert* der Matrix $\boldsymbol{A}$ ●

Aussage A.1.3: Die Matrix $\boldsymbol{A} \in \mathcal{M}_n$ besitzt n Eigenwerte $\lambda_1, \ldots, \lambda_n$, die Lösungen der Gleichung (A.1.25) sind. Für jeden Eigenwert λ_i $(i = 1, \ldots, n)$ besitzt das Gleichungssystem (A.1.22) mindestens eine nichttriviale Lösung, also Eigenvektoren $\boldsymbol{x}_i$ $(i = 1, \ldots, n)$ ●

Ein Eigenwert λ_i heißt *einfach*, wenn es unter den restlichen Eigenwerten λ_j; $j = 1, \ldots, n$; $j \neq i$; keinen gibt, der mit λ_i übereinstimmt.

Aussage A.1.4: Die Eigenwerte einer symmetrischen Matrix $\boldsymbol{A} \in \mathcal{M}_n$ sind reell ●

Aussage A.1.5: Eine symmetrische Matrix $\boldsymbol{A} \in \mathcal{M}_n$ besitzt genau n linear unabhängige Eigenvektoren $\boldsymbol{x}_i$ $(i = 1, \ldots, n)$ ●

Zu diesen n linear unabhängigen Eigenvektoren $\boldsymbol{x}_i$ existieren stets *normierte* Vektoren $\boldsymbol{x}_i^*$ $(i = 1, \ldots, n)$, die als Matrix $\boldsymbol{C} = (\boldsymbol{x}_1^*, \ldots, \boldsymbol{x}_n^*)$ angeordnet, die Bedingung $\boldsymbol{C}'\boldsymbol{C} = \boldsymbol{I}_n$ erfüllen.

Aussage A.1.6: Eine Matrix $\boldsymbol{A} \in \mathcal{M}_n$ wird durch die Matrix $\boldsymbol{C} \in \mathcal{M}_n$ mit $\boldsymbol{C}'\boldsymbol{C} = \boldsymbol{I}_n$ gemäß

$$\boldsymbol{C}'\boldsymbol{A}\boldsymbol{C} = \boldsymbol{\Lambda} = \operatorname{diag}\left(((\lambda_1, \ldots, \lambda_n)')\right) \tag{A.1.26}$$

auf die Diagonalmatrix ihrer Eigenwerte transformiert ●

Weiterhin gilt für $\boldsymbol{A} \in \mathcal{M}_n$, $\boldsymbol{\Lambda} \in \mathcal{M}_n$ und $\boldsymbol{C} \in \mathcal{M}_n$ aus (A.1.26)

$$\boldsymbol{A} = \boldsymbol{C}\boldsymbol{\Lambda}\boldsymbol{C}',$$

$$\det \boldsymbol{A} = \det \boldsymbol{\Lambda} = \prod_{i=1}^{n} \lambda_i, \tag{A.1.27}$$

$$\operatorname{sp}(\boldsymbol{A}) = \operatorname{sp}(\boldsymbol{C}\boldsymbol{\Lambda}\boldsymbol{C}') = \operatorname{sp}(\boldsymbol{\Lambda}) = \sum_{i=1}^{n} \lambda_i. \tag{A.1.28}$$

Aussage A.1.7: Ist $\boldsymbol{A} \in \mathcal{M}_n^{(r)}$, d. h. $\operatorname{Rg}(\boldsymbol{A}) = r \leqq n$, dann sind genau r Eigenwerte λ_i der Matrix von Null verschieden ●

Bezeichnung A.1.10: Es sei $\boldsymbol{A}$ symmetrisch. Der durch

$$\max\{\lambda_1, \ldots, \lambda_n\} = \lambda_{\max}(\boldsymbol{A}) \tag{A.1.29}$$

festgelegte Eigenwert heißt *maximaler Eigenwert* von $\boldsymbol{A}$ und der durch

$$\min\{\lambda_1, \ldots, \lambda_n\} = \lambda_{\min}(\boldsymbol{A}) \tag{A.1.30}$$

festgelegte Eigenwert heißt *minimaler Eigenwert* von $\boldsymbol{A}$ ●

Bezeichnung A.1.11: Existiert zu einer Matrix $\boldsymbol{A} \in \mathcal{M}_n$ eine Matrix $\boldsymbol{B} \in \mathcal{M}_n$, so daß $\boldsymbol{AB} = \boldsymbol{BA} = \boldsymbol{I}_n$ gilt, dann heißt die Matrix $\boldsymbol{B}$ *Inverse* von $\boldsymbol{A}$. Wir schreiben dafür $\boldsymbol{B} = \boldsymbol{A}^{-1}$ ●

Aussage A.1.8: Die Matrix $\boldsymbol{A}^{-1}$ existiert immer dann, wenn $\boldsymbol{A} \in \mathcal{M}_n^{(n)}$, also $\operatorname{Rg}(\boldsymbol{A}) = n$, d. h. $\boldsymbol{A}$ regulär ist, und es ist $\boldsymbol{A}^{-1} \in \mathcal{M}_n^{(n)}$ ●

Eine Möglichkeit für die Berechnung von $\boldsymbol{A}^{-1}$ ergibt sich durch die Teilmatrizen $\boldsymbol{A}_{ij}$ (›Bez. A.1.7). Es gilt

$$\boldsymbol{A}^{-1} = ((a^{ij}))_{n \times n} \quad \text{mit } a^{ij} = \frac{1}{\det \boldsymbol{A}}\left((-1)^{i+j} \det \boldsymbol{A}_{ji}\right) \quad i = 1, \ldots, n;\ j = 1, \ldots, n. \tag{A.1.31}$$

Für $\boldsymbol{A} \in \mathcal{M}_n^{(n)}$ und $\boldsymbol{B} \in \mathcal{M}_n^{(n)}$ gilt stets

$$\det \boldsymbol{A}^{-1} = \frac{1}{\det \boldsymbol{A}}, \qquad (\boldsymbol{A}^{-1})^{-1} = \boldsymbol{A}, \tag{A.1.32}$$

$$(\boldsymbol{AB})^{-1} = \boldsymbol{B}^{-1}\boldsymbol{A}^{-1}, \qquad (\boldsymbol{A} + \boldsymbol{B})^{-1} = \boldsymbol{A}^{-1} - \boldsymbol{A}^{-1}(\boldsymbol{A}^{-1} + \boldsymbol{B}^{-1})^{-1}\boldsymbol{A}^{-1}. \tag{A.1.33}$$

Für $\boldsymbol{A} \in \mathcal{M}_{n_1 \times n_2}$ und $\boldsymbol{B} \in \mathcal{M}_{n_2 \times n_1}$ ist stets

$$(\boldsymbol{I}_{n_1} + \boldsymbol{AB})^{-1} = \boldsymbol{I}_{n_1} - \boldsymbol{A}(\boldsymbol{I}_{n_2} + \boldsymbol{BA})^{-1}\boldsymbol{B}. \tag{A.1.34}$$

Für $\boldsymbol{A} \in \mathcal{M}_n^{(n)}$, $\boldsymbol{b} \in \mathrm{R}^n$ und $a \in [0, 1)$ gilt

$$((1 - a)\,\boldsymbol{A} + a\boldsymbol{b}'\boldsymbol{b})^{-1} = (1 - a)^{-1}\left(\boldsymbol{A}^{-1} - \frac{a\boldsymbol{A}^{-1}\boldsymbol{b}\boldsymbol{b}'\boldsymbol{A}^{-1}}{1 - a + a\boldsymbol{b}'\boldsymbol{A}^{-1}\boldsymbol{b}}\right), \tag{A.1.35}$$

und ist $\boldsymbol{a} \in \mathrm{R}^n$, dann gilt

$$(\boldsymbol{A} + \boldsymbol{a}\boldsymbol{b}')^{-1} = \boldsymbol{A}^{-1} - (1 + \boldsymbol{b}'\boldsymbol{A}^{-1}\boldsymbol{a})^{-1}\,\boldsymbol{A}^{-1}\boldsymbol{a}\boldsymbol{b}'\boldsymbol{A}^{-1}\,. \tag{A.1.36}$$

Für $\boldsymbol{A} \in \mathcal{M}_{n_1}^{(n_1)}$ und $\boldsymbol{B} \in \mathcal{M}_{n_1 \times n_2}$ ist

$$\det(\boldsymbol{A} + \boldsymbol{B}\boldsymbol{B}') = \det \boldsymbol{A}\, \det(\boldsymbol{I}_{n_2} + \boldsymbol{B}'\boldsymbol{A}^{-1}\boldsymbol{B})\,. \tag{A.1.37}$$

Läßt sich eine Matrix $\boldsymbol{A}$ in Teilmatrizen oder Blöcke zerlegen

$$\boldsymbol{A} = \begin{pmatrix} \boldsymbol{A}_{11} & \boldsymbol{A}_{12} \\ \boldsymbol{A}_{21} & \boldsymbol{A}_{22} \end{pmatrix}$$

(↗(A.1.6)), wobei $\boldsymbol{A}_{11} \in \mathcal{M}_{n_1}^{(n_1)}$ und $\boldsymbol{A}_{22} \in \mathcal{M}_{n-n_1}^{(n-n_1)}$ die entsprechenden Teilmatrizen mit $0 \leqq n_1 < n$ sind, dann ist die inverse Matrix zu $\boldsymbol{A}$ durch

$$\boldsymbol{A}^{-1} = \begin{pmatrix} (\boldsymbol{A}_{11} - \boldsymbol{A}_{12}\boldsymbol{A}_{22}^{-1}\boldsymbol{A}_{21})^{-1} & -\boldsymbol{A}_{11}^{-1}\boldsymbol{A}_{12}(\boldsymbol{A}_{22} - \boldsymbol{A}_{21}\boldsymbol{A}_{11}^{-1}\boldsymbol{A}_{12})^{-1} \\ -(\boldsymbol{A}_{22} - \boldsymbol{A}_{21}\boldsymbol{A}_{11}^{-1}\boldsymbol{A}_{12})^{-1}\,\boldsymbol{A}_{21}\boldsymbol{A}_{11}^{-1} & (\boldsymbol{A}_{22} - \boldsymbol{A}_{21}\boldsymbol{A}_{11}^{-1}\boldsymbol{A}_{12})^{-1} \end{pmatrix} \tag{A.1.38}$$

gegeben. Auch für den Fall, daß die Matrix $\boldsymbol{A} \in \mathcal{M}_n$ singulär ist, d. h. $\mathrm{Rg}\,(\boldsymbol{A}) < n$ gilt, kann eine inverse Matrix definiert werden.

Bezeichnung A.1.12: Eine Matrix $\boldsymbol{G} \in \mathcal{M}_{n_2 \times n_1}$, die für eine Matrix $\boldsymbol{A} \in \mathcal{M}_{n_1 \times n_2}$ die Gleichung

$$\boldsymbol{A}\boldsymbol{G}\boldsymbol{A} = \boldsymbol{A} \tag{A.1.39}$$

erfüllt, heißt *verallgemeinerte Inverse* von $\boldsymbol{A}$ ●

Diese Inverse $\boldsymbol{G}$ muß *nicht* notwendig vollen Rang haben, wir schreiben für diese verallgemeinerte Inverse $\boldsymbol{A}^-$. Durch (A.1.39) ist die Inverse $\boldsymbol{A}^-$ im allgemeinen noch nicht eindeutig bestimmt. Es müssen noch zusätzliche Bedingungen aufgestellt werden, um dies zu erreichen.

Bezeichnung A.1.13: Eine Matrix $\bar{\boldsymbol{G}} \in \mathcal{M}_{n_2 \times n_1}$, die für eine Matrix $\boldsymbol{A} \in \mathcal{M}_{n_1 \times n_2}$ die Bedingungen

$$\boldsymbol{A}\bar{\boldsymbol{G}}\boldsymbol{A} = \boldsymbol{A}\,, \quad \bar{\boldsymbol{G}}\boldsymbol{A}\bar{\boldsymbol{G}} = \bar{\boldsymbol{G}}\,, \quad (\bar{\boldsymbol{G}}\boldsymbol{A})' = \bar{\boldsymbol{G}}\boldsymbol{A}\,, \quad (\boldsymbol{A}\bar{\boldsymbol{G}})' = \boldsymbol{A}\bar{\boldsymbol{G}} \tag{A.1.40}$$

erfüllt, heißt Moore-Penrose-*Inverse* zu $\boldsymbol{A}$ ●

Wir schreiben für diese inverse Matrix $\boldsymbol{A}^+$. Wenn die Matrix $\boldsymbol{A}$ symmetrisch ist, also beispielsweise $\boldsymbol{F}'\boldsymbol{F}$, dann vereinfacht sich die Berechnung einer verallgemeinerten Inversen.

Aussage A.1.9: Es ist $\boldsymbol{A} = \boldsymbol{F}'\boldsymbol{F} \in \mathcal{M}_n^{(n-m)}$ mit $m < n$ und $\boldsymbol{H} \in \mathcal{M}_{m \times n}$ eine beliebige Matrix, deren Spaltenvektoren linear unabhängig von den Spaltenvektoren von $\boldsymbol{F}'\boldsymbol{F}$ sind. Die erweiterte Matrix

$$\boldsymbol{S} = \begin{pmatrix} \boldsymbol{F}'\boldsymbol{F} & \boldsymbol{H}' \\ \boldsymbol{H} & \boldsymbol{0} \end{pmatrix}$$

ist dann regulär (d. h. $\boldsymbol{S} \in \mathcal{M}_{n+m}^{(n+m)}$) und besitzt somit die Inverse $\boldsymbol{S}^{-1}$. Die Matrix $\boldsymbol{A}^- = (\boldsymbol{F}'\boldsymbol{F} + \boldsymbol{H}'\boldsymbol{H})^{-1}$ ist verallgemeinerte Inverse von $\boldsymbol{A} = \boldsymbol{F}'\boldsymbol{F}$ ●

Weitere Hinweise entnehme man [I/3.2.1] oder Searle [1].

Aussage A.1.0: Es seien $\boldsymbol{x} \in \mathrm{R}^{n_2}$ und $\boldsymbol{y} \in \mathrm{R}^{n_1}$ zwei Vektoren und $\boldsymbol{A} \in \mathcal{M}_{n_1 \times n_2}^{(m)}$. Weiterhin sei $\boldsymbol{A}^-$ eine verallgemeinerte Inverse von $\boldsymbol{A}$ gemäß Bez. A.1.12.

Das lineare Gleichungssystem $\boldsymbol{A}\boldsymbol{x} = \boldsymbol{y}$ besitzt mit einem beliebigen Vektor $\boldsymbol{z} \in \mathrm{R}^{n_2}$ die allgemeine Lösung

$$\boldsymbol{x} = \boldsymbol{A}^-\boldsymbol{y} + (\boldsymbol{A}^-\boldsymbol{A} - \boldsymbol{I}_{n_2})\,\boldsymbol{z} \;● \tag{A.1.41}$$

Da der Vektor z in (A.1.41) beliebig gewählt werden kann, stellt die allgemeine Lösung des Gleichungssystems eine Lösungsmenge dar, deren Elemente aus der allgemeinen Lösung des homogenen Gleichungssystems $\boldsymbol{Ax} = \boldsymbol{0}$ und einer speziellen Lösung des inhomogenen Gleichungssystems $\boldsymbol{Ax} = \boldsymbol{y}$ bestehen.

Bezeichnung A.1.14: Eine Matrix $\boldsymbol{A} \in \mathcal{M}_n^{(n)}$ heißt *orthogonal*, wenn $\boldsymbol{A}'\boldsymbol{A} = \boldsymbol{I}_n$ gilt. Gleichbedeutend damit ist die Bedingung $\boldsymbol{A}' = \boldsymbol{A}^{-1}$ ●

Aussage A.1.11: Wenn $\boldsymbol{A} \in \mathcal{M}_n^{(n)}$ eine orthogonale Matrix ist, dann gilt stets det $\boldsymbol{A} = 1$ oder det $\boldsymbol{A} = -1$ ●

Bezeichnung A.1.15: Wenn für alle Vektoren $\boldsymbol{x} \in \mathrm{R}^n$ mit $\boldsymbol{x} \neq \boldsymbol{0}$ für eine symmetrische Matrix $\boldsymbol{A} \in \mathcal{M}_n$ stets

$$\boldsymbol{x}'\boldsymbol{A}\boldsymbol{x} > 0 \tag{A.1.42}$$

gilt, dann heißt die Matrix $\boldsymbol{A}$ *positiv definit* ●

Die Menge aller positiv definiten Matrizen bezeichnen wir mit $\mathcal{M}_n^{>}$.

Aussage A.1.12: Wenn eine Matrix $\boldsymbol{A}$ positiv definit ($\boldsymbol{A} \in \mathcal{M}_n^{>}$) ist, dann gilt

a) die Eigenwerte λ_i ($i = 1, \dots, n$) der Matrix $\boldsymbol{A}$ sind positiv;

b) det $\boldsymbol{A} > 0$;

c) Rg ($\boldsymbol{A}$) $= n$ ●

Ist $\boldsymbol{A} \in \mathcal{M}_n^{>}$, dann ist auch $\boldsymbol{A}^{-1} \in \mathcal{M}_n^{>}$, und ist $\boldsymbol{A} \in \mathcal{M}_{n\times m}^{(m)}$, dann ist $\boldsymbol{A}'\boldsymbol{A} \in \mathcal{M}_m^{>}$. Zu jeder Matrix $\boldsymbol{A} \in \mathcal{M}_n^{>}$ existiert eine reguläre Matrix $\boldsymbol{P}$ ($\boldsymbol{P} \in \mathcal{M}_n^{(n)}$) für die gilt

$$\boldsymbol{PAP}' = \boldsymbol{I}_n \quad \text{und} \quad \boldsymbol{P}'\boldsymbol{P} = \boldsymbol{A}^{-1}. \tag{A.1.43}$$

Bezeichnung A.1.16: Wenn für alle Vektoren $\boldsymbol{x} \in \mathrm{R}^n$ mit $\boldsymbol{x} \neq \boldsymbol{0}$ für eine symmetrische Matrix $\boldsymbol{A} \in \mathcal{M}_n$ stets

$$\boldsymbol{x}'\boldsymbol{A}\boldsymbol{x} \geqq 0 \tag{A.1.44}$$

gilt, dann heißt die Matrix $\boldsymbol{A}$ *positiv semidefinit* ●

Die Menge aller positiv semidefiniten Matrizen bezeichnen wir mit $\mathcal{M}_n^{\geqq}$.

Aussage A.1.13: Wenn eine Matrix $\boldsymbol{A}$ positiv semidefinit ($\boldsymbol{A} \in \mathcal{M}_n^{\geqq}$) ist, dann gilt

a) die Eigenwerte λ_i ($i = 1, \dots, n$) der Matrix $\boldsymbol{A}$ sind größer oder gleich Null;

b) det $\boldsymbol{A} \geqq 0$;

c) Rg ($\boldsymbol{A}$) $\leqq n$ ●

Aussage A.1.14: Wenn $\boldsymbol{B} \in \mathcal{M}_n^{>}$ und $\boldsymbol{C} \in \mathcal{M}_n^{\geqq}$ zwei quadratische Matrizen sind, dann ist für $\boldsymbol{A} = \boldsymbol{B} + \boldsymbol{C}$

a) $\boldsymbol{A} \in \mathcal{M}_n^{>}$;

b) det $\boldsymbol{B} \leqq$ det $\boldsymbol{A}$;

c) $(\boldsymbol{B}^{-1} - \boldsymbol{A}^{-1}) \in \mathcal{M}_n^{\geqq}$ ●

Bezeichnung A.1.17: Wenn für die Matrizen $\boldsymbol{A} \in \mathcal{M}_n^{\geqq}$ und $\boldsymbol{B} \in \mathcal{M}_n^{\geqq}$ die Differenz $(\boldsymbol{A} - \boldsymbol{B}) \in \mathcal{M}_n^{\geqq}$ ist, dann schreiben wir dafür $\boldsymbol{A} \geqq \boldsymbol{B}$. Ist $(\boldsymbol{A} - \boldsymbol{B}) \in \mathcal{M}_n^{>}$, dann schreiben wir $\boldsymbol{A} > \boldsymbol{B}$ ●

Durch die Relation $\geqq$ wird auf den Mengen $\mathcal{M}_n^{\geqq}$ und $\mathcal{M}_n^{>}$ von Matrizen eine *Halbordnung* eingeführt. Das bedeutet, daß nicht alle Elemente, die zu dieser Menge gehören, durch die definierte Relation verglichen werden können.

Bezeichnung A.1.18: Es sei $\boldsymbol{A} \in \mathcal{M}_{n_1 \times n_2}$. Eine Abbildung Z mit $Z \mid \mathcal{M}_{n_1 \times n_2} \to \mathrm{R}^1$, die also eder Matrix $\boldsymbol{A}$ eine reelle Zahl $Z(\boldsymbol{A})$ zuordnet, heißt *Funktional* auf $\mathcal{M}_{n_1 \times n_2}$ ●

Ein Funktional Z heißt darüberhinaus *linear*, wenn für $a \in \mathrm{R}^1$, $\boldsymbol{A} \in \mathcal{M}_{n_1 \times n_2}$ und $\boldsymbol{B} \in \mathcal{M}_{n_1 \times n_2}$ gilt

$$Z(\boldsymbol{A} + \boldsymbol{B}) = Z(\boldsymbol{A}) + Z(\boldsymbol{B}) \,, \tag{A.1.45}$$

$$Z(a\boldsymbol{A}) = aZ(\boldsymbol{A}) \,. \tag{A.1.46}$$

Beispiele für Funktionale Z sind für $\boldsymbol{A} \in \mathcal{M}_n$

$$Z(\boldsymbol{A}) = \det \boldsymbol{A} \,, \qquad Z(\boldsymbol{A}) = \mathrm{sp}\,(\boldsymbol{A}) \,, \qquad Z(\boldsymbol{A}) = \lambda_{\max}(\boldsymbol{A}) \,.$$

A. 2. Analysis

(Weiterführende Literatur: MANGOLDT/KNOPP [1], Lexikon der Mathematik [1].)

Es sei A eine Teilmenge des R^m. Wenn es eine reelle Zahl k gibt, so daß für alle Elemente $\boldsymbol{a} \in A$ gilt $\boldsymbol{a}'\boldsymbol{a} < k$, dann heißt die Menge A *beschränkt*. Ein $\bar{\boldsymbol{a}} \in \mathrm{R}^m$ heißt *Randpunkt* einer Menge A, wenn in jeder Umgebung von $\bar{\boldsymbol{a}}$ sowohl Punkte liegen, die zu A gehören als auch Punkte, die nicht zu A, also zu dem Komplement von A gehören.

Bezeichnung A.2.1: Eine Menge A heißt *abgeschlossen*, wenn *alle* Randpunkte zur Menge A gehören ●

So ist beispielsweise das abgeschlossene Intervall $[0, 1]$ eine abgeschlossene Teilmenge des R^1 ($[0, 1] \subset \mathrm{R}^1$), d. h. die Randpunkte 0 und 1 gehören zum Intervall.

Bezeichnung A.2.2: Eine Menge A heißt *offen*, wenn *keiner* der Randpunkte zur Menge A gehört ●

Das offene Intervall $(0, 1)$ ist beispielsweise eine offene Teilmenge des R^1 ($(0, 1) \subset \mathrm{R}^1$), d. h. die Randpunkte 0 und 1 gehören nicht zum Intervall.

Bezeichnung A.2.3: Ein Element $\boldsymbol{a}$ einer Menge A heißt *konvexe Linearkombination* der Elemente $\boldsymbol{a}_1 \in A$ und $\boldsymbol{a}_2 \in A$, wenn es eine reelle Zahl λ mit $0 \leqq \lambda \leqq 1$ derart gibt, daß

$$\boldsymbol{a} = \lambda \boldsymbol{a}_2 + (1 - \lambda)\, \boldsymbol{a}_1 \tag{A.2.1}$$

gilt ●

Bezeichnung A.2.4: Eine Menge A heißt *konvexe Menge*, wenn für beliebige Elemente $\boldsymbol{a}_1 \in A$, $\boldsymbol{a}_2 \in A$ jede konvexe Linearkombination zur Menge A gehört ●

Bezeichnung A.2.5: Den Elementen $\boldsymbol{a}$ einer Menge A werden durch eine eindeutige Zuordnungsvorschrift Elemente b einer Menge $B \subseteq \mathrm{R}_1$ zugeordnet. Eine solche Zuordnung, die man auch als Abbildung auffassen kann, heißt *Funktion* ●

Wir wollen für eine Funktion

$$f \mid A \to B \tag{A.2.2}$$

schreiben, um auszudrücken, daß durch die Funktion f den Elementen von A Elemente von B zugeordnet werden. Betrachten wir diese Zuordnung nicht für die gesamte Menge, sondern für die einzelnen Elemente, dann wird für alle $\boldsymbol{a} \in A$ dem Element $\boldsymbol{a}$ durch $f(\boldsymbol{a}) = b$ das Element $b \in B$ zugeordnet. Dabei heißt $\boldsymbol{a}$ *Argument* der Funktion f und $f(\boldsymbol{a})$ *Funktionswert*.

Bezeichnung A.2.6: Es sei $\boldsymbol{x} = (x_1, \ldots, x_k)'$ Element einer Menge $A \subseteq \mathrm{R}^k$. Die Abbildung von A in den R^1 soll durch eine Funktion vorgenommen werden, die von einem Parameter $\boldsymbol{\vartheta}$ abhängt. Für alle Parameter $\boldsymbol{\vartheta} \in \Theta$ wird durch

$$S = \{f(\boldsymbol{x}, \boldsymbol{\vartheta}) \colon \boldsymbol{x} \in A\}_{\boldsymbol{\vartheta} \in \Theta} \tag{A.2.3}$$

eine *Schar* von Funktionen beschrieben. Für ein festes $\vartheta_0 \in \Theta$ erhält man ein bestimmtes Element von S, eine bestimmte Funktion f mit den Funktionswerten $f(x, \vartheta_0)$ ●

Es seien F eine Menge von Funktionen $f_i \mid A \to B$; $i = 1, \ldots, n$; und $\lambda_1, \ldots, \lambda_n$ reelle Zahlen.

Bezeichnung A.2.7: Die für alle $x \in A$ durch

$$f(x) = \sum_{i=1}^{n} \lambda_i f_i(x) \tag{A.2.4}$$

gebildete Funktion heißt Linearkombination der Funktionen f_i ●

Erfüllen die n reellen Zahlen $\lambda_1, \ldots, \lambda_n$ darüberhinaus noch die Bedingungen

$$\lambda_i \geqq 0 \quad \text{für } i = 1, \ldots, n \quad \text{und} \quad \sum_{i=1}^{n} \lambda_i = 1 \tag{A.2.5}$$

dann heißt $f(x)$ *konvexe Linearkombination.*

Bezeichnung A.2.8: Wenn aus der Bedingung

$$\sum_{i=1}^{n} \lambda_i f_i(x) = 0 \quad \text{für alle } x \in A$$

für die reellen Zahlen $\lambda_1, \ldots, \lambda_n$ folgt $\lambda_1 = \lambda_2 = \ldots = \lambda_n = 0$, dann heißen die Funktionen $f_i \in F$ $(i = 1, \ldots, n)$ *linear unabhängig* auf A.

Bezeichnung A.2.9: Eine Funktion f heißt *konvex* über einer konvexen Menge A, wenn für alle $x_1 \in A$, $x_2 \in A$ und alle λ mit $0 \leqq \lambda \leqq 1$ für die Funktionswerte

$$f(\lambda x_2 + (1 - \lambda)\, x_1) \leqq \lambda f(x_2) + (1 - \lambda)\, f(x_1) \tag{A.2.6}$$

gilt ●

Für eine Funktion $f \mid A \to B$ mögen für alle Elemente $x \in A$ die Funktionswerte $f(x)$ zwischen zwei reellen Zahlen a und b liegen, es soll also

$$a \leqq f(x) \leqq b \tag{A.2.7}$$

gelten. Dabei nennt man a eine untere Schranke und b eine obere Schranke von f. Jede reelle Zahl $a' < a$ ist ebenfalls eine untere Schranke und jede reelle Zahl $b' > b$ eine obere Schranke von f.

Bezeichnung A.2.10: Erfüllt eine Funktion $f \mid A \to B$ für alle $x \in A$ die Beziehung (A.2.7), dann heißt die kleinste obere Schranke von f *Supremum* von f und die größte untere Schranke wird als *Infimum* von f bezeichnet ●

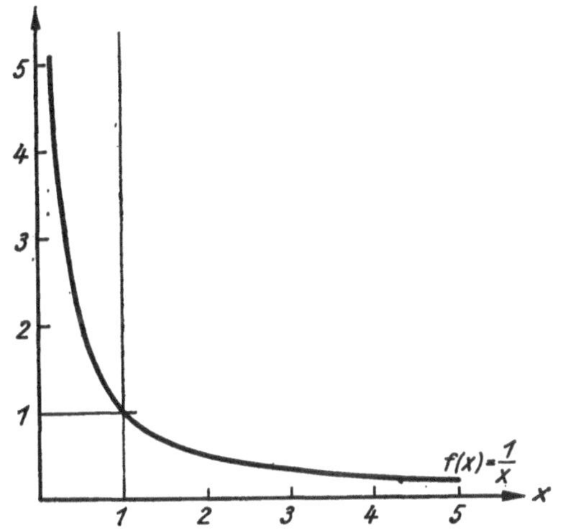

Abb. A.2.1. Infimum und Supremum der Funktion $f(x) = x^{-1}$

Wir wollen für das Supremum sup schreiben und für das Infimum inf. Sind a bzw. b die größte untere bzw. die kleinste obere Schranke von f (vgl. (A.2.7)) dann ist also

$$\inf_{x \in A} f(x) = a \quad \text{und} \quad \sup_{x \in A} f(x) = b\,.$$

Auf dem Intervall $[1, \infty)$ hat die Funktion $f(x) = \frac{1}{x}$ $(x \in A)$ das Supremum 1 und das Infimum 0 (›Abb. A.2.1). Alle reelle Zahlen $a' < 0$ und $b' > 1$ sind ebenfalls untere bzw. obere Schranken für f.

Bezeichnung A.2.11: Es seien $f \mid A \to B$ eine Funktion, für die (A.2.7) gilt, sowie

$$\inf_{x \in A} f(x) = a \quad \text{und} \quad \sup_{x \in A} f(x) = b\,.$$

Wenn es ein $x_1 \in A$ und ein $x_2 \in A$ derart gibt, daß $f(x_1) = a$ und $f(x_2) = b$ gilt, dann heißen die Funktionswerte a bzw. b *Minimum* bzw. *Maximum* von f auf A ●

Wir schreiben dann dafür

$$\min_{x \in A} f(x) = f(x_1) = a \quad \text{bzw.} \quad \max_{x \in A} f(x) = f(x_2) = b\,.$$

Die kleinste obere Schranke b, das Supremum von f, wird also als Maximum bezeichnet, wenn b ein Funktionswert von f ist, d. h. wenn f den Wert b annehmen kann (analog für die größte untere Schranke). In den vorangehenden Kapiteln verwenden wir stets die Bezeichnungen Supremum und Infimum, nur wenn offensichtlich ist, daß durch f die Schranken a und b angenommen werden, verwenden wir die Bezeichnungen Maximum und Minimum.

Aussage A.2.1: Wenn $f \mid A \to B$ eine stetige Funktion ist und A eine beschränkte und abgeschlossene Menge, dann existiert ein x_1 mit $f(x_1) = \inf_{x \in A} f(x)$ und ein x_2 mit $f(x_2) = \sup_{x \in A} f(x)$, d. h. $f(x_1) = \min_{x \in A} f(x)$ und $f(x_2) = \max_{x \in A} f(x)$ ●

Literaturverzeichnis

Addelman, S. [1]: Irregular fractions of the 2^n factorial experiments, Technometrics 3 (1961), 479–496.
[2]: Techniques for constructing fractional replicate plans, Journ. Amer. Statist. Assoc. 58 (1963), 45–71.
[3]: Recent developments in the design of factorial experiments, Journ. Amer. Statist. Assoc. 67 (1972), 103–111.
[4]: Orthogonal main-effect plans for asymmetrical factorial experiments, Technometrics 4 (1962), 21–46.
[5]: Symmetrical and asymmetrical fractional factorial plans, Technometrics 4 (1962), 47–58.
[6]: The construction of a 2^{17-9} resolution V plan in eight blocks of 32, Technometrics 7 (1965), 439–443.

Ahrens, H./Läuter, J. [1]: Mehrdimensionale Varianzanalyse, 2. Auflage, Akademie-Verlag, Berlin 1980.

Al-Bayatti, H. A./Arnold, J. C. [1]: On double-stage estimation in simple linear regression using prior knowledge, Technometrics 14 (1972), 405–414.

Albert, A. [1]: Regression and the Moore-Penrose pseudoinverse, Acad. Press, New York, London 1972.

Allen, D. M. [1]: The relationship between variable selection and data augmentation and a method of prediction, Technometrics 16 (1974), 125–127.

Anderson, T. W. [1]: Least squares and best unbiased estimates, Ann. Math. Stat. 33 (1962), 266–272.

Andrews, D. F. [1]: Sequentially designed experiments for screening out bad models with F-test, Biometrika 58 (1971), 427–432.

Anscombe, F. J. [1]: Rejection of outliers, Technometrics 2 (1960), 123–147.

Anscombe, F. J./Tukey, J. W. [1]: The examination and analysis of residuals, Technometrics 5 (1963), 141–160.

Atkinson, A. C. [1]: Planning experiments to detect inadequate regression models, Biometrika 59 (1972), 275–293.
[2]: Multifactor second order designs for cuboidal regions, Biometrika 60 (1973), 15–19.
[3]: Planning experiments for model testing and discrimination, Math. OF Stat. 6 (1975), 253–267.
[4]: The design of experiments to estimate the slope of a response surface, Biometrika 57 (1970), 319–328.

Atkinson, A. C./Cox, D. R. [1]: Planning experiments for discriminating between models (with discussion), Journ. Roy. Statist. Soc. Ser. B 36 (1974), 321–348.

Atkinson, A. C./Fedorov, V. V. [1]: The design of experiments for discriminating between two rival models, Biometrika 62 (1975), 57–70.
[2]: Optimal design: Experiments for discriminating between several models, Biometrika 62 (1975), 289–303.

Atkinson, A. C./Hunter, W. G. [1]: The design of experiments for parameter estimation, Technometrics 10 (1968), 271–289.

Atwood, C. L. [1]: Optimal and efficient designs of experiments, Ann. Math. Stat. 40 (1969), 1570–1602.
[2]: Robust procedures for estimating polynomial regression, Journ. Amer. Statist. Assoc. 66 (1971), 855–860.
[3]: Sequences converging to D-optimal designs of experiments, Ann. Statist. 1 (1973), 342–352.

[4]: Convergent design sequences for sufficiently regular optimality criteria, Ann. Statist. 4 (1976), 1124–1138.
BAMBERG, G. [1]: Statistische Entscheidungstheorie, Physica-Verlag, Würzburg 1972.
BANARJEE, K. S. [1]: Weighing designs, Marcel Dekker, Inc., New York, 1975.
BANDEMER, H. [1]: Optimale Wahl der Abszissenwerte für die lineare Regression bei gegebener Kostenfunktion, Math. OF Stat. 1 (1970), 290–308.
[2]: Experimental design in decision models, Transact. Seventh Prague Conference 1974, Vol. A, 13–20, Prag 1977.
[3]: Optimale Versuchsplanung als Entscheidungsproblem, Freiberger Forschungshefte D 88, 79–100, Deutscher Verlag für Grundstoffindustrie, Leipzig 1975.
BANDEMER, H./BELLMANN, A./JUNG, W./RICHTER, K. [1]: Optimale Versuchsplanung, Akademie-Verlag, Berlin 1976.
BANDEMER, H., u. a. [1]: Theorie und Anwendung der optimalen Versuchsplanung I, Handbuch zur Theorie, Akademie-Verlag, Berlin 1977 (zitiert als I).
BANDEMER, H./JUNG, W. [1]: Optimale Versuchsplanung für das Regressionsmodell, Biometr. Zeitschr. 16 (1974), 323–336.
BANDEMER, H./LE ANH SON [1]: Entscheidungstheoretisches Modell für das Schätzungs- und Versuchsplanungsproblem im linearen Regressionsmodell bei stochastischen Regressoren mit einstellbaren Erwartungswerten, Freiberger Forschungshefte D 106, 7–15, Deutscher Verlag für Grundstoffindustrie, Leipzig 1977.
BANDEMER, H./NÄTHER, W. [1]: On adequatness of regression setups, Biometr. Zeitschr. 20 (1978), 123–132.
BANDEMER, H./NAGEL, S. [1]: On construction of exact experimental designs from discrete ones, Math. OF Stat. Ser. Statistics 9 (1978), 505–517.
BANDEMER, H./PILZ, J. [1]: Optimum experimental design for a Bayes estimator in linear regression, Transact. Eight Prague Conference 1978, Vol. A, 93–102.
BARANCHIK, A. J. [1]: Multiple regression and estimation of the mean of a multivariate normal distribution, Techn. Report No. 51 (1964), Stanford University California.
[2]: Inadmissibility of maximum likelihood estimators in some multiple regression problems with three or more independent variables, Ann. Statist. 1 (1973), 312–321.
BARD, Y. [1]: Nonlinear parameter estimation, Acad. Press, New York, London 1974.
BARRODALE, I./YOUNG, A. [1]: Algorithms for best L_1- and L_∞-linear approximation in a discrete set, Num. Math. 8 (1966), 295–306.
BAUER, P. [1]: Zur Adäquatheitsprüfung von Modellen I, Biometr. Zeitschr. 17 (1975), 275–285.
[2]: Zur Adäquatheitsprüfung von Modellen II, Biometr. Zeitschr. 17 (1975), 345–362.
BELLMANN, A. [1]: Optimale Versuchsplanung bei korrelierten Meßfehlern, Freiberger Forschungshefte D 89, 63–108, Deutscher Verlag für Grundstoffindustrie, Leipzig 1975.
[2]: Zur Konstruktion asymptotisch optimaler Folgen von Versuchsplänen bei korrelierten Beobachtungen, Freiberger Forschungshefte D 106, 79–91, Deutscher Verlag für Grundstoffindustrie, Leipzig 1977.
BESSLER, S. A. [1]: Theory and applications of the sequential design of experiments, k actions and infinitely many experiments, Part I, Techn. Rep. No. 55 (1960), Stanford University California.
BJOERCK, A./GOLUB, G. H. [1]: Iterative refinement of linear least squares solutions by Householder transformation, BIT 7 (1967), 322–337.
BIBBY, J./TOUTENBURG, H. [1]: Prediction and improved estimation in linear models, Wiley, New York, Toronto 1977.
BIOMETRISCHES WÖRTERBUCH [1]: Bd. 1 und 2, Deutscher Landwirtschaftsverlag, Berlin 1968.
BLOMFIELD, P./WATSON, G. S. [1]: The inefficiency of least squares, Biometrika 62 (1975), 121–128.
BOKOR, J. [1]: Sequential B-optimum design minimizing bias error, Probl. of Control and Inf. Theory, 6 (1977), 213–222.
BOOTH, K. H. V./COX, D. R. [1]: Some systematic supersaturated designs, Technometrics 4 (1962), 489–495.
BOSE, R. C. [1]: Some recent advances in design of experiments, Bull. Inst. Internat. Statist. 44 (1971), 419–431.
BOSE, R. C./DRAPER, N. R. [1]: Second order rotatable designs in three dimensions, Ann. Math. Stat. 30 (1959), 1097–1112.

Boullion, T. L./Odell, P. L. [1]: Generalized inverse matrices, Wiley & Sons, New York 1971.
Box, G. E. P. [1]: Evolutionary operation: a method for increasing industrial productivity, Applied Statist. **6** (1957), 81–101.
[2]: A simple system of evolutionary operation — subject to empirical feedback, Technometrics 8 (1966), 19–26.
[3]: A note on augmented designs, Technometrics 8 (1966), 184–188.
Box, G. E. P./Behnken, D. W. [1]: Simplex — sum designs: a class of second order rotatable designs derivable from those of first order, Ann. Math. Stat. **31** (1960), 838 to 864.
Box, G. E. P./Draper, N. R. [1]: A basis for selection of a response surface design, Journ. Amer. Stat. Assoc. **54** (1959), 622–654.
[2]: Evolutionary operation — a statistical method for process improvement, Wiley & Sons, New York 1969.
[3]: Robust designs, Biometrika **62** (1975), 347–352.
Box, G. E. P./Hill, W. J. [1]: Discrimination among mechanistic models, Technometrics **9** (1967), 57–71.
Box, G. E. P./Hunter, J. S. [1]: Multi-factor experimental design for exploring response surfaces, Ann. Math. Stat. **28** (1957), 195–241.
[2]: The 2^{k-p} fractional factorial designs Part I—Part II, Technometrics **3** (1961), 311–351, 449–458.
Box, G. E. P./Hunter, W. G. [1]: Sequential design of experiments for nonlinear models, I.B.M. Scientific Computing Symposium on Statistics, 1965, 113–137.
Box, G. E. P./Lucas, H. L. [1]: Design of experiments in nonlinear situations, Biometrika **46** (1959), 77–90.
Box, G. E. P./Tiao, G. C. [1]: A Bayesian approach to some outlier problems, Biometrika **55** (1968), 119–129.
Box, G. E. P./Watson, G. S. [1]: Robustness to non-normality of regression tests, Biometrika **49** (1962), 93–106.
Box, G. E. P./Wilson, K. B. [1]: On the experimental attainment of optimum conditions, Journ. Roy. Statist. Soc., Ser. B **13** (1951), 1–45.
Box, G. E. P./Youle, P. V. [1]: The exploration and exploitation of response surfaces: An example of the link between the fitted surface and the basic mechanism of the system, Biometrics **11** (1955), 287–323.
Box, M. J. [1]: The occurrence of replications in optimal designs of experiments to estimate parameters in non-linear models, Journ. Roy. Statist. Soc., Ser. B **30** (1968), 290–302.
[2]: Planning experiments to test the adequacy of nonlinear models, Appl. Statist. **18** (1969), 241–248.
[3]: An experimental design criterion for precise estimation of a subset of the parameters in a nonlinear model, Biometrika **58** (1971), 149–153.
[4]: Simplified experimental design, Technometrics **13** (1971), 19–31.
Box, M. J./Draper, N. R. [1]: Factorial designs, the $|X'X|$ criterion, an some related matters, Technometrics **13** (1971), 731–742, Corrigendum: Technometrics **15** (1973), 430.
[2]: On minimum-point second-order designs, Technometrics **16** (1974), 613–616.
[3]: Estimation and design criteria for multiresponse non-linear models with non-homogeneous variance, Journ. Roy. Statist. Soc. Ser. C, **21** (1972), 13–24.
Buchta, H. [1]: Versuchsplanung bei korrelierten Störungen, Messen, Steuern, Regeln **21** (1978), 546–550.
Bühlmann, H./Loeffel, H./Nievergelt, E. [1]: Einführung in die Theorie und Praxis der Entscheidung bei Unsicherheit, Springer-Verlag, Berlin 1967.
Bunke, H. [1]: Approximation of regression functions, Math. OF Stat. **4** (1973), 315–325.
Bunke, O. [1]: Model choice and parameter estimation in regression analysis, Math. OF Stat. **4** (1973), 407–423.
[2]: Minimax linear, ridge and shrunken estimators for linear parameters, Math. OF Stat. **6** (1975), 697–701.
Businger, P./Golub, G. H. [1]: Linear least squares solutions by Householder transformations, Num. Math. 7 (1965), 269–276.
Butler, R. W. [1]: Sample reuse criteria for detecting outliers (abstract), Biometrics **32** (1976), 706.

CARPENTER, B. H./SWEENY, H. G. [1]: Process improvement with simplex self-directing evolutionary operation, Chemical Engineering, 5 (1965), 117–126.

CHAMBERS, J. M. [1]: Fitting nonlinear models: numerical techniques, Biometrika 60 (1973), 1–13.

CHEN, E. H./DIXON, W. J. [1]: Estimates of parameters of a censored regression sample, Journ. Amer. Statist. Assoc. 67 (1972), 664–671.

CHERNOFF, H. [1]: Locally optimal designs for estimating parameters, Ann. Math. Stat. 24 (1953), 586–602.

[2]: Motivation for an approach to the sequential design of experiments, in MACHOL (Ed.): Information and decision processes, McGraw-Hill, New York, Toronto, London 1960.

[3]: Sequential analysis and optimal design, Regional Conference Series in Applied Mathematics 8 (Philadelphia, Pa.), SIAM (1972).

CHEW, V. ed. [1]: Experimental designs in industry, Wiley & Sons, New York 1958.

COCHRAN, W. G. [1]: Experiments for nonlinear functions, Journ. Amer. Statist. Assoc. 68 (1973), 771–781.

COCHRAN, W. G./COX, G. M. [1]: Experimental designs, Wiley & Sons, New York 1957.

CORNELL, J. A. [1]: Experiments with mixtures: A review, Technometrics 15 (1973), 437–455.

COVEY-CRUMP, P. A. K./SILVEY, S. D. [1]: Optimum regression with previous observations, Biometrika 57 (1970), 551–566.

COX, D. R. [1]: A note on polynomial response functions for mixtures, Biometrika 58 (1971), 155–159.

[2]: Planning of experiments, Wiley & Sons, New York 1958.

COX, D. R./SNELL, E. J. [1]: The choice of variables in observational studies, Journ. Roy. Statist. Soc. Ser. C 23 (1974), 51–59.

DANIEL, C. [1]: On varying one factor at a time, Biometrics 14 (1958), 430–431.

[2]: Locating outliers in factorial experiments, Technometrics 2 (1960).

[3]: Sequences of fractional replicates, Journ. Amer. Statist. Assoc. 57 (1962), 403–429.

DANIEL, C./WILCOXON, F. [1]: Factorial 2^{p-q} plans robust against linear and quadratic trends, Technometrics 8 (1966), 259–278.

DAS, M. N. [1]: Construction of rotatable designs from factorial designs, Journ. Indian Soc. Agric. Statist. 31 (1961), 865–874.

DATHE, E.-M. [1]: Untersuchung zur Spline-Regression, Diss. A TU Dresden, Sekt. Math. 1977.

DAVIDSON, W. C. [1]: Variable metric method for minimization, A.E.C. Research and Development Report ANL — 5990 (1959).

DAVIES, O. L. (Ed.) [1]: The design and analysis of industrial experiments, Oliver and Boyd, London 1963.

DEMPSTER, A. P. [1]: Alternatives to least squares in multiple regression, in: Multivariate Statistical Inference Proc. Dalhousie Univ., Halifax, 25–40, New York 1973.

DEY, A./DAS, M. N. [1]: On blocking second order designs, Calcutta Statist. Assoc. Bull. 19 (1970), 75–85.

DITTRICH, G./STAHL, H. [1]: Matrizen und Determinanten und ihre Anwendung in Technik und Ökonomie, Fachbuchverlag Leipzig 1966.

DOEHLERT, D. H. [1]: Uniform shell designs, Applied Statist. 19 (1970), 231–239.

DRAPER, N. R. [1]: Second order rotatable designs in four or more dimensions, Ann. Math. Stat. 31 (1960), 23–33.

[2]: Third order rotatable designs in three dimensions, Ann. Math. Stat. 31 (1960), 865–874.

[3]: A third order rotatable design in four dimensions, Ann. Math. Stat. 31 (1960), 875–877.

[4]: Third order rotatable designs in three dimensions: some specific designs, Ann. Math. Stat. 32 (1961), 910–913.

[5]: Third order rotatable designs in three factors: analysis, Technometrics 4 (1962), 219–234.

DRAPER, N. R./BEGGS, W. J. [1]: Errors in the factor levels and experimental design, Ann. Math. Stat. 41 (1971), 46–58.

DRAPER, N. R./HERZBERG, A. M. [1]: Further second order rotatable designs, Ann. Math. Stat. 39 (1968), 1995–2001.

[2]: Some designs for extrapolation outside a sphere, Journ. Roy. Statist. Soc. Ser. B 35 (1973), 268–276.

DRAPER, N. R./HUNTER, W. G. [1]: The use of prior distributions in the design of experiments for parameter estimation in non-linear situations: multiresponse case, Biometrika 54 (1967), 662–665.

DRAPER, N. R./JOHN, R. C. S. [1]: A mixture model with inverse terms, Technometrics 19 (1977), 37–46.

DRAPER, N. R./LAWRENCE, W. E. [1]: Designs which minimize model inadequacies: cuboidal regions of interest, Biometrika 52 (1965), 111–118.

DRAPER, N. R./MITCHELL, T. J. [1]: The construction of saturated 2_R^{k-p} designs, Ann. Math. Stat. 38 (1967), 1110–1126.

[2]: Construction of the set of 256-run designs of resolution ≧ 5 and the set of even 512-run designs of resolution ≧ 6 with special reference to the unique saturated designs, Ann. Math. Stat. 39 (1968), 246–255.

[3]: Construction of a set of 512-run designs of resolution ≧ 5 and a set of even 1024-run designs of resolution ≧ 6, Ann. Math. Stat. 41 (1970), 876–887.

DRAPER, N. R./STONEMAN, D. M. [1]: Response surface designs for factors at two and three levels and at two and four levels, Technometrics 10 (1968), 177–192.

DURBIN, J./WATSON, G. S. [1]: Testing for serial correlation in least squares regression, III, Biometrika 58 (1971), 1–19.

DYKSTRA, O., jr. [1]: Partial duplication of factorial experiments, Technometrics 1 (1959), 63–75.

EHRENFELD, S. [1]: On the efficiency of experimental designs, Ann. Math. Stat. 26 (1955), 247–255.

[2]: On group sequential sampling, Technometrics 14 (1972), 167–174.

EHRENFELD, S./ZACKS, S. [1]: Randomization and factorial experiments, Ann. Math. Stat. 32 (1961), 270–297.

ELFVING, G. E. [1]: Optimum allocation in linear regression theory, Ann. Math. Stat. 23 (1952), 255–262.

ELLENBERG, J. H. [1]: Testing for a single outlier from a general linear regression, Biometrics 32 (1976), 637–645.

ERTEL, J. E./FOWLKES, E. B. [1]: Some algorithms for linear spline and piecewise multiple linear regression, Journ. Amer. Statist. Assoc. 71 (1976), 640–648.

FABIAN, H./JUNG, W. [1]: Zur Affininvarianz optimaler Versuchspläne, Freiberger Forschungshefte D 89, 109–114, Deutscher Verlag für Grundstoffindustrie, Leipzig 1975.

FADDEJEW, D. K./FADDEJEWA, W. N. [1]: Numerische Methoden der linearen Algebra, Deutscher Verlag der Wissenschaften ,Berlin 1973.

FARRELL, R. H./KIEFER, J./WALBRAN, A. [1]: Optimum multivariate designs, Proc. Fifth Berkeley Symp. 1, 113–138, Berkeley-Los Angeles 1967.

FEDERER, W. T. [1]: Procedures and designs useful for screening material in selection and allocation with a bibliography, Biometrics 19 (1963), 553–587.

FEDOROV, V. V. [4]: The design of experiments in the multiresponse case, Theory of Probability and its Application 13 (1971), 323–331.

FERGUSON, T. S. [1]: Mathematical statistics — a decision theoretic approach, Acad. Press, New York 1967.

FINNEY, D. J. [1]: An introduction to the theory of experimental design, The University of Chicago Press, Chicago 1960 (russ. Übersetzung Moskau 1970).

FISZ, M. [1]: Wahrscheinlichkeitsrechnung und mathematische Statistik, Deutscher Verlag der Wissenschaften, Berlin 1970.

FLETCHER, R. H. [1]: On the iterative refinement of least squares solution, Journ. Amer. Statist. Assoc. 70 (1975), 109–112.

FLETCHER, R. H./POWELL, M. J. D. [1]: A rapidly convergent descent method for minimization, Comp. Journ. 6 (1963), 163–168.

FURNIVAL, G. M. [1]: All possible regressions with less computation, Technometrics 13 (1971), 403–408.

FURNIVAL, G. M./WILSON, R. M. jr. [1]: Regression by leaps and bounds, Technometrics 16 (1974), 499–512.

GALIL, Z./KIEFER, J. [1]: Comparison of Box/DRAPER and *D*-optimum designs for experiments with mixtures, Technometrics 19 (1977), 441–444.

[2]: Comparison of simplex designs for quadratic mixture models, Technometrics 19 (1977), 445–453.
[3]: Comparison of simplex designs (approximate theory), Ann. Statist. 5 (1977), 849–879.
Gardiner, D. A./Grandage, A. H. E./Hader, R. J. [1]: Third order rotatable designs for exploring response surfaces, Ann. Math. Stat. 30 (1959), 1082–1096.
Garside, M. J. [1]: The best subset in multiple regression analysis, Applied Statist. 14 (1965), 196–200.
[2]: Some computational procedures for the best subset problem, Applied Statist. 20 (1971), 8–15.
Goldsmith, P. L./Boddy, R. [1]: Critical analysis of factorial experiments and orthogonal fractions, Applied Statist. 22 (1973), 141–160.
Golub, G. H. [1]: Numerical Methods for Solving Linear Least Squares Problems, Num. Math. 7 (1965), 206–216.
Gorman, J. W./Toman, R. J. [1]: Selection of variables for fitting equations to data, Technometrics 8 (1966), 27–51.
Gribik, P. R./Kortanek, K. O. [1]: Equivalence theorems and cutting plane algorithms for a class of experimental design problems, SIAM J. Appl. Math. 32 (1977), 232–259.
Guest, P. G. [1]: The spacing of observations in polynomial regression, Ann. Math. Stat. 29 (1958), 294–299.
Guttman, J./Pereyra, V./Scolnik, H. D. [1]: Least squares estimation for a class of nonlinear models, Technometrics 15 (1973), 209–218.
Haberman, S. J. [1]: How much do Gauss-Markov and least squares estimates differ? A coordinate-free approach, Ann. Stat. 3 (1975), 982–990.
Hadley, G. [1]: Nonlinear and dynamic programming, Addison-Wesley publ. comp., Reading, Massachusetts, 1964.
Hampel, F. R. [1]: A general qualitative definition of robustness, Ann. Math. Stat. 42 (1971), 1887–1896.
[2]: Modern trends in the theory of robustness, Math. OF Stat. Ser. Statistics 9 (1978), 425–442.
Hartley, H. O. [1]: Smallest composite designs for quadratic response surfaces, Biometrics 15 (1959), 611–624.
Hartmann, K./Lezki, E./Schäfer, W. [1]: Statistische Versuchsplanung und Auswertung in der Stoffwirtschaft, Deutscher Verlag für Grundstoffindustrie, Leipzig 1974.
Haverland, U. [1]: Verfahren zur Wahl von Regressionsmodellen, Dissertation Humboldt-Universität, Berlin 1976.
Heckendorff, H. [1]: Sequentielle Methoden der statistischen Modellierung (unpubliziertes Manuskript), TH Karl-Marx-Stadt 1973.
Heinhold, J./Gaede, K.-W. [1]: Ingenieur-Statistik, Oldenbourg-Verlag, Wien 1964.
Hemmerle, W. J. [1]: An explicit solution for generalized ridge regression, Technometrics 17 (1975), 309–314.
Herzberg, A. M. [1]: Cylindrically rotatable designs, Ann. Math. Stat. 37 (1966), 242–247.
[2]: A method for the construction of second order rotatable designs in k dimensions, Ann. Math. Stat. 38 (1967), 177–180.
[3]: Cylindrically rotatable designs of type 1, 2 and 3, Ann. Math. Stat. 38 (1967), 167–176.
Herzberg, A. M./Cox, D. R. [1]: Recent work on the design of experiments: a bibliography and a review, Journ. Roy. Statist. Soc. Ser. A 132 (1969), 29–67.
Hill, H. M. [1]: Experimental designs to adjust for time trends, Technometrics 2 (1960), 67–82.
Hill, W. J./Hunter, W. G. [1]: A review of response surface methodology: a literature survey, Technometrics 8 (1966), 571–590.
[2]: Design of experiments for model discrimination in multiresponse situation, Technical Report No. 65 (1966), Dep. of Statistics, Univ. of Wisconsin, Madison.
[3]: Design of experiments for subsets of parameters, Technometrics 16 (1974), 425–434.
Hill, W. J./Hunter, W. G./Wichern, D. W. [1]: A joint design criterion for the dual problem of model discrimination and parameter estimation, Technometrics 10 (1968), 145–160.
Himmelblau, D. M. [1]: Process analysis by statistical methods, Wiley, New York, London, Sydney, Toronto 1970.

HOCKING, R. R. [1]: The analysis and selection of variables in linear regression, Biometrics 32 (1976), 1–49.
HOCKING, R. R./LESLIE, R. N. [1]: Selection of the best subset in regression analysis, Technometrics 2 (1967), 531–540.
HOEL, P. G. [1]: Efficiency problems in polynomial estimation, Ann. Math. Stat. 29 (1958), 1134–1145.
[2]: Minimax designs in two dimensional regression, Ann. Math. Stat. 36 (1965), 1097–1106.
HOEL, P. G./LEVINE, A. [1]: Optimal spacing and weighing in polynomial prediction, Ann. Math. Stat. 35 (1964), 1553–1560.
HOERL, A./KENNARD, R. W. [1]: Ridge regression: Biased estimation for nonorthogonal problems, Technometrics 12 (1970), 55–82.
HOHMANN, G. [1]: Sequentielle Versuchsplanung für das Schätzproblem im Regressionsmodell, Freiberger Forschungshefte, D 92, 57–96, Deutscher Verlag für Grundstoffindustrie, Leipzig 1975.
[2]: An upper bound for the number of steps in sequential design, Biometr. Zeitschr. 18 (1976), 397–405.
HOHMANN, G./JUNG, W. [1]: On sequential and nonsequential D-optimal experimental design, Biometr. Zeitschrift 18 (1975), 329–336.
HOKE, A. T. [1]: Economical second-order designs based on irregular fractions of the 3^n factorial, Technometrics 16 (1974), 375–384.
HUANG, C. J./BOLCH, B. W. [1]: On the testing of regression disturbances for normality, Journ. Amer. Statist. Assoc. 69 (1974), 330–335.
HUBER, P. J. [1]: Robust regression: asymptotics, conjectures and Monte Carlo, Ann. Statist. 1 (1973), 799–821.
[2]: Robustness and designs, in: A survey of statistical design and linear models (ed. J. N. Srivastava), 287–301, North-Holland Publ. Comp., Amsterdam 1975.
HUBER, P. J./DUTTER, R. [1]: Numerical solution of robust regression problems, Compstat 1974, Wien 1974, S. 165–172.
HUMAK, K. M. S. [1]: Statistische Methoden der Modellbildung, Band 1, Akademie Verlag, Berlin 1977.
HUNTER, J. S. [1]: Sequential factorial estimation, Technometrics 6 (1964), 41–56.
HUNTER, W. G./KITTRELL, J. R. [1]: Evolutionary operation: A review, Technometrics 8 (1966), 389–397.
HUNTER, W. G./REINER, A. M. [1]: Designs for discriminating between two rival models, Technometrics 7 (1965), 307–323.
JACQUEZ, J. A./NORUSIS, M. [1]: Sampling experiments on the estimation of parameters in heteroscedastic linear regression, Biometrics 29 (1973), 771–780.
JAHNKE/EMDE, F./LÖSCH, F. [1]: Tafeln höherer Funktionen, Teubner, Stuttgart 1960.
JAMES, W./STEIN, C. [1]: Estimation with quadratic loss, Proc. Fourth Berkeley Symp., 1, 361–379, Berkeley-Los Angeles 1961.
JENNRICH, R. J. [1]: Asymptotic properties of nonlinear least squares estimators, Ann. Math. Stat. 40 (1969), 633–643.
JOHN, P. W. M. [1]: Augmenting 2^{n-1} designs, Technometrics 8 (1966), 469–480.
JOHN, R. C. ST./DRAPER, N. R. [1]: D-optimality for regression designs: A review, Technometrics 17 (1975), 15–23.
JUNG, W. [1]: G-optimale Versuchsplanung für die Regressionsgerade $y(x) = \Theta_1 + \Theta_2 x$, Biometr. Zeitschr. 13 (1971), 369–375.
[2]: Kostenoptimale Versuchsplanung im Regressionsmodell, Biometr. Zeitschr. 16 (1974), 31–47.
[3]: Kurzer Abriß der Theorie der optimalen Versuchsplanung für die Parameterschätzung im Regressionsmodell, Freiberger Forschungshefte, D 88, 15–40, Deutscher Verlag für Grundstoffindustrie, Leipzig 1975.
[4]: G-optimale Versuchsplanung auf dem Würfel und auf der Kugel, Freiberger Forschungshefte, D 89, 11–37, Deutscher Verlag für Grundstoffindustrie, Leipzig 1975.
KARLIN, S./STUDDEN, W. J. [1]: Optimal experimental designs, Ann. Math. Stat. 37 (1966), 783–815.
[2]: Tchebycheff systems, Interscience, New York 1966.
KARSON, M. J. [1]: Design criterion for minimum bias estimation of response surfaces, Journ. Amer. Stat. Assoc. 65 (1970), 1565–1572.

KARSON, M. J./MANSON, A. R./HADER, R. J. [1]: Minimum bias estimation and experimental design for response surfaces, Technometrics **11** (1969), 461–475.

KETZEL, S. [1]: Zur Konstruktion optimaler Versuchspläne, Freiberger Forschungshefte, D 106, 45–52, Deutscher Verlag für Grundstoffindustrie, Leipzig 1977.

KIEFER, J. [1]: Optimum experimental designs, Journ. Roy. Statist. Soc., Ser. B, **21** (1959), 272–319.
[2]: Optimum designs in regression problems II, Ann. Math. Stat. **32** (1961), 298–325.
[3]: Optimum experimental designs *V*, with applications to systematic and rotatable designs, Proc. Fourth Berkeley Symp., 1, 381–405, Berkeley-Los Angeles 1961.
[4]: Optimal design: Variation in structure and performance under change of criterion, Biometrika **62** (1975), 277–288.

KIEFER, J./SACKS, J. [1]: Asymptotically optimum sequential inference and design, Ann. Math. Stat. **34** (1963), 705–750.

KIEFER, J./STUDDEN, W. J. [1]: Optimal designs for large degree polynomial regression, Ann. Statist. **4** (1976), 1113–1123.

KIEFER, J./WOLFOWITZ, J. [1]: Optimum designs in regression problems, Ann. Math. Stat. **30** (1959), 271–294.
[2]: The equivalence of two extremum problems, Canad. Journ. Math. **12** (1960), 363–366.

KLEFFE, J. [1]: Invariant methods for estimating variance components in mixed linear models, Math. OF Stat. Ser. Statistics 8 (1977), 233–250.

KLEIJNEN, J. P. C. [1]: Statistical techniques in simulation, Marcel Dekker Inc. New York 1974.
[2]: Screening designs for poly-factor experimentation, Technometrics **17** (1975), 487–493.

KLOEK, T./LEMPERS, F. B. [1]: Posterior probabilities of alternative linear models, Report 7006 Econ. Institute Netherlands School of Economics 1970.

KOMISSAROWA, L. N./GRANOWSKY, J. W./SPITZYN, V. I. [1]: Die Anwendung von statistischen Methoden der Versuchsplanung beim Studium von Extraktionsvorgängen, Zeitschr. f. Chemie **7** (1967), 378–387.

KÔNO, K. [1]: Optimum design for quadratic regression on *k*-cube, Memoirs of the faculty of science, Kyushu University **16** (1962), Ser. A, 114–122.
Correction: Memoirs of the faculty of science, Kyushu University **18** (1964), Ser. A.

KRUSKAL, W. [1]: When are Gauss-Markov and least squares estimators identical? A coordinate-free approach, Ann. Math. Stat. **39** (1968), 70–75.

KUBICEK, M./MAREK, M./ECKERT, E. [1]: Quasilinearized regression, Technometrics **13** (1971), 601–608.

KÜNZI, H. P./ÖTTLI, W. [1]: Nichtlineare Optimierung, Lect. Notes in Op. Research, No. 16, Springer 1969.

KUPPER, L. L./MEYDRECH, E. F. [1]: Experimental design considerations based on a new approach to mean square error estimation of response surfaces, Journ. Amer. Statist. Assoc. **69** (1974), 461–463.

LAMBRAKIS, D. P. [1]: Experiment with mixtures: A generalization of the simplex-lattice design, Journ. Roy. Statist. Soc., Ser. B, **30** (1968), 123–136.

LÄUTER, E. [1]: Experimental designs in a class of models, Math. OF Stat. **5** (1974) 379–398.
[2]: Optimal multipurpose designs for regression models, Math. OF Stat. **7** (1976), 51–68.

LÄUTER, H. [1]: A minimax estimator for linear parameters under restrictions in form of inequalities, Math. OF Stat. **6** (1975), 689–695.
[2]: Linear minimax estimation for inadequate models for the J. PETERSEN approach, Math. OF. Stat. **6** (1975), 769–774.

LA MOTTE, L. R./HOCKING, R. R. [1]: Computational efficiency in the selection of regression variables, Technometrics **12** (1970), 83–93.

LAWSON, C. L./HANSON, R. J. [1]: Solving least squares problems, Prentice-Hall Inc., Englewood Cliffs, New Jersey 1974.

LAWTON, W. H./SYLVESTRE, E. A. [1]: Elimination of linear parameters in nonlinear regression, Technometrics **13** (1971), 461–467.

Le Anh Son [1]: Schätzung und Versuchsplanung bei einstellbaren Erwartungswerten und bekannten Realisierungen der stochastischen Regressoren, Freiberger Forschungshefte, D 106, 17–43, Deutscher Verlag für Grundstoffindustrie, Leipzig 1977.

[2]: Schätzung und Versuchsplanung bei einstellbaren Erwartungswerten und unbekannten Realisierungen der stochastischen Regressoren, Freiberger Forschungshefte, D 106, 93–125, Deutscher Verlag für Grundstoffindustrie, Leipzig 1977.

[3]: Zur optimalen Versuchsplanung in linearen Regressionsproblemen bei fehlerbehafteten Regressoren, Revue Roumaine de Mathématiques Pures et Appliquées **22** (1977), 1131–1140.

Lehmann, E. L. [1]: Testing statistical hypotheses, Wiley & Sons, New York, London 1959.

Lewis, T. O./Odell, P. L. [1]: Estimation in linear models, New Jersey 1971.

Lexikon der Mathematik [1]: Hrsg.: Gellert, W./Kästner, H./Neuber, S., Bibliographisches Institut, Leipzig 1977.

Lexikon der Stochastik [1]: Hrsg.: Müller, P. H., 3. Aufl., Akademie-Verlag, Berlin 1980.

Li, C. H. [1]: A sequential method for screening experimental variables, Journ. Amer. Statist. Assoc. **57** (1962), 455–477.

Lindley, D. V. [1]: On a measure of information provided by an experiment, Ann. Math. Stat. **27** (1956), 986–1005.

Lindley, D. V./Smith, A. F. M. [1]: Bayes estimates for the linear model, Journ. Roy. Statist. Soc. Ser. B **34** (1972), 1–41.

Lucas, J. M. [1]: Which response surface design is best, Technometrics **18** (1976), 411–417.

Lund, R. E. [1]: Tables for an approximate test for outliers in linear regression, Technometrics **17** (1975), 473–476.

Magness, T. A./Mc. Guire, J. B. [1]: Comparison of least squares and minimum variance estimates of regression parameters, Ann. Math. Stat. **33** (1962), 462–470.

Maibaum, G. [1]: Wahrscheinlichkeitstheorie und mathematische Statistik, Deutscher Verlag der Wissenschaften, Berlin 1976.

Malinvaud, E. [1]: Statistical methods of econometrics, North-Holland Publ.-Comp., Amsterdam 1966.

Mallows, C. L. [1]: The information in an experiment, Journ. Roy. Statist. Soc., Ser. B **21** (1959), 67–72.

von Mangoldt, H./Knopp, K. [1]: Einführung in die höhere Mathematik (Lösch, F.: Band 4), Hirzel-Verlag, Leipzig 1973.

Marquardt, D. W. [1]: An algorithm for least squares estimation of nonlinear parameters, SIAM J. Appl. Math. **11** (1963), 431–441.

Mayer, L. S./Singh, J./Willke, T. A. [1]: Utilizing initial estimates in estimating the coefficients in a linear model, Journ. Amer. Statist. Assoc. **69** (1974), 219–222.

McDonald, G. C./Galarneau, D. I. [1]: A Monte Carlo evaluation of some ridge-typ estimators, Journ. Amer. Statist. Assoc. **70** (1975), 407–416.

McElroy, F. W. [1]: A necessary and sufficient condition that ordinary least squares estimators be best linear unbiased, Journ. Amer. Statist. Assoc. **62** (1967), 1303–1304.

Meeter, D./Pirie, W./Blot, W. [1]: A comparison of two modeldiscrimination criteria, Technometrics **12** (1970), 457–470.

Melas, V. B. [1]: Optimal designs for exponential regression, Math. OF Stat., Ser. Statistics, **9** (1978), 45–59.

Mickey, M. R. [1]: Detecting outliers with stepwise regression, Communications — UCLA Health Sciences Facility **1** (1968), 1ff.

Mitchell, T. J. [1]: Computer construction of "D-optimal" first-order designs, Technometrics **16** (1974), 211–220.

Mitra, S. K./Rao, C. R. [1]: Conditions for optimality and validity of simple least squares theory, Ann. Math. Stat. **40** (1969), 1617–1624.

Mood, A. M. [1]: On Hotelling's weighing problem, Ann. Math. Stat. **17** (1946), 432–446.

Morgan, J. A./Tatar, J. F. [1]: Calculation of the residual sum of squares for all possible regressions, Technometrics **14** (1972), 317–325.

Murty, V. N. [1]: Optimal designs with a Tchebycheffian spline regression function, Ann. Math. Stat. **42** (1971), 643–649.

Murty, J. S./Das, M. N. [1]: Design and analysis of experiments with mixtures, Ann. Math. Stat. **39** (1968), 1517–1539.

NÄTHER, W. [1]: Optimalitätseigenschaften von Schätzungen nach der Methode der kleinsten Quadrate — ein Beitrag zur optimalen Versuchsplanung im linearen Regressionsmodell, Freiberger Forschungshefte D 92, 13—56, Deutscher Verlag für Grundstoffindustrie, Leipzig 1975.

[2]: Schätzungen im linearen Regressionsmodell bei konvexem Verlust, Biometr. Zeitschr. **13** (1971), 274—279.

[3]: Minimaxschätzungen im linearen Regressionsmodell, Math. OF Stat. **3** (1972), 475—482.

[4]: Semi-orderings between distribution functions and their application to robustness of parameter estimators, Math. OF Stat. **6** (1975), 179—188.

[5]: The choice of estimators and experimental designs in a linear regression model according to a joint criterion of optimality, Math. OF Stat. **6** (1975), 677—686.

[6]: Beziehungen zwischen kostenoptimaler Versuchsplanung und Versuchsplanung bei korrelierten Beobachtungen, Wiss. Zeitschr. TU Dresden **24** (1975), 379—382.

[7]: Monotony relations between distribution functions and their application to experimental design, Math. OF Stat., Ser. Statistics, 10 (1978) 47—53.

NÄTHER, W./LE ANH SON [1]: On experimental design in linear regression models with random regressors, Biometr. Zeitschr. 18 (1976), 217—228.

NÄTHER, W./PILZ, J. [1]: Estimation and experimental design in a linear regression model using prior information, Zastosowania Matematiki **16** (1978).

NAGEL, S. [1]: Goodness of exact experimental designs with respect to a certain family of criteria, Math. OF Stat. Ser. Statistics **9** (1978) 519—523.

NAGEL, W. [1]: Über einige Tests zur Auswahl einer Schätzfunktion im linearen Regressionsmodell, Freiberger Forschungshefte D 117, 57—66, Deutscher Verlag für Grundstoffindustrie, Leipzig 1978.

NATANSON, I. P. [1]: Konstruktive Funktionentheorie, Akademie-Verlag, Berlin 1955.

NELSON, W./HAHN, G. J. [1]: Linear estimation of regression relationship from censored data —Part I: Simple methods and their applications, Technometrics **14** (1972), 247—269.

NEWHOUSE, J. P./OMAN, S. D. [1]: An evaluation of ridge estimators, Rand Report, No. R-716-PR (1971), 1—28.

NOLLAU, V. [1]: Statistische Analysen, 2. Auflage, Birkhäuser-Verlag, Basel 1978.

NORLEN, U. [1]: The covariance matrices for which least squares is best linear unbiased, Scand. J. Statist. **2** (1975), 85—90.

OBRESCHKOFF, N. [1]: Verteilung und Berechnung der Nullstellen reeller Polynome, Deutscher Verlag der Wissenschaften, Berlin 1963.

ODELL, P. L. /LEWIS, T. O. [1]: Best linear recursive estimation, Journ. Amer. Statist. Assoc. **66** (1971), 893—896.

OOSTERHOFF, J. [1]: On the selection of independent variables in a regression equation, Preliminary Report 5319, Stichting Mathematisk Centrum, Amsterdam 1963.

OTT, L./MENDENHALL, W. [1]: Designs for estimating the slope of a second order linear model, Technometrics **14** (1972), 341—353.

PALEY, R. E. A. C. [1]: On orthogonal matrices, Journ. Math. and Phys. **12** (1933), 311—320.

PATEL, M. S. [1]: Group-screening with more than two stages, Technometrics **4** (1962), 209—217.

PESCHEL, M./RIEDEL, C. [1]: Polyoptimierung, Verlag Technik, Berlin 1976.

PETERSEN, I. [1]: Linear minimax estimation for inadequate models in L^2-metric, Math. OF Stat. **4** (1973), 463—472.

PILZ, J. [1]: Bayessche Schätzung und Versuchsplanung im linearen Regressionsmodell, Diss. an d. Bergakademie Freiberg, 1978.

[2]: Entscheidungstheoretische Darstellung des Problems der bayesschen Schätzung und Versuchsplanung im linearen Regressionsmodell, Freiberger Forschungshefte D 117, 7—20 Deutscher Verlag für Grundstoffindustrie, Leipzig 1978.

[3]: Das bayessche Schätzproblem im linearen Regressionsmodell, Freiberger Forschungshefte D 117, 21—55 Deutscher Verlag für Grundstoffindustrie, Leipzig 1978.

[4]: Optimalitätskriterien, Zulässigkeit und Vollständigkeit im Planungsproblem für eine bayessche Schätzung im linearen Regressionsmodell, Freiberger Forschungshefte D 117, 67—94 Deutscher Verlag für Grundstoffindustrie, Leipzig 1978.

[5]: Konstruktion von optimalen diskreten Versuchsplänen für eine Bayes-Schätzung im linearen Regressionsmodell, Freiberger Forschungshefte D 117, 123–152 Deutscher Verlag für Grundstoffindustrie, Leipzig 1978.

PLACKETT, R. L./BURMAN, J. P. [1]: The design of optimum multifactorial experiments, Biometrika **33** (1946), 305–325.

POPE, P. T./WEBSTER, J. T. [1]: The use of an F-statistic in stepwise regression procedures, Technometrics **14** (1972), 327–340.

PRENTICE, R. L. [1]: Discrimination among some parametric models, Biometrika **62** (1975), 607–614.

PRESCOTT, P. [1]: An approximate test for outliers in linear models, Technometrics **17** (1975), 129–132.

PRESS, S. J. [1]: Estimation in univariate and multivariate stable distributions, Journ. Amer. Statist. Assoc. **67** (1972), 843–846.

RAGHAVARAO, D. [1]: Some optimum weighing designs, Ann. Math. Stat. **30** (1959), 295–303.

RAMSEY, J. B./CHESHER, A. [1]: Some measures of the "difference" between regression models, Journ. Amer. Statist. Assoc. **71** (1976), 972–976.

RAO, C. R. [1]: Least squares theory using an estimated dispersion matrix and its application to measurements of signals, Proc. Fifth Berkeley Symp. 1, 355–372, Berkeley, Los Angeles 1967.

[2]: Estimation of heteroscedastic variances in linear models, Journ. Amer. Statist. Assoc. **65** (1970), 161–172.

[3]: Lineare statistische Methoden und ihre Anwendungen, Akademie-Verlag, Berlin 1973.

RASCH, D. [1]: Einführung in die mathematische Statistik, Bd. 1 Wahrscheinlichkeitsrechnung und Grundlagen der mathematischen Statistik, Bd. 2 Anwendungen, Deutscher Verlag der Wissenschaften, Berlin 1976.

RECHTSCHAFFNER, R. L. [1]: Satured fractions of 2^n and 3^n factorial designs, Technometrics **9** (1967), 569–575.

RENYI, A. [1]: Probability theory, Akad. Kiadó, Budapest 1970.

RICHARDSON, H. R. [1]: Recursive regression analysis when the least-squares estimate is not asymptotically efficient, SIAM J. Appl. Math. **19** (1970), 178–190.

RICHTER, K. [1]: Spieltheoretische Behandlung der optimalen Versuchsplanung für das Regressionsmodell, Freiberger Forschungshefte D 88, 41–78, Deutscher Verlag für Grundstoffindustrie, Leipzig 1975.

[2]: Entwicklung eines Verfahrens zur Bestimmung eines konkreten G-optimalen Versuchsplans am Beispiel der linearen Regression und Verallgemeinerung des Verfahrens, Freiberger Forschungshefte D 89, 39–62, Deutscher Verlag für Grundstoffindustrie, Leipzig 1975.

SACHS, L. [1]: Statistische Auswertungsmethoden, Springer-Verlag, Berlin 1968.

SATTERTHWAITE, S. F. [1]: Random balance experimentation, Technometrics **1** (1959), 111–137.

SAVIN, N. E./WHITE, K. J. [1]: The DURBIN-WATSON test for serial correlation with extreme sample sizes or many regressors, Econometrica **45** (1977), 1989–1996.

SAWA, T./HIROMATSU, T. [1]: Minimax regret significance points for a preliminary test in regression analysis, Econometrica **41** (1973), 1093–1101.

SCHEFFÉ, H. [1]: Experiments with mixtures, Journ. Roy. Stat. Soc., Ser. B, **20** (1958), 344–360.

[2]: The simplex-centroid designs for experiments with mixtures, Journ. Roy. Stat. Soc., Ser. B, **25** (1963), 235–263.

SCHEFFLER, E. [1]: Einführung in die Praxis der statistischen Versuchsplanung, Deutscher Verlag für Grundstoffindustrie, Leipzig 1974.

SCHWEDER, T. [1]: Some "optimal" methods to detect structural shift or outliers in regression, Journ. Amer. Statist. Assoc. **71** (1976), 491–501.

SEARLE, S. R. [1]: Linear Models, Wiley & Sons, New York-London 1971.

SHEARER, P. R. [1]: Missing data in quantitative designs, Applied Statist. **22** (1973), 135–140.

SIELKEN, R. L./HARTLEY, H. O. [1]: Two linear programming algorithms for unbiased estimation of linear models, Journ. Amer. Statist. Assoc. **68** (1973), 639–641.

SILVEY, S. D./TITTERINGTON, D. M. [1]: A geometric approach to optimal design theory, Biometrika **60** (1973), 21–33.

SMIRNOW, N. W./DUNIN-BARKOWSKI, I. W. [1]: Mathematische Statistik in der Technik, Deutscher Verlag der Wissenschaften, Berlin 1963.

SMITH, K. [1]: On the standard deviations of adjusted and interpolated values of an observed polynomial function and its constants and the guidance they give towards a proper choice of the distribution of observations, Biometrika **12** (1918), 1–85.

SNEDECOR, G. W./COCHRAN, W. G. [1]: Statistical methods, (6th ed.) Iowa State Univ. Press, Ames, Iowa, 1968.

SNEE, R. D./MARQUARDT, D. W. [1]: Screening concepts and designs for experiments with mixtures, Technometrics **18** (1976), 19–29.

SPÄTH, H. [1]: Spline-Algorithmen zur Konstruktion glatter Kurven und Flächen, Oldenbourg-Verlag, München-Wien 1973.

[2]: Algorithmen für multivariate Ausgleichsmodelle, Oldenbourg-Verlag, München-Wien 1974.

SRIVASTAVA, J. N. [1]: A survey of statistical design and linear models, North-Holland Publishing Company, Amsterdam 1975.

SRIVASTAVA, J. N./ANDERSON, D. A. [1]: Optimal fractional factorial plans for main effects orthogonal to two-factor interactions: 2^m series, Journ. Amer. Statist. Assoc. **65** (1970), 828–843.

STEFANSKY, W. [1]: Rejecting outliers in factorial designs, Technometrics **14** (1972), 469–479.

STIGLER, S. [1]: Optimal experimental design for polynomial regression, Journ. Amer. Statist. Assoc. **66** (1971), 311–318.

STONE, M. [1]: Application of a measure of information to the design and comparison of regression experiments, Ann. Math. Stat. **30** (1959), 55–70.

STORM, R. [1]: Wahrscheinlichkeitsrechnung, Mathematische Statistik und statistische Qualitätskontrolle, Fachbuchverlag, Leipzig 1976.

STUDDEN, W. J. [1]: Optimal designs on Tchebycheff points, Ann. Math. Stat. **39** (1968), 1435–1447.

[2]: Optimal designs and spline regression, in: Optimizing methods in statistics (ed. RUSTAGI), Academic Press, New York-London 1971.

STUDDEN, W. J./VAN ARMAN [1]: Admissible designs for polynomial spline regression, Ann. Math. Statist. **40** (1969), 1557–1569.

SUICH, R./DERRINGER, G. C. [1]: Is the regression equation adequate? — One criterion, Technometrics **19** (1977), 213–216.

THAKER, P. J./DAS, M. N. [1]: Sequential third order rotatable designs up to eleven factors, Journ. Indian Soc. Agric. Statist. **13** (1961), 218–231.

THEIL, H. [1]: On the use of incomplete prior information in regression analysis, Journ. Amer. Statist. Assoc. **58** (1963), 401–414.

TORO-VIZCARRONDO, C. E./WALLACE, T. D. [1]: A test of the mean square error criterion for restrictions in linear regression, Journ. Amer. Statist. Assoc. **63** (1968), 558–572.

TSAY, J. [1]: On the sequential construction of D-optimal designs, Journ. Amer. Statist. Assoc. 71 (1976), 671–674.

URANISI, M. [1]: Optimum designs for the special cubic regression on the q-simplex, Math. Reports (General Edition Dep., Kyushu Univ.) **1** (1964), 7–12.

VINCZE, I. [1]: Mathematische Statistik mit industriellen Anwendungen, Akad. Kiadó, Budapest 1971.

VUCHKOV, I. N. [1]: A ridge-type procedure of designs of experiments, Biometrika **64** (1977), 147–150.

WALD, A. [1]: Statistical decision functions, Wiley & Sons, New York 1950.

WATSON, G. S. [1]: A study of the group-screening method, Technometrics **3** (1961), 371–388.

[2]: Linear least squares regression, Ann. Math. Stat. **38** (1967), 1679–1699.

WEBB, S. R. [1]: Saturated sequential factorial designs, Technometrics **10** (1968), 535–550.

WEBER, E. [1]: Grundriß der biologischen Statistik, Fischer-Verlag, Jena 1967.

WESTLAKE, W. J. [1]: Composite designs based on irregular fractions of factorials, Biometrics **21** (1965), 324–336. Correction: Biometrics **21** (1965), 1036.

WILKINSON, J. H. [1]: The algebraic eigenvalue problem, Oxford Univ. Press, London/New York 1965.

WILLIAMS, E. J. [1]: Optimum allocation for estimation of polynomial regression (abstract), Biometrics **14** (1958), 573–574.
WOLFE, M. A. [1]: Some methods for least squares estimation, J. Inst. Maths Applics **18** (1976), 219–236.
WOLFE, P. [1]: The simplex method for quadratic programming, Econometrica **27** (1959), 382–398.
WYNN, H. P. [1]: Results in the theory and construction of D-optimum experimental designs, Journ. Roy. Statist. Soc., Ser. B., **34** (1972), 133–147.
ZELLNER, A. [1]: An efficient method of estimating seemingly unrelated regressions and tests of aggregation bias, Journ. Amer. Statist. Assoc. **57** (1962), 348–368.
ZIELINSKI, R. [1]: Box-Wilson-Methode, Warschau 1976.
[2]: A simplex design for gradient estimation in quadratic regression, Zastosowania Mat. **13** (1973), 493–496.
ZURMÜHL, R. [1]: Matrizen, Springer-Verlag, Berlin 1958.
[2]: Praktische Mathematik, Springer-Verlag, Berlin/Göttingen/Heidelberg 1961.
ZYSKIND, G. [1]: Parametric augmentations and error structures under which certain simple least squares and analysis of variance procedures are also best, Journ. Amer. Statist. Assoc. **64** (1969), 1353–1360.

Nachtrag zum Literaturverzeichnis

CHING-SHUI CHENG [N1]: Optimality of certain asymmetrical experimental designs, Ann. Stat. **6** (1978), 1239–1261.
DRAPER, N. R./SMITH, H. [N1]: Applied regression analysis, Wiley, New York 1966.
GLADITZ, J./PILZ, J. [N1]: Construction of optimal designs in random coefficient regression models, Math. OF Stat. Ser. Statistics (eingereicht).
KRAFFT, O. [N1]: Lineare statistische Modelle und optimale Versuchspläne, Vandenhoeck & Ruprecht, Göttingen 1978.
TOUTENBURG, H./RÖDEL, E. [N1]: Mathematische statistische Modelle in der Ökonomie, Akademie-Verlag, Berlin 1978.

Адлер, Ю. П. (Adler, Ju. P.) [1]: Введение в планирование эксперимента, Изд. Металлургия, Москва 1969.

Адлер, Ю. П./Грановский, Ю. В. (Adler, Ju. P./Granovskij, Ju. V.) [1]: Обзор прикладных работ по планированию эксперимента, выпуск № 33, Изд. Московского университета, Москва 1972.

[2]: Методология и практика планирования эксперимента за десять лет (Обзор), Заводская лаборатория **43** (1977), 1253—1258.

Адлер, Ю. П./Маркова, Е. В./Грановский, Ю. В. (Adler, Ju. P./Markova, E. V./Granovskij, Ju. V.) [1]: Планирование эксперимента при поиске оптимальных условий, Изд. Наука Москва 1976.

Адлер, Ю. П./Мильман, Л. М. (Ред.) (Adler, Ju. P./Mil'man, L. M.) [1]: Планирование эксперимента (литература на русском и украинском языках за 1965 до 1969 гг.), Государственная библиотека СССР им. Ленина, Москва 1969.

[2]: Планирование эксперимента (список литературы на иностранных языках за 1965—1970 гг.), Государственная библиотека СССР им. Ленина, Москва 1970.

[3]: Планирование эксперимента (Указатель литературы на русском и украинском языках за 1970—1971 гг.), Государственная библиотека СССР им. Ленина, Москва 1972.

Андрукович, П. Ф./Голикова, Т. И./Костина, С. Г. (Andrukovič, P. F./Golikova, T. I./Kostina, S. G.) [1]: Планы второго порядка на гиперкубе, близкие по свойствам к D-оптималным, в сб. под ред. Налимова, В. В. [1], 140—153.

Божанов, Е. С./Вучков, И. Н. (Božanov, E. S./Vučkov, I. N.) [1]: Статистически методи за моделиране и оптимизиране на многофакторни обекти, Изд. Техника, София 1973.

Броксдий, В. З. (Brodskij, V. Z.) [1]: Факторные эксперименты: модели, планы, оптимальность, в сб. под ред. Малютова, М. Б. [1], 51—105.

[2]: Введение в факторное планирование эксперимента, Изд. Наука, Москва 1976.

Бродский, В. З./Голикова, Т. И. (Brodskij, V. Z./Golikova, T. I.) [1]: Д-оптимальные планы для частного случая линейной регрессии, Изд. Московского университета, Москва 1971.

Вучков, И. Н./Ермуратский, И. В./Круг, Г. К./Лецкий, Е. К./Никофоров Е. С. (Vučkov, I. N./Ermuratskij, P. V./Krug, G. K./Leckij, E. K./Nikoforov, E. S.) [1]: Об одном алгоритме получения D-оптимальных планов, Труды Моск. Энерг. инст., выпуск **68** (1969), 20—40.

Голикова, Т. И./Панченко, Л. А./Фридман, М. З. (Golikova, T. I./Pančenko, L. A./Fridman, M. Z.) [1]: Каталог планов второго порядка, I и II, Изд. Московского университета, Москва 1974.

Голикова, Т. И./Федоров, В. В./Николаева, Л. С./Чернова, Н. А. (Golikova, T. I./Fedorov, V. V./Nikolajeva, L. S./Černova, N. A.) [1]: Сравнение композиционных планов второго порядка, построенных на n-мерном шаре, в сб. под ред. Налимова, В. В. [1], 154—176.

Горский, В. Г./Адлер, Ю. П. (Gorskij, V. G./Adler, Ju. P.) [1]: Планирование промышленных экспериментов, Изд. Металлургия, Москва 1974.

Горский, В. Г./Бродский, В. З. (Gorskij, V. G./Brodskij, V. Z.) [1]: Нерегулярные реплики факторного эксперимента 2^n, в сб. под ред. Налимова, В. В. [1], 118—139.

[2]: О симплекс-планах первого порядка и связанных с ними планах второго порядка, в сб. под ред. Налимова, В. В. [1], 59—117.

[3]: О регрессионном анализе при планировании второго порядка, Заводская лаборатория **38** (1972), 61—66.

Грановский, Б. Л./Ермаков, С. М. (Granovskij, B. L./Ermakov, S. M.) [1]: О непараметрическом подходе к задачам планирования регрессионных экспериментов, Докл. Акад. Наук СССР **180** (1968), 273—275.

Грановский, Ю. В./Мурашова, Т. И./Страхов, А. Б./Адлер, Ю. П. (Granovskij, Ju. V./Murašova, T. I./Strachov, A. B./Adler, Ju. P.) [1]: Планирование эксперимента. Библиография прикладных работ за 1966—1968 гг., Изд. Московского университета, Москва 1971.

Дубова, И. С./Пскиаладзе, Т. В./Федоров, В. В. (Dubova, I. S./Pskialadze, T. V./Fedorov, V. V.) [1]: Таблицы оптимальных планов I, Препринт МГУ № 16, Москва 1970.

Дубова, И. С./Федоров, В. В. (DUBOVA, I. S./FEDOROV, V. V.) [1]: Таблицы оптимальных планов II (Насыщенные Д-оптимальные планы на кубе), Изд. Московского университета, Москва 1972.

Ермаков, С. М. (ERMAKOV, S. M.) [1]: Об оптимальных несмещённых планах регрессионных экспериментов, Труды мат. инст. стеклова **111** (1970), 252—257.

Зедгинидзе, И. Г. (ZEDGINIDZE, I. G.) [1]: Математическое планирование эксперимента для исследования и оптимизации свойств смесей, Изд. Мецниереба, Тбилиси 1971.

[2]: Планирование эксперимента для исследования многокомпонентных систем, Изд. Наука, Москва 1976.

Зедгинидзе, И. Г./Новик, Ф. С./Чемлёва, Т. А./Преображенская, Г. Б. (ред.) (ZEDGINIDZE, I. G./NOVIK, F. S./ČEMLJOVA, T. A./PREOBRAŽENSKAJA, G. B.) [1]: Применение математических методов для исследования многокомпонентных систем, Изд. Металлургия, Москва 1974.

Круг, Г. К. (ред.) (KRUG, G. K.) [1]: Проблемы планирования эксперимента, Изд. Наука, Москва 1969.

[2]: Планирование и автомизация эксперимента в научных исследованиях, Изд. Советское радио, Москва 1974.

Кукс, Я./Ольман, В. (KUKS, J./OL'MAN, V.) [1]: Минимаксная линейная оценка коэффициентов регрессии, Извест. Акад. наук Эстон. ССР **21** (1972), 66—72.

Лётер, Е. (LÄUTER, E.) [3]: Метод планирования эксперимента для случая нелинейной параметризации, Math. OF Stat. **5** (1974), 625—636.

Малютов, М. Б. (MALJUTOV, M. B.) [1]: (ред.) Планирование оптимальных экспериментов, выпуск № 48, Изд. Московского университета, Москва 1975.

[2]: Максиминные планы проверки гипотезы о степени полинома, в сб. под ред. Малютова, М. Б. [1], 150—160.

Малютов, М. Б./Мятлев, В. Д. (MALJUTOV, M. B./MJATLEV, V. D.) [1]: Минимаксные планы проверки адекватности линейной модели на кубе и шаре, Препринт МГУ № 23, Москва 1971.

Малютов, М. Б./Федоров, В. В. (MALJUTOV, M. B./FEDOROV, V. V.) [1]: О планах взвещенной полиномиальной регрессии с минимальной средней дисперсией, Теор. вер. и её прим. **16** (1971), 734—738.

Маркова, Е. В. (MARKOVA, E. V.) [1]: Неполноблочные планы (блок-схемы), Препринт МГУ № 15, Москва 1970.

Маркова, Е. В./Лисенков, А. Н. (MARKOVA, E. V./LISENKOV, A. N.) [1]: Планирование эксперимента в условиях неоднородностей, Изд. Наука, Москва 1973.

Мойсюк, Б. Н. (ред.) (MOJSJUK, B. N.) [1]: Планирование эксперимента (Указатель литературы за 1969—1973 гг.), Московский Энергетический институт, Москва 1973.

[2]: Планирование и автомизация эксперимента в научных исследованиях (Указатель литературы за 1973—1976 гг.), Московский Энергетический институт, Москва 1976.

Налимов, В. В. (NALIMOV, V. V.) [1]: (ред.) Новые идеи в планировании эксперимента, Изд. Наука, Москва 1969.

[2]: Развитие работ по планированию эксперимента, Информ. материалы научн. совета Кибернетика Акад. наук СССР, № **8** (45), Москва 1970, 5—13.

[3]: Теория эксперимента, Изд. Наука, Москва 1971.

[4]: (ред.) Регрессионные эксперименты (планирование и анализ), Изд. Московского университета, Москва 1977.

[5]: Анализ трудностей, связанных с построением нелинейных по параметрам моделей в задачах химической кинетики, Заводская лаборатория **44** (1978), 325—331.

Налимов, В. В./Голикова, Т. И. (NALIMOV, V. V./GOLIKOVA, T. I.) [1]: Логические основания планирования эксперимента, Изд. Металлургия, Москва 1976.

[2]: Теория планирования эксперимента: достигнутое и ожидаемое (Обзор), Заводская лаборатория **43** (1977), 1247—1253.

Налимов, В. В./Чернова, Н. А. (NALIMOV, V. V./ČERNOVA, N. A.) [1]: Статистические методы планирования эксперимента, Изд. Наука, Москва 1965.

Никитина, Е. П. (NIKITINA, E. P.) [1]: Планирование и анализ эксперимента (модели третьего порядка), Изд. Московского университета, Москва 1976.

Песочинский, Л. Л. (Pesočinskij, L. L.) [1]: D-оптимальные и близкие к ним точные планы для квадратичной регрессии на кубе и на шаре, Изд. Московского университета, Москва 1972.

Седунов, Е. В. (Sedunov, E. V.) [1]: Обобщение задачи Бокса-Дрейпера в планировании регрессионных экспериментов, Заводская лаборатория **39** (1973), 308—313.

Тиман, А. Ф. (Timan, A. F.) [1]: Теория приближения функций действительного переменного, Физматгиз, Москва 1960.

Успенский, А. Б./Федоров, В. В. (Uspenskij, A. B./Fedorov, V. V.) [1]: Планирование экспериментов в некоторых обратных задачах математической физики, Кибернетика **4** (1974), 123—128.

[2]: Вычислительное аспекты метода наименьших квадратов при анализе и планировании регрессионных экспериментов, Изд. Московского университета, Москва 1975.

Федоров, В. В. (Fedorov, V. V.) [1]: Теория оптимального эксперимента, Изд. Наука, Москва 1971.

[2]: Планирование экспериментов при линейных критериях оптимальности, Теор. вер. и её прим. **16** (1971), 189—195.

[3]: Построение оптимальных планов при наличии априорных сведений о конкурирующих моделях, Препринт МГУ, Москва 1973.

Федорова, Г. С. (Fedorova, G. S.) [1]: Планирование дискриминирующих экспериментов в случае вектор-наблюдения, Препринт МГУ, Москва 1971.

Nachtrag zum Literaturverzeichnis

Вучков, И. Н./Йончев, Х. А./Дамгалиев, Д. Л./Цочев, В. К./Дикова, Т. Д. (Vučkov, I. N./Jončev, Ch. A./Damgaliev, D. L./Zočev, V. K./Dikova, T. D.) [N1]: Каталог последователльно генерирани планове, София 1978.

Денисов, В. И. (Denisov, V. I.) [N1]: Математическое обеспечение системы ЭВМ — экспериментатор, Изд. Наука, Москва 1977.

Круг, Г. К./Сосулин, Ю. А./Фатуев, В. А. (Krug, G. K./Sosulin, J. A./Fatuev, V. A.) [N1]: Планирование эксперимента в задачах идентификации и экстраполяции, Изд. Наука, Москва 1977.

Мержанова, Р. Ф./Никитина, Е. П. (Meržanova, R. F./Nikitina, E. P.) [N1]: Каталог планов третьего порядка, Изд. МГУ 1979.

Verfahrensverzeichnis

Symbolverzeichnis

Die Liste enthält solche Symbole, deren Grundbedeutung in allen Kapiteln dieses Bandes gleich ist. Diese Grundbedeutung kann gegebenenfalls lokal beispielsweise durch weitere Indizierung spezifiziert werden. Die nachgestellte Zahl bedeutet die Seitenzahl, auf der das Symbol eingeführt wird.

$A \subseteq B$	Die Menge A ist in der Menge B enthalten
$A \subset B$	Die Menge A ist in der Menge B echt enthalten
$A \setminus B$	Differenz zweier Mengen A und B
$\boldsymbol{A} \geqq \boldsymbol{B}$	$\boldsymbol{A} - \boldsymbol{B}$ ist positiv semidefinit, (555)
$\boldsymbol{A} > \boldsymbol{B}$	$\boldsymbol{A} - \boldsymbol{B}$ ist positiv definit, (555)
$\boldsymbol{A}', \boldsymbol{x}'$	Transponierte der Matrix $\boldsymbol{A}$, des Vektors $\boldsymbol{x}$, (549)
$\boldsymbol{A}^{-1}$	Inverse der Matrix $\boldsymbol{A}$, (553)
$\boldsymbol{A}^{-2}$	$\boldsymbol{A}^{-1}\boldsymbol{A}^{-1}$ (Tab. 4.2.3)
$\boldsymbol{A}^{-}$	Verallgemeinerte Inverse der Matrix $\boldsymbol{A}$, (554)
$\boldsymbol{A}^{+}$	MOORE-PENROSE-Inverse, (554)
$\boldsymbol{a} \odot \boldsymbol{b}$	komponentenweise gebildetes Produkt der Vektoren $\boldsymbol{a}$ und $\boldsymbol{b}$, (551)
$[\![a]\!]$	größte ganze Zahl, die höchstens gleich a ist, (267)
$f \mid A \to B$	f ist eine eindeutige Abbildung von A in B, (556)
$\mathfrak{Y} \sim$	Zufallsgröße $\mathfrak{Y}$ ist verteilt gemäß, (6)
$V_{n_1} + V_{n_2}, \sum\limits_i V_{n_i}$	Summe von konkreten Plänen, (70)
$[Z, D, R]$	Entscheidungsproblem, (22)
$\boldsymbol{b}(\boldsymbol{\vartheta})$	Bias bezüglich des Parameters $\boldsymbol{\vartheta}$, (16)
B	Beobachtungsbereich, (28)
$\boldsymbol{B}_{\boldsymbol{\mathfrak{X}}}$	Kovarianzmatrix des zufälligen Vektors $\boldsymbol{\mathfrak{X}}$, (11)
$C(V_n)$	Stichprobenraum, (34)
$C_{k-l+1}(j_1, \ldots, j_l)$	(449)
$\operatorname{cov}(\mathfrak{X}, \mathfrak{Y})$	Kovarianz der Zufallsgrößen $\mathfrak{X}$ und $\mathfrak{Y}$, (11)
d	Entscheidungsfunktion, (21)
$d_2(\boldsymbol{x}, \overline{\boldsymbol{M}})$	(225)
$\mathrm{D}^2\mathfrak{X}$	Varianz der Zufallsgröße $\mathfrak{X}$, (4)
$\sqrt{\mathrm{D}^2\mathfrak{X}}$	Standardabweichung der Zufallsgröße $\mathfrak{X}$, (4)
$D_1(\overline{\boldsymbol{M}}), D_2(\overline{\boldsymbol{M}})$	(225)
DHTV $(\gamma_0, \tilde{S})$	Hyperkugelteilversuchsplan, drehbar der Ordnung γ_0 für $\tilde{S}$, (394)
$\det \boldsymbol{A}$	Determinante der Matrix $\boldsymbol{A}$, (552)
$\operatorname{diag}((\boldsymbol{x}'))$	Diagonalmatrix des Vektors $\boldsymbol{x}$, (550)
$\dim A$	Dimension des Raumes A, (551)
$e_{\overline{Z}}(\overline{\boldsymbol{M}}(V_n))$	Effektivität des konkreten Planes V_n bez. $\overline{Z}$, (232)
$e_Z(\overline{\boldsymbol{M}}(\xi))$	Effektivität des diskreten Planes ξ bez. Z, (271)
$e_D, e_A, \ldots$	Effektivitäten bez. der D-Optimalität, A-Optimalität, ...
$\exp x$	e^x
$\mathrm{E}\mathfrak{X}$	Erwartungswert der Zufallsgröße $\mathfrak{X}$, (3)
$\mathrm{E}\boldsymbol{\mathfrak{X}}$	Erwartungswertvektor des zufälligen Vektors $\boldsymbol{\mathfrak{X}}$, (10)
$\mathrm{E}_{\mathfrak{X}}g(\mathfrak{X})$	Erwartungswert der Funktion $g(x)$ bez. der Verteilung von $\mathfrak{X}$, (3)
$\mathrm{E}(\boldsymbol{\mathfrak{X}}_l \mid \boldsymbol{\mathfrak{X}}_k = \boldsymbol{x}_k)$	bedingter Erwartungswert von $\boldsymbol{\mathfrak{X}}_l$ unter der Bedingung $\boldsymbol{\mathfrak{X}}_k = \boldsymbol{x}_k$, (14)

EW-Problem	Einfluß-Wirkungsproblem, (24)
$f_{l,m;\,1-\alpha}$	$(1-\alpha)$-Quantil der F-Verteilung mit l und m Freiheitsgraden, (451)
$\boldsymbol{f}(\boldsymbol{x}, \boldsymbol{\vartheta})$	Gradient von $\tilde{\eta}(\boldsymbol{x}, \boldsymbol{\vartheta})$ bez. $\boldsymbol{\vartheta}$, (155)
$\boldsymbol{f}$	Funktionenvektor im linearen Ansatz, (37)
$F_{\mathfrak{X}}$, $F_{\boldsymbol{\mathfrak{X}}}$	Verteilungsfunktion der Zufallsgröße $\mathfrak{X}$, des zufälligen Vektors $\boldsymbol{\mathfrak{X}}$, (1, 9)
$F_{\boldsymbol{\mathfrak{X}}_s}(\boldsymbol{x}_s \mid \boldsymbol{\mathfrak{X}}_k = \boldsymbol{x}_k)$	bedingte Verteilung von $\boldsymbol{\mathfrak{X}}_s$ unter der Bedingung $\boldsymbol{\mathfrak{X}}_k = \boldsymbol{x}_k$, (13)
F_{n_1, n_2}	F-Verteilung mit n_1 und n_2 Freiheitsgraden, (7)
$\mathrm{F}_{n_1, n_2; \lambda}$	nichtzentrale F-Verteilung mit n_1 und n_2 Freiheitsgraden und dem Nichtzentralitätsparameter λ, (8)
$\boldsymbol{F}(V_n)$, $\boldsymbol{F}$	Versuchsplanmatrix, (38)
$\boldsymbol{F}(V_n, \boldsymbol{\vartheta})$	(155)
$\boldsymbol{F}(V_n, \tilde{S})$	Versuchsplanmatrix zum Plan V_n für den Ansatz $\tilde{S}$, (317)
$\boldsymbol{F}(V_n, j_1, \dots, j_l)$	(443)
$\boldsymbol{G}$	Generator eines TFV 2^{k-p}, (334)
$\mathrm{grad}_{\boldsymbol{x}}\, \eta(\boldsymbol{x})$	Gradient der Funktion η bez. $\boldsymbol{x}$, (49)
H	Prognosebereich, (32)
H_0	Nullhypothese, (20)
$H(P_\tau)$	SHANNONsche Entropie, (513)
$\boldsymbol{H}_m$	HADAMARD-Matrix der Ordnung m, (207)
HTV	Hyperkugelteilversuchsplan, (394)
HTV (k_1, c, d)	(411)
$I(\mathfrak{X}_1, \mathfrak{X}_2)$	KULLBACK-LEIBLER-Informationszahl, (512)
$\boldsymbol{I}_n$	Einheitsmatrix der Ordnung n
$\boldsymbol{I}(\boldsymbol{\vartheta})$	FISHERsche Informationsmatrix für $\boldsymbol{\vartheta}$, (18)
$\boldsymbol{I}(\boldsymbol{\vartheta}, V_n)$	(164)
inf	Infimum, (557)
k	Anzahl der Einflußgrößen, (28)
$K(V_n)$	Kostenfunktion, (192)
$l(\boldsymbol{x}, \boldsymbol{\vartheta})$	Likelihoodfunktion, (18)
l_i	Linearkombination der Koeffizienten in einer Vermengungsstruktur, (337)
L	Verlustfunktion, (22) oder Lösungstyp eines TFV 2^{k-p}, (341)
$m_{\mathfrak{X}}(a)$	mittlere quadratische Abweichung der Zufallsgröße $\mathfrak{X}$ von a, (4)
$\overline{\boldsymbol{M}}$	Informationsmatrix allgemein, (178, Tab. 4.1.1)
$\overline{\boldsymbol{M}}(\boldsymbol{x})$	Informationsmatrix eines Einpunktplanes, (224)
$\boldsymbol{M}$	Informationsmatrix zur MKQ-Schätzung, (72, 178)
$\boldsymbol{M}_b$	Informationsmatrix zur BAYES-Schätzung, (179)
$\boldsymbol{M}_A$, $\boldsymbol{M}_p$, $\boldsymbol{M}_\Sigma$, $\boldsymbol{M}_L$, $\boldsymbol{M}_K$, $\boldsymbol{M}_R$, $\boldsymbol{M}_V$	Informationsmatrizen für spezielle Schätzverfahren (Tab. 4.1.1),
$\boldsymbol{M}(V_n, \boldsymbol{\vartheta})$, $\boldsymbol{M}(\xi, \boldsymbol{\vartheta})$	lokale Informationsmatrix zur MKQ-Schätzung, (289)
$\boldsymbol{M}_{\mathrm{ML}}(V_n, \boldsymbol{\vartheta})$, $\boldsymbol{M}_{\mathrm{ML}}(\xi, \boldsymbol{\vartheta})$	lokale Informationsmatrix zur ML-Schätzung, (289)
$\mathcal{M}_{n_1 \times n_2}$	Menge der Matrizen der Ordnung $n_1 \times n_2$, (549)
$\mathcal{M}_n$	Menge der quadratischen Matrizen der Ordnung n, (549)
$\mathcal{M}^{(k)}_{n_1 \times n_2}$	Menge der $(n_1 \times n_2)$-Matrizen vom Rang k, (551)
$\mathcal{M}^{>}_n$	Menge der positiv definiten Matrizen der Ordnung n, (555)
$\mathcal{M}^{\geqq}_n$	Menge der positiv semidefiniten Matrizen der Ordnung n, (555)
min	Minimum, (558)
max	Maximum, (558)
MKQ	Methode der kleinsten Quadrate, (52)
ML	Maximum-Likelihood, (19)
n	Stichprobenumfang
$N^{(0)}$	Menge der in $V^{(0)}$ vorkommenden Planumfänge, (181)
$\mathrm{N}(\mu, \sigma^2)$, $\mathrm{N}(\boldsymbol{\mu}, \boldsymbol{\Sigma})$	Normalverteilung mit $\mathrm{E}\mathfrak{X} = \mu$, $\mathrm{D}^2\mathfrak{X} = \sigma^2$ bzw. $\mathrm{E}\boldsymbol{\mathfrak{X}} = \boldsymbol{\mu}$, $\boldsymbol{B}_{\boldsymbol{\mathfrak{X}}} = \boldsymbol{\Sigma}$, (6, 12)
$\boldsymbol{0}$	Nullmatrix, (549)
p_i	Gewicht des Spektrumpunktes $\boldsymbol{x}_i$ im diskreten Versuchsplan, (248)

$P(\mathfrak{X} < x)$	Wahrscheinlichkeit des Ereignisses $\mathfrak{X} < x$, (1)
$p_{\mathfrak{X}}(x)$, $p_{\boldsymbol{\mathfrak{X}}}(\boldsymbol{x})$	Dichte der Zufallsgröße $\mathfrak{X}$ bzw. des zufälligen Vektors $\boldsymbol{\mathfrak{X}}$, (2, 9)
$P_\tau(t)$	a-priori-Wahrscheinlichkeit für den Ansatz $\tilde{S}_t$, (481)
$P_{\tau \mid \boldsymbol{y}}(t)$	a-posteriori-Wahrscheinlichkeit für den Ansatz $\tilde{S}_t$, (483)
$p_{(\boldsymbol{\theta}^{(i)}, \Sigma^2)}(\boldsymbol{\vartheta}^{(i)}, \sigma^2 \mid i)$	a-priori-Dichte über Θ_i und $(0, \infty)$, (482)
$p_{\boldsymbol{\mathfrak{Y}}}(\boldsymbol{y} \mid i, \boldsymbol{\vartheta}^{(i)}, \sigma^2, V_n)$	Dichte des Beobachtungsvektors $\boldsymbol{\mathfrak{Y}}(V_n)$, falls $\tilde{S}_i$ wahrer Ansatz ist und $\boldsymbol{\vartheta}^{(i)}$, σ^2 die wahren Parameter sind, (482)
$q(j_1, \ldots, j_l)$	(444)
$q(\boldsymbol{y}; V_n)$	(494)
$q(\boldsymbol{y} \mid V_n, \boldsymbol{\mathfrak{Y}}, \boldsymbol{x})$	(517)
r	Anzahl der Parameter des Regressionsansatzes, (37)
R	Risiko, (22)
R^n	n-dimensionaler Euklidischer Raum
$\mathrm{Rg}\, \boldsymbol{A}$	Rang einer Matrix $\boldsymbol{A}$, (551)
$\boldsymbol{s}_{i_1, \ldots, i_w}$	Spalte der Versuchsplanmatrix $\boldsymbol{F}(V_n; \tilde{S})$, (320)
$s_0^2(V_n, j_1, \ldots, j_l)$	(444)
$S(V_n)$, $S(\xi)$	Spektrum des Versuchsplanes V_n bzw. ξ, (69, 248)
S	Menge von Wirkungsflächen, (37)
$\tilde{S}$, $\tilde{S}_t$	Regressionsansatz, (32)
$\tilde{S}(k, d)$	vollständiger (k, d)-Ansatz, (312)
$\tilde{S}(k, d, k^{(d)})$	vollständiger $(k, d, k^{(d)})$-Ansatz, (312)
$\tilde{S}(k, 1, q)$	vollständiger $(k, 1, q)$-Ansatz, (313)
$\tilde{S}(k, 2, q)$	vollständiger $(k, 2, q)$-Ansatz, (313)
$S_0^2(V_n)$, $s_0^2(V_n)$	Restquadratsumme und ihre Realisierung, (63)
$S^2(V_n)$, $s^2(V_n)$	normierte Restquadratsumme und ihre Realisierung, (63)
$\mathrm{sp}\, \boldsymbol{A}$	Spur der Matrix $\boldsymbol{A}$, (552)
sup	Supremum, (557)
t_n	t-Verteilung mit n Freiheitsgraden, (7)
T_n	Stichprobenfunktion, Statistik, (15)
TFV $(2, k, n)$	(k-dimensionaler) teilweise faktorieller Versuchsplan auf zwei Stufen vom Umfang n, (324)
TFV 2^{k-p}	(k-dimensionaler) teilweise faktorielle Versuchsplan vom Typ 2^{k-p}, (324)
TFV $(3, k, n)$	(k-dimensionaler) teilweise faktorieller Versuchsplan auf drei Stufen vom Umfang n, (368)
TFV 3^{k-p}	(k-dimensionaler) teilweise faktorieller Versuchsplan vom Typ 3^{k-p}, (368)
TFV $(4, k, n)$	(k-dimensionaler) teilweise faktorieller Versuchsplan auf vier Stufen vom Umfang n, (407)
TFV 4^{k-p}	(k-dimensionaler) teilweise faktorieller Versuchsplan vom Typ 4^{k-p}, (408)
V	Versuchsbereich, (68)
$\overline{V}$	transformierter Versuchsbereich, (196)
$V_{(d)}^{(i)}$	diskretisierter Versuchsbereich auf i Stufen; $i = 2, 3, 4$, (315, 363, 406)
V_n	konkreter Versuchsplan vom Umfang n, (33)
V_{n*}^{*}	optimaler konkreter Versuchsplan, (181)
$V^{(0)}$	Menge der möglichen konkreten Versuchspläne, (53)
$V_n^{(0)}$	Menge der Pläne aus $V^{(0)}$ vom Umfang n, (181)
$V_{2k, \alpha}$	Sternpunktplan zu α, (381)
$V_{n_0}(\boldsymbol{0})$	Plan vom Umfang n_0, dessen Punkte im Koordinatenursprung $\boldsymbol{0}$ liegen, (381)
VFV 2^k	vollständiger faktorieller Versuchsplan vom Typ 2^k, (317)
VFV 3^k	vollständiger faktorieller Versuchsplan vom Typ 3^k, (364)
VFV $2^{k_1}3^{k_2}$	vollständiger faktorieller Versuchsplan vom Typ $2^{k_1}3^{k_2}$, (380)
VFV 4^k	vollständiger faktorieller Versuchsplan vom Typ 4^k, (406)
x_i	determinierte Einflußgröße, Faktor, (27)

$\boldsymbol{x}$	Beobachtungspunkt, Vektor der Einflußgrößen bzw. Faktoren, (128)
$\mathfrak{x}_i$	stochastische Einflußgröße, (28)
$\tilde{X}$	Median, (16)
$\mathfrak{Y}(\boldsymbol{x})$	Wirkungsgröße, (29)
$\boldsymbol{\mathfrak{Y}}(V_n)$, $\boldsymbol{y}(V_n)$	Beobachtungsvektor und seine Realisierung, (34)
$\vec{\boldsymbol{\mathfrak{Y}}}(V_n)$, $\vec{\boldsymbol{y}}(V_n)$	Beobachtungsvektor und Realisierung im multivariaten Fall, (35)
Z	Optimalitätskriterium für konkrete Pläne bei festem n, (181), und für diskrete Pläne, (249)
$Z_G, Z_I, Z_A, Z_C,$ Z_E, Z_M, Z_D, Z_L	spezielle Optimalitätskriterien (Tab. 4.1.1)
$\bar{Z}$	Optimalitätskriterium für konkrete Pläne, (180)
$\bar{Z}_G, \bar{Z}_I, \bar{Z}_A, \bar{Z}_C,$ $\bar{Z}_E, \bar{Z}_M, \bar{Z}_D, \bar{Z}_L$	spezielle Optimalitätskriterien (Tab. 4.1.1)
ZZV $(3, k, n)$	zentral zusammengesetzter Versuchsplan vom Umfang n, (381)
α	Signifikanzniveau, Irrtumswahrscheinlichkeit, (20)
$\boldsymbol{\beta}_P$	Minimum-Bias-Schätzung, (169)
γ_i	Auswahlregel, (81)
Γ	Gammafunktion, (7)
$\varepsilon(\boldsymbol{x})$	zufälliger Fehler bei $\boldsymbol{x}$, (29)
$\boldsymbol{\varepsilon}(V_n)$	zufälliger Fehlervektor, (34)
$\vec{\boldsymbol{\varepsilon}}(V_n)$	zufälliger Fehlervektor im multivariaten Fall, (35)
$\hat{\varepsilon}(\boldsymbol{x}_i)$	geschätzter Fehler bei $\boldsymbol{x}_i$, (54)
$\hat{\boldsymbol{\varepsilon}}(V_n)$	geschätzter Fehlervektor, (54)
$\eta(\boldsymbol{x})$	Wirkungsfläche bei $\boldsymbol{x}$, (29)
$\hat{\eta}(\boldsymbol{x})$	Schätzung der Wirkungsfläche bei $\boldsymbol{x}$, (32)
$\check{\eta}(\boldsymbol{x}, \boldsymbol{y})$	MKQ-Schätzung für $\eta(\boldsymbol{x})$, (86)
$\tilde{\eta}(\boldsymbol{x}, \boldsymbol{\vartheta})$	Funktion aus dem Ansatz $\tilde{S}$ bei $\boldsymbol{x}$, (32)
$\tilde{\eta}_H(\boldsymbol{x}, \boldsymbol{\vartheta})$	Ansatzfunktion ohne Absolutglied, (206)
$\boldsymbol{\eta}(V_n)$	Vektor der Wirkungsfläche an den Punkten des Versuchsplanes V_n, (34)
$\vec{\boldsymbol{\eta}}(V_n)$	Vektor der Wirkungsfläche zum Versuchsplan V_n im multivariaten Fall, (35)
$\boldsymbol{\vartheta}$	Regressionsparameter, (32)
$\vartheta_{i\ldots i}$	Hauptwirkung, (313)
$\vartheta_{i_1,\ldots,i_w}$	w-faktorielle Wechselwirkung, (313)
$\hat{\boldsymbol{\vartheta}}$	Schätzung für $\boldsymbol{\vartheta}$, (56)
$\check{\boldsymbol{\vartheta}}$	MKQ-Schätzung, (57)
$\check{\boldsymbol{\vartheta}}_\Sigma$	verallgemeinerte MKQ-Scchätzung, (110)
$\hat{\boldsymbol{\vartheta}}_{\hat{\Sigma}}$	verallgemeinerte MKQ-Schätzung mit geschätzter Kovarianzmatrix, (114)
$\hat{\boldsymbol{\vartheta}}^*$	lineare Bayes-Schätzung, (125)
$\hat{\boldsymbol{\vartheta}}_{\hat{\beta}}$	Schätzung von $\boldsymbol{\vartheta}$ mit Vorschätzung für $\boldsymbol{\beta} = \boldsymbol{C}\boldsymbol{\vartheta}$, (130)
$\hat{\boldsymbol{\vartheta}}_K$	MKQ-Schätzung unter linearen Restriktionen $\boldsymbol{K}\boldsymbol{\vartheta} = \boldsymbol{l}$, (132)
$\hat{\boldsymbol{\vartheta}}_J$	Kuks-Ol'man-Schätzung, (139)
$\hat{\boldsymbol{\vartheta}}_R$	Ridge-Schätzung, (142)
$\hat{\boldsymbol{\vartheta}}_1$	Schätzung nach Methode der kleinsten Absolutbeträge, (146)
$\hat{\boldsymbol{\vartheta}}_p$	Schätzung nach Methode des p-ten Mittels, (149)
$\hat{\boldsymbol{\vartheta}}_\infty$	Schätzung nach Methode der Tschebyscheff-Approximation, (152)
Θ	Menge der möglichen Regressionsparameter, (32)
λ	Eigenwert, (552), oder Nichtzentralitätsparameter, (8)
$\lambda_{\min}(\boldsymbol{A})$, $\lambda_{\max}(\boldsymbol{A})$	minimaler (maximaler) Eigenwert der Matrix $\boldsymbol{A}$, (553)
$\boldsymbol{\Lambda}$	a-priori-Kovarianzmatrix für $\boldsymbol{\vartheta}$, (125)
$\boldsymbol{\mu}$	a-priori-Erwartungswert für $\boldsymbol{\vartheta}$, (125)

ξ	diskreter Versuchsplan, (248)
ξ_n	konkreter Versuchsplan in diskreter Schreibweise, (248)
ξ^*	optimaler diskreter Versuchsplan, (250)
ξ_x	Einpunktplan in diskreter Schreibweise, (276)
$\Xi^{(0)}$	Menge möglicher diskreter Pläne, (250)
$\Xi_{\text{reg}}(\overline{\boldsymbol{M}})$	Menge der regulären diskreten Pläne bez. der Informationsmatrix $\overline{\boldsymbol{M}}$, (251)
$\varrho(F_Z, d)$	BAYESsches Risiko, (23)
$\varrho(\mathfrak{X}_i, \mathfrak{X}_j)$	Korrelationskoeffizient der Zufallsgrößen $\mathfrak{X}_i$, $\mathfrak{X}_j$, (11)
σ^2	Varianz der Beobachtungen
$\boldsymbol{\Sigma}$	Kovarianzmatrix des Beobachtungsvektors $\mathfrak{Y}(V_n)$, (109)
φ_i	Stoppregel, (81)
χ_n^2	Chi-Quadrat-Verteilung mit n Freiheitsgraden, (7)
$\psi(V_n)$	allgemeines Optimalitätskriterium, (178)
$\boldsymbol{\psi}(\boldsymbol{\vartheta})$	interessierende Funktion des unbekannten Parameters, (83, 87)
$\hat{\boldsymbol{\psi}}(\mathfrak{Y}(V_n))$	Schätzung für $\boldsymbol{\psi}(\boldsymbol{\vartheta})$, (84)
$\check{\boldsymbol{\psi}}(\mathfrak{Y}(V_n))$	MKQ-Schätzung für $\boldsymbol{\psi}(\boldsymbol{\vartheta})$, (88)

Sachwortverzeichnis

Kolibri 360 GmbH
Ferdinand-Jühlke-Straße 7
99095 Erfurt, Deutschland
produktsicherheit@kolibri360.de